普通高等教育卓越工程能力培养系列教材

机械原理

第2版

主　编　于靖军　赵宏哲
副主编　郭卫东　韩建友　方跃法
　　　　廖启征　裴　旭
参　编　房海蓉　邱丽芳　李端玲
　　　　郭　盛　孙明磊　贾　明

机械工业出版社

本书详细阐述了常用机构的工作原理、分析及设计方法，按照机构学理论体系分为机构结构学基础篇、机构运动学基础篇、机械动力学基础篇、机械系统方案设计篇。机构结构学基础篇包括常用机构的结构分析与数型综合与创新设计；机构运动学基础为本书的重点，包括平面机构的运动分析与综合，典型平面机构（凸轮机构、齿轮机构、轮系等）及设计；机械动力学基础篇包括平面机构的力分析、机械系统动力学基础、机械的平衡、柔性机构及其设计；机械系统方案设计篇包括概述，功能设计，执行系统的方案设计，原动机与传动系统的选择，机械系统的运动参数设计，方案评价与决策，最后还给出了两个设计实例。此外，本书在第1版的基础上还增加了“柔性机构及其设计”一章，概述性地介绍了该领域的基本概念与经典理论。

作为对主要内容的必要补充与深化，本书还包含5个附录，包括特种机构、平面刚体运动的数理基础、图论的基本知识、综合性虚拟仿真题目及机械系统方案与创新设计题目。

本书可作为高等院校机械工程类专业的本科教材，也可作为相关专业的研究生、科研人员与工程技术人员的参考用书。

图书在版编目（CIP）数据

机械原理/于靖军，赵宏哲主编. —2版. —北京：机械工业出版社，2022. 2
普通高等教育卓越工程能力培养系列教材
ISBN 978-7-111-70297-9

Ⅰ. ①机…　Ⅱ. ①于…　②赵…　Ⅲ. ①机械原理-高等学校-教材　Ⅳ. ①TH111

中国版本图书馆CIP数据核字（2022）第040001号

机械工业出版社（北京市百万庄大街22号　邮政编码100037）
策划编辑：丁昕祯　　　　责任编辑：丁昕祯
责任校对：张　征　贾立萍　封面设计：张　静
责任印制：李　昂
唐山三艺印务有限公司印刷
2023年2月第2版第1次印刷
184mm×260mm · 35. 25印张 · 1063千字
标准书号：ISBN 978-7-111-70297-9
定价：108. 00元

电话服务　　　　　　　　　网络服务
客服电话：010-88361066　机　工　官　网：www. cmpbook. com
　　　　　010-88379833　机　工　官　博：weibo. com/cmp1952
　　　　　010-68326294　金　　书　　网：www. golden-book. com
　机工教育服务网：www. cmpedu. com

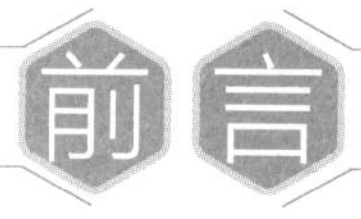

前言

本书是在第 1 版的基础上，根据近几年教学实践的经验，结合工程教育改革及新工科发展的需要修订而成的。

为方便教学，此次修订维持了第 1 版教材的主体内容，只是对知识体系做了一定幅度的调整，并对各章的具体内容进行了适当的增删与革新。在知识体系方面，将第 1 版的分析篇、设计篇调整为机构结构学基础篇（第 2~4 章）、机构运动学基础篇（第 5~9 章）、机械动力学基础篇（第 10~12 章）和机械系统方案设计篇（第 14 章）。新版更加强化以“设计”为主线，即按照“构型（创新）设计—运动学设计—动力学设计—系统方案设计”的教学顺序来编排。教学实践表明，这一体系有助于实施项目化教学。在内容上，为便于自学，每章新增了“本章学习目标”“内容导读”“思考题”“本章小结”版块，大幅增加了“知识扩展”方面的内容。鉴于柔性机构学日益成熟并变得不可或缺，增加了“柔性机构及其设计”一章（第 13 章）。“机械系统的方案设计”一章中更加突出多自由度机构的创新设计主题，以适应当前装备制造业发展的需要。此外，适当地增加了有关机构的数值分析、优化设计等方面的内容。为贯彻实施基于成果导向教育（Outcome-Based Education，OBE）理念的教学，增强机械原理教学的实效性，大幅增加了习题数量，尤其是源于真实项目的虚拟仿真与工程设计基础类题目的数量。

本书按 64 学时编写，但目前一般院校的实际学时数均达不到此数，故教师在使用本书时应根据各院校自身的情况和不同的专业要求，对教材内容进行取舍。书中加“*”号的部分为选学内容。

本书由于靖军、赵宏哲主编。来自北京航空航天大学、北京科技大学、北京交通大学、北京邮电大学、中国农业大学机械原理教学团队的多位教师合作编写了本书。葛广昊、李国鑫等博士、硕士研究生参与了书中部分图及运动仿真的制作，在此表示感谢！

本书的修订，参阅了国内外大量的同类教材及著作，在此向这些文献的作者表示衷心感谢！这里特别向天津大学张策教授致敬，其撰写的《机械工程史》给本书的修订以灵感和启迪。

本书沿袭第 1 版对信息技术（特别是二维码技术）全面使用的方式，对第 1 版中的大多数图进行了更新，升级为立体感更强的半实体图，希望能给读者带来全新的阅读体验。

由于编者水平有限，书中难免有疏漏之处，敬请读者批评指正。

编者

目录

第二篇　机构运动学基础篇

第三篇　机械系统动力学基础篇

第四篇　机械系统方案设计篇

附　录

第 1 章　绪　　论

张衡发明的地动仪采用了精巧的机构设计，比西方的地震仪器早了 1700 多年。

航天器的展开机构、指向机构保障其能源供给、定位、导航精度；高铁的受电弓与转向架机构是其核心技术，保障其电力可靠、传输稳定，以及乘客的舒适性。

美国 Boston Dynamics 公司研制的人形机器人 Atlas 通过执行机构、驱动的配合，可实现双手搬运、双腿立定跳远、跳高、跑步和后空翻等高难度的动作。

从 500m 口径射电望远镜的馈源调姿，到微机电系统（MEMS）的纳米注射，都离不开机构的精巧设计。

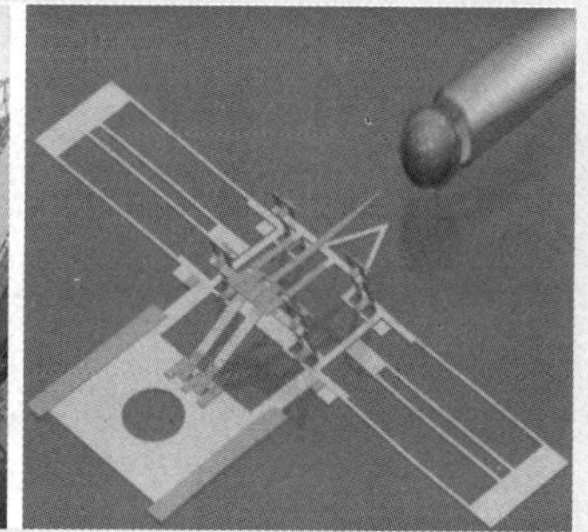

本章学习目标：

通过本章的学习，学习者应能够：

- 理解机器、机构与机械的概念，并进行区分；
- 简单了解机构学的一般发展历程以及发展趋势；
- 了解机械原理课程的特点、目标、学习内容及方法。

【内容导读】

机械原理是一门技术基础类课程，主要的研究对象是机器与机构，从学科角度看，它以机构学为主要载体，兼顾少许机器动力学知识；而从实践角度看，它位于设计的前端，属于概念设计。

本章将在解释机器与机构概念的基础上，分别从学科知识和设计实践角度对全书的内容做一个总览。

1.1 机器、机构与机械

谈起机器，人们并不陌生。因为在日常生活及生产中，人们无时无刻地在和各类机器打交道，比如家庭必备的洗衣机、日益普及的代步工具汽车，以及五花八门的机器人等。那么，何谓机器？其共性特征体现在哪里呢？具体而言，机器（machine）是一种根据某种任务要求而设计的通过部件来传递或变换运动、能量、物料及信息的装置。定义中并未对部件的性征或者能量的表征方式做任何限制，因此机器的范畴非常广泛。例如汽车，它是一种将燃油的热能转化为驱动车轮运动的机器，称之为工作机器（主要完成机械功或物料搬运）；还有一些可以实现其他能量形式与机械能之间转换的机器如内燃机等，称之为动力机器；而现在人们更熟悉的复印机、照相机等属于信息机器（传递或变换信息）。除了这些现代机器，像风车、水碾等人类早期发明的简单机器也为人类文明做出了重大贡献。

机器的表现形式尽管多种多样、千差万别，但现代机器一般都由驱动、传感、控制、执行等子系统组成（图1-1），每台机器上都在一定程度上存在着“机械元素”，例如大家所熟悉的数控机床、机器人等。

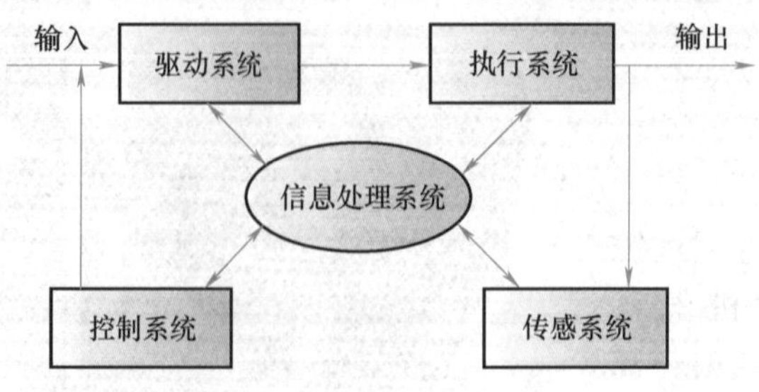

图1-1 现代机器的组成

就其功能实现而言，机器的本质共性在于通过“运动”来实现各物理量的传递和变换。因而，我们不妨将结构各异的机器中能实现特定运动传递与变换的子系统单独抽出来，研究其共性，并赋予它们一个术语——机构（mechanism）。

例如单缸四冲程内燃机（图 1-2），它属于动力机器。对其工作原理的描述可参考附录 A. 22。图 1-3a~c 则分别给出了该机器内含的三种机构：连杆机构、凸轮机构和齿轮机构。其中，由曲轴、连杆、活塞和缸体等组成曲柄滑块机构，当燃气在缸体内腔燃烧膨胀而推动活塞移动时，通过连杆带动曲轴绕其轴线转动，从而实现了移动到转动运动形式的转换。由于以上四种构件的基本形状为杆状或块状，因而称之为连杆机构（linkage）；而由凸轮和推杆等组成凸轮机构（cam mechanism），凸轮利用其特定轮廓曲线使推杆按指定规律做周期性的往复移动；由齿轮组成齿轮（系）机构（gear train），其运动特点在于将高速转动变为低速转动。上述三种机构按照一定的时间顺序相互协调、协同工作，将燃气燃烧的热能转变为曲轴转动的机械能，从而使这台机器输出旋转运动和驱动力矩，成为能做有用功的机器。

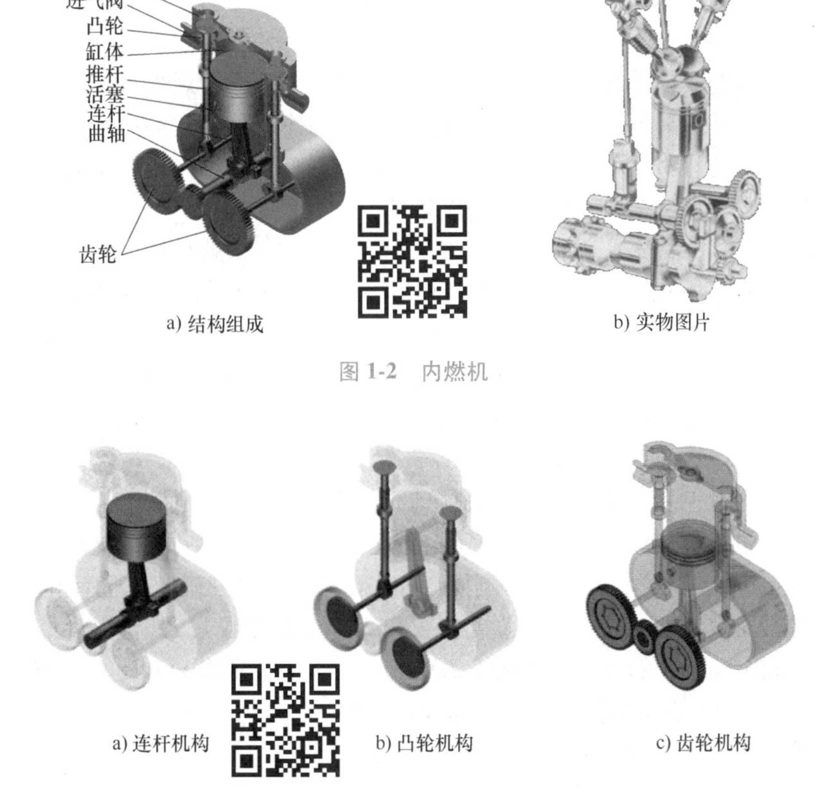

a) 结构组成　　b) 实物图片

图 1-2　内燃机

a) 连杆机构　　b) 凸轮机构　　c) 齿轮机构

图 1-3　内燃机中的 3 种典型机构

由上面的例子可以看出，一台机器可以由连杆机构、凸轮机构、齿轮机构等多种机构组合而成；而有时一个简单的机器可以只包含一个机构。例如人们所熟悉的雨伞和剪刀，就分别只含有一个曲柄滑块机构（连杆机构）和杠杆机构。同样，一台机器（如内燃机）可以含有多种相同或不同的机构，而同一种机构可以用在不同的机器中（如内燃机和雨伞中的曲柄滑块机构）。从一定意义上讲，机器与机构之间可看作是一种具体和抽象、个性与共性的关系。除此之外，它们之间的主要差别还在于机构中不太关注能量的转换和信息的传递。而从结构和运动的观点来看，两者并无区别。因此，人们更习惯用机械（machinery）一词作为机器与机构的总称。

当然就机构而言，其种类绝不限于前面所提到的几种。除了连杆机构、凸轮机构、齿轮机构以外，典型的机构还有槽轮机构、棘轮机构等间歇运动机构，基于带传动、链传动或摩擦轮传动的挠性机构（flexible mechanism），近年来发展迅猛的柔性机构（compliant mechanism）等。第 2 章和附录 A 中提供了与之相关的各类机构的分类和详细描述。

【思考题】：如何区分机器与机构？它们最主要、最本质的特性是什么？

1.2 运动与约束

自然界中所观察到的所有运动都是相对运动，即被观察物体相对观察者或参照物的运动。例如，坐在公共汽车上的乘客相对车站（或车站上等车的观察者）而言在运动，但相对于坐在同一车里的其他乘客是静止的。反过来，在车站等车的观察者在行驶的公共汽车中的乘客眼里也在运动。另外，对任意两个物体而言，每个物体的运动描述都与参照物的选择有关，但两个物体的相对运动并不随着参照物的改变而变化，称为相对运动不变原理。相对运动不变原理将在本书的多个知识点中得以体现。

前面提到，机构的本质在于运动。而运动学（kinematics）就是描述物体之间相对运动的科学。通过学习理论力学，应当对刚体的各种基本运动有了充分的认识和理解，尤其是平面内的运动。刚体平面运动包含定轴转动、平动以及一般平面运动三种基本类型。绝大多数平面机构的运动最后都可以归结为平面运动，因此这也是本书重点讨论的一种运动。有关平面运动的描述和分析在本书后续章节还有涉及。除此之外，刚体运动还包括复杂的空间刚体运动。平面运动实质上是空间运动的一个子集。

理论力学中，对于一个质点，其运动空间不超过三维，即确定质点位置的独立参数最多只需要 3 个（质点没有姿态）。由此引出了自由度（degree of freedom，DOF）的概念，即质点的自由度不超过 3。同样，对于一个刚体，如果做空间运动，确定其位置和姿态（简称位姿）的独立参数最多需要 6 个（3 个位置参数和 3 个姿态参数），其自由度最大为 6；如果做平面运动，确定其位姿的独立参数最多需要 3 个（2 个位置参数和 1 个姿态参数），其自由度最大为 3。机构也有自由度的概念，即确定机构位姿所需的独立参数或广义坐标数。机构自由度是机构学研究中最为重要的概念之一。

空间中任一自由刚体都具有 6 个自由度：沿笛卡儿坐标系（即直角坐标系）3 个坐标轴的移动和绕 3 个坐标轴的转动。这是一种最基本的定量描述机构运动的方式。因此，空间中任何刚体的运动都可以分解为这 6 个基本运动（图 1-4）。

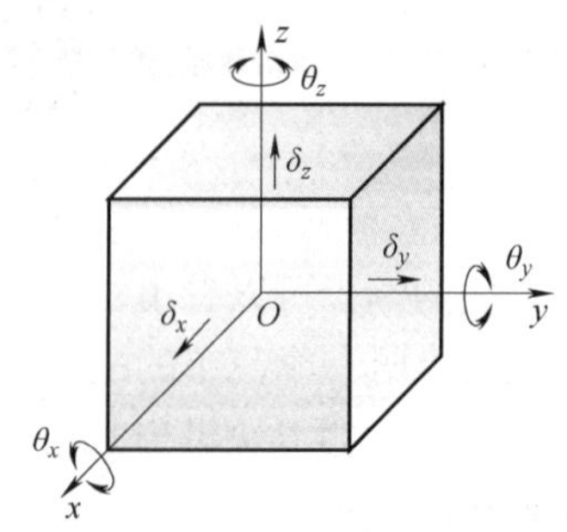

图 1-4 笛卡儿坐标系下刚体运动的分解

无论质点还是刚体，如果受到约束（constraint）

作用，其运动就会受到限制，其自由度相应变少。具体被约束的自由度数称为约束度（degree of constraint，DOC）。约束的种类很多，包括几何约束和运动约束，定常约束和非定常约束，完整约束和非完整约束等。根据麦克斯韦（Maxwell）的运动与约束对偶原理，任何物体（无论刚性体还是柔性体）如果做空间运动，其自由度f和约束度c都满足

$$f+c=6 \tag{1-1}$$

对于做平面运动的物体，则满足

$$f+c=3 \tag{1-2}$$

对刚性机构而言，约束通常通过运动副（kinematic pair）的形式表现出来。

【思考题】：刚体的自由度或约束度特性是否与所选的参考坐标系有关？

1.3 力学与机构学

用于分析和研究运动、力与时间相关性的学科称为力学（mechanics）。作为一门在中世纪就已经建立起来的学科，力学由静力学（statics）和动力学（dynamics）两个部分组成。前者的分析对象是静态系统，而后者的分析对象是时变系统。动力学又可细分为运动学和运动力学（kinetics），前者只关注运动，而后者同时关注运动和力。

18世纪~19世纪，机构运动学、静力学与动力学的理论体系逐渐建立，它们共同构成了机构学的研究范畴。机构学从力学中独立出来，发展成为了一门独立的学科。因此，虽然可以说机构学是力学的一个分支，但两者也有所不同。图1-5所示为四位力学与机构学的奠基人。

牛顿(Newton)

欧拉(Euler)

瓦特(Watt)

勒洛(Reuleaux)

图1-5 力学与机构学的奠基人

对于机构设计而言，首先需要考虑的是该机构的运动原理，这属于机构运动学的研究范畴。相对一般运动学，机构运动学的概念要小得多。本书将首先关注机构运动学，并将其作为本书的重点内容，而对机构静力学和动力学仅做简要介绍。

值得注意的是，运动学和动力学可分离的前提是其所涉及的研究对象是刚体。对于柔体以及柔体组成的机构（典型的如柔性机构），由于其运动依赖于所施加的力，因而其运动学和运动力学很难剥离。考虑目前真实机器中的绝大多数运动都可以看作刚体运动（或组成的元素为刚性元件），本书也将重点放在刚性机构上。

1.4 数学与机构学

如果说机构学是力学的衍生体，数学则是机构学发展的推动力。纵览机构学的发展史可以发现，机构学的发展与数学息息相关，中世纪许多新机构的发明都是从数学中得到的启示。机构学的诞生更是离不开数学工具的使用。勒洛在其专著《机械运动学》（*Kinematics of Machinery*）中就阐述了机构的符号表示法和构型综合。布尔梅斯特（Burmester）提出了将几何方法应用于机构的位移、速度和加速度分析。布尔梅斯特和弗洛丹斯坦（Freudenstein）用几何方法研究了连杆机构的尺度综合，形成了系统的机构设计运动几何学理论。而现代机构学（modern mechanism）研究中，数学更是不可或缺，计算机性能的不断提高与算法的大量涌现大大提高了复杂机构分析与综合的计算效率。

与机构学联系紧密的数学工具有很多：如传统意义上的欧氏几何（Euclidean geometry）、线性代数与矩阵理论、用于拓扑结构分析及综合的图论（graph theory）等；现代数学工具有线几何（line geometry）、旋量理论（screw theory）、现代微分几何［如李群与李代数（Lie group and Lie algebra）、克利福德（Clifford）代数等包含在其中］等。每种数学工具都有其自身的特色，在机构学研究中的作用也各有侧重。例如矩阵理论之于机构分析有非常普遍的应用，而在机构综合过程中，图论、旋量理论以及李群与李代数等数学工具的作用更为突出些。

1.5 机构分析与综合

在对机构的研究中，不可避免地要触及两个主题：机构分析（mechanism analysis）与机构综合（mechanism synthesis），而机构综合常被称为机构设计（mechanism design）。相对机构综合而言，机构设计的内涵其实更广一些。更为重要的是，机构综合逐渐向一门严谨的科学迈进，而机构设计从本质上讲则是科学与艺术的统一体，后者对创造性、直觉、想象力、判断力及经验的要求不可或缺。

对一个构型和结构参数都已知的机构，求它的工作特性（包括运动特性与力特性等），总会得到确定的解，这一过程称为机构分析；反之，对于未知机构的设计问题，已知的是对机构的工作要求，待求的是机构的型式和各结构参数值，视要求不同，可以有确定解，也可能无解或有无穷多解。进行机构设计时，在确定结构参数之前必须解决采用何种机构的问题，即确定机构运动副的类型、构件数目和机构的自由度，这个过程称为构型综合（type synthesis），确定机构结构参数的过程称为尺度综合（size synthesis）。随着数学及信息技术的迅速发展，机构综合理论及方法日益完善，并逐渐成为机构设计中一个强有力的工具。以数据结果精确可靠、高程式化等为特征的现代综合方法使机构设计变得越来越便捷。但同样要认识到，即使再先进的科学工具也无法完全代替设计者的决断和创造力。

机构综合理论及方法必须要有机构分析的支持，后者可以为已有设计或正在进行的设计提供可靠的评估手段，使设计变得越来越完善。无论机构分析还是机构综合，基于数学和力学的建模方法及理论是辅助解决问题最为有效的科学手段之一。近年来，基于工具软件的虚拟仿真（virtual simulation）技术则越来越受到重视。

1.6 辅助工具及软件

20 世纪 60 年代始，计算机技术的飞速发展为机构分析与综合带来了革命性变革。最为突出的变化莫过于大量机构建模、分析与设计的专用算法以及计算机辅助工具软件的诞生。这些算法可以从近 30 年间国内外出版的机构学（机械原理）教材及专著、机构学核心期刊的学术文献中得以体现，其中部分已经固化到各类工具软件包中。

最早的机构分析软件是由 IBM 于 1964 年发布的 KAM（运动分析方法，kinematic analysis method），可实现平面与空间机构的位置、速度、加速度以及力的分析。基本方法源于切斯（Chace）提出的向量多边形（vector polygon）法（本书将予以详细介绍）。

近年来开发的很多大型通用 CAD/CAE 软件提供了包括 NASTRAN、ANSYS 等在内的基于有限元法进行机构分析的手段，但主要用于与力载荷相关的静力、应力等的分析。

专用的运动学及动力学分析仿真软件主要包括 ADAMS、DADS 等，并得到了广泛的工程应用。ADAMS 由密歇根（Michigan）大学开发，DADS 由爱荷华（Iowa）州立大学协同 CADSI 公司开发。这两种软件的功能都较强，包括碰撞检测分析、冲击分析、弹性分析及控制等，并含有专门的设计模块。功能相对简单的机构分析软件包括 UG/Scenario、Pro/MECHANISM、SolidWorks、CATIA/KIN、MSC/Working Model 等。本书将以 ADAMS 为主要仿真工具（图 1-6）。

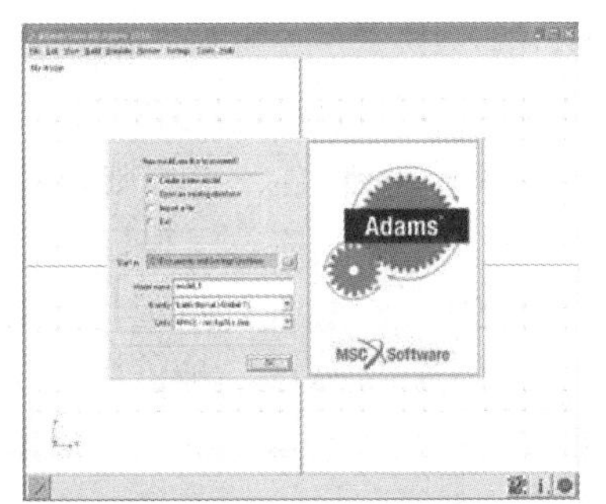

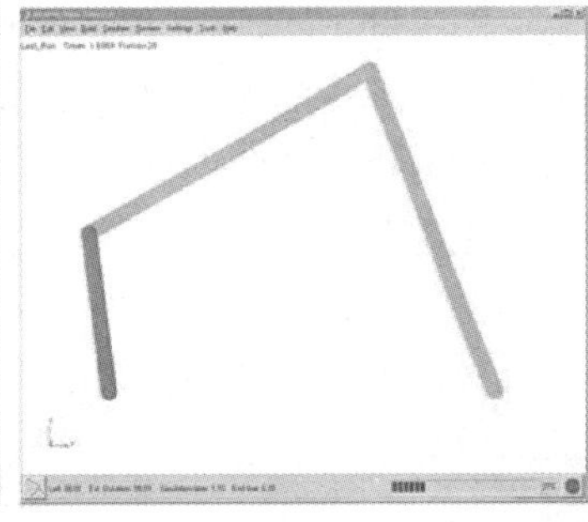

图 1-6　ADAMS 软件界面

相对而言，运动学综合软件相对较少，并且具有局限性（运动综合相比运动分析要复杂得多）。KINSYN 是最早的运动学综合软件，由麻省理工学院（MIT）研发而成。而后，密歇根（Michigan）大学开发了 LINCAGES，荷兰特温特（Twente）大学与 Heron 科技公司共同开发了 Watt 机构设计工具软件，荷兰 ARTAS 公司开发了 SAM 商用软件。不过以上运动综合软件只适用于平面机构。对空间机构的运动综合目前只有加州大学尔湾分校（UCI）开发的非商用软件 SYNTHETICA。图 1-7 和图 1-8 所示为用该软件包实现运动综合的两种特殊机构。

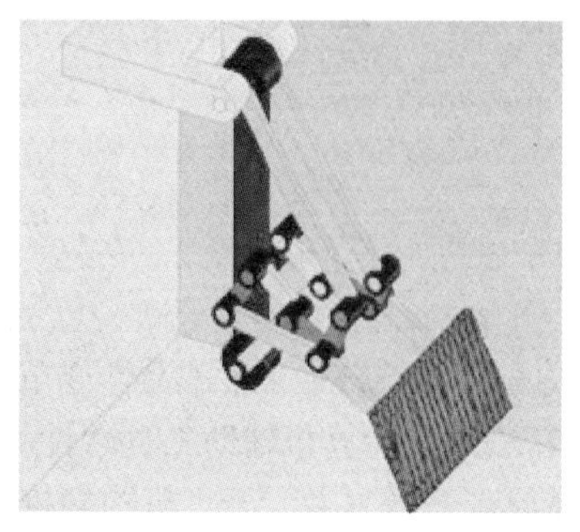

图 1-7　用于调整脚踏板位置的 6 杆机构

图 1-8　贝内特（Bennett）连杆机构

1.7　机构设计与工程实践

机构学发展的最终目标是要服务于工程设计，正所谓“从实践中来，到实践中去”。正如 19~20 世纪，运动几何学带来了各行业产业用的大量新机构与机器的发明，快速推动了机械化的进程；20 世纪后半叶以来，计算运动学带来了大量空间机构、机器人等多种新机构的诞生，加快了智能化的步伐。

机构学说到底是一门工程学科。这类学科的特点是在“科学导引工程”和“工程选择科学”的反复循环中不断向前发展，图 1-9 所示为与之对应的两组实例。其中，图 1-9a 为科学导引工程的一个实例，*Science* 在 2014 年发表了一种昆虫的腿部微观结构，经分析是一种不完全齿轮；图 1-9b 所示为工程选择科学的一个实例，串、并联机械手的运动控制离不开机构学与机器人学理论的支撑。这很像设计过程本身，分析与综合交相辉映、循环往复，直到达到预期目标为止。科学的研究目的是探究“是什么”的问题，工程则是对“可能用作什么”的一种创造和实现，而这种创造本身就是设计。机构学是一门很好地将科学和工程有机结合的学科，连接纽带正是机构设计。机构学研究中，机构设计过程与方法研究同样重要，除建立有效的理论指导外，它的实践性不容忽视。例如同样的一种机构，应用于不同的场合，要求的设计指标就会不同，从而导致设计参数出现很大差异，甚至所采用的设计方法也不尽相同。

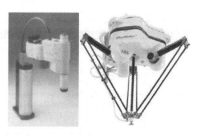

a)

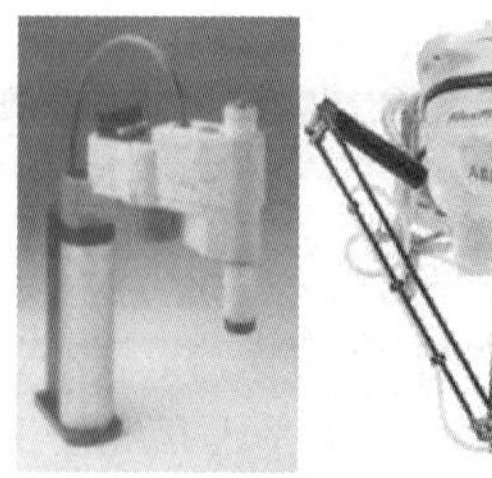

b)

图 1-9　两组实例

1.8 机构创新设计过程

在人类文明和社会发展的过程中，制造业始终是创造社会财富的主要产业，制造业的水平是衡量国家综合实力的重要指标。制造业的灵魂是设计，而制造和被制造机械的灵魂是机构，因此机构学的理论研究是制造业的基础，是现代机械产品发明创造的源泉。增强自主创新，特别是原始创新能力，是21世纪科学技术发展的战略基点。机械产品设计过程中最能体现原始创新能力的阶段在于机构设计阶段。图1-10所示为近代以来，反映机构原始创新的标志性产品。

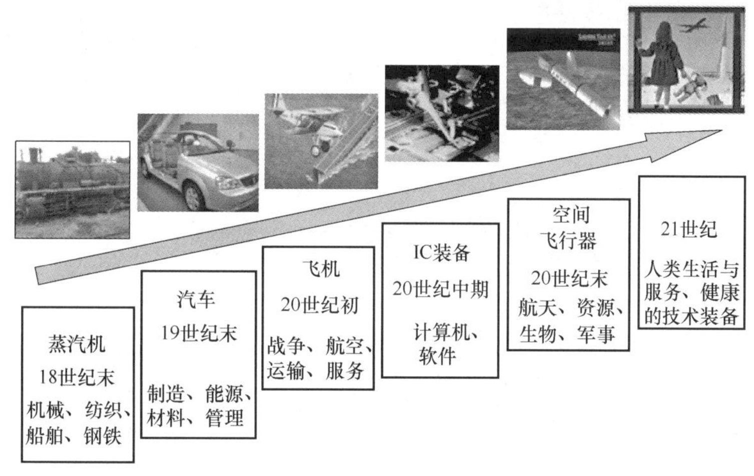

图1-10 机构创新的原动力与标志

当前，以机器人、数控机床为代表的现代机械装备与系统正在向高速及高加速、高精度、智能化、可重构等功能特异型方向发展。现代制造业飞速发展同时也为机构的原始创新提供了空前的机遇，进而加速了现代机构学迈进的步伐。为满足机械装备或产品向“重大精尖”和“微小精密”等方向发展的需求，作为机械装备骨架与执行器的机构不断地推陈出新。机构创新设计决定了产品的创新性。如果机构的设计有缺陷，则将制造出先天不足的产品或称之为“有残疾的机械”。因此，有关机构创新设计过程及方法的研究对机械产品的自主创新设计有着十分重要的意义。

首先了解一下机构的创新设计过程。它一般包括前期的功能设计、原理设计及结构方案设计，以及后期的运动学设计及动力学设计（如有必要）前后两个设计阶段。一般设计流程如图1-11所示。前期设计阶段偏重于形象思维，最具创造性，设计难度也最大，大部分的设计工作是非数据性、非计算性的，必须依靠知识和经验的积累和创新思维方法，创新的火花往往产生于这一阶段。后期设计阶段偏重于逻辑思维，着重改善机构的运动性能与动力性能。

再来了解一下机构的创新设计方法。机构创新设计方法可以理解为机构设计中的一般过程及解决具体问题的创新性方法及手段，从历史纵向发展来看具体可分为以下几个阶段：

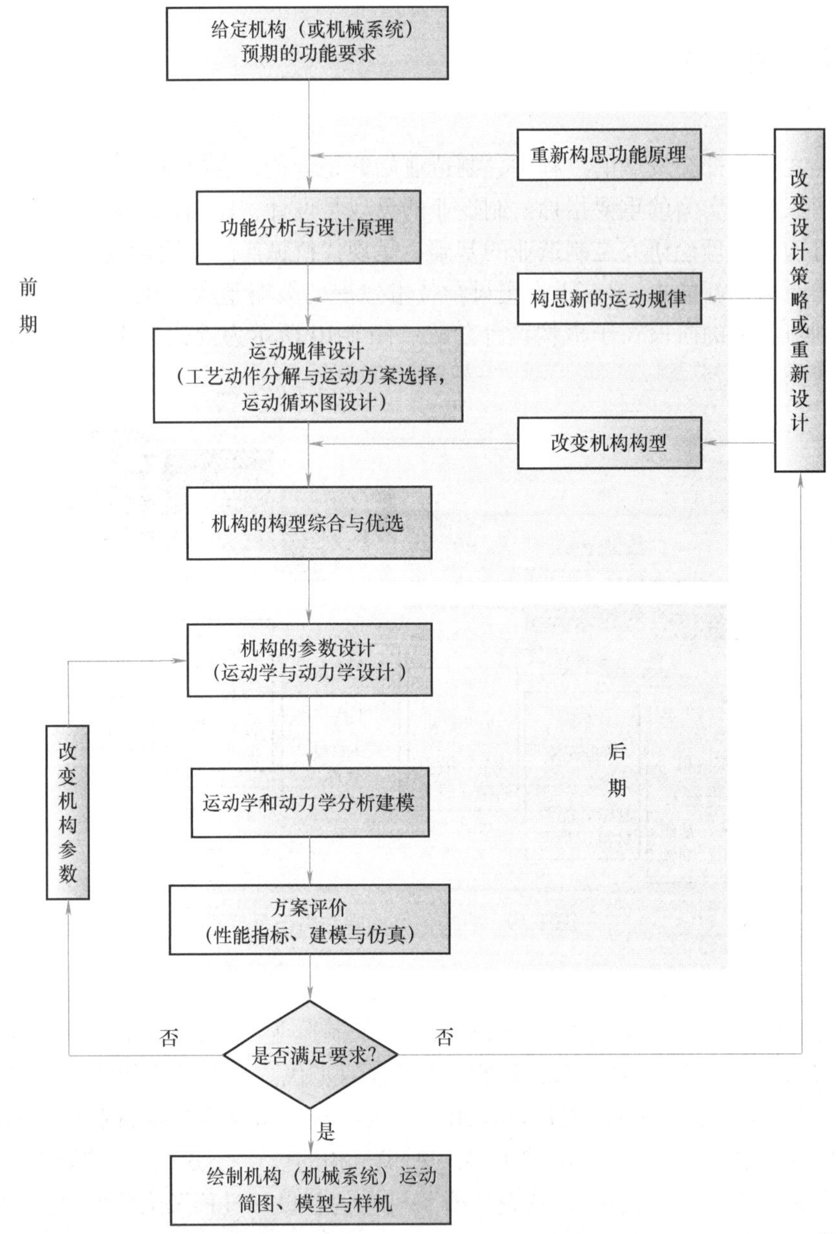

图1-11 机构（及机械系统）概念设计的一般流程

直觉设计阶段：人类祖先为了生存或更加有效地保护自己，学会了制作弓箭、杠杆、辘轳、风车以及水利机械等。那时人们或是从自然现象中得到启示或是凭直觉设计机械，并不知其所以然，从而驱使人们去分析研究这些机械的工作原理，并将其与数学结合起来，逐渐产生了力学与机构学雏形。

经验设计阶段：自17世纪数学与力学结合后，人们开始应用数学及力学公式来解决机构设计中的一些问题。18世纪工业革命后，有关机械的创造发明如雨后春笋般不断涌现。19世纪成为科技发展史上一个重要时期，但这个时期人们还不能提出更多的设计理论与方法指导机构设计。

传统设计阶段：20 世纪的前期，图样和图谱设计方法大大提高了设计效率和质量，同时设计基础理论和各种专业设计机理的研究也逐渐加强。建立的百科全书式的机构图册、图谱，为设计者提供了大量的信息。至今这种设计方法仍然被广泛采用，但其静态性、经验性及手工式的特点与经验设计阶段没有本质的区别。

现代设计阶段：随着系统论、信息论和计算机技术的发展，20 世纪 60 年代，机械设计进入了现代设计阶段。其特点体现在：突出设计的程式化、自动化与创造性、注重设计方法的系统性与先进设计工具的使用。

就方法论而言，具有普适意义的机构创新设计方法主要包括基于直觉和经验的设计方法、组合创新法、变异创新法、原始创新法等。

组合创新法是指将若干基本机构按照一定的原则和规律组合成一个复杂机构，往往可以实现某些复杂运动功能。从目前的研究来看，这是一类可应用于各类机构构型设计的普适方法。变异创新法是指以某种机构为原始机构，通过对原始机构的构件和运动副进行某种性质的改变或变换，演变发展出新机构的设计方法。常用的变异创新法有机构倒置、扩展、运动学等效置换、改变局部结构等。原始创新法是指通过引入先进的数学工具、力学及生物学原理等设计理念，实现机构的原始创新。本书第 4 章将对此内容有所介绍。

机构创新是实现机械系统创新设计的基本条件，而具有普适意义的机构创新方法研究无疑是机构创新走向工程化的基本保障。未来，机械产品必定需要含有更高的技术附加值以及更强的市场竞争力。因此，研究机构的创新设计方法不仅具有重要的理论学术价值，还具有较大的经济效益和社会效益。

1.9 机构设计实例——小型扑翼机构的设计

机构设计是个不断循环往复的过程。下面通过一个具体实例（小型扑翼机构的设计），结合图 1-11 所示的一般设计流程，来鸟瞰一下整个机构设计的过程。

1. 根据功能需求确定设计目标与任务指标

机构设计的第一步就是要根据功能需求明确设计目标，并通过任务分析确定预期的机构性能指标。

各类飞行器中，扑翼飞行器代表了现代航空航天领域里一种新的发展趋势和设计思想。原因是扑翼式飞行器的体积更小、重量更轻、成本更低、用途更广、灵活性更好、隐蔽性更好、侦察探测范围更广。扑翼飞行器正是通过模仿昆虫和鸟类，使机翼实现对称的往复扇翅和翻转两个运动过程，以实现与昆虫和鸟类相同的升力产生机制，如图 1-12 所示。因此，设计扑翼机构的主要目标就是用于驱动翅膀实现一定角度的扇翅运动，这也是扑翼机构要完成的最主要功能。此外，还有一些其他的特殊要求，如欲实现两侧翅膀的同步运动，结构上应具有一定的对称性；为解决自身重量与产生升力的矛盾，机构本身的重量及复杂性需受到严格限制等。而扑翼机构的构型以及具体设计参数指标可通过两种途径得到：一是仿生方法，二是基于空气动力学相关理论，这是实现机构创新设计（creative design）的基础。

若仿照多数鸟类的扑翼型式，即只在前飞时产生推力，并利用翅膀攻角与翼型产生升力维持飞行，则扑翼机构可设计成简单的一维型式（图 1-13），翅膀只有上下扇翅运动，本身不主动翻转。这样的扑翼机构相对简单，只需要翅膀具有 1 个转动自由度。

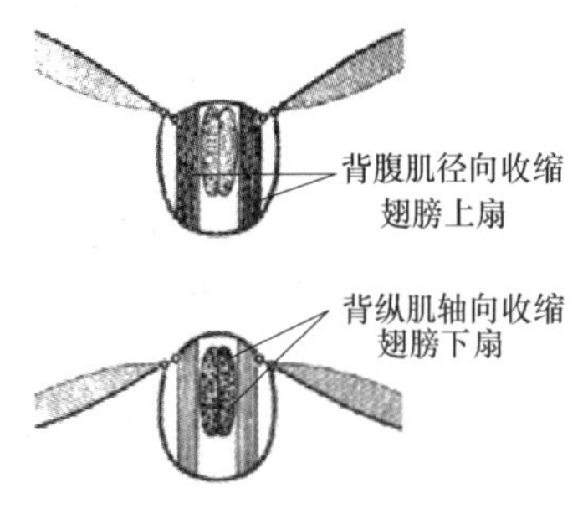

图 1-12　驱动翅膀实现扇翅运动

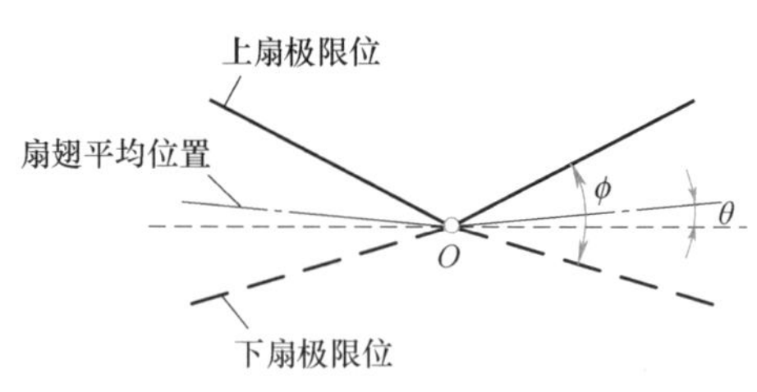

图 1-13　一维扑翼型式

对于单自由度扑翼机构的运动要求包括：①扇翅角范围 ϕ：40°~60°；②平均上反角 θ：5°~6°；③扇翅速度变化满足正弦定律。

在选择扇翅角范围时，重点考虑具有一定扇翅角时承受载荷的翅膀有效面积不宜过小；具有一定的平均上反角可使飞行稳定性较好；近似正弦定律的速度变化可以在产生有效推力的同时具有较好的机械动力特性。

当然，为使扑翼飞行器的功能更强大，如实现悬停、转弯等，还需要设计具有更为复杂运动特征的扑翼机构，如二维、三维等型式。不过这不是本书讨论的主要目的，此处不再赘述。

2. 设计原理与设计准则

鉴于机构设计通常是一个不断反复的过程，遵循特定的设计原理并建立相关的设计准则可以限定机构设计选型与优化的范畴，从而加快设计的进程，同时保证设计结果的有效性和实用性。不过，尽管该阶段在机构设计过程中相当重要，但它往往不被设计者所重视。

针对扑翼机构的设计，可以总结出以下几点设计原则。

（1）运动副选用原则　运动副应以摩擦力小、传动效率高、结构紧凑与装配便捷等为选用原则，这样可以使扑翼机构整体上传动效率高、重量轻。因此，在条件允许的情况下，尽量采用转动副、球面副等，避免使用滑（移）动副。

（2）对称性原则　扑翼机构应使翅膀产生对称扇动。如果两翅扇动不完全对称，但两侧能同时到达扇翅最高点与最低点，这并不会对扑翼推力效果产生较大影响。对称性可以通过扑翼机构的对称指数 W_s 进行评价：对称指数取值为 0 表示两翅扇动完全对称；取值为 1 表示两翅扇动不完全对称，但可以同时到达扇翅最高点与最低点；取值为 2 表示两翅扇动不对称，也不会同时到达最高点与最低点。合理的取值范围是 $W_s \leqslant 1$。

（3）紧凑与简单原则　扑翼机构要求结构简单、尺寸小、质量小。在不同的加工、装配条件下，构件的数量与翅膀转轴的分布都会直接影响到扑翼机构整体结构的尺寸与复杂程度。因此选择紧凑指数 W_c 与传动指数 W_t 分别对紧凑程度和结构复杂程度进行评价。紧凑指数取值为 0 表示两翅膀的转轴位置重合，取值为 1 表示两转轴分开布置。传动指数的取值为电动机驱动某一侧翅膀扇动所需要的最多构件数量。对平面扑翼机构而言，紧凑指数为 0 的机构会占用较少的安装空间，同样，传动指数越小，结构越简单。因此，应优先选用具有 $W_c=0$，$W_t=1$ 的扑翼机构。

（4）高效与轻质原则　扑翼机构在满足翅膀运动学特性要求的前提下，自由度与运动副数量应尽量少，从而提高传动效率、减轻机构重量。效率指数可以用扑翼机构的运动副数量来衡量。例如效率指数 W_e 为 11，表示机构中具有 11 个运动副，这显然要比效率指数较小的机构具有更低的传动效率和更大的重量。

（5）实用性原则　应根据不同的飞行要求，选择合理的扑翼型式，如果对产生升力的机制不作要求，则选择一维扑翼型式比二维扑翼型式更具有实用性。

3. 构型综合与优选

构型综合与优选是机构设计过程中的重要一环，是实现原始创新的重要手段之一。相对空间机构而言，平面机构的构型综合较为简单，主要基于现有机构进行选型、组合等。同时，平面机构制造工艺简单、加工精度容易保证，而且控制简单，在各种应用场合确实有着较大的优势。但这不意味着空间机构应用前景黯淡。计算机技术的发展化解了空间机构计算分析的繁复性。同时出现了随之发展的现代控制理论、新型的驱动器件、传感元件等，使得空间机构复杂运动的实现成为可能。加工与测试手段的进步也解决了复杂结构的制造和检测问题。另一方面，作业的日益复杂，对执行机构的工作空间、刚度、重量等多方面的性能提出了更高的要求，这也使空间机构的应用前景越来越光明。

具体应用到一维扑翼机构的构型综合中，可以有许多种优选方式。表 1-1 列举其中 5 种构型，更多的构型将在本书后面内容中涉及。

结合扑翼机构的设计原则对扑翼机构进行构型分析（对几个指数综合考虑），可以得到两种相对优选的机构——编号 3 和 5 的机构。前者为平面机构，后者为空间机构。这两种机构构型简单，对称指数为 1（0），紧凑指数为 0，传动指数为 1，效率指数为 7，各项性能指标与设计原则相符。

表 1-1　5 种扑翼机构的构型

编号	扑翼机构原理图	实物照片	对称指数 W_s	紧凑指数 W_c	传动指数 W_t	效率指数 W_e
1			2	1	1	7
2			0	0	3	9
3			1	0	1	7

（续）

编号	扑翼机构原理图	实物照片	对称指数 W_s	紧凑指数 W_c	传动指数 W_t	效率指数 W_e
4			0	0	2	9
5			0	0	1	7

4. 运动学分析与建模

机构的运动学分析是在几何参数已知的情况下，不考虑外力作用，仅从几何关系上来分析机构的位置、速度和加速度等运动情况。常见的运动学分析方法有图解法、解析法以及软件仿真等。

对扑翼机构运动分析的目的是为扑翼运动性能和动力性能研究提供必要的依据，是了解和分析现有机构，优化、综合新机构的重要内容。通过对扑翼机构的位置分析，可考察两侧翅膀能否达到预定的位置要求，并可确定翅膀的极限位置以及所需的运动空间。速度分析是进行加速度分析及确定电动机功率的基础，通过速度分析还可了解翅膀速度的变化能否满足两侧翅膀对称性等工作要求。另外，由于扑翼机构带动翅膀做较高频率的扇动，构件的惯性力尤其是翅膀的惯性力较大，这对机构的强度、振动和动力性能均有较大影响。为确定惯性力，必须对机构进行加速度分析。

5. 尺度综合与参数优化

确定了机构构型之后，还需要确定机构的结构参数（运动参数）。这一过程就是尺度综合的研究范畴。为保证机构工作性能最优，有必要对结构参数进行优化。因此机构的运动学综合有时又称为尺度综合或尺寸综合。本书主要涉及平面机构的尺度综合内容，通常包括位置综合、轨迹综合、函数综合等。而有关机构优化设计的内容包括建立优化设计问题的数学模型和选择恰当的优化方法与程序两方面的内容。具体来说，就是将某个衡量标准表示为关于设计变量的目标函数，然后考虑各种约束条件，把优化设计问题变成一个数学求解问题。选择适当的优化方法，进而通过编制计算机程序，以计算机作为工具求得最佳设计参数。但这一主题将不作为本书讨论的重点。

扑翼机构的设计也是如此。扑翼机构的设计要求有很多，包括对称性、扇翅角度、角速度、角加速度、扇翅角范围、输入角度与扇翅角度的对应关系、动力学特性等，由设计要求可以得到含有多个设计变量的代数方程组。如果方程个数少于设计变量数，则综合问题无确定解，满足设计要求的可行方案有无穷多个。此时，为使问题有确定的解，可采用附加某些条件或自由选择一些结构参数的方法，使设计过程得到简化。如果设计方程组中方程个数多于设计变量数，可能会无解。

6. 力学特性分析

机构的受力分析包括静力学分析和动力学分析两方面。在机构运动速度较小时，各构件的惯性力与其他力相比可以忽略，因此只做静力学分析即可。当机构运动速度较快时，则必须考虑惯性力的影响，对机构进行动力学分析。例如对扑翼机构的分析就包含这两个方面。同样，有关的分析过程将分别在本书相关章节的例题中进行介绍。

7. 样机构筑与实验验证

利用科学方法对机构进行构型综合、性能分析与尺度综合，为高性能实验样机的构筑创造了基础条件。同时，通过构筑原理或工程样机，并进行相关的实验研究也可以验证所设计机构的可行性，从而为机构分析与综合提供数据支持。

基于前面的机构分析与综合结果，设计了一台实验样机，如图 1-14 所示。当然，在样机构筑过程中还包含了其他更为详细的设计考虑，包括结构设计、材料选择、电动机选择等。例如在该样机的设计中，构件材料的选择原则以质轻为主，通过外形与截面形状的设计得到较大的强度与刚度。实际应用的材料包括轻木、碳纤维、硬铝、钛合金、高分子材料等。但这些内容并不是机械原理课程讨论的范畴。

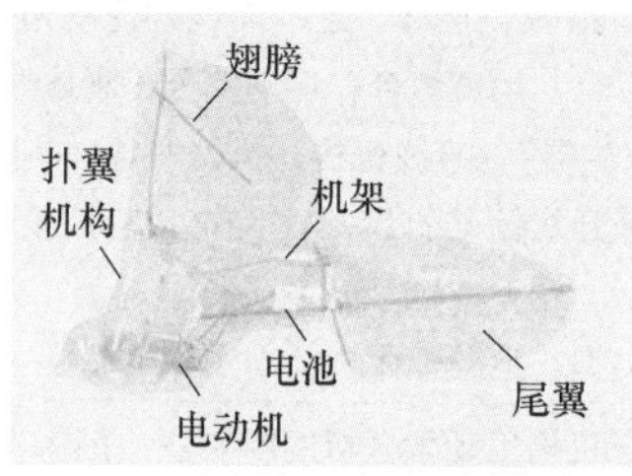

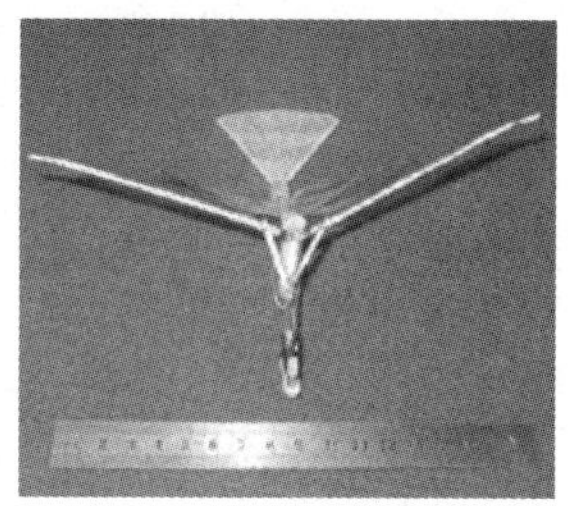

图 1-14 扑翼机构与扑翼飞行器实验样机

通过相关的升力测量实验和试飞实验（10s 左右），初步验证了所设计的扑翼机构是一个可行的设计，但性能并非十分理想，因此还需要对其进行改进设计或重新设计。

8. 改进设计或重新设计

前面已经提到，机构设计是一个循环往复的过程，直到设计者满意为止。而这种满意度是相对的。现实生活中众多实用机构在性能、功能上的不断改善有力地说明了这一点。当需要改进机构时，在原设计基础上的改进设计或者“推翻”原设计的重新设计都是设计者通常考虑的技术路线。

由于前面设计的扑翼机构在性能上没有达到令人满意的程度，设计者选择了重新设计，即选择了构型综合为编号 5 的空间机构，再沿袭步骤 4~7，得到了一种新的机构设计，如图 1-15 所示。通过实地试飞试验，遥控飞行时间约为 5min，验证飞行性能基本达到了预期目标。

图 1-15 空间扑翼机构与扑翼飞行器的实物照片

1.10 机械原理课程的学习内容与目标

作为一门技术基础课，机械原理又称机构与机器理论、机构的分析与综合或机构设计等，从学科角度看，它以机构学为主要载体，兼顾少许机器动力学知识；从知识角度看，它位于设计的前端，属于概念设计。同时，机械原理是一门将科学与工程有机结合的课程，其核心在于创新设计。学习机械原理的最终目标是能更好地为科学研究与工程设计服务。

就研究内容而言，机构学和机器动力学都有着广泛的研究议题，不过本书只涉及其中最基本的概念、原理、方法等，并辅之以最新的研究进展及应用实例。具体到本科阶段，本课程需要学习和掌握的主要概念及方法见表1-2。

表1-2 本科阶段机械原理课程的主要知识点

主要概念	机器，机构，机械，结构，构件，运动副，运动链，机构运动简图，平面机构，空间机构，运动学，动力学，静力学，自由度，复合铰链，局部自由度，虚约束，机构倒置，同源机构，速度瞬心，机构分析，相对运动原理，连杆机构，曲柄，摇杆，滑块，连杆，连杆曲线，传动角，极限位置，四杆机构，曲柄滑块机构，急回机构，机构综合，构型综合，尺度综合，运动综合，刚体导引机构（运动发生器），函数机构（功能发生器），轨迹机构（路径发生器），直线机构，机械增益，间隙运动，齿轮机构，传动比，共轭齿廓，渐开线标准直齿圆柱齿轮，渐开线标准斜齿圆柱齿轮，渐开线标准直齿锥齿轮，基圆，节圆，分度圆，齿顶圆，齿根圆，间隙，根切，轮系，定轴轮系，行星轮系，差动轮系，反转法，凸轮机构，凸轮，从动件，基圆，压力角，运动类型，运动规律，SVA图，飞轮
主要方法	Grübler公式，Grashof定理，Kennedy定理，机构运动学分析的瞬心法、图解法、解析法，平面连杆机构设计（刚体导引机构设计、功能函数机构设计、路径轨迹机构设计）的图解法与解析法，凸轮设计的图解法、解析法，齿轮与（齿）轮系的设计，轮系传动比计算，动力学建模方法，动态静力学分析方法

本课程涉及的主要内容包括：

1）机构结构学基础：机构的组成与创新设计原理，机构自由度计算公式。

2）机构运动学基础：平面机构的运动学分析与综合方法，典型平面机构（连杆机构、凸轮机构、齿轮机构、轮系等）的类型、特点、功能、运动性能分析与设计。

3）机械动力学基础：平面机构的力学分析方法，机械效率与摩擦，机械的静、动平衡原理，机械系统运转过程中的若干动力学问题以及改善机械动力学性能的基本手段。

4）机械系统的方案设计：机械系统的概念设计过程，机械系统运动方案设计、优选与仿真。

另外，通过本书的学习，希望读者能够达到下述要求：

1）了解现代机构与机器发展的最新进展，以及机械系统方案设计的一般过程，树立正确的机械史观和设计思想。

2）掌握常用机构的基本特性、设计原理、设计方法，注重工程思维与创新思维的培养，具备基本的机械系统方案设计能力。

3）具有利用ADAMS等工具辅助完成机构或机械系统性能分析与验证的能力。

4）具有获取并应用标准、规范、手册、图册、科技文献等相关技术资料的能力。

5）掌握机械系统运动方案设计与性能测试的实验方法，并获得实验技能的基本训练。

6）掌握机构系统模型建立、分析求解和设计方案论证的理论及方法，具有分析与解决工程实践问题的创新设计能力。

1.11 机械原理课程的学习方法

鉴于机械原理的研究对象是机器与机构，该课程自然有其鲜明的个性：可动性和实践性。因此，在学习过程中，需采取恰当的方法与之适应，尤其要做到以下四点：

1）理论学习与工程实践相结合。注重将课程中学到的各种机构分析、设计方法用于指导工程实践；反过来，也能从工程实践中提炼出机构学中的基本问题，并给出相应的求解方法。

2）形象思维与逻辑思维并用。机构分析与综合过程中，多数既可以采用几何法，也可以采用解析法，需注重两种方法的区别与联系。

3）注重抽象思维与工程思维的培养。学会将具体机器抽象成机构运动简图，并运用机构运动简图分析机器运动原理；学习掌握运动学等效与动力学等效的一般原理。

4）加强科学精神与科研素养的培养。机械原理中蕴含着古今中外人类大量的智慧和发明，不乏体现科学精神与科研素养的实例。可以通过这些实例有意识地培养学生的科学精神，提升其科研素养，为培养创新型人才奠定基础。

1.12 如何使用本书

本书主要按照机构学的学科体系编排而成，分为结构学部分、运动学部分、动力学部分。但具体到教学实施或者学生自学过程中，完全可以不局限于这一顺序。

本书第2章和附录A提供了大量的机构图例，附录E提供了20多个设计题目，便于开展贯穿整个学期的项目化教学。每章最后配备了大量的习题，并分为基础题、提高题、工程设计基础题和虚拟仿真题四类，供不同层次的学校及学生选用。本书还提供了仿真动画，读者可以通过扫码体验。

【知识扩展】：机构学简史、研究现状及发展趋势[48,63,103,104]

机构学在广义上又称机构与机器科学（mechanism and machine science），是机械设计及理论二级学科的重要研究分支，在机械工程一级学科中占有基础研究地位，对机械结构的完善和性能提高，对社会经济的发展起了极大的推动作用。机构从一出现就一直伴随甚至推动着人类社会和人类文明的发展，它的研究和应用更是有着悠久的历史。从历史的发展来看，主要经历了三个阶段：

第一阶段（古世纪—18世纪中叶）：机构的启蒙与发展时期。标志性的成果有：古希腊大哲学家亚里士多德（Aristotle）的著作 *Problems of Machines* 是现存最早的研究机械和力学原理的文献。阿基米德（Archimedes）用古典几何学方法提出了严格的杠杆原理和运动学理论，建立了针对简单机械研究的理论体系。古埃及的赫伦（Heron）提出了组成机械的5个基本元件：轮与轮轴、杠杆、绞盘、楔子和螺杆。中国古代在机构方面有着辉煌的历史，取得了很多惊人的成就：商代和西周时期就出现了桔槔、辘轳等工具；西汉时期应用轮系传动原理制成了指南车和记里鼓车；东汉张衡发明的候风地动仪是世界上第一台地震仪。意大利著名绘画大师达·芬奇（Da Vinci）的作品 *the Madrid Codex* 和 *the Atlantic Codex* 中，列出了用于机器制造的22种基本部件。

第二阶段（18世纪下半叶—20世纪中叶）：机构的快速发展时期，机构学成为一门独立的学科。18世纪下半叶第一次工业革命促进了机械工程学科的迅速发展，机构学在力学基础上发展成为一门独立的学科，通过对机构的结构学、运动学和动力学的研究形成了机构学独立的体系和独特的研究内容，对于18~19世纪产生的纺织机械、蒸汽机及内燃机等结构和性能的完善起到了很大的推动作用。标志性的成果有：瑞士数学家欧拉（Euler）提出了平面运动可看成是一点的平动和绕该点的转动的叠加理论，奠定了机构运动学分析的基础。法国的科里奥利（Coriolis）提出了相对速度和相对加速度的概念，研究了机构的运动分析原理。英国的瓦特（Watt）研究了机构综合运动学，探讨连杆机构跟踪直线轨迹问题。1841年剑桥大学教授威利斯（Willis）出版著作 *Principles of Mechanisms*，形成了机构学理论体系。1875年德国的勒洛（Reuleaux）在其专著 *Kinematics of Machinery* 中阐述了机构的符号表示法和构型综合。他提出了高副和低副的概念，被誉为现代运动学的奠基人。1888年德国的布尔梅斯特（Burmester）在其专著 *Kinematics of Machinery* 提出了将几何方法用于机构的位移、速度和加速度分析，开创了机构分析的运动几何学。格鲁布勒（Grübler）发现了连杆组的自由度判据，这标志着向机构的数综合（number synthesis）迈出了重要一步。布尔梅斯特（Burmester）和弗洛丹斯坦（Freudenstein）用几何方法研究了连杆机构尺度综合，形成了系统的机构设计几何学理论。

第三阶段（20世纪下半叶—现今）：控制与信息技术的发展使机构学发展成为现代机构学。现代机械已大大不同于19世纪机械的概念，其特征是充分利用计算机信息处理和控制等现代化手段，促使机构学发生广泛、深刻的变化。现代机构学具有如下特点：

1）机构是现代机械系统的子系统，机构学与驱动、控制、信息等学科交叉与融合，研究内容比传统机构学有明显的扩展。

2）机构的结构学、运动学与动力学实现统一建模，三者融为一体，且考虑到驱动与控制技术的系统理论，为创新设计提供新的方法。

3）机构设计理论与计算机技术的结合，为机构创新设计的实用软件开发提供技术基础。

现代机构学使机构的内涵较之传统机构有了很大的拓展，主要体现在：

1）机构的广义化。将构件和运动副广义化，即把弹性构件、柔性构件、微小构件等引入到机构中；对运动副也有扩展，有广义运动副、柔性铰链等。同时对机构组成广义化，将驱动元件与机构系统集成或者融合为一种有源机构，大大扩展了传统机构的内涵。

2）机构的可控性。利用驱动元件的可控性使机构通过有规律的输入运动实现可控的运动输出，从而扩展了机构的应用范围。最典型的例子包括机器人、微机电系统（或者微机械）等。

3）机构的生物化与智能化，进而衍生出各种仿生机构及机器人、变胞机构、变拓扑机构等。

图1-16所示为机构学发展历程及发展趋势。

我国机构学的研究也走过了近百年的历史。北洋大学（1952年更名为天津大学）的刘仙洲是中国机构学的先驱者，他于1935年出版了我国第一本系统阐述机构学原理的著作——《机械原理》，开创了中国近代机械的研究先河。20世纪60年代后，我国机构学界开始了有自身特色的空间机构分析与综合研究。由张启先院士编著，于1984年出版的《空间机构的分析与综合》是我国第一本较为系统地阐述空间机构的学术著作。近30年，我国的机构学研究取得了长足的进步，主要集中在并联机构学、空间连杆机构、机构弹性动力学、灵巧手操作、移动机器人、柔性（柔顺）机构、仿生机构等方面，在机构构型综合与尺度综合、并联机器人机构学理论、机构弹性动力学、变胞机构、柔性机构等方面十分活跃，已接近或达到国际先进水平。

有关更加详实的机构发展史可参考张策先生所著的《机械工程史》。

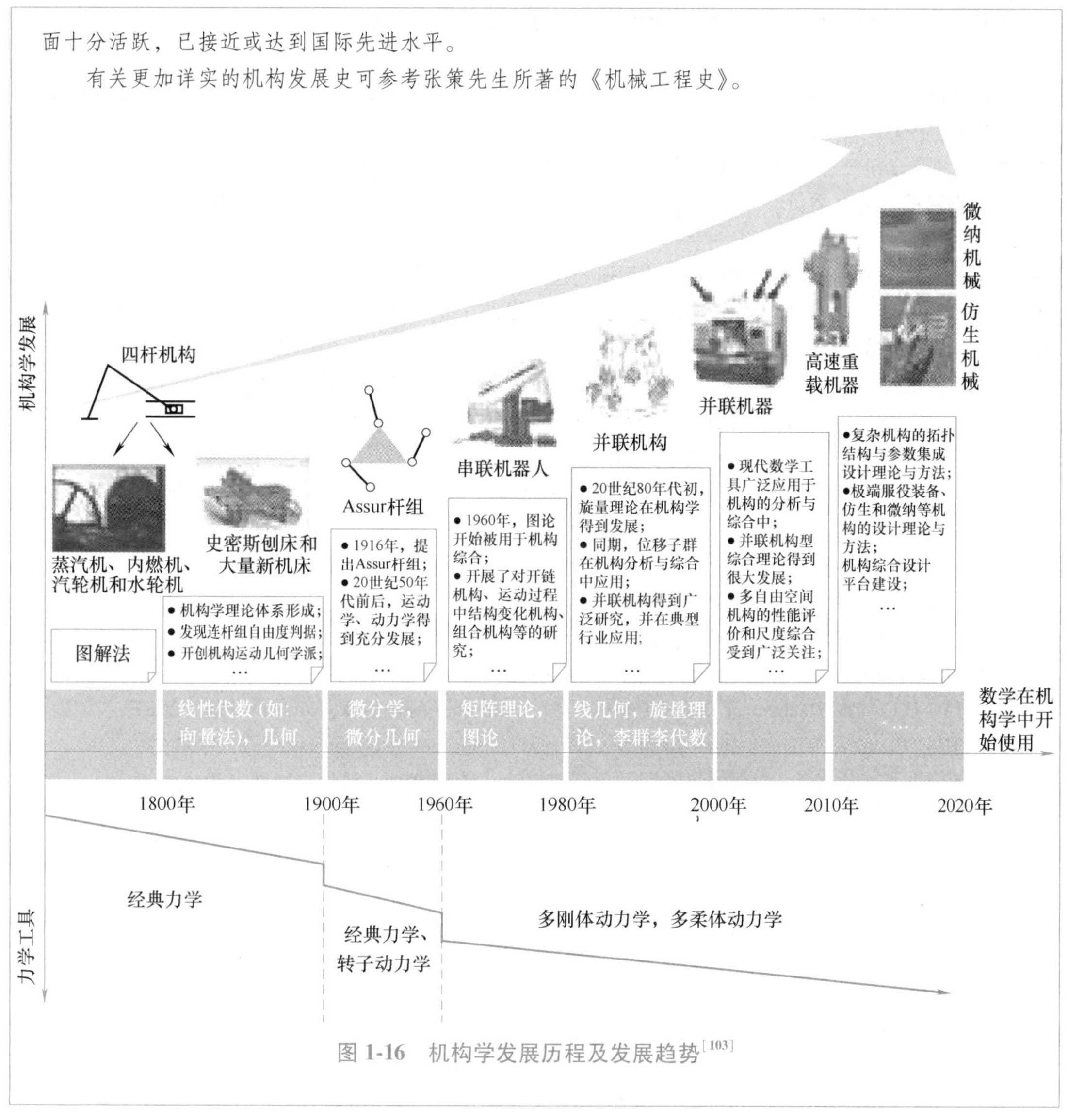

图 1-16　机构学发展历程及发展趋势[103]

辅助阅读材料

◆ 有关机构史的重要文献

[1] CECCARELLI M. Several Known Historical Figures Contributed to Mechanisms: Part 1 [M]. London: Springer-Verlag, 2007.

[2] CECCARELLI M. Several Known Historical Figures Contributed to Mechanisms: Part 2 [M]. London: Springer-Verlag, 2010.

[3] CECCARELLI M. Several Known Historical Figures Contributed to Mechanisms, Part 3 [M]. London: Springer-Verlag, 2014.

[4] MOON F C. The Machines of Leonardo da Vinci and Franz Reuleaux [M]. London: Springer-Verlag, 2008.

[5] YAN H S. Reconstruction Designs of Lost Ancient Chinese Machinery [M]. London: Springer-Verlag, 2007.

[6] 张策. 机械工程史 [M]. 北京：清华大学出版社，2015.

［7］张策. 机械工程简史［M］. 北京：清华大学出版社，2015.

◆ 有关机构学研究进展的重要文献

［1］ERDMAN A G et al. Modern Kinematics：Developments in the Last Forty Years［M］. New York：John Wiley & Sons，1993.

［2］高峰. 机构学研究现状与发展趋势的思考［J］. 机械工程学报，2005，41（8）：3-17.

［3］国家自然科学基金委员会工程与材料科学部. 机械工程学科发展战略报告［M］. 北京：科学出版社，2010.

［4］李瑞琴，郭为忠. 现代机构学理论与应用研究进展［M］. 北京：高等教育出版社，2014.

［5］中国机械工程学会. 机械工程学科发展报告：机械设计［M］. 北京：机械工业出版社，2014.

［6］中国机械工程学会. 机械工程学科发展报告：机械设计［M］. 北京：中国科学技术出版社，2018.

［7］邹慧君，高峰. 现代机构学进展：第1卷［M］. 北京：高等教育出版社，2007.

［8］邹慧君，高峰. 现代机构学进展：第2卷［M］. 北京：高等教育出版社，2011.

◆ 有关机械设计过程与创新设计的重要文献

［1］BLANDING D L. Exact Constraint：Machine Design Using Kinematic Principle［M］. New York：ASME Press，1999.

［2］NORTON R L. Design of Machinery：An Introduction to Synthesis and Analysis of Mechanisms and Machines［M］. 5th ed.. New York：McGraw-Hill，2011.

［3］PAHL G，BEITZ W. Engineering Design：a Systematic Approach［M］. London：Springer-Verlag，1992.

［4］SUH N P. The Principles of Design［M］. New York：Oxford University Press，1990.

［5］ULLMAN D G. The Mechanical Design Process［M］. 4th ed.. New York：McGraw-Hill，2010.

［6］YAN H S. Creative Design of Mechanical Devices［M］. Singapore：Springer-Verlag，1998.

［7］于靖军，裴旭，宗光华. 机械装置的图谱化创新设计［M］. 北京：科学出版社，2014.

习　题

1-1　试列举3~5个机构实例，并说明其功能。

1-2　试列举3~5个机器实例，并说明其组成与功能。

1-3　阅读《机械工程史》或《机械工程简史》等文献，自拟一个与某一具体机械或机器研究历史相关的题目，如自行车、机床、机器人等，以其中的机构为主题进行调研，撰写一篇不少于2000字的文献综述。撰写模板如下：

> 题　目
>
> 1. 引言
>
> 2. ××××××概述
>
> ×××××××××××××（对所述研究方向阅读文献的概述）
>
> 3. ××××××研究现状和发展趋势
>
> ×××××××××××××××××××××××××××××××××（含主要研究的若干分支，每一分支的理论/方法/方案/技术研究的现状，关键问题已解决的程度与尚待解决的难点，未来发展的趋势等）。
>
> 4. 结论（总结）
>
> 5. 主要参考文献

1-4　创新设计题目：仿生机构设计（或全国机械创新设计大赛的主题）。此题为过程性分组训练项目，包含开题+中期+结题答辩+技术文档+模型样机。其中，开题报告模板示例如下：

题　目

1. 项目背景

（1）选题背景

（2）国内外研究现状

2. 方案介绍

（1）研究目标

（2）研究内容

（3）初步的构想与思路

3. 进度安排

4. 参考文献

第一篇
机构结构学基础篇

第2章 常用机构

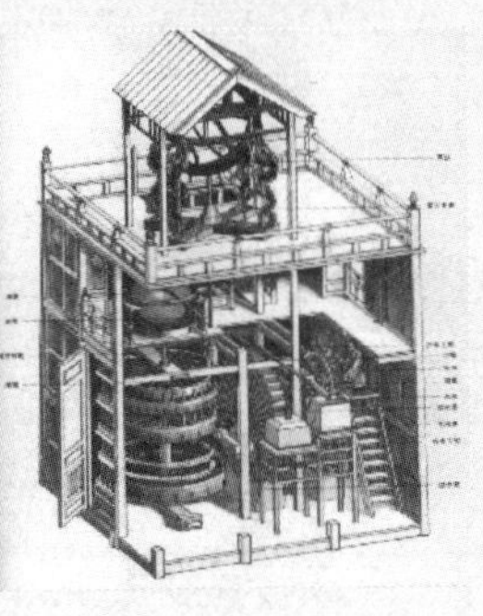

苏颂（1020~1101）领导创建的水运仪象台是我国古代的一种大型天文仪器，应用了多种常用机构，代表了我国11世纪末天文仪器的最高水平。

海马尾部特殊的结构及运动副，使得其尾部具有灵活的运动能力、良好的抓握能力及防御能力。该发现发表于*Science*期刊。

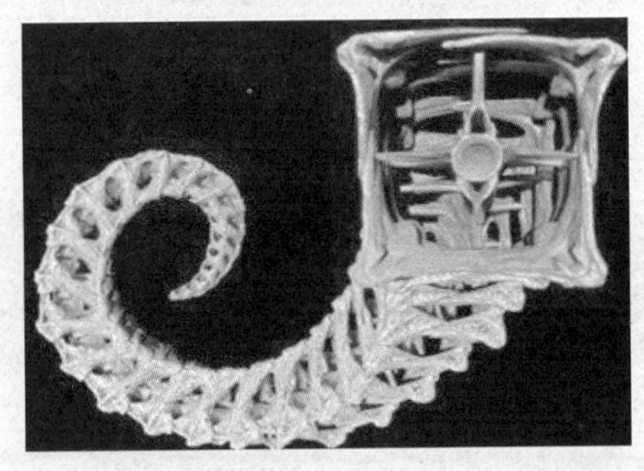

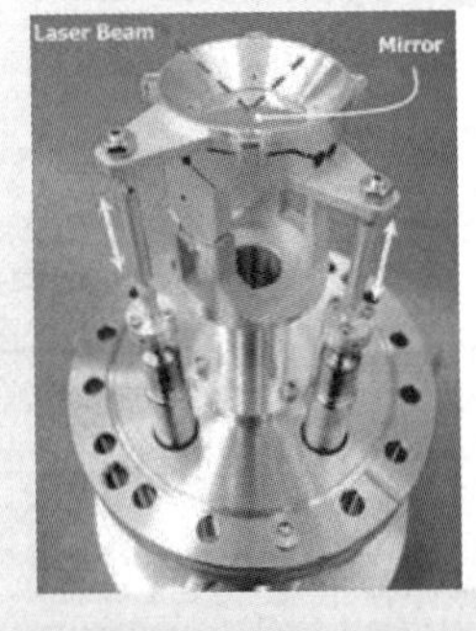

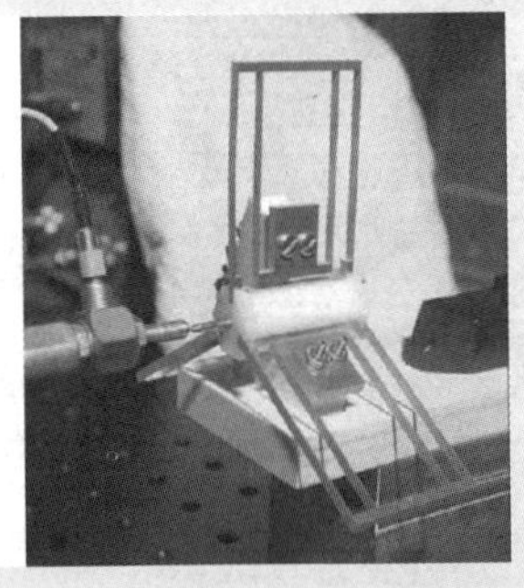

柔性机构利用材料的变形来替代传统运动副，被广泛应用于精密工程领域。

折纸机构（Origami）被应用于机器人、航天等领域，其折痕可以等效为铰链。

本章学习目标：

通过本章的学习，学习者应能够：

- 通过剖析机构的基本结构，学会识别不同类型的构件及运动副；
- 学会利用机构运动简图或运动示意图描述和表达机构；
- 了解常用机构各自的特点及其在生产、生活中的典型应用。

【内容导读】

内燃机是一部由多个机构组成的机器（可以称之为机构系统）。这样的一个机构系统是由哪些机构组成的？它们都是如何工作的？构成机构的基本元素又有哪些？如何描述某一特定的机构或机构系统？这些都是机构学首先需要讨论的问题。本章的主要内容包括：

1）通过剖析机构的基本结构，实现对机构的认知与识别。

2）采用机构学的语言描述和表达机构。

3）常用机构及其在生产、生活中的应用。

2.1 机构的组成

2.1.1 构件

任何真实的机械都是由若干具体的零件组合而成，零件（mechanical elements）是制造机械的基本单元。因此在机械制图中，为清晰地表达某一个机械的具体结构，在给出该机械总体装配图的同时，还要提供各个零件的零件图（标准件除外）。机构是一种机械装置，用来传递运动和力。那么它们具体是通过何种媒质进行传递的呢？机构的基本组成元素还是零件吗？不妨来看两个例子。

【例 2-1】 内燃机的主体机构——曲柄滑块机构

曲柄滑块机构可以看作是由缸体、活塞、连杆和曲轴组成的，当燃气在缸体内腔燃烧膨胀而推动活塞移动时，通过连杆带动曲轴绕其轴线转动。活塞作为输入，将运动和力传递给曲轴作为输出。这里，无论输入、输出件，还是中间连接件（连杆）或者不动件（缸体，学名为机架，frame），它们之间都存在相对运动，换句话说，是独立运动的单元体，称之为构件（link）。

再仔细观察图 2-1 所示的连杆，从加工的角度来看是由连杆体、连杆头、轴瓦、螺栓、螺母、轴套等零件装配而成的。但从机械实现预期运动和功能的角度来看，这些单独的零件并不都能起到独立的作用；相反，由于它们之间通过刚性连接（包含如螺栓连接、铆接、焊接等工艺形式），不产生相对运动，它们只能作为一个构件存在。

【例 2-2】 构件的识别及其表达

根据构件的定义：无论是何种介质，凡是能传递运动和力的独立运动单元体都可以称为构件。构件可以是常见的刚体（如杆、齿轮、凸轮等），也可以是挠性体（如带、绳、链）或弹性体（如弹簧），甚至还可以是流体（如油、气体等）。下面列举一些常用的构件以及它们的结构，如图 2-2 所示。

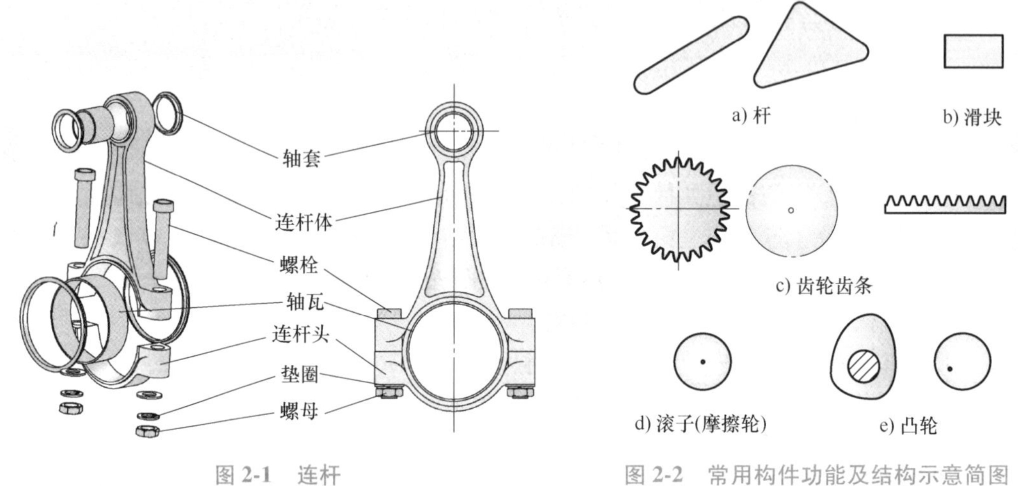

图 2-1　连杆

图 2-2　常用构件功能及结构示意简图

因此，构件是组成机构的最小运动单元，而零件是最小制造单元。

注意，在刚性体机构中，有时为使被连接的构件间相互压紧，常常附加弹簧等弹性元件以保证机构正常工作，这时的弹簧并不能作为独立构件存在，而是机构中的附加元件。

【思考题】：构件与零件的区别是什么？

2.1.2　运动副

为实现构件之间的相对运动，每个构件必须以一定的方式与另一构件相连接。两构件以一定几何形状和尺寸的表面相互接触并且能产生相对运动的活动连接称为运动副（kinematic pair），相互接触的表面称为运动副元素。而不能产生相对运动的刚性连接构件则称为同一构件。由此可以推断一个机构中只有一个机架（与地刚性连接）。可见，运动副是组成机构的又一基本元素。

两构件在没有运动副连接之前，它们之间的相对自由度数是6，但构成运动副后，构件间的相对运动将受到一定程度的约束（可用约束度来表示）。根据麦克斯韦（Maxwell）理论，运动副的自由度与约束度之和为6。也就是说，运动副每引入1个约束，构件便失去1个自由度。至于两个构件间形成的运动副到底引入了多少个约束，完全取决于运动副的类型。运动副根据引入的约束数目不同可分为Ⅴ级副（5个约束）、Ⅳ级副（4个约束）、Ⅲ级副（3个约束）、Ⅱ级副（2个约束）、Ⅰ级副（1个约束）等，还有一种特殊的约束是刚性约束（6个约束），它完全约束了两个刚体之间的相对运动。

此外，运动副还有其他分类方法：

1）根据运动副元素的接触形式可分为低副/高副（lower/higher pair）：两构件为面接触时为低副，为点、线接触时为高副。

2）根据构成运动副的两构件间的相对运动空间不同可分为平面运动副和空间运动副。

3）根据构成运动副的两构件间的相对运动特性不同可分为转动副、移动副、螺旋副、球销副、圆柱副、球面副、平面副等。

19世纪末期，勒洛（Reuleaux）发现并描述了6种可能的低副（不含球销副）。这些运动副能够在保持表面接触的同时进行相对运动，他把这些当作机械关节中最基本的理想运动副。在机械工程中，通常又称运动副为铰链或者关节（joint）。其中，转动副与移动副是平面机构中最常用的两种运动副。

1）转动副（回转副或旋转副，简写为R，revolute joint or turning joint）是一种使两构件发生相对转动的连接结构。它具有1个转动自由度，约束了刚体的其他5个运动，因此转动副是一种平面V级低副。

2）移动副（滑动副，简写为P，prismatic joint or slider joint）是一种使两构件发生相对移动的连接结构。它具有1个移动自由度，约束了刚体的其他5个运动，因此移动副是一种平面V级低副。

3）螺旋副（简写为H，helical Joint or screw joint）是一种使两构件发生螺旋（或螺纹）运动的连接结构。它同样只具有1个自由度，约束了刚体的其他5个运动，因此螺旋副也是一种空间V级低副。

4）球面副（简称球副，简写为S，spherical joint）是一种能使两个构件在三维空间内绕同一点做任意相对转动的运动副，可以看作是由轴线汇交一点的3个转动副组成。它约束了刚体的三维移动，因此球面副是一种空间Ⅲ级低副。

5）圆柱副（简写为C，cylindrical joint）是一种使两构件发生同轴转动和移动的连接结构，通常由共轴的转动副和移动副组合而成。它具有2个独立的自由度，约束了刚体的其他4个运动，因此圆柱副是一种空间Ⅳ级低副。

6）平面副（简写为E，planar joint）是一种允许两构件在平面内任意移动和转动的连接结构，可以看作2个独立的移动副和1个转动副组成。它约束了刚体的其他3个运动，只允许两个构件在平面内运动，因此平面副是一种平面Ⅲ级低副。由于没有物理结构与之相对应，工程中并不常用。

7）球销副（虎克铰，简写为U，universal joint）是一种使两构件发生绕同一点二维转动的连接结构，通常采用轴线正交的连接形式。它具有2个相对转动的自由度，相当于轴线相交的两个转动副。它约束了刚体的其他4个运动，并使得两个构件在空间内运动，因此球销副是一种空间Ⅳ级低副。

表2-1对7种常见的运动低副进行了总结。注意，表中的“R”在本书中表示转动，“T”表示移动，前面的数字表示数目。为了便于表示运动副和绘制机构运动简图，和构件一样，运动副常常用简单的图形符号来表示（GB/T 4460—2013）。

实际应用的机构可能用到上述所提到的任何一类关节，但最常见的还是转动副和移动副。同样是转动副，其具体表现形式可以有多种多样，如工业上常使用轴承（图2-3），而民间艺人制作的折纸艺术品同样体现了转动副的功能（图2-4）。

表 2-1　常见低副的类型及其符号表示

名　称	符　号	类　型	自 由 度	图　形	基本符号
转动副	R	平面Ⅴ级低副	1R		
移动副	P	平面Ⅴ级低副	1T		
螺旋副	H	空间Ⅴ级低副	1R 或 1T		
球销副	U	空间Ⅳ级低副	2R		
圆柱副	C	空间Ⅳ级低副	1R1T		
平面副	E	平面Ⅲ级低副	1R2T		
球面副	S	空间Ⅲ级低副	3R		

图 2-3　轴承

图 2-4　折纸艺术品

以点、线形式接触的运动副为高副。例如连接凸轮与滚子从动件的凸轮副（cam pair）、一对齿轮啮合时的齿轮副（gear pair），球在平面内滚动时的接触也是高副形式。需要指出的是，从自由度数来考虑，高副的自由度数未必一定是 2（提供 1 个平面约束，如图 2-5 所示）。例如只滚不滑（纯滚动）的高副接触其自由度数为 1，如图 2-6 所示。

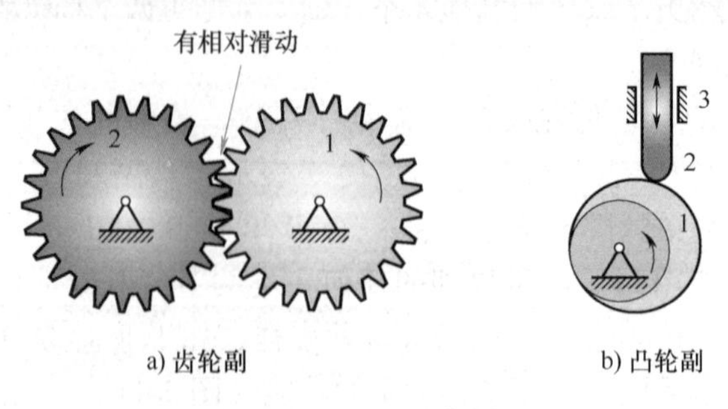

a) 齿轮副　　b) 凸轮副

图 2-5　2-DOF 高副

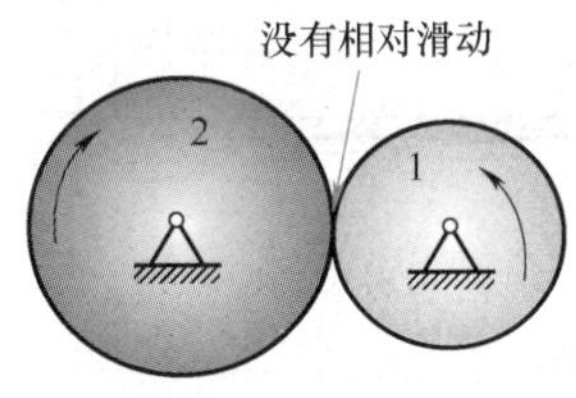

a) 摩擦轮机构的纯滚运动

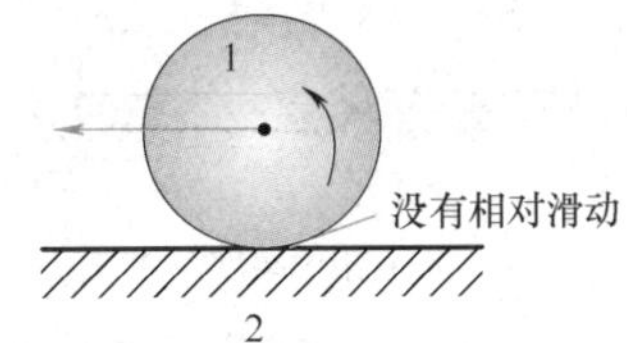

b) 轮子在平面上做纯滚动

图 2-6 1-DOF 高副

此外，高副中还含有一种特殊的子类型——挠性缠绕副，包括滑轮与传动带的接触、链轮与链的接触以及绳与轮轴之间的接触等。

物理意义上的运动副表现形式多种多样，有时甚至表现为机构的形式。但从运动学角度看，不同运动副之间、机构与运动副之间存在运动学等效性（kinematic equivalence）。前面提到的球面副就是一个典型的例子，它可以由轴线汇交于一点的 3 个转动副等效而成。实际上，低副也可通过高副的组合来实现等效的运动及约束。例如转动副通过多个球轴承或滚子轴承（都是高副）并联组合而成，同样具有运动学（或约束）等效性。另外，复杂机构可以等效为某一简单副。例如平行四边形机构可以等效为一个移动副，诸如此类。这样的铰链形式称为复合铰链（compound joints）或复杂铰链（complex joints），而现行机械原理教材中所指的复合铰链实际上是重叠铰链（common joints）。

需要指出的是，机械原理中所讨论的运动副都是理想几何状态，而实际加工出的运动副往往存在间隙。例如转动副，如果存在轴向间隙，其自由度就变成了 2，进而演变成了圆柱副。

【思考题】：机构中是否一定存在运动副？移动副和球面副是否都可以通过转动副（的组合）来实现？

【知识扩展】：柔性铰链

运动副还可以有其他不同的分类方式，如根据运动副在机构运动过程中的作用可分为主动副（active joint）和被动副（passive joint），主动副也可称为驱动副（actuated joint）；根据运动副的结构组成还可分为简单副（simple joint）和复杂铰链，其中复杂铰链实质上可以通过机构来实现。

随着近年来 MEMS 技术的出现，精微机构的应用范围愈来愈广泛。同样在仿生领域，设计加工一体化的机械结构使其更有优势。作为需要装配的传统刚性铰链的有益补充，柔性铰链（compliant joints）应运而生。

现有各种类型的柔性铰链都可以看作由基本柔性单元组成。这些柔性单元包括缺口型柔性单元、簧片型柔性单元、细长杆型柔性单元、扭簧型柔性单元等，同时它们也可以作为单独的柔性铰链使用。如图 2-7 所示，缺口型柔性铰链是一种具有集中柔度的柔性元件，它在缺口处产生集中变形；而簧片和细长杆在受力情况下，其每个部分都产生变形，它们是具有分布柔度的柔性元件。

由这些柔性单元可以组合成形态各异、性能更佳的柔性铰链，以实现与刚性运动副类似的运动功能。例如，由若干簧片的组合可以衍生出多种型式的柔性运动副（如交叉簧片型、车轮型、蝶形柔性转动副，滚动型，平行簧片型移动副等），部分如图 2-8 所示。

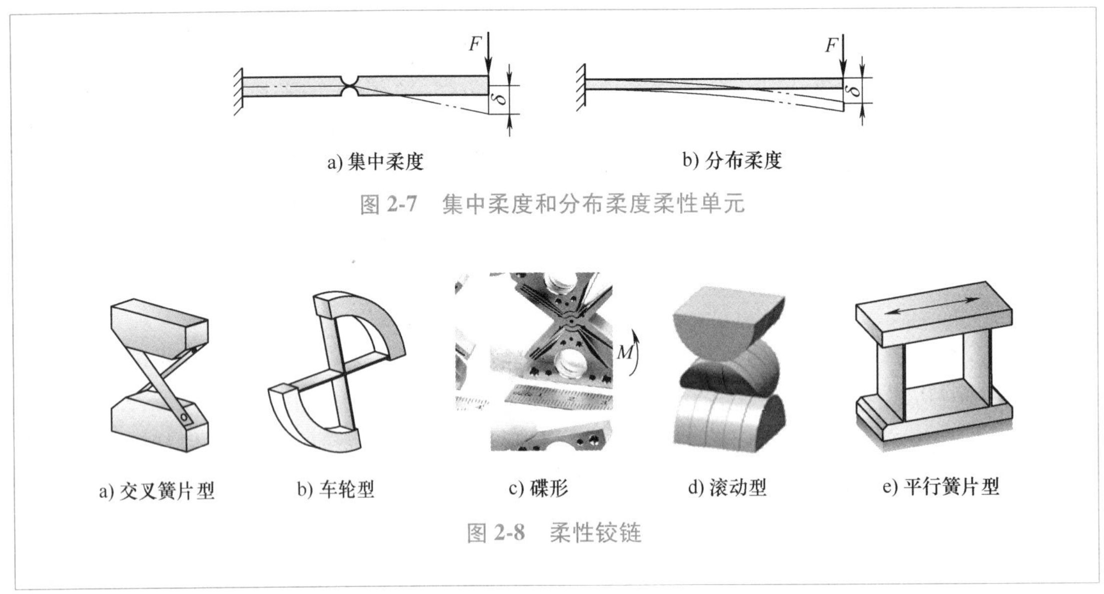

图 2-7 集中柔度和分布柔度柔性单元

图 2-8 柔性铰链

2.1.3 运动链与机构

将构件通过运动副连接构成可相对运动的系统称为运动链（kinematic chain）。运动链中，如果将某一构件相对固定而成为机架（frame），而让另一个或几个构件按给定运动规律相对于机架运动，这样所构成的运动链就变成了机构。机构中按给定运动规律相对于机架独立运动的构件称为主动件（driving link），常在其上画转向（或移动）箭头表示。而其余活动构件则称为从动件（follower），如图 2-9 所示。注意，一个机构中只有一个机架。

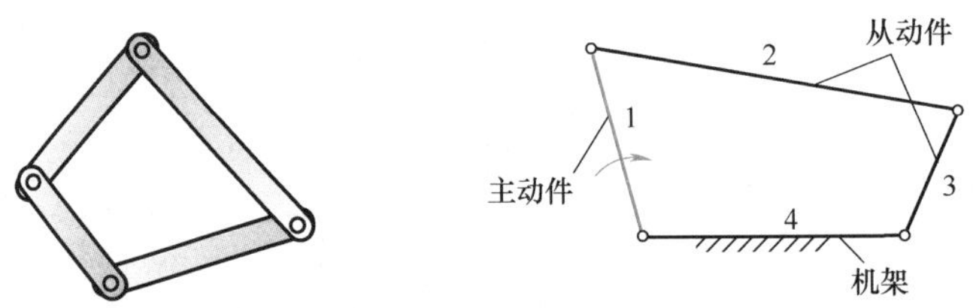

图 2-9 运动链与机构

运动链中可能存在着不同类型的构件或运动副。就构件而言，根据所连接运动副的数量不同，可分为二副杆（binary link）、三副杆（ternary link）、四副杆（quaternary link）等，如图 2-10 所示。其中后两者需要特殊标记，以示区别。

如果组成运动链或机构的每一构件与其他构件都有至少两条路径相连接（或均有至少两个构件与之连接），该链形成一个或几个封闭回路，则称为闭链（closed chain）或闭链机构，如图 2-11 所示。若每一构件与其他构件有且只有一条路径相连接，则称为开链（open chain）或开链机构。此外，若运动链（或机构）中既有开链又有闭链，则称为混链（hybrid chain）或混联机构。实际机械中，一般多采用闭链机构。开链机构最为典型的例子是工业机器人（图 2-12a）。近年来，以多闭链结构为主要特征的并联机器人则应用越来越广泛（图 2-12b）。

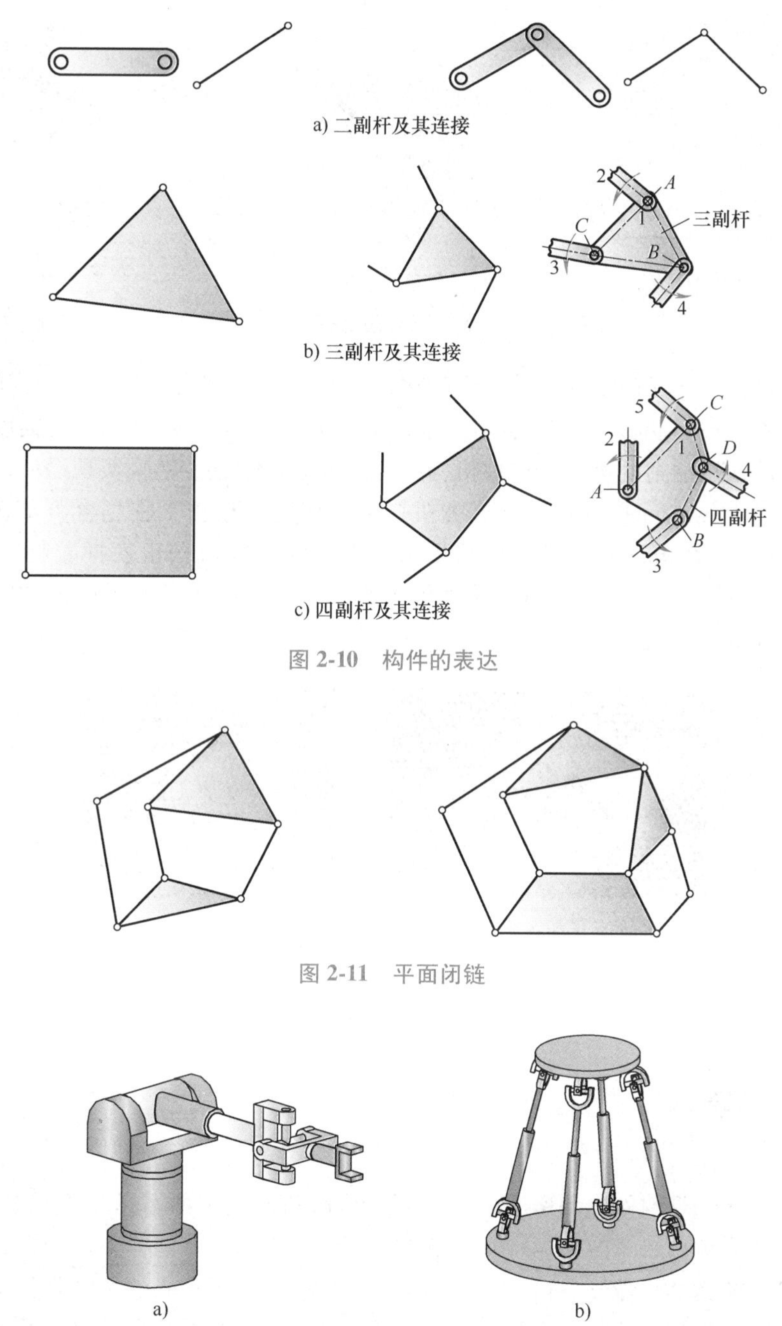

a) 二副杆及其连接

b) 三副杆及其连接

c) 四副杆及其连接

图 2-10　构件的表达

图 2-11　平面闭链

a)

b)

图 2-12　空间开链机器人与并联机器人

如图 2-13 所示，根据运动链（或机构）中各构件间的相对运动的不同（如平面运动、球面运动和空间运动），可将其分为平面运动链（或平面机构）、球面运动链（或球面机构）和空间运动链（或空间机构）。其中，平面机构应用最为广泛。

此外，根据构件或运动副的柔度（compliance）特性，还可以将机构分成刚性机构（rigid mechanisms）、弹性机构（flexible mechanisms）、柔性机构（或柔顺机构，compliant mechanisms）及软体机构（soft mechanisms）。刚性机构是指构件为刚体，运动副为理想柔

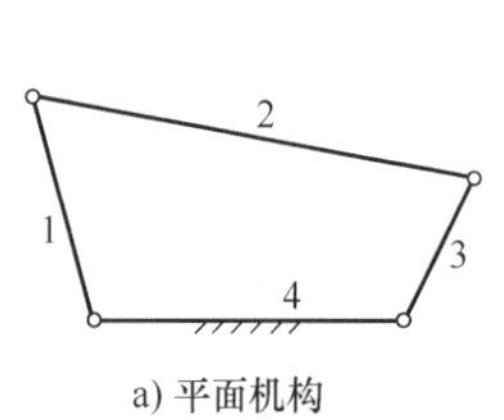

a) 平面机构

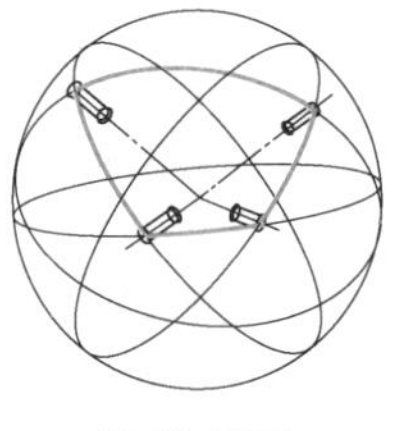
b) 球面机构

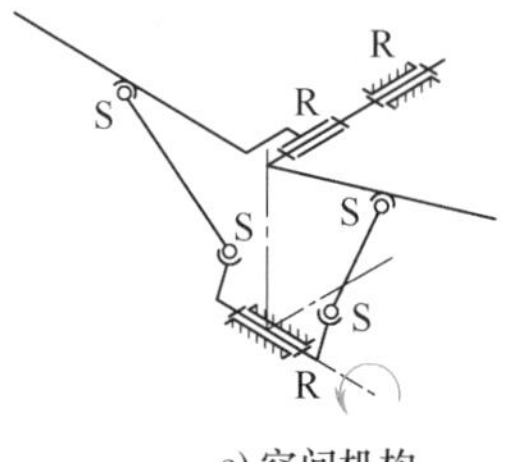

c) 空间机构

图 2-13 机构的分类

度，而真实的机构往往无法实现，从而影响机构的性能（如刚度、精度等）。弹性机构及柔性机构均是指构件或运动副为非理想柔度的机构，但前者偏重考虑如何规避柔度，而后者则充分利用了构件或运动副的柔度。柔性机构中，如果通过柔性铰链来实现运动，则通常称为柔性铰链机构（flexure mechanisms），这类机构通常应用在精密工程场合（如图 2-14a 所示的纳米定位平台）。在仿生机械及仿生机器人等领域，柔性机构也发挥着越来越重要的作用（如图 2-14b 所示的柔性扑翼鱼）。软体机构的柔度比一般意义的柔性机构更大，目前多用于软体机器人的执行机构。

a) 纳米定位平台(柔性铰链机构)

b) 柔性仿生机构(扑翼鱼)

图 2-14 柔性机构

2.2 机构的表达

前面提到，无论是构件还是运动副，其实际结构和形状多种多样，图形表达十分复杂，因此引入了简图或结构示意图表达（如表 2-1 和图 2-10 所示），同样，机构也是如此。由于在运动链和机构的运动学设计（kinematic design）过程中，所关心的主要是其中与自由度和运动性质有关的形状和尺寸，而实际结构和形状一般并不影响机构的运动，没有必要详细地表达出来。这时，就可以用简图来表示构件和运动副，并按照一定比例尺（scale）表示各构件及运动副与运动有关的尺寸及相对位置，如图 2-15 所示的用于内燃机中的曲柄滑块机构的简图。这种能表达机构运动的简化图形称为机构运动简图（kinematic diagram）。在对现有机构进行分析或设计新机构时，首先需要绘制其机构运动简图。

绘制机构运动简图前必须先做好以下几项工作：

1）分析机构的运动。首先认清主动件和机架，确定其组成的各构件。

2）判定运动副的类型。从主动件起，逐个观察各构件的运动形式，以及相邻两构件的相对运动形式，确定运动副类型。

3）**确定视图平面**。若仅为平面机构，则取平行于机构运动平面的平面为视图平面；若为空间机构，则选择多数构件共同的运动平面为视图平面。必要时也可选择两个或两个以上视图平面。

4）**选定绘图比例尺**。根据各构件的实际尺寸和图示尺寸确定长度比例尺 μ_l=实际尺寸（m）/图示尺寸（mm）。

5）**用规定符号绘制各运动副与构件**。选择一个合适的机构位置绘制机构运动简图。从机架（或主动件）起按规定的简图符号，逐个画出运动副和构件的位置，直至输出运动的构件（或机架）。

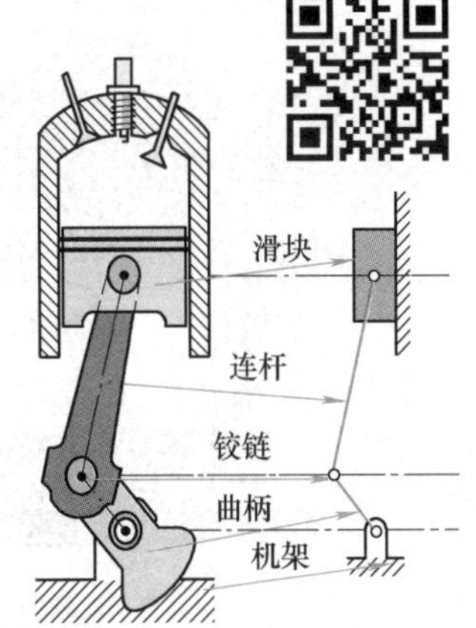

图 2-15 曲柄滑块机构运动简图

6）**对构件与运动副进行编号**。用箭头标出主动件的运动方向，运动副一般用英文大写字母 A、B、C、…标注（有时，与机架相连的转动副用 O_i表示，i 为与之相连的转动构件的编号），构件则按照数字 1、2、3、…顺序进行编号。本书通常将机架作为最后一个构件。

7）**标明主动件**。

以上步骤中的前两步是关键。下面以偏心轮机构和压力机为例，具体说明机构运动简图的绘制方法。

【例 2-3】 偏心轮机构运动简图的绘制（图 2-16）

a) 机构示意图　　b) 机构运动简图

图 2-16 偏心轮机构及其运动简图

1）观察机构的运动情况。偏心轮为主动件做定轴转动，其几何中心（即偏心轮与连杆组成转动副的中心）至转轴的距离为定值，因此偏心轮在机构运动中的作用相当于一个曲柄的作用。故该机构实为曲柄滑块机构。

2）按规定绘制成合格的机构运动简图（图中各构件尺寸均按比例画出）。

【例 2-4】 压力机运动简图的绘制（图 2-17）

由图 2-17a 所示压力机的结构示意图可知，该机构是由偏心轮 1、齿轮 1′、杆件 2~4、滚子 5、槽凸轮 6、齿轮 6′、滑块 7、压杆 8 和机座 9 所组成。其中，齿轮 1′和偏心轮 1 固结在同一转轴 O_1 上；齿轮 6′和槽凸轮 6 固结在同一转轴 O_6 上。因此该机构系统由 9 个构件组成。

机构系统的运动由偏心轮 1 输入，分两路传递：一路经杆件 2 和 3 传至杆件 4；另一路由齿轮 1′经齿轮 6′、槽凸轮 6、滚子 5 传至杆件 4。两路运动经杆件 4 合成，再经滑块 7 传至压杆 8，使压头做上下移动，实现冲压操作。

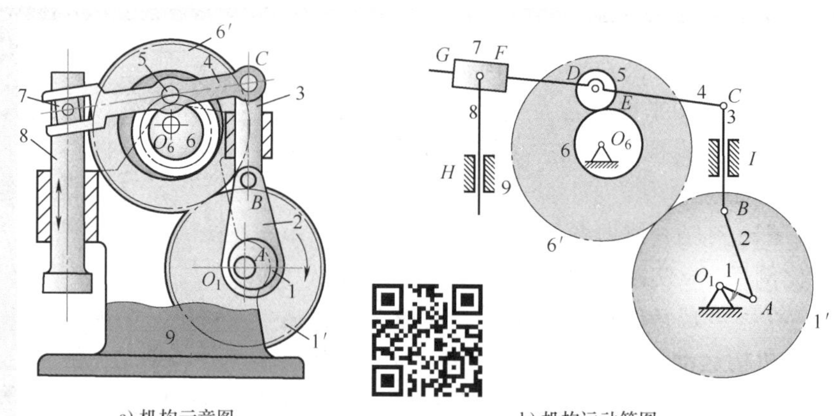

a) 机构示意图　　　b) 机构运动简图

图 2-17　压力机及其运动简图

根据运动传递情况，不难判断每相邻两构件组成的运动副类型。该机构系统中有2个平面高副，一为齿轮高副，一为凸轮高副，其余均为低副（转动副和移动副）。

在确定了各运动副类型后，就从主动件起按比例画出如图 2-17b 所示的机构运动简图。

为了更形象地认识和了解机构的运动情况，可以利用 ADAMS 等计算机辅助工程软件对所绘制的机构运动简图进行动态仿真。

除了用机构运动简图表达机构外，有时只是为了表明机构的组成和结构特征，而不严格按照比例绘制简图，这样所形成的简图称为机构示意图（schematic diagram）。机构示意图多用于机构的结构分析与构型综合。

无论是机构运动简图还是机构示意图，都属于形象的图形表达范畴。除此之外，机构表达尤其是连杆机构表达有时还采用抽象的符号表达（symbol representation）形式，以代替机构示意图表达。

更为简单的方法是直接采用运动链（或机构）中所含运动副符号表征，并作为命名机构的一种方式。例如图 2-9 所示的机构可以表示成 RRRR（或 4R）机构。不过这种表示法多用于空间连杆机构中，平面连杆机构之间因都采用平面低副，采用该方法会造成区分困难，因此一般不采用。命名方式遵循：按顺时针方向顺序标注，由机架相连的运动副开始到与机架相连的另一运动副结束。图 2-16 所示的机构为 RRRP 机构。

符号表达还有其他方式，比较典型的如结构表达（structure representation）或图表达（graph representation）。尤其后者基于图论，具有很强的数学支撑。无论平面机构还是空间机构，连杆机构还是其他类型机构，图表达应用得都很普遍（有关图论的基本知识请参考附录 C）。

机构的结构表达与图表达的共同之处在于用简单而特殊的符号所表示的构件和运动副相连接后构成一个平面结构图。而它们之间的区别在于前者的构件用直线表示，后者的运动副用直线表示。两者之间正好形成对偶关系。例如图 2-18a 所示的铰链四杆机构，图 2-18b 和图 2-18c 分别采用的是结构表达和图表达形式，可以发现前者更接近于机构示意图表达。又如图 2-19a 所示的差动轮系，图 2-19b 和图 2-19c 分别采用的是结构表达和图表达形式。

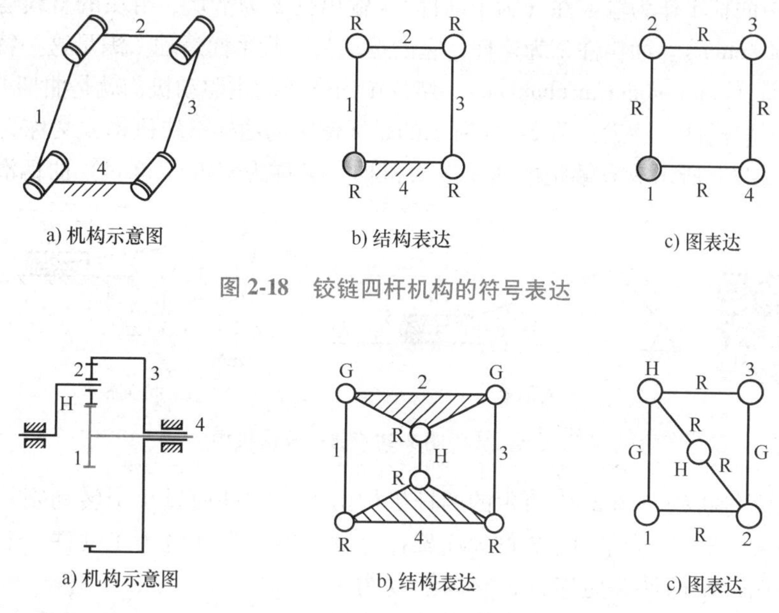

a) 机构示意图　b) 结构表达　c) 图表达

图 2-18　铰链四杆机构的符号表达

a) 机构示意图　b) 结构表达　c) 图表达

图 2-19　差动轮系的符号表达

【思考题】：什么是机构运动简图？要正确绘制机构运动简图应注意哪些问题？

2.3 常用机构的特点及应用

在建立了构件与运动副、运动链与机构的概念以及了解了与之相关的图形（或符号）表达后，本节将重点介绍一些典型的常用机构及其术语。

2.3.1 连杆机构

连杆机构是一类由若干个刚性构件通过低副连接所组成的机构。低副为面接触，具有压强小、磨损轻、易于加工等优点，因而广泛用于各种机械和仪器设备中。若机构中所有运动杆件均在相互平行的平面内运动，则该机构为平面连杆机构，否则为空间连杆机构。平面连杆机构还可再分为四杆机构和多杆机构，其中（平面）四杆机构是连杆机构中最简单的闭链机构。

1. 简单的四杆机构

最简单的闭链连杆机构是四杆机构，由 3 个运动构件和 4 个铰链连接而成。如图 2-9 所示，与动力源或原动机相连的构件称为输入件（input link），从动件可以作为输出件（output link），而作为从动件的连杆（coupler）则连接两个活动铰链，从而将输入件和输出件耦合起来。机构中能绕定轴做整周回转的构件称为曲柄（crank），绕定轴做往复摆动的构件称为摇杆或摆杆（rocker），只做往复移动的构件称为滑块（slider）。其中与机架相连接的构件称为连架杆。首先看两个典型的例子。

（1）**曲柄滑块机构**　图 2-20 所示的四杆机构由 4 个构件通过 3 个转动副和 1 个移动副相

连接而成。其中曲柄1作为输入件（为主动件），输出件3为滑块，滑块的直线运动轨迹称为作用线（line of action）。而构件2为连杆，它的运动为一般平面运动。满足这一特征的机构称为曲柄滑块机构（crank slider mechanism）。绪论中内燃机的主驱动机构就是曲柄滑块机构，只不过曲柄变成了输出件。注意：图2-20a所示的是无偏距的曲柄滑块机构，又称为对心曲柄滑块机构；而图2-20b所示为有偏距的曲柄滑块机构，又称为偏置（offset）曲柄滑块机构。

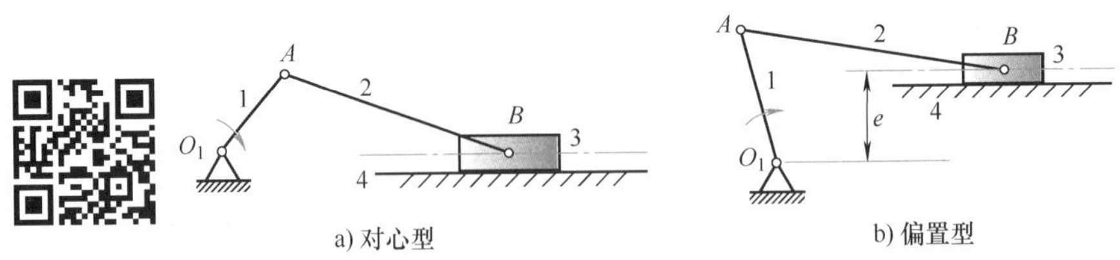

图2-20 曲柄滑块机构

（2）铰链四杆机构 图2-21所示的四杆机构由4个构件通过4个转动副首尾相连接而成。其中构件4为机架，构件1、3作为连架杆分别为输入件（也为主动件）和输出件，它们都绕定轴转动，而构件2为连杆，它的运动为一般平面运动。满足这一特征的机构称为铰链四杆机构（four-bar mechanism）。铰链四杆机构的各转动副中，如果组成转动副的两构件能相对整周转动，则称其为周转副或整转副；反之，不能做相对整周转动者称为摆转副。对于连架杆而言，能做整周回转者为曲柄，只能在一定范围内摆动者称为摇杆。

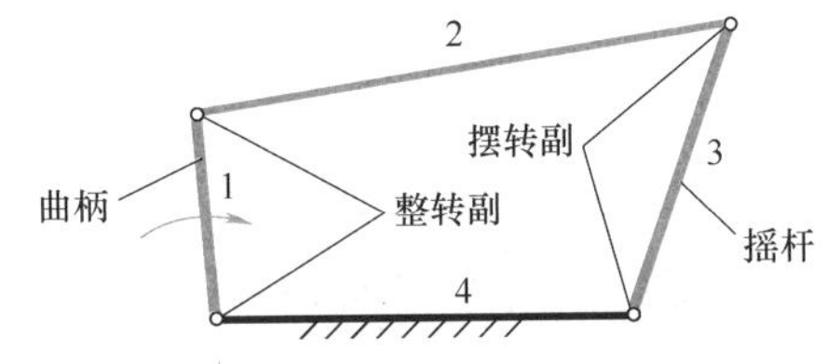

图2-21 铰链四杆机构

图2-22所示为铰链四杆机构完成3种不同任务的应用实例。图2-22a中所示的四杆机构为圆轨迹复制机构，其特征点E可以实现精确的圆形轨迹。图2-22b中所示的四杆机构为草坪洒水器的驱动连杆机构，可以通过调整夹紧螺钉改变其输出件的长度和角度，进而使洒水头实现不同的摆角。这种可调式连杆机构可以改变其输出件与输入件之间的函数关系。图2-22c中所示的四杆机构为铸造用砂箱翻转机构。这三种机构分别属于轨迹生成机构、函数生成机构和刚体导引机构（或运动生成机构）。

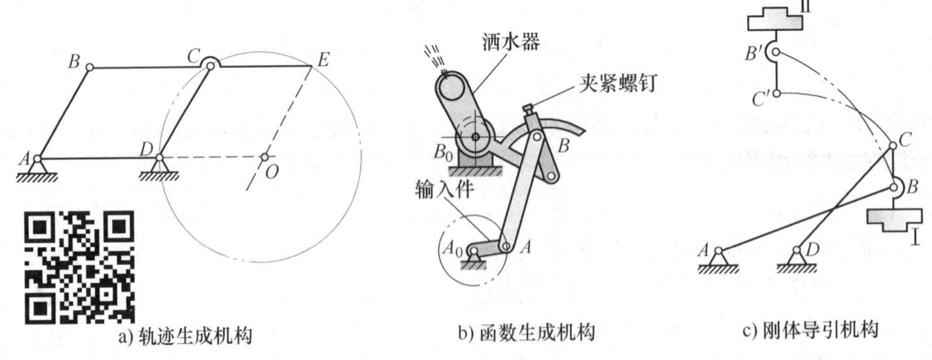

图2-22 铰链四杆机构的3种不同任务

图2-23所示的机构中给出了表示铰链四杆机构各个构件有效长度（两铰链中心连线的

长度）的符号，各杆杆长（这里称为机构的尺寸参数）决定着这类机构的分类（如可根据有无曲柄以及曲柄多少来划分这类机构，具体讨论见本章后续内容）以及机构的运动特性，例如连杆上某一点（简称连杆点）的运动轨迹特性，这里称之为连杆曲线（coupler curve）。选取不同的连杆点，其运动轨迹也不相同。图 2-24 所示为在确定尺寸参数下，选取不同连杆点时的运动轨迹。同样，选取不同的尺寸参数，也会改变连杆点的运动轨迹。

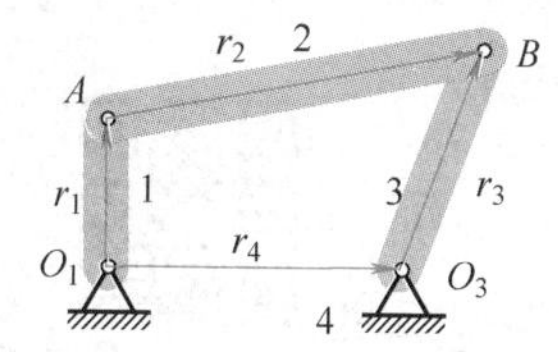

图 2-23 铰链四杆机构的尺寸参数

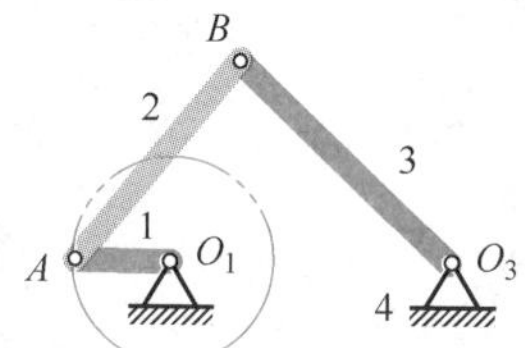

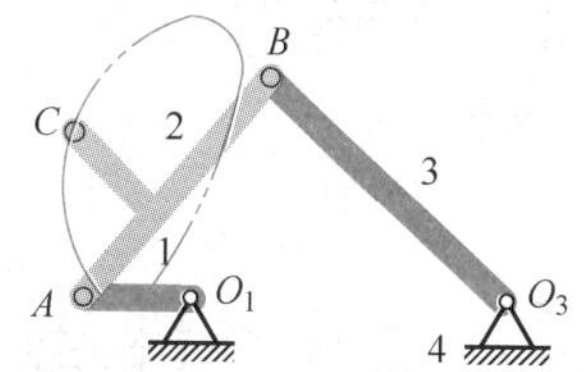

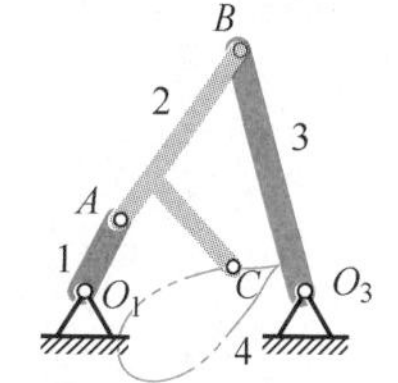

图 2-24 同一机构具有不同的连杆曲线

还有一些铰链四杆机构具有特殊功能。例如，如果机构的尺寸参数及连杆点选取合适，可以产生近似直线的轨迹。这类可以产生直线（或近似直线）轨迹运动的机构称为直线机构（straight-line mechanisms）。图 2-25 所示为三种典型的近似直线机构：瓦特（Watt）直线机构、罗伯茨（Roberts）直线机构和切比雪夫（Chebyshev）直线机构（有关更多种类的直线机构参看附录 A）。

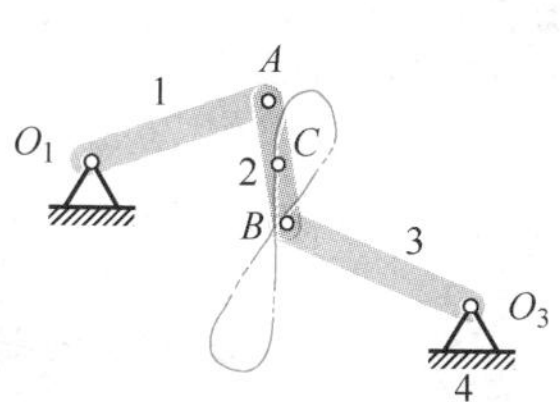

a) 瓦特(Watt)直线机构

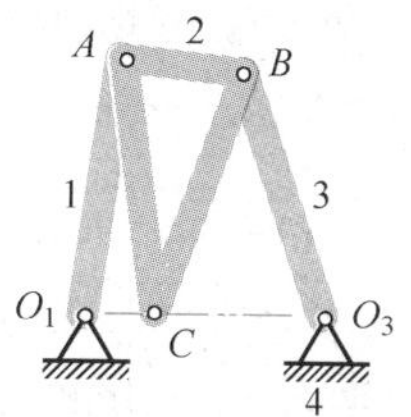

b) 罗伯茨(Roberts)直线机构

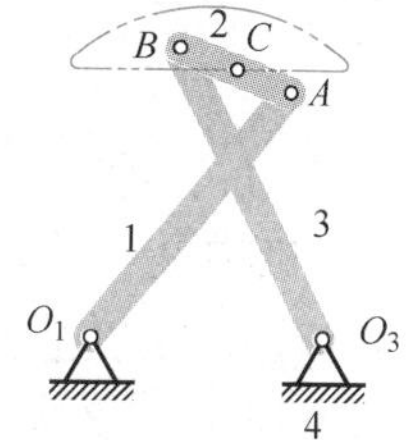

c) 切比雪夫(Chebyshev)直线机构

图 2-25 三种铰链四杆型近似直线机构

【实践活动】：查阅资料找到图 2-25 所示三种机构满足实现直线运动的轨迹点位置以及相关的几何条件，并利用 ADAMS 进行运动学仿真。

2. 平面多杆机构

除了平面四杆之外，平面五杆机构和平面六杆机构也较为常用。图 2-26 所示为一种对称的平面五杆机构，图 2-27 所示为两种平面六杆机构。

3. 空间单环连杆机构

空间连杆机构可实现复杂的空间运动。组成空间连杆机构的运动副除了转动副和移动副外，还有螺旋副、圆柱副、球面副、球销副等。空间连杆机构中，空间四杆机构是其最基本的类型，如图 2-28 所示。

空间单环连杆机构家族中，除了单闭链机构外，还有单开链机构，多用作工业机器人操作臂。有关工业机器人操作臂更为详细的介绍参见附录 A。

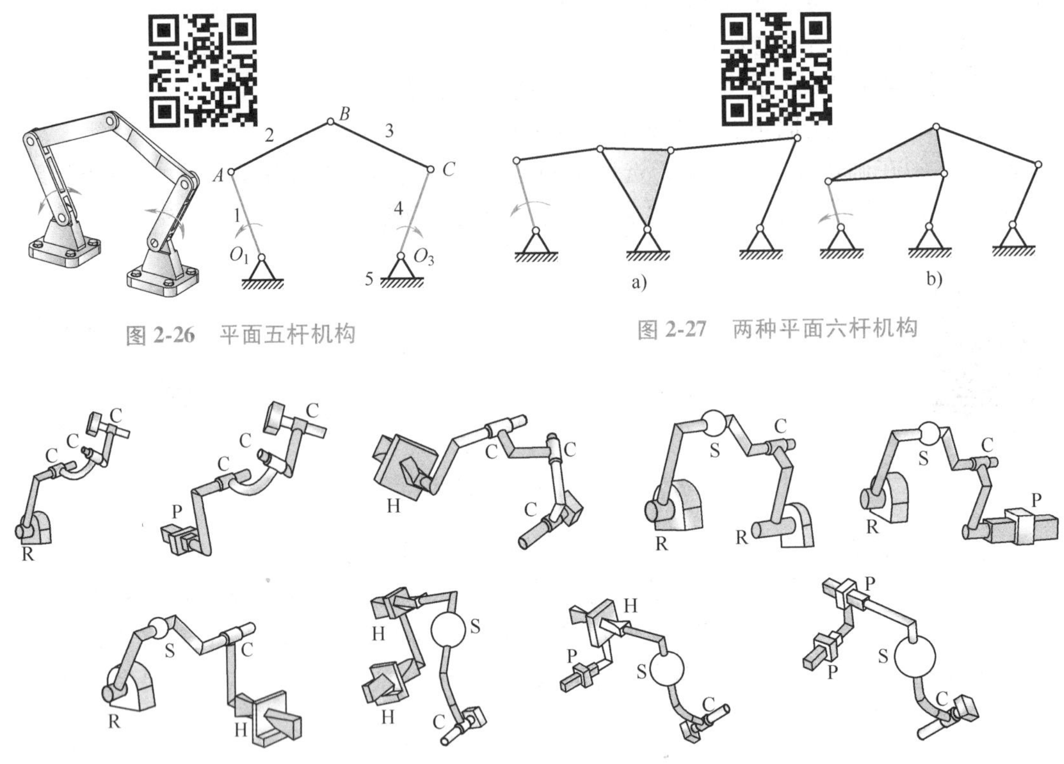

图 2-26　平面五杆机构

图 2-27　两种平面六杆机构

图 2-28　9 种空间四杆机构

4. 并/混联机构

并联机构是一种多闭环机构（multi-closed-loop mechanism）或多环机构，它由一个动平台、一个定平台和连接两个平台的多个支链（limbs）组成，如图 2-29 所示。支链数一般与动平台的自由度数相同，这样每个支链可以由一个驱动器驱动，并且所有驱动器可以安放在平台上或接近定平台的地方，因此并联机构往往被称为平台型机器人（platform-type manipulator）。

动平台

支链

定平台

图 2-29　并联机构的组成

由于外载荷可以由所有驱动器共同承受，并联机构具有高的承载能力。这种机构一般在精度、刚度和速度等方面具有优势，已广泛应用于动态模拟器、特种作业、并联机床和仿生机器人中。

动态模拟器是并联机构应用最早的装置之一，主要利用该类机构的高动态性能。典型的如飞行训练模拟器（图 2-30a）、海况模拟器、摇摆台、地震模拟器、空间对接过程模拟器、稳定跟踪系统，甚至公共娱乐设施等，已为人们所熟知并产品化。

并/混联式高速及高加速操作手（manipulator）是并联机构应用最为成功的装置之一，如用于半导体芯片制备，电池、巧克力分拣等自动化生产线中（图 2-30b），主要利用该类机构的轻质、负载自重比大而导致的高速、高加速度。并联机构与柔性铰链相结合可实现纳米级定位，如用于生物细胞操作、纳米管的装配等。此外，并联机构还可应用于深空探测领域的指向、导引、追踪、展开、对接、探测等，例如，并联机构可用作飞船和空间站的对接机构，上下平台中间都有通孔作为对接后的通道，上下平台作为对接环，由 6 个直线驱动器驱动以帮助飞船对准。

20 世纪 90 年代，国际上首次出现并联虚轴机床，它能实现多轴联动，进行复杂空间曲面加工，与传统数控机床相比较，具有结构简单、制造方便、刚性好、重量轻、速度快、精度高、价格低等优点。例如，Z3 并联动力头（图 2-30c）已应用于航空航天领域中大型结构件的高速铣削加工。

从许多自然界的生物结构中都能找到并联构型，因此将并联机构用在仿生装置中确是天经地义的事情。如多指灵巧手、各类仿生关节、仿生腰、仿生脊柱、仿生腿，甚至仿生毛虫等都是并联机构同仿生学相结合的产物。

a) 飞行训练模拟器

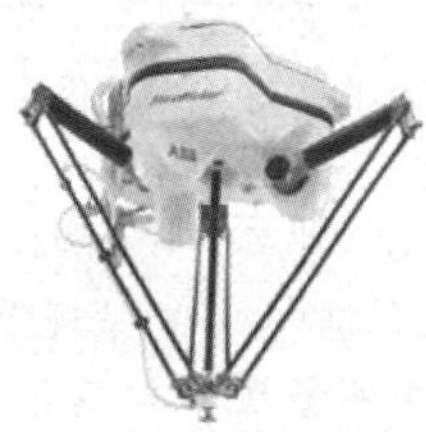

b) 高加速操作手

c) 动力头

图 2-30 并联机构的应用

【思考题】：

1）列举不少于 5 种不同类型的直线机构。

2）列举不少于 5 种可用作分拣的机器人机构。

3）查阅网络等文献资源，列举不少于 3 种等速联轴节机构，并分析各自的优、缺点。

4）与串联机构相比，并联机构可能存在哪些缺点？

【知识扩展】：机器人机构的分类（详细内容请参考附录 A）

机器人（manipulator 或 robot）是目前较为常用的一类机构，它的类型十分丰富。例如：既有传统的串联式关节型机器人，又有多分支的并联机器人；既有纯刚性体机器人，又有利用柔性关节或肢体的机器人。

从机构的角度很难给出一个机器人的明确定义。不过，从机构学角度看，大多数机器人都是由一组通过运动副连接而成的刚性连杆（即机构中的构件）构成的特殊机构。机器人的驱动器（actuator）安装在驱动副处，而在机器人的末端安装有末端执行器（end-effector）。这里对机器人进行简单的分类：

1）根据结构特征是否开、闭链，机器人可分为串联（serial）机器人、并联（parallel）机器人（又称并联机构）、混联（hybrid）机器人（有时也称串并联机器人）等。早期的工业机器人如 PUMA 机器人、SCARA 机器人等都是串联机器人，而像 Delta 机器人、Z3 等则属于并联机器人的范畴。相比串联机器人，并联机器人具有高刚度、高负载/惯性比等优点，但工作空间相对较小，结构较为复杂。这正好同串联机器人形成互补，从而扩大了机器人的选择及应用范围。TRICEPT 机械手模块就是一种典型的混联机器人。

2）根据运动特性，机器人可分为平面机器人（实现平面运动）、球面机器人（实现球面运动）与空间机器人（实现空间运动）。平面机器人机构多为平面连杆机构，运动副多为转动副和移动副；而球面机器人由球面机构组成；除此之外的机器人机构都为空间机器人机构。另外的一种分类方法是：平移（translational）运动机构、转动（rotational 或者 spherical）运动机构和混合（mixed-motion 或者 hybrid）运动机构。

3）根据运动功能，机器人可分为定位（positioning）机器人和调姿（orienting）机器人。传统意义上，前者通常称为机械臂（arm），而后者通常称为机械腕（wrist）。像 PUMA 机器人中，前 3 个关节用于控制机械手的位置（position），而剩下的 3 个关节用于控制机械手的姿态（orientation）。机器人末端的位置与姿态共同构成了机器人的位形空间（configuration space）。

4）根据工作空间（workspace）的几何特征（只针对 3-DOF 机械臂），机器人可分为直角坐标机器人（Cartesian robot）、圆柱坐标机器人（cylindrical robot）、球面坐标机器人（spherical robot）以及关节式机器人（articulated robot）等。

5）根据驱动特性，机器人可分为欠驱动机器人、冗余驱动机器人等。

6）根据移动特性，机器人可分为平台式（也称固定式）机器人和移动机器人。目前典型的移动机器人包括步行机器人（如类人机器人等仿生机器人）、轮式机器人、履带式机器人等。

7）根据构件（或关节）有无柔性，机器人可分为刚性体机器人机构和柔性体（或弹性体）机器人机构。柔性机构是一类典型的柔性体机构，具体表现为柔性铰链机构、分布柔度机构等不同形式。

8）可重构机器人机构是一类可实现结构重组或构态变化的机构，典型的如变胞机构（metamorphic mechanism）。

2.3.2 凸轮机构

凸轮机构是由具有一定曲线轮廓的凸轮通过高副带动执行从动件做有一定规律运动的机构，如图 2-31 和表 2-2 所示。最基本的凸轮机构是由凸轮（cam）、从动件（follower）和机架（frame）组成的三构件高副机构。由于凸轮机构可以通过凸轮轮廓（cam profile）设计使从动件获得预期的任意复杂运动规律，从而满足给定的工作要求。

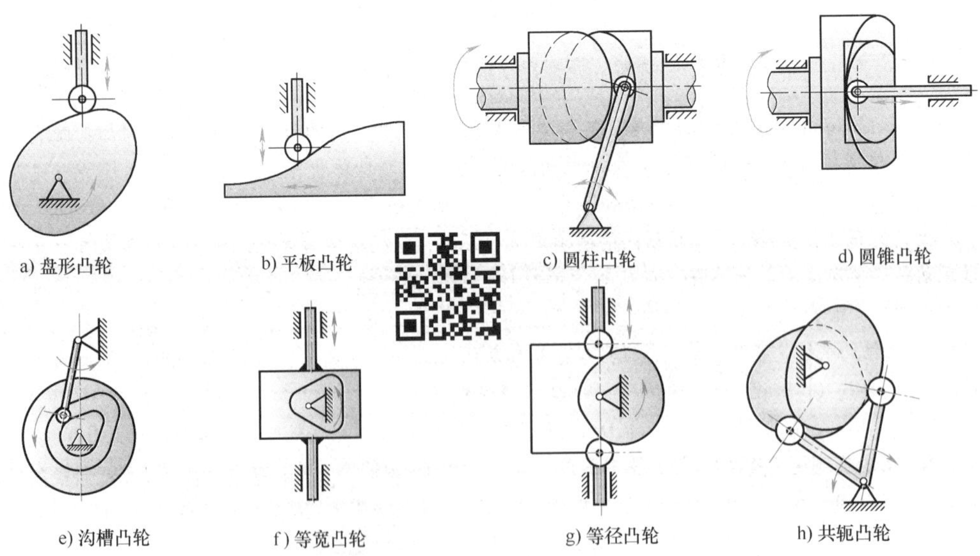

图 2-31 凸轮机构

表 2-2 常见凸轮机构形式

从动件与凸轮接触处的几何形状	从动件的运动形式	
	移 动	摆 动
尖端		
平底		
滚子		

通过以下三方面的不同组合可以组成种类繁多的凸轮机构：①凸轮的几何形状及运动形式；②从动件与凸轮接触处的几何形状及运动形式；③从动件和凸轮保持高副接触的方式。表 2-3 介绍了各种凸轮机构的类型。

表 2-3 凸轮机构的类型

类型		平面凸轮机构（planar cam）		空间凸轮机构（spatial cam）	
凸轮几何形状		盘形凸轮（disk cam）	平板凸轮（reciprocating cam）	圆柱凸轮（cylindrical cam）	圆锥凸轮（cone cam）
凸轮运动形式		定轴转动	直线移动	定轴转动	
从动件运动形式		往复移动		往复移动	
		往复摆动		往复摆动	
从动件与凸轮接触处的几何形状		尖端（knife-edge）		尖端	
		滚子（roller）		滚子	
		平底（flat-face）			
		一般曲面底（很少用）		一般曲面底（很少用）	
保持高副接触的方式	力封闭型	重力（很少用）		重力（很少用）	
		弹簧力		弹簧力	
	几何封闭型	沟槽式凸轮（groove cam）		沟槽式凸轮	
		等宽凸轮（constant-breadth cam）			
		等径凸轮（constant-diameter cam）			
		共轭凸轮（conjugate cam）			

凸轮机构的优点在于组成凸轮机构的构件数较少，结构比较简单，只要合理地设计凸轮的轮廓曲线就可以使从动件获得各种预期的运动规律，而且设计比较容易。缺点是凸轮与从动件之间组成了点或线接触的高副，在接触处由于相互作用力和相对运动的结果会产生较大的摩擦和磨损。不同类型的凸轮机构的摩擦种类如下：

1）尖端从动件凸轮机构——接触处为滑动摩擦，会产生严重的磨损，故极少采用。

2）滚子从动件凸轮机构——接触处为滚动摩擦，从而使摩擦磨损大为降低，故应用较广。

3）平底从动件凸轮机构——虽然接触处仍然为滑动摩擦，但由于在接触处容易形成油膜，且接触处的作用力（不计摩擦力时）始终垂直于平底，使传动平稳，故也有较广泛的应用。

虽然凸轮机构由于其结构特征使应用受到一定的限制，但仍被广泛应用于各种机械中，特别是自动机械及自动生产线中的机械控制装置中，例如各类自动机床的刀架进给机构、内燃机的配气机构等，如图 2-32 所示。

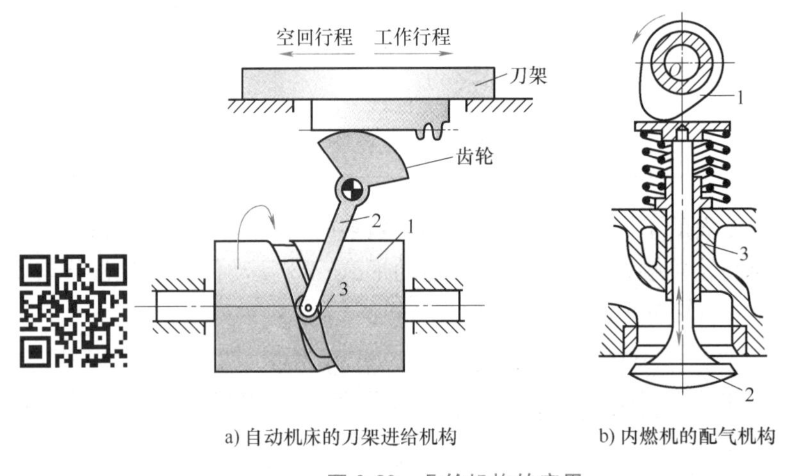

图 2-32　凸轮机构的应用

2.3.3　齿轮机构

齿轮机构是工业上应用最广的传动机构，可以传递两轴之间的转动。由于是通过轮齿的啮合来实现传动，与摩擦轮、带轮等挠性机构（见本章 2.3.8 节）相比较，齿轮机构具有传动比稳定、工作可靠、效率高、寿命较长等特点，适用的直径、圆周速度和功率范围更广。不过，齿轮机构要求制造和安装精度较高，且不适合远距离传动。

根据齿轮机构传递运动轴线的相对位置及齿轮的几何形状，可以将齿轮机构分为若干类型，如图 2-33、图 2-34 和表 2-4 所示。其中最基本的型式是传递平行轴间运动的圆柱直齿轮机构和圆柱斜齿轮机构。

按齿轮的齿廓曲线不同，齿轮又可分为渐开线齿轮（involute gear）、摆线齿轮和圆弧齿轮等，其中渐开线齿轮应用最广。以上各类齿轮机构均具有恒定传动比，齿轮的基本几何形状均为圆形。与之相应的还有能实现传动比按一定规律变化的非圆形齿轮机构，不过仅在少数特殊机械中使用。

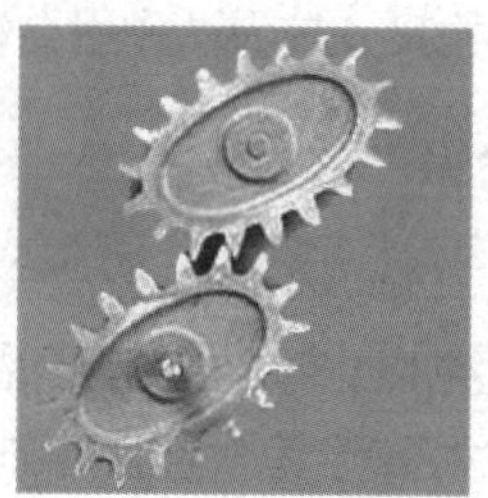

图 2-33 各种各样的齿轮（实物图片）

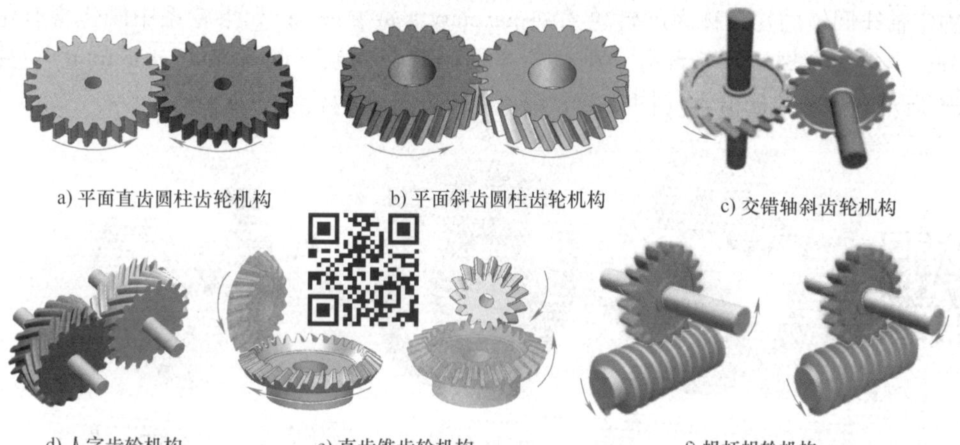

a) 平面直齿圆柱齿轮机构　b) 平面斜齿圆柱齿轮机构　c) 交错轴斜齿轮机构

d) 人字齿轮机构　e) 直齿锥齿轮机构　f) 蜗杆蜗轮机构

图 2-34 齿轮机构的类型（实体模型）

表 2-4 常见齿轮机构的类型

传递平行轴运动	平面齿轮机构		
	外啮合直齿圆柱齿轮机构 (external straight spur gear)	内啮合直齿圆柱齿轮机构 (internal straight spur gear)	斜齿圆柱齿轮机构 (helical gear)
	齿轮齿条机构（pinion and rack）		人字齿轮机构 (herringbone gear)
传递相交轴运动	空间齿轮机构		
	直齿锥齿轮机构 (bevel gears)	斜齿锥齿轮机构 (spiral bevel gears)	曲线齿锥齿轮机构 (hypoid gears)
传递交叉轴运动	空间齿轮机构		
	交错轴斜齿轮机构 (crossed helical gear)		蜗杆蜗轮机构 (worm and wheel gears)

此外还有通过摩擦实现传动的摩擦轮机构（friction wheel mechanism），如图 2-35 所示。摩擦轮机构由两个相互压紧的摩擦轮及压紧装置等组成。它是靠接触面间的摩擦力传递运动和动力的。这种机构的优点是结构简单、制造容易、运转平稳、过载可以打滑（可防止设备中重要零部件的损坏），甚至可以无级改变传动比，因而有较大的应用范围。但由于运转中有滑动、传动

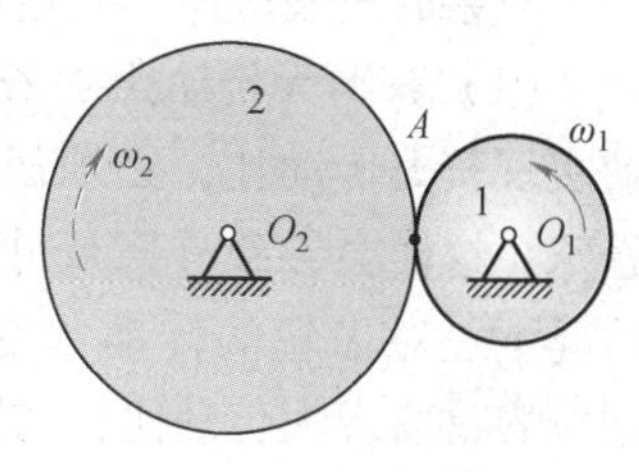

图 2-35 摩擦轮机构

效率低、结构尺寸较大、作用在轴和轴承上的载荷大等缺点，只宜用于传递动力较小的场合。

2.3.4 轮系

由一对以上齿轮组成的齿轮系统称为轮系（gear train）。轮系可单独由圆柱齿轮或锥齿轮组成，也可以由各类型齿轮混合组成。

根据轮系在运转中各齿轮轴线的相对位置是否变化，可将轮系分为三种类型：定轴轮系、周转轮系和混合轮系，其中前两种为基本轮系。组成轮系的每一个齿轮轴线相对机架的位置都是固定的轮系称为定轴轮系（ordinary gear train）；至少有一个齿轮的轴线能绕另一齿轮的固定轴线回转的轮系称为周转轮系（planetary gear train）；如果轮系中既包含有定轴轮系部分，又包含有周转轮系部分，则该轮系称为混合轮系（compound gear train），具体如图 2-36 所示。进一步的分类（图 2-37）将在第 9 章详细讨论。

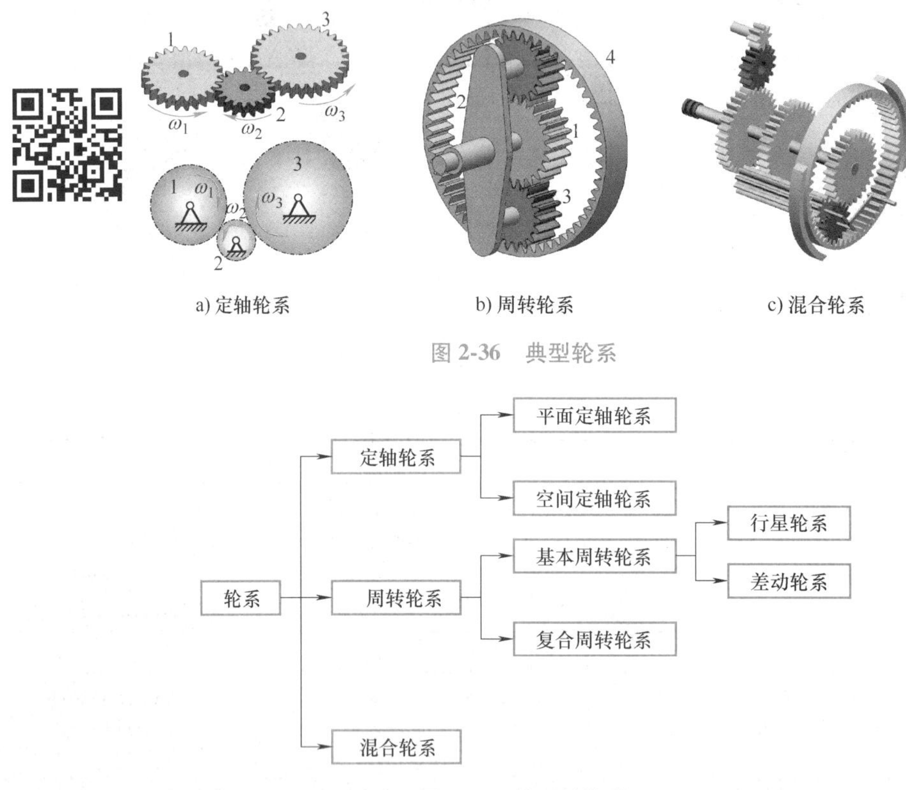

a) 定轴轮系　　b) 周转轮系　　c) 混合轮系

图 2-36　典型轮系

图 2-37　轮系的分类

轮系的典型应用主要表现在以下几个方面：

（1）获得大传动比　若仅用一对啮合齿轮传动实现较大传动比，必须使两个齿轮的尺寸相差悬殊，这样会导致外廓尺寸过于庞大，因而一般情况下一对齿轮的传动比不超过 8。而采用轮系则较容易实现大传动比，如图 2-38 所示。

图 2-38　单对齿轮与轮系传动比的比较

（2）分路或远距离传动　图 2-39 所示的系统

为某发动机的附件传动装置，由发动机主轴输出的扭矩和转速，通过定轴轮系按 4 路分传给各个附件。各附件轴虽然相距距离不等，但可同时工作，进而满足各个附件对转速和转向的不同要求。

（3）实现变速或换向传动　如汽车变速箱的换挡装置（图 2-40），使汽车可获得几种不同的行驶速度，以适应不同的道路和载荷等情况。

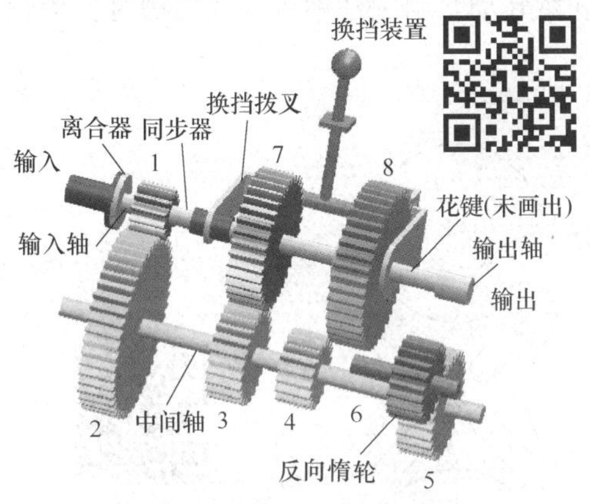

图 2-39　发动机的附件传动装置

图 2-40　汽车齿轮变速箱传动示意图

此外，轮系还可以实现运动的合成与分解，以及大功率传动等。

2.3.5　间歇运动机构

在工业机械中，常需要某些构件具有周期性的运动和停歇，能够完成这种运动和停歇交错出现的机构统称为间歇运动机构（dwelling mechanism）。典型的间歇运动机构包括棘轮机构（ratchet mechanism）、槽轮机构（geneva mechanism）、不完全齿轮机构（intermittent gear mechanism）等。

1. 棘轮机构

如图 2-41 所示，典型的棘轮机构主要由摇杆、棘爪（pawl）、棘轮（ratchet）、止动爪和机架组成，而弹簧作为缓冲附件用来保证止动爪与棘轮保持接触。摇杆为输入构件，棘轮为输出构件。当摇杆逆时针摆动时，铰接在杆上的棘爪插入棘轮的齿内，使棘轮同时转过一定角度。当摇杆顺时针摆动时，棘爪在棘轮的齿上滑过，棘轮静止不动。这样，当摇杆做连续往复摆动时，棘轮便得到单向的间歇转动。

这类齿爪式棘轮机构具有结构简单、制造方便和运动可靠等优点，故在各类机械中有广泛的应用。但是由于回程时摇杆上的棘爪在棘轮齿面上滑行时会引起噪声和齿尖磨损，因此，齿爪式棘轮机构不宜应用于高速和运动精度要求较高的场合。

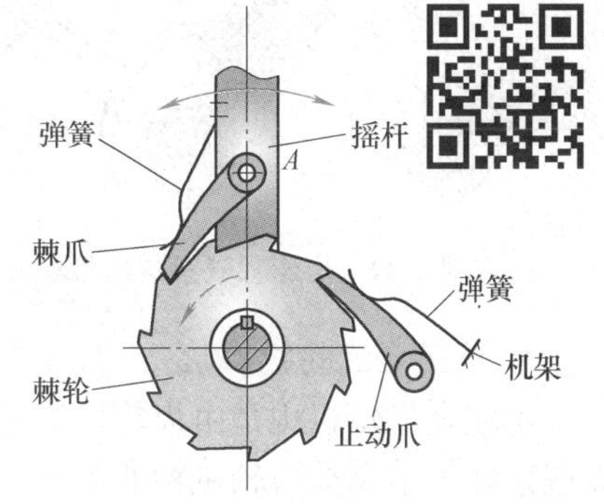

图 2-41　齿爪式棘轮机构的基本组成

棘轮机构所具有的单向间歇运动特性，在实际应用中可满足如送进、制动、超越离合、转位和分度等工艺要求。如牛头刨床在刨削平面时，工件需要做单方向的间歇送进。该工艺过程是由类似于图 2-42 中的棘轮机构，再通过螺旋机构，将棘轮单方向的间歇转动转换成工作台（工件固定在工作台上）单方向的间歇移动来实现的。

2. 槽轮机构

槽轮机构也是机械中常见的间歇运动机构之一。图 2-43 所示为基本型式槽轮机构的简图。它由带若干直线沟槽的槽轮（geneva wheel）和带有圆柱销的拨盘及机架组成。拨盘为主动件，一般做等速转动。槽轮为从动件，做单向间歇转动。当圆柱销进入径向槽时，槽轮转动；当圆柱销退出径向槽时，槽轮静止不动。

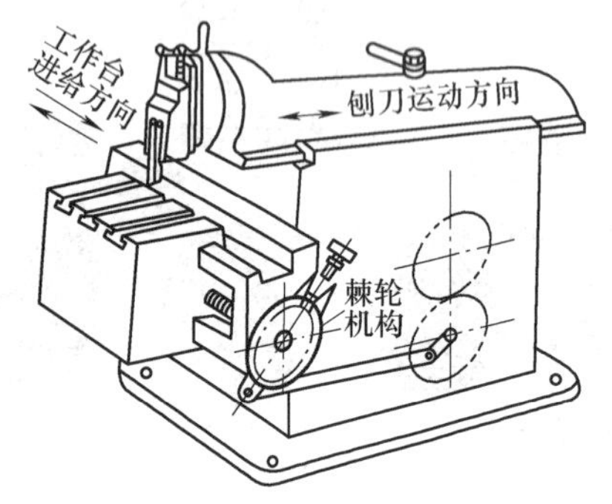

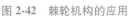

图 2-42 棘轮机构的应用

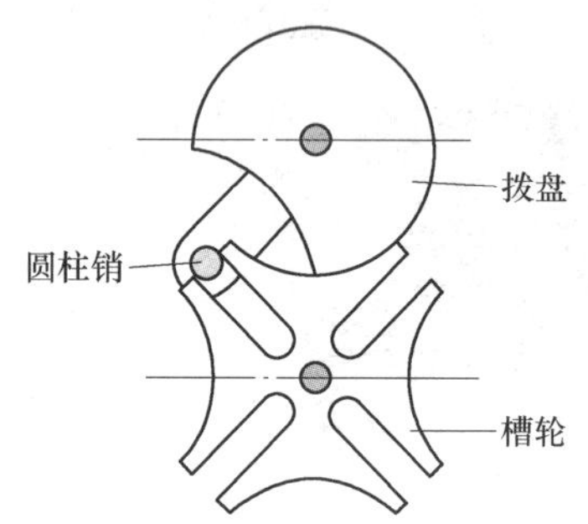

图 2-43 槽轮机构的组成

槽轮机构具有结构简单、制造容易、工作可靠和机械效率较高等优点。但是槽轮机构在工作时有冲击，随着转速的增加及槽数的减少而加剧，故不宜用于高速场合，其适用范围受到一定的限制。槽轮机构一般用于转速不是很高的自动机械、轻工机械和仪器仪表中。例如图 2-44 所示的电影放映机中的送片机构，由槽轮带动胶片，做有停歇的送进，从而形成动态画面。此外，槽轮机构也常与其他机构组合，在自动生产线中作为工件传送或转位机构。图 2-45 所示的就是应用于自动车床转塔刀架的转位机构。

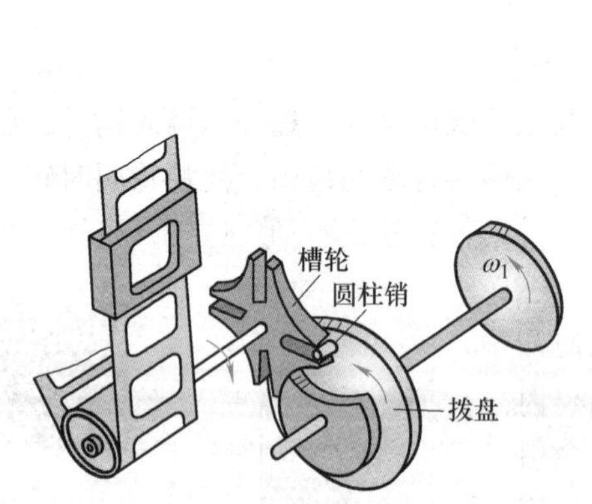

图 2-44 电影放映机的送片机构

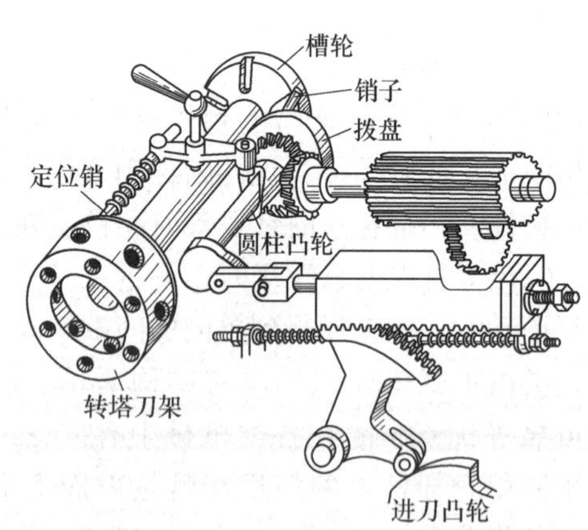

图 2-45 自动车床转塔刀架的转位机构

3. 不完全齿轮机构

不完全齿轮机构是由齿轮机构演变而来的一种间歇运动机构。与一般齿轮机构相比，最大区别在于不完全齿轮机构的主动轮上只加工出一部分齿，从动轮上加工出与主动轮轮齿相啮合的轮齿。当主动轮连续回转时，从动轮做间歇回转运动。两轮轮缘各有锁止弧起定位作用，在从动轮停歇期间，防止从动轮的游动。

不完全齿轮机构的主要有外啮合（图 2-46a）和内啮合（图 2-46b）两种型式。图 2-46a 中，主动轮上有 3 个齿，从动轮上有 6 个运动段和 6 个停歇段，故主动轮转一周时，从动轮只转 1/6 转。图 2-46b 中，主动轮上有 1 个齿，从动轮上有 12 个齿，故主动轮转一周时，从动轮只转 1/12 转。

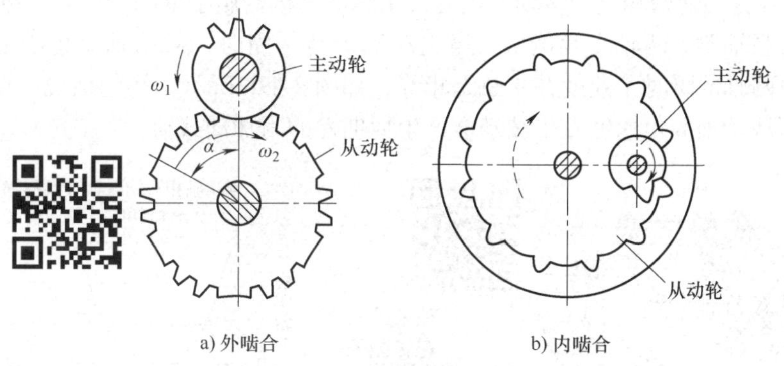

图 2-46 不完全齿轮机构

不完全齿轮机构的优点是结构简单、制造容易、工作可靠，缺点是存在较大冲击。由于上述的优、缺点，不完全齿轮机构多用于低速多工位、多工序的自动机械或生产线上，实现工作台的间歇转位和进给运动。

常用的间歇运动机构还有星轮机构等，这里不予以细述。

2.3.6 螺旋机构

螺旋机构（图 2-47）是利用螺旋副来传递运动和动力的机构。常用的螺旋机构除螺旋副外还包含转动副和移动副。最简单的三构件螺旋机构由螺杆、螺母和机架组成。一般情况下，它将螺母的旋转运动转化为螺杆的直线运动。

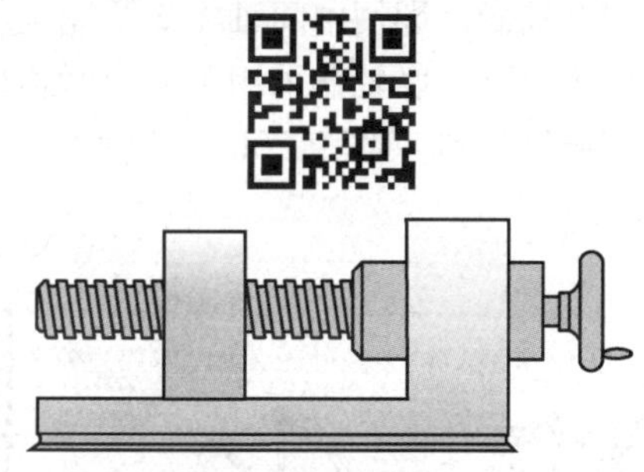

图 2-47 螺旋机构

螺旋机构的运动准确性高，且有很大的减速比；工作平稳、无噪声，可以传递很大的轴向力。但螺旋副为面接触，且接触面间的相对滑动速度较大，故运动副表面摩擦、磨损较大，传动效率较低。一般螺旋传动具有自锁特性。

螺旋机构结构简单、制造方便，因此在各种机械产品上，如在仪器仪表、工装夹具、测量工具等方面得到了广泛应用。此外，螺旋机构还常用于起重机、压力机及功率不大的进给系统和微调装置中。

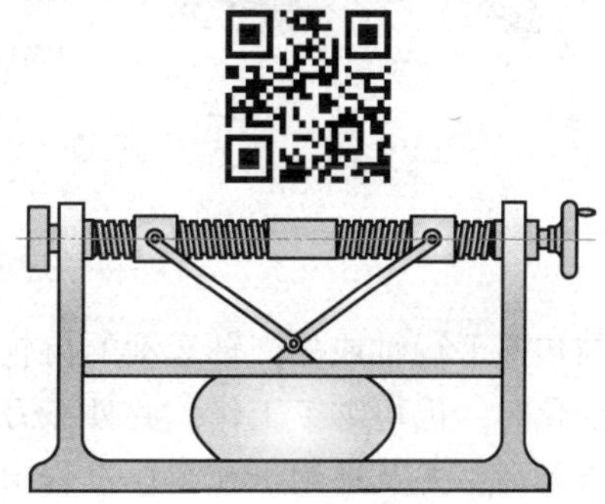

图 2-48 螺旋压力机

例如，图 2-48 所示为一台螺旋压力机。螺杆左右两段分别与螺母组成旋向相反、导程相同的螺旋副。当转动螺杆时，螺母很快地相对靠近，再通过连杆使压板向下运动以压紧物件。

2.3.7 联轴器与万向联轴器

联轴器（coupling）又称联轴节，是用来把两个轴连接起来传递转速和转矩的机构。联轴器的型式很多，一般多为共轴线的，比如万向联轴器（universal coupling）。

万向联轴器是传递两相交轴转动的机构，实际上该机构属于空间球面四杆机构。图2-49a所示为单万向联轴器，两轴交角为 α。当主动轴1转一周时，从动轴2也随之转一周，但在一个周期内两轴的瞬时角速度并不总是相等，如图2-49b所示。换句话说，单万向联轴器在传动时，因从动轴的角速度发生波动会产生周期性的附加动载荷。

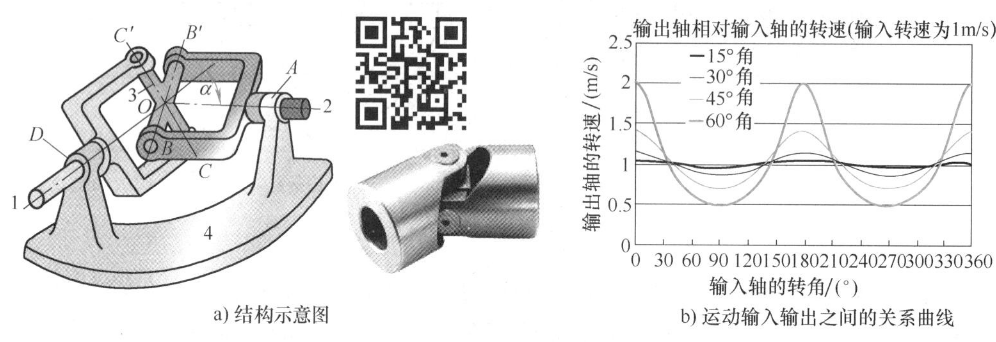

a) 结构示意图　b) 运动输入输出之间的关系曲线

图2-49 单万向联轴器

为避免单万向联轴器速度输出不均匀的缺点，工程中常将单万向联轴器成对使用，构成双万向联轴器，即用中间轴将2个完全相同的单万向联轴器连接起来，如图2-50a所示。

由于双万向联轴器采用了完全对称设计，即输入输出可以互换，可以保证主、从动轴的角速度始终相等（图2-50b）。因此，又将双万向联轴器称作等速联轴器（constant velocity coupling）。

a) 结构示意图　b) 运动输入输出之间的关系曲线

图2-50 双万向联轴器

与传递平行轴或相交轴运动的齿轮机构相比，万向联轴器有以下显著特点：当两轴夹角有所变化时，仍可继续工作。此外，万向联轴器结构紧凑，径向尺寸小，对制造和安装的精度要求不高，尤其适用于在工作过程中，主、从动轴间夹角和轴间距发生变化的场合，因此被广泛地应用于各种机械设备的传动系统中。

汽车传动轴就是双万向联轴器的典型应用实例，如图2-51所示。装在汽车底盘前部的发动机变速箱，通过万向联轴器带动后桥中的差速器，驱动后轮转动。在底盘和后桥间装有减振钢板弹簧。汽车行驶中，由于道路等原因引起钢板弹簧变形，从而使变速箱输出轴的相对位置时有变动，这时万向联轴器的中间轴（也称传动轴）与它们的倾角虽然也有相应的变化，但传动并不中断，汽车仍然继续行驶。

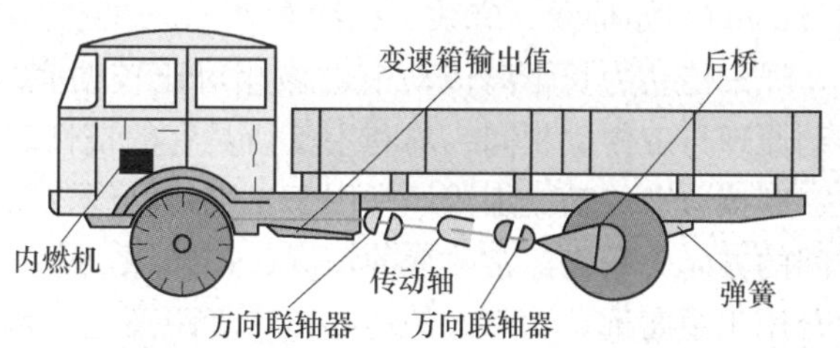

图 2-51 汽车传动轴的万向联轴器

2.3.8 挠性传动机构

当主动件与输出件之间的距离过远，不宜采用连杆机构、凸轮机构或齿轮机构等传动时，可使用挠性件连接。这类机构称为挠性传动机构（flexible connecting mechanism）。常用的挠性连接物有皮带（belt）、柔索（cable）、链条（chain），而常用的挠性传动机构则有带传动机构、柔索传动机构、链传动机构三种。挠性传动机构由挠性件连接固定在旋转轴上的带轮、槽轮或者链轮而成；主动轴的运动或动力由主动轮（如带轮、槽轮或链轮），借助挠性件传递给从动轮（如带轮、槽轮或链轮）而驱动从动轴。

挠性传动机构的优点包括：设计简单、制造成本低、维护容易。

1. 带传动机构

图 2-52 所示为一个最简单的带传动机构，由带（构件 4）、主动轮（构件 2）、从动轮（构件 3）、机架组成。皮带为一挠性环圈物体，紧箍绕过两个锁定于轴上的圆柱轮；若圆柱轮与皮带间有足够的摩擦力，则可经由皮带将主动轴的旋转运动传到从动轴。轴上的圆柱轮轮缘端面，若为平坦表面，则称为带轮（pulley），用于平带传动；若为 V 形槽表面，则称为槽轮（sheave），用于 V 带传动。

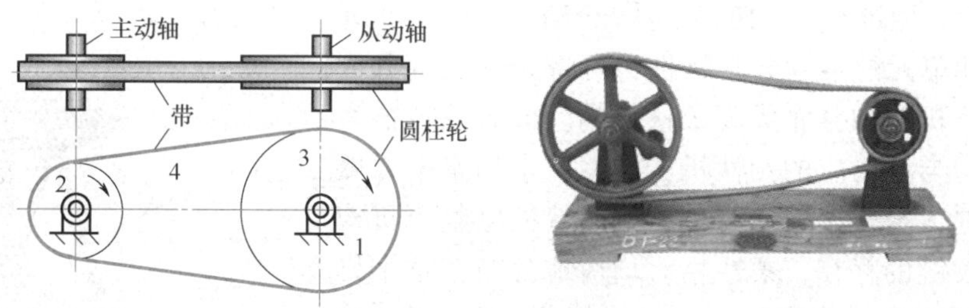

图 2-52 带传动机构

带传动的优点在于运转平稳、可抵御瞬间颤动或过度载荷、不需润滑、维护费用较低等。一般的带传动机构，通过皮带与带轮或槽轮间的摩擦力带动，因此不是精确传动，加上可能发生滑动、松弛、磨耗现象，不适合用在要求精确速比的装置中。此外，带传动机构因皮带受拉伸长的影响，使用时需加装张力控制装置或者需定期调整两轴间的中心距离。

2. 柔索传动机构

柔索是由棉、麻、尼龙等纤维或钢丝等绞合成股，再由数股绞合制成。其中，由钢丝制成者俗称为钢索（wire or cable），其余则称为绳索（rope），有时也将其中较细者称为线（cord），如棉线、麻线、钢线等。

绳索传动为长距离传动中价格相对比较便宜的代表，传动原理与带传动相同，均利用其所具有的挠性、抗拉特性、摩擦力来传动。细线经常用于不平行轴线，特别是轴线间的方向关系需经常改变的情况，如纺织机中。钢索则适合用于距离远、功率大的传动，或者距离远、传递路径不规则的运动或力的传动，如起重机械、飞机的飞行操纵机构、超大型装置的远程传动机构等。图 2-53 所示为一种飞机水平尾翼操纵系统，其中就采用了钢索驱动。

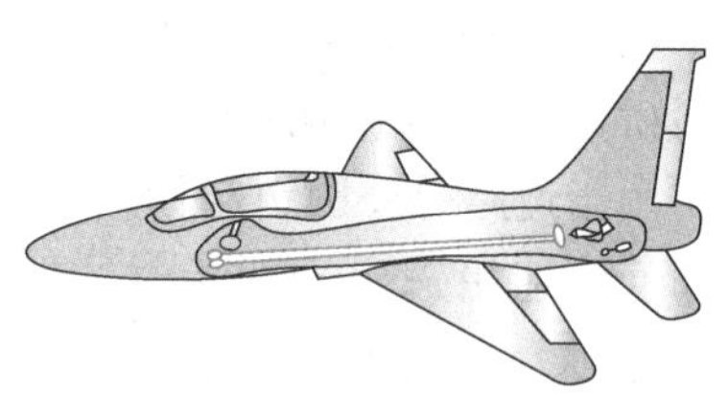

图 2-53　飞机水平尾翼操纵系统中的钢索

3. 链传动机构

将金属制成的小刚性杆，通过销接等方式连接而形成的挠性连接物，称为链条（chain）。传动时将链条与链轮（sprocket）配合，此种组合称为链传动（chain drive）。图 2-54 所示为一个简单的链传动模型。链传动机构广泛应用于自行车等交通工具，以及自动化生产线中。

链传动属于精确传动，且同时具有齿轮与带传动的特点。链传动的优点为强度与载荷能力较高，传输功率较大，且无滑动、松弛现象，此外，链传动的装置结构紧凑，所占空间较小，且寿命也较长。其缺点在于，重量较皮带重，故传动效率较低，轴的对准度要求较高，且成本比带传动高，噪声较大，还要考虑润滑、防尘等。

图 2-54　链传动模型

2.3.9　柔性机构

柔性机构是指利用材料的弹性变形传递或转换运动、力或能量的一种机构，一般通过其柔性单元的变形（如柔性铰链）来实现运动。图 2-55 所示的柔性机构就是由 4 条柔性杆共同支撑动平台，通过施加力使得柔性杆产生变形，带动动平台运动。

根据柔性单元的柔度分布特性，可将柔性机构分为集中柔度柔性机构和分布柔度柔性机构。前者的特征表现在拓扑结构与其对应的刚性机构类似，多用集中柔度型柔性运动副代替传统运动副；后者的特征是整个机构中并无任何铰链的存在，柔性相对均衡地分布在整个机构之中。图 2-56 所示为两种柔性夹钳机构，图 2-56a 中机构的柔性来自于缺口型柔性铰链，而图 2-56b 中钳口末端的变形则来自机构中的分布柔性。

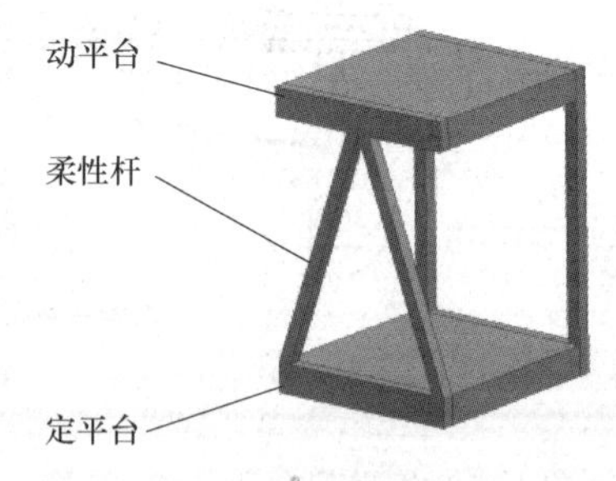

图 2-55　柔性机构的组成

与传统的刚性机构相比，柔性机构具有许多优点，如：①可以整体化（或一体化，monolithic）设计和加工，故易于轻量化、微（小）型化、免于装配、降低成本、提高可靠性；②无间隙（backlash）和摩擦（friction），可实现高精度运动；③免于磨损，减少噪声，提高寿命；④免于润滑，避免污染；⑤改变结构刚度，增强环境适应性；⑥便于能量储存和转化，可提高驱动及传动效率；⑦利用柔性可以抵抗冲击和恶劣环境，避免设备损坏。

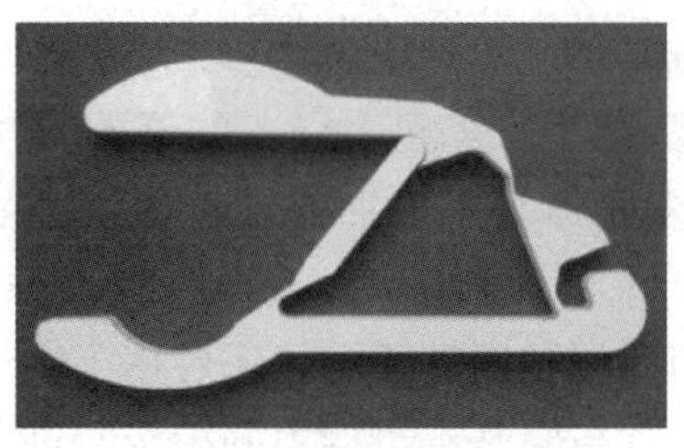

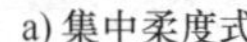

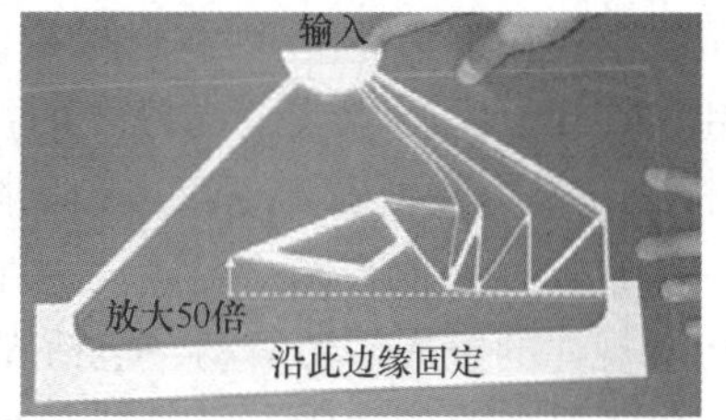

a) 集中柔度式　　b) 分布柔度式

图 2-56　两种不同类型的柔性夹钳

柔性机构发端于平面机构，因其结构简单、免于装配而广泛应用于工业及日常产品中，工业产品如惠普紫外线记录仪，日常产品如各类运动器材、香波瓶盖、订书机及夹钳等。随着精密工程、机器人、智能结构等学科的迅猛发展，柔性机构的作用越来越突出，应用也越来越广泛。

在精密工程领域，柔性机构可以作为精密运动平台、超精密加工机床的传动装置、执行器、传感器等。

在机器人领域，不断涌现各种形态的柔性或软体机器人，如多足机器人、蛇形臂、微小型飞行器、机器鱼、机器爬虫、机器跳蚤等，其中，新型柔性关节及柔性驱动器的开发大大改善了机器人的灵活性、机动性及效率。

在智能结构领域，柔性机构的作用日益凸显。如用柔性智能结构制作的一种变形机翼，可在各种飞行速度下始终自动保持最佳翼型，大幅度提高了飞行效率。再如图 2-57 所示的一种免充气轮胎，轮胎上有一个吸震的橡胶胎面，它能够将压力分散到由铝制轮毂支撑的柔性聚氨酯辐条上。这种轮胎的优点是免维护、防刺破、寿命长、容易装卸。

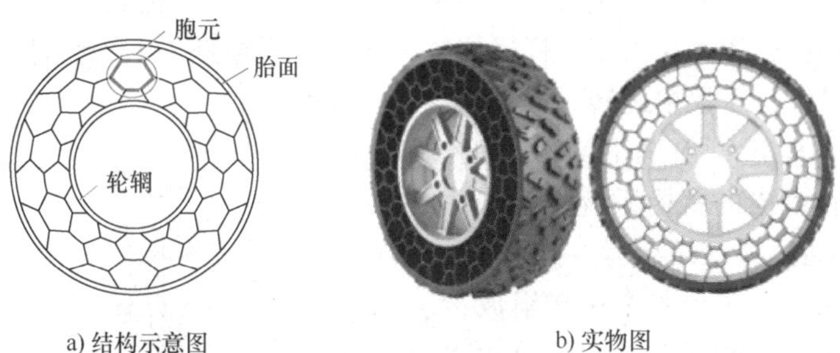

a) 结构示意图　　b) 实物图

图 2-57　免充气轮胎

2.3.10　组合机构

以上介绍的连杆机构、凸轮机构、齿轮机构等在工程中尽管常见，但也都存在各自的不足：连杆机构难以实现某些特殊的运动规律；凸轮机构不宜用于高速、大载荷的场合中；齿轮机构运动形式单一；棘轮机构、槽轮机构等间歇运动机构存在不同程度的冲击。为了解决上述问题，可以将上述机构作为基本机构，并按照一定的原则和规律进行组合，发挥它们各自的优势，甚至还可以实现单一类型机构难以实现的功能，如复杂的运动规律、运动轨迹和动力学性能等。这类机构称为组合机构（combined mechanism）。

组合机构在机械、冶金、轻工、纺织、印刷、缝纫和包装等领域，特别是其中的自动生产线中得到了广泛应用。齿轮-连杆组合机构制造方便，可用于实现变速转动、大传动比等速回转运动和大拐角、大行程或一端停歇的往复运动，实现多任务的函数和轨迹及刚体导引。凸轮-连杆组合机构在精确实现轨迹和无限多刚体导引方面有独特优点，可以减小机构的结构尺寸，但它较难用于实现给定运动规律的整周回转运动。齿轮-凸轮组合机构主要用于实现给定运动规律的整周回转运动，包括周期性间歇回转运动，还可用于实现给定轨迹。

组合机构虽不具备原创性质，但确是一类具有与原基本机构不同结构特点和运动性能的新机构。与机构组合不同，组合机构不是基本机构的简单叠加，而是“有机”连接，是相互耦合、相互融合的新机构类型。

组合机构有多种型式，既可以是不同类型机构的组合，如齿轮-连杆、凸轮-连杆和齿轮-凸轮等组合机构，也可以是同种类型机构的组合，如连杆-连杆、凸轮-凸轮、槽轮-槽轮等组合机构。图 2-58 给出了组合机构的两个应用实例。

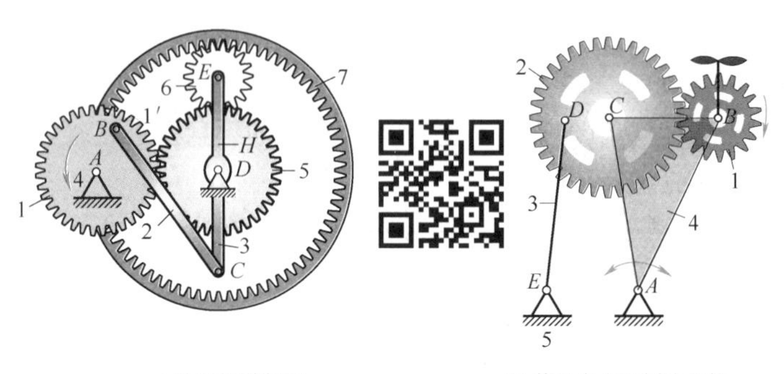

a) 铁板传送装置
b) 落地电扇的摇头机构

图 2-58 组合机构应用实例

图 2-58a 所示为用于铁板传送装置上的机构系统。它是由齿轮机构、曲柄摇杆机构及差动轮系组合而成。齿轮 1 为主动件，通过合理设计，可使齿轮 7 获得间歇的输出运动。图 2-58b 所示为普通落地电扇的摇头机构，它是由齿轮机构和四杆机构组合而成。装在构件 4 上的电动机直接驱动风扇旋转，同时通过蜗杆蜗轮（图上未示出）带动齿轮 1 和 2 低速转动。因齿轮 2 又同构件 3 相连，故又相当于四杆机构中的连杆。当连杆 *CD* 做整周运动时，就带动摇杆 4 来回摆动，最终实现风扇旋转时又随摇杆 4 一起摆动。

此外，组合机构还可以是由两种以上基本机构有机组合而成的机构系统。例如，图 2-59 所示的自动换刀系统就是一个复杂的组合机构。它主要由 7 个基本机构组成：盘式凸轮机构、滚齿凸轮机构、链轮机构、双摇杆机构、圆柱凸轮机构、转向跟随凸轮机构和双滑块机构。系统由 1 个旋转动力源驱动，可实现换刀臂的平移与旋转及拉杆的平移 3 个运动的输出。

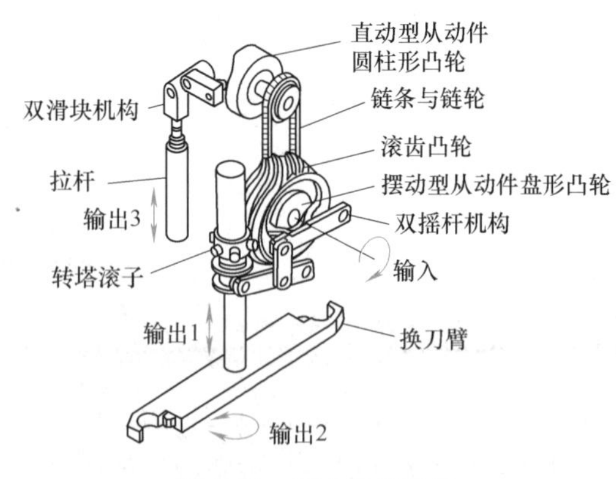

图 2-59 自动换刀系统

有关组合机构的组合原理与创新设计议题将在第 4 章详细讨论。

事实上，如上述所介绍的一些常用机构，连同附录 A 中所给的一些特种功能机构，也仅是机构族群中的一小部分，但却是其中最基本或最典型的机构。根据各种不同的工作要求，在众多的机器中还应用着多种多样的其他类型机构。此外，机构的创新也是无止境的。时代的需求总是呼唤着新机构的出现！

【思考题】：

1）列举不少于 5 种不同类型的传动机构。

2）列举不少于 3 种不同类型的增力机构。

3）与刚性机构相比，柔性机构可能存在哪些缺点？

【知识扩展】：中国古代天文仪器——水运仪象台

水运仪象台（图 2-60）是中国古代天文学家发明的一种大型天文仪器，由北宋苏颂和韩公廉于 1092 年主持创建。它是集观测天象的浑仪、演示天象的浑象、计量时间的漏刻和报告时刻的机械装置于一体的综合性观测仪器，堪称当时世界上最先进的大型机械装置。为了观测上的方便，设计了活动的屋顶，这是今天天文台活动圆顶的先驱；浑象一昼夜自转一圈，不仅形象地演示了天象变化，也是现代天文台的跟踪器械——转仪钟的雏形；水运仪象台中首创的擒纵器是钟表擒纵机构的鼻祖。

水运仪象台采用了多种常用机构。这里仅以最下层的报时仪器和动力机构为例进行分析。报时装置有 5 层木阁，采用一套复杂的机械装置“昼夜轮机”（齿轮机构）传动；采用凸轮间歇机构，通过摇铃、打钟、敲鼓、击钲或出现木人等声像形式，报告时、刻、更、筹的推移。动力装置为了提高精度，采用定时秤漏与水轮杠杆擒纵机构，有一个直径 3m 多的巨大枢轮，上面装有 36 个水斗，枢轮边上有一个漏水相当快的漏壶，壶中的水流入水斗，斗满后，枢轮即往下转，与左天锁、右天锁构成棘轮机构；为了实现水流的精度，采用枢衡、枢权、格叉组成的枢衡机构（杠杆机构）与关舌、受水壶组成的凸轮机构，使水流过 3 个水壶（天池壶、平水壶、受水壶），如图 2-60b 所示；为了进一步控制水的冲击力，在天衡机构中，又采用了天条（链条挠性传动机构），如图 2-60c 所示。总之，该装置通过精巧的机械设计，使水流实现等时精度很高的运动，借以计时。

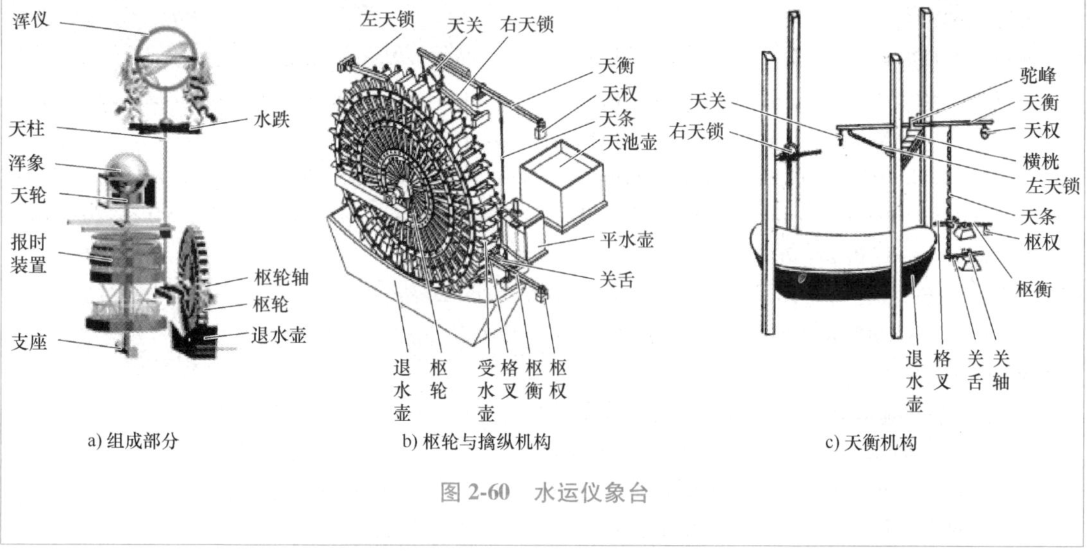

图 2-60 水运仪象台

2.4 本章小结

- 机构由构件与运动副组成。构件是机构运动的基本单元，运动副是两个构件直接接触所形成的可动连接，有低副和高副之分。

- 两个以上的构件通过运动副连接即可构成运动链。不可动的运动链为桁架，可动的运动链能成为机构，但需要具备一定的条件（其中一个构件固定，其余构件具有确定的运动）。运动链可分为闭链、开链、混链等。
- 机构运动简图就是将机构的运动尺寸、运动副的位置等按照一定比例，用标准规定的符号简单地表示出来，主要用于表示机构的组成及性能分析。而机构运动示意图与机构运动简图的主要区别是不严格按运动尺寸表示机构。
- 常用机构包括连杆机构、凸轮机构、齿轮（系）机构、间歇运动机构、螺旋机构、万向联轴器、挠性传动机构、柔性机构及组合机构等。本书重点介绍前三类机构。
- 特种功能机构包括直线机构、导向机构、仿图仪机构、急回机构、往复运动机构、运动或力缩放机构、变胞机构、分度机构、稳态机构、常力机构、折展机构、机器人机构等，具体特点及应用参看附录A。

辅助阅读材料

◆ 有关常用及特种机构的重要文献

[1] ARTOBOLEVSKY I. Mechanisms in Modern Engineering Design [M]. Moscow: MIR Publishers, 1977.

[2] CLEGHORN W L. Mechanics of Machines [M]. New York: Oxford University Press, 2005.

[3] HOWELL L L. Compliant Mechanisms [M]. New York: John Wiley & Sons Inc, 2001.

[4] HOWELL L L. et al. Handbook of Compliant Mechanisms [M]. New York: John Wiley & Sons Inc, 2012.

[5] JENSEN P W. Classical and Modern Mechanisms for Engineers and Inventors. New York: Marcel Dekker Inc., 1991.

[6] MERLET J P. Parallel Robots [M]. 2nd ed. Singapore: Springer-Verlag, 2006.

[7] NORTON R L. Design of machinery: an Introduction to Synthesis and Analysis of Mechanisms And Machines [M]. 5th ed. New York: McGraw-Hill., 2016.

[8] SANDIN P E. Robot Mechanisms and Mechanical Devices Illustrated [M]. New York: McGraw-Hill, 2003.

[9] UICKER J J, Pennock G R, and Shigley J E. Theory of Machines and Mechanisms [M]. 5th ed. New York: Oxford University Press, 2017.

[10] 孟宪源. 机构构型与应用[M]. 北京：机械工业出版社，2004.

[11] SCLATER N. 机械设计实用机构与装置图册[M]. 邹平，译. 北京：机械工业出版社，2015.

◆ 有关机构的视频网站

[1] http://www.dmg-lib.org，含大量的机构文献及动画。德国.

[2] http://www.me.ntu.edu.tw/ntume_am/download.htm，古代机械，台湾大学.

[3] http://b2museum.cdstm.cn/ancmach/machine/machine.html，古代机械，同济大学.

[4] http://elib.lib.tsinghua.edu.cn/techlibrary/htm/index.htm，古代机械，清华大学.

习　题

■ 基础题

2-1　试绘出图2-61所示偏心轮机构的机构运动简图。

2-2　试绘出图2-62所示简易牛头刨床机构的机构运动简图。

2-3 如图 2-63 所示，3 为主动件，通过构件 2 带动唧筒 4 往复移动，完成压水、取水功能。试绘制该机构的运动简图。

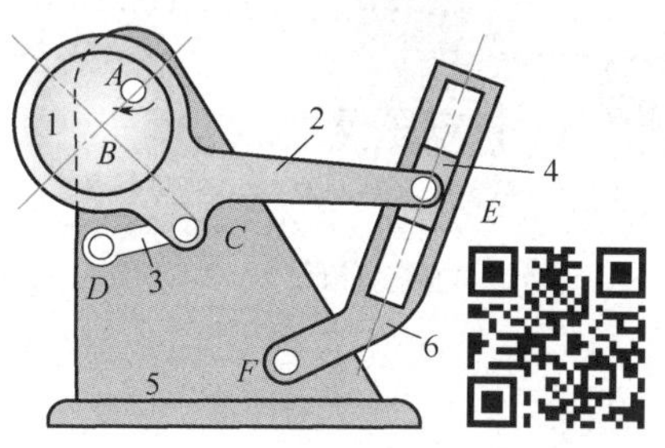

图 2-61 偏心轮机构

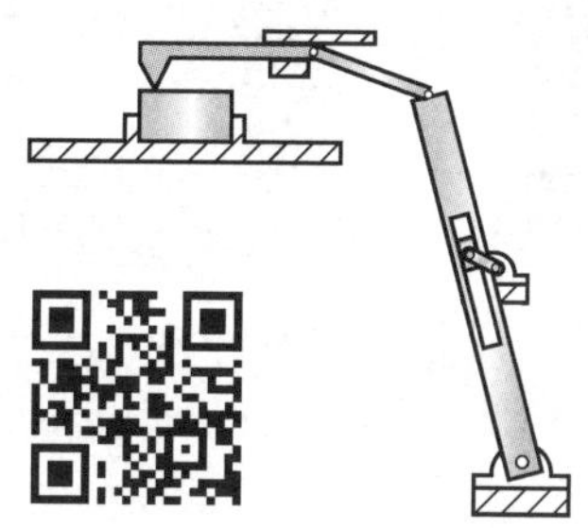

图 2-62 简易牛头刨床机构

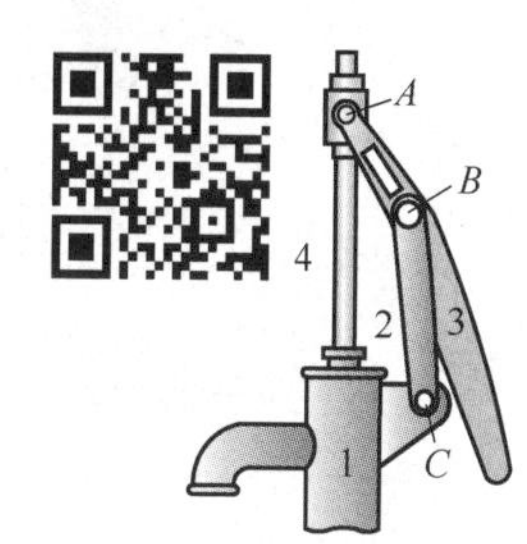

图 2-63 唧筒机构

2-4 绘制图 2-64 所示三种夹钳机构的运动示意图（无精确尺寸的比例要求）。

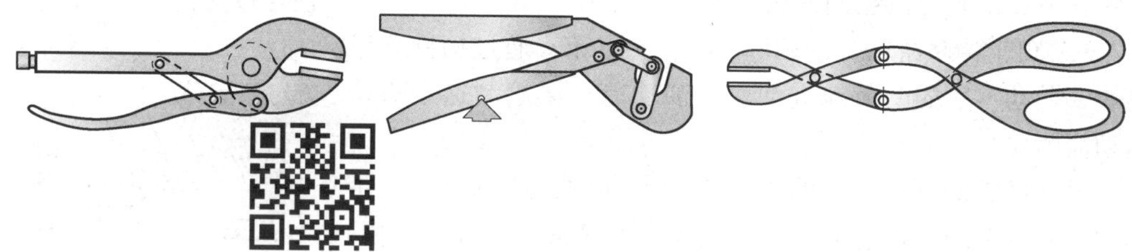

图 2-64 三种夹钳机构

2-5 绘制图 2-65 所示机构的运动示意图（无精确尺寸的比例要求）。

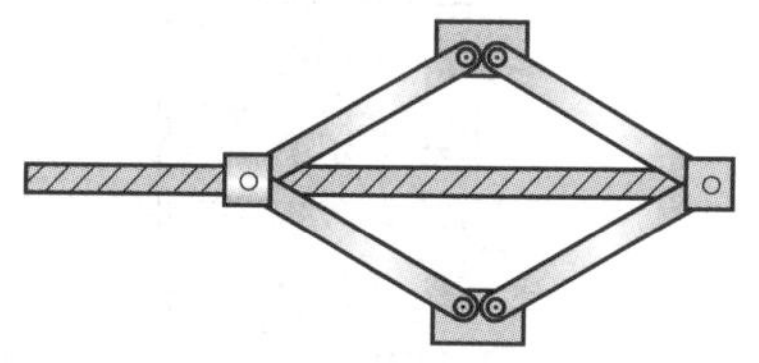

图 2-65 剪式千斤顶

2-6 绘制图 2-66 所示各机构的运动示意图（无精确尺寸的比例要求）。

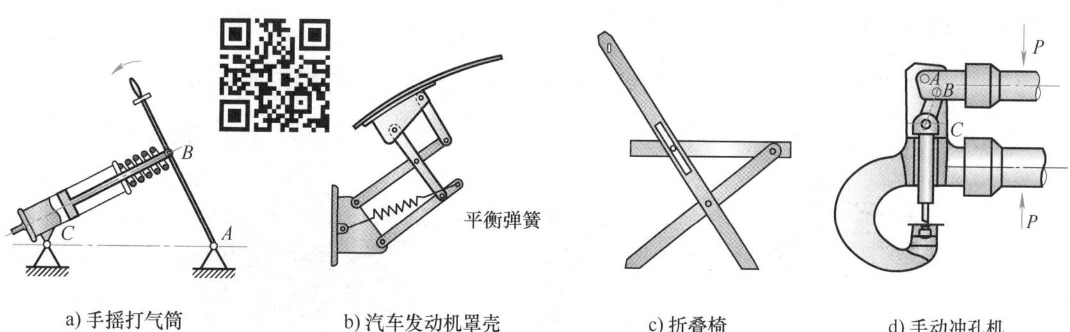

a) 手摇打气筒 b) 汽车发动机罩壳 c) 折叠椅 d) 手动冲孔机

图 2-66 其他机构

2-7 绘制图 2-67 所示实物模型的机构运动简图。

a) 铆钉机构

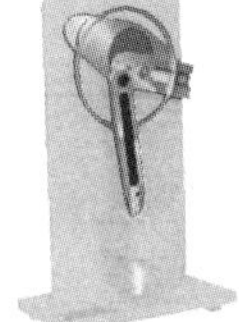
b) 简易压力机

c) 抛光机

d) 剪床机构

图 2-67 四种实物模型

■ 提高题

2-8 图 2-68 所示为一颚式破碎机主体机构。机构左部是破碎机上具有高硬度的破碎颚板，用以破碎矿石，曲柄 AB 旋转推动颚板挤压矿石。试绘制该机构的运动简图。

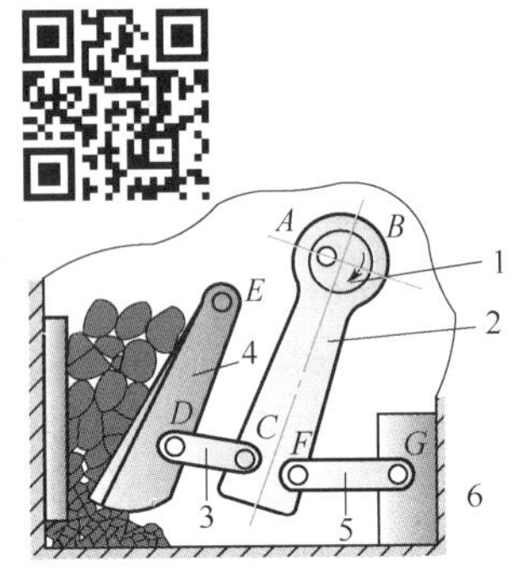

图 2-68 矿石破碎机

2-9 如图 2-69 所示，主动件 AB 连续回转，通过构件 2 带动摇块 3 摆动，完成交替地进油、出油功能。试绘制这个机构的运动简图。

2-10 如图 2-70 所示，偏心轮 1 为主动件，通过构件 2 带动构件 3 沿机架的导轨上下移动，完成冲头 P 冲压工件的动作。试绘制该机构的运动简图。

2-11 试绘制图 2-71 所示机构的运动简图。

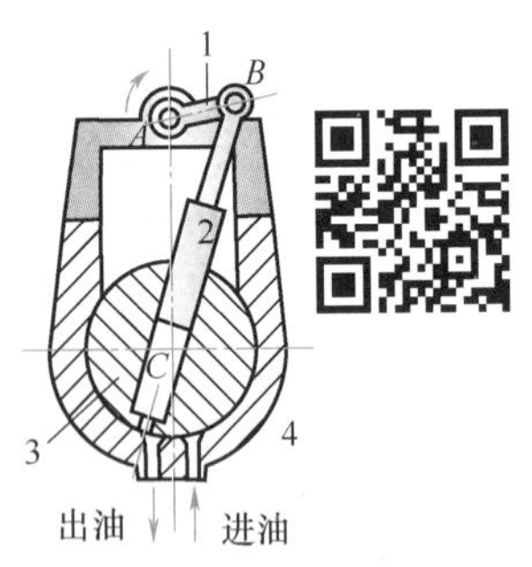

图 2-69 摆动式油泵

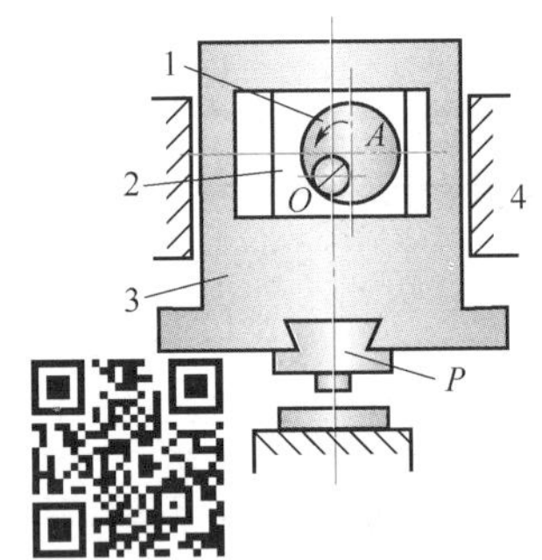

图 2-70 小行程压力机

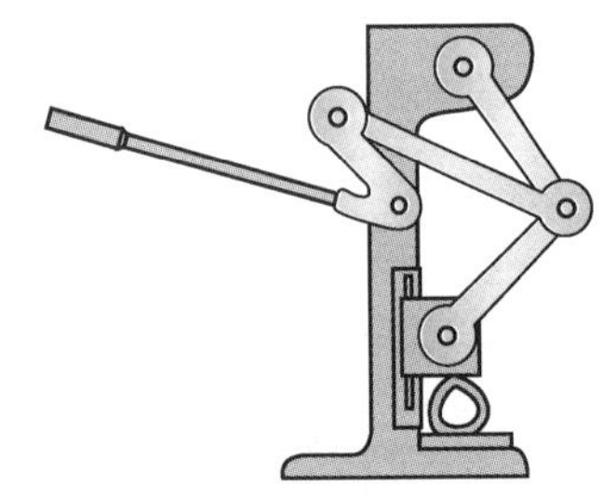
图 2-71 手动压力机

2-12 图 2-72 所示为牛头刨床机构的设计简图，试绘出该机构运动简图。

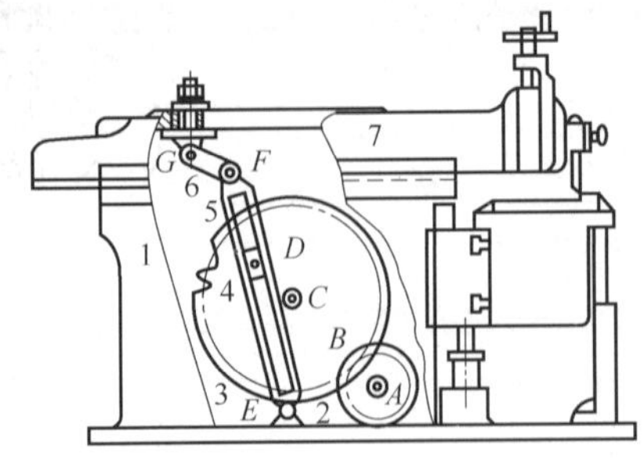

图 2-72 牛头刨床机构

2-13 绘制图2-73所示机构的运动示意图（无精确尺寸的比例要求）。

2-14 绘制图2-74所示两个机构的运动示意图（无精确尺寸的比例要求）。

2-15 图2-75所示的活塞泵由曲柄1、连杆2、扇形齿轮3、齿条活塞4和机架5共5个构件组成。曲柄1是主动件，构件2、3、4为从动件。当曲柄1回转时，活塞在气缸中做往复运动。试绘出机构运动简图。

2-16 绘制图2-76所示六杆橱柜开关机构的运动示意图（无精确尺寸的比例要求）。

图2-73 自动倾卸机构

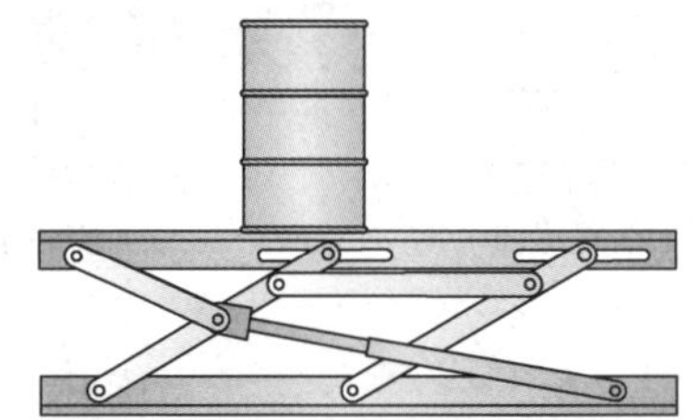

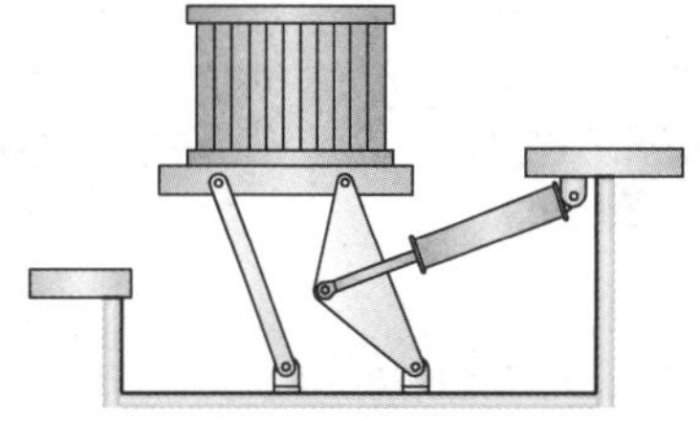

图2-74 两种升降台机构

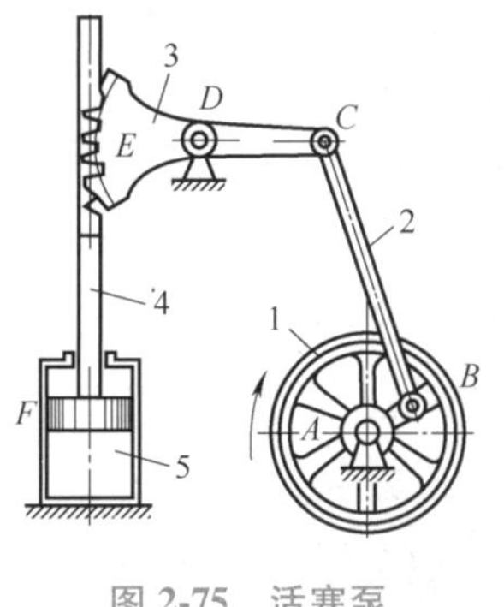

图2-75 活塞泵

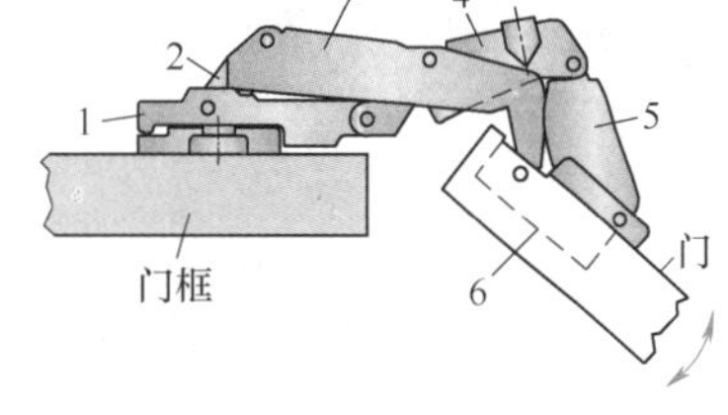

图2-76 六杆橱柜开关机构

2-17 绘制图2-77所示两种发动机机构的运动示意图（无精确尺寸的比例要求）。

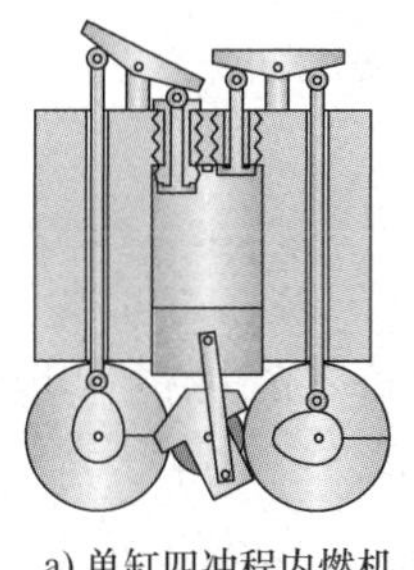

a) 单缸四冲程内燃机

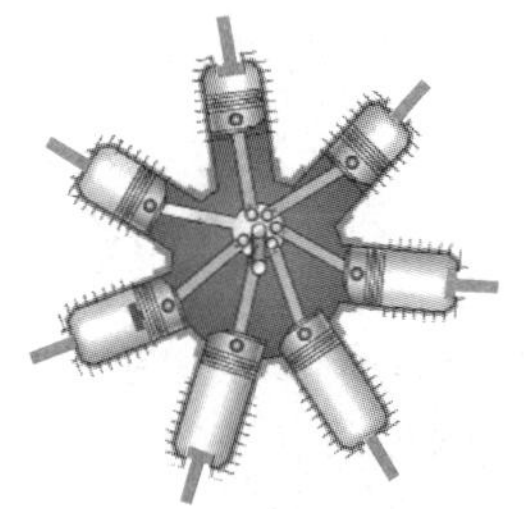

b) 旋缸式发动机

图2-77 发动机

2-18 绘制图2-78所示各机构的运动示意图（无精确尺寸的比例要求）。

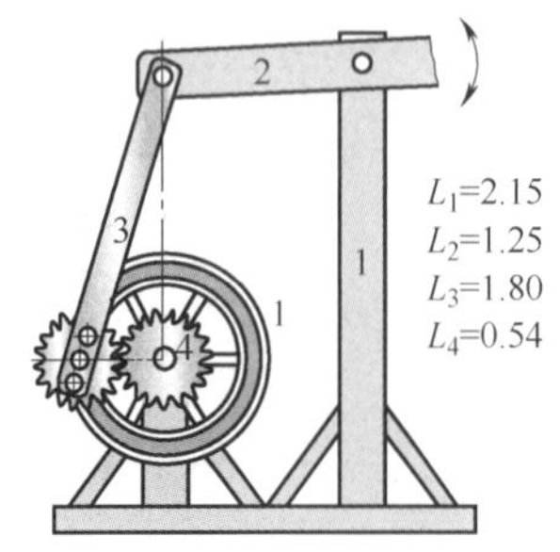

a) 瓦特发明的蒸汽机主体机构模型

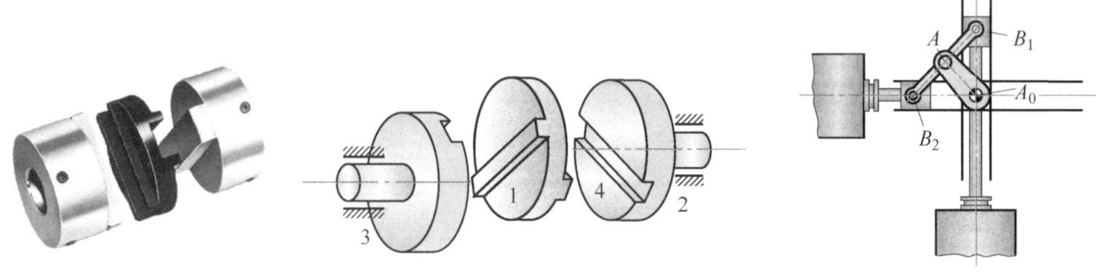

b) 欧丹联轴器(Oldham coupling)

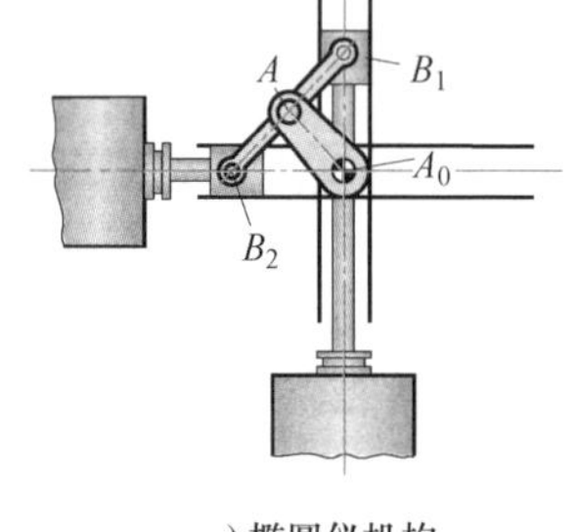

c) 椭圆仪机构

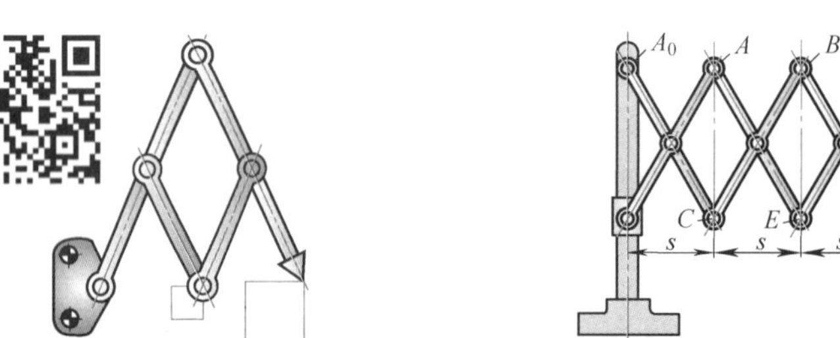

d) 仿图仪机构(Pantograph)与多铰式伸缩钳(Nuremberg scissors)

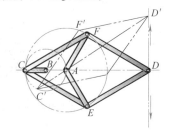

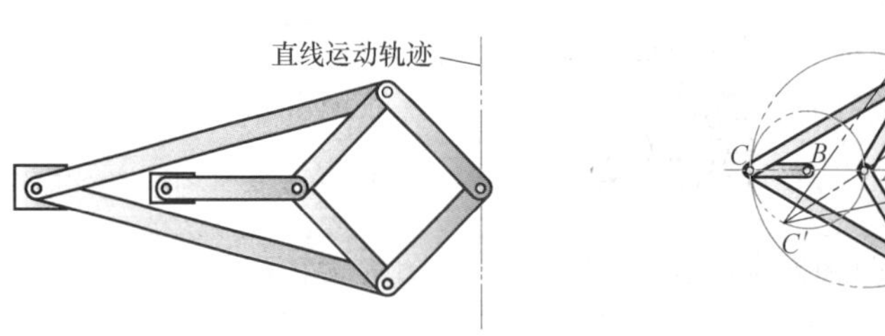

e) Peaucellier直线机构及其变异机构

图 2-78 经典机构

■ 虚拟仿真题

2-19 对于题 2-1 中的偏心轮机构：①自定义参数，建立该机构的虚拟样机模型；②对该模型进行运动仿真，模拟运动全过程。

2-20 对于题 2-2 中的牛头刨床主体机构：①自定义参数，建立该机构的虚拟样机模型；②对该模型进行运动仿真，模拟运动全过程。

2-21 对于题 2-3 中的唧筒机构：①自定义参数，建立该机构的虚拟样机模型；②对该模型进行运动仿真，模拟运动全过程。

2-22 对于题 2-4 中的三种夹钳机构：①自定义参数，建立这三种机构的虚拟样机模型；②对模型进行运动仿真，模拟运动全过程。

2-23 对于题 2-5 中的剪式千斤顶机构：①自定义参数，建立该机构的虚拟样机模型；②对该模型进行运动仿真，模拟运动全过程。

2-24 对于题 2-8 中的颚式破碎机：①自定义参数，建立该机构的虚拟样机模型；②对该模型进行运动仿真，模拟运动全过程。

2-25 对于题 2-9 中的摆动式油泵：①自定义参数，建立该机构的虚拟样机模型；②对该模型进行运动仿真，模拟运动全过程。

2-26 对于图 A-39 所示的三种分度机构：①自定义参数，建立这三种分度机构的虚拟样机模型；②对该模型进行运动仿真，模拟运动全过程；③查阅资料，列举还有哪些分度机构。

2-27 对于图 A-80 所示的五缸星型内燃机：①自定义参数，建立虚拟样机模型；②对该模型进行运动仿真，模拟该内燃机的运动过程；③根据仿真结果，进一步理解其工作原理。

2-28 对于图 A-81 所示的汪克尔发动机：①自定义参数，建立虚拟样机模型；②对该模型进行运动仿真，模拟汪克尔发动机的运动过程；③根据仿真结果，进一步理解其工作原理。

2-29 图 2-79 所示为开关窗机构：①绘制该机构的运动简图；②设计该机构各构件的参数，建立该机构的虚拟样机模型；③对该机构的运动过程进行仿真。

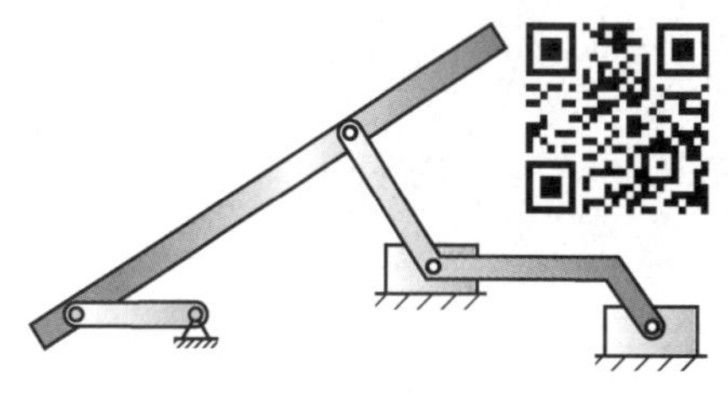

图 **2-79** 开关窗机构

2-30 图 2-80 所示为一台铆钉机。①绘制机构简图；②设计该机构各构件的参数，建立该机构的虚拟样机模型；③对该机构的运动过程进行仿真。

2-31 图 2-81 所示的偏心液压泵中，偏心轮 1 绕固定轴心 A 转动。外环 2 上的叶片在可绕轴心 C 转动的圆柱 3 中滑动。当偏心轮 1 顺时针方向连续回转时，可将右侧输入的油液由左侧泵出。液压泵机构中，1 为曲柄，2 为活塞杆，3 为转块，4 为泵体。①试绘出机构运动简图；②自定义该机构各构件的参数，建立该机构的虚拟样机模型；③仿真模型，验证该机构是否具有确定的运动。

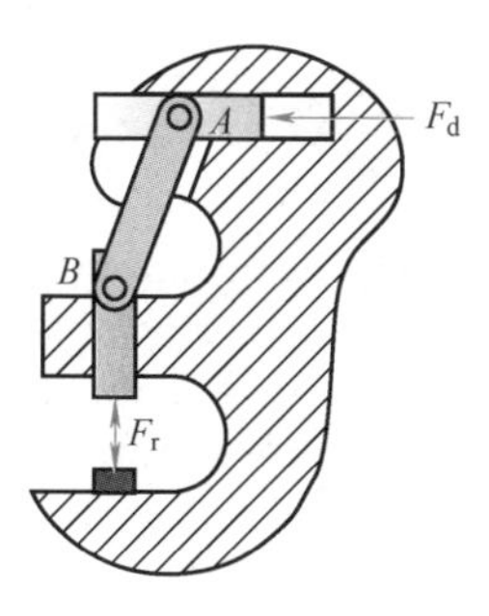

图 **2-80** 铆钉机

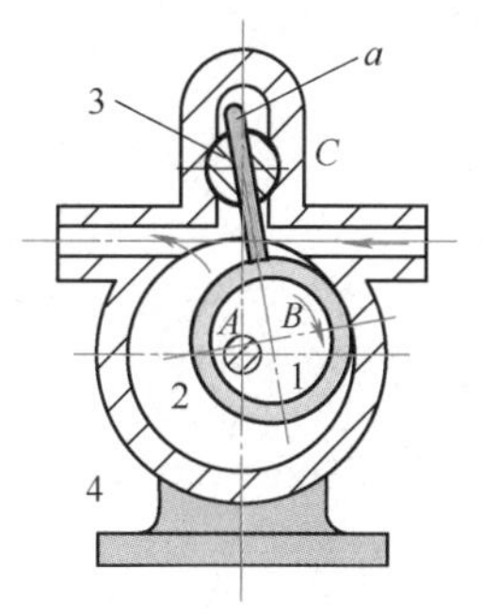

图 **2-81** 偏心液压泵

2-32　图 2-82 所示为两种空间机构。①绘制机构运动简图，分析其工作原理；②自定义未知参数，建立这两种机构的虚拟样机模型；③对模型进行运动仿真，验证能否实现各自相应的功能。

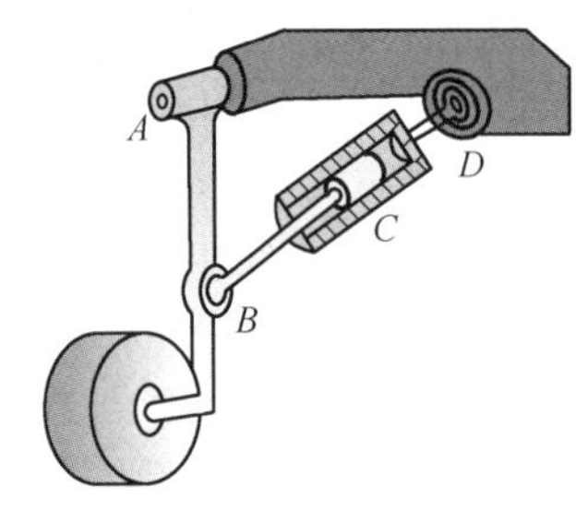

a) 飞机起落架的收放机构

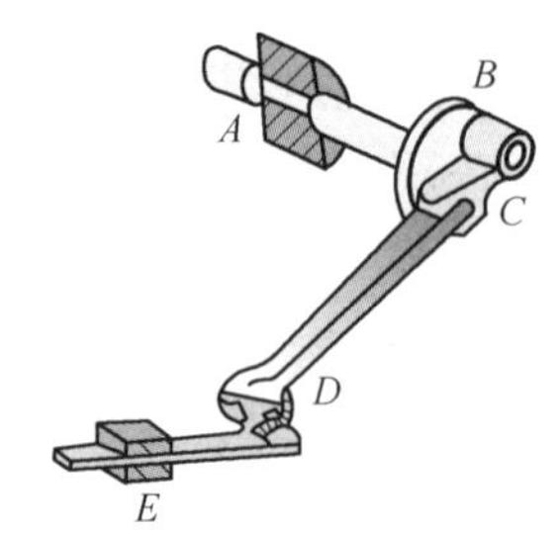

b) 割草机割刀机构

图 2-82　两种空间机构

第 3 章　机构的结构分析

切比雪夫（1821~1894），俄罗斯数学家、力学家，最早提出机构自由度计算公式。

我国燕山大学黄真教授所著的两部著作，提供了各类机构自由度计算与分析的通用方法。

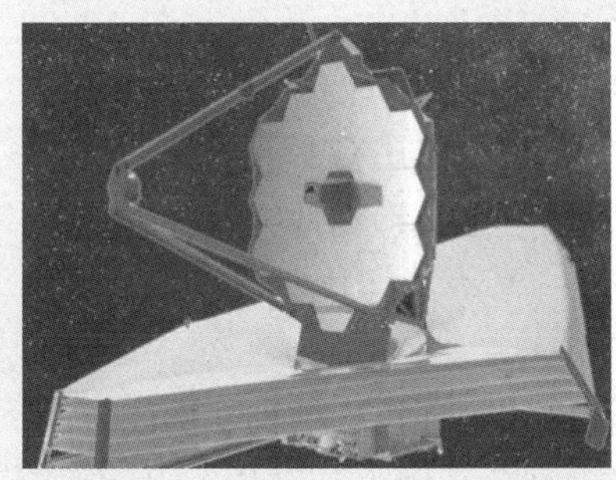

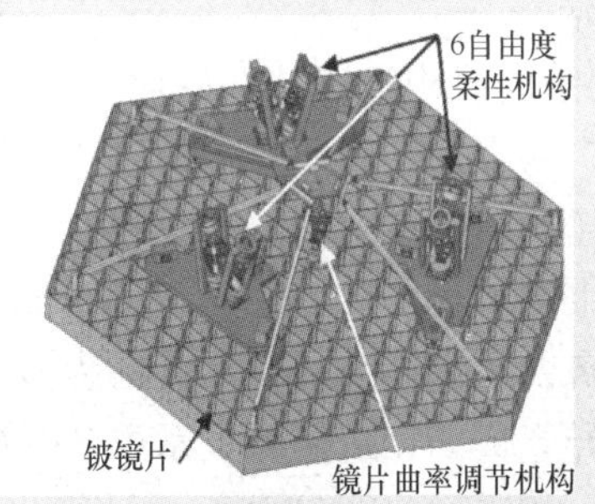

詹姆斯·韦伯空间望远镜每块铍质主镜镜片由 6 自由度的并联机构与镜片曲率调节机构来调节，并采用了宏-微耦合的方式来减少驱动器数量。

荷兰艺术家 Theo Jansen 设计的海滩仿生兽（Stradebeest），其步行机构就利用了曲柄工作原理。

本章学习目标：

通过本章的学习，学习者应能够：

- 掌握机构自由度的概念和平面机构自由度计算公式；
- 掌握复合铰链、局部自由度、虚约束、公共约束等概念及其对自由度计算公式的影响；
- 了解空间自由度计算公式，以及欠约束、冗余约束、输入选取等概念；
- 理解两种平面机构的结构组成原理：杆组理论及模块化思想。

【内容导读】

机构是具有确定运动的构件组合。显然，不能运动或无规律乱动的构件组合都不能成为机构，而只是一般的运动链。根据机构的定义，为实现从运动链向机构的转化，主动件的选取至关重要，这就需要对该运动链进行自由度分析，以确定主动件的数量。同时，为保证机构具有确定的运动，机构在结构组成上必然遵循着某些规律，对其组成原理的深刻认识也十分重要。具体而言，机构结构分析的主要内容包括：①机构的自由度计算与分析；②机构具有确定运动的条件；③机构的结构组成分析与分类。

3.1 研究简史

自由度（degree of freedom）是机构学中最重要的概念之一。机构自由度与运动副、构件之间的定量关系一直是机构构型综合和运动性能分析中最重要的理论依据。如此重要的地位自然引起学者的关注与研究。

早在19世纪，俄国和德国的机构学家就开始对机构自由度进行了系统的研究。这个时期，力的相互作用原理已经广为人知，因此对运动副在机构中所起的作用有了较为深刻的认识：运动副既可以约束相连接的两构件之间的某些相对运动，同时也允许构件间存在一定的相对运动。根据运动副的约束度不同，勒洛将运动副分成了Ⅰ~Ⅴ级。切比雪夫、格鲁伯、库兹巴赫等人提出了著名的自由度计算公式，后人称为CGK公式。

机构种类繁多、形态各异，比如，按拓扑关系可分开环机构和闭环机构两种，而闭环机构又分单闭环和多闭环机构，相应的自由度分析与计算也变得复杂、困难，利用CGK公式常常得不到正确的结果。

正因如此，自由度的分析与计算问题成为机构学领域困惑已久的难题之一。150多年以来，国内外多名知名学者参与研究，包括苏联、罗马尼亚和美国等国的学者，还有我国学者黄真等，各种形式的自由度计算公式多达30余种，专著不下5个版本（Fillips，1986；赵景山，2009；Gogu，2010；黄真等，2011；黄真等，2016）。其研究历程和发展沿革完全可以演绎一部哥德巴赫猜想式的故事。

21世纪以来，在黄真教授等学者的不懈努力下，机构自由度问题得到了较为圆满的解决，不仅给出了统一的自由度计算公式，还提供了一种有效的自由度分析方法。

3.2 机构自由度的概念

理论力学中已经讨论了刚体自由度的概念，即完全确定刚体位形（相对参考坐标系）所需的独立的广义坐标数。可将此概念推广到由一系列刚体所组成的系统中（本书限指运动链或机构），为此不妨定义确定机构中每一构件的位置所需的最少独立参数为机构的自由度。在此定义中，实际上涉及了 3 个相关的概念：①构件相对某一特定参考坐标系的自由度；②运动副的自由度；③机构的自由度。

构件的自由度非常容易理解，与刚体自由度的含义相同。譬如，平面自由构件的自由度为 3，空间自由构件的自由度为 6，而机架的自由度为 0。

运动副的自由度又称为关联度（connectivity，用 f 表示），反映的是运动副所连接的两个构件之间的相对自由度。与之相对应的概念便是约束度（degree of constraint，DOC，用 c 表示）。如在平面维度上度量，两者之和为 3（图 3-1）；如在空间维度上度量，两者之和为 6。

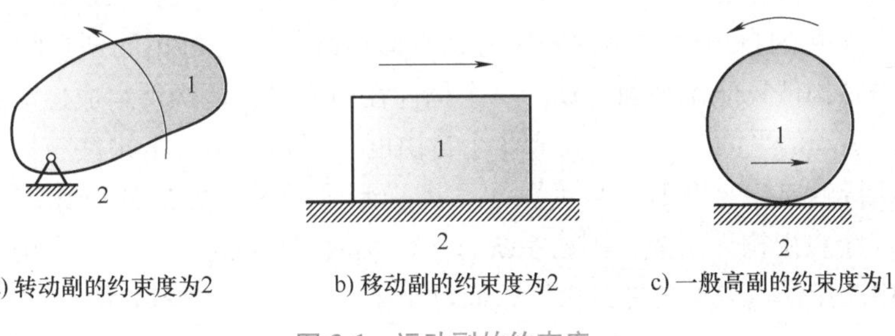

图 3-1　运动副的约束度

机构的自由度通常又称为机构的活动度（mobility）。实际上机构自由度与机构活动度的含义有所不同，但本书为统一起见，均用自由度来代替活动度。根据理论力学的知识，可以确定铰链四杆机构的自由度为 1（只需 1 个独立的参数，机构的运动即可确定）；铰链五杆机构的自由度为 2（需 2 个独立的参数，机构的运动才可确定），如图 3-2 所示。

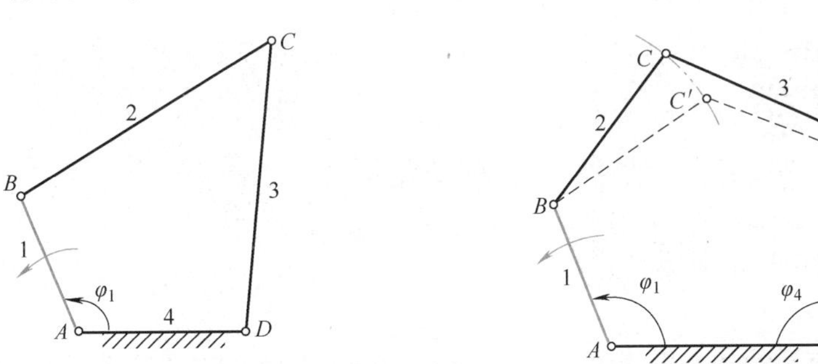

图 3-2　机构的自由度可通过独立参数来确定

也可将机构的自由度拓展到一般运动链。运动链的自由度会出现三种情况：如果其自由度为正，它就可以成为一个机构；如果自由度等于零，该运动链为一个静定结构（statically determinate structure）；如果小于零，则变成一个超静定结构（statically indeterminate structure）。图 3-3 所示为与这三种情况相对应的实例。

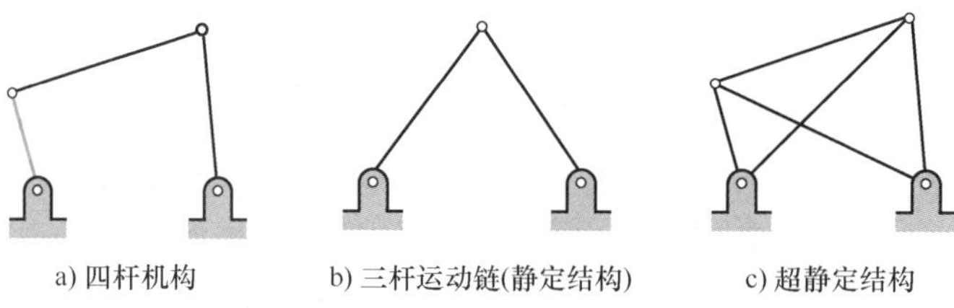

图 3-3　运动链自由度会出现的三种情况

3.3　平面机构的自由度计算公式

3.3.1　平面机构自由度计算的基本公式

为计算一个机构的自由度数，首先应考虑平面情况，然后再拓展到空间。

平面机构中各构件只能做平面运动。一个构件在尚未与其他构件组成运动副之前为自由构件，与一个自由运动的平面刚体一样，有 3 个自由度。但是，当一个构件与另一构件组成运动副后，由于彼此接触连接变得不"自由"了，即受到了一定程度的约束作用。因此，假设一个构件系统由 N 个自由构件组成，则该系统有 $3N$ 个自由度。选定其中一个构件为机架后，该构件由于与地相连接将丧失掉全部自由度；而剩下的活动构件数变成了（$N-1$），系统的自由度相应变为 $3(N-1)$。再用关联度为 f_i（运动副的自由度）的运动副连接某两个构件，这时，这两个构件之间相对运动的自由度为 3，系统的自由度由于所增加的约束减少了 $3-f_i$。继续增加运动副到 g 个，这时由于全部运动副的引入而使系统总共损失的自由度数就变为

$$(3-f_1)+(3-f_2)+\cdots+(3-f_i)+\cdots+(3-f_g)=\sum_{i=1}^{g}(3-f_i)=3g-\sum_{i=1}^{g}f_i \tag{3.3-1}$$

根据

系统的自由度 F = 所有活动构件的自由度 − 系统损失的自由度

因此，系统总的自由度变为

$$F=3(N-1)-\left(3g-\sum_{i=1}^{g}f_i\right)=3(N-g-1)+\sum_{i=1}^{g}f_i \tag{3.3-2}$$

这就是计算平面机构自由度的基本公式。

还可以利用

系统的自由度 F = 所有活动构件的自由度 − 所有运动副的约束度

得到另外一种形式的机构自由度计算公式，即

$$F=3(N-1)-\left(\sum_{i=1}^{g}c_i\right)=3(N-1)-\sum_{i=1}^{g}c_i \tag{3.3-3}$$

进一步考虑高副和低副的差异（在平面中，低副引入 2 个约束，高副一般引入 1 个约

束)，为此可将式（3.3-3）简化为

$$F=3(N-1)-(2P_L+P_H)=3n-(2P_L+P_H) \tag{3.3-4}$$

式中，$n=N-1$，表示活动构件数；P_L 为低副的个数；P_H 为高副的个数。

【例 3-1】 计算图 3-2 所示机构的自由度。

解：由式（3.3-4）得

$$铰链四杆机构：F=3×(4-1)-(2×4)=1$$

$$铰链五杆机构：F=3×(5-1)-(2×5)=2$$

也可利用式（3.3-2）计算求得

$$铰链四杆机构：F=3×(4-4-1)+4=1$$

$$铰链五杆机构：F=3×(5-5-1)+5=2$$

【例 3-2】 计算图 3-4 所示复杂多杆平行导向机构的自由度。

解：由式（3.3-4）得

$$对于图 3-4a 中的六杆机构：F=3×(6-1)-(2×7)=1$$

$$对于图 3-4b 中的八杆机构：F=3×(8-1)-(2×10)=1$$

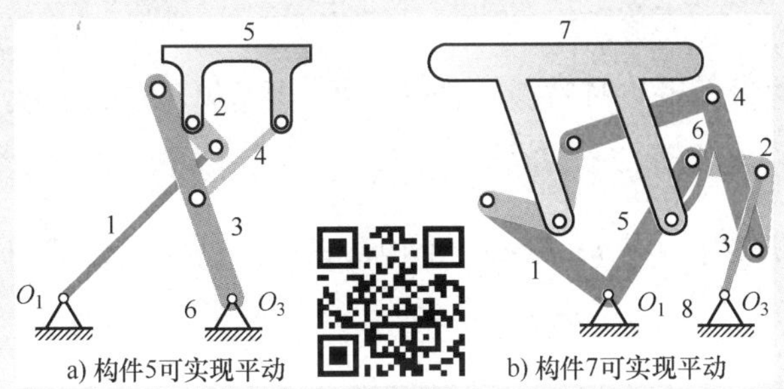

a) 构件5可实现平动　b) 构件7可实现平动

图 3-4　两种平行导向机构

【例 3-3】 计算图 3-5 所示凸轮机构的自由度。

解：由其机构运动简图不难看出，该机构共有 2 个活动构件（凸轮 1 和推杆 2），2 个低副（1 个转动副和 1 个移动副），1 个高副（推杆与凸轮点接触形成的凸轮高副），故机构的自由度可由式（3.3-4）计算得

$$F=3×(3-1)-(2×2+1)=1$$

【例 3-4】 计算图 3-6 所示单缸内燃机机构的自由度。

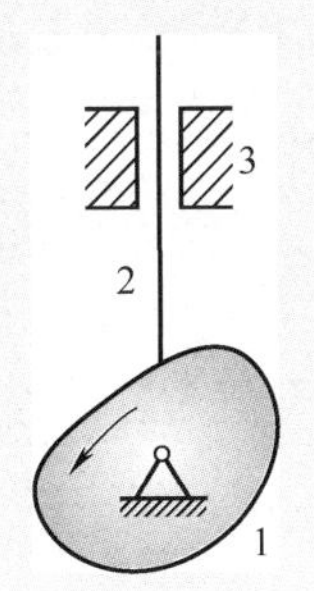

图 3-5　凸轮机构

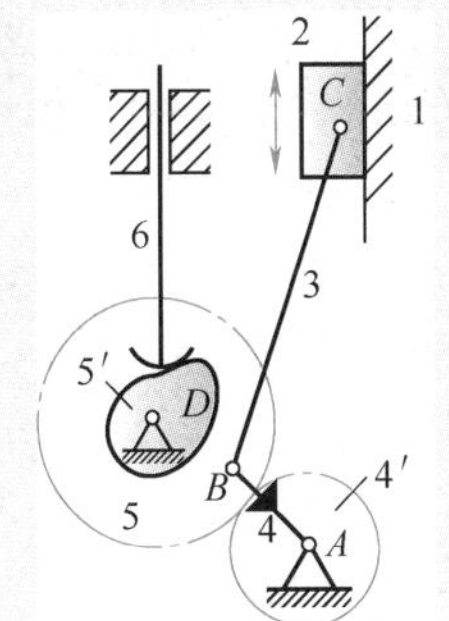

图 3-6　单缸内燃机机构

解：由其机构运动简图不难看出，该机构共有5个活动构件（活塞2、连杆3、曲轴4、凸轮5、推杆6），6个低副（4个转动副A、B、C、D和2个移动副），2个高副（齿轮高副和凸轮高副），故机构的自由度可由式（3.3-4）计算得

$$F=3n-(2p_L+p_H)=3\times5-(2\times6+2)=1$$

【例3-5】 含重叠铰链机构（图3-7a）的自由度计算。

由于视角因素，给人造成在同一转动副B处连接有多于2个构件的错觉，从而导致重叠铰链（国内多数机械原理教材称之为复合铰链）的出现。具体结构简图如图3-7b所示。

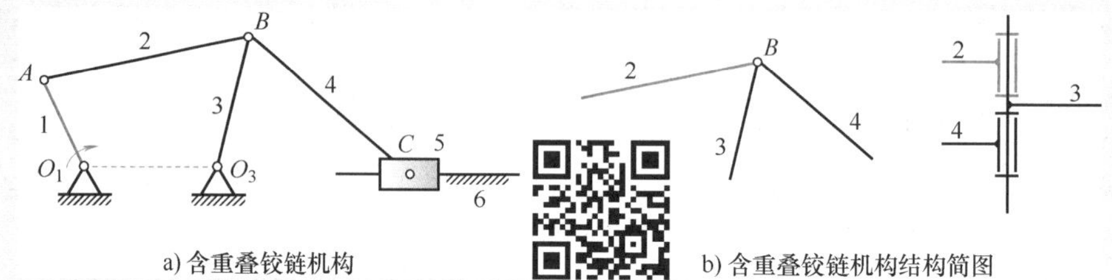

a) 含重叠铰链机构　　b) 含重叠铰链机构结构简图

图3-7　含重叠铰链机构及其结构简图

解：B处存在重叠铰链，且转动副个数为2，因此由式（3.3-4）得

$$F=3\times(6-1)-(2\times7)=1$$

在含重叠铰链的机构中，若$m(m>2)$个构件在同一处组成转动副，其转动副的数目应为$m-1$个。

3.3.2　局部自由度

局部自由度（idle DOF，passive DOF）又称冗余自由度，是指机构中某些构件具有局部的，并且不影响输出构件运动的自由度，通常用ς表示。

图3-8a所示的滚子推杆凸轮机构中，为了减少高副元素的磨损，在推杆3和凸轮1之间装了一个滚子2。滚子2与从动件3为转动副连接，说明构件2相对于构件3有一个转动自由度，但滚子2绕其自身轴线的转动为局部的转动，并不影响其他构件的运动，因而它只是一种局部自由度。因此，在计算机构的自由度时，应从机构自由度的基本计算公式中将局部自由度减去。这时，该机构的自由度为

a) 原机构　　b) 转化机构

图3-8　滚子推杆凸轮机构

$$F=3\times3-(2\times3+1)-1=1$$

将含有局部自由度平面机构的自由度计算公式推而广之，可写成

$$\boxed{F=3(N-g-1)+\sum_{i=1}^{g}f_i-\varsigma}\qquad(3.3\text{-}5)$$

或者

$$F=3n-(2P_L+P_H)-\varsigma \tag{3.3-6}$$

除此方法之外，还可以将滚子 2 与从动件 3 视为一体，即为同一构件，如图 3-8b 所示。这样可按照平面机构自由度计算的基本公式进行计算，重新计算得到的机构自由度为

$$F=3n-(2P_L+P_H)=3\times2-(2\times2+1)=1$$

3.3.3　冗余约束

冗余约束（redundant constraint，现行机械原理教材称之为虚约束）是指在机构中，有些运动副所带入的约束对机构运动只起重复约束作用，通常用 ν 表示。因此，在计算机构的自由度时，应从机构自由度的基本计算公式中将冗余约束去除（自由度增加）。原公式修正为

$$F=3(N-g-1)+\sum_{i=1}^{g}f_i+\nu \tag{3.3-7}$$

或者

$$F=3n-(2P_L+P_H-\nu) \tag{3.3-8}$$

冗余约束是在特定的几何条件下才存在的。根据几何条件的不同，一般将平面机构中冗余约束产生的情况分成四类：

1）在机构中，两个构件直接接触而构成多个运动副，就可能引入了冗余约束，典型有三种情况：①两个构件在多处接触构成移动副（图 3-9a），且各移动副导路中心线平行或重合，则只能算作一个移动副，其余的都是冗余约束；②两个构件在多处配合组成转动副（图 3-9b），且各转动副轴线重合，只能算作一个转动副，其余的是冗余约束；③两个构件在多处相接触而构成平面高副（图 3-9c），且各接触点处的法线重合或接触点的距离始终保持不变，只算作一个高副，其余为冗余约束。

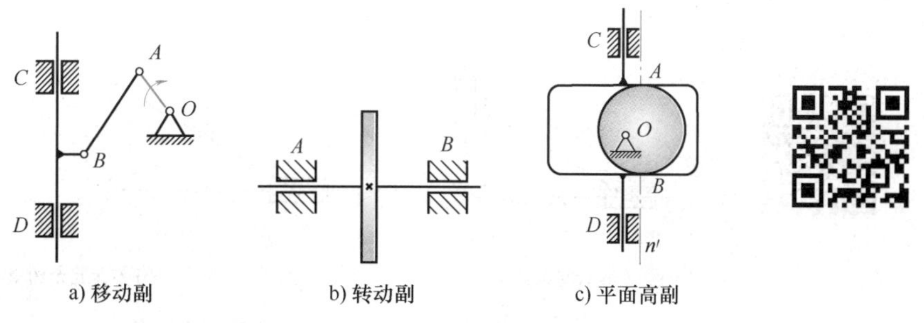

图 3-9　两个构件直接接触形成多个运动副

2）在机构运动过程中，如果某两个构件上两点之间的距离始终保持不变，若将此两点以构件相连，则由此而引入的约束必为冗余约束。图 3-10a 所示的诺顿（Norton）机构即属此类。可以验算，若直接按自由度基本计算公式求得的结果为 0（该机构含 5 杆 6 副），显然该机构是可动的。问题出在，在平行四边形机构的基础上增加了 1 个活动构件（如杆 EF，引入了 3 个自由度）和 2 个转动副（引入了 4 个约束），相当于多引入了 1 个约束，而这个约束因其特殊的几何分布对机构只起到了重复约束的作用，或者说没有起到实质性的约束作

用，因此所引入的这个约束就是冗余约束。这时，需按式（3.3-8）计算才能得到正确的结果，即

$$F=3n-(2P_L+P_H-\nu)=3\times4-2\times6+1=1$$

也可以通过保持自由度基本公式形式不变，将产生冗余约束的构件及运动副从原机构中去掉，新机构则演变成如图 3-10b 所示的无冗余约束的机构。这时，用式（3.3-4）计算也可得到正确的结果。

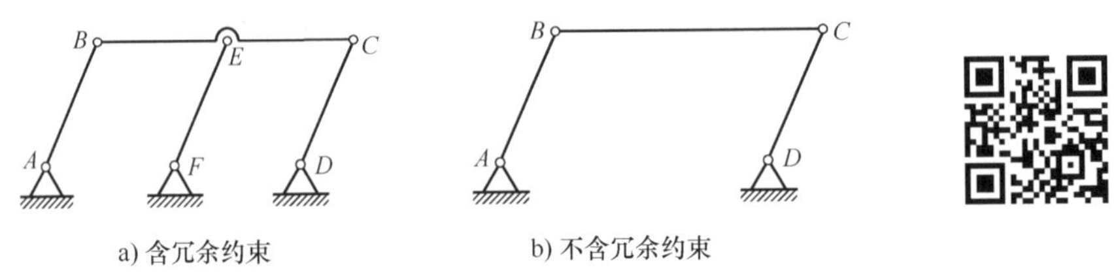

a) 含冗余约束　　b) 不含冗余约束

图 3-10　诺顿机构

3）如果将机构的某个运动副拆开，机构被拆开的两部分在原连接点的运动轨迹仍相互重合，则产生冗余约束。图 3-11a 所示的椭圆仪机构（Scott-Russell 机构）即属此类。可以验算，若直接按自由度基本计算公式求得的结果为 0（该机构含 5 杆 6 副），显然该机构是可动的。问题出在，在曲柄滑块机构的基础上增加了 1 个滑块 3（或滑块 4，引入了 3 个自由度）和 2 个运动副（引入了 4 个约束），相当于多引入了 1 个约束，而这个约束对机构只起到了重复约束的作用，因此所引入的约束是冗余约束。这时，按式（3.3-8）计算才能得到正确的结果，即

$$F=3n-(2P_L+P_H-\nu)=3\times4-2\times6+1=1$$

也可以通过保持自由度基本公式形式不变，将产生冗余约束的构件及运动副从原机构中去掉，新机构则演变成如图 3-11b 所示的无冗余约束的四杆机构。这时，用式（3.3-4）计算也可得到正确的结果。

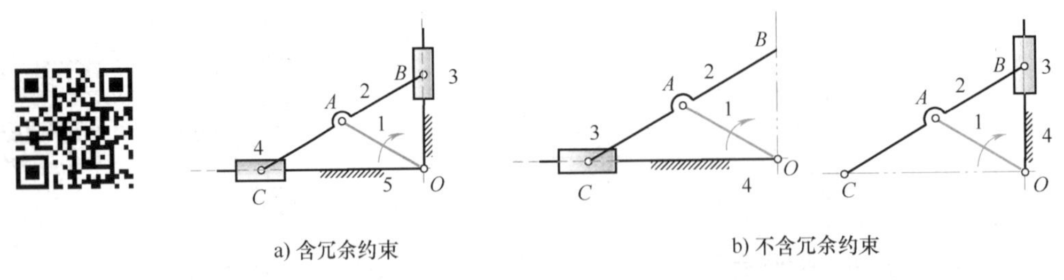

a) 含冗余约束　　b) 不含冗余约束

图 3-11　椭圆仪机构

4）机构中对运动不起作用的对称部分或重复部分也是冗余约束。图 3-12a 所示的行星轮系即属此类。该机构的自由度分析有些复杂，将在后面进行详细分析。这里只需说明的是，轮系中的行星轮 2、2′和 2″呈对称圆周分布，从运动传递的角度看，仅用一个行星轮即可，其余两个都不起实质作用。因此，所引入的约束自然成了冗余约束。可将其中两个行星轮及其约束去掉，机构演变成了如图 3-12b 所示的型式。

综上所述，可以看出机构中的冗余约束都是在特定的几何条件下出现的。如果这些几何条件不能得到满足，则冗余约束就成为有效约束，机构甚至不能运动。图 3-13 所示的诺顿

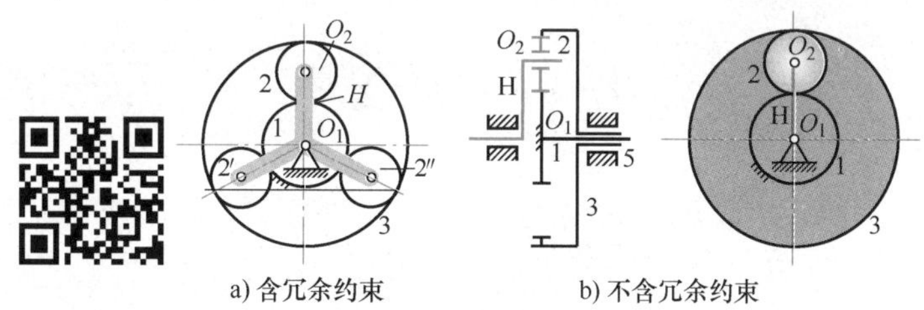

a) 含冗余约束　　b) 不含冗余约束

图 3-12　行星轮系

机构中，如果 EF 杆未与 AB 和 CD 保持平行则将导致原来的冗余约束（EF）转变为有效约束。

值得指出的是，机械设计中冗余约束往往是根据某些实际需要而采用的，如为了增强支承刚度（如图 3-10a 所示的机构），或为了改善受力（如图 3-12a 所示的机构），或为了传递较大功率等。

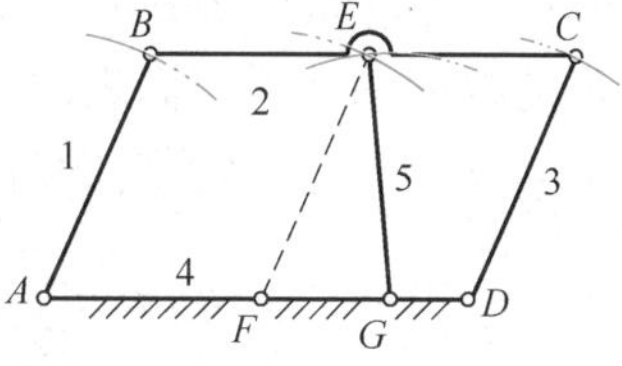

图 3-13　冗余约束演变成有效约束的实例

3.3.4　公共约束

先看一个例子。

【例 3-6】　试计算图 3-14 所示斜面机构的自由度。

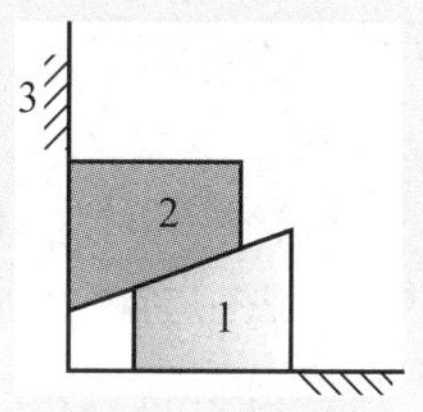

图 3-14　斜面机构

解：根据式（3.3-2）可知，该机构的自由度

$$F=3(N-g-1)+\sum_{i=1}^{g}f_i=3\times(-1)+3=0$$

或者根据式（3.3-4）得

$$F=3n-2P_L=3\times2-2\times3=0$$

按上述公式推算，该机构是不能动的。不过，ADAMS 仿真以及实践经验均表明该机构是可动的。出现如此矛盾究竟是什么原因造成的呢？

为此可做如下解释：该机构为完全由移动副组成的平面机构，它的两个运动构件被限制只能在一个平面内移动，故这时机构中所有构件的公共运动空间维数（通常用 d 表示，即机构的阶数[1]）不再是 3 而是 2。这时再代入式（3.2-2），即可得到正确的计算结果。

$$F=(3-1)\times(N-g-1)+\sum_{i=1}^{g}f_i=2\times(-1)+3=1$$

或者

$$F=(3-1)n-(2-1)P_L=2\times2-1\times3=1$$

为此引入了一个新的概念——公共约束（common constraint），即机构中所有构件均受到的共同约束。类似于机构（或构件）的自由度与约束度之间的关系，机构的阶数与机构的公共约束数（通常用 λ 表示）之间满足

$$d+\lambda=6 \tag{3.3-9}$$

上述实例的计算过程实际上给出了含有公共约束的平面机构自由度计算公式。通式形式

可写成

$$F=d(N-g-1)+\sum_{i=1}^{g}f_i \tag{3.3-10}$$

或者

$$F=dn-\left[(d-1)P_{\mathrm{L}}+P_{\mathrm{H}}\right] \tag{3.3-11}$$

【例 3-7】 计算图 3-15 所示摩擦轮机构的自由度。

解：摩擦轮机构中只有 2 个活动构件，两者之间通过摩擦实现纯滚运动，即它们之间的连接是滚动副。因此，根据式（3.3-2）可知，该机构的自由度

$$F=3(N-g-1)+\sum_{i=1}^{g}f_i=3\times(-1)+3=0$$

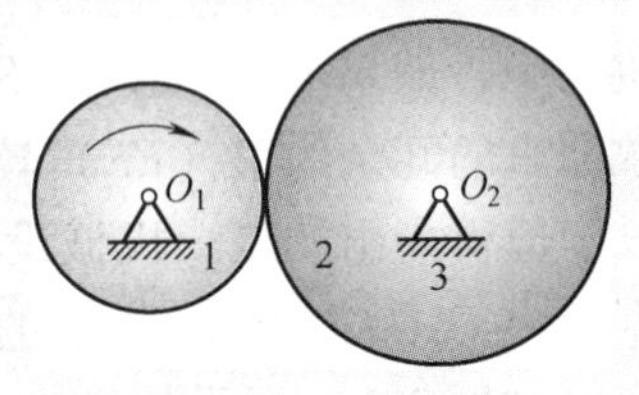

图 3-15 摩擦轮机构

或者根据式（3.3-4）得

$$F=3n-2P_{\mathrm{L}}=3\times2-2\times3=0$$

显然，结果是不对的。问题出在什么地方呢？通过深入观察可以发现，两个摩擦轮由于受到强几何约束的限制，每个构件只能实现径向转动和周向转动，即只能在平面内的二维空间运动。因此与斜面机构类似，该机构也是含公共约束的机构。正确的计算公式为

$$F=2n-(2-1)P_{\mathrm{L}}=2\times2-1\times3=1$$

【例 3-8】 计算图 3-16 所示行星轮系的自由度。

解：有了摩擦轮机构自由度分析基础，再沿此思路对行星轮系进行自由度分析就变得相对容易了。

首先将该高副机构按节圆纯滚等效为低副机构。该机构中有 3 个活动构件，相接触的轮子之间以滚动副相连接。因此，根据式（3.3-2）可知，该机构的自由度

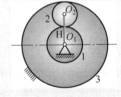

$$F=3(N-g-1)+\sum_{i=1}^{g}f_i=3\times(4-5-1)+5=-1$$

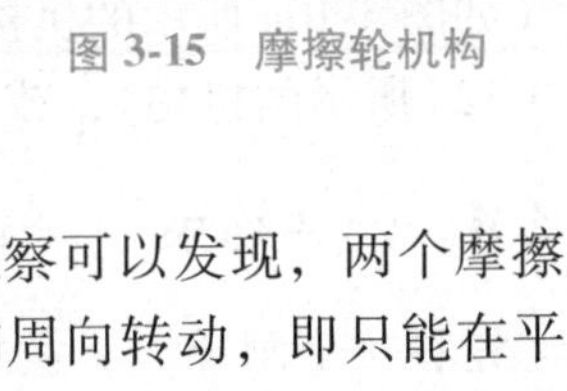

图 3-16 行星轮系的等效机构

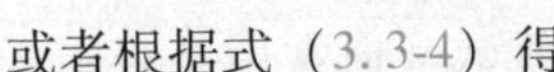

或者根据式（3.3-4）得

$$F=3n-2P_{\mathrm{L}}=3\times3-2\times5=-1$$

需要说明的是，上述分析过程是不对的。问题出在什么地方呢？通过深入观察可以发现，两个摩擦轮由于受到强几何约束的限制，每个构件只能实现径向转动和周向转动，即只能在平面内的二维空间运动。因此与斜面机构类似，该机构也是含公共约束的机构。正确的计算公式为

$$F=2n-(2-1)P_{\mathrm{L}}=2\times3-1\times3=1$$

现有科研文献中，将公共约束与冗余约束统称为过约束（overconstraint），不妨用 μ 来表示过约束数；相应的，含有过约束的机构称为过约束机构（overconstraint mechanism）。

黄真教授在其最新专著中给出了两种适合平面机构自由度基本计算公式的修正形式。

$$F=d(N-g-1)+\sum_{i=1}^{g}f_i+\nu-\varsigma \tag{3.3-12}$$

或者

$$F=dn-[(d-1)P_L+P_H]+\nu-\varsigma \tag{3.3-13}$$

或者更为通用的形式

$$F=3(N-g-1)+\sum_{i=1}^{g}f_i+\mu-\varsigma \tag{3.3-14}$$

式（3.3-12）~式（3.3-14）均可作为平面机构自由度计算的通用公式。

【思考题】：

1）试从自由度的角度区别机构与结构的区别。

2）何为过约束？公共约束与冗余约束有何区别？

3）查阅资料，说明机构的自由度与活动度有何区别。

3.3.5　综合实例

【例 3-9】　计算图 3-17 所示机构的自由度，并指出复合铰链、冗余约束、局部自由度的位置。

解：B 处的小轮产生 1 个局部自由度，H（或 I）处含有 1 个冗余约束，E 处为复合铰链。因此，不妨将 2 与 3 固连（去掉局部自由度），并将其中 1 个冗余约束直接去掉。这时，该机构的自由度可直接通过式（3.3-4）计算得到

$$F=3n-(2P_L+P_H)=3\times6-(2\times8+1)=1$$

【例 3-10】　计算小型压力机（图 3-18）的自由度。

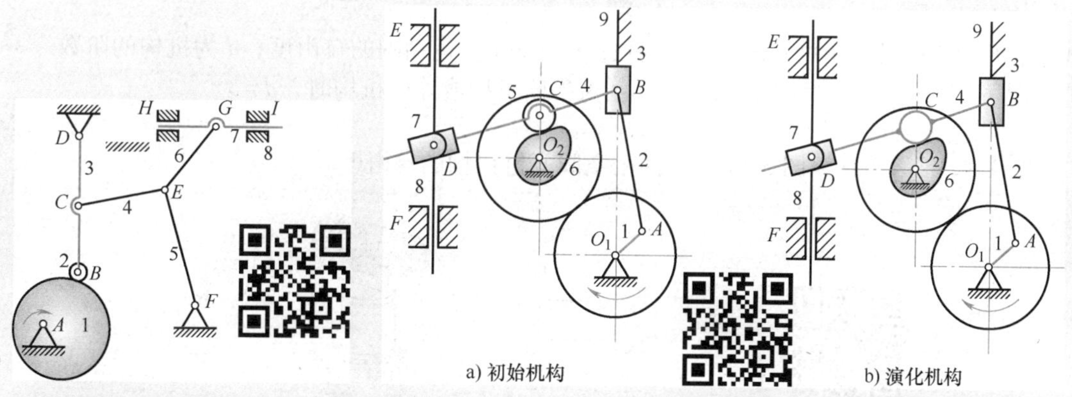

a) 初始机构　b) 演化机构

图 3-17　多杆机构

图 3-18　小型压力机

解：该机构中含有 8 个活动构件。其中，小滚子 5 处存在 1 个局部自由度，而铰链 B 处则存在重叠铰链，移动副 E 和 F 之一为冗余约束。不妨将 5 与 4 固连（去掉局部自由度），并将其中 1 个冗余约束直接去掉，这时直接通过式（3.3-4）计算得到

$$F=3n-(2P_L+P_H)=3\times7-(2\times9+2)=1$$

也可利用通式计算得到。如代入式（3.3-12），得

$$F=3(N-g-1)+\sum_{i=1}^{g}f_i+\nu-\varsigma=3\times(9-13-1)+(11+2\times2)+2-1=1$$

或者代入式（3.3-13），得

$$F=3n-(2P_{\mathrm{L}}+P_{\mathrm{H}})+\nu-\varsigma=3\times8-(2\times11+2)+2-1=1$$

3.4 空间机构的自由度计算

3.4.1 CGK公式

下面将平面情况扩展到三维空间情况。

若在三维空间中有 N 个完全不受约束的物体，并选定其中一个为固定参照物，这时，每个物体相对参照物都有6个自由度。若将所有的物体之间用运动副连接起来，并选定其中某一个构件为机架，便构成了一个空间机构。该机构中含有 $N-1$ 个或 n 个活动构件，连接构件的运动副用来限制构件间的相对运动。采用类似于平面机构自由度分析方法得到计算该空间机构自由度的公式，即

$$F=6(N-1)-(5p_5+4p_4+3p_3+2p_2+p_1)=6(N-1)-\sum_{i=1}^{5}ip_i=6n-\sum_{i=1}^{5}ip_i \tag{3.4-1}$$

式中，p_i 为各级运动副的数目。不过该公式更普遍的表达形式是切比雪夫-格鲁布勒-库兹巴赫（CGK）公式。

$$F=d(N-1)-\sum_{i=1}^{g}(d-f_i)=d(N-g-1)+\sum_{i=1}^{g}f_i \tag{3.4-2}$$

式中，F 为机构的自由度；g 为运动副数；f_i 为第 i 个运动副的自由度；d 为机构的阶数。一般情况下，当机构为空间机构时，$d=6$；为平面机构或球面机构时，$d=3$。

【例3-11】 计算图3-19所示两个空间开链机构的自由度。

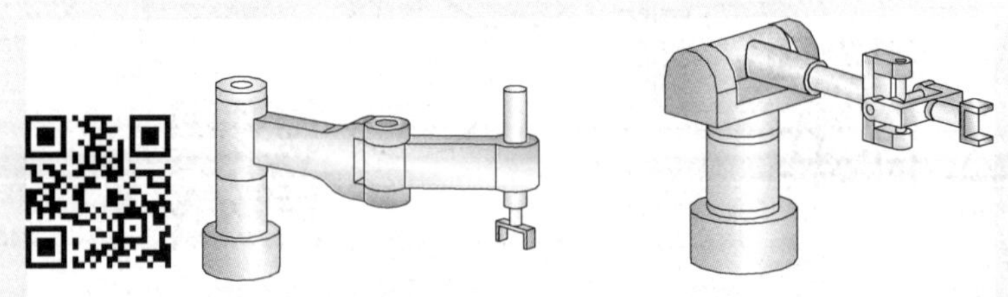

a) SCARA机器人　　b) STANFORD机器人

图3-19　两种工业机器人

解：直接通过式（3.4-2）求解。

对于SCARA机器人，

$$N=5,\quad g=4,\quad \sum_{i=1}^{g} f_i=4,\quad F=6(N-g-1)+\sum_{i=1}^{g} f_i=4$$

对于 STANFORD 机器人，

$$N=7,\quad g=6,\quad \sum_{i=1}^{g} f_i=6,\quad F=6(N-g-1)+\sum_{i=1}^{g} f_i=6$$

【例 3-12】　图 3-20a 所示为自动驾驶仪操纵装置内的空间四杆机构。活塞 2 相对气缸运动后通过连杆 3 使摇杆 4 做定轴转动。构件 1、2 组成圆柱副，构件 2、3 和构件 4、1 分别组成转动副，构件 3、4 组成球面副，其运动示意图如图 3-20b 所示。试计算该机构的自由度。

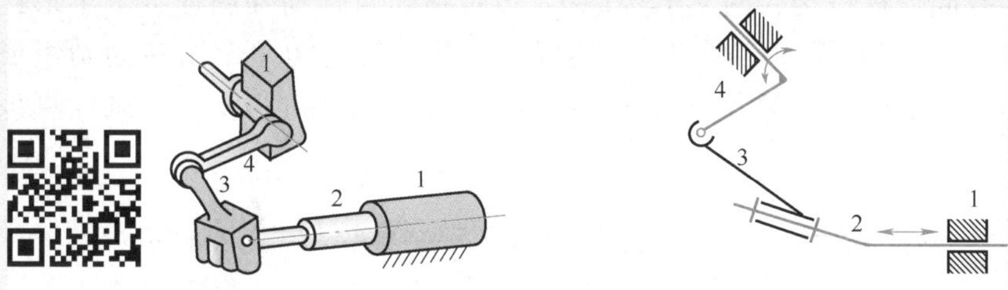

a) 自动驾驶仪操纵装置内的空间四杆机构　　b) 运动示意图

图 3-20　自动驾驶仪操纵装置

解：$$N=4,\quad g=4,\quad \sum_{i=1}^{g} f_i=7,\quad F=6(N-g-1)+\sum_{i=1}^{g} f_i=1$$

【例 3-13】　计算 6-UPS 并联机构（图 3-21）的自由度。

解：该并联机构中，

$$N=14,\quad g=18,\quad \sum_{i=1}^{g} f_i=36,$$

$$F=6(N-g-1)+\sum_{i=1}^{g} f_i=6$$

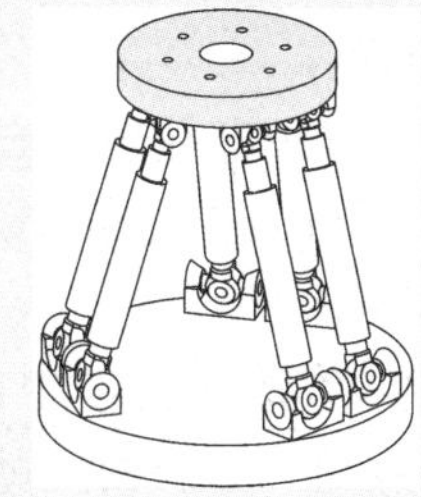

图 3-21　6-UPS 并联机构

3.4.2　通用的自由度计算公式

先看几个例子：

【例 3-14】　图 3-22a 所示为某飞机起落架的收放机构。构件 1 为主动件，构件 1 与 2，构件 2 与 3 之间分别用球面副连接，构件 1 与 4，构件 3 与 4 之间分别用移动副和转动副连接，其运动示意图如图 3-22b 所示。试计算该机构的自由度并判断其运动是否确定。

a) 飞机起落架的收放机构　　b) 运动示意图

图 3-22　飞机起落架的收放机构

解: $N=4$, $g=4$, $\sum_{i=1}^{g} f_i=8$, $F=6(N-g-1)+\sum_{i=1}^{g} f_i=2$

计算结果表明，需要2个主动件机构的运动才能确定。而实际上该机构在1个主动件的驱动下运动就能确定了。问题出在什么地方呢？

【例3-15】 计算6-SPS型斯图尔特（Stewart）平台（图2-29）的自由度。

解: $N=14$, $g=18$, $\sum_{i=1}^{g} f_i=42$, $F=6(N-g-1)+\sum_{i=1}^{g} f_i=12$

事实上，该机构由6个主动件驱动，运动就能确定。

【例3-16】 图2-49所示为传递两相交轴转动的万向联轴器机构（又称虎克铰），该机构为空间四杆机构，两叉形构件1、2分别同两转动轴固连，十字形构件3分别同构件1、2用5级转动副B、C连接。由此，该机构完全由转动副组成，其特殊配置为各转动副轴线交于一点O（即输入、输出轴线的交点）。试计算该机构的自由度。

解: $N=4$, $g=4$, $\sum_{i=1}^{g} f_i=4$, $F=6(N-g-1)+\sum_{i=1}^{g} f_i=-2$

显然计算结果同实际情况不符。因为实际上只需一个主动件的输入运动ω_1，就有确定的输出运动ω_2。

以上三个例子说明什么问题呢？传统CGK公式本质上反映的是机构中构件与运动副之间的关系，而违反这一公式的机构必然存在运动副没有完全发挥其约束功能的问题。具体包括两个方面：

1）机构中存在局部自由度。尽管连接两个构件的运动副具有较多的自由度，但由于特殊的几何设计及装配条件，某些构件中存在局部的并不影响其他构件尤其输出构件运动的自由度，即局部自由度，其结果会导致机构的自由度数增加。例如，平面机构中，典型的局部自由度出现在滚子构件中；在空间机构中，S-S连接中含有1个绕其轴线自身旋转的自由度（图3-23），该自由度就是局部自由度。因此在实际计算机构自由度时应将局部自由度减掉。例3-14和例3-15就属于此类情况。因此，6-SPS型斯图尔特（Stewart）平台的实际自由度应该是6。

对于有局部自由度存在的机构的自由度计算，将局部自由度从中减掉即可。类似的常用空间闭链机构还有RSSR机构。图3-24所示为RSSR机构在扑翼机构中的演化类型。

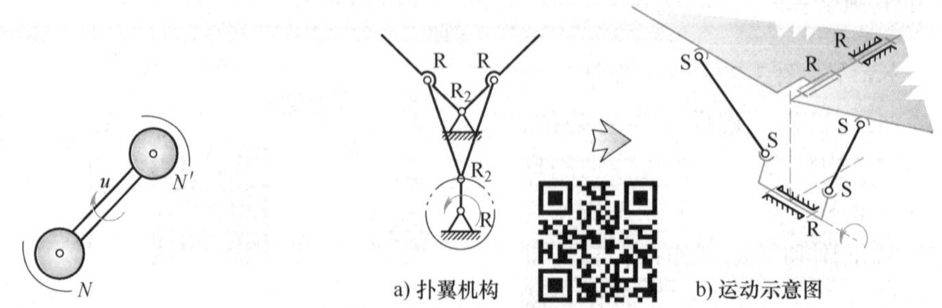

图3-23 S-S局部自由度图示

图3-24 扑翼机构的演化形式——RSSR机构

2）机构中存在过约束（冗余约束及公共约束）。例如，在某些机构中，由于运动副或构件几何位置的特殊配置，或者使该机构所有构件都失去了某些可能的运动，这等于对机构所有构件的运动加上了公共约束；或者使某些运动副全部或部分失去约束功能。也就是说，机构中运动副的约束功能并没有完全体现出来，其结果会导致机构的自由度数减少。这样的例子较多，例3-16就属于此类情况。

以上两个因素导致了传统CGK公式尚需改善与修正。经过悉心研究，黄真教授给出了计算刚性机构自由度的通用公式［式（3.3-12）］，又称为修正后的CGK公式[2]，这里再重写一遍，即

$$F=d(N-g-1)+\sum_{i=1}^{g}f_i+\nu-\varsigma \tag{3.4-3}$$

式中，ν 表示机构的冗余约束数；ς 表示局部自由度数；d 为机构的阶数，由机构的公共约束来决定，而不是传统公式中的3或6。平面机构及球面机构都是阶数为3的机构，即 $d=3$。对于一般没有公共约束的空间机构，$d=6$。而对于存在公共约束的空间机构而言，d 为3~6之间的自然数，如例3-6的斜面机构，其公共约束数为4。

可以看到，式（3.3-12）可以作为统一的机构自由度计算公式，而前面给出的平面机构自由度计算公式则是它的一个特例。另外，还可以看到，计算正确的机构自由度，确定公共约束、冗余约束和局部自由度是真正关键所在。

下面再分别利用式（3.3-12）来计算例3-14~例3-16的机构自由度。

例3-14所示机构的自由度：

$$N=4,\quad g=4,\quad \sum_{i=1}^{g}f_i=8,\quad d=6,\quad \nu=0,\quad \varsigma=1,\quad F=d(N-g-1)+\sum_{i=1}^{g}f_i+\nu-\varsigma=1$$

例3-15所示机构的自由度：

$$N=14,\quad g=18,\quad \sum_{i=1}^{g}f_i=42,\quad d=6,\quad \nu=0,\quad \varsigma=6,\quad F=6(N-g-1)+\sum_{i=1}^{g}f_i+\nu-\varsigma=6$$

例3-16所示机构的自由度：

$$N=4,\quad g=4,\quad \sum_{i=1}^{g}f_i=4,\quad d=3,\quad \nu=0,\quad \varsigma=0,\quad F=d(N-g-1)+\sum_{i=1}^{g}f_i+\nu-\varsigma=1$$

【知识扩展】：机构自由度分析

对通用性的机构自由度计算公式问题的讨论由来已久，大量的文献对此进行了研究，给出不同形式的表达多达几十种。应该说，鉴于机构的纷繁复杂，个性之间的差异非常大，试图给出一个统一的公式是十分困难的，即使有，也很难具有实用性。例如对于式（3.3-12），一个棘手的问题是如何确定其中的各个参数值，如公共约束及冗余约束数。

另外，自由度计算公式只是一个量化的结果。对于一个机构而言，仅仅知道它的自由度数是远远不够的，了解其自由度具体分布更具有实际价值。例如，描述一个3自由度的空间机构，必须指出这3个自由度的具体性质，如2自由度转动加上一维移动或三维移动等。因为3自由度有多种组合情况，必须具体指出究竟是哪一种。这个问题属于自由度分析的范畴，与自由度计算同样重要。事实上，参考文献［58，59，88］已对此类问题进行了系统的研究，有效地解决了难题。有兴趣的读者可以深入阅读，相信再按文献所给的思路重新思考和求解前面的例题，对机构自由度问题会有新的认识。

另外，本书作者设计开发了一种模块化可重构柔性教具，将其应用到机械原理自由度与过约束分析中，一方面可以帮助学生直观理解自由度、约束与过约束等概念，另一方面可以作为实物验证并演示自由度与约束之间的定性、定量关系。

3.5 机构的确定性运动

3.5.1 机构具有确定运动的条件

机构本质上是含主动件和机架，且具有确定运动的运动链，因此机构具有确定运动的前提条件是该机构的自由度必须大于零。

但这并不是唯一的条件。在机构的自由度大于零的前提下，该机构具有确定运动（即成为机构）的条件还包括：主动件的数目必须等于机构的自由度数。例如，对于铰链四杆机构或曲柄滑块机构，主动件只需具有1个独立的运动输入。

若主动件数多于机构的自由度，则该机构的运动会出现干涉，甚至不能运动；相反，若主动件数少于机构的自由度，则该机构的运动将不完全确定。不过，研究表明，机构的运动也不是毫无规律的乱动，而是遵循最小阻力定律，即优先沿阻力最小的方向运动。

【知识扩展】：欠驱动机构与冗余驱动机构

主动件数少于机构自由度的机构称为欠驱动机构（under-actuated mechanism）。自然界中存在很多具有欠驱动特性的自然机械，如人的手指。由于欠驱动机构的运动遵循最小阻力定律，人们利用此特性发明了许多人造机械，如欠驱动机械手、欠驱动驱动器等，这种特性可以简化机构，增加机构的灵活性和自适应性。

主动件数多于机构自由度的机构称为冗余驱动机构（redundant actuated mechanism）。对该类机构，各主动件的运动应互相协调，否则会导致机构损坏。另外，冗余驱动具有诸多优点，如增加系统整体刚度，进而提高精度，如可规避位形奇异等。图3-25所示为机车车轮联动机构，该机构就采用了冗余驱动。目的是为了增大牵引力，也为了克服机构处于奇异位形时机构运动受到的障碍。

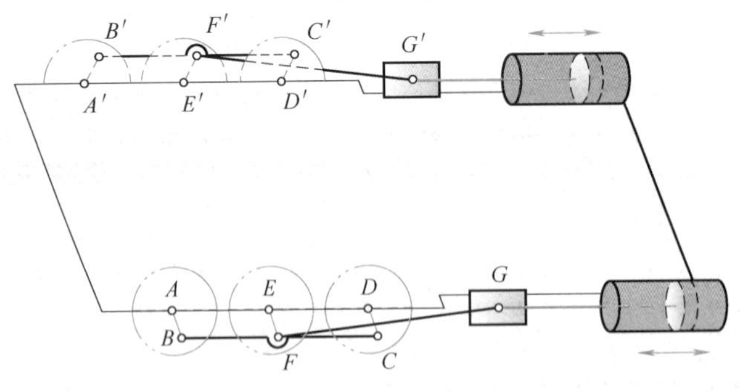

图3-25 冗余驱动机构

*3.5.2　输入选取与变自由度机构

先看一个例子。

【例 3-17】　图 3-26 所示为一种飞机水平尾翼操纵机构的简图。输入Ⅰ为操纵杆输入，输入Ⅱ为襟翼输入，输入Ⅲ为稳定增效器输入，而杆 7 为输出杆。试讨论该机构在不同输入情况下的自由度。

该平面机构由 14 个构件和 17 个运动副组成。襟翼输入（输入Ⅱ）与稳定增效器输入（输入Ⅲ）并不是随时都起作用。当襟翼输入不起作用时，杆 8、杆 9、杆 10、杆 11、杆 12 均不动而等同于结构，运动副 G 成为固定轴；当稳定增效器输入不起作用时，杆 6 和杆 13 可视同一个定长的杆件。因此，本机构根据情况的不同，输入有四种组合。

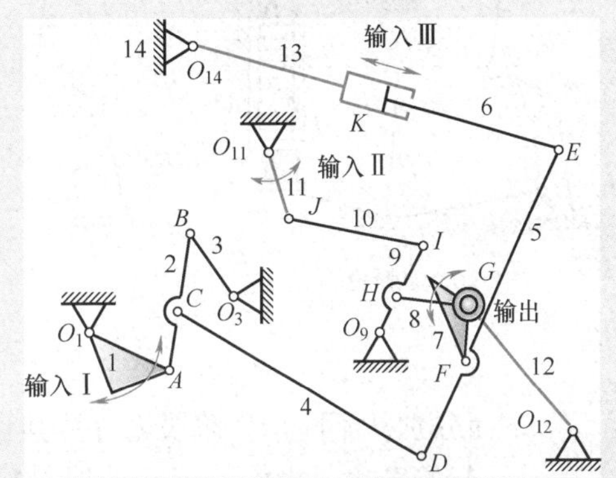

图 3-26　飞机水平尾翼操纵机构

1）三个输入同时作用。

此情况下，机构有 14 个构件、17 个转动副、1 个移动副。根据式（3.3-11），机构的自由度为

$$F=3\times(14-18-1)+18=3$$

2）仅操纵杆输入与襟翼输入作用。

此情况下，机构有 13 个构件、17 个转动副。根据式（3.3-11），机构的自由度为

$$F=3\times(13-17-1)+17=2$$

3）仅操纵杆输入与稳定增效器输入作用。

此情况下，机构有 9 个构件、10 个转动副、1 个移动副。根据式（3.3-11），机构的自由度为

$$F=3\times(9-11-1)+11=2$$

4）仅操纵杆输入作用。

此情况下，机构有 8 个构件、10 个转动副。根据式（3.3-11），机构的自由度为

$$F=3\times(8-10-1)+10=1$$

实际工程中，很多复杂的机构或机器系统往往存在多路的输入和输出，以适应不同的工况。这种情况下便存在着输入选取的问题。不同的输入组合意味着不同的输出形式，自由度也往往不同。例 3-17 就充分反映出这一点。现在的大多数多轴数控机床或机器人也具备这样的特性。

【例 3-18】　图 3-27 所示为一个用于轧钢生产线的钢坯飞剪机构[59]。该机构的工作原理如下：工作起始阶段（图 3-27a），曲柄 OA 转动，开始是空行程，下剪刃 G 从辊道下向上抬起，上剪刃 F 同时下降，上压板 S 受弹簧作用随上剪刃在滑道中同步地下降。

当滑道中下降的压板 S 与上升的下剪刃 G 夹住静止在辊道上钢坯的瞬间，空程结束。压板随下剪刃夹着钢坯后快速向上运动，而上剪刃 F 却慢速向上运动，上、下剪刃之间的速度差以实现飞剪的剪切动作，直至完全切断钢坯。剪断钢坯后，曲柄继续回转，大剪回到起始位置。

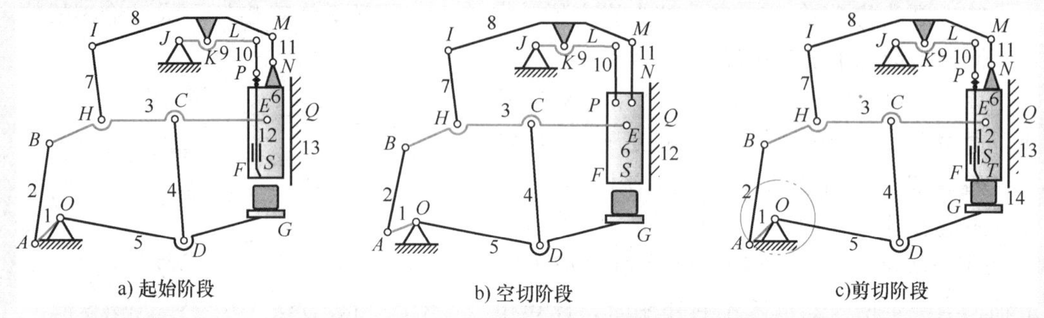

图 3-27 飞剪机构的工作过程

下面分别从不同工作阶段来计算其自由度。

1）起始阶段。机构的起始阶段是机构处于静止状态，机构简图如图 3-27a 所示，这时，机构中有 13 个构件，17 个运动副，代入式（3.3-4）得

$$F=3(N-g-1)+\sum_{i=1}^{g}f_i+\nu=3\times(13-17-1)+17+0=2$$

2）空切阶段。曲柄转动，上压板在弹簧作用下与上剪刃同步下降，两者之间没有相对运动可以视为一个构件，如图 3-27b 所示。这时，机构中有 12 个构件，16 个运动副，代入式（3.3-4）得

$$F=3(N-g-1)+\sum_{i=1}^{g}f_i+\nu=3\times(12-16-1)+16+0=1$$

3）剪切阶段。在这个剪切过程中压板 S 和下剪刃始终夹住钢坯，如图 3-27c 所示，两者之间保持一个恒定的距离，若忽略运动过程中钢坯的微小横向移动，就可以把具有固定高度的钢坯看成它们之间的一个连接构件，可用一个双铰链杆 TG 表示杆 14。同时，上剪刃 6 与下剪刃 5 做相对运动实现剪切。这时，机构有 14 个杆，19 个运动副。代入式（3.3-4）得

$$F=3(N-g-1)+\sum_{i=1}^{g}f_i+\nu=3\times(14-19-1)+19+0=1$$

这个机构在原始状态下是一个两自由度机构，开始工作的空行程及剪切行程都是具有不同拓扑结构的单自由度机构。机构以巧妙的变结构、变自由度实现了复杂的剪切过程。

上述飞剪机构在其工作过程中自由度、活动构件数乃至拓扑结构等都发生了变化。这种在运动或工作过程中自由度、活动构件或拓扑结构可发生变化的机构，称为变胞机构（metamorphic mechanism）或者多运动模式机构（multiple-motion-pattern mechanism）。这类机构在折叠、展开、可重构等背景的应用中有着广泛的应用前景。

【思考题】：

1）机构具有确定运动的条件是什么？

2）什么是欠驱动机构？查阅资料，试给出至少 3 种欠驱动机构的实例和应用场合。

3）什么是冗余驱动机构？查阅资料，试给出至少 3 种冗余驱动机构的实例和应用场合。

3.6 机构存在曲柄的条件——格拉霍夫定理

在很多机械中，通常采用电动机作为连续转动的驱动装置，因此要求连杆机构中存在一个能做整周转动的曲柄。显然，构件能否整周转动，取决于各构件间的相对尺寸关系。

如图 3-28 所示的铰链四杆机构，现分析其中的连架杆 O_1A 能否成为曲柄。

可以这样来分析：O_1A 若为曲柄意味着 O_1A 可以绕机架整周转动，即 O_1 必为周转副。而铰链的类型（周转副或摆转副）完全由杆长关系来决定。为此，不妨先从运动链的角度来推导其中周转副存在的条件，再来进一步判断对应机构中曲柄存在的条件。

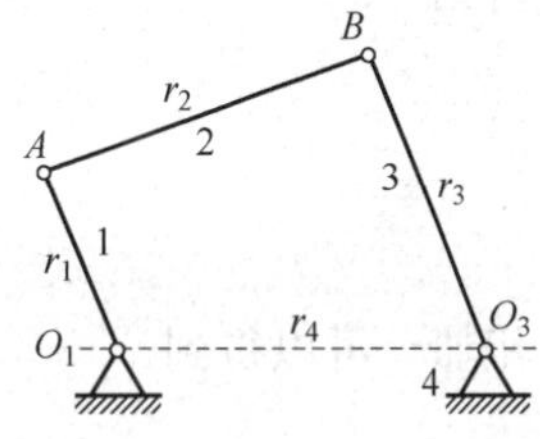

图 3-28　铰链四杆机构的参数

假设 O_1 为周转副，则 O_1A 能够通过 O_1A 和 O_1O_3 两次共线的位置。这时需考虑两种情况：①$r_1 \leqslant r_4$；②$r_1 > r_4$，如图 3-29 所示。

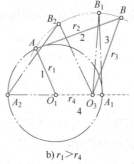

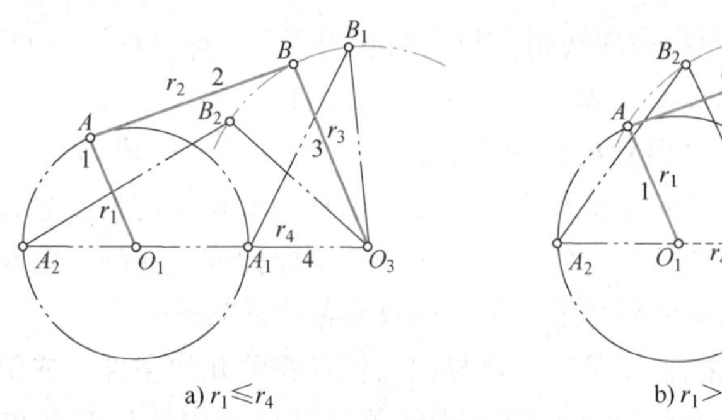

图 3-29　周转副存在的条件

首先考虑 $r_1 \leqslant r_4$ 的情况（图 3-29a）。三角形 $A_1B_1O_3$ 成立的条件满足

$$\begin{aligned} r_2 &\leqslant (r_4 - r_1) + r_3 \\ r_3 &\leqslant (r_4 - r_1) + r_2 \end{aligned} \tag{3.6-1}$$

三角形 $A_2B_2O_3$ 成立的条件满足

$$r_1 + r_4 \leqslant r_2 + r_3 \tag{3.6-2}$$

联立得到

$$\begin{cases} r_1 + r_2 \leqslant r_3 + r_4 \\ r_1 + r_3 \leqslant r_2 + r_4 \\ r_1 + r_4 \leqslant r_2 + r_3 \end{cases} \tag{3.6-3}$$

两两相加，可以得到

$$\begin{cases} r_1 \leqslant r_2 \\ r_1 \leqslant r_3 \\ r_1 \leqslant r_4 \end{cases} \tag{3.6-4}$$

即连架杆 O_1A 为最短杆。

再考虑 $r_1>r_4$ 的情况（图 3-29b）。三角形 $A_1B_1O_3$ 成立的条件满足

$$\begin{aligned} r_2 &\leqslant (r_1-r_4)+r_3 \\ r_3 &\leqslant (r_1-r_4)+r_2 \end{aligned} \tag{3.6-5}$$

三角形 $A_2B_2O_3$ 成立的条件满足

$$r_1+r_4 \leqslant r_2+r_3 \tag{3.6-6}$$

联立得到

$$\begin{cases} r_4+r_2 \leqslant r_3+r_1 \\ r_4+r_3 \leqslant r_2+r_1 \\ r_4+r_1 \leqslant r_2+r_3 \end{cases} \tag{3.6-7}$$

两两相加，可以得到

$$\begin{cases} r_4 \leqslant r_1 \\ r_4 \leqslant r_2 \\ r_4 \leqslant r_3 \end{cases} \tag{3.6-8}$$

即机架 O_1O_3 为最短杆。

通过以上分析得到，若 O_1 为周转副，与之相联的两个构件（O_1A 或 O_1O_3）之一必是最短杆，且最短杆与最长杆的长度之和小于或等于其他两杆之和。

将此结论推而广之，可以得到周转副存在的充要条件：①构成周转副的两个构件中必有一个是最短杆；②四杆长度满足**杆长条件**，即最短杆与最长杆的长度之和小于或等于其他两杆之和。若不满足以上两个条件中的任意一个，都不能构成周转副。由此还可以导出：**在满足杆长条件的前提下，与最短杆相连的两个转动副都是周转副**。

在确定转动副类型的基础上，可进一步导出曲柄存在的几何条件：连架杆和机架其一为最短；最短构件与最长构件的长度之和应小于或等于其余两构件长度之和，这就是**格拉霍夫（Grashof）定理**。而满足杆长条件的机构统称为**格拉霍夫机构**。

注意：在曲柄存在的几何条件中，“**最短构件与最长构件的长度之和小于或等于其余两构件长度之和**”是必要条件而非充分条件。因此，如果不满足此条件，无论取哪个构件作为机架，都不存在曲柄。

例如铰链四杆机构，如果满足杆长条件，则有：当以最短杆为机架时，机构为双曲柄机构；当以最短杆为连架杆，以其相邻两杆之一为机架，则机构为曲柄摇杆机构；当以最短杆的对边为机架时，机构为双摇杆机构。如果不满足杆长条件，则无论取哪根杆为机架，机构都是双摇杆机构。

图 3-30 给出了判断铰链四杆机构中是否存在曲柄的流程图。大家可以尝试利用此流程图判断曲柄滑块机构中曲柄存在的条件。

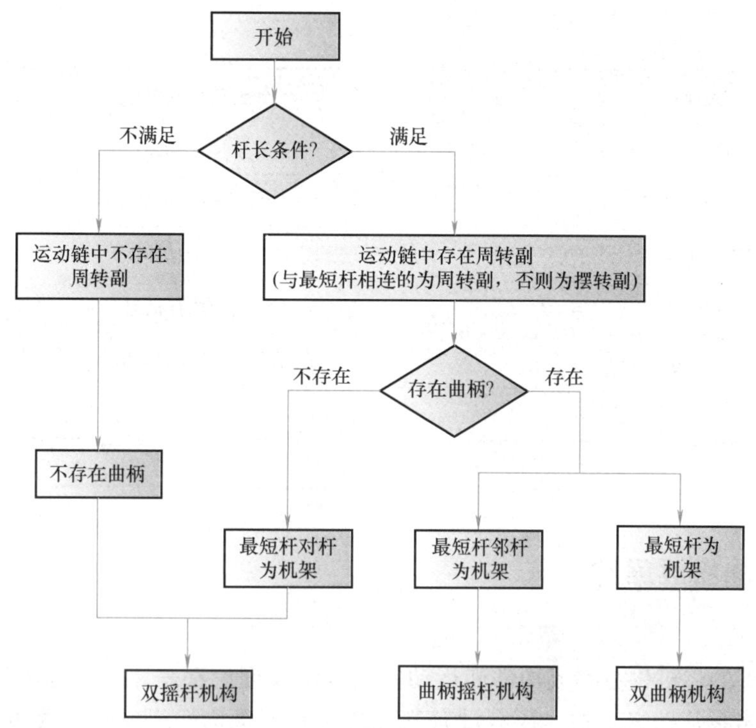

图 3-30　判断铰链四杆机构中是否存在曲柄的流程图

需要特别指出的是一种极限情况，即“最短构件与最长构件的长度之和等于其余两构件长度之和”。此时根据格拉霍夫定理肯定存在曲柄，但周转副的数量还要视各杆件的具体尺寸而定，如平行四杆机构有 4 个周转副，而风筝机构（kite mechanism）有 3 个周转副。而这类机构又被称为变点机构（change-point mechanism），具体内容见附录 A。图 3-31 所示为两种变点机构。

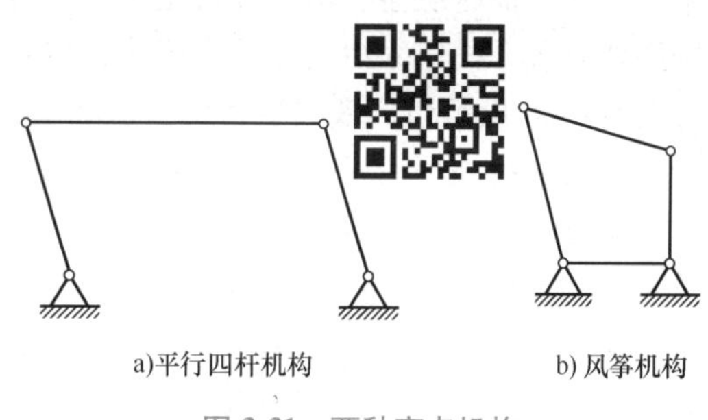

图 3-31　两种变点机构

【例 3-19】　已知铰链四杆机构中，$r_1=2.0\text{cm}$，$r_2=4.0\text{cm}$，$r_3=5.0\text{cm}$，试确定当机架的长度 r_4 取不同值时所组成机构的类型。

解：根据格拉霍夫定理可以导出可能出现的几个极值，进而得到表 3-1 所列的各种机构类型。

表 3-1　铰链四杆机构的类型

r_4/cm	铰链四杆机构的类型
$0<r_4<1.0$	双曲柄机构
$r_4=1.0(r_4=r_1+r_2-r_3)$	变点机构
$1.0<r_4<3.0$	双摇杆机构

（续）

r_4/cm	铰链四杆机构的类型
$r_4=3.0(r_4=r_1+r_3-r_2)$	变点机构
$3.0<r_4<7.0$	曲柄摇杆机构
$r_4=7.0(r_4=r_2+r_3-r_1)$	变点机构
$7.0<r_4<11.0$	双摇杆机构
$r_4=11.0(r_4=r_1+r_2+r_3)$	不能成为机构
$r_4>11.0$	不能成为机构

3.7　机构的组成原理

第 2 章所讲的将机构分解成构件和运动副的方法及理论都是建立在德国学者勒洛的杆-副结构学理论体系基础之上的。还有没有其他方法研究机构的组成呢？其实，像搭积木一样，任何看似复杂的机构实际上都可以看作是由基本模块（building block）组成的。机构越复杂，这种特征越明显。达·芬奇是第一个持这样观点的人，他认为任何机器都是由一系列机构搭建而成。而何为机构的基本模块，仁者见仁智者见智，没有一个标准答案。比较有代表性的有：20 世纪初，俄国学者阿苏尔（Assur）提出了以杆组为基本模块的平面机构组成理论，后人利用该理论解决了许多机构的运动分析和力分析问题，在机构史中占有重要地位；20 世纪中期，美国学者提出了基于分支与回路（branch and circuit）的结构组成理论，以及基于功能模块（function module）的结构学理论；20 世纪 80 年代，中国学者杨廷力提出了基于单开链（single-open-chain）的结构学理论。下面主要介绍杆组理论和功能模块思想。

3.7.1　基于杆组的平面机构组成原理

任何平面机构都可分解成主动件、机架和从动件系统三部分。其中，主动件数与机构的自由度相等，因此，除主动件和机架外的从动件系统的自由度必为零。

从动件系统实质上就是自由度为零的运动链。它还可以再分解成若干自由度为零的最简单的（不可再分解的）组合，称为基本杆组（group），又称为阿苏尔杆组（Assur group），简称杆组。也可以将杆组看作是组成机构的基本模块。图 3-32 所示的平面六杆机构可以分解成机架 6、主动件 1 和两个基本杆组（2 和 3、4 和 5）的形式。

不考虑高副的存在，根据平面机构的自由度计算公式（3.3-4）可以导出对于自由度为零的运动链，满足

$$3n-2P_L=0$$

又因 n 与 P_L 都是整数，因此只能按表 3-2 列出的数据取值。

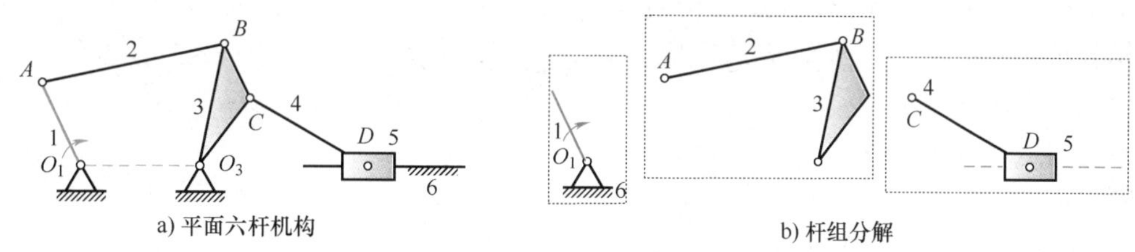

a) 平面六杆机构　　b) 杆组分解

图 3-32　平面六杆机构及其基于杆组的分解

表 3-2　杆组参数取值

n	2	4	6	…
P_L	3	6	9	…

由此可划分不同类型的杆组，如Ⅱ级杆组（binary group，2 杆 3 副）、Ⅲ级杆组（temary group，4 杆 6 副）等。表 3-3 和图 3-33 所示为这两种基本杆组的常见类型。

表 3-3　常见的Ⅱ级杆组

杆组	RRR	RRP	RPR	RPP	PRP
简图					

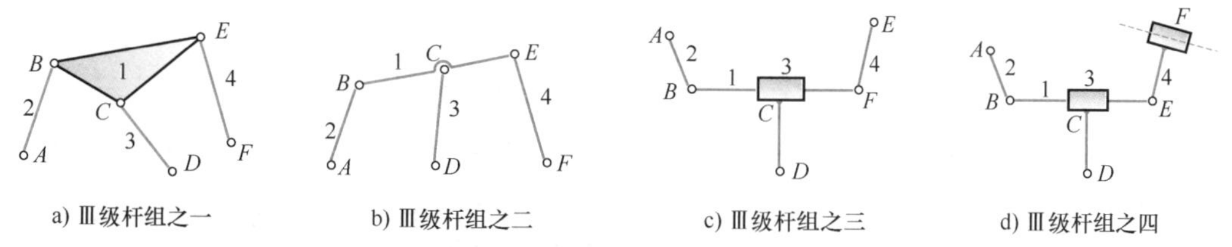

a) Ⅲ级杆组之一　b) Ⅲ级杆组之二　c) Ⅲ级杆组之三　d) Ⅲ级杆组之四

图 3-33　常见的Ⅲ级杆组

Ⅱ级杆组是最简单的杆组，同时也是应用最多的基本杆组，其中的每个构件上有 2 个运动副。在少数结构比较复杂的平面机构中，存在有Ⅲ级杆组（或更高级别杆组）。Ⅲ级杆组中，一定有一个包含 3 个低副的构件（称之为中心构件）。

当一个机构中所有基本杆组的级别确定之后，可以进一步确定机构的级别。将机构中最高级别为Ⅱ级杆组的机构称为Ⅱ级机构；将机构中最高级别为Ⅲ级杆组的机构称为Ⅲ级机构；而像杠杆、斜面机构等简单机构称为Ⅰ级机构。

杆组结构理论的基本思想是：任何一个平面机构，都可以看作是由若干个自由度为零的杆组，依次连接到主动件和机架上而组成的运动链。不同杆组类型组成不同类型的机构。如图 3-34 所示，一个Ⅲ级杆组直接连接到主动件和机架上就构成了另一类的六杆机构（Ⅲ级机构，与图 3-32 所示的六杆机构类别不同）。

基于杆组理论，可以对已知机构进行结构分析，目的在于了解结构的组成，并由此确定机构的级别。

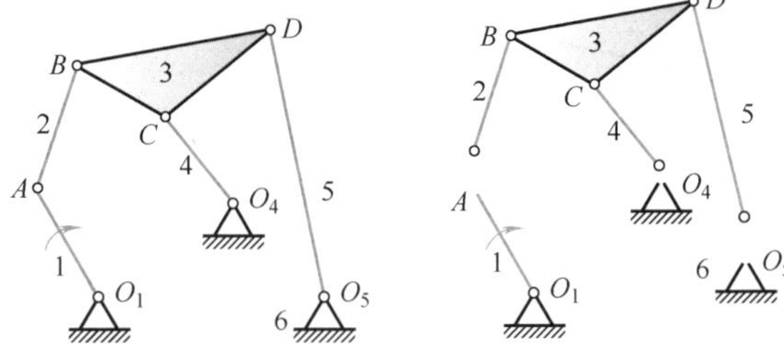

图 3-34 六杆机构（Stephenson Ⅲ级）的杆组分解

对机构进行组成分析、拆杆组的一般步骤为：

1）去除虚约束和局部自由度，计算机构的自由度并确定主动件。

2）拆杆组。从远离主动件的构件开始拆杆组，先试拆Ⅱ级组，再拆Ⅲ级组。注意，任一构件和运动副不能重复出现在两个杆组中。

3）每拆出一个杆组后，余下部分仍为自由度不变的机构，直至最后余下主动件和机架。

4）完成拆杆组任务后，将机构中各杆组的最高级别定为机构的级别。

不妨按上述步骤分别对图 3-32 和图 3-34 所示的机构进行杆组分析，可以看出，同样为六杆机构，两者在组成原理上是不同的。图 3-32 所示的六杆机构为Ⅱ级机构，而图 3-34 所示的六杆机构为Ⅲ级机构。区分机构级别的目的是为了便于对机构进一步的分析和设计，因为不同级别的机构，其分析和设计方法及难易程度不同。

即使同一机构，当选取不同的构件为主动件时，有时组成其结构的杆组级别也会有所差异。

【例 3-20】 对于图 3-35 所示的八杆机构，判断当分别以构件 1、4 作为主动件时，机构的级别会有何变化。

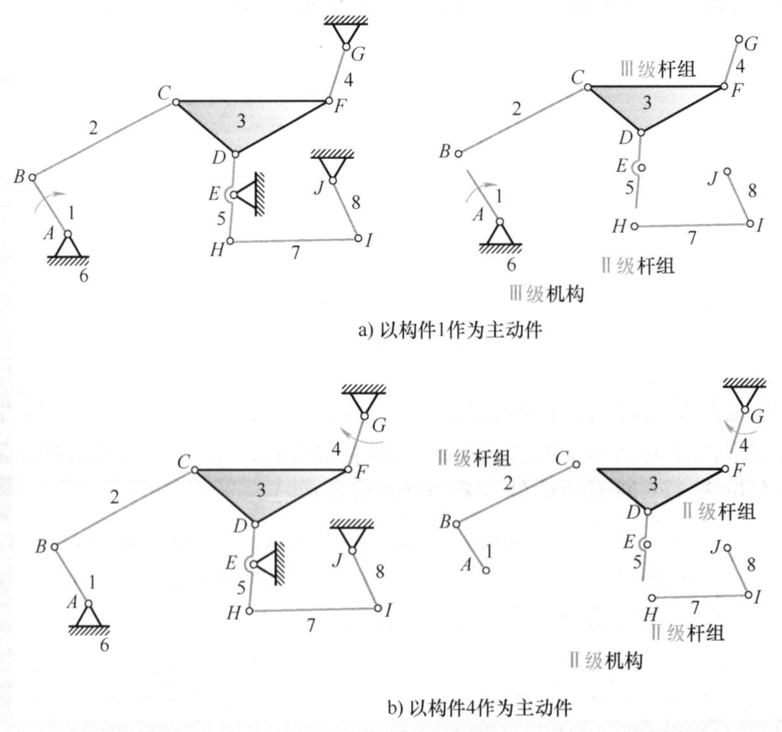

图 3-35 机构组成分析实例

按上述所给的机构组成分析步骤对机构进行拆杆组，结果如图 3-35 所示。可以看出：

1）当以构件 1 作为主动件时，机构的级别为Ⅲ级（图 3-35a）。

2）当以构件 4 作为主动件时，机构的级别为Ⅱ级（图 3-35b）。

由此可见，机构的级别与所选取的主动件有关。

*3.7.2　基于运动功能模块的机构组成原理

美国学者库塔（Kota）等从功能角度提出了机构运动模块的概念。例如实现“转动（R）→转动（R）”的运动模块，或者“转动（R）→移动（T）(或者反过来)”的运动模块等。每一种类型中都有许多种物理模块与之对应。这些物理模块可以从机构图库中查到。参考文献［10］列举了其中 43 种机构作为满足功能条件的物理模块，并构建了多个模块库，见表 3-4。

表 3-4　典型的功能模块

转动↕转动	直齿圆柱齿轮（平行） （线性）	非圆齿轮（平行） （非线性）	带轮传动（平行） （线性）	曲柄滑块机构（平行） （非线性）	准双曲面齿轮（正交） （线性）	锥齿轮机构（正交） （线性）	摩擦轮传动（平行） （线性）
转动↕转动	槽轮机构（平行） （非线性）	链轮机构（平行） （线性）	双曲柄机构（平行） （非线性）	带轮传动（正交） （线性）	链轮传动（正交） （线性）	圆柱内齿轮机构（平行） （线性）	凸轮机构（平行） （非线性）
转动↕转动	V 带传动（平行） （线性）	双摇杆机构（平行） （非线性）	六杆停歇机构（平行） （非线性）	斜齿圆柱齿轮（正交） （线性）	棘轮棘爪机构（平行） （非线性）	蜗轮蜗杆机构（正交） （线性）	圆柱凸轮机构（正交） （非线性）
转动↕转动	斜齿圆柱齿轮（斜交） （线性）	锥齿轮机构（斜交） （线性）	链轮机构（斜交） （线性）	虎克铰（斜交） （非线性）	带轮传动（斜交） （线性）		
转动↕移动	螺旋机构（平行） （线性）	圆柱凸轮机构（平行） （非线性）	齿轮齿条机构（正交） （线性）	曲柄滑块机构（正交） （非线性）	六杆停歇机构（正交） （非线性）	凸轮机构（正交） （非线性）	移动凸轮机构（正交） （非线性）

（续）

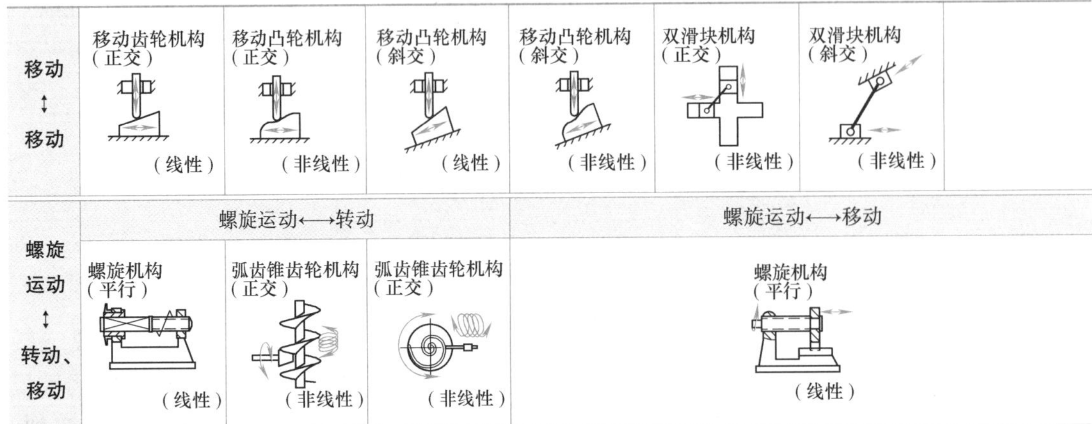

移动↕移动	移动齿轮机构（正交）（线性）	移动凸轮机构（正交）（非线性）	移动凸轮机构（斜交）（线性）	移动凸轮机构（斜交）（非线性）	双滑块机构（正交）（非线性）	双滑块机构（斜交）（非线性）
螺旋运动↕转动、移动	螺旋运动⟷转动			螺旋运动⟷移动		
	螺旋机构（平行）（线性）	弧齿锥齿轮机构（正交）（非线性）	弧齿锥齿轮机构（正交）（非线性）	螺旋机构（平行）（线性）		

复杂机构可以看成是由基本模块搭接而成。先来看一个例子：图 3-36 所示的小型压力机，可以看作是由一系列基本运动模块搭接而成，包含曲柄滑块机构、导杆机构、凸轮机构及齿轮机构等，这些机构相互协同完成冲压动作。

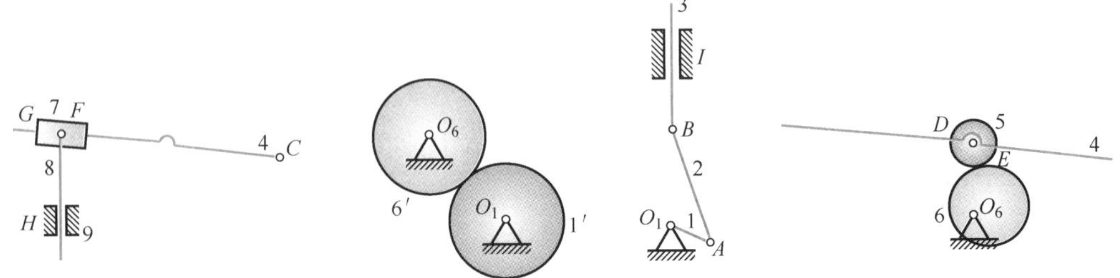

图 3-36　小型压力机的基本运动模块

近年来，在复杂机构的局部或支链结构中引入了特殊的单（多）闭环结构，或者以闭环结构为基础进行复杂机构设计，已成为机构构型设计的有效手段和研究方向。这些特殊的闭环结构，有些从功能上充当铰链的作用，称之为复杂铰链；而有些构成具有某一特定功能的运动单元，称之为运动模块。例如平行四边形机构通常作为复杂铰链出现，而其他一些简单的平面机构如变点机构、曲柄滑块机构、五杆机构等通常作为运动模块出现。例如：

1）放缩机构的单元模块（复杂铰链、简单机构如变点机构等），如图 3-37 所示。

2）并联机构中的单元模块（复杂铰链、简单机构等），如图 3-38 所示。

图 3-37　放缩机构以及组成它的运动模块——等腰三角形

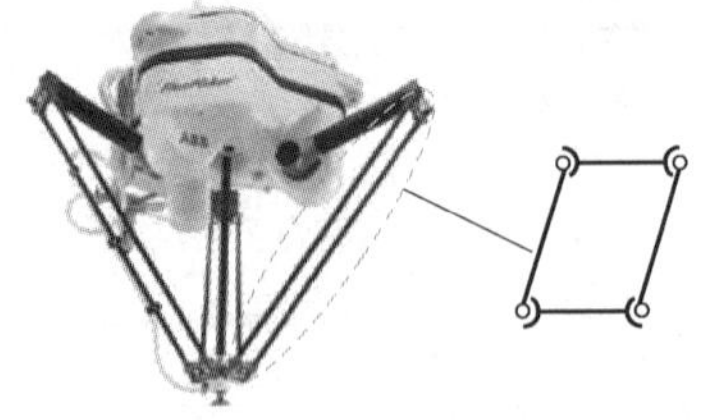

图 3-38　德尔塔（Delta）机构及其中的运动模块

3）可重构机构的单元模块（复杂铰链、简单机构等），如图 3-39 所示。

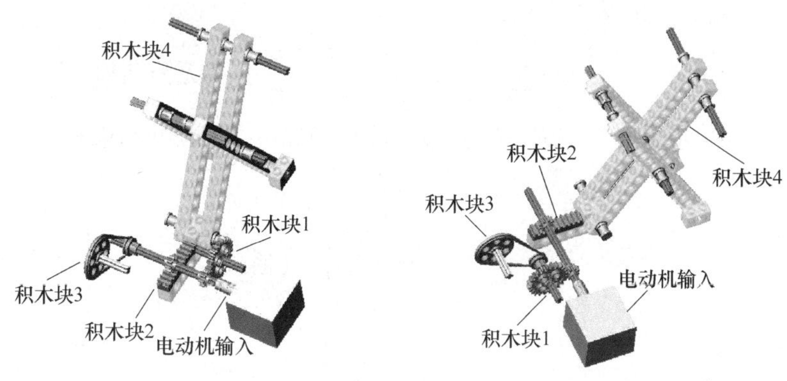

图 3-39　可重构机构

4）柔性机构的单元模块（复杂柔性铰链、柔性机构等），如图 3-40 所示。

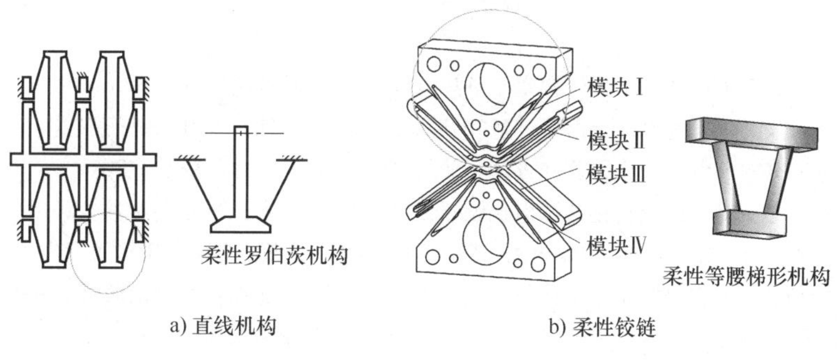

图 3-40　柔性机构的单元模块

【思考题】：什么是机构的组成原理？什么是基本杆组？如何确定基本杆组的级别及机构的级别？

3.8　本章小结

1. 本章中的重要概念

- 机构的自由度是指机构具有确定运动时所需要的独立运动的数目，而机构具有确定运动的条件是机构的自由度大于零且主动件数等于机构的自由度。
- 复合铰链是指两个以上构件在同一处以转动副相连时组成的运动副；局部自由度是指仅局限于某构件本身而不影响其他构件运动的自由度；虚约束是指对机构中某构件不产生实际约束作用的重复约束；公共约束是指对机构中所有构件都产生约束作用的约束。虚约束与公共约束统称为过约束，相应的机构称为过约束机构。
- 基本杆组是指自由度为零且不能再拆的构件组，常见的基本杆组为Ⅱ级杆组（2 杆 3 副）和Ⅲ级杆组（4 杆 6 副）。

2. 本章中的重要公式

平面机构自由度计算的基本公式：

$$F=3(N-1)-\left(3g-\sum_{i=1}^{g}f_i\right)=3(N-g-1)+\sum_{i=1}^{g}f_i \quad (无公共约束)$$

$$F=3(N-1)-(2P_L+P_H)=3n-(2P_L+P_H) \quad (无公共约束)$$

$$F=d(N-g-1)+\sum_{i=1}^{g}f_i \quad (通式)$$

$$F=dn-[(d-1)P_L+P_H] \quad (通式)$$

辅助阅读材料

◆ 有关自由度计算与分析的重要文献

[1] PHILLIPS J. Freedom in Machinery: Volume 1, Introducing Screw Theory [M]. New York: Cambridge University Press, 1984.

[2] PHILLIPS J. Freedom in Machinery: Volume 2, Screw Theory Exemplified [M]. New York: Cambridge University Press, 1990.

[3] 黄真，赵永生，赵铁石. 高等空间机构学 [M]. 北京：高等教育出版社，2006.

[4] 黄真，刘婧芳，李艳文. 论机构自由度 [M]. 北京：科学出版社，2011.

[5] 黄真，曾达幸. 机构自由度计算原理和方法 [M]. 北京：高等教育出版社，2016.

[6] 于靖军，裴旭，宗光华. 机械装置的图谱化创新设计 [M]. 北京：科学出版社，2014.

[7] 于靖军，刘辛军，丁希仑. 机器人机构学的数学基础 [M]. 2 版. 北京：机械工业出版社，2016.

[8] 赵景山，冯之敬，褚福磊. 机器人机构自由度分析理论 [M]. 北京：科学出版社，2009.

[9] 张启先. 空间机构的分析与综合：上册 [M]. 北京：机械工业出版社，1984.

◆ 有关机构组成原理的重要文献

[1] TSAI L W. Mechanism Design: Enumeration of Kinematic Structures According to Function [M]. New York: CRC Press, 2000.

[2] YAN H S. Creative Design of Mechanical Devices [M]. Singapore: Springer-Verlag, 1998.

习　　题

■ 基础题

3-1 计算图 3-41 所示各机构（或结构）的自由度，并判断其中是否含有复合铰链、局部自由度或虚约束。如有，请指出。

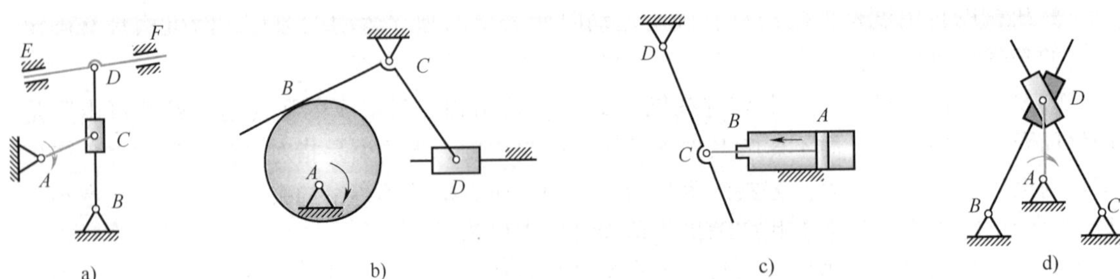

图 3-41　题 3-1 图

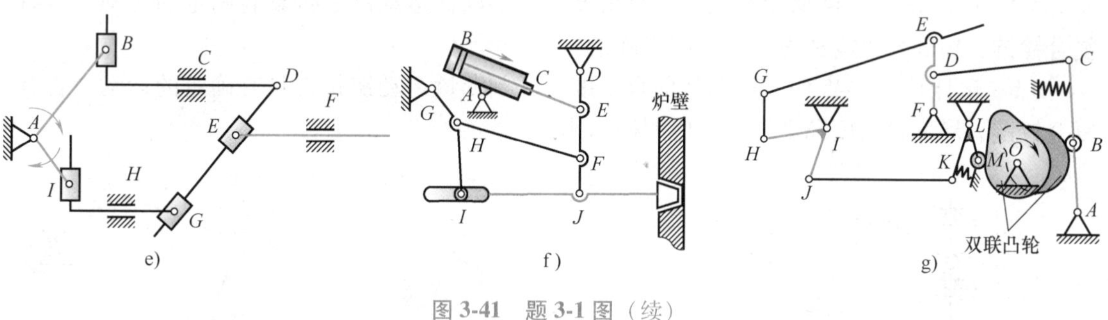

图 3-41　题 3-1 图（续）

3-2　计算图 3-42 所示各功能机构的自由度，并判断其中是否含有复合铰链、局部自由度或虚约束。如有，请指出。

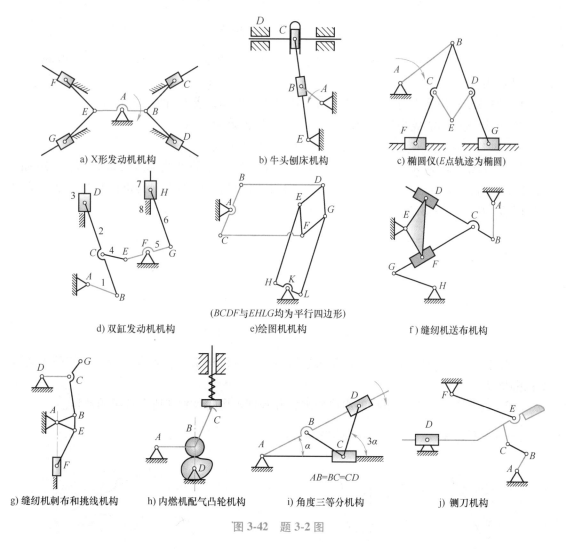

a) X形发动机机构

b) 牛头刨床机构

c) 椭圆仪(E点轨迹为椭圆)

(BCDF与EHLG均为平行四边形)

d) 双缸发动机机构

e)绘图机机构

f) 缝纫机送布机构

g) 缝纫机刺布和挑线机构

h) 内燃机配气凸轮机构

i) 角度三等分机构

AB=BC=CD

j) 铡刀机构

图 3-42　题 3-2 图

3-3　计算图 3-43 所示系统的自由度。如有复合铰链、局部自由度、虚约束应注明。若取图中绘有箭头的构件为主动件，试判断系统能否成为机构，为什么？

3-4　试计算图3-44所示运动链的自由度，并判断该运动链是否具有确定的运动。若有复合铰链、局部自由度和虚约束，应明确指出。

3-5　试计算图3-45所示运动链的自由度，并判断该运动链是否具有确定的运动。若有复合铰链、局部自由度和虚约束，应明确指出。

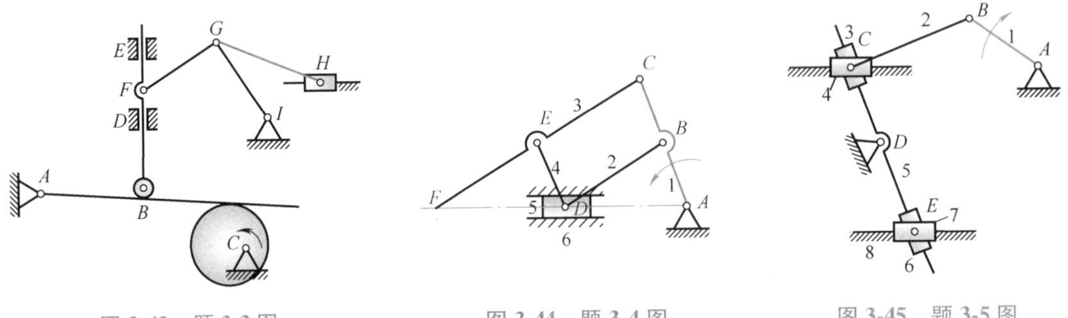

图3-43　题3-3图　　图3-44　题3-4图　　图3-45　题3-5图

3-6　在图3-46所示的铰链四杆机构中，已知 $l_{AB}=50\text{mm}$，$l_{BO_3}=35\text{mm}$，$l_{O_1O_3}=30\text{mm}$，取 O_1O_3 为机架。

1）如果该机构能成为曲柄摇杆机构，且 O_1A 是曲柄，求 l_{AO_1} 的取值范围。

2）如果该机构能成为双曲柄机构，求 l_{AO_1} 的取值范围。

3）如果该机构能成为双摇杆机构，求 l_{AO_1} 的取值范围。

3-7　在图3-47所示的铰链四杆机构中，各杆件长度分别为 $l_{AB}=28\text{mm}$，$l_{BC}=70\text{mm}$，$l_{CD}=50\text{mm}$，$l_{AD}=72\text{mm}$。若取 AB 为机架，该机构将演化为何种类型的机构？为什么？请说明这时 C、D 两个转动副是周转副还是摆转副。

图3-46　题3-6图　　图3-47　题3-7图

3-8　图3-48所示为两种常用的牛头刨床机构。从机构组成的观点来看，它们的主要区别在哪里？

3-9　说明图3-49所示机构的组成原理，并判别机构的级别和所含杆组的数目。

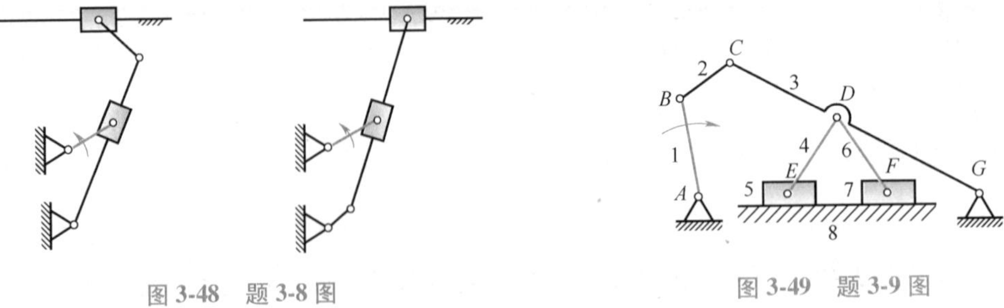

图3-48　题3-8图　　图3-49　题3-9图

■ 提高题

3-10 计算图 3-50 所示各机构（或运动链）的自由度，并判断其中是否含有复合铰链、局部自由度或虚约束。如有，请指出。

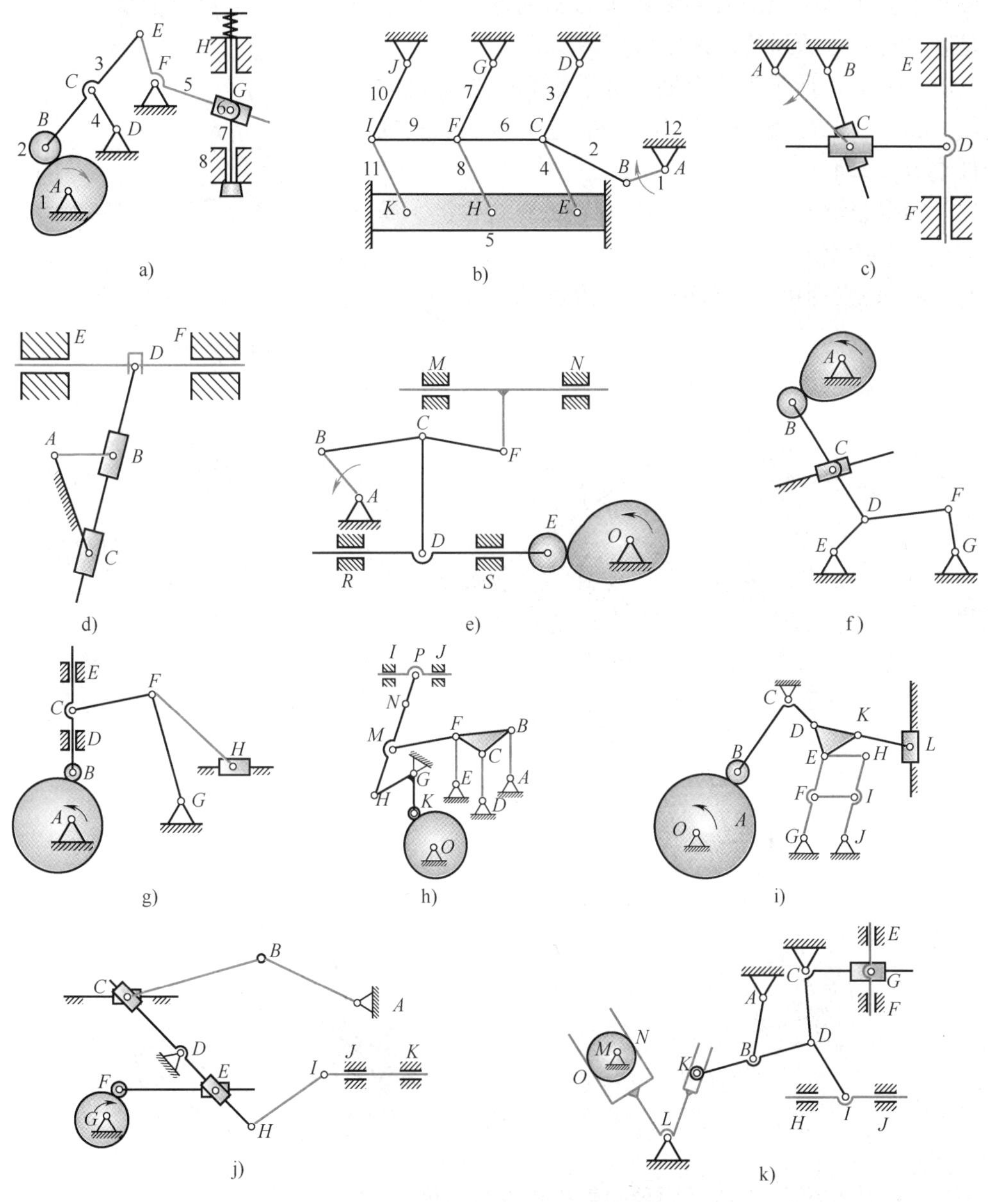

图 3-50　题 3-10 图

3-11 图 3-51 所示为一个冲压机构，试计算其自由度。

3-12 试计算图 3-52 所示大筛机构的自由度。若有复合铰链、局部自由度和虚约束，应明确指出。

3-13 图 3-53 所示为一个加压机构，试计算其自由度。

3-14 图 3-54 所示为某包装机送纸机构运动简图。齿轮 1 与齿轮 2 啮合，凸轮 2′和凸轮

2″与齿轮2固连，凸轮2′和凸轮2″分别通过小滚子3和6带动构件4和7运动，最终实现构件5末端J点的送纸的运动。试计算该机构的自由度，如有复合铰链、局部自由度、虚约束应明确指出。若取齿轮1为主动件，试判断该机构是否具有确定的运动，为什么？

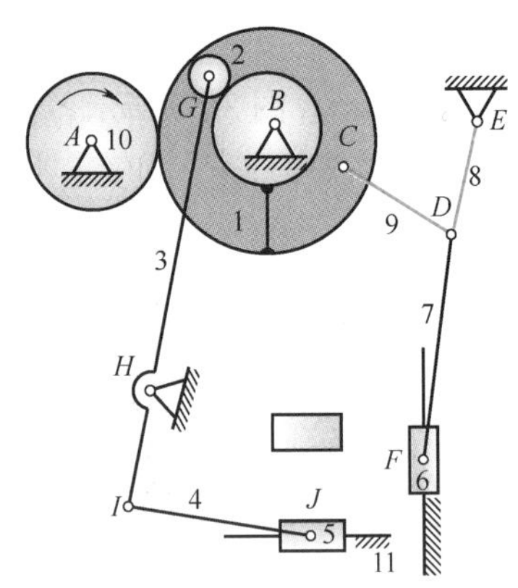

图3-51　题3-11图

3-15　图3-55所示为一个回转式三缸内燃发动机的机构简图。其中A、B、C处是三个活塞，它们依次点火推动从动件绕O_2转动。

1）计算机构的自由度，并指出存在的复合铰链、局部自由度或冗余约束。

2）说明该发动机是由哪种四杆机构组成的。

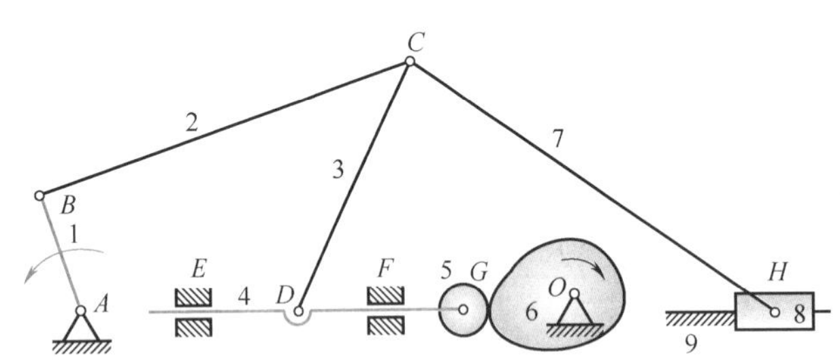

图3-52　题3-12图

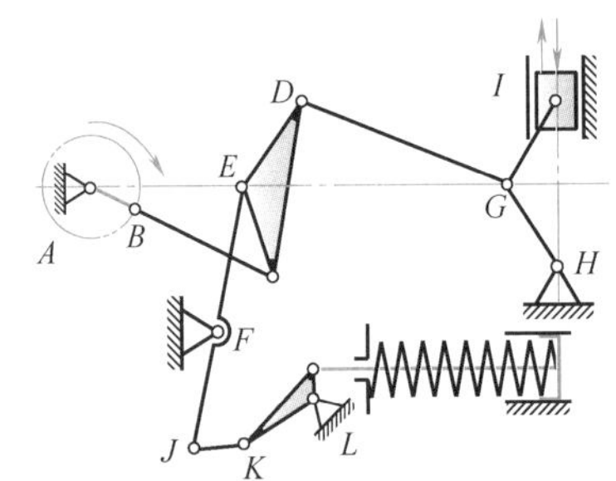

图3-53　题3-13图

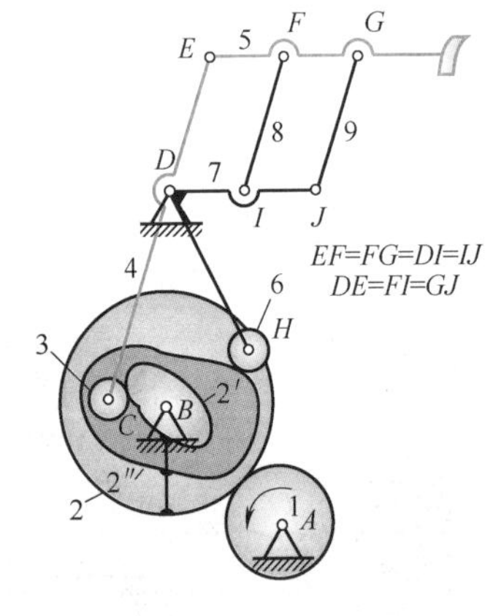

图3-54　题3-14图

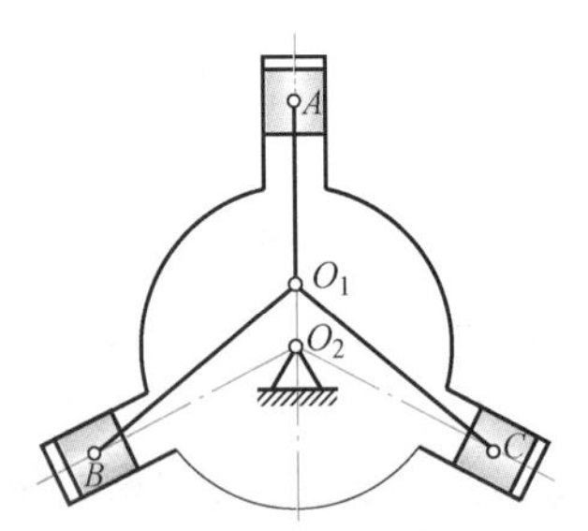

图3-55　题3-15图

3-16　试计算图3-56所示两种弹射机构的自由度。

图3-56　题3-16图

3-17*　计算图 3-57 所示 SCARA 机器人的自由度。

3-18*　计算图 3-58 所示球面 5R 机构的自由度。

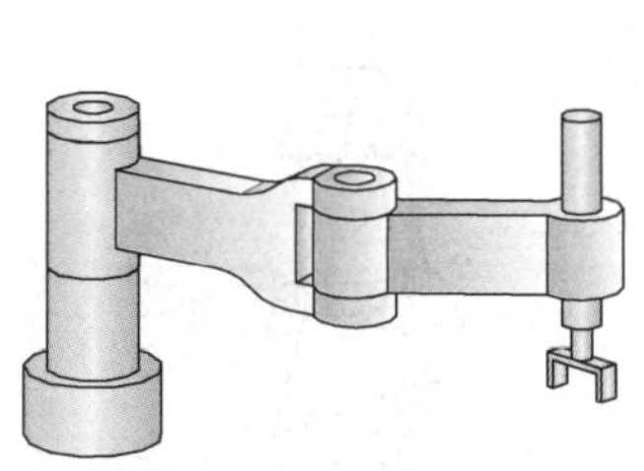

图 3-57　题 3-17 图

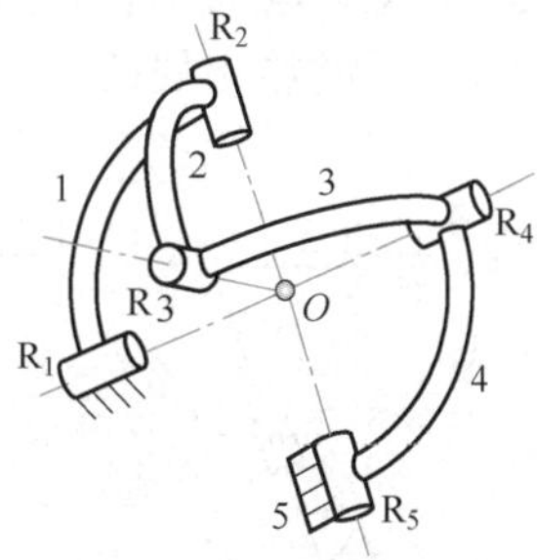

图 3-58　题 3-18 图

3-19　对图 3-59 所示的机构进行组成分析，判断当分别以构件 1、3、7 作为主动件时，机构的级别会有何变化。

3-20　对图 3-60 所示的机构，①计算自由度；②进行组成分析，判断图示凸轮作为主动件时机构的级别。

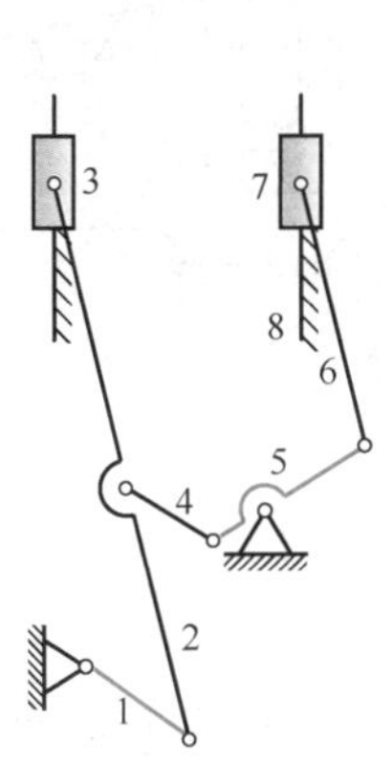

图 3-59　题 3-19 图

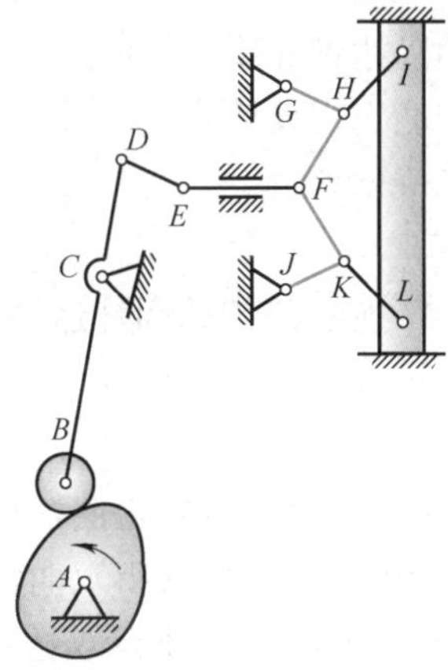

图 3-60　题 3-20 图

■ 工程设计基础题

3-21　现要设计一个两侧车轮距离可调的月球探测车，其主体机构拟采用图 3-61 所示的平面六边形机构 *ABCDEF*。通过控制安装在铰链 *A*、*B*、*C*、*D*、*E*、*F* 处的若干电动机来改变六边形的形状，达到调整构件 2 和 5 之间的距离（即两侧车轮的距离）的目的。请问，至少需要安装多少个电动机才能使该六边形机构具有可控制的形状？为什么？

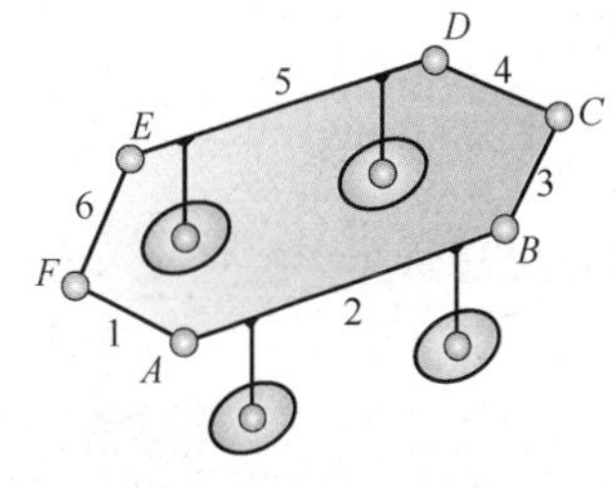

图 3-61　题 3-21 图

3-22　图 3-62 所示为牛头刨床设计方案示意图。设计思路：动力由曲柄 1 输入，通过滑块 2 使摆动导杆 3 做往复摆动，并带动滑枕 4 做往复移动，以达到刨削的目的。分析该方案能否实现设计意图。若不能，请在该方案的基础上提出至少两种修改方案，并绘出修改后方案的运动简图。

3-23　图 3-63 所示为一个脚踏式推料机的设计方案示意图。设计思路：动力由踏板 1 输入，通过连杆 2 带动杠杆 3 摆动，进而使推板 4 沿导轨直线运动，最终完成输送物料的工作。试绘制该设计方案运动简图，并分析该方案能否实现设计意图。若不能，请在该方案的基础上提出修改方案，并绘出修改后方案的运动简图。

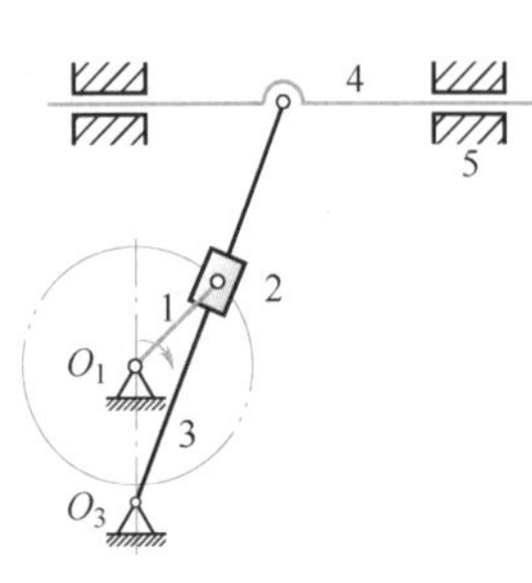

图 3-62　题 3-22 图

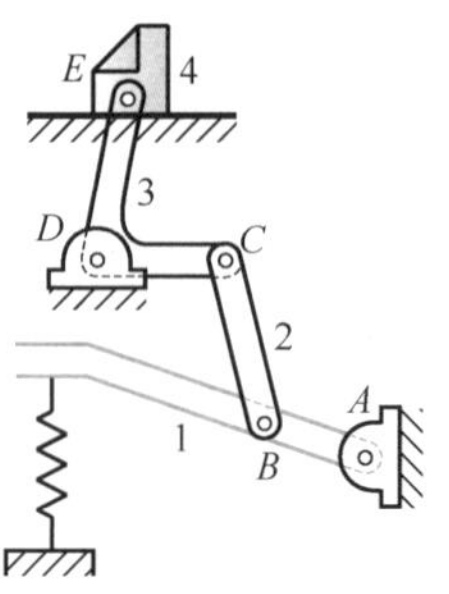

图 3-63　题 3-23 图

3-24　图 3-64 所示为一台简易压力机的初拟设计方案图。设计者的思路是，动力由齿轮 1 输入，使轴 *A* 连续回转，而固定在轴 *A* 上的凸轮 2 与摆杆 3 组成的凸轮机构将使冲头 4 上下运动以达到冲压的目的。试绘出其机构运动简图，分析其是否能实现设计意图，并提出至少两种修改方案。

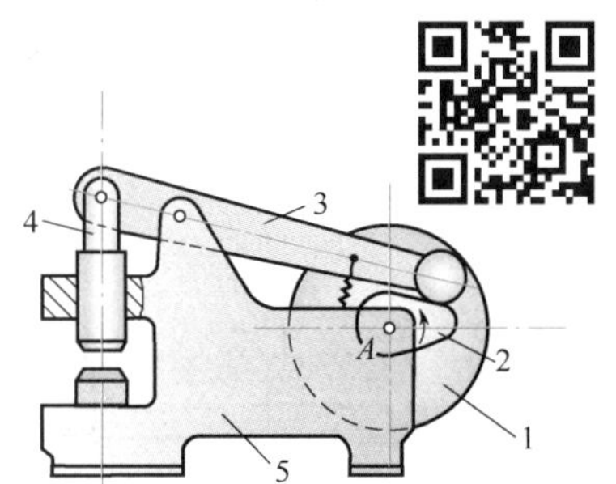

图 3-64　题 3-24 图

■ 虚拟仿真题

3-25　在图 3-47 所示的铰链四杆运动链中，各杆的长度分别为 l_{AB} = 55mm，l_{BC} = 40mm，l_{CD} = 50mm，l_{AD} = 25mm。试确定：

1）哪个构件为机架时，可获得曲柄摇杆机构？

2）哪个构件为机架时，可获得双曲柄机构？

3）哪个构件为机架时，可获得双摇杆机构？应用 ADAMS 建立此运动链的模型，并对上述三个问题进行仿真验证。

3-26　对图 3-44 所示的机构，应用 ADAMS 建立虚拟样机模型，并验证该机构的自由度。

第 4 章　机构的数型综合与创新设计

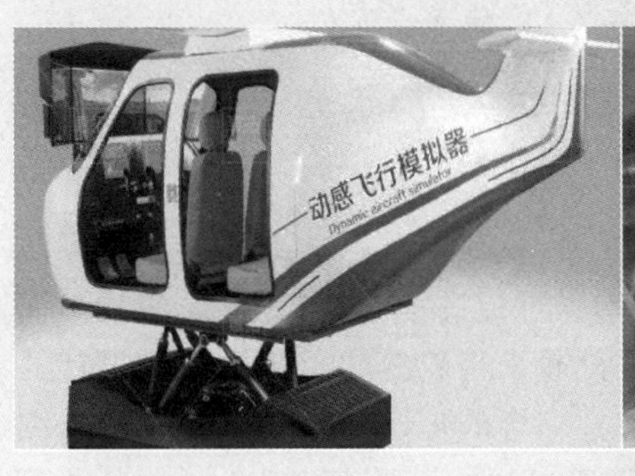

斯图尔·特（Stewart）并联机构衍生出了多种构型，可应用于空间望远镜、飞行模拟器及六足机器人等领域。

同为三自由度转动的机构，由于应用需求不同，肯菲尔德铰链（Canfield joint）与灵巧眼（Agile eye）的构型不同，性能也不同。

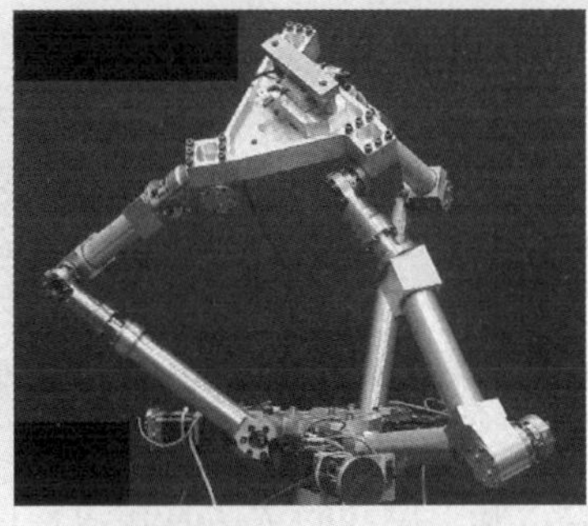
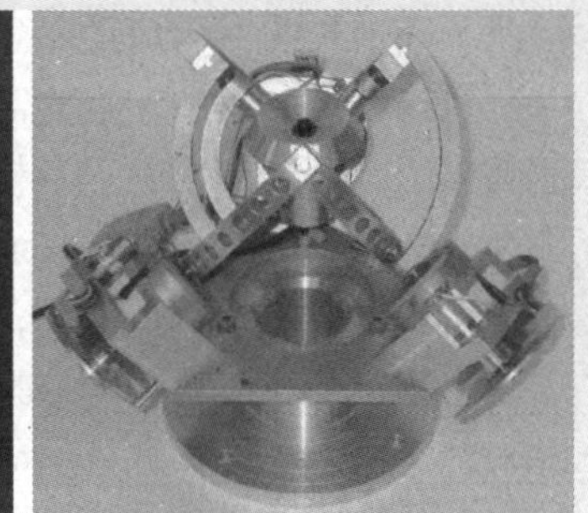

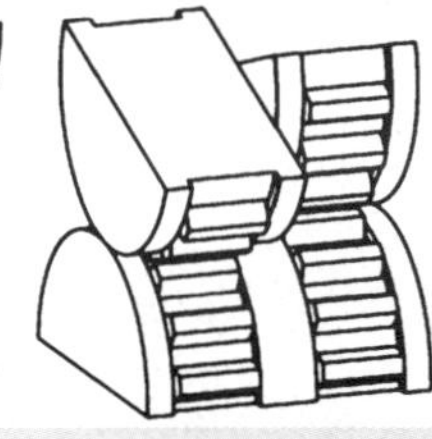
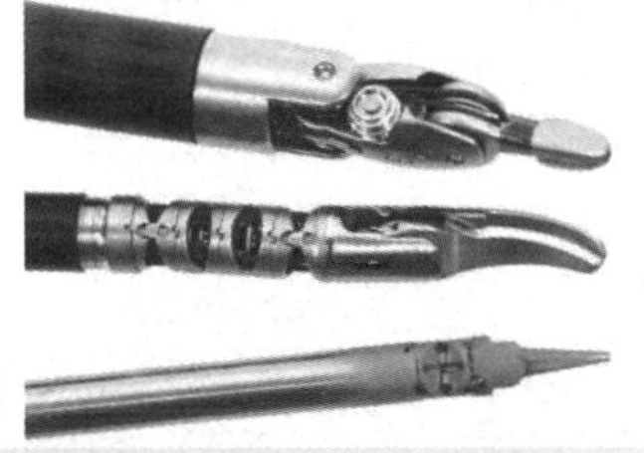

通过柔性带约束滚动体做纯滚运动，可代替非整周转动的齿轮。前者具有质量轻、加工容易等优点，可应用于手术工具。

钟表的核心部件擒纵器是一种间歇机构，科学家设计了数十种功能和性能不同的擒纵器，如杠杆式、恒力式等擒纵器。

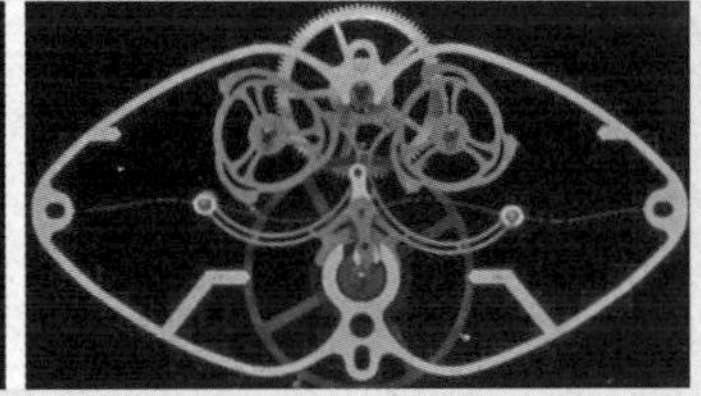

本章学习目标：

通过本章的学习，学习者应能够：

- 了解机构综合分类及各自内涵；
- 重点掌握机构构型演化法及组合法基本原理；
- 了解基于图论的平面机构枚举法和可重构机构构型综合思想。

【内容导读】

机构创新是机械设计中一个永恒的主题。在人类改造环境、解放自我的不断需求中，源源不断地设计出各种新颖、合理、实用的机构，同时也有效地促进了机械学科向前发展。瓦特时代对于直线机构等的强烈需求开启了对平面连杆、凸轮、齿轮等“传统”机构设计的系统研究，到勒洛时代逐渐架构起了机构符号表达与构型综合的理论框架，20世纪中叶则掀起了空间机构的研究热潮。而并/混联机构、柔性机构等新机构则随着制造业、服务业等行业不断增长的需求应运而生。

机构设计过程中，首先需按给定运动等方面要求，确定合适的机构构型，然后进行机构运动简图的设计，即确定各构件的几何尺寸。整个过程不涉及机构的具体结构和强度，故又称为机构的运动设计（kinematic design）。其中，确定机构运动副的类型、杆件的数目和机构的自由度，是机构数型综合的研究范畴；而确定机构结构参数的问题则属于尺度综合。

本章主要介绍机构的数型综合问题。数型综合是机构学理论中一项重要研究内容，严格说来，它属于概念设计（conceptual design）的范畴。概念设计是工程设计的初始阶段，同时也是最体现原始创新的阶段。概念设计的优劣直接决定产品性能的好坏。

根据应用的数学工具与表达方法不同，机构数型综合可分为枚举法、构型演化法、基于数学工具（如图论、李群、旋量、微分流形等）的系统性综合方法。本章将对这些方法进行概述性介绍。

4.1　机构综合的分类

机构综合主要分为三大类：数综合、型综合和尺度综合，其中数综合与型综合共同组成定性综合（qualitative synthesis）或结构综合（structural synthesis），而与之相对应的尺度综合又被称为定量综合（quantitative synthesis）、分析综合（analytical synthesis）或运动综合（kinematic synthesis）。

【知识扩展】：机构运动综合发展历程

18世纪末和19世纪初，欧拉、罗蒙诺索夫、蒙日和彭赛列等几何学家和力学家的著作奠定了机构综合理论的基础。19世纪后半期，逐步形成了以勒洛和布尔梅斯特为代表的建立在运动几何学基础上的几何学派，和以切比雪夫为代表的建立在函数逼近论基础上的代数学派。计算机和计算数学的发展，为机构综合提供了先进的工具和方法，使解决复杂的机构综合问题变得更加简单、准确。20 世纪 70 年代，机构优化综合获得迅速发展。

4.1.1　数综合

机构的数综合是研究一定数量的构件和运动副可以组成多少种机构型式的综合过程，其本质是一个排列组合的数学问题。通过数综合能将给定构件数与运动副数组成的机构型式全部罗列出来，从而为选择理想的机构提供了条件。

进行数综合时，为使所研究的对象具有典型性，研究对象通常只限于完全由单自由度低副组成的机构。事实上，其他机构基本都可以由这些低副机构等效而成（基于运动副或运动链的运动学等效性，本章后面将详细介绍）。

例如，铰链四杆机构是由具有 4 自由度的运动链组成，因此对铰链四杆机构的数综合与综合 4 自由度运动链是一致的。根据平面机构的自由度计算公式，自由度为 4 的运动链应满足

$$3n-2g=4 \quad 或 \quad g=\frac{3}{2}n-2 \tag{4.1-1}$$

式中，n 与 g 分别表示运动链中的构件数与运动副数。

在组成运动链的 n 个构件中，可以是二副杆、三副杆或 j 副杆。设其构件数为 $n_j(j=2,3,\cdots,j)$，则

$$n_2+n_3+\cdots+n_j=n \tag{4.1-2}$$

每一个二副杆提供 2 个运动副元素，j 副杆则提供 j 个运动副元素。设在闭式运动链中共有 g 个运动副，而每两个运动副元素必构成一个运动副，因此有

$$2n_2+3n_3+\cdots+jn_j=2g \tag{4.1-3}$$

由于单环运动链的构件数 n 与运动副数 g 相等，若在该单环运动链的基础上再连接上一条两端都有运动副的开链，由此形成另一个闭环，这时所增加的运动副数目比所增加的构件数多一个。也就是说，每增加一个独立闭环，当增加的运动副数是 k 时，所增加的构件数就是 $k-1$。这样，若增加的独立闭环数为 $1,2,\cdots,L-1$，所增加的运动副数比所增加的构件数要多 $1,2,\cdots,L-1$。因此不难推算出多环运动链的环数 L 与 n、g 之间关系为

$$L=g-n+1 \tag{4.1-4}$$

将式（4.1-1）代入式（4.1-4）可得

$$g-3L=1 \quad 或 \quad n=2(L+1) \tag{4.1-5}$$

满足式（4.1-1）和式（4.1-5）的运动链有无穷多，其中单自由度的常用构件、运动副和闭环数目的可能组合有以下几组：

$$\begin{aligned} &n=4, \quad g=4, \quad L=1\\ &n=6, \quad g=7, \quad L=2\\ &n=8, \quad g=10, \quad L=3\\ &n=10, \quad g=13, \quad L=4 \end{aligned} \tag{4.1-6}$$

将式（4.1-2）、式（4.1-3）代入式（4.1-1）可得

$$n_2=4+\sum_{j=3}(j-3)n_j \tag{4.1-7}$$

在闭式运动链中，具有 j 个转动副元素的构件总共能连接 j 个构件，而这 j 个构件至少应与 $j-1$ 个二副杆相互连接。因此，运动链中总的构件数 n 应满足下列不等式，即

$$n \geqslant 1+j+(j-1) \tag{4.1-8}$$

因此有

$$j_{\max}=\frac{n}{2} \tag{4.1-9}$$

式中，n 为运动链中的构件数；$j_{\max}$ 为运动链中每一个构件的最大转动副数。

将式（4.1-9）代入式（4.1-5）有

$$j_{\max}=L+1 \tag{4.1-10}$$

由此可以得出结论：在单闭环运动链中，最大运动副元素数的构件为二副杆，即该类运动链中只含有二副杆；在双闭环运动链中，最大运动副数的构件为三副杆，即该类运动链中同时含有二副杆和三副杆；依此类推。

下面再来分析一下当单自由度闭链采用不同杆数时可能产生的各种机构结构型式。

对于四杆运动链（$n=4$），由式（4.1-5）和式（4.1-10）得 $g=4$，$L=1$，$j_{\max}=2$，因而只有一个闭环和一种基本型式。

对于六杆运动链（$n=6$），由式（4.1-5）和式（4.1-10）得 $g=7$，$L=2$，$j_{\max}=3$，因而有 2 个闭环，最大运动副数的构件为三副杆。进一步可得 $n_2=4$，$n_3=2$。

为确定六杆闭链的基本型式，可借助拓扑图加以分析。有关拓扑图的基本知识可参考本书附录 C。在拓扑图中该链对应的顶点数为 6，边数应为 7，其中具有三条边的顶点必为两个，满足这些给定参数的拓扑图如图 4-1 所示。六杆运动链应具有 2 个闭环，包含两种基本结构型式：瓦特（Watt）型和斯蒂芬森（Stephenson）型。

类似地，八杆运动链具有 3 个闭环，其运动链的基本型式有 16 种，如图 4-2 所示。

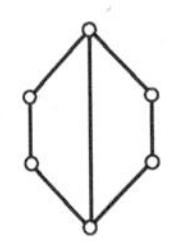
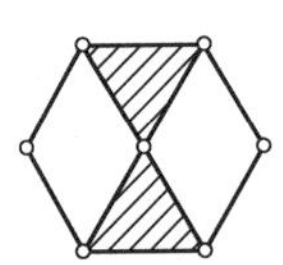

a) 拓扑图

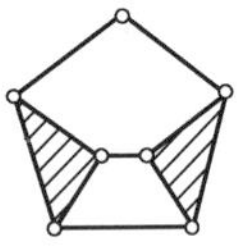

b) 运动链基本型

图 4-1　六杆运动链

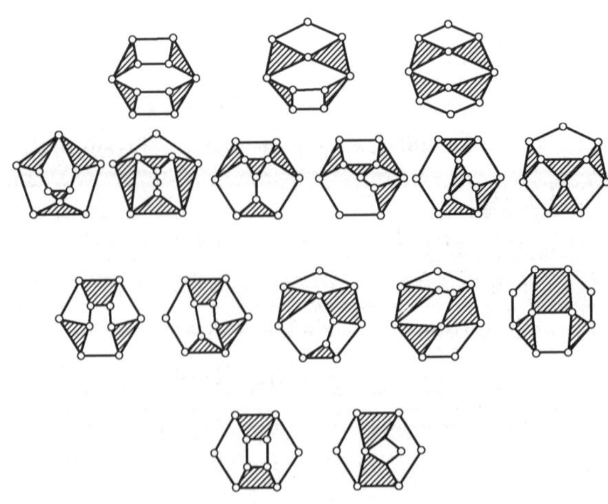

图 4-2　八杆运动链

至于十杆运动链的基本型式，根据吴（L. S. Woo）的分析共有 230 种之多。平面单自由度运动链的基本型式分类可参考表 4-1。

表 4-1　平面单自由度运动链的基本型式分类[32]

L	n	g	n_2	n_3	n_4	n_5	解的个数	总数量
1	4	4	4	0	0	0	1	1
2	6	7	4	2	0	0	2	2
3	8	10	4	4	0	0	9	16
			5	2	1	0	5	
			6	0	2	0	2	
4	10	13	4	6	0	0	50	230
			5	4	1	0	95	
			6	3	0	1	15	
			6	2	2	0	57	
			7	1	1	1	8	
			7	0	3	0	3	
			8	0	0	2	2	

4.1.2　型综合

一旦机构预期的性能已定，现有哪些机构可以满足要求？是连杆机构、齿轮机构还是凸轮机构？如果是连杆机构，是哪一类连杆机构（四杆、六杆）？构件与运动副是如何分布的（拓扑结构）？自由度是多少？如果现有机构都不能满足条件，如何获得满足要求的机构新构型？所有这些问题都是机构型综合所要解决的问题。

机构的型综合，有时又被称作构型综合（type synthesis）或者几何综合（geometric synthesis），是指在给定机构期望自由度数和性质的条件下，寻求机构的具体结构，包括运动副的数目以及运动副在空间的布置。例如，绪论中确定扑翼机构机型的过程就是机构型综合的一个典型实例。

机构学发展的早期，机构的型综合过程更多依赖的是对已有机构日积月累的认识和经验。例如要设计一个输出构件可以实现直线运动的机构，要求高速但运行平稳、具有较高的精度、成本较低等。那么哪些机构或装置可以满足这一任务要求呢？比如直线（连杆）机构、凸轮机构、液压缸、气缸、机器人等都可以作为潜在的选择，而在每种子类型中又有多种选择。哪些更合适？这实际上是对机构进行分类综合与构型优选的过程。绪论中对扑翼机构的机型进行优选的过程也是一个典型实例。

在对机构的组成原理有了深刻认识的基础上，对基本机构（或元机构）的集成或继承创新设计便成了很自然的事情。比如基于机构倒置、同源机构等理念，形成了机构构型综合的演化法、模块（例如以杆组作为模块）组合法等。在平面机械原理的学习中，这种方法体现得非常充分。例如本章后面介绍的平面四杆机构演化法就属于此类。构型演化法是机构构型综合最直观，也是目前工程上最为实用的方法之一。其原因在于，早期发明的且时至今日仍具生命力的元机构无一例外地蕴涵着发明者对机构学基本原理的正确认识，特别是对其工程实用价值的认真考虑。

现阶段，机构的构型综合正逐渐走向理论化、体系化。现有的研究表明，在向建立系统化的机构构型综合理论体系与方法的发展过程中，大多数都离不开数学方法和数学工具的支持。例如图论、线几何与旋量理论、李群与微分流形理论等都已经在机构型综合中得到了很好的应用。同时研究表明，基于数学的构型综合比其他方法无论在机型数量上还是对原始创新的贡献上都有明显的优势。机构的构型综合理论仍然是目前机构学研究的热点问题之一。

4.1.3 尺度综合

尺度综合是指在给定机构初始位形的前提下，为实现某一特定的任务或完成某一预期的功能需要而确定机构主要运动学参数的过程。如图4-3所示，给定一个铰链四杆机构及其初始位形，其尺度综合的主要任务是确定其结构参数在满足什么条件下能够实现连杆上一参考点 C 的轨迹（近似直线）。

尺度综合过程中，根据已知参数与未知参数之间能够建立映射关系式的数量可以确定是否有解，是唯一解还是多解，是精确解还是近似解。如果存在多解或近似解还需要进行尺寸或参数优化。这些都是机构尺度综合过程所要解决的问题。因此尺度综合通常是在型综合之后的设计过程。不过有些机构的型综合与尺度综合并无严格界定，例如某些柔性机构的综合。有关尺度综合的内容将在本书第6章专门介绍。

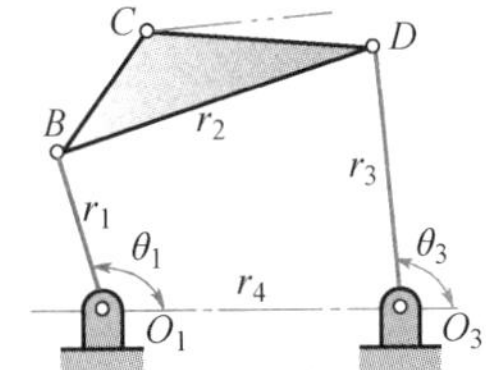

图4-3 近似直线机构的轨迹综合实例

总之，机构的数、型综合阶段偏重于概念设计（conceptual design）；而机构的运动综合（或尺度综合）阶段则主要实现参数设计（parametric design）。

4.2 机构创新设计方法

4.2.1 概述

传统机构的创新设计方法集中体现在构型研究上。勒洛是最早进行机构构型研究的学者，其最大贡献莫过于提出了机构的符号表达。俄国阿苏尔提出的平面机构构型“杆组法”则是早期构型理论研究方面最重要的发现。但人类对复杂平面机构的结构综合取得重大突破是在20世纪60年代之后的事情。其中的代表人物是美国哥伦比亚大学弗洛丹斯坦（Freudenstein）教授，他提出了结构与功能分离的原则并采用图论来研究平面机构的拓扑综合。纵观20世纪60年代以来平面机构学的研究进展，衍生了很多实用、有效的平面机构拓扑综合方法，比较有代表性的方法有图论法、阿苏尔杆组法、枚举法等。运用这些方法，系统地综合出了许多新型的平面机构，相继解决了复杂的10杆以上平面机构的拓扑综合及同构问题。运用这些平面机构综合的方法，已经建立了平面机构拓扑结构综合较为完善的方法体系。一个重要标志是创立了完整的平面机构拓扑结构图谱，为平面机构概念设计的选型提供了强有力的保障。随着杆数的增多，拓扑结构中的同构问题越发复杂，对数学工具及方法的依赖性也越大。

同样，从 20 世纪 60 年代开始，有关机构组合系统的自动化设计理论呈现端倪。随着产业机械及其他各类机械产品的功能需求日益增强，基于单元机构的模块设计（module design）显现出越来越多的优势，相关的设计技法也成为学界的研究热点。利用计算机辅助概念设计进行机构计算综合（computational synthesis）成为颇具代表性的研究方向。这种创新方法也是机构学界近 40 年来的研究热点，并取得了一定的研究成果。计算综合中比较典型的方法有图论法、矩阵法、再生运动链法等，其中代表性的研究机构包括密歇根大学、马里兰大学、成功大学及上海交通大学等。这种基于已知机构模块进行组合的设计方法，其特点在于：具有存储大量知识的成熟的机构运动方案知识库，且为开放式的。设计人员无需掌握太多的相关学科的背景知识就可利用计算机进行设计。计算机可根据机构的运动行为或功能需求，枚举机构的所有类型，识别满足结构要求的图形，绘制机构简图，甚至还可进行动态仿真。研究人员利用这种技法实现了对多种实用机构的创新设计，如长停歇机构、夹持器、汽车悬架机构、窗槛锁紧机构等。

近 20 年，随着机构研究向空间、多环、柔性、软体、变结构等方向纵深发展，衍生了多种基于数学工具的系统化构型综合（systematic type synthesis）方法，并取得了卓有成效的进展，发明了多种类型的新机构。例如，对于并联机构的构型综合，考虑其多环结构特征，根据所需的自由度形式设计机构原理构型是非常具有挑战性的复杂过程，为此，学者们提出了多种有效的方法，如旋量法、位移群与位移流形法、微分流形法、图谱法、单开链法、G_F 集法及线性变换法等，并通过这些方法综合得到了大量新机构，并联构型得到了前所未有的丰富与完善。再如，对于柔性机构的构型设计，早期倾向于使用试错法（trial and error），这是一类非系统化的创新设计方法，很大程度上依赖于设计者的经验和灵感。当柔性机构作为理论体系研究时，系统化的创新设计方法才开始萌发，包括刚体替换法、结构拓扑优化法、约束法、梁模型法、旋量法、自由度与约束拓扑综合法（FACT）、模块法、屈曲设计法等，为柔性机构成功应用奠定了坚实的基础。

4.2.2　发展趋势

可从三个方面来审视机构创新设计的发展趋势。

首先从概念上，现代机构的概念已有别于传统机构，主要体现在三个方面。一是机构的广义化与模块化，比如将构件或运动副广义化，即把弹性构件、柔性构件、液态金属等引入到机构中；对运动副也有扩展，有复杂铰链、柔性铰链等；同时对机构的组成元素广义化，将驱动元件与机构系统集成或者融合为一种有源机构，大大扩展了传统机构的内涵。二是机构的可控性，利用驱动元件的可控性使机构通过有规律的输入运动实现可控的运动输出，从而扩展了机构的应用范围。最典型的例子包括软体机器人、微纳机械等。三是机构的生物化与智能化，进而衍生出各种仿生机构及机器人、变胞机构等。

其次从研究方法上，机构学的研究呈现出日益交融的态势，以弥补单一性所带来的不足。如平面机构与空间机构的交融（例如并联机构的性能研究可从以平面机构为支链的研究入手）、刚性机构与柔性机构的交融（如分析柔性机构的伪刚体模型）、结构综合与尺度综合的交融（如柔性机构的刚度设计问题）、理论建模与参数综合的融合（如柔性机构、并联机床等）、功能集成与功能分解的融合（如组合机构、变胞机构等）、不同类机构的交融（柔性并联机构、柔性变胞机构等），以及机构学与其他学科的交叉（如机构学与生物学交叉可导引新型可重构机构、微机构、柔性机构的设计）等。这种交融与交叉势必对丰富和完善现代机构设计及理论进而指导实用有效的新机构设计大有裨益。以学科交叉为例，借鉴其他学科中已发展成熟的设计理论，通过扩展机构的内涵和外延，建立彼此之间的有机联系，将其移植到机构设计理论与应用中，从而达到机构创新之目的。其中联系较为紧密的学科包括生物学、化学、物理学、医学、微电子学、计算机科学、人工智能等，不过数学和力学仍然是解决机构设计问题的根本。当前的研究已呈现出这方面的发展趋势，比较典型的是引入生物学原理来研究机构综合与创新技法。比如在对变胞机构和柔性机构的研究中，已开始了相关的尝试。变胞机构研究中，以变胞元素作为进化单元，探讨基于变胞元素的变胞机构基因进化机制，以此建立基于基因进化技术的变胞机构创新设计理论。柔性机构研究中，提出了柔性胞元的概念，借助细胞生长机制探讨胞元组合构造机理，从而实现柔性机构创新设计的目标。

就应用出口而言，新机构向生产力转化的周期越来越短，所带来的高附加值将越来越重要（包括设计成本、生产成本、维护成本、市场价格等多重因素）。在机构创新设计领域，对工程化的软件设计工具需求将越发强烈。

总之，机构创新设计的发展趋势总体体现在可视化（软件）、智能化（可交互性、自动化）、工程化。

鉴于机构构型综合问题涉及面广，相关的数学基础要求较高。本章只介绍其中两种最基本的构型综合方法：枚举法和演化法。

4.3 枚举法

顾名思义，枚举法的主要思路就是进行分类枚举，是数综合基本思路的来源，通过建立数与型之间的联系，进而达到机构构型综合的目的。因此该方法也称作数型综合。

4.3.1 对已有机构的分类枚举

通过文献检索，对已知机构进行分类枚举。如本书绪论中对扑翼机构的枚举即属于此类。该方法虽无创新可言，但其在机构概念设计阶段的应用非常广泛，因为已有机构往往是人类智慧的结晶，它们源于天才的想象，并且已经经历了时代的考验，往往简单实用。另外，已有机构往往能赋予发明新机构的灵感。

4.3.2 基于自由度计算公式的枚举法

1. 平面机构

平面机构中常用的运动副主要有转动副 R、移动副 P、齿轮副 G、凸轮副 Cp。本章 4.1.1 中已经对这一主题进行了简单讨论。下面首先给出数型综合的一般过程，然后举一些具体实例。

（1）枚举法的一般过程

1）根据式（4.1-1）~式（4.1-10）对运动链进行数综合，识别出可行的拓扑图。

2）运动链枚举：在拓扑图的边上标出可用的运动副类型，选择不同顶点作为机架。

3）对机构的同构性进行甄别。

4）对机构进行枚举。

（2）平面单自由度连杆机构的数型综合　按照枚举法的一般过程，下面分别对平面四杆、六杆型单自由度平面机构进行数综合，表 4-2、表 4-3 也分别分类枚举了这两类机构的基本型。

表 4-2　四杆机构的拓扑分类与枚举

拓扑图	机构简图	机构类型	应用举例
		曲柄摇杆机构 （铰链四杆机构）	搅拌器 缝纫机脚踏板机构 雷达天线操纵机构
		双曲柄机构（铰链四杆机构） 特例 1：平行四边形机构 特例 2：反平行四边形机构	惯性筛 汽车车轮联动机构 汽车车门开闭机构
		双摇杆机构（铰链四杆机构） 特例：等腰梯形机构	鹤式起重机 汽车前轮转向机构
		曲柄滑块机构	偏心轮机构 内燃机 压缩机 压力机
		导杆机构 特例 1：摆动导杆机构 特例 2：回转导杆机构	牛头刨床主体机构 小型刨床
		摇块（摆块）机构	自动翻斗机构 摆动式液压泵
		移动导杆机构 （定块机构）	手压抽水机
		正弦机构	缝纫机的针杆机构
		正切机构	手柄操纵机构

（续）

拓 扑 图	机构简图	机构类型	应用举例
		双滑块机构	卡当机构 椭圆仪机构
		双转块机构	逆卡当机构 奥尔德姆（Oldham）联轴器
		拉普森（Rapson）滑块机构	

表 4-3 六杆机构的拓扑分类与枚举（部分）

拓 扑 图	机构简图	机构类型	拓 扑 图	机构简图	机构类型
		瓦特Ⅰ型机构			斯蒂芬森Ⅲ型机构
		瓦特Ⅱ型机构			牛头刨床机构
		斯蒂芬森Ⅰ型机构			VVT（可变气门正时）机构
		斯蒂芬森Ⅱ型机构			

1）四杆机构。四杆机构只有单一型式的拓扑图（图 4-4），不过，其边如果用 R 副或 P 副代替，并选择不同的构件作为机架，则可衍生出多种不同类型的四杆机构。可行的运动链包括 RRRR、RRRP、RRPP、RPRP、RPPP 等。

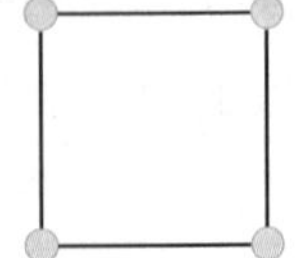

图 4-4 四杆机构的拓扑图

2）六杆机构。六杆运动链的数综合在前面已经讨论过。可以导出两种基本型式：瓦特型和斯蒂芬森型平面六杆机构。

【知识扩展】：机构中的“同构”与“异构”现象

运动链的基本结构型式有时称为**拓扑结构**（topological structure）。对于两个以上的运动链，如果它们的拓扑结构相同，则称为**同构**（isomorphic）；否则，则称为**异构**（isomer）。六杆运动链有两种基本结构型式：瓦特链（图 4-5a）和斯蒂芬森链（图 4-6a），因此，六杆运动链有两种异构构型。但每种构型所对应的机构因机架选取不同，可生成不同的机构子类型。瓦特六杆机构具有Ⅰ型和Ⅱ型，分别如图 4-5b、c 所示；斯蒂芬森六杆机构具有Ⅰ型、Ⅱ型和Ⅲ型，分别如图 4-6b、c、d 所示。

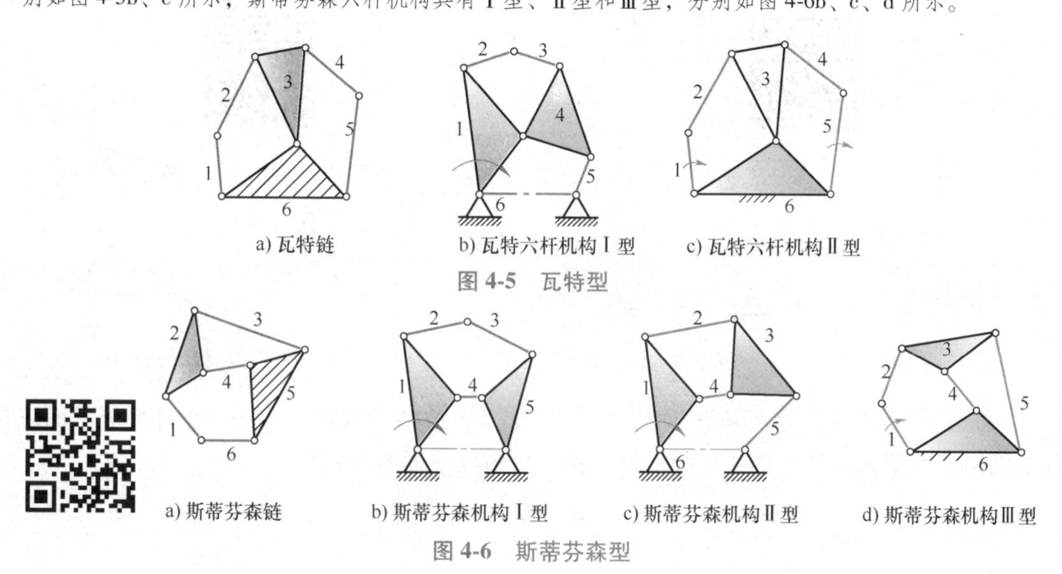

a) 瓦特链　b) 瓦特六杆机构Ⅰ型　c) 瓦特六杆机构Ⅱ型

图 4-5　瓦特型

a) 斯蒂芬森链　b) 斯蒂芬森机构Ⅰ型　c) 斯蒂芬森机构Ⅱ型　d) 斯蒂芬森机构Ⅲ型

图 4-6　斯蒂芬森型

（3）平面两自由度连杆机构的数型综合　同样利用前面介绍的基于自由度公式枚举的平面运动链数综合过程，也可以枚举五杆、七杆、九杆型等平面两自由度机构的基本型式分类，见表 4-4。这里主要考虑五杆和七杆的情况。

1）五杆机构。五杆机构只有单一型式的拓扑图（图 4-7）。不过，其边如果用 R 副或 P 副代替，并选择不同的构件作为机架，则可衍生出多种不同类型的五杆机构。可行的运动链包括 RRRRR、RRRRP、RRRPP、RRPRP 等。

2）七杆机构。研究表明，七杆机构有三种型式的拓扑图。图 4-8 所示为其中一种类型的拓扑图及其对应的一个机构简图。

表 4-4　平面两自由度连杆机构的基本型式分类[32]

L	n	g	n_2	n_3	n_4	n_5	解的个数	总数量
1	5	5	5	0	0	0	1	1
2	7	8	5	2	0	0	3	3
3	9	11	5	4	0	0	19	35
			6	2	1	0	13	
			7	0	2	0	3	

（续）

L	n	g	n_2	n_3	n_4	n_5	解的个数	总数量
4	11	14	5	6	0	0		726
			6	4	1	0		
			7	3	0	1		
			7	2	2	0		
			8	1	1	1		
			8	0	3	0		
			9	0	0	2		

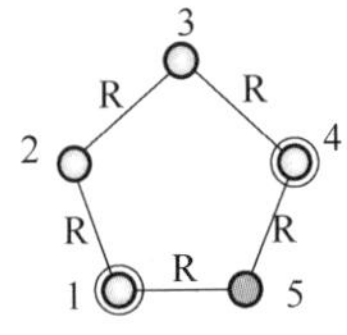

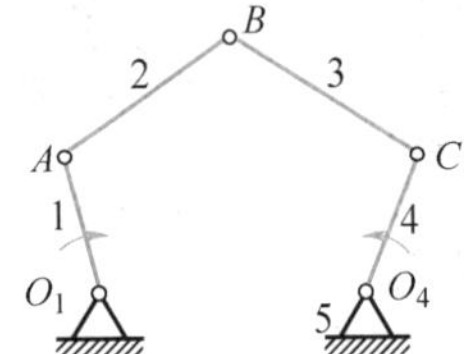

图 4-7　五杆机构的拓扑图

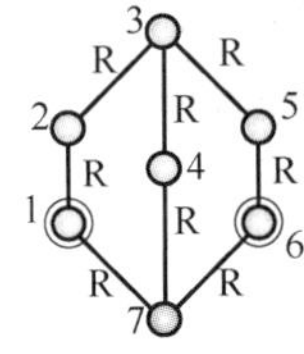

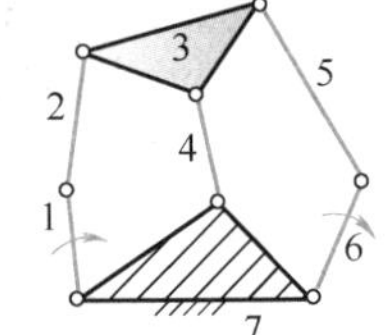

图 4-8　七杆机构的拓扑图

（4）平面三自由度连杆机构的数型综合　表 4-5 枚举了六杆、八杆、十杆型等平面三自由度机构基本型式分类。图 4-9 所示为两种三自由度平面八杆机构。

表 4-5　平面三自由度连杆机构基本型式的分类[32]

L	n	g	n_2	n_3	n_4	n_5	解的个数	总数量
1	6	6	6	0	0	0	1	1
2	8	9	6	2	0	0	5	5
3	10	12	6	4	0	0	43	74
			7	2	1	0	25	
			8	0	2	0	6	
4	12	15	6	6	0	0		1898
			7	4	1	0		
			8	3	0	1		
			8	2	2	0		
			9	1	1	1		
			9	0	3	0		
			10	0	0	2		

（5）平面单自由度齿轮机构的数型综合　假设平面齿轮机构完全只由 R 副、P 副、齿轮副 G 连接而成，令 g_i 表示具有 i 个自由度运动副的数量。根据定义有

$$g=g_1+g_2 \tag{4.3-1}$$

机构中全部运动副的自由度数为

$$\sum_{i=1}^{j} f_i=g_1+2g_2 \tag{4.3-2}$$

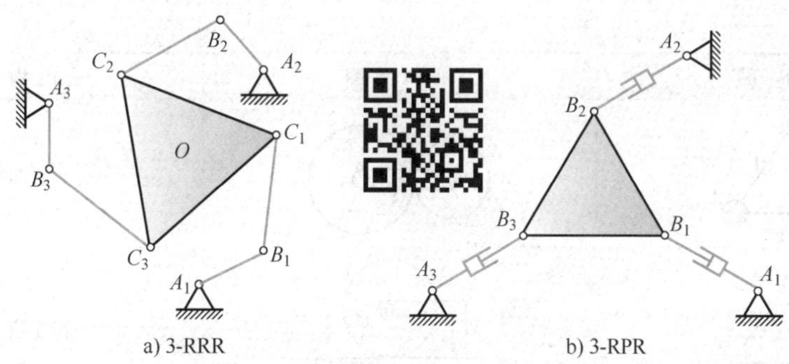

图 4-9　两种三自由度平面八杆机构

由上面两式可消去 g_1，进而代入式（4.1-4）中，可得

$$F+3L=g_1+g_2 \tag{4.3-3}$$

另外一个约束条件是该类机构中，齿轮副的数量不能超过独立环数，即

$$g_2 \leqslant L \tag{4.3-4}$$

依据以上各式，可以实现对单自由度平面齿轮机构的枚举，具体如表 4-6 所示。

表 4-6　单自由度平面齿轮机构基本型式分类[32]

L	n	g	g_2	g_1
1	3	3	1	2
2	4	5	2	3
	5	6	1	5
3	5	7	3	4
	6	8	2	6
	7	9	1	8
4	6	9	4	5
	7	10	3	7
	8	11	2	9
	9	12	1	11

情况 1：只有一个独立闭环。

这种情况下只对应有一种拓扑图，如图 4-10 所示。但其中有一条边必须是齿轮副，其他两条边是 R 副或 P 副的组合：RR、RP 和 PP，最后得到可行的运动链包括：RRG、RPG、PPG（不切实际，不考虑），再通过机构的倒置，可以得到更多种类的齿轮机构，见表 4-7。

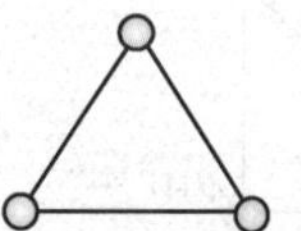

图 4-10　有一个闭环的平面齿轮机构的拓扑图

表 4-7　平面单自由度齿轮机构的拓扑分类与枚举[32]

拓　扑　图	机 构 简 图	机 构 类 型
2, G, R, 1, 3, R	1, 2, 3	简单齿轮机构

（续）

拓　扑　图	机 构 简 图	机 构 类 型
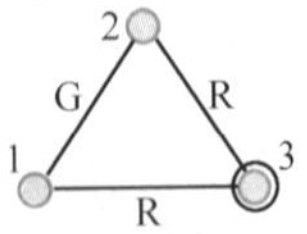	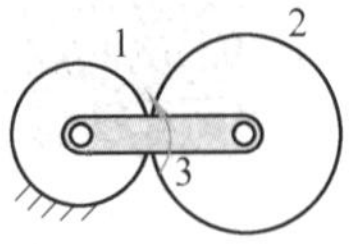	行星轮系
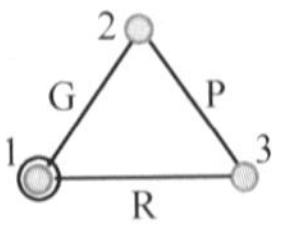	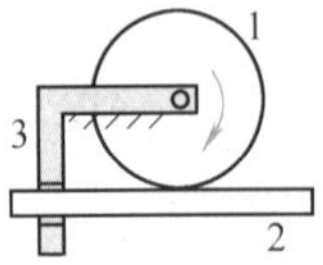	齿轮齿条机构
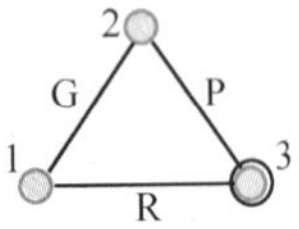	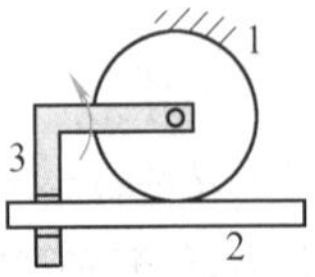	渐开线运动机构
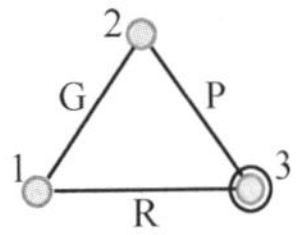	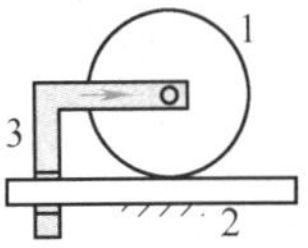	逆齿轮齿条机构

情况 2：有 2 个独立闭环。

这种情况下，对应有两种拓扑图，如图 4-11 所示。

对于图 4-11a，有 2 条边必须是齿轮副，其他 3 条边都是 R 副，则可以得到 3 种不同的运动链结构，具体见表 4-8；对于图 4-11b，假设只有 1 条边是齿轮副，其他 4 条边都是 R 副，则可以得到 2 种不同的运动链结构，具体见表 4-9。

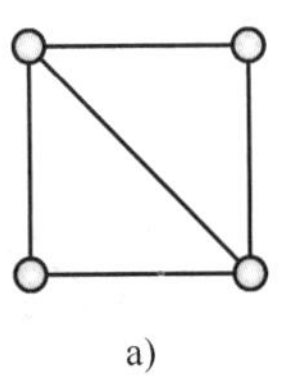

a)

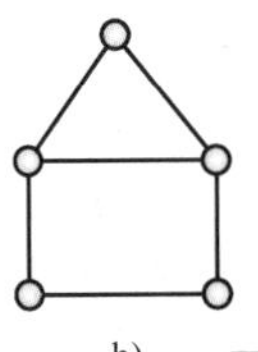

b)

图 4-11　有两个闭环的平面齿轮机构拓扑图

表 4-8　平面单自由度齿轮机构的拓扑分类与枚举（对应图 4-11a）[32]

拓　扑　图	机 构 简 图	机 构 类 型
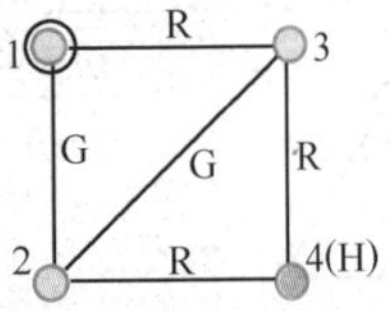	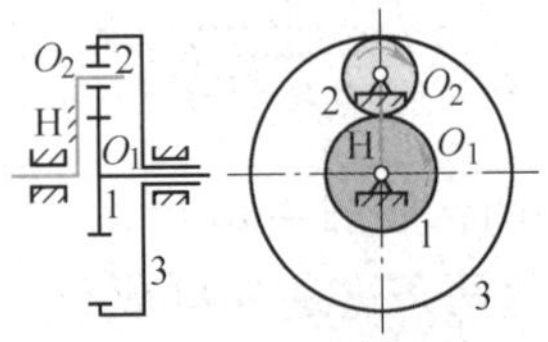	定轴轮系
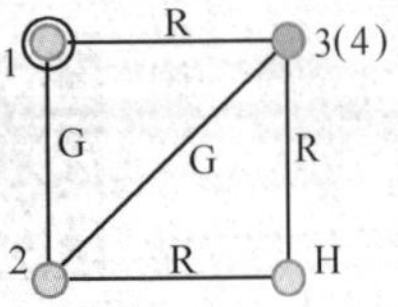	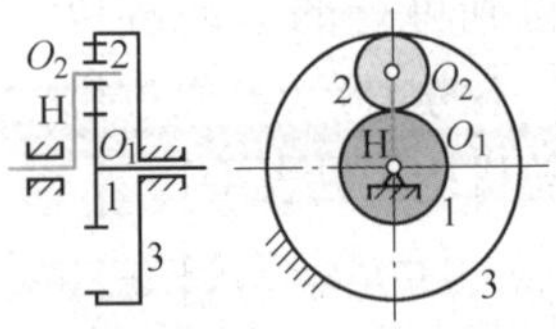	行星轮系
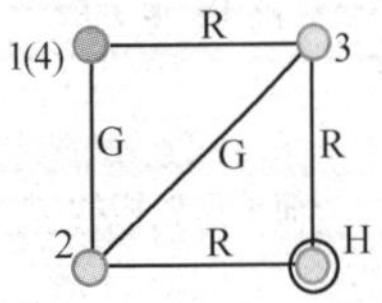	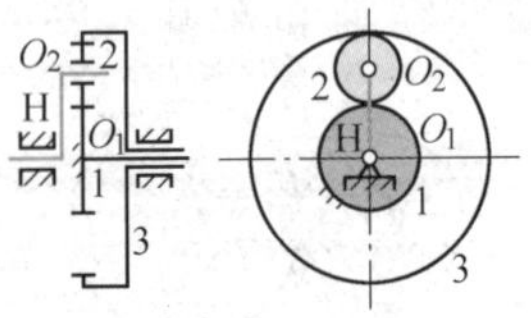	行星轮系

表 4-9　平面单自由度齿轮机构的拓扑分类与枚举（对应图 4-11b）

拓扑图	机构简图	机构类型
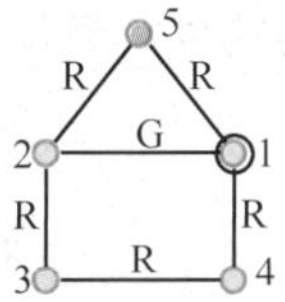	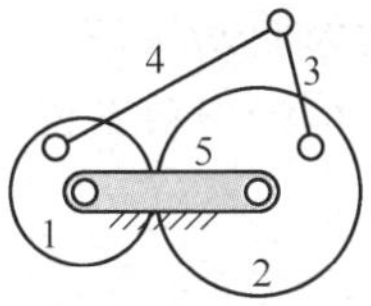	简单齿轮机构
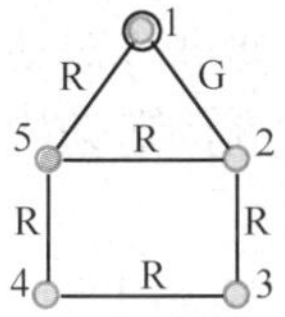	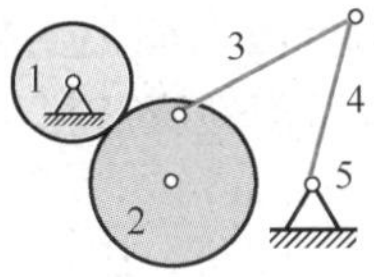	行星齿轮机构

*2. 空间机构

对于空间机构，枚举法是基于传统的机构自由度计算公式（CGK 公式）。澳大利亚莫纳什大学的亨特（Hunt）教授是该流派最早的代表人物，而后蔡（Tsai）等人丰富了该方法。

数综合的基本思路是当给定机构所需的自由度数后，根据 CGK 公式可导出每个分支运动链（或支链）的运动副数，即

$$F=d(N-1)-\sum_{i=1}^{g}(d-f_i)=d(N-g-1)+\sum_{i=1}^{g}f_i \tag{4.3-5}$$

$$L=g-n+1 \tag{4.3-6}$$

$$L=F-1 \tag{4.3-7}$$

对于支链结构相同，且支链数等于机构自由度数的对称型并联机构，可以导出每个支链的自由度数 s，即

$$F=-(F-1)d+Fs \tag{4.3-8}$$

$$s=d-\frac{d}{F}+1 \tag{4.3-9}$$

因此，一旦已知 d 和 F，就可得到支链的自由度数 s，进而可以枚举分支运动链。例如，$d=F=3$ 时，$s=3$，支链的运动链可以是 RRR、RPR、PPR、PRR 等；$d=6$，$F=3$ 时，$s=5$，支链的运动链可以是 RPS、PRS、RRS、UPU 等。

但随着研究的深入，人们发现这种枚举法存在一些明显的问题。对于过约束机构以及复杂空间机构而言，问题尤为突出。例如，法国著名的机构学专家梅尔莱特（Merlet）在 2002 年 ASME 年会的特邀主题报告中指出，枚举法“未考虑运动副的几何布置，容易得出无效的结果”。这些问题突出体现在：①由于该公式没有考虑机构的自由度性质（如三维移动与三维转动机构的综合不能利用此方法区分开来），基本属于数综合的范畴；②无法考虑冗余约束；③对综合得到的机构只提供了支链的数目及组成支链的运动副数目，无法综合出分支运动链中各运动副间的相对几何关系和所有分支间的几何关系。事实上，后者对机构自由度性质的影响是至关重要的。

4.4 演化法

机构的构型演化法是指以某种机构为原始机构，通过对原始机构的构件和运动副进行各种性质的改变或变换，演变发展出新机构的设计方法。

以下是几种常用的演化创新方法。

4.4.1 机构的倒置

每个机构都有且只有一个机架（相对地不动），其他构件都相对机架进行运动。如果将其中某一运动构件与机架互换，即该运动构件变成机架，机架相应变成新的运动构件。这种情况被称为机构的倒置（mechanism inversion）。

根据相对运动不变原理，以低副连接的两个构件间的相对运动性质不会因为取其中某一个构件为机架而改变，只是改变了输出构件的绝对运动特性。因此取不同构件为机架并不会改变原机构各构件间的组成关系，但可以得到不同运动特征的机构。

对于铰链四杆机构，通过机构的倒置，即分别取最短杆、连杆及最短杆的对边为机架，再加上原有的机构，分别得到四种机构，如图 4-12a ~ 图 4-12d 所示，它们分别是曲柄摇杆（crank rocker）机构、双曲柄（double-crank）机构、曲柄摇杆机构和双摇杆（double-rocker）机构。利用 Working model 软件进行一个周期的运动仿真分别得到图 4-13a ~ 图 4-13d 所示的图形，从中可以看出各自运动的特异性。

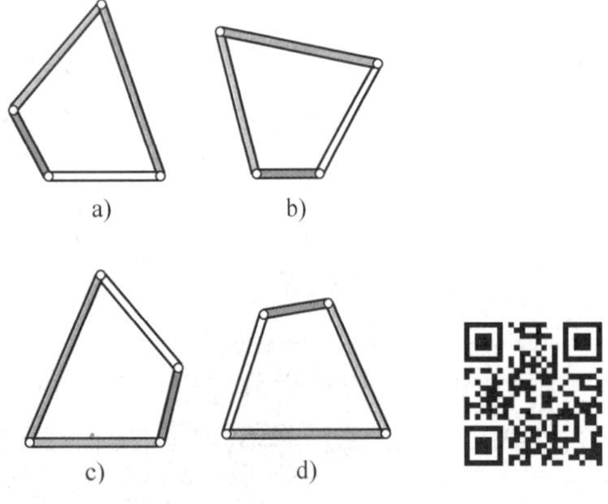

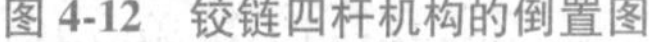
图 4-12 铰链四杆机构的倒置图

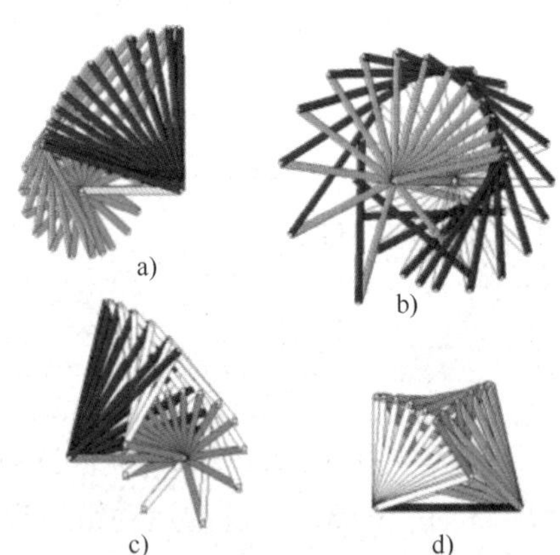

图 4-13 铰链四杆机构倒置的周期图

同样，将图 4-14a 所示的对心曲柄滑块机构作为基本机构，通过机构的倒置可以得到另外三种与之不同运动类型的机构，具体如图 4-14b ~ 图 4-14d 所示。

通过机构的倒置，图 4-14b 所示的机构为曲柄摇块机构，图 4-14c 所示的机构为导杆机构，图 4-14d 所示的机构为定块机构。利用 Working model 软件进行一个周期的运动仿真分别得到图 4-15a ~ 图 4-15d 所示的图形。

一般情况下，由 n 个构件组成的机构会产生 $n-1$ 种倒置的方式。因此，机构的倒置是机构构型综合的一种有效方法。

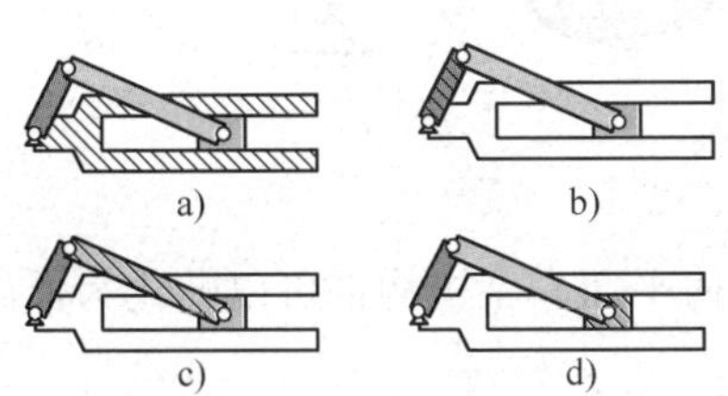

图 4-14　对心曲柄滑块机构的倒置图

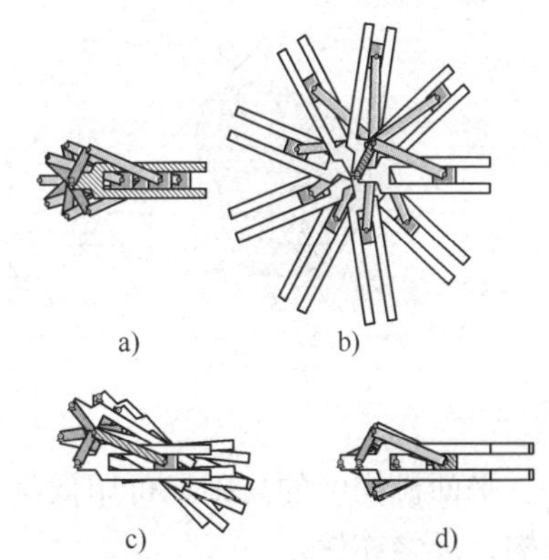

图 4-15　对心曲柄滑块机构倒置的周期图

4.4.2　运动学等效置换

有些机构，即使类型不同，也可以实现同样的运动，如曲柄滑块机构、偏心轮机构及直动凸轮机构等。因为从运动学的角度看，它们属于运动学等效机构。例如图 2-16 所示的偏心轮机构，从运动学等效性来看，该机构与曲柄滑块机构等效。

对于平面机构，有一种特殊的运动学等效方式——高副低代。通过建立平面高副和低副之间的内在联系，可将平面机构中的高副根据一定的条件用虚拟的低副代替，这种方法称为高副低代。

具体而言，高副低代应满足如下两个条件：①代替前后机构的自由度完全相同；②代替前后机构的瞬时速度和瞬时加速度不变。

为保证条件①，可以导出一个平面高副（提供 1 个约束）在自由度上与一杆两低副组成的机构等价；为保证条件②，还要满足特殊的几何和物理条件，这需要具体问题具体分析。例如，图 4-16a 所示为具有任意曲线轮廓的高副机构，过接触点 C 作公法线 nn，在此公法线上确定接触点的曲率中心（图 4-16b），构件 4 通过转动副 O_1、O_2 分别与构件 1 和构件 2 相连，可得到图 4-16c 所示的替代机构。当机构运动时，随着接触点的改变，其接触点的曲率半径及曲率中心的位置也随之改变，因而在不同的位置就有不同的瞬时代替机构。

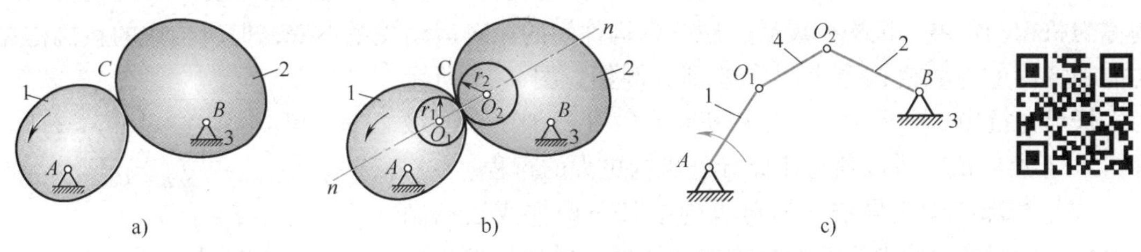

图 4-16　高副低代

因此，高副低代的方法是用一个带有两个转动副的构件来代替一个高副，这两个转动副分别处在高副两元素接触点的曲率中心。若两高副元素之一为直线，则因直线的曲率中心在无穷远处，该端的转动副将转化为移动副（图 4-17a）。如果直线的一端同一曲线为点接触，则因其曲率半径为零，故曲率中心与两构件的接触点重合（图 4-17b）。

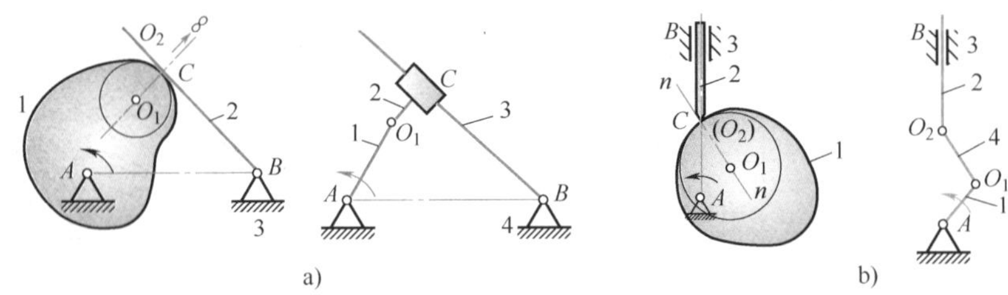

图 4-17 高副低代的特例

平面机构中的高副均可用低副来代替，也就是说，任何平面高副机构都可以转化为低副机构，反之亦然。

例如，图 4-18a 所示为导杆机构，为保证机构自由度不变，将滑块 2 及其同构件 1 组成的转动副、同导杆 3 组成的移动副用一个高副来替代，这样原低副机构就变换成图 4-18b 所示的高副机构了。

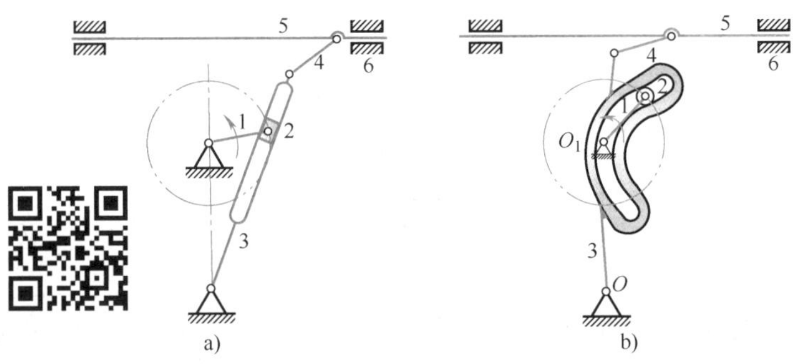

图 4-18 基于高副低代的机构演化法

平面机构运动学等效的典型例子是高副低代，而空间机构中多采用运动副或运动链的等效替换方式。如球铰链可用 3 个轴线相交的转动副代替，由 3 个轴线平行的转动副所组成的运动链可用 2 个平行转动副加上一个与之正交的移动副所组成的运动链来代替等。

4.4.3 其他方法

（1）扩展法 以原有机构为基础，增加新的构件，或运动副，或杆组，以构成新的机构称为机构的扩展。机构扩展后，原有各构件间的相对运动关系不变，但所构成的新机构在功能和特性上与原机构会有很大差别。例如，图 4-19 所示为六杆导杆机构。它是由四杆导杆机构 *ABCD* 叠加一个二级杆组 *CEF* 所组成，可以获得比原导杆机构更大的行程。

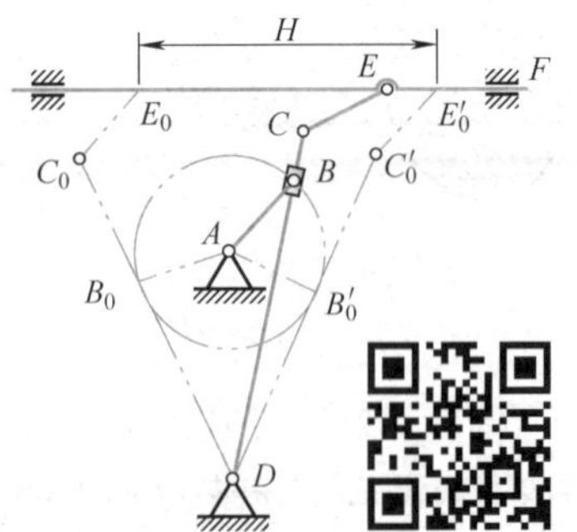

图 4-19 通过杆组叠加实现对原机构的扩展

（2）局部结构变异法 如对机构中某一构件或运动副的形状进行变异；或者为改变机构的灵活性，增加局部自由度等。一个典型的例子是将尖顶从动件凸轮机构改变成滚子从动件凸轮机构。

（3）同源机构法 四杆机构中有一个非常有意思的现象：3 个四杆机构可生成同一连杆曲线。这就是有名的 **Robert-Chebychev** 定理。

首先考察一个如图 4-20a 所示的铰链四杆机构，选择点 C 作为连杆上的参考点。通过几何方法，可以得到图 4-20b 所示的另外两个铰链四杆机构 O_9HGO_7 和 O_4EFO_6。这三个机构在点 C 处具有相同的连杆曲线。几何条件应满足：①O_1 与 O_9 重合，O_3 与 O_4 重合；②O_9HCB、O_3DCE 和 O_6FCG 都是平行四边形；③$\triangle BCD$、$\triangle HGC$、$\triangle CFE$ 和$\triangle O_1O_6O_3$ 都相似。

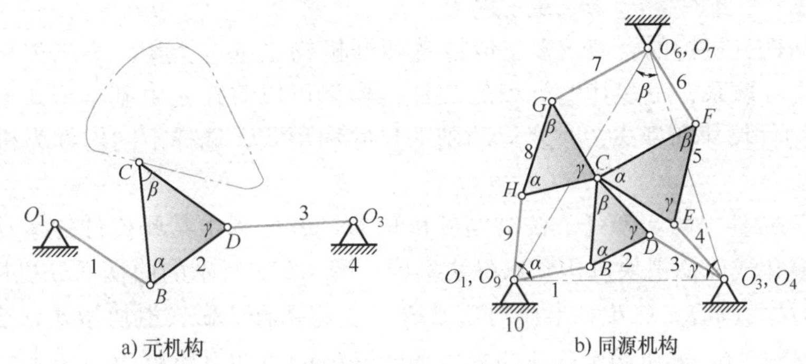

图 4-20 铰链四杆机构的同源

不仅铰链四杆机构存在同源现象，曲柄滑块机构也有同源机构。例如，图 4-21a 所示的曲柄滑块机构中，构件 2 为连杆。利用前面介绍的构造同源机构的方法可以得到图 4-21b 所示的同源机构。其中，O_1ECB 为平行四边形，$\triangle BCD$ 与$\triangle FCE$ 相似。

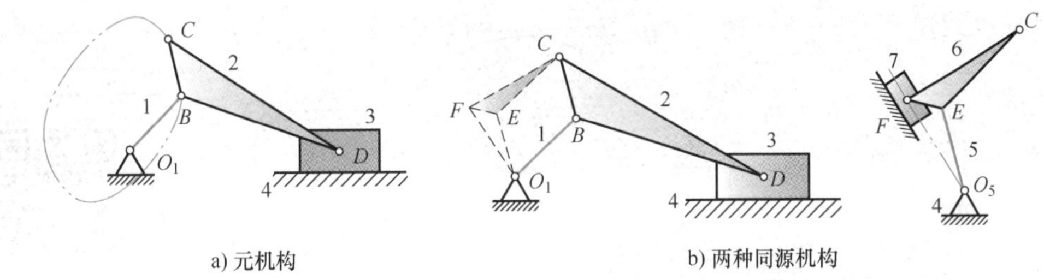

图 4-21 曲柄滑块机构的同源

（4）再生运动链设计法 机构再生运动链设计法是我国台湾成功大学颜鸿森教授提出的一种机构创新设计方法。步骤简单描述如下：①根据功能要求，从现有机构中选定一种作为原型机构；②归纳出与原型机构拓扑结构相关的特性，如自由度、构件数、运动副数及运动特性等；③将原型机构转化为一般运动链，再通过图论等方法对该运动链进行数综合，进而得到所有可能的同构运动链图谱；④结合设计要求，从图谱中识别出若干可行的再生运动链；⑤将再生运动链具体化为相应的机构运动简图，从中选出最优方案。有关再生运动链设计法的详细内容可参看文献［36，37］，这里不再赘述。

总之，构型演变法是人们最为熟悉的一种构型综合方法，有关平面四杆机构的演化法就属于此类。构型演变法也是目前工程上最为实用的方法。其原因在于，早期发明的且时至今日仍具生命力的机构无一例外地蕴涵着发明者对机构学基本原理的正确认识，特别是对其工程实用价值的认真考虑。事实上，如果说著名的瓦特直线机构、斯图尔特（Stewart）平台、德尔塔（Delta）机构等原始创新均与其发明者的直觉与灵感有关的话，那么这种直觉与灵感无一不是与具体的工程需求密切联系的。由枚举法或演变法得到的新构型虽不属“原始创新”，但却符合人类对客观世界循序渐进的认识规律，且通常具有较强的工程实用价值。基于构型演变法的工程范例举不胜举。下面分别以平面四杆机构和并联机构为例说明该方法是如何具体应用的。

【例 4-1】 平面四杆机构的演化。

虽然平面四杆机构的类型较多，但铰链四杆机构是基本类型。不同类型的四杆机构有一定的内在联系，很多其他类型的四杆机构都可以看作是由基本型式通过某种方法（如改变构件尺寸和型式、改变运动副的尺寸和型式、选择不同构件为机架等）演化而来的。

（1）改变构件尺寸和型式 铰链四杆机构通过改变其中某些构件的运动尺寸和型式，可将其演化成曲柄滑块机构和双滑块机构。图 4-22a 所示的曲柄摇杆机构中，点 B 的轨迹是以 O_3 为圆心、O_3B 为半径的圆弧 $\beta\beta$。若将摇杆 3 做成滑块型式，使其沿圆弧 $\beta\beta$ 导轨往复滑动时，该机构则演化为具有曲线导轨的曲柄滑块机构（图 4-22b）。圆弧 $\beta\beta$ 的形状随半径 O_3B 的增大而变得越来越平直，若摇杆 3 的长度变为无穷大，则点 B 的轨迹（圆弧 $\beta\beta$）将变为直线，摇杆 3 上各点的运动趋于相同。摇杆演化为滑块，转动副 O_3 演化为移动副。原来的曲柄摇杆机构演化成了如图 4-22c 所示的具有偏距 e 的偏置曲柄滑块机构。当偏距 $e=0$，则演化为对心曲柄滑块机构。

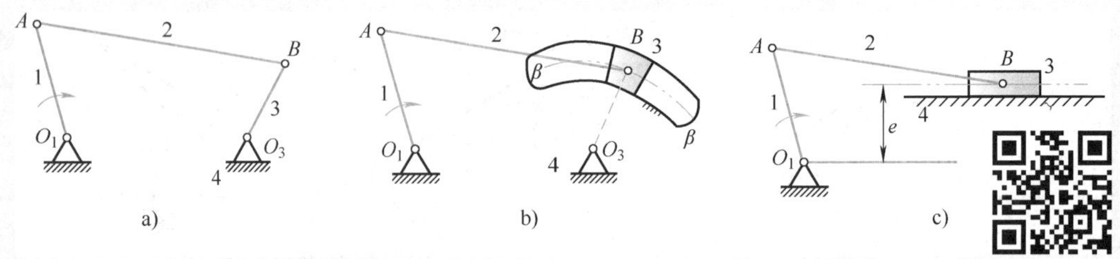

图 4-22 曲柄摇杆机构向曲柄滑块机构演化

如图 4-23a 所示，若再将曲柄滑块机构中的连杆 AB 用同样的方法演化为滑块，同时转动副 B 演化为弧形移动副（图 4-23b），进而再演化为直线移动副，便得到图 4-23c 所示的双滑块机构，即所谓的正弦机构。

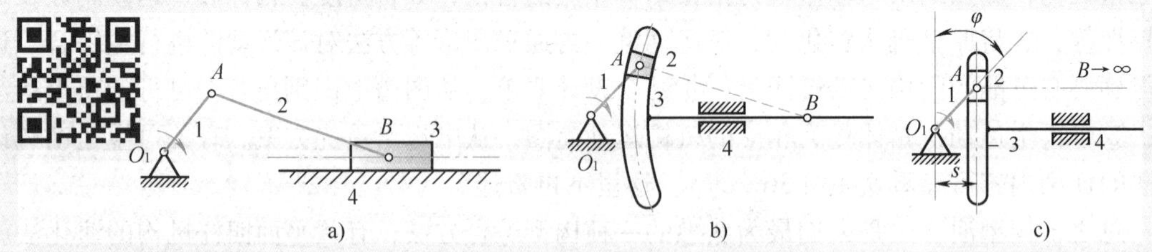

图 4-23 曲柄滑块机构向正弦机构演化

（2）取不同的构件为机架 这部分内容在前面已经涉及，这里再举一个例子（图 4-24）。对于具有双滑块的四杆运动链，取不同的构件作为机架，则产生不同类型的机构型式，包括双滑块机构、正弦机构、正切机构及双转块机构。

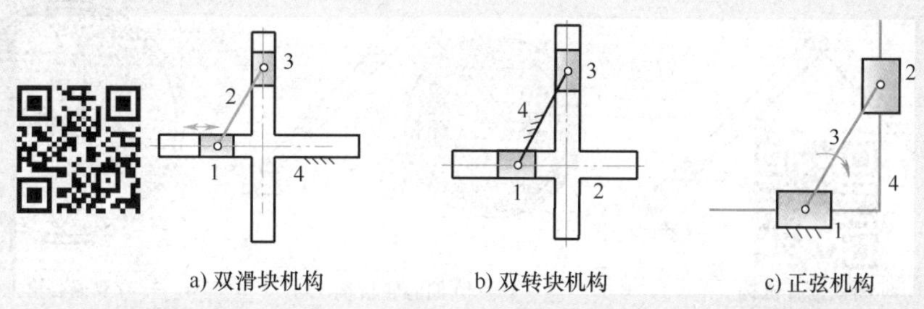

a) 双滑块机构　b) 双转块机构　c) 正弦机构

图 4-24　机构的倒置

（3）变换构件的形态　变换构件的形态多通过改变运动副元素之间的包容关系来实现。在图 4-25a 所示的曲柄摇块机构中，若变换构件 2 和 3 的形态，即将杆状构件 2 做成块状，而将块状构件 3 做成杆状，此时导杆 3 只能绕点 O_3 摆动，由此将原来的曲柄摇块机构演变成了图 4-25b 所示的摆动导杆机构。

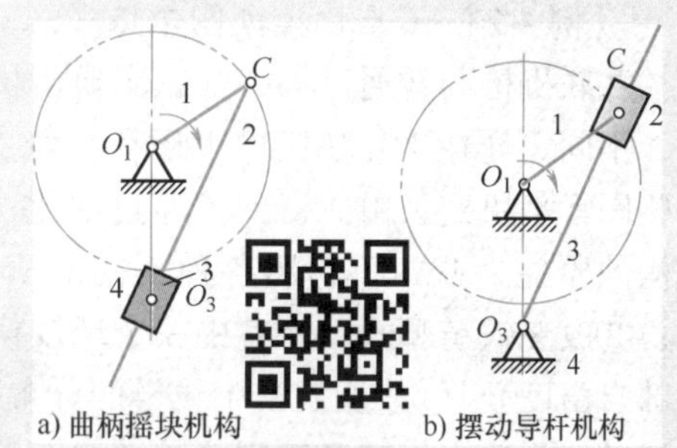

a) 曲柄摇块机构　b) 摆动导杆机构

图 4-25　变换构件的形态

（4）扩大转动副　对于图 4-26a 所示的曲柄滑块机构，当曲柄的长度很短、曲柄销需要承受较大的冲击载荷而工作行程又小时，常将图中所示的转动副 A 的半径扩大至超过曲柄 O_1A 的长度，使之成为图 4-26b 所示的偏心轮机构。这时，曲柄变成了一个几何中心为 A、回转中心为 O_1 的偏心圆盘，其偏心距就是原曲柄的长。若再将此偏心轮机构中的转动副 B 的滑块尺寸扩大，使之可将偏心轮包含其中，则又可演化为图 4-26c 所示的滑块内置偏心轮机构。

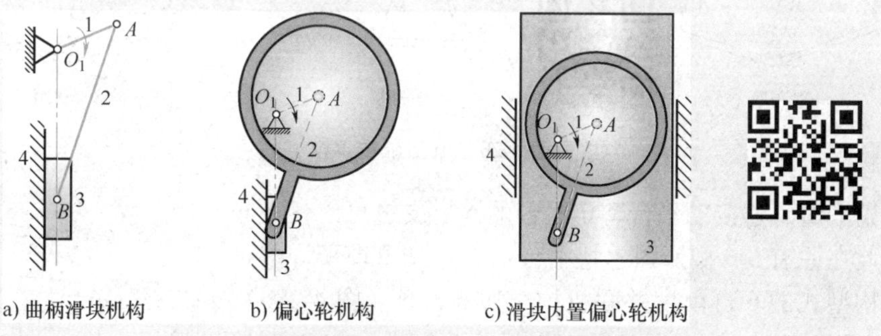

a) 曲柄滑块机构　b) 偏心轮机构　c) 滑块内置偏心轮机构

图 4-26　扩大转动副的实例 I

再如，对于图 4-27a 所示的曲柄摇杆机构，若将转动副 A 的半径扩大至超过曲柄 O_1A 的长度，使之成为图 4-27b 所示的偏心轮机构。若再将此偏心轮机构中的转动副 B 的半径增大，使之可将偏心轮包含其中，则又可演化为图 4-27c 所示的双偏心轮机构。

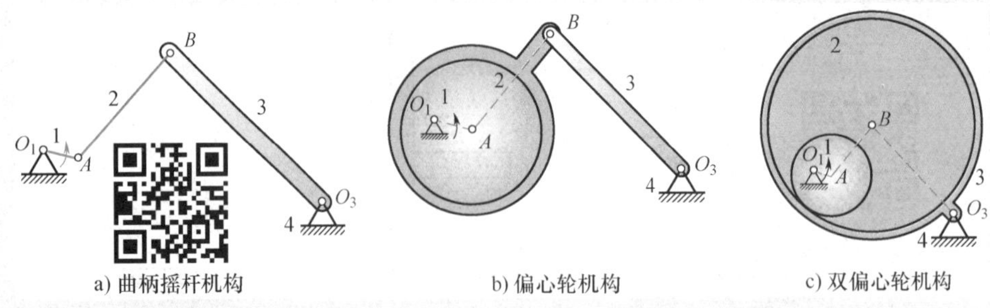

a) 曲柄摇杆机构　　b) 偏心轮机构　　c) 双偏心轮机构

图 4-27　扩大转动副的实例 Ⅱ

*【例 4-2】 6 自由度斯图尔特（Stewart）平台机构的演化。

并联机构与普通机构一样，主要由机架、主动副和运动链（含运动副）三部分组成，不同之处在于并联机构中还存在着支链。因此，机构的自由度及运动特性完全由这些因素来决定。由此得到了通过演化法发明新并联机构的基本思路，即以现有成功机构的原型为蓝本，利用各种不同的演化方法对其进行改进：①改变杆件的分布方式；②改变铰链型式，将其中一个球铰换成虎克铰（由球铰连接的二力杆中存在 1 个局部自由度）；③改变支链中铰链的分布顺序；④在运动学等效的前提下，拆解多自由度运动副为单自由度运动副或将单自由度运动副组合成多自由度运动副；⑤上述几种演变方法的组合。

最早出现的并联机构是著名的 Gough-Stewart 机构，如图 4-28a 所示。基于这种 6-SPS 平台型机构，利用不同的演化方法，可演变为各式各样的 6 自由度并联机构。

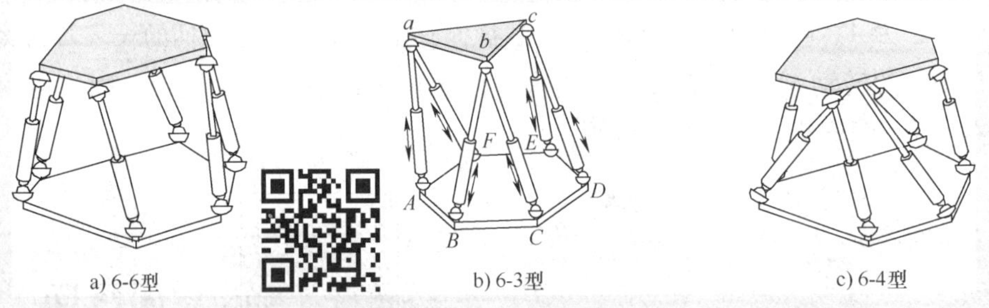

a) 6-6型　　b) 6-3型　　c) 6-4型

图 4-28　斯图尔特平台

理论上讲，连接动平台和定平台的 6 个支链可以任意布置，因此在原有 6-6 型斯图尔特平台基础上又出现了许多种不同结构型式的 6 自由度并联机构，如 6-3 型（图 4-28b）、6-4 型（图 4-28c）等双层结构，以及 2-2-2 型、3-2-1 型等正交结构（图 4-29）。

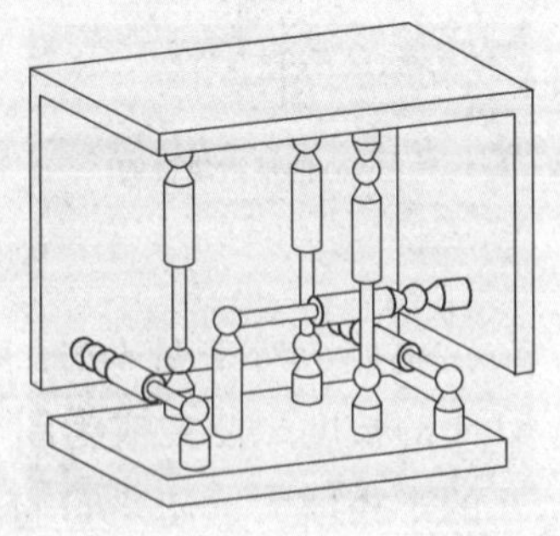

图 4-29　3-2-1 型等正交结构

通过改变铰链类型，如将其中 1 个球铰换成虎克铰，即演化成了如图 4-30 所示的 6-UPS 并联机构，该机构具有更大的承载能力。

通过改变支链中铰链的分布顺序，也可达到同样的目的。这里即将 SPS 支链改为 PSS 支链型式（图 4-31）。进一步把该种类型的 6 自由度并联机构的驱动改为滑块的水平滑动，就可以使 6 自由度并联机构在某个方向出现运动优势方向。这类机构在机床等行业有重要应用，如瑞士苏黎世联邦高等工业学院研制的六平行滑轨型（Hexaglide）并联操作手（图 4-32）就是其中一种。

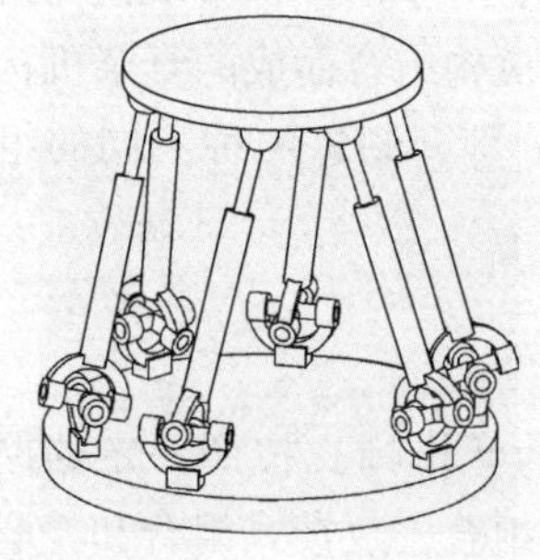

图 4-30　6-UPS 斯图尔特平台

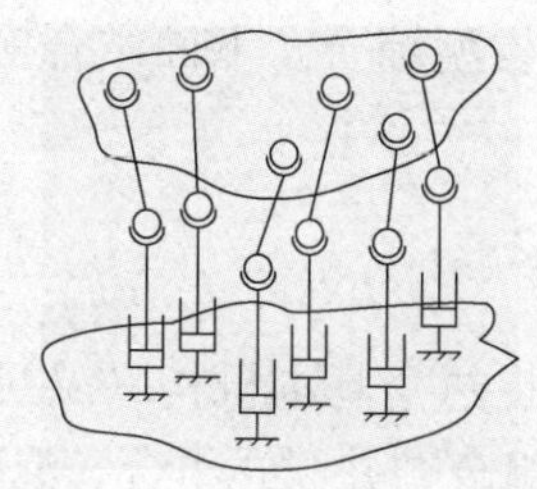

图 4-31　6-PSS 斯图尔特平台

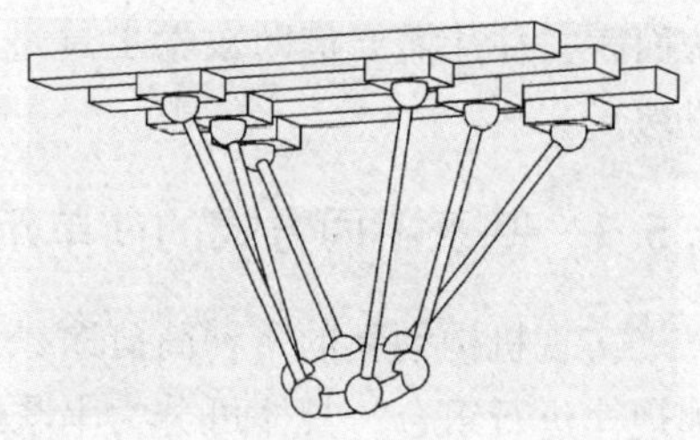

图 4-32　六平行滑轨型并联操作手

当然，演化的方法也可以是上述几种方法的组合，包括①和②的组合、①和③的组合、②和③的组合，以及①、②和③的组合。其中，通过改变铰链类型，将 P 副换成 R 副，再改变支链中铰链的连接顺序，即可演变成 6-RSS 型的六角台式（Hexapod）机构（图 4-33）；将中间的 S 副换成 U 副，即可演变成 6-RUS 机构。还可以进一步演化，通过改变分支的分布方式，变成 6-3 型 6-RUS 机构（图 4-34）。

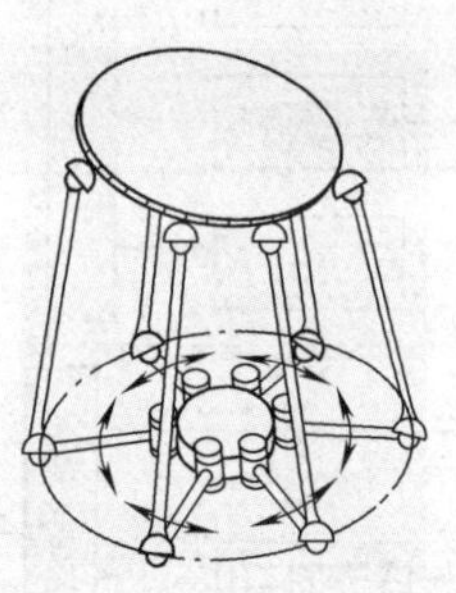

图 4-33　六角台式（6-RSS）机构

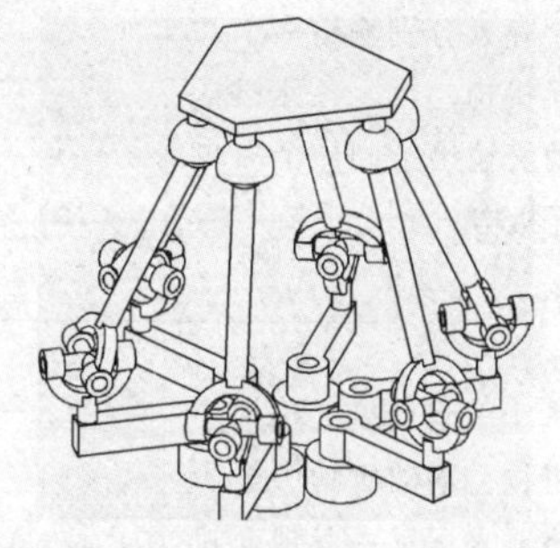

图 4-34　6-3 型 6-RUS 机构

通过将多自由度运动副拆解成运动学等效的单自由度运动副，同样可以达到机构构型创新的目的（图 4-35~图 4-37）。如将 U 副拆成两个相互垂直的 RR 副，而 R 副与同轴的 P 副可以组合成 C 副等。

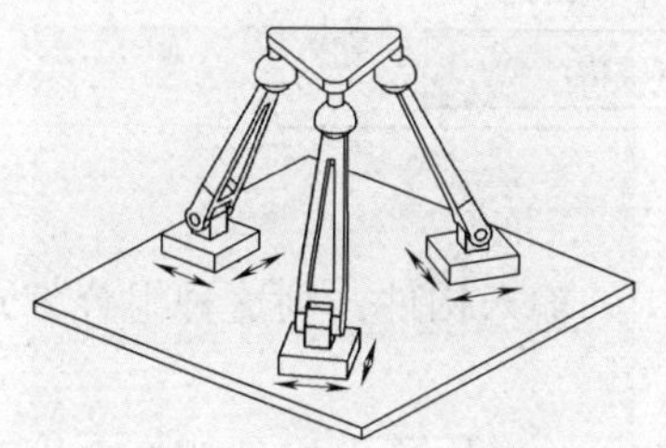

图 4-35　3-PPRS 机构

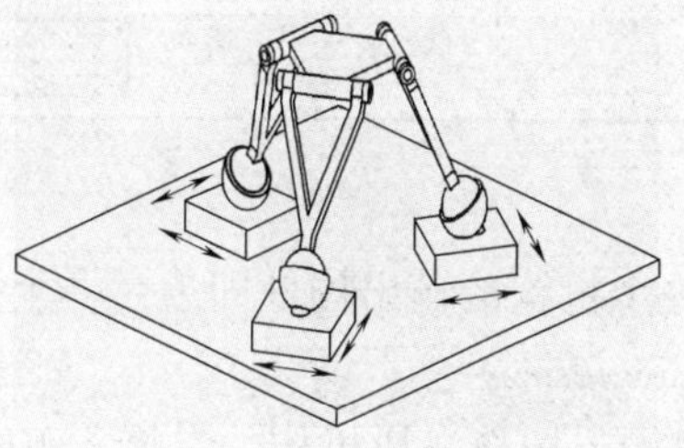

图 4-36　3-PPSR 机构

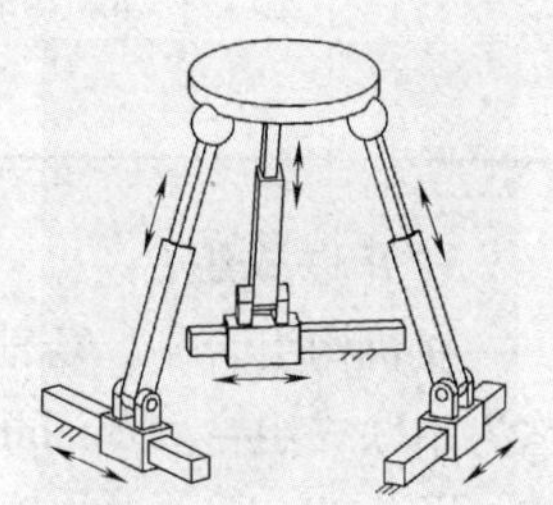

图 4-37　3-PRPS 机构

4.5 组合法

组合法的实质在于研究两种及两种以上基本机构的组合机理。对于由两种基本机构组合而成的简单型组合机构，组合方法相对简单；而对于由更多基本机构组合而成的复杂机构系统而言，往往需要借助数学工具进行构型综合。下面结合实例分别介绍这两种不同的组合方法。

4.5.1 基于不同方式的简单组合

实现机构创新的一种简捷途径是将两个基本机构（又可称为元机构）按照一定的原则和规律进行组合，具体可分为串联式组合、并联式组合、混联式组合、反馈式组合和叠联式组合等，见表4-10。

表4-10 基本机构的组合方式

类　型	特　点	图　示
串联式组合	前一个元机构的输出构件为后一个元机构的输入构件	 输入→基本机构1→基本机构2 … →基本机构n→输出
并联式组合	一个输入分别输给多个并列的元机构，然后各元机构的运动又输出给同一个多自由度元机构	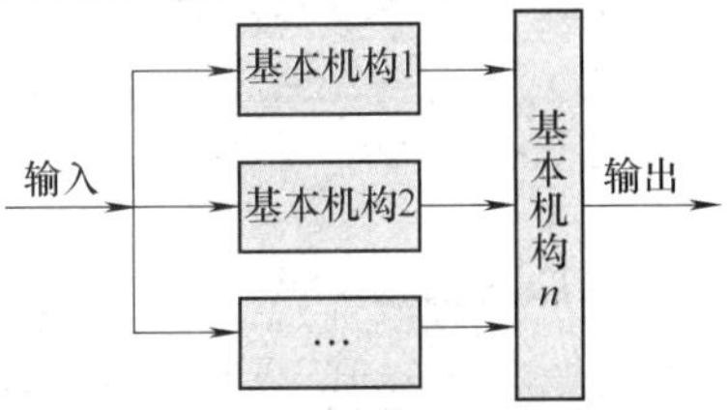 输入→基本机构1、基本机构2、…→基本机构n→输出
混联式组合	以一个多自由度元机构为基础机构，基础机构中至少有一路输入运动由其他元机构输出得到	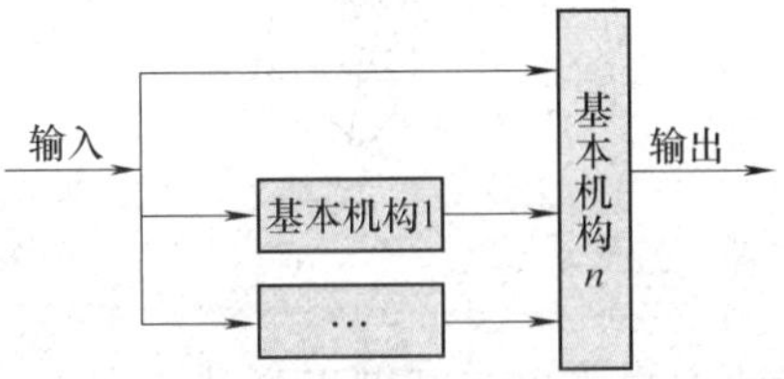 输入→基本机构n；输入→基本机构1、…→基本机构n→输出
叠联式组合	前一个元机构的输出构件是后一个元机构的相对机架	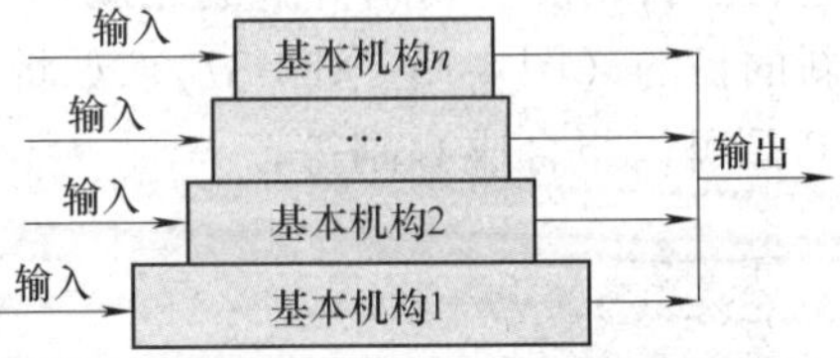 输入→基本机构n、…、基本机构2、基本机构1（叠置）→输出

1. 串联式组合

在机构组合中，若前一个机构的输出构件即为后一个机构的输入构件，则这种组合方式称为串联式组合（combine in series）。

图4-38a所示为凸轮机构与摇杆滑块机构的串接式组合，凸轮机构输出构件摆杆2即为摇杆滑块机构的输入构件。其组合关系可用框图表示，如图4-38b所示。

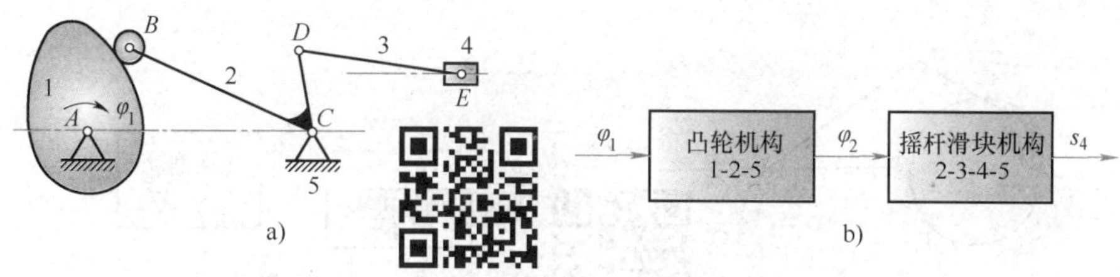

图 4-38　机构的串联式组合及其框图

在实际机械中，串联是应用非常广泛的机构组合方式。这是因为全部由串联组成的机构系统，给每个机构的运动设计带来方便，即可按输入、输出顺序逐个对基本机构进行设计。

2. 并联式组合

在机构组合中，若将一个主动件的运动分别输给多个并列的自由度为 1 的基本机构，然后各基本机构的输出运动又输给同一个多自由度机构，这种组合方式称为**并联式组合**（combine in parallel）。

图 4-39a 所示为平板印刷机上的吸纸机构系统。它由两个摆动从动件凸轮机构 1-2-6 和 1′-3-6 及自由度为 2 的五杆机构 2-5-4-3-6 所组成。凸轮 1 和 1′为同一构件，且为主动件。其组合框图如图 4-39b 所示。该机构系统的运动特点是通过对凸轮廓线进行合理设计，使固接在连杆 5 上的吸盘 P 走出一个预定的轨迹，以完成吸纸和送进等工艺动作。

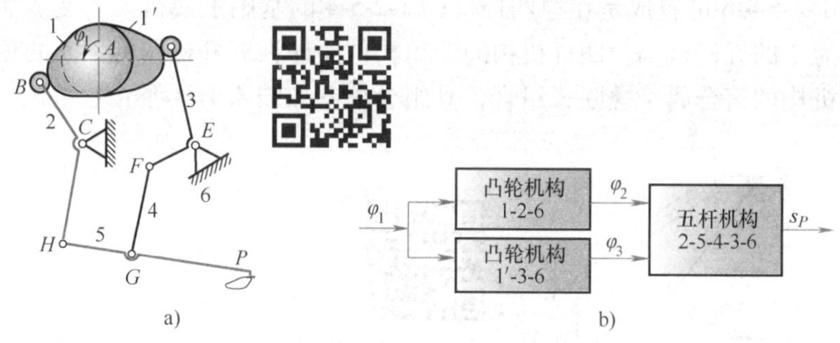

图 4-39　平板印刷机上的吸纸机构系统

3. 混联式组合

在机构组合中，既有串联又有并联的组合方式称为**混联式组合**（serial-parallel combining）。

图 4-40a 所示的机构系统是由凸轮机构 1′-4-5 及自由度为 2 的五杆机构 1-2-3-4-5 所组成。凸轮 1′与曲柄 1 为同一构件，且为主动件。构件 4 也称为两个基本机构的公共构件。由传动关系可以看出，一个主动件的输入运动，同时传给凸轮机构的移动从动件 4 和五杆机构的构件 AB。对于自由度为 2 的连杆机构来说，就获得了两个输入运动，从而得到 C 点确定的轨迹输出，其组合框图如图 4-40b 所示。该机构系统的运动特点是：通过对凸轮廓线合理设计，可使连杆 2、3 的铰链点 C 满足预定的轨迹要求。

在混联式机构组合系统中，如果只有两个基本机构，其中一个必为具有 2 个自由度的机构。主动件的运动分成两路传给 2 自由度机构，只是其中一路是直接输入给 2 自由度机构，而另一路经过另一个基本机构再输入给 2 自由度机构。

图 4-40 连杆-凸轮组合机构

4. 叠联式组合

在大多数机构系统中，主动件均为连架杆之一，故主动件的输入运动为绝对运动。但在某些机构系统中，令做一般平面运动的构件（如连杆）作为主动件，其输入运动则为相对运动，由此引起的机构组合将不同于以上各种组合。若将做一般平面运动的构件作为主动件，且其中一个基本机构的输出（或输入）构件为另一个基本机构的相对机架，这种连接方式称为叠联式组合（splice combining）。

图 4-41a 所示为某型号客机的前起落架收放机构，它是由上半部的五杆机构 1-2-5-4-6 和下半部的四杆机构 2-3-4-6 所组成。其中液压缸 5 中的活塞杆 1 为主动件，当活塞杆从液压缸中被推出时，机轮支柱 4 就绕 C 轴收起。不难看出，构件 2 和 4 是两个基本机构的公共构件。五杆机构 1-2-5-4-6 可看成是在原四杆机构 1-2-5-4 的基础上使机架 4 变成活动构件，从而形成自由度为 2 的五杆机构。四杆机构的输出构件 4 即为五杆机构构件 5 的相对机架，因此这两个基本机构的组合属于叠联式组合，其组合框图如图 4-41b 所示。

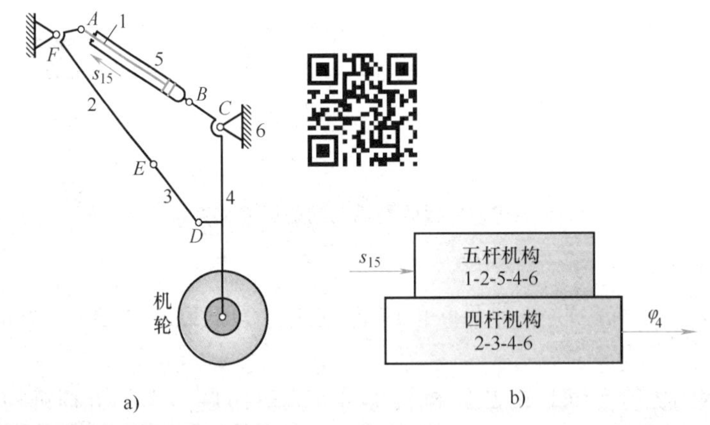

图 4-41 客机前起落架收放机构

4.5.2 借助数学工具的模块组合

对于含有若干基本机构、运动功能较为复杂的机构系统而言，其组合方式比较复杂。比较典型的例子包括各类产业机械如纺织机械、机床等，以及机器人等智能机械。这种情况下，往往需要借助数学工具来实现复杂机构系统的创新设计。具体而言，将系统按功能划分为多个子系统，每个子系统作为一个基本模块。通过建立各模块之间的联系（包括输入、输出、约束等信息），然后借助图论等数学工具实现对模块的有机组合。这种方法通常称为**模块组合法**。

下面就以可重构机器人的构型综合为例来说明如何将图论应用到复杂机构系统的创新设计中。

可重构机器人（reconfigurable robot）是一种能根据任务需求对其构型进行重新组合的机器人。它利用一些具有不同尺寸及性能的可互换的连杆和关节模块，像搭积木一样组合成不同构型的机器人来适应各种环境或工作的需求。构型综合问题是可重构机器人中一项重要的研究内容。模块越多，机器人的构型越复杂，单纯地依赖枚举法无法满足要求。因此，有学者尝试使用图论来实现可重构机构及机器人的构型综合，如我国台湾成功大学的机构学专家颜鸿森教授等应用图论的原理，提出了一种算法来解决对于给定的旋转动力源或直线动力源，和给定的运动学积木块，列举出全部可能组合成的串联机构、并联机构、串并联机构等。这里尝试运用图论的方法来实现一种可重构机器人的构型综合。

由特定模块通过不同组合装配而成的可重构机器人可以变换成由顶点和边构成的拓扑图来描述，即顶点代表各个模块，边代表各模块间的连接关系。具体过程如下：

1. 选择并抽象可重构机器人的每一个模块

选择可重构机器人的每一个模块，并将其抽象成单输入、单输出的积木块。对各积木块进行标号并用（J_i，J_o）表示其输入输出形式。例如：图 4-42 中，圆柱齿轮传动模块的输入运动为转动，输出运动也为转动，则其可以表示为（R，R）（R 表示旋转运动，P 表示平移运动）。

为了能列举出积木块全部可能的组合形式，可交换性也必须考虑，即输入与输出是否可互换。对于一个积木块来说，即使其输入与输出运动能够互换但接头类型不同，其输入输出就有两种可能的表示方法。例如，齿轮齿条传动模块就可以抽象为（R，P）和（R，R）两种积木块。

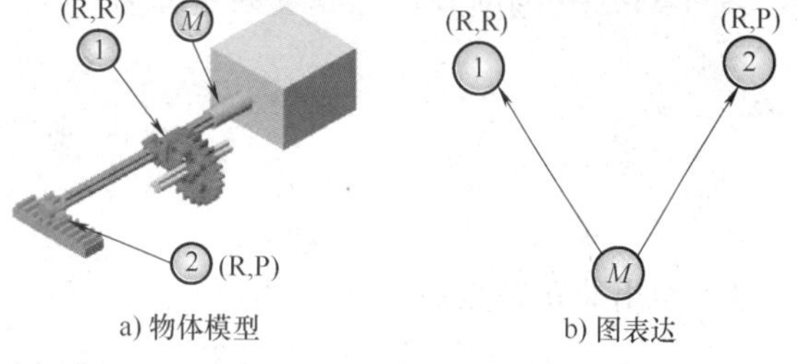

图 4-42　机械系统的图表达

2. 根据连接约束限制条件产生连通图

一个有效的构型需要连接来约束。实际中，连接两个积木块时，用于连接的两个接头将合并为一体。因此，只有两个连接积木块的接头类型相同，它们才能够连接。

连通图表示积木块中满足连接约束限制条件的所有可能的运动传递路径。用顺序的数字顶点来表示各积木块，有向边表示积木块之间的连接关系，进而形成连通图。在连通图中，电动机用一个仅有输出、没有输入的顶点 M 来表示，边的方向表示两个相邻顶点的运动传递方向。例如图 4-42a 中电动机 M 的输出运动为转动 R，积木块 V_1（即圆柱齿轮传动模块）的输入运动也为转动 R，因此可以用一条由 M 指向 V_1 的有向线表示电动机与圆柱齿轮传动模块的运动传递关系（图 4-42b）。

3. 应用图论中有关连通图的算法得到含所有生成树的图集

得到连通图后，用数学语言描述出其全部信息，并进行下一步处理。下面以图 4-43 的连通图 G 为例来介绍具体的算法。

1）建立边置换序列 $\boldsymbol{E}$。

连通图 G 的边置换序列如下：

$$\boldsymbol{E}=(e_1 \quad e_2 \quad e_3)=\begin{pmatrix} R & R & V_1 \\ V_1 & V_2 & V_2 \end{pmatrix} \tag{4.5-1}$$

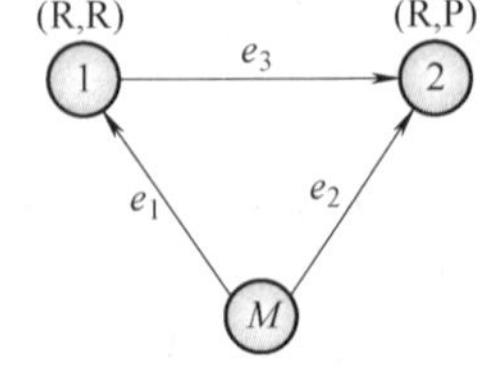

图 4-43　连通图 G

式中，e_i 代表连通图 G 中的第 i 条有向边，第 1 行的顶点表示有向边的起始点，第 2 行的顶点表示有向边的终止点。

2）建立关联矩阵 $\boldsymbol{B}$。

对于 n 个顶点、m 条有向边的连通图，其关联矩阵 $\boldsymbol{B}=(b_{ij})_{n\times m}$定义如下：$b_{ij}=1$，$e_j$ 以 V_i 为起始点；$b_{ij}=-1$，e_j 以 V_i 为终止点；$b_{ij}=0$，e_j 与 V_i 不相关联。式中，$i=1,2,3,\cdots,n$；$j=1,2,3,\cdots,m$。因此，图 4-43 中连通图 G 的关联矩阵为

$$\boldsymbol{B}=\begin{matrix} \\ R \\ V_1 \\ V_2 \end{matrix}\begin{matrix} e_1 & e_2 & e_3 \\ \left(\begin{matrix} 1 \\ -1 \\ 0 \end{matrix}\right. & \begin{matrix} 1 \\ 0 \\ -1 \end{matrix} & \left.\begin{matrix} 0 \\ 1 \\ -1 \end{matrix}\right) \end{matrix} \tag{4.5-2}$$

一条有向边必包含有 2 个相关联的顶点，因此关联矩阵的每一列一定包含一个 1 和一个−1，可以通过这个特性检验得到的关联矩阵是否正确。

3）导出缩减关联矩阵 $\boldsymbol{B}_{\mathrm{R}}$。

将连通图的关联矩阵 $\boldsymbol{B}$ 中顶点 R 所对应的一行值去掉，即可得到缩减关联矩阵 $\boldsymbol{B}_{\mathrm{R}}$。因此，图 4-43 中连通图 G 的缩减关联矩阵为

$$\boldsymbol{B}_{\mathrm{R}}=\begin{matrix} \\ V_1 \\ V_2 \end{matrix}\begin{matrix} e_1 & e_2 & e_3 \\ \left(\begin{matrix} -1 \\ 0 \end{matrix}\right. & \begin{matrix} 0 \\ -1 \end{matrix} & \left.\begin{matrix} 1 \\ -1 \end{matrix}\right) \end{matrix} \tag{4.5-3}$$

4）导出非正缩减关联矩阵 $\tilde{\boldsymbol{B}}_{\mathrm{R}}$。

将 $\boldsymbol{B}_{\mathrm{R}}$ 中的 1 全部变为 0，即得到非正缩减关联矩阵 $\tilde{\boldsymbol{B}}_{\mathrm{R}}$，它表示有向连通图中有向边指向的顶点。因此，图 4-43 中与连通图 G 相对应的非正缩减关联矩阵为

$$\tilde{\boldsymbol{B}}_{\mathrm{R}}=\begin{matrix} \\ V_1 \\ V_2 \end{matrix}\begin{matrix} e_1 & e_2 & e_3 \\ \left(\begin{matrix} -1 \\ 0 \end{matrix}\right. & \begin{matrix} 0 \\ -1 \end{matrix} & \left.\begin{matrix} 0 \\ -1 \end{matrix}\right) \end{matrix} \tag{4.5-4}$$

5）计算积阵 $\tilde{\boldsymbol{B}}_{\mathrm{R}}\tilde{\boldsymbol{B}}_{\mathrm{R}}^{\mathrm{T}}$的行列式。

积阵 $\tilde{\boldsymbol{B}}_{\mathrm{R}}\tilde{\boldsymbol{B}}_{\mathrm{R}}^{\mathrm{T}}$是一个对角方阵，其中每一个非 0 元素可被解释为指向每一个顶点（除了 R 顶点以外）的有向边数。因而，可以用相加后对应的有向边来替换行列式中的值。图 4-43 中连通图 G 的积阵 $\tilde{\boldsymbol{B}}_{\mathrm{R}}\tilde{\boldsymbol{B}}_{\mathrm{R}}^{\mathrm{T}}$的行列式为

$$\det(\tilde{\boldsymbol{B}}_{\mathrm{R}}\tilde{\boldsymbol{B}}_{\mathrm{R}}^{\mathrm{T}})=\det\begin{pmatrix} 1 & 0 \\ 0 & 2 \end{pmatrix}\Rightarrow\begin{pmatrix} e_1 & 0 \\ 0 & e_2+e_3 \end{pmatrix}=e_1e_2+e_1e_3 \tag{4.5-5}$$

行列式的每一项代表了连通图的一个生成树，对应的生成树图可根据边置换序列绘制出来。一个可行的组合机构可以表示成以电动机为根的树。这样便可以把不可行的生成树除

去，从而得到所有可行的生成树图。图 4-44 为图 4-43 所示连通图 G 中所有可行的生成树图。

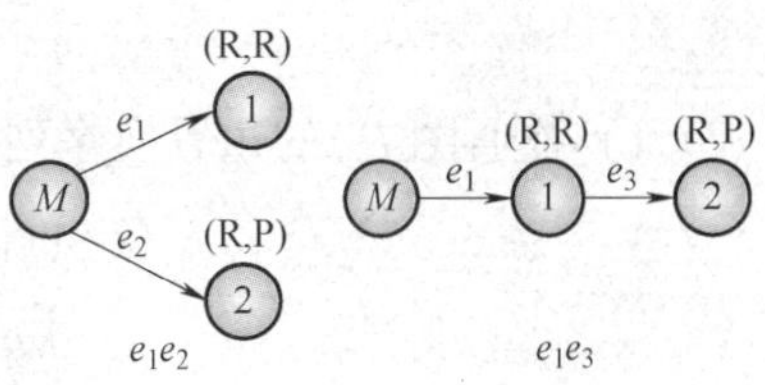

图 4-44　连通图 G 所有可行的生成树图

4. 生成树图具体化，得到可重构机器人的详细图集

具体化生成树图的做法是将每一个顶点转化为相应的积木块或电动机，依据有向边所代表的运动传递方向，将其连接起来，就可以获得所有可行的构型图集。例如，图 4-42 中的 R、积木块 1、积木块 2 用电动机、圆柱齿轮传动模块、齿轮齿条传动模块来代替，依据有向边表示的运动传递关系将其连接起来，就得到了图 4-42a 所示的详细构型。

【例 4-3】　4 自由度可重构机器人的构型综合。对一个 4 自由度可重构机器人进行构型综合，选择圆柱齿轮机构、齿轮齿条传动、平面连杆机构及带传动机构作为基本模块。

1. 模块的抽象——积木块

将模块抽象为单输入、单输出的积木块，并考虑输入、输出接头的互换性。以上几种模块的输入输出接头的表示法见表 4-11。

表 4-11　4 种积木块

圆柱齿轮传动 （R，R）	齿轮齿条传动 （R，P），（P，R）	带传动 （R，R）	平面连杆传动 （P，P）
R　输出转动 输入转动　R	R　输出移动 或输入移动 输入转动 或输出转动　P	R　输出转动 R　输入转动	P　输出移动 P　输入移动

2. 生成连通图

根据连接约束限制，将各积木块连接起来形成连通图。由于齿轮齿条输入输出接头可交换，因此生成两个连通图 D_1、D_2，分别如图 4-45a、b 所示。

从图 4-45 的 D_2 中可以看出，顶点 M 与顶点 4 之间没有路径，顶点 M 与顶点 2 之间也没有路径，所以 D_2 不是一个连通图。因而只能形成一个连通图 D_1。图 4-46 所示为连通图 D_1 边的编号顺序。

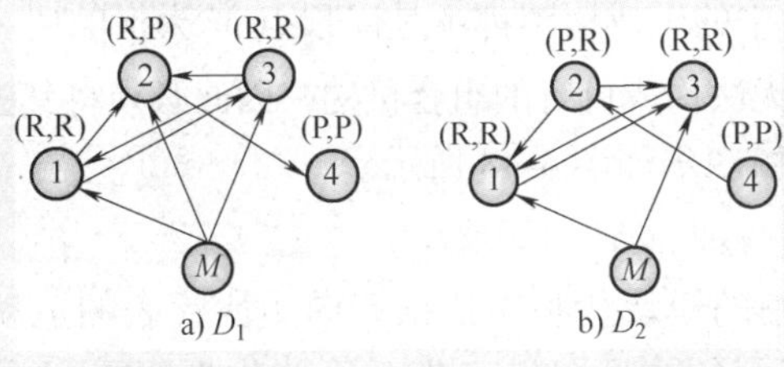

图 4-45　生成的连通图

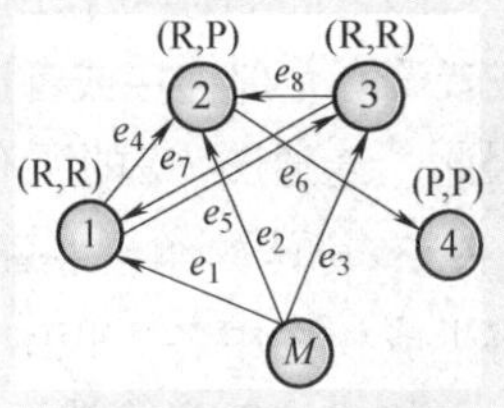

图 4-46　连通图 D_1

3. 连通图的所有生成树图集

1）连通图 D_1 的边置换序列

$$\boldsymbol{E}=(e_1\quad e_2\quad e_3\quad e_4\quad e_5\quad e_6\quad e_7\quad e_8)=\begin{pmatrix} R & R & R & V_1 & V_1 & V_2 & V_3 & V_3 \\ V_1 & V_2 & V_3 & V_2 & V_3 & V_4 & V_1 & V_2 \end{pmatrix} \tag{4.5-6}$$

2）连通图 D_1 的关联矩阵 $\boldsymbol{B}$

$$\boldsymbol{B}=\begin{array}{c} \\ R \\ V_1 \\ V_2 \\ V_3 \\ V_4 \end{array}\begin{array}{c} \begin{array}{cccccccc} e_1 & e_2 & e_3 & e_4 & e_5 & e_6 & e_7 & e_8 \end{array} \\ \begin{pmatrix} 1 & 1 & 1 & 0 & 0 & 0 & 0 & 0 \\ -1 & 0 & 0 & 1 & 1 & 0 & -1 & -1 \\ 0 & -1 & 0 & -1 & 0 & 1 & 0 & 1 \\ 0 & 0 & -1 & 0 & -1 & 0 & 1 & 0 \\ 0 & 0 & 0 & 0 & 0 & -1 & 0 & 0 \end{pmatrix} \end{array} \tag{4.5-7}$$

3）连通图 D_1 的缩减关联矩阵 $\boldsymbol{B}_{\mathrm{R}}$

$$\boldsymbol{B}_{\mathrm{R}}=\begin{array}{c} \\ V_1 \\ V_2 \\ V_3 \\ V_4 \end{array}\begin{array}{c} \begin{array}{cccccccc} e_1 & e_2 & e_3 & e_4 & e_5 & e_6 & e_7 & e_8 \end{array} \\ \begin{pmatrix} -1 & 0 & 0 & 1 & 1 & 0 & -1 & -1 \\ 0 & -1 & 0 & -1 & 0 & 1 & 0 & 1 \\ 0 & 0 & -1 & 0 & -1 & 0 & 1 & 0 \\ 0 & 0 & 0 & 0 & 0 & -1 & 0 & 0 \end{pmatrix} \end{array} \tag{4.5-8}$$

4）连通图 D_1 的非正缩减关联矩阵 $\tilde{\boldsymbol{B}}_{\mathrm{R}}$

$$\tilde{\boldsymbol{B}}_{\mathrm{R}}=\begin{array}{c} \\ V_1 \\ V_2 \\ V_3 \\ V_4 \end{array}\begin{array}{c} \begin{array}{cccccccc} e_1 & e_2 & e_3 & e_4 & e_5 & e_6 & e_7 & e_8 \end{array} \\ \begin{pmatrix} -1 & 0 & 0 & 0 & 0 & 0 & -1 & -1 \\ 0 & -1 & 0 & -1 & 0 & 0 & 0 & 0 \\ 0 & 0 & -1 & 0 & -1 & 0 & 0 & 0 \\ 0 & 0 & 0 & 0 & 0 & -1 & 0 & 0 \end{pmatrix} \end{array} \tag{4.5-9}$$

5）积阵 $\tilde{\boldsymbol{B}}_{\mathrm{R}}\tilde{\boldsymbol{B}}_{\mathrm{R}}^{\mathrm{T}}$ 的行列式

$$\begin{aligned}\det(\tilde{\boldsymbol{B}}_{\mathrm{R}}\tilde{\boldsymbol{B}}_{\mathrm{R}}^{\mathrm{T}})=&e_1e_2e_3e_6+e_1e_2e_5e_6+e_1e_3e_4e_6+e_1e_4e_5e_6+e_2e_3e_6e_7+e_2e_5e_6e_7+\\&e_3e_4e_6e_7+e_4e_5e_6e_7+e_2e_3e_6e_8+e_2e_5e_6e_8+e_3e_4e_6e_8+e_4e_5e_6e_8\end{aligned} \tag{4.5-10}$$

连通图 D_1 共有 12 个生成树。图 4-47 中的生成树图都不是以顶点 M 为根的树。其积木块或者没有全部连接或者连接成环，均无法构成可行的组合机构，因此必须将其去除。

因此，连通图 D_1 的所有可行的生成树图集如图 4-48 所示。

4. 所有可能的组合装配构型图集

将生成树图中各个积木块用表 4-11 中的模块代替，依据有向边所代表的运动传递方向，将其连接起来，就可以获得所有可行的构型图集。图 4-49 为根据图 4-48 的生成树图集得到的所有可行的构型图集。

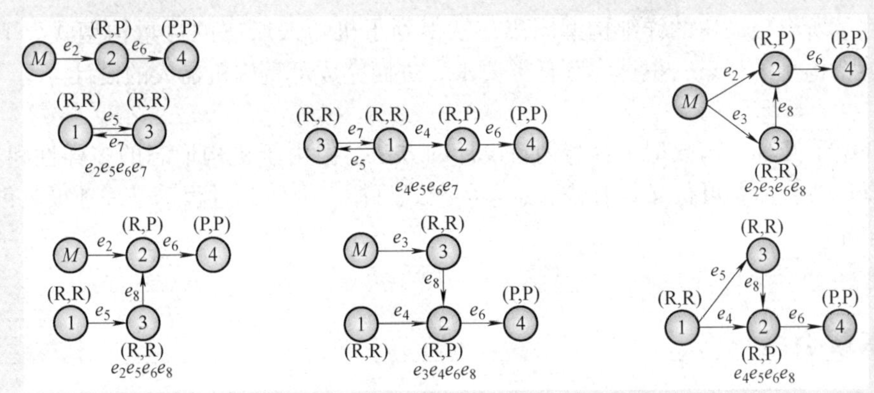

图 4-47　连通图 D_1 不可行的生成树图集

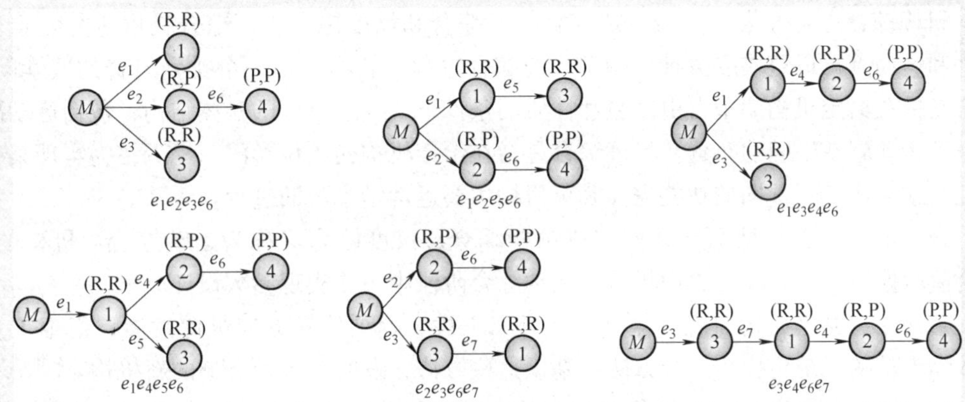

图 4-48　连通图 D_1 的所有生成树图集

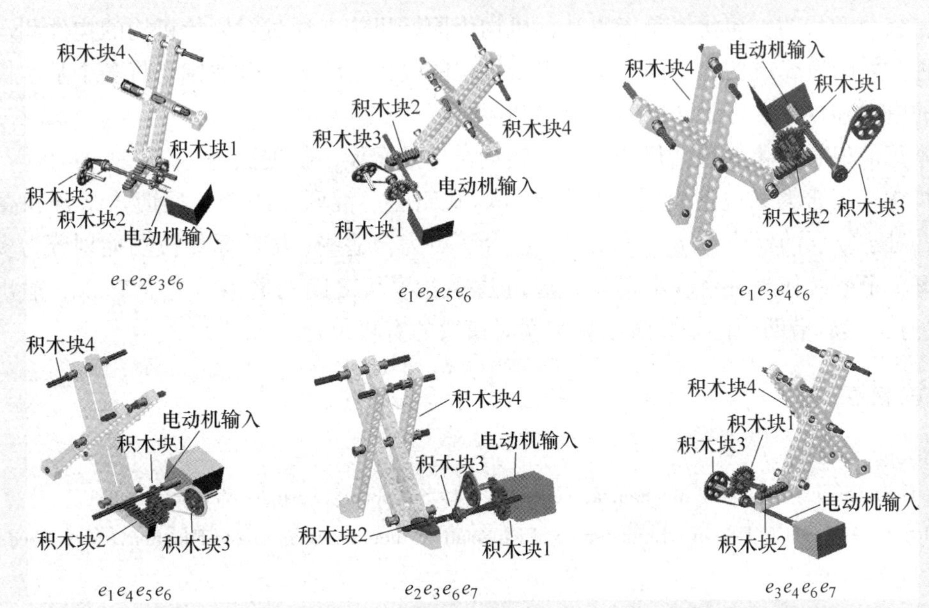

图 4-49　所有生成树的详细构型图集

得到了所有生成树的详细构型图集，就得到了机器人所有的可重构型式。下面只需分析各个构型的特点，根据实际任务要求，进而完成可重构机器人的设计。

以上介绍了几种机构数型综合与创新设计的方法。但由于机构形态的多样性和复杂性，至今还没有一整套简单可行又具有普遍意义的模式可循。因而此过程仍是一项极具创造性而又艰巨的工作。

4.6 本章小结

本章重要知识点

• 机构综合主要分为三大类：数综合、型综合和尺度综合。数综合是指研究一定数量的构件和运动副可以组成多少种机构型式的综合过程，其本质是一个排列组合的数学问题。型综合是指在给定机构期望自由度数和性质的条件下，寻求机构的具体结构，包括运动副的数目以及运动副在空间的布置。尺度综合是指在给定机构初始位形的前提下，为实现某一特定的任务或完成某一预期的功能需要确定机构主要运动学参数的过程。

• 机构的数综合与型综合共同组成结构综合，尺度综合又称为运动综合。机构的数、型综合阶段偏重于概念设计；而机构的运动综合阶段则主要实现参数设计。

• 近年来，随着机构研究向空间、多环、柔性、变结构等方向纵深发展，衍生了多种基于数学工具的系统化构型综合方法，基于这些方法，发明了多种类型的新机构。

• 枚举法、演化法与组合法是三种最基本、最常用的机构构型综合方法。枚举法的主要思路是基于文献或自由度计算公式进行分类枚举，通过建立数与型之间的联系，进而达到机构构型综合的目的。演化法是指以某种机构为原始机构，通过对原始机构的构件和运动副进行各种性质的改变或变换，演变发展出新机构的设计方法。组合法则是将多个基本机构按照一定的原则和规律进行组合以实现新的功能。

• 常见的机构演化法包括机构倒置、运动学等效置换、扩展法等。

• 机构的组合类型包括串联式组合、并联式组合、混联式组合、反馈式组合和叠联式组合等。对于复杂的机构系统，采用模块组合法更为合适些，即将系统按功能划分为多个子系统，每个子系统作为一个基本模块，通过建立各模块之间的联系（包括输入、输出、约束等信息），然后借助图论等数学工具实现对模块的有机组合。

辅助阅读材料

◆ 有关机构数型综合的重要文献

[1] YAN H S. Creative Design of Mechanical Devices [M]. Singapore: Springer-Verlag, 1998.

[2] TSAI L W. Mechanism Design: Enumeration of Kinematic Structures According to Function [M]. Boca Raton: CRC Press, 2001.

[3] 王德伦，高媛. 机械原理 [M]. 北京：机械工业出版社，2011.

[4] 邹慧君，高峰. 现代机构学进展 [M]. 北京：高等教育出版社，2007.

◆ 有关机构构型综合的重要文献

[1] HOWELL L L. Handbook of Compliant Mechanisms [M]. New York: John Wiley & Sons Inc, 2012.

[2] KONG X W, GOSSELIN C. Type Synthesis of Parallel Mechanisms [M]. Berlin: Springer-Verlag, 2007.

[3] 高峰，杨加伦，葛巧德. 并联机器人型综合的 G_F 集理论 [M]. 北京：科学出版社，2010.

[4] 黄真，赵永生，赵铁石. 高等空间机构学 [M]. 北京：高等教育出版社，2006.

[5] 杨黎明，杨志勤. 机构选型与运动设计 [M]. 北京：国防工业出版社，2007.

[6] 杨廷力. 机器人机构拓扑结构学 [M]. 北京：机械工业出版社，2004.

[7] 于靖军，刘辛军，丁希仑，等. 机器人机构学的数学基础 [M]. 北京：机械工业出版社，2008.

◆ 有关机构与机器创新设计的重要文献

[1] 于靖军，裴旭，宗光华. 机械装置的图谱化创新设计 [M]. 北京：科学出版社，2014.

[2] 张春林，李志香，赵自强. 机械创新设计 [M]. 3 版. 北京：机械工业出版社，2016.

习　　题

■ 基础题

4-1　图 4-50 所示的两个齿轮机构有何异同处？通过什么途径可将图 4-50a 的机构演化成图 4-50b 的机构？

4-2　请说明图 4-51 所示机械系统的组合方式，并画出组合框图。

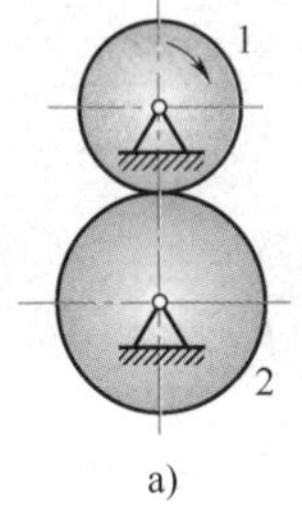

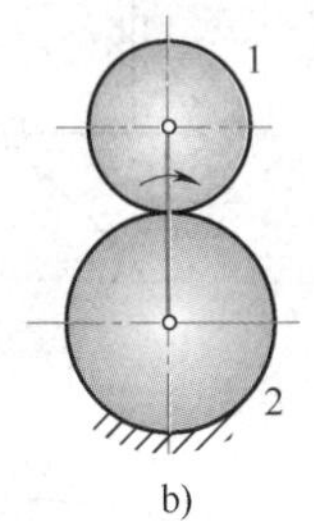

图 4-50　题 4-1 图

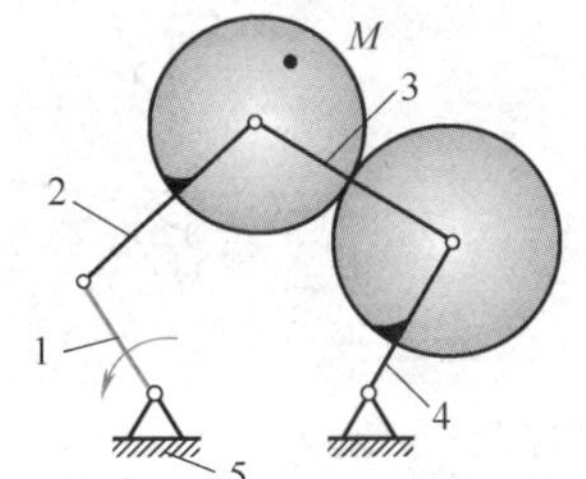

图 4-51　题 4-2 图

4-3　图 4-52 所示为一台专用平面机械手的机械系统。通过两个凸轮的同时作用，可使机械手运动到预定位置。请说明该机械系统的组合方式，并分别画出组合框图。

4-4　图 4-53 所示为一个由曲柄滑块机构和周转轮系组成的连杆-齿轮组合机构，齿轮 2′ 与连杆 BC 固连，齿轮 5 则松套在轴 A 上。请说明该机构系统的组合方式，并分别画出其机构系统组合框图。

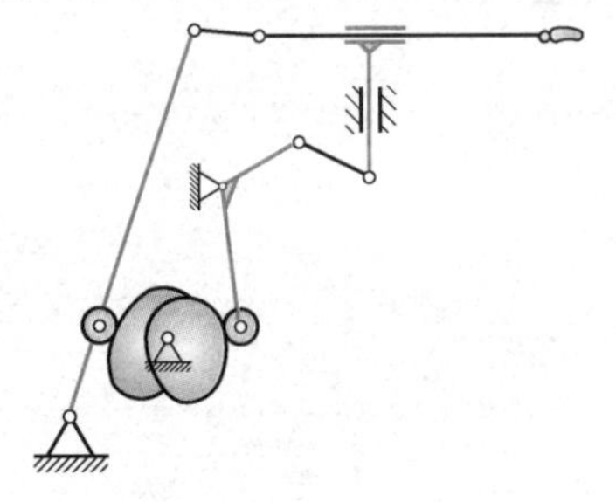

图 4-52　题 4-3 图

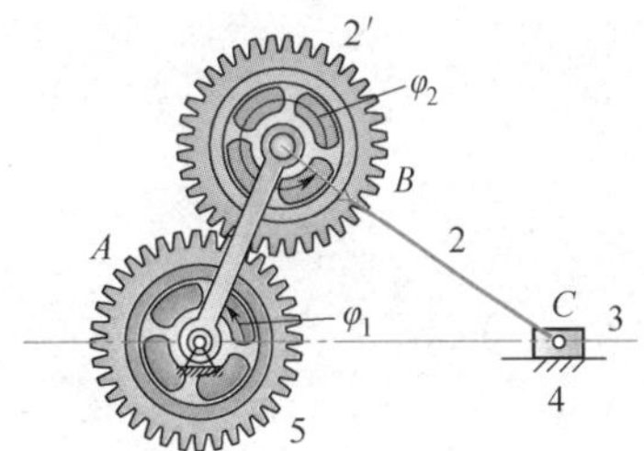

图 4-53　题 4-4 图

■ 提高题

4-5 机构倒置是产生新构型的一种有效方法。试给出包括特殊尺度下铰链四杆机构的所有倒置类型，并利用 ADAMS 进行仿真验证。

4-6 结合图论，利用枚举法对只含有一个移动副（其他均为转动副）的单自由度平面六杆机构进行数型综合。

4-7 结合图论，利用枚举法对只含有一个移动副（其他均为转动副）的单自由度平面八杆机构进行数型综合。

4-8 利用几何定理进行机构构型的原始创新是一种有效的方法。瑞士洛桑联邦理工学院的克拉维尔（Clavel）教授曾利用相似三角形设计了一种非常巧妙的远程运动中心（RCM）机构（图 4-54）。试通过对该机构进行结构及机理分析，并尝试利用此方法综合出其他新机构。

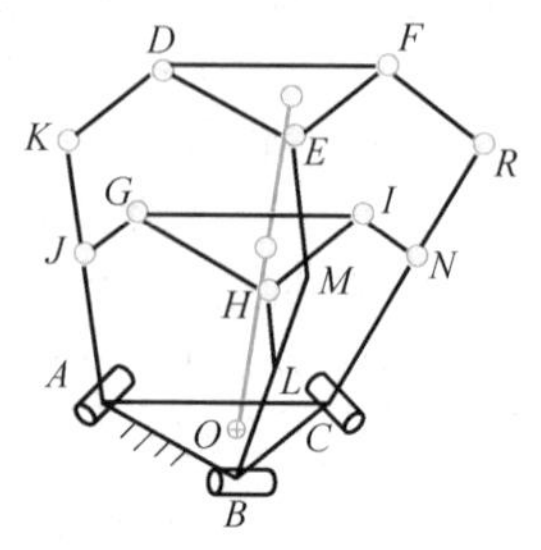

图 4-54 题 4-8 图

■ 工程设计基础题

4-9 保持机构的运动学特性不变，试采用扩大转动副、高低副互代、增加局部自由度或虚约束等演化方法重新设计图 4-55 所示的各机构。

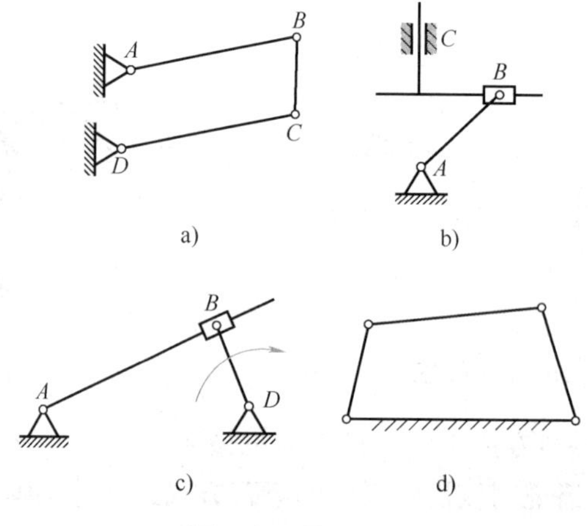

图 4-55 题 4-9 图

第二篇
机构运动学基础篇

第 5 章　平面机构的运动分析

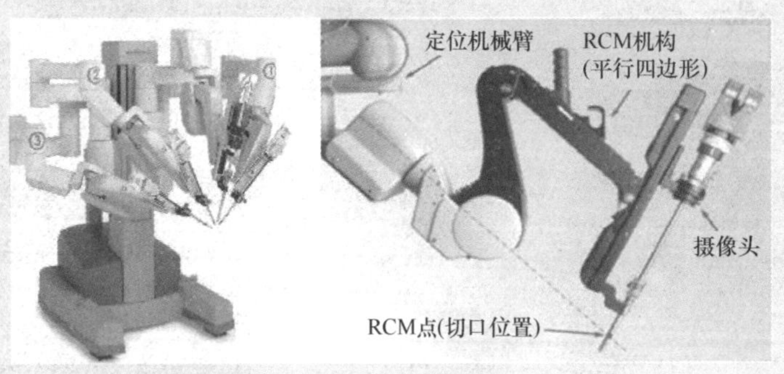

著名的达·芬奇手术机器人，其机械子系统是一种远程运动中心（RCM）机构，利用瞬心特性保证了手术的微创效果。

瑞士的洛桑联邦理工学院利用平行四杆机构的瞬心特性设计了 Shrimp 火星车，可提高越障能力。

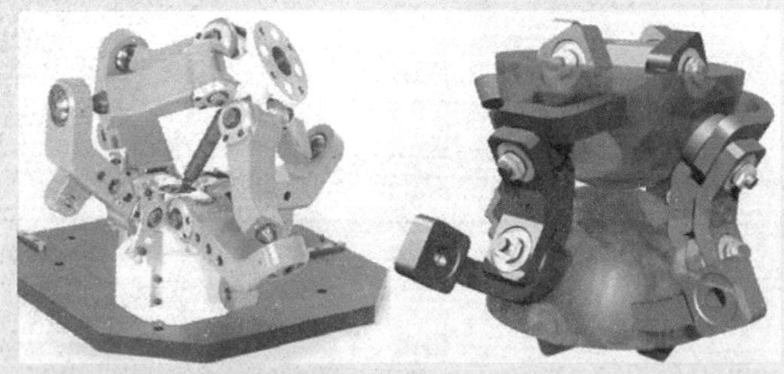

将瞬心推广到瞬心线，全向腕Ⅲ（Omni-Wrist Ⅲ）并联机构可视为一对等径球面做纯滚运动，该机构被应用于航天大转角指向机构。

通过运动参数分析与参数优化的德尔塔（Delta）并联机器人可实现超高加速度的直线运动，因此被广泛应用于高速分拣生产线上。

本章学习目标：

通过本章的学习，学习者应能够：

- 掌握平面机构运动分析的主要目的及方法；
- 结合理论力学的相关知识，掌握利用相对运动图解法做平面机构的运动分析；
- 掌握速度瞬心的概念，以及利用瞬心法做平面机构的速度分析；
- 学会利用解析法（如直接求导或复数法）对平面机构进行运动建模；
- 学习使用 ADAMS 等工程仿真软件，并学会利用该软件对平面机构进行运动学仿真。

【内容导读】

机构设计过程中需要解决两类基本问题：机构分析与机构综合。前者是对已有机构进行运动学和动力学分析；后者则根据运动学中诸方面的要求进行综合。两者是密切相关的，在很多情况下，通过分析对机构特性充分了解的基础上，才能设计出理想的机构。因此，机构分析是机构综合与机构设计的基础。

机构运动分析主要是根据机构尺寸和主动件已知的运动规律，确定从动件上某一参考点的轨迹、位置、速度、加速度及构件的角位置、角速度、角加速度，进而得到该机构的各种运动学特性。就运动分析而言，通常包含两个方面的内容：正向运动学（forward kinematics）与反向运动学（inverse kinematics）。一般情况下，已知运动输入量求输出量称为正向运动学；反之，已知输出量求输入量称为反向运动学。例如曲柄摇杆机构中，已知曲柄的位置求解连杆上某一参考点（或者摇杆）的位置，为位置正解；反之为位置反解。可以看出，位置正、反解总是相对的概念。与位置分析一样，机构的速度、加速度分析是机构运动学的重要研究内容。其中，速度分析属于机构一阶运动学的研究范畴，是进行机构运动特性分析、运动综合以及静、动力学分析及综合的基础，一阶运动学分析的核心是建立反映输入输出关系的速度雅可比矩阵；而加速度分析属于机构二阶运动学的研究范畴，是连接机构运动学与动力学的重要纽带。

就机构运动学分析方法而言，主要有两种：图解法（graphic method）和解析法（analytic method）。图解法是通过按比例作图来求得解答，可直接从图上量取所需尺寸和运动参数。其特点是形象直观、几何意义清楚，但由于存在作图误差，造成结果精确度不高。解析法的实质是建立已知参数和待求参数之间的函数关系，通过建模、编程等方式求得所需参数。这样可以得到精确度很高的结果。但解析法相对抽象，计算过程有时比较麻烦。随着计算机的功能日益增强及各类工具软件的广泛使用，基于 ADAMS 等计算机辅助工程（CAE）软件的分析方法（又称虚拟仿真法）将在机构分析中发挥越来越大的作用。

无论图解法还是解析法，都需要首先建立机构位置分析的封闭向量多边形。在机构位置分析中，又称之为闭环方程（close-loop equation）。例如图 5-1 所示的手钳，可以建立位置闭环方程为

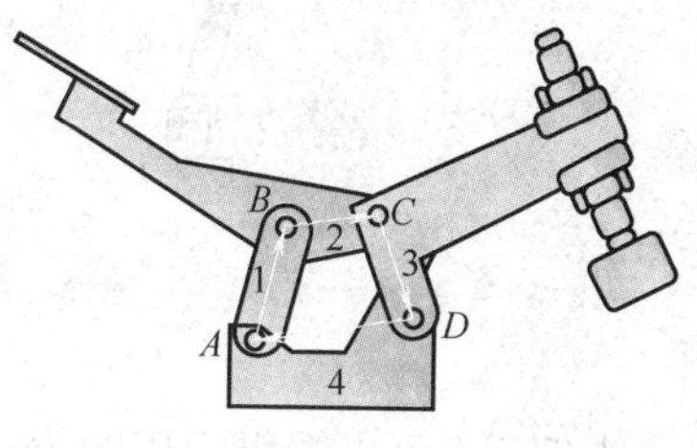

图 5-1　手钳

$$\boldsymbol{r}_{BA}+\boldsymbol{r}_{CB}+\boldsymbol{r}_{DC}+\boldsymbol{r}_{AD}=0$$

本章正文内容的前导知识可见附录 B：平面刚体运动的数理基础。

5.1 平面机构运动分析的图解法

5.1.1 位置分析的图解法

附录 B 中给出了采用图解法做简单平面机构位置分析的实例。实质上，若采用图解法做一般平面机构的位置分析，需首先建立反映机构位置关系的闭环方程，即确定得到封闭向量多边形，然后利用向量方法与技巧进行作图求解。下面结合实例来了解这一过程。

【例 5-1】 如图 5-2 所示，试确定铰链四杆机构中连杆上某一参考点 P 的位置。其中，已知各杆的尺寸及输入角 θ_1。

解：该机构的闭环方程为

$$\overset{\surd\surd}{\boldsymbol{r}_A}+\overset{\surd\times}{\boldsymbol{r}_{BA}}=\overset{\surd\surd}{\boldsymbol{r}_{O_3}}+\overset{\surd\times}{\boldsymbol{r}_{BO_3}} \tag{5.1-1}$$

式中，√表示此向量的大小或方向为已知量，×表示未知量。令

$$\boldsymbol{s}=\overset{\surd\surd}{\boldsymbol{r}_{O_3}}-\overset{\surd\surd}{\boldsymbol{r}_A}=\overset{\surd\times}{\boldsymbol{r}_{BA}}-\overset{\surd\times}{\boldsymbol{r}_{BO_3}} \tag{5.1-2}$$

因此，求解上式的问题可以归结为附录 B. 2-1 向量的运算中的情况 3，并按照给定的方法进行作图求解（如建立比例尺等）。发现有两组解可满足条件，如图 5-2 所示。

而连杆参考点 P 的位置方程可以写成

$$\overset{\times\times}{\boldsymbol{r}_P}=\overset{\surd\surd}{\boldsymbol{r}_A}+\overset{\surd\times}{\boldsymbol{r}_{PA}} \tag{5.1-3}$$

发现其中含有 3 个未知变量，因此还需要增加一个约束方程。注意到满足如下关系：

$$\theta_P=\theta_2+\alpha \tag{5.1-4}$$

由此最终可以确定点 P 的位置。

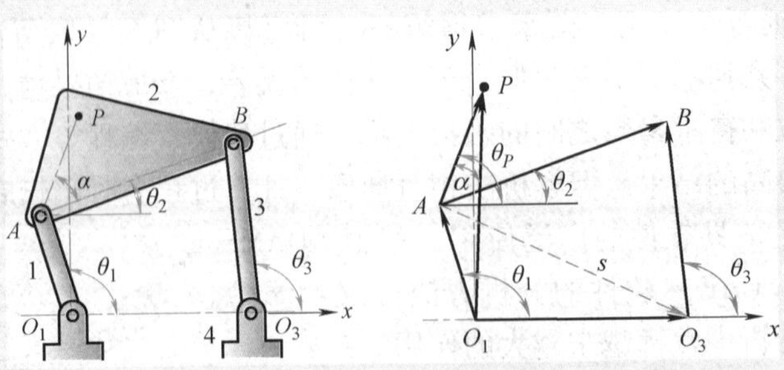

图 5-2 铰链四杆机构的位置分析

由例 5-1 可以看出，用图解法做平面连杆机构的位置分析很简单，似乎不值得进行深入研究。但这实际上是一种错觉。在后面的分析中会看到，很多机构的位置分析实质上都要涉

及复杂的非线性计算（nonlinear computation），是运动学研究中最为棘手的问题，尤其对于复杂机构而言。而基于图解法的几何分析方法可以在一定程度上简化运算，其结果同样具有保留的价值。目前像并联机构等复杂机构的位置分析中还仍然在应用几何方法。

5.1.2　速度、加速度多边形法

附录 B 对刚体相对运动合成法进行了介绍。事实上，相对运动合成法构筑了一种基于图解法分析平面机构速度的理论基础，该方法被称为速度多边形法（velocity polygon）。具体分析过程如下：

1）画出机构的位置图：按给定条件选定机构的位形，按比例尺作机构的运动简图。

2）建立合适的速度方程：根据同一构件上两点之间的速度关系和两构件组成运动副时重合点之间的速度关系列出机构中各构件上相应点之间的速度向量方程。

3）选取极点 O_V，保证该点的绝对速度为零。

4）建立速度多边形：从极点出发，按选定的速度比例尺作出与速度向量方程对应的速度向量多边形，保证所建立的速度多边形中，由极点向外放射的向量代表构件上相应点的绝对速度，连接两绝对速度端部的向量，代表构件上相应两点间的相对速度。

5）重复上述过程，找到所有待求点的速度。

下面以铰链四杆机构为例说明上述方法的实施过程。

【例 5-2】　已知图 5-3a 所示的铰链四杆机构，各杆的尺寸为：$r_1=3.5\text{cm}$，$r_2=10\text{cm}$，$r_3=9\text{cm}$，$r_4=8\text{cm}$，$\theta_1=15°$，$\omega_1=350\text{r/min}=36.7\text{rad/s}$。试通过速度多边形法确定图 5-3a 所示位置下构件 2 和 3 的速度。

解：1）画出机构的位置图：按给定条件选定机构的位形，按比例尺作机构的运动简图，如图 5-3a 所示。

2）建立合适的速度方程：根据同一构件上两点之间的速度关系列出连杆 2 上相应铰链点 B 和 D 之间的速度向量方程

	$\boldsymbol{v}_D=$	$\boldsymbol{v}_B+$	$\boldsymbol{v}_{DB}$
大小	?	$r_1\omega_1$	?
方向	$\perp O_3D$	$\perp O_1B$	$\perp BD$

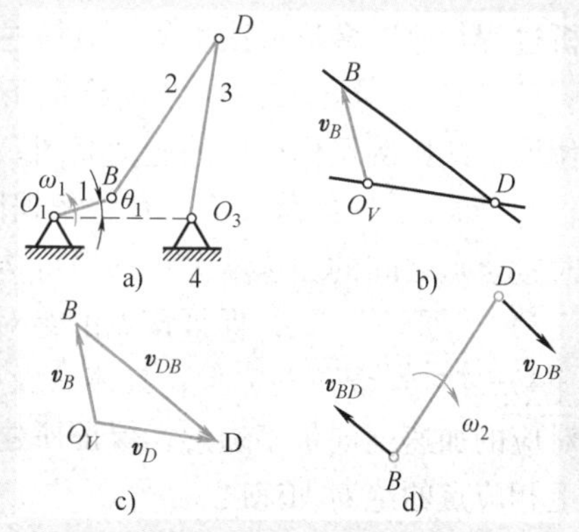

图 5-3　速度多边形（一）

3）选取极点 O_V，保证该点的绝对速度为零（如铰链点 O_1）。

4）建立速度多边形：从极点出发，按选定的速度比例尺作出与速度向量方程对应的速度向量多边形。具体如图 5-3b 所示。量取长度得到

$$v_{DB}=250\text{cm/s},\quad v_D=168\text{cm/s}$$

进而求得连杆和摇杆的角速度的值（参见图 5-3c、d）

$$\omega_2=\frac{v_{DB}}{r_2}=25.0\text{rad/s},\quad \omega_3=\frac{v_D}{r_3}=18.7\text{rad/s}$$

【例 5-3】　仍采用例 5-2 中的铰链四杆机构，只不过这里需要考察连杆上一个参考点 C 的速度。所增加的尺寸如图 5-4a 所示。

解：解法同例 5-2。根据下式

$$\boldsymbol{v}_C=\boldsymbol{v}_B+\boldsymbol{v}_{CB}=\boldsymbol{v}_D+\boldsymbol{v}_{CD}$$

建立速度多边形，从而确定速度多边形中点 C 的位置，如图 5-4b 所示。量取得到

$$v_C=181\text{cm/s}$$

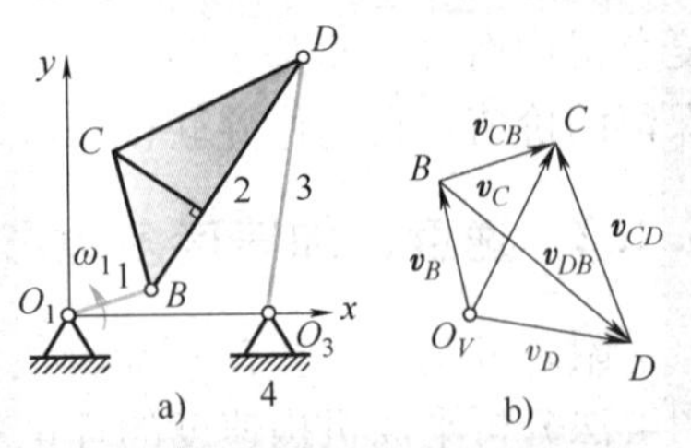

图 5-4　速度多边形（二）

由前面的例子可以看出：机构简图中的 BCD 和速度多边形中的 BCD 是相似三角形，并且其角标字母顺序的方向也是一致的（请读者自己证明这一关系）。为此将速度多边形中的 BCD 称为构件图形 BCD 的速度影像（velocity image）。这种相似关系具有普遍性。因此，当已知某一构件上两点的速度时，构件上其他任一点的速度便可利用速度影像原理求得。

比如，欲求取例 5-2 中连杆上参考点 E 的速度，则可直接从速度多边形找到与构件上点 E 对应的速度影像，然后直接量取得到，具体如图 5-5 所示。

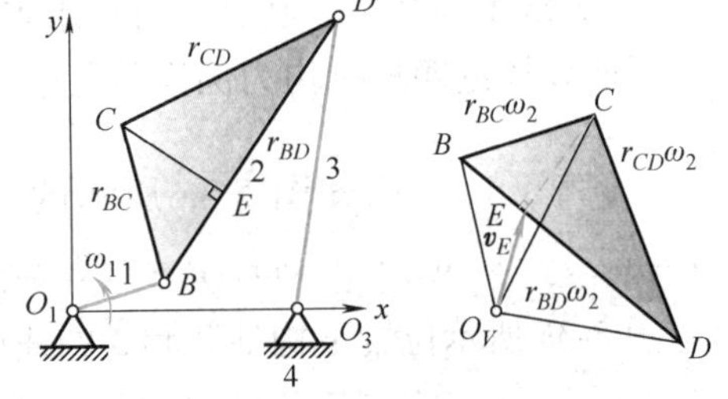

图 5-5　速度影像

同时，相对运动合成法还构筑了一种基于图解法分析平面机构加速度的理论基础，该方法被称为所谓的加速度多边形法（acceleration polygon）。其分析过程与速度多边形法类似，具体过程如下：

1）画出机构的位置图：按给定条件选定机构的位形，按比例尺作机构的运动简图。

2）建立合适的加速度方程：根据同一构件上两点之间的加速度关系和两构件组成运动副时重合点之间的加速度关系列出机构中各构件上相应点之间的加速度向量方程。

3）选取极点 O_A，保证该点的绝对加速度为零。

4）建立加速度多边形：具体从极点出发，按选定的加速度比例尺作出与加速度向量方程对应的加速度向量多边形，保证所建立的加速度多边形中，由极点向外放射的向量代表构件上相应点的绝对加速度。

5）重复上述过程，找到所有待求点的加速度。

下面以铰链四杆机构为例说明上述方法的实施过程。

【例 5-4】　已知例 5-2 的铰链四杆机构，试通过加速度多边形法确定图 5-6a 所示位置下构件 2 和 3 的角加速度。

解：1）画出机构的位置图：按给定条件选定机构的位形，按比例尺作机构的运动简图，如图 5-6a 所示。

2）建立合适的加速度方程：根据同一构件上两点之间的加速度关系列出连杆 2 上相应铰链点 B 和 D 之间的加速度向量方程

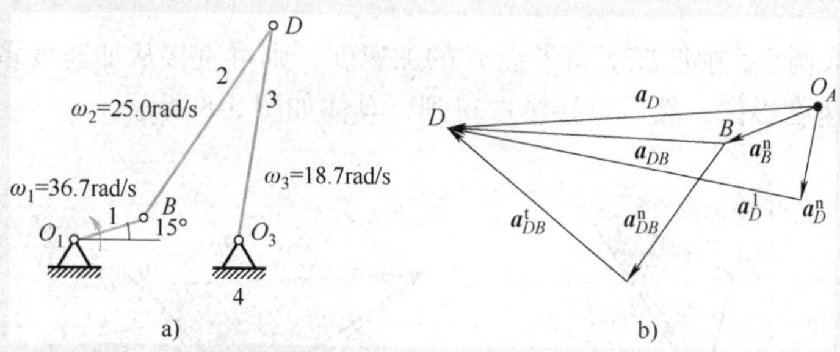

图 5-6　加速度多边形（一）

$$\boldsymbol{a}_D=\boldsymbol{a}_B+\boldsymbol{a}_{DB}$$

	$\boldsymbol{a}_D^n+$	$\boldsymbol{a}_D^t=$	$\boldsymbol{a}_B^n+$	$\boldsymbol{a}_{DB}^n+$	$\boldsymbol{a}_{DB}^t$
大小	$-r_3\omega_3^2$	?	$-r_1\omega_1^2$	$-r_2\omega_2^2$	?
方向	$//O_3D$	$\perp O_3D$	$//O_1B$	$//BD$	$\perp BD$

3）选取极点 O_A，保证该点的绝对加速度为零（如铰链点 O_1）。

4）建立加速度多边形：具体从极点出发，按选定的加速度比例尺作出与加速度向量方程对应的加速度向量多边形，具体如图 5-6b 所示。量取长度并换算得到

$$a_{DB}^t=13200\text{cm/s}^2,\quad a_D^t=18000\text{cm/s}^2$$

进而求得连杆 2 和摇杆 3 的角加速度的值

$$\varepsilon_2=908\text{rad/s}^2,\quad \varepsilon_3=1700\text{rad/s}^2$$

【例 5-5】　仍采用例 5-2 中的铰链四杆机构，只不过这里需要考察连杆上一个参考点 C 的速度。所增加的尺寸如图 5-7a 所示。

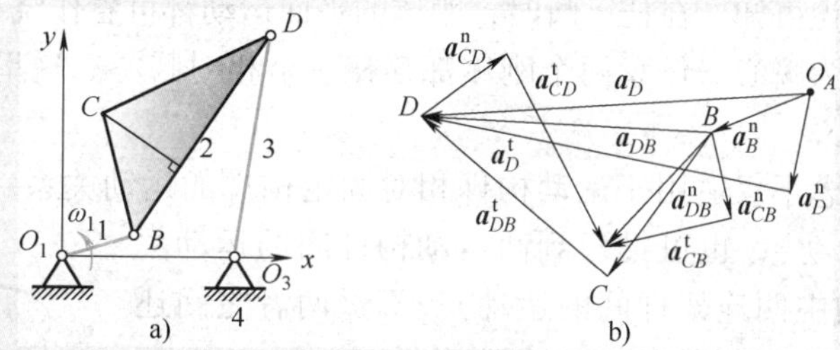

图 5-7　加速度多边形（二）

解：解法同例 5-4。根据下式

$$\boldsymbol{a}_C=\boldsymbol{a}_B+\boldsymbol{a}_{CB}=\boldsymbol{a}_D+\boldsymbol{a}_{CD}$$

建立加速度多边形，从而确定加速度多边形中点 C 的位置，如图 5-7b 所示。量取得到

$$a_C=9740\text{cm/s}^2$$

由前面的例子可以看出：机构简图中的 BCD 和加速度多边形中的 BCD 是相似三角形，并且其角标字母顺序的方向也是一致的（请读者自己证明这一关系）。为此将加速度多边形中的 BCD 称为构件图形 BCD 的加速度影像（acceleration image）。这种相似关系同样具有普遍性。因此，当已知某一构件上两点的加速度时，构件上其他任一点的加速度便可利用加速

度影像原理求得。

比如，欲求取例5-5中连杆上参考点E的加速度，则可直接从加速度多边形找到与构件上点E对应的加速度影像，然后直接量取得到，具体如图5-8所示。

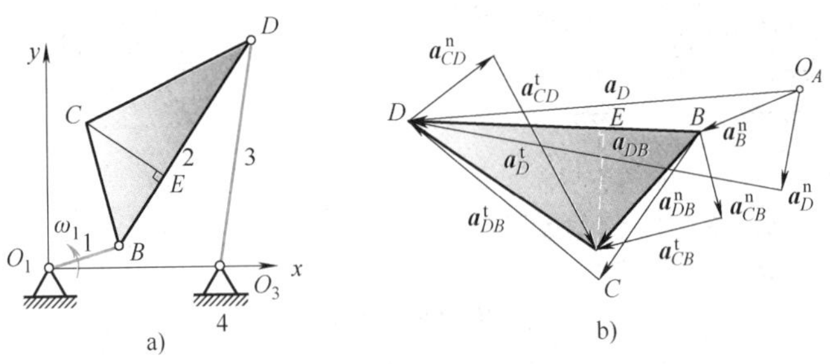

图5-8 加速度影像

5.2 平面机构速度分析的瞬心法

5.2.1 速度瞬心的概念

瞬时速度中心（简称瞬心，instant center，IC）的概念最先由伯努利（Bernoulli）于1742年提出，用以描述平面刚体的瞬时运动。而后，意大利数学家莫兹（Mozzi）和法国数学家沙勒（Chasles）将此概念由平面扩展到空间，提出了空间运动刚体的瞬时螺旋轴（instant screw axis，ISA）概念。本节主要讨论瞬心。

由理论力学的知识可知，在任一瞬时，刚体的平面运动都可看作绕某一相对静止点的转动，该相对静止点即为瞬心。任意两个刚体都存在一个相对瞬心。这里规定用P_{ij}，表示刚体i相对刚体j的瞬心。

因此，瞬心的概念不仅适用于运动构件相对固定构件的运动关系（如铰链四杆机构中的连杆相对机架的运动），也可推广到两运动构件间的运动关系（如铰链四杆机构中两连架杆间的运动）。不过两者之间还是有所区别。前者由于绝对速度为零，因此称为绝对瞬心（absolute instant center）；而后者的特点是两个构件都相对固定件做绝对运动，但两构件的相对速度为零，称之为相对瞬心（relative instant center）。总之，无论绝对瞬心还是相对瞬心，瞬心都是指两构件上绝对速度相等的一对瞬时重合点，也可概括为两构件的瞬时重合点和同速点，如图5-9所示。

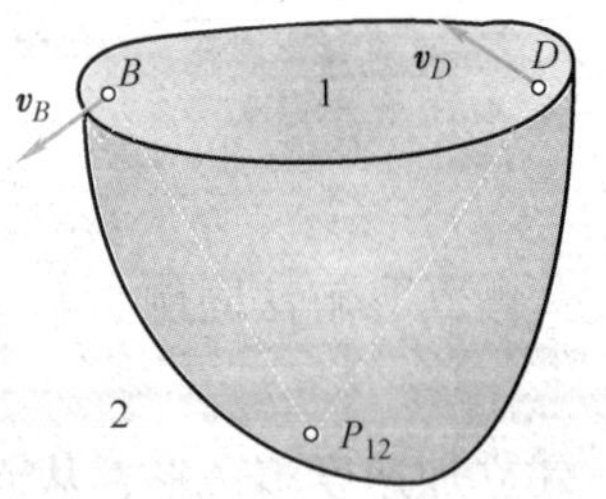

图5-9 瞬心的定义

5.2.2 机构瞬心的确定

1. 机构的瞬心数量

对于机构而言，由于每两个构件就有一个瞬心，故由n个构件组成的机构，其瞬心数N应等于在n件中每次任选两件的组合数（事实上，P_{ij}与P_{ji}是等价的），即

$$N=\frac{n(n-1)}{2} \tag{5.2-1}$$

由上式，很容易算出四杆机构有 6 个瞬心，六杆机构共有 15 个瞬心。接着的问题是如何确定机构在某瞬时所有瞬心的位置。

2. 确定瞬心的简易方法

对一个刚体而言，一旦给定了其中两点的绝对速度，便很容易确定其瞬心的位置。这时只需过该两点分别作与速度方向垂直的直线，这两条直线的交点即为瞬心点。例如图 5-10 所示的铰链四杆机构中，已知铰链点 B 和 D 的速度 $\boldsymbol{v}_B$ 和 $\boldsymbol{v}_D$，要确定连杆 2 在图示位置的瞬心就可以通过求取过点 B 和 D 且分别与 $\boldsymbol{v}_B$ 和 $\boldsymbol{v}_D$ 垂直的两条直线，两者的交点 P_{24} 即为所求。当然由图中还可以看出有更简单的方法来找 P_{24}。由于构件 1 和 3 均绕固定铰链转动，因此可以直接找 BO_1 和 DO_3 的交线。两种方法求得的结果是一样的。

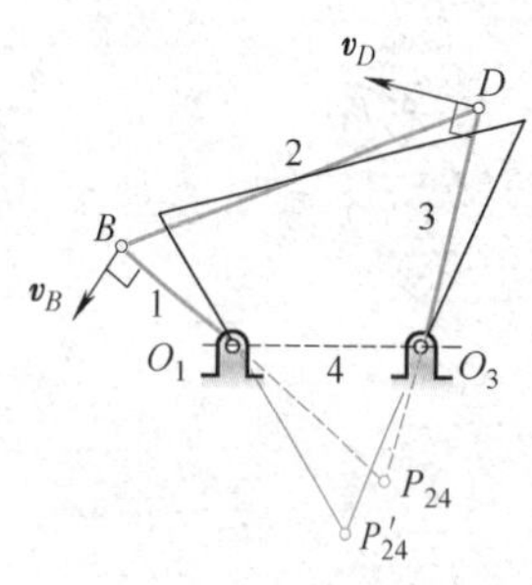

图 5-10　铰链四杆机构中连杆相对机架的瞬心

基于瞬心的定义及上述对瞬心的讨论，容易确定不同情况下，直接通过运动副约束作用下两构件的瞬心位置，见表 5-1。

表 5-1　直接以运动副相连的两构件的瞬心

运动副类型	图　示	瞬心的位置
转动副	i　j　P_{ij}	两构件的瞬心在转动副的中心处。两构件都在运动，则称为相对瞬心，如前图所示；如果其中一个构件为机架，则称为绝对瞬心，如后图所示
移动副	$P_{ij}\to\infty$　i　j	两构件的瞬心位于垂直导路方向的无穷远处
纯滚动副	没有相对滑动　i　j　P_{ij}	两构件的瞬心位于接触点处
两自由度平面高副（含滚滑副）	有相对滑动　i　j　n　P_{ij}	两构件的瞬心位于过接触点两高副元素的公法线 nn 上，具体位置还需要通过其他条件联立确定

因此，对于图 5-10 所示位置下的铰链四杆机构，总共有 6 个瞬心［根据式（5.2-1）］。通过表 5-1 可直接确定出 4 个，即 4 个铰链点的位置，加上前面通过相对速度的方法已经求得了瞬心 P_{24} 的位置（图 5-11a），因此还剩下瞬心 P_{13} 的位置尚未确定。可以通过机构倒置

的方法来求得，即将两个连架杆分别作为机架和连杆，而将原来机构的机架和连杆分别作为连架杆。利用与找瞬心 P_{24} 相同的方法可以得到瞬心 P_{13} 的位置，具体如图 5-11b 所示。这样就找到了该机构所有的瞬心（图 5-11c）。

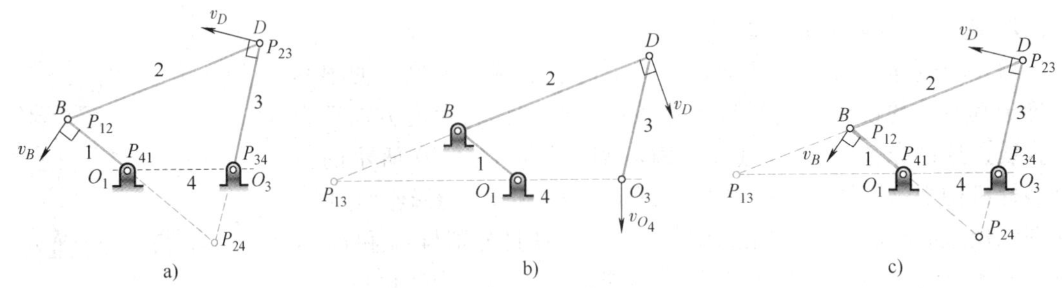

图 5-11 铰链四杆机构所有瞬心的确定方法

3. 肯尼迪-阿诺德（Kennedy-Aronholdt）定理

观察图 5-11c 所示铰链四杆机构中的所有 6 个瞬心，发现有 4 组瞬心共线。它们是

$$\begin{matrix} P_{12} & P_{23} & P_{13} \\ P_{14} & P_{34} & P_{13} \\ P_{24} & P_{12} & P_{14} \\ P_{24} & P_{23} & P_{34} \end{matrix} \tag{5.2-2}$$

这一现象仅仅是一种特例或者巧合，还是普遍存在于机构中的共同规律呢？早在 19 世纪，英国学者肯尼迪（Kennedy）和德国学者阿诺德（Aronholdt）分别就此提出了一个定理，即所谓的肯尼迪-阿诺德定理，又称三心定理：相互做平面运动的三个构件有三个瞬心，它们必位于同一直线上。事实上，通过反证法很容易实现对这一定理的证明。

如图 5-12 所示，互作平面运动的构件 1、2、3，若构件 1 和构件 3 与构件 2 和构件 3 分别组成转动副，其瞬心 P_{13}、P_{23} 即为转动副的中心。现要证明不直接组成运动副的构件 1 和 2 的瞬心 P_{12} 一定位于 P_{13} 和 P_{23} 的连线上。

现采用反证法。瞬心 P_{12} 是构件 1 和构件 2 的重合点和同速点，假设 P_{12} 位于图示的点 K，则两构件在重合点 K 的绝对速度分别为 $\boldsymbol{v}_{K1}$ 和 $\boldsymbol{v}_{K2}$，它们在速度方向上是无法保持同方向的，因此假设点 K 不可能是瞬心 P_{12}，故只有 P_{12} 位于 P_{13} 和 P_{23} 的连线上才能使重合点两速度方向保持一致。

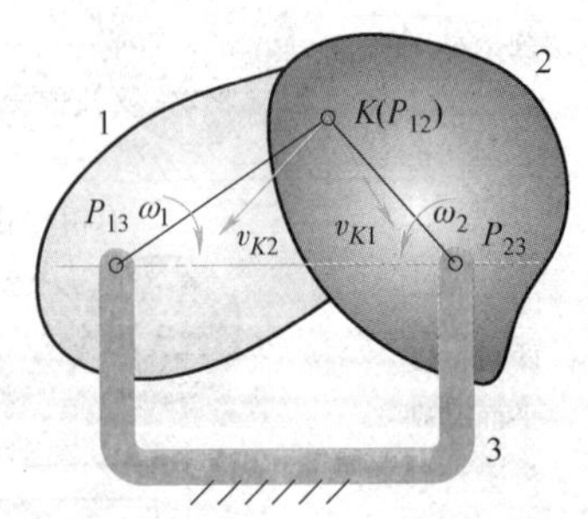

图 5-12 三心定理的证明

三心定理给出了一种简单地确定不直接相连两构件瞬心的有效方法。因此，在确定机构的所有瞬心时，首先根据表 5-1 确定直接以运动副相连的两个构件的瞬心，再通过三心定理找到其他瞬心。

4. 确定机构所有瞬心的其他方法

（1）辅助圆或多边形法 如图 5-13 所示，在圆上取点，每个点代表一个构件并且标出。任意两点之间的连线则代表一个瞬心。连接四边形的对角边，可以得到两个三角形。每个三角形的顶点正好对应三心定理中的三个构件，三条边对应三个瞬心，且在一条直线上。例如

图 5-14 中，边 13 是左右两个三角形的公共边，欲求之，可以分别通过找瞬心 14 和 34 的连线（通过三角形 143）与 12 和 23 的连线（通过三角形 123）的交点得到。用类似的方法可以找到 24 对应的瞬心。由此可将找瞬心问题归结为找 2 个三角形公共边的问题。注意一定满足辅助多边形中每个三角形的 3 条边，对应在机构运动简图中是位于同一直线上的 3 个瞬心，即满足三心定理。

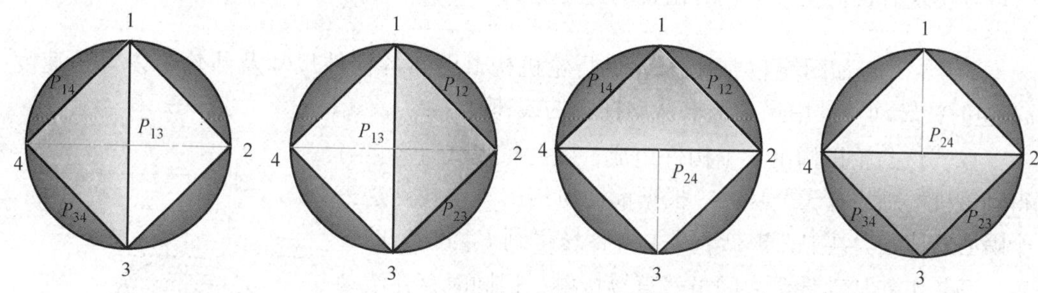

图 5-13　利用辅助多边形寻找四杆机构的所有瞬心

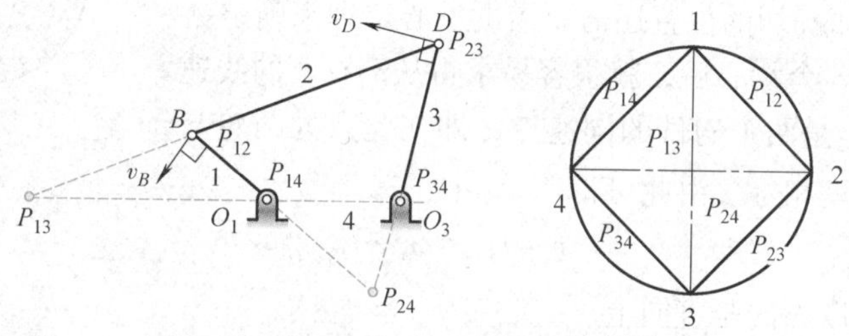

图 5-14　铰链四杆机构对应的辅助多边形

（2）约束法　确定机构的绝对瞬心还有另外一种方法——约束法。如图 5-15 所示，刚体受到两个线约束（力约束）的作用，根据布兰丁（Blanding）法则[4]，可以得到刚体的转动轴线一定与两条约束线相交，由此可导出瞬心的位置。

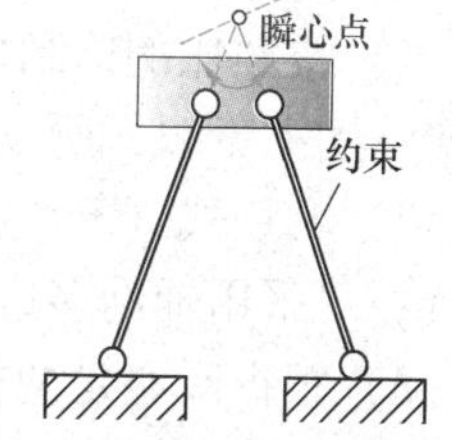

图 5-15　基于约束确定机构瞬心的方法

5. 应用举例

根据前面介绍的方法，借助表 5-1 和三心定理来找曲柄滑块机构和导杆机构的全部速度瞬心，具体如图 5-16 所示。

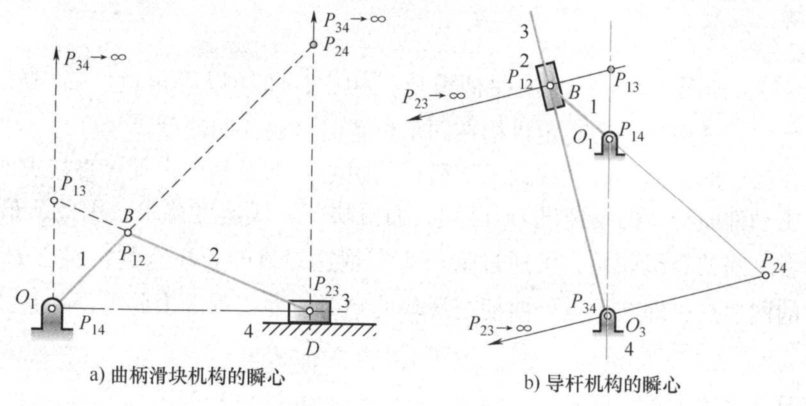

图 5-16　机构中的全部速度瞬心

【思考题】：如何区分绝对瞬心和相对瞬心？

5.2.3 机构速度分析的瞬心法

机构瞬心的特性为平面机构的速度分析提供了一种有效的图形化手段，利用机构瞬心的概念可以实现对机构在某一瞬时位置的速度分析。

【例 5-6】 如图 5-17 所示的一个凸轮机构，已知各构件尺寸及凸轮 1 以等角速度 ω_1 逆时针转动。试用瞬心法求从动杆 2 的线速度。

解：该凸轮机构由 3 个构件组成，因此根据式（5.2-1）得到该机构总共有 3 个瞬心。根据前面所给的方法找到这三个瞬心的位置。其中，根据表 5-1 很容易得到 P_{13} 和 P_{23} 的位置；凸轮 1 和从动件 2 之间虽然直接接触，但同时存在滚动和滑动，因而只能通过该表初步确定瞬心 P_{12} 在经过接触点 A 的公法线上，而确切的位置还需要借助三心定理来确定。

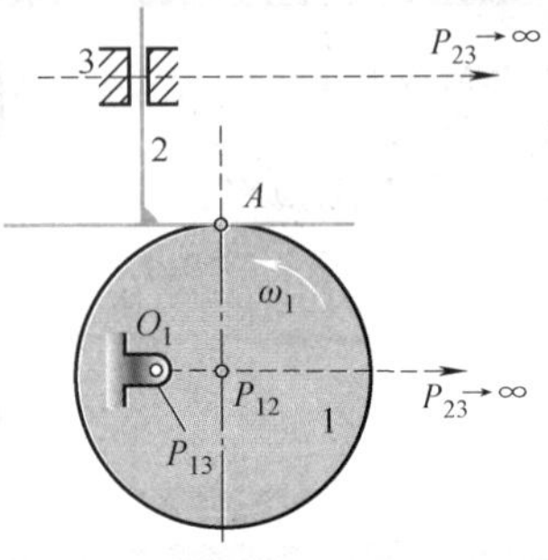

图 5-17 凸轮机构的瞬心

找到了所有 3 个瞬心后，就很容易求得从动杆 3 的线速度。由于瞬心 P_{12} 是两个构件的同速点，即在此点处凸轮与从动件的绝对速度相等。由此可得

$$v_2 = v_{P_{12}} = \omega_1 \cdot l_{P_{13}P_{12}} \tag{5.2-3}$$

从动杆的速度方向竖直向上。

通过上面这个例子，用瞬心法进行机构速度分析的一般步骤可总结为：

1）按照比例绘制机构在某一位置的运动简图。因为瞬心法是一种图解方法，所得结果直接从图上量取，所以首先必须按比例作出机构在某瞬时的位置图。

2）利用式（5.2-1）得到机构瞬心的数量，并确定机构各瞬心位置。为确定机构瞬心位置，可采用辅助多边形方法。

3）根据瞬心是两构件重合点与同速点的特性，建立待求运动构件和已知运动构件在瞬心处的速度映射关系表达式。

4）重复步骤 3，找到所有待求运动构件与已知运动构件在瞬心处的速度映射关系表达式，完成求解。

【例 5-7】 如图 5-18a 所示的曲柄滑块机构中，曲柄以等角速度 ω_1 逆时针转动。已知机构尺寸，试用瞬心法确定机构在图示位置时滑块 3 的速度。

解：在前面的实例中已经找到了该机构的瞬心。下面利用步骤 3 直接求取结果。

由于主动件曲柄 1 的角速度 ω_1 已知，而滑块 3 的线速度待求。因此，最好的方法是找到两者之间的有机联系，可通过瞬心来实现这一目的。注意到，瞬心 P_{13} 是曲柄 1 和滑块 3 的同速点，即在此点处曲柄与滑块的绝对速度相等。由此可得关系式

$$v_D = v_3 = v_{P_{13}} = \omega_1 \cdot l_{P_{14}P_{13}} \tag{5.2-4}$$

滑块速度方向为水平向左。

还可以采用间接的方式求解。首先考虑瞬心 P_{12}，注意瞬心 P_{12}（铰链点 B）是曲柄 1 和连杆 2 的同速点，即在此点处曲柄 1 与连杆 2 的绝对速度相等，而连杆 2 的绝对速度可以通过瞬心 P_{24}得到。由此可得如下关系式

$$v_{P_{12}}=v_B=\omega_1\cdot l_{O_1P_{12}}=\omega_2\cdot l_{P_{24}P_{12}} \tag{5.2-5}$$

因此

$$\omega_2=\frac{l_{O_1P_{12}}}{l_{P_{24}P_{12}}}\omega_1 \tag{5.2-6}$$

式中，ω_2 为连杆 2 的角速度。

再来考虑瞬心 P_{23}，注意瞬心 P_{23}是连杆 2 和滑块 3 的同速点，即在此点处连杆与滑块的绝对速度相等。由此可得关系式

$$v_{P_{23}}=v_D=\omega_2\cdot l_{P_{24}P_{23}} \tag{5.2-7}$$

综合式（5.2-6）和式（5.2-7），可以得到滑块的速度表达式

$$v_D=\frac{l_{O_1P_{12}}\cdot l_{P_{24}P_{23}}}{l_{P_{24}P_{12}}}\omega_1 \tag{5.2-8}$$

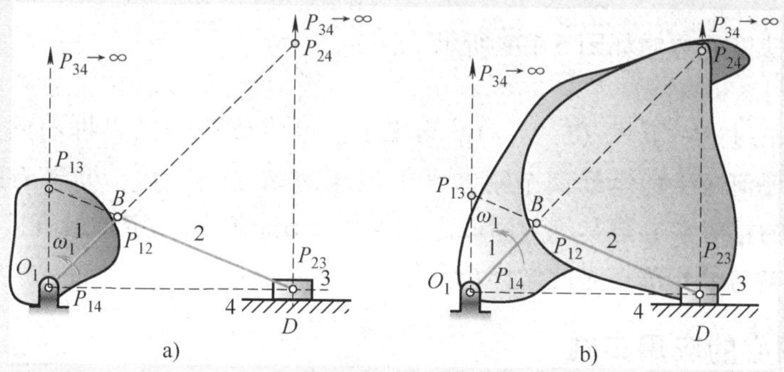

图 5-18　曲柄滑块机构速度分析的瞬心方法

从以上分析中可以看到，并没有用到瞬心 P_{24}也可以求得滑块的速度，而且两个等式可以相互导出（图 5-18b 表明该机构除 P_{14}之外的 5 个瞬心构成相似三角形）。

【例 5-8】 如图 5-19a 所示的铰链四杆机构，主动件 1 以等角速度 ω_1 逆时针转动。已知各构件尺寸，试用瞬心法求图示位置时，连杆 2 和构件 3 的角速度 ω_2、ω_3。

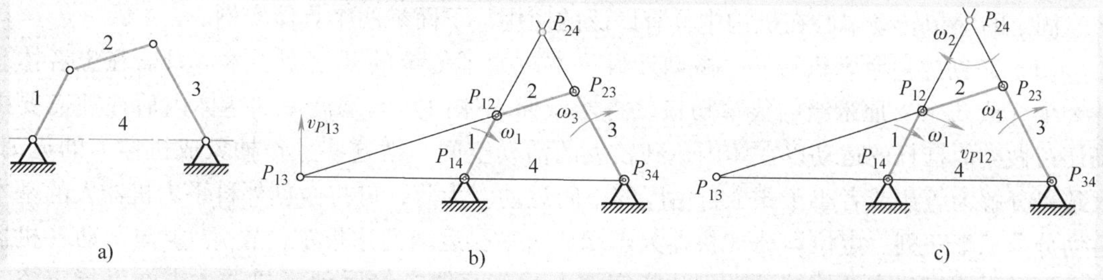

图 5-19　铰链四杆机构速度分析的瞬心方法

解：图 5-14 已经给出了铰链四杆机构中 6 个瞬心点的位置，这里直接利用其结果。

首先求构件 3 的角速度。注意到，瞬心 P_{13} 是主动件 1 和构件 3 的同速点，即在此点处构件 1 与 3 的绝对速度相等。由此可得关系式

$$v_{P_{13}}=l_{P_{13}P_{14}}\omega_1==l_{P_{13}P_{34}}\omega_3 \tag{5.2-9}$$

因此

$$\omega_3=\omega_1\frac{l_{P_{13}P_{14}}}{l_{P_{13}P_{34}}} \tag{5.2-10}$$

构件 3 角速度的方向如图 5-19b 所示。

再来求构件 2 的角速度。注意到，瞬心 P_{24} 是绝对瞬心点，因此，在该瞬时，构件 2 可以看作绕该点做纯转动。为此，可通过合适的铰链点（P_{12}）建立起构件 1 和构件 2 之间的有机联系，即可得关系式

$$v_{P_{12}}=l_{P_{12}P_{14}}\omega_1==l_{P_{12}P_{24}}\omega_2 \tag{5.2-11}$$

因此

$$\omega_2=\omega_1\frac{l_{P_{12}P_{14}}}{l_{P_{12}P_{24}}} \tag{5.2-12}$$

构件 2 角速度的方向如图 5-19c 所示。

下面再来简单讨论一下式（5.2-10）。事实上，可将该式的结果推而广之，即得到角速比定理的内容：任何做平面运动两个刚体（同时相对第三个刚体，通常为地）的角速度之比等于两个刚体的相对瞬心至其绝对瞬心之距离的反比。角速比定理最直接的应用就是齿廓啮合基本定律。本书第 8 章将对此做详细介绍。

5.2.4　机构瞬心的应用实例

瞬心一般具有瞬时性，即当机构运动时，两个构件的瞬心位置通常会随时间发生改变，这样在整个运动过程中就会形成一条轨迹线，这里定义为瞬心线（centrodes）。如果瞬心线退化成一个点，则说明该构件的瞬心是固定瞬心或永久瞬心（fixed instant center）；否则为瞬时瞬心。永久瞬心的典型表征就是构件绕固定转动副转动时转动副的位置。如果并不存在真实物理意义上的固定转动副，构件仍能实现绕某一固定转轴的连续转动，称此瞬心为虚拟转动中心（VCM，附录 A 对此有详细介绍）。

固定的虚拟转动中心在机构中具有广泛的应用，下面举两个具体实例。

（1）微创外科手术机器人　微创外科手术改变了传统的开放型手术，只需在患者体表开一个（或几个）厘米级的狭窄切口，将器械伸入体内。但是器械到达体内后往往需要围绕切口做类似杠杆的运动以在体内达到较大的活动空间。把这些操作抽象成机器人的运动，大致可分解为等于或者小于 3 个自由度的空间运动。为此，可将微创外科手术机器人的基本运动分为三个序列：定位运动（机器人末端通过平移运动到达指定位置）、定向运动（机器人末端通过绕切口点的旋转运动到达指定姿态）和直线进给运动（机器人末端以指定姿态直线运动）。对于操作手而言，其执行器实现绕切口点的运动可以通过一种特殊的远程运动

中心机构（RCM机构）来实现，如图5-20所示。这类机构可保证在整个操作过程中总有一个固定的虚拟转动中心。作为机器人的一部分，RCM机构使得手术工具或者内窥镜有了一个相对固定的插入点，从而增加了手术过程的安全性。

（2）仿图仪机构　图5-21a所示机构中，输出构件上的一点E以平面上的一个定点O为圆心做圆周运动，但点O处并没有实际的转动副存在，即该瞬时点O可视为虚拟中心。图5-21b所示的机构中，$BCDE$为平行四边形运动链。点A、E和F位于一条直线上。虚拟中心的位置可由$FO /\!/ EG$和A、G、O三点共线来确定。当构件EG绕点G旋转时，点F绕点O做圆周运动。

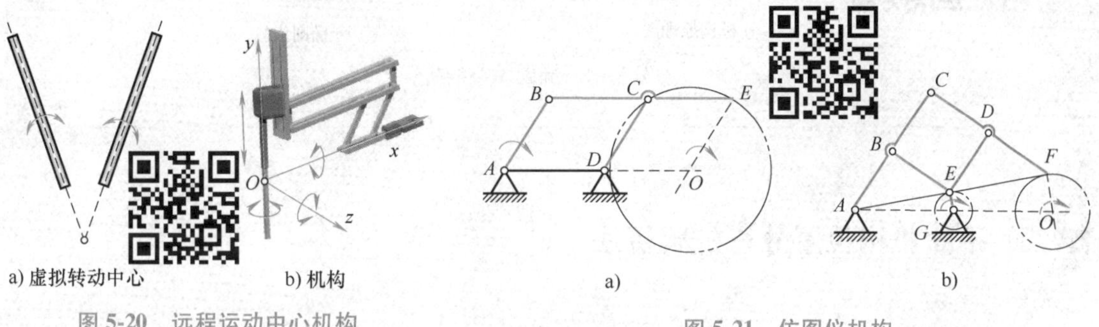

a) 虚拟转动中心　b) 机构

图5-20　远程运动中心机构

a)　b)

图5-21　仿图仪机构

【知识扩展】：瞬心线及其应用

对于相对运动的两个构件，如果取不同的构件为机架，则实际上存在两条瞬心线。例如，铰链四杆机构中连杆相对机架的瞬心，在机构运动过程中可以形成一条瞬心线（称为**定瞬心线**）；再将机构倒置，即机架与连杆互换，还可以得到另外一条瞬心线（称为**动瞬心线**），如图5-22所示。

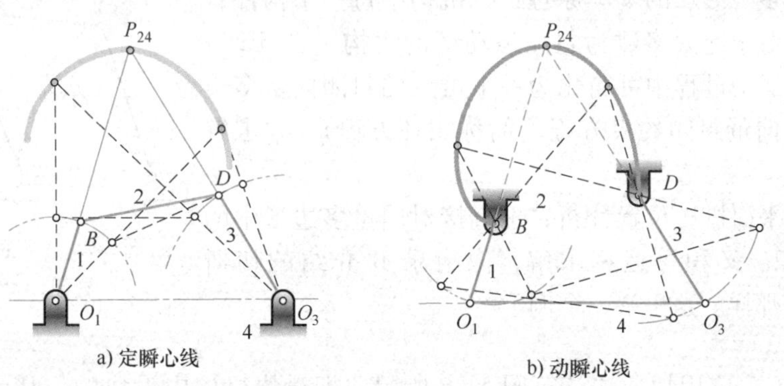

a) 定瞬心线　b) 动瞬心线

图5-22　定瞬心线与动瞬心线

假想将这两条瞬心线加工成实际物理构件的轮廓线，再将两个连架杆挪走。这时动瞬心线完全可以相对定瞬心线做纯滚动运动，如图5-23所示。此时原铰链四杆机构的连杆（与动瞬心线相连）运动与原来完全相同。

利用类似的方法可以考察铰链四杆机构中两个连架杆的瞬心线。如果该四杆机构为双曲柄机构，且曲柄等长。可由上述瞬心线定理构造椭圆齿轮，如图5-24所示。

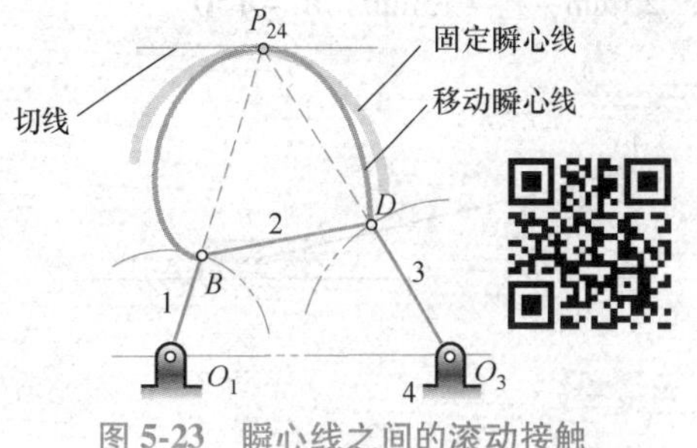

图5-23　瞬心线之间的滚动接触

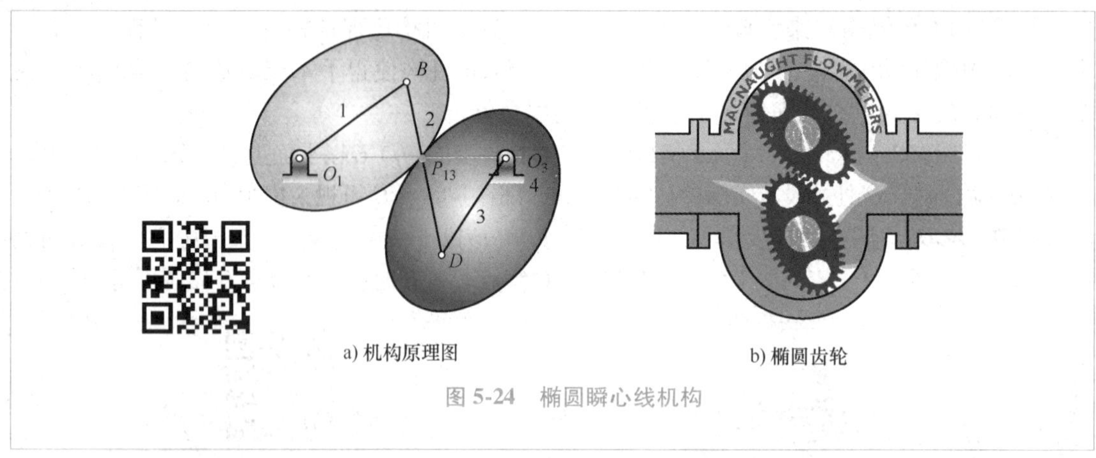

a) 机构原理图　　b) 椭圆齿轮

图 5-24 椭圆瞬心线机构

5.3 平面机构位置分析的解析法

使用解析法做平面机构位置分析的主要任务是建立和求解机构中某构件或某点的位置方程。该位置方程一般为非线性方程。在机构位置分析中，首先要建立机构位置分析的封闭向量多边形，或闭环方程（close-loop equation）。

5.3.1 基本原理：闭环方程

封闭向量多边形法的基本原理：将机构中每一个构件看作一个向量，对于绝大多数为封闭运动链的机构（图 5-25）来说，机构在运动过程中可简化为一个可变的封闭向量多边形，由此建立向量封闭约束方程（简称闭环方程），并求解此方程。

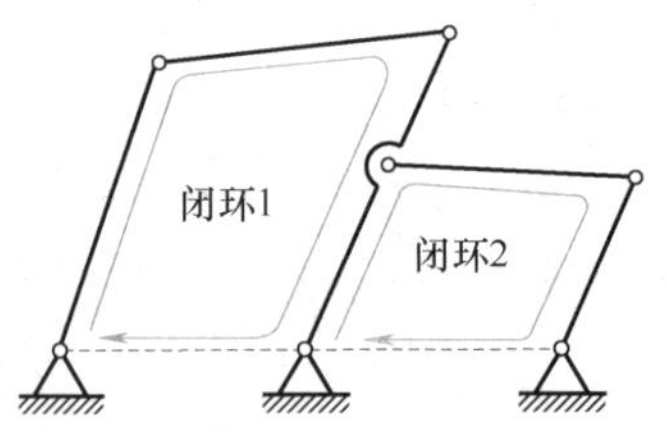

图 5-25 平面多杆机构的封闭向量多边形

对简单的平面机构位置分析，可直接对向量多边形中的向量进行点积、叉积等运算求解，像附录 B 介绍的切斯（Chace）方法那样。这里举一个例子。

【例 5-9】 应用切斯法计算图 5-26 所示曲柄滑块机构中滑块的位移。其中，$r_1 = 25\text{mm}$，$r_2 = 75\text{mm}$，$\theta_1 = 150°$。

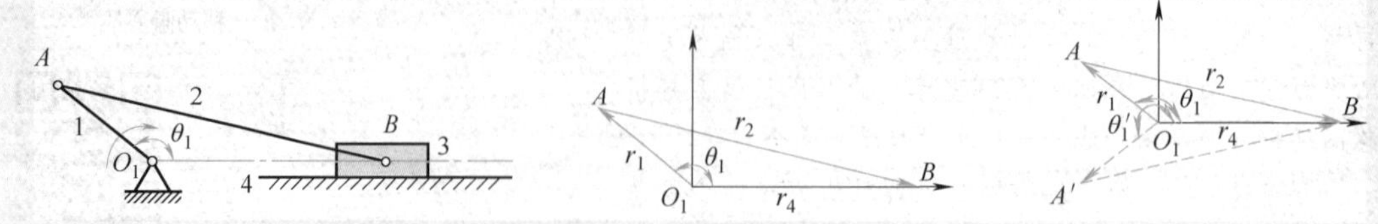

图 5-26 对心曲柄滑块机构的运动学求解（一）

解：建立闭环方程

$$\overset{\times\surd}{\boldsymbol{r}_4}=\overset{\surd\surd}{\boldsymbol{r}_1}+\overset{\surd\times}{\boldsymbol{r}_2} \tag{5.3-1}$$

满足切斯法中的情况 4。由于

$$\boldsymbol{r}_1=(25,\angle 150°)=-27.7\boldsymbol{i}+12.5\boldsymbol{j},\quad r_2=75\text{mm},\quad \bar{\boldsymbol{r}}_4=\boldsymbol{i},\quad \bar{\boldsymbol{r}}_4\times\boldsymbol{k}=-\boldsymbol{j}$$

代入式（B. 2-38）中，得

$$\begin{aligned}\boldsymbol{r}_2&=[\boldsymbol{r}_1\cdot(\bar{\boldsymbol{r}}_4\times\boldsymbol{k})](\bar{\boldsymbol{r}}_4\times\boldsymbol{k})\pm\sqrt{r_2^2-[\boldsymbol{r}_1\cdot(\bar{\boldsymbol{r}}_4\times\boldsymbol{k})]^2}\,\bar{\boldsymbol{r}}_4\\&=[(-27.7\boldsymbol{i}+12.5\boldsymbol{j})\cdot(-\boldsymbol{j})](-\boldsymbol{j})\pm\boldsymbol{i}\sqrt{75^2-[(-27.7\boldsymbol{i}+12.5\boldsymbol{j})\cdot(-\boldsymbol{j})]^2}\\&=-12.5\boldsymbol{j}\pm 73.9\boldsymbol{i}\end{aligned}$$

因此有

$$\boldsymbol{r}_2=(75,\angle 350.4°)\quad 或者\quad \boldsymbol{r}_2=(75,\angle 9.6°)$$

再将结果代入式（B. 2-40）中，得

$$\begin{aligned}\boldsymbol{r}_4&=[\boldsymbol{r}_1\cdot\bar{\boldsymbol{r}}_4\mp\sqrt{r_2^2-[\boldsymbol{r}_1\cdot(\bar{\boldsymbol{r}}_4\times\boldsymbol{k})]^2}\,]\bar{\boldsymbol{r}}_4\\&=(-27.7\boldsymbol{i}+12.5\boldsymbol{j})\cdot\boldsymbol{i}\mp\boldsymbol{i}\sqrt{75^2-[(-27.7\boldsymbol{i}+12.5\boldsymbol{j})\cdot(-\boldsymbol{j})]^2}\\&=50.2\boldsymbol{i}\end{aligned}$$

5.3.2　复数法

如果位移方程中的向量用复数表示，或向坐标轴投影变成代数量，则又分为复数法、坐标投影法等。这里重点介绍复数法。

采用复数法进行机构位置分析的一般步骤如下：

1）用向量的复数形式表达构件，进而形成向量多边形。

2）建立闭环方程，识别已知、未知变量（以上步骤与图解法相似）。

3）基于实部、虚部对闭环方程进行分解，得到两组方程，求解未知量。

例如，对于图 5-27 所示的对心曲柄滑块机构。通过封闭向量多边形很容易得到滑块的位移方程。

$$x\mathrm{e}^{\mathrm{i}0}=r\mathrm{e}^{\mathrm{i}\theta}+l\mathrm{e}^{\mathrm{i}\varphi} \tag{5.3-2}$$

消去中间参数 φ，得到机构输入 θ 与输出 x 之间的映射关系式

$$x=r\cos\theta+\sqrt{l^2-r^2\sin^2\theta} \tag{5.3-3}$$

式（5.3-3）给出的是对心曲柄滑块机构的运动学正解方程，即已知曲柄的输入角 θ，求解滑块的输出行程 x。由式（5.3-3），并利用三角函数的知识，可以进一步导出对心曲柄滑块机构的运动学反解方程，即已知滑块的行程 x，求解对应的曲柄转角 θ。读者可以自行推导。

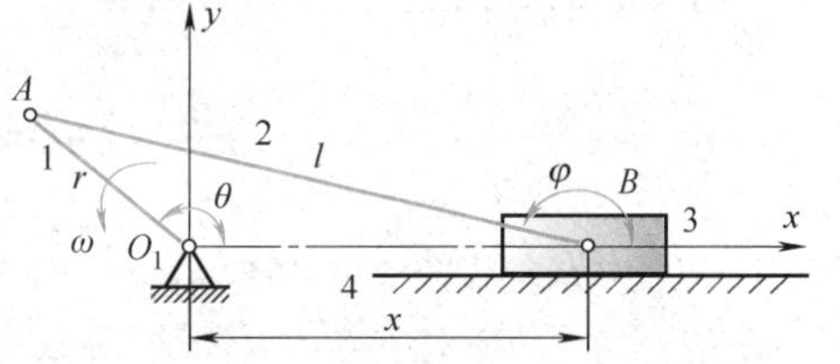

图 5-27　对心曲柄滑块机构的运动学求解（二）

【例 5-10】　对图 5-28a 所示的铰链四杆机构，已知各杆尺寸及输入角 θ_1，求输出杆的运动。

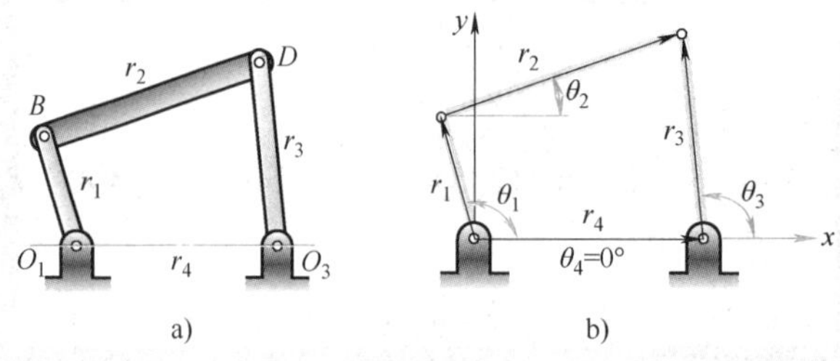

图 5-28　铰链四杆机构的位置分析

解：建立如图 5-28b 所示的坐标系。位置解满足封闭向量多边形法则，即

$$\boldsymbol{r}_1+\boldsymbol{r}_2=\boldsymbol{r}_3+\boldsymbol{r}_4 \tag{5.3-4}$$

写成复数的指数形式为

$$r_1\mathrm{e}^{\mathrm{j}\theta_1}+r_2\mathrm{e}^{\mathrm{j}\theta_2}=r_4+r_3\mathrm{e}^{\mathrm{j}\theta_3} \tag{5.3-5}$$

基于实部和虚部分解得到

$$\begin{cases}r_2\cos\theta_2=r_3\cos\theta_3+r_4-r_1\cos\theta_1\\ r_2\sin\theta_2=r_3\sin\theta_3-r_1\sin\theta_1\end{cases} \tag{5.3-6}$$

式（5.3-6）两边平方相加可以消去 θ_2，求得 θ_3。即

$$(\cos\theta_1-h_1)\cos\theta_3+\sin\theta_1\sin\theta_3=-h_3\cos\theta_1+h_5 \tag{5.3-7}$$

式中，

$$h_1=\frac{r_4}{r_1},\quad h_3=\frac{r_4}{r_3},\quad h_5=\frac{r_4^2+r_1^2-r_2^2+r_3^2}{2r_1r_3} \tag{5.3-8}$$

为便于求解，利用半角公式（令 $x=\tan(\theta_3/2)$）将上述方程变成二次多项式的形式，即

$$Ax^2+Bx+C=0 \tag{5.3-9}$$

式中，$A=-h_1+(1-h_3)\cos\theta_1+h_5$，$B=-2\sin\theta_1$，$C=h_1-(1+h_3)\cos\theta_1+h_5$。

最后可求得

$$\boxed{\theta_3=2\arctan\left(\frac{-B\pm\sqrt{B^2-4AC}}{2A}\right)} \tag{5.3-10}$$

用类似的方法通过消去 θ_3 求得 θ_2。

$$\boxed{\theta_2=2\arctan\left(\frac{-B\pm\sqrt{B^2-4DE}}{2D}\right)} \tag{5.3-11}$$

式中，$D=-h_1+(1+h_2)\cos\theta_1+h_4$，$E=h_1-(1-h_2)\cos\theta_1+h_4$，

$$h_2=\frac{r_4}{r_2},\quad h_4=\frac{-r_4^2-r_1^2-r_2^2+r_3^2}{2r_1r_2}$$

式（5.3-11）中的正负号表示给定输入角度时对应两个输出值，即机构同时存在两种满足输入条件的位形。这时，应按照图 5-29 所示机构的装配方案（输出杆在机构的上方还是下方）及运动的连续性选定其中一种位形，后续计算中不再变更。

下面给出一组具体参数，求解所给参数位置下的输出参数。

$$r_1=3.5\text{cm},\quad r_2=10\text{cm},\quad r_3=9\text{cm},\quad r_4=8\text{cm},\quad \theta_1=15°$$

代入以上各式可得

$$(\theta_2)_1=2\arctan\left(\frac{-B+\sqrt{B^2-4DE}}{2D}\right)=-75.2°$$

$$(\theta_2)_2=2\arctan\left(\frac{-B-\sqrt{B^2-4DE}}{2D}\right)=53°$$

$$(\theta_3)_1=2\arctan\left(\frac{-B+\sqrt{B^2-4AC}}{2A}\right)=-15.3°$$

$$(\theta_3)_2=2\arctan\left(\frac{-B-\sqrt{B^2-4AC}}{2A}\right)=81°$$

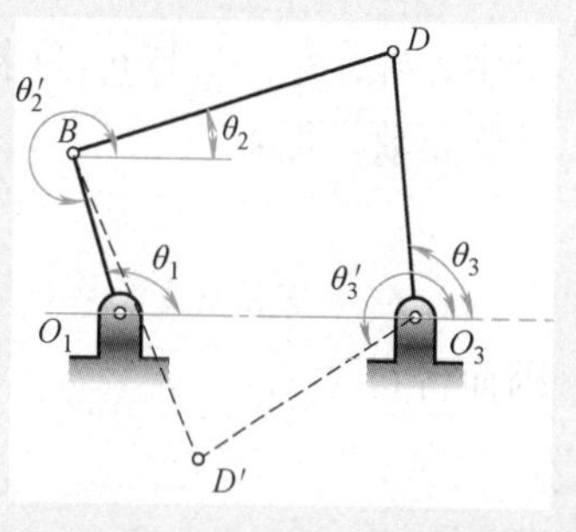

图 5-29　机构的两个装配位形

【例 5-11】　对于图 5-30 所示的平面扑翼机构，已知各杆的尺寸以及输入角 θ_1，求两侧翅膀的扇翅角 θ_3 与 θ_7。

解：由于平面扑翼机构是由两个闭式运动链所组成的，因此其运动分析将建立在封闭多边形的基础上。如图 5-30 所示，扑翼机构由两组曲柄摇杆机构组成，其中 O_1ABO_3 用于驱动右侧翅膀扇动，O_1CDO_3 用于驱动左侧翅膀扇动，曲柄 O_1A 与 O_1C 为主动件，并且两曲柄有一固定角度差 δ，以曲柄旋转中心 O_1 为坐标原点建立固定坐标系 O_1xy，其纵轴与机架 O_1O_3 重合，曲柄 O_1A 与 x 轴的夹角为 θ_1。将两组构件组成的四边形作为向量四边形，各个构件的向量分别为 $\boldsymbol{r}_1$、$\boldsymbol{r}_2$、$\boldsymbol{r}_3$、$\boldsymbol{r}_4$、$\boldsymbol{r}_5$、$\boldsymbol{r}_6$ 和 $\boldsymbol{r}_7$，其相应的辐角为 θ_1、θ_2、θ_3、θ_4、θ_5、θ_6 和 θ_7。其中，左右两组运动链构件长度对应相等，即 $r_1=r_5$，$r_2=r_6$，$r_3=r_7$。

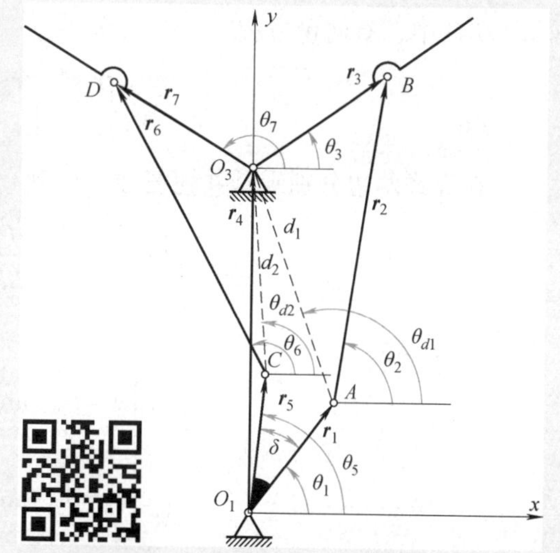

图 5-30　平面扑翼机构

由图中两个向量多边形导出两个向量方程

$$\begin{cases}r_1\mathrm{e}^{\mathrm{j}\theta_1}+r_2\mathrm{e}^{\mathrm{j}\theta_2}=r_4\mathrm{e}^{\mathrm{j}\frac{\pi}{2}}+r_3\mathrm{e}^{\mathrm{j}\theta_3}\\ r_5\mathrm{e}^{\mathrm{j}\theta_5}+r_6\mathrm{e}^{\mathrm{j}\theta_6}=r_4\mathrm{e}^{\mathrm{j}\frac{\pi}{2}}+r_7\mathrm{e}^{\mathrm{j}\theta_7}\end{cases}\tag{5.3-12}$$

由于 O_1O_3 与 y 轴重合，所以向量 $\boldsymbol{r}_4$ 的辐角等于 90°。

AO_3 与 CO_3 作为向量，令其模分别为 d_1 与 d_2，辐角为 θ_{d1} 与 θ_{d2}，方向分别由 A 与 C 指向 O_3。由三角形 O_1AO_3 与 O_1CO_3，得到两个向量方程

$$\begin{cases}d_1 e^{j\theta_{d1}} = r_4 e^{j\frac{\pi}{2}} - r_1 e^{j\theta_1} \\ d_2 e^{j\theta_{d2}} = r_4 e^{j\frac{\pi}{2}} - r_5 e^{j\theta_5}\end{cases} \tag{5.3-13}$$

式中，d_1、d_2、θ_{d1}与θ_{d2}为未知数，其他参数为已知数。求解时，在等式两边分别乘其共轭复数，得到

$$\begin{cases}d_1^2 = r_4^2 + r_1^2 + r_4 r_1 j(e^{j\theta_1} - e^{-j\theta_1}) \\ d_2^2 = r_4^2 + r_5^2 + r_4 r_5 j(e^{j\theta_5} - e^{-j\theta_5})\end{cases} \tag{5.3-14}$$

因而得到

$$\begin{cases}d_1 = \sqrt{r_1^2 + r_4^2 - 2r_1 r_4 \sin\theta_1} \\ d_2 = \sqrt{r_5^2 + r_4^2 - 2r_4 r_5 \sin\theta_5}\end{cases} \tag{5.3-15}$$

$$\begin{cases}\theta_{d1} = \arctan\left(\dfrac{r_4 - r_1 \sin\theta_1}{-r_1 \cos\theta_1}\right) \\ \theta_{d2} = \arctan\left(\dfrac{r_4 - r_5 \sin\theta_5}{-r_5 \cos\theta_5}\right)\end{cases} \tag{5.3-16}$$

在求得d_1、d_2、θ_{d1}与θ_{d2}后，便可以求解θ_2、θ_3、θ_6和θ_7，根据向量三角形AO_3B与CO_3D中，有向量方程

$$\begin{cases}r_3 e^{j\theta_3} = r_2 e^{j\theta_2} - d_1 e^{j\theta_{d1}} \\ r_7 e^{j\theta_7} = r_6 e^{j\theta_6} - d_2 e^{j\theta_{d2}}\end{cases} \tag{5.3-17}$$

在等式两边分别乘其共轭复数，得到

$$\begin{cases}r_3^2 = r_2^2 + d_1^2 - 2d_1 r_2 \cos(\theta_2 - \theta_{d1}) \\ r_7^2 = r_6^2 + d_2^2 - 2d_2 r_6 \cos(\theta_6 - \theta_{d2})\end{cases} \tag{5.3-18}$$

从而有

$$\begin{cases}\theta_2 = \theta_{d1} + \arccos \dfrac{r_2^2 + d_1^2 - r_3^2}{2d_1 r_2} \\ \theta_6 = \theta_{d2} + \arccos \dfrac{r_6^2 + d_2^2 - r_7^2}{2d_2 r_6}\end{cases} \tag{5.3-19}$$

再根据虚部相等的原则，由式（5.3-17）得到

$$\begin{cases}\theta_3 = \arcsin\left(\dfrac{r_2 \sin\theta_2 - d_1 \sin\theta_{d1}}{r_3}\right) \\ \theta_7 = \arcsin\left(\dfrac{r_6 \sin\theta_6 - d_2 \sin\theta_{d2}}{r_7}\right)\end{cases} \tag{5.3-20}$$

注意到$\theta_5 = \theta_1 + \delta$，于是当主动件2的位置角$\theta_1$给定以后，利用式（5.3-20）可以求出$\theta_3$和$\theta_7$，即可确定扑翼机构左右两翅的扇翅角度。

除了复数法、坐标投影法之外，平面机构位置分析的解析法中还包括基本杆组法等。具体可参考相关文献，这里不再赘述。

5.4 平面机构位置分析的数值解法

对于 5.3 节给出的两种机构（曲柄滑块机构和铰链四杆机构），若求解它们的位置正反解，都能建立起相应的代数方程（analytical formula），并可以采用不同的解析解法（analytical solution method）得到解析解（closed-form solution）。不过，有时候，若所建立的模型为高次方程、超越函数等非线性形式，上述介绍的解析解法将变得无能为力，这时只能采用数值解法（numerical solution method）。有时，即使一些高次方程的求解能够采用解析方法求解，但过程繁杂，更宜采用数值解法。

数值解法有多种，常见的有迭代法、链式算法等，其中最常用的方法是牛顿迭代法。

牛顿迭代法是牛顿在 17 世纪提出的一种方程近似求解方法。该方法的基本原理就是使用迭代的方法来求解函数方程 $f(x)=0$ 的根，代数上看是对函数的泰勒级数展开，几何上看则是不断求取切线的过程。

对于方程 $f(x)=0$，首先任意估算一个解 x^0，再把该估计值代入原方程中。由于一般不会正好选择到正确解，因此有 $f(x)=a$。这时计算函数在 x^0 处的斜率，得到这条斜线与 x 轴的交点 x^1。一般情况下，x^1 比 x^0 更加接近精确解。只要不断用此方法更新 x，就可以取得无限接近的精确解结果。具体算法过程如下：

1）取初始值 x^0，并对函数 $f(x)$ 泰勒级数展开

$$f(x)=f(x^0)+f'(x^0)(x-x^0)+\cdots \tag{5.4-1}$$

2）取前两项（线性化过程），得线性方程

$$f(x)=f(x^0)+f'(x^0)(x-x^0)=0 \tag{5.4-2}$$

3）求解近似解。设 $f'(x^0)\neq 0$，$f(x)=0$，则由式（5.4-2）得

$$x^1=x^0-[f'(x^0)]^{-1}f(x^0) \tag{5.4-3}$$

4）求解近似的迭代解。将求得的 x^1 设为新的初值，重复以上过程（k 次），得到相应的迭代方程

$$x^k-x^{k-1}=-[f'(x^{k-1})]^{-1}f(x^{k-1}) \tag{5.4-4}$$

5）不断重复，直至所求的位置解小于某一规定值，即满足方程

$$|f(x^k)|\leqslant\varepsilon \tag{5.4-5}$$

可进一步将牛顿迭代法扩展到多维，相应的方法又称为牛顿-拉弗森法（Newton-Raphson method）。

例如，对于具有 n 个变量（$x_1,x_2,\cdots,x_n$）的多元方程组

$$\begin{cases}f_1(x_1,x_2,\cdots,x_n)=0\\f_2(x_1,x_2,\cdots,x_n)=0\\\vdots\\f_n(x_1,x_2,\cdots,x_n)=0\end{cases} \tag{5.4-6}$$

具体采用迭代法的求解步骤如下：

1）选定一组初值（$x_1^0,x_2^0,\cdots,x_n^0$）。

2）将初值代入下式，求得迭代增量（$\Delta x_1^0,\Delta x_2^0,\cdots,\Delta x_n^0$）。

$$\begin{pmatrix} \dfrac{\partial f_1}{\partial x_1} & \dfrac{\partial f_1}{\partial x_2} & \cdots & \dfrac{\partial f_1}{\partial x_n} \\ \dfrac{\partial f_2}{\partial x_1} & \dfrac{\partial f_2}{\partial x_2} & \cdots & \dfrac{\partial f_2}{\partial x_n} \\ \vdots & \vdots & & \vdots \\ \dfrac{\partial f_n}{\partial x_1} & \dfrac{\partial f_n}{\partial x_2} & \cdots & \dfrac{\partial f_n}{\partial x_n} \end{pmatrix} \begin{pmatrix} \Delta x_1 \\ \Delta x_2 \\ \vdots \\ \Delta x_n \end{pmatrix} = \begin{pmatrix} -f_1 \\ -f_2 \\ \vdots \\ -f_n \end{pmatrix} \tag{5.4-7}$$

3）得到第2次的迭代变量

$$x_i^1 = x_i^0 + \Delta x_i^0 \quad (i=1,2,\cdots,n) \tag{5.4-8}$$

4）将求得的 $x_i^1(i=1,2,\cdots n)$ 设为新的初值，重复以上过程（k 次），得到相应的迭代方程

$$x_i^k = x_i^{k-1} + \Delta x_i^{k-1} \quad (i=1,2,\cdots,n) \tag{5.4-9}$$

5）不断重复，直至所求的所有位置解小于某一规定值，即满足方程

$$|f(x_i^k)| \leqslant \varepsilon \tag{5.4-10}$$

下面以铰链四杆机构为例，简述上述算法的应用。

【例5-12】 对图5-28a所示的铰链四杆机构，已知各杆尺寸及输入角 θ_1，求输出杆的运动。

解：建立如图5-28b所示的坐标系。位置解满足闭环方程

$$r_1 e^{j\theta_1} + r_2 e^{j\theta_2} = r_4 + r_3 e^{j\theta_3} \tag{5.4-11}$$

基于实部和虚部分解得到

$$\begin{cases} f_1 = r_1\cos\theta_1 + r_2\cos\theta_2 - r_3\cos\theta_3 - r_4 = 0 \\ f_2 = r_1\sin\theta_1 + r_2\sin\theta_2 - r_3\sin\theta_3 = 0 \end{cases} \tag{5.4-12}$$

由于方程中两个未知量是 θ_2 和 θ_3，因此相应的迭代增量为（$\Delta\theta_2,\Delta\theta_3$）。由式（5.4-12）可求得

$$\begin{pmatrix} \dfrac{\partial f_1}{\partial \theta_2} & \dfrac{\partial f_1}{\partial \theta_3} \\ \dfrac{\partial f_2}{\partial \theta_2} & \dfrac{\partial f_2}{\partial \theta_3} \end{pmatrix} = \begin{pmatrix} -r_2\sin\theta_2 & r_3\sin\theta_3 \\ r_2\cos\theta_2 & -r_3\cos\theta_3 \end{pmatrix} \tag{5.4-13}$$

因此，式（5.4-7）可写成

$$\begin{pmatrix} -r_2\sin\theta_2 & r_3\sin\theta_3 \\ r_2\cos\theta_2 & -r_3\cos\theta_3 \end{pmatrix} \begin{pmatrix} \Delta\theta_2 \\ \Delta\theta_3 \end{pmatrix} = -\begin{pmatrix} r_1\cos\theta_1 + r_2\cos\theta_2 - r_3\cos\theta_3 - r_4 \\ r_1\sin\theta_1 + r_2\sin\theta_2 - r_3\sin\theta_3 \end{pmatrix} \tag{5.4-14}$$

下面给出一组参数，已知

$$r_1 = 8\text{cm}, \quad r_2 = 30\text{cm}, \quad r_3 = 30\text{cm}, \quad r_4 = 40\text{cm}, \quad \varepsilon = 10^{-5}$$

取不同的输入转角值，并初步给定两个变量的初值，按上述步骤及方程编写程序，得到表5-2所列的运算结果。

表 5-2　铰链四杆机构位置数值求解的运算结果

迭代次数 k	初始角 $\theta_1=0°$		初始角 $\theta_1=20°$	
	$\theta_2/(°)$	$\theta_3/(°)$	$\theta_2/(°)$	$\theta_3/(°)$
0	50	100	20	58
1	38.37246	120.81377	57.21932	116.62921
2	47.35093	126.73142	53.91695	116.27695
3	54.70367	126.01388	52.06113	117.32498
4	58.05204	123.98092	…	…
5	58.76898	122.60597	…	…
6	58.45575	122.07511	…	…
7	58.03434	122.02039	…	…
⋮	⋮	⋮	⋮	⋮
15			52.27718	118.09296
16			52.27706	118.09300
17			52.27703	118.09305
18	57.76896	122.23098		
19	57.76901	122.23098		
20	57.76904	122.23097		

5.5 平面机构速度、加速度分析的解析法

5.5.1 直接对位置方程求一、二阶导数

例如，对于如图 5-27 所示的对心曲柄滑块机构，重写该机构的位置方程

$$x=r\cos\theta_1+\sqrt{l^2-r^2\sin^2\theta_1} \tag{5.5-1}$$

直接对式（5.5-1）求导可得滑块的速度表达式

$$\dot{x}=-r\omega_1\left(\sin\theta_1+\frac{r\sin 2\theta_1}{2\sqrt{l^2-r^2\sin^2\theta_1}}\right) \tag{5.5-2}$$

再直接对式（5.5-2）求导可得滑块的加速度表达式

$$\ddot{x}=-r\varepsilon_1\left(\sin\theta_1+\frac{r\sin 2\theta_1}{2\sqrt{l^2-r^2\sin^2\theta_1}}\right)-r\omega_1^2\left(\cos\theta_1+\frac{r\cos 2\theta_1}{\sqrt{l^2-r^2\sin^2\theta_1}}+\frac{r^3\sin^2 2\theta_1}{4\sqrt{(l^2-r^2\sin^2\theta_1)^3}}\right) \tag{5.5-3}$$

忽略式中最右边的高阶项，并考虑当 $l/r\gg1$ 时，$\sqrt{l^2-r^2\sin^2\theta_1}\approx l$，这样式（5.5-3）可简化为

$$\ddot{x}=-r\varepsilon_1\left(\sin\theta_1+\frac{r\sin 2\theta_1}{2l}\right)-r\omega_1^2\left(\cos\theta_1+\frac{r\cos 2\theta_1}{l}\right) \tag{5.5-4}$$

5.5.2　复数法

该方法在前面已经涉及。其基本思想是对复向量表达的位置方程进行求导，然后基于欧拉公式做进一步的消元变换。

仍以图 5-27 所示的对心曲柄滑块机构为例，有

$$re^{j\theta_1}=le^{j\theta_2}+x \tag{5.5-5}$$

对时间求导得到

$$jr\omega_1 e^{j\theta_1}=jl\omega_2 e^{j\theta_2}+v \tag{5.5-6}$$

再运用指数积的求解技巧可对式（5.5-6）进一步求解。方程两边左乘 $e^{-j\theta_2}$得到

$$jr\omega_1 e^{j(\theta_1-\theta_2)}=j\omega_2 l+ve^{-j\theta_2} \tag{5.5-7}$$

因此，利用欧拉公式得到

$$\omega_2=\frac{r\cos(\theta_2-\theta_1)}{l\cos\theta_2}\omega_1,\quad v=\frac{-r\sin(\theta_2-\theta_1)}{\cos\theta_2}\omega_1 \tag{5.5-8}$$

再对式（5.5-7）关于时间求导得到

$$-r\omega_1^2 e^{j\theta_1}+r\varepsilon_1\, je^{j\theta_1}=-l\omega_2^2 e^{j\theta_2}+l\varepsilon_2\, je^{j\theta_2}+a \tag{5.5-9}$$

左乘 $e^{-j\theta_2}$得到

$$-r\omega_1^2 e^{j(\theta_1-\theta_2)}+r\varepsilon_1\, je^{j(\theta_1-\theta_2)}=-l\omega_2^2+jl\varepsilon_2+ae^{-j\theta_2} \tag{5.5-10}$$

由此可以导出

$$\boxed{a=\frac{-r\omega_1^2\cos(\theta_2-\theta_1)+r\varepsilon_1\sin(\theta_2-\theta_1)+l\omega_2^2}{\cos\theta_2}} \tag{5.5-11}$$

5.5.3　运动影响系数法

从以上两种方法所得的结果来看，发现所有的速度方程都是线性的。这不是巧合，而是必然的。这种线性一方面可以直接从对向量求导看出，另外也可以通过速度多边形的特征观察得到（当机构的输入速度增大一倍，速度多边形也增大一倍）。

下面介绍的一阶运动影响系数法（one-order kinematic coefficients）则是从几何角度来考察机构的运动。其基本思路是对位置方程作相对于输入变量（如角度）的微分，而不是前面给出的对时间的微分。

以图 5-28 所示的铰链四杆机构为例来说明。根据前面导出的位置方程得到

$$\boldsymbol{r}_1+\boldsymbol{r}_2=\boldsymbol{r}_3+\boldsymbol{r}_4 \tag{5.5-12}$$

$$\begin{cases}r_1\cos\theta_1+r_2\cos\theta_2=r_4+r_3\cos\theta_3\\ r_1\sin\theta_1+r_2\sin\theta_2=r_3\sin\theta_3\end{cases} \tag{5.5-13}$$

由于输入量是 θ_1，对上式相对于 θ_1 作微分，得到

$$\begin{cases}r_1\sin\theta_1=-r_2\theta_2'\sin\theta_2+r_3\theta_3'\sin\theta_3\\ -r_1\cos\theta_1=r_2\theta_2'\cos\theta_2-r_3\theta_3'\cos\theta_3\end{cases} \tag{5.5-14}$$

式中，$\theta_2'=d\theta_2/d\theta_1$，$\theta_3'=d\theta_3/d\theta_1$。

写成矩阵的形式为

$$\begin{pmatrix} -r_2\sin\theta_2 & r_3\sin\theta_3 \\ r_2\cos\theta_2 & -r_3\cos\theta_3 \end{pmatrix}\begin{pmatrix} \theta_2' \\ \theta_3' \end{pmatrix}=\begin{pmatrix} r_1\sin\theta_1 \\ -r_1\cos\theta_1 \end{pmatrix} \tag{5.5-15}$$

由式（5.5-15）可求得

$$\theta_2'=-\frac{r_1\sin(\theta_1-\theta_3)}{r_2\sin(\theta_2-\theta_3)},\quad \theta_3'=-\frac{r_1\sin(\theta_1-\theta_2)}{r_3\sin(\theta_2-\theta_3)} \tag{5.5-16}$$

进而得到

$$\omega_2=\theta_2'\omega_1=-\frac{r_1\sin(\theta_1-\theta_3)}{r_2\sin(\theta_2-\theta_3)}\omega_1,\quad \omega_3=\theta_3'\omega_1=-\frac{r_1\sin(\theta_1-\theta_2)}{r_3\sin(\theta_2-\theta_3)}\omega_1 \tag{5.5-17}$$

对于铰链四杆机构，其自由度为 1，即给定主动件 1 的转角，构件 3 就会有确定的输出，反之亦然。这样，输出角位置 θ_3 就可以写成转角 θ_1 的函数，即

$$\theta_3=f(\theta_1) \tag{5.5-18}$$

构件 3 的角速度可以进一步表示成

$$\dot{\theta}_3=\frac{\mathrm{d}f}{\mathrm{d}t}=\frac{\mathrm{d}f}{\mathrm{d}\theta_1}\frac{\mathrm{d}\theta_1}{\mathrm{d}t}=\frac{\mathrm{d}f}{\mathrm{d}\theta_1}\dot{\theta}_1 \tag{5.5-19}$$

定义 $G=\mathrm{d}f/\mathrm{d}\theta_1$，则由前面推导的结果得到

$$G=\frac{r_1\sin(\theta_2-\theta_1)}{r_3\sin(\theta_2-\theta_3)} \tag{5.5-20}$$

由此可见，G 仅与机构各构件的运动尺寸和相对位置相关，而与其他量无关。该结论是偶然的还是具有普遍性？下面再介绍一个两自由度平面机构的例子。

已知图 5-31 所示机构中各杆长度和与水平轴线的夹角，其中以 θ_1 和 θ_2 为输入参数，s_4 为输出参数。

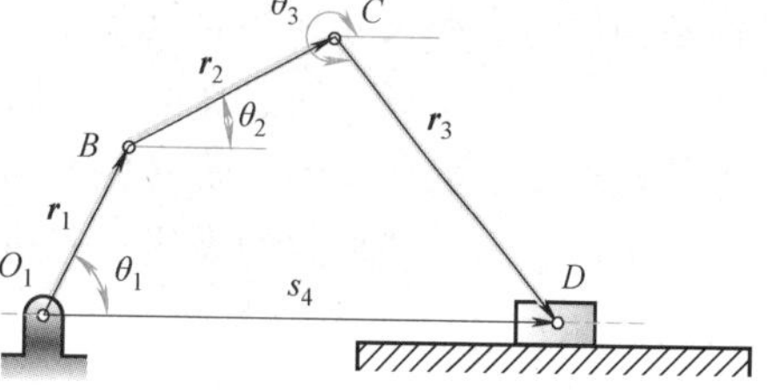

图 5-31　平面两自由度机构

利用复数法建立位置方程

$$r_1\mathrm{e}^{\mathrm{j}\theta_1}+r_2\mathrm{e}^{\mathrm{j}\theta_2}+r_3\mathrm{e}^{\mathrm{j}\theta_3}=s_4 \tag{5.5-21}$$

对式（5.5-21）求导得

$$\mathrm{j}r_1\dot{\theta}_1\mathrm{e}^{\mathrm{j}\theta_1}+\mathrm{j}r_2\dot{\theta}_2\mathrm{e}^{\theta_2}+\mathrm{j}r_3\dot{\theta}_3\mathrm{e}^{\mathrm{j}\theta_3}=\dot{s}_4 \tag{5.5-22}$$

为建立输入输出之间的运动关系，需要消去中间量 θ_3，因此式（5.5-22）两边乘以 $\mathrm{e}^{-\mathrm{j}\theta_3}$，得

$$\mathrm{j}r_1\dot{\theta}_1\mathrm{e}^{(\theta_1-\theta_3)}+\mathrm{j}r_2\dot{\theta}_2\mathrm{e}^{\mathrm{j}(\theta_2-\theta_3)}+\mathrm{j}r_3\dot{\theta}_3=\dot{s}_4\mathrm{e}^{-\mathrm{j}\theta_3} \tag{5.5-23}$$

利用欧拉公式对虚部和实部进行分解，并取实部相等得到

$$-r_1\dot{\theta}_1\sin(\theta_1-\theta_3)-r_2\dot{\theta}_2\sin(\theta_2-\theta_3)=\dot{s}_4\cos\theta_3 \tag{5.5-24}$$

由此导出

$$\dot{s}_4=\frac{r_1\sin(\theta_3-\theta_1)}{\cos\theta_3}\dot{\theta}_1+\frac{r_2\sin(\theta_3-\theta_2)}{\cos\theta_3}\dot{\theta}_2 \tag{5.5-25}$$

式（5.5-25）可以写成

$$\dot{s}_4=\frac{\partial s_4}{\partial\theta_1}\dot{\theta}_1+\frac{\partial s_4}{\partial\theta_2}\dot{\theta}_2=\frac{\partial\dot{s}_4}{\partial\dot{\theta}_1}\dot{\theta}_1+\frac{\partial\dot{s}_4}{\partial\dot{\theta}_2}\dot{\theta}_2=G_{11}\dot{\theta}_1+G_{12}\dot{\theta}_2 \tag{5.5-26}$$

式中，$G_{11}=\dfrac{r_1\sin(\theta_3-\theta_1)}{\cos\theta_3}$，$G_{12}=\dfrac{r_2\sin(\theta_3-\theta_2)}{\cos\theta_3}$。

同样，取虚部相等得到

$$r_1\dot{\theta}_1\cos(\theta_1-\theta_3)+r_2\dot{\theta}_2\cos(\theta_2-\theta_3)=\dot{s}_4\cos\theta_3-r_3\dot{\theta}_3 \tag{5.5-27}$$

可以导出

$$\dot{\theta}_3=\frac{r_1\sin(\theta_3-\theta_1)}{\cos\theta_3}\dot{\theta}_1+\frac{r_2\sin(\theta_3-\theta_2)}{\cos\theta_3}\dot{\theta}_2 \tag{5.5-28}$$

式（5.5-28）可以写成

$$\dot{\theta}_3=\frac{\partial\theta_3}{\partial\theta_1}\dot{\theta}_1+\frac{\partial\theta_3}{\partial\theta_2}\dot{\theta}_2=\frac{\partial\dot{\theta}_3}{\partial\dot{\theta}_1}\dot{\theta}_1+\frac{\partial\dot{\theta}_3}{\partial\dot{\theta}_2}\dot{\theta}_2=G_{21}\dot{\theta}_1+G_{22}\dot{\theta}_2 \tag{5.5-29}$$

式中，$G_{21}=\dfrac{r_1[\sin(\theta_3-\theta_1)-\cos(\theta_3-\theta_1)]}{r_3}$，$G_{22}=\dfrac{r_2[\sin(\theta_3-\theta_2)-\cos(\theta_3-\theta_2)]}{r_3}$。

合并式（5.5-26）和式（5.5-29）可得列阵

$$\begin{pmatrix}\dot{s}_4\\ \dot{\theta}_3\end{pmatrix}=\boldsymbol{G}\begin{pmatrix}\dot{\theta}_1\\ \dot{\theta}_2\end{pmatrix}=\begin{pmatrix}G_{11} & G_{12}\\ G_{21} & G_{22}\end{pmatrix}\begin{pmatrix}\dot{\theta}_1\\ \dot{\theta}_2\end{pmatrix} \tag{5.5-30}$$

式中的 $\boldsymbol{G}$ 称为一阶运动影响矩阵。

可以看到，$\boldsymbol{G}$ 中的各元素仅与机构各构件的运动尺寸和相对位置相关，而与其他量无关。事实上，它们都是位置函数对输入的微分（导数或偏导数），因此结果肯定是一个与机构各构件的运动尺寸和相对位置相关的量（为机构的位形参数）。因此这一结论具有普遍意义。由此可以定义一般意义上的一阶运动影响系数。即只与机构的位形参数有关，而与速度等其他运动参数分离的一阶（偏）导数称为机构的一阶运动影响系数。

下面给出一般形式的表达。若机构的输入参数为 $\theta_i(i=1,2,\cdots,n)$，输出参数为 $\psi_i(i=1,2,\cdots,n)$，n 为广义坐标数，并且有

$$\psi_i=f(\theta_1,\theta_2,\cdots,\theta_n)\quad(i=1,2,\cdots,n) \tag{5.5-31}$$

则

$$\dot{\psi}_i=\sum_{i=1}^{n}\frac{\partial f(\theta_1,\theta_2,\cdots,\theta_n)}{\partial\theta_i}\dot{\theta}_i=\sum_{i=1}^{n}\frac{\partial\psi_i}{\partial\theta_i}\dot{\theta}_i \tag{5.5-32}$$

若用矩阵表达，可以写成

$$\begin{pmatrix}\dot{\psi}_1\\ \vdots\\ \dot{\psi}_n\end{pmatrix}=\begin{pmatrix}\dfrac{\partial\psi_1}{\partial\theta_1} & \cdots & \dfrac{\partial\psi_1}{\partial\theta_n}\\ \vdots & & \vdots\\ \dfrac{\partial\psi_n}{\partial\theta_1} & \cdots & \dfrac{\partial\psi_n}{\partial\theta_n}\end{pmatrix}\begin{pmatrix}\dot{\theta}_1\\ \vdots\\ \dot{\theta}_n\end{pmatrix} \tag{5.5-33}$$

令

$$\dot{\boldsymbol{\Psi}}=\begin{pmatrix}\dot{\psi}_1\\ \vdots\\ \dot{\psi}_n\end{pmatrix},\quad \boldsymbol{G}=\begin{pmatrix}\dfrac{\partial\psi_1}{\partial\theta_1} & \cdots & \dfrac{\partial\psi_1}{\partial\theta_n}\\ \vdots & & \vdots\\ \dfrac{\partial\psi_n}{\partial\theta_1} & \cdots & \dfrac{\partial\psi_n}{\partial\theta_n}\end{pmatrix},\quad \dot{\boldsymbol{\Phi}}=\begin{pmatrix}\dot{\theta}_1\\ \vdots\\ \dot{\theta}_n\end{pmatrix}$$

因此，式（5.5-33）可以简写成矩阵表达的通式，即

$$\dot{\boldsymbol{\Psi}}=\boldsymbol{G}\dot{\boldsymbol{\Phi}} \tag{5.5-34}$$

G 称为一阶运动影响系数矩阵，在机器人领域又普遍被称为雅可比（Jacobian）矩阵（通常用 **J** 表示）。

再来讨论运用二阶运动影响系数法分析机构的加速度。这里介绍的二阶运动影响系数法同样从几何角度来考察机构的运动。其基本思路是对速度方程作相对于输入变量（如角度）的微分。

仍以图 5-28 所示的铰链四杆机构为例来说明。对式（5.5-14）继续关于 θ_1 作微分得到

$$\begin{cases}-r_2\theta_2''\sin\theta_2+r_3\theta_3''\sin\theta_3=r_1\cos\theta_1+r_2\theta_2'^2\cos\theta_2-r_3\theta_3'^2\cos\theta_3\\ r_2\theta_2''\cos\theta_2-r_3\theta_3''\cos\theta_3=r_1\sin\theta_1+r_2\theta_2'^2\sin\theta_2-r_3\theta_3'^2\sin\theta_3\end{cases} \tag{5.5-35}$$

写成矩阵的形式有

$$\begin{pmatrix}-r_2\sin\theta_2 & r_3\sin\theta_3\\ r_2\cos\theta_2 & -r_3\cos\theta_3\end{pmatrix}\begin{pmatrix}\theta_2''\\ \theta_3''\end{pmatrix}=\begin{pmatrix}r_1\cos\theta_1+r_2\theta_2'^2\cos\theta_2-r_3\theta_3'^2\cos\theta_3\\ r_1\sin\theta_1+r_2\theta_2'^2\sin\theta_2-r_3\theta_3'^2\sin\theta_3\end{pmatrix} \tag{5.5-36}$$

由于

$$\begin{aligned}\varepsilon_2&=\frac{\mathrm{d}\omega_2}{\mathrm{d}t}=\frac{\mathrm{d}}{\mathrm{d}t}\left(\frac{\mathrm{d}\theta_2}{\mathrm{d}t}\right)=\frac{\mathrm{d}}{\mathrm{d}t}\left(\frac{\mathrm{d}\theta_2}{\mathrm{d}\theta_1}\frac{\mathrm{d}\theta_1}{\mathrm{d}t}\right)=\frac{\mathrm{d}}{\mathrm{d}t}\left(\frac{\mathrm{d}\theta_2}{\mathrm{d}\theta_1}\right)\omega_1+\frac{\mathrm{d}\theta_2}{\mathrm{d}\theta_1}\left[\frac{\mathrm{d}}{\mathrm{d}t}\left(\frac{\mathrm{d}\theta_1}{\mathrm{d}t}\right)\right]\\&=\frac{\mathrm{d}}{\mathrm{d}\theta_1}\left[\frac{\mathrm{d}\theta_1}{\mathrm{d}t}\left(\frac{\mathrm{d}\theta_2}{\mathrm{d}\theta_1}\right)\right]\omega_1+\frac{\mathrm{d}\theta_2}{\mathrm{d}\theta_1}\varepsilon_1=\theta_2''\omega_1^2+\theta_2'\varepsilon_1\end{aligned} \tag{5.5-37a}$$

$$\varepsilon_3=\theta_3''\omega_1^2+\theta_3'\varepsilon_1 \tag{5.5-37b}$$

完整的表达式可以写成

$$\boxed{\begin{aligned}\varepsilon_2&=\frac{-r_1\omega_1^2\cos(\theta_1-\theta_3)-r_1\varepsilon_1\sin(\theta_1-\theta_3)-r_2\omega_2^2\cos(\theta_2-\theta_3)+r_3\omega_3^2}{r_2\sin(\theta_2-\theta_3)}\\ \varepsilon_3&=\frac{-r_1\omega_1^2\cos(\theta_1-\theta_2)-r_1\varepsilon_1\sin(\theta_1-\theta_2)+r_3\omega_3^2\cos(\theta_2-\theta_3)-r_2\omega_2^2}{r_3\sin(\theta_2-\theta_3)}\end{aligned}} \tag{5.5-38}$$

对于铰链四杆机构，杆 3 的输出角位置 θ_3 是主动件 1 转角 θ_1 的函数，即 $\theta_3=f(\theta_1)$。这样，杆 3 的角加速度可以表示成

$$\ddot{\theta}_3=\frac{\mathrm{d}^2f(\theta_1,\dot{\theta}_1)}{\mathrm{d}t^2}=\frac{\mathrm{d}f}{\mathrm{d}\theta_1}\ddot{\theta}_1+\frac{\mathrm{d}^2f}{\mathrm{d}\theta_1^2}\dot{\theta}_1^2=G\ddot{\theta}_1+H\dot{\theta}_1^2 \tag{5.5-39}$$

式中，$G=\dfrac{r_1\sin(\theta_2-\theta_1)}{r_3\sin(\theta_2-\theta_3)}$，$H=\dfrac{-r_1\cos(\theta_1-\theta_2)+r_3\dot{\theta}_3^2\cos(\theta_2-\theta_3)-r_2\dot{\theta}_2^2}{r_3\sin(\theta_2-\theta_3)}$。

H 也仅与机构各构件的运动尺寸和相对位置相关，而与其他量无关。该结论是偶然的还是具有普遍性？下面仍然以图 5-31 所示的平面两自由度机构为例。

为求加速度，对式（5.5-22）进一步求导得到

$$\mathrm{j}r_1\ddot{\theta}_1\mathrm{e}^{\mathrm{j}\theta_1}-r_1\dot{\theta}_1^2\mathrm{e}^{\mathrm{j}\theta_1}+\mathrm{j}r_2\ddot{\theta}_2\mathrm{e}^{\mathrm{j}\theta_2}-r_2\dot{\theta}_2^2\mathrm{e}^{\mathrm{j}\theta_2}+\mathrm{j}r_3\ddot{\theta}_3\mathrm{e}^{\mathrm{j}\theta_3}-r_3\dot{\theta}_3^2\mathrm{e}^{\mathrm{j}\theta_3}=\ddot{s}_4 \tag{5.5-40}$$

为建立输入输出之间的运动关系，需要消去中间量 θ_3，因此上式两边乘以 $\mathrm{e}^{-\mathrm{j}\theta_3}$，得到

$$\mathrm{j}r_1\ddot{\theta}_1\mathrm{e}^{\mathrm{j}(\theta_1-\theta_3)}-r_1\dot{\theta}_1^2\mathrm{e}^{\mathrm{j}(\theta_1-\theta_3)}+\mathrm{j}r_2\ddot{\theta}_2\mathrm{e}^{\mathrm{j}(\theta_2-\theta_3)}-r_2\dot{\theta}_2^2\mathrm{e}^{\mathrm{j}(\theta_2-\theta_3)}+\mathrm{j}r_3\ddot{\theta}_3-r_3\dot{\theta}_3^2=\ddot{s}_4\mathrm{e}^{-\mathrm{j}\theta_3} \tag{5.5-41}$$

利用欧拉公式对虚部和实部进行分解，并取实部相等，由此可以导出

$$\ddot{s}_4=G_{11}\ddot{\theta}_1+G_{12}\ddot{\theta}_2-\frac{r_1\cos(\theta_3-\theta_1)\dot{\theta}_1^2+r_2\cos(\theta_3-\theta_2)\dot{\theta}_2^2+r_3\dot{\theta}_3^2}{\cos\theta_3} \tag{5.5-42}$$

由前面的速度分析结果可知

$$\dot{\theta}_3=G_{21}\dot{\theta}_1+G_{22}\dot{\theta}_2 \tag{5.5-43}$$

代入式（5.5-42）中得到

$$\ddot{s}_4=G_{11}\ddot{\theta}_1+G_{12}\ddot{\theta}_2+H_{11}\dot{\theta}_1^2+H_{22}\dot{\theta}_2^2+(H_{12}+H_{21})\dot{\theta}_1\dot{\theta}_2 \tag{5.5-44}$$

式中，$H_{11}=\dfrac{\partial^2 s_4}{\partial\theta_1\partial\theta_1}=\dfrac{-r_1\cos(\theta_3-\theta_1)+r_3G_{21}^2}{\cos\theta_3}$，$H_{22}=\dfrac{\partial^2 s_4}{\partial\theta_2\partial\theta_2}=\dfrac{-r_2\cos(\theta_3-\theta_2)+r_3G_{22}^2}{\cos\theta_3}$，$H_{12}=H_{21}=\dfrac{r_3G_{21}G_{22}}{\cos\theta_3}$。

式（5.5-44）还可以写成矩阵表达的形式，即

$$\ddot{s}_4=\begin{pmatrix}G_{11} & G_{12}\end{pmatrix}\begin{pmatrix}\ddot{\theta}_1\\ \ddot{\theta}_2\end{pmatrix}+\begin{pmatrix}\dot{\theta}_1 & \dot{\theta}_2\end{pmatrix}\begin{pmatrix}H_{11} & H_{12}\\ H_{21} & H_{22}\end{pmatrix}\begin{pmatrix}\dot{\theta}_1\\ \dot{\theta}_2\end{pmatrix} \tag{5.5-45}$$

类似的推导（取式（5.5-41）的虚部相等）可以得到

$$\ddot{\theta}_3=\begin{pmatrix}G_{21} & G_{22}\end{pmatrix}\begin{pmatrix}\ddot{\theta}_1\\ \ddot{\theta}_2\end{pmatrix}+\begin{pmatrix}\dot{\theta}_1 & \dot{\theta}_2\end{pmatrix}\begin{pmatrix}H'_{11} & H'_{12}\\ H'_{21} & H'_{22}\end{pmatrix}\begin{pmatrix}\dot{\theta}_1\\ \dot{\theta}_2\end{pmatrix} \tag{5.5-46}$$

式中，$H'_{11}=\dfrac{\partial^2\theta_3}{\partial\theta_1\partial\theta_1}$，$H'_{22}=\dfrac{\partial^2\theta_3}{\partial\theta_2\partial\theta_2}$，$H'_{12}=H'_{21}=\dfrac{\partial^2\theta_3}{\partial\theta_1\partial\theta_2}$。

式（5.5-45）和式（5.5-46）组合在一起得到矩阵形式的表达，即

$$\begin{pmatrix}\ddot{s}_4\\ \ddot{\theta}_3\end{pmatrix}=\boldsymbol{G}_{2\times2}\begin{pmatrix}\ddot{\theta}_1\\ \ddot{\theta}_2\end{pmatrix}+\begin{pmatrix}\dot{\theta}_1 & \dot{\theta}_2\end{pmatrix}\boldsymbol{H}_{2\times2\times2}\begin{pmatrix}\dot{\theta}_1\\ \dot{\theta}_2\end{pmatrix} \tag{5.5-47}$$

式中的 $\boldsymbol{H}$ 称为二阶运动影响矩阵，是个分层矩阵。

从此例同样可以看到，$\boldsymbol{H}$ 矩阵中各元素仅与机构各构件的运动尺寸和相对位置相关，而与其他量无关。事实上，无论 $\boldsymbol{G}$ 还是 $\boldsymbol{H}$，都是位置函数对输入的微分，因此结果肯定是一个与机构各构件的运动尺寸和相对位置相关的量。这一结论具有普遍意义。由此可以定义一般意义上的二阶运动影响系数。即只与机构的位形参数有关，而与速度等其他运动参数分离的二阶（偏）导数称为机构的二阶运动影响系数（two-order kinematic coefficients）。

下面给出一般形式的表达。若机构的输入参数为 $\theta_i(i=1,2,\cdots,n)$，输出参数为 $\psi_i(i=1,2,\cdots,n)$，n 为广义坐标数。将式（5.5-32）再对时间求导得到

$$\ddot{\psi}_i=\sum_{i=1}^{n}\frac{\partial\psi_i}{\partial\theta_i}\ddot{\theta}_i+\sum_{j=1}^{n}\sum_{i=1}^{n}\frac{\partial^2\psi_i}{\partial\theta_i\partial\theta_i}\dot{\theta}_i\dot{\theta}_j \tag{5.5-48}$$

若以矩阵形式的一般表达来表示可以写成

$$\begin{pmatrix}\ddot{\psi}_1\\ \vdots\\ \ddot{\psi}_n\end{pmatrix}=\begin{pmatrix}\dfrac{\partial\psi_1}{\partial\theta_1} & \cdots & \dfrac{\partial\psi_1}{\partial\theta_n}\\ \vdots & & \vdots\\ \dfrac{\partial\psi_n}{\partial\theta_1} & \cdots & \dfrac{\partial\psi_n}{\partial\theta_n}\end{pmatrix}\begin{pmatrix}\ddot{\theta}_1\\ \vdots\\ \ddot{\theta}_n\end{pmatrix}+\begin{pmatrix}\dot{\theta}_1 & \cdots & \dot{\theta}_n\end{pmatrix}\begin{pmatrix}\dfrac{\partial^2\boldsymbol{\Psi}}{\partial\theta_1\partial\theta_1} & \cdots & \dfrac{\partial^2\boldsymbol{\Psi}}{\partial\theta_1\partial\theta_n}\\ \vdots & & \vdots\\ \dfrac{\partial^2\boldsymbol{\Psi}}{\partial\theta_1\partial\theta_n} & \cdots & \dfrac{\partial^2\boldsymbol{\Psi}}{\partial\theta_n\partial\theta_n}\end{pmatrix}\begin{pmatrix}\dot{\theta}_1\\ \vdots\\ \dot{\theta}_n\end{pmatrix} \tag{5.5-49}$$

令

$$\ddot{\boldsymbol{\Psi}}=\begin{pmatrix}\ddot{\psi}_1\\ \vdots\\ \ddot{\psi}_n\end{pmatrix},\quad \ddot{\boldsymbol{\Phi}}=\begin{pmatrix}\ddot{\theta}_1\\ \vdots\\ \ddot{\theta}_n\end{pmatrix},\quad \dot{\boldsymbol{\Phi}}=\begin{pmatrix}\dot{\theta}_1\\ \vdots\\ \dot{\theta}_n\end{pmatrix},\quad \boldsymbol{G}=\begin{pmatrix}\dfrac{\partial\psi_1}{\partial\theta_1} & \cdots & \dfrac{\partial\psi_1}{\partial\theta_n}\\ \vdots & & \vdots\\ \dfrac{\partial\psi_n}{\partial\theta_1} & \cdots & \dfrac{\partial\psi_n}{\partial\theta_n}\end{pmatrix},\quad \boldsymbol{H}=\begin{pmatrix}\dfrac{\partial^2\boldsymbol{\Psi}}{\partial\theta_1\partial\theta_1} & \cdots & \dfrac{\partial^2\boldsymbol{\Psi}}{\partial\theta_1\partial\theta_n}\\ \vdots & \dfrac{\partial^2\boldsymbol{\Psi}}{\partial\theta_i\partial\theta_j} & \vdots\\ \dfrac{\partial^2\boldsymbol{\Psi}}{\partial\theta_1\partial\theta_n} & \cdots & \dfrac{\partial^2\boldsymbol{\Psi}}{\partial\theta_n\partial\theta_n}\end{pmatrix}$$

而

$$\frac{\partial^2\boldsymbol{\Psi}}{\partial\theta_i\partial\theta_j}=\begin{pmatrix}\dfrac{\partial^2\psi_1}{\partial\theta_i\partial\theta_j}\\ \vdots\\ \dfrac{\partial^2\psi_n}{\partial\theta_i\partial\theta_j}\end{pmatrix}_{n\times1}$$

因此，式（5.5-49）可以简写成矩阵表达的通式，即

$$\ddot{\boldsymbol{\Psi}}=\boldsymbol{G}\ddot{\boldsymbol{\Phi}}+\dot{\boldsymbol{\Phi}}^{\mathrm{T}}\boldsymbol{H}\dot{\boldsymbol{\Phi}} \tag{5.5-50}$$

$\boldsymbol{H}$ 称为二阶运动影响系数矩阵，在机器人领域又普遍被称为海森（Hessian）矩阵。

5.5.4 向量法

首先考虑对任意一个平面向量而言，都有

$$\dot{\boldsymbol{r}}=\frac{\mathrm{d}}{\mathrm{d}t}(r\bar{\boldsymbol{r}})=\dot{r}\bar{\boldsymbol{r}}+r\dot{\bar{\boldsymbol{r}}} \tag{5.5-51}$$

式中及本书后面各章节中，用 $\bar{\boldsymbol{r}}$ 表示单位向量。

由于

$$\dot{\bar{\boldsymbol{r}}}=\boldsymbol{\omega}\times\bar{\boldsymbol{r}}=\omega(\boldsymbol{k}\times\bar{\boldsymbol{r}}) \tag{5.5-52}$$

因此

$$\dot{\boldsymbol{r}}=\frac{\mathrm{d}}{\mathrm{d}t}(r\bar{\boldsymbol{r}})=\dot{r}\bar{\boldsymbol{r}}+r\omega(\boldsymbol{k}\times\bar{\boldsymbol{r}}) \tag{5.5-53}$$

这里仍以图 5-28 所示铰链四杆机构的速度、加速度分析为例来说明向量法的应用。

首先考虑速度分析。对式（5.5-12）求导得

$$\boldsymbol{\omega}_1\times\boldsymbol{r}_1+\boldsymbol{\omega}_2\times\boldsymbol{r}_2+\boldsymbol{\omega}_3\times\boldsymbol{r}_3=0 \tag{5.5-54}$$

将式（5.5-53）代入式（5.5-54），可得

$$r_1\omega_1(\boldsymbol{k}\times\bar{\boldsymbol{r}}_1)+r_2\omega_2(\boldsymbol{k}\times\bar{\boldsymbol{r}}_2)+r_3\omega_3(\boldsymbol{k}\times\bar{\boldsymbol{r}}_3)=0 \tag{5.5-55}$$

对式（5.5-55）分别点积 $\bar{\boldsymbol{r}}_3$ 和 $\bar{\boldsymbol{r}}_2$ 得到

$$\begin{cases}r_1\omega_1(\boldsymbol{k}\times\bar{\boldsymbol{r}}_1)\cdot\bar{\boldsymbol{r}}_3+r_2\omega_2(\boldsymbol{k}\times\bar{\boldsymbol{r}}_2)\cdot\bar{\boldsymbol{r}}_3=0\\ r_1\omega_1(\boldsymbol{k}\times\bar{\boldsymbol{r}}_1)\cdot\bar{\boldsymbol{r}}_2+r_3\omega_3(\boldsymbol{k}\times\bar{\boldsymbol{r}}_3)\cdot\bar{\boldsymbol{r}}_2=0\end{cases} \tag{5.5-56}$$

由此得到

$$\omega_2=-\frac{r_1(\boldsymbol{k}\times\bar{\boldsymbol{r}}_1)\cdot\bar{\boldsymbol{r}}_3}{r_2(\boldsymbol{k}\times\bar{\boldsymbol{r}}_2)\cdot\bar{\boldsymbol{r}}_3}\omega_1,\quad \omega_3=-\frac{r_1(\boldsymbol{k}\times\bar{\boldsymbol{r}}_1)\cdot\bar{\boldsymbol{r}}_2}{r_3(\boldsymbol{k}\times\bar{\boldsymbol{r}}_3)\cdot\bar{\boldsymbol{r}}_2}\omega_1 \tag{5.5-57}$$

由于 $\boldsymbol{k}\times\bar{\boldsymbol{r}}_1=-\sin\theta_1\boldsymbol{i}+\cos\theta_1\boldsymbol{j}$，可以导出

$$(\boldsymbol{k}\times\bar{\boldsymbol{r}}_i)\cdot\bar{\boldsymbol{r}}_j=\sin(\theta_j-\theta_i) \tag{5.5-58}$$

这样，式（5.5-58）可以简化为

$$\omega_2=-\frac{r_1\sin(\theta_3-\theta_1)}{r_2\sin(\theta_3-\theta_2)}\omega_1,\quad \omega_3=-\frac{r_1\sin(\theta_2-\theta_1)}{r_3\sin(\theta_2-\theta_3)}\omega_1 \tag{5.5-59}$$

再来考虑加速度分析。对铰链四杆机构的速度方程式（5.5-54）求导得到

$$\boldsymbol{\omega}_1\times(\boldsymbol{\omega}_1\times\boldsymbol{r}_1)+\dot{\boldsymbol{\omega}}_2\times\boldsymbol{r}_2+\boldsymbol{\omega}_2\times(\boldsymbol{\omega}_2\times\boldsymbol{r}_2)-\dot{\boldsymbol{\omega}}_3\times\boldsymbol{r}_3-\boldsymbol{\omega}_3\times(\boldsymbol{\omega}_3\times\boldsymbol{r}_3)=0 \tag{5.5-60}$$

化简得到

$$-r_1\omega_1^2\bar{\boldsymbol{r}}_1+r_2\dot{\omega}_2(\boldsymbol{k}\times\bar{\boldsymbol{r}}_2)-r_2\omega_2^2\bar{\boldsymbol{r}}_2-r_3\dot{\omega}_3(\boldsymbol{k}\times\bar{\boldsymbol{r}}_3)+r_3\omega_3^2\bar{\boldsymbol{r}}_3=0 \tag{5.5-61}$$

对式（5.5-61）分别点积 $\bar{\boldsymbol{r}}_3$ 和 $\bar{\boldsymbol{r}}_2$ 得

$$\begin{cases}-r_1\omega_1^2\bar{\boldsymbol{r}}_1\cdot\bar{\boldsymbol{r}}_3+r_2\varepsilon_2(\boldsymbol{k}\times\bar{\boldsymbol{r}}_2)\cdot\bar{\boldsymbol{r}}_3-r_2\omega_2^2\bar{\boldsymbol{r}}_2\cdot\bar{\boldsymbol{r}}_3+r_3\omega_3^2=0\\-r_1\omega_1^2\bar{\boldsymbol{r}}_1\cdot\bar{\boldsymbol{r}}_2-r_2\omega_2^2-r_3\varepsilon_3(\boldsymbol{k}\times\bar{\boldsymbol{r}}_3)\cdot\bar{\boldsymbol{r}}_2+r_3\omega_3^2\bar{\boldsymbol{r}}_3\cdot\bar{\boldsymbol{r}}_2=0\end{cases} \tag{5.5-62}$$

由此可得

$$\varepsilon_2=\frac{r_1\omega_1^2\bar{\boldsymbol{r}}_1\cdot\bar{\boldsymbol{r}}_3-r_3\omega_3^2+r_2\omega_2^2\bar{\boldsymbol{r}}_2\cdot\bar{\boldsymbol{r}}_3}{r_2(\boldsymbol{k}\times\bar{\boldsymbol{r}}_2)\cdot\bar{\boldsymbol{r}}_3},\quad \varepsilon_3=\frac{r_1\omega_1^2\bar{\boldsymbol{r}}_1\cdot\bar{\boldsymbol{r}}_2+r_2\omega_2^2-r_3\omega_3^2\bar{\boldsymbol{r}}_3\cdot\bar{\boldsymbol{r}}_2}{-r_3(\boldsymbol{k}\times\bar{\boldsymbol{r}}_3)\cdot\bar{\boldsymbol{r}}_2} \tag{5.5-63}$$

读者可以自己证明式（5.5-38）和式（5.5-63）是一致的。

5.5.5 综合实例

本节以图5-30所示的扑翼机构为例，利用前面介绍的解析方法对其进行速度、加速度分析。

扑翼机构速度分析的任务是根据已知主动件的角速度求出两翅扇动的角速度，将机构的位置向量方程对时间进行一次求导，得到速度向量方程

$$\begin{cases}\mathrm{j}\dot{\theta}_1r_1\mathrm{e}^{\mathrm{j}\theta_1}+\mathrm{j}\dot{\theta}_2r_2\mathrm{e}^{\mathrm{j}\theta_2}=\mathrm{j}\dot{\theta}_3r_3\mathrm{e}^{\mathrm{j}\theta_3}\\\mathrm{j}\dot{\theta}_5r_5\mathrm{e}^{\mathrm{j}\theta_5}+\mathrm{j}\dot{\theta}_6\mathrm{e}^{\mathrm{j}\theta_6}=\mathrm{j}\dot{\theta}_7r_7\mathrm{e}^{\mathrm{j}\theta_7}\end{cases} \tag{5.5-64}$$

根据等式两边虚部与实部分别相等的原则，建立方程组并化简得到

$$\begin{cases}\dot{\theta}_2=\dfrac{r_1\sin(\theta_3-\theta_1)}{r_2\sin(\theta_2-\theta_3)}\dot{\theta}_1\\\dot{\theta}_3=\dfrac{r_1\sin(\theta_2-\theta_1)}{r_3\sin(\theta_2-\theta_3)}\dot{\theta}_1\\\dot{\theta}_6=\dfrac{r_5\sin(\theta_7-\theta_5)}{r_6\sin(\theta_6-\theta_7)}\dot{\theta}_5\\\dot{\theta}_7=\dfrac{r_5\sin(\theta_6-\theta_5)}{r_7\sin(\theta_6-\theta_7)}\dot{\theta}_5\end{cases} \tag{5.5-65}$$

由于 $\theta_5=\theta_1+\delta$，进行一次求导得 $\dot{\theta}_5=\dot{\theta}_1$。这样，当主动件的角速度 $\dot{\theta}_1$ 给定后，可由式（5.5-65）求出翅膀扇动的角速度。

由扑翼机构的位置与速度分析可知，这可以通过求解角速度为零的点得到，即

$$\begin{cases}\dot{\theta}_3=\dfrac{r_1\sin(\theta_2-\theta_1)}{r_3\sin(\theta_2-\theta_3)}\dot{\theta}_1=0\\\dot{\theta}_7=\dfrac{r_5\sin(\theta_6-\theta_5)}{r_7\sin(\theta_6-\theta_7)}\dot{\theta}_5=0\end{cases} \tag{5.5-66}$$

要满足式（5.5-66），必然有 $\theta_1-\theta_2=0$ 或 $\theta_1-\theta_2=\pi$，并且 $\theta_5-\theta_6=0$ 或 $\theta_5-\theta_6=\pi$。如图 5-32 所示，当 $\theta_1=\theta_2$ 并且 $\theta_5=\theta_6$ 时，两侧扇翅达到最高点，当 $\theta_1-\theta_2=\pi$ 并且 $\theta_5-\theta_6=\pi$ 时，两侧扇翅达到最低点。

由图 5-32 所示的几何关系可以看出，为了使两侧翅膀同时达到最高点，需要满足

$$\delta=2\arccos\frac{(r_1+r_2)^2+r_4^2-r_3^2}{2(r_1+r_2)r_4} \tag{5.5-67}$$

为了使两侧翅膀同时达到最低点，需要满足

$$\delta=2\arccos\frac{(r_2-r_1)^2+r_4^2-r_3^2}{2(r_2-r_1)r_4} \tag{5.5-68}$$

由式（5.5-67）和式（5.5-68）还可以得出构件长度约束等式

$$\frac{(r_1+r_2)^2+r_4^2-r_3^2}{2(r_1+r_2)r_4}=\frac{(r_2-r_1)^2+r_4^2-r_3^2}{2(r_2-r_1)r_4} \tag{5.5-69}$$

化简得

$$r_1^2+r_4^2=r_2^2+r_3^2 \tag{5.5-70}$$

另外，翅膀达到最高点时的扇翅角为

$$\theta_{3H}=\arccos\left[\frac{r_4^2+r_3^2-(r_1+r_2)^2}{2r_4r_3}\right]-\frac{\pi}{2} \tag{5.5-71}$$

翅膀达到最低点时的扇翅角为

$$\theta_{3L}=\arccos\left[\frac{r_4^2+r_3^2-(r_2-r_1)^2}{2r_4r_3}\right]-\frac{\pi}{2} \tag{5.5-72}$$

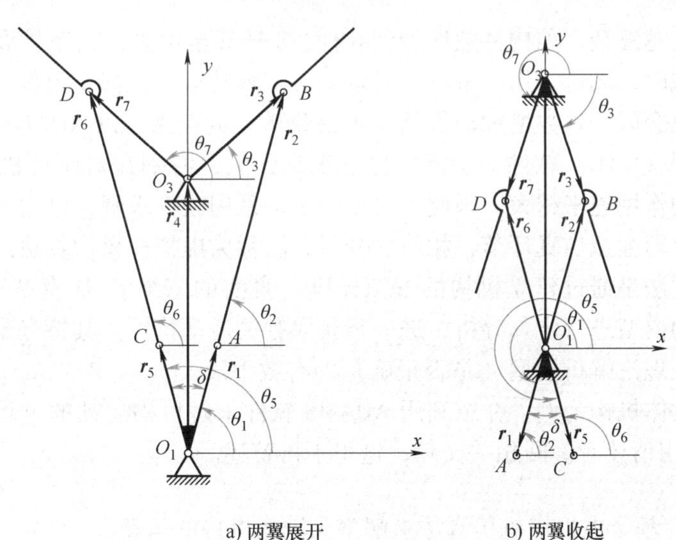

a) 两翼展开　　　　b) 两翼收起

图 5-32　扑翼机构的两个极限位置

由式（5.5-71）和式（5.5-72）得到扑翼机构带动翅膀实现的扇翅角范围为

$$\phi=\theta_{3H}-\theta_{3L}=\arccos\left[\frac{r_4^2+r_3^2-(r_2-r_1)^2}{2r_4r_3}\right]-\arccos\left[\frac{r_4^2+r_3^2-(r_2-r_1)^2}{2r_4r_3}\right] \tag{5.5-73}$$

将机构的速度向量方程对时间再进行一次求导得到加速度向量方程

$$\begin{cases}\mathrm{j}\ddot{\theta}_1 r_1\mathrm{e}^{\mathrm{j}\theta_1}-\dot{\theta}_1^2 r_1\mathrm{e}^{\mathrm{j}\theta_1}+\mathrm{j}\ddot{\theta}_2 r_2\mathrm{e}^{\mathrm{j}\theta_2}-\dot{\theta}_2^2 r_2\mathrm{e}^{\mathrm{j}\theta_2}=\mathrm{j}\ddot{\theta}_3 r_3\mathrm{e}^{\mathrm{j}\theta_3}-\dot{\theta}_3^2 r_3\mathrm{e}^{\mathrm{j}\theta_3}\\ \mathrm{j}\ddot{\theta}_5 r_5\mathrm{e}^{\mathrm{j}\theta_5}-\dot{\theta}_5^2 r_5\mathrm{e}^{\mathrm{j}\theta_5}+\mathrm{j}\ddot{\theta}_6 r_6\mathrm{e}^{\mathrm{j}\theta_6}-\dot{\theta}_6^2 r_6\mathrm{e}^{\mathrm{j}\theta_6}=\mathrm{j}\ddot{\theta}_7 r_7\mathrm{e}^{\mathrm{j}\theta_7}-\dot{\theta}_7^2 r_7\mathrm{e}^{\mathrm{j}\theta_7}\end{cases} \tag{5.5-74}$$

可以求得各构件的角加速度为

$$\begin{cases}\ddot{\theta}_2=-\dfrac{A\cos\theta_3+B\sin\theta_3}{r_2\sin(\theta_2-\theta_3)}\\ \ddot{\theta}_3=-\dfrac{A\cos\theta_2+B\sin\theta_2}{r_3\sin(\theta_2-\theta_3)}\\ \ddot{\theta}_6=-\dfrac{A\cos\theta_7+B\sin\theta_7}{r_6\sin(\theta_6-\theta_7)}\\ \ddot{\theta}_7=-\dfrac{A\cos\theta_6+B\sin\theta_6}{r_7\sin(\theta_6-\theta_7)}\end{cases} \tag{5.5-75}$$

式中

$$A=r_1\ddot{\theta}_1\sin\theta_1+r_1\dot{\theta}_1^2\cos\theta_1+r_2\dot{\theta}_2^2\cos\theta_2-r_3\dot{\theta}_3^2\cos\theta_3$$
$$B=-r_1\ddot{\theta}_1\cos\theta_1+r_1\dot{\theta}_1^2\sin\theta_1+r_2\dot{\theta}_2^2\sin\theta_2-r_3\dot{\theta}_3^2\sin\theta_3$$

注意到 $\ddot{\theta}_5=\ddot{\theta}_1$，而且如果机构主动件的角速度 $\dot{\theta}_1$ 为常数，即匀速转动时，则 $\ddot{\theta}_1=0$。进一步通过式（5.5-75）可以求得此时翅膀扇动的角加速度。

5.6 平面机构运动分析的虚拟样机仿真法

随着机构越来越复杂，如构件数增加到6杆、8杆甚至更多，或者扩展到组合机构、空间机构等范畴，这时，无论采用图解法还是解析法求解其运动，都变得越来越吃力。即使采用数值法求解，也会因变量数增加使得结果不易收敛。近年来，以ADAMS为代表的一些大型计算机辅助工程（CAE）软件，功能变得越来越强大，特别在对刚性机构的运动学及动力学分析中发挥的作用越来越大。因此，对复杂机构采用软件求解，已逐渐成为工程中必不可少的一个环节，即虚拟仿真环节，相应的分析方法称为虚拟样机仿真法。

虚拟样机仿真法是通过建立机构的虚拟样机（真实的三维CAD模型），再利用软件自身的求解器对机构模型进行仿真分析，进一步获取有关运动特性。其特点是简单、直观，尤其是可以作为验证理论解析模型（是否正确）的有效手段。

下面以一个具体机构为例，介绍利用ADAMS软件求解机构运动的过程及方法。而有关ADAMS软件的使用请读者参阅相关文献，这里不再赘述。

【例5-13】 基于虚拟样机仿真法求解牛头刨床机构的运动。

图5-33a为牛头刨床机构（shaper mechanism）的运动简图，它实质上是曲柄导杆机构的衍生机构。其中，$l_1=26\text{mm}$，$l_3=90\text{mm}$，$l_4=62\text{mm}$，$O_1O_3=30\text{mm}$。

根据牛头刨床机构简图绘制出其虚拟样机模型（图5-33b），然后在ADAMS软件中进行运动仿真（仿真条件设置：在驱动杆1的铰点处施加30(°)/s的旋转运动），分析末端执行构件，也就是滑块5的运动特性（包括滑块5的运动轨迹及位移、速度、加速

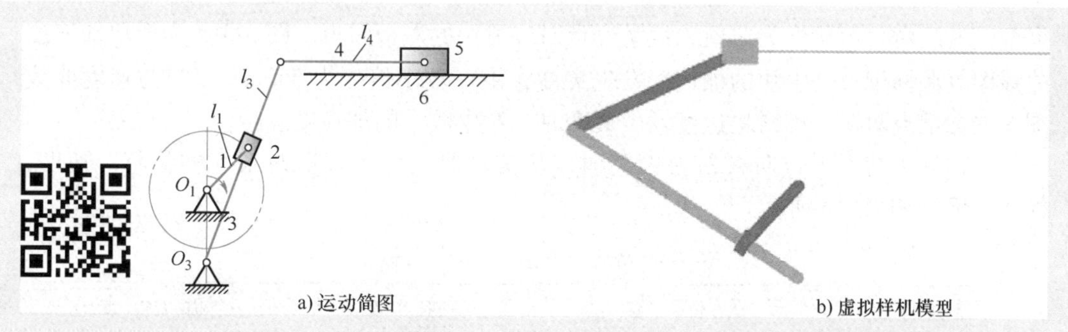

a) 运动简图　　b) 虚拟样机模型

图 5-33　牛头刨床机构

度曲线等）。图 5-33b 中的黑色水平线为滑块中心点的运动轨迹，此时滑块位于运动轨迹的左极限点。由滑块运动轨迹图可得出，滑块在水平面上做直线往复运动，与实际应用情况相符。轨迹的两个端点分别对应滑块的两个极限位置，即左极限位置和右极限位置。

进一步仿真得到滑块中心点的位移、速度、加速度曲线，分别如图 5-34 和图 5-35 所示。

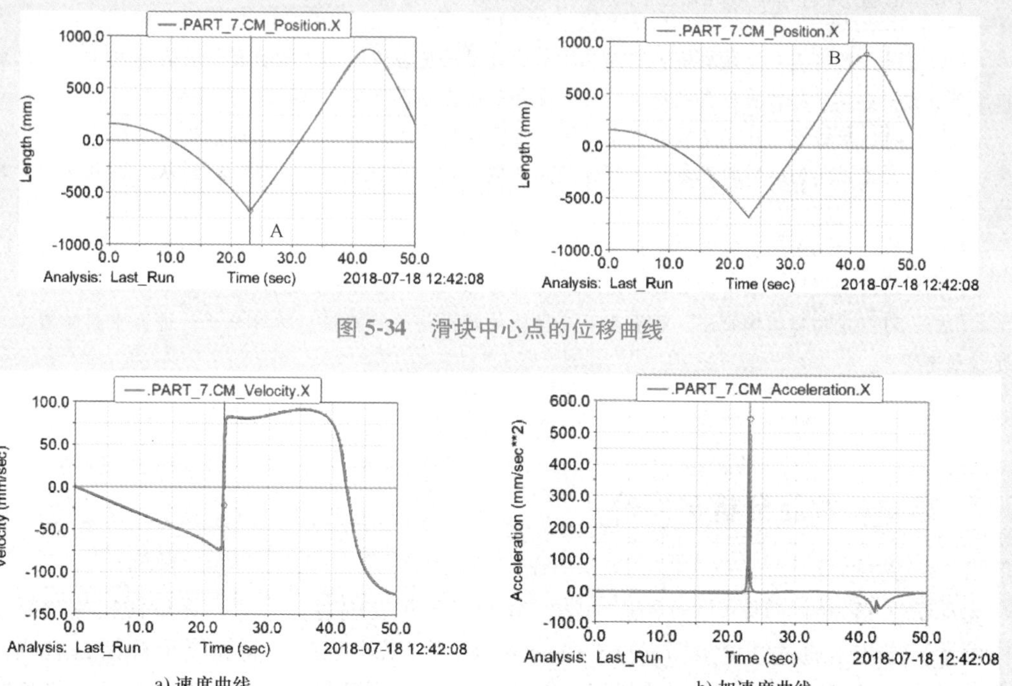

图 5-34　滑块中心点的位移曲线

a) 速度曲线　　b) 加速度曲线

图 5-35　滑块中心点的速度、加速度曲线

由图 5-34 可得出，滑块运动到左极限位置时，对应的位移曲线点在点 A 处，此时的位移量为−673mm；滑块运动到右极限位置时，对应的位移曲线点在点 B 处，此时的位移量为 886.7mm。

图 5-35a 所示为滑块中心点的速度曲线图。从图中可以看出在标记点处发生了速度

突变，速度由负值跳变为正值，该跳变点对应滑块的左极限点。图 5-35b 为滑块加速度曲线图。在标记点处滑块的加速度发生突变，由一较小值变为 543mm/s^2，与速度曲线图中的标记点对应，即滑块速度发生突变时，产生较大的加速度。

当构件 1 与水平方向夹角为 353°时，从仿真曲线图中提取滑块 5 的位移、速度、加速度值，如表 5-3 所示。

表 5-3　滑块的位移、速度、加速度

运动特性	位　移	速　度	加速度
仿真值	87.6mm	121.887mm/s	0
理论值	87.6mm	121.89mm/s	0

表 5-3 中得到的仿真结果与理论计算结果基本吻合。因此，若对一些复杂机构进行理论建模比较困难时，可以利用 ADAMS 对其进行仿真。随着计算机技术的发展，这已成为一种更快捷的分析验证方法。

【知识梳理】：平面机构运动分析通用方法的总结

【方法 1】：直接建立位置解析表达式　从基于封闭向量多边形的机构位置解析表达式出发，求取位置方程的一、二阶导数可以得到该机构的速度和加速度分析方程。

【方法 2】：复数法　建立复数形式的封闭向量多边形表达式表示位置方程，进而求解速度和加速度。该方法是方法 1 的一种特殊表达，充分利用了复数的运算法则（欧拉定理），从而达到简化计算的目的。

【方法 3】：运动影响系数法　从机构的几何特性出发，建立机构的一、二阶运动影响系数（矩阵）。

【方法 4】：向量法　利用向量运算技巧求得机构的位置、速度和加速度。

【方法 5】：虚拟样机仿真法　利用商用工程软件对机构进行建模、仿真分析，进而求得位置、速度和加速度。

5.7　运动学性能分析与评价

运动学性能分析与评价是机构运动学研究的一项重要内容。毕竟，无论做机构分析还是机构设计，往往是通过性能指标（performance index）来实现的。而性能指标需具有明确的物理意义，一般可以用数学方程来描述，具有可计算、可度量等特征。对机构运动学性能的评价也是如此。下面介绍几种与平面机构相关的运动性能指标。

5.7.1　急回特性

四杆机构是最简单也最常用的机构，与之相关的性能指标具有一定的代表性。对于曲柄摇杆、曲柄滑块及导杆等存在往复运动构件的机构，曲柄连续整周转动，其输出构件——摇杆、滑块及导杆等做往复运动（reciprocating motion）。而做往复运动的构件都有一些共同的特点：

1）机构都存在两个工作极限位置（limit position），两个极限位置之间的夹角或位移称为行程（stroke）。在实际应用中，往复运动构件在一个运动循环中往复摆动两次，其中一个行程为工作行程（work stroke），另一个行程为空回行程（return stroke）。

2）可能具有急回特性（quick-return characteristic）。

下面分别具体考察一下这三种机构的急回特性。

1. 曲柄摇杆机构

对于图 5-36 所示的曲柄摇杆机构，从机构的运动过程可以看出，O_3D 为往复运动构件，并存在两个速度为零的极限位置，这种情况下，曲柄与连杆共线。摇杆 O_3D 的两个极限位置间的夹角 ψ 为摇杆的行程。请读者思考一下，如何通过几何法确定这两个极限位置。

下面考察摇杆在两个极限位置下的曲柄位置。当摇杆 O_3D 由 O_3D_1 摆动至 O_3D_2 位置时，对应的曲柄转角为 φ；当摇杆 O_3D 再由 O_3D_2 摆回至 O_3D_1 位置时，对应的曲柄转角为 $360°-\varphi$。如果 $\varphi>180°$，则两个曲柄位置之间所夹的锐角 $\theta=\varphi-180°$，并定义此角为极位夹角（crank angle between two limit positions）。一般情况下，曲柄作为主动件，通常为等速转动，因此其转角的大小与时间成正比。摇杆由 O_3D_1 摆动至 O_3D_2 位置（为工作行程），对应的曲柄转角为 $180°+\theta$，所用时间为

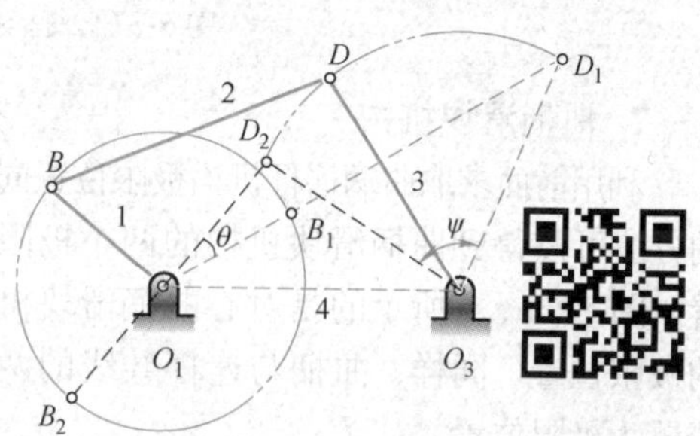

图 5-36　曲柄摇杆机构的两个极限位置

$$t_1=\frac{180°+\theta}{\dot{\varphi}_1} \tag{5.7-1}$$

当摇杆由 O_3D_2 摆回至 O_3D_1 位置（为空回行程），对应的曲柄转角为 $180°-\theta$，所用时间为

$$t_2=\frac{180°-\theta}{\dot{\varphi}_1} \tag{5.7-2}$$

定义工作行程与空回行程所用的时间比 K 为急回系数（或行程速比系数，time ratio of mechanism），即

$$K=\frac{t_1}{t_2}=\frac{180°+\theta}{180°-\theta} \tag{5.7-3}$$

很显然，当 $\theta\neq0$ 时，$K>1$，意味着空回行程所用的时间比工作时间短。因此将摇杆的这种运动特性称为急回特性。减少空回行程时间可以提高工作效率，如刨床、压力机等机器的主体机构均如此。

下面考虑如何利用解析法确定极限位置和急回系数，如图 5-37 所示。有

$$\theta=\alpha_2-\alpha_1 \tag{5.7-4}$$

$$\Delta\varphi_1=180°+\theta=180°+\alpha_2-\alpha_1 \tag{5.7-5}$$

$$\psi=\beta_1-\beta_2 \tag{5.7-6}$$

式中，$\alpha_1=\arccos\left[\frac{r_4^2+(r_1+r_2)^2-r_3^2}{2r_4(r_1+r_2)}\right]$，$\alpha_2=\arccos\left[\frac{r_4^2+(r_2-r_1)^2-r_3^2}{2r_4(r_2-r_1)}\right]$，

$\beta_1=\arccos\left[\frac{r_3^2+r_4^2-(r_1+r_2)^2}{2r_3r_4}\right]$，$\beta_2=\arccos\left[\frac{r_4^2+r_3^2-(r_2-r_1)^2}{2r_3r_4}\right]$。

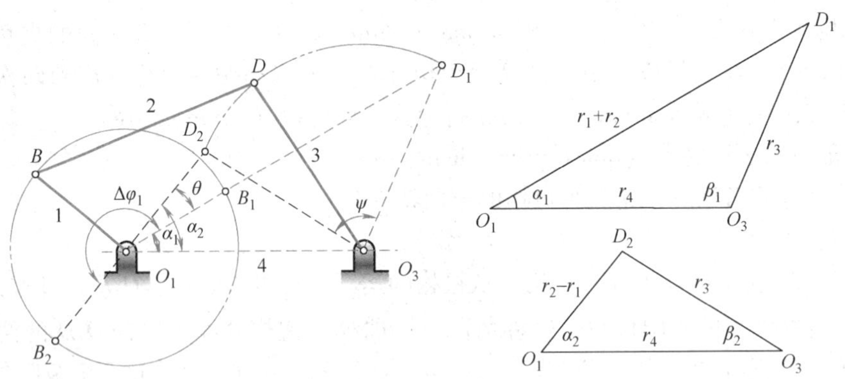

图 5-37　曲柄摇杆机构急回系数的确定

2. 曲柄滑块机构

利用前面求取曲柄摇杆机构极限位置同样的方法可以得到曲柄滑块机构的两个极限位置，图 5-38b、c 所示的是对心曲柄滑块机构的极限位置。同样，曲柄与连杆共线的两个位置为极限位置。

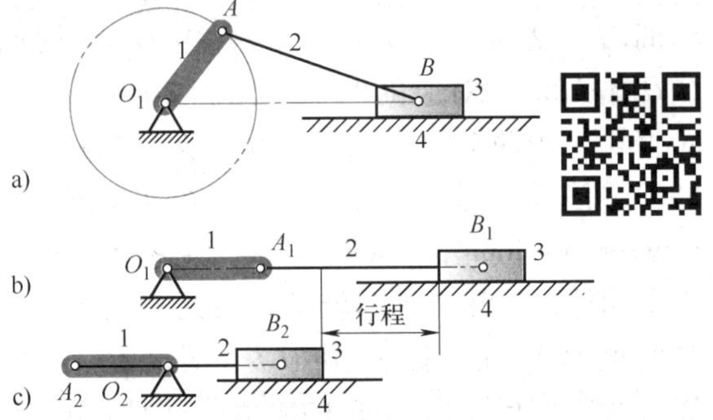

图 5-38　对心曲柄滑块机构的极限位置

读者可以考虑一下，对心曲柄滑块机构是否具有急回特性（从极位夹角的角度来考虑）。由于极位夹角为零，很显然该机构没有急回特性。反之，偏置型曲柄滑块机构一定具有急回特性。下面利用解析法来确定极限位置和急回系数，如图 5-39 所示。

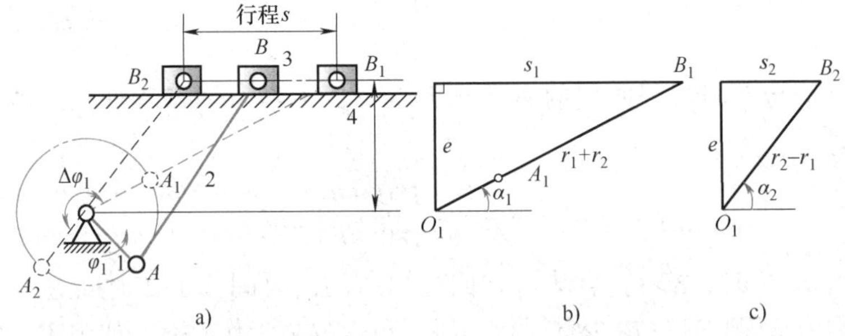

图 5-39　曲柄滑块机构极限位置与急回系数的确定

$$\Delta\varphi_1 = 180° + \alpha_2 - \alpha_1 \tag{5.7-7}$$

$$s = s_1 - s_2 \tag{5.7-8}$$

式中，$\alpha_1 = \arcsin\left(\frac{e}{r_1+r_2}\right)$，$s_1 = \sqrt{(r_1+r_2)^2-e^2}$，$\alpha_2 = \arcsin\left(\frac{e}{r_2-r_1}\right)$，$s_2 = \sqrt{(r_2-r_1)^2-e^2}$。因此，

$$t_1 = \frac{\Delta\varphi_1}{\dot{\varphi}_1}, \quad t_2 = \frac{360° - \Delta\varphi_1}{\dot{\varphi}_1} \tag{5.7-9}$$

$$K = \frac{t_1}{t_2} = \frac{\Delta\varphi_1}{360° - \Delta\varphi_1} \tag{5.7-10}$$

3. 导杆机构

利用前面求取曲柄摇杆和曲柄滑块机构极限位置同样的方法可以得到导杆机构的两个极限位置，如图 5-40 所示。这时，曲柄与滑块的速度方向垂直的两个位置为极限位置。

对于导杆机构，存在一个特殊的几何条件：极位夹角与导杆的行程相等，即

$$\theta=\psi \tag{5.7-11}$$

式中，$\psi=2\arcsin(r_1/r_4)$。另外，由于

$$t_1=\frac{180°+\theta}{\dot{\varphi}_1}=\frac{180°+\psi}{\dot{\varphi}_1},\quad t_2=\frac{180°-\theta}{\dot{\varphi}_1}=\frac{180°-\psi}{\dot{\varphi}_1}$$

因此，导杆机构的急回系数

$$K=\frac{t_1}{t_2}=\frac{180°+\psi}{180°-\psi} \tag{5.7-12}$$

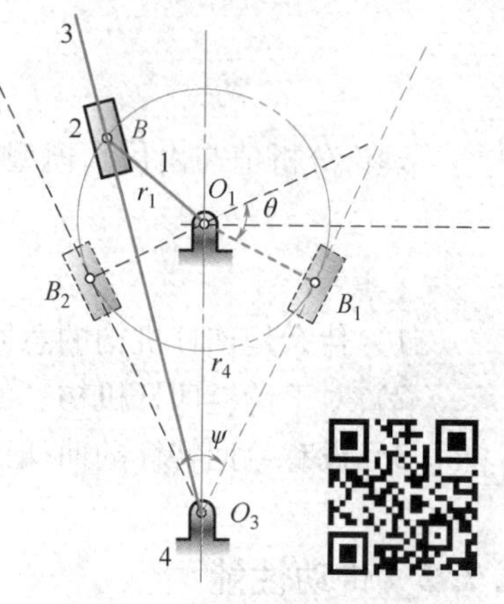

图 5-40　导杆机构极限位置与急回系数的确定

【例 5-14】　已知铰链四杆机构的杆长 $r_1=3.5\text{cm}$，$r_2=10.0\text{cm}$，$r_3=9.0\text{cm}$，$r_4=8.0\text{cm}$，确定该机构的急回系数，并利用 ADAMS 进行仿真验证。

解：分析该曲柄摇杆机构，根据式（5.7-4）和式（5.7-6），可以计算出摇杆处于两极限位置的时候，曲柄的夹角为 36°。则

$$K=\frac{v_2}{v_1}=\frac{t_1}{t_2}=\frac{180°+\theta}{180°-\theta}=\frac{180°+36°}{180°-36°}=1.5$$

图 5-41 所示是利用 ADAMS 仿真时测量的构件 3 的角速度（角速度曲线）。

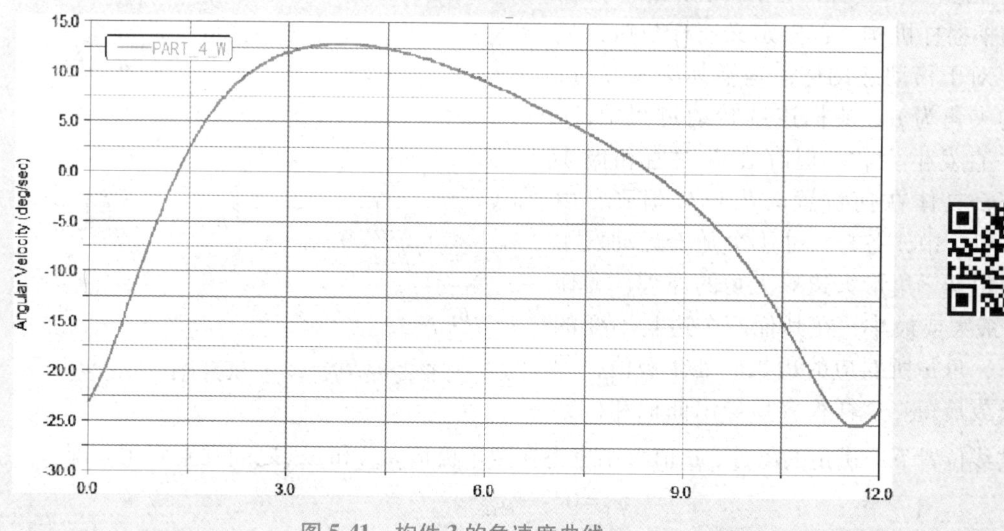

图 5-41　构件 3 的角速度曲线

由图 5-41 可以看出，构件 3 由最大正角运动至最大负角和由最大负角运动至最大正角所需时间不同，这恰好体现了平面四杆机构的急回特性。回程时间段为 1.3~8.5s，推程时间段为 0~1.3s 及 8.5~12s。代入式（5.7-12）中，得急回系数

$$K=\frac{t_1}{t_2}=\frac{7.2}{4.8}=1.5$$

理论分析值与由仿真模型得到的计算值一致。

【思考题】:

1）什么是连杆机构的急回特性？如何衡量急回特性？

2）对于铰链四杆机构、偏置曲柄滑块机构而言，极位夹角各出现在什么位置？

3）没有急回特性的曲柄摇杆机构，其结构上有何特点（示意画出机构运动简图）？

5.7.2 传动性能

首先考虑如图 5-37a 所示的曲柄摇杆机构，若将摇杆作为主动件，曲柄则变成了执行从动件。当机构处于图 5-37b 所示两个极限位置之一时，这时的机构还能运动吗？而对于图 5-40 所示的导杆机构，是否也存在相同的现象？而这些现象实际上反映了机构的某种传动性能（transmission performance）。

机构在设计过程中必须考虑其传动性能的影响。那么何谓机构的传动性能呢？它是指可以定量衡量机构功率输入与输出有效性的指标。

传统衡量机构传动性能的指标包括传动角（transmission angle）和压力角（pressure angle）等。其中传动角更适合用于平面连杆机构中，而压力角对衡量凸轮机构、齿轮机构等高副机构的传动性能比较有效（第 7、8 章中将重点介绍此概念）。

为衡量机构运动的传递效果，引入了一个新的概念——传动角。例如对于图 5-42 所示的曲柄摇杆机构。首先定义连杆与执行从动件（对于移动从动件，是指其法线方向）之间的夹角为 μ。曲柄连续转动过程中，μ 的值一直发生变化，但存在极大值和极小值。那么具体在何位置时出现极值呢？由于四杆机构中，各杆尺寸不会随着运动发生改变，根据三角形大边对大角的原理，要使 μ 的值最大或最小，在其他两个边长不变的情况下，角 μ 所对应的边长应处于极值，即取最长或最短。这样很容易导出曲柄和机架两种共线位置下应满足的条件，μ 值大小也将在两个极值 μ_{max} 和 μ_{min} 之间发生变化，即

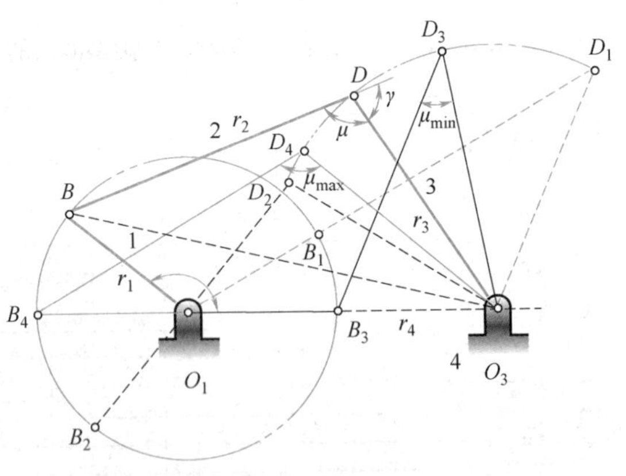

图 5-42 铰链四杆机构的传动角

$$\begin{aligned}\varphi_1=0°:&\rightarrow\mu_{min}\\ \varphi_1=180°:&\rightarrow\mu_{max}\end{aligned} \tag{5.7-13}$$

不过，为保证传动的质量，一般情况下要求

$$45°<\mu<135° \tag{5.7-14}$$

在一些高速和重载的场合，最小极限值要大于 50°。由于机构的传动角 γ 为一个锐角，

即当$\mu\leqslant 90°$时，$\gamma=\mu$；当$\mu>90°$时，$\gamma=180°-\mu$。因此，传动角的取值范围与最小值分布如下：

$$45°<\gamma<90°$$

$$\gamma_{\min}=\begin{cases}\min\{\mu_{\min},\mu_{\max}\} & (\mu_{\max}\leqslant 90°)\\ \min\{\mu_{\min},180°-\mu_{\max}\} & (\mu_{\max}>90°)\end{cases} \tag{5.7-15}$$

可以看出，传动角最小值的大小只与各杆的长度有关。

以上给出了用几何方法确定传动角及其最小值的方法，下面再讨论一下解析方法。

如图 5-42 所示，连接两个铰链点 B 和 O_3，根据余弦定理可得

$$r_{BO_3}^2=r_1^2+r_4^2-2r_1r_4\cos\varphi_1=r_2^2+r_3^2-2r_2r_3\cos\mu \tag{5.7-16}$$

因此

$$\boxed{\mu=\arccos\left(\frac{r_2^2+r_3^2-r_1^2-r_4^2+2r_1r_4\cos\varphi_1}{2r_2r_3}\right)} \tag{5.7-17}$$

由式（5.7-17）可知，当各杆件尺寸确定后，μ 的值或传动角 γ 都只是曲柄转角的函数。而且，当$\varphi_1=0°$时，对应$\mu_{\min}$；当$\varphi_1=180°$时，对应$\mu_{\max}$。由此根据式（5.7-15）可得到传动角的极值

$$\gamma_{\min}=\begin{cases}\min\left\{\arccos\left(\dfrac{r_2^2+r_3^2-(r_1-r_4)^2}{2r_2r_3}\right),\arccos\left(\dfrac{r_2^2+r_3^2-(r_1+r_4)^2}{2r_2r_3}\right)\right\} & (r_2^2+r_3^2\geqslant(r_1+r_4)^2)\\ \gamma_{\min}=\min\left\{\arccos\left(\dfrac{r_2^2+r_3^2-(r_1-r_4)^2}{2r_2r_3}\right),180°-\arccos\left(\dfrac{r_2^2+r_3^2-(r_1+r_4)^2}{2r_2r_3}\right)\right\} & (r_2^2+r_3^2<(r_1+r_4)^2)\end{cases} \tag{5.7-18}$$

可以通过 ADAMS 对机构的传动角进行仿真，来验证以上模型的正确性。

【例 5-15】　已知铰链四杆机构的杆长 $r_1=3.5\text{cm}$，$r_2=10.0\text{cm}$，$r_3=9.0\text{cm}$，$r_4=8.0\text{cm}$，确定该机构在曲柄转角$\varphi_1=30°$时的传动角及极值情况，并利用 ADAMS 进行仿真验证。

解：将以上参数代入式（5.7-17），可得

$$\mu=\arccos\left(\frac{r_2^2+r_3^2-r_1^2-r_4^2+2r_1r_4\cos\varphi_1}{2r_2r_3}\right)=31.64°$$

$$\text{当}\ \varphi_1=0°\text{时，}\mu_{\min}=\arccos\left(\frac{r_2^2+r_3^2-r_1^2-r_4^2+2r_1r_4}{2r_2r_3}\right)=26.74°$$

$$\text{当}\ \varphi_1=180°\text{时，}\mu_{\max}=\arccos\left(\frac{r_2^2+r_3^2-r_1^2-r_4^2-2r_1r_4}{2r_2r_3}\right)=74.29°$$

因此，根据式（5.7-18），可得该机构的传动角极值为

$$\gamma_{\min}=\min\{\mu_{\min},\mu_{\max}\}=26.74°$$

可以看出，该值已经超出了正常值要求。通过 ADAMS 进行仿真得到如图 5-43 所示曲线。

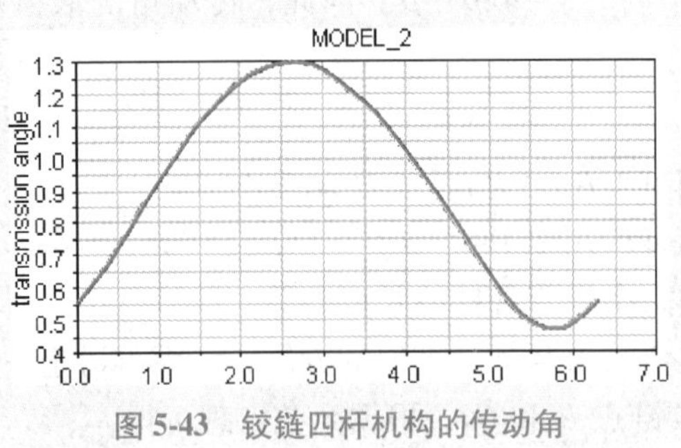

图 5-43　铰链四杆机构的传动角

【思考题】：

1）前面给出的是曲柄摇杆机构传动角的极值特性，对于双摇杆机构其传动角的极值处于什么位置呢？

2）什么是连杆机构的传动角？铰链四杆机构和曲柄滑块机构的最小传动角出现在什么位置？

下面再来讨论一下曲柄滑块机构和导杆机构的传动角。

对于图 5-44 所示的偏置曲柄滑块机构，通过类似于前面的分析可知，其传动角的计算公式可写成

$$\gamma=\mu=\begin{cases}\arccos\left(\dfrac{a\sin\varphi+e}{b}\right)\\ \arccos\left(\dfrac{|a\sin\varphi-e|}{b}\right)\end{cases}\qquad(5.7\text{-}19)$$

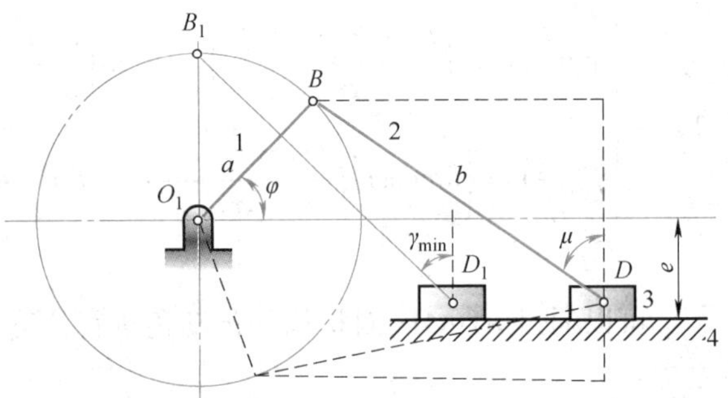

图 5-44　偏置曲柄滑块机构传动角最小值的所在位置

由式（5.7-19）很容易确定该机构传动角的最小值应出现在曲柄与滑块运动方向相垂直且远离偏心一方的位置。即

$$\gamma_{\min}=\arccos\left(\frac{a+e}{b}\right)\qquad(5.7\text{-}20)$$

再来考察一下对心曲柄滑块机构的传动角。它的分布比较特殊，具体如图 5-45 所示。可以看出，该机构传动角的最大值和最小值都对应有两个位置：其最小值在垂直位置上，但最大值并不在垂直位置上，而对应着其工作极限的两个位置。

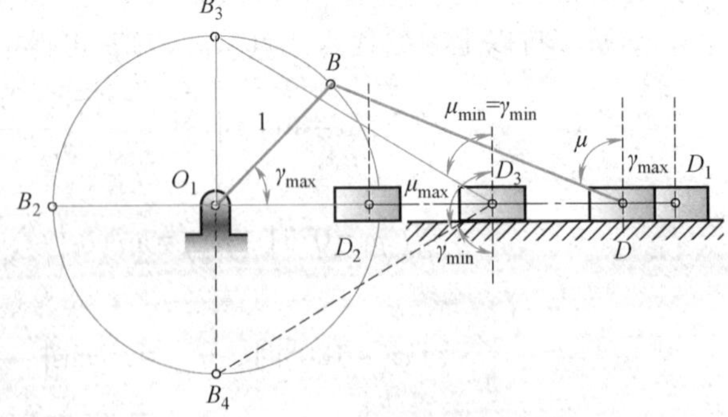

图 5-45　对心曲柄滑块机构传动角的极值分布

对于导杆机构，通过分析可以知道，由于滑块始终沿着导杆滑动，因此其传动角总是等于 90°，为常值。

【知识扩展】：正、逆传动角定义及性能评价[65]

传动角 γ 的大小决定着连杆机构力传递性能的优劣，因此被广泛应用于以平面连杆机构为执行机构的装备设计中。不过，传动角 γ 仅反映了连杆机构在输出端抵抗外力的能力，如何评价平面连杆机构输入端的运动传递特性？

通过建立输入端运动和传递力之间投影关系，如图 5-46 所示，发现输入杆与连杆之间的夹角 δ 是影响输入端运动传递性能的核心参数，为此将夹角 δ 定义为平面连杆机构的**逆传动角**（inverse transmission angle），传动角 γ 定义为机构的**正传动角**（forward transmission angle），分别用正、逆传动角的正弦值反映机构输出端和输入端的运动传递性能优劣。

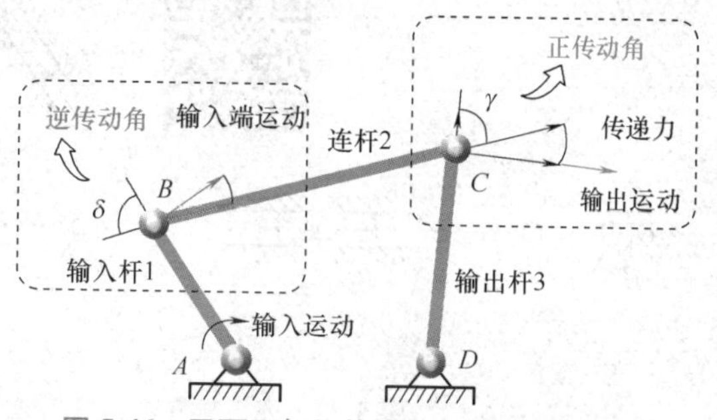

图 5-46　平面四杆机构中正、逆传动角定义

以正、逆传动角为核心，可建立平面连杆机构运动和力传递性能评价指标体系，包括：输入传递指标 ITI = sinδ、输出传递指标 OTI = sinγ 和局部传递指标 LTI = min{ITI，OTI}，且 ITI，OTI，LTI ∈ [0，1]。详见参考文献［65］。

注意：传动角总是针对**输出构件**而言的。通过分析前面的曲柄摇杆机构可知，该机构传动角的极值不会为 0°。不过，反过来将摇杆作为主动件，曲柄为从动件。通过同样的分析可以发现，该机构在曲柄与连杆共线的两个位置，传动角为 0°。这时，机构的传动性能变得极差。如图 5-47 所示，可以通过受力的角度来分析：在此状态下，连杆给予输出件曲柄的作用力在理论上通过其固定铰链中心 O_3，因此曲柄不受有效外力的作用，机构不能运动。这种机构位置称为机构的**死点位置**（toggle position）。从运动几何角度来看，机构处于死点位置时，由于执行件与连杆共线，曲柄将有正、反两个方向转动的可能性，也就是说，曲柄的运动是不确定的。实际应用中应利用某种方法（如构件的惯性）来确保执行件连续通过死点。

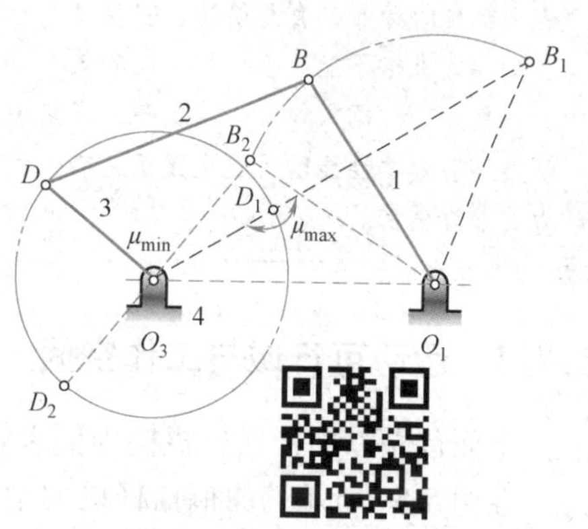

图 5-47　曲柄摇杆机构反向驱动时的两个死点位置

如内燃机主体机构是图 5-45 所示的以滑块为主动件的曲柄滑块机构。若停车时机构处于死点位置（图 5-48a），则汽车是无法再起动的。但一旦机构运动起来后，靠各构件的惯性作用，机构就能顺利通过死点位置而保持连续运动。为避免停车时因机构处于死点位置而无法再起动，可采用多缸内燃机，即有多个相同的曲柄滑块机构（同一个曲柄输出），通过将机构错位排列的办法，使各个机构的死点位置不在同一个位置出现。图 5-48b 所示为双缸内燃机的一种错位排列，机构 O_1BD 处于死点位置时，机构 $O_1B'D'$ 则处于一般位置，所以通过连杆 $B'D'$ 仍能推动曲柄转动。

死点也有其有利的一面。因为机械在死点位置时，无论驱动力有多大，机构都不能运动，因此可以起到“锁紧”作用。如图5-49所示的飞机起落架机构，当机轮放下时，杆 BC 和 CD 成一条直线，此时机轮上虽然受到很大的力，但由于机构处于死点位置，起落架不会折回，这可使飞机起落和停放更加可靠。

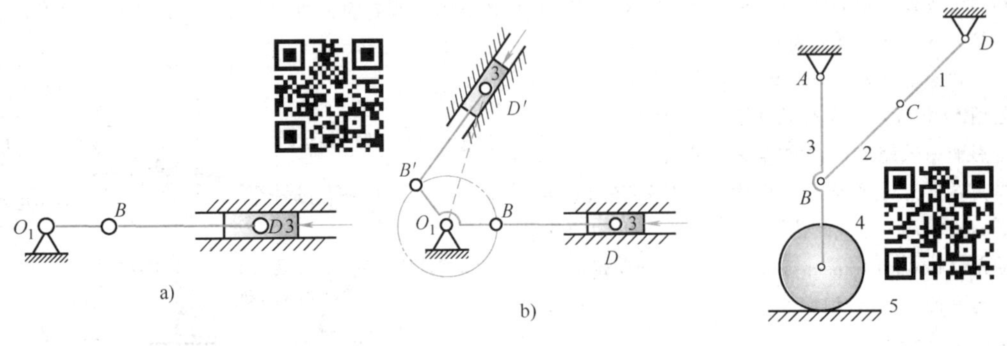

图5-48 死点位置的避免方法　　图5-49 飞机起落架

> 【知识扩展】：机构的奇异
>
> 机构的奇异（singularity）又称奇异位形（singular configuration），是指机构的运动约束条件发生线性相关而导致失效的某一特殊位置和姿态。死点便是一种特殊的奇异。
>
> 机构的奇异具有两面性，它有好的一面，比如增力机械、自锁机械等。但更多情况下，奇异的存在会导致机构不能继续运动，或者失去稳定，甚至损坏机构。
>
> 例如，机器人作为一类复杂的多自由度机构，更容易发生奇异。当机器人处于奇异位形时，其运动学、动力学性能瞬时发生突变，或处于死点，或失去稳定，或自由度发生变化，使得传递运动及动力的能力失常。

5.7.3 运动可行域与工作空间

下面首先以曲柄摇杆机构为例来解释机构运动可行域（feasible working range）的概念。

在图5-50所示的曲柄摇杆机构中，各构件的尺寸关系及安装的初始状态决定了曲柄整周转动时机构的运动（即摇杆的输出运动）可行域。

那么什么是机构的运动可行域呢？如何确定机构的运动可行域呢？

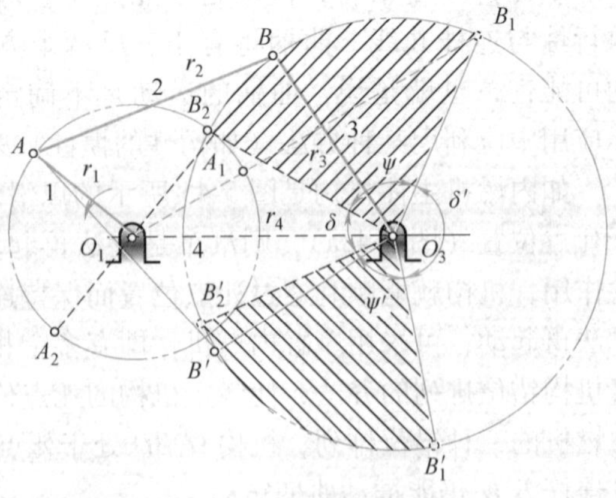

图5-50 曲柄摇杆机构的运动可行域

设想拆开运动副 B，以此来考察点 B 的运动范围。首先，点 B 必在以 O_3 为圆心、BO_3 为半径的圆周上运动。同时，相对于点 O_1，点 B 运动的最远范围不能超出圆弧 $r_{max}=r_2+r_1$，最近范围不能小于圆弧 $r_{min}=r_2-r_1$。以上两条决定了点 B 的运动范围，从而可以确定机构的可行域，如图5-50所示的两个阴影部分。若将其安装成 O_1ABO_3 的型式，则摇杆在 ψ 角范围内摆动并占据其中的任何位置；若将其安装成 $O_1AB'O_3$ 的型式，则摇杆在 ψ'

角范围内摆动并占据其中的任何位置。即在 ψ 角或 ψ' 角范围内该机构的运动是连续的。因此将由 ψ 角和 ψ' 角所决定的区域称为机构运动的可行域，又可称为该机构的工作空间。相反，在 B 所在的圆周中，δ 角和 δ' 角所决定的区域称为机构运动的非可行域。

设计平面连杆机构时，应满足**运动连续性**（continuous motion）条件，不能要求从动件从一个可行域（跳过不可行域）直接进入另一个可行域。

对于开链机构，往往关注的是在机构运动过程中，其输出构件末端（执行器）可能达到的运动范围，其形状和大小反映了该机构的运动能力。这种情况下，称之为机构（或机器人）的**工作空间**（workspace）。其概念与运动可行域有所不同。

这里以简单的平面 2R 机构为例来说明机构工作空间的概念。建立如图 5-51 所示坐标系，位置解满足封闭向量多边形法则。即

$$\boldsymbol{r}_B=\boldsymbol{r}_A+\boldsymbol{r}_{BA} \tag{5.7-21}$$

写成复数的指数形式

$$\boldsymbol{r}_{OB}=r_1\mathrm{e}^{\mathrm{j}\theta_1}+r_2\mathrm{e}^{\mathrm{j}(\theta_1+\theta_2)} \tag{5.7-22}$$

将实部和虚部分解得到

$$\begin{cases}x_B=r_1\cos\theta_1+r_2\cos(\theta_1+\theta_2)\\ y_B=r_1\sin\theta_1+r_2\sin(\theta_1+\theta_2)\end{cases} \tag{5.7-23}$$

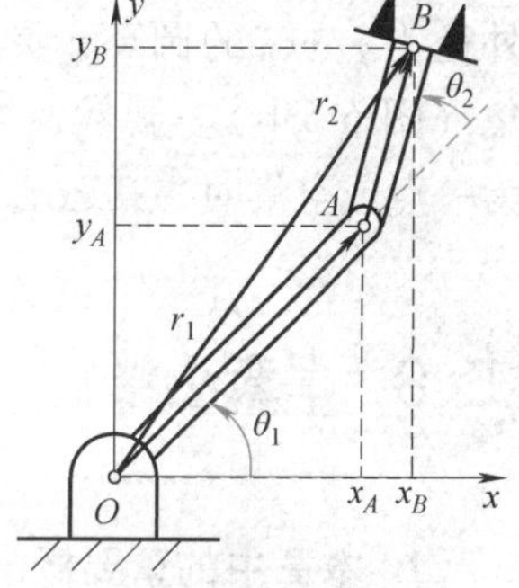

图 5-51　平面 2R 机构

进一步定义该机构末端的姿态角 $\varphi=\theta_1+\theta_2$。当已知各构件的长度（$r_1$ 和 r_2）及输入的角度参数（θ_1 和 θ_2），由式（5.7-23）很容易计算出末端参考点 B 的坐标。此类问题为机构的位置正解，它构成了机构正向运动学的一个最重要环节。反之，当已知各构件的长度（r_1 和 r_2）和末端参考点 B 的坐标，也可以由式（5.7-23）计算出输入的角度参数（θ_1 和 θ_2）。此类问题为机构的位置反解，它构成了机构反向运动学的一个最重要环节。

本例的具体推导过程从略，表达如下：

$$\theta_2=\arccos\left(\frac{x_B^2+y_B^2-r_1^2-r_2^2}{2r_1r_2}\right) \tag{5.7-24}$$

$$\theta_1=\arctan\left(\frac{y_B(r_1+r_2\cos\theta_2)-x_Br_2\sin\theta_2}{x_B(r_1+r_2\cos\theta_2)+y_Br_2\sin\theta_2}\right) \tag{5.7-25}$$

式中，$\sin\theta_2=\pm\sqrt{1-\cos^2\theta_2}$。因此机构对应两组解，即在给定已知条件下该机构对应两组位形，具体如图 5-51 所示。

根据机构的位置正、反解，可进一步确定该机构的工作空间。实际上对于一般多自由度机构的工作空间而言，至少包含两种类型的工作空间：**可达工作空间**（reachable workspace）和**灵活工作空间**（dexterous workspace）。

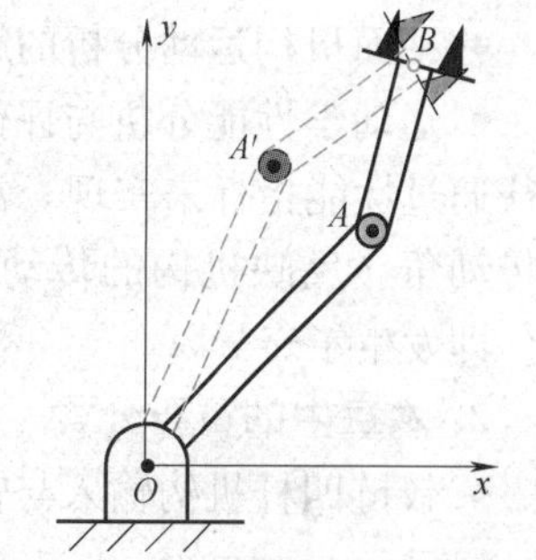

图 5-52　平面 2R 机构的两组位置

以机器人的工作空间为例。可达工作空间是指机器人末端至少能以一种姿态可以到达的所有位置点的集合；灵巧工作空间是指机器人末端可以从任何方向（以任何姿态）到达的位置点的集合。换句话说，当机器人末端位于灵巧工作空间的 Q 点时，机器人末端可以绕通过 Q 点的所有直线轴线做整周转动。显然，**灵活**

工作空间是可达工作空间的一个子空间。灵巧工作空间又称为机器人可达工作空间的一级子空间，而可达工作空间的其余部分称为可达工作空间的二级子空间。

如图 5-52 所示的平面 2R 机构，根据可达工作空间和灵活工作空间的定义，很容易确定它的两类空间。若 $r_1=r_2=r$，则可达工作空间为半径为 $2r$ 的圆（含内部），灵活工作空间为圆心点（图 5-53a）；若 $r_1\neq r_2$，则可达工作空间为内径为 $|r_1-r_2|$、外径为 r_1+r_2 的圆环，灵活工作空间为空集（图 5-53b）。显然，当灵活工作空间为一点或空集时，其运动灵活性比较差。

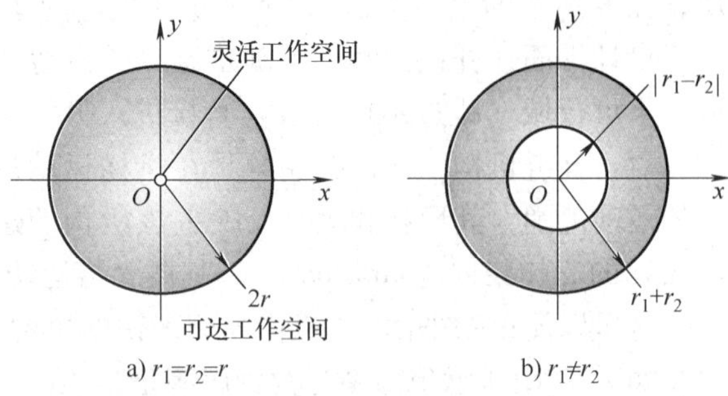

图 5-53　不同尺寸参数下的两类工作空间对比

5.8 本章小结

1. 本章中的重要概念

- 机构运动分析是指根据机构尺寸和主动件已知的运动规律，确定从动件上某一参考点的轨迹、位置、速度、加速度和构件的角位置、角速度及角加速度，进而得到该机构的各种运动学特性，主要包括正向运动学分析与反向运动学分析。已知运动输入量求输出量称为正向运动学分析；反之，已知输出量求输入量称为反向运动学分析。
- 机构运动分析方法主要有图解法、解析法、数值法及虚拟仿真法。其中，相对运动图解法利用了理论力学中刚体平面运动和点的复合运动这两个相对运动原理。
- 速度瞬心是指做相对运动的两构件上绝对速度相等的瞬时重合点，若该点的绝对速度为零，称为绝对瞬心；若该点的绝对速度不为零，称为相对瞬心。
- 瞬心位置确定的方法：①直观确定直接以运动副连接的两构件的瞬心位置；②利用三心定理来确定不直接以运动副连接的两构件的瞬心位置。
- 用速度瞬心法求机构的速度就是利用瞬心为两构件瞬时绝对速度相等的重合点的概念，建立待求运动构件与已知构件之间的速度关系进行求解。
- 平面机构运动分析的解析法包括直接求导法、复数法、运动影响系数法、向量法等。
- 运动学性能分析与评价是机构运动学研究的一项重要内容。无论机构分析还是设计，往往通过性能指标来实现。常用的性能指标包括急回系数（反映机构的急回特性）、压力角与传动角（反映机构的传动特性）、运动可行域等。当机构的传动角为零时，处于死点位置，即发生了奇异。

2. 本章中的重要公式

- 铰链四杆机构输入与输出之间的位置、速度、加速度方程为

$$\boldsymbol{r}_1+\boldsymbol{r}_2=\boldsymbol{r}_3+\boldsymbol{r}_4$$

$$r_1\mathrm{e}^{\mathrm{j}\theta_1}+r_2\mathrm{e}^{\mathrm{j}\theta_2}=r_4+r_3\mathrm{e}^{\mathrm{j}\theta_3}$$

$$\dot{\varphi}_3=\frac{l_1\sin(\varphi_1-\varphi_2)}{l_3\sin(\varphi_3-\varphi_2)}\dot{\varphi}_1$$

$$\ddot{\varphi}_3=\frac{l_1\dot{\varphi}_1^2\cos(\varphi_1-\varphi_2)+l_2\dot{\varphi}_2^2-l_3\dot{\varphi}_3^2\cos(\varphi_3-\varphi_2)-l_1\ddot{\varphi}_1\sin(\varphi_1-\varphi_2)}{l_3\sin(\varphi_3-\varphi_2)}$$

- 急回系数定义式：

$$K=\frac{t_1}{t_2}=\frac{180°+\theta}{180°-\theta},\quad K=\frac{t_1}{t_2}=\frac{180°+\psi}{180°-\psi}\quad（导杆机构）$$

- 铰链四杆机构的传动角及极值计算公式：

$$\gamma=\begin{cases}\mu & \mu\leqslant 90°\\ 180°-\mu & \mu>90°\end{cases},$$

其中，

$$\mu=\arccos\left(\frac{r_2^2+r_3^2-r_1^2-r_4^2+2r_1r_4\cos\varphi_1}{2r_2r_3}\right)$$

$$\gamma_{\min}=\begin{cases}\min\left\{\arccos\left(\frac{r_2^2+r_3^2-(r_1-r_4)^2}{2r_2r_3}\right),\arccos\left(\frac{r_2^2+r_3^2-(r_1+r_4)^2}{2r_2r_3}\right)\right\} & (r_2^2+r_3^2\geqslant(r_1+r_4)^2)\\ \gamma_{\min}=\min\left\{\arccos\left(\frac{r_2^2+r_3^2-(r_1-r_4)^2}{2r_2r_3}\right),180°-\arccos\left(\frac{r_2^2+r_3^2-(r_1+r_4)^2}{2r_2r_3}\right)\right\} & (r_2^2+r_3^2<(r_1+r_4)^2)\end{cases}$$

辅助阅读材料

◆ 有关机构运动分析的重要文献

[1] MARTIN G H. Kinematics and Dynamics of Machines [M]. 2nd ed. New York：McGraw-Hill，1982.

[2] NORTON R L. Design of Machinery：an Introduction to Synthesis and Analysis of Mechanisms and Machines [M]. 5th ed. New York：McGraw-Hill，2011.

[3] UICKER J J，PENNOCK G R，SHIGLEY J E. Theory of Machines and Mechanisms [M]. 5th ed. New York：Oxford University Press，2017.

[4] 白师贤. 高等机构学 [M]. 上海：上海科学技术出版社，1988.

[5] 蔡自兴. 机器人学 [M]. 北京：清华大学出版社，2000.

[6] 曹惟庆. 平面连杆机构的分析与综合 [M]. 北京：科学出版社，1989.

[7] 郭卫东. 虚拟样机技术与 ADAMS 应用实例教程 [M]. 北京：北京航空航天大学出版社，2008.

[8] 韩建友，杨通，于靖军. 高等机构学 [M]. 2 版. 北京：机械工业出版社，2015.

[9] 黄真，孔令富，方跃法. 并联机器人机构学理论及控制 [M]. 北京：机械工业出版社，1997.

[10] 克雷格. 机器人学导论 [M]. 负超，王伟，译. 4 版. 北京：机械工业出版社，2018.

[11] 理查德，等. 机器人操作的数学导论 [M]. 徐卫良，钱瑞明，译. 北京：机械工业出版社，1998.

[12] 梁崇高，陈海宗. 平面连杆机构的计算设计 [M]. 北京：高等教育出版社，1993.

[13] 熊有伦，丁汉，刘恩沧. 机器人学 [M]. 北京：机械工业出版社，1993.

[14] 熊有伦，李文龙，陈文斌，等. 机器人学建模、控制与视觉 [M]. 武汉：华中科技大学出版社，2018.

[15] 张启先. 空间机构的分析与综合：上册 [M]. 北京：机械工业出版社，1984.

[16] 张春林. 高等机构学 [M]. 2 版. 北京：北京理工大学出版社，2006.

◆ 有关机构运动性能指标的重要文献

[1] 刘辛军，谢福贵，汪劲松. 并联机器人机构学基础 [M]. 北京：高等教育出版社，2018.

[2] 刘辛军，于靖军，孔宽文. 机器人机构学 [M]. 北京：机械工业出版社，2021.

[3] 于靖军，刘辛军，丁希仑. 机器人机构学的数学基础 [M]. 2 版. 北京：机械工业出版社，2016.

习　　题

■ 基础题

5-1 应用复数法证明铰链四杆机构的速度影像（图 5-5）及加速度影像（图 5-8）与其位置多边形之间是相似形。

5-2 已知一个偏置的曲柄滑块机构，其参数如图 5-54 所示。当滑块以 $v_C=10\text{m/s}$ 的速度运动时，求在图示位置下点 D 的速度，以及曲柄和连杆的瞬时角速度。

5-3 试求出图 5-55 所示的各机构的全部瞬心（在原图中标出）。

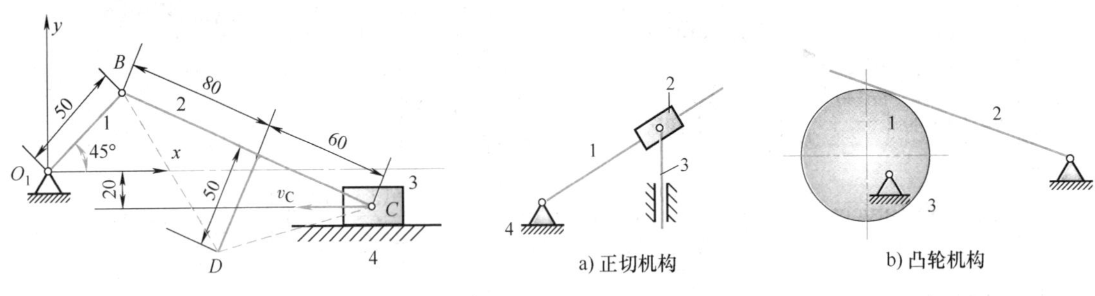

图 5-54　题 5-2 图　　图 5-55　题 5-3 图

5-4 在图 5-56 所示的凸轮机构中，若已知凸轮 1 以等角速度顺时针转动，试求从动件上点 B 的速度。假设构件 2 在凸轮 1 上做纯滚动，求点 B'的速度。

5-5 在图 5-57 所示的机构中，已知曲柄 1 顺时针方向匀速转动，角速度 $\omega_1=100\text{rad/s}$，试求在图示位置导杆 3 的角速度 ω_3 的大小和方向。

5-6 在图 5-58 所示的机构中，已知图示机构的尺寸，主动件 1 以匀角速度 ω_1 沿逆时针方向转动。试完成以下要求：

1）在图上标出机构的全部瞬心。

2）用瞬心法确定点 M 的速度 $\boldsymbol{v}_M$，需写出表达式，并标出速度的方向。

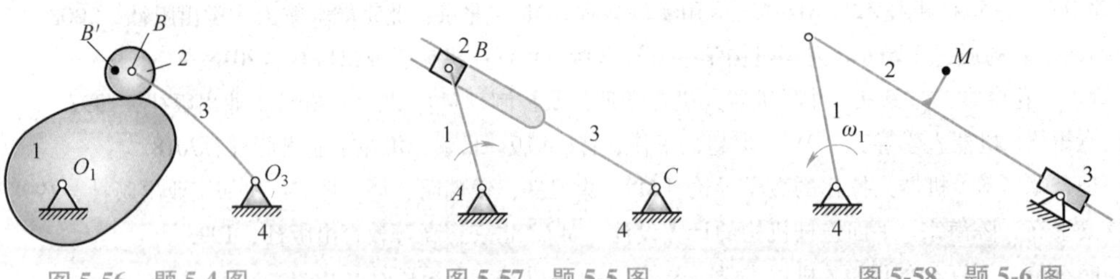

图 5-56　题 5-4 图　　图 5-57　题 5-5 图　　图 5-58　题 5-6 图

5-7 在图 5-59 所示的机构中，已知图示机构的尺寸，主动件 1 以匀角速度 ω_1 沿顺时针方向转动。试完成以下要求：

1）在图上标出机构的全部瞬心。

2）用瞬心法确定在此位置时构件 3 的角速度 ω_3，需写出表达式，并标出速度的方向。

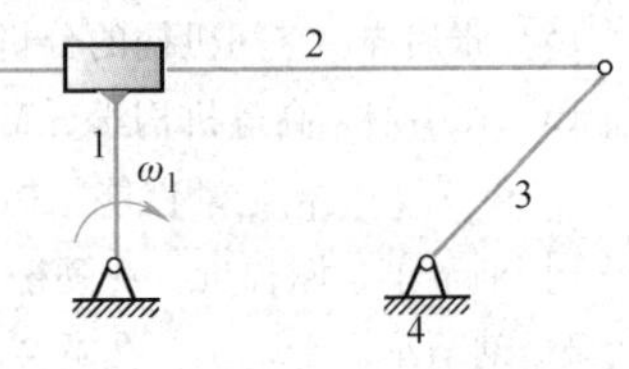

图 5-59　题 5-7 图

5-8 试分别标出图 5-60 所示机构在图示位置时的压力角

和传动角，用箭头标注的构件为主动件。

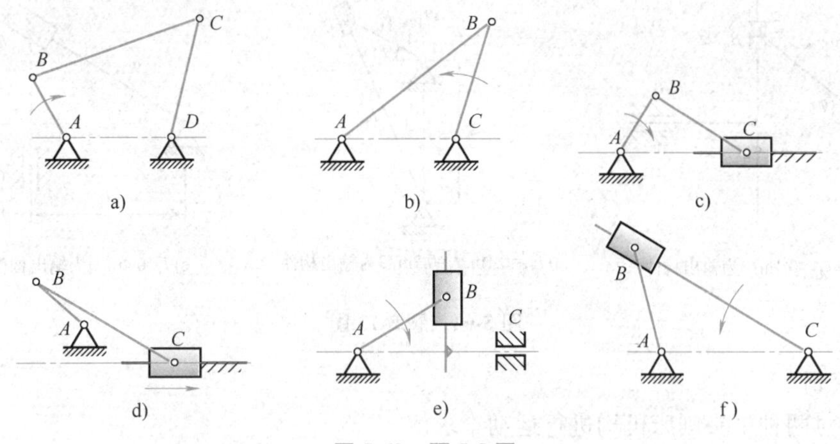

图 5-60　题 5-8 图

5-9　在图 5-61 所示的铰链四杆机构中，各杆件长度分别为 l_{AB} = 28mm，l_{BC} = 70mm，l_{CD} = 50mm，l_{AD} = 72mm。若取 AD 为机架，作图求该机构的极位夹角 θ、杆 CD 的最大摆角 ψ 和最小传动角 γ_{min}。

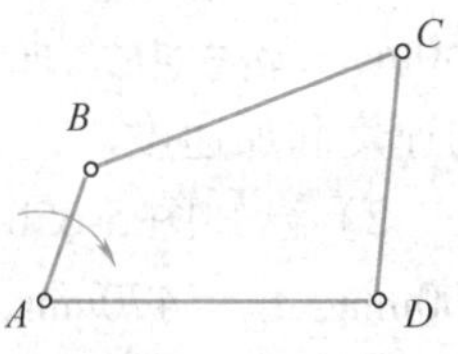

图 5-61　题 5-9 图

5-10　已知一偏置曲柄滑块机构，如图 5-62 所示。其中，曲柄长度 l_{AB} = 15mm，连杆 l_{BC} = 50mm，偏距 e = 10mm。试完成以下要求：

1）画出滑块的两个极限位置。

2）标出极位夹角 θ 及行程 H。

3）计算行程急回系数 K。

4）标出并计算最小传动角 γ_{min}。

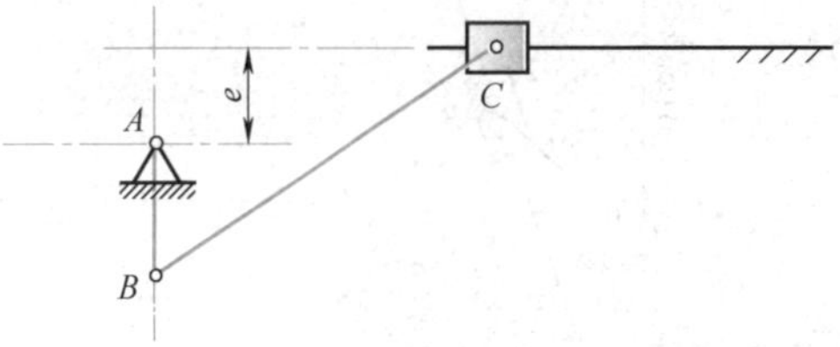

图 5-62　题 5-10 图

5-11　在偏置曲柄滑块机构中，已知滑块行程为 80mm，当滑块处于两个极限位置时，机构压力角各为30°和60°，试用图解法求：

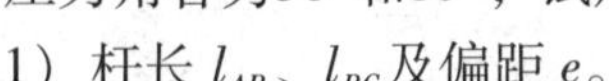

1）杆长 l_{AB}、l_{BC}及偏距 e。

2）该机构的行程急回系数 K。

3）该机构的最大压力角 α_{max}。

5-12　在图 5-63 所示的四杆机构中，各杆杆长分别为 l_{AB} = 28mm，l_{BC} = 70mm，l_{CD} = 50mm，l_{AD} = 72mm。

1）若取 CD 为机架，该机构将演化为何种类型的机构？为什么？请说明这时 A、D 两个转动副是整转副还是摆转副。

2）若取 AD 为机架，AB 为主动件，重新作图求该机构的极位夹角 θ 和急回系数 K、杆 CD 的最大摆角 ψ 和最小传动角 γ_{min}。

3）若取 AD 为机架，利用瞬心法，在题图中作图，并列出输出连架杆 CD 与输入连架杆 AB 的角速比公式。

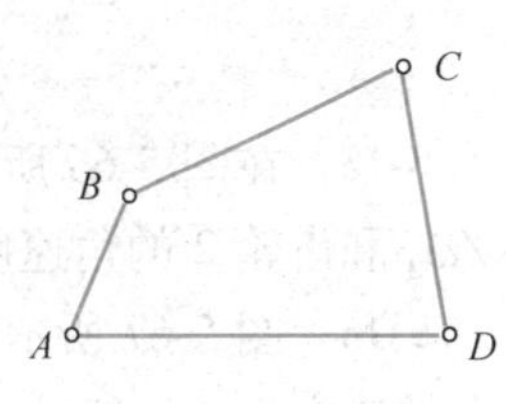

图 5-63　题 5-12 图

5-13　在图 5-64 所示的各种机构中，已知曲柄以等角速度转动。试用书中介绍的多种方法（包括图解法、解析法、复数法及向量法）写出输出构件的位置、速度、加速度方程。

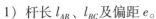

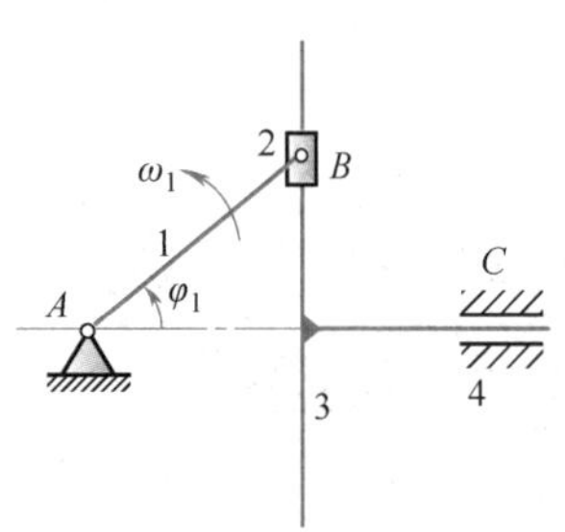

a) l_{AB}=0.1m, 3为输出构件

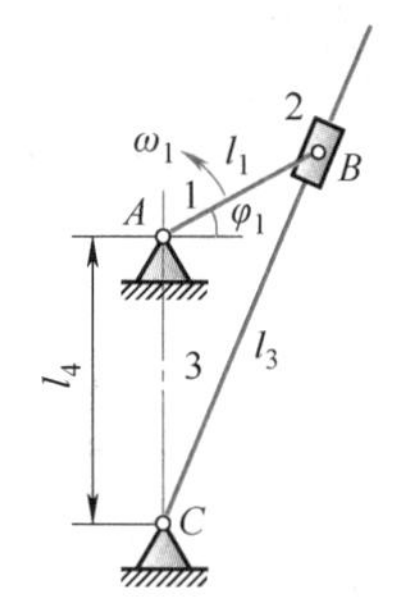

b) l_{AB}=0.1m, l_4=0.2m, 3为输出构件

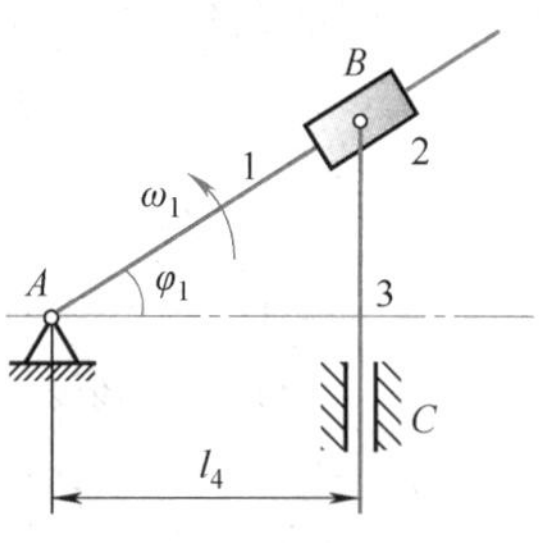

c) l_4=0.4m, 3为输出构件

图 5-64　题 5-13 图

■ 提高题

5-14　对两种牛头刨床机构进行运动学求解。

1）已知图 5-65a 所示的牛头刨床机构中，$l_{O_1O_3}=60\text{mm}$，$l_{O_1B}=30\text{mm}$，$l_{O_3C}=120\text{mm}$，$l_{CD}=450\text{mm}$，$\varphi_1=30°$，曲柄以等角速度 $\omega_1=20\text{rad/s}$ 逆时针转动，试用相对运动图解法求刨刀 5 的速度和加速度。

2）已知图 5-65b 所示的牛头刨床机构中，$h=400\text{mm}$，$h_1=200\text{mm}$，$h_2=60\text{mm}$，$l_{AB}=100\text{mm}$，$l_{CD}=470\text{mm}$，$l_{ED}=90\text{mm}$，$\varphi_1=45°$，曲柄以等角速度 $\omega_1=5\text{rad/s}$ 逆时针转动，试求刨刀 5 的速度和加速度。

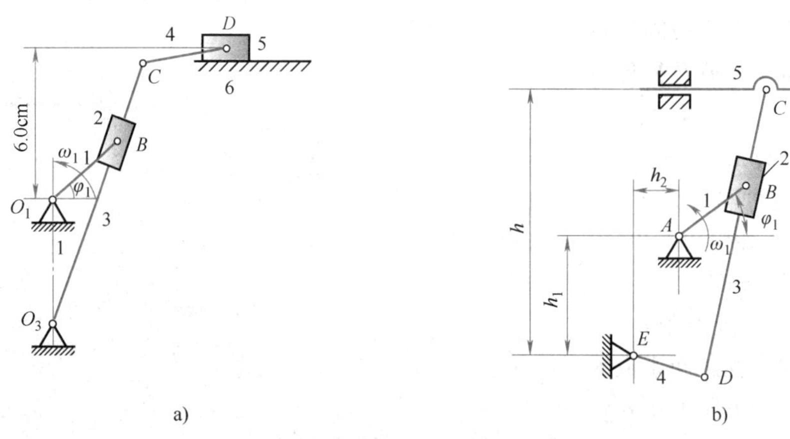

图 5-65　题 5-14 图两种牛头刨床机构

5-15　在图 5-66 所示的齿轮-连杆组合机构中，试用瞬心法求齿轮 1 和齿轮 3 的传动比 ω_1/ω_3 和齿轮 2 的角速度 ω_1。

5-16　图 5-67 所示机构中尺寸已知（$\mu_l=0.05\text{m/mm}$），构件 1 沿构件 4 做纯滚动，其上 S 点的速度为 $v_S=15\text{m/s}$。

1）在图上作出所有瞬心。

2）用瞬心法求出 K 点的速度 v_K，并在图上标出速度的方向。

5-17　在图 5-68 所示的机构中，已知主动件 1 以等角速度 ω_1 沿逆时针方向转动，试确定：

1）机构的全部瞬心。

2）构件 3 的速度 v_3（写出表达式）。

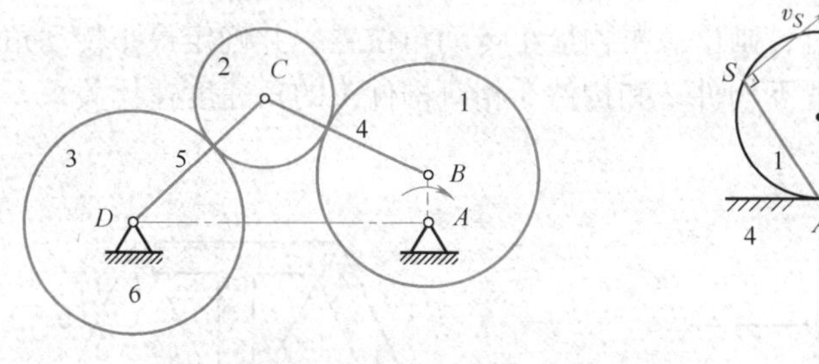

图 5-66　题 5-15 图

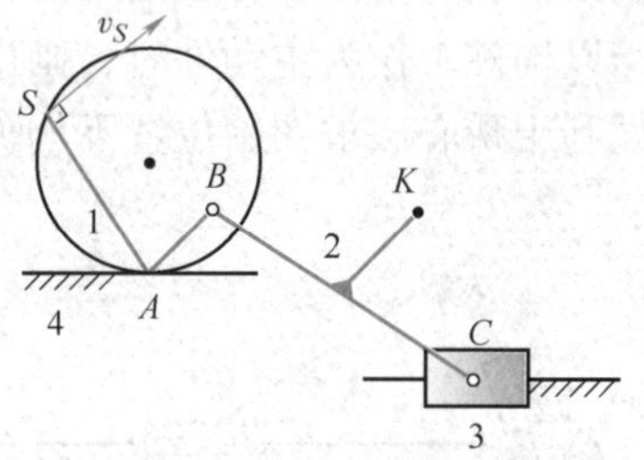

图 5-67　题 5-16 图

5-18　在图 5-69 所示机构中，已知构件 1 以角速度 ω_1 沿顺时针方向转动，试用瞬心法求构件 2 的角速度 ω_2 和构件 4 的速度 v_4 的大小及方向（只需写出表达式）。

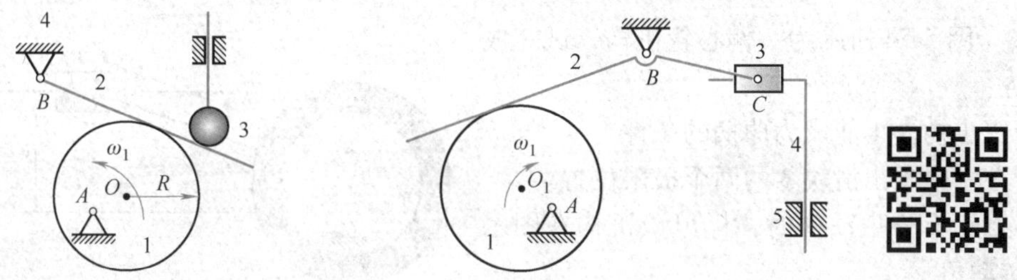

图 5-68　题 5-17 图　　图 5-69　题 5-18 图

5-19　在图 5-70 所示机构中，已知构件 1 以角速度 ω_1 沿逆时针方向转动。在图示瞬间，试用瞬心法求构件 2 的角速度 ω_2 和构件 6 的速度 v_6 的大小及方向（只需写出表达式）。

5-20　在图 5-71 所示的机构中，已知主动件 1 以等角速度 ω_1 沿顺时针方向转动，针对图示瞬间，完成以下任务：

1）标出全部瞬心位置。

2）用瞬心法确定 M 点的速度 $\boldsymbol{v}_M$ 的大小（只需写出表达式），并标出 $\dot{\boldsymbol{v}}_M$ 的方向。

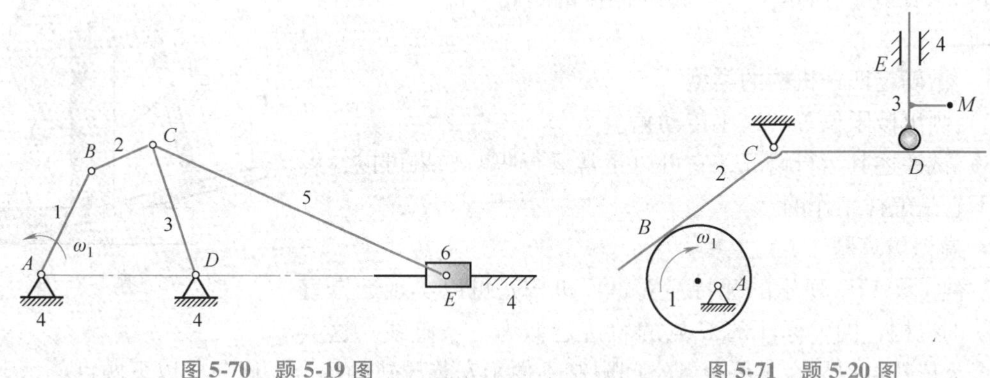

图 5-70　题 5-19 图　　图 5-71　题 5-20 图

5-21　画出图 5-72 所示的六杆机构中滑块 D 处于两极限位置时的机构位形，并在图上标出极位夹角 θ。

5-22　图 5-73 所示为罗伯茨（Roberts）近似直线机构，连杆上的 C 点轨迹为一段近似直线。机构中各构件的相对尺寸如图 5-72 所示。

1）判断该机构中是否存在曲柄。

2）当以构件 1 作为主动件时，画出该机构最小传动角位置，并确定最小传动角的值。

3）试利用瞬心法求图示位置下构件 2 和构件 3 相对构件 1 的角速度速比关系。

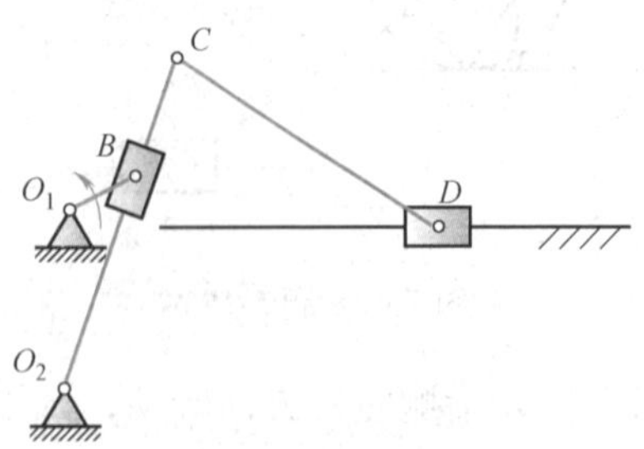

图 5-72 题 5-21 图

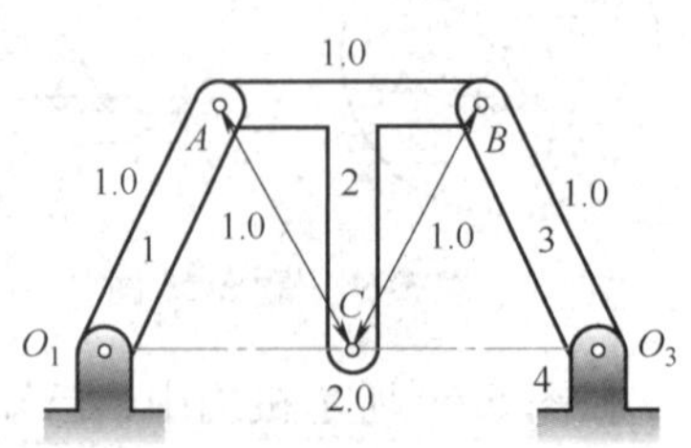

图 5-73 题 5-22 图

5-23 图 5-74 所示为一偏心轮机构，试完成以下任务：

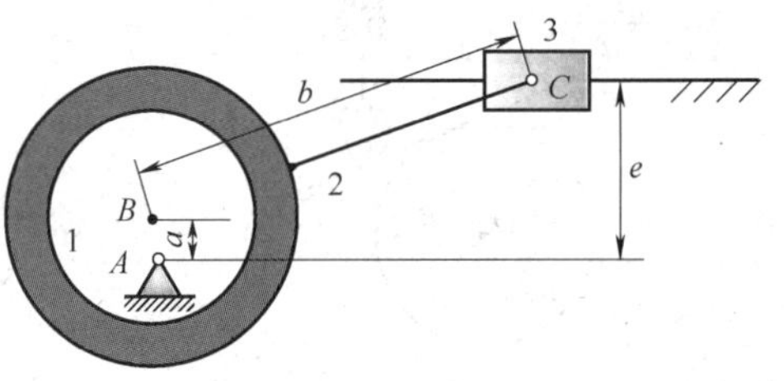

图 5-74 题 5-23 图

1）写出构件 1 能成为曲柄的条件。

2）在图中画出滑块 3 的两个极限位置。

3）当轮 1 为主动件时，标出该机构在图示位置的传动角 γ。

4）当滑块 3 为主动件时，标出该机构的最大压力角 α_{max}。

5）若图示时刻转动副 A、B 连线与滑块导路垂直，且轮 1 的角速度为 ω_1，在图中标记瞬心 P_{13}、P_{24}，列出滑块 3 的速度 v_3 的表达式，并求构件 2 的角速度 ω_2。

5-24 曲柄摇杆机构中有一种特殊的类型，即急回系数 $K=1$ 的情况。已知曲柄、连杆、摇杆和机架的杆长分别为 a、b、c、d，试证明 $a^2+d^2=b^2+c^2$。

■ 工程设计基础题

5-25 图 5-75 所示为一台脚踏操作的磨轮，由一个四杆机构驱动。

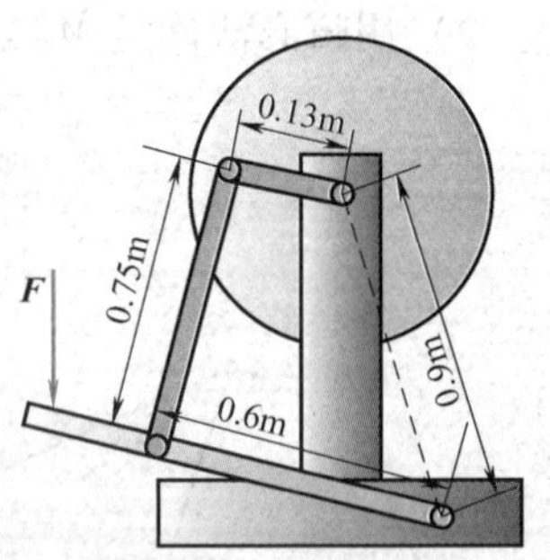

图 5-75 题 5-25 图

1）试确定四杆机构的类型。

2）画出极限位置和最小传动角。

3）试评述其运行情况，它可以正常运行吗？如果可以，解释一下它是怎样工作的。

■ 虚拟仿真题

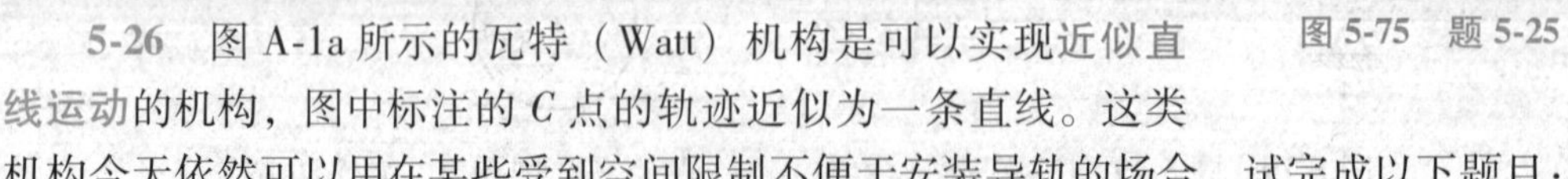

5-26 图 A-1a 所示的瓦特（Watt）机构是可以实现近似直线运动的机构，图中标注的 C 点的轨迹近似为一条直线。这类机构今天依然可以用在某些受到空间限制不便于安装导轨的场合。试完成以下题目：

1）试用书中介绍的方法（包括图解法、解析法、复数法及运动影响系数法等）写出这个机构输出点 C 的位置、速度和加速度方程（参数方程）。

2）分别绘制图示运动参数下特征点 C 的运动轨迹（连杆曲线）。

3）利用 ADAMS 软件对以上结果进行仿真验证。

5-27　图 5-76 所示的机构都是罗伯茨（Roberts）近似直线机构，C 点轨迹均可近似一段直线。但各机构中的相对尺寸有所不同，具体运动参数（相对值）如图 5-75 所示。试完成以下题目：

1）试用书中介绍的方法（包括图解法、解析法、复数法及运动影响系数法等）写出罗伯茨（Roberts）机构输出点的位置、速度和加速度方程（参数方程）。

2）找出三种运动参数下的 C 点运动轨迹。

3）利用 ADAMS 软件对以上结果进行仿真验证。

4）该类机构有何应用？

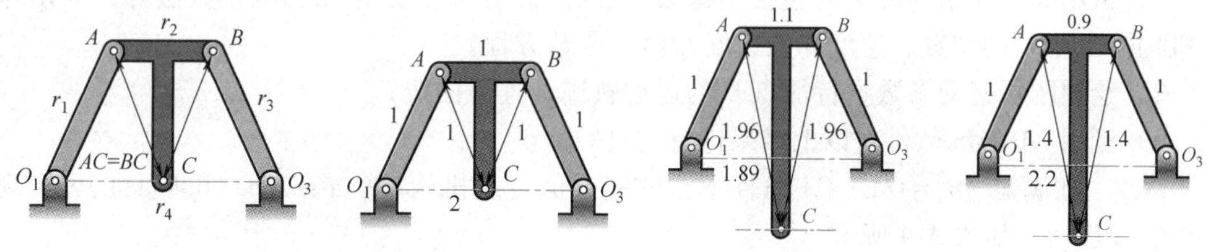

图 5-76　题 5-27 图

5-28　图 A-1c 所示的切比雪夫（Chebyshev）机构是可以实现近似直线运动的机构，图中标注的 C 点的轨迹近似为一条直线。这类机构今天依然可以用在某些受到空间限制不便于安装导轨的场合。试完成以下题目：

1）试用书中介绍的方法（包括图解法、解析法、复数法及运动影响系数法等）写出机构输出点 C 的位置、速度和加速度方程（参数方程）。

2）分别绘制图示运动参数下特征点 C 的运动轨迹（连杆曲线）。

3）利用 ADAMS 软件对以上结果进行仿真验证。

5-29　图 5-77 所示的霍伊根（Hoeken）机构可用作直线机构及各种步行机构（如四足机器人的腿部机构）。试完成以下题目：

1）试用书中介绍的方法（包括图解法、解析法、复数法及运动影响系数法等）写出霍伊根（Hoeken）机构输出点的位置、速度和加速度方程（参数方程）。

2）绘制图 5-76 所示两种运动参数下特征点 C 的运动轨迹（连杆曲线）。

3）利用 ADAMS 软件对以上结果进行仿真验证。

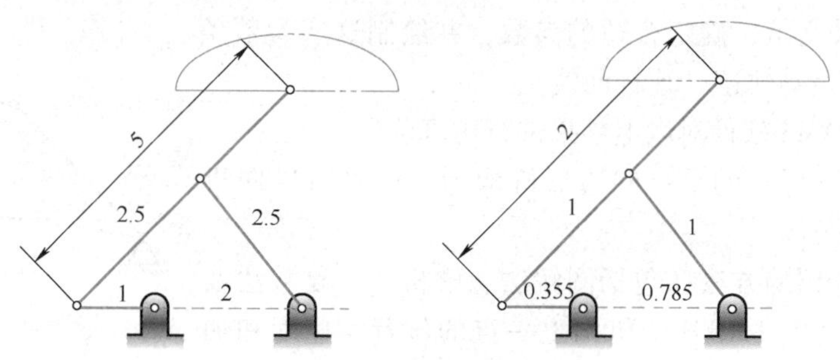

图 5-77　题 5-29 图

5-30　法国军官波塞利（Peaucellier）于 1864 年发现了一个八杆六个转动副的精确直线

机构，如图 A-2a 所示。试完成以下题目：

1）试用书中介绍的方法（包括图解法、解析法、复数法及运动影响系数法等）写出这个机构输出点 Q 的位置、速度和加速度方程（参数方程）。

2）绘制图示运动参数下特征点 Q 的运动轨迹（连杆曲线），验证其是否可实现精确直线运动。

3）利用 ADAMS 软件对以上结果进行仿真验证。

5-31 图 A-3 所示的史格罗素（Scott-Russell）变异机构满足 $AB^2=OA\cdot CA$，其端点 C 可实现近似直线运动。

1）试用书中介绍的方法（包括图解法、解析法、复数法及运动影响系数法等）写出这个机构输出点 C 的位置、速度和加速度方程（参数方程）。

2）绘制图示运动参数下特征点 C 的运动轨迹（连杆曲线）。

3）利用 ADAMS 软件对以上结果进行仿真验证。

5-32 在满足 $AB^2=OA\cdot CA$ 条件下，蚱蜢近似直线机构（Grasshopper linkage）可实现近似直线运动，如图 A-4 所示。

1）试用书中介绍的方法（包括图解法、解析法、复数法及运动影响系数法等）写出这个机构输出点 C 的位置、速度和加速度方程（参数方程）。

2）绘制图示运动参数下特征点 C 的运动轨迹（连杆曲线）。

3）利用 ADAMS 软件对以上结果进行仿真验证。

5-33 一些六杆机构可以实现精确直线运动，包括图 A-5a、b 所示的哈特（Hart）第一、第二精确直线运动机构。

1）试用书中介绍的方法（包括图解法、解析法、复数法及运动影响系数法等）写出机构输出点 Q 的位置、速度和加速度方程（参数方程）。

2）绘制这些参数条件下特征点 Q 的运动轨迹（连杆曲线）。

3）利用 ADAMS 软件对以上结果进行仿真验证。

5-34 一些六杆机构可以实现精确直线运动，如图 5-78 所示的布里卡尔（Bricard）精确直线机构。

1）试用书中介绍的方法（包括图解法、解析法、复数法及运动影响系数法等）写出这个机构输出点 Q 的位置、速度和加速度方程（参数方程）。

2）查阅相关文献，确定合适的参数，并绘制这些参数条件下特征点 Q 的运动轨迹（连杆曲线）。

3）利用 ADAMS 软件对以上结果进行仿真验证。

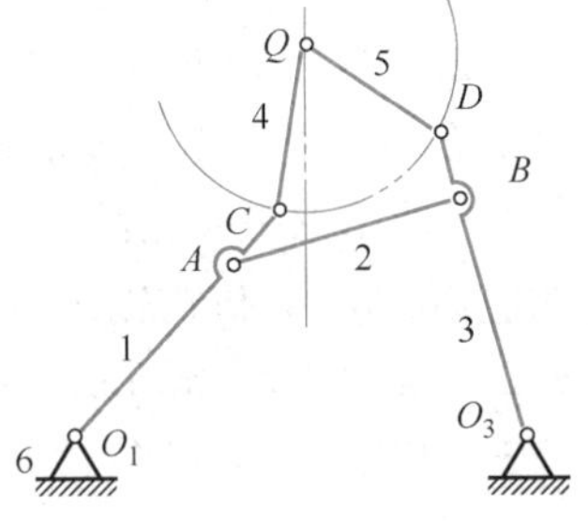

图 5-78 题 5-34 图

5-35 图 5-79 所示的平行四边形机构为一种平行导向机构。试完成以下题目：

1）用书中介绍的方法（包括图解法、解析法、复数法及运动影响系数法等）写出这个机构上一点的位置、速度和加速度方程（参数方程）。

2）利用 ADAMS 软件对以上结果进行仿真验证。

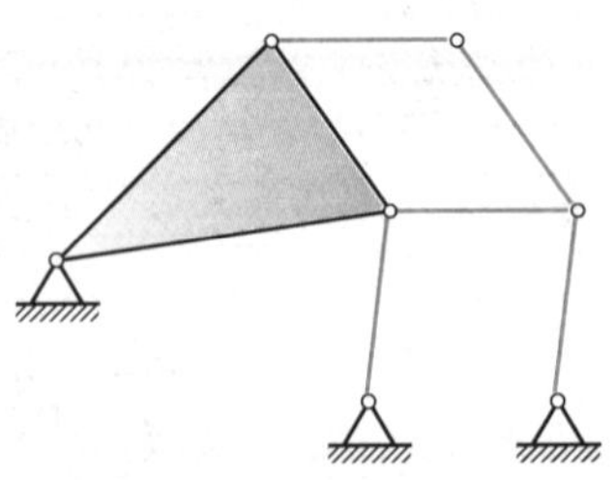

图 5-79 题 5-35 图

5-36　图 5-80 所示的两种机构都是平行导向机构。其中，图 5-80a 所示的六杆机构中构件 5 可实现平动，图 5-80b 所示的平行四杆机构中构件 2 可实现平动。若机构的各运动参数已知，曲柄 1 均以等角速度转动，试完成以下题目：

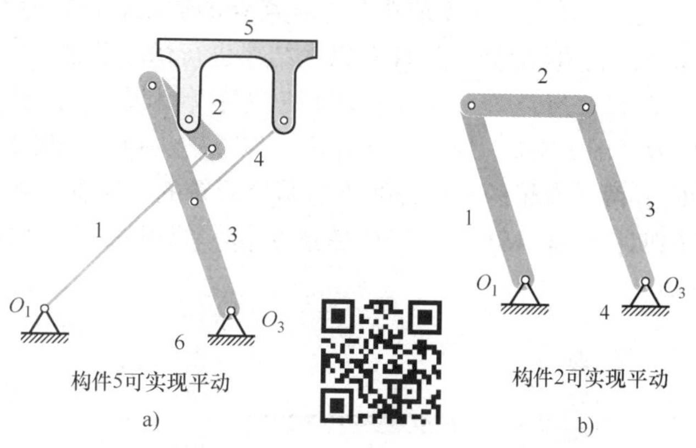

图 5-80　题 5-36 图

1）试用书中介绍的方法（包括图解法、解析法、复数法及运动影响系数法等）写出两个机构输出平动构件的位置、速度和加速度方程，并求出其最大速度和最大加速度，比较两个机构的运动性能。

2）利用 ADAMS 软件对以上结果进行仿真验证。

3）判断两个机构是否都存在急回运动。

4）该类机构有何应用？

5-37　对图 A-13a 所示的仿图仪机构进行分析：

1）试用书中介绍的方法（包括图解法、解析法、复数法及运动影响系数法等）写出这个机构输出 E 和 F 的位置、速度和加速度方程（参数方程）。

2）绘制这些参数条件下特征点 E 和 F 的运动轨迹（连杆曲线）。

3）利用 ADAMS 软件对以上结果进行仿真验证。

5-38　对图 A-13c 所示的仿图仪机构进行分析：

1）试用书中介绍的方法（包括图解法、解析法、复数法及运动影响系数法等）写出这个机构输出 E 和 F 的位置、速度和加速度方程（参数方程）。

2）绘制这些参数条件下特征点 E 和 F 的运动轨迹（连杆曲线）。

3）利用 ADAMS 软件对以上结果进行仿真验证。

5-39　对图 A-13d 所示的仿图仪机构进行分析：

1）试用书中介绍的方法（包括图解法、解析法、复数法及运动影响系数法等）写出这个机构输出点 D 的位置、速度和加速度方程（参数方程）。

2）绘制这些参数条件下特征点 D 的运动轨迹（连杆曲线）。

3）利用 ADAMS 软件对以上结果进行仿真验证。

5-40　对图 A-13e 所示的仿图仪机构进行分析：

1）试用书中介绍的方法（包括图解法、解析法、复数法及运动影响系数法等）写出这个机构输出点 H 的位置、速度和加速度方程（参数方程）。

2）绘制这些参数条件下特征点 H 的运动轨迹（连杆曲线）。

3）利用 ADAMS 软件对以上结果进行仿真验证。

5-41　对图 A-13f 所示的仿图仪机构进行分析：

1）试用书中介绍的方法（包括图解法、解析法、复数法及运动影响系数法等）写出这个机构输出 G 的位置、速度和加速度方程（参数方程）。

2）绘制这些参数条件下特征点 G 的运动轨迹（连杆曲线）。

3）利用 ADAMS 软件对以上结果进行仿真验证。

5-42 当汽车转弯时，为使汽车顺利转弯，要求汽车两个前轮在梯形转向机构 $ABCD$（图 5-81a）的作用下偏转（以左转为例，如图 5-81b 所示），从而保证在转过任意角度时，两个前轮的车轮轴线均与两个后轮的车轮轴线相交于同一点 P。其中，前轮转向机构中的四杆机构 $ABCD$ 为等腰梯形机构。等腰梯形机构即为两根摇杆长度相等时的双摇杆机构。

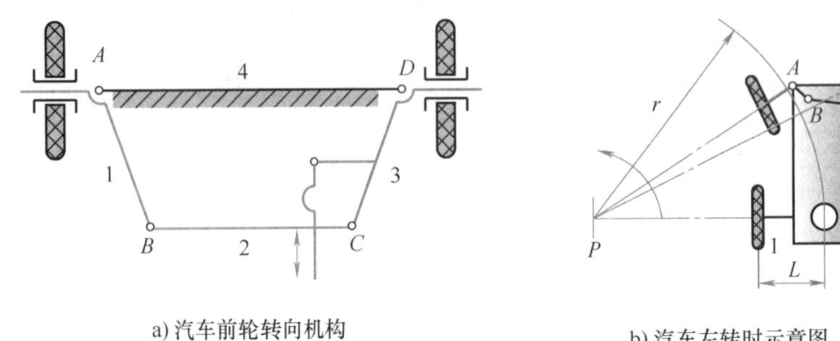

a) 汽车前轮转向机构

b) 汽车左转时示意图

图 5-81 题 5-42 图

1）分析该机构的工作原理，计算其自由度。

2）自定义该机构各构件的参数，建立该机构的虚拟样机模型。

3）模型仿真，获取轮 A 和 D 的转角位移、角速度和角加速度曲线。

5-43 图 5-82 所示为自卸货车车厢的举升机构，为一个曲柄摇块机构。

1）自定义该机构各构件的参数，建立该机构的虚拟样机模型。

2）模型仿真，获取构件 1 的转角位移、角速度和角加速度曲线。

图 5-82 题 5-43 图

5-44 图 A-32c 所示为牛头刨床机构。请分析：

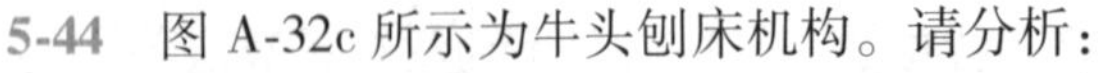

1）试用书中介绍的方法（包括图解法、解析法、复数法及运动影响系数法等）写出这个机构输出构件 5 的位置、速度和加速度方程（参数方程）。

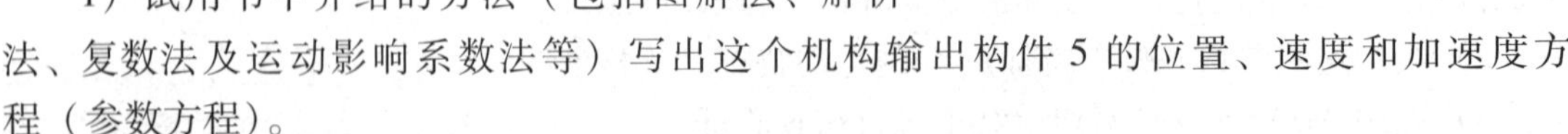

2）分析该机构输出构件的急回特性。

3）利用 ADAMS 软件对以上结果进行仿真验证。

5-45 图 A-32d 所示为怀特沃茨（Whitworth）机构，构件 5 可实现往复运动，请分析：

1）试用书中介绍的方法（包括图解法、解析法、复数法及运动影响系数法等）写出这个机构输出构件 5 的位置、速度和加速度方程（参数方程）。

2）分析该机构输出构件的急回特性。

3）利用 ADAMS 软件对以上结果进行仿真验证。

5-46 图 A-35 所示为由怀特沃茨（Whitworth）机构衍生的两种急回机构，构件 6 可实现往复运动，请分析：

1）试用书中介绍的方法（包括图解法、解析法、复数法及运动影响系数法等）写出这个机构输出构件 6 的位置、速度和加速度方程（参数方程）。

2）分析该机构输出构件的急回特性。

3）利用 ADAMS 软件对以上结果进行仿真验证。

5-47　利用连杆曲线实现间歇运动也是间歇运动机构（dwell mechanism）的一种类型。图 A-38a 所示机构即为其中一种类型，利用构件 2 上的 C 点具有一段圆弧轨迹来实现构件 5 的间歇运动，请分析：

1）试用书中介绍的方法（包括图解法、解析法、复数法及运动影响系数法等）写出这个机构输出构件 5 的位置、速度和加速度方程（参数方程）。

2）绘制某一运动参数条件下，特征点 B、C 的运动轨迹。

3）利用 ADAMS 软件对以上结果进行仿真验证。

5-48　在图 5-83 所示的连杆机构中，已知各构件的尺寸：$l_{AB}=160\text{mm}$，$l_{BC}=260\text{mm}$，$l_{CD}=200\text{mm}$，$l_{AD}=80\text{mm}$，并已知构件 AB 为主动件，沿顺时针方向匀速回转，试完成以下任务：

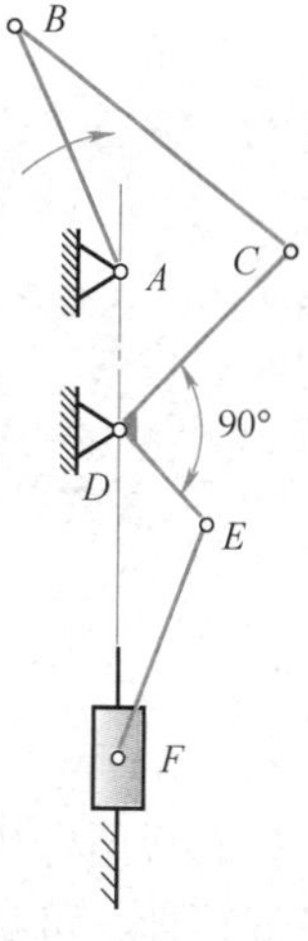

图 5-83　题 5-48 图

1）求该机构的最小传动角 γ_{min}。

2）求滑块 F 的急回系数 K。应用 ADAMS 建立此机构的模型，验证经理论分析获得的最小传动角 γ_{min} 和急回系数 K 的正确性。

5-49　对于题 5-14 中的两种牛头刨床机构，其中，构件 1 为主动件，上端的滑块为执行构件。试完成以下任务：

1）自定义尺寸，分别建立这两种机构的虚拟样机模型。

2）虚拟样机模型仿真，分别获取上端滑块的位移、速度、加速度和压力角的变化规律，并进行简要分析。

3）根据仿真结果分析该机构输出构件的急回特性。

4）结合仿真结果对这两种牛头刨床机构进行比较。

5-50　已知图 5-84 所示六杆机构中，$\angle CAE=90°$，$l_{AB}=150\text{mm}$，$l_{AC}=550\text{mm}$，$l_{BD}=80\text{mm}$，$l_{DE}=500\text{mm}$，$\omega_1=10\text{rad/s}$。其中，杆件 AB 为主动件，滑块 C 和滑块 E 为输出构件。试完成以下任务：

1）自定义尺寸，建立该机构的虚拟样机模型。

2）虚拟样机模型仿真，获取构件 3 的速度和加速度的变化规律，以及滑块 E 的位移、速度和加速度变化规律。

3）求 $\angle BAE=45°$ 时构件 3 的角速度和角加速度及点 E 的速度和加速度。

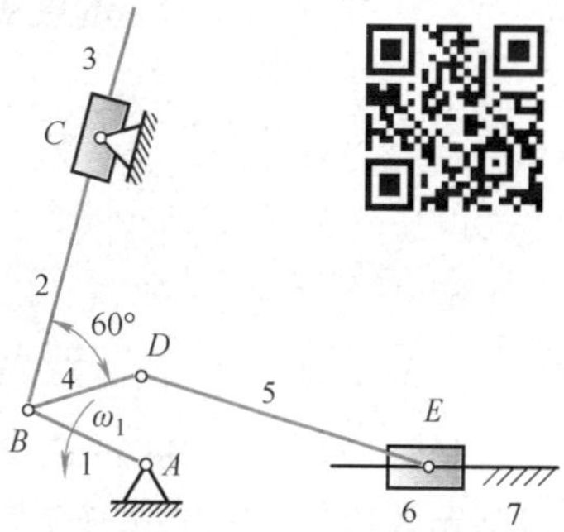

图 5-84　题 5-50 图

5-51　对图 2-50 所示的双万向联轴器机构：

1）设计该机构各构件的参数，建立该机构的虚拟样机模型。

2）对该机构的虚拟样机模型进行获取两轴上某一点在一个周期内的位移、速度和加速度曲线，验证一个周期内两轴的瞬时角速度是否相等。

第 6 章 平面机构的运动综合

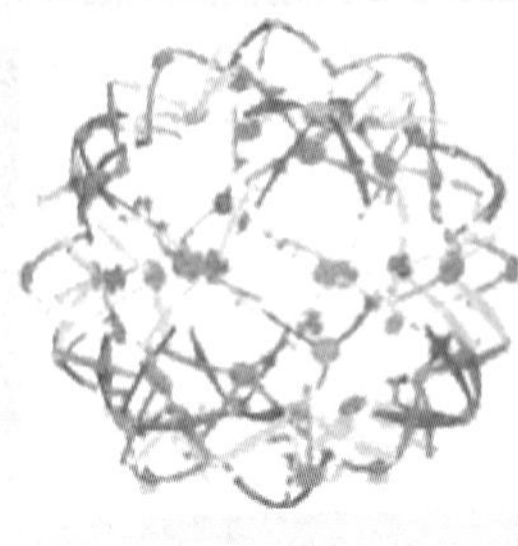

缩放球玩具由设计师霍伯曼（Hoberman）设计，该缩放机构的原理也被应用于美国盐湖城冬季奥运会的可展拱门。

平行四杆机构具有良好的可展特性，可被应用于缩放机器人、空间可展天线等。

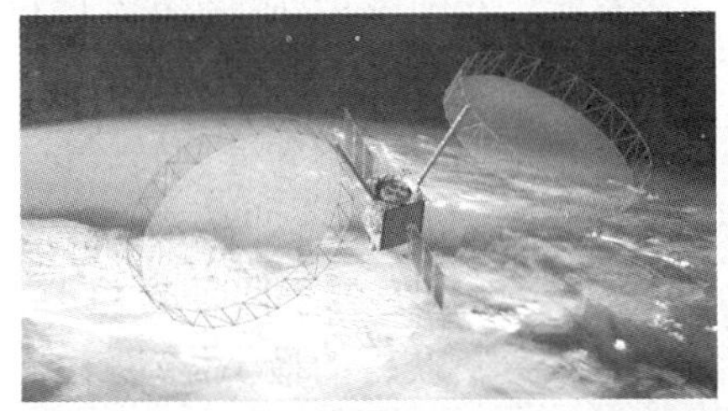

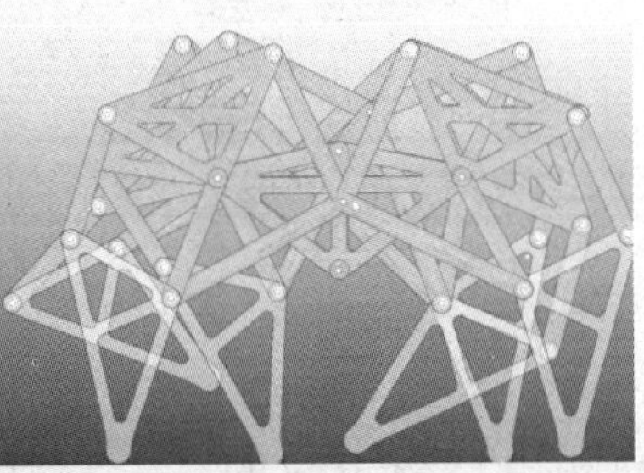

杨森（Jansen）步行机构的巧妙之处在于其足端运动轨迹为近似直线，可大幅节省重心上下波动所需的驱动能量。

超级导引头（Super Seeker）机构通过新颖的构型设计，实现了结构紧凑、尺寸小、质量轻的设计目标。

本章学习目标：

通过本章的学习，学习者应能够：

- 掌握平面机构运动综合三个基本问题的内涵；
- 能用图解法对典型平面机构的基本问题进行运动设计；
- 了解用解析法、实验法等其他方法设计平面机构的基本原理。

【内容导读】

选定机构构型后，按给定运动规律或运动性能等要求进行机构的运动学设计，这一过程称为机构的运动综合。由于该过程主要确定各构件的几何尺寸（如两转动副中心间的距离和运动副导路中心线方位等），而不涉及机构的具体结构和强度，又称为机构的尺度综合或运动设计，简称机构的设计。

通常情况下，运动综合是运动分析的逆过程，即已知或给定某种运动规律或者运动性能（指标），求解机构中各构件的尺寸。不同于运动分析（一般存在确定解）的是，运动综合往往存在多解，或者最优解，因此，求解过程更加困难些，有时需要用到优化设计方法。

传统意义上，机构的运动综合主要有图解法、解析法和图谱法。随着计算机辅助设计软件的功能日益强大，还可以采用虚拟样机、参数优化等手段来实现机构的运动设计。

平面机构的运动综合主要体现在连杆机构的综合，这也是本章所要讨论的重点内容。

6.1　平面机构运动综合的基本问题

本书第 1 章就介绍了平面机构运动综合的基本问题。布尔梅斯特（Burmester）、厄尔德曼（Erdman）等人将平面机构的运动综合分为三类，目前仍沿用这一说法。

（1）函数生成　输入构件与输出构件间的运动（如位置、速度、加速度等）满足特定的函数关系。

基于函数生成的平面机构设计问题非常普遍。以平面连杆机构为例，有的要求两连架杆的转角能够满足预定的对应位置关系，或者要求主动件的运动规律一定时，从动件能够精确地或者近似地满足预定的运动规律要求；有的要求输出连架杆有一定的行程、速度（如急回）和加速度等；有的则对两连架杆有对应位置要求，或输出杆对输入杆的运动有某种函数关系要求。例如，牛头刨床机构中要求刨刀有一定行程，还希望其速度变化不宜太大和有急回特性。而正弦机构、正切机构就是输出、输入有某种函数关系的特例。图 6-1 所示的流量指示机构设计即属于此类。

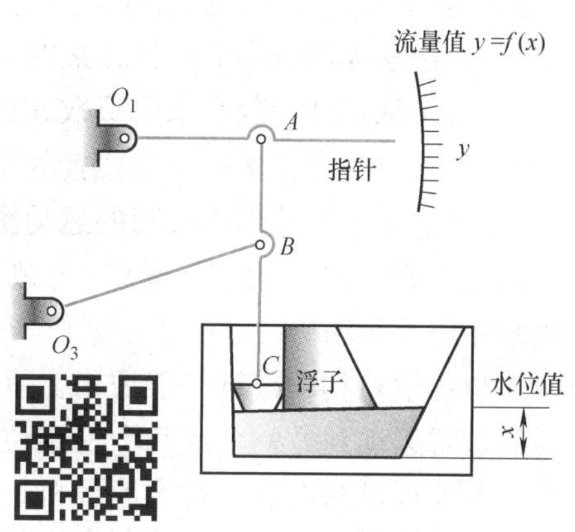

图 6-1　函数生成机构的设计实例——流量指示机构

按给定函数关系的设计，就是使四杆机构中两连架杆的输出与输入的位移关系 $\phi=g(\varphi)$ 在一定范围内模拟某种预定的函数关系 $y=f(x)$，如图 6-2 所示。

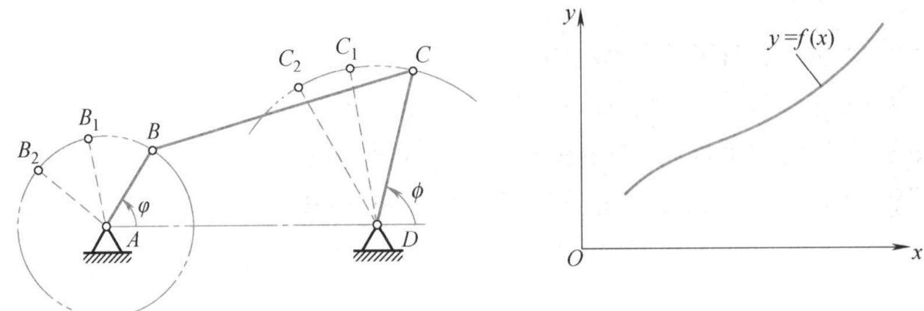

图 6-2 函数生成机构的设计

再如图 6-3 所示的凸轮机构设计问题：当已知从动件的输出运动相对凸轮转角所满足的函数关系（以位移线图来表示，详见本书第 7 章）时，可以设计出满足这一运动规律的凸轮机构。

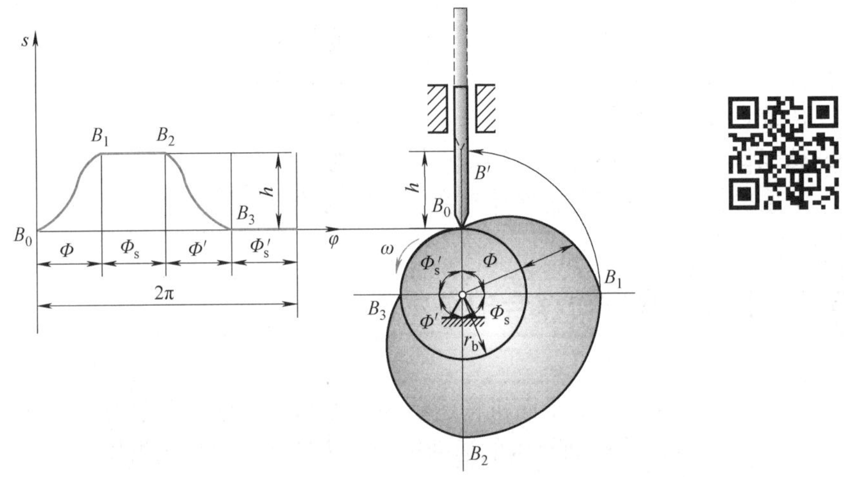

图 6-3 函数生成机构的设计实例——凸轮廓线设计

典型的函数生成机构运动综合问题包括：

1）给定从动件行程的设计，最典型的莫过于给定连杆机构的两个极限位置。

2）给定从动件行程和急回系数 K 的设计。

3）给定有限个连架杆对应位置的设计。

4）给定输入、输出构件间的运动函数关系的设计。

（2）**运动生成（或刚体导引） 刚体能够按照预期的运动顺序进行运动。**

刚体导引机构的设计一般要求做平面运动的构件由一个特定位置运动到另一个或几个特定位置，通常该类设计主要针对连杆机构而言。对于四杆机构，刚体导引机构的设计具体体现在**要求实现连杆的 2~5 个位置**。例如图 6-4 所示的铸造用砂箱翻转机构设计就属此类。要求砂箱在

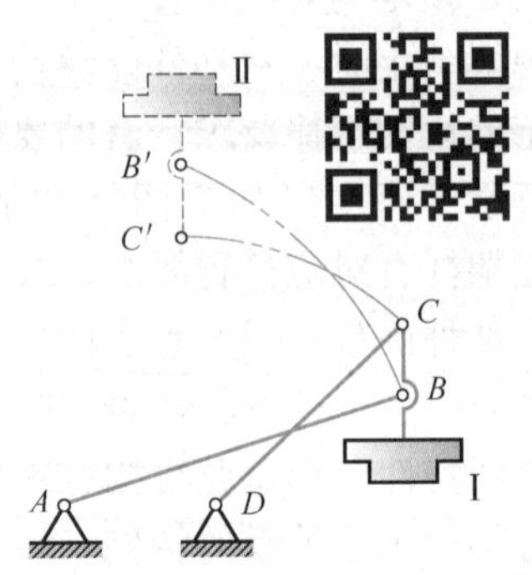

图 6-4 刚体导引机构的设计实例

BC 位置进行造型震实后，转过 180°至 $B'C'$ 位置，以便进行拔模工序。

为保证有解，当给定连杆的 2~3 个位置时，活动铰链点或固定铰链点的位置已知；当给定连杆的 4~5 个位置时，活动铰链点或固定铰链点的位置一般未知。

典型的运动生成机构的运动综合问题包括：

1）给定连杆的 2~3 个位置，活动铰链点已知。

2）给定连杆的 2~3 个位置，固定铰链点已知。

3）给定连杆的 4~5 个位置。

（3）**轨迹（路径）生成**　按照给定点的运动轨迹设计机构。

该设计类型中，一个典型的实例是对某一直线轨迹机构进行设计，如图 6-5 所示的港口起重机构就要求吊臂端点水平移动。

机构运动设计除满足给定运动要求外，还应满足某些附加要求，否则有可能设计出的机构在现实中无法运动。这些附加要求大致有以下两方面：①应使机构具有良好的传力特性，即机构在运动过程中各位置应满足压力角 $\alpha \leqslant [\alpha]$；②应满足机器整体对机构在空间和结构上的限制。

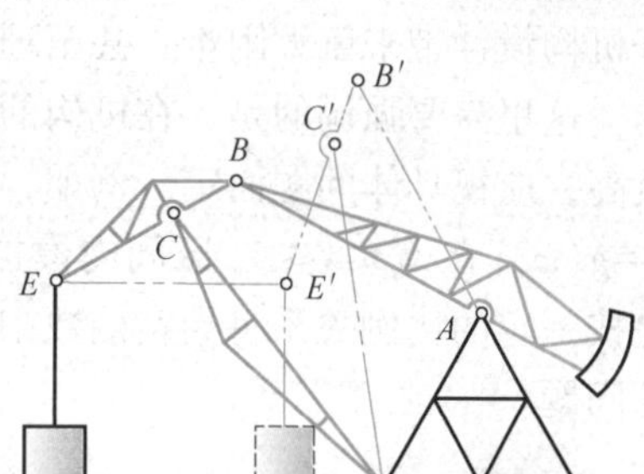

图 6-5　轨迹生成机构的设计实例

6.2　运动综合的两种主要方法

与机构分析常用方法类似的是，图解法与解析法也可用作机构的运动综合。

图解法又称几何法，是应用运动几何学的原理求解；解析法是通过建立数学模型用数学解析的方法求解，在求解过程中还需用到数值分析、计算编程等知识。在解析法中又有精确综合和近似综合两种。前者是基于满足若干个精确点位的机构运动要求，推导出所需要的解析式，在推导过程中不考虑机构由于结构引入的运动误差；后者是用机构实际所能实现的运动与期望值之间的偏差表达式，建立机构综合的数学解析式，在综合中同时考虑了机构所实现的误差分布情况。另外，随着优化算法的发展，在平面机构的综合中经常应用优化技术，在同时考虑其他要求的基础上，综合出某一或某些要求最优的平面连杆机构。

如图 6-6 所示，如果给定某一铰链四杆机构中连杆通过的三个位置，则可以分别利用图解法和解析法进行求解。

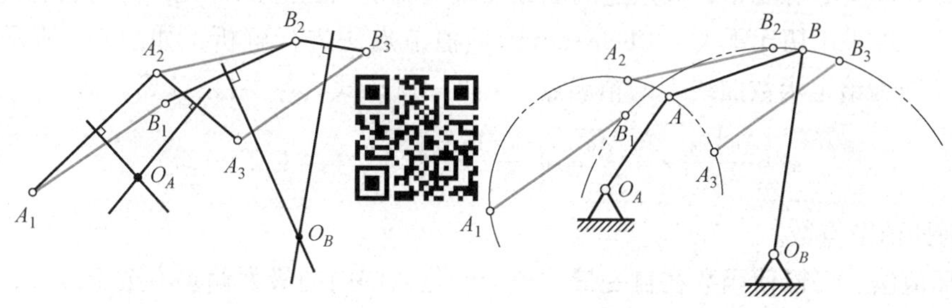

图 6-6　利用图解法求解三个位置的刚体导引机构设计问题

应用图解法比较容易，因为所要设计的铰链四杆机构中，两连架杆均为定轴转动的构件，所以连杆上活动铰链A、B分别绕固定铰链点转动。由此可知，设计确定固定铰链O_A、O_B，其实质就是找圆心的问题。因此由A_1、A_2、A_3三个位置作两条中垂线得交点O_A，由B_1、B_2、B_3三个位置作两条中垂线得交点O_B，分别是待求固定铰链O_A、O_B的中心。

如果采用解析方法，需要建立参考坐标系，或者根据本章后面介绍的位移矩阵法进行求解，也可采用本章介绍的复数法（双杆组法）进行统一建模求解。

考虑到不同机械给定的运动要求及附加要求各不相同，平面连杆机构的设计并没有统一的方法可以套用。无论是采用图解法还是解析法设计，过多的运动要求和附加条件都会给连杆机构设计带来巨大困难，甚至理论上就无法实现，只能近似满足运动要求。

这里需要强调的是，在机构的运动综合过程中，就计算精度而言，解析法的精度不一定就高，应视具体问题而定。例如，要求设计用铰链四杆机构两连架杆的输出、输入转角关系$\psi=g(\varphi)$在$x_0 \leqslant x \leqslant x_m$区间内模拟给定函数关系$y=f(x)$，如图6-7所示。则此时首要问题是按一定的比例关系将给定函数中x转换成φ，将y转换成ψ。实际上这是个求取比例系数的问题。

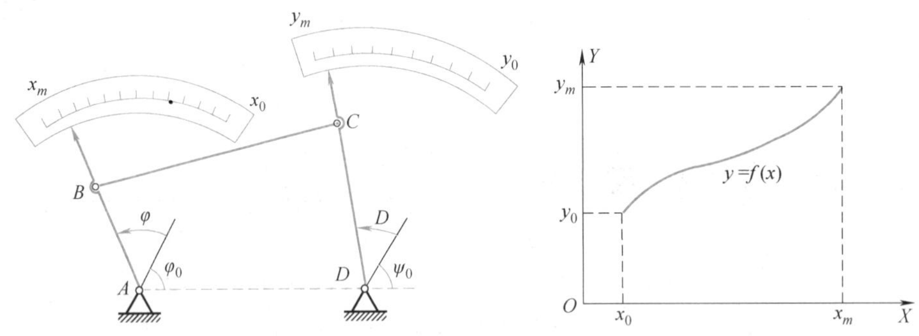

图6-7 解析法求解函数生成机构的设计问题

其次，由于函数曲线上任一点(x_i, y_i)就对应于机构一个位置(φ_i, ψ_i)，因此按给定函数关系的设计，实质上可看成是按给定连架杆一系列（无数个）对应位置的设计。但由于平面四杆机构中待求尺寸参数的个数是有限的，即满足连架杆对应位置的数目是有限的，意味着只能满足给定函数曲线上有限个点（称为精确点），其他点位则无法满足。因此按给定函数关系的设计是一种近似设计，只能近似满足给定的函数。

如何使机构实际上所实现的输出与输入位移曲线与给定的函数曲线尽可能接近，使函数区间内的最大误差尽可能小，显然这同函数曲线上精确点的选择有关，精确点的选择涉及函数逼近理论。现采用切比雪夫（Chebyshev）插值节点法进行解析，如图6-8所示。该法的插值节点（即为给定函数曲线上的精确点）x坐标可按式（6.2-1）计算。即

$$x_i=\frac{x_0+x_m}{2}-\frac{x_m-x_0}{2}\cos\left(\frac{2i-1}{2n}\times 180^\circ\right) \quad (i=1,2,\cdots,n) \tag{6.2-1}$$

式中，n为插值节点数。

应用插值法，可以使函数在自变量的整个变化范围内的最大偏差不至于过大，并使其最大正、负偏差随节点位置交替出现。如果选择3个精确点，则根据式（6.2-1）可得

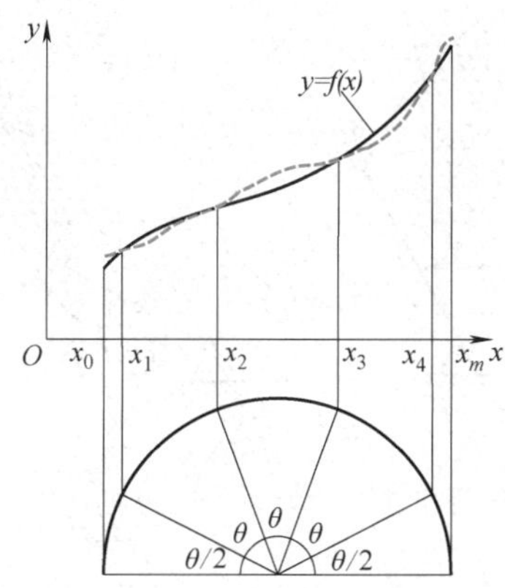

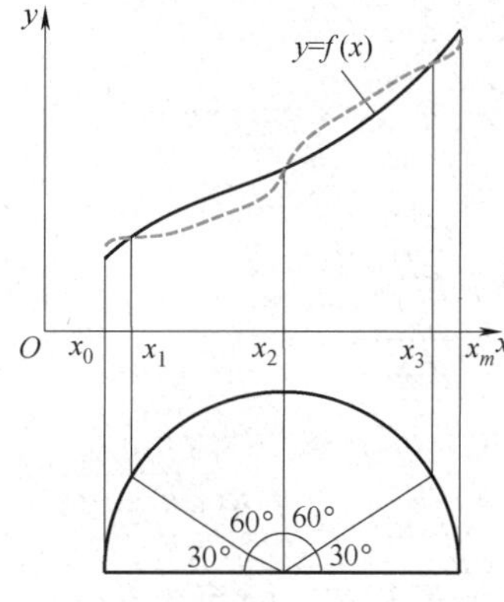

图 6-8　解析法求解平面连杆机构设计的精度问题

$$\begin{cases} x_1=\dfrac{x_0+x_m}{2}-\dfrac{x_m-x_0}{2}\cos30°=0.933x_0+0.067x_m \\ x_2=\dfrac{x_0+x_m}{2}-\dfrac{x_m-x_0}{2}\cos90°=0.500x_0+0.500x_m \\ x_3=\dfrac{x_0+x_m}{2}-\dfrac{x_m-x_0}{2}\cos150°=0.067x_0+0.933x_m \end{cases} \tag{6.2-2}$$

6.3　平面机构运动综合的图解法

6.3.1　特殊函数生成问题的设计——给定行程的机构设计

6.1 节提到，给定行程（如极限位置）的机构设计本质上属于函数生成问题。先讨论两类简单的综合问题。

1. 给定连杆机构输出构件的两个极限位置

对于曲柄摇杆机构，当摇杆在极限位置时，曲柄和连杆必处于共线的位置。根据这一特点，设计时先选定铰链 O_1、O_3 和 B 的位置。连接 O_1B_1 和 O_1B_2，则长度 $l_{O_1B_1}=l_{O_1A_1}+l_{A_1B_1}$，$l_{O_1B_2}=l_{A_2B_2}-l_{O_1A_2}$，进而可求出曲柄和连杆的长度，即

$$r_1=\frac{l_{O_1B_1}-l_{O_1B_2}}{2},r_2=\frac{l_{O_1B_1}+l_{O_1B_2}}{2}$$

还可利用几何作图法求出曲柄和连杆的长度（图 6-9）。

【思考题】：

1）如果铰链 O_1 位置不变，铰链 B 远离 O_3（即摇杆加长），对机构运动有何影响？

2）如果铰链 B 位置不变，铰链 O_1 在同一水平线上靠近 O_3，对机构运动有何影响？

从前面给定输出构件两个极限位置的连杆机构设计中，可以看出解并不是唯一的。通常情况下还会给出其他辅助条件，如考虑急回特性、传动角等。

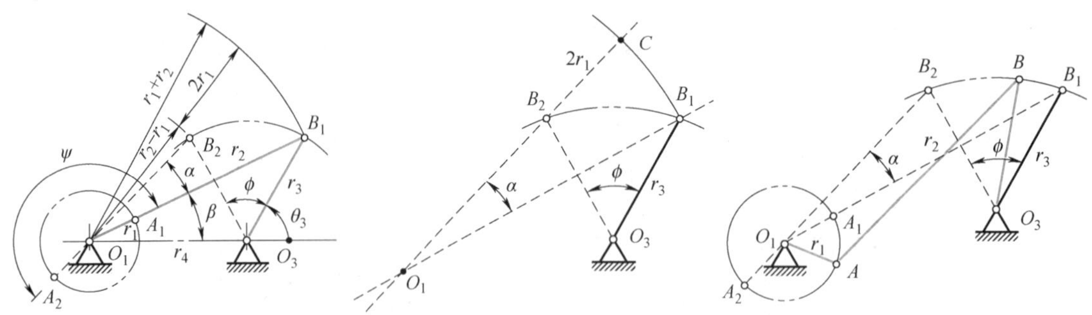

图 6-9 图解法做曲柄摇杆机构的设计

2. 给定从动件行程和急回系数 K

仍然以铰链四杆机构为例，给定摇杆角行程 ψ（即两极限位置间的夹角），设计一曲柄摇杆机构，满足具有急回系数 K 的要求。若要满足急回系数 K 的要求，需满足极位夹角 θ 的要求。显然这取决于铰链 O_A 的位置，因此解决该设计问题的关键在于如何确定铰链 O_A 的位置以保证给定要求的极位夹角 θ。具体设计步骤如下（结合图 6-10）：

1）选定杆长 l_{O_BB}，根据给定 ψ 作出杆 O_BB 的两个极限位置 O_BB_1 和 O_BB_2。

2）由 $K=\dfrac{180°+\theta}{180°-\theta}$，计算出 $\theta=\dfrac{K-1}{K+1}\times180°$。

3）连接 B_1 和 B_2，并作两个相同角度 $\beta=90°-\theta$，得点 O。

4）以点 O 为圆心，OB_1 为半径作圆，则在圆周上某些区段可选作铰链 O_A 的位置。

5）连接 O_AB_1 和 O_AB_2，两线的夹角即为设计所要求的极位夹角 θ。

6）在 O_AB_1 上截取 $O_AP=O_AB_2$，则 PB_1 一半即为曲柄长 l_{O_AA}，由此确定铰链 A 的位置。

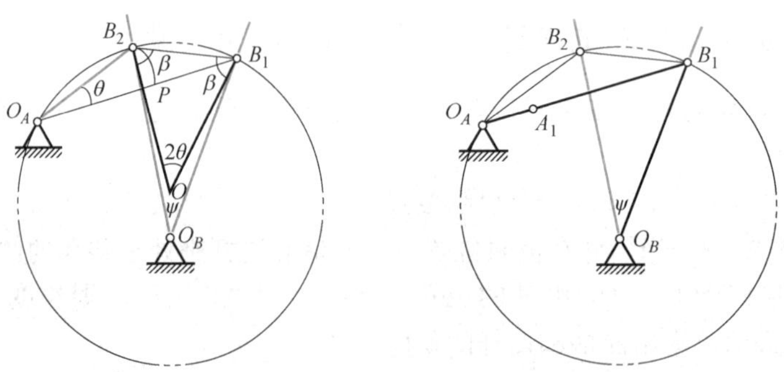

图 6-10 按给定从动件行程和急回系数 K 的设计

由上述设计过程可看出，设计中有一次选择的余地（杆 O_BB 的长度），再根据一个附加条件可唯一确定铰链 O_A 的位置，否则有无穷多解。不过，曲柄铰链点不能任意选择，还需要考虑运动可行域及传动性能等其他辅助条件。

【例 6-1】 已知急回系数 K、滑块的行程 H 和偏心距 e，试设计该偏置曲柄滑块机构。

解：该问题求解类似于已知从动件行程与急回系数的铰链四杆机构设计，如图 6-11 所示。

1）根据急回系数 K，计算极位夹角 $\theta=180°(K-1)/(K+1)$。

2）作一直线 $C_1C_2=H$。

3）作射线 C_2M，使 $\angle C_1C_2M=90°-\theta$，作射线 C_1N 垂直于 C_1C_2，两条射线交于 P 点。

4）以 C_2P 为直径、C_2P 中点为圆心作圆。

5）作与 C_1C_2 平行且偏距为 e 的直线，交圆于 A 或 A'。

6）以 A 为圆心，AC_1 为半径作弧交于 E，得 $l_1=EC_2/2$，$l_2=(AC_2-EC_2)/2$。

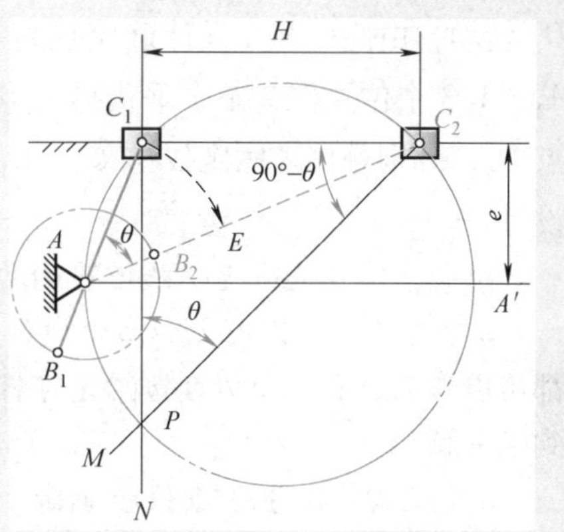

图 6-11　偏置曲柄滑块机构的设计

6.3.2　刚体导引机构的设计

前面已经提到，刚体导引机构的设计可归结为 3 种情况：①给定连杆 2~3 个位置，活动铰链点位置已知；②给定连杆 2~3 个位置，固定铰链点位置已知；③给定连杆 4~5 个位置。这里主要讨论前两种。

对于第一种情况，采用作图法求解在前面四杆机构的实例（图 6-6）中已经给出。下面看一个具体例子。

【例 6-2】　已知连杆上标线的 3 个位置（未给出固定或活动铰链点的位置），试利用作图法设计该铰链四杆机构。

解：该问题实质上可以转化为已知铰链四杆机构中两活动铰链 A、B 的位置，设计两固定铰链 O_A、O_B 的位置问题。

如图 6-12 所示，设计要求连杆在运动过程中能依次通过Ⅰ、Ⅱ、Ⅲ 3 个位置的铰链四杆机构 O_AABO_B。具体步骤如下：

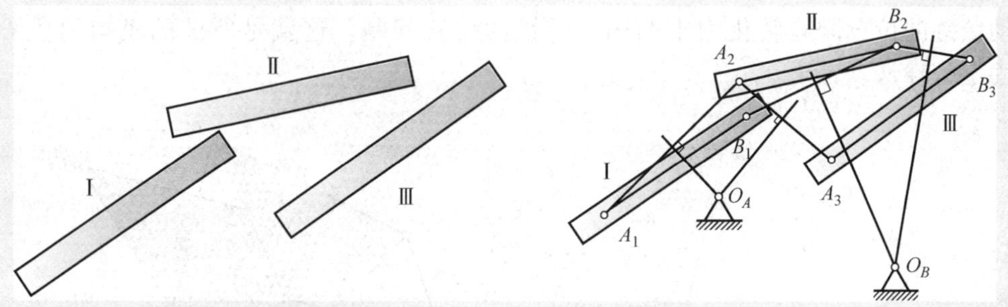

图 6-12　已知连杆上标线 3 个位置（未给出固定或活动铰链点的位置）的铰链四杆机构设计

首先在连杆（也可看作被导引的刚体）上根据其结构情况选定活动铰链 A、B 的位置，也就得到对应连杆 3 个位置的活动铰链位置 A_1B_1、A_2B_2、A_3B_3。因为铰链四杆机构中两连架杆均为做定轴转动的构件，所以连杆上活动铰链 A、B 分别绕固定铰链 O_A、

O_B 转动，由此可知，设计确定固定铰链 O_A、O_B，其实质就是找圆心的问题。由 A_1、A_2、A_3 3 个位置作 2 条中垂线得交点 O_A，由 B_1、B_2、B_3、3 个位置作 2 条中垂线得交点 O_B，分别是待求固定铰链 O_A、O_B 的中心。由此就完成了铰链四杆机构 O_AABO_B 的设计。

那么，给定连杆上标线位置的数目不同，对设计结果又有何影响呢？

2 个位置：可以有无穷多个设计结果。因为 2 点只有 1 条中垂线，中垂线上任意点都可以作为圆心。所以在按给定连杆 2 个位置的设计时，可以考虑补充 1 个附加条件得到唯一解。

3 个位置：由于 3 点只能确定 1 个圆心。因此，按给定连杆 3 个位置设计，只有唯一解。

4 个位置：一般情况下有无穷多解。根据德国学者布尔梅斯特的运动几何学理论，如果设计之初不是随意地选择 2 个活动铰链点 A、B，在连杆上总可以找到一些点使对应连杆的 4 个位置位于同一圆周上。不过，当 2 个活动铰链点 A、B 已知时，一般情况下 4 个位置点不在同一个圆上，即无法找到同一个圆心，也就没有设计解。

5 个位置：根据德国学者布尔梅斯特的运动几何学相关理论，可能有解也可能无解。若有解，则只有 2 组或 4 组解。

下面重点讨论一下第二种情况，即当固定铰链点位置已知的情况下，机构如何进行设计。很显然由于活动铰链点的位置在运动过程中总是发生变化，以致无法再用通过圆弧轨迹找圆心的方法了。不过，根据相对运动不变原理，通过机构的倒置，可以实现活动铰链与固定铰链的相互转化，进而沿用上述方法来求解。具体方法如下：

利用机构的倒置，将原有机构（图 6-13a）的连杆 AB 作为机架，原机构的机架 O_AO_B 变成连杆。相应的活动铰链 A、B 转换为相对固定铰链，除此之外，还必须保证机构运动到各个位置时各杆间的相对位置关系（该过程称为“刚化”）。例如，设想新机架 A_1B_1“固定”在图 6-13b 的位置 I，现将四边形 $O_AA_2B_2O_B$ 作为一个刚性图形搬至使 A_2B_2 同 A_1B_1 重合的位置Ⅱ（图 6-13b）。这样便可求得新连杆相对新机架的各个位置，从而将求两活动铰链的位置问题转化为求两固定铰链的位置问题。这就是所谓的**机构倒置法**或者**改换固定构件法**。

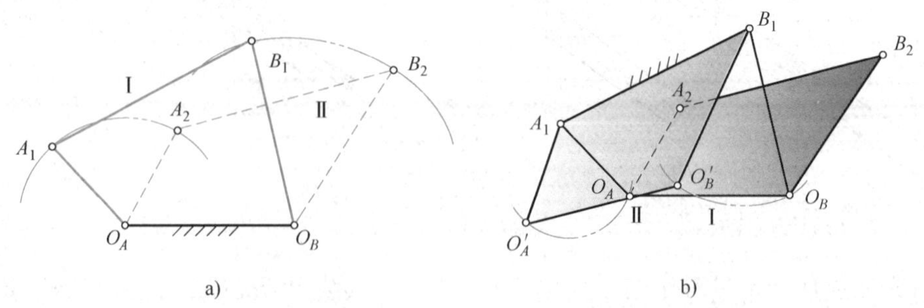

图 6-13 机构倒置法原理（Ⅰ）：机架与连杆的倒置

下面应用机构倒置法求解给定 3 个位置情况下的刚体导引设计问题。

【例 6-3】 已知连杆上标线的 3 个位置，并给出 2 个固定铰点的位置，试设计该铰链四杆机构。

解：假设已知固定铰链中心 A、D 的位置，以及连杆上的标线 EF 在机构运动过程中分别占据的 3 个位置：E_1F_1、E_2F_2、E_2F_3，要求确定另外两个活动铰链点的位置（图 6-14）。

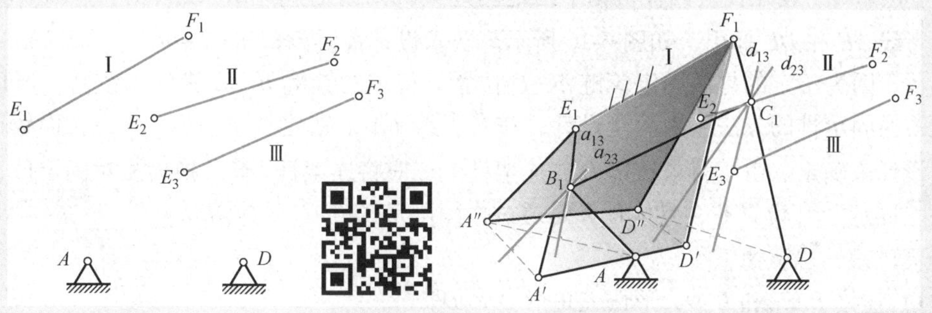

图 6-14　已知 3 点位置的铰链四杆机构设计

具体作图过程如下：

1）以 E_1F_1 为倒置机构新机架位置。

2）分别连接 AE_2 和 DF_2、AE_3 和 DF_3，则四边形 AE_2F_2D、AE_3F_3D 分别代表了机构在位置Ⅱ、Ⅲ各杆的相对位置关系。

3）作分别与四边形 AE_2F_2D、AE_3F_3D 全等的四边形 $A'E_1F_1D'$、$A''E_1F_1D''$，这样可求得 A、D 点的位置Ⅱ、Ⅲ。

4）沿用已知固定铰链中心进行机构设计的方法找到两个活动铰链中心的位置（确切地说是位置Ⅰ时的 B_1、C_1 两点位置）。

6.3.3　设计函数生成机构的刚化反转法

利用机构倒置法还可以求解函数生成机构综合的一类问题。例如，在图 6-15a 中，给出了铰链四杆机构的两个位置 $O_AA_1B_1O_B$、$O_AA_2B_2O_B$，两连架杆的对应转角分别是 φ_i，$\psi_i(i=1,2)$。现以第一位置 $O_AA_1B_1O_B$ 作为参考位置，将机构的第二位置 $O_AA_2B_2O_B$ 刚化成一

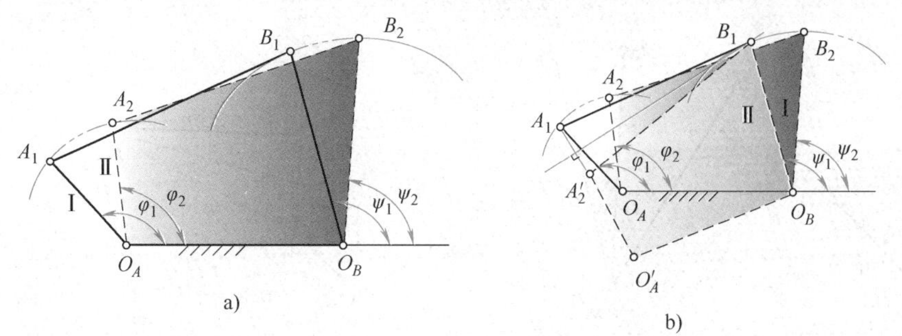

图 6-15　机构倒置法原理（Ⅱ）：相对连架杆的倒置

个刚体，并使其绕固定铰链点 O_B 反转角度（$\psi_1-\psi_2$），此时 O_BB_2 与 O_BB_1 重合，而构件 O_AA 由初始位置 O_AA_2 运动到位置 O_AA_2'（图6-15b）。此时，由于原来的机架和连杆成为新机构的连架杆，而连架杆 BO_B 成为新机构的机架，B 变成了固定铰链点。因此 A_1A_2'连线的中垂线必然通过铰链点 B_1。这样，就将函数生成问题转化为刚体导引问题来求解。由于该过程存在反转的过程，又将此方法称作**刚化反转法**。

【例6-4】 设在铰链四杆机构中给定两连架杆两组对应位置（φ_1,ψ_1）、（φ_2,ψ_2），由参考线 AF 和 DE 标出，如图6-16所示。要求设计铰链四杆机构 $ABCD$。

解：因为给定的是两固定铰链 A、D 位置，待求的铰链 B、C 为活动铰链，所以应采用改换固定件的方法。为简化设计，在参考线 FA 上选定铰链 $B(B_1,B_2)$，而铰链 C 则由设计来确定。由于待求铰链 C 在连架杆上，应将连架杆 DC 改换为相对固定件，并假设"固定"在位置Ⅱ，具体任务是通过作图确定铰链 C_2 的位置。

具体设计步骤如下：

1）连接 B_1E_1 和 B_1D，形成三角形 B_1E_1D。

2）将三角形 B_1E_1D 绕点 D 顺时针转动至使 E_1D 同 E_2D 重合，从而得到该三角形的新位置 $B_1'E_2D$。

3）作 B_2B_1'中垂线 mm。

4）位置Ⅱ的铰链 C_2 可在 mm 线上任意位置选取，因此有无穷多设计解答。

5）根据设计附加条件确定唯一解答。假设附加条件：在位置Ⅱ铰链 C、D 间的距离为最短。则由点 D 作中垂线 mm 的垂线，得到位置Ⅱ的铰链点 C_2。

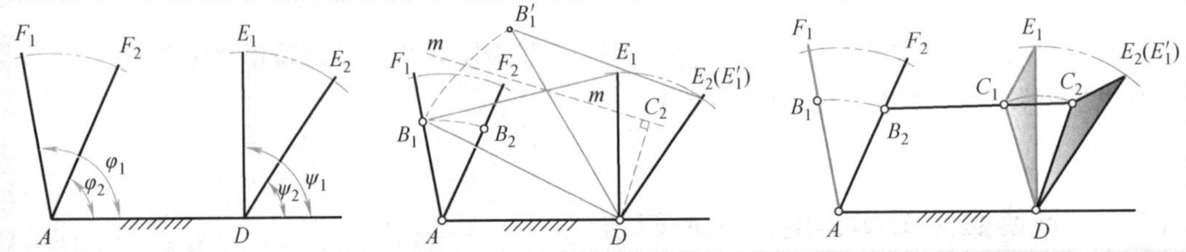

图6-16　给定两连架杆两组对应位置，设计铰链四杆机构的过程图示

【例6-5】 设在铰链四杆机构中给定两连架杆三组对应位置，如图6-17所示。要求设计该铰链四杆机构。

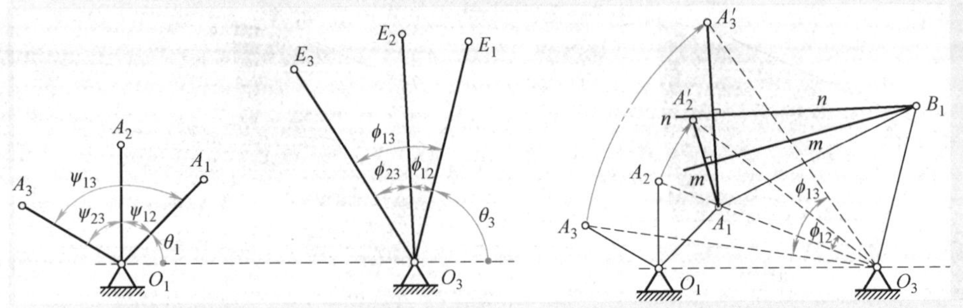

图6-17　给定两连架杆三组对应位置，设计铰链四杆机构的过程图示

解：解题思路同【例 6-4】。

具体设计步骤如下：

1）分别连接 O_3A_2 和 O_3A_3，两条连线分别绕 O_3 点顺时针转动 ϕ_{12}、ϕ_{13}，得到 O_3A_2' 和 O_3A_3'。

2）分别作 $A_2'A_1$ 和 $A_3'A_1$ 的中垂线 mm 和 nn。

3）中垂线 mm 和 nn 的交点 B_1 即为铰链 B 的第 I 位置点。

6.4 平面机构运动综合的解析法

用解析法设计平面连杆机构的主要任务是建立机构尺寸参数与给定运动参数的方程式。对于不同的运动要求，所建立的方程式也就不同。然后应用不同的数学方法和解算工具去求解方程式中的尺寸参数。随着计算机辅助功能日益强大，解析法越发显示出其重要作用。

同图解法设计一样，解析法设计随着机构类型和运动要求的不同而改变，也没有统一的方法可以套用。求解尺寸参数时，同样也会出现有唯一解、无穷多解或无解的情况。

下面就来讨论在不同的运动要求下，如何采用多种不同的解析方法来设计连杆机构。首先看一个简单的例子。

【例 6-6】　如图 6-18 所示，给定滑块行程 $h(h=1\text{m})$，导路偏距 $e(e=0.25\text{m})$，附加要求为机构的最大压力角 $\alpha_{\max}=[\alpha]=30°$，试用解析法设计一个偏置曲柄滑块机构，确定曲柄长 r 和连杆长 l。

在图 6-18 中作出机构的两极限位置及机构具有最大压力角的位置。选取参考坐标系 Oxy，并设滑块在两极限位置的坐标为 x_1 和 x_2，即可得到以下 3 个方程。

$$\begin{cases} x_1^2=(l-r)^2-e^2 \\ x_2^2=(l+r)^2-e^2 \\ x_2=x_1+h \end{cases} \tag{6.4-1}$$

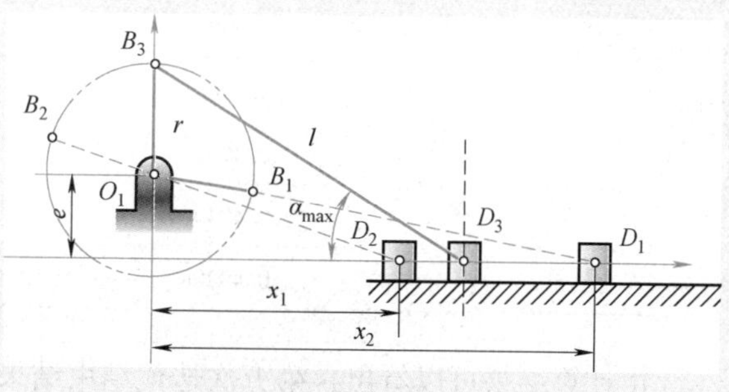

图 6-18　偏置曲柄滑块机构的设计

再根据机构具有最大压力角的位置，还可得到以下关系式：

$$\sin\alpha_{\max}=\frac{r+e}{l} \tag{6.4-2}$$

式（6.4-1）和式（6.4-2）中共有 4 个方程，恰好能解 4 个待求的尺寸参数：曲柄长 r、连杆长 l、两极限位置的坐标 x_1 和 x_2。为解方程组可先作消元处理，分别消去 l 和 x_2，得

$$\begin{cases}(x_1+h)^2=\left[\dfrac{e+r(1+\sin\alpha_{\max})}{\sin\alpha_{\max}}\right]^2-e^2\\x_1^2=\left[\dfrac{e+r(1-\sin\alpha_{\max})}{\sin\alpha_{\max}}\right]^2-e^2\end{cases}\tag{6.4-3}$$

式（6.4-3）为含有两个待求参数 r 和 x_1 的二次方程组，要解这个方程组就会导出一个四次方程，而求四次方程的解析解是比较困难的。为此可采用近似计算中的迭代法来得到 r 和 x_1 足够精确的近似解。具体步骤如下：

第一次迭代，先选择一个 r 的初始值 $r^{(1)}$，代入式（6.4-3）中求得第一次近似值 $x_1^{(1)}$。然后将 $r^{(1)}$ 和 $x_1^{(1)}$ 代入式（6.4-1）中，一般不能满足此式，会出现误差 δ_1，即

$$\delta_1=(x_1+h)^2-\left[\frac{e+r(1+\sin\alpha_{\max})}{\sin\alpha_{\max}}\right]^2+e^2\tag{6.4-4}$$

第二次迭代，先确定 r 的变化步长 Δr，从而获得第二次迭代的 r 值为 $r^{(2)}=r^{(1)}+\Delta r$，将 $r^{(2)}$ 代入式（6.4-3）中求得 $x_1^{(2)}$。然后将 $r^{(2)}$ 和 $x_1^{(2)}$ 代入式（6.4-1）中得第二次迭代的误差 δ_2。依次类推，直至第 n 次迭代。若给定一个足够小的允许的误差值 $[\delta]$，经过 n 次迭代后，所得误差 $\delta_n\leqslant[\delta]$ 时，迭代计算就可以结束，对应的 $r^{(n)}$ 和 $x_1^{(n)}$ 值即为可取的近似值，然后再由式（6.4-1）求得连杆长 l。

给出了一般算法之后，再来考虑具体的算例。选择 r 的初始值 $r^{(1)}=0.5h$，r 的变化步长 $\Delta r=0.002$，设定允许的误差值 $[\delta]=0.001$，计算结果见表 6-1。

表 6-1　迭代误差

迭代次数	r	x_1	δ
1	0.5000	0.9682458	−0.0635083
2	0.4980	0.9661801	−0.0476718
3	0.4960	0.9641141	−0.0318998
4	0.4940	0.9620478	−0.0161924
5	0.4920	0.9599812	−0.0005495

由计算结果可以看出，第五次迭代结束结果就小于给定的误差值了。由此可将 $r^{(5)}$ 和 $x_1^{(5)}$ 值代入式（6.4-3）和式（6.4-1）得 $l=1.4840$，$x_2=1.9599812$。

需要说明的是：

1）关于初始值 $r^{(1)}$ 的选取。$r^{(1)}$ 的选取影响到迭代的收敛性和迭代速度。在偏置曲柄滑块机构设计时，可参照对心曲柄滑块机构中滑块行程 h 等于 2 倍曲柄长 r 的关系，选取 $r^{(1)}=0.5h$ 较为合理。

2）关于计算步长 Δr 的选取。Δr 的选取主要影响到迭代的精度。如果迭代中误差绝对值 δ_n 逐渐增大，则应改变 Δr 的正负号，使 δ_n 逐渐减小。

6.4.1　位移矩阵法

位移矩阵法是以各运动副的位置坐标为参数，以杆长不变或方位角不变为约束条件建立方程，完成机构尺寸综合的一种方法。其主要步骤是：①建立位移约束方程，得到一系列方程（可能是线性方程组，也可能是非线性方程组）；②用数值方法通过编程计算该方程组的解，求得待求量。

位移矩阵法不但与运动分析紧密结合，而且应用面广，既可用于平面机构的运动综合，也可用于空间机构的运动综合；既可用于刚体导引机构的运动综合，也可以用于函数生成机构与轨迹生成机构的运动综合。因此，该方法具有普遍性，尤其便于编程求解。

1. 刚体导引机构的运动综合

首先以刚体导引机构的运动综合为例，如图 6-19 所示，说明该方法的具体应用。一种简单的刚体导引机构设计类型是给定连杆 n 个位置，在连杆平面内找到 2 个活动铰点。

刚体导引机构综合的目标是使连杆或其上的标线通过一系列给定的位置。支撑连杆的构件称为导引构件，如铰链四杆机构中的连架杆。所给定的连杆位置称为精确点位，如图 6-19 所示的 1~5 点位。目标是综合所得机构在导引刚体时，其精确点处的位置误差为零。刚体导引机构综合的关键在于对导引构件的综合。

首先需要建立平面刚体导引机构的位移约束方程。

（1）定长约束方程（R-R 型导引构件）　如图 6-20 所示，在运动过程中，导引构件的长度应保持不变，即 $\boldsymbol{a}_1$ 总是在以 $\boldsymbol{a}_0$ 为圆心的圆弧上。设以位置 Ⅰ 为参考位置，可得到定长约束方程，也称为位移约束方程。即

$$(a_{jx}-a_{0x})^2+(a_{jy}-a_{0y})^2=(a_{1x}-a_{0x})^2+(a_{1y}-a_{0y})^2 \quad (j=2,3,\cdots) \tag{6.4-5}$$

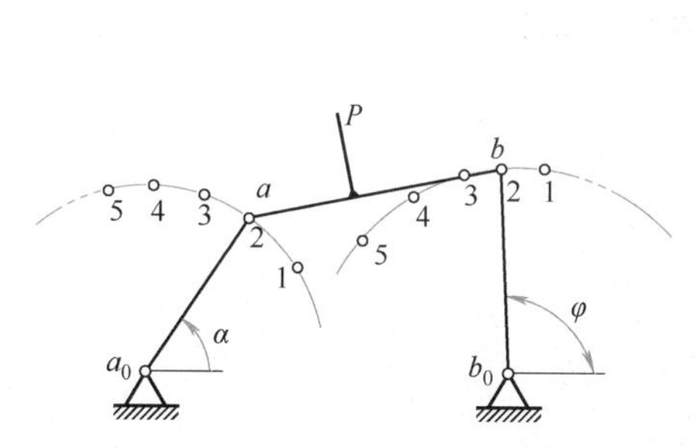

图 6-19　刚体导引机构的运动综合

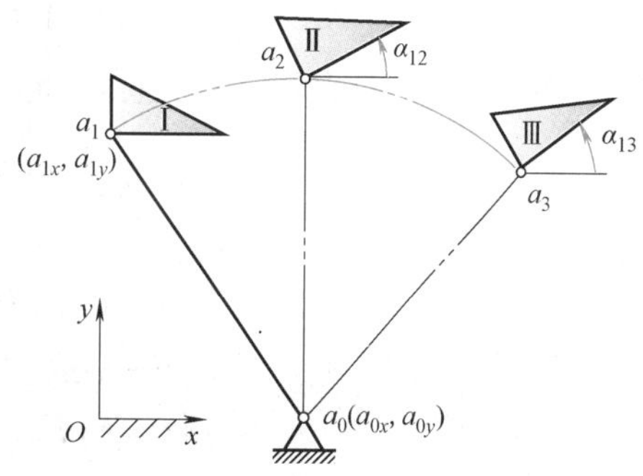

图 6-20　定长约束

例如，当给定连杆平面 3 个精确位置时（即 $j=2,3$），可得到

$$\begin{aligned}(a_{2x}-a_{0x})^2+(a_{2y}-a_{0y})^2=(a_{1x}-a_{0x})^2+(a_{1y}-a_{0y})^2\\(a_{3x}-a_{0x})^2+(a_{3y}-a_{0y})^2=(a_{1x}-a_{0x})^2+(a_{1y}-a_{0y})^2\end{aligned} \tag{6.4-6}$$

式中，$\boldsymbol{a}_j=\boldsymbol{D}_{1j}\boldsymbol{a}_1$，$j=2,3$；$\boldsymbol{D}_{1j}$为刚体位移矩阵，一般表达见式（B.4-17）。

可以看出 2 个方程中含有 4 个未知数 $\boldsymbol{a}_0$，$\boldsymbol{a}_1$，因此有无穷多组解。为此，可先给定 4 个未知数中的任意 2 个。如给定固定铰链 $\boldsymbol{a}_0$，可将未知数 $\boldsymbol{a}_1$ 求出，得如下线性方程

$$a_{1x}A_j+a_{1y}B_j=C_j \quad (j=2,3) \tag{6.4-7}$$

式中

$$\begin{cases}A_j=d_{11j}d_{13j}+d_{21j}d_{23j}+(1-d_{11j})a_{0x}-d_{21j}a_{0y}\\B_j=d_{12j}d_{13j}+d_{22j}d_{23j}+(1-d_{22j})a_{0y}-d_{12j}a_{0x}\\C_j=d_{13j}a_{0x}+d_{23j}a_{0y}-\dfrac{1}{2}(d_{13j}^2+d_{23j}^2)\end{cases} \tag{6.4-8}$$

式（6.4-8）中的各个系数值 d 可通过求解式（B.4-17）得到。

（2）定斜率方程（P-R 型导引构件） 导引构件是 P-R 型构件时，它与连杆组成转动副 R，而与机架组成移动副 P。如图 6-21 所示，给定刚体的若干位置 $1,2,\cdots,j$，其上某点 $\boldsymbol{b}$ 的相应位置为 $\boldsymbol{b}_1,\boldsymbol{b}_2,\cdots,\boldsymbol{b}_j$。若这些点位于同一直线上，则该点可作为导引构件（连架杆）与连杆的铰接点；而该直线代表导引构件与机架组成的移动副 P 导路的方位线。因为 $\boldsymbol{b}$ 点沿一固定的直线运动，故 $\boldsymbol{b}_1,\boldsymbol{b}_2,\cdots,\boldsymbol{b}_j$ 中每两点的斜率应相等。由此可得

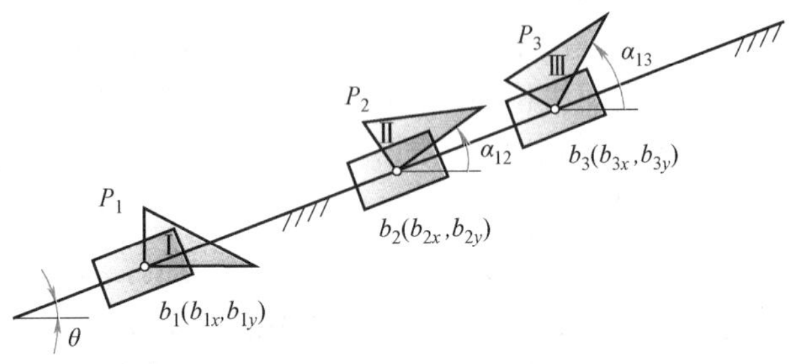

图 6-21 定斜率约束

$$\tan\theta=\frac{b_{jy}-b_{1y}}{b_{jx}-b_{1x}}\quad(j=2,3,\cdots) \tag{6.4-9}$$

式中，θ 是移动副导路的方位角，它与转动副的位置 I 是待求的未知量。例如，当给定连杆平面 3 个精确位置时（即 $j=2,3$），可得到

$$\frac{b_{2y}-b_{1y}}{b_{2x}-b_{1x}}=\frac{b_{3y}-b_{1y}}{b_{3x}-b_{1x}} \tag{6.4-10}$$

式中，$\boldsymbol{b}_j=\boldsymbol{D}_{1j}\boldsymbol{b}_1$，$j=2,3$。代入参数并变换得到

$$Ab_{1x}^2+Ab_{1y}^2+Db_{1x}+Eb_{1y}+F=0 \tag{6.4-11}$$

式（6.4-11）是圆的一般方程式，将其改写成圆的标准形式为

$$\left(b_{1x}+\frac{D}{2A}\right)^2+\left(b_{1y}+\frac{E}{2A}\right)^2=\frac{D^2+E^2-4AF}{4A^2} \tag{6.4-12}$$

式中

$$\begin{cases}A=Cd_{212}-Bd_{213}\\B=1-d_{112}\\C=1-d_{113}\\D=Cd_{232}-Bd_{233}+d_{132}d_{213}-d_{133}d_{212}\\E=Bd_{133}-Cd_{132}+d_{232}d_{213}-d_{233}d_{212}\\F=d_{233}d_{132}-d_{133}d_{232}\end{cases} \tag{6.4-13}$$

由此可知，当给定连杆的 3 个位置时，可得到无穷多个满足给定要求的导引滑块，这样还需要根据其他条件选取一个合适解。

【例 6-7】 试综合一个可实现平面导引的曲柄滑块机构，要求能导引连杆通过以下 3 个位置。

$$\boldsymbol{P}_1=(1,1),\quad \boldsymbol{P}_2=(2,0),\quad \boldsymbol{P}_3=(3,2),\quad \alpha_{12}=30°,\quad \alpha_{13}=60°$$

解：(1) 导引滑块的综合　为了求滑块铰链中心 $\boldsymbol{b}_1$ 所在的轨迹圆，首先根据已知的 $\boldsymbol{P}_j$ 和 α_{1j} 求出位移矩阵 $\boldsymbol{D}_{1j}$。

$$\boldsymbol{D}_{12}=\begin{pmatrix} d_{112} & d_{122} & d_{132} \\ d_{212} & d_{222} & d_{232} \\ 0 & 0 & 1 \end{pmatrix}=\begin{pmatrix} 0.866 & -0.5 & 1.634 \\ 0.5 & 0.866 & -1.366 \\ 0 & 0 & 1 \end{pmatrix},$$

$$\boldsymbol{D}_{13}=\begin{pmatrix} d_{113} & d_{123} & d_{133} \\ d_{213} & d_{223} & d_{233} \\ 0 & 0 & 1 \end{pmatrix}=\begin{pmatrix} 0.5 & -0.866 & 3.366 \\ 0.866 & 0.5 & 0.634 \\ 0 & 0 & 1 \end{pmatrix}$$

然后求取满足式 (6.4-12) 的 $\boldsymbol{b}_1$ 点轨迹圆方程中的各个系数为

$$\begin{cases} A=Cd_{212}-Bd_{213}=0.134 \\ B=1-d_{112}=0.134 \\ C=1-d_{113}=0.5 \\ D=Cd_{232}-Bd_{233}+d_{132}d_{213}-d_{133}d_{212}=-1.036 \\ E=Bd_{133}-Cd_{132}+d_{232}d_{213}-d_{233}d_{212}=-1.866 \\ F=d_{233}d_{132}-d_{133}d_{232}=5.634 \end{cases}$$

选取 $b_{1x}=0$，代入轨迹圆方程求出

$$b_{1y}=9.499 \quad 或 \quad b_{1y}=4.426$$

这里选取

$$b_{1y}=9.499$$

下面求滑块导路的倾斜角 θ，首先根据 $\boldsymbol{b}_2=\boldsymbol{D}_{12}\boldsymbol{b}_1$ 求出 $\boldsymbol{b}_2$ 点的坐标，得

$$b_{2x}=-3.116,\quad b_{2y}=6.86$$

因此，根据式 (6.4-9)，求得

$$\theta=\arctan\left(\frac{b_{2y}-b_{1y}}{b_{2x}-b_{1x}}\right)=40.26°$$

(2) 导引曲柄的综合　选取固定铰链中心 $\boldsymbol{a}_0$ 坐标：(0,-2.4)，求出式 (6.4-7) 中的各系数，并代入得

$$a_{1x}=-7.864,\quad a_{1y}=-6.980$$

再根据 $\boldsymbol{a}_j=\boldsymbol{D}_{1j}\boldsymbol{a}_1$，$j=2,3$，求出 $\boldsymbol{a}_2$ 点和 $\boldsymbol{a}_2$ 点的坐标，得

$$a_{2x}=-1.686,\quad a_{2y}=-11.343$$

$$a_{3x}=5.479,\quad a_{3y}=-9.666$$

(3) 计算曲柄滑块机构各构件的尺寸　设曲柄和连杆的长分别为 r_2 和 r_3，则

$$r_2=[(a_{1x}-a_{0x})^2+(a_{1y}-a_{0y})^2]^{0.5}=9.100$$

$$r_3=[(a_{1x}-b_{1x})^2+(a_{1y}-b_{1y})^2]^{0.5}=18.263$$

为求偏距 e，可将滑块导路直线的点斜式直线方程 $y-b_{1y}=\tan\theta(x-b_{1x})$ 化为标准形式，然后求 $\boldsymbol{a}_0$ 点到该直线的距离，即为偏距 e。即

$$e=\left|\frac{a_{0x}\tan\theta-a_{0y}+b_{1y}-b_{1x}\tan\theta}{\sqrt{1+\tan^2\theta}}\right|=9.085$$

2. 平面函数生成机构的综合

若机构的输出运动是输入运动的给定函数，且输入、输出运动都是相对于一固定的参考构件而言，则这类机构为函数生成机构，如图 6-22 所示。

函数生成机构与刚体导引机构的区别：前者实现两连架杆相对于机架的运动要求，后者实现连杆相对于机架的运动要求。若能把两连架杆相对于机架的运动问题转化为连杆导向问题，函数生成机构的综合问题便迎刃而解。方法依然是采用前面介绍的机构倒置法，即将其中一个连架杆由原来相对于机架的运动转换为相对于另一个连架杆的运动，从而将实现函数机构的综合问题转化成一个刚体导引机构的综合问题，然后用综合刚体导引机构的方法去解决。

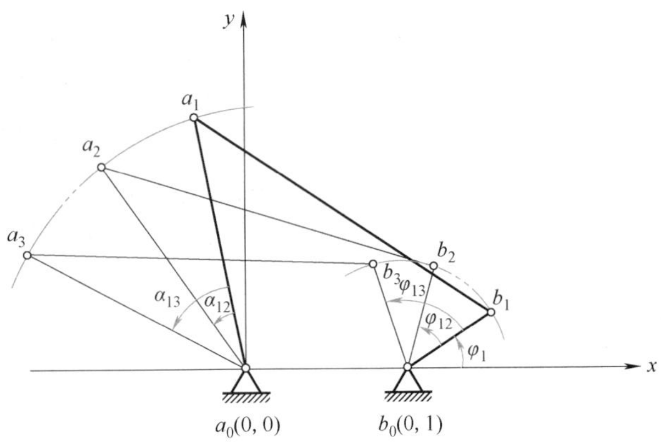

图 6-22　平面函数生成机构的综合

综合这类机构的一般方法是应用机构倒置原理，理想情况是机构的输入、输出运动所实现的实际函数曲线与理想要求的函数曲线完全吻合。但实际上是不可能的，设计时只能使某些点满足要求，这些点称为精确点。精确点如何分布才能使误差减到最小的问题在前面已讨论过。

利用平面相对位移矩阵可以实现平面函数生成机构的综合。这里仍以 3 个精确位置的铰链四杆机构综合为例说明解析过程（图 6-23）。有关机构倒置法已在前面涉及，这里只给出平面相对位移矩阵的推导结果。

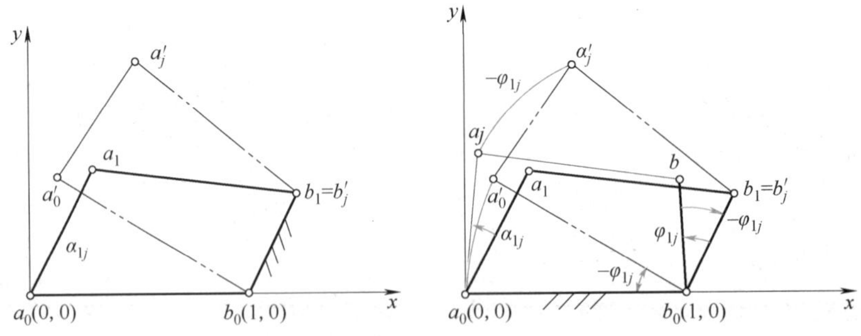

图 6-23　机构倒置法

$$\boldsymbol{a}_j'=\boldsymbol{D}_{-\varphi_{1j}}\boldsymbol{a}_j,\quad \boldsymbol{a}_j=\boldsymbol{D}_{\alpha_{1j}}\boldsymbol{a}_1 \tag{6.4-14a}$$

$$\boldsymbol{a}_j'=\boldsymbol{D}_{R1j}\boldsymbol{a}_1=\boldsymbol{D}_{-\varphi_{1j}}\boldsymbol{D}_{\alpha_{1j}}\boldsymbol{a}_1 \tag{6.4-14b}$$

$$\boldsymbol{D}_{\alpha_{1j}}=\boldsymbol{R}_{\alpha_{1j}}=\begin{pmatrix}\cos\alpha_{1j} & -\sin\alpha_{1j} & 0\\ \sin\alpha_{1j} & \cos\alpha_{1j} & 0\\ 0 & 0 & 1\end{pmatrix} \tag{6.4-15}$$

$$\boldsymbol{D}_{-\varphi_{1j}}=\begin{pmatrix}\boldsymbol{R}_{-\varphi_{1j}} & \boldsymbol{b}_0-\boldsymbol{R}_{-\varphi_{1j}}\boldsymbol{b}_0\\ 0\quad 0 & 1\end{pmatrix}=\begin{pmatrix}\cos\varphi_{1j} & \sin\varphi_{1j} & (1-\cos\varphi_{1j})\\ -\sin\varphi_{1j} & \cos\varphi_{1j} & \sin\varphi_{1j}\\ 0 & 0 & 1\end{pmatrix} \tag{6.4-16}$$

$$\boldsymbol{D}_{\mathrm{R}1j}=\boldsymbol{D}_{-\varphi_{1j}}\boldsymbol{D}_{\alpha_{1j}}=\begin{pmatrix}d_{11j} & d_{12j} & d_{13j}\\ d_{21j} & d_{22j} & d_{23j}\\ d_{31j} & d_{32j} & d_{33j}\end{pmatrix}=\begin{pmatrix}\cos(\alpha_{1j}-\varphi_{1j}) & -\sin(\alpha_{1j}-\varphi_{1j}) & (1-\cos\varphi_{1j})\\ \sin(\alpha_{1j}-\varphi_{1j}) & \cos(\alpha_{1j}-\varphi_{1j}) & \sin\varphi_{1j}\\ 0 & 0 & 1\end{pmatrix} \tag{6.4-17}$$

式中，$\boldsymbol{D}_{\mathrm{R}1j}$表示机构倒置后，连杆上的任一点相对机架的位移矩阵。用类似的方法可推导出曲柄滑块的平面相对位移矩阵

$$\boldsymbol{D}_{\mathrm{R}1j}=\boldsymbol{D}_{-s_{1j}}\boldsymbol{D}_{\alpha_{1j}}=\begin{pmatrix}d_{11j} & d_{12j} & d_{13j}\\ d_{21j} & d_{22j} & d_{23j}\\ d_{31j} & d_{32j} & d_{33j}\end{pmatrix}=\begin{pmatrix}\cos\alpha_{1j} & -\sin\alpha_{1j} & s_{1j}\cos\theta\\ \sin\alpha_{1j} & \cos\alpha_{1j} & s_{1j}\sin\theta\\ 0 & 0 & 1\end{pmatrix} \tag{6.4-18}$$

进行给定 3 个位置的铰链四杆函数生成机构的运动综合时，其位移约束方程中的$j=2,3$，故可得 2 个方程。由这 2 个方程解 4 个未知量$\boldsymbol{a}_1$、$\boldsymbol{b}_1$，有无穷多组解。可预先给定 4 个未知量中的任意 2 个，如给定$\boldsymbol{b}_1$，求$\boldsymbol{a}_1$。由于这里的$\boldsymbol{b}_1$与刚体导引问题中的$\boldsymbol{a}_0$相当，所以只要将式中的$\boldsymbol{a}_0$换成$\boldsymbol{b}_1$即可得到给定 3 个精确位置。此时，综合铰链四杆函数生成机构的方程为

$$a_{1x}A_j+a_{1y}B_j=C_j\quad(j=2,3) \tag{6.4-19}$$

式中

$$\begin{cases}A_j=d_{11j}d_{13j}+d_{21j}d_{23j}+(1-d_{11j})b_{1x}-d_{21j}b_{1y}\\ B_j=d_{12j}d_{13j}+d_{22j}d_{23j}+(1-d_{22j})b_{1y}-d_{12j}b_{1x}\\ C_j=d_{13j}b_{1x}+d_{23j}b_{1y}-\dfrac{1}{2}(d_{13j}^2+d_{23j}^2)\end{cases} \tag{6.4-20}$$

综合这类机构的一般步骤：首先将已知的α_{1j}和φ_{1j}代入式（B. 4-17）求出相对位移矩阵中的各元素；然后选定$\boldsymbol{b}_1$，求方程的系数A_j、B_j、C_j，并求解该线性方程组便可求得$\boldsymbol{a}_1$；最后，将$\boldsymbol{a}_0$、$\boldsymbol{b}_0$、$\boldsymbol{a}_1$、$\boldsymbol{b}_1$作为 4 个铰链中心，$\boldsymbol{a}_0\boldsymbol{b}_0$为机架，从而求得铰链四杆机构的一个点位$\boldsymbol{a}_0\boldsymbol{a}_1\boldsymbol{b}_1\boldsymbol{b}_0$。

但应注意的是，刚体导引机构的运动综合是按机构的绝对运动要求综合的，而函数生成机构的运动综合是按机构的相对运动进行的。两者在综合铰链四杆机构时的区别体现在：综合刚体导引机构时，给定一个$\boldsymbol{a}_0$，求得一个$\boldsymbol{a}_1$；再给定一个$\boldsymbol{a}_0''$，又求得一个$\boldsymbol{a}_1''$。则以$\boldsymbol{a}_0\boldsymbol{a}_1$和$\boldsymbol{a}_0''\boldsymbol{a}_1''$为两连架杆便可组成一个所求的铰链四杆机构，如图 6-24a 所示。而综合函数生成机构时，给定一个$\boldsymbol{b}_1$，求得一个$\boldsymbol{a}_1$；再给定一个$\boldsymbol{b}_1''$，又求得一个$\boldsymbol{a}_1''$。$\boldsymbol{b}_1$与$\boldsymbol{a}_1$可组成一个 R-R

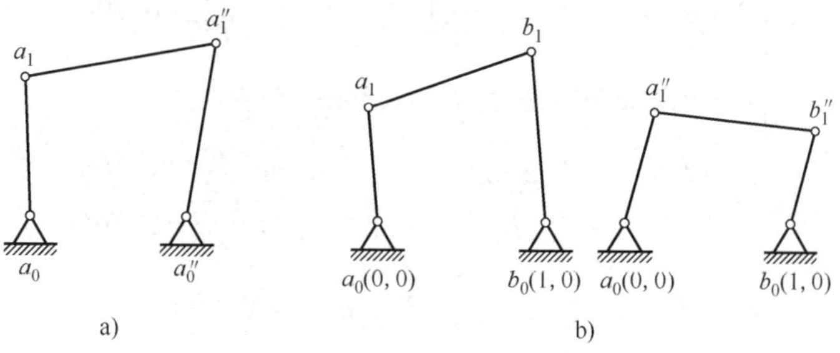

图 6-24　综合刚体导引机构与函数生成机构的区别

构件，b_1''与a_1''又可以组成一个R-R构件，但这两个构件不能组成一个所求的铰链四杆机构。只能由$\boldsymbol{a}_0\boldsymbol{b}_0$作为机架和$\boldsymbol{a}_1\boldsymbol{b}_1$作为连杆组成一个待求的铰链四杆机构；$\boldsymbol{a}_0\boldsymbol{b}_0$作为机架和$\boldsymbol{a}_1''\boldsymbol{b}_1''$作为连杆组成另一个待求的铰链四杆机构，如图6-24b所示。

【例6-8】　已知两连架杆间的对应关系：当主动件从位置Ⅰ到位置Ⅱ转了角度$\alpha_{12}=26°$时，对应从动件转了角度$\varphi_{12}=44°$；当主动件从位置Ⅰ到位置Ⅲ转了角度$\alpha_{13}=52°$时，对应从动件转了角度$\varphi_{13}=77°$。要求从动件在位置Ⅰ时的位置角$\varphi_1=33°$。试综合一个铰链四杆机构满足此要求。

解：（1）计算相对位移矩阵

$$\boldsymbol{D}_{R12}=\begin{pmatrix} d_{112} & d_{122} & d_{132} \\ d_{212} & d_{222} & d_{232} \\ d_{312} & d_{322} & d_{332} \end{pmatrix}=\begin{pmatrix} \cos(\alpha_{12}-\varphi_{12}) & -\sin(\alpha_{12}-\varphi_{12}) & (1-\cos\varphi_{12}) \\ \sin(\alpha_{12}-\varphi_{12}) & \cos(\alpha_{12}-\varphi_{12}) & \sin\varphi_{12} \\ 0 & 0 & 1 \end{pmatrix}$$

$$=\begin{pmatrix} 0.951 & 0.309 & 0.281 \\ -0.309 & 0.951 & 0.695 \\ 0 & 0 & 1 \end{pmatrix}$$

$$\boldsymbol{D}_{R13}=\begin{pmatrix} d_{113} & d_{123} & d_{133} \\ d_{213} & d_{223} & d_{233} \\ d_{313} & d_{323} & d_{333} \end{pmatrix}=\begin{pmatrix} \cos(\alpha_{13}-\varphi_{13}) & -\sin(\alpha_{13}-\varphi_{13}) & (1-\cos\varphi_{13}) \\ \sin(\alpha_{13}-\varphi_{13}) & \cos(\alpha_{13}-\varphi_{13}) & \sin\varphi_{13} \\ 0 & 0 & 1 \end{pmatrix}$$

$$=\begin{pmatrix} 0.906 & 0.423 & 0.775 \\ -0.423 & 0.906 & 0.974 \\ 0 & 0 & 1 \end{pmatrix}$$

（2）建立方程求解$\boldsymbol{a}_1$　选取$b_{1x}=1.5$，为保证$\varphi_1=33°$，b_{1y}不能任选。因为

$$\tan\varphi_1=\frac{b_{1y}}{b_{1x}-1}$$

因此

$$b_{1y}=0.325$$

建立方程

$$a_{1x}A_j+a_{1y}B_j=C_j \quad (j=2,3)$$

式中

$$\begin{cases} A_2=d_{112}d_{132}+d_{212}d_{232}+(1-d_{112})b_{1x}-d_{212}b_{1y}=0.226 \\ B_2=d_{122}d_{132}+d_{222}d_{232}+(1-d_{222})b_{1y}-d_{122}b_{1x}=0.300 \\ C_2=d_{132}b_{12}+d_{232}b_{12}-\dfrac{1}{2}(d_{132}^2+d_{232}^2)=0.366 \\ A_3=d_{113}d_{133}+d_{213}d_{233}+(1-d_{113})b_{1x}-d_{213}b_{1y}=1.568 \\ B_3=d_{123}d_{133}+d_{223}d_{233}+(1-d_{223})b_{1y}-d_{123}b_{1x}=2.166 \\ C_3=d_{133}b_{12}+d_{233}b_{12}-\dfrac{1}{2}(d_{133}^2+d_{233}^2)=0.596 \end{cases}$$

解得
$$a_{1x}=-0.336,\quad a_{1y}=1.474$$

（3）计算各杆的长度

$$\begin{cases} r_{a_0a_1}=[(a_{1x}-a_{0x})^2+(a_{1y}-a_{0y})^2]^{0.5}=1.512 \\ r_{a_1b_1}=[(a_{1x}-b_{1x})^2+(a_{1y}-b_{1y})^2]^{0.5}=2.166 \\ r_{b_0b_1}=[(b_{1x}-b_{0x})^2+(b_{1y}-b_{0y})^2]^{0.5}=0.596 \\ r_{a_0b_0}=[(b_{0x}-a_{0x})^2+(b_{0y}-a_{0y})^2]^{0.5}=1.00 \end{cases}$$

综合结果的机构运动情况如图 6-25 所示。

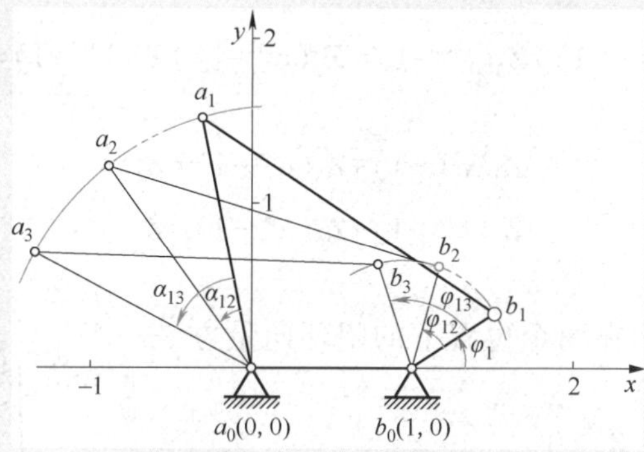

图 6-25　铰链四杆机构的综合

3. 平面轨迹生成机构的综合

综合轨迹生成平面连杆机构，一般要求连杆上的某点通过轨迹上一系列有序的点，这些点称为精确点。与函数生成机构的综合类似，轨迹生成机构的综合最终也可归结为刚体导引机构的综合问题。不过，轨迹生成机构的综合有其自身的特点：一是轨迹已知，因此轨迹上的序列点 $\boldsymbol{P}_j$ 已知，由于变量增多，综合时有较大的灵活性；二是满足轨迹要求时，应求出各杆的绝对长度。

6.4.2　复数法（双杆组法）

在进行分析时，可以用双杆组来定义一个平面连杆机构的几何结构。如图 6-26a 所示，假设向量在初始位置时为 $\boldsymbol{r}$，表示成复数的形式为 $\boldsymbol{Z}_1=r\mathrm{e}^{\mathrm{j}\theta}$。当逆时针转过角度 β 后，则有

$$\boldsymbol{r}^*=\boldsymbol{r}\mathrm{e}^{\mathrm{j}\beta} \tag{6.4-21}$$

或者

$$\boldsymbol{Z}^*=\boldsymbol{Z}_1\mathrm{e}^{\mathrm{j}\beta} \tag{6.4-22}$$

因此，对于图 6-26b 中构件的定轴转动，有

$$\boldsymbol{Z}_i=r\mathrm{e}^{\mathrm{j}(\theta+\beta_i)}=\boldsymbol{Z}_1\mathrm{e}^{\mathrm{j}\beta_i} \tag{6.4-23}$$

对于图 6-26c 中构件的定轴转动加移动，有

$$\boldsymbol{Z}_i=r_i\mathrm{e}^{\mathrm{j}(\theta+\beta_i)}=\rho_i\boldsymbol{Z}_1\mathrm{e}^{\mathrm{j}\beta_i} \tag{6.4-24}$$

因此，对于图 6-27 所示的铰链四杆机构，可建立如下闭环方程：

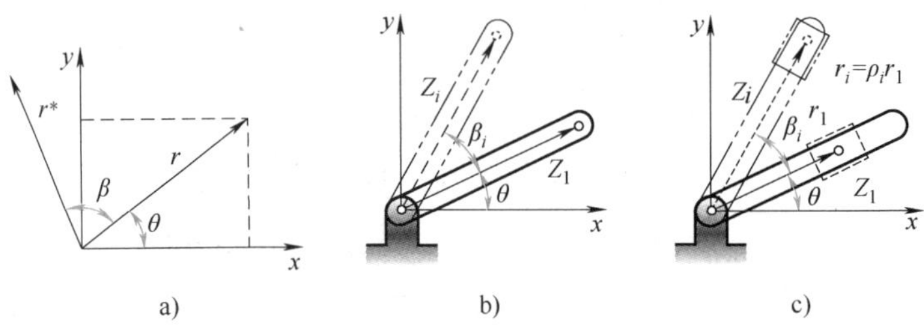

图 6-26 构件运动的复数表达

$$\boldsymbol{Z}_1(\mathrm{e}^{\mathrm{j}\varphi_i}-1)+\boldsymbol{Z}_5(\mathrm{e}^{\mathrm{j}\alpha_i}-1)-\boldsymbol{Z}_6(\mathrm{e}^{\mathrm{j}\alpha_i}-1)-\boldsymbol{Z}_3(\mathrm{e}^{\mathrm{j}\psi_i}-1)=0 \tag{6.4-25}$$

令

$$\boldsymbol{Z}_1(\mathrm{e}^{\mathrm{j}\varphi_i}-1)+\boldsymbol{Z}_5(\mathrm{e}^{\mathrm{j}\alpha_i}-1)=\boldsymbol{Z}_6(\mathrm{e}^{\mathrm{j}\alpha_i}-1)+\boldsymbol{Z}_3(\mathrm{e}^{\mathrm{j}\psi_i}-1)=\boldsymbol{\delta}_i \tag{6.4-26}$$

或者写成

$$\begin{aligned}\boldsymbol{Z}_1(\mathrm{e}^{\mathrm{j}\varphi_i}-1)+\boldsymbol{Z}_5(\mathrm{e}^{\mathrm{j}\alpha_i}-1)=\boldsymbol{\delta}_i\\ \boldsymbol{Z}_3(\mathrm{e}^{\mathrm{j}\alpha_i}-1)+\boldsymbol{Z}_6(\mathrm{e}^{\mathrm{j}\psi_i}-1)=\boldsymbol{\delta}_i\end{aligned} \tag{6.4-27}$$

1. 函数综合

如图 6-27 所示，机构在两个位置下的闭环向量方程为

$$\begin{aligned}\boldsymbol{Z}_1+\boldsymbol{Z}_2-\boldsymbol{Z}_3-\boldsymbol{Z}_4=0\\ \boldsymbol{Z}_1\mathrm{e}^{\mathrm{j}\varphi_i}+\boldsymbol{Z}_2\mathrm{e}^{\mathrm{j}\alpha_i}-\boldsymbol{Z}_3\mathrm{e}^{\mathrm{j}\psi_i}-\boldsymbol{Z}_4=0\end{aligned} \tag{6.4-28}$$

两式相减可以消掉 $\boldsymbol{Z}_4$，得

$$\boldsymbol{Z}_1(\mathrm{e}^{\mathrm{j}\varphi_i}-1)+\boldsymbol{Z}_2(\mathrm{e}^{\mathrm{j}\alpha_i}-1)-\boldsymbol{Z}_3(\mathrm{e}^{\mathrm{j}\psi_i}-1)=0 \tag{6.4-29}$$

式中

$$\boldsymbol{Z}_2=\boldsymbol{Z}_5-\boldsymbol{Z}_6 \tag{6.4-30}$$

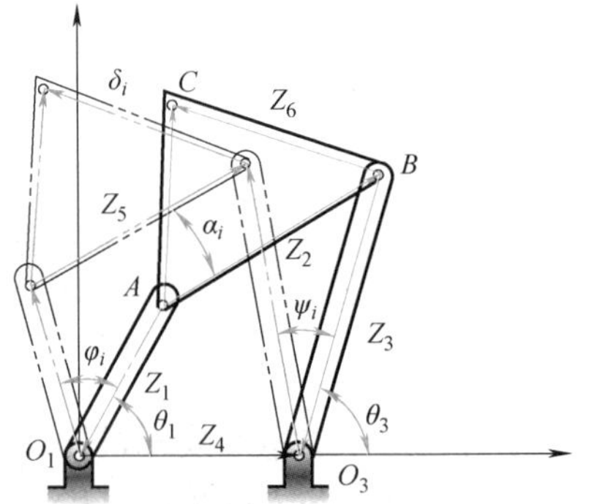

图 6-27 双杆组方法示意图

对于函数综合，已知输入、输出之间的函数关系 $\psi_i=f(\varphi_i)$，即输入、输出角度已知；而 $\boldsymbol{Z}_1$、$\boldsymbol{Z}_2$、$\boldsymbol{Z}_3$ 和 α_i 未知，因此总的未知数数量为 $6+(n-1)$，n 为精确点位置的总数；而对应 n 个精确点可以建立 $2(n-1)$ 个标量方程，两者之差即为自由选定参数的数量。

例如，对于 3 点精确位置的函数综合问题，根据上面的公式可以得到自由选定参数数量为 4。这时不妨选择 $\boldsymbol{Z}_1$、α_2 和 α_3 为已知量，这样可唯一确定另外两个参数 $\boldsymbol{Z}_2$ 和 $\boldsymbol{Z}_3$。即满足

$$\begin{pmatrix}\mathrm{e}^{\mathrm{j}\alpha_2}-1 & \mathrm{e}^{\mathrm{j}\psi_2}-1\\ \mathrm{e}^{\mathrm{j}\alpha_3}-1 & \mathrm{e}^{\mathrm{j}\psi_3}-1\end{pmatrix}\begin{pmatrix}\boldsymbol{Z}_2\\ -\boldsymbol{Z}_3\end{pmatrix}=\begin{pmatrix}-\boldsymbol{Z}_1(\mathrm{e}^{\mathrm{j}\varphi_2}-1)\\ -\boldsymbol{Z}_1(\mathrm{e}^{\mathrm{j}\varphi_3}-1)\end{pmatrix} \tag{6.4-31}$$

【例 6-9】 已知 $\varphi_2=20°$，$\varphi_3=40°$，$\psi_2=30°$，$\psi_3=50°$，试设计此铰链四杆机构。

解：自由选择 $\alpha_2=10°$，$\alpha_3=15°$，$\boldsymbol{\delta}_2=(1,1)$，$\boldsymbol{\delta}_3=(2,2)$，由式（6.4-27）、式（6.4-31）得到

$$\boldsymbol{Z}_1=-0.30-\mathrm{j}3.95=3.96\mathrm{e}^{-\mathrm{j}94.4°}$$

$$\boldsymbol{Z}_2=-8.56-\mathrm{j}6.64=10.83\mathrm{e}^{-\mathrm{j}142.2°}$$

$$\boldsymbol{Z}_3 = -3.66 - \mathrm{j}4.32 = 5.66\mathrm{e}^{-\mathrm{j}130.3°}$$

$$\boldsymbol{Z}_4 = -5.20 - \mathrm{j}6.26 = 8.14\mathrm{e}^{-\mathrm{j}129.7°}$$

$$\boldsymbol{Z}_5 = 5.13 - \mathrm{j}1.67 = 5.39\mathrm{e}^{\mathrm{j}18.0°}$$

$$\boldsymbol{Z}_6 = 13.68 + \mathrm{j}8.30 = 16.00\mathrm{e}^{\mathrm{j}31.3°}$$

2. 轨迹综合

如果图 6-27 所示的点 C 需要实现一个预定的轨迹，则该类机构的综合问题属于轨迹综合的范畴。若点 C 的位置与输入有关，则这里轨迹综合的问题进而归结为按预定时间的轨迹综合问题。点 C 位置的变化可以用 $\boldsymbol{\delta}_i$ 来表示。相应的方程仍然满足式（6.4-25）~式（6.4-27）。

对于一般刚体的轨迹综合，已知量只有 $\boldsymbol{\delta}_i$，式（6.4-27）中的其他参数都为未知。这时总的未知数量为 $8+3(n-1)$，方程的数量为 $4(n-1)$，这样自由选择的量为 $9-n$。由此可以得到这类问题所需精确点的最大数量为 9。

而对于按预定时间的轨迹综合，已知量则包括 $\boldsymbol{\delta}_i$ 和 φ_i（或 ψ_i），这时总的未知数量为 $8+2(n-1)$，方程的数量为 $4(n-1)$，这样自由选择的量为 $10-2n$。由此可以得到这类问题所需精确点的最大数量为 5。假设给定 3 个精确点位置（$\boldsymbol{\delta}_i, \varphi_i$），$i=2,3$，并且自由选择 ψ_i 和 α_i（$i=2,3$），则可以得到精确解。

【例 6-10】　已知 $\varphi_2=10°$，$\varphi_3=25°$，$\boldsymbol{\delta}_2=(-5,3)$，$\boldsymbol{\delta}_3=(-8,10)$，试设计此铰链四杆机构。

解：自由选择 $\psi_2=10°$，$\psi_3=15°$，$\alpha_2=-8°$，$\alpha_3=-25°$，由式（6.4-27）得

$$\begin{pmatrix} \mathrm{e}^{\mathrm{j}\varphi_2}-1 & \mathrm{e}^{\mathrm{j}\alpha_2}-1 \\ \mathrm{e}^{\mathrm{j}\varphi_3}-1 & \mathrm{e}^{\mathrm{j}\alpha_3}-1 \end{pmatrix} \begin{pmatrix} \boldsymbol{Z}_1 \\ \boldsymbol{Z}_5 \end{pmatrix} = \begin{pmatrix} \boldsymbol{\delta}_2 \\ \boldsymbol{\delta}_3 \end{pmatrix}$$

$$\begin{pmatrix} \mathrm{e}^{\mathrm{j}\psi_2}-1 & \mathrm{e}^{\mathrm{j}\alpha_2}-1 \\ \mathrm{e}^{\mathrm{j}\psi_3}-1 & \mathrm{e}^{\mathrm{j}\alpha_3}-1 \end{pmatrix} \begin{pmatrix} \boldsymbol{Z}_3 \\ \boldsymbol{Z}_6 \end{pmatrix} = \begin{pmatrix} \boldsymbol{\delta}_2 \\ \boldsymbol{\delta}_3 \end{pmatrix}$$

代入以上参数可以计算得到

$$\boldsymbol{Z}_1 = -19.48 + \mathrm{j}29.85 = 35.65\mathrm{e}^{\mathrm{j}123.1°}$$

$$\boldsymbol{Z}_2 = -26.02 - \mathrm{j}6.70 = 26.87\mathrm{e}^{\mathrm{j}165.6°}$$

$$\boldsymbol{Z}_3 = 0.25 + \mathrm{j}21.30 = 21.30\mathrm{e}^{\mathrm{j}89.3°}$$

$$\boldsymbol{Z}_4 = -45.75 - \mathrm{j}15.26 = 48.23\mathrm{e}^{\mathrm{j}161.6°}$$

$$\boldsymbol{Z}_5 = -48.82 - \mathrm{j}4.22 = 49.01\mathrm{e}^{-\mathrm{j}175.1°}$$

$$\boldsymbol{Z}_6 = -22.80 - \mathrm{j}10.92 = 25.28\mathrm{e}^{\mathrm{j}154.4°}$$

3. 导引综合

对于刚体导引机构的综合，已知 $\boldsymbol{\delta}_i$ 和 α_i，其他参数则未知。可以看出此类情况与前面按预定时间的轨迹综合问题类似。这时总的未知数量为 $8+2(n-1)$，方程的数量为 $4(n-1)$，

这样自由选择的量为 $10-2n$。由此可以得到这类问题所需精确点的最大数量为5。求解方法类似。

【例6-11】　已知 $\alpha_2=-20°$，$\alpha_3=-10°$，$\boldsymbol{\delta}_2=(-10,5)$，$\boldsymbol{\delta}_3=(-15,-2)$，试设计此铰链四杆机构。

解：自由选择 $\psi_2=15°$，$\psi_3=30°$，$\boldsymbol{Z}_1=10\mathrm{e}^{\mathrm{j}60°}$，由式（6.4-27）得

$$\begin{pmatrix} \mathrm{e}^{\mathrm{j}\varphi_2}-1 & \mathrm{e}^{\mathrm{j}\alpha_2}-1 \\ \mathrm{e}^{\mathrm{j}\varphi_3}-1 & \mathrm{e}^{\mathrm{j}\alpha_3}-1 \end{pmatrix}\begin{pmatrix} \boldsymbol{Z}_1 \\ \boldsymbol{Z}_5 \end{pmatrix}=\begin{pmatrix} \boldsymbol{\delta}_2 \\ \boldsymbol{\delta}_3 \end{pmatrix}$$

$$\begin{pmatrix} \mathrm{e}^{\mathrm{j}\psi_2}-1 & \mathrm{e}^{\mathrm{j}\alpha_2}-1 \\ \mathrm{e}^{\mathrm{j}\psi_3}-1 & \mathrm{e}^{\mathrm{j}\alpha_3}-1 \end{pmatrix}\begin{pmatrix} \boldsymbol{Z}_3 \\ \boldsymbol{Z}_6 \end{pmatrix}=\begin{pmatrix} \boldsymbol{\delta}_2 \\ \boldsymbol{\delta}_3 \end{pmatrix}$$

代入以上参数可以计算得到

$$\boldsymbol{Z}_2=6.89+\mathrm{j}4.43=8.20\mathrm{e}^{\mathrm{j}32.8°}$$

$$\boldsymbol{Z}_3=-3.20+\mathrm{j}27.20=27.38\mathrm{e}^{-\mathrm{j}96.7°}$$

$$\boldsymbol{Z}_4=15.09-\mathrm{j}14.10=20.65\mathrm{e}^{-\mathrm{j}43.1°}$$

$$\boldsymbol{Z}_5=-10.73-\mathrm{j}7.65=13.17\mathrm{e}^{-\mathrm{j}144.5°}$$

$$\boldsymbol{Z}_6=-17.60-\mathrm{j}12.08=21.36\mathrm{e}^{\mathrm{j}145.6°}$$

$$\varphi_2=47.7°$$

$$\varphi_3=92.1°$$

6.4.3　其他解析方法

1. 布洛赫（Bloch）法

俄国机构学家布洛赫提出了一种综合方法。下面以铰链四杆为例（图6-28）说明该方法的基本思想。

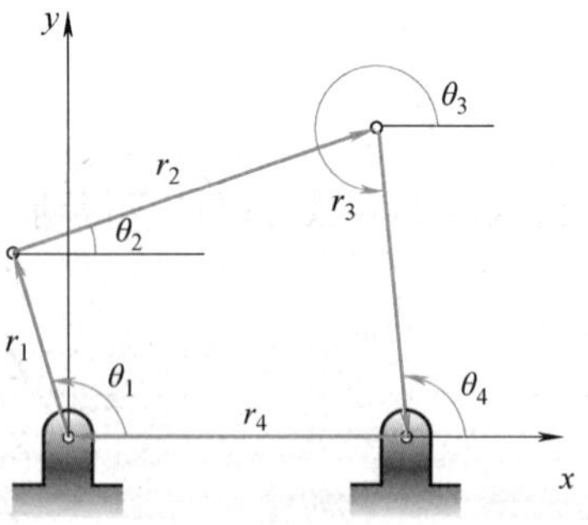

该机构的位置向量方程为

$$\boldsymbol{r}_1+\boldsymbol{r}_2+\boldsymbol{r}_3+\boldsymbol{r}_4=0 \tag{6.4-32}$$

写成复数形式为

$$r_1\mathrm{e}^{\mathrm{j}\theta_1}+r_2\mathrm{e}^{\mathrm{j}\theta_2}+r_3\mathrm{e}^{\mathrm{j}\theta_3}+r_4\mathrm{e}^{\mathrm{j}\theta_4}=0 \tag{6.4-33}$$

求解该方程的一、二阶导数：

$$\begin{cases} r_1\omega_1\mathrm{e}^{\mathrm{j}\theta_1}+r_2\omega_2\mathrm{e}^{\mathrm{j}\theta_2}+r_3\omega_3\mathrm{e}^{\mathrm{j}\theta_3}=0 \\ r_1(\varepsilon_1+\mathrm{j}\omega_1^2)\mathrm{e}^{\mathrm{j}\theta_1}+r_2(\varepsilon_2+\mathrm{j}\omega_2^2)\mathrm{e}^{\mathrm{j}\theta_2}+r_3(\varepsilon_3+\mathrm{j}\omega_3^2)\mathrm{e}^{\mathrm{j}\theta_3}=0 \end{cases} \tag{6.4-34}$$

图6-28　铰链四杆机构

式（6.4-34）也可以写成向量表达式

$$\begin{cases} \omega_1\boldsymbol{r}_1+\omega_2\boldsymbol{r}_2+\omega_3\boldsymbol{r}_3=0 \\ (\varepsilon_1+\mathrm{j}\omega_1^2)\boldsymbol{r}_1+(\varepsilon_2+\mathrm{j}\omega_2^2)\boldsymbol{r}_2+(\varepsilon_3+\mathrm{j}\omega_3^2)\boldsymbol{r}_3=0 \end{cases} \tag{6.4-35}$$

联立式（6.4-32）和式（6.4-35），可得

$$
\boldsymbol{r}_1=\frac{\begin{vmatrix}-1 & 1 & 1\\ 0 & \omega_2 & \omega_3\\ 0 & \varepsilon_2+\mathrm{j}\omega_2^2 & \varepsilon_3+\mathrm{j}\omega_3^2\end{vmatrix}}{\begin{vmatrix}1 & 1 & 1\\ \omega_1 & \omega_2 & \omega_3\\ \varepsilon_1+\mathrm{j}\omega_1^2 & \varepsilon_2+\mathrm{j}\omega_2^2 & \varepsilon_3+\mathrm{j}\omega_3^2\end{vmatrix}} \tag{6.4-36}
$$

同理可以求得 $\boldsymbol{r}_2$ 和 $\boldsymbol{r}_3$。可以发现它们的分母是一样的。这样有

$$
\begin{cases}\boldsymbol{r}_1=\omega_3(\varepsilon_2+\mathrm{j}\omega_2^2)-\omega_2(\varepsilon_3+\mathrm{j}\omega_3^2)\\ \boldsymbol{r}_2=\omega_1(\varepsilon_3+\mathrm{j}\omega_3^2)-\omega_3(\varepsilon_1+\mathrm{j}\omega_1^2)\\ \boldsymbol{r}_3=\omega_2(\varepsilon_1+\mathrm{j}\omega_1^2)-\omega_1(\varepsilon_2+\mathrm{j}\omega_2^2)\\ \boldsymbol{r}_4=-\boldsymbol{r}_2-\boldsymbol{r}_3-\boldsymbol{r}_4\end{cases} \tag{6.4-37}
$$

【例 6-12】　如图 6-28 所示，已知铰链四杆机构中的运动参数如下，试综合该机构。

$$
\omega_1=200\mathrm{rad/s},\quad \omega_2=85\mathrm{rad/s},\quad \omega_3=130\mathrm{rad/s}
$$

$$
\varepsilon_1=0\mathrm{rad/s^2},\quad \varepsilon_2=-1000\mathrm{rad/s^2},\quad \varepsilon_3=-1600\mathrm{rad/s^2}
$$

解：将上述参数代入式（6.4-37），可得

$$
\begin{cases}\boldsymbol{r}_1=\omega_3(\varepsilon_2+\mathrm{j}\omega_2^2)-\omega_2(\varepsilon_3+\mathrm{j}\omega_3^2)=1330000\angle-22°\\ \boldsymbol{r}_2=\omega_1(\varepsilon_3+\mathrm{j}\omega_3^2)-\omega_3(\varepsilon_1+\mathrm{j}\omega_1^2)=3690000\angle-150.4°\\ \boldsymbol{r}_3=\omega_2(\varepsilon_1+\mathrm{j}\omega_1^2)-\omega_1(\varepsilon_2+\mathrm{j}\omega_2^2)=1965000\angle 84.15°\\ \boldsymbol{r}_4=-\boldsymbol{r}_2-\boldsymbol{r}_3-\boldsymbol{r}_4=1810000\angle 11.6°\end{cases}
$$

在复平面内画出各向量，参考图 6-29a 所示的布置，因此需要对各向量的方向做刚化反转，即每个向量需逆时针旋转 $180°-11.6°=168.4°$，以保证机架水平，从而可以得到如图 6-29b 所示的铰链四杆机构。

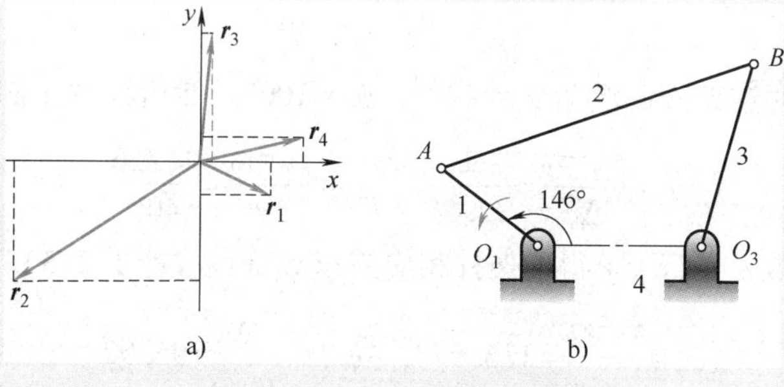

图 6-29　铰链四杆机构的综合

2. 弗洛丹斯坦（Freudenstein）法

同样以图 6-28 所示的铰链四杆机构为例。对式（6.4-33）进行实部、虚部分解，得到

$$
\begin{cases}r_2\cos\theta_2=r_4-r_1\cos\theta_1-r_3\cos\theta_3\\ r_2\sin\theta_2=-r_3\sin\theta_3-r_1\sin\theta_1\end{cases} \tag{6.4-38}
$$

式（6.4-38）两边平方相加可以消去 θ_2，得

$$K_1\cos\theta_1+K_2\cos\theta_3+K_3=\cos(\theta_1-\theta_3) \tag{6.4-39}$$

式中

$$K_1=\frac{r_4}{r_3},\quad K_2=\frac{r_4}{r_1},\quad K_3=\frac{r_2^2-r_4^2-r_1^2-r_3^2}{2r_1r_3} \tag{6.4-40}$$

由式（6.4-40）可知，假设已知四杆机构中的3个输入（$\varphi_1,\varphi_2,\varphi_3$）和与之对应的3个输出（$\psi_1,\psi_2,\psi_3$），这样有

$$\begin{cases}K_1\cos\varphi_1+K_2\cos\psi_1+K_3=\cos(\psi_1-\varphi_1)\\K_1\cos\varphi_2+K_2\cos\psi_2+K_3=\cos(\psi_2-\varphi_2)\\K_1\cos\varphi_3+K_2\cos\psi_3+K_3=\cos(\psi_3-\varphi_3)\end{cases} \tag{6.4-41}$$

【例6-13】　试用铰链四杆机构来近似实现函数

$$y=\sqrt{x},\quad x_0=1.0\leqslant x\leqslant x_m=5.0$$

要求精确满足3个节点数值。现选定两连架杆的角行程 $\Delta\varphi=-90°$，$\Delta\psi=-40°$，输入构件长 $r_4=1.0\text{cm}$。试确定其余各杆长度。

解：

1）首先根据 $x_0=1.0$，$x_m=5.0$ 计算得 $y_0=1.0$，$y_m=2.236$。根据式（6.2-2）求取3个精确点数值为

$$\begin{cases}x_1=0.933x_0+0.067x_m=1.268\\x_2=0.500x_0+0.500x_m=3.000\\x_3=0.067x_0+0.933x_m=4.732\end{cases}$$

对应的 y 值为

$$\begin{cases}y_1=\sqrt{x_1}=1.126\\y_2=\sqrt{x_2}=1.732\\y_3=\sqrt{x_3}=2.175\end{cases}$$

2）假设选定两连架杆起始角 $\varphi_0=120°$，$\psi_0=100°$。然后计算比例系数为

$$\mu_x=\frac{x_m-x_0}{\Delta\varphi}=\frac{1}{22.5°},\quad \mu_y=\frac{y_m-y_0}{\Delta\psi}=\frac{1.236}{40°}$$

3）由比例系数 μ_x 和 μ_y 求得连架杆相应三组 φ_i 和 $\psi_i(i=1,2,3)$ 的值为

$$\varphi_1=\frac{x_1-x_0}{\mu_x}=113.97°,\quad \psi_1=\frac{y_1-y_0}{\mu_y}=95.92°$$

$$\varphi_2=\frac{x_2-x_0}{\mu_x}=75.00°,\quad \psi_2=\frac{y_2-y_0}{\mu_y}=76.31°$$

$$\varphi_3=\frac{x_3-x_0}{\mu_x}=36.03°,\quad \psi_3=\frac{y_3-y_0}{\mu_y}=61.97°$$

4）将三组 φ_i 和 $\psi_i(i=1,2,3)$ 的值代入式（6.4-41）得

$$\begin{pmatrix} -0.103 & 0.406 & 1.000 \\ 0.237 & -0.259 & 1.000 \\ 0.470 & -0.809 & 1.000 \end{pmatrix}\begin{pmatrix} K_1 \\ K_2 \\ K_3 \end{pmatrix}=\begin{pmatrix} 0.951 \\ 1.000 \\ 0.899 \end{pmatrix}$$

求解得到

$$K_1=2.959,\quad K_2=1.438,\quad K_3=0.672$$

再代入式（6.4-40）中，得到

$$r_1=0.338\text{cm},\quad r_2=1.132\text{cm},\quad r_3=0.695\text{cm}$$

将结果绘制成图 6-30 所示的机构简图形式，利用 ADAMS 仿真验证设计结果。

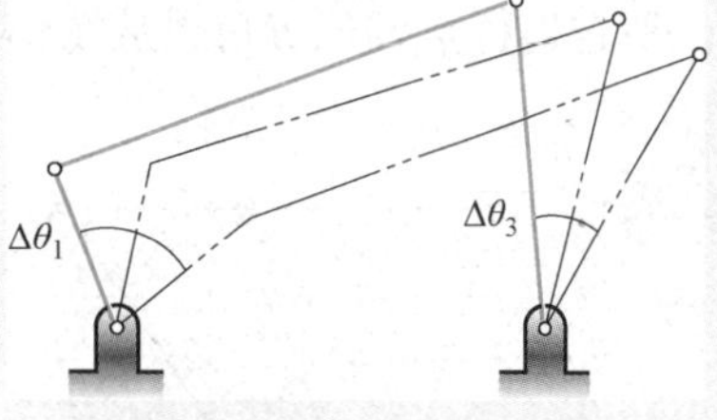

图 6-30 铰链四杆机构的综合

6.5 基于图谱法或实验法的轨迹综合

连杆是平面连杆机构中最受关注的构件，它的运动相对比较复杂，连杆上的点可以生成复杂的高阶曲线轨迹。一般来讲，构件数越多所生成曲线的阶数就越高。一般曲柄滑块机构具有 4 阶连杆曲线，铰链四杆机构可达 6 阶，六杆机构可达 18 阶。连杆上有无穷多点，每个点一般生成不同的连杆曲线。而连杆上某些特殊点可能生成低阶的退化曲线，例如，任何曲柄或摇杆与连杆相连的铰链点轨迹为二阶曲线（圆）；平行四边形机构中，连杆上所有点的曲线均为圆。非常有意思的一个结论是所有连杆曲线都是封闭曲线（图 6-31）。

连杆曲线可用于生成对机构设计过程中非常有用的运动轨迹，比如近似直线、圆弧等。近似直线运动、间歇运动及更复杂的运动都可以从简单的四杆或六杆机构中获得。连杆机构的轨迹综合问题往往源于此类需求。

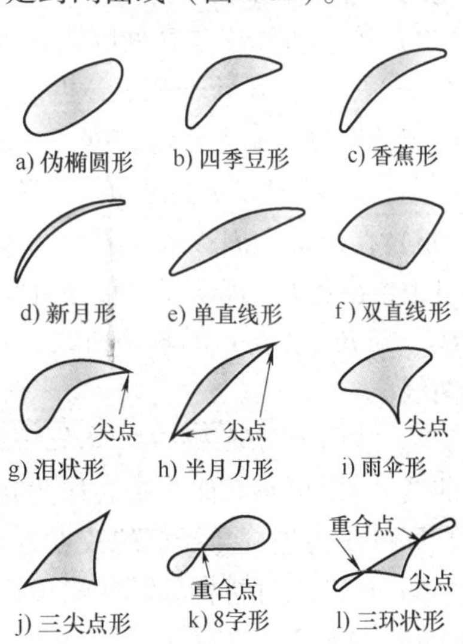

图 6-31 常见的连杆曲线形状

连杆曲线不仅种类繁多、形状各异，而且每条曲线上的一个点正好对应着连杆的一个位置，曲线由无穷多个点组成，因此要满足一曲线轨迹，相当于连杆要满足无数个给定位置。由前面分析可知，一个四杆机构理论上一般只能精确满足轨迹上 9 个点的位置，因此对于完全满足精确轨迹的综合问题实际上是无法实现的（除非特殊曲线）。

好在将综合的问题反过来，即在已知四杆机构各杆的尺寸情况下绘制连杆曲线并不是一件困难的事情。比如将不同杆长的四杆机构的连杆上不同点的轨迹曲线绘制出来，并按一定规律汇编成册，从而构成系统化的连杆曲线图谱。这就是所谓的图谱法，对轨迹综合问题的解决非常有帮助。事实上，前人已经完成了这项工作，其中比较有代表性的是 **H&N 图谱**，它包括大约 7000 条连杆曲线。图 6-32a 所示为从中摘选的一种连杆曲线。图 6-32b 所示为根据图 6-32a 中的 H&N 图谱产生的一个机构。图谱中各杆长均进行了无量纲化，其中曲柄长取单位长度，其他杆与曲柄的长度比值作为变量（每一个图谱的比值是确定的，标在图谱侧上方）。实际杆长可按比例增加或缩小，不过只影响连杆曲线的大小而不影响其形状。图 6-32a 中的两个稍大一点的空心圆定义两个固定铰链点。图 6-32a 所示的 10 个连杆点中的任何一个都可以与连杆合并成一个三角形。所选连杆点的位置可以从图谱中量出。

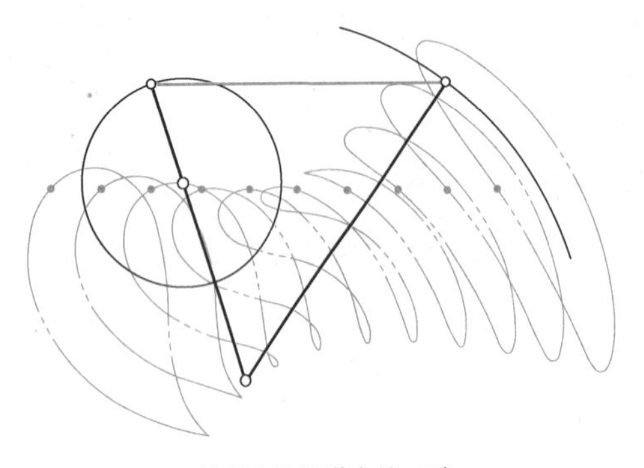

a) 连杆曲线图谱中的一页

构件2
长度=a=3
构件1
长度=1
R
构件3
长度=b=3.5
构件4
长度=c=2

b) 利用图谱资料产生的一个机构

图 6-32　H&N 图谱中所选连杆曲线及机构图

再介绍一种实验方法实现连杆机构的轨迹综合，如图 6-33 所示，设计步骤如下：

1）选定固定铰链 A 的位置及主动件 AB 的长度 l_{AB}，再选定长度 l_{BM} 确定连杆上的点 M（此点一定在给定的轨迹曲线上）。

2）使主动件铰点 B 做圆周运动（将图示圆周作 12 等分）。当点 B 处于某等分点时，也使连杆上点 M 在给定的轨迹 mm 上相应占据一个点位。这样当点 B 转一周，点 M 沿 mm 轨迹曲线也相应占有 12 个点位。

3）在连杆上固接若干杆件，每个杆件上的各点都可描绘出各自的轨迹曲线，如杆 BC' 上点 C' 的轨迹曲线、杆 BC 上点 C 的轨迹曲线、杆 BC'' 上点 C'' 的轨迹曲线。

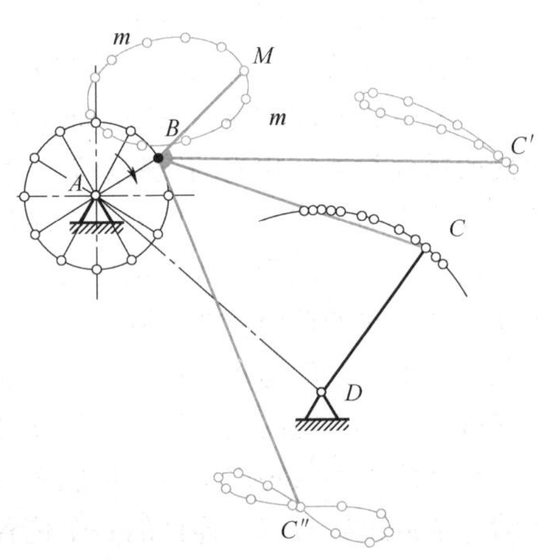

图 6-33　轨迹综合的实验方法

4）从以上各点 C，C'，C''，…的轨迹曲线中找出与圆弧接近的曲线（如图中点 C 的轨迹曲线），即可将其曲率中心作为摇杆 CD 的固定铰链中心 D，而描述此近似圆弧轨迹曲线的点即可作为连杆与摇杆的铰点 C。

5）铰链四杆机构 $ABCD$ 就是近似实现给定轨迹 mm 的曲柄摇杆机构。

6.6　平面机构运动学优化设计概述

图解法、解析法和图谱法在平面机构运动综合中发挥了各自的作用。随着计算机硬件能力的快速提高，以及优化算法及理论在机构学中的普及应用，机构运动综合方法中又增加了一种“利器”，即机构运动学优化设计方法。特别是当考虑多影响因素或多参数的情况下，该方法变得更具竞争力。例如，在设计牛头刨床机构时，除了考虑行程和急回系数等要求（这时，可按 6.3 节所给的图解法进行设计）之外，还要求刨刀在工作行程时接近等速。这种情况下，更适合采用合适的机构运动学优化设计方法。

机构优化设计主要包括两个方面的内容：一是建立待优化的数学模型；二是选择合适的优化方法对模型进行求解。

下面以一个具体的机构轨迹综合实例来介绍优化设计方法。如图 6-34 所示，试设计一个铰链四杆机构，使连杆上的 C 点轨迹逼近表 6-2 所示的 10 个坐标点定义的预期轨迹 mm，要求机构传动角不小于 30°。

表 6-2　C 点预期轨迹 mm 上点的坐标值

	1	2	3	4	5	6	7	8	9	10
x_{di}	9.50	9.00	7.96	5.65	4.36	3.24	3.26	4.79	6.58	9.12
y_{di}	8.26	8.87	9.51	9.94	9.70	9.00	8.36	8.11	8.00	7.89

坐标系设置如图 6-34 所示，铰点 A 的坐标为 (x_A, y_A)，连杆上的 C 点位置由 l_1、l_2、l_3、l_4、l_5、x_A、y_A、α、φ_0 共 9 个参数确定。该轨迹生成机构的设计问题实质上可归结为如何采用优化设计方法确定这些参数。具体过程如下：

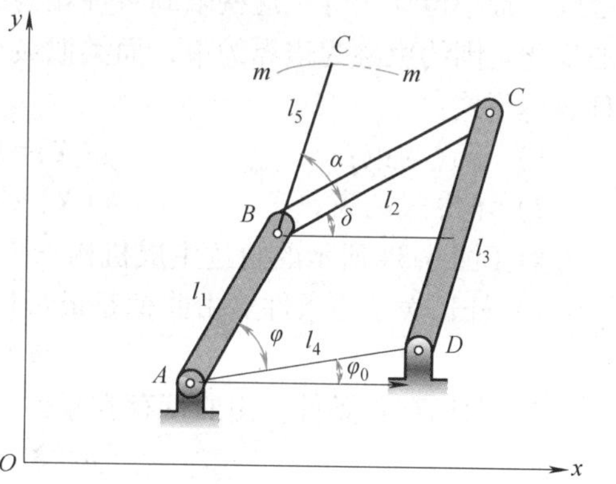

图 6-34　轨迹生成机构的优化设计

1. 建立优化设计的数学模型

设计变量、目标函数与约束条件是建立优化设计数学模型的三要素。

(1) 确定设计变量　根据设计要求，确定设计变量。例如，上述轨迹生成机构中，C 点的位置由 l_1、l_2、l_3、l_4、l_5、x_A、y_A、α、φ_0 共 9 个参数决定，这组参数就可以作为设计变量。

含有 n 个参数的设计变量组常用 n 维向量来表示，即

$$\boldsymbol{X}=(x_1, x_2, \cdots, x_n)^{\mathrm{T}}, \quad \boldsymbol{X}\in\mathbb{R}^n \tag{6.6-1}$$

因此，上述轨迹生成机构优化设计问题中，设计变量可以写成

$$\boldsymbol{X}=(l_1, l_2, l_3, l_4, l_5, x_A, y_A, \alpha, \varphi_0)^{\mathrm{T}} \tag{6.6-2}$$

(2) 建立目标函数　优化设计的任务就是根据预定的设计目标，寻求最优的设计方案。而设计目标一般表达成设计变量的函数，称为目标函数，即

$$f(\boldsymbol{X})=f(x_1, x_2, \cdots, x_n) \tag{6.6-3}$$

机构优化设计的目标函数主要根据性能指标等来确定，如行程、速度、压力角等。上述轨迹生成机构优化设计问题的设计目标是使 C 点轨迹逼近给定的预期轨迹 mm。具体而言，假设 m 个预期点的坐标写成 (x_{di}, y_{di})，$i=1,2,\cdots,m$；对应的 C 点实际轨迹上的 m 个点的坐标写成 (x_i, y_i)，$i=1,2,\cdots,m$，为满足轨迹逼近要求，设计目标应定位在对应点的距离之和最小，即目标函数为

$$\min f(\boldsymbol{X})=\sum_{i=1}^{m}\sqrt{(x_i-x_{\mathrm{d}i})^2+(y_i-y_{\mathrm{d}i})^2} \tag{6.6-4}$$

式中，C 点的坐标可由下式计算得到：

$$\begin{cases}x_i=x_A+l_1\cos(\varphi_0+\varphi)+l_5\cos(\delta+\alpha)\\ y_i=y_A+l_1\sin(\varphi_0+\varphi)+l_5\sin(\delta+\alpha)\\ \delta=\varphi_0+\arccos\dfrac{l_1^2+l_2^2-l_3^2+l_4^2-2l_1l_4\cos\varphi}{2l_2\sqrt{l_1^2+l_4^2-2l_1l_4\cos\varphi}}-\arctan\dfrac{l_1\sin\varphi}{l_4-l_1\cos\varphi}\end{cases} \tag{6.6-5}$$

需要注意两点：

1）待优化的设计目标一般表示成目标函数最小化形式。当目标函数为最大化形式时，根据实际情况不同可写成相反数或倒数的形式，将问题转化为最小化问题。

2）如果优化设计目标只有一个目标函数，则为单目标优化设计问题；如果涉及多目标优化设计，通常的做法是利用线性加权法将各目标函数相加，得到一个总目标函数，再进行优化设计。

（3）确定约束条件　设计变量的取值往往需要满足某种限制条件，如构件尺寸的取值范围、最小传动角等。这些限制条件就构成了优化设计问题中的约束条件。其中，设计变量的变化范围约束称为边界约束，而类似最小传动角的约束称为性能约束。约束条件通常有两种表达形式：

1）等式约束：　$g_j(\boldsymbol{X})=0,\quad j=1,2,\cdots,p$　(6.6-6)

2）不等式约束：　$h_j(\boldsymbol{X})\leqslant 0,\quad j=1,2,\cdots,q$　(6.6-7)

对于图6-34所示的轨迹生成机构（应为曲柄摇杆机构），需满足以下约束条件：

1）杆长大于零条件。由曲柄是最短杆，得

$$h_1(\boldsymbol{X})=-l_1\leqslant 0 \tag{6.6-8}$$

2）曲柄存在条件。由曲柄存在条件，得

$$\begin{aligned}h_2(\boldsymbol{X})&=l_1+l_2-l_3-l_4\leqslant 0\\ h_3(\boldsymbol{X})&=l_1-l_2+l_3-l_4\leqslant 0\\ h_4(\boldsymbol{X})&=l_1-l_2-l_3+l_4\leqslant 0\end{aligned} \tag{6.6-9}$$

3）最小传动角条件。由几何关系，得

$$\begin{aligned}h_5(\boldsymbol{X})&=\frac{l_2^2+l_3^2-(l_4-l_1)^2}{2l_2l_3}-\cos30^\circ\leqslant 0\\ h_6(\boldsymbol{X})&=\cos150^\circ-\frac{l_2^2+l_3^2-(l_4+l_1)^2}{2l_2l_3}\leqslant 0\end{aligned} \tag{6.6-10}$$

约束条件将设计空间分为两部分：满足约束条件的部分称为可行域，不满足约束条件的部分称为非可行域。对于有约束条件的优化问题，实质上就是在可行域内找到一组设计变量使目标函数最优。

按照约束优化求解惯例，一般将优化设计的数学模型表示成如下标准形式：

$$\begin{aligned}&\min f(\boldsymbol{X}),\quad \boldsymbol{X}\in\mathbb{R}^n\\ \text{S. T.}\quad &g_i(\boldsymbol{X})=0,\quad i=1,2,\cdots,p\\ &h_j(\boldsymbol{X})\leqslant 0,\quad j=1,2,\cdots,q\end{aligned} \tag{6.6-11}$$

因此，上述轨迹生成机构优化设计问题的数学模型可以写成含 9 个设计变量、1 个目标函数和 6 个约束条件（不等式方程）的形式，即

$$
\begin{aligned}
&\min f(\boldsymbol{X})=\sum_{i=1}^{m}\sqrt{(x_i-x_{\mathrm{d}i})^2+(y_i-y_{\mathrm{d}i})^2}\\
&\text{S. T.}\quad h_1(\boldsymbol{X})=-l_1\leqslant 0\\
&\qquad\quad h_2(\boldsymbol{X})=l_1+l_2-l_3-l_4\leqslant 0\\
&\qquad\quad h_3(\boldsymbol{X})=l_1-l_2+l_3-l_4\leqslant 0\\
&\qquad\quad h_4(\boldsymbol{X})=l_1-l_2-l_3+l_4\leqslant 0\\
&\qquad\quad h_5(\boldsymbol{X})=\frac{l_2^2+l_3^2-(l_4-l_1)^2}{2l_2l_3}-\cos 30^\circ\leqslant 0\\
&\qquad\quad h_6(\boldsymbol{X})=\cos 150^\circ-\frac{l_2^2+l_3^2-(l_4+l_1)^2}{2l_2l_3}\leqslant 0\\
&\qquad\quad \boldsymbol{X}=(l_1,l_2,l_3,l_4,l_5,x_A,y_A,\alpha,\varphi_0)^{\mathrm{T}}
\end{aligned}
\tag{6.6-12}
$$

2. 选择合适的优化方法

优化方法的种类繁多，可分为无约束优化和约束优化两类。一般工程中的优化问题为约束优化问题，故这里只介绍与之相关的优化设计方法，包括惩罚函数法、增广乘子法等。优化方法各自的优、缺点及选用原则请读者参阅专门的书籍。此外，很多算法已有成熟的软件包可以直接调用或使用。

对于上面的例子，选用惩罚函数法进行优化，最后可得一组最优的设计方案如下：

$$\boldsymbol{X}^*=(1.68,5.82,5.41,7.03,7.97,2.07,2.25,79.02^\circ,-70.29^\circ)^{\mathrm{T}} \tag{6.6-13}$$

6.7 本章小结

本章中的重要概念

- 平面（连杆）机构运动学设计的基本问题是根据所要求的运动条件和几何条件确定机构中各构件的尺寸参数。主要涉及三类基本问题：刚体导引、函数生成、轨迹生成。
- 函数生成设计问题主要实现“输入构件与输出构件间的运动（如位置、速度、加速度等）满足特定函数关系”；运动生成（或刚体导引）设计问题主要实现“刚体能够按照预期的运动顺序进行运动”；轨迹（路径）生成设计问题主要实现“按照给定点的运动轨迹设计机构”。
- 平面（连杆）机构运动综合方法主要有图解法和解析法。图解法是应用运动几何学的原理求解；解析法是通过建立数学模型用数学解析的方法求解。在解析法中又有精确综合和近似综合两种：前者是基于满足若干个精确点位的机构运动要求，推导出所需要的解析式；后者是用机构实际所能实现的运动与期望值之间的偏差表达式，建立机构综合的数学解析式。
- 在用图解法设计铰链四杆机构时，确定活动铰点的位置是求解问题的难点。求解方法有改换机架法和刚化反转法。

● 根据布尔梅斯特理论，铰链四杆机构的轨迹综合理论上最多只能满足9个精确点位，函数生成和刚体导引理论上最多只能满足5个精确点位。

● 连杆曲线可用于生成对机构设计过程中非常有用的运动轨迹，比如近似直线、圆弧等。近似直线运动、间歇运动及更复杂的运动都可以从简单的四杆或六杆机构中获得。连杆机构的轨迹综合问题往往源于此类需求。

● 在考虑多参数或多因素影响的情况下，运动学优化设计方法在平面机构运动综合中越来越重要。机构优化设计主要包括两个方面的内容：一是建立待优化的数学模型；二是选择合适的优化方法对模型进行求解。

辅助阅读材料

◆ 有关平面机构运动综合的重要文献

[1] HARTENBERG R S, DENAVIT J. Kinematic Synthesis of Linkages [M]. New York: McGraw-Hill, 1964.

[2] ERDMAN A G, SANDOR G N. Mechanism Design: Analysis and Synthesis [M]. 4th ed. London: Prentice-Hall, 2004.

[3] MCCARTHY J M, SOH G S. Geometric design of linkages [M]. 2nd ed. New York: Springer, 2011.

[4] UICKER J J, PENNOCK G R., SHIGLEY J E. Theory of Machines and Mechanisms [M]. 5th ed. Oxford: Oxford University Press, 2017.

[5] NORTON R L. DESIGN of Machinery: An Introduction to the Synthesis and Analysis of Mechanisms and Machines [M]. 3rd ed. New York: McGraw-Hill., 2004.

[6] WALDRON K J, KINZEL G L. Dynamics and Design of Machinery [M]. 2nd ed. New York: John Wiley & Sons, 2004.

[7] 曹龙华，蒋希成. 平面连杆机构综合 [M]. 北京：高等教育出版社，1990.

[8] 曹惟庆. 平面连杆机构的分析与综合 [M]. 北京：科学出版社，1989.

[9] 韩建友，杨通，尹来容，等. 连杆机构现代综合理论与方法 [M]. 北京：高等教育出版社，2013.

[10] 华大年，华志宏. 连杆机构设计与应用创新 [M]. 北京：机械工业出版社，2008.

[11] 李学荣. 四连杆机构综合概论 [M]. 2版. 北京：机械工业出版社，1985.

[12] 李学荣. 连杆曲线图谱 [M]. 重庆：重庆出版社，1993.

[13] 梁崇高，陈海宗. 平面连杆机构的计算设计 [M]. 北京：高等教育出版社，1993.

[14] 刘葆旗，黄荣. 多杆直线导向机构的设计方法和轨迹图谱 [M]. 北京：机械工业出版社，1994.

[15] 杨基厚，高峰. 四杆机构的空间模型和性能图谱 [M]. 北京：机械工业出版社，1989.

[16] 张春林. 高等机构学 [M]. 2版. 北京：北京理工大学出版社，2006.

◆ 有关空间机构运动综合的重要文献

[1] SANDOR G N, ERDMAN A G. Advanced Mechanism Design: Analysis and Synthesis: Volume [M]. New York: Prentice-Hall, 1984.

[2] 褚金奎，孙建伟. 连杆机构尺度综合的谐波特征参数法 [M]. 北京：科学出版社，2010.

[3] 楼鸿棣，邹慧君. 高等机械原理 [M]. 北京：高等教育出版社，1990.

[4] 王德伦，汪伟. 机构运动微分几何学分析与综合 [M]. 北京：机械工业出版社，2015.

[5] 谢存禧，郑时雄，林怡青. 空间机构设计 [M]. 上海：上海科学技术出版社，1996.

[6] 张启先. 空间机构的分析与综合：上册 [M]. 北京：机械工业出版社，1984.

[7] 赵匀. 机构数值分析与综合 [M]. 北京：机械工业出版社，2005.

◆ 有关机构运动优化设计的重要文献

[1] 廖汉元，孔建益. 机械原理 [M]. 3版. 北京：机械工业出版社，2013.

习　题

■ 基础题

6-1　在飞机起落架所用的铰链四杆机构中，已知连杆的两个位置如图 6-35 所示，要求连架杆 AB 的铰链 A 位于 B_1C_1 的连线上，连架杆 CD 的铰链 D 位于 B_2C_2 的连线上。试设计此四杆机构。

6-2　用图解法设计如图 6-36 所示的铰链四杆机构。已知摇杆 CD 的长度 $l_{CD}=75\text{mm}$，行程速比系数 $K=1.5$，机架 AD 的长度 $l_{AD}=100\text{mm}$，又知摇杆的一个极限位置与机架间的夹角 $\psi=45°$。试重新作图求机构的曲柄长度 l_{AB} 和连杆长度 l_{BC}。

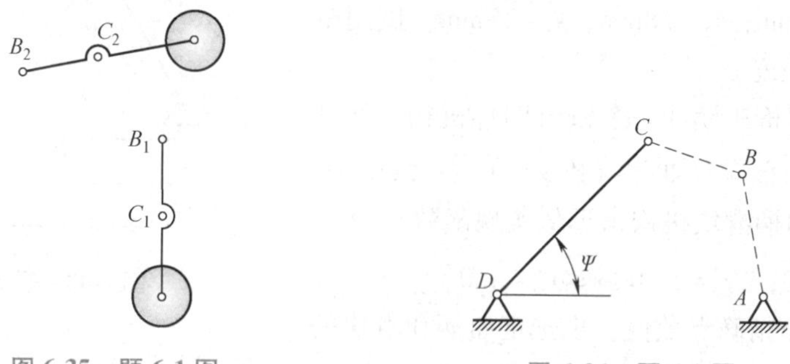

图 6-35　题 6-1 图　　　图 6-36　题 6-2 图

6-3　有一曲柄摇杆机构，已知其摇杆长 $l_{CD}=420\text{mm}$，摆角 $\psi=90°$，摇杆在两极限位置时与机架所成的夹角为 60°和 30°，机构的行程速比系数 $K=1.5$。用图解法设计此四杆机构。

6-4　设计一曲柄滑块机构。已知曲柄长 $l_{AB}=20\text{mm}$，偏心距 $e=15\text{mm}$，其最大压力角 $\alpha=30°$。试用作图法确定连杆长度 l_{BC}，滑块的最大行程 H，并标明其极位夹角 θ，求出其行程速比系数 K。

6-5　如图 6-37 所示，已知曲柄摇杆机构 $ABCD$。现要求用一连杆将摇杆 CD 和一滑块 F 连接起来，使摇杆的三个位置 C_1D、C_2D、C_3D 和滑块的三个位置 F_1，F_2，F_3 相对应，其中，F_1、F_3 分别为滑块的左、右极限位置。试用图解法确定摇杆 CD 和滑块 F 之间的连杆与摇杆 CD 铰接点 E 的位置。

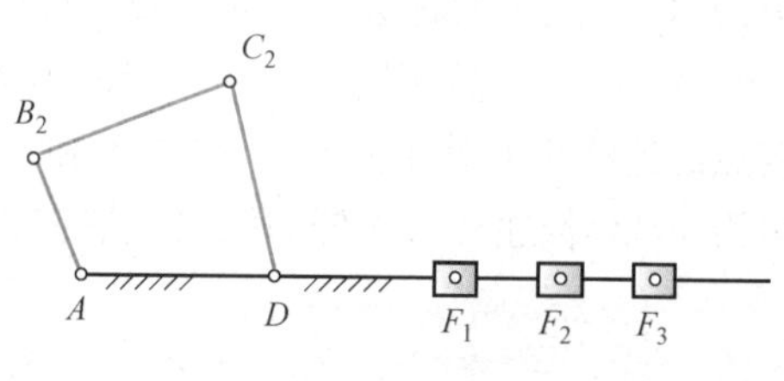

图 6-37　题 6-5 图

6-6　如图 6-38 所示，已给出铰链四杆机构的连杆（铰链 C 在连杆参考线Ⅰ和Ⅱ上）和连架杆 AB 的两组对应位置，以及固定铰链 D 的位置，已知 $l_{AB}=25\text{mm}$。试完成以下任务：

1）用图解法设计此铰链四杆机构，并给出连杆 BC 的长度和连架杆 CD 的长度。

2）判断连架杆 AB 是否可整周转动，并给出理由。

3）当连架杆 AB 为主动件时，在图上标出机构位于 AB_1C_1D 位置的传动角。

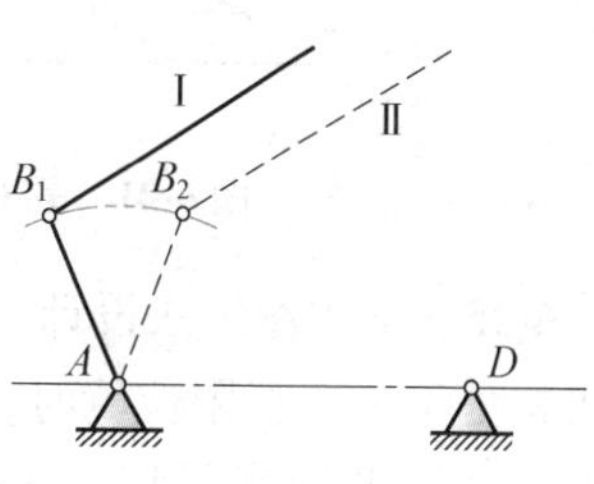

图 6-38　题 6-6 图

6-7　用图解法设计一摇杆滑块机构。如图 6-39 所示，已知摇杆 AB 上某标线的两个位置 AE_1 和 AE_2，以及滑块 C 的两个对应位置 C_1 和 C_2，试确定摇杆上铰链 B 的位置，并要求摇杆的长度 l_{AB} 为最短。

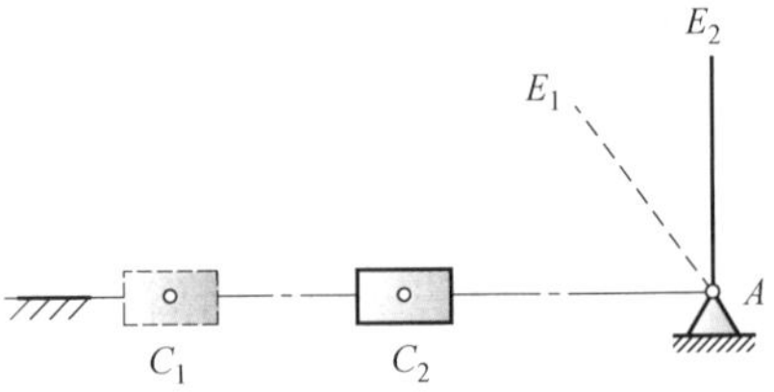

图 6-39　题 6-7 图

6-8　已知：函数 $y=\tan x$，其中 $0\leqslant x\leqslant 45°$，$\varphi_0=45°$，$\Delta\varphi=90°$，$\psi_0=90°$，$\Delta\psi=90°$，机架长度 $r_4=100\text{mm}$，试按切比雪夫 3 个精确点布置来设计一个铰链四杆机构。

6-9　一对心曲柄滑块机构如图 6-40 所示，已知连架杆与滑块的三组对应位置为：$\varphi_1=60°$，$\varphi_2=85°$，$\varphi_3=135°$，$s_1=36\text{mm}$，$s_2=28\text{mm}$，$s_3=19\text{mm}$。试用解析法确定各杆的长度。

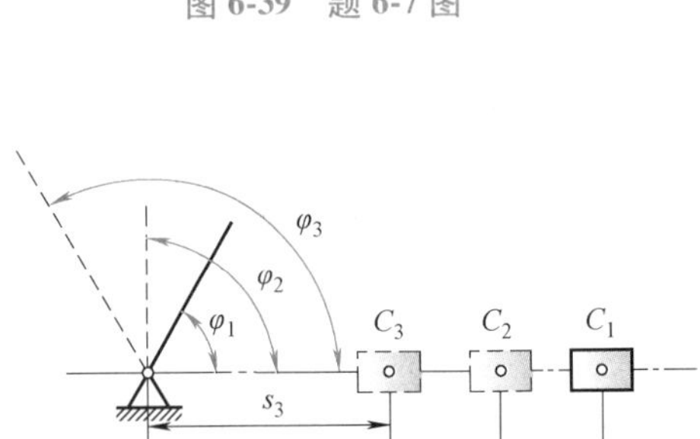

图 6-40　题 6-9 图

6-10　试用解析法设计一个铰链四杆机构，使其连架杆的转角关系能实现期望函数 $y=\sqrt{x}$，$1\leqslant x\leqslant 10$。

6-11　试用曲柄滑块机构来近似实现函数

$$y=\sqrt{x^3},\quad x_0=1.0\leqslant x\leqslant x_m=4.0$$

要求满足 3 个精确点数值。现选定曲柄和滑块的行程为 $\Delta\varphi=-120°$，$\Delta s=50\text{mm}$，输入构件长 $r_1=10\text{mm}$，试确定各杆长。

6-12　给定平面轨迹上 5 个 P 点坐标：$P_1=(1,1)$，$P_2=(2,0.5)$，$P_3=(3,1.5)$，$P_4=(2,2)$，$P_5=(1.5,1.9)$。设计一个铰链四杆机构，使连杆上的某点通过 以上 5 点。

■ 提高题

6-13　试设计一铰链四杆机构。如图 6-41 所示，已知行程速比系数 $K=1$，机架长 $l_{AD}=100\text{mm}$，曲柄长 $l_{AB}=20\text{mm}$，且当曲柄与连杆共线，摇杆处于右极限位置时，曲柄与机架的夹角为 30°。试用图解法确定摇杆及连杆的长度。

6-14　设计一曲柄摇杆机构。当曲柄为主动件，从动摇杆处于两极限位置时，连杆的两铰链点的连线正好处于图 6-42 中 C_11 和 C_22 位置，且连杆处于极限位置 C_11 时，机构的传动角为 40°。若连杆与摇杆的铰接点取在 C 点，试用图解法求曲柄 AB 和摇杆 CD 的长度。

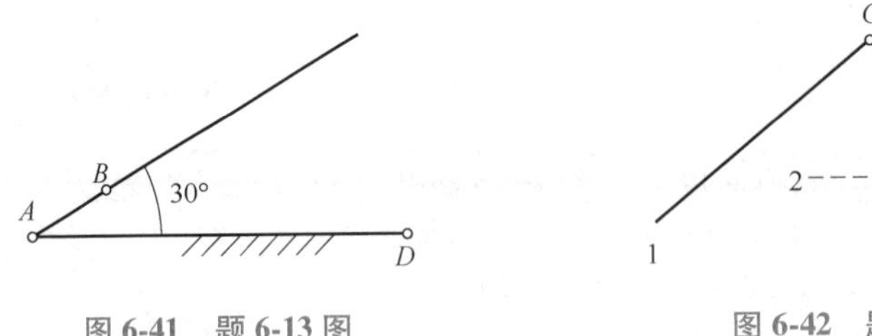

图 6-41　题 6-13 图 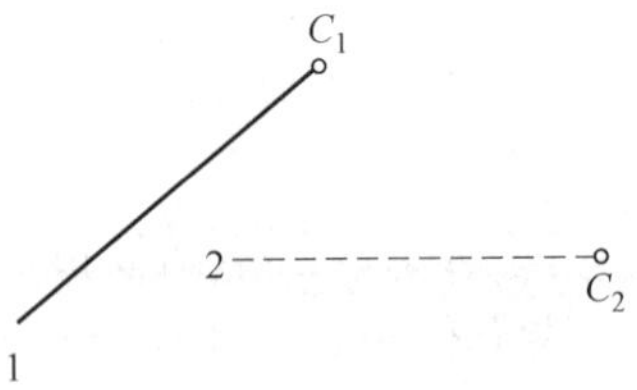　　　图 6-42　题 6-14 图

6-15　试用图解法设计一曲柄摇杆机构 $ABCD$（其中 AB 为曲柄）。已知连杆 BC 的长度，当机构处于一个极限位置时，连杆处于 B_1C_1（图 6-43 中 S_1 位置），请确定 A、D 铰链点的位置，并使机构满足以下条件：①当机构处于另一个极限位置时，连杆处于 S_2 这条线上；②机构处于 S_2 位置时，其压力角为零，如图 6-43 所示。（保留作图线，并简要叙述作

图步骤)。

6-16 试用图解法设计一个铰链四杆机构 $ABCD$，要求连杆在运动过程中必须通过图 6-44 所示的两个位置 B_1E_1、B_2E_2。其中，B 点为连杆上可动铰链之一，另一可动铰链 C 在 BE 上选取，D 点为机架上固定铰链之一，另一固定铰链 A 在过 D 点的水平线上。(请在原图上做题解答)。

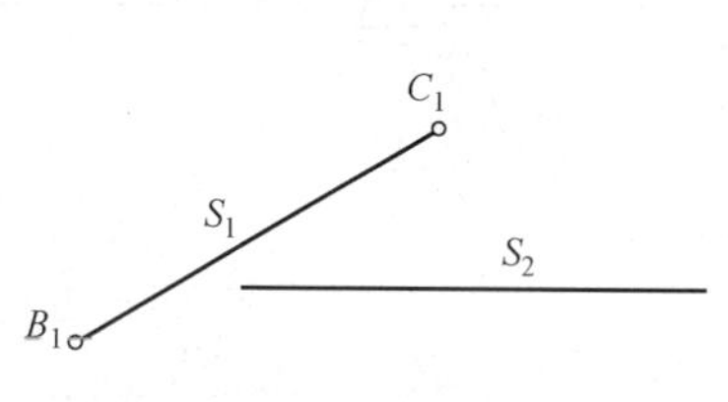

图 6-43 题 6-15 图

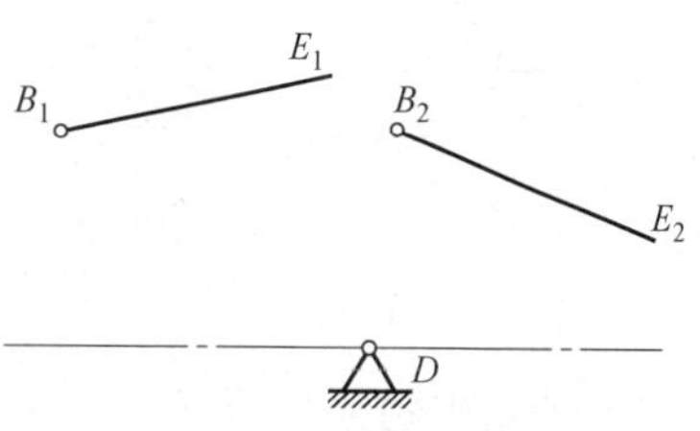

图 6-44 题 6-16 图

6-17 图 6-45 所示的 $ABCD$ 为已知四杆机构，$l_{AB}=40\text{mm}$，$l_{BC}=100\text{mm}$，$l_{CD}=60\text{mm}$，$l_{AD}=90\text{mm}$。又知 $l_{FD}=140\text{mm}$，且 $FD\perp AD$，摇杆 EF 通过连杆 CE 传递运动。当曲柄 AB 由水平位置转过 90°时，摇杆 EF 由铅垂位置转过 45°。试用图解法求连杆 l_{CE} 及摇杆 l_{EF} 的长度。(按比例尺 $\mu=0.002\text{m/mm}$ 重新作图，保留作图线，E_1 点取在 DF 线上。)

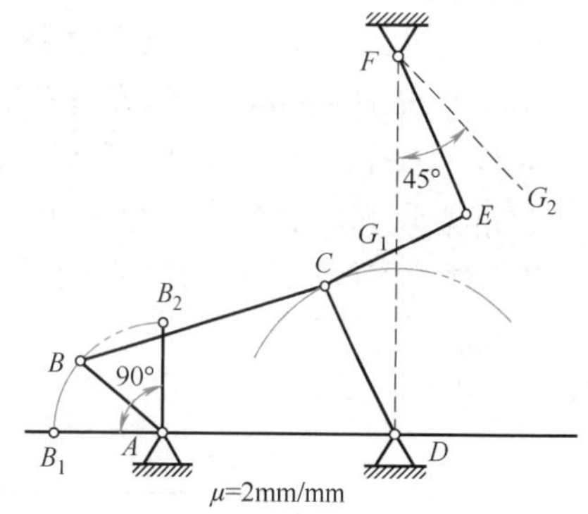

图 6-45 题 6-17 图

6-18 用图解法设计一曲柄摇杆机构。如图 6-46 所示，已知两固定铰链点 A、D，摇杆位于左极限位置时，对应的连杆位置为 M_1N_1，且 M_1N_1 与 AD 之间的夹角为 65°，过点 D 的铅垂线为摇杆左、右极限位置的对称轴，且摇杆的摆角恰等于极位夹角 θ 的 2 倍，求其行程速比系数 K。(注：M_1、N_1 为连杆 AB 线上的任意两点，请直接在图 6-46 上作图。)

6-19 如图 6-47 所示，现已给定摇杆滑块机构 ABC 中固定铰链 A 及滑块导路的位置，要求当滑块由 C_1 到 C_2 时连杆由 p_1 到 p_2。设计此机构，求出摇杆和连杆的长度 l_{AB} 和 l_{BC}。(保留作图线，要求 B 点取在 p 线上。)

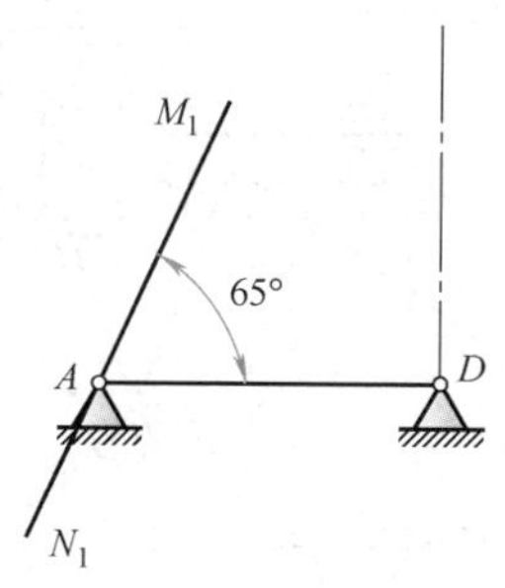

图 6-46 题 6-18 图

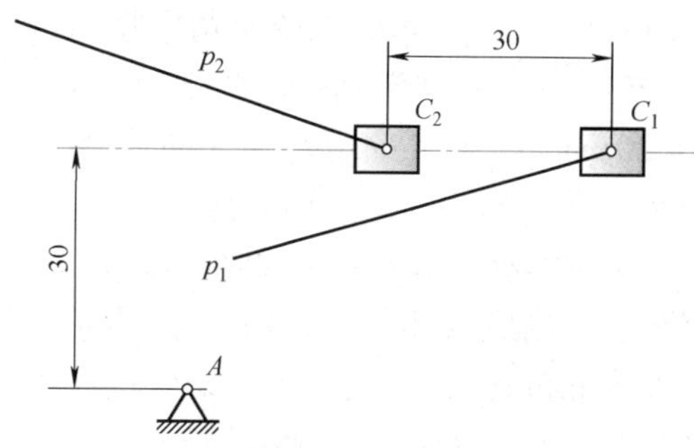

图 6-47 题 6-19 图

6-20 求解如图 6-48a 所示的六杆机构。已知条件如图 6-48b 所示：输出杆 DE 的长度

及三个位置 D_1E、D_2E、D_3E；曲柄 AB 上的一标线 AF 相应的三个位置 F_1A、F_2A、F_3A。用图解法，在图 6-48b 上直接作图确定 B_2 点位置。

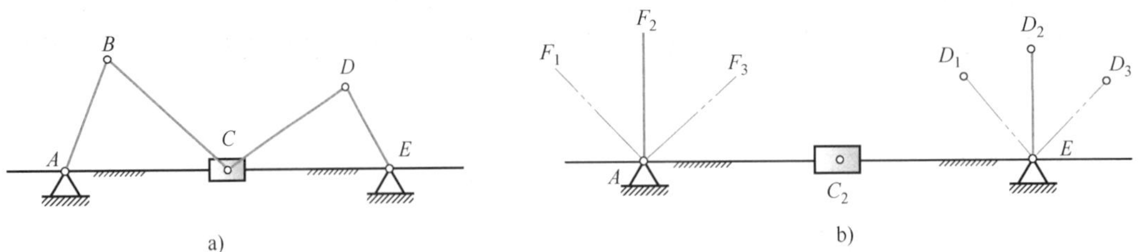

图 6-48 题 6-20 图

■ 工程设计基础题

6-21 现要设计一个汽车风窗玻璃的刮水器机构（选定曲柄摇杆机构）。根据玻璃的尺寸，确定了摇杆 CD 的长度 $l_{CD}=200\text{mm}$ 和角行程 $\psi=60°$，如图 6-49 所示。要求在主动件曲柄匀速转动时，摇杆的运动无急回特性，且曲柄回转中心 A 要求落在 mm 线上。已知 mm 线到 D 点的距离 $H=300\text{mm}$。试设计该曲柄摇杆机构，求出曲柄长 l_{AB}、连杆长 l_{BC} 和机架 l_{AD}。

6-22 如图 6-50 所示为一飞机起落架机构，实线表示起落架放下时的死点位置，虚线表示起落架收起时的位置。已知 $l_{FC}=520\text{mm}$，$l_{FE}=340\text{mm}$，且 FE_1 在竖直位置，$\alpha=10°$，$\beta=60°$。试用图解法求取铰链 D 的位置，以及杆件的长度 l_{CD} 和 l_{DE}。

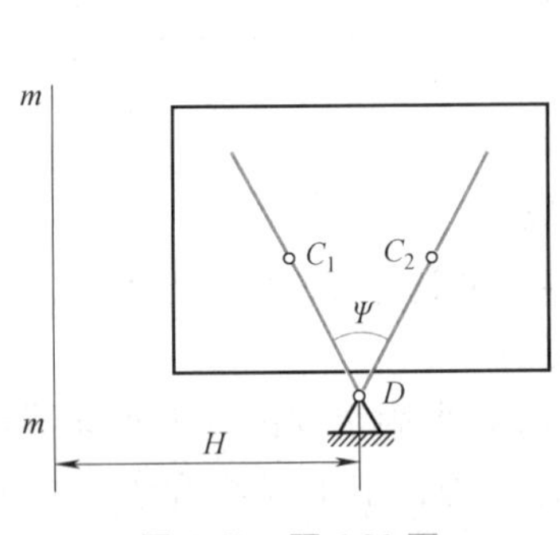

图 6-49 题 6-21 图

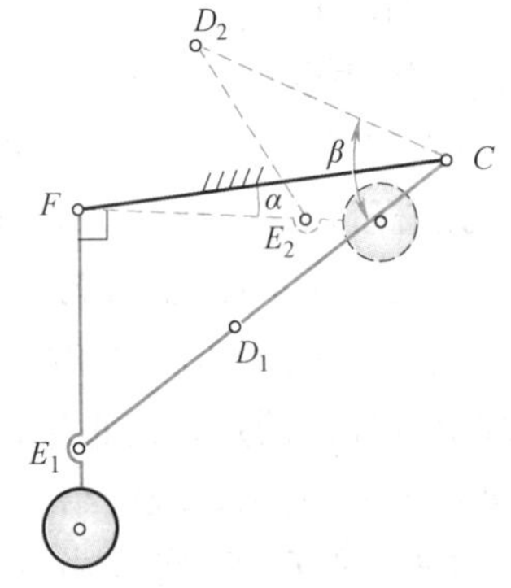

图 6-50 题 6-22 图

6-23 图 6-51 所示为某机床变速箱中操纵滑动齿轮的操纵机构。已知滑动齿轮的行程 $H=12\text{mm}$，$l_{DE}=20\text{mm}$，$l_{CD}=24\text{mm}$，$l_{AD}=50\text{mm}$，其相互位置尺寸如图 6-51 所示。当滑动齿轮在行程的左端时，要求操纵手柄为铅垂方向。重新作图设计此机构：①确定 l_{AB} 和 l_{BC}（注：B 点为示意位置，并非实际位置）；②当单独考虑铰链四杆机构 $ABCD$ 时，求该机构的最小传动角。

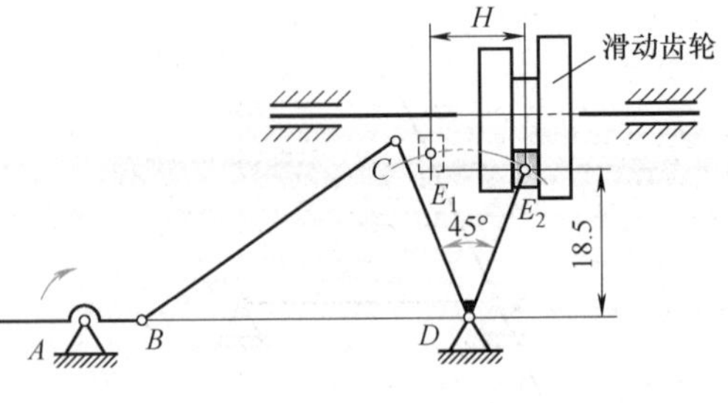

图 6-51 题 6-23 图

6-24 图 6-52 所示为一牛头刨床机构示意图。已知 $l_{AB}=75\text{mm}$，$l_{DE}=100\text{mm}$，行程速比系数 $K=2$，刨刀的行程 $H=300\text{mm}$。要求在整个行程中，刨刀 5 有较小的压力角，试设计此机构。

6-25　试设计客车通道内加座折叠椅机构（图6-53）。要求连架杆 $l_{AB}=240\text{mm}$，它的两个位置分别在水平和竖直位置上。当 AB 水平时，机构处于死点位置，且 BC 与 AB 夹角 $\theta=60°$。当 AB 在竖直位置时，铰链四杆机构的各杆位于一条直线上。试用图解法求其他各杆件尺寸。

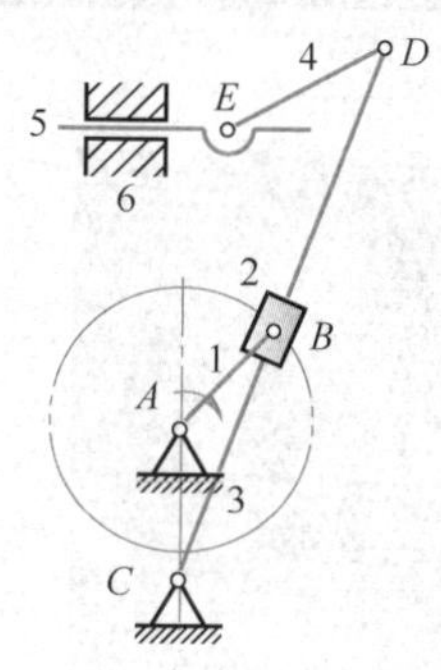

图6-52　题6-24图

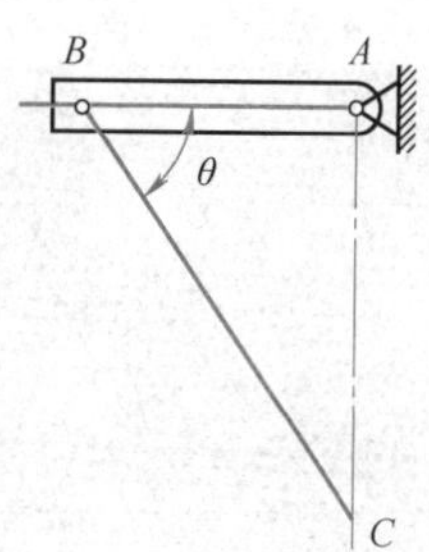

图6-53　题6-25图

6-26　图6-54所示为一颚式破碎机。已知行程速比系数 $K=1.2$，颚板长度 $l_{CD}=240\text{mm}$，摆角 $\psi=60°$，曲柄长度 $l_{AB}=80\text{mm}$。试确定该机构的连杆 BC 和机架 AD 的长度，并验算其最小传动角是否在允许范围内。

6-27　设计一车库门启闭机构（铰链四杆机构）。如图6-55所示，A、D 为两个固定铰链点，要求库门在关闭时为位置 N_1，在开启后为位置 N_2，库门在启闭过程中不得与车库顶部或库内汽车相碰，并尽量节省启闭所占空间。

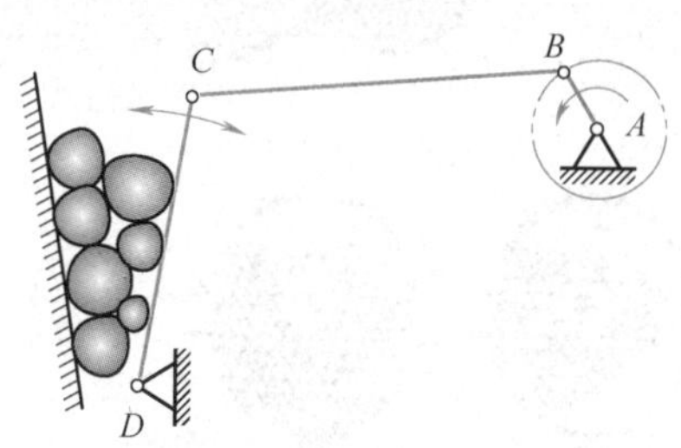

图6-54　题6-26图

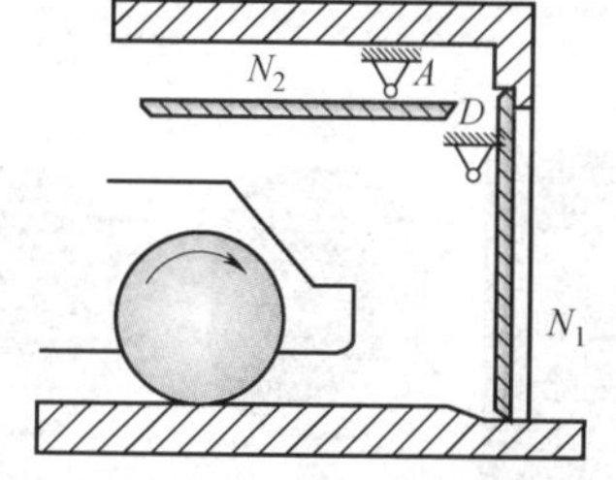

图6-55　题6-27图

■ 虚拟仿真题

6-28　对题6-2应用ADAMS建立机构的虚拟样机模型，验证设计结果的正确性。

6-29　对题6-3应用ADAMS建立机构的虚拟样机模型，验证设计结果的正确性。

6-30　对题6-4应用ADAMS建立机构的虚拟样机模型，验证设计结果的正确性。

6-31　图2-22b中所示的四杆机构为草坪洒水器的驱动连杆机构，它可以通过调整夹紧螺钉改变其输出件的长度和角度，进而使洒水头实现不同的摆角。这种可调式连杆机构可以改变其输出件与输入件之间的函数关系，属于函数生成机构。

1）设计该机构各构件的参数，建立该机构的虚拟样机模型。

2）对该机构的虚拟样机模型进行仿真：改变输出件的长度，获取洒水头不同的摆角。

3）探求输出件与输入件之间的函数关系。

第 7 章　凸轮机构及其设计

从三国时期马钧的水转百戏到现代迪士尼的木偶，很多玩具中都能发现凸轮的应用。

勒洛（Reuleaux）三角形是一种等宽凸轮，可利用相对运动原理来加工方孔。

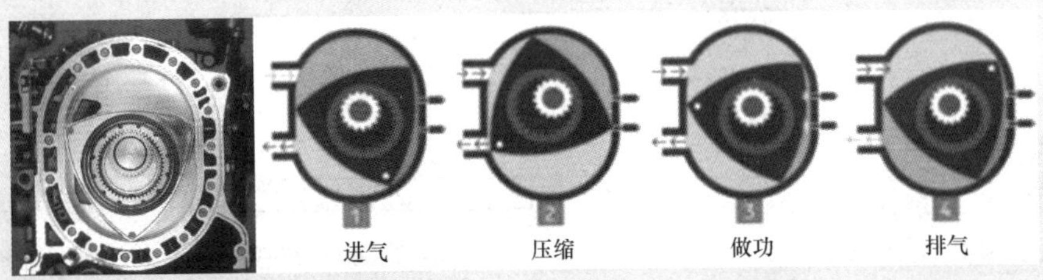

采用勒洛三角形凸轮的汪克尔（Wankel）转子发动机具有运动无需转换、重量小、零件少等优点。

货运直升机的吊钩装置是利用凸轮机构同时实现载荷的缩放与运动协调，以便安全锁紧，并能通过多种方式释放物资。

本章学习目标：

通过本章的学习，学习者应能够：

- 熟悉从动件基本运动规律的特点及适用场合；
- 掌握凸轮廓线设计的反转法原理，并能基于该原理采用图解法和解析法设计各种类型的凸轮机构廓线；
- 了解凸轮机构基本尺寸确定的方法及原则。

【内容导读】

凸轮机构是能够实现复杂运动规律要求的高副机构，设计起来比较容易，因此在各种机械设备中得到了广泛的应用。

凸轮机构设计是根据工作要求选定合适的凸轮机构的类型及从动件的运动规律，并合理地确定基圆等基本尺寸，然后根据选定的从动件的运动规律设计出凸轮的轮廓曲线（简称廓线）。凸轮机构可采用图解法、解析法及 CAD 法进行设计。

本章将重点介绍如何应用反转法进行凸轮廓线设计。

7.1　凸轮机构的发展简史

人类利用凸轮机构已有很长的历史。我国在西汉末年就发明了凸轮，《天工开物》中的连机水碓（图 7-1a）是在农业机械上应用凸轮机构的一个实例。东汉时期的记里鼓车、马钧的水转百戏，以及苏颂的水运仪象台中可能都使用了凸轮机构。1206 年，库尔德学者雅扎里在书中最早描述了凸轮轴，并将它应用于自动机、扬水机中。1276 年，我国元代的郭守敬制成用来自动报时的大明殿灯漏中，就使用了相当复杂的凸轮机构。13 世纪，凸轮机构在欧洲才开始出现。

a) 连机水碓

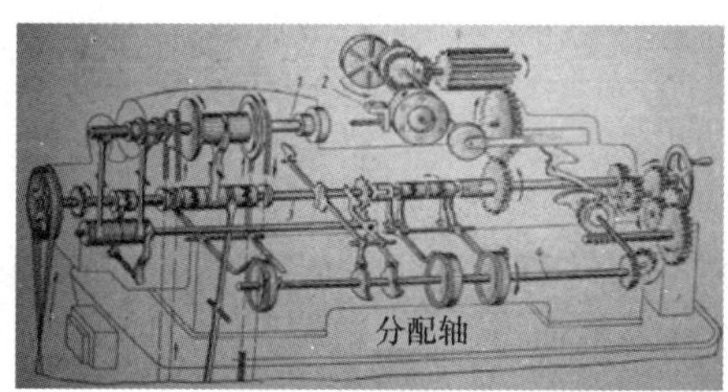

b) A20型单轴六角自动车床

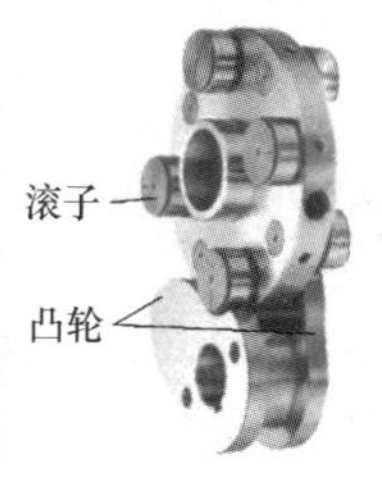

c) 空间凸轮机构

图 7-1　凸轮机构的应用实例

凸轮机构在第二次工业革命期间达到发展高潮。内燃机的发展，使凸轮不断地高速化，这推动了凸轮运动规律、力分析和动力学的研究。自动机床出现后，各种轻工业机械中也广泛应用了凸轮。图 7-1b 所示的自动车床中，凸轮充当指挥官的作用，分别控制上料机构、夹紧机构、纵刀架、横刀架等按预定的运动规律协调运动。进入20世纪以后，内燃机配气凸轮机构在高速下的动力学问题日益突出，考虑构件弹性与振动的凸轮机构动力学问题与动态设计逐渐进入了学者的研究范畴。此外，还有人开始研究空间凸轮机构（图7-1c），以及凸轮机构的反求设计。

【知识扩展】：勒洛三角形与等宽凸轮机构

勒洛三角形（Reuleaux triangle）以勒洛的名字命名，但其具有的等宽特性早就被达·芬奇、欧拉等人所研究。如图7-2a所示，勒洛三角形的顶点为3个半径为r的圆的圆心，其3条边分别为这3个圆的一段圆弧，几何上很容易证明顶点（如A）到对边（圆弧BC）的距离为定值（r）。其定宽特性可用于物体的搬运，如图7-2b所示，不会发生上下颠簸，但其轴心将上下跳动，加上加工较为困难，因此不适合将其用作车轮轮廓。另外，根据相对运动原理，若将勒洛三角形作为机床刀具的轮廓，可加工方孔。当然，其中心轴线不能固定，需做圆周运动，如图7-2c所示。勒洛三角形波动的中心轴类似摇动的手柄，可保证发动机的转子在平面旋转时将能量直接传递到输出轴上，这种汪克尔发动机的三角形转子（图7-2d）代替了传统发动机中曲柄滑块机构的直线运动，使得零件总数减少20%，自重降低近一半。三角形转子自转一周，发动机点火做功3次（传统发动机曲柄转2周做功1次）。另外，输出轴的转速是转子自转速度的3倍，因此可达到非常高的转速。

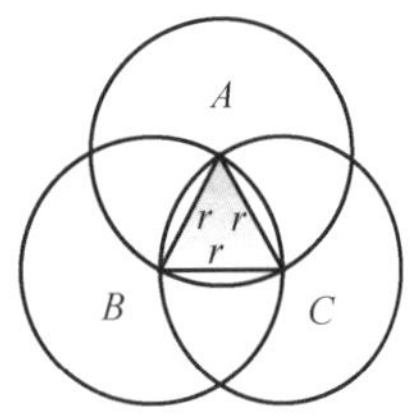

a) 勒洛三角形的画法

b) 无颠簸的滚动搬运

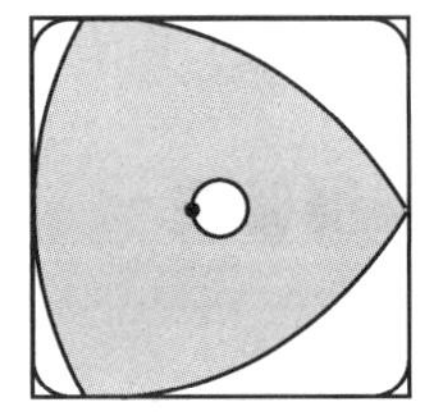
c) 加工方孔

d) 发动机三角形转子

图7-2　勒洛三角形及其应用

7.2　凸轮机构的运动与传力特性

7.2.1　凸轮机构的工作循环

首先以图7-3所示的对心尖端直动从动件盘形凸轮机构为例。从图示位置从动件尖顶与凸轮廓线上的最低点B_0开始，当凸轮以等角速度逆时针转动时，从动件将开始往复直线运动。注意，凸轮轮廓中，以最小向径r_b为半径所作的圆称为基圆（base circle）。其中：

B_0B_1段——向径逐渐变大的曲线，这一运动过程又称为推程运动；

B_1B_2段——向径不变的曲线，这一运动过程又称为远休止；

B_2B_3段——向径逐渐变小的曲线，这一运动过程又称为回程运动；

B_3B_0段——向径不变且为最小的圆弧，这一运动过程又称为近休止。

因此，一般凸轮机构在一个工作循环中经历四个阶段的运动。

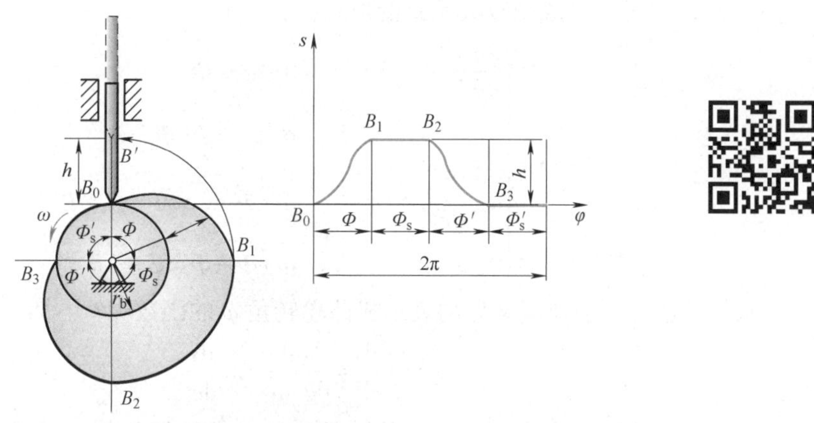

图 7-3　对心尖端直动从动件盘形凸轮机构的工作循环

1）推程运动（rise motion）：凸轮转过 Φ（称为推程运动角），从动件位移由 $0 \rightarrow s_{max}=h$，h 称为从动件行程。

2）远休止：凸轮转过 Φ_s（称为远休止角），从动件离转轴 O 最远且静止不动。

3）回程运动（return motion）：凸轮转过 Φ'（称为回程运动角），从动件在弹簧力或重力作用下回到初始位置。

4）近休止：凸轮转过 Φ_s'（称为近休止角），从动件在初始位置静止不动。

有时，根据凸轮机构的特殊工作要求，以上四个运动阶段不一定都存在，但一个工作循环中至少要有推程和回程两个阶段。

由上述实例可以看出，从动件的运动规律与凸轮的轮廓形状密不可分。因此，在设计凸轮时，必须先确定从动件的运动规律。

值得注意的是，各类常见的凸轮机构中，偏置滚子直动从动件盘形凸轮机构中存在一些特殊的术语，如实际廓线、理论廓线（假想以小滚子的中心作为尖端，通过与凸轮接触所形成的廓线。显然，理论廓线与实际廓线为等径曲线）、偏置圆等，具体如图 7-4 所示。

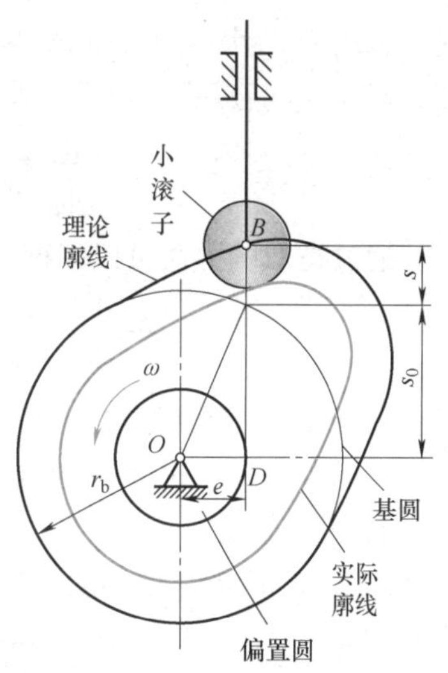

图 7-4　偏置滚子直动从动件盘形凸轮机构中的名词术语

7.2.2　从动件的运动表达

从动件的位移 s、速度 v、加速度 a 都是时间的函数。即

$$s=s(t)\,,\quad v=v(t)=\frac{\mathrm{d}s}{\mathrm{d}t},\quad a=a(t)=\frac{\mathrm{d}^2s}{\mathrm{d}t^2} \tag{7.2-1}$$

为设计方便，通常将从动件位移 s 表示成凸轮转角 φ 的函数，即 $s=s(\varphi)$。以横坐标代表凸轮的转角 φ，以纵坐标代表从动件的位移 s（两坐标均应取一适当的比例尺 μ_φ 和 μ_s），在凸轮转动一周的工作循环中所画出的曲线 $s=s(\varphi)$ 称为从动件的位移线图（displacement diagram），也可以用函数关系式来表示。例如上述凸轮机构的位移就可以通过位移线图来表

达（图 7-3），也可以写成函数关系式的形式：

$$
s=\begin{cases}\dfrac{2h}{\Phi^2}\varphi^2, & 0\leqslant\varphi\leqslant\Phi\\ h, & \Phi<\varphi\leqslant\Phi+\Phi_s\\ h-\dfrac{2h}{\Phi^2}(\Phi-\varphi)^2, & \Phi+\Phi_s<\varphi\leqslant\Phi+\Phi_s+\Phi'\\ 0, & \Phi+\Phi_s+\Phi'<\varphi\leqslant 2\pi\end{cases}\tag{7.2-2}
$$

从动件的速度、加速度又如何表示成凸轮转角 φ 的函数呢？

$$
v=\frac{\mathrm{d}s}{\mathrm{d}t}=\frac{\mathrm{d}s}{\mathrm{d}\varphi}\frac{\mathrm{d}\varphi}{\mathrm{d}t}=\omega\frac{\mathrm{d}s}{\mathrm{d}\varphi}\tag{7.2-3}
$$

由于凸轮角速度 ω 为常值，可知从动件位移对凸轮转角的一阶导数 $\mathrm{d}s/\mathrm{d}\varphi$ 同从动件的速度 v 有完全相同的变化规律，因此 $\mathrm{d}s/\mathrm{d}\varphi$ 又被称为从动件的类速度（resemble velocity）。

另外，前面学习过利用瞬心计算凸轮机构从动件线速度的方法。对于图 7-5 所示的凸轮机构，利用瞬心法很容易得到

$$
v_2=\mu\omega\,\overline{P_{12}P_{13}}\tag{7.2-4}
$$

式中，$\overline{P_{12}P_{13}}$为图示 P_{12}和 P_{13}两点间的长度，μ 为作图比例尺。

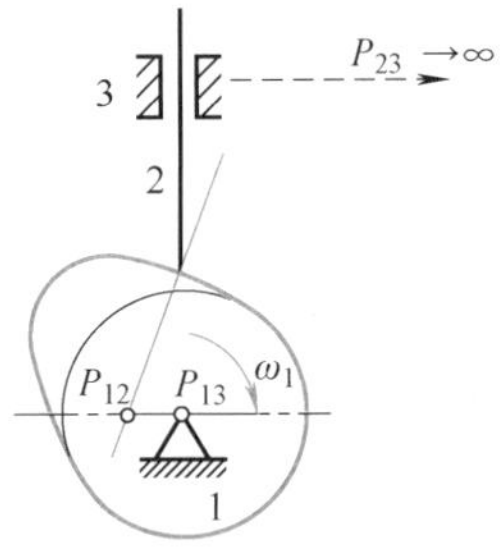

图 7-5　尖端直动从动件盘形凸轮机构的类速度

对比式（7.2-3）和式（7.2-4），可以得到

$$
\frac{\mathrm{d}s}{\mathrm{d}\varphi}=\mu\overline{P_{12}P_{13}}=\frac{v_2}{\omega}\tag{7.2-5}
$$

通过类似的方法可以根据

$$
a=\frac{\mathrm{d}^2s}{\mathrm{d}t^2}=\frac{\mathrm{d}}{\mathrm{d}t}\left(\omega\frac{\mathrm{d}s}{\mathrm{d}\varphi}\right)=\omega^2\frac{\mathrm{d}^2s}{\mathrm{d}\varphi^2}\tag{7.2-6}
$$

定义 $\mathrm{d}^2s/\mathrm{d}\varphi^2$ 为类加速度。

可以看出，类速度和类加速度都是相对值，与凸轮的绝对角速度无关，只与凸轮的位置（转角）有关。反之，若已知类速度和类加速度，只需将式（7.2-5）和式（7.2-6）分别乘以 ω 和 ω^2 就可得到从动件的速度和加速度。当 ω 为常值，类速度 $\mathrm{d}s/\mathrm{d}\varphi$ 与 v，类加速度 $\mathrm{d}^2s/\mathrm{d}\varphi^2$ 与 a 具有完全相同的变化规律。

引入类速度和类加速度后，从动件的运动规律就可用 $s=s(\varphi)$、$v=\omega\mathrm{d}s/\mathrm{d}\varphi=s'(\varphi)$ 和 $a=\omega^2\mathrm{d}^2s/\mathrm{d}\varphi^2=s''(\varphi)$ 三条运动线图［有时为反映某些特殊工况下的噪声水平还包含加速度率（或称跃度）线图，即用 $j=s'''(\varphi)$］表示。这类线图有时简写为 **SVA 图**（或 **SVAJ 图**）。

7.2.3　从动件的运动规律

从动件的运动规律是凸轮轮廓设计的依据，而运动规律通常是根据人们对凸轮机构提出的工作要求确定的。在实际机械中，对从动件的运动要求是多种多样的。经过长期的生产实践和理论研究，人们总结了几种典型的运动规律（又称基本运动规律）。但是，无论是低速、高速、重载还是轻载等应用场合，这些基本运动规律都不能单独使用，否则会造成设计缺陷。为了保证凸轮机构具有良好的动力学性能，绝大多数情况都应选择这些基本运动规律的组合即组合运动规律。下面对这些基本运动规律的组成、特性和应用场合等方面进行介

绍，以供设计者使用。

1. 简单运动（等速运动、等加速等减速运动）规律

（1）**等速运动规律**　图 7-6a 所示为从动件按等速运动规律运动时的位移、速度、加速度相对凸轮转角的变化线图。从加速度曲线图可以看出，在行程的起点和终点处，由于速度发生突变，加速度在理论上为无穷大。因此，会导致从动件产生非常大的冲击惯性力，称为刚性冲击。此种运动只能用于低速轻载的场合。

（2）**等加速等减速运动规律**　等加速等减速运动规律是指从动件在一个运动行程中，前半段做等加速运动，后半段做大小相同的等减速运动。仍然以推程为例，代入相应的边界条件可以求出其运动方程。从动件按等加速等减速运动规律运动时的位移、速度及加速度曲线如图 7-6b 所示，从加速度曲线可以看出，在 O、A、B 三点仍存在加速度的有限突变，因而从动件的惯性力也会发生突变而造成对凸轮机构的有限冲击，称为柔性冲击。此种运动可用于中速轻载场合。

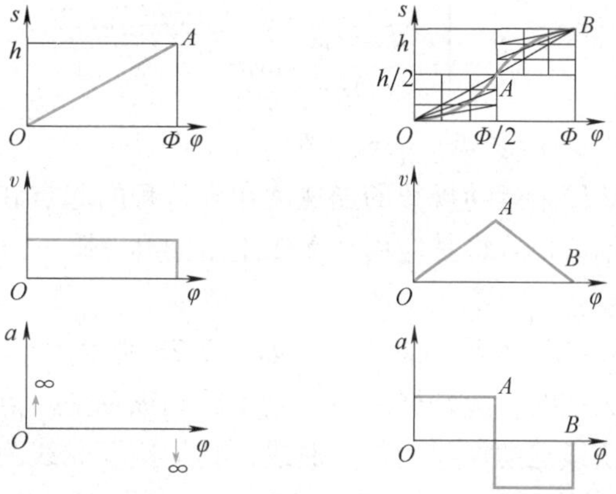

a) 刚性冲击　　b) 柔性冲击

图 7-6　等速、等加速等减速运动规律（SVA 图）

2. 三角函数运动规律

三角函数运动规律是指从动件的运动按正弦曲线或余弦曲线规律变化。图 7-7 所示为两种三角函数曲线示意图，仍以推程为例，列出对应的运动方程式。

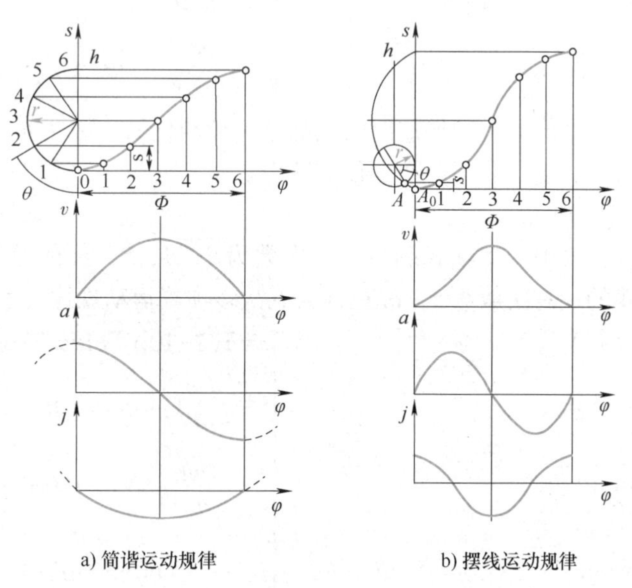

a) 简谐运动规律　　b) 摆线运动规律

图 7-7　三角函数运动规律（SVAJ 图）

（1）**简谐运动规律**　质点沿圆周做等速运动时，其在直径上的投影的变化规律为简谐运动（simple harmonic motion）。它同样可以作为从动件相应的位移变化规律。如图 7-7a 所

示，其速度曲线为正弦曲线，加速度曲线为余弦曲线。运动方程满足

$$\begin{cases} s=\dfrac{h}{2}(1-\cos\pi\eta) \\ v=\dfrac{\pi h\omega}{2\Phi}\sin\pi\eta \\ a=\dfrac{\pi^2 h\omega^2}{2\Phi^2}\cos\pi\eta \\ j=-\dfrac{\pi^3 h\omega^3}{2\Phi^3}\sin\pi\eta \end{cases}\text{（推程）}\qquad \begin{cases} s=\dfrac{h}{2}(1+\cos\pi\eta') \\ v=-\dfrac{\pi h\omega}{2\Phi'}\sin\pi\eta' \\ a=-\dfrac{\pi^2 h\omega^2}{2\Phi'^2}\cos\pi\eta' \\ j=\dfrac{\pi^3 h\omega^3}{2\Phi'^3}\sin\pi\eta' \end{cases}\text{（回程）}\qquad (7.2\text{-}7)$$

式中，$\eta=\varphi/\Phi$，$\eta'=\varphi/\Phi'$。

简谐运动规律的加速度在其行程的起点和终点有突变，这也会引起柔性冲击，如图 7-7a 所示。但若将其应用在无休止角的升—降—升的凸轮机构中，在连续运动中则不会发生冲击现象。

（2）摆线运动规律　如图 7-7b 所示，一个圆沿纵轴做匀速纯滚动，圆上任一点 A 的轨迹为摆线。滚圆转一周，点 A 回到纵轴上。点 A 做摆线运动时，在纵轴上的投影即构成从动件摆线运动规律的位移曲线，其加速度曲线为正弦曲线。运动方程满足

$$\begin{cases} s=h\left(\eta-\dfrac{1}{2\pi}\sin 2\pi\eta\right) \\ v=\dfrac{h\omega}{\Phi}(1-\cos 2\pi\eta) \\ a=\dfrac{2\pi h\omega^2}{\Phi^2}\sin 2\pi\eta \\ j=\dfrac{4\pi^3 h\omega^3}{\Phi^3}\cos 2\pi\eta \end{cases}\text{（推程）}\qquad \begin{cases} s=h\left(1-\eta'+\dfrac{1}{2\pi}\sin 2\pi\eta'\right) \\ v=-\dfrac{h\omega}{\Phi'}(1-\cos 2\pi\eta') \\ a=-\dfrac{2\pi h\omega^2}{\Phi'^2}\sin 2\pi\eta' \\ j=-\dfrac{4\pi^3 h\omega^3}{\Phi'^3}\cos 2\pi\eta' \end{cases}\text{（回程）}\qquad (7.2\text{-}8)$$

整个推程运动过程中的速度和加速度曲线都是连续变化的，加速度没有任何突变，因此也就不会产生惯性力的突变，故不会产生任何冲击。

3. 五次多项式运动规律

从动件的位移方程式中，多项式剩余项的次数为 3、4、5，故称为 3-4-5 次多项式运动规律。由于其多项式的最高次数为 5，故也称为五次多项式运动规律。运动方程满足

$$\begin{cases} s=h(10\eta^3-15\eta^4+6\eta^5) \\ v=\dfrac{h\omega}{\Phi}(30\eta^2-60\eta^3+30\eta^4) \\ a=\dfrac{h\omega^2}{\Phi^2}(60\eta-180\eta^2+120\eta^3) \\ j=\dfrac{h\omega^3}{\Phi^3}(60-360\eta+360\eta^2) \end{cases}\text{（推程）}\qquad \begin{cases} s=h(1-10\eta'^3+15\eta'^4-6\eta'^5) \\ v=-\dfrac{h\omega}{\Phi'}(30\eta'^2-60\eta'^3+30\eta'^4) \\ a=-\dfrac{h\omega^2}{\Phi'^2}(60\eta'-180\eta'^2+120\eta'^3) \\ j=-\dfrac{h\omega^3}{\Phi'^3}(60-360\eta'+360\eta'^2) \end{cases}\text{（回程）}$$

(7.2-9)

由图 7-8 可以看出，运动线图中仅有跃度曲线存在有限跳变，故既无刚性冲击也无柔性冲击，适合于高速场合。

4. 从动件运动规律的比较、选择与组合

为更好地选择从动件的运动规律，首先应满足机器整体运动协调配合对凸轮机构提出的运动规律要求，同时还应考虑使凸轮机构有良好的动力特性和设计的凸轮便于加工等。就运动特性而言，除了考虑冲击特性外，还应对各种运动规律 v_{max} 和 a_{max} 的影响进行比较。现将以上 5 种运动规律的 v_{max}、a_{max}、j_{max}、冲击特性及适用场合做相对性的比较（表 7-1），以便设计时参考。

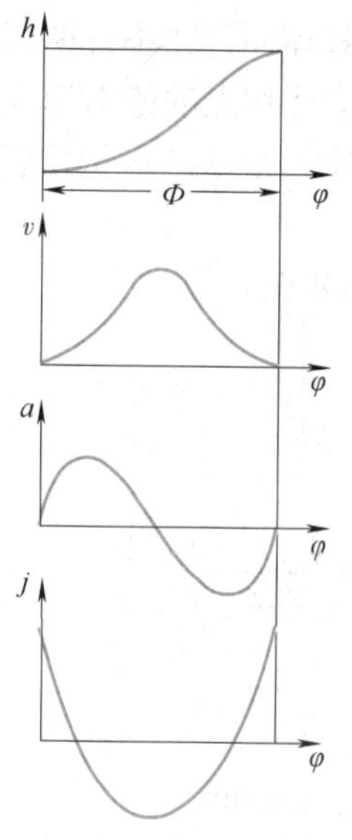

图 7-8　五次多项式运动规律

当从动件质量较大时，应选择 v_{max} 值较小的运动规律，以减小其动量。而 a_{max} 值越大，则惯性力越大，作用在高副接触处的应力就越大，会加速接触处的磨损。因此，对于高速凸轮，应选择 a_{max} 值比较小的运动规律。跃度表示惯性力的变化率，因此，减小最大跃度值，对改善系统工作的平稳性也有帮助。总之，设计从动件运动规律时，总是希望 v_{max}、a_{max}、j_{max} 等值越小越好。不过具体应用中往往根据工作时的速度高低和载荷轻重来选择。

表 7-1　从动件常用运动规律的特点及其对比

运动规律	$v_{max}(h\omega/\Phi)$	$a_{max}(h\omega^2/\Phi^2)$	$j_{max}(h\omega^3/\Phi^3)$	冲击特性	适用场合
等速运动	1	∞		刚性冲击	低速轻载
等加速等减速运动	2	4	∞	柔性冲击	中速轻载
简谐运动	1.57	4.93	∞	柔性冲击	中速中载
摆线运动	2	6.28	39.48	无	高速轻载
五次多项式运动	1.88	5.77	60	无	高速中载

从表 7-1 中可以看出：有些运动规律中存在不同程度的冲击，有些即使从理论上消除了冲击，但加速度或加速度率等理论峰值还是很大，对系统仍会产生消极影响。因此，除了上述 5 种基本运动规律外，还有改进型等速度曲线、改进型梯形加速度曲线、改进型正弦加速度曲线等类型，在一定程度上可改善凸轮机构的特性。有关这方面的介绍详见参考文献［83］。

另外，在实际应用中，对凸轮机构从动件运动和动力特性要求是多种多样的，以上介绍的运动规律各有优缺点，单独使用某一种运动规律很难完全满足设计要求。因此在实际应用中，常将若干种基本运动规律拼接组合成新的运动规律，简称组合运动规律。

拼接组合的原则是各段基本运动规律的位移、类速度和类加速度曲线在连接点处其值应分别满足连续性条件（为光滑曲线），这也是拼接组合时应满足的边界条件。此外，还应使最大速度 v_{max} 和最大加速度 a_{max} 的值尽可能小。有关这方面的介绍详见参考文献［50］。

【思考题】：何谓刚性冲击和柔性冲击？

7.2.4　凸轮机构的压力角

凸轮机构除了实现给定从动件的运动规律外，还应保证有良好的传力特性。而影响凸轮机构传力特性的一个重要参数就是压力角（pressure angle）。

具体而言，不计摩擦时凸轮对从动件作用力的方向（高副接触点的法线方向）与从动件上力作用点的绝对速度方向之间所夹的锐角 α 称为凸轮机构（在当前位置时）的压力角。显然压力角 α 随机构位置的改变而变化。不同类型的凸轮机构的压力角如图 7-9 所示。

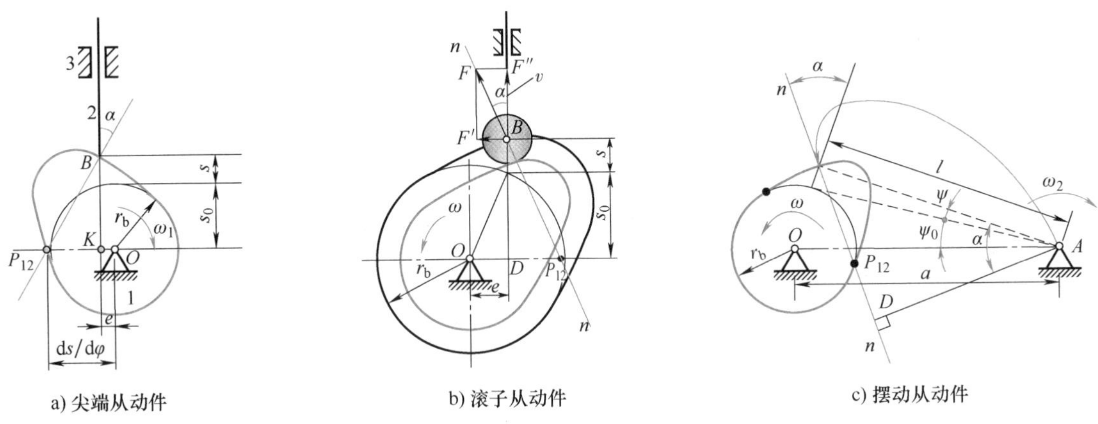

图 7-9　不同类型的凸轮机构的压力角

以图 7-10a 所示的偏置尖端从动件盘形凸轮机构为例，应用解析方法来确定各个参数对凸轮机构压力角的影响。过图上高副接触点 B 作法线可得高副的瞬心 P_{12}，由直角三角形 BKP_{12} 可得

$$\tan\alpha=\frac{\overline{P_{12}K}}{\overline{BK}}=\frac{\dfrac{\mathrm{d}s}{\mathrm{d}\varphi}-e}{s+s_0}=\frac{\dfrac{\mathrm{d}s}{\mathrm{d}\varphi}-e}{s+\sqrt{r_b^2-e^2}} \tag{7.2-10}$$

由式（7.2-10）可知，偏距 e 和基圆半径 r_b 为定值，压力角 α 随从动件的位移 s 和类速度 $\mathrm{d}s/\mathrm{d}\varphi$ 而变。增大基圆半径 r_b，或者减小偏距 e，也会使压力角 α 减小。

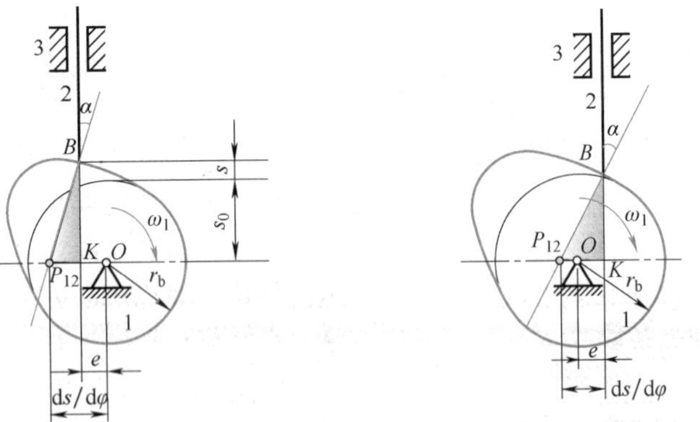

图 7-10　偏置对凸轮机构压力角的影响

值得注意的是，如果导路偏置在凸轮回转中心的右侧，如图 7-10b 所示，凸轮的转向不变，从动件仍处于升程中，那么式（7.2-10）中分子前的符号应为“+”，显然各位置的压力角都增大了。因此，为了减小凸轮机构推程压力角，应使从动件导路的偏置方位与瞬心

P_{12}均位于凸轮轴心的同一侧。

$$\tan\alpha'=\frac{\overline{P_{12}K}}{\overline{BK}}=\frac{\frac{\mathrm{d}s}{\mathrm{d}\varphi}+e}{s+s_0}=\frac{\frac{\mathrm{d}s}{\mathrm{d}\varphi}+e}{s+\sqrt{r_b^2-e^2}} \tag{7.2-11}$$

由于凸轮机构压力角 α 随机构位置而变，故使最大压力角 α_{max} 小于临界压力角是必要的。为使凸轮机构有良好的传力特性，应保证 α_{max} 远小于临界压力角。通常在实际应用中规定一个许用压力角［α］（allowable pressure angle），并在设计凸轮机构时，应使 $\alpha_{max}\leqslant[\alpha]$。根据实践经验推荐：推程时，直动从动件［$\alpha$］$=25°\sim35°$，摆动从动件［$\alpha$］$=35°\sim45°$；回程时，通常受力较小，因此，［$\alpha$］$=70°\sim80°$

【思考题】：

1）如何确定滚子从动件盘形凸轮机构的压力角？

2）偏置从动件盘形凸轮机构中，偏置方向对凸轮机构的压力角有何影响？

7.3 凸轮机构的廓线设计

前面所讲的主要是已知凸轮廓线确定从动件的运动（如SVAJ线图）问题，这是机构的运动分析过程。而实际上往往要实现上述问题的逆过程，即按给定从动件的运动规律（如位移线图等）设计凸轮机构。

与连杆机构设计一样，凸轮机构的设计也包含图解法和解析法两种，但它们都遵循同一个基本原理——反转法。

7.3.1 基本原理

一般情况下，凸轮机构中的凸轮做匀速定轴转动，而从动件沿固定导路做往复移动或沿固定轨迹往复摆动。这时，从动件与凸轮廓线在接触点位置处的运动是一致的。现给整个凸轮机构加上一个公共角速度$-\omega$，使其绕轴心转动。此时，凸轮静止不动，而从动件则一边随导路做反转运动，一边又沿导路做预期的往复移动（或摆动）。从动件在这种复合运动作用下，其接触点的运动轨迹即为凸轮的轮廓曲线。

因此，在设计凸轮廓线时，可假定凸轮静止不动，使从动件相对于凸轮做反转运动；同时，在其导路内做预期运动，作出从动件在该复合运动中的一系列位置，则其接触点的轨迹就是所要求的凸轮廓线。这就是应用反转法设计凸轮廓线的基本原理，如图7-11所示。

7.3.2 图解法

应用反转法，可以设计得到5种不同的凸轮廓线，包括对心从动件、偏置从动件、滚子从动件、平底从动件等在内的直动从动件盘形凸轮廓线及摆动从动件盘形凸轮廓线。

设计凸轮廓线时，一般给定凸轮的基圆半径 r_b 与其他几何条件（如偏距 e，对于摆动从动件还包括摆杆长度 l、中心距 a）、凸轮的转向，以及从动件的运动规律（一般为位移线图）。

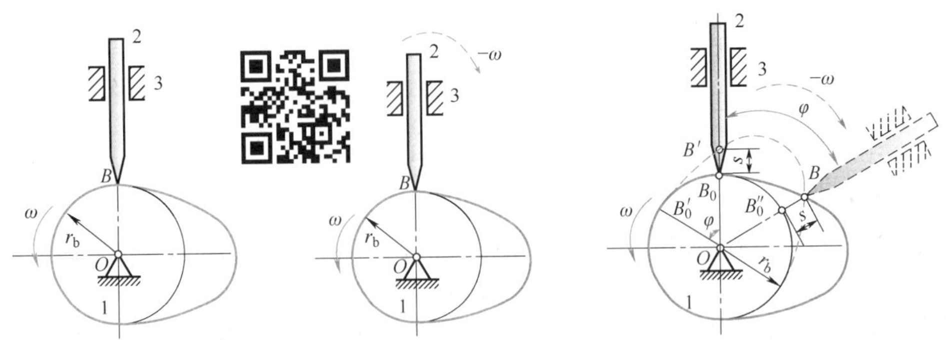

图 7-11　凸轮廓线设计的反转法原理

通用的设计步骤如下：

1）按比例画出并等分位移曲线，确定设计点。

2）选定基圆半径 r_b，画出基圆（圆心为 O，如果有偏距，还要以偏距 e 为半径，画出偏距圆）及从动件的导路中心线，该中心线与基圆的交点即为从动件接触点的起始位置 B_0，同时标出凸轮的转向（用 ω 表示）。

3）应用反转法逐点作图确定其他各接触点位置。

4）光滑连接各接触点所得的曲线即为所要设计的凸轮廓线。

这里对步骤3的描述非常简略，需针对具体类型进行细化。例如对于最简单的对心尖端情况，首先等分基圆（与前面的等分位移曲线一致），再以 OB_0 为起始线沿 $-\omega$ 方向过基圆等分点作径向线，然后根据位移线图自基圆外截取相应位移得到各接触点位置 A_i，如图7-12所示。

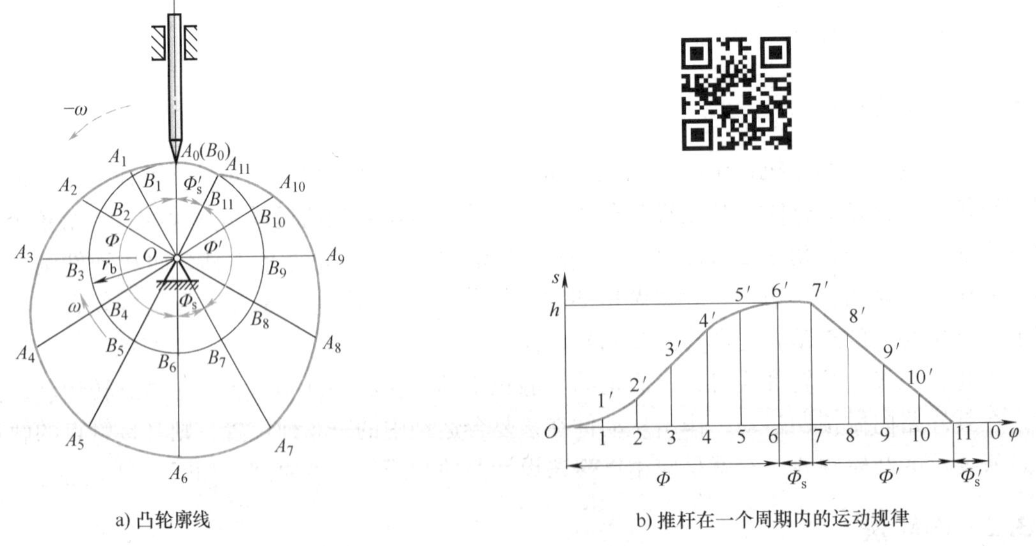

图 7-12　对心尖端直动从动件盘形凸轮廓线设计

在有滚子存在的情况下，凸轮的廓线分为理论廓线与实际廓线。其中理论廓线的设计方法与尖端的情况相同。待得到理论廓线后再作这一系列滚子的内包络线，才能得到所要设计的凸轮的廓线，即所谓的实际廓线。实际廓线与理论廓线的法向距离均等于滚子半径，它们是等距曲线，如图 7-13 所示。

如果存在偏距 e，要保证从动件导路在反转后的位置始终保持这一恒定的偏距存在（即始终保持从动件导路中心线与偏距圆相切），这时需要等分的是偏距圆而不是基圆。初始位置为起始从动件导路中心线与偏距圆的切点，其他过程与对心情况类似，如图 7-14 所示。由上述作图可知，滚子从动件凸轮的基圆半径应该在理论廓线上度量。

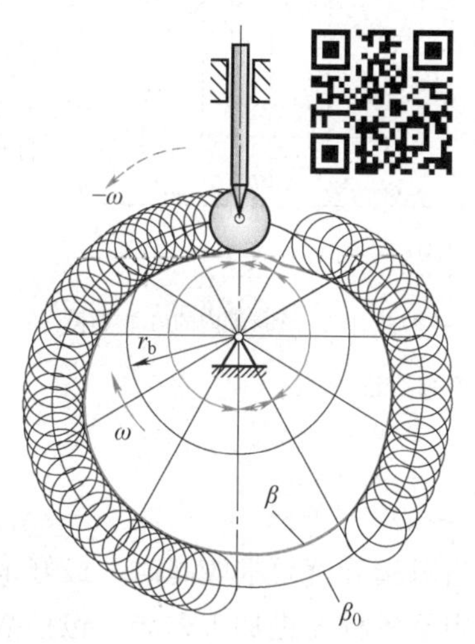

图 7-13　对心滚子直动从动件盘形凸轮廓线设计

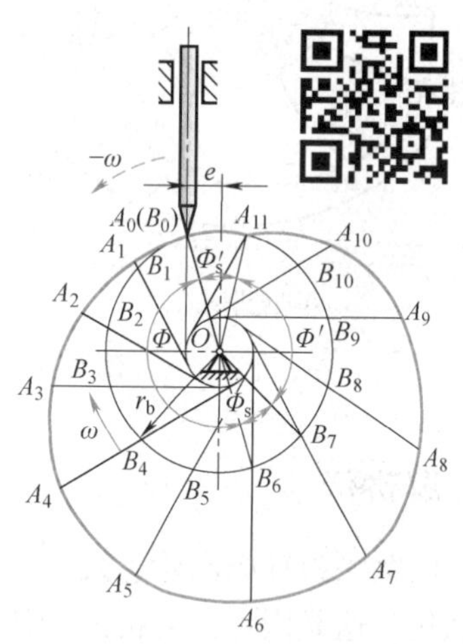

图 7-14　偏置尖端直动从动件盘形凸轮廓线设计

对于平底的情况，将导路中心线与平底的交点假想为尖端从动件的尖顶，反转后按一系列的对应值作出假想尖顶的一系列位置，然后过这一系列的点分别作导路中心线的垂线，再作这些垂线的包络线，即得所要设计的凸轮廓线，如图 7-15 所示。

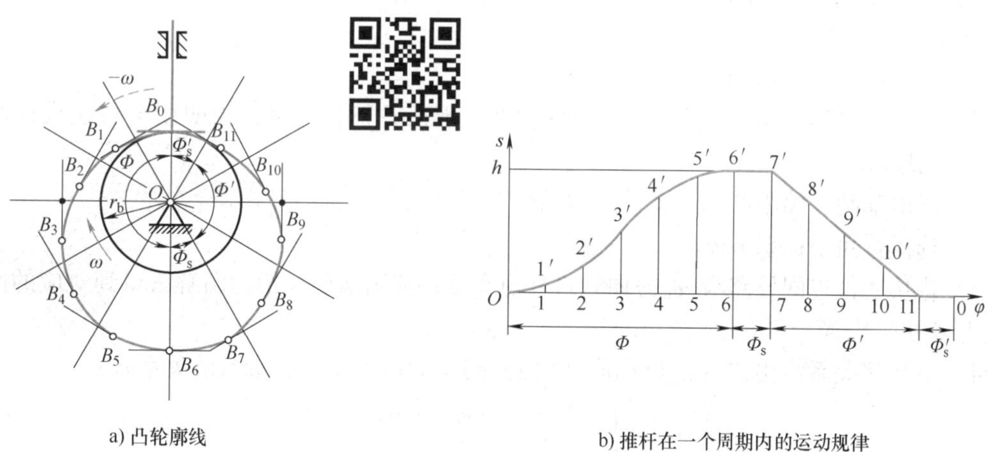

a) 凸轮廓线

b) 推杆在一个周期内的运动规律

图 7-15　平底直动从动件盘形凸轮廓线设计

对于摆动从动件的情况，与直动从动件凸轮廓线设计类似。不同之处在于，首先通过确定初始角 ψ_0（通过基圆半径 r_b、摆杆长度 l、中心距 a 所组成的三角形来确定），来确定初始位置 B_0。这时需要等分中心圆，由于位移线图表示的是角位移，因此其他接触点的位置需要通过定长杆和角度的增幅来确定，具体如图 7-16 所示。

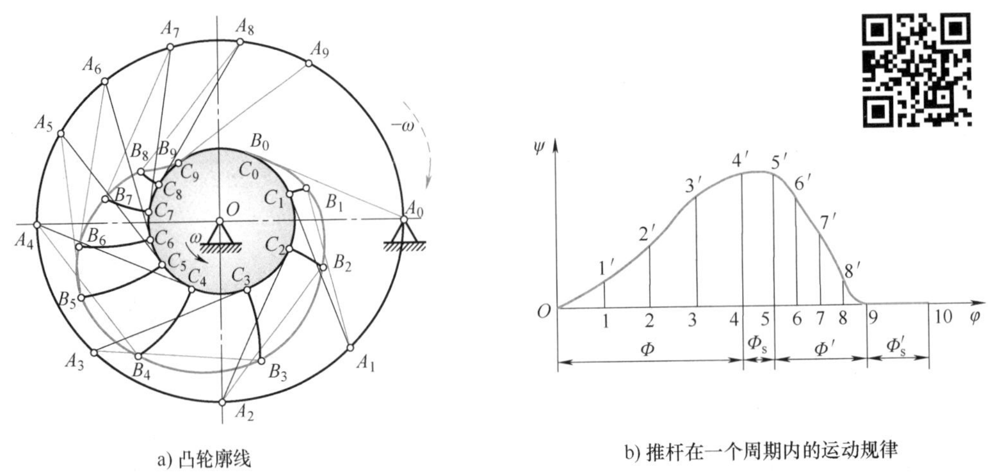

图 7-16　摆动从动件盘形凸轮廓线设计

7.3.3　解析法

采用图解法设计的凸轮廓线会产生一定的误差，当对精确度要求较高时，最好采用解析法设计凸轮。这是因为由解析法设计的凸轮廓线可适用于各种先进加工方法，包括数控加工等高精度加工手段。

用解析法设计凸轮廓线，就是根据给定的从动件运动规律和某些机构尺寸参数，建立凸轮廓线的方程，并精确地计算出凸轮廓线上各点的坐标值。凸轮廓线方程的建立，仍然按反转法的原理，将从动件自初始位置沿$-\omega$ 方向连同机架转过任意角 φ，然后建立从动件同凸轮接触点的坐标方程。对于滚子从动件，应先建立理论廓线方程，后建立实际廓线方程。

下面举三个例子。

1. 偏置滚子直动从动件盘形凸轮机构

首先以图 7-17 所示的偏置滚子直动从动件盘形凸轮机构为例，说明用解析法设计凸轮廓线的一般过程。

1）画出基圆、偏距圆和从动件的初始位置。

2）选择直角坐标系 Oxy。

3）将从动件连同导路沿$-\omega$ 方向转过任意角 φ，利用前面介绍的图解法得到对应的凸轮廓线上点 B 的位置。

4）由几何关系写出点 B 的坐标值（x,y）同运动参数及尺寸参数的关系式：

$$\begin{cases} x=(s+s_0)\sin\varphi+e\cos\varphi \\ y=(s+s_0)\cos\varphi-e\sin\varphi \end{cases} \tag{7.3-1}$$

式中，$s_0=\sqrt{r_b^2-e^2}$；s 为凸轮转过角 φ 时所对应的从动件的（从初始位置算起）位移。

这样，当给定或选定基圆半径 r_b 和偏距 e 后，即可计算出凸轮理论廓线上任一点的坐标值。

若已知理论廓线上任一点 B 的坐标，只要沿理论廓线在该点法线方向取距离为 r_r，即可得到实际廓线上相应点 B'的坐标（按等距曲线的关系）。其中，点 B 处的法线斜率为

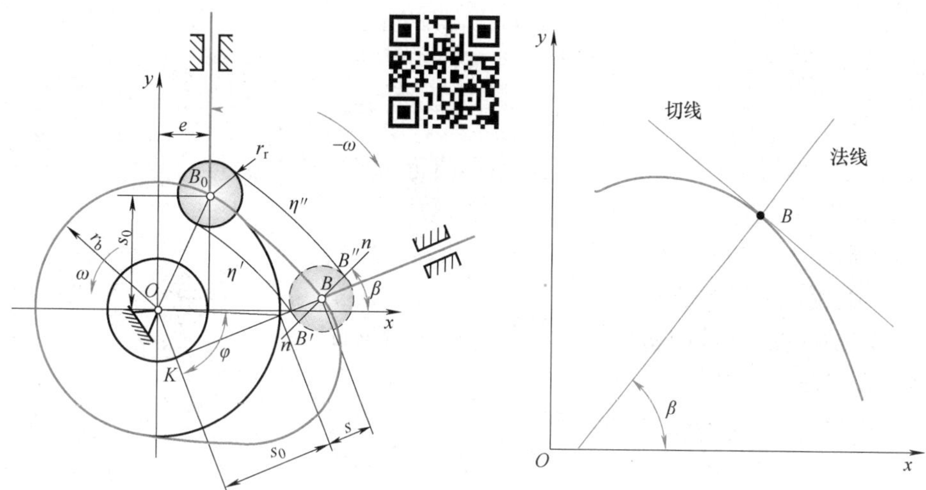

图 7-17　偏置滚子直动从动件盘形凸轮机构的解析设计示意图

$$\tan\beta = -\frac{\mathrm{d}x}{\mathrm{d}y} = -\frac{\mathrm{d}x/\mathrm{d}\varphi}{\mathrm{d}y/\mathrm{d}\varphi} \tag{7.3-2}$$

式中，$\mathrm{d}x/\mathrm{d}\varphi$、$\mathrm{d}y/\mathrm{d}\varphi$ 可由理论廓线方程求得。对应实际廓线上 B' 点的坐标为

$$\begin{cases} x' = x \mp r_r\cos\beta = (s+s_0)\sin\varphi + e\cos\varphi \mp r_r\cos\beta \\ y' = y \mp r_r\sin\beta = (s+s_0)\cos\varphi - e\sin\varphi \mp r_r\sin\beta \end{cases} \tag{7.3-3}$$

式中，“-”用于内包络廓线，“+”用于外包络廓线。

2. 对心平底直动从动件盘形凸轮机构

图 7-18 所示为一对心平底直动从动件盘形凸轮机构（廓线不全）。下面简要给出建模过程：

1）画出基圆和从动件的初始位置（平底与凸轮廓线在 B_0 点相切）。

2）建立直角坐标系 Oxy，坐标原点位于凸轮回转中心。

3）将从动件连同导路沿 $-\omega$ 方向转过任意角 φ，利用前面介绍的图解法得到对应的凸轮廓线上点 B 的位置。

4）由几何关系写出点 B 的坐标 (x,y) 同运动参数及尺寸参数的关系式。

注意，由本书第 5 章的速度瞬心法可知，图中的 P 点为凸轮与平底的相对速度瞬心，因此平底在该瞬时的移动速度为 $v=\overline{OP}\cdot\omega$，故有

$$\overline{OP} = \frac{v}{\omega} = \frac{\mathrm{d}s}{\mathrm{d}\varphi} \tag{7.3-4}$$

由图 7-18 可得 B 点坐标为

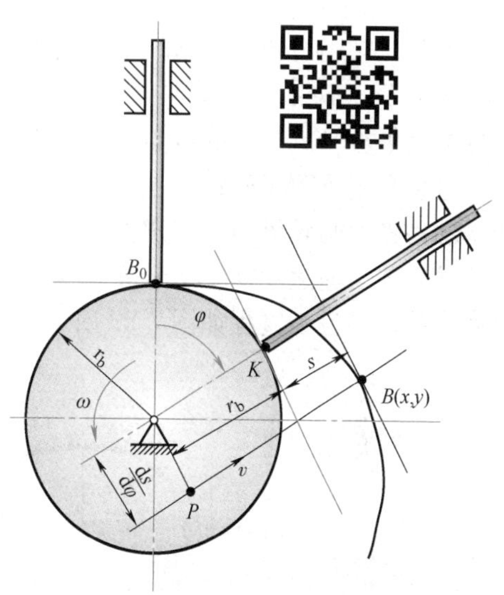

图 7-18　对心平底直动从动件盘形凸轮机构的解析设计示意图

$$\begin{cases} x=(r_b+s)\sin\varphi+\dfrac{ds}{d\varphi}\cos\varphi \\ y=(r_b+s)\cos\varphi-\dfrac{ds}{d\varphi}\sin\varphi \end{cases} \tag{7.3-5}$$

式（7.3-5）即为对心平底直动从动件盘形凸轮的实际廓线方程。

3. 尖端摆动从动件盘形凸轮机构

图7-19所示为一尖顶摆动从动件盘形凸轮机构（廓线不全）。下面简要给出建模过程：

1）画出基圆和从动件的初始位置（从动件初始位置与凸轮廓线在 B_0 点相切）。

2）建立直角坐标系 Oxy，坐标原点位于凸轮回转中心。

3）将从动件连同导路沿 $-\omega$ 方向转过任意角 φ，利用前面介绍的图解法得到对应的凸轮廓线上点 B 的位置。

4）由几何关系写出点 B 的坐标 (x,y) 同运动参数及尺寸参数的关系式。

5）由图7-19可得 B 点坐标为

$$\begin{cases} x=a\sin\varphi-l\sin(\varphi+\psi_0+\psi) \\ y=a\cos\varphi-l\cos(\varphi+\psi_0+\psi) \end{cases} \tag{7.3-6}$$

式（7.3-6）即为尖端摆动从动件盘形凸轮的实际廓线方程。

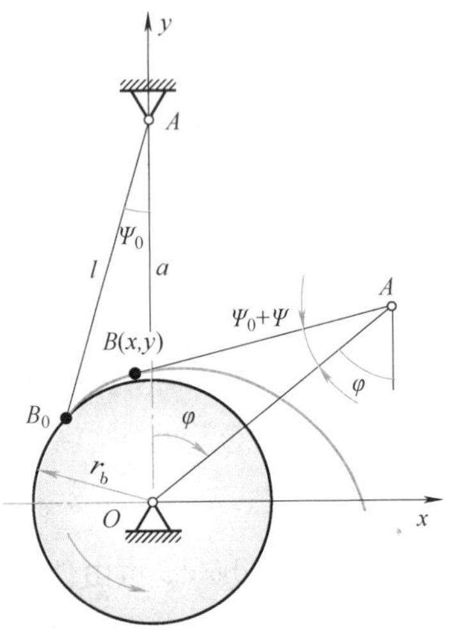

图7-19 尖顶摆动从动件盘形凸轮机构的解析设计示意图

7.3.4 虚拟样机法

通常，应用反转法绘制凸轮廓线或采用解析法推导得到凸轮廓线的解析方程。而应用虚拟样机技术，不仅可达到同样的目的，还能让设计完的凸轮机构进行仿真运动。此外，还能通过测量来检验从动件的运动规律与给定运动规律的吻合程度。

这里利用ADAMS/View提供的应用相对轨迹曲线生成实体方法来设计一个偏置尖端直动从动件盘形凸轮机构。已知基圆半径 $r_b=100\text{mm}$，偏距 e 为20mm。凸轮逆时针匀速转动，从动件先按匀速运动规律上升 $h=100\text{mm}$，推程运动角 $\Phi=180°$，然后以简谐运动规律返回原处。简化的设计过程如图7-20所示（扫二维码可看到整个设计过程）。

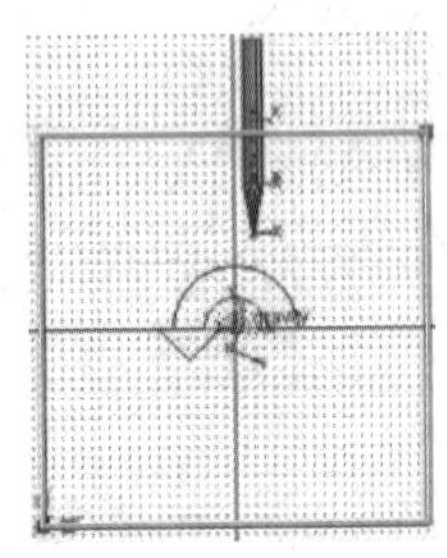
a) 创建凸轮板和运动副

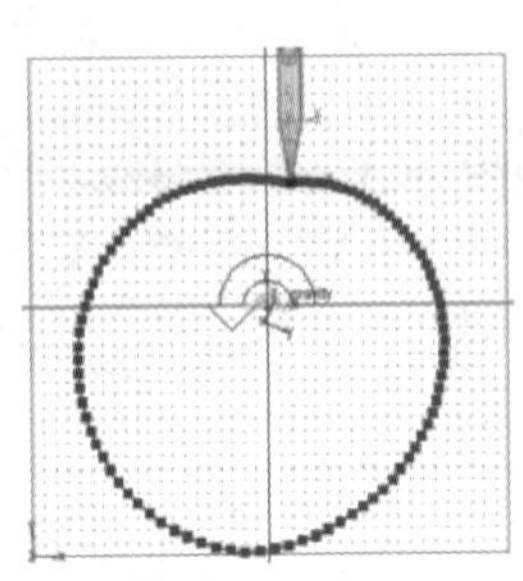
b) 施加运动获取廓线

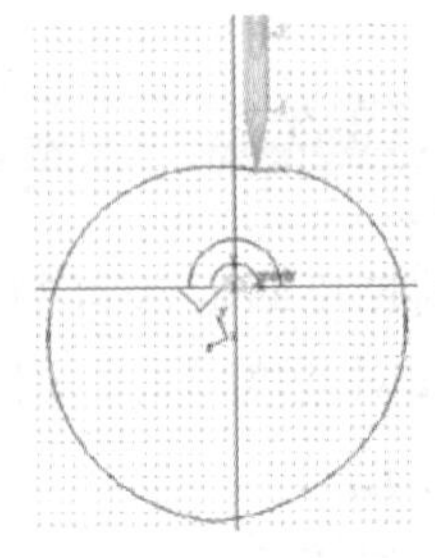
c) 删除凸轮板及运动

d) 创建凸轮副

图7-20 凸轮机构的虚拟样机设计

7.4 凸轮机构基本参数的确定

根据从动件运动规律设计凸轮廓线是凸轮机构设计的主要任务。但是凸轮机构的其他基本尺寸，如基圆半径 r_b、滚子半径 r_r、偏距 e、平底宽度 l 等也是设计的重要参数。确定这些基本尺寸时应考虑结构紧凑、保证机构有良好的传力特性等因素。

7.4.1 滚子半径的确定

滚子从动件盘形凸轮的实际廓线是以理论廓线上各点为圆心作一系列滚子圆，然后作滚子圆族的包络线得到的。因此，凸轮实际廓线的形状要受滚子半径 r_r 大小的影响。

图 7-21 所示为同一段理论廓线由 3 个不同的滚子半径而得到的 3 段不同的实际廓线。理论廓线上 B 点具有最小曲率半径 ρ_{min}。

在理论廓线最小曲率半径处的实际廓线曲率半径 $\rho_a=\rho_{min}-r_r$。

1）当 $\rho_{min}>r_r$ 时，$\rho_a>0$，实际廓线为光滑连续曲线，能保证从动件准确地实现预期的运动规律，如图 7-21a 所示。

2）当 $\rho_{min}=r_r$ 时，$\rho_a=0$，实际廓线出现尖点，从动件在该位置会产生刚性冲击。尖点处也极易磨损，从而也会出现运动失真，如图 7-21b 所示。

3）当 $\rho_{min}<r_r$ 时，$\rho_a<0$，实际廓线出现交叉，交点以外的部分在加工中将被切掉，如图 7-21c 所示。故从动件在该区域不能准确地实现预期的运动规律，称为**运动失真**（kinematic distortion）。

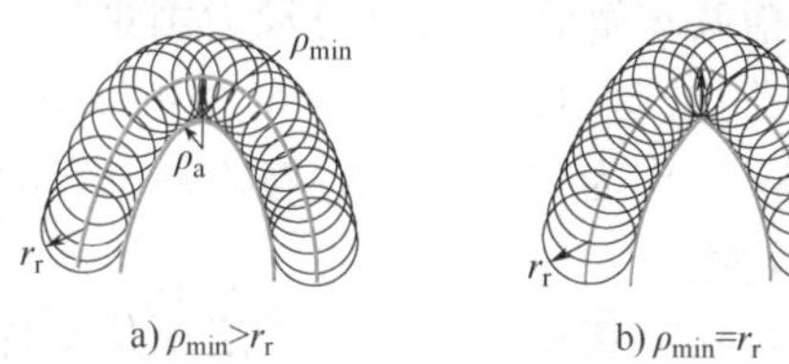

图 7-21　滚子半径的确定

为保证实际廓线不出现尖点，工程应用中规定了实际廓线最小曲率半径的许用值［ρ_s］（一般为 3～5mm），这样就可以确定滚子半径可选的最大值：$r_{rmax}=\rho_{min}-[\rho_s]$。

在工程设计中，滚子半径的选择还要考虑到满足滚子的结构、强度和减少高副接触处的摩擦磨损等要求，故滚子半径不宜过小。为保证凸轮的实际廓线的 ρ_a 仍能满足设计要求，此时可通过增大基圆半径达到增大 ρ_a 的目的。

7.4.2 平底宽度的确定

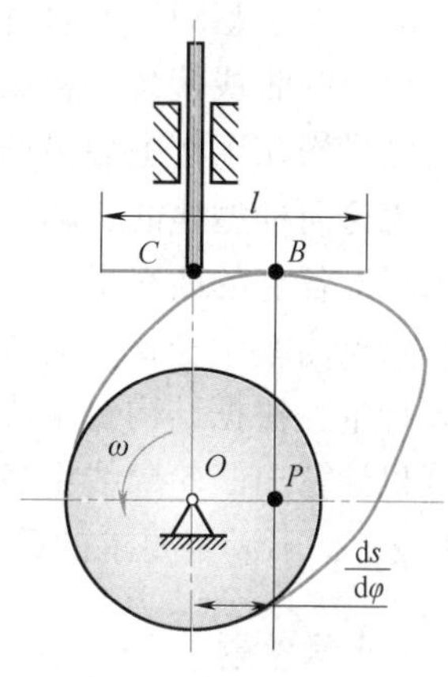

图 7-22　平底宽度的确定

如图 7-22 所示，平底从动件盘形凸轮机构在运动时，平底始终与凸轮廓线相切，切点的位置不断变化。由图可知，$CB=OP=ds/d\varphi$。因此选取推程或回程中的最大值 $CB_{max}=$

$(\mathrm{d}s/\mathrm{d}\varphi)_{\max}$，并考虑留有一定的裕量，即可确定平底的宽度，即

$$l=2\,|\mathrm{d}s/\mathrm{d}\varphi|_{\max}+(5\sim7)\,\mathrm{mm} \tag{7.4-1}$$

7.4.3 基圆半径的确定

基圆半径小，则结构尺寸小、重量轻，转动时不平衡惯性力小。但总体看，凸轮轮廓曲线的弯曲程度大，某些段的曲率半径小，压力角大，传力特性变差。基圆半径大，则与上述恰好相反。因此在满足传力特性等方面要求的前提下，基圆半径应尽量小。此外，基圆半径受到以下三方面的限制：①基圆半径 r_b 应大于凸轮轴的半径 r；②应使机构的最大压力角 $\alpha_{\max}$小于或等于许用压力角［α］；③应使凸轮实际廓线的最小曲率半径大于许用值，即 $\rho_{a\min}\geqslant[\rho_s]$。

（1）根据凸轮轴的直径 d_s 确定基圆半径　为保证凸轮最小半径处的强度，r_b 由经验公式选定：$r_b>(0.8\sim1.0)d_s$。

（2）根据许用压力角［α］确定基圆半径　由尖端直动从动件凸轮机构压力角的表达式（7.2-10）可知 r_b 同 α 的关系为

$$r_b=\sqrt{\left(\frac{|\mathrm{d}s/\mathrm{d}\varphi|-e}{\tan\alpha}-s\right)^2+e^2} \tag{7.4-2}$$

如果使最大压力角 $\alpha_{\max}=[\alpha]$，此时对应的基圆半径即为最小基圆半径 $r_{\min}$。假设机构在 $\alpha_{\max}$位置时对应的从动件位移为 s，类速度为 $\mathrm{d}s/\mathrm{d}\varphi$，则

$$r_{b\min}=\sqrt{\left(\frac{|\mathrm{d}s/\mathrm{d}\varphi|-e}{\tan[\alpha]}-s\right)^2+e^2} \tag{7.4-3}$$

在应用式（7.4-3）计算 $r_{b\min}$时，要精确求解到 φ 值有时较为困难，为此可用经验值近似替代 φ，如从动件做等加等减速运动、简谐运动和摆线运动时均可取 0.4Φ 处的 φ 值（Φ 为凸轮推程运动角）。再将上述计算出的 $r_{b\min}$作为初值，然后校核各位置的压力角 α 是否满足［α］的要求，否则应加大 r_b 再重新校核。

（3）根据对凸轮廓线的曲率半径要求确定基圆半径　对于滚子从动件而言，实际廓线上最小曲率半径同凸轮基圆半径和滚子半径有关。对于尖端和平底从动件而言，实际廓线上最小曲率半径仅同凸轮基圆半径有关。图7-23所示为凸轮的过度切削，由于基圆半径取得过小，用作图法设计凸轮廓线的结果会出现两曲线交叉，交点 B 左侧部分在加工中将被切掉，故该凸轮机构在工作中会出现运动失真。

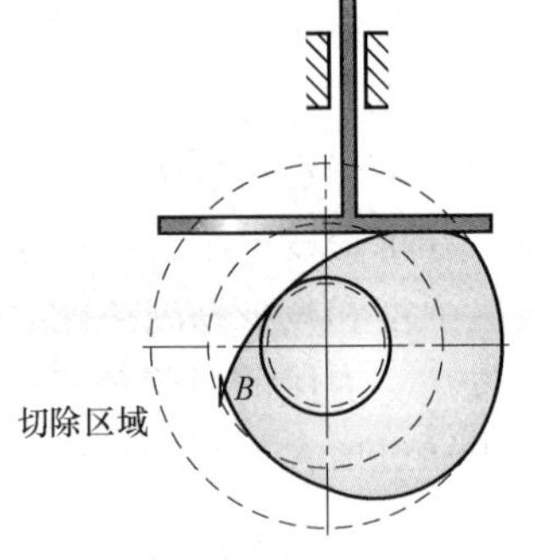

图7-23　凸轮的过度切削

无论何种型式的从动件，凸轮基圆半径的大小都影响到凸轮廓线上各点的曲率半径，要准确推导基圆半径 r_b 同凸轮廓线上任意点曲率半径 ρ 的关系是件繁琐的工作。为简便起见，工程设计中，根据结构要求或许用压力角［α］确定 r_b 后，借助计算机计算出凸轮廓线上各点曲率半径 ρ，然后找出最小曲率半径 $\rho_{\min}$，不满足要求的话，再调整 r_b 的大小。

【思考题】：何谓运动失真？哪些类型的凸轮机构可能由于参数选择不当产生运动失真？

7.5 凸轮机构设计的计算机辅助设计方法

计算机具有强大的数值计算、逻辑判断和图形绘制功能，在相关软件的支撑下，可以完成凸轮机构设计的各个环节。例如，利用计算机编制程序进行凸轮机构设计，不仅可以大大提高设计速度、设计精度和设计自动化程度，而且可以采用动态仿真技术和三维造型技术，模拟凸轮机构的工作情况，甚至可由设计数据形成数控加工程序，直接传输给制造系统，实现计算机辅助设计（CAD）和计算机辅助制造（CAM）一体化，从而提高产品质量，缩短产品更新换代周期。

在机构运动方案设计阶段，一个凸轮机构的完整设计过程包括如下内容：

1）根据使用场合和工作要求，选择凸轮机构的类型。

2）根据滚子的结构和强度条件，选择滚子半径。

3）根据工作要求，选择或设计从动件的运动规律。

4）根据机构的具体结构条件，初选凸轮的基圆半径。

5）为保证凸轮机构具有良好的传动性能，确定许用压力角。

6）为保证凸轮机构不产生运动失真及避免凸轮廓线应力集中，确定凸轮实际廓线的许用曲率半径。

7）编制计算程序或利用专用软件，进行计算机辅助设计。

以多伦多大学开发的凸轮机构设计软件［8］为例，图 7-24a~d 是该设计软件界面。该软件可以设计直动和摆动两种盘形凸轮机构，每种类型又分为尖端、滚子、平底三种子类型。输入相关参数及从动件的运动规律，可以直接输出凸轮廓线，以及能够得到该凸轮机构的性能曲线（如压力角等），甚至能进行运动仿真。

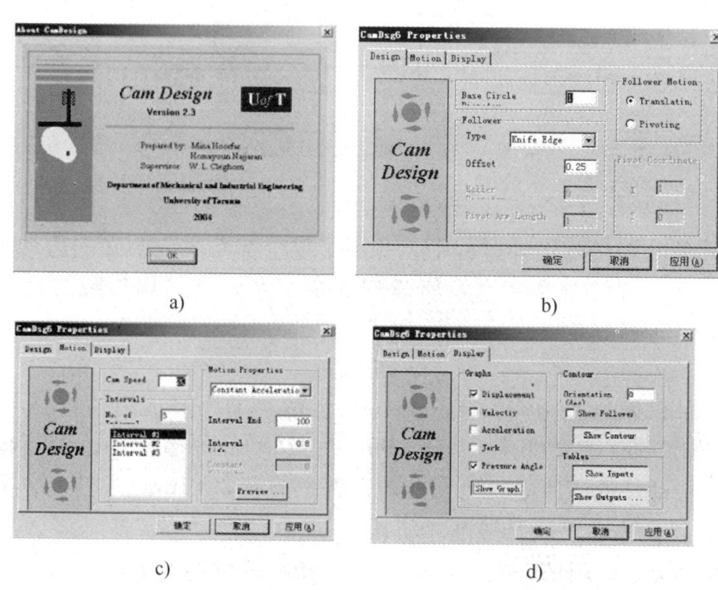

图 7-24　凸轮 CAD 软件界面

下面举一个利用多伦多大学开发的凸轮机构设计软件进行凸轮设计的应用实例。

【例 7-1】 试设计一个偏置滚子直动从动件盘形凸轮机构。如图 7-25 所示，已知凸轮顺时针等速转动，基圆半径 $r_b=20\text{mm}$，滚子半径 $r_r=5\text{mm}$，偏距 $e=6\text{mm}$，从动件先按等加等减速运动规律上升 $h=8\text{mm}$，推程运动角 $\Phi=100°$，远休止运动角为160°，然后以简谐运动规律返回原处，回程运动角 $\Phi'=100°$，试设计该凸轮机构。

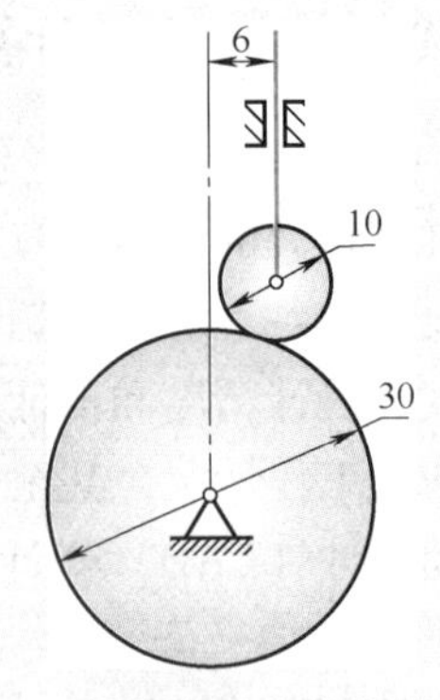

图 7-25　偏置滚子直动从动件盘形凸轮机构的几何参数

解：将各个参数输入到软件界面中，可直接得到图 7-26a～d 所示各个输出结果。

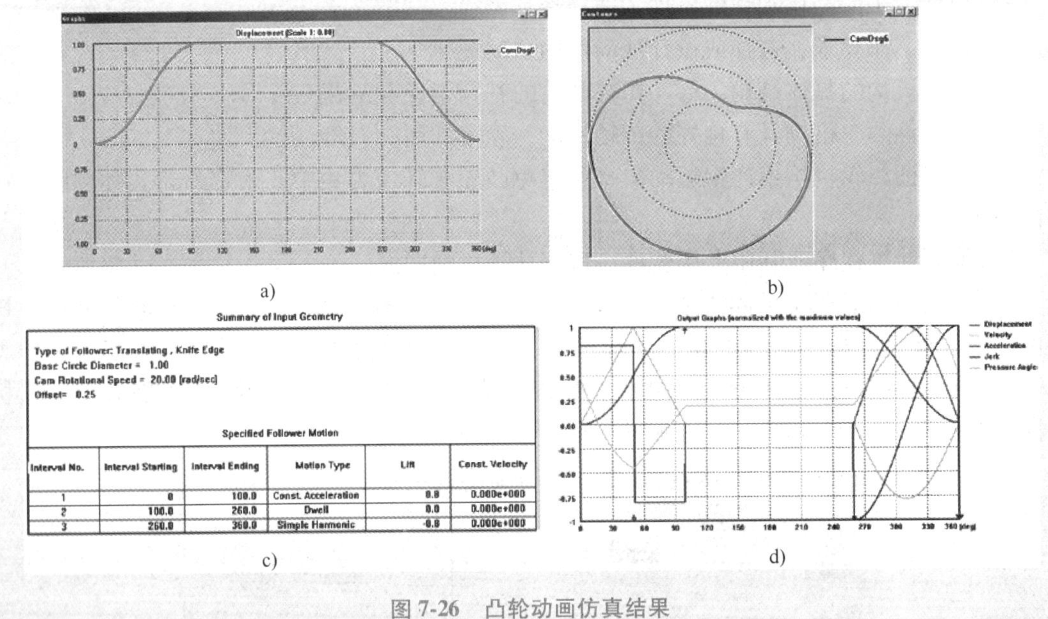

Interval No.	Interval Starting	Interval Ending	Motion Type	Lift	Const. Velocity
1	0	100.0	Const. Acceleration	0.8	0.000e+000
2	100.0	260.0	Dwell	0.0	0.000e+000
3	260.0	360.0	Simple Harmonic	-0.8	0.000e+000

图 7-26　凸轮动画仿真结果

有时，在实际的凸轮机构设计过程中，并不给定全部参数或明确的运动规律。这时需要考虑多种因素的存在，并综合利用本章所学到的知识来确定结构参数与运动规律。下面再举一个综合性的凸轮设计实例。

【例 7-2】 某机械装置中需要采用一凸轮机构。工作要求当凸轮顺时针转过 180°时，从动件上升 50mm；当凸轮接着转过 90°时，从动件停歇不动；当凸轮转过一周中剩余的 90°时，从动件返回原处。已知凸轮以等角速度 $\omega=10\text{rad/s}$ 转动，要求机构既无刚性冲击又无柔性冲击，试设计该凸轮机构。

解：1）首先根据应用场合和工作要求，选择凸轮机构的类型。这里根据从动件做往复移动的要求，选择对心滚子直动从动件盘形凸轮机构。

2）根据工作要求，选择从动件的运动规律。为保证机构既无刚性冲击又无柔性冲击，可选用摆线运动规律或多项式运动规律。这里从动件推程和回程运动均选用摆线运动规律。推程运动角 180°，回程运动角 90°，停歇角 90°。

3）根据滚子的结构和强度条件，选择滚子半径。这里选取滚子的半径 $r_r = 8\text{mm}$。

4）根据机构的结构条件（如结构空间），初选凸轮的基圆半径。这里选取凸轮的基圆半径 $r_0 = 30\text{mm}$。

5）为保证凸轮机构具有良好的受力状况，确定许用压力角。取推程许用压力角 $[\alpha] = 35°$，回程许用压力角 $[\alpha'] = 70°$。

6）为保证凸轮不产生运动失真和避免凸轮廓线应力集中，确定实际廓线的许用曲率半径。这里凸轮实际廓线的许用曲率半径取为 $[\rho_s] = 3\text{mm}$。

将上述参数及结论代入凸轮机构计算机辅助设计程序。按照提示选择或输入初始值，然后进行设计计算，得到图 7-27 所示的凸轮轮廓曲线和相应的压力角性能曲线。

由计算结果可以看出，凸轮机构推程的最大压力角 $\alpha = 32.4°$，满足 $\alpha \leqslant [\alpha] = 35°$ 的设计要求；回程的最大压力角 $\alpha'_{max} = 51.3°$，满足 $\alpha' \leqslant [\alpha'] = 70°$ 的设计要求。在所有外凸廓线部分（曲率半径 $\rho>0$ 的情况），理论廓线的最小曲率半径 $\rho_{min} = 25\text{mm}$，满足 $\rho \geqslant [\rho_s] = 3\text{mm}$ 的设计要求，不会产生运动失真和应力集中问题；而对于内凹廓线部分（曲率半径 $\rho<0$ 的情况），理论廓线的最小曲率半径无论多小都不会产生运动失真问题。

综上所述，该设计结果是满足要求的。

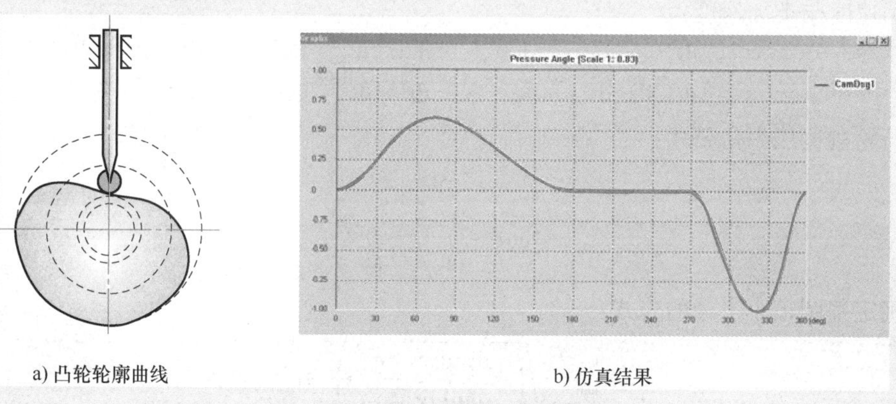

a) 凸轮轮廓曲线　　b) 仿真结果

图 7-27　凸轮轮廓曲线及仿真结果

7.6 本章小结

1. 本章中的重要概念

● 掌握基圆、推程运动角、回程运动角、远休止、近休止、行程等概念。重点掌握基圆的概念：凸轮的基圆是指凸轮理论廓线上的最小向径圆。

● 位移线图、SVA 曲线、SVAJ 曲线。其中，在凸轮转动一周的工作循环中所画出的曲线 $s=s(\varphi)$ 称为从动件的位移线图。

● 从动件的运动规律是凸轮轮廓设计的依据。其中存在几种基本运动规律，包括简单运动规律、三角函数规律、五次多项式规律。但是，这些基本运动规律一般都不能单独使用。为了保证凸轮机构具有良好的动力学性能，绝大多数情况都应选择基本运动规律的组合即组合运动规律。

● 刚性冲击与柔性冲击。刚性冲击是指在行程的起点和终点处存在速度突变，加速度理论上无穷大，可能导致从动件产生非常大冲击惯性力的现象。柔性冲击是指存在加速度的有限突变，导致从动件的惯性力也会发生突变而造成对凸轮机构有限冲击的现象。

● 凸轮机构的压力角是衡量机构传动性能好坏的重要指标。凸轮机构的压力角 α 是指不计摩擦时凸轮对从动件作用力的方向与从动件上力作用点的绝对速度方向之间所夹的锐角。

● 应用反转法设计凸轮廓线的基本原理：在设计凸轮廓线时，可假定凸轮静止不动，使从动件相对于凸轮做反转运动；同时，在其导路内做预期运动，作出从动件在该复合运动中的一系列位置，则其接触点的轨迹就是所要求的凸轮廓线。应用反转法设计原理，通过图解法或解析法可实现凸轮廓线的设计。

● 凸轮机构设计的基本问题是根据从动件的运动规律设计凸轮廓线。但是其他基本尺寸，如基圆半径、滚子半径、偏距、平底宽度等也是设计的重要参数。可采用专用 CAD 软件对凸轮机构进行设计。

2. 本章中的重要公式

● 类速度与类加速度：

$$v=\frac{\mathrm{d}s}{\mathrm{d}t}=\frac{\mathrm{d}s}{\mathrm{d}\varphi}\frac{\mathrm{d}\varphi}{\mathrm{d}t}=\omega\frac{\mathrm{d}s}{\mathrm{d}\varphi},\quad a=\frac{\mathrm{d}^2s}{\mathrm{d}t^2}=\frac{\mathrm{d}}{\mathrm{d}t}\left(\omega\frac{\mathrm{d}s}{\mathrm{d}\varphi}\right)=\omega^2\frac{\mathrm{d}^2s}{\mathrm{d}\varphi^2}$$

● 凸轮机构压力角公式：

$$\tan\alpha=\frac{\dfrac{\mathrm{d}s}{\mathrm{d}\varphi}\mp e}{s+\sqrt{r_{\mathrm{b}}^2-e^2}}$$

● 确定基圆最小半径的公式：

$$r_{\mathrm{bmin}}=\sqrt{\left(\frac{|\mathrm{d}s/\mathrm{d}\varphi|-e}{\tan[\alpha]}-s\right)^2+e^2}$$

辅助阅读材料

[1] 韩建友，邱丽芳. 机械原理 [M]. 北京：高等教育出版社，2011.

[2] 孔午光. 高速凸轮 [M]. 北京：高等教育出版社，1992.

[3] 彭国勋，肖正扬. 自动机械的凸轮机构设计 [M]. 北京：机械工业出版社，1990.

[4] 石永刚，徐振华. 凸轮机构设计 [M]. 上海：上海科学技术出版社，1995.

[5] 石永刚，吴央芳. 凸轮机构设计与应用创新 [M]. 北京：机械工业出版社，2007.

[6] 孙桓，陈作模，葛文杰. 机械原理 [M]. 8 版. 北京：高等教育出版社，2013.

[7] 颜鸿森，吴隆庸. 机构学 [M]. 4 版. 中国台北：东华书局，2014.

习　　题

■ 基础题

7-1　图 7-28 所示为一尖端直动从动件盘形凸轮机构从动件的部分运动线图。试在图中补全各段的位移、速度及加速度曲线，并指出在哪些位置会出现刚性冲击或柔性冲击。

7-2　图 7-29a、b 所示为滚子和平底从动件盘形凸轮机构，凸轮廓线 AB 段为直线，BC 段为圆心在 O_1 的圆弧，CD 段为直线，DA 段为圆心为 O 的圆弧，试在图中标出基圆半径 r_b、推程运动角 Φ、远休止角 Φ_s、回程运动角 Φ'、近休止角 Φ_s'和行程 h。

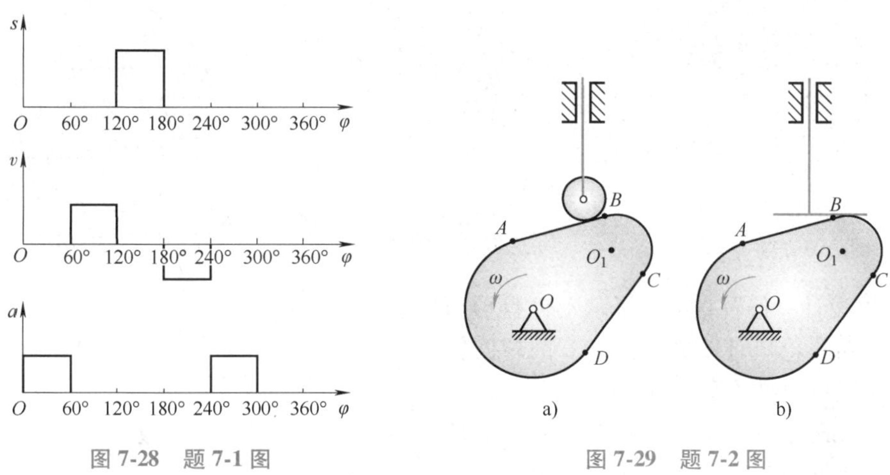

图 7-28　题 7-1 图　　图 7-29　题 7-2 图

7-3　用作图法求图 7-30 所示各凸轮从图示位置转过 45°后的压力角。

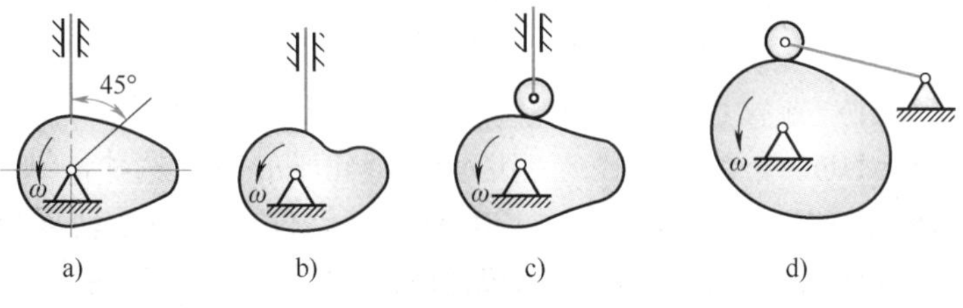

图 7-30　题 7-3 图

7-4　图 7-31 所示为偏置尖端直动从动件盘形凸轮机构，凸轮廓线为圆，试问：

1）当凸轮逆时针转动时，指出推程运动中机构具有最大压力角的位置和最小压力角的位置（用凸轮圆心 O 所在的位置说明）。

2）当凸轮顺时针转动时，指出推程运动中机构具有最大压力角的位置。

7-5　在图 7-32 所示的偏置直动滚子从动件盘形凸轮机构中，凸轮以角速度 ω 逆时针方向转动。试在图上：

1）画出理论廓线、基圆与偏距圆。

2）标出凸轮从图示位置转过 90°时的压力角 α 和从动轮位移 s。

7-6　图 7-33 所示为直动平底从动件盘形凸轮机构，凸轮为 $R=30$mm 的偏心圆盘，圆心

O 至凸轮回转中心 A 的距离 $l_{AO}=20\text{mm}$，试求：

1）凸轮的基圆半径和推杆的升程。

2）凸轮机构的最大压力角和最小压力角。

3）推杆的位移 s、速度 v 和加速度 a 方程。

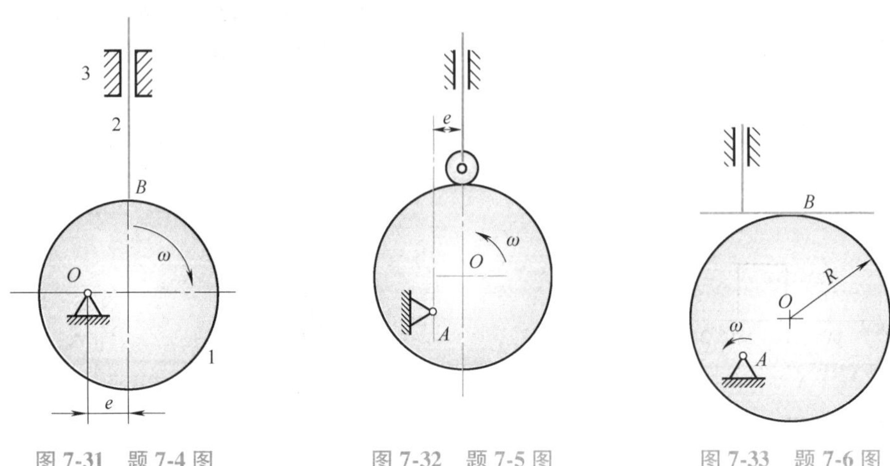

图 7-31 题 7-4 图　　图 7-32 题 7-5 图　　图 7-33 题 7-6 图

7-7 试设计一偏置直动滚子从动件盘形凸轮机构。已知凸轮顺时针方向回转，凸轮回转中心偏于从动件导轨右侧，偏距 $e=10\text{mm}$，基圆半径 $r_b=20\text{mm}$，滚子半径 $r_r=5\text{mm}$，从动件位移运动规律如图 7-34 所示。要求：

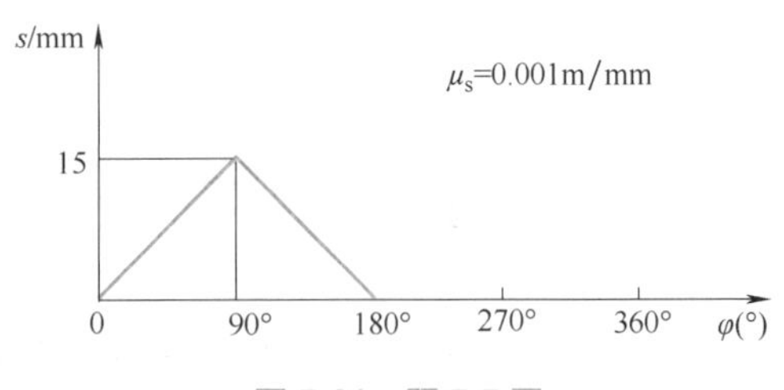

图 7-34 题 7-7 图

1）画出凸轮实际轮廓曲线。

2）确定所设计的凸轮是否会产生运动失真现象，并提出为避免失真可采取的措施。

7-8 用图解法设计一偏置直动滚子从动件盘形凸轮机构。已知凸轮以等角速度 ω 顺时针转动，基圆半径 $r_b=50\text{mm}$，滚子半径 $r_r=10\text{mm}$，凸轮轴心位于从动件轴线左侧，偏距 $e=10\text{mm}$。从动件运动规律如下：当凸轮转过 120°时，从动件以简谐运动规律上升 30mm；当凸轮接着转过 30°时，从动件停歇不动；当凸轮再转过 150°时，从动件以等加等减速运动返回原处；当凸轮转过一周内的其余角度时，从动件又停歇不动。

■ 提高题

7-9 图 7-35 所示的凸轮为偏心圆盘。圆心为 O，半径 $R=30\text{mm}$，偏心距 $l_{OA}=10\text{mm}$，滚子半径 $r_r=10\text{mm}$，偏距 $e=10\text{mm}$。试求（均在图上标注出）：

1）凸轮的基圆半径 r_b。

2）最大压力角 α_{min} 的数值及发生的位置。

3）滚子与凸轮之间从 B 点接触到 C 点接触过程中，凸轮转过的角度 φ。

4）滚子与凸轮在 C 点接触时，机构的压力角 α_C。

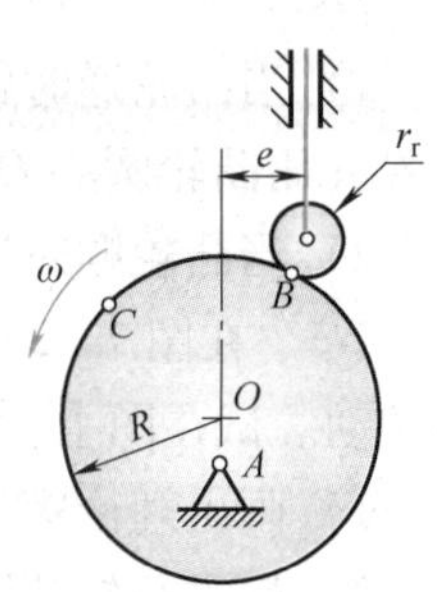

图 7-35 题 7-9 图

7-10 已知图 7-36 所示的偏心直动从动件盘形凸轮机构，基圆半

径 $r_b=20mm$，偏距 $e=10mm$，滚子半径 $r_r=5mm$。当凸轮等速回转 180°时，推杆等速移动 40mm。求当凸轮转角 $\varphi=90°$时凸轮机构的压力角。

7-11　试在图 7-37 所示偏置直动滚子从动件盘形凸轮机构中：

1）画出凸轮基圆。

2）标出从动件与凸轮从接触点 C 到接触点 D 时，该凸轮转过的转角 φ。

3）标出从动件与凸轮在 D 点接触的压力角 α。

4）标出从动件从最低位置到在 D 点接触时的位移 s。

7-12　图 7-38 所示为直动从动件盘形凸轮机构当从动件处于最低位置的情况，半径为 r 的圆是凸轮实际廓线最小向径圆。在凸轮以匀角速度逆时针方向转动 0°~90°的过程中，从动件以等速运动规律上升 40mm。

1）在图上画出凸轮的基圆（半径用 r_b 表示）。

2）在图上标出图示位置机构的压力角 α。

3）试用“反转法”在图上画出对应凸轮从图示位置转 45°和 90°时，从动件上 B 点的位置 B_{45} 和 B_{90}。

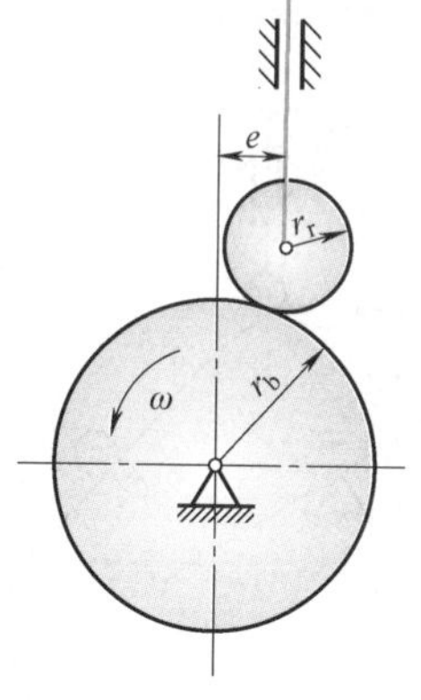

图 7-36　题 7-10 图

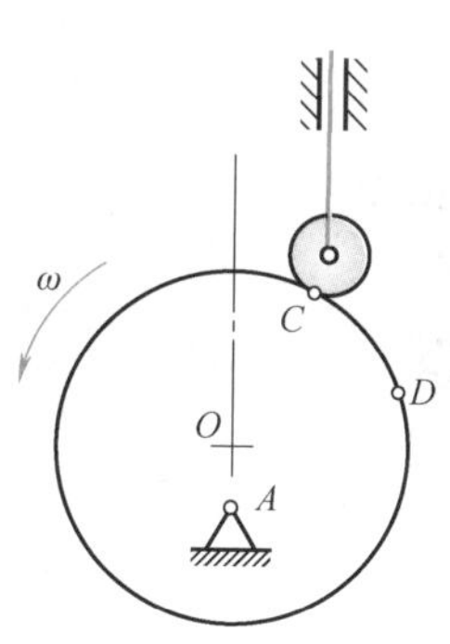

图 7-37　题 7-11 图

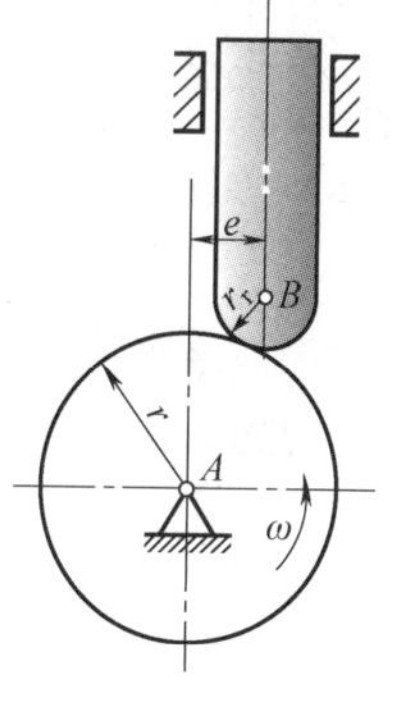

图 7-38　题 7-12 图

7-13　在图 7-39 所示的凸轮机构中，凸轮为一偏心圆盘，几何中心为 O，回转中心为 A，以等角速度 ω 逆时针方向转动。平底与导路间的夹角 $\beta=45°$。请在图中：

1）标出凸轮实际廓线的基圆半径 r_b。

2）标出从动件由最低位置运动到图示位置过程中的位移 s。

3）标出从动件由最低位置运动到图示位置过程中对应的凸轮转角 φ。

4）标出机构在图示位置的压力角 α。

7-14　图 7-40 所示为对心直动滚子从动件盘形凸轮机构，B_0 是从动件最低位置时滚子中心的位置，B 是推程段从动件上升了 s 位移后滚子中心的位置，过点 B 的一段曲线 β-β 为凸轮的理论廓线。试在图上画出：

1）凸轮的基圆。

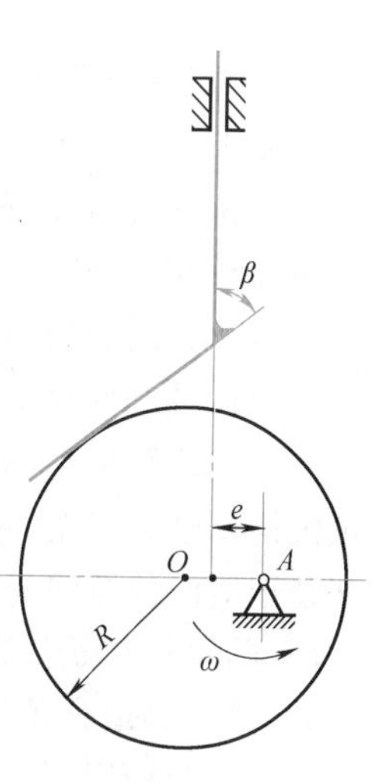

图 7-39　题 7-13 图

2）从动件在点 B 的压力角，并指出凸轮的转动方向。

3）从动件在 B 位置时，滚子与凸轮的实际廓线的接触点 B_k。

7-15　图 7-41 所示为一凸轮机构，从动件的底部形状为一圆弧，其半径为 r_r，圆心在 O'点。在图示位置凸轮与从动件在 A 点接触，凸轮转过 φ 角后，与从动件在 B 点接触，试在图上标出：

1）凸轮的转角 φ。

2）在 B 点接触时，凸轮机构的压力角 α。

3）与凸轮转角 φ 所对应的从动件位移 s。

7-16　在图 7-42 所示的凸轮机构中，凸轮廓线由两段圆弧和两段直线组成，已知凸轮逆时针方向转动。

1）在图上标出凸轮与滚子的接触点从 C_1 到 C_2 接触过程中，凸轮转过的角度。

2）标出凸轮与从动件在点 C_1 和点 C_2 接触时的压力角。

3）绘出 A-A 线以下部分的凸轮的理论廓线。

4）标出基圆半径 r_b。

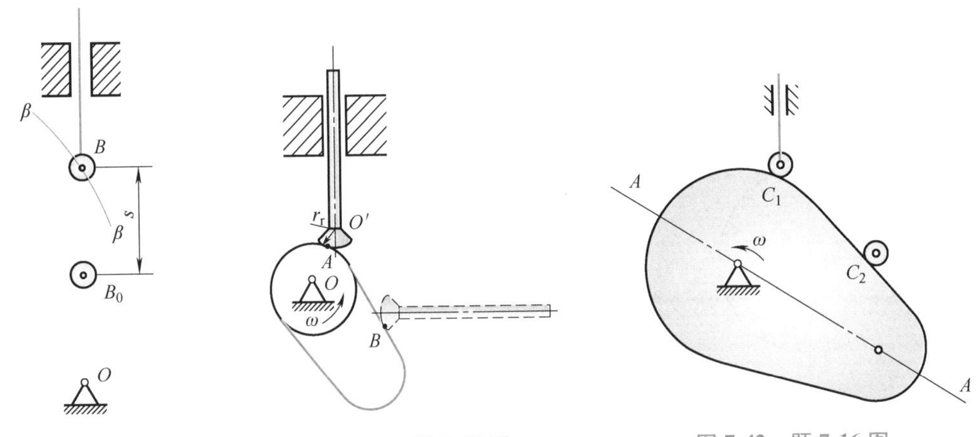

图 7-40　题 7-14 图　　图 7-41　题 7-15 图　　图 7-42　题 7-16 图

7-17　已知图 7-43 所示偏心圆盘凸轮机构的各部分尺寸，试在图上用作图法标出：

1）凸轮机构在图示位置时的压力角 α。

2）凸轮的基圆（半径为 r_b）。

3）从动件从最低位置摆到图示位置时所摆过的角度 ψ 及凸轮相应转过的角度 φ。

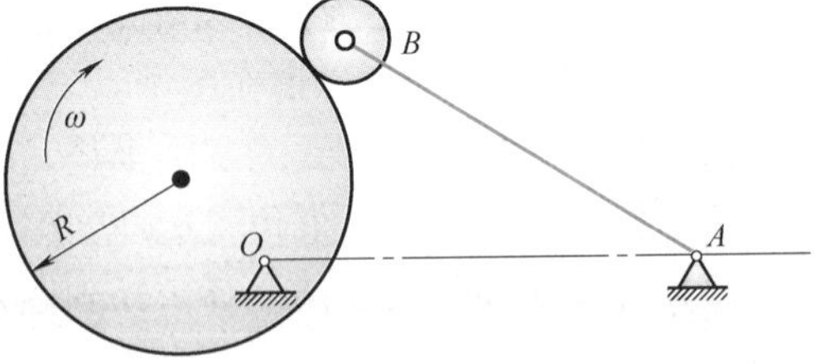

图 7-43　题 7-17 图

7-18　图 7-44 所示为一摆动平底从动件盘形凸轮机构，已知凸轮轮廓是一圆，其圆心为 C，摆杆处于最低位置时为凸轮的初始位置，试用图解法求（保留作图痕迹，并测量出结果）：

1）凸轮从初始位置到达图示位置时的转角 φ 及摆杆的角位移 ψ。

2）摆杆的最大角位移 ψ_{max} 及凸轮的推程运动角 Φ。

3）凸轮从初始位置转过 90°时，摆杆的角位移 ψ_2。

7-19　根据图 7-45 所示的凸轮机构，试在图上：

1）标出该凸轮的基圆。

2）标出凸轮从图示位置转过 90°时凸轮机构的压力角 α。

3）标出凸轮从图示位置转过 90°时从动件的摆角 ψ。

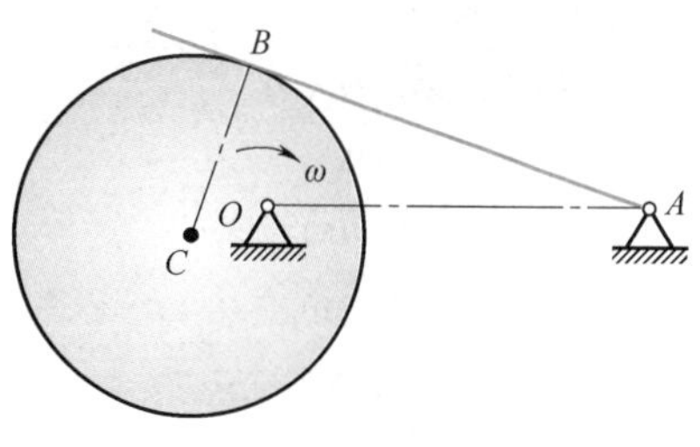

图 7-44　题 7-18 图

7-20　图 7-46 所示为一摆动平底从动件盘形凸轮机构，凸轮轮廓为一圆，圆心为 O，凸轮回转中心为 A。试用作图法在图中画出：

1）该机构在图示位置的压力角 α。

2）凸轮与平底从点 B 接触转到点 D 接触时，凸轮的转角 φ（保留作图线）。

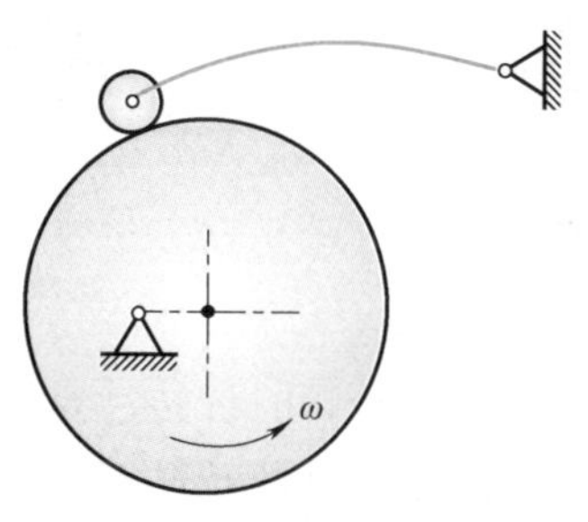

图 7-45　题 7-19 图

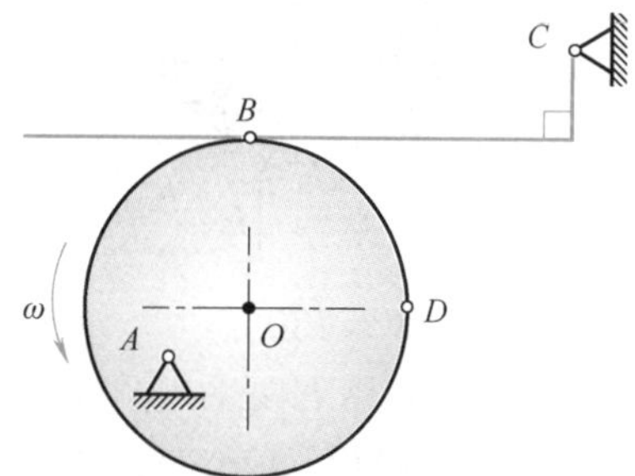

图 7-46　题 7-20 图

■ 工程设计基础题

7-21　某设计人员欲设计一台打包机，其推送包装物品的机构如图 7-47 所示。机构的位置和部分尺寸参数见表 7-2，工作要求从动滑块的行程 $H=400\text{mm}$，运动规律见表 7-3。根据结构及强度等条件已选定滚子半径 $r_r=25\text{mm}$，试设计所需的凸轮工作轮廓。

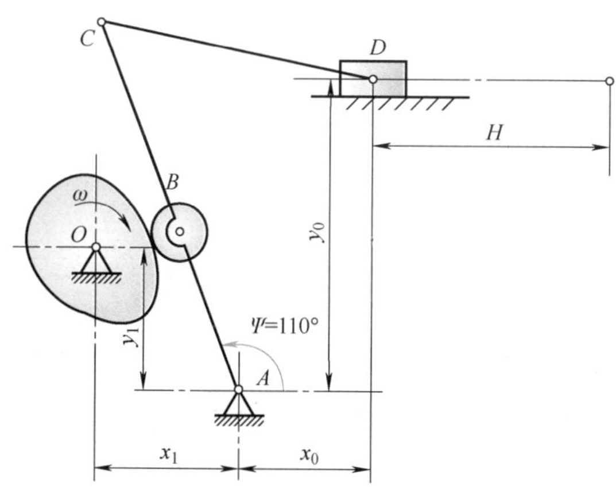

图 7-47　题 7-21 图

表 7-2　机构的位置和部分尺寸参数　（单位：mm）

x_1	y_1	x_0	y_0	l_{AB}	l_{AC}	l_{CD}
230	250	320	650	313	672	450

表 7-3　滑块的运动规律

凸轮转角（°）	滑块运动方向与运动规律
0~120	由左向右，以绝对值相等的等加速、等减速规律移动 H
120~150	在右端停止不动
150~210	由右向左，以绝对值相等的等加速、等减速规律移动 H
210~360	在左端停止不动

■ 虚拟仿真题

7-22　应用 ADAMS 设计尖端偏置直动从动件盘形凸轮机构。已知凸轮的基圆半径 r_b = 100mm，偏距 e = 20mm，从动件的位移运动规律为

$$s=\begin{cases}\dfrac{h}{\Phi}\varphi & 0\leqslant\varphi<180^\circ\\[2ex] h-\dfrac{h}{\Phi'}(\varphi-180^\circ) & 180^\circ\leqslant\varphi\leqslant360^\circ\end{cases}$$

式中，h = 100mm，$\Phi=\Phi'=180^\circ$。

7-23　设某机械装置中需要采用凸轮机构。工作要求当凸轮顺时针转过 60°时，从动件上升 10mm；当凸轮继续转过 120°时，从动件静止不动；凸轮再继续转过 60°时，从动件下降 10mm；最后，凸轮转过剩余的 120°时，从动件又静止不动。已知凸轮以等角速度 ω = 10rad/s 转动，工作要求机构没有刚性冲击，试设计该凸轮机构。根据机构的结构空间，可初选凸轮的基圆半径 r_b = 50mm。

第 8 章　齿轮机构及其设计

中国古代的水转连磨通过一个齿轮带动多个石磨，大幅提高了工作效率。

记里鼓车是中国古代用来记录车辆行驶距离的马车，其采用了齿轮的传动比计算原理。

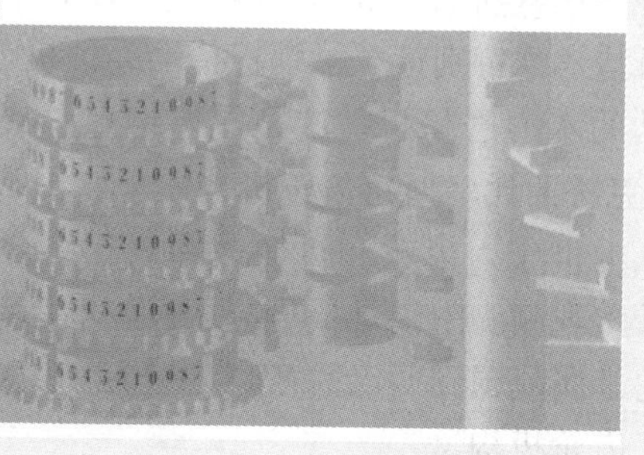

现存于伦敦科学博物馆的查尔斯·巴贝奇（Charles Babbage）差分机利用齿轮等机械构件实现计算机的功能，是现代电子计算机的先驱。

詹姆斯·韦伯空间望远镜的主镜调整驱动器采用齿轮传动，实现了粗-精结合的驱动方式。

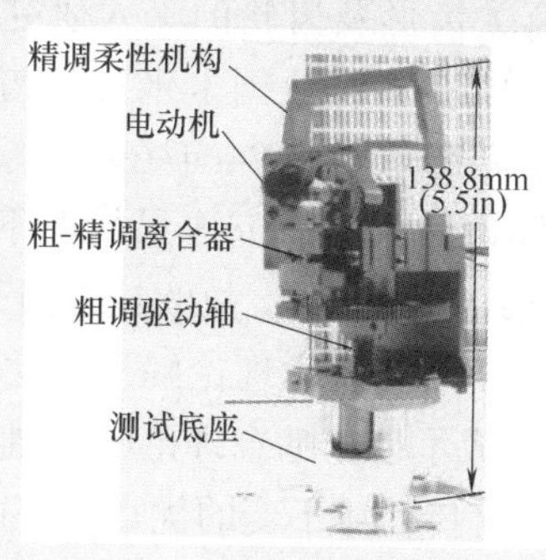

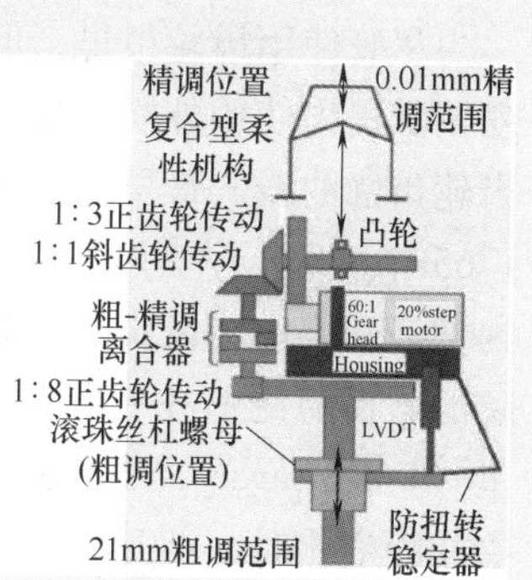

本章学习目标：

通过本章的学习，学习者应能够：

- 掌握齿廓啮合基本定律；
- 掌握渐开线齿轮的啮合特性，掌握标准渐开线直齿圆柱齿轮传动的基本尺寸计算方法；
- 掌握标准渐开线直齿圆柱齿轮传动的正确安装、正确啮合及连续啮合条件；
- 了解展成法加工渐开线齿轮的原理、根切现象，以及变位齿轮的概念；
- 了解平行轴斜齿圆柱齿轮、直齿锥齿轮、蜗杆蜗轮等传动的特点和基本尺寸计算方法。

【内容导读】

齿轮机构用于传递两轴之间的运动或动力，是应用非常广泛的传动机构，同时也是最早形成标准化的一类机构。因此齿轮机构的设计问题显得不太突出。

本章主要介绍齿轮的齿廓啮合基本定律与共轭齿廓；渐开线及渐开线齿廓啮合特性；渐开线标准直齿圆柱齿轮及其啮合传动；渐开线齿廓的切制；变位齿轮和变位齿轮传动；斜齿圆柱齿轮机构、锥齿轮机构及蜗杆蜗轮机构。重点讨论渐开线直齿圆柱齿轮的啮合传动原理与设计。

8.1 齿轮机构的发展简史

人类很早就已使用齿轮。在西方，古埃及、巴比伦早在公元前400—200年就开始使用齿轮。希腊哲学家亚里士多德在其所著《机械问题》中提到了齿轮，这是国外关于齿轮的最早文献记载。希腊学者阿基米德特别记载了蜗杆传动卷扬机。公元前1世纪罗马建筑师维特鲁威叙述了装有齿轮传动的水力磨粉机，这是具体记载的最早动力传递用齿轮。公元前150年左右，亚历山大港的克特西比乌斯将齿轮机构用于水力计时器，这是关于将齿轮机构用于传递运动的最早记载。中世纪，齿轮和机械式钟表相结合。例如，1484年，德国的沃索鲁斯将机械式钟表用于天文观测。中国是最早应用齿轮的国家之一，最早出土的齿轮为山西永济市薛家崖的青铜齿轮，属战国到西汉间产物（公元前400年—公元20年）。中国古代发明的指南车中也应用到了齿轮机构。

尽管使用齿轮很早，但有关齿形及齿轮的深入研究却是近代发生的事情。1674年，丹麦罗默提出使用外摆线齿形，1733年，法国卡米提出齿轮啮合的基本定律。用渐开线作为齿轮齿廓曲线，最早是法国学者海尔于1694年在一次“摆线论”为题的演讲中提出来的。1765年，瑞士学者欧拉在不知道海尔的研究成果情况下，独立对齿廓进行了解析研究，认为把渐开线作为齿轮的齿廓曲线是合适的，故欧拉是渐开线齿廓的真正开拓者。巴黎技术学院的教授萨瓦里进一步完善了渐开线齿廓理论解析方法，建立了现在广泛使用的欧拉-萨瓦里（Euler-Savary）方程式，形成了齿轮啮合理论的基础。19世纪中叶，英国威利斯指出当中心距变化时，渐开线齿轮具有传动比不变的优点，至此，渐开线齿轮的优越性才逐渐被人们所认识。同时他选定了压力角为 14.5°的标准齿轮，提出了径节制。1894 年，德国的勒洛提出了模数的概念，为米制（模数制）渐开线齿轮奠定了基础。1835 年，惠特沃恩获得滚齿机专利。1900 年，普福特首创了万能滚齿机。从此，用展成法加工齿轮占据了压倒性优势，渐开线齿轮遍及全世界。

第二次世界大战后，各种齿轮、蜗轮的新型传动发展起来，以实现大传动比，如德国学者尼曼提出的凹凸齿面接触的蜗杆传动，苏联学者诺维科夫提出的圆弧齿轮机构，美国工程师马瑟提出的谐波齿轮机构，英国罗尔斯-罗伊斯公司工程师斯塔德取得了双圆弧齿轮的美国专利，德国人首先提出了针轮摆线行星齿轮机构，苏联学者斯克沃尔佐夫和加夫里连科提出的少齿差行星齿轮机构等。

8.2　齿廓曲线

8.2.1　齿廓啮合基本定律

齿轮机构中两齿轮的角速度之比称为传动比（speed ratio）。绝大多数机械要求齿轮机构的传动比在每一瞬时均保持恒定不变，而齿轮机构工作时是靠轮齿的齿廓曲线的啮合来传递运动的，显然要使传动比符合预期要求（如常值），齿廓曲线应具备一定条件。这个条件就是齿廓啮合基本定律（fundamental law of toothed gearing）。

如图 8-1 所示，两齿轮的角速度分别为 ω_1 和 ω_2，两齿轮的齿廓在 K 点接触（K 点称为啮合点），过 K 点作两齿廓的公法线 nn 与连心线交于 P 点。由瞬心的概念和“三心定理”可知，点 P 就是两齿轮在该瞬时的相对速度瞬心。因此有

$$\omega_1\overline{O_1P}=\omega_2\overline{O_2P} \tag{8.2-1}$$

由此可得瞬时传动比

$$i_{12}=\frac{\omega_1}{\omega_2}=\frac{\overline{O_2P}}{\overline{O_1P}} \tag{8.2-2}$$

由式（8.2-2）可以看出，要使两齿轮的传动比始终保持不变，则应使比值 $\overline{O_2P}/\overline{O_1P}$ 为一定值。由于两齿轮的连心线长为定值，欲满足上述要求，必须使 P 点为连心线上的一个定点，即不论两齿廓在任何位置接触，过接触点的齿廓公法线均应与连心线交于定点。这就是齿廓啮合基本定律所表述的基本内涵。连心线上的定点 P 称为节点（pitch point）。分别以 O_1 和 O_2 为圆心，过节点 P 所作的两个相切的圆称为节圆（pitch circles），他们的半径分别用 r_1' 和 r_2' 表示。显然，一对外啮合齿轮的中心距等于两节圆半径之和，即

$$\overline{O_1O_2}=r_1'+r_2' \tag{8.2-3}$$

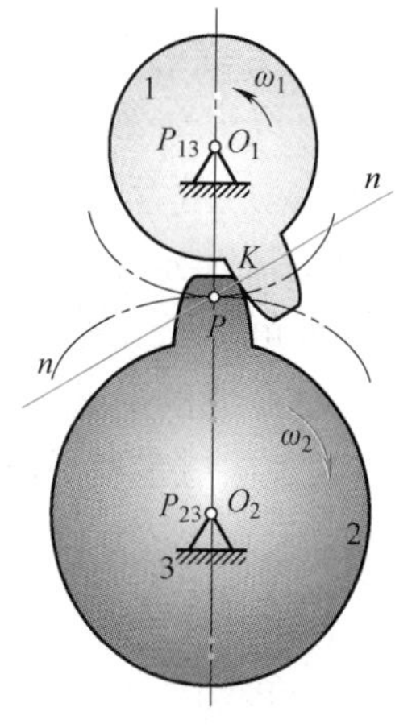

图 8-1　齿廓啮合基本定律

假设两平面分别固连在这两个齿轮上并随之转动，节点 P 在两齿轮运动平面的运动轨迹就是两个节圆。另外，由于 P 是两节

圆的同速点，即 $\omega_2 r_2' = \omega_1 r_1'$，表明在 P 处没有相对速度，两个节圆做纯滚动。因此，一对定传动比齿轮的传动相当于一对节圆始终做纯滚动。

若要求两齿轮做变传动比传动，这时，虽然仍满足齿廓啮合基本定律，但节点 P 不再是一个定点，而应按照传动比的变化规律在连心线上移动。此时节点在两轮运动平面的运动轨迹变成了两条非圆曲线（如图 8-2 所示的椭圆齿轮），这里称之为节线（pitch line）。

图 8-2 椭圆齿轮

【思考题】：节圆与节线能否看成是瞬心线？

8.2.2 共轭齿廓

凡满足齿廓啮合基本定律而相互啮合的一对齿廓称为共轭齿廓（conjugate profile）。两头牛背上的架子称为轭，轭可促使两头牛同步行走。共轭即为按一定规律相配的一对。

理论上，对于给定的传动比，只要给出其中一个齿轮的齿廓曲线，便可根据齿廓啮合基本定律求出与其啮合传动的共轭齿廓曲线。求共轭齿廓的方法有多种，如包络线法、啮合线法、反转法等。有兴趣的读者请参阅本章辅助阅读材料［3］。

同样，满足齿廓啮合基本定律的共轭齿廓可以有很多种。但在实际应用中，除了定传动比等条件，齿廓选择还要考虑到制造、安装和使用等方面的要求。目前定传动比传动齿轮最常用的齿廓曲线是渐开线（involute），由欧拉（Euler）最先提出；其次是摆线（图 8-3）和变态摆线；再次是圆弧齿廓和抛物线齿廓等。相比而言，渐开线齿廓具有良好的传动性能，而且便于制造、安装、测量和互换使用，因此应用最为广泛。

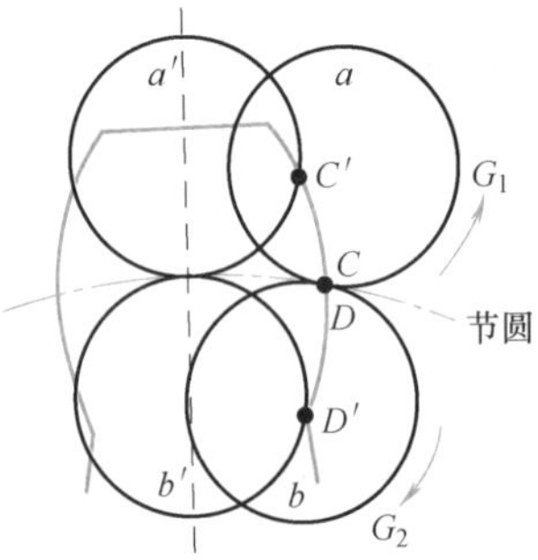

图 8-3 摆线齿廓

8.2.3 渐开线齿廓

1. 渐开线的形成及其特性

渐开线齿廓是基于圆的渐开线形成的。如图 8-4 所示，一条直线 BK（称为发生线，generating line）沿着一半径为 r_b 的圆周（称为基圆，base circle）做纯滚动时，直线上任意点 K 的轨迹就是该圆的渐开线。其中，r_b 为基圆半径；BK 为渐开线的发生线；θ_K 为渐开线在点 K 处的展角。

由渐开线的形成过程，可知它具有以下特性：

1）发生线沿基圆滚过的长度与基圆上被滚过的圆弧长度相等（图 8-4a），即

$$\overset{\frown}{AB} = \overline{KB} \tag{8.2-4}$$

2）渐开线上任意一点的法线必切于基圆。由于发生线沿基圆做纯滚动，发生线与基圆的切点 B 即为速度瞬心。因此，BK 为渐开线上点 K 的曲率半径，B 为曲率中心，BK 为渐开线在点 K 的法线（图 8-4b）。

3）同一渐开线上各点的曲率半径不同，离基圆越远，其曲率半径越大，渐开线越平直。在基圆上曲率半径为零（图 8-4b）。

4）渐开线形状取决于基圆半径的大小。基圆半径越大，渐开线越趋平直。当基圆半径趋于无穷大时，其渐开线退化为一条垂直于 BK 的直线，即为渐开线齿条的齿廓（图 8-4c）。

5）同一基圆生成的渐开线形状相同（图 8-4d）。

6）同一基圆上所生成的任意两条渐开线（同向或者反向）沿公法线方向对应点之间的距离处处相等。这样的生成线称为法向等距曲线（图 8-4d）。例如：$\overline{K_1K_1'}=\overline{K_2K_2'}$（同向），$\overline{K_1K_1''}=\overline{K_2K_2''}$（反向）。

7）基圆以内无渐开线。

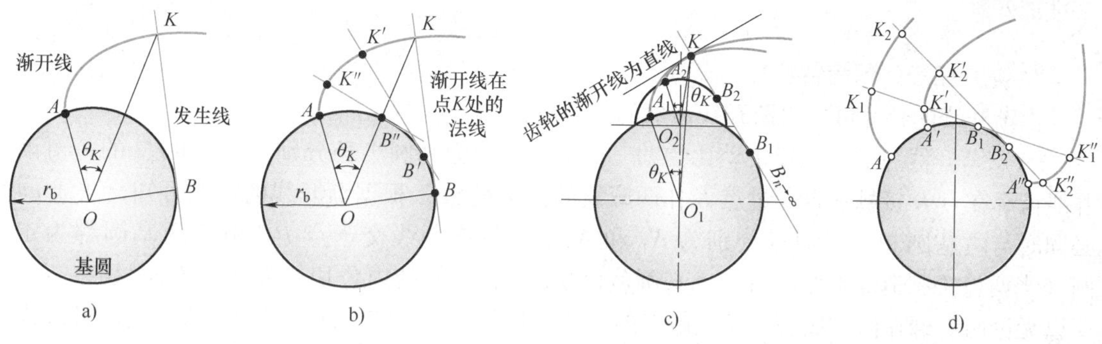

图 8-4　渐开线的性质

渐开线齿廓的上述特性为研究渐开线齿轮啮合原理提供了理论基础。

2. 渐开线方程

渐开线可以采用解析式的形式来表示。根据渐开线的形成过程，用极坐标表示渐开线方程更为方便。如图 8-5 所示，基圆上的点 A 是渐开线的起始点，点 K 是渐开线上的任意一点，则 $\overline{OK}$ 即为渐开线在点 K 的向径 r_K，$\angle AOK$ 即为渐开线在点 K 的极角 θ_K。

为建立 r_K 和 θ_K 的参数方程，这里引入另外一个参数 α_K。α_K 为渐开线在点 K 的压力角（pressure angle of involute），即渐开线在点 K 所受推力 $\boldsymbol{P}_n$（沿法线 KB 方向）与点 K 绝对速度 $\boldsymbol{v}_K$ 所夹的锐角，且

$$\cos\alpha_K=\frac{r_b}{r_K} \tag{8.2-5}$$

式（8.2-5）表明：渐开线上的压力角是不断变化的，且随 r_K 的增大而增大；基圆上点 A 的压力角为零。

根据渐开线的性质，由式（8.2-5）得到

$$\widehat{AB}=r_b(\theta_K+\alpha_K)=\overline{KB}=r_b\tan\alpha_K \tag{8.2-6}$$

由此可以导出极坐标形式下的渐开线方程

$$\begin{cases} r_K=\dfrac{r_b}{\cos\alpha_K} \\ \theta_K=\tan\alpha_K-\alpha_K \end{cases} \tag{8.2-7}$$

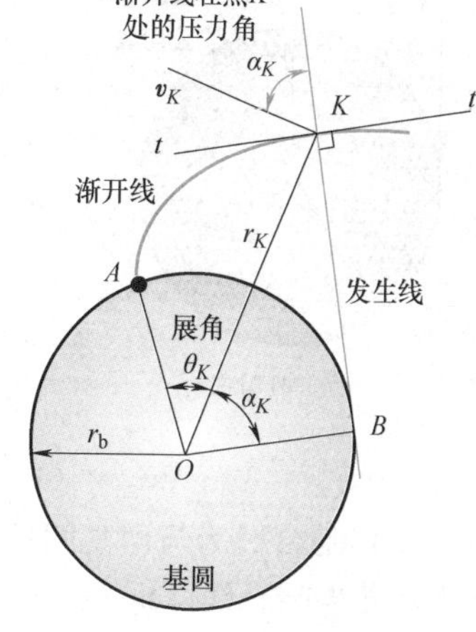

图 8-5　渐开线方程

由式（8.2-7）可以看出，极角 θ_K 仅随压力角 α_K 的变化而变化，这是渐开线特有的，故称极角 θ_K 为压力角 α_K 的渐开线函数（involute function）。工程上通常表示为

$$\mathrm{inv}\alpha_K=\theta_K=\tan\alpha_K-\alpha_K \tag{8.2-8}$$

式中，极角 θ_K 与压力角 α_K 的单位均为 rad。

为了计算方便，工程中已将不同压力角的渐开线函数值列成表格，以便在进行齿轮计算时查用。

【思考题】：

1）渐开线齿廓上任一点的压力角是如何确定的？

2）渐开线齿廓上各点的压力角是否相同？何处的压力角为零？何处的压力角为标准值？

3. 渐开线齿廓的啮合特性

由渐开线的特性可导出渐开线齿廓的啮合特性。

（1）渐开线齿廓满足定传动比传动　图 8-6 所示为基圆半径分别为 r_{b1} 和 r_{b2} 的一对渐开线齿廓在点 K 接触啮合。过点 K 作两廓线的公法线 nn。根据渐开线的特性可知，法线 nn 必同时与两基圆相切，切点分别为 N_1 和 N_2，且与连心线交于点 P。由于两基圆都为定圆（当两齿轮制造加工好以后，其基圆就已确定），它们的内公切线在同一方向只有一条，所以无论两齿廓在何处接触，过接触点的公法线均与连心线交于同一点 P。这说明渐开线齿廓啮合满足定传动比传动，且渐开线齿轮的传动比

$$i_{12}=\frac{\omega_1}{\omega_2}=\frac{\overline{O_2P}}{\overline{O_1P}}=\frac{r_2'}{r_1'}=\frac{r_{b2}}{r_{b1}} \tag{8.2-9}$$

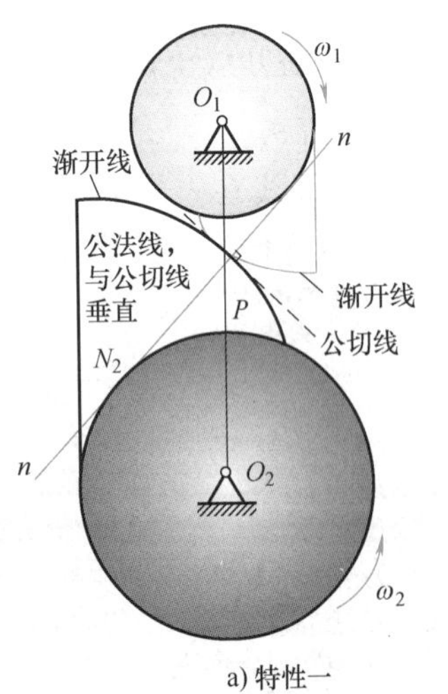

a) 特性一

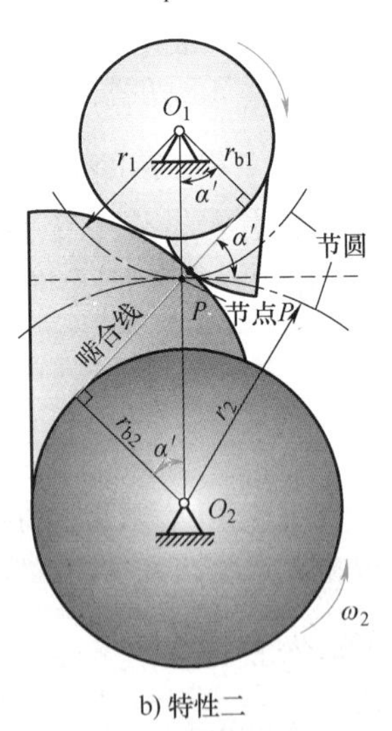

b) 特性二

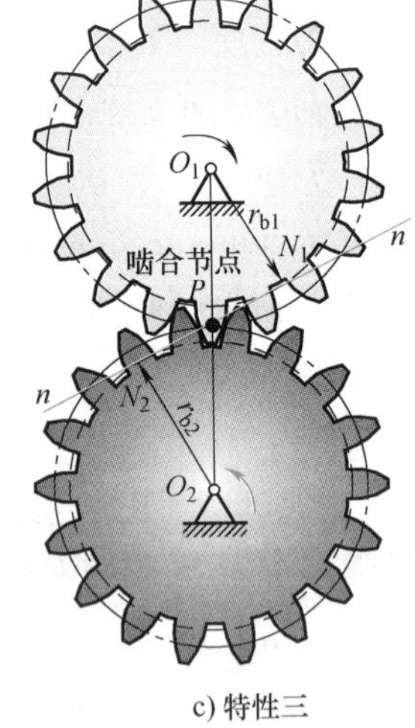

c) 特性三

图 8-6　渐开线的啮合特性

（2）啮合线为与两基圆相切的定直线，齿廓之间的正压力保持不变　两齿廓接触点的轨迹定义为啮合线（line of action）。渐开线齿廓在各个不同位置接触点的公法线都是同一条直线 N_1N_2，因而也就说明所有位置的接触点均落在直线 N_1N_2 上，故 N_1N_2 称为渐开线齿轮

传动的啮合线。表示啮合线方位的角度 α' 称为啮合角（working pressure angle），它是啮合线同两节圆公切线的夹角，因此等于节圆的压力角。由于两齿轮传动过程中，齿廓间的正压力 $\boldsymbol{P}_n$ 始终沿着啮合线的方向作用，即 $\boldsymbol{P}_n$ 的方向始终不变。若齿轮传递的转矩恒定，则轮齿之间、轴与轴承之间压力大小和方向不改变，这有利于改善齿轮传动的平稳性。

（3）渐开线齿轮传动的轮心可分性　式（8.2-9）表明，渐开线齿轮的传动比也等于两轮基圆半径的反比。当一对齿轮制成后，其基圆半径是确定不变的，因而其传动比也是确定不变的。即使由于安装误差或轴承磨损间隙加大等因素导致理论中心距少许改变（由于受到加工装配等条件的限制，这种情况无法避免），也不影响传动比的大小。当中心距加大时，两齿轮的节圆半径相应增大，但比值不变。这就是渐开线齿轮特有的轮心可分性。这对于齿轮的装配和使用都是十分有利的，同时也是渐开线齿轮得到广泛应用的主要原因之一。

8.3 渐开线标准直齿圆柱齿轮的几何尺寸

8.3.1 齿轮的各部分名称

图 8-7 所示为外齿轮各部分名称及符号表示。如果用与齿轮轴线垂直的平面剖切齿轮，所得截面称为端面。由于齿轮沿其齿宽方向的剖面形状都相同，因此只需根据其端面形状来讨论齿轮的各部分名称及尺寸计算。

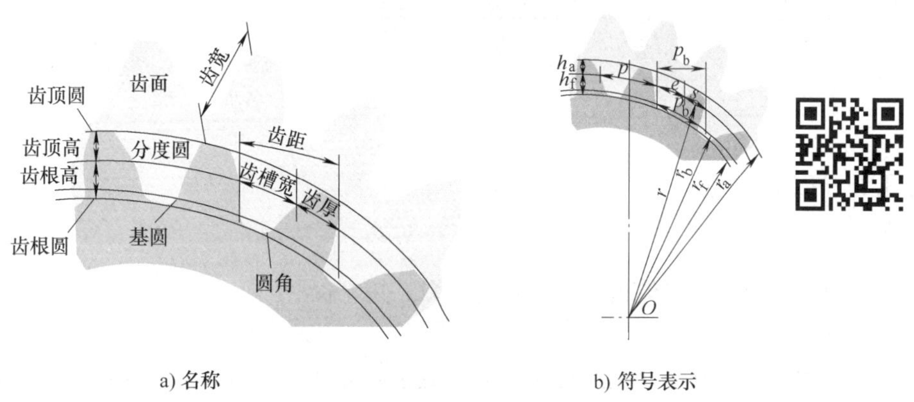

图 8-7　外齿轮各部分名称及符号表示

齿轮各部分名称包括：

1）齿顶圆（addendum circle）——端面中过所有轮齿顶端的圆，其半径用 r_a 表示。

2）齿根圆（dedendum circle）——端面中过所有齿槽底部的圆，其半径用 r_f 表示。

3）基圆（base circle）——形成渐开线齿廓的圆，其半径用 r_b 表示。

4）分度圆（standard pitch circle）——位于齿顶圆与齿根圆之间，是设计制造齿轮的基准圆，其半径用 r 表示。

5）齿顶高（addendum）——齿顶圆与分度圆之间的径向距离，其长度用 h_a 表示。

6）齿根高（dedendum）——齿根圆与分度圆之间的径向距离，其长度用 h_f 表示。

7）齿高——齿顶圆与齿根圆之间的径向距离，其长度用 h 表示，且 $h=h_a+h_f$。

8）齿厚（tooth thickness）——每个轮齿在某一个圆上的圆周弧长。不同圆周上的齿厚不同，在半径为 r_k 的圆上，齿厚用 s_k 表示；半径为 r 的分度圆上，齿厚用 s 表示。

9）齿槽宽（tooth space）——相邻两轮齿间在某一个圆上齿槽的圆周弧长。不同圆周上的齿槽宽不同，在半径为 r_k 的圆上，齿槽宽用 e_k 表示；半径为 r 的分度圆上，齿槽宽用 e 表示。

10）齿距（circular pitch）——相邻两个轮齿同侧齿廓之间在某一个圆上对应点的圆周弧长。不同圆周上齿距不同，在半径为 r_k 的圆上，齿距用 p_k 表示，显然有 $p_k=e_k+s_k$；在半径为 r 的分度圆上，齿距用 p 表示，同样 $p=e+s$。若为标准齿轮，则有 $e=s=p/2$。

11）法向齿距（normal circular pitch）——相邻两个轮齿同侧齿廓之间在法线方向上的距离，用 p_n 表示。由渐开线特性可知：$p_n=p_b$（基圆齿距）。

对于内齿轮和齿条而言，上述参数的分布与外齿轮有些差异，具体如图 8-8 所示。例如，内齿轮的轮廓是内凹的，其齿根圆大于齿顶圆，同时为保证其齿顶全部为渐开线，其齿顶圆必须大于基圆。

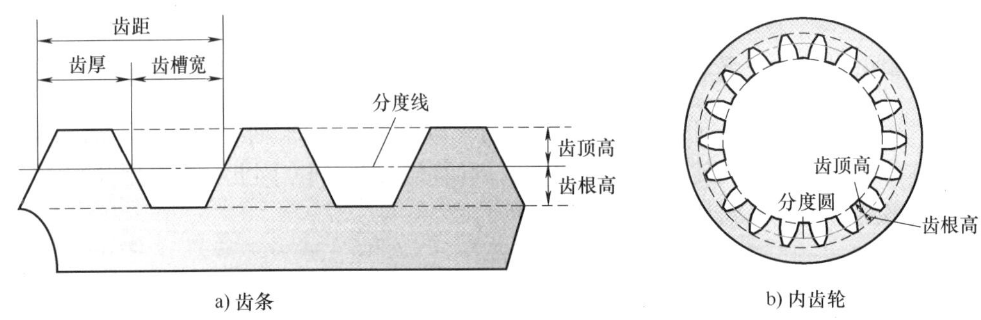

图 8-8 齿条及内齿轮各部分名称

8.3.2 基本参数

1. 齿数

齿轮在整个圆周上轮齿的总数称为齿数，用 z 表示。

2. 模数

为便于设计、制造及互换使用，齿轮应予以标准化。为此，只要选择若干有代表性的基本参数作为设计、制造的基准，同时规定其他尺寸参数与基本参数的关系，便可达到标准化的目的。设齿轮的齿数为 z，为计算分度圆半径 r，则有

$$2\pi r=zp \tag{8.3-1}$$

$$r=\frac{zp}{2\pi} \tag{8.3-2}$$

由式（8.3-1）看出，当 z 一定时，齿距 p 反映了齿轮的大小。此外，由 p 的大小还可以对轮齿的厚薄有粗略的了解。可见分度圆齿距 p 是齿轮参数中比较有代表性的参数。但式（8.3-1）表明 p 是个无理数，为避免此情况，工程中引入一个新参数 $m=p/\pi$，称为模数（module），单位为 mm，作为设计、制造的基本参数，并将其标准化，其标准值见表 8-1。

表 8-1　标准模数系列（GB/T 1357—2008）　　（单位：mm）

第 I 系列	1	1.25	1.5	2	2.5	3	4	5	6
	8	10	12	16	20	25	32	40	50
第 II 系列	1.125	1.375	1.75	2.25	2.75	3.5	4.5	5.5	(6.5)
	7	9	11	14	18	22	28	36	45

注：优先选用第一系列，括号内的模数尽量不用。

图 8-9 所示为不同齿数及模数的齿轮、齿条分布情况。对于齿数相同但模数不同的齿轮及齿条而言，m 越大，轮齿越大，轮齿的弯曲强度越大，承载能力越高。

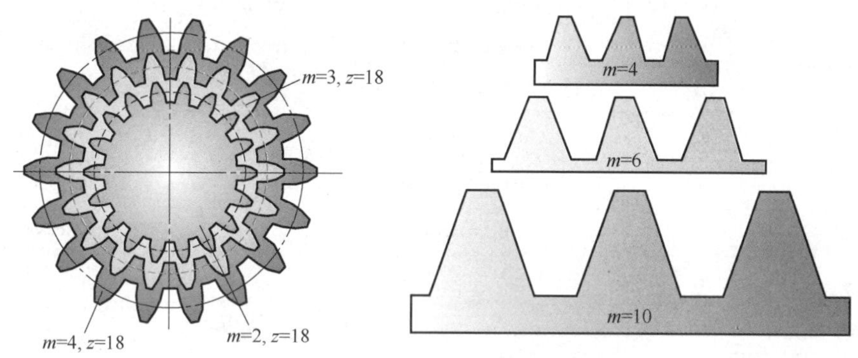

图 8-9　齿轮与齿条尺寸随模数的变化

3. 分度圆压力角（简称压力角）

由式（8.2-5）可知，同一渐开线齿廓上各点的压力角不同。通常所说的齿轮压力角是指在其分度圆上的压力角，用 α 表示。

压力角是反映齿廓形状的重要参数，国家标准（GB/T 1356—2001）中规定，分度圆上的压力角为标准值，一般为 20°，少数机械装置中齿轮也规定 α 用 14.5°、15°、22.5°和 25°等。

4. 齿顶高系数和顶隙系数

为使轮齿的高度和厚度有一个恰当的比例，国家标准规定渐开线圆柱齿轮的齿顶高和齿根高分别为

$$\begin{cases} h_a = h_a^* m \\ h_f = (h_a^* + c^*) m = h_f^* m \end{cases} \tag{8.3-3}$$

式中，h_a^* 和 h_f^* 分别称为齿顶高系数和齿根高系数；c^* 为顶隙系数。国家标准（GB/T 1356—2001）中规定：正常齿制下，$h_a^*=1$，$c^*=0.25$；短齿制下，$h_a^*=0.8$，$c^*=0.3$。

在确定齿轮的齿数 z、模数 m，以及齿顶高和齿根高与 m 的关系之后，就可以确定齿轮的各个参数（包括分度圆半径 r、齿顶圆半径 r_a、齿根圆半径 r_f，以及分度圆上的齿厚 s 和齿槽宽 e）了。例如，由式（8.3-1）可知

$$d = 2r = mz \tag{8.3-4}$$

另外，根据渐开线的特性（渐开线方程）可知

$$r_b = r\cos\alpha = \frac{mz}{2}\cos\alpha \tag{8.3-5}$$

由式（8.3-3）~式（8.3-5）看出，只要 z、m、α、h_a^*、h_f^* 这五个参数一经确定，齿轮的几何尺寸，包括轮齿的渐开线形状也即全部确定，因而以上五个参数称为齿轮的基本参数。若齿轮参数中的 m、α、h_a^*、c^* 均为标准值，而且 $e=s$，则该齿轮称为标准齿轮（standard spur gear）。

8.3.3　几何尺寸

表 8-2 所列为渐开线标准直齿圆柱齿轮各几何参数的计算公式。

表 8-2　渐开线标准直齿圆柱齿轮几何参数的计算

名　称	符　号	计算公式	
		小　齿　轮	大　齿　轮
分度圆直径	d	$d_1=mz_1$	$d_2=mz_2$
齿顶圆直径	d_a	$d_{a1}=(z_1+2h_a^*)m$	$d_{a2}=(z_2+2h_a^*)m$
齿根圆直径	d_f	$d_{f1}=(z_1-2h_a^*-2c^*)m$	$d_{f2}=(z_2-2h_a^*-2c^*)m$
基圆直径	d_b	$d_{b1}=mz_1\cos\alpha$	$d_{b2}=mz_2\cos\alpha$
齿顶高	h_a	$h_{a1}=h_{a2}=h_a^*m$	
齿根高	h_f	$h_{f1}=h_{f2}=(h_a^*+c^*)m$	
齿高	h	$h_1=h_2=(2h_a^*+c^*)m$	
齿距	p	$p=\pi m$	
基圆齿距	p_b	$p_b=p_n=\pi m\cos\alpha$	
齿厚	s	$s=\pi m/2$	
齿槽宽	e	$e=\pi m/2$	
顶隙	c	$c=c^*m$	
标准中心距	a	$a=m(z_1+z_2)/2$	

渐开线齿条可看成是齿轮的特例。当齿轮的齿数增加到无穷多时，齿轮上的基圆和其他圆都变成了互相平行的直线，同侧渐开线齿廓也变成了相互平行的斜直线齿廓，这样就成了如图 8-10 所示的渐开线标准齿条。齿条与齿轮相比主要有以下两个特点：

1）由于齿条齿廓是斜直线，所以齿廓上各点的法线是平行的。又由于齿条在传动时齿廓上各点的速度大小、方向相同，所以齿条齿廓上各点的压力角都相同，且等于齿廓的倾斜角，称为齿形角，标准值为 20°。

2）相应齿轮的各个“圆”都变成“线”，即分度圆→分度线（或中线）；齿顶圆→齿顶线；齿根圆→齿根线。但与中线平行的各直线上的齿距都相同，即各平行线上的模数都一样，为标准值。在中线上同样满足 $s=e$。

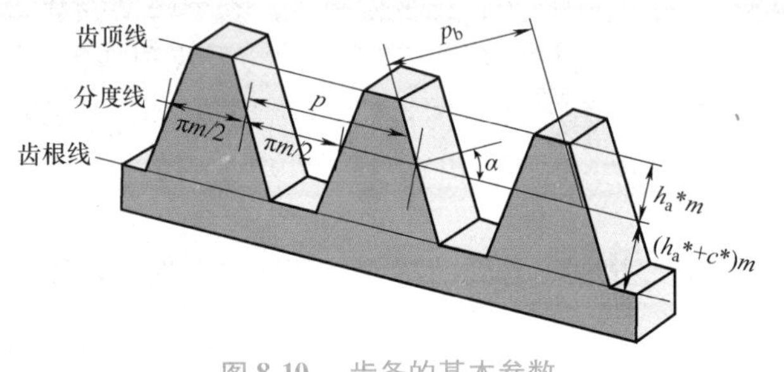

图 8-10　齿条的基本参数

【例 8-1】　已知一齿数为 30，模数为 4mm 的渐开线标准直齿圆柱齿轮以 300r/min 的速度转动，试确定其齿距和分度圆上的线速度。

解：根据式（8.3-1）和式（8.3-4），可得

$$r=mz/2=60\text{mm},\quad p=m\pi=4\pi\text{mm}$$

分度圆上的线速度

$$v_p=\omega r=\frac{0.060\times 300\pi}{30}=0.6\pi\text{m/s}$$

【思考题】：试问渐开线标准直齿外齿轮的齿根圆一定大于基圆吗？当齿根圆与基圆重合时，其齿数应为多少？当齿数小于以上求得的齿数时，试问基圆与齿根圆哪个大？

【知识扩展】：径节制

以模数 m 为基准的标准化制称为模数制，属于国际标准化之列。但在英、美等国家仍在沿用寸制，齿轮的尺寸计算、设计与制造都采用径节制，因此有必要了解模数制与径节制的区别和转换关系。

径节制用参数 $P=\pi/p$（称为径节，diametric pitch，单位为 in^{-1}，1in = 25.4mm），作为设计、制造的基本参数，并形成标准化系列（1，1.25，1.5，1.75，2，2.25，2.5，2.75，3，3.5，4，4.5，5，6，7，8，9，10，12，14，16，18，20）。另外，也规定了径节制的齿顶高系数 h_a^*（标准值为 1）和齿根高系数 h_f^*（标准值为 1.157）。

由模数 m 和径节 P 的定义可知，它们互为倒数。因此

$$m=\frac{25.4}{P} \tag{8.3-6}$$

式中，m 的单位为 mm，P 的单位为 in。

8.4　渐开线标准直齿圆柱齿轮的啮合传动

8.4.1　正确啮合条件

虽然一对渐开线齿廓的标准齿轮能实现定传动比传动，但并不表明任意两个渐开线齿轮装配起来就可以正确啮合传动。

齿轮传动时，齿廓啮合点都应位于啮合线上，因此要使两轮的轮齿都能正确啮合传动，应使处于啮合线上的各对轮齿都能同时进入啮合，也同时脱离啮合。为此，两轮的相邻两齿同侧齿廓之间沿法线方向的距离，即法向齿距 p_n 应该相等，即

$$p_{n1}=p_{n2} \tag{8.4-1}$$

根据渐开线特性可推知，渐开线齿轮的法向齿距等于基圆齿距。也即要求

$$p_{b1}=p_{b2} \tag{8.4-2}$$

因为有

$$p_{b1}=\pi m_1\cos\alpha_1\,,\quad p_{b2}=\pi m_2\cos\alpha_2 \tag{8.4-3}$$

因此,

$$m_1\cos\alpha_1=m_2\cos\alpha_2 \tag{8.4-4}$$

由于模数和分度圆压力角都已经标准化，为满足上述等式，只有使

$$\begin{cases}m_1=m_2=m\\ \alpha_1=\alpha_2=\alpha\end{cases} \tag{8.4-5}$$

式（8.4-5）说明：只有模数相等、压力角相等的两个渐开线齿轮才能正确啮合。这就是一对渐开线齿廓的标准齿轮能正确啮合的条件。

如果不能正确啮合，可能会导致传动短时中断，产生冲击，或者卡住。

8.4.2　标准安装与非标准安装

1. 一对标准齿轮的安装

如前所述，齿轮传动中心距的变化虽然不影响传动比，但会改变顶隙和齿侧间隙的大小。一对正确啮合的齿轮，其中心距的大小涉及是否标准安装。所谓标准安装应保证两个条件：①为避免相啮合轮齿间的冲击和噪声，理论上应无齿侧间隙（backlash）；②为在相互啮合的齿面间形成润滑油膜，以及防止因制造误差引起轮齿咬死，应保证具有微量的齿顶间隙（clearance）。因此在进行齿轮的几何计算时，需按无齿侧间隙和顶隙为标准值啮合来考虑。

下面来验证，当标准齿轮采用标准安装时，在满足标准顶隙（$c=c^*m$）的同时，也自然满足无侧隙的条件，如图 8-11a 所示。

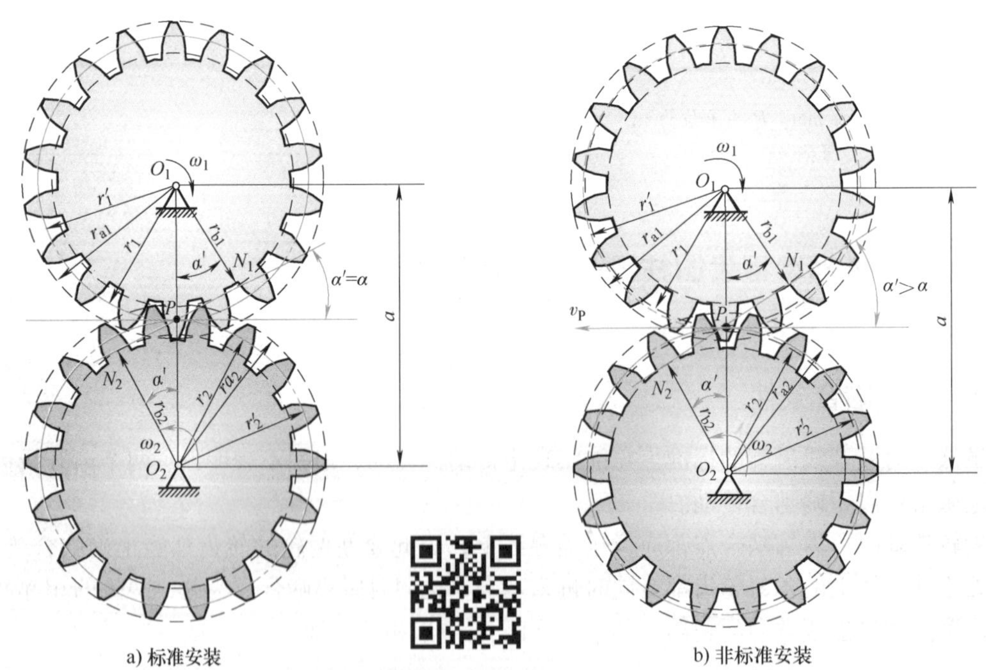

图 8-11　一对标准齿轮的安装示意

一齿轮的齿顶圆与另一齿轮的齿根圆之间沿中心线方向的径向距离称为齿顶间隙（简

称顶隙)，用 c 表示。这时，中心距可写成

$$a=r_{f1}+c+r_{a2}=r_1-h_f^*m-c^*m+c^*m+r_2+h_a^*m=r_1+r_2 \tag{8.4-6}$$

另外，中心距始终等于两个节圆半径之和，即

$$a=r_1'+r_2' \tag{8.4-7}$$

因此有

$$a=r_1'+r_2'=r_1+r_2=\frac{m(z_1+z_2)}{2} \tag{8.4-8}$$

此时的传动比

$$i_{12}=\frac{\omega_1}{\omega_2}=\frac{r_2'}{r_1'}=\frac{r_{b2}}{r_{b1}}=\frac{r_2}{r_1} \tag{8.4-9}$$

由式（8.4-8）和式（8.4-9）很容易导出，此种情况下两轮的分度圆相切且与两节圆分别重合，并做纯滚动。此时的中心距称为标准中心距（standard center distance）。

由此证明，当一对标准齿轮按标准顶隙安装时，满足标准中心距条件。反过来也很容易得到“以标准中心距安装的一对标准齿轮，也符合标准顶隙的要求”的结论。

两齿轮在啮合传动时，其节点 P 的圆周速度方向与啮合线之间所夹的锐角，称为啮合角（working pressure angle），通常用 α' 表示。由定义可知，啮合角恒等于节圆压力角。当一对渐开线标准齿轮按标准中心距安装时，啮合角还等于分度圆压力角，即

$$\alpha'=\alpha \tag{8.4-10}$$

再来讨论一下按标准中心距安装的一对标准齿轮能否满足侧隙为零的要求。

由于一对正确啮合的渐开线标准齿轮模数相等，它们分度圆上的齿厚与齿槽宽也相等，即

$$s_1=e_1=s_2=e_2=\frac{\pi m}{2} \tag{8.4-11}$$

按标准中心距安装时，两分度圆与两节圆分别重合，且分度圆上的齿厚与齿槽宽相等，因此一个齿轮的节圆齿厚（齿槽宽）与另一齿轮的节圆齿槽宽（齿厚）相等，即

$$e_1'=s_2'=e_2'=s_1'=\frac{\pi m}{2} \tag{8.4-12}$$

因此，侧隙

$$c'=e_1'-s_2'=e_2'-s_1'=0 \tag{8.4-13}$$

即满足了侧隙为零的要求。

由此可以得出结论：当一对标准齿轮按标准中心距安装时，两分度圆与两节圆分别重合，即 $r_1'=r_1$，$r_2'=r_2$；两轮的侧隙为零，顶隙为标准值。

由于在加工轴孔中存在制造误差或长期工作导致轴承磨损等因素，可能使实际中心距 a' 大于标准中心距 a，此时齿轮的啮合参数会发生部分改变，如图 8-11b 所示。所谓啮合参数是指只有两个齿轮相啮合时才出现的参数，如中心距 a、啮合角 α'、节圆半径 r'、齿顶间隙 c 等。

这时，两轮的分度圆将不再相切而分开一段距离，结果导致：

1）两轮的节圆（仍然相切）半径分别大于分度圆半径，即 $r_1'>r_1$，$r_2'>r_2$。

2）两轮的侧隙将大于零，顶隙也大于标准值。

3）传动的啮合角大于齿轮的分度圆压力角，即 $\alpha'>\alpha$。

不过，无论是标准中心距还是非标准中心距，两齿轮的基圆半径 r_{b1}、r_{b2}保持不变。即

$$r_b = r\cos\alpha = r'\cos\alpha' \tag{8.4-14}$$

齿轮的中心距与啮合角之间的关系总是满足

$$r_{b1}+r_{b2} = (r_1+r_2)\cos\alpha = (r_1'+r_2')\cos\alpha' \tag{8.4-15}$$

即

$$a\cos\alpha = a'\cos\alpha' \tag{8.4-16}$$

2. 标准齿轮与齿条的安装

图 8-12 所示为渐开线标准齿轮与标准齿条的安装示意。当无齿侧间隙安装啮合（图 8-12a）时，齿条的中线与齿轮的分度圆相切纯滚，齿轮的分度圆与节圆重合，齿条的中线与节线重合，啮合角 α'等于分度圆压力角 α。总之，当标准安装时，同时满足无侧隙和标准顶隙两个条件。反之，若将齿条下移一段距离（图 8-12b），不再满足标准安装条件时，侧隙将大于零，顶隙也大于标准值；齿轮分度圆与节圆重合（因为啮合线并没有变），齿条中线与节线不再重合；但啮合角恒等于分度圆压力角。

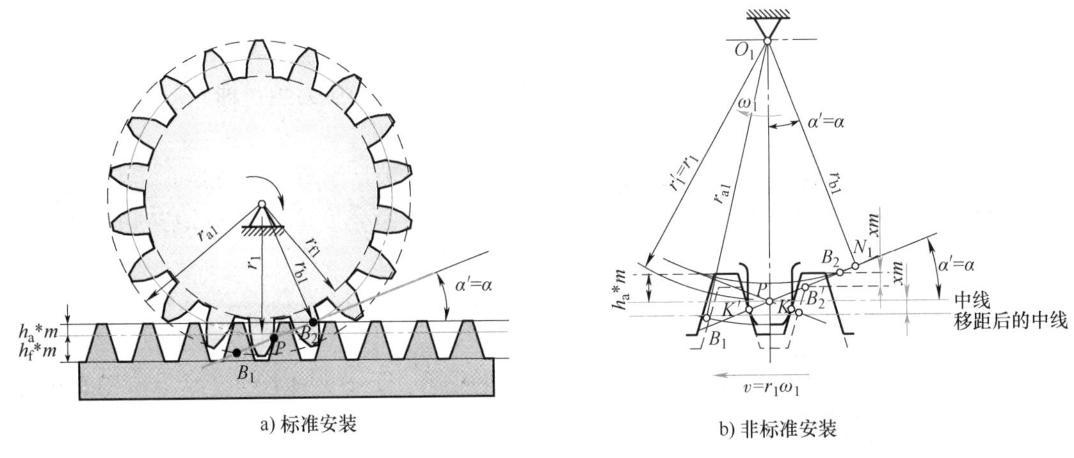

图 8-12　标准齿轮与齿条的安装示意

【思考题】：

1）啮合角与压力角有什么区别？在什么情况下，啮合角与压力角相等？

2）标准渐开线直齿圆柱齿轮在标准安装条件下具有哪些特性？

8.4.3　啮合传动过程

图 8-13 所示为一对渐开线标准直齿圆柱齿轮的啮合传动示意。齿轮 1 为主动齿轮，以匀角速度顺时针转动。

点 B_1 是轮 1 齿顶圆与啮合线 N_1N_2 的交点，点 B_2 是轮 2 齿顶圆与啮合线 N_1N_2 的交点。一对齿轮的齿廓总是以主动齿廓根部的一点与从动齿廓的顶点在点 B_2 开始啮合，然后啮合点的位置沿啮合线移动。与此同时，主动齿廓上的接触点由齿根向齿顶移动，而从动齿廓上的接触点由齿顶向齿根移动。最后是主动齿廓的顶点与从动齿廓根部的一点在点 B_1 终

止啮合。可见啮合线上的 B_1B_2 线段是啮合点的实际轨迹，称为实际啮合线。当齿高增大时，实际啮合线向外延伸，但因基圆内没有渐开线，故实际啮合线不会超过极限点 N_1 和 N_2。N_1 和 N_2 称为啮合极限点，线段 N_1N_2 称为理论啮合线。

由此可知，啮合过程中，只有从齿顶到齿根某一点间的一段齿廓参加啮合，而非全部齿廓。实际参加啮合的这一段齿廓称为齿廓工作段。

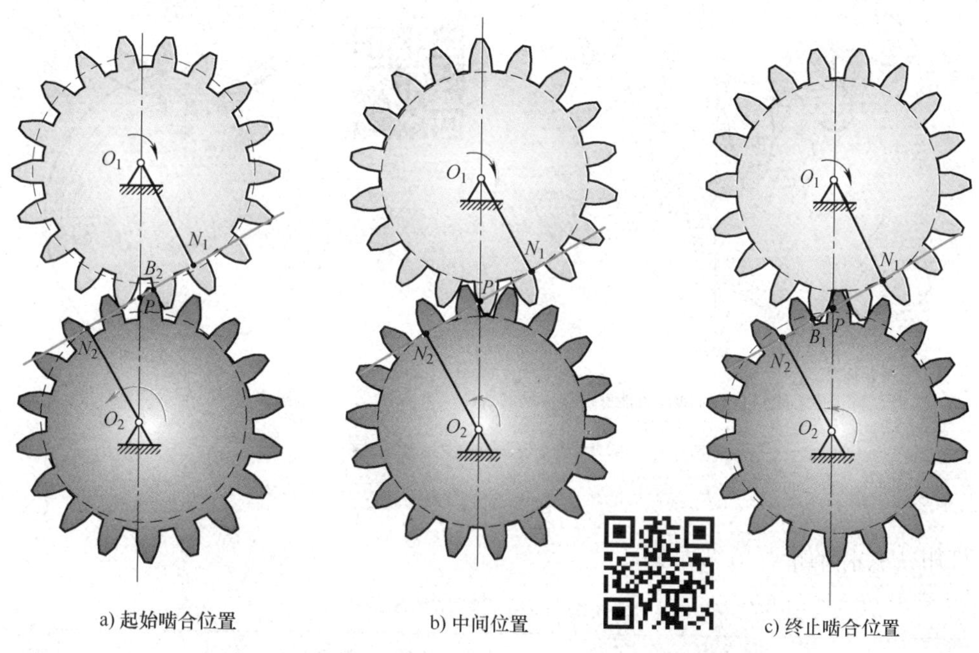

图 8-13　一对渐开线标准直齿圆柱齿轮啮合传动过程示意

8.4.4　连续传动与重合度

一对齿轮啮合时，不仅要求可以实现正确啮合，还要求能够连续传动。为保证齿轮能够连续传动，要求在前一对轮齿脱离啮合之前，后一对轮齿已进入啮合。

下面来讨论图 8-14 所示的一对以标准中心距安装的渐开线直齿圆柱齿轮连续传动的条件。

由 8.4.3 节所描述的一对轮齿啮合过程可以看出，齿轮若满足连续传动的要求，实际啮合线 B_1B_2 的长度应不小于齿轮的法向齿距 p_n，即

$$\overline{B_1B_2} \geqslant p_n = p_b \tag{8.4-17}$$

工程上常用重合度 ε_α（contact ratio）来表示实际啮合线长度 $\overline{B_1B_2}$ 与法向齿距 p_n 的比值，即

$$\varepsilon_\alpha = \frac{\overline{B_1B_2}}{p_b} = \frac{\overline{B_1B_2}}{\pi m\cos\alpha} \tag{8.4-18}$$

由此，理论上的齿轮连续传动条件可写成

$$\varepsilon_\alpha \geqslant 1 \tag{8.4-19}$$

实际生产中，为确保齿轮传动的连续性，往往要求重合度大于等于许用值［ε_α］，即

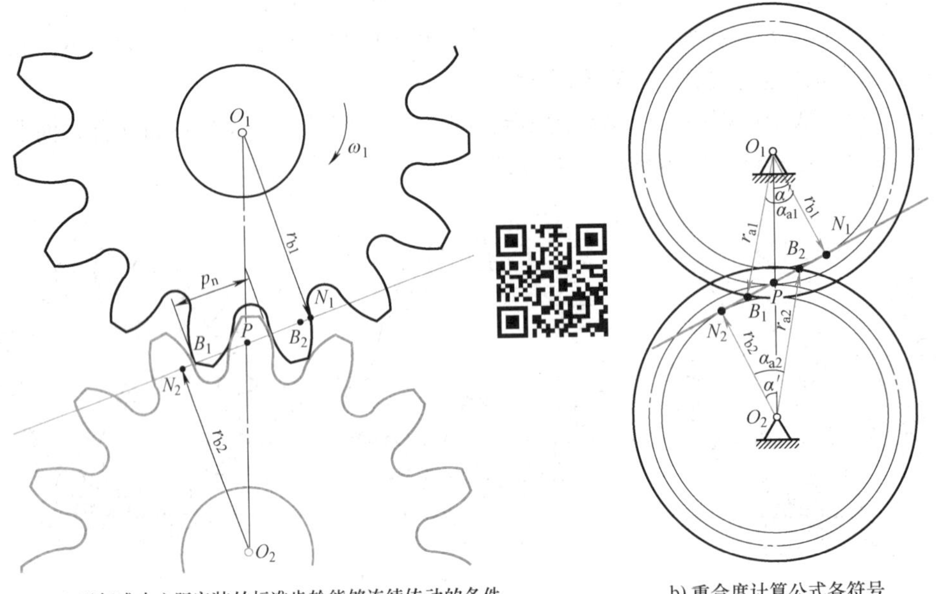

a) 以标准中心距安装的标准齿轮能够连续传动的条件　　b) 重合度计算公式各符号

图 8-14　连续啮合与重合度

$$\varepsilon_\alpha \geqslant [\varepsilon_\alpha] \tag{8.4-20}$$

许用 $[\varepsilon_\alpha]$ 的推荐值见表 8-3。

表 8-3　许用 $[\varepsilon_\alpha]$ 的推荐值

使用场合	一般机械制造业	汽车、拖拉机	金属切削机床
$[\varepsilon_\alpha]$	1.4	1.1~1.2	1.3

实际上，重合度可以通过图 8-14b 导出解析式的形式。即

$$\overline{B_1B_2} = \overline{PB_1} + \overline{PB_2} \tag{8.4-21}$$

$$\overline{PB_1} = \overline{B_1N_1} - \overline{PN_1} = r_{b1}(\tan\alpha_{a1} - \tan\alpha') = \frac{mz_1}{2}\cos\alpha(\tan\alpha_{a1} - \tan\alpha') \tag{8.4-22}$$

同理

$$\overline{PB_2} = \overline{B_2N_2} - \overline{PN_2} = r_{b2}(\tan\alpha_{a2} - \tan\alpha') = \frac{mz_2}{2}\cos\alpha(\tan\alpha_{a2} - \tan\alpha') \tag{8.4-23}$$

式中，α 为分度圆压力角；α_{a1}、α_{a2} 分别为齿轮 1 和 2 的齿顶圆压力角，$\alpha_{a1} = \arccos(r_{b1}/r_{a1})$，$\alpha_{a2} = \arccos(r_{b2}/r_{a2})$。而法向齿距满足

$$p_n = p_b = \pi m\cos\alpha \tag{8.4-24}$$

将式（8.4-21）和式（8.4-24）代入式（8.4-18），可以导出重合度的计算公式

$$\boxed{\varepsilon_\alpha = \frac{\overline{B_1B_2}}{p_b} = \frac{1}{2\pi}[z_1(\tan\alpha_{a1} - \tan\alpha') + z_2(\tan\alpha_{a2} - \tan\alpha')]} \tag{8.4-25}$$

由重合度 ε_α 计算式可知：

1）ε_α 与模数无关。

2）当传动比一定，而齿数 z_1、z_2 增多时，ε_α 增大。

3）由于啮合角 α' 受到实际中心距的影响，实际中心距大于标准中心距时，α' 增大，使 ε_α 减小，从而对传动不利。

4）由于齿轮已经标准化，分度圆压力角 α 一般为 20°，其齿顶圆压力角 α_a 为定值，不会引起 ε_α 变动。

5）由 ε_α 计算公式可知，当齿数 z 增多时，ε_α 增大；当两轮齿数增至无穷多时，则 ε_α 将趋于理论极限值 $\varepsilon_{\alpha\max}$。由于此时 $\overline{B_1B_2}\to\overline{N_1N_2}$，$\overline{N_1N_2}=2h_a^*m/\sin\alpha$，因此

$$\boxed{\varepsilon_{\alpha\max}=\frac{\overline{N_1N_2}}{p_b}=\frac{4h_a^*}{\pi\sin2\alpha}} \tag{8.4-26}$$

式中，α 为齿条的齿形角。

当 $\alpha=20°$，$h_a^*=1$ 时，$\varepsilon_{\alpha\max}=1.98$。即一对标准圆柱齿轮啮合传动时其重合度的最大（极限）值为 1.98。这时，两个齿轮均退化为齿条。事实上，两轮均变成齿条，将无法啮合传动，因此这个理论极限值是无法实现的。由此推论，只要是两个齿轮啮合传动，$\varepsilon_\alpha<1.98$，这说明同时啮合轮齿的对数不会超过两对。

【思考题】：能否推导出一对标准齿轮齿条的重合度计算公式？

另外，由重合度的定义式（8.4-18）可知，计算重合度 ε_α 最关键的是确定实际啮合线的长度。而实际啮合线的两个端点都有着明确的物理意义（两轮的齿顶圆同啮合线的两个交点即为实际啮合线的两个端点）。因此，重合度除了通过计算方法得到外，还可以通过几何作图的方法实现，对于齿轮齿条啮合也是如此。下面看两个实例。

【例 8-2】　已知一对渐开线外啮合标准直齿圆柱齿轮机构，$\alpha=20°$，$h_a^*=1$，$m=4\text{mm}$，$z_1=18$，$z_2=41$。试分别通过解析法和作图法确定两轮的重合度 ε_α。

解：首先采用解析法求解，利用的则是重合度计算公式。

1）分度圆半径

$$r_1=\frac{1}{2}mz_1=\frac{1}{2}\times4\times18\text{mm}=36\text{mm},\quad r_2=\frac{1}{2}mz_2=\frac{1}{2}\times4\times41\text{mm}=82\text{mm}$$

2）基圆半径

$$r_{b1}=r_1\cos\alpha=36\times\cos20°\text{mm}=33.829\text{mm},\quad r_{b2}=r_2\cos\alpha=82\times\cos20°\text{mm}=77.055\text{mm}$$

3）齿顶圆、齿根圆半径

$$r_{f1}=r_1-(h_a^*+c^*)m=36-(1+0.25)\times4\text{mm}=31\text{mm},$$

$$r_{f2}=r_2-(h_a^*+c^*)m=82-(1+0.25)\times4\text{mm}=77\text{mm}$$

$$r_{a1}=r_1+h_a^*m=36+1\times4\text{mm}=40\text{mm},\quad r_{a2}=r_2+h_a^*m=82+1\times4\text{mm}=86\text{mm}$$

4）中心距、啮合角

$$a=r_1+r_2=(36+82)\text{mm}=118\text{mm},\quad \alpha'=\alpha=20°$$

$$\alpha_{a1}=\arccos\frac{r_{b1}}{r_{a1}}=\arccos\frac{33.829}{40}=32.25°,\quad \alpha_{a2}=\arccos\frac{r_{b2}}{r_{a2}}=\arccos\frac{77.055}{86}=26.36°$$

5）重合度

$$\varepsilon_\alpha=\frac{1}{2\pi}[z_1(\tan\alpha_{a1}-\tan\alpha')+z_2(\tan\alpha_{a2}-\tan\alpha')]$$

$$=\frac{1}{2\pi}[18\times(\tan32.25°-\tan20°)+41\times(\tan26.36°-\tan20°)]=1.63$$

还可根据重合度的定义采用作图法求解。

法向齿距为

$$p_n=p_b=p\cos\alpha=\pi m\cos\alpha=\pi\times4\times\cos20°\text{mm}=11.81\text{mm}$$

设置比例（1∶1），利用作图得到各个参数的位置，具体如图 8-15 所示。

量取 $B_1B_2=20\text{mm}$，代入式（8.4-18）得

$$\varepsilon_\alpha=\frac{\overline{B_1B_2}}{p_b}=1.63$$

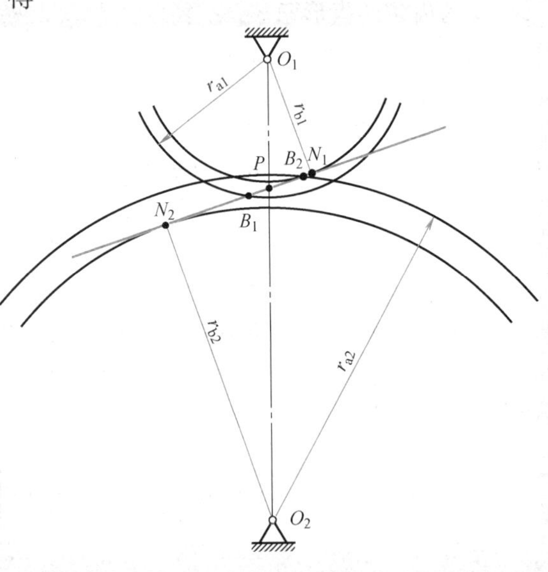

图 8-15　例 8-2 图

【例 8-3】　有一标准直齿圆柱齿轮与齿条传动，已知 $z_1=20$，$m=10\text{mm}$，$\alpha=20°$，$h_a^*=1$，若安装时将分度圆与中线移开 5mm，试用图解法求：

1）实际啮合线段 $\overline{B_1B_2}$ 长度。

2）重合度 ε_α。

解：1）齿轮的分度圆半径：

$$r_1=\frac{z_1m}{2}\text{mm}=\frac{20\times10}{2}\text{mm}=100\text{mm}$$

齿轮的顶隙：

$$h_a=h_a^*m=1\times10\text{mm}=10\text{mm}$$

齿轮的齿顶圆半径：

$$r_{a1}=r_1+h_a=(100+10)\text{mm}=110\text{mm}$$

啮合角：$\alpha'=\alpha=20°$

齿轮的基圆半径：

$$r_{b1}=r_1\cos\alpha=100\times\cos20°\text{mm}=94\text{mm}$$

根据已知条件和计算出的几何尺寸，选取比例尺作图得到理论啮合点和实际啮合点（图 8-16）。

测量并计算得到 $\overline{B_1B_2}=38\text{mm}$。

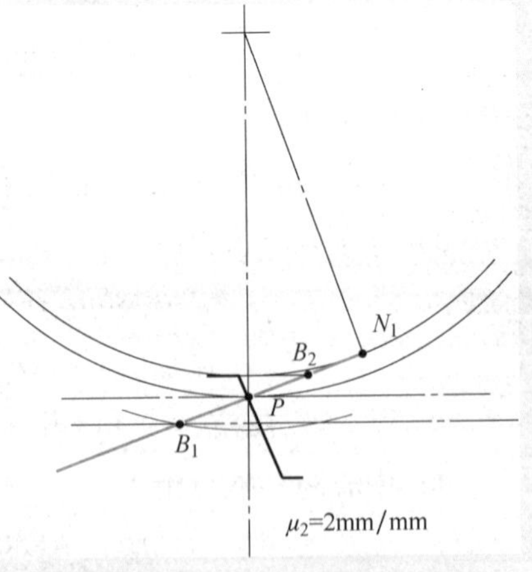

图 8-16　例 8-3 图

2）根据重合度的定义式，得

$$\varepsilon_\alpha=\frac{\overline{B_1B_2}}{\pi m\cos\alpha}=\frac{38}{\pi\times10\times\cos20°}=1.29$$

作为衡量齿轮传动性能的重要指标之一，重合度 ε_α 的大小表明了同时参与啮合的轮齿对数的平均值。ε_α 越大，说明同时啮合齿的对数越多，且啮合时间越长，使得传动越平稳，齿轮的承载能力提高。反之，ε_α 越小，说明同时啮合齿的对数越少，且啮合时间越短，传动不够平稳，齿轮的承载能力下降。

当 $\varepsilon_\alpha=1$ 时，表明前一对轮齿到达终止啮合点 B_1 瞬时，后一对轮齿恰好到达开始啮合点 B_2 位置。故啮合过程中始终只有一对轮齿在参与啮合。但实际上考虑到制造、安装误差等因素，有可能在某瞬时没有齿在啮合，导致传动中断。

如图 8-17 所示，当 $\varepsilon_\alpha>1$ 时，ε_α 表示实际啮合线 B_1B_2 的长度是法向齿距的 ε_α 倍；MN 段为单齿啮合区，当轮齿在此段啮合时，只有一对轮齿相啮合；B_2N 段和 B_1M 段为双齿啮合区，当轮齿在其上一段上啮合时，必有相邻的一对轮齿在另一段上啮合。ε_α 越接近 2，双齿啮合区占比越大。

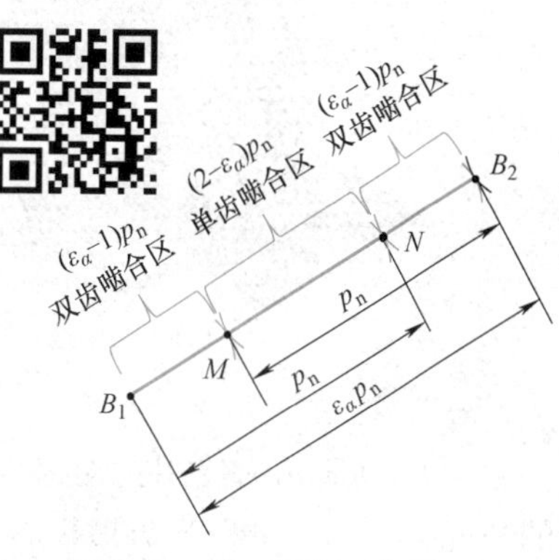

图 8-17　单、双齿啮合区

8.5　渐开线齿轮的加工原理

近代齿轮的加工方法很多，有铸造法、冲压法、热轧法、切削加工法等，按加工原理来分类，主要有仿形法（form milling）和展成法（generating）两种。

对于相同模数的齿轮，渐开线齿轮的形状取决于齿数的多少。图 8-18 所示为齿数分别为 6、20 和 45 的齿廓。发现齿数越多，齿廓表面越平直；当齿数接近无穷时，齿廓就变成了直线，即为齿条。

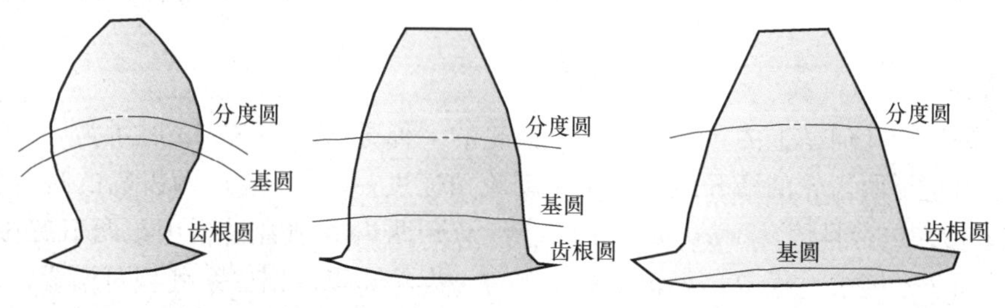

图 8-18　不同齿数的齿廓

8.5.1　加工原理

1. 仿形法

用仿形法切削加工齿轮，简言之，就是将刀具的刀刃制成同被切齿轮齿槽一样的形状，然后在特定尺寸的圆柱体上，将齿槽形状的材料切去。

所采用的刀具有盘形齿轮铣刀和指形齿轮铣刀两种。图 8-19 所示为盘形齿轮铣刀加工齿轮的情况，具体步骤如下：①铣刀绕自身轴线的转动（ω）为切削运动，同时轮坯沿自身轴线方向的移动（v）为进给运动，这样便可切出一个齿槽；②轮坯返回原位置，通过分度机构将轮坯转过 360°/z 的角度；③再切第二个齿槽，如此循环，直至切出整个齿轮为止。

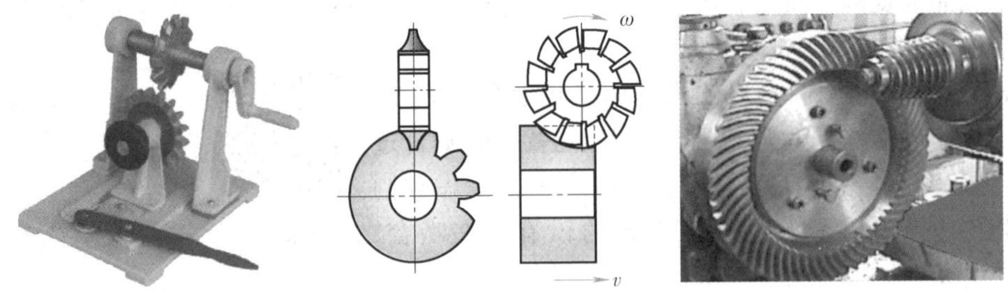

图 8-19　使用盘形齿轮铣刀加工齿轮

图 8-20 所示为使用指形齿轮铣刀加工齿轮的情况，其加工过程与盘形齿轮铣刀切齿相同。对于不便采用盘形齿轮铣刀加工的大模数齿轮（m>20mm）和人字斜齿轮等均宜采用指形齿轮铣刀加工。

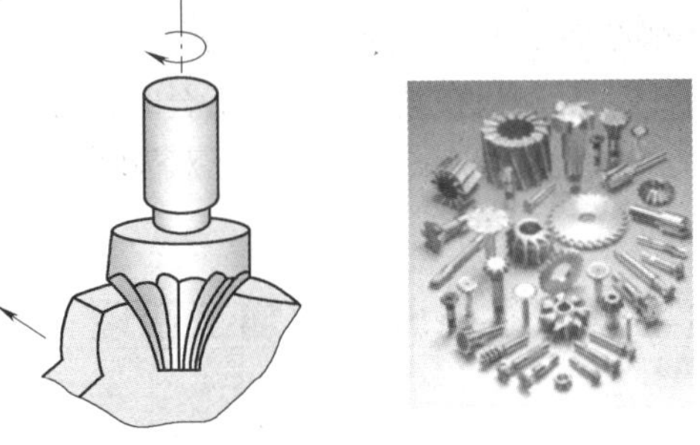

图 8-20　使用指形齿轮铣刀加工齿轮

渐开线的形状取决于基圆的半径，而基圆半径 $r_b = mz\cos\alpha/2$，因此当 m 和 α 为定值时，不同齿数的齿轮其渐开线齿廓的形状也不同。这表明，每加工一种齿数的齿轮就需要有一把相应的铣刀才能切制出完全准确的齿形，这显然是很不经济的。在实际加工 m 和 α 相同的齿轮时，根据不同的齿数范围，一般只备有 1～8 号八把齿轮铣刀，各号铣刀加工齿轮的齿数具有一定的范围。因此，仿形法加工齿轮的精度较低，且加工不连续，生产率低。但由于它可以在普通铣床上加工，在加工小批量且对齿轮精度要求不高的场合，仍可采用仿形法加工。

2. 展成法

展成法是运用几何学上的包络原理加工齿轮的一种方法。图 8-21a 所示为一对已知齿轮的传动，在给定了两齿轮的渐开线齿廓和主动轮角速度 ω_1 后，通过两齿廓的啮合就可获得从动轮的角速度 ω_2，且使 $i_{12}=\omega_1/\omega_2=$定值。注意到两齿廓啮合过程中，两节圆做纯滚动。节圆 1 在节圆 2 上纯滚过程中，齿轮 1 的齿廓对于齿轮 2 将占据一系列相对位置，而这一系列相对位置的包络线就是齿轮 2 的齿廓。即在两节圆做纯滚动时，两渐开线齿廓可看作互为包络线。因此，若给定一轮的渐开线齿廓及其角速度，并保证两节圆做纯滚运动（即保证传动比为定值），即可包络出另一个齿轮的渐开线齿廓。

若将齿轮 1 制成刀具，即在齿轮 1 上磨削出切削刃，称为齿轮插刀（pinion cutter）。2 为被加工齿轮的轮坯，如图 8-21b 所示。由专用的插齿机床保证插刀和轮坯的相对运动与一对相当的齿轮传动一样，再加上齿轮插刀沿轮坯轴线方向

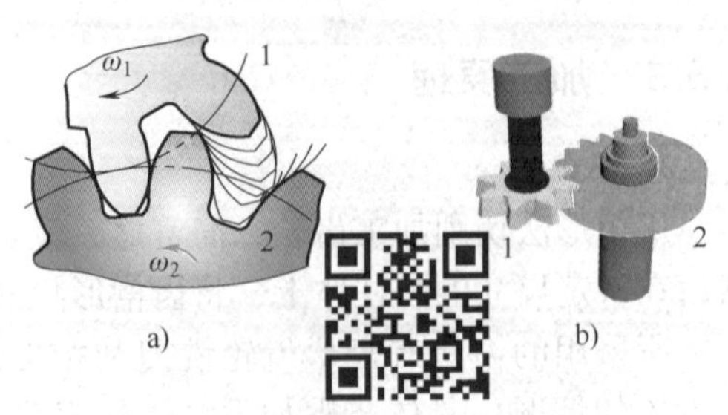

图 8-21　用展成法加工齿轮的原理

的切削运动，这样插刀切削刃在轮坯上占据一系列相对位置就可以切出所需的渐开线齿廓来。机床保证插刀和轮坯的相对运动关系，即保证插刀角速度 ω_1 和轮坯的角速度 ω_2 的关系，这是被加工齿轮包络出渐开线齿廓的关键运动，称为**展成运动**。对于两个模数和压力角分别相同的齿轮，不论其齿数各为多少，都可互相啮合传动，因此一把齿轮插刀可以加工不同齿数的齿轮，只需根据被切齿数 z 来调整插刀角速度 ω_1 与轮坯角速度 ω_2 的关系即可，即满足

$$i=\frac{\omega_1}{\omega_2}=\frac{z}{z_c} \tag{8.5-1}$$

同理，也可以利用渐开线齿条与齿轮的啮合传动实现齿轮的展成加工。将齿条磨削出切削刃制成**齿条插刀**（rack cutter），如图 8-22 所示，使插齿机床保证齿条插刀与轮坯的展成运动，即保证

$$v=r\omega \tag{8.5-2}$$

式中，v 为齿条插刀的移动速度，r 为被加工齿轮的分度圆半径，ω 为轮坯的角速度。再加上齿条插刀沿轮坯轴线方向的切削运动，就可以切出渐开线齿轮。由于渐开线齿条的齿廓是直线，齿条插刀的切削刃可以制造得比较精确，从而使被加工出来的渐开线齿廓也比较精确。但是齿条插刀的长度是有限的，当被加工齿轮的齿数多于齿条插刀齿数时，切削加工就不连续，需要重新调整齿条插刀与轮坯的相对位置。

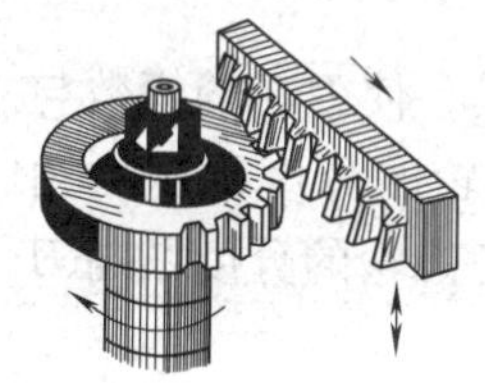
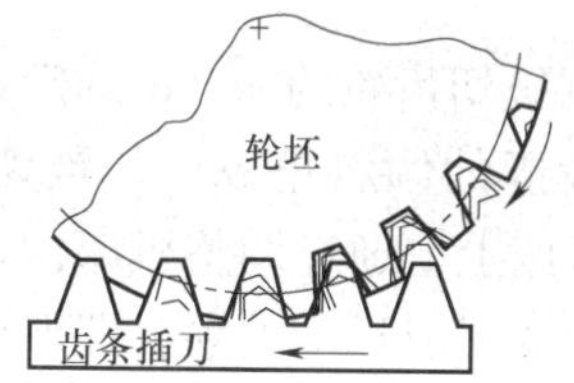

图 8-22　利用齿条插刀加工齿轮

为了解决因齿条插刀有限长而带来的加工问题，在生产中普遍采用**齿轮滚刀**（hobbing cutter）来加工齿轮，相应的专用机床称为滚齿机。齿轮滚刀的形状像一个螺旋，如图 8-23 所示。滚刀在轮坯端面上的投影为一渐开线齿条，滚刀转动时相当一齿条刀做连续移动，这样用齿轮滚刀加工齿轮的生产过程就连续了。加工过程中，除了滚刀与轮坯相对转动外，滚刀沿轮坯轴线方向还做进给运动，以便切出整个齿长。

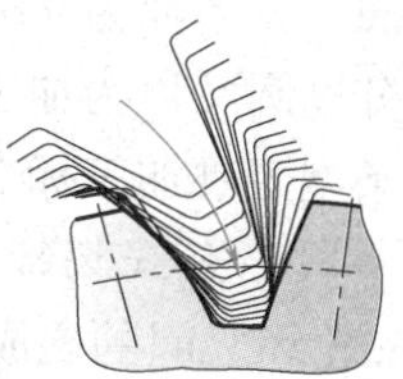
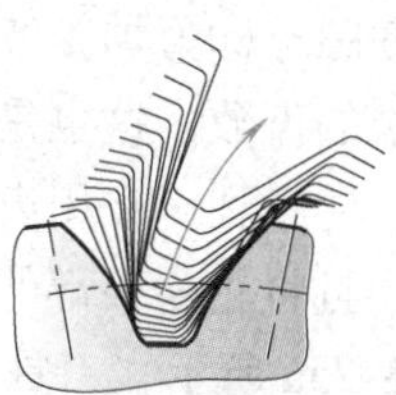

图 8-23　利用滚刀加工齿轮

总结：用展成法加工齿轮时，只要刀具与被切齿轮的模数和压力角相同，则无论被切

齿轮的齿数是多少，都可以采用一把刀具，而且生产率也比仿形法高，适合于大批量生产。

8.5.2　根切现象

图 8-24a 所示为标准齿条型刀具的齿廓。它的外形与普通齿条相似，所不同的是顶部比普通齿条增高 c^*m 部分。增高部分是用来切出被加工齿轮的齿根圆及靠近齿根圆的一段非渐开线齿廓。由于被切齿轮的渐开线齿廓是由刀具的直线齿廓部分切制出来的，在以下讨论渐开线齿廓的切制时，刀具的增高部分及圆角将不再提及，而以直线齿廓部分的顶线为刀具的齿顶线。

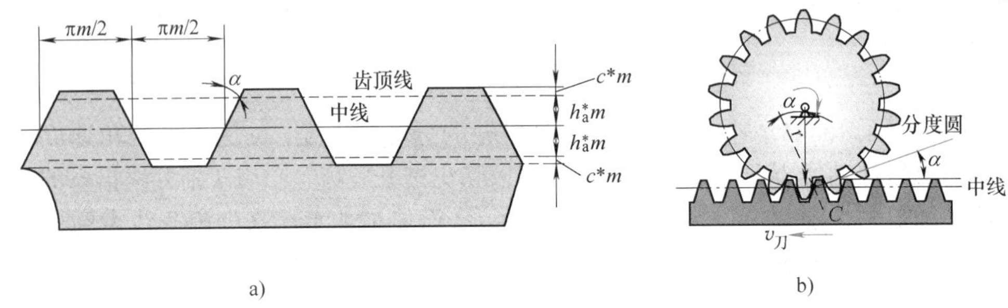

图 8-24　齿条型刀具

在用齿条型刀具加工标准齿轮时，先根据被切齿轮的 m、α 选定刀具，使刀具的模数与被切齿轮的模数 m 一致，使刀具角（直线齿廓的倾斜角 α）与被切齿轮的分度圆压力角 α 一致。然后将刀具和轮坯安装在齿轮加工机床上，通过调整机床使被切齿轮的分度圆与刀具的中线相切，如图 8-24b 所示，并保证它们的展成运动关系，即保证

$$v=r\omega=\frac{mz\omega}{2} \tag{8.5-3}$$

$$z=\frac{2v}{m\omega} \tag{8.5-4}$$

这样，分度圆与中线不仅相切而且做纯滚动。应当指出的是，齿轮的顶部并不是由刀具根部切出来的，而是在确定轮坯尺寸时就使轮坯的外径等于齿轮顶圆直径。这样在切制齿轮时还可保证轮坯外圆与刀具根部有标准齿顶间隙 c^*m，以便冷却液通过。另外还可以看出，被切齿轮的分度圆压力角正好等于刀具角 α。由于加工时分度圆与刀具中线相切做纯滚动，分度圆也称为**加工节圆**，其半径为 $mz/2$，其中 m 已符合要求，自然能在加工节圆上获得所要求的齿数，这也是分度圆又称为加工节圆的道理。

注意到，在用齿条型刀具加工标准齿轮过程中，刀具的顶部可能会切入被加工齿轮的根部，且将轮齿根部的一段渐开线切掉，这种现象称为齿轮的**根切现象**（undercutting）。如图 8-25a 所示，刀具和轮坯之间的展成运动相当于齿条与齿轮的啮合传动。根据轮齿的啮合过程可知，作为主动件的刀具的切削刃从点 B_1 开始切制轮齿顶部渐开线齿廓，然后由机床保证两者之间的展成运动，使刀具逐点切制出渐开线齿廓。当刀具顶线恰好通过啮合极限点 N 时，切削过程全部结束，轮齿基圆外的渐开线已全部切出。继续运动，刀具和轮齿脱离，这样切制出的轮齿不会产生根切。如果刀具的齿顶高增大，使齿顶线超过了啮合极限点

N（图 8-25b），在刀具已将轮齿基圆外的渐开线全部切出后，整个切削过程并未结束。随着展成运动的继续，刀具还将继续切削，当刀具到达某位置时，轮坯转过一定角度，刀具与渐开线齿廓相交（图 8-25c）。这表明切削刃将已经切制好的一部分渐开线齿廓又切去了，从而产生根切。轮齿产生根切将对齿轮传动质量产生不利影响，必须设法避免。

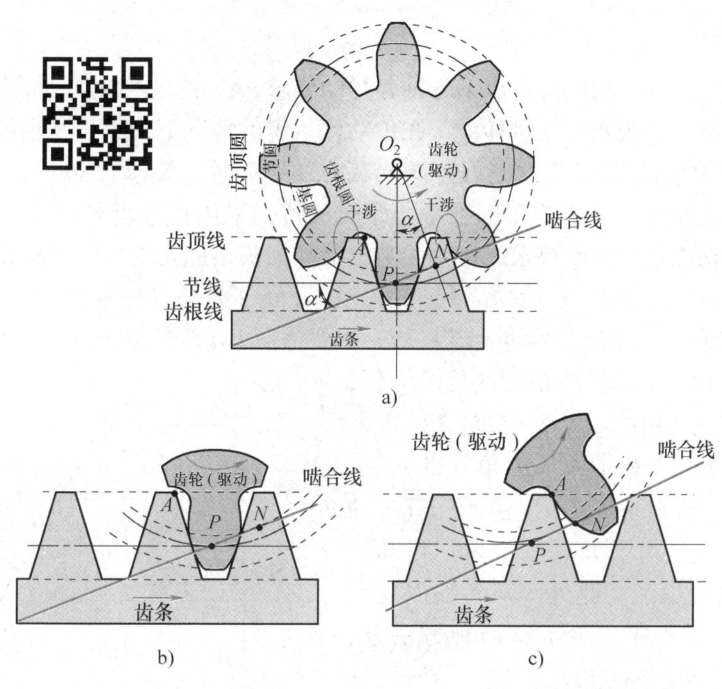

图 8-25　根切

由此可知，当刀具的齿顶线超过啮合极限点 N 时，被切齿轮将产生根切。

注意，点 N 是啮合线与齿轮基圆的切点，当啮合线方位角确定后，点 N 的位置决定于基圆半径 r_b 的大小。因此，如果基圆半径增大，点 N 沿啮合线上移，加工不会产生根切。如果基圆半径减小，点 N 沿啮合线下移，刀具顶线超过啮合极限点 N，加工时会出现根切。因此，若避免根切，需满足

$$\overline{PN}\sin\alpha \geqslant h_a^* m \tag{8.5-5}$$

$$\overline{PN}=\frac{mz}{2}\sin\alpha \tag{8.5-6}$$

$$z\geqslant\frac{2h_a^*}{\sin^2\alpha} \tag{8.5-7}$$

取等号时，就是恰好能避免根切的极限情况，即

$$z_{min}=\frac{2h_a^*}{\sin^2\alpha} \tag{8.5-8}$$

对于标准齿条刀具，由于 $h_a^*=1$，$c^*=0.25$，可以计算得到 $z_{min}=17$。

【思考题】：何谓根切？它有何危害，如何避免？

8.6 渐开线变位齿轮机构简介

8.6.1 变位齿轮

在工程应用中，对齿轮机构提出了各种各样的要求，而由上述渐开线标准齿轮组成的齿轮机构往往满足不了一些要求。例如：①在传动比一定的情况下，为了减小齿轮机构的尺寸和重量，希望小齿轮的齿数越少越好，故当齿数 $z<17$ 时，要求无根切，如何满足此要求？②当齿轮的实际中心距不等于标准中心距时，若仍采用标准齿轮传动，则必然出现侧隙，从而影响传动质量。为此要求无齿侧间隙，又如何满足此要求？③齿轮传动中通常一个为小齿轮，另一个为大齿轮，一般均是小齿轮先损坏。为了延长齿轮传动的寿命，尽量体现等强度设计思想，使大、小齿轮的强度趋于一致，即要增强小齿轮的强度，又如何满足此要求？

现以满足 $z<17$，又不产生根切的要求为例，来讨论其解决方法。由式（8.5-8）可知，可采用减小齿顶高系数 h_a^* 和增大压力角 α 的方法。但减小 h_a^* 会使重合度 ε_α 变小，从而降低传动的连续性、平稳性；而增大 α 则会增加传动的正压力，功耗相应增加。此外，两者都需要采用非标准刀具进行加工。除了这两种方法外，还可以改变刀具与轮坯的相对位置，即所谓的变位修正法，如图 8-26 所示。

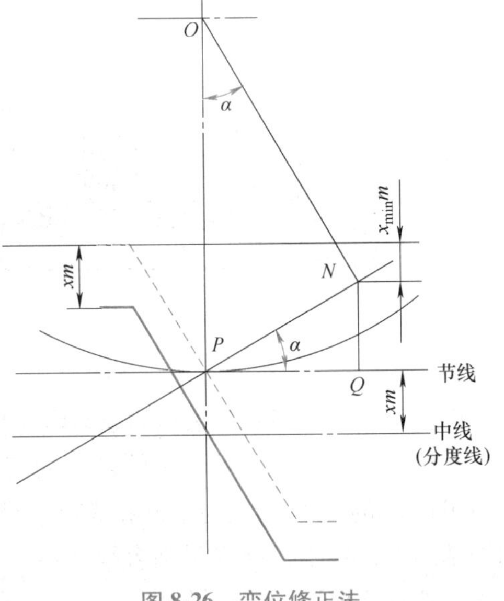

图 8-26 变位修正法

由 8.5.2 节的讨论可知，要使加工齿轮时不发生根切，刀具的齿顶线应不超过啮合极限点。为此，在加工齿轮时，可将齿条刀具由标准位置相对轮坯中心向外移出一段距离 xm（由图 8-26 中所示的虚线位置下移至实线位置），从而使刀具的齿顶线不超过 N 点。刀具移动的距离 xm 称为径向变位量，其中 m 为模数，x 称为径向变位系数（简称变位系数）。由图 8-26 可得

$$\overline{NQ}=r\sin^2\alpha\geqslant h_a^* m-xm \tag{8.6-1}$$

结合式（8.5-8）可得避免被加工齿轮发生根切的最小变位系数为

$$x_{\min}=\frac{h_a^*(z_{\min}-z)}{z_{\min}}=h_a^*\ \frac{17-z}{17} \tag{8.6-2}$$

但当齿顶线低于啮合极限点时，加工时刀具的中线不再与被切齿轮的分度圆相切并做纯滚动（刀具节点的位置不变，即加工节线位置不变），由此加工出来的齿轮称为变位齿轮（modified gear），与标准齿轮有些差异。

变位有两种形式：加工变位齿轮时刀具远离轮坯中心的变位称为正变位，变位系数取正值，被加工出来的齿轮称为正变位齿轮；如果使刀具靠近轮坯中心变位（刀具顶线不能超

过 N 点)，则称为负变位，变位系数取负值，被加工出来的齿轮称为负变位齿轮。

基于上述齿轮加工的正变位原理，可进一步讨论由同一把刀具加工出的变位齿轮同标准齿轮比较，其基本参数与几何尺寸是否会发生变化。

首先考虑齿轮的 5 个基本参数：①模数 m 没有变化，虽然刀具上平行于中线的加工节线同齿轮分度圆相切并做纯滚动，但由于齿条刀具上平行于中线的任何一条线上的齿距都等于中线上齿距 p，因此分度圆上的齿距仍为 p，m 不变；②齿数 z 没有变化，原因是加工机床的展成运动（$z_{\min}=2v/m\omega$）未变；③压力角 α 没有变化，原因是齿条刀具的直线齿廓上各点压力角都一样，均为刀具角 α；④齿顶高系数和齿根高系数也没有变化。由于采用的是同一把刀具，变位齿轮的 5 个基本参数都没有变化。由此还可推论出变位齿轮的分度圆半径和基圆半径也没有变化，即齿廓的渐开线形状也没变化。不过，轮齿的齿厚增大了，齿槽距减小了。这是因为齿条刀具在中线以上部分的任意一条加工节线上齿厚变小，齿槽距加大，故在正变位后，加工出齿轮的齿厚增大，齿槽距减小。具体变化量如图 8-27 所示。此时，正变位齿轮的齿厚为

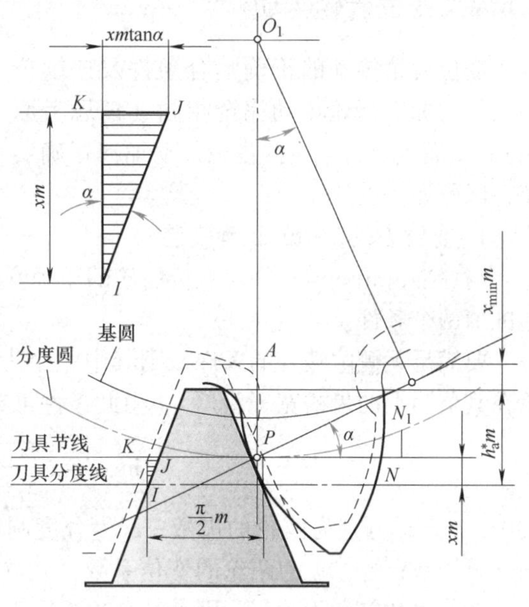

图 8-27　变位齿轮的几何尺寸变化示意图

$$s=\frac{\pi m}{2}+2\overline{KJ}=\frac{\pi m}{2}+2xm\tan\alpha \tag{8.6-3}$$

又由于齿条刀具的齿距恒为 πm，正变位齿轮的齿槽宽为

$$e=\frac{\pi m}{2}-2\overline{KJ}=\frac{\pi m}{2}-2xm\tan\alpha \tag{8.6-4}$$

再来讨论一下齿顶圆、齿根圆半径的变化情况。由图 8-27 所示，当刀具外移距离 xm 后，由此加工出的正变位齿轮，其齿根高较标准齿轮减小了 xm，即

$$h_f=h_a^* m+c^* m-xm=(h_a^* +c^* -x)m \tag{8.6-5}$$

故齿根圆半径为

$$r_f=r-h_a^* m-c^* m+xm=r-(h_a^* +c^* -x)m \tag{8.6-6}$$

暂不考虑变位对顶隙的影响，为保持齿高不变，应较标准齿轮增大 xm，这时齿顶高为

$$h_a=h_a^* m+xm=(h_a^* +x)m \tag{8.6-7}$$

故齿顶圆半径为

$$r_a=r+h_a^* m+xm=r+(h_a^* +x)m \tag{8.6-8}$$

对于负变位齿轮，上述公式同样适用，只需注意到其变位系数 x 为负即可。

由此可以得出结论：变位齿轮与标准齿轮具有相同的基本参数，它们的齿廓曲线都是

同一基圆生成的渐开线，只是使用了同一渐开线的不同部分（图8-28）。

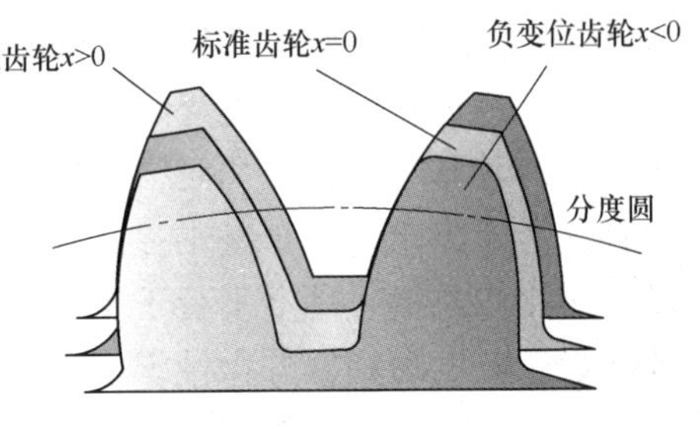

图8-28　正、负变位齿轮

8.6.2　变位齿轮传动

变位齿轮传动的正确啮合条件及连续传动条件与标准齿轮传动完全相同（请思考原因）。下面重点讨论变位齿轮传动如何正确安装，以及如何设计。

1. 变位齿轮传动的正确安装

与标准齿轮一样，一对变位齿轮的正确安装条件同样需要同时满足无侧隙啮合和顶隙为标准值两个条件。

要满足无侧隙啮合的条件，则其中一个齿轮在节圆上的齿厚（齿槽宽）应等于另一齿轮在其节圆上的齿槽宽（齿厚），由此条件可导出（具体参阅参考文献［71］）：

$$\mathrm{inv}\alpha' = 2\frac{x_1+x_2}{z_1+z_2}\tan\alpha+\mathrm{inv}\alpha \tag{8.6-9}$$

式中，z_1、z_2分别为两轮的齿数；α为分度圆压力角；α'为啮合角；$\mathrm{inv}\alpha$、$\mathrm{inv}\alpha'$为α、α'的渐开线函数；x_1、x_2为两轮的变位系数。式（8.6-9）称为无侧隙啮合方程。该式表明，若两轮变位系数之和不为零，则其啮合角不等于分度圆压力角。此时，两轮的实际中心距不等于其标准中心距。

假设两轮做无侧隙啮合时的实际中心距为a'，它与标准中心距之差为ym，其中m为模数，y称为中心距变动系数，则

$$a' = a+ym \tag{8.6-10}$$

由$a'\cos\alpha' = a\cos\alpha$可求得$a'$，再代入到式（8.6-10）中，有

$$ym = a'-a = \frac{(r_1+r_2)\cos\alpha}{\cos\alpha'}-(r_1+r_2) \tag{8.6-11}$$

因此

$$y = \frac{z_1+z_2}{2}\left(\frac{\cos\alpha}{\cos\alpha'}-1\right) \tag{8.6-12}$$

另外，若保证按顶隙为标准值$c = c^* m$安装，则其中心距a''应满足

$$\begin{aligned} a'' &= r_1+(h_a^*+x_1)m+c^*m+r_2-(h_a^*+c^*-x_2)m \\ &= a+(x_1+x_2)m \end{aligned} \tag{8.6-13}$$

对比式（8.6-10）和式（8.6-13），若$y = x_1+x_2$，则可同时满足上述两个条件。但通过证明可知，只要$x_1+x_2\neq 0$，$y<(x_1+x_2)$，即$a'<a''$。

工程上为解决这一矛盾，采用如下方法：首先按无侧隙中心距$a' = a+ym$安装，再将两轮的齿顶高各减短Δym，以满足标准顶隙的要求。Δy称为齿顶高降低系数，其值为

$$\Delta y = (x_1+x_2)-y \tag{8.6-14}$$

这时，齿轮的齿顶高为

$$h_a = h_a^* m+xm-\Delta ym = (h_a^*+x-\Delta y)m \tag{8.6-15}$$

相应的，齿顶圆半径为

$$r_a = r + h_a^* m + xm - \Delta ym \tag{8.6-16}$$

2. 变位齿轮传动的类型及特点

按照相互啮合的两齿轮变位系数之和的值（差异），可将变位齿轮传动分为三类：

1）$x_1+x_2=0$，且 $x_1=x_2=0$。此类型为标准齿轮传动。

2）$x_1+x_2=0$，但 $x_1=-x_2\neq 0$。此类型为等变位齿轮传动（又称高度变位齿轮传动）。

由式（8.6-9）、式（8.4-16）、式（8.6-12）和式（8.6-14），可得

$$\alpha'=\alpha,\quad a'=a,\quad y=0,\quad \Delta y=0 \tag{8.6-17}$$

式（8.6-17）表明，啮合角等于分度圆压力角，实际中心距等于标准中心距，节圆与分度圆重合，齿顶高不需要降低。

因此，对于等变位齿轮传动，为有利于强度分布的均衡，小齿轮应采用正变位，大齿轮采用负变位，这样可使两个齿轮的强度接近，从而提升该对齿轮传动的承载能力。另外，正变位的小齿轮可以在不发生根切的前提下减少齿数，这样在保持模数和传动比不变的情况下，可使齿轮机构的整体尺寸更加紧凑。

3）$x_1+x_2\neq 0$。此类型为不等变位齿轮传动（又称角度变位齿轮传动）。当 $x_1+x_2>0$ 时，为正传动；当 $x_1+x_2<0$ 时，为负传动。

a）正传动。根据式（8.6-9）、式（8.4-16）、式（8.6-12）和式（8.6-14），可得

$$\alpha'>\alpha,\quad a'>a,\quad y>0,\quad \Delta y>0 \tag{8.6-18}$$

式（8.6-18）表明，正传动中，啮合角大于分度圆压力角，实际中心距大于标准中心距，两轮的分度圆分离，齿顶高需缩减。

正传动的优点是可以减小齿轮机构的整体尺寸，提高其承载能力；缺点是由于啮合角增大，实际啮合线变短，重合度减小较多。

b）负传动。根据式（8.6-9）、式（8.4-16）、式（8.6-12）和式（8.6-14），可得

$$\alpha'<\alpha,\quad a'<a,\quad y<0,\quad \Delta y>0 \tag{8.6-19}$$

式（8.6-19）表明，负传动中，啮合角小于分度圆压力角，实际中心距小于标准中心距，两轮的分度圆分离。

负传动的优缺点正好与正传动相反：重合度略有增加，但轮齿强度有所下降，因此负传动只用于配凑中心距这种特殊需要的场合中。

综上所述，采用变位修正法切制齿轮，不仅可以避免根切，还可以提升齿轮机构的承载能力、配凑中心距及减小机构的整体尺寸等，更为重要的是，仍然可以采用标准刀具加工，并没有增加制造的难度。因此，相对标准齿轮传动，变位齿轮传动有着广泛的应用。

1）当要求齿轮传动的尺寸尽可能小，重量尽可能轻时，可选择小齿轮 $z_1<17$ 的正变位齿轮，而大齿轮采用 $z_2>17$ 的不变位或负变位齿轮。

2）当要求齿轮传动的实际中心距大于标准中心距，又要求无齿侧间隙时，如果两齿轮的齿数都大于 17，则两齿轮均采用正变位齿轮，也可选择小齿轮采用正变位，大齿轮不变位。

3）当要求齿轮传动的实际中心距小于标准中心距时，通常大齿轮可采用负变位齿轮（齿数 z_2 一定大于 17），小齿轮不变位或少量负变位（其齿数 z_1 也应大于 17）。

4）当要求齿轮传动中大、小齿轮寿命趋于一致时，一般选择小齿轮为正变位齿轮，大齿轮不变位，而不采用负变位齿轮。

3. 变位齿轮传动的设计步骤

(1) 已知中心距的设计 已知条件：z_1、z_2、m、α、a'，设计步骤如下：

1）由式（8.4-16）确定啮合角

$$\alpha'=\arccos\left(\frac{a\cos\alpha}{a'}\right) \tag{8.6-20}$$

2）由式（8.6-9）确定变位系数之和

$$x_1+x_2=\frac{z_1+z_2}{2\tan\alpha}(\text{inv}\alpha'-\text{inv}\alpha) \tag{8.6-21}$$

3）由式（8.6-10）确定中心距变动系数

$$y=\frac{a'-a}{m} \tag{8.6-22}$$

4）由式（8.6-14）确定齿顶高降低系数

$$\Delta y=(x_1+x_2)-y \tag{8.6-23}$$

5）分配变位系数 x_1、x_2，并按表8-4计算变位齿轮的几何尺寸。

表8-4 外啮合直齿圆柱齿轮传动的计算公式

名称	符号	计算公式		
		标准齿轮传动	等变位齿轮传动	不等变位齿轮传动
变位系数	x	$x_1+x_2=0$ $x_1=x_2=0$	$x_1+x_2=0$ $x_1=-x_2\neq0$	$x_1+x_2\neq0$
节圆直径	d'	$d_i'=d_i=mz_i(i=1,2)$		$d_i'=d_i\cos\alpha/\cos\alpha'$
啮合角	α'	$\alpha'=\alpha$		$\cos\alpha'=(a\cos\alpha)/a'$
齿顶高	h_a	$h_a=h_a^* m$	$h_{ai}=(h_a^*+x_i)m$	$h_{ai}=(h_a^*+x_i-\Delta y)m$
齿根高	h_f	$h_f=(h_a^*+c^*)m$	$h_{fi}=(h_a^*+c^*-x_i)m$	
齿顶圆直径	d_a	$d_{ai}=d_i+2h_a$	$d_{ai}=d_i+2h_{ai}$	
齿根圆直径	d_f	$d_{fi}=d_i-2h_f$	$d_{fi}=d_i-2h_{fi}$	
中心距	a	$a=(d_1+d_2)/2$		$a'=(d_1'+d_2')/2$
中心距变动系数	y	$y=0$		$y=(a'-a)/m$
齿顶高降低系数	Δy	$\Delta y=0$		$\Delta y=(x_1+x_2)-y$

(2) 已知变位系数的设计 已知条件：z_1、z_2、m、α、x_1、x_2，设计步骤如下：

1）由式（8.6-9）确定啮合角

$$\text{inv}\alpha'=2\frac{x_1+x_2}{z_1+z_2}\tan\alpha+\text{inv}\alpha \tag{8.6-24}$$

2）由式（8.4-16）确定中心距

$$a'=\frac{a\cos\alpha}{\cos\alpha'} \tag{8.6-25}$$

3）分别由式（8.6-10）和式（8.6-14）确定中心距变动系数 y 和齿顶高降低系数 Δy。

4）按表8-4计算变位齿轮的几何尺寸。

关于变位齿轮传动设计，尤其是变位系数的确定涉及轮齿强度等诸多因素，需要时可参阅相关机械原理、机械设计教材。

【知识扩展】：微齿轮及其制造技术

微齿轮是指模数在微米级的齿轮，作为元部件可广泛用于微机电系统（MEMS）中。微机电系统和微制造技术是一个新兴的技术领域，而微制造技术又是微机电系统的支撑技术。微制造技术包括设计技术、材料、微细加工技术、精密测量和控制技术。微细加工技术除从 IC 工艺基础上发展起来的硅微细加工技术外，20 世纪 80 年代中期后又发展起了 LIGA（光刻、电铸和注塑的缩写）和准 LIGA 加工技术、能量束加工技术（包括光束加工技术、电子束加工技术、离子束加工技术、扫描隧道显微镜加工技术）、特种精密加工技术（包括微细超声加工技术）。比如采用微细电火花加工技术（利用微小工具电极与工件间的微量放电来进行微细加工，它能加工极硬的金属甚至半导体材料）和 LIGA 工艺可以得到非常微小精细的齿轮及齿轮系（图 8-29）。早在 1994 年，日本东芝技术研究所用此技术加工出了用于微电动机减速器上的模数为 0.08mm 的微齿轮。

图 8-29 微齿轮（由美国桑迪亚国家实验室提供）

8.7 斜齿圆柱齿轮机构

8.7.1 斜齿圆柱齿轮齿面的形成

斜齿圆柱齿轮的轮齿相对于轴线倾斜了一定的角度，故简称为**斜齿轮**，其可用于两平行轴间运动和动力的传递。

由于直齿圆柱齿轮的轮齿与轴线平行，前面在讨论直齿圆柱齿轮时，是在齿轮的端面（垂直于齿轮轴线的平面）上加以研究的。而齿轮是有一定宽度的，端面上的点和线实际代表着齿轮上的线和面。因此，直齿圆柱齿轮上渐开线齿廓的曲面，实际上是发生面 G 在基圆柱上做纯滚动时，发生面 G 上一条与基圆柱轴线相平行的直线 KK 所生成的曲面，即为直齿轮齿面，它是母线平行于齿轮轴线的渐开线柱面（图 8-30）。

斜齿圆柱齿轮齿面的形成原理与直齿圆柱齿轮相似。不同之处在于，发生面 G 上的直线 KK 不与基圆柱轴线平行，而是相对于轴线倾斜了一个角度 β_b，如图 8-31 所示。当发生面 G 在基圆柱上做纯滚动时，发生面 G 上斜直线 KK 所生成的曲面就是斜齿圆柱齿轮齿面，它是**渐开螺旋面**。β_b 为基圆柱上的**螺旋角**。β_b 越大，轮齿越偏斜；当 $\beta_b=0$ 时，即为直齿圆柱齿轮。

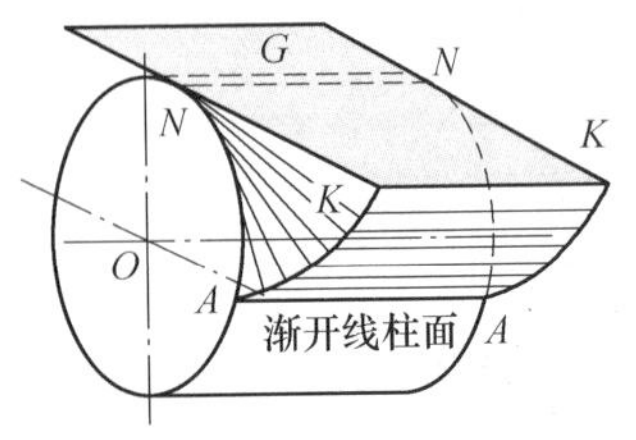

图 8-30　渐开线直齿轮齿面的生成

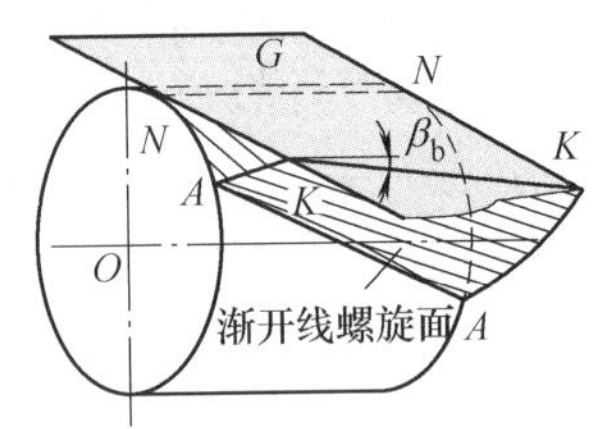

图 8-31　渐开线斜齿轮齿面的生成

8.7.2　斜齿圆柱齿轮的基本参数及几何尺寸

在斜齿圆柱齿轮上，垂直于其轴线的平面齿形称为端面；垂直于轮齿螺旋线方向的平面称为法面。在这两个面上齿轮齿形是不相同的，端面上具有渐开线齿形，但法面不是渐开线。同时，两个面的参数也不相同，端面与法向参数分别用下标“t”和“n”表示。加工斜齿圆柱齿轮的轮齿时，刀具进刀的方向（沿螺旋线方向）一般是垂直于其法面的，故其法向参数（等）与刀具的参数相同，取为标准值。但在计算斜齿圆柱齿轮的几何尺寸时却需要按端面的参数来进行计算，因此就需要建立法向参数与端面参数的换算关系。

1. 螺旋角

斜齿圆柱齿轮的齿廓曲面与其分度圆柱面相交的螺旋线的切线与齿轮轴线之间所夹的锐角（以 β 表示）称为斜齿轮分度圆柱的螺旋角（简称为斜齿轮的螺旋角）。轮齿螺旋的旋向有左、右之分，故螺旋角 β 也有正、负之别，如图 8-32 所示。

将斜齿圆柱齿轮沿其分度圆柱展开，得到一长方形，如图 8-33 所示。图中阴影线部分为轮齿，其余部分为齿槽。这时分度圆柱上轮齿的螺旋线变成一条直线，与轴线的夹角即为螺旋角。

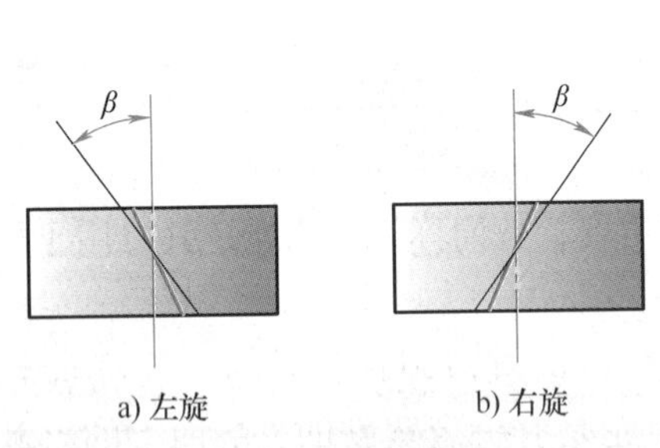

图 8-32　斜齿轮的旋向

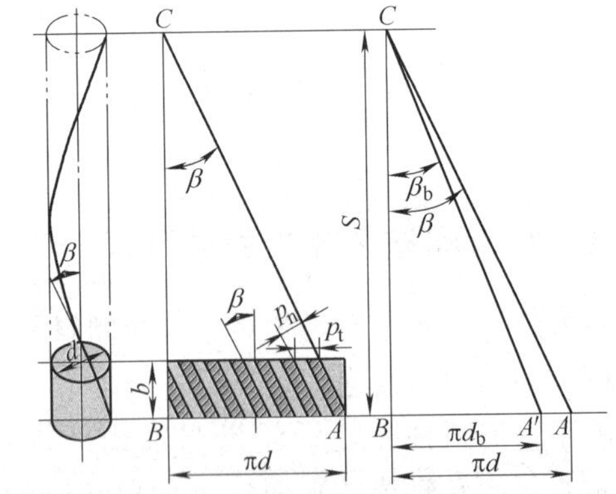

图 8-33　斜齿轮的展开图

2. 模数

斜齿圆柱齿轮的模数包括端面模数 m_t 和法向模数 m_n。由图 8-33 所示几何关系可得到法向齿距 p_n 与端面齿距 p_t 的关系满足

$$p_n = p_t \cos\beta \tag{8.7-1}$$

因此有

$$m_n = m_t \cos\beta \tag{8.7-2}$$

3. 压力角

为便于分析法向压力角与端面压力角的换算关系，以斜齿条为例加以说明。如图 8-34 所示，abc 平面为端面，$\angle abc$ 为端面压力角 α_t；$a'b'c$ 平面为法面，$\angle a'b'c$ 为法向压力角 α_n。由图示几何关系可以导出

$$\tan\alpha_t=\frac{\tan\alpha_n}{\cos\beta} \tag{8.7-3}$$

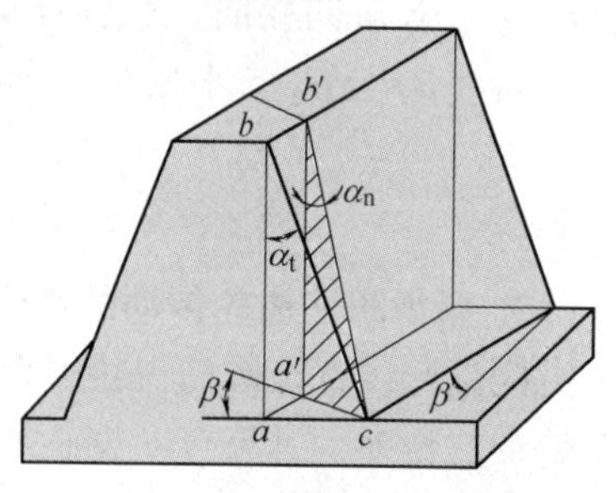

图 8-34　斜齿条中的压力角

4. 齿顶高系数和顶隙系数

对于斜齿圆柱齿轮，无论在端面上还是在法面上，轮齿的齿顶高是相同的，顶隙也是相同的，因此与直齿轮一样满足

$$\begin{aligned} h_a&=h_{an}^*m_n=h_{at}^*m_t\\ c&=c_n^*m_n=c_t^*m_t\\ h_f&=(h_{an}^*+c_n^*)m_n=(h_{at}^*+c_t^*)m_t \end{aligned} \tag{8.7-4}$$

式中，h_{at}^* 和 c_t^* 分别为端面齿顶高系数和顶隙系数；h_{an}^* 和 c_n^* 分别为法向齿顶高系数和顶隙系数；h_a、c 和 h_f 分别为齿顶高、顶隙和齿高。由于 $m_n=m_t\cos\beta$，有

$$\begin{aligned} h_{at}^*&=h_{an}^*\cos\beta\\ c_t^*&=c_n^*\cos\beta \end{aligned} \tag{8.7-5}$$

5. 其他几何尺寸及参数计算

斜齿圆柱齿轮的几何尺寸大都按其端面尺寸进行计算，仍可使用直齿圆柱齿轮几何尺寸计算公式，但基本参数要代入以上端面参数。

斜齿轮的分度圆直径为

$$d=m_tz=\frac{m_nz}{\cos\beta} \tag{8.7-6}$$

斜齿圆柱齿轮机构的标准中心距为

$$a=\frac{d_1+d_2}{2}=\frac{m_t}{2}(z_1+z_2)=\frac{m_n}{2\cos\beta}(z_1+z_2) \tag{8.7-7}$$

由式（8.7-7）可知，在设计斜齿圆柱齿轮机构时，可以通过改变螺旋角的方法调整中心距的大小。

8.7.3　斜齿圆柱齿轮的啮合传动

1. 斜齿圆柱齿轮机构的正确啮合条件

由于平行轴斜齿圆柱齿轮机构在端面的啮合相当于一对直齿轮啮合，其端面模数和压力角应分别相等。即

$$\begin{cases} m_{t1}=m_{t2}\\ \alpha_{t1}=\alpha_{t2} \end{cases} \tag{8.7-8}$$

另外还要考虑两齿轮转向相匹配的问题：其螺旋齿面应相切，轮齿的倾斜方向必须一

致。这意味着两齿轮螺旋角还要满足 $\beta_1=\pm\beta_2$。（外啮合时 β_1、β_2 旋向相反，取负号；内啮合时 β_1、β_2 旋向相同，取正号）。

因为 β_1 与 β_2 大小相等，所以其法向模数及法向压力角也分别相等，即

$$\begin{cases} m_{n1}=m_{n2} \\ \alpha_{n1}=\alpha_{n2} \end{cases} \tag{8.7-9}$$

2. 斜齿圆柱齿轮传动的重合度

同渐开线直齿圆柱齿轮啮合传动一样，要保证一对平行轴斜齿圆柱齿轮机构能连续进行定传动比传动，其重合度也必须大于或等于1。

现将一对斜齿轮传动与一对直齿轮传动进行对比。图8-35所示为两个端面参数（齿数、模数、压力角及齿顶高系数）完全相同的直齿圆柱齿轮和斜齿圆柱齿轮的分度圆柱面展开图。图8-35a所示为直齿轮传动的啮合面，图8-35b所示为斜齿轮传动的啮合面，$B_1B_1B_2B_2$ 为啮合区。对于直齿圆柱齿轮传动来说，轮齿在 B_2B_2 处进入啮合时，就沿整个齿宽接触，在 B_1B_1 处脱离啮合时，也是沿整个齿宽同时分开，故直齿轮传动的重合度为

$$\varepsilon_\alpha=\frac{L}{p_b}=\frac{1}{2\pi}[z_1(\tan\alpha_{at1}-\tan\alpha_t')+z_2(\tan\alpha_{at2}-\tan\alpha_t')] \tag{8.7-10}$$

式中，ε_α 为**端面重合度**，p_b 为端面上的齿距。对于直齿轮而言，也就是它的法向齿距。

对于斜齿圆柱齿轮传动来说，轮齿也是在 B_2B_2 处进入啮合，不过它不是沿整个齿宽同时进入啮合，而是由轮齿的一端先进入啮合，在 B_1B_1 处脱离啮合时也是由轮齿的一端先脱离啮合，直到该轮齿转到图中 $B_1'B_1$ 位置时，这个轮齿才完全脱离接触。这样，斜齿圆柱齿轮传动的实际啮合区就比直齿圆柱齿轮传动增大了 $\Delta L=b\tan\beta_b$ 一段，因此斜齿圆柱齿轮传动的重合度也就比直齿轮的重合度大，设其增加的一部分重合度以 ε_β 表示。

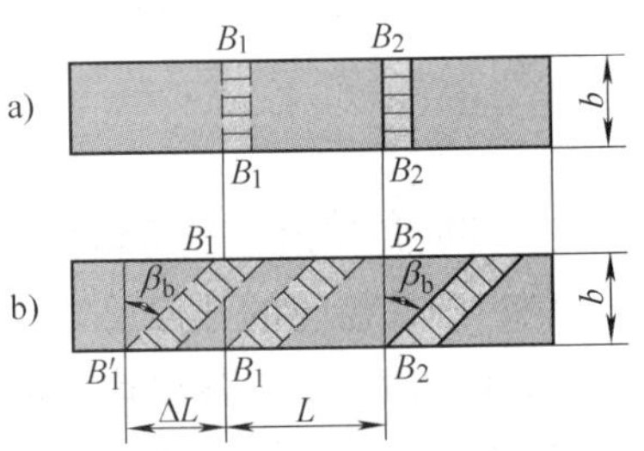

图8-35　直齿轮和斜齿轮的啮合面

$$\varepsilon_\beta=\frac{b\sin\beta}{\pi m_n} \tag{8.7-11}$$

由于 ε_β 与斜齿轮的轴向宽度 b 有关，称 ε_β 为**轴向重合度**。轴向重合度 ε_β 与斜齿圆柱齿轮的螺旋角 β、齿宽 b 有关，且随 β 和 b 的增大而增大。

因此，斜齿圆柱齿轮传动总的重合度 ε_γ 为端面重合度 ε_α 与轴向重合度 ε_β 之和，即

$$\varepsilon_\gamma=\varepsilon_a+\varepsilon_\beta \tag{8.7-12}$$

由上述分析可知，斜齿轮在其他参数相同的情况下，比直齿轮增加了轴向重合度 ε_β，并且，轴向重合度随齿宽和螺旋角的增大而增大。因此，斜齿轮比直齿轮工作更加平稳，传动性能更加可靠，适用于高速、重载的传动中。

8.7.4　斜齿圆柱齿轮的当量齿数

为了切制斜齿轮和简化计算齿轮强度，需要进一步了解斜齿轮的法向齿形。根据渐开线的特性，渐开线的形状取决于基圆的半径（$r_b=mz\cos\alpha/2$）。当模数和压力角一定的情况下，基圆的大小取决于齿数，即齿形与齿数有关。

如图8-36所示，为了确定斜齿轮的当量齿数，过斜齿轮分度圆柱表面上的一点 P 作轮

齿的法面，将此斜齿轮的分度圆柱剖开，其剖面为一椭圆。此剖面上点 P 附近的齿形与斜齿轮的法向齿形十分相近，可视为斜齿轮的法向齿形。现以 P 点的曲率半径为半径作圆，假想以该圆为分度圆，以斜齿轮的法向模数和法向压力角为模数和压力角构造一个虚拟的直齿轮，则该虚拟直齿轮就称为斜齿轮的**当量齿轮**，其齿数称为**当量齿数**。

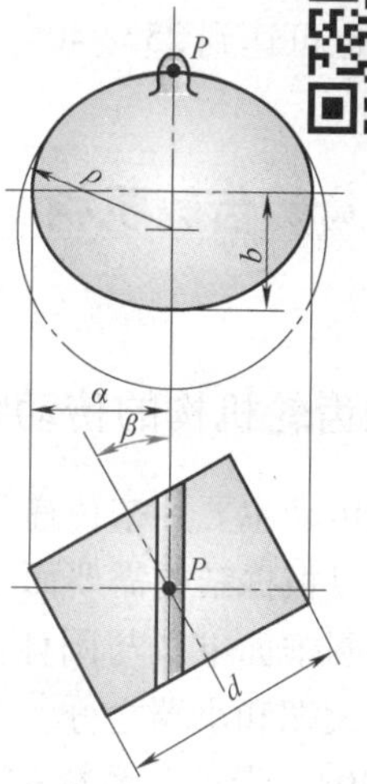

图 8-36　斜齿轮的当量齿数

由图 8-36 可知，椭圆的长半轴的长度为 $a=r/\cos\beta$，短半轴的长度为 $b=r$，根据椭圆的特性，其曲率半径

$$\rho=\frac{a^2}{b}=\frac{r}{\cos^2\beta} \tag{8.7-13}$$

故可得

$$z_v=\frac{2\rho}{m_n}=\frac{zm_t}{m_n\cos^2\beta}=\frac{z}{\cos^3\beta} \tag{8.7-14}$$

因此，斜齿圆柱齿轮不发生根切的最少齿数为

$$z_{\min}=z_{v\min}\cos^3\beta \tag{8.7-15}$$

式中，$z_{v\min}$ 为当量直齿圆柱齿轮不发生根切的最少齿数。显然，斜齿轮不发生根切的最少齿数要少于直齿轮的不发生根切的最少齿数。

【思考题】：什么是斜齿轮的当量齿轮？为什么要提出当量齿轮的概念？

8.7.5　斜齿圆柱齿轮传动的特点

（1）**啮合性能比较好**　斜齿圆柱齿轮啮合传动时，两渐开线螺旋面齿廓的接触线与齿轮轴线不平行，其啮合过程是从轮齿的一端面开始进入啮合，逐渐达到全齿宽，再由先进入啮合的端面开始脱离啮合，直到另一端面完全脱离啮合为止。啮合过程中两齿廓接触线由短变长，直到全齿宽，再由长变短。因此，与直齿圆柱齿轮传动相比，斜齿圆柱齿轮传动的啮合性能好，传动平稳，振动、冲击和噪声小。

（2）**重合度大**　在其他参数相同条件下，相对于直齿圆柱齿轮，斜齿圆柱齿轮由于增加了轴向重合度 ε_β，因而降低了每对轮齿的载荷，提高了齿轮的承载能力，延长了齿轮的使用寿命。

（3）**结构紧凑**　标准斜齿轮不产生根切的最少齿数较直齿轮少。因此，采用斜齿轮传动可以得到更加紧凑的结构。

（4）**制造成本与直齿轮相同**　用展成法加工斜齿轮时，所使用的设备、刀具和方法与制造直齿轮基本相同，并不会增加加工的成本。

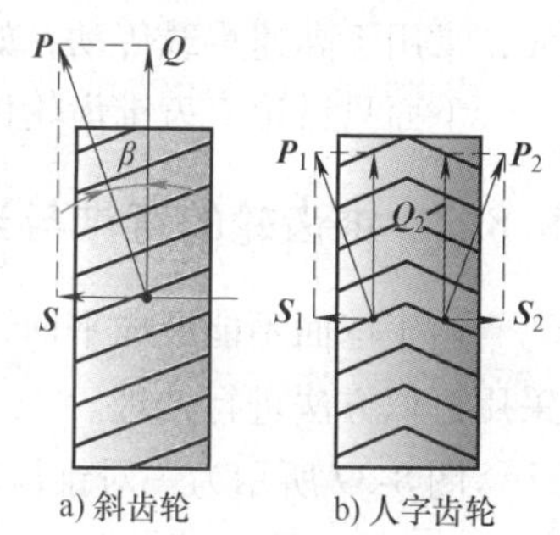

a) 斜齿轮　　b) 人字齿轮

图 8-37　斜齿轮与人字齿轮的轴向力

斜齿圆柱齿轮传动也存在一些缺点：在运转时会产生轴向力，并且轴向力也随螺旋角 β 的增大而增大（图 8-37a）。为了不使斜齿轮传动产生过大的轴向推力，设计时一般 β 取 8°～20°。若要消除传动中轴向推力对轴承的作用，可采用齿向左右

对称的人字齿轮。因为这种齿轮的轮齿左右对称，所产生的轴向力可相互抵消（图 8-37b），其螺旋角 β 也可达到 25°~40°。但人字齿轮对加工、制造、安装等技术要求都较高。

8.8 直齿锥齿轮机构

8.8.1 锥齿轮机构的传动特点

锥齿轮传动主要用来传递两相交轴之间的运动和动力（图 8-38）。两轴之间的夹角（轴交角）Σ 可以根据结构需要而定，在一般机械中多采用 $\Sigma=90°$ 的传动。锥齿轮是一个锥体，轮齿分布在圆锥面上。与圆柱齿轮相对应，在锥齿轮上有齿顶圆锥、分度圆锥和齿根圆锥等，并且有大端和小端之分。为了方便计算与测量，通常取圆锥齿轮大端的参数为标准值，压力角 $\alpha=20°$，齿顶高系数 $h_a^*=1$，顶隙系数 $c^*=0.2$。

相互啮合的锥齿轮，其相对运动是空间球面运动，其锥顶交于球心，锥齿轮传动的共轭齿廓为球面渐开线，锥齿轮的齿廓曲面为球面渐开线曲面。圆柱齿轮传动中的分度圆柱、基圆柱、齿顶圆柱、齿根圆柱等圆柱体，在锥齿轮传动中都变成了圆锥体，即分度圆锥、基圆锥、齿顶圆锥、齿根圆锥等。

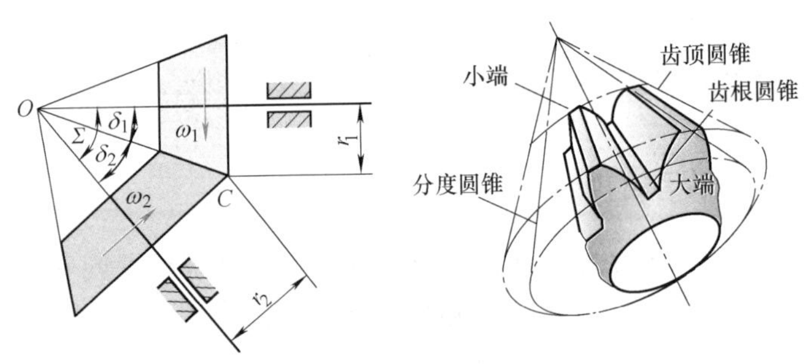

图 8-38 锥齿轮传动

锥齿轮的轮齿有直齿、斜齿及曲线齿（圆弧齿、螺旋齿）等多种形式。直齿锥齿轮的设计、制造和安装均较简便，故应用最为广泛。曲线齿锥齿轮由于其传动平稳，承载能力较强，常用于高速重载传动，如飞机、汽车、拖拉机等的传动机构中。

下面只讨论直齿锥齿轮传动。

8.8.2 锥齿轮的背锥与当量齿数

由于球面不能展成平面，从而给锥齿轮的设计和制造带来困难。为方便工程上应用，需采用近似方法进行处理。

图 8-39 所示为一对锥齿轮传动。其中轮 1 的齿数为 z_1，分度圆半径为 r_1，分锥角为 δ_1；轮 2 的齿数为 z_2，分度圆半径为 r_2，分锥角为 δ_2；轴交角 $\Sigma=90°$。过轮 1 大端的节点 P，作其分锥母线 OP 的垂线，交其轴线于 O_1 点，再以点 O_1 为锥顶，以 O_1P 为母线，作一圆锥与轮 1 的大端相切，这个圆锥称为齿轮 1 的背锥。同理可作齿轮 2 的背锥。若将两轮的背锥展

开，则成为两个扇形齿轮，两者相当于一对齿轮的啮合传动。

设想把由锥齿轮背锥展开而形成的扇形齿轮的缺口补满，可获得一个圆柱齿轮。这个假想的圆柱齿轮称为锥齿轮的**当量齿轮**，其齿数 z_v 称为锥齿轮的**当量齿数**。当量齿轮的齿形和锥齿轮在背锥上的齿形是一致的，故当量齿轮的模数和压力角与锥齿轮大端的模数和压力角也是一致的。当量齿数 z_v 与实际齿数 z 的关系可通过如下求出：

由图 8-39 可知，轮 1 的当量齿轮的分度圆半径为

$$r_{v1}=\overline{O_1P}=\frac{r_1}{\cos\delta_1}=\frac{z_1m}{2\cos\delta_1} \quad (8.8\text{-}1)$$

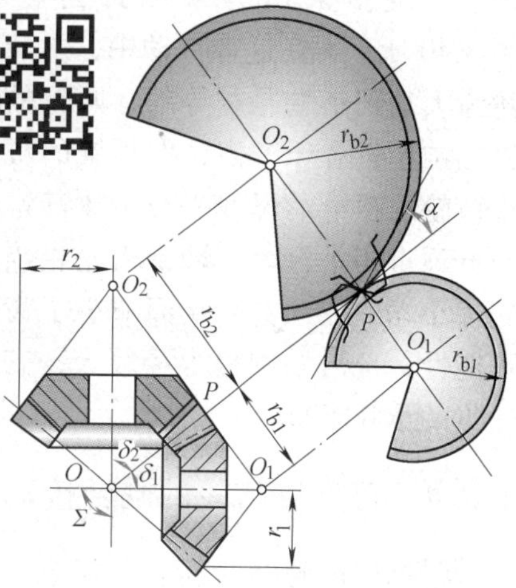

图 8-39　背锥与当量齿数

因此，当量齿数 z_v 与实际齿数 z 的关系为

$$z_{v1}=\frac{2r_{v1}}{m}=\frac{z_1}{\cos\delta_1} \quad (8.8\text{-}2)$$

对于任一锥齿轮，都有

$$z_v=\frac{z}{\cos\delta} \quad (8.8\text{-}3)$$

锥齿轮的当量齿轮是一个假想的齿数为 z_v，其模数、压力角、齿顶高系数及顶隙系数分别等于该锥齿轮大端基本参数的直齿圆柱齿轮，其齿形与锥齿轮大端齿形一致。采用仿形法加工直齿锥齿轮时，需要按其当量齿数 z_v 来选择刀号；计算直齿锥齿轮传动的重合度时，用当量齿轮来计算；进行直齿锥齿轮齿根弯曲疲劳强度计算时，按当量齿数查齿形系数。

【思考题】：什么是直齿锥齿轮的当量齿轮和当量齿数？

8.8.3　直齿锥齿轮的基本参数与尺寸计算

锥齿轮几何尺寸计算以其大端为基准，其大端齿形与其背锥展开成为扇形齿轮补足后的圆柱齿轮的齿形相同，沿用直齿圆柱齿轮几何尺寸计算公式即可算得大端几何参数。

两锥齿轮的分度圆直径

$$d_1=mz_1=2R\sin\delta_1,\quad d_2=mz_2=2R\sin\delta_2 \quad (8.8\text{-}4)$$

式中，R 为分锥顶点到大端的距离，称为**锥距**；δ_1、δ_2 分别为两轮的**分锥角**。因此，两轮的传动比为

$$i_{12}=\frac{\omega_1}{\omega_2}=\frac{z_2}{z_1}=\frac{d_2}{d_1}=\frac{\sin\delta_2}{\sin\delta_1} \quad (8.8\text{-}5)$$

一种特例：当两轮轴交角为 90°时，$i_{12}=\cot\delta_1=\tan\delta_2$。

在设计锥齿轮传动时，可根据给定的传动比 i_{12}，按式（8.8-5）确定两轮分锥角的值。锥齿轮顶锥角和根锥角的大小，与两锥齿轮啮合传动时对其顶隙的要求有关。根据国家标准

规定，现多采用等顶隙锥齿轮传动，如图 8-40 所示。在这种传动中，两轮的顶隙从轮齿大端到小端是相等的，两轮的分锥及根锥的锥顶重合于一点，但顶锥的母线与另一锥齿轮的根锥的母线平行，故其锥顶就不再与分顶点相重合。这种锥齿轮相当于降低了轮齿小端的齿顶高，从而减小了齿顶过尖的可能性；且齿根圆角半径较大，有利于提高轮齿的承载能力。

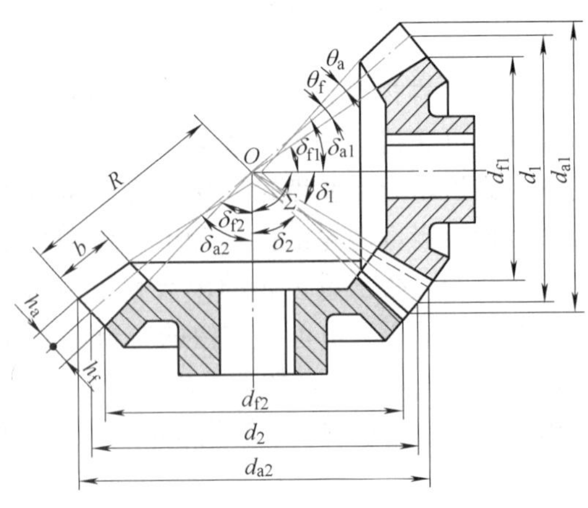

图 8-40　锥齿轮传动

8.8.4　直齿锥齿轮的啮合传动

借助锥齿轮当量齿轮的概念，可以将圆柱齿轮传动的结论直接应用于锥齿轮传动。

一对锥齿轮的正确啮合条件：两轮大端的模数和压力角分别相等，即

$$\begin{cases} m_1=m_2=m \\ \alpha_1=\alpha_2=\alpha \end{cases} \tag{8.8-6}$$

一对锥齿轮传动的重合度可以近似地按其当量齿轮传动的重合度来计算，即

$$\varepsilon=\frac{\overline{B_1B_2}}{p_b}=\frac{1}{2\pi}[z_{v1}(\tan\alpha_{va1}-\tan\alpha'_v)+z_2(\tan\alpha_{va2}-\tan\alpha'_v)] \tag{8.8-7}$$

锥齿轮不发生根切的最小齿数

$$z_{min}=z_{vmin}\cos\delta \tag{8.8-8}$$

式中，$z_{v\,min}$ 为当量齿轮不发生根切的最小齿数。当 $\alpha=20°$，$h_a^*=1$，$c^*=0.2$ 时，$z_{vmin}=17$。故锥齿轮不发生根切的最小齿数 $z_{vmin}<17$。

8.9　蜗杆蜗轮机构

8.9.1　蜗杆蜗轮机构传动及特点

蜗杆蜗轮机构是用来传递空间交错轴之间的运动和动力的。最常用的是两轴交错角为 90°的减速运动。蜗杆蜗轮机构可以看成是由交错轴斜齿轮机构演变而来的。

如图 8-41 所示，在分度圆柱上具有完整螺旋齿的构件 1 称为蜗杆（worm），而与蜗杆相啮合的构件 2 称为蜗轮（worm wheel）。通常以蜗杆为主动件做减速运动；当其反行程不自锁时，也可以蜗轮为主动件做增速运动。

蜗杆与螺旋相似，也有左旋和右旋之分，以右旋居多。

蜗杆蜗轮机构运动方向的确定方法：以右旋蜗杆为例，右手四指顺蜗杆转向握拳，拇指垂直于四指方向，则蜗轮在啮合点处的速度方向与拇指的指向相同。

蜗杆蜗轮机构传动的主要特点包括：

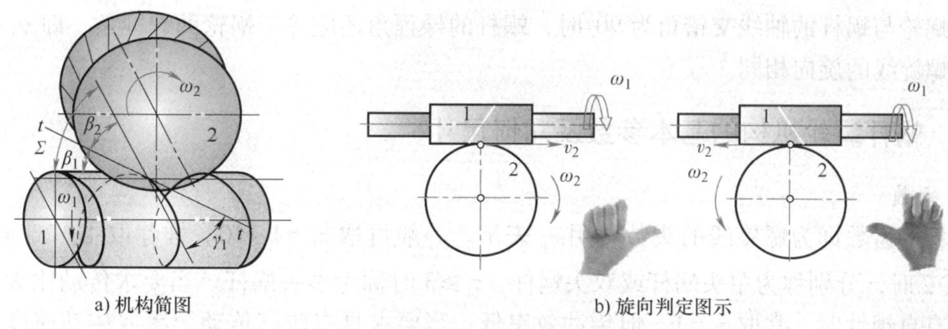

a) 机构简图　　b) 旋向判定图示

图 8-41　蜗杆蜗轮机构

1）由于蜗杆的轮齿是连续不断的螺旋齿，传动特别平稳，冲击与噪声小，因此在一些传动比无须很大的超静传动场合经常采用蜗杆蜗轮机构。

2）由于蜗杆的齿数（头数）少，单级传动可获得较大的传动比，且结构紧凑。在用作减速动力传动时，传动比的范围为 $5\leqslant i_{12}\leqslant 70$；在用作增速动力传动时，传动比 $i_{21}=(1/15)\sim(1/5)$。

3）由于蜗杆蜗轮啮合时轮齿间相对滑动速度大，由此产生的摩擦、磨损也大。因此蜗轮常用锡青铜等减磨材料制造，成本较高。由于摩擦损失较大，蜗杆蜗轮传动效率较低，一般为 $h=0.7\sim0.8$，有自锁性的蜗杆蜗轮传动效率小于 0.5。

4）蜗杆蜗轮传动一般具有自锁性。这种自锁性使蜗杆蜗轮机构常用于起重装置中。

蜗杆蜗轮传动的类型较多，其中阿基米德蜗杆传动最为基本，下面仅就这种传动类型进行简单介绍。

8.9.2　蜗杆蜗轮机构正确啮合条件

图 8-42 所示为阿基米德蜗杆蜗轮啮合传动。过蜗杆的轴线作一平面垂直于蜗轮的轴线，该平面对于蜗杆是轴平面，对于蜗轮是端面，这个平面称为蜗杆蜗轮机构的中平面。在此平面内蜗杆的齿廓相当于齿条，蜗轮的齿廓相当于齿轮，即在中平面上两者相当于齿轮齿条啮合。因此，蜗杆蜗轮正确啮合的条件为蜗轮的端面模数和压力角分别等于蜗杆的轴面模数和压力角，且均取为标准值，即

$$m_{t2}=m_{x1}=m,\quad \alpha_{t2}=\alpha_{x1}=\alpha \tag{8.9-1}$$

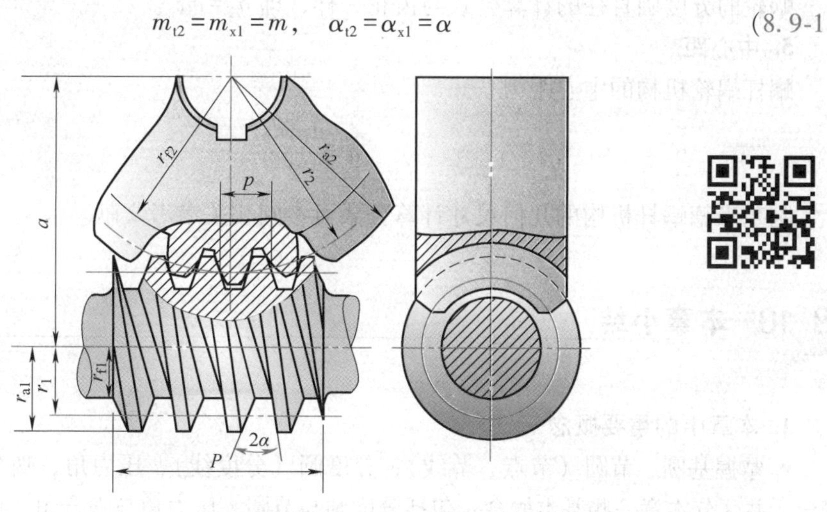

图 8-42　阿基米德蜗杆蜗轮啮合传动

当蜗轮与蜗杆的轴线交错角为90°时，蜗杆的导程角还应等于蜗轮的螺旋角，即$\gamma_1=\beta_2$，且两者螺旋线的旋向相同。

8.9.3　蜗杆蜗轮机构的基本参数及几何尺寸

1. 齿数

蜗杆的齿数即为螺旋线的头数，用z_1表示。一般可取$z_1=1\sim10$。推荐取1、2、4、6。$z_1=1$或2时，分别称为单头蜗杆或双头蜗杆，$z_1\geqslant3$时称为多头蜗杆。当要求传动比大或反行程具有自锁性时，常取$z_1=1$，但传动效率低；当要求具有较高传动效率或传动速度较高时，z_1应取大值。

蜗轮的齿数z_2可根据传动比计算得到。对于动力传动，一般推荐$z_2=29\sim70$；对只传递运动的情况，z_2可取得更大些。

2. 模数

蜗杆模数系列与齿轮模数系列有所不同。蜗杆模数取值见表8-5。

表8-5　蜗杆模数取值　（单位：mm）

第一系列	0.1　0.12　0.16　0.2　0.25　0.3　0.4　0.5　0.6　0.8　1　1.25　1.6　2　2.5　3.15　4　5　6.3　8　10　12.5　16　20　25　31.5　40
第二系列	0.7　0.9　1.5　3　3.5　4.5　5.5　6　7　12　14

注：摘自GB/T 10088—2018，优先采用第一系列。

3. 压力角

国标GB/T 10087—2018中规定，阿基米德蜗杆的压力角为20°。在动力传动中，允许增大压力角，推荐用25°；在分度传动中，允许减小压力角，推荐用15°。

4. 分度圆直径

由于在用蜗轮滚刀切制蜗轮时，滚刀的分度圆直径必须与工作蜗杆的分度圆直径相同，为限制蜗轮滚刀的数目，国家标准（GB/T 10085—2018）中规定将蜗杆的分度圆直径d_1标准化，且与其模数相匹配。根据模数再来选定蜗杆的分度圆直径。

蜗轮的分度圆直径的计算公式与齿轮一样，即$d_2=mz_2$。

5. 中心距

蜗杆蜗轮机构的中心距为

$$a=\frac{d_1+d_2}{2} \tag{8.9-2}$$

阿基米德蜗杆机构的几何尺寸计算公式可参阅相关参考文献。

8.10　本章小结

1. 本章中的重要概念

- 掌握基圆、节圆（节点、节线）、分度圆（分度线）、压力角、啮合角、啮合线等重要概念，并区分本章一些基本概念，包括分度圆与节圆、压力角与啮合角、接触线与啮合线等。

● 齿轮啮合基本定律的内涵是不论两齿廓在任何位置接触，过接触点的齿廓公法线均应与连心线交于定点。凡满足齿廓啮合基本定律而相互啮合的一对齿廓称为共轭齿廓。常见的共轭齿廓曲线包括渐开线、变态摆线等。

● 掌握渐开线齿廓的 3 个啮合特性：满足定传动比传动；啮合线为与两基圆相切的定直线，齿廓之间的正压力保持不变；轮心可分性。

● 齿轮的 5 个基本参数包括：z、m、α、h_a^*、h_f^*。已知这 5 个参数，渐开线直齿圆柱齿轮的其他参数即可确定。若 m、α、h_a^*、c^* 均为标准值，而且 $e=s$，则齿轮称为标准齿轮。

● 掌握标准齿轮正确啮合、连续啮合的条件，它们都与法向齿距有关。正确啮合要求两个齿轮的法向齿距相等；而连续啮合则要求实际啮合线长度大于法向齿距。

● 掌握标准齿轮标准安装的条件，以及若发生不标准安装各参数的变化情况。当一对标准齿轮标准安装时，两分度圆与两节圆分别重合；两轮的侧隙为零，顶隙为标准值。当一对标准齿轮非标准安装时，两轮的侧隙大于零，顶隙大于标准值；啮合角大于分度圆压力角。

● 重合度是衡量齿轮传动性能的重要指标之一，其大小表明了同时参与啮合的轮齿对数的平均值。一对标准圆柱齿轮啮合传动时其重合度的最大值为 1.98。若想再增大重合度，需采用变位齿轮、斜齿轮或锥齿轮传动。

● 齿轮的加工按加工原理来分类，主要有仿形法和展成法两种。展成法基于齿廓啮合基本定律，适合于大批量生产，但会产生根切现象。

● 为避免根切，提高齿轮使用寿命，需对标准齿轮进行变位，包括正变位和负变位。

● 斜齿圆柱齿轮传动、直齿锥齿轮传动及蜗杆蜗轮传动都是建立在标准齿轮传动基础上的传动形式，有其各自的优点，适用不同的应用场合。

2. 本章中的重要公式

● 齿轮啮合基本定律：

$$i_{12}=\frac{\omega_1}{\omega_2}=\frac{\overline{O_2P}}{\overline{O_1P}},\quad i_{12}=\frac{\omega_1}{\omega_2}=\frac{\overline{O_2P}}{\overline{O_1P}}=\frac{r_2'}{r_1'}=\frac{r_{b2}}{r_{b1}}\quad \text{（对于渐开线齿轮）}$$

● 渐开线方程：

$$\begin{cases} r_K=\dfrac{r_b}{\cos\alpha_K} \\ \theta_K=\tan\alpha_K-\alpha_K \end{cases}$$

● 渐开线标准直齿圆柱齿轮基本参数：

$$\begin{cases} h_a=h_a^* m \\ h_f=(h_a^*+c^*)m=h_f^* m \end{cases}$$

$$r_b=r\cos\alpha=\frac{mz}{2}\cos\alpha$$

$$d=2r=mz$$

$$p_b=p_n=\pi m\cos\alpha$$

● 渐开线标准直齿圆柱齿轮的安装：

$$a=r_1'+r_2'=r_1+r_2=\frac{m(z_1+z_2)}{2}$$

$$a\cos\alpha = a'\cos\alpha'$$

- 渐开线标准直齿圆柱齿轮的正确啮合条件：

$$\begin{cases} m_1 = m_2 = m \\ \alpha_1 = \alpha_2 = \alpha \end{cases}$$

- 重合度计算公式：

$$\varepsilon_\alpha = \frac{\overline{B_1B_2}}{p_b} = \frac{\overline{B_1B_2}}{\pi m\cos\alpha}（定义式）, \quad \varepsilon_\alpha = \frac{\overline{B_1B_2}}{p_b} = \frac{1}{2\pi}[z_1(\tan\alpha_{a1} - \tan\alpha) + z_2(\tan\alpha_{a2} - \tan\alpha)]$$

- 渐开线标准直齿圆柱齿轮不发生根切的最少齿数：

$$z_{min} = \frac{2h_a^*}{\sin^2\alpha}$$

辅助阅读材料

[1] UICKER J J, PENNOCK G R, SHIGLEY J E. Theory of machines and mechanisms [M]. 5th ed. New York: Oxford University Press, 2017.

[2] 许洪基. 齿轮手册 [M]. 2 版. 北京：机械工业出版社，2001.

[3] 楼鸿棣，邹慧君. 高等机械原理 [M]. 北京：高等教育出版社，1990.

习　　题

■ 基础题

8-1 一对渐开线齿轮齿廓如图 8-43 所示，两渐开线齿廓啮合于 K 点，试求：

1）当绕点 O_2 转动的齿轮为主动轮，两齿廓啮合线为图中 N_2N_1 时，确定两齿廓的转动方向。

2）用作图法标出与渐开齿廓 G_1 上的点 a_2、b_2 相共轭的点 a_1、b_1，标出渐开线齿廓 G_2 上与点 d_1 相共轭的点 d_2。

3）用阴影线标出两条渐开线齿廓的齿廓工作段。

4）在图上标出这对渐开线齿轮的节圆和啮合角 α'，并说明啮合角与节圆压力角之间的关系。

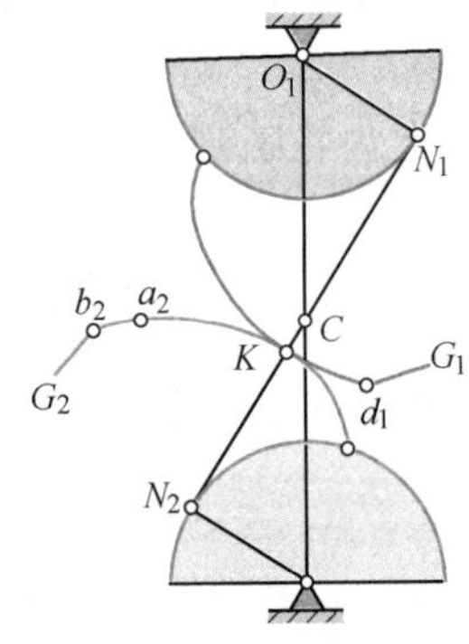

图 8-43　题 8-1 图

8-2 如图 8-44 所示：

1）已知 $\alpha_K = 20°$，$r_b = 46.985\text{mm}$，求 r_K、$\overset{\frown}{AB}$之值及点 K 处曲率半径 ρ_k。

2）当 $\theta_i = 3°$，r_b 仍为 46.985mm 时，求 α_i 及 r_i。

8-3 有一对外啮合的渐开线标准直齿圆柱齿轮，已知传动比 $i_{12} = 2.5$，$z_1 = 40$，$m = 10\text{mm}$，$a = 20°$，$h_a^* = 1$。求 z_2 及两齿轮的其他尺寸。

8-4 有一对外啮合的渐开线标准直齿圆柱齿轮，已知各齿轮的齿数分别为 $z_1 = 20$，$z_2 = 40$，$m = 2.5\text{mm}$，$a = 20°$，$h_a^* = 1$。

1）计算基圆齿距 p_{b1} 和 p_{b2}。

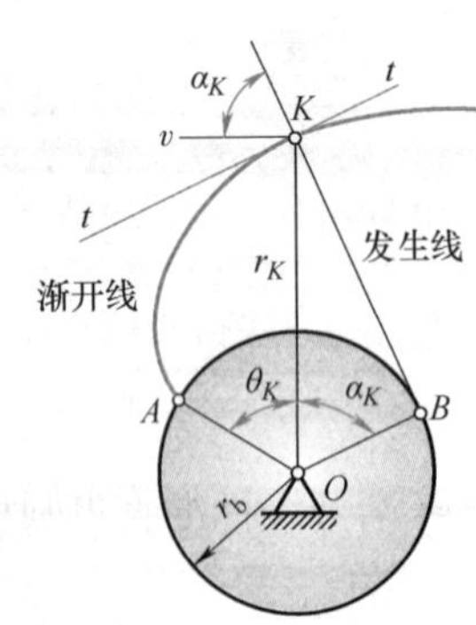

图 8-44　题 8-2 图

2）计算齿顶圆半径 r_{a1} 和 r_{a2}。

3）若啮合角 $a'=21°$，判断该对齿轮是否为标准安装，并计算其中心距大小 a'。

8-5　在渐开线直齿圆柱齿轮传动中，主动轮 1 做逆时针转动。已知标准中心距 $a=126\text{mm}$，$z_1=17$，$z_2=25$，$\alpha=20°$，$h_a^*=1$，要求：

1）确定模数 m。

2）按长度比例尺 $\mu_l=2\text{mm/mm}$ 画出两齿轮的啮合图，并确定理论啮合线 N_1N_2 位置。

3）在图上标出节点 P 和啮合角 α'。

4）确定齿顶圆半径。

5）在图上标出齿顶压力角 α_{a1}、α_{a2}（以中心角表示）。

6）确定实际啮合线 B_1B_2 位置。

7）求重合度 ε_a（有关尺寸可直接由图上量取）。

8-6　已知一对渐开线外啮合标准直齿圆柱齿轮机构，$\alpha=20°$，$h_a^*=1$，$m=4\text{mm}$，$z_1=18$，$z_2=41$。试求：

1）两轮的几何尺寸和标准中心距 a，以及重合度 ε。

2）按比例作图，画出理论啮合线 N_1N_2，在其上标出实际啮合线 B_2B_1，并标出单齿啮合区和双齿啮合区，以及节点 P 的位置。

8-7　已知一对渐开线外啮合标准直齿圆柱齿轮的模数 $m=2\text{mm}$，压力角 $\alpha=20°$，齿顶高系数 $h_a^*=1$，顶隙系数 $c^*=0.25$，两齿轮的齿数 $z_1=20$，$z_2=50$。试求：

1）标准中心距 a。

2）分度圆直径 d_1 和 d_2。

3）画出两个齿轮的啮合图，标出单、双齿啮合区，并求重合度的大小。

8-8　在相距 160mm 的 O_1、O_2 两轴间，欲采用两个渐开线标准直齿圆柱齿轮做外啮合传动，设 $m=8\text{mm}$，$z_1=18$，$z_2=21$，$\alpha=20°$，$h_a^*=1$，$c^*=0.25$，要求：

1）求两个齿轮分度圆、基圆、节圆、齿顶圆、齿根圆半径（或直径）。

2）准确作图标出理论啮合线端点、实际啮合线端点、节点，量出实际啮合线段长，判断能否连续转动。

3）在图上标示顶隙并计算顶隙的实际值。

4）计算啮合角。

5）填空或把不对的划掉：这一对齿轮是（有侧、无侧）隙的；在中心距、齿数、模数不变的条件下，欲实现无侧隙，须采用________传动；为此，可将其中一个齿轮设计成________变位的，或两个齿轮都变位而变位系数和（大于、等于、小于）零。

8-9　用展成法加工 $z=12$，$m=12\text{mm}$，$\alpha=20°$的渐开线直齿轮。为避免根切，应采用哪种变位方法加工？最小变位量是多少？并计算按最小变位量变位时齿轮分度圆的齿厚和齿槽宽。

8-10　设已知一对标准斜齿轮传动的参数为 $z_1=21$，$z_2=37$，$m_n=5\text{mm}$，$\alpha_n=20°$，$h_{an}^*=1$，$c_n^*=0.25$，$b=70\text{mm}$，初选 $\beta=15°$。试求中心距 a。圆整中心距 a，并精确重算 β、总重合度 ε_γ、当量齿数 z_{v1} 及 z_{v2}。

8-11　设一对轴交角 $\Sigma=90°$直齿锥齿轮传动的参数为 $m=10\text{mm}$，$\alpha=20°$，$h_a^*=1$，$z_1=$

20，$z_2=40$。试计算：

1）两分锥角。

2）两分度圆直径。

3）两齿顶圆直径。

8-12 一蜗轮的齿数 $z_2=40$，$d_2=200\text{mm}$，与一单头蜗杆啮合，$d_1=50\text{mm}$，试求：

1）蜗轮端面模数 m_{t2} 及蜗杆轴面模数 m_{x1}。

2）蜗杆的轴面齿距 p_{x1} 及导程 l。

3）两轮的中心距 a。

■ 提高题

8-13 测量齿轮的公法线长度是检验齿轮精度的常用方法之一。试推导渐开线标准齿轮公法线长度的计算公式

$$L=m\cos\alpha[(k-0.5)\pi+z\text{inv}\alpha]$$

式中，k 为跨齿数，其计算公式为

$$k=\frac{z\alpha}{180°}+0.5$$

8-14 用游标卡尺测量渐开线直齿圆柱齿轮，如图 8-45 所示，测得 2 个齿和 3 个齿的公法线长度 $w_2=32.21\text{mm}$ 和 $w_3=55.83\text{mm}$，齿顶圆直径 $d_a=208\text{mm}$，齿根圆直径 $d_f=172\text{mm}$，齿数 $z=24$。试求该齿轮的模数 m、压力角 α、齿顶高系数 h_a^* 和顶隙系数 c^*。

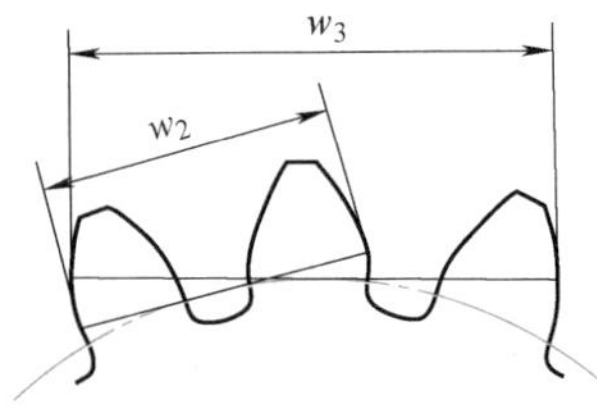

图 8-45 题 8-14 图

8-15 某一机床的主轴箱中有一渐开线标准直齿圆柱齿轮，发现该齿轮已损坏。经过测量，该齿轮的压力角 $\alpha=20°$，齿数 $z=40$，齿顶圆直径 $d_a=83.82\text{mm}$，跨 5 齿的公法线长度 $L_5=27.512\text{mm}$，跨 6 齿的公法线长度 $L_6=33.426\text{mm}$。试确定该齿轮的模数。

8-16 当分度圆压力角 $\alpha=20°$、齿顶高系数 $h_a^*=1$ 的渐开线标准直齿圆柱齿轮的齿根圆与基圆相重合时，它的齿数应该是多少？如果齿数大于或者小于这个数值，那么基圆和齿根圆哪个大些？

8-17 一对渐开线外啮合直齿圆柱齿轮机构，两轮的分度圆半径分别为 $r_1=30\text{mm}$，$r_2=54\text{mm}$，$\alpha=20°$，试求：

1）当中心距 $a'=86\text{mm}$ 时，啮合角 α' 等于多少？两个齿轮的节圆半径 r_1' 和 r_2' 各为多少？

2）当中心距改变为 $a'=87\text{mm}$ 时，啮合角 α' 和节圆半径 r_1'、r_2' 又等于多少？

3）以上两种中心距情况下的两对节圆半径的比值是否相等？为什么？

8-18 有一对渐开线齿廓直齿圆柱标准齿轮，为外啮合传动。已知：小齿轮 $z_1=20$，为主动轮；大齿轮 $z_2=40$，为顺时针转动。

1）其中心距 $a=360\text{mm}$，求该对齿轮的模数和啮合角 α'。

2）若将上述齿轮重新安装，$a'=362\text{mm}$，试求啮合角 α' 等于多少？

3）当啮合发生在起始啮合点时，试计算齿轮机构压力角。

8-19 有一标准直齿圆柱齿轮与齿条传动，已知 $z_1=20$，$m=10\text{mm}$，$\alpha=20°$，$h_a^*=1$，若安装时将分度圆与中线移开 5mm，试用图解法求：

1）实际啮合线段$\overline{B_1B_2}$长度。

2）重合度 ε_a。

3）顶隙 c。

8-20　一对渐开线齿廓的直齿圆柱标准齿轮外啮合传动。已知：$i_{12}=3$，$z_1=20$，齿槽宽 $e_2=7.85\text{mm}$，中心距 $a'=202\text{mm}$。

1）试求这对齿轮的模数 m。

2）这对齿轮是否是标准安装？为什么？

3）用作图法求解，当啮合点发生在节点时，这对齿轮是否有两对齿处于啮合状态（比例尺：$\mu=1\text{mm/mm}$）。

8-21　已知一对渐开线直齿圆柱标准齿轮（$\alpha=20°$，$h_a^*=1$，$c^*=0.25$）外啮合传动，$i_{12}=3$，小齿轮为顺时针转动的主动轮，其齿数 $z_1=20$，啮合角 $\alpha'=26°$，理论啮合线长度 $\overline{N_1N_2}=36.665\text{mm}$。

1）这对齿轮是否为正确安装？说明理由。

2）试求这对齿轮的模数 m_1 及 m_2。

3）用作图法求解这对齿轮在正确安装条件下的重合度（比例尺：$\mu=1\text{mm/mm}$）。

8-22　一对标准安装的直齿圆柱标准齿轮外啮合传动。已知其实际啮合线长度$\overline{B_1B_2}=24.6505\text{mm}$，重合度 $\varepsilon_a=1.67$，啮合角 $\alpha'=20°$。

1）试求这对齿轮的模数 m。

2）若这对齿轮的传动比 $i_{12}=3$，标准安装中心距 $a=200\text{mm}$，求两个齿轮的齿数 z_1、z_2，以及小齿轮在分度圆上齿廓的曲率半径 ρ。

3）现若齿轮其他参数不变，将中心距改为 $a'=210\text{mm}$。求这对齿轮的节圆半径 r_1'、r_2' 及啮合角 α'，其重合度有何变化？

8-23　一渐开线直齿圆柱标准齿轮和一标准直齿条标准安装并啮合传动，已知参数如下：齿轮齿数 $z=20$，压力角 $\alpha=20°$，模数 $m=5\text{mm}$，齿顶高系数 $h_a^*=1$，试作简图说明并计算：

1）齿轮以 200r/min 的转速旋转时，齿条移动的线速度。

2）齿条外移 1mm 时齿轮的节圆半径和啮合角 α'。

3）齿条外移 1mm 时齿条顶线与啮合线的交点 B_2 到节点 P 的距离。

8-24　用齿条刀具加工一直齿圆柱齿轮。已知刀具的模数 $m=2\text{mm}$，压力角 $\alpha=20°$，齿顶高系数 $h_a^*=1$，刀具的移动速度为 $v=3\text{mm/s}$，被加工齿轮轮坯的角速度 $\omega=0.2\text{rad/s}$，若齿条分度线与被加工齿轮中心的距离为 15.24mm，试求：

1）被加工齿轮的齿数。

2）变位系数。

3）该齿轮是否会产生根切？

■ 工程设计基础题

8-25　有一齿条刀具，$m=2\text{mm}$，$\alpha=20°$，$h_a^*=1$。刀具在切制齿轮时的移动速度 $v=1\text{mm/s}$。试求：

1）用这把刀具切制 $z=14$ 的标准齿轮时，刀具中线离轮坯中心的距离 L 为多少？轮坯的转速应为多少？

2）若用这把刀具切制 $z=14$ 的变位齿轮时，其变位系数 $x=0.5$，则刀具中线离轮坯中心的距离 L 应为多少？轮坯的转速应为多少？

8-26 一对在仪器中工作的渐开线标准直齿圆柱齿轮，已知 $m=2\text{mm}$，$\alpha=20°$，$h_a^*=1$。经过精密测量得到，中心距为 101mm，传动比 $i_{12}=1.5$。

1）判断这两个齿轮是否是正确安装？请给出详细计算说明。

2）若其中小齿轮齿数为 $z_1=40$，两齿轮的啮合角 α' 等于多少？

3）该对齿轮传动的齿顶间隙为多少？

4）计算 ε_a。该对齿轮是否满足连续传动条件？

8-27 图 8-46 所示为双联滑移齿轮机构，所有齿轮为标准直齿圆柱齿轮，齿轮 1-4 可在轴 I 上滑动，已知：$z_1=20$，$z_2=50$，$z_3=32$，$z_4=40$，$m=2\text{mm}$，$\alpha=20°$，$h_a^*=1$，$c^*=0.25$。齿轮 3 和齿轮 4 为标准中心距安装。（注：$\cos 20°=0.9397$。）

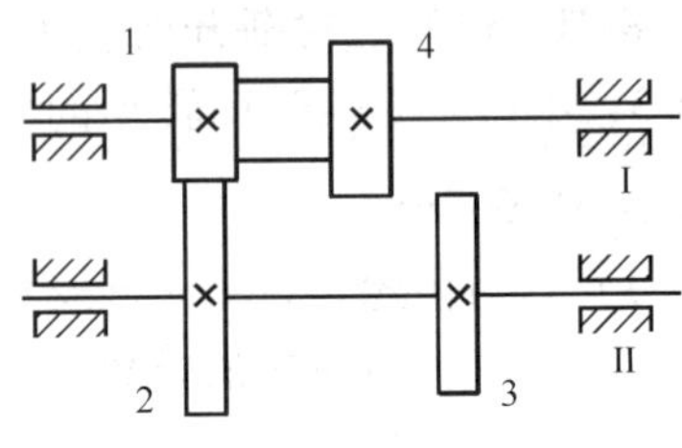

图 8-46 题 8-27 图

1）齿轮 1 和齿轮 2 是否是正确（标准）安装，给出计算依据。

2）求齿轮 1 和齿轮 2 的啮合角 α' 的余弦值。

3）通过作图计算齿轮 1 和齿轮 2 的重合度 ε_a，并判断其是否能连续传动。

8-28 在图 8-47 所示的齿轮减速器中，已知两齿轮为用展成法加工的渐开线标准直齿圆柱齿轮，采用标准安装，传动比 $i_{12}=2$，模数 $m=5\text{mm}$，齿顶高系数 $h_a^*=1.0$，压力角 $\alpha=20°$，箱体内壁的宽度 $W=270\text{mm}$，高度 $H=185\text{mm}$。试设计这两个齿轮。

1）求出齿轮的齿数 z_1 和 z_2。

2）按标准中心距安装，试画出两齿轮的啮合图，并在图中标出起始啮合点 B_2、终止啮合点 B_1、实际啮合线 B_1B_2。

3）求出两齿轮啮合的重合度 ε_α 的大小。

8-29 有图 8-48 所示的一回归轮系（即输入轴 1 与输出轴 3 共线），已知 $z_1=20$，$z_2=12$，$z_{2'}=13$，$z_3=18$。各轮的压力角 $\alpha=20°$，模数 $m=2\text{mm}$，$h_a^*=1$，$c^*=0.25$。为保证中心距最小，而且各轮又不产生根切，应采用哪种变位传动方案？说明理由。

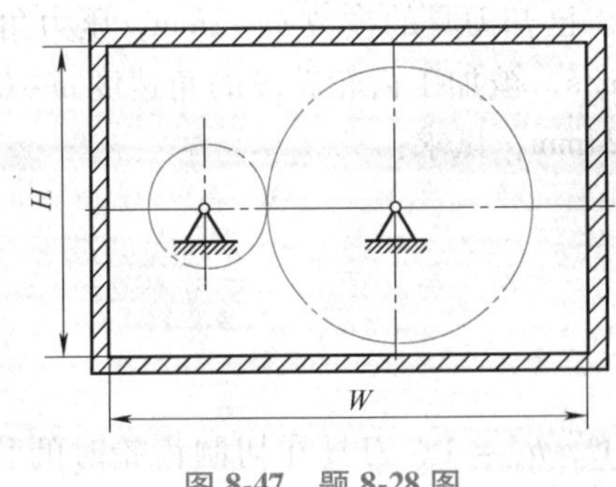

图 8-47 题 8-28 图

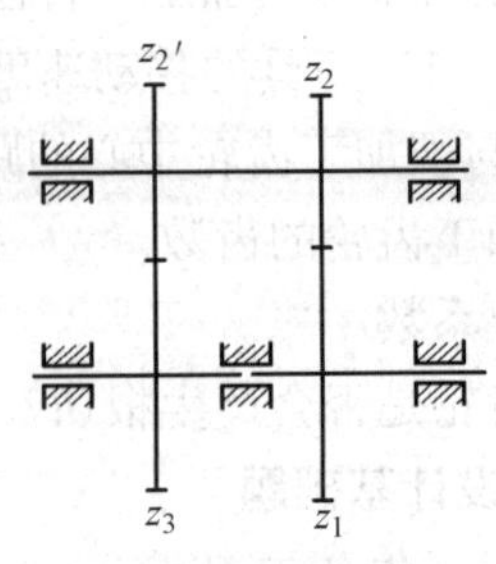

图 8-48 题 8-29 图

8-30 在一牛头刨床中，有一对外啮合渐开线直齿圆柱齿轮传动。已知 $z_1=17$，$z_2=$

118，$m=5\text{mm}$，$\alpha=20°$，$h_a^*=1$，$a'=337.5\text{mm}$。在一次检修中发现小齿轮已严重磨损，拟将其报废。大齿轮磨损较轻（沿分度圆齿厚两侧的磨损量为 0.75mm），拟修复使用，并要求所设计的小齿轮的齿顶厚尽可能大些，应如何设计这一对齿轮？

8-31　试设计如图 8-49 所示二级齿轮减速传动系统。已知输入轴 A 和输出轴 C 的距离 $a=315\text{mm}$，传动比 $i_{14}=12$，$i_{12}=3$，齿轮为正常齿制的渐开线标准直齿圆柱齿轮，4 个齿轮的模数均为 $m=3.5\text{mm}$，压力角 $\alpha=20°$，齿顶高系数 $h_a^*=1$，齿轮 1 的齿数 $z_1=20$。

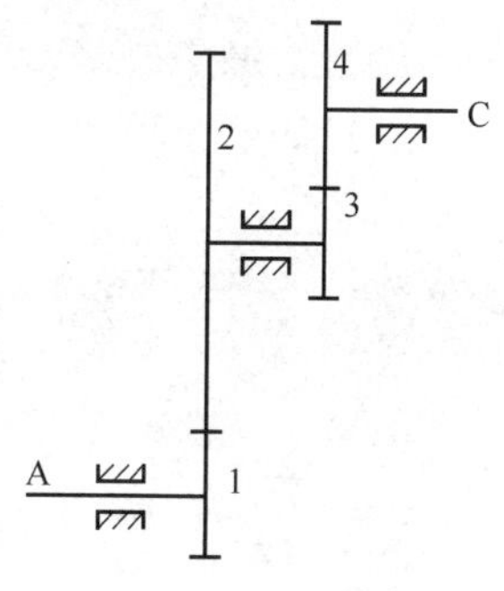

图 8-49　题 8-31 图

8-32　现要设计一个单级渐开线标准直齿圆柱齿轮减速器。已知齿轮的压力角 $\alpha=20°$，齿顶高系数 $h_a^*=1$，顶隙系数 $c^*=0.25$。按照齿面接触疲劳强度进行设计得到小齿轮的分度圆直径 $d_1\geqslant 58.7\text{mm}$；按照齿根弯曲疲劳强度进行校核得到齿轮的模数 $m\geqslant 2.7\text{mm}$。其他要求为①两齿轮的传动比 $i_{12}=2$；②结构尽可能紧凑；③齿轮采用展成法加工；④模数采用第一系列标准模数值。

1）求齿轮的齿数 z_1、z_2 和模数 m。

2）求两个齿轮的分度圆直径 d 和节圆直径 d'。

3）设两齿轮的标准中心距为 a，若实际中心距变为 $a'=a+2\text{mm}$，求齿轮的分度圆直径 d 和节圆直径 d'。

■ 虚拟仿真题

8-33　若要求两齿轮做变传动比传动，这时，虽然仍满足齿廓啮合基本定律，但节点 P 不再是一个定点，而应按照传动比的变化规律在连心线上移动。此时节点在两轮运动平面的运动轨迹变成了两条非圆曲线，如图 8-50 所示的椭圆，这里称之为节线（pitch line）。

图 8-50　题 8-33 图

1）自定义未知参数，建立该椭圆齿轮的虚拟样机模型。

2）仿真该椭圆齿轮的运动过程。

第 9 章　轮系及其设计

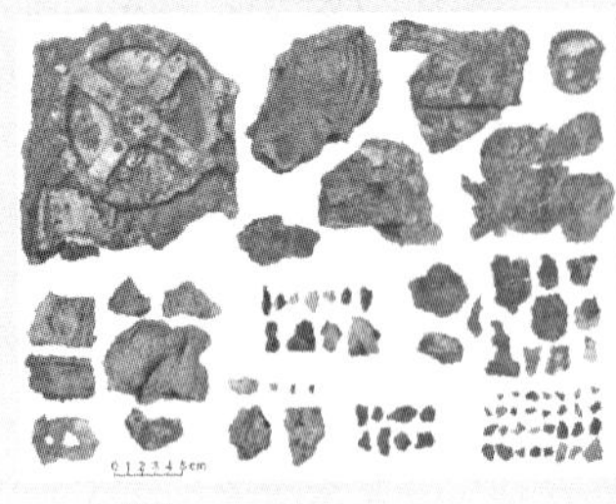

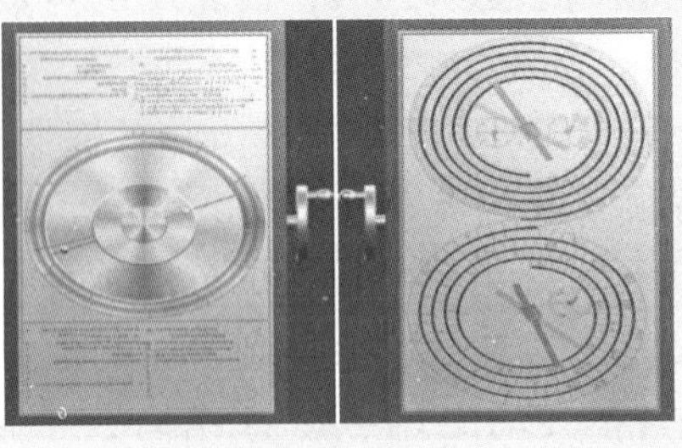

安提凯希拉（Antikythera）机构可能由公元前 100 年左右的古希腊人设计，它是通过复杂的轮系来计算并显示太阳、月亮及行星的运动，计算月相，指导历法，推算日、月食。

指南车是中国古代通过轮系来指示方向的一种装置。

机械手表中采用了轮系机构，特别是一些奢侈品腕表。

长达 20 年技术封锁的丰田混合动力车的电控无极式自动变速器（ECVT），充分利用了行星轮系的优点，来实现发动机动力和电动机动力的平衡。

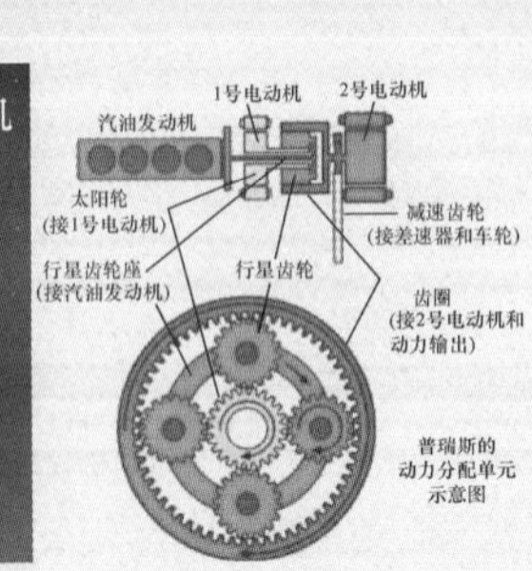

本章学习目标：

通过本章的学习，学习者应能够：

- 掌握轮系的分类及特点，了解轮系的主要功用；
- 学会计算各类轮系的传动比，重点掌握周转轮系与混合轮系的传动比计算方法；
- 了解定轴轮系与行星轮系的一般设计过程。

【内容导读】

第 8 章研究了一对齿轮的传动与几何设计问题。在实际机械中，为满足不同工作的需要，采用一对齿轮机构往往是不够的。例如，各类机床中，为了将电动机的一种转速输出为主轴上的多种转速；钟表中，为使时针、分针与秒针的转速满足一定的比例关系；航空发动机中，为了将发动机的高转速变为螺旋桨的低转速等，需要由一系列齿轮所组成的机构来传动。这类机构就是齿轮系（gear train），简称轮系。

古今中外很早就有成功使用轮系的实例。如中国古代的指南车中，以及 1900 年发现的安提凯希拉（Antikythera）机构，都用到了复杂的周转轮系。*Nature* 曾载文分析后者是一个预测天体位置的太阳系仪。

轮系的应用十分广泛，轮系的组成也多种多样。根据轮系在运转中各齿轮轴线的相对位置是否变化，可分为三种类型：定轴轮系、周转轮系和混合轮系，其中前两种为基本轮系。

轮系设计中，一个最重要的议题是如何确定给定轮系的传动比（train ratio），又称速比（speed ratio）。因此，本章将重点讨论各类轮系的传动比计算问题，进而讨论如何对某一具体的轮系进行设计。

9.1 定轴轮系的传动比计算

9.1.1 理论基础

前面已经提到机构速比的概念。例如，对于一个铰链四杆机构，构件 1 为输入件而连架杆 3 为输出件，得到输出件相对输入件的速比（又称为运动影响系数）。

$$i_{31}=i_{3/1}=\frac{\omega_3}{\omega_1} \tag{9.1-1}$$

对于齿轮传动而言，速比有时又称为传动比。例如一对齿轮中，齿轮 1、2 的传动比又可表示为两个齿轮角速度之比或齿数的反比（暂不考虑方向的问题）。即

$$i_{21}=\frac{\omega_2}{\omega_1}=\frac{z_1}{z_2},\quad i_{12}=\frac{\omega_1}{\omega_2}=\frac{z_2}{z_1} \tag{9.1-2}$$

将此概念进一步推广至轮系中，即轮系中两个构件的传动比可表示成这两个构件的绝对角速度之比。即

$$i_{jk}=\frac{1}{i_{kj}}=\frac{\omega_j}{\omega_k} \tag{9.1-3}$$

一般情况下，总是关心轮系中输入、输出构件之间的传动比。即

$$i_{\mathrm{in/out}}=\frac{\omega_{\mathrm{in}}}{\omega_{\mathrm{out}}},\quad i_{\mathrm{out/in}}=\frac{\omega_{\mathrm{out}}}{\omega_{\mathrm{in}}} \tag{9.1-4}$$

实际上，以上的讨论中只考虑了大小而没有考虑到传动方向的问题。一对外啮合的圆柱齿轮，可以改变传动方向，即从动齿轮与原齿轮的转动方向正好相反，而圆柱齿轮内啮合时不改变传动方向。这时，可以采用正负号来描述方向的异同。反向传动用负号，同向传动用正号。因此，在考虑方向的前提下，式（9.1-4）中可以出现正负号。

对于像相交轴或交叉轴传动的锥齿轮或蜗杆蜗轮机构，其传动方向则不能简单地用正负号来表示。但可以采用更通用的画箭头的方法，即反向传动用反向箭头表示，同向传动用同向箭头表示。其中，圆锥齿轮啮合方向判定方法为：两锥齿轮转向同时指向或背离锥角。图9-1所示为其具体示例。

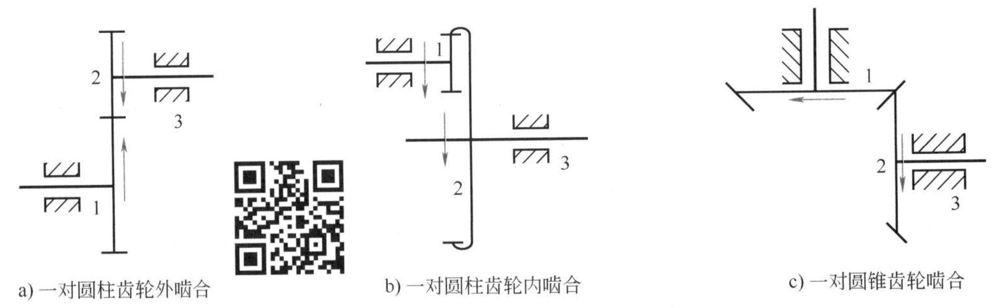

图9-1　轮系传动方向的箭头表达图示

上面给出的只是通式，究竟如何来求取轮系的传动比呢？这实际上是一个比较复杂的问题，需要分类讨论。相对而言，定轴轮系的传动比（特指主动轮与执行从动轮之间的传动比）计算简单直观，但却是研究其他类型轮系的基础。因此先从定轴轮系的传动比计算开始讨论。

定轴轮系包含两类：**平面定轴轮系**和**空间定轴轮系**。前者完全由圆柱齿轮组成，各齿轮轴线平行。因此各齿轮在同一个平面或互相平行的平面内运动。后者中至少包含一对蜗杆或锥齿轮等空间机构，因此并不能保证所有齿轮均在同一个平面或互相平行的平面内运动。

9.1.2　平面定轴轮系的传动比计算

平面定轴轮系的主要特征是各轴线相互平行且固定，因此可以逐对分解进行计算（满足一对齿轮传动比计算公式）。例如，图9-2所示的平面定轴轮系，齿轮1和齿轮5分别为输入件和输出件。已知各个齿轮的齿数，试确定该轮系的传动比。

轮系完全由圆柱齿轮组成，确定该轮系的传动比就是确定该轮系输入与输出角速度之比的大小 $i_{15}=\omega_1/\omega_5$（或 $i_{51}=\omega_5/\omega_1$）及输出相对输入的转向。

首先写出每对齿轮的传动比：

$$i_{12}=\frac{\omega_1}{\omega_2}=\frac{z_2}{z_1},\quad i_{2'3}=\frac{\omega_{2'}}{\omega_3}=\frac{z_3}{z_{2'}},\quad i_{3'4}=\frac{\omega_{3'}}{\omega_4}=\frac{z_4}{z_{3'}},\quad i_{45}=\frac{\omega_4}{\omega_5}=\frac{z_5}{z_4}$$

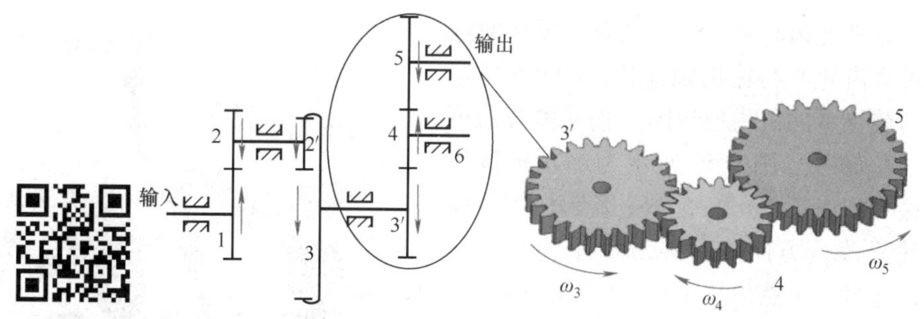

图 9-2　平面定轴轮系

而 $\omega_{2'}=\omega_2$，$\omega_{3'}=\omega_3$，因此

$$i_{15}=\frac{\omega_1}{\omega_5}=\frac{\omega_1\omega_{2'}\omega_{3'}\omega_4}{\omega_2\omega_3\omega_4\omega_5}=i_{12}i_{2'3}i_{3'4}i_{45}=\frac{z_2z_3z_4z_5}{z_1z_{2'}z_{3'}z_4}=\frac{z_2z_3z_5}{z_1z_{2'}z_{3'}} \tag{9.1-5}$$

式（9.1-5）表明，定轴轮系输入输出的传动比等于组成该轮系的各对齿轮传动比的连乘积；其大小等于各对齿轮中所有从动轮齿数的连乘积与所有主动轮齿数的连乘积之比。由于各转轴相互平行，其输出齿轮的转向取决于齿数比前的正、负号，而平面定轴轮系齿数比前的正负号可根据齿轮外啮合的对数 m 来定，即按 $(-1)^m$ 确定。对于图 9-2 所示的轮系，外啮合的齿轮对数 $m=3$，因此在齿数比的前面用负号。考虑了方向的传动比完整表示如下：

$$i_{15}=(-1)^3\frac{z_2z_3z_5}{z_1z_{2'}z_{3'}}=-\frac{z_2z_3z_5}{z_1z_{2'}z_{3'}}$$

用画箭头的方法来确定方向也可得到同样的结论（图 9-2）。由以上可知，任何平面定轴轮系输入输出的传动比均可表示成如下表达式：

$$i_{\text{in/out}}=\frac{\omega_{\text{in}}}{\omega_{\text{out}}}=(-1)^m\frac{\text{所有从动轮齿数连乘积}}{\text{所有主动轮齿数连乘积}} \tag{9.1-6}$$

或者

$$i_{\text{out/in}}=\frac{\omega_{\text{out}}}{\omega_{\text{in}}}=(-1)^m\frac{\text{所有主动轮齿数连乘积}}{\text{所有从动轮齿数连乘积}} \tag{9.1-7}$$

注意，该轮系中包含一个由齿轮 3′、齿轮 4、齿轮 5 组成的子轮系。从中发现齿轮 4 的齿数并不影响传动比的大小（公式中不显示该齿轮的齿数），但却能改变传动方向。这种齿轮称为**惰轮**（又称**过轮**，idle gear）。

平面定轴轮系中，还有一类特殊的子类型：**回归轮系**（reverted gear train）。如图 9-3 所示，回归轮系的主要特征在于输入轴与输出轴共线。其优点是结构紧凑，可广泛用于减速器、时钟或机床中。

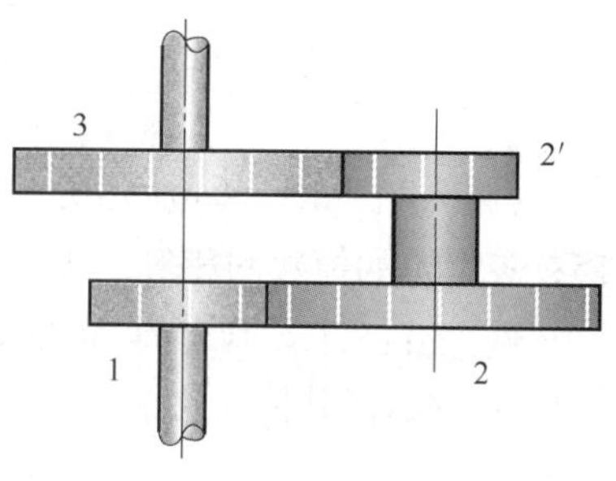

图 9-3　回归轮系

平面定轴轮系的一个典型应用是用在**汽车手动档变速装置**中。例如，图 9-4 所示的机构为含有 3 个前行和 1 个倒车的变速传动机构。齿轮 1 与输入轴刚性连接，齿轮 2、3、4、5 与反向传动轴刚性连接，齿轮 6 有单独转轴用于倒车变速。通过转化器，输出端的齿轮 8 与输出

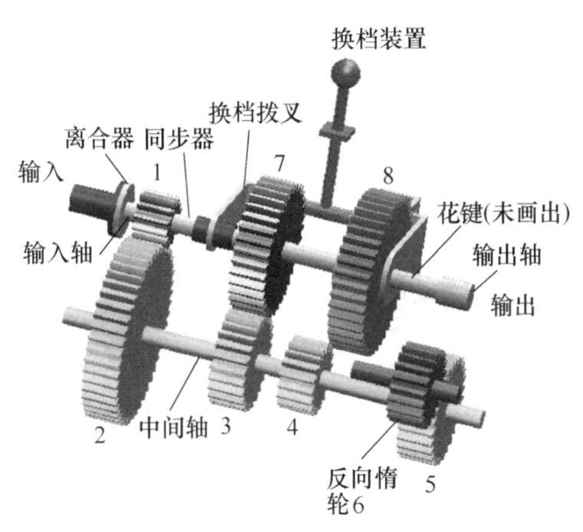

图 9-4 汽车手动档变速装置

轴相连可以分别与齿轮 4、5、6 啮合，需要时通过同步器可将齿轮 7 与输出轴连接。图 9-5 所示为 4 种不同档位下的机构位形图。松开离合器可完成不同档位转换。图 9-5a 所示为倒车档位机构位形，这时，齿轮 1、2、5、6、8 起作用，齿轮 6 为惰轮只改变方向。图 9-5b 所示为空档位机构位形，这时，虽然齿轮 1 与 2、3 与 7 啮合，但齿轮 7 与输出轴脱开，因此并无运动输出。图 9-5c 所示为一档位机构位形，这时，齿轮 8 与 4、1 与 2 啮合。图 9-5d 所示为二档位机构位形，这时，齿轮 8 不起作用而同步器起作用，齿轮 1 与 2、3 与 7 啮合。图 9-5e 所示为三档位机构位形，这时，两个同步装置耦合将输入和输出轴直接连接起来，反轴不起作用，无减速作用。

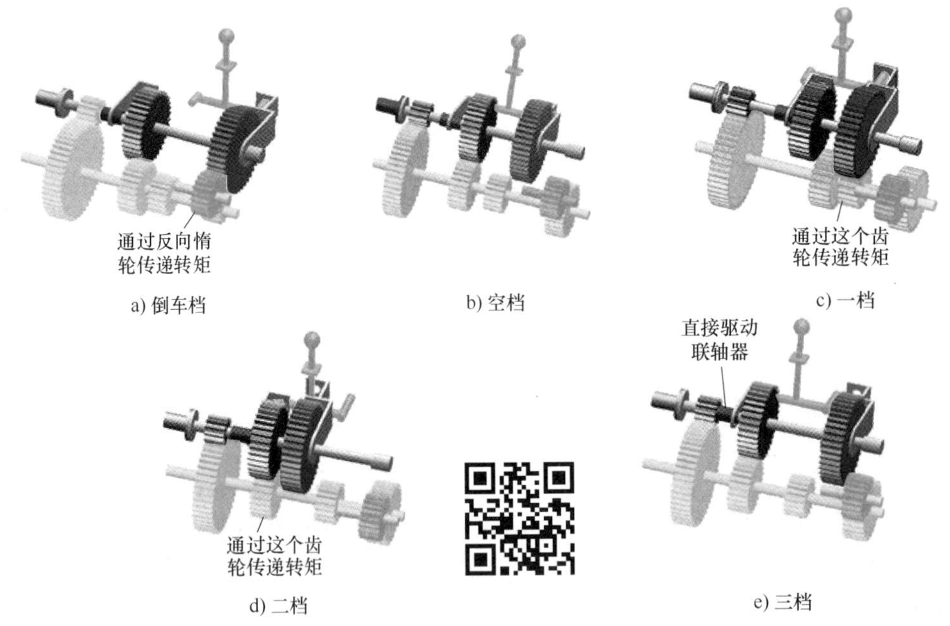

图 9-5 变速装置各档位示意图

【例 9-1】 图 9-6a 所示为一钟表机构。已知：$z_1=8$，$z_2=60$，$z_3=8$，$z_7=12$，$z_5=15$；各齿轮的模数均相等。求：齿轮 4、6、8 的齿数。

解：由秒针 S 到分针 M 的传动路线所确定的定轴轮系为 1(S)-2(3)-4(M)，如图 9-6b 所示，其传动比为

$$i_{SM}=\frac{n_S}{n_M}=\frac{z_2z_4}{z_1z_3}=60 \tag{9.1-8}$$

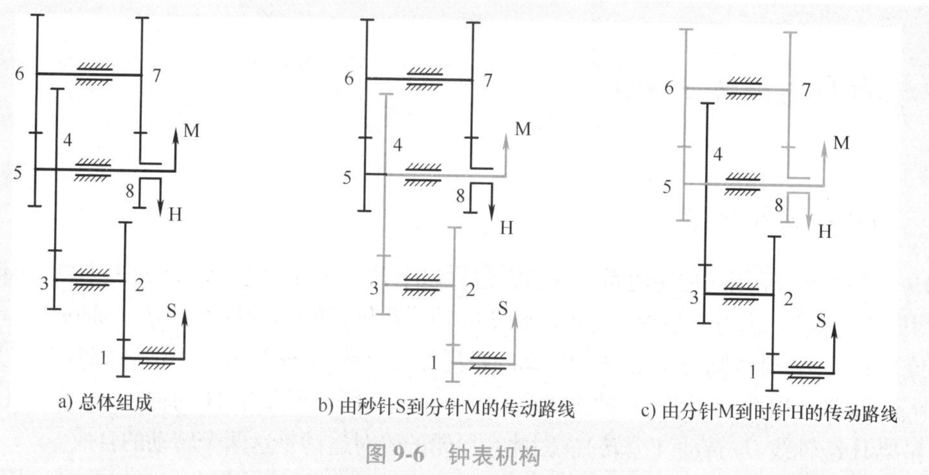

图 9-6　钟表机构

由分针 M 到时针 H 的传动路线所确定的定轴轮系为 5(M)-6(7)-8(H)，如图 9-6c 所示，其传动比为

$$i_{MH}=\frac{n_M}{n_H}=\frac{z_6 z_8}{z_5 z_7}=12 \tag{9.1-9}$$

轮系 5-6-7-8 中，有

$$r_5+r_6=r_7+r_8 \tag{9.1-10}$$

由于模数相等，因此有

$$z_5+z_6=z_7+z_8 \tag{9.1-11}$$

联立式（9.1-8）、式（9.1-9）和式（9.1-11），并代入已知量，可求得

$$z_4=64,\quad z_6=45,\quad z_8=48$$

【思考题】：$z_5+z_6>z_4$，则齿轮 3、4、5、6 应如何安装？

9.1.3　空间定轴轮系的传动比计算

空间定轴轮系传动比大小的计算方法与平面定轴轮系类似。但由于空间定轴轮系中含有空间齿轮，且输出与输入齿轮轴线互不平行，故齿数比前不能采用标注正、负号的形式，各齿轮的转向只可以在图上用箭头标注。下面举个例子。

【例 9-2】　如图 9-7 所示的空间定轴轮系，齿轮 1 和 5 分别为主动件和执行从动件。试确定主动件和执行从动件的转动是同向还是反向。

通过画箭头的方法很容易确定输入与输出件的转向，具体如图 9-7 所示。结果表示输入与输出件的转向相反。

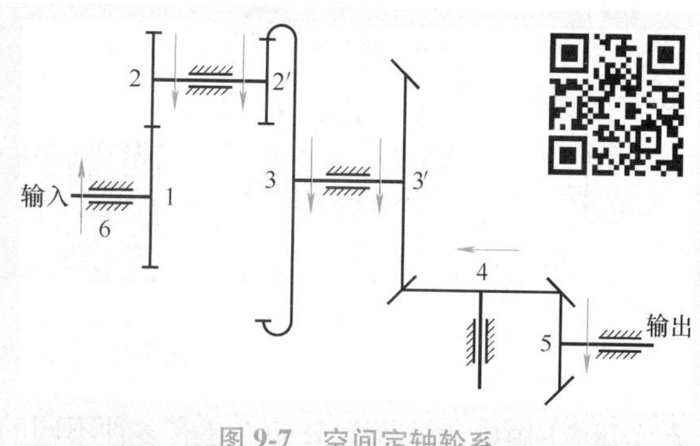

图 9-7　空间定轴轮系

9.2 周转轮系的传动比计算

9.2.1 周转轮系的分类

图9-8所示为一常用的周转轮系。它通常包含以下几个构件：定轴转动的太阳轮（sun gear）1和内齿圈3，两者也称为中心轮，支承齿轮2的轴线且做定轴转动的行星架（planet carrier，又称系杆或转臂）H，轴线随行星架H而转动的行星轮（planet gear）2。运动特征满足：①太阳轮1、3和行星架H（构件4）绕同一轴线转动；②行星轮2既绕行星架H的轴线 O_2 转动（自转），又随行星架H绕轴线 O_1 转动（公转）。因此行星轮的绝对运动是这两个转动的合成。

可以看出周转轮系与定轴轮系的本质区别在于前者有行星轮的存在（转动轴线不固定）。

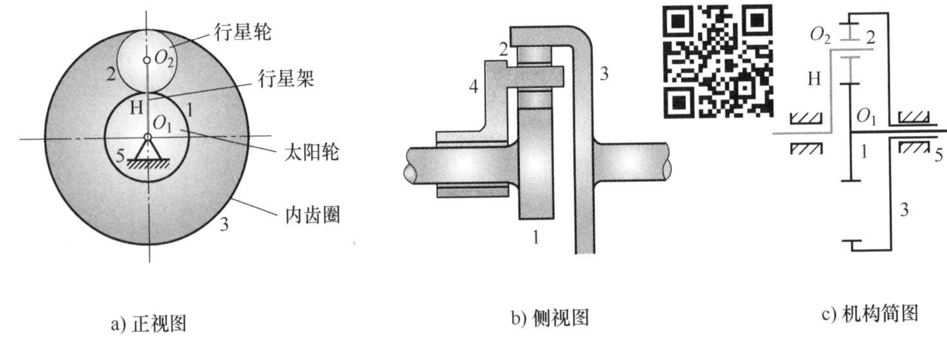

图9-8　周转轮系的组成

周转轮系通常可分为基本型周转轮系和复合型周转轮系。基本型周转轮系还可按其自由度 F 分为行星轮系（planetary gear train，$F=1$）和差动轮系（differential gear train，$F=2$）。如图9-9a所示，将两中心轮之一固定，根据自由度计算公式可以得到该机构的自由度为1，这类周转轮系为行星轮系。其中往往以某一中心轮或行星架为主动件，而另一中心轮为执行从动件。而如图9-9b所示的周转轮系，两个中心轮均不固定，根据自由度计算公式可以得到该机构的自由度为2，这类周转轮系为差动轮系。

图9-9　行星轮系

在实际应用中，基本型周转轮系还有多种不同的结构型式。图9-10a所示为多个行星轮组成的基本型周转轮系；图 9-10b 所示为锥齿轮组成的基本型周转轮系，它仍然符合上述组成基本型周转轮系的 4 个构件的运动特征，但与上述不同的是，行星轮两转动的合成不在同一平面内，而是两个空间转动的合成。图 9-11 所示 3 个轮系也属于基本型周转轮系，也符合上述组成基本型周转轮系的 4 个构件的运动特征。与图 9-10 有所区别的仅在于有两个行星轮（但仍然属于一个构件），分别同太阳轮 1、3 啮合，故称为双排基本型周转轮系。图 9-10 和图 9-12 称为单排基本型周转轮系。总之，基本型周转轮系的主要特征在于不管存在多少个行星轮，都只有一个行星架，两个太阳轮。因此，这类周转轮系又简称为 2K-H 型。如图 9-10a 所示的轮系中，分布着 3 个行星轮，其中有 2 个是冗余的；而图 9-12 所示机构中的 2 个行星轮可以改变机构的运动性能。

a) 平面过约束差动轮系　　b) 空间差动轮系

图 9-10　差动轮系

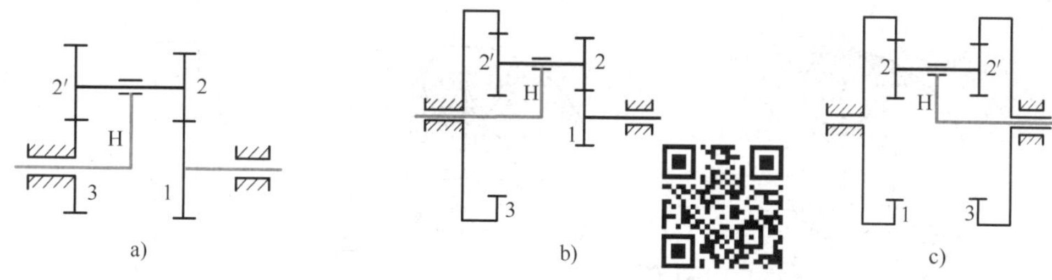

a)　　b)　　c)

图 9-11　双排基本型周转轮系

一些机械中有时将几个基本型周转轮系组合在一起使用，即形成所谓的复合型周转轮系。图 9-13 所示的轮系显然不是基本型周转轮系，而是复合型周转轮系，因为该轮系具有 3 个中心轮 1、3、4。该轮系可看成是由 2 个基本型周转轮系组合而成，如以下 3 种情况之一：①行星轮系 1-2-3-H 同差动轮系 1-2-2′-4-H 的组合；②行星轮系 3-2-2′-4-H 同差动轮

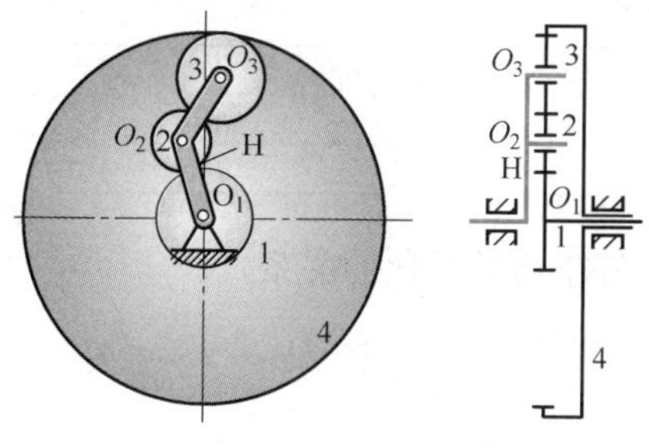

图 9-12　含多个行星轮的基本型周转轮系

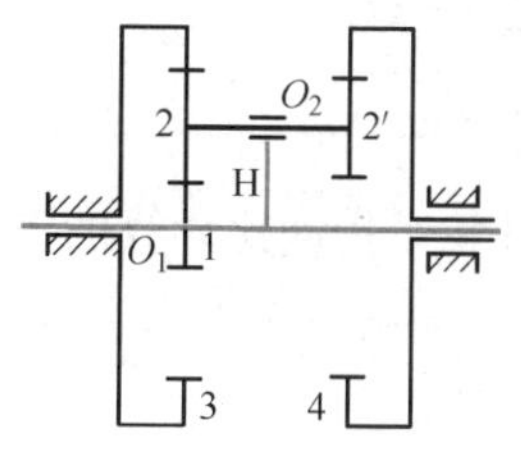

图 9-13　复合型周转轮系

系 1-2-2′-4-H 的组合；③行星轮系 1-2-3-H 同行星轮系 3-2′-2-4-H 的组合。具有 3 个中心轮的周转轮系又称为 3K-H 型。

【思考题】：3K-H 型（复合）周转轮系与由两周转轮系组合而成的混合轮系有何本质区别?

9.2.2　周转轮系的传动比计算

在定轴轮系中，每个齿轮的轴线都固定，因此每个齿轮的运动都是相对机架的简单转动，故可写出角速度比为齿数反比的关系式。而在周转轮系中，行星轮轴线随行星架转动，由行星轮的“自转”和“公转”合成的绝对运动不再是简单的绕定轴转动，显然，不能直接套用定轴轮系的传动比计算公式。

联想连杆机构运动综合及凸轮廓线设计过程中用到的反转法，可以找到一种思路来达到解决问题的目的。即设法使行星架相对固定，又不改变轮系中各轮的相对运动关系。该方法可称为图表法（tabular method），又称反转法或转化机构法。以图 9-14 所示的差动轮系为例，来说明该方法的具体分析过程。

1）将整个系统加一个公共的绕固定轴 O_1 转动的反向角速度（ω_H），这样就使行星架 H 相对固定又未改变原来各轮的相对运动关系。将整个系统绕 O_1 轴加一个公共的角速度($-\omega_H$)后所得到的轮系称原周转轮系的转化轮系（或转化机构），而转化轮系则变成了定轴轮系。

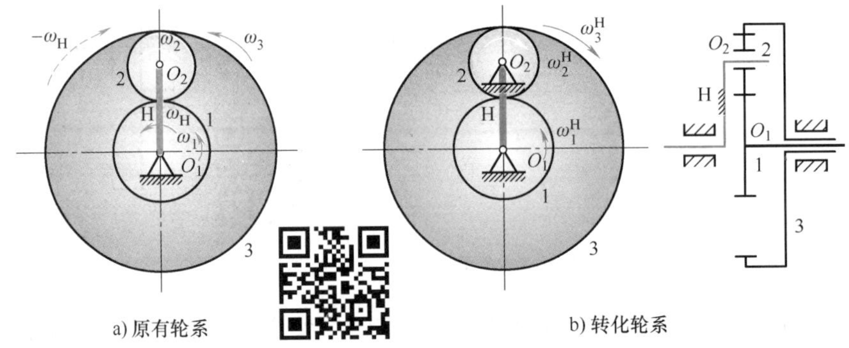

图 9-14　反转法计算周转轮系的基本思想

2）列出原有轮系和转化轮系中各构件的角速度，见表 9-1。

表 9-1　反转前后各构件的角速度

构件代号	1	2	3	H
原有角速度	ω_1	ω_2	ω_3	ω_H
转化轮系中的角速度	$\omega_1^H=\omega_1-\omega_H$	$\omega_2^H=\omega_2-\omega_H$	$\omega_3^H=\omega_3-\omega_H$	0

3）按定轴轮系传动比计算的方法写出转化轮系传动比等于齿数反比的关系式。

$$i_{13}^H=\frac{\omega_1^H}{\omega_3^H}=\frac{\omega_1-\omega_H}{\omega_3-\omega_H}=-\frac{z_3}{z_1} \tag{9.2-1}$$

注意：表达式中的各参数都为带正负号的代数量。若基本构件的实际转速方向相反，则角速度的正负号应该不同。

式（9.2-1）建立了周转轮系中 ω_1、ω_{13}、ω_H 与已知齿数 z_1、z_3 的关系。如果上述周转轮系中将轮 3 固定而成为自由度 $F=1$ 的行星轮系，则式（9.2-1）变为

$$i_{13}^{H}=\frac{\omega_1^{H}}{\omega_3^{H}}=\frac{\omega_1-\omega_H}{-\omega_H}=-\frac{z_3}{z_1} \tag{9.2-2}$$

式（9.2-2）可以改写成为

$$i_{1H}=\frac{\omega_1}{\omega_H}=1-\frac{\omega_1^{H}}{\omega_3^{H}}=1-i_{13}^{H}=1+\frac{z_3}{z_1} \tag{9.2-3}$$

式（9.2-3）表明：对于行星轮系，当两中心轮齿数确定后即可求得传动比 i_{1H}。

9.2.3　计算实例

【例 9-3】　图 9-15 所示的周转轮系中，已知 $z_1=18$，$z_2=36$，$z_{2'}=33$，$z_3=90$，$z_4=87$。求 i_{14}。

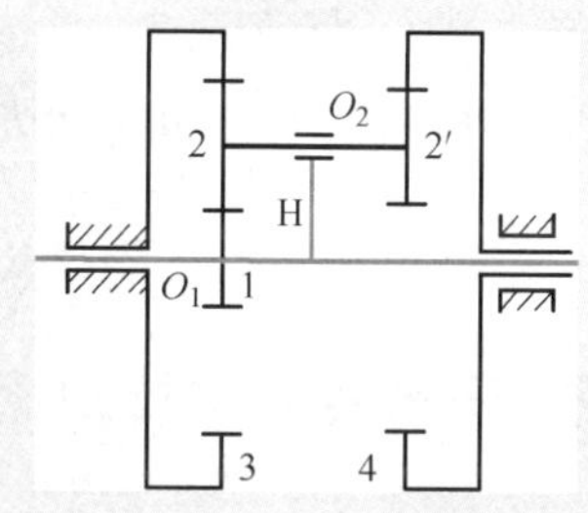

图 9-15　双排基本型行星轮系

解：图 9-15 所示的轮系中有 3 个中心轮，对于这种复合型周转轮系需分别列出 2 个基本型周转轮系的传动比关系式，然后才能解出要求的传动比。较为简便的方法是将它看成是 2 个行星轮系——行星轮系 1-2-3-H 与行星轮系 4-2′-2-3-H 的组合。

对于行星轮系 1-2-3-H，有

$$i_{13}^{H}=\frac{\omega_1^{H}}{\omega_3^{H}}=\frac{\omega_1-\omega_H}{\omega_3-\omega_H}=\frac{\omega_1-\omega_H}{0-\omega_H}=1-i_{1H}=-\frac{z_3}{z_1}$$

对于行星轮系 4-2′-2-3-H，有

$$i_{43}^{H}=\frac{\omega_4^{H}}{\omega_3^{H}}=\frac{\omega_4-\omega_H}{\omega_3-\omega_H}=\frac{\omega_4-\omega_H}{0-\omega_H}=1-i_{4H}=\frac{z_{2'}z_3}{z_4z_2},\quad i_{H4}=\frac{1}{i_{4H}}$$

最后可得总传动比

$$i_{14}=\frac{\omega_1}{\omega_4}=\frac{\omega_1}{\omega_H}\frac{\omega_H}{\omega_4}=i_{1H}i_{H4}=116 \tag{9.2-4}$$

思考：如果将图 9-15 所示轮系看成是行星轮系 1-2-3-H 和差动轮系 1-2-2′-4-H 的组合，解得的传动比结果是否与式（9.2-4）相同?

【例 9-4】　图 9-16a 所示的周转轮系中，已知 $z_1=20$，$z_2=24$，$z_{2'}=30$，$z_3=40$；$n_1=200\text{r/min}$，$n_3=100\text{r/min}$，n_1 与 n_3 的转向相反，求 n_H。

解：图 9-16 所示为空间行星轮系，因此利用反转法得

$$i_{13}^{H}=\frac{n_1^{H}}{n_3^{H}}=\frac{n_1-n_H}{n_3-n_H}=+\frac{z_2z_3}{z_1z_2'}$$（方向通过画箭头得到，如图 9-16b 所示）

代入已知量，得

$$\frac{+200-n_H}{-100-n_H}=\frac{24\times40}{20\times30}$$

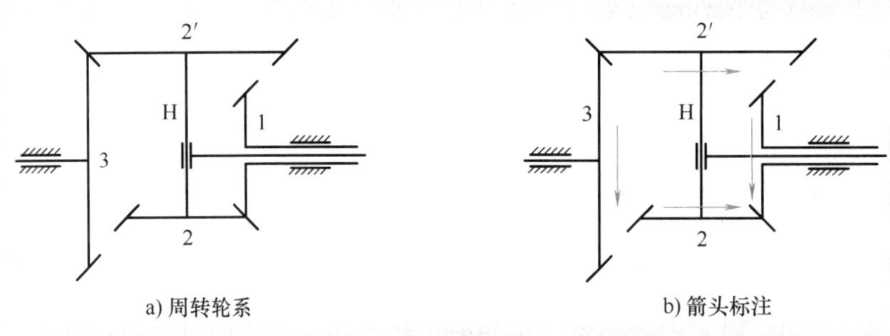

图 9-16　空间行星轮系

计算得

$$n_H = -600\text{r/min}$$

负号表示 n_H 的转向与 n_1 相反，与 n_3 相同。

9.3　混合轮系的传动比计算

图 9-17 给出了两类典型的混合轮系：图 9-17a 所示的轮系可分解为平面定轴轮系与行星轮系两种基本轮系的组合；图 9-17b 所示的轮系可分解为两个行星轮系的组合。（思考：为什么该轮系不是复合型周转轮系，而是混合轮系?）

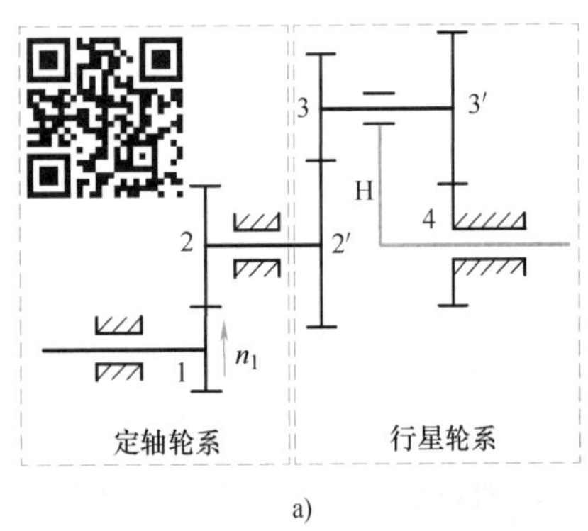

a)

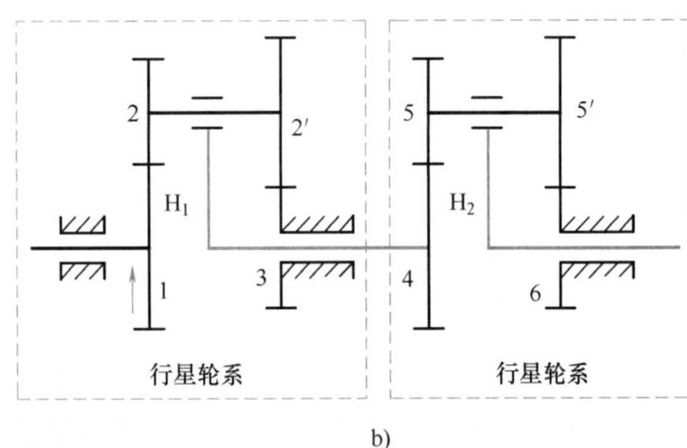

b)

图 9-17　混合轮系的组成

由于定轴轮系与周转轮系的传动比计算方法不同，因此，在计算混合轮系传动比时，既不能将整个轮系作为定轴轮系来处理，也不能对整个机构采用转化法。

正确的做法是：

1）首先将周转轮系与定轴轮系正确地区分开来。

2）分别列出计算各定轴轮系与各周转轮系传动比的方程式。

3）找出各种基本轮系之间的联系。

4）联立求解这些方程式，即可求得混合轮系的传动比。

下面举例说明。

【例 9-5】 图 9-18 所示为某涡轮螺旋桨飞机发动机的主减速器。已知发动机输入转速 $n_1=12500\text{r/min}$，各轮齿数为 $z_1=z_{3'}=31$，$z_2=z_4=29$，$z_3=z_5=89$。试计算螺旋桨的转速 n_r，并判断 n_r 转向（与 n_1 同向还是反向）。

解：先分析该轮系的组成。以虚线为分界线，左、右部分各为差动轮系和定轴轮系。齿轮 1、2、3 和行星架 H 组成一差动轮系，齿轮 3′、4、5 组成定轴轮系。对于左半部的差动轮系而言，通过定轴轮系建立中心轮 3 和行星架 H 的某种运动关系。该轮系属于闭式差动型混合轮系。

对于差动轮系 1-2-3-H，有

$$i_{13}^{H}=\frac{n_1^H}{n_3^H}=\frac{n_1-n_H}{n_3-n_H}=-\frac{z_3}{z_1}$$

对于定轴轮系 3′-4-5，有

$$i_{3'5}^{H}=\frac{n_{3'}}{n_5}=-\frac{z_5}{z_{3'}}$$

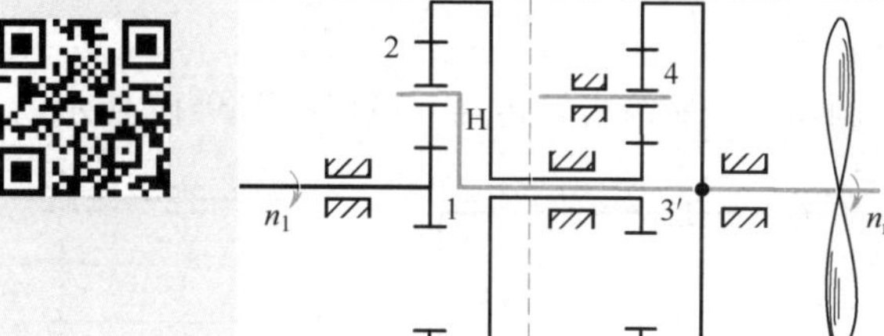

图 9-18 某涡轮螺旋桨飞机发动机的主减速器机构

由于 $n_{3'}=n_3$，$n_5=n_H$，则

$$n_3=\left(-\frac{z_5}{z_{3'}}\right)n_H$$

因此

$$i_{1H}=\frac{n_1}{n_H}=1+\frac{z_3}{z_1}\left(1+\frac{z_5}{z_{3'}}\right)=12.1$$

$$n_r=n_H=\frac{n_1}{i_{1H}}=\frac{12500}{12.1}\text{r/min}=1033\text{r/min}$$

i_{1H}为正号，表示 n_r 与 n_1 同向。

9.4 轮系设计

定轴轮系和周转轮系是轮系的两种基本类型，它们的设计问题最为常见。其中，定轴轮系设计主要包括选择轮系的类型及布置方案，周转轮系设计则相对比较复杂。

9.4.1 定轴轮系设计

定轴轮系设计主要包括选择轮系类型，确定各对齿轮的传动比及轮系的布置方案等。

应首先根据工作要求和使用场合恰当地选择轮系类型。待满足基本要求后，还应考虑机构的外轮廓尺寸、效率、重量、成本等因素。如对于高速、重载的场合，为了减小齿轮传动的冲击、振动和噪声，提高其传动性能，一般选择平行轴斜齿轮传动；对于需要转换运动轴线方向的场合，则一般选择锥齿轮传动或交错轴斜齿轮传动；而对于需要传动比大、微调及有自锁要求的场合，则一般选择蜗杆传动。

其次，合理选择及分配传动比。基本原则如下：

1）每一级传动比应在其常用范围内选取。当传动比小于 8 时，一般采用一级圆柱齿轮传动；当传动比大于 8 时，则一般需要考虑采用两级齿轮传动；传动比大于 30 时则采用两级以上传动，蜗杆传动传动比一般不大于 80。

2）为满足结构紧凑设计要求，应使各级中间轴具有较高的转速和较小的转矩。若轮系为减速运动，传动比应逐级增大；反之，传动比应逐级减小，且相邻两级传动比不要相差太大。

最后，合理选择轮系的布置方案。同一定轴轮系，可以有不同的布置方案。

例如一个两级齿轮传动，可以有图 9-19 所示的 3 种布置方案。

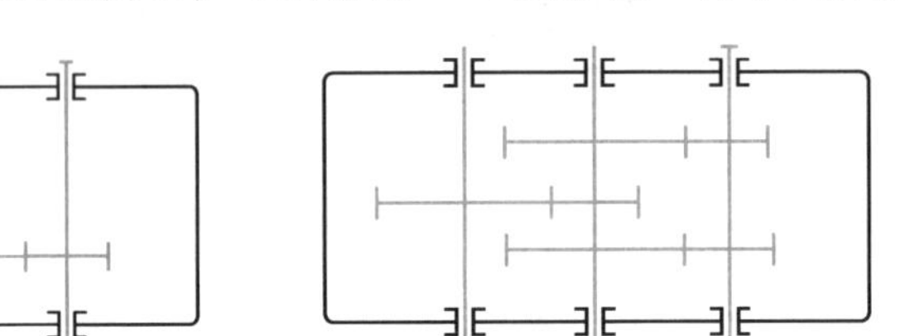

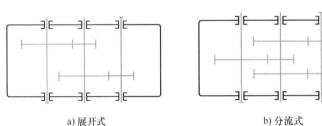

a) 展开式　　b) 分流式

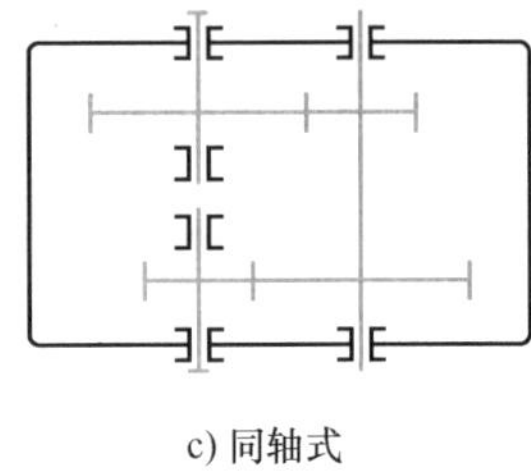

c) 同轴式

图 9-19　两级齿轮传动的 3 种布置方案

对于图 9-19a 的布置方案，结构虽然简单，但齿轮与两端轴承的位置不对称，因此一般适用于载荷较小且比较平稳的场合；对于图 9-19b 的布置方案，轴上齿轮位置与两端轴承对称，因此可以承受较大载荷，但显然其结构比图 9-19a 的布置方案复杂；对于图 9-19c 的布置方案，虽然输入、输出在同一轴线上，径向结构也比较紧凑，但中间轴较长，且沿齿宽载荷分布不均匀。选择什么样的布置方案还要根据具体情况，具体分析。

【例 9-6】　图 9-20 所示的汽车手动变速装置具有 3 个档位。

1）已知各齿轮的齿数，试计算不同档位间输出与输入的传动比。

2）已知 3 个档位的传动比分别为 4、2.45、1.55，且满足条件：每个齿轮至少有 12 个齿，反向轴到输入、输出轴之间的中心距为 72mm，所有齿轮的模数为 4mm。试设计各个齿轮的齿数。

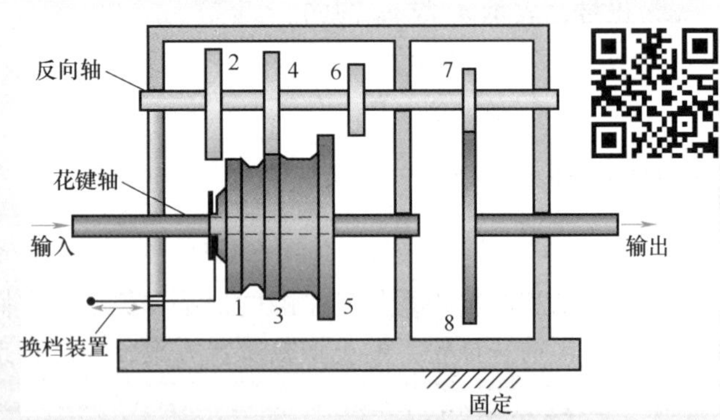

图 9-20　汽车手动变速装置中的轮系

解：表 9-2 中给出了相关公式。下面重点讨论一下如何设计该轮系。

根据所给条件及齿轮啮合基本公式得到互相啮合的一对齿轮应满足的条件：

$$a=\frac{d_i+d_j}{2}=\frac{m}{2}(z_i+z_j)$$

代入具体数值得到

$$z_i + z_j = 36$$

表 9-2　手动变速装置中轮系的传动比

输出速度档位	参与啮合的齿轮	传　动　比
1	1，2，7，8	$i_{81}=\frac{z_1 z_7}{z_2 z_8}$
2	3，4，7，8	$i_{83}=\frac{z_3 z_7}{z_4 z_8}$
3	5，6，7，8	$i_{85}=\frac{z_5 z_7}{z_6 z_8}$

即

$$z_1+z_2=z_3+z_4=z_5+z_6=z_7+z_8=36$$

再考虑 3 个档位传动比的值及表 9-2 中所给的计算公式，以进一步确定各个齿轮的齿数。具体可以采用试凑法得到（7 个方程 8 个未知数，还需要有约束条件：最少齿数和整数齿数）。详细推导过程忽略，这里给出两组参考数据：

1）$z_1=12$，$z_2=24$，$z_3=15$，$z_4=21$，$z_5=19$，$z_6=17$，$z_7=13$，$z_8=23$，这时的传动比分别是 3.54、2.48、1.58。

2）$z_1=12$，$z_2=24$，$z_3=16$，$z_4=20$，$z_5=20$，$z_6=16$，$z_7=12$，$z_8=24$，这时的传动比分别是 4、2.50、1.60。

9.4.2　周转轮系设计

周转轮系在机械传动中得到了广泛的应用。周转轮系设计涉及多方面内容，与通常机械设计一样有几何尺寸计算、强度计算、结构设计等。但周转轮系的概念设计过程中需主要解决两个核心问题：构型综合（包括轮系类型的构型综合与优选、过约束等考虑）与尺度综合（包括确定各轮齿数等）。

考虑到周转轮系是一种共轴式的传动装置，即输入轴与输出轴的轴线重合，并且又采用了几个完全相同的行星轮均匀地分布在中心轮之间。因此，在设计周转轮系时，各轮齿数的确定除了满足单级齿轮传动齿数选择的原则外，还必须满足传动比条件、同心条件、装配条件及邻接条件。这样装配起来才能按照给定的传动比正常运转。周转轮系的类型很多，对于不同的周转轮系，满足上述 4 个条件的具体关系式将有所不同。

1. 构型综合与优选

周转轮系有多种类型，类型选择主要依据不同类型轮系适用的传动比范围及对该轮系效率的估算。有关周转轮系构型综合方面内容的讨论请参考本书第 4 章。

（1）周转轮系的优选原则　一般情况下，应优先考虑选择转化轮系为负号机构的行星轮系。在满足传动比要求的前提下，还应兼顾其估算效率、结构复杂程度（显然双排比单排复杂些）、外轮廓尺寸和重量等因素。综合各因素后再最终选定周转轮系类型。如图 9-21 所示，对于传动比较大，以传递运动为主时，可选择转化轮系为正号机构的行星轮系。而对于传动比较大，且以传递动力为主时，应该选用转化轮系为负号机构的行星轮系。但因为负号机构传动比不能很大，可以将多个基本型行星轮系串联起来，或与定轴轮系组成混合轮系，以获得较大的传动比和较高的效率。

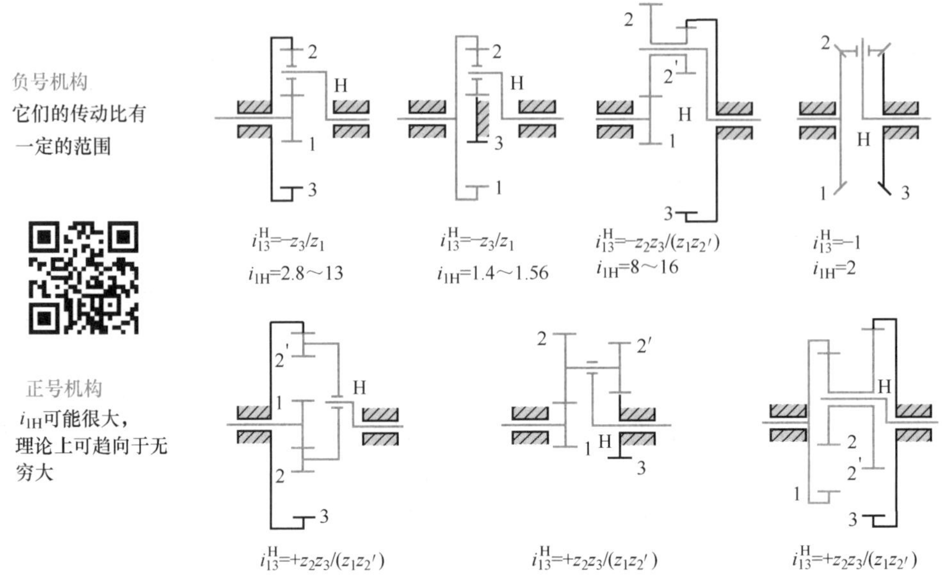

图 9-21　2K-H 行星轮系

（2）均衡布置的考虑　注意到行星轮质量较大，在做圆周运动过程中会产生较大的离心惯性力且方向做周期性变化。如果只用一个行星轮，其惯性力将传至相啮合的齿轮和机架，引起附加的动反力和摩擦力，对传动不利。如果采用多个均匀分布的行星轮，则各个行星轮引起的惯性力就能在行星架上相互平衡掉，不再传至其他构件。同时，采用多个行星轮后轮系传递的总载荷将均匀分配给每个行星轮，这意味着比只有一个行星轮时的承载能力大大提高了，而且有效地利用了啮合传动的空间。不过这样做也有缺点：安装一个以上行星轮会带来过约束问题。由于制造和安装误差，各轮啮合间隙大小不同，使受力不均，甚至无法运动，从而导致真正的过约束存在。

2. 尺度综合

一旦选定了轮系类型，周转轮系设计的主要任务就是确定轮系中各轮的齿数。而确定齿数的依据是必须满足4个条件：①传动比条件；②同心条件；③装配条件；④邻接条件。下面以图9-22所示的单排行星轮系（内含若干个行星轮均布在太阳轮周围）设计为例说明这些条件是如何满足的。

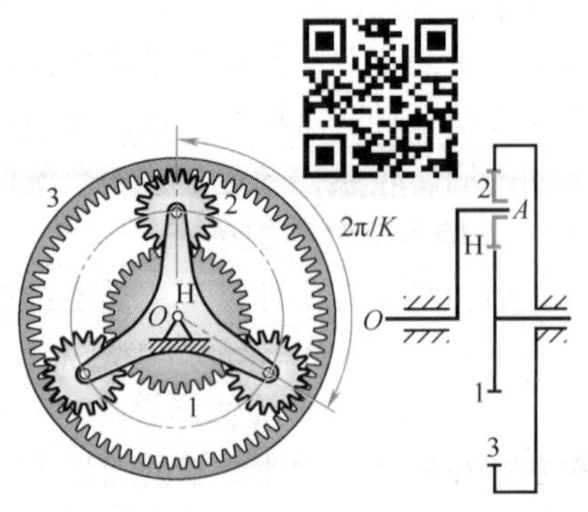

图 9-22　单排行星轮系

（1）传动比条件　所谓的传动比条件就是正确计算机构的传动比。根据设计要求，可以实现工作所要求的传动比 i_{1H}，或者在其允许误差的范围内。根据

$$i_{13}^{H}=\frac{\omega_1-\omega_H}{\omega_3-\omega_H}=\frac{\omega_1-\omega_H}{0-\omega_H}=1-i_{1H}=-\frac{z_3}{z_1}$$

可得

$$z_3=(i_{1H}-1)z_1 \tag{9.4-1}$$

（2）同心条件　所谓的同心条件是指各中心轮与行星架之间轴线重合。即

$$a_{12}=a_{23}$$

对于渐开线标准圆柱齿轮传动，则有

$$\frac{m(z_1+z_2)}{2}=\frac{m(z_3-z_2)}{2}$$

因此

$$z_2=\frac{z_3-z_1}{2}=\frac{z_1(i_{1H}-2)}{2} \tag{9.4-2}$$

也就是说，要满足同心条件，两个中心轮的齿数应同为奇数或偶数。

（3）装配条件　当轮系中有两个以上行星轮时，应使行星轮的数目和各轮齿数之间满足一定的条件（即所谓的装配条件），以便能将行星轮均匀地装入两中心轮之间。如图 9-22 所示的行星轮系，设行星轮的个数为 K，则有

$$i_{1H}=\frac{\omega_1}{\omega_H}=\frac{\varphi_1}{\varphi_H}=\frac{\varphi_1}{\frac{2\pi}{K}}$$

式中，φ_1 和 φ_H 分别表示齿轮 1 和行星架的转角。

假设

$$\varphi_1=\frac{2\pi}{z_1}N$$

式中，N 为整数。因此有

$$N=\frac{z_1}{K}i_{1H}=\frac{z_1+z_3}{K} \tag{9.4-3}$$

也就是说，行星轮系两中心轮的齿数之和应为行星轮数的整数倍。

（4）邻接条件　应保证相邻两行星轮运动时不发生相互碰撞。对于图 9-23 所示轮系，要求

$$l_{AB}>2r_{a2}$$

由此可导出邻接条件

$$2\ (r_1+r_2)\ \sin\frac{\pi}{K}>2\ (r_2+h_a^*m)$$

$$(z_1+z_2)\sin\frac{\pi}{K}>z_2+2h_a^* \tag{9.4-4}$$

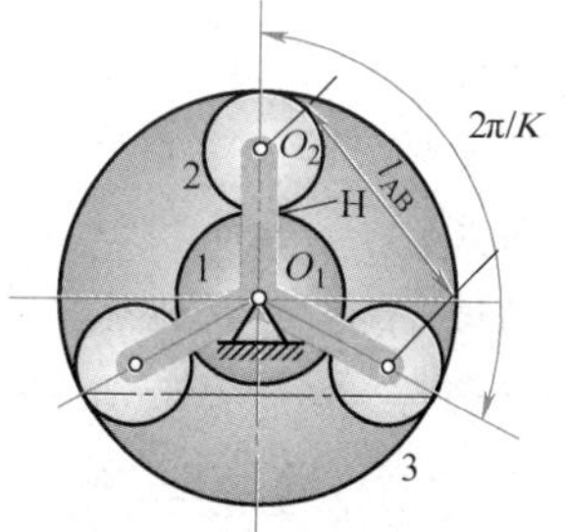

图 9-23　邻接条件

设计时，一般根据式（9.4-1）、式（9.4-2）和式（9.4-3）综合得到配齿公式为

$$z_1:z_2:z_3:N=z_1:\frac{(i_{1H}-2)}{2}z_1:(i_{1H}-1)z_1:\frac{i_{1H}}{K}z_1 \tag{9.4-5}$$

选定 z_1 和 K，并使 N、z_2 和 z_3 均为正整数。确定各轮齿数和行星轮数后，再代入邻接条件公式（9.4-4），校核是否满足邻接条件。若不满足，则减少行星轮数或增加齿轮齿数，重新计算，直到符合设计要求。

【例9-7】　设计确定图9-22所示行星轮系中各轮齿数。已知给定传动比 $i_{1H}=6$，行星轮个数 $K=3$。

解：由式（9.4-5），并代入已知条件得

$$z_1:z_2:z_3:N=z_1:\frac{(i_{1H}-2)}{2}z_1:(i_{1H}-1)z_1:\frac{i_{1H}}{K}z_1=z_1:2z_1:5z_1:2z_1$$

为使上式各项均为正整数及各齿轮的齿数大于17，现取 $z_1=20$，则 $z_2=40$，$z_3=100$。再验算邻接条件，满足式（9.4-4），说明设计合理。

【知识扩展】：谐波齿轮传动

谐波齿轮传动（harmonic drives）是一种依靠构件的弹性变形实现机械传动的减速装置。图9-24所示为谐波齿轮传动的示意图及实物图片。

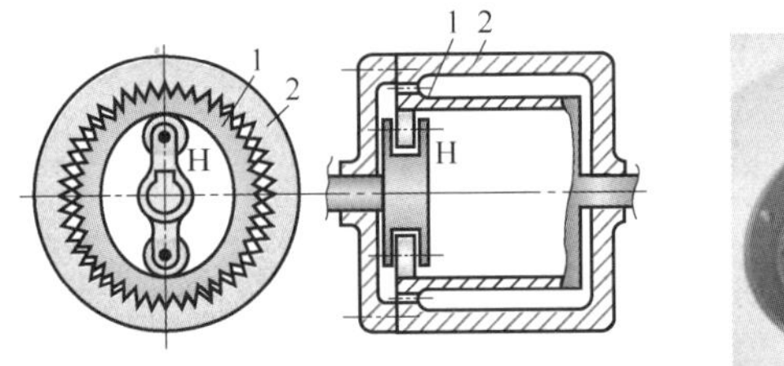

图9-24　谐波齿轮传动示意图及实物图片

谐波齿轮机构由3个主要构件组成：具有内齿的刚轮2，具有外齿的柔轮1和波发生器H。通常波发生器H为运动输入构件，柔轮1为运动输出构件，刚轮2固定。柔轮为一个弹性的薄壁件齿轮，当波发生器H装入柔轮内孔时，由于H的总长度略大于内孔直径，柔轮会产生弹性变形而呈椭圆形。在椭圆长轴两端形成了柔轮与刚轮的两个局部啮合区，短轴两端两轮轮齿完全脱离，其余各处的轮齿则处于啮合和脱离的过渡状态。

传动过程中，柔轮的变形部位随波发生器的旋转而变化，其弹性变形波类似于谐波，故称为**谐波齿轮传动**。在波发生器旋转一周内，柔轮上一点的变形循环次数等于滚轮数 n，n 称为**波数**，常用的是双波和三波两种。由于刚轮与柔轮的齿距必须相等，显然刚轮的齿数 z_2 应大于柔轮的齿数 z_1，两者的齿数差 z_2-z_1 应等于波数 n 的整数倍。当波发生器连续转动时，柔轮长、短轴位置随之不断变化，从而使轮齿的啮合和脱离的位置也随之不断变化，于是在柔轮与刚轮之间就产生了相对移动。由于柔轮比刚轮少 z_2-z_1 个齿，当波发生器H顺时针转过一周时，柔轮便逆时针转过 z_2-z_1 个齿，即逆时针转过了 $(z_2-z_1)/z_1$ 周。因此，波发生器与柔轮的传动比为

$$i_{H1}=\frac{\omega_H}{\omega_1}=-\frac{1}{\frac{z_2-z_1}{z_1}}=\frac{z_1}{z_1-z_2}$$

相对一般齿轮传动，谐波齿轮传动具有如下优点：①传动比大、范围宽（一般一级传动比范围为50～500）；②同时啮合的轮齿对数较多，故承载能力大；③靠柔轮的弹性变形可直接输出定轴转动，不需要专门的输出机构，故结构紧凑、体积小（与普通齿轮传动比较可减少体积20%～50%）、重量轻；④轮齿齿面相对滑动速度低，故磨损小，加之多齿啮合的平均效应，使其运动精度高、传动平稳、噪声低、效率高；⑤能实现密封空间的运动传递。

9.5 本章小结

1. 本章中的重要概念

● 学会区分平面及空间定轴轮系、周转轮系（行星轮系、差动轮系）、混合轮系，特别是复合周转轮系与混合轮系之间的区别。

● 平面定轴轮系中有一类特殊的子类型：回归轮系，其特征是输入轴与输出轴共线，优点是结构紧凑，可广泛用于减速器、时钟或机床中。

● 空间定轴轮系传动比大小的计算方法与平面定轴轮系类似，但各齿轮的转向只可以用箭头标注法标示。

● 周转轮系包含太阳轮、行星轮、行星架和机架等构件，根据自由度的差异分为差动轮系和行星轮系。

● 周转轮系的传动比计算一般采用转化法，将原轮系转化为定轴轮系，再按定轴轮系传动比计算方法来计算传动比。

● 混合轮系传动比的计算既不能将整个轮系作为定轴轮系来处理，也不能对整个机构采用转化法，正确的做法是①将周转轮系与定轴轮系正确区分开来；②分别列出计算各定轴轮系与各周转轮系传动比方程；③找出各基本轮系之间的联系；④联立求解这些方程式。

● 定轴轮系设计主要包括选择轮系的类型及布置方案；行星轮系设计需重点确定轮系中各轮的齿数，同时满足 4 个条件：①传动比条件；②同心条件；③装配条件；④邻接条件。

● 轮系的主要功用包括获得大传动比、实现分路或远距离传动、实现变速或换向传动、实现运动的合成与分解，以及获得大功率等。

2. 本章中的重要公式

● 定轴轮系传动比计算公式：

$$i_{\text{in/out}}=\frac{\omega_{\text{in}}}{\omega_{\text{out}}}=(-1)^m\frac{\text{所有从动轮齿数连乘积}}{\text{所有主动轮齿数连乘积}}$$

式中，m 为外齿轮啮合的对数。

● 差动轮系传动比计算公式：

$$i_{13}^{\mathrm{H}}=\frac{\omega_1^{\mathrm{H}}}{\omega_3^{\mathrm{H}}}=\frac{\omega_1-\omega_{\mathrm{H}}}{\omega_3-\omega_{\mathrm{H}}}$$

● 行星轮系传动比计算公式：

$$i_{1\mathrm{H}}=\frac{\omega_1}{\omega_{\mathrm{H}}}=1-\frac{\omega_1^{\mathrm{H}}}{\omega_3^{\mathrm{H}}}=1-i_{13}^{\mathrm{H}}$$

辅助阅读材料

[1] 曲继方，安子军，曲志刚. 机构创新原理 [M]. 北京：科学出版社，2001.
[2] 饶振纲. 行星传动机构设计 [M]. 2 版. 北京：国防工业出版社，1994.
[3] 孙桓，陈作模，葛文杰. 机械原理 [M]. 8 版. 北京：高等教育出版社，2013.

习　　题

■ 基础题

9-1 对于图9-25所示的轮系，下面3个轮系传动比计算式中，(　　)为正确的。

(A) $i_{12}^{H}=\dfrac{\omega_1-\omega_H}{\omega_2-\omega_H}$　　(B) $i_{13}^{H}=\dfrac{\omega_1-\omega_H}{\omega_3-\omega_H}$　　(C) $i_{23}^{H}=\dfrac{\omega_2-\omega_H}{\omega_3-\omega_H}$

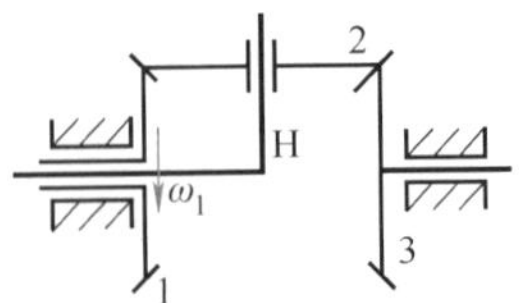

图9-25　题9-1图

9-2 在图9-26所示的轮系中，各轮的齿数为 $z_1=z_{2'}=25$，$z_2=z_3=z_5=100$，$z_4=100$，齿轮1转速 $n_1=180\text{r/min}$，转向如图所示。试求齿轮5转速 n_5 的大小和方向。

9-3 在图9-27所示的轮系中，已知各轮齿数分别为 $z_1=22$，$z_3=88$，$z_4=z_6$。试求传动比 i_{16}。

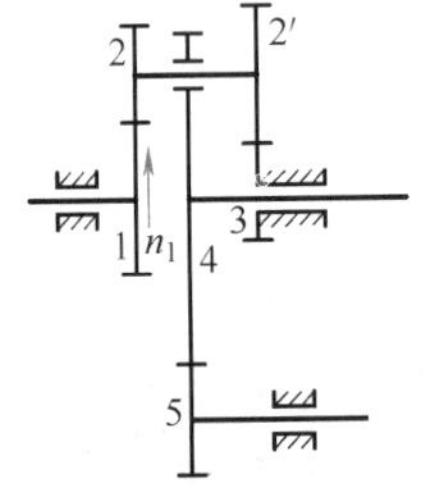

图9-26　题9-2图

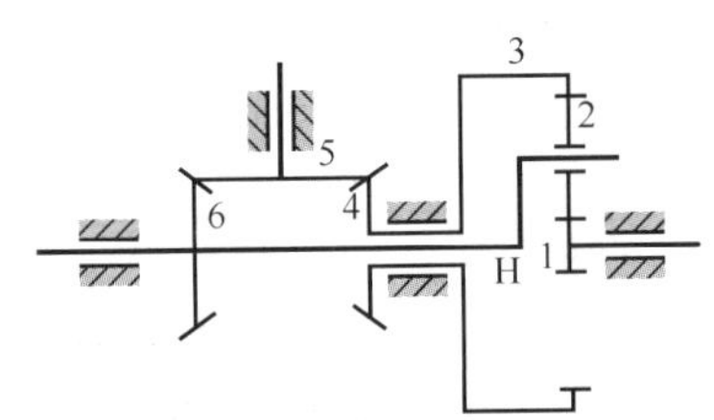

图9-27　题9-3图

9-4 在图9-28所示轮系中，已知各轮齿数为 $z_1=99$，$z_2=100$，$z_{2'}=101$，$z_3=100$，$z_{3'}=18$，$z_4=36$，$z_{4'}=14$，$z_5=28$，A轴转速为 $n_A=1000\text{r/min}$，转向如图所示，求B轴的转速 n_B，并指出其转向。

9-5 如图9-29所示，轮系中齿轮都为正确安装的渐开线齿廓标准直齿圆柱齿轮，已知：$z_1=20$，$z_2=50$，$z_3=20$，$z_4=50$，$z_6=40$，$z_7=20$。

1）求齿轮5的齿数 z_5。

2）计算传动比 i_{1H}。

3）当 $n_1=100\text{r/min}$（方向如图所示）时，计算 n_H，并在图上标出其方向。

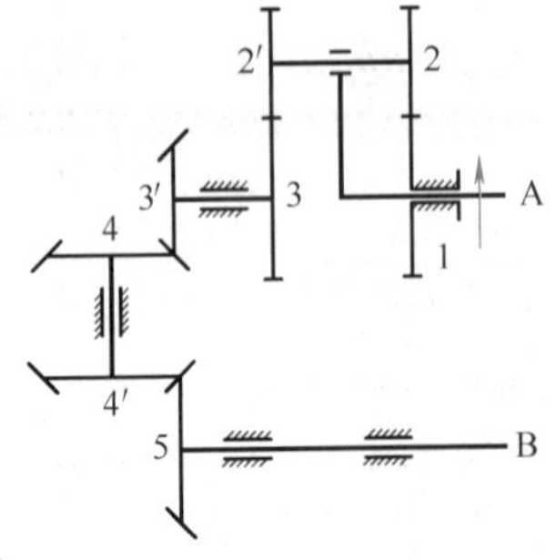

图9-28　题9-4图

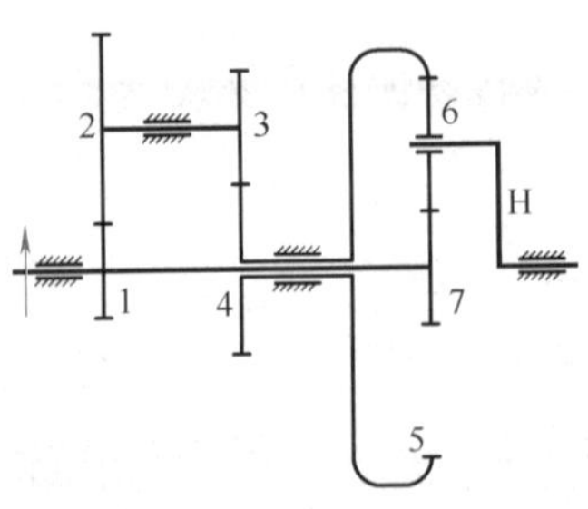

图9-29　题9-5图

9-6　在图9-30所示轮系中，已知各轮齿数为 $z_1=15$，$z_2=z_{2'}=z_4=30$，$z_5=40$，$z_6=20$。$n_1=1440\text{r/min}$（其转向如图中箭头所示），试求轮6的转速 n_6 的大小及方向（方向用箭头标在图上）。

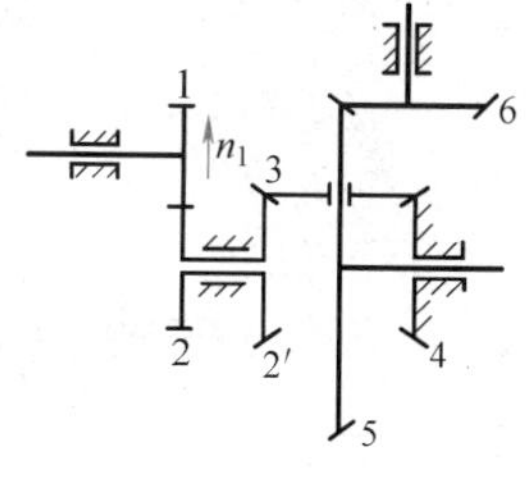

图9-30　题9-6图

9-7　需设计一个2K-H型行星减速器，要求结构紧凑，受力均匀，所采用的齿轮均为标准直齿圆柱齿轮，且减速比 $i_{1H}=6$。

1）若选用的行星轮数为3，试确定各轮的齿数。

2）若选用的行星轮数为4，试确定各轮的齿数。

■ 提高题

9-8　在图9-31所示的轮系中，已知各轮齿数 $z_1=40$，$z_2=z_3=100$，$z_4=z_5=30$，$z_6=20$，$z_7=80$，齿轮1转速 $n_A=1000\text{r/min}$，方向如图。试求 n_B 大小及方向。

9-9　在图9-32所示的轮系中，已知各齿轮的齿数分别为 $z_1=80$，$z_2=60$，$z_{2'}=20$，$z_3=40$，$z_{3'}=20$，$z_4=30$，$z_5=80$。轴A和轴B的转速分别为 $n_A=50\text{r/min}$，$n_B=60\text{r/min}$，方向如图所示。求轴C转速 n_C 的大小和方向。

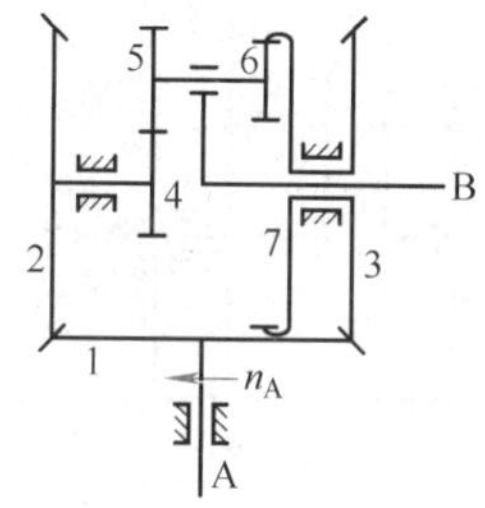

图9-31　题9-8图

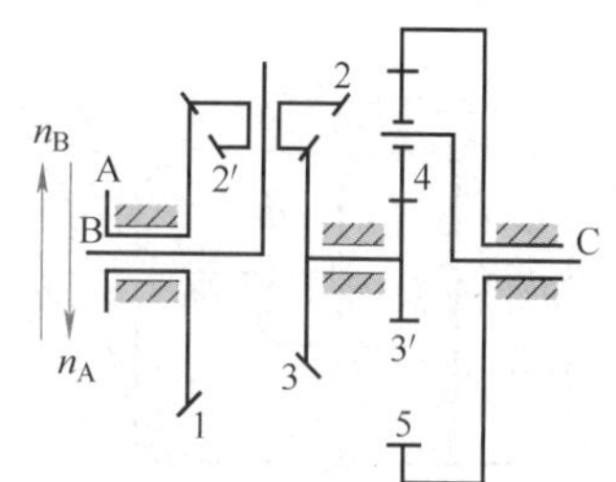

图9-32　题9-9图

9-10　如图9-33所示轮系，已知 $z_1=22$，$z_2=16$，$z_3=17$，$z_4=88$，$z_{4'}=30$，$z_5=32$，$z_6=60$，轮1的转速 $n_1=1000\text{r/min}$，方向如图所示。求轮6的转速 n_6 的大小及方向，并在图上标出 n_6 的方向。

9-11　在图9-34所示轮系中，已知各轮齿数为 $z_1=21$，$z_2=35$，$z_{2'}=18$，$z_3=20$，$z_4=20$，$z_{4'}=35$，$z_5=63$，$z_6=17$，$z_{5'}=z_7=32$。$n_1=750\text{r/min}$。试求轮7的转速 n_7 的大小和方向。

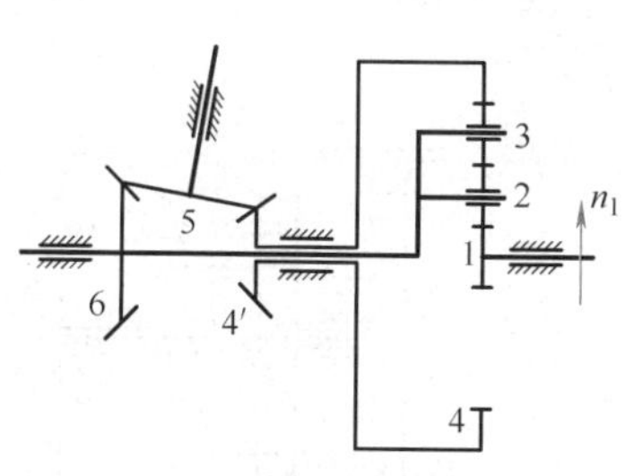

图9-33　题9-10图

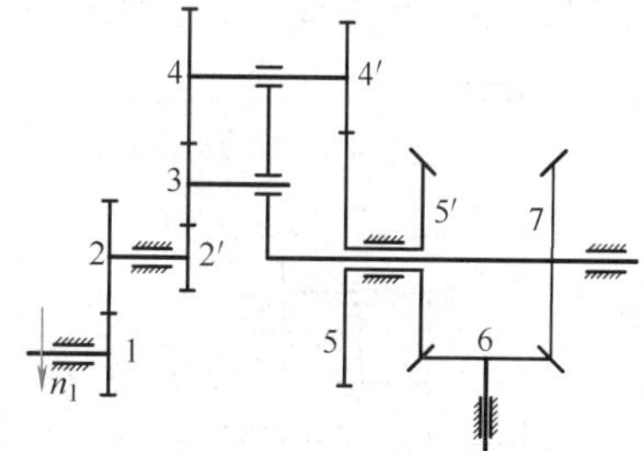

图9-34　题9-11图

9-12　在图9-35所示轮系中，已知各齿轮的齿数分别为 $z_1=z_2=z_3=z_4=z_7=z_8=20$，$z_5=30$，$z_6=60$，$z_9=50$，试求传动比 i_{mn}。

9-13　在图9-36所示轮系中，已知 $n_7=0.5n_1$，且两者同向，$z_1=20$，$z_2=80$，$z_3=20$，$z_5=80$，$z_6=120$，$z_7=30$。求传动比 i_{1C}。

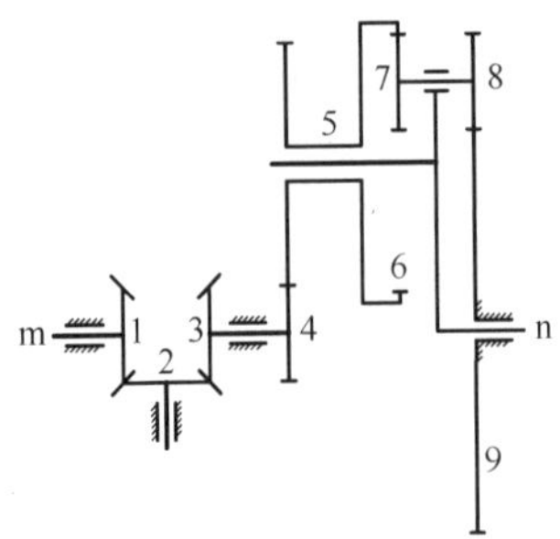

图 9-35　题 9-12 图

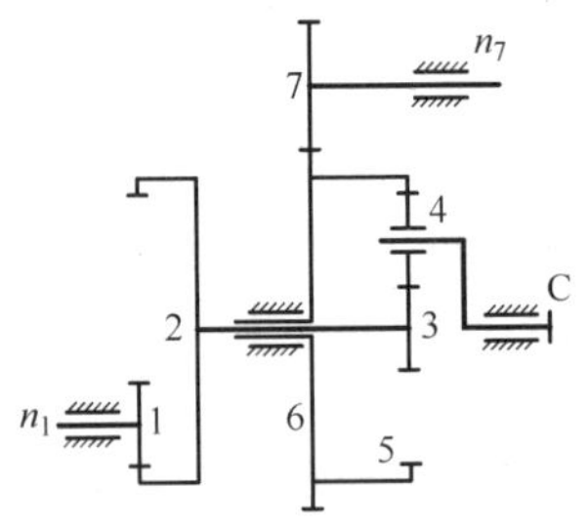

图 9-36　题 9-13 图

9-14　已知图 9-37 所示轮系中各轮的齿数：$z_1=z_{4'}=40$，$z_{1'}=z_2=z_4=20$，$z_{2'}=z_3=30$，$z_{3'}=15$，求 i_{1A}。

9-15　在图 9-38 所示轮系中，已知各齿轮的齿数分别为 $z_1=40$，$z_2=z_3=100$，$z_4=z_5=30$，$z_6=20$，$z_7=80$，齿轮 1 转速 $n_A=1000$ r/min，方向如图所示。试求 n_B 的大小及方向。

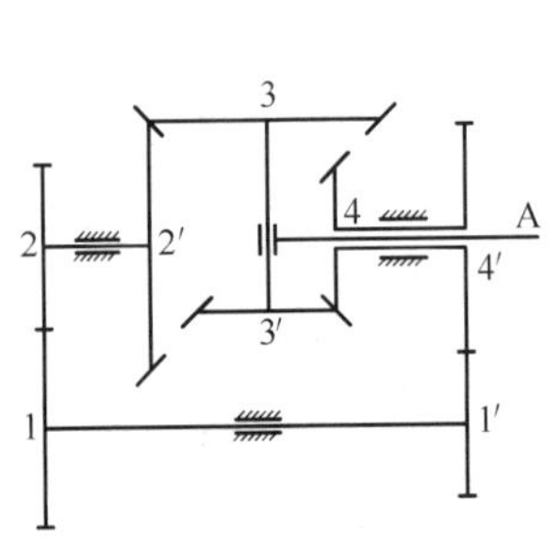

图 9-37　题 9-14 图

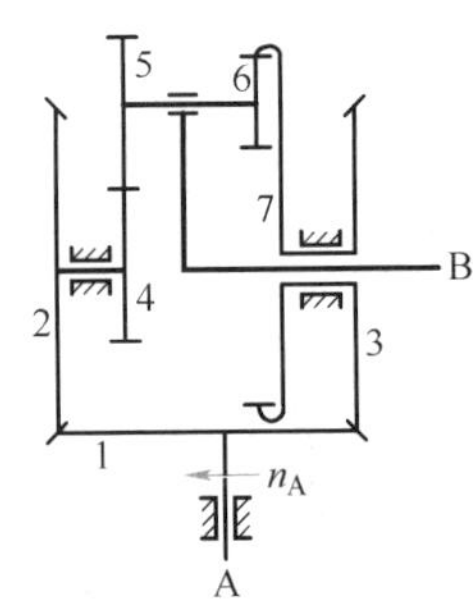

图 9-38　题 9-15 图

9-16　在图 9-39 所示轮系中，已知各轮齿数分别为 $z_1=21$，$z_2=35$，$z_{2'}=18$，$z_3=20$，$z_4=40$，$z_{4'}=35$，$z_5=63$，$z_{5'}=32$，$z_6=17$，$z_7=32$，齿轮 1 的转速为 $n_1=750$r/min，转向如图所示。求齿轮 7 的转速 n_7，并指出其转向。

9-17　在图 9-40 所示的轮系中，已知各齿轮的齿数为 $z_1=75$，$z_2=z_4=25$，$z_{2'}=20$，齿轮 1′和齿轮 3′的轴线重合，且 $z_{1'}=z_{3'}$。组成轮系的各齿轮模数相同，$n_4=1000$r/min。试求系杆 H 的转速 n_H 的大小和转向。

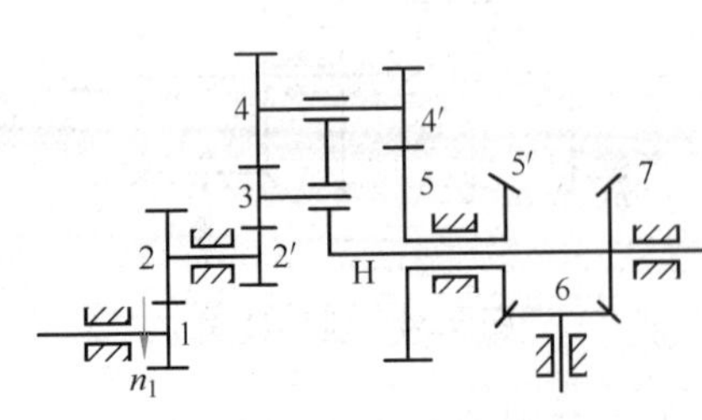

图 9-39　题 9-16 图

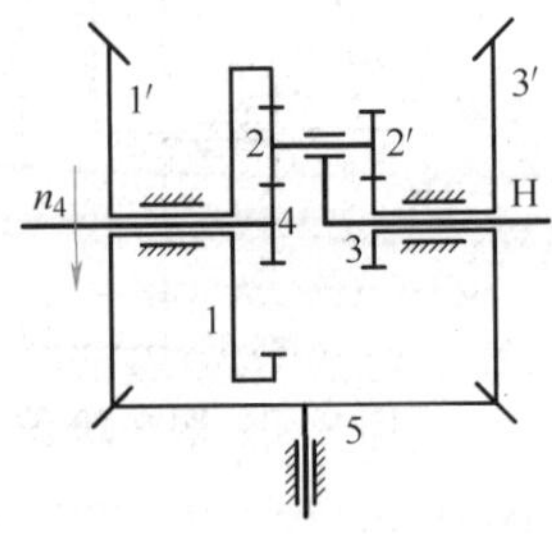

图 9-40　题 9-17 图

9-18　在图 9-41 所示 2K-H 行星轮系中，已知 $i_{1H}=6$，行星轮个数 $n=6$，均匀对称分布，各齿轮均为标准齿轮，模数相同。试求：

1）写出传动比 i_{1H} 的计算公式。若 ω_1 转向如图所示，指出 ω_H 的转向。

2）设传动满足条件 $r=\frac{z_1+z_3}{n}$，且 $r=30$，试求齿数 z_1、z_3 及 z_2。

9-19　在图 9-42 所示的行星轮系中，已知各齿轮的齿数为 $z_1=100$，$z_2=101$，$z_{2'}=100$，$z_3=99$，齿轮 1 的转速 $n_1=1\text{r/min}$。所有齿轮都采用模数 $m=2\text{mm}$ 的标准齿轮，压力角 $\alpha=20°$，且齿轮 1 和 2 为标准安装。试求：

1）行星架 H 的转速 n_H。

2）行星轮与中心轮之间的中心距 a。

3）行星轮 2′与太阳轮 3 传动的啮合角 α'。

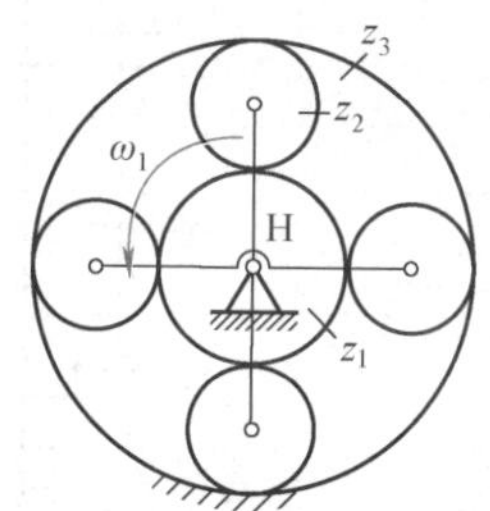

图 9-41　题 9-18 图

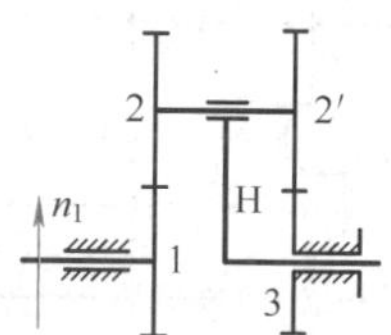

图 9-42　题 9-19 图

■ 工程设计基础题

9-20　图 9-43 所示为一装配用电动螺钉旋具的传动简图。已知各轮齿数 $z_1=z_4=17$，$z_3=z_6=39$，齿轮 1 转速 $n_1=3000\text{r/min}$。试求螺钉旋具的转速。

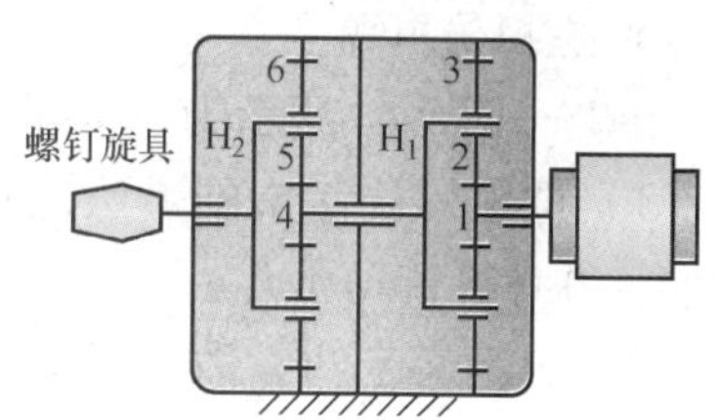

图 9-43　题 9-20 图

9-21　试计算图 9-44 所示某一汽车自动变速器的传动比。满足以下条件：①倒车时，齿轮 5 固定；②低速档位时齿轮 1 固定；③高速档位时齿轮 1 和 6 相互锁合。不过任何情况下，输入总是和齿轮 9 相连，输出总是与构件 2 相连。各个齿轮的齿数：$z_1=27$，$z_3=15$，$z_4=9$，$z_5=57$，$z_6=z_7=32$，$z_8=16$，$z_9=8$。

9-22　在图 9-45 所示的自行车计程表机构中，C 为车轮轴，P 为里程表指针。已知各齿轮齿数为 $z_1=17$，$z_3=23$，$z_4=19$，$z_{4'}=20$，$z_5=24$。假设轮胎受压变形后车轮的有效直径为 $D=0.7\text{m}$，当自行车行驶 1km 时，表上的指针刚好回转一周，试求齿轮 2 的齿数。

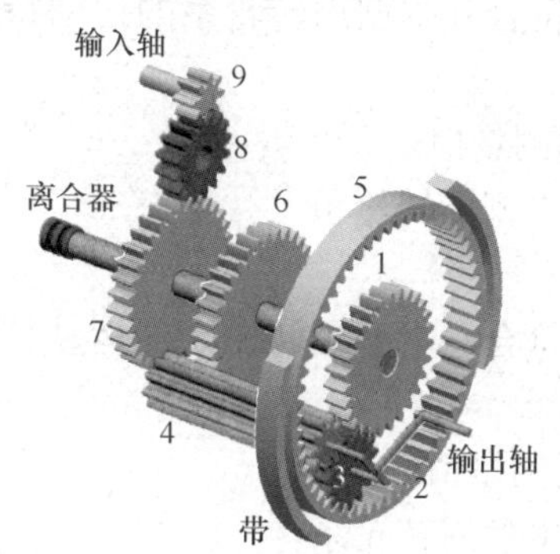

图 9-44　题 9-21 图

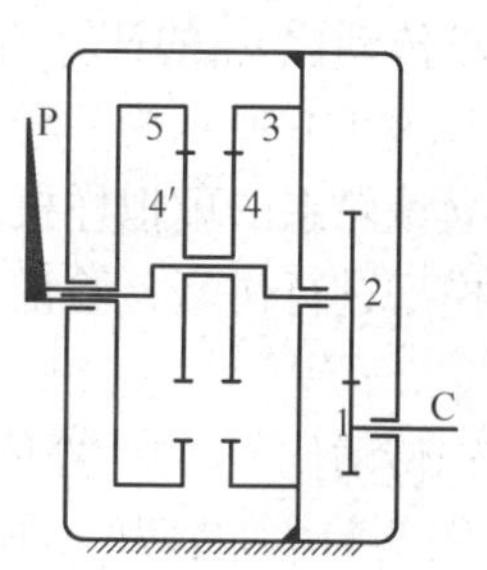

图 9-45　题 9-22 图

9-23　图 9-46 所示为一种用于机器人手臂的减速器，齿轮 1 为输入，转速为 n_1，双联齿轮 4 为输出。已知各齿轮齿数为 $z_1=20$，$z_2=40$，$z_3=72$，$z_4=70$。

1）分析内齿轮 3 的运动。（是否存在自转角速度？）

2）计算内齿轮 3 的公转角速度。

3）计算减速器的转速比 i_{14}。

9-24　图 9-47 所示为一种 RV 减速器，齿轮 1 为主动件，两个从动轮 2 各固连着一个曲拐，两曲拐的偏心距及偏移方向相同。曲拐偏心端插入内齿轮 3 的孔中，在该传动装置运行时，轮 3 做平动。求该传动装置的自由度及传动比 i_{14}（假设各齿轮齿数已知）。

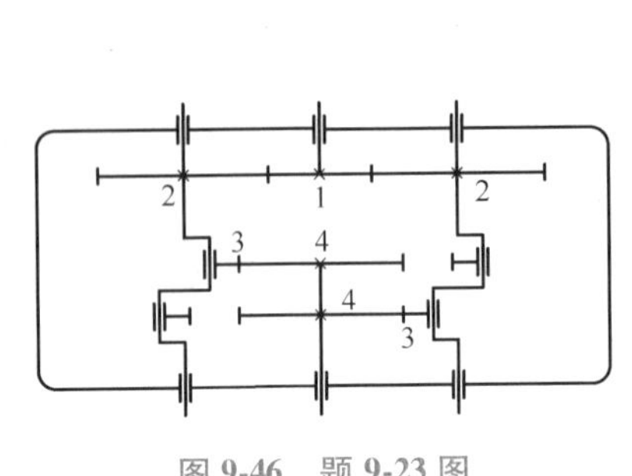

图 9-46　题 9-23 图

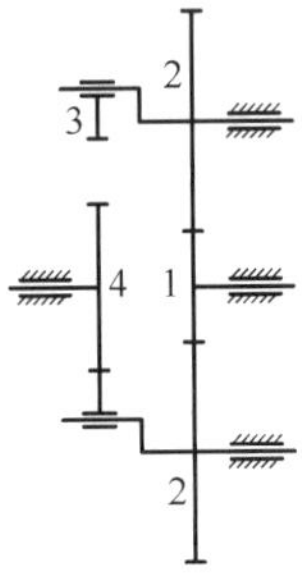

图 9-47　题 9-24 图

■ 虚拟仿真题

9-25　图 9-48 所示为一空间定轴轮系。

1）试用标注箭头的方法，判断轮 5 的转向，并计算传动比 i_{51}。

2）自定义未知参数，建立该轮系的虚拟样机模型。

3）对模型进行仿真，并根据测量结果求得传动比 i_{51}。

4）比较传动比 i_{51} 的计算值和仿真测量值。

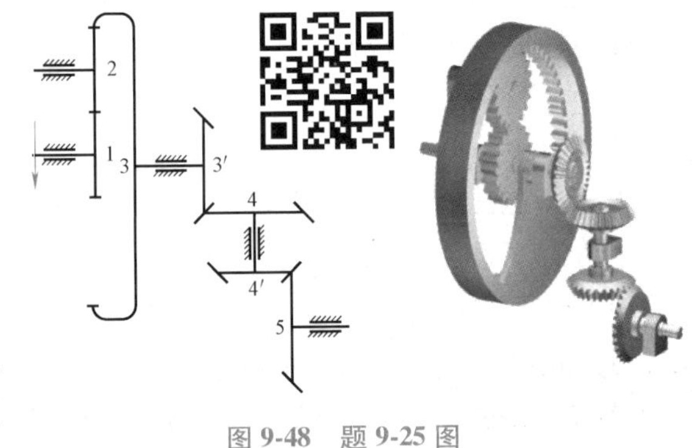

图 9-48　题 9-25 图

9-26　图 9-11a 所示为一种双排基本型周转轮系。

1）建立该轮系的虚拟样机模型。

2）对模型进行仿真，验证其是否符合基本型周转轮系的运动特征，并根据测量结果计算传动比 i_{1H}。

3）比较传动比 i_{1H} 的计算值和仿真测量值。

9-27　图 9-11b 所示为一种双排基本型周转轮系。

1）建立该轮系的虚拟样机模型。

2）对模型进行仿真，验证其是否符合基本型周转轮系的运动特征，并根据测量结果计算传动比 i_{1H}。

3）比较传动比 i_{1H} 的计算值和仿真测量值。

9-28　图 9-11c 所示为一种双排基本型周转轮系。

1）建立该轮系的虚拟样机模型。

2）对模型进行仿真，验证其是否符合基本型周转轮系的运动特征，并根据测量结果计算传动比 i_{1H}。

3）比较传动比 i_{1H}的计算值和仿真测量值。

9-29　图 9-15 所示的轮系是一种复合型周转轮系。

1）建立该轮系的虚拟样机模型。

2）对模型进行仿真，验证其是否符合基本型周转轮系的运动特征，并根据测量结果求得传动比 i_{4H}。

3）比较传动比 i_{4H}的计算值和仿真测量值。

9-30　对于图 9-26 所示的轮系：

1）建立该轮系的虚拟样机模型。

2）对模型进行仿真，测量求得齿轮 5 转速 n_5 的大小和方向。

3）比较齿轮 5 转速 n_5 的计算值和仿真测量值。

9-31　对于图 9-27 所示的轮系：

1）自定义未知参数，建立该轮系的虚拟样机模型。

2）对模型进行仿真，测量求得齿轮 6 转速 n_6 的大小和方向，并根据测量结果获得传动比 i_{16}。

3）比较传动比 i_{16}的计算值和仿真测量值。

9-32　对于图 9-31 所示的轮系：

1）自定义未知参数，建立该轮系的虚拟样机模型。

2）对模型进行仿真，测量求得系杆 B 的转速 n_B 的大小和方向。

3）比较 n_B 的计算值和仿真测量值。

9-33　对于图 9-32 所示的轮系：

1）自定义未知参数，建立该轮系的虚拟样机模型。

2）对模型进行仿真，测量求得轴 C 转速 n_C 的大小和方向。

3）比较轴 C 转速 n_C 的计算值和仿真测量值。

9-34　图 9-49 所示为一种周转轮系，图 9-49a 中的机构含有冗余约束，图 9-49b 中的机构不含冗余约束。

1）建立该轮系的虚拟样机模型。

2）对模型进行仿真，根据测量结果求得传动比 i_{3H}。

3）比较传动比 i_{3H}的计算值和仿真测量值。

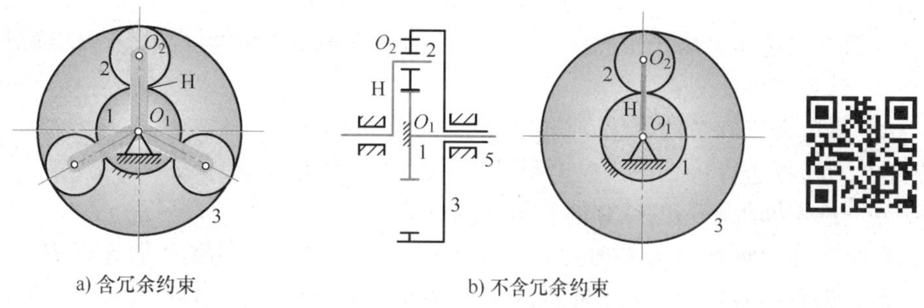

a) 含冗余约束　　b) 不含冗余约束

图 9-49　题 9-34 图

9-35　图 9-43 所示为一装配用电动螺钉旋具的传动简图。

1）建立该装配用电动螺钉旋具的虚拟样机模型。

2）对模型进行仿真，测量求得螺钉旋具的转速。

3）比较螺钉旋具的转速的计算值和仿真测量值。

9-36　图 9-50 所示为织机中的差动轮系，已知 $z_1=26$，$z_2=30$，$z_{2'}=22$，$z_3=24$，$z_{3'}=18$，$z_4=120$，$n_1=50\sim200\text{r/min}$，$n_H=300\text{r/min}$。

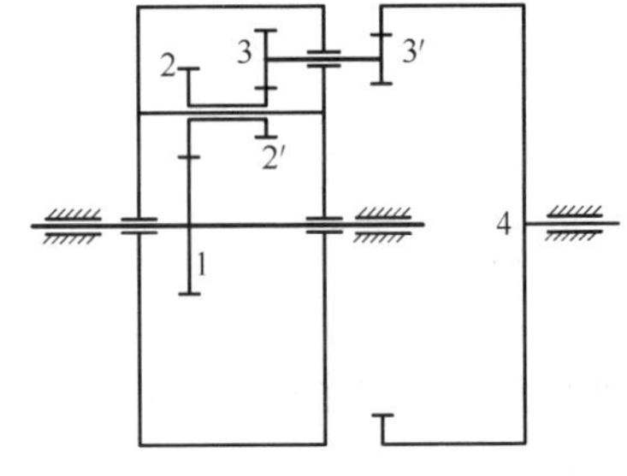

图 9-50　题 9-36 图

1）试求内齿轮 4 的转速 n_4 的变化范围。

2）自定义未知参数，建立该轮系的虚拟样机模型。

3）对模型进行仿真，并根据测量结果求得内齿轮 4 的转速 n_4 的变化范围。

4）比较内齿轮 4 的转速 n_4 的变化范围的计算值和仿真测量值。

9-37　图 9-51 所示为空间轮系，已知 $z_1=35$，$z_2=48$，$z_{2'}=64$，$z_3=70$，$n_1=250\text{r/min}$，转向如图所示。

1）试求系杆 n_H 的大小和方向。

2）自定义未知参数，建立该轮系的虚拟样机模型。

3）对模型进行仿真，并根据测量结果求得系杆 n_H 的大小和方向。

4）比较系杆 n_H 的大小的计算值和仿真测量值。

图 9-51　题 9-37 图

9-38　图 9-52 所示为一电动卷扬机减速器的运动简图。已知各轮齿数为 $z_1=24$，$z_2=52$，$z_{2'}=21$，$z_3=78$，$z_{3'}=18$，$z_4=30$，$z_5=78$。

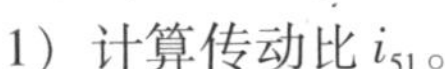

1）计算传动比 i_{51}。

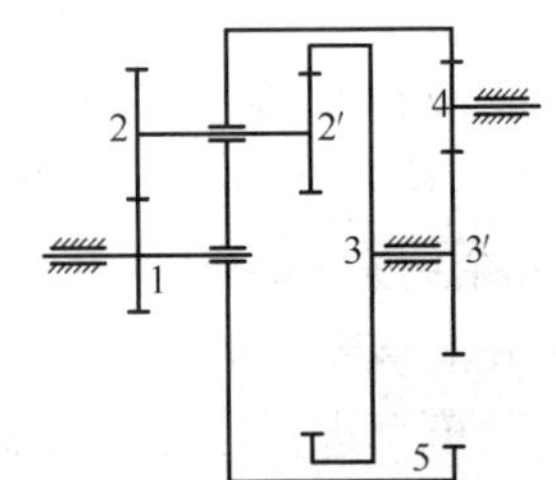

图 9-52　题 9-38 图

2）自定义未知参数，建立该轮系的虚拟样机模型。

3）对模型进行仿真，并根据测量结果求得传动比 i_{51}。

4）比较传动比 i_{51} 的计算值和仿真测量值。

9-39　图 9-53 所示为少齿差行星轮系，通常内齿圈 1 固定，系杆 H 为输入轴，V 为输出轴。输出轴 V 与行星轮 2 通过等角速比机构 3 相连接，所以输出轴 V 的转速始终与行星轮 2 的绝对转速相同。

1）计算传动比 i_{VH}。

2）自定义未知参数，建立该轮系的虚拟样机模型。

3）对模型进行仿真，并根据测量结果求得传动比 i_{VH}。

4）比较传动比 i_{VH} 的计算值和仿真测量值。

9-40　图 9-54 所示为平动齿轮传动机构。平行四边形 $ABCD$ 的连杆 BC 与齿轮 z_1 固接在一起，齿轮中心 O_1 位于连杆轴线上，随同连杆 BC 做无自转的平动。两齿轮的中心距 $O_1O_2=AB=CD$，且与 AB、CD 平行。

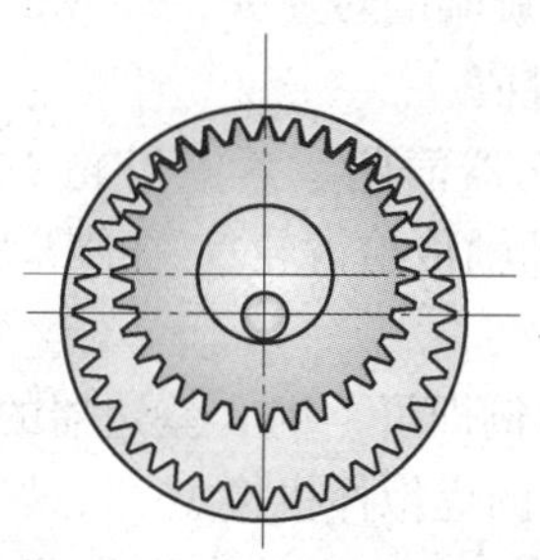

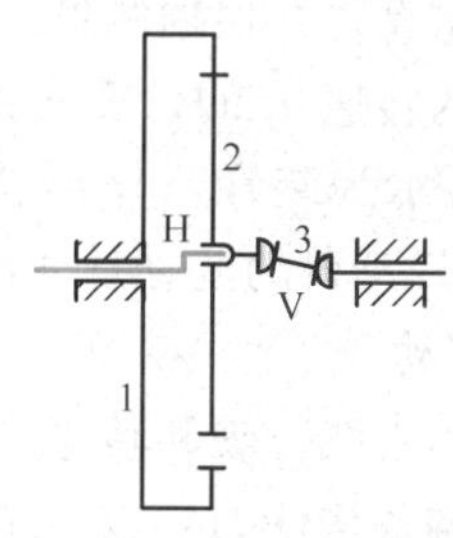

图 9-53　题 9-39 图

1）自定义未知参数，建立该轮系的虚拟样机模型。

2）对模型进行仿真，根据测量结果求得齿轮 2 的转速 n_2 与曲柄 AB 的转速 n_1，并探求两者之间的关系。

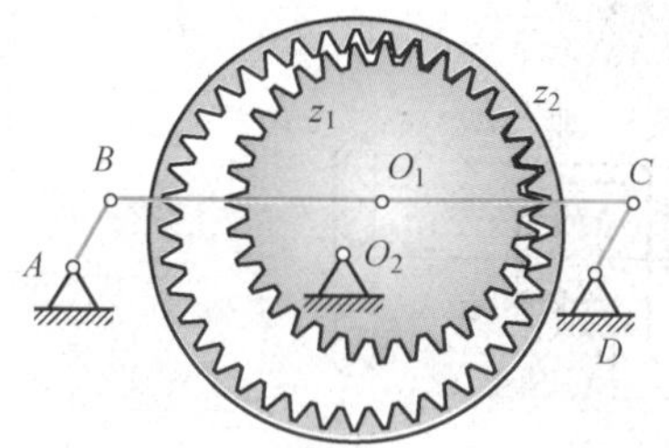

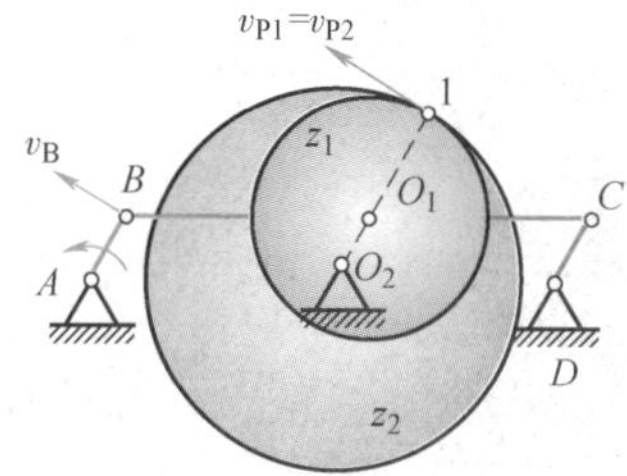

图 9-54　题 9-40 图

9-41　图 9-55 所示输送带的行星减速器中，已知 $z_1=10$，$z_2=32$，$z_3=74$，$z_4=72$，$z_{2'}=30$ 及电动机的转速为 1450r/min。

1）试求输出轴的转速 n_4。

2）自定义未知参数，建立该轮系的虚拟样机模型。

3）对模型进行仿真，并根据测量结果求得输出轴的转速 n_4。

4）比较输出轴的转速 n_4 的计算值和仿真测量值。

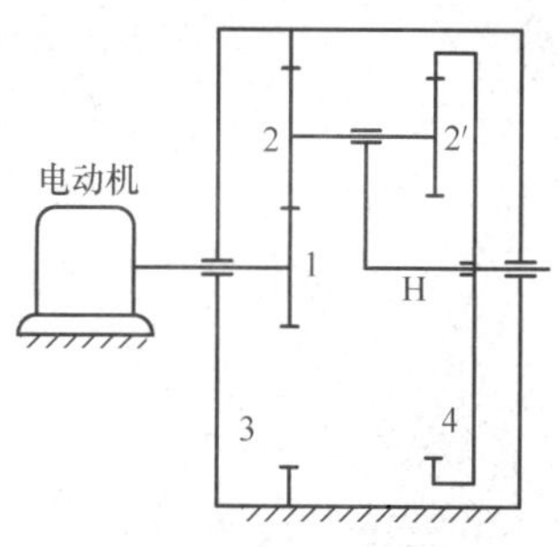

图 9-55　题 9-41 图

9-42　图 9-56 所示为一千分表的示意图。已知各轮齿数如图中所示，模数 $m=0.11$mm（为非标准模数）。若要测量杆每移动 0.001mm 时，指针尖端刚好移动一个刻度（$S=1.5$mm）。（图中齿轮 5 和游丝的作用是使各工作齿轮始终保持单侧接触，以消除齿轮间隙，保证测量精度。）

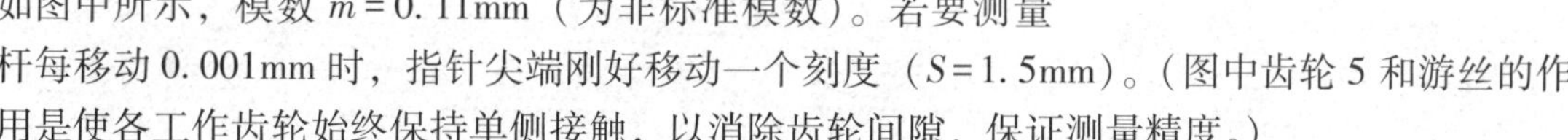

1）计算指针的长度 R。

2）自定义未知参数，建立该轮系的虚拟样机模型。

3）对模型进行仿真，并根据测量结果求得齿轮 4 的转速 n_4。

4）根据仿真结果求得指针的长度 R。

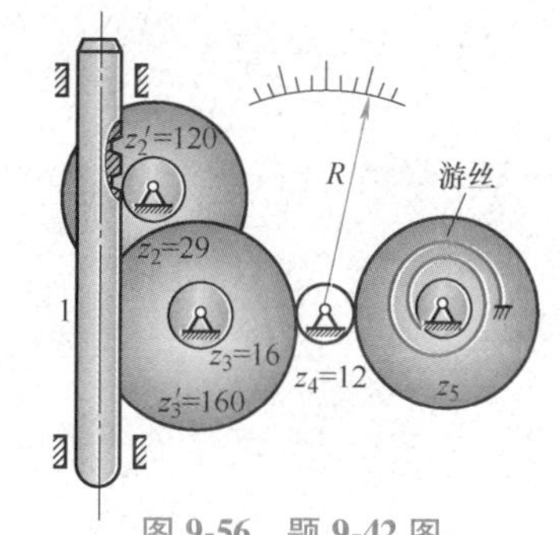

图 9-56　题 9-42 图

9-43　图 9-18 所示为某涡轮螺旋桨飞机发动机的主减速器。

1）自定义未知参数，建立该轮系的虚拟样机模型。

2）对模型进行仿真，并根据测量结果求得螺旋桨的转速 n_r。

3）比较螺旋桨的转速 n_r 的计算值和仿真测量值。

9-44 图 9-57 所示为装在汽车后桥上的差速器简图。其中齿轮 1、2、3、4（H）组成一差动轮系。汽车发动机的运动从变速箱经传动轴传给齿轮 5，再带动齿轮 4 及固接在齿轮 4 上的行星架 H 转动。

1）试分析当汽车直线行驶和转弯（以左转为例即可）时，差速器的工作原理。

2）自定义该机构各构件的参数，建立该机构的虚拟样机模型。

3）仿真模型：分别仿真汽车直线行驶和转弯（以左转为例即可）时差速器的工作状态。

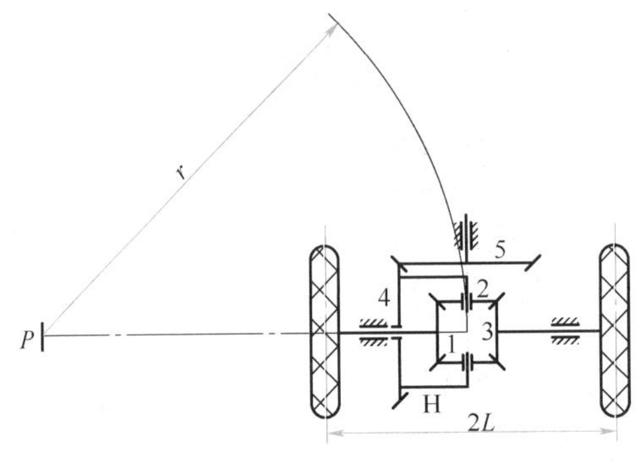

图 9-57 题 9-44 图

第三篇
机械系统动力学基础篇

第 10 章　平面机构的力分析

古埃及修建金字塔时，在石料运输时，利用滚木将滑动摩擦变为滚动摩擦，在建塔时修建斜坡，充分利用摩擦将数吨的巨石从地面提升至百米高的塔顶。

魔术师刘谦曾表演了用意念控制螺母自转，该魔术首先要选择合适导程的螺栓使摩擦力非常小，其次，利用磁场使螺母振动，通过螺旋使其产生转动的载荷分量转动螺母。

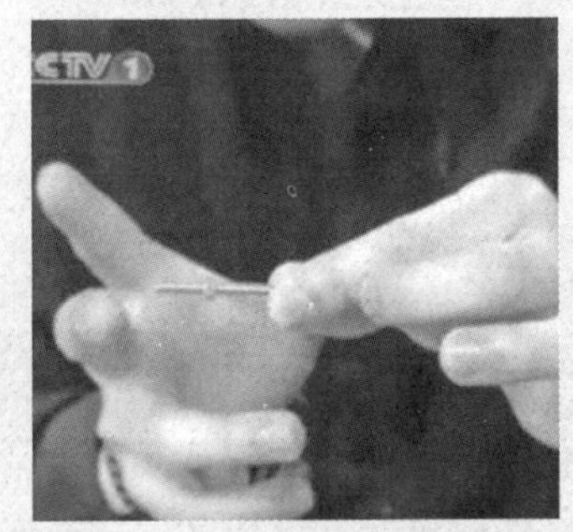

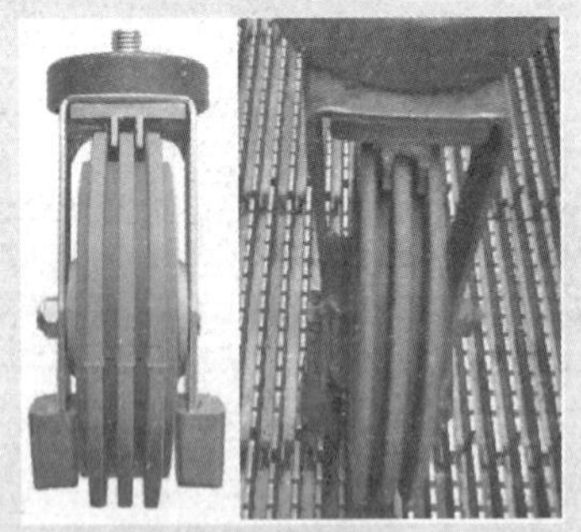

超市的购物车轮子的结构设计巧妙利用了摩擦特性，可以很稳定地停在倾斜的电梯上。

该航天应用的光学掩码机构利用了蠕虫爬行（inchworm）原理，通过摩擦力实现了高精度与大行程。

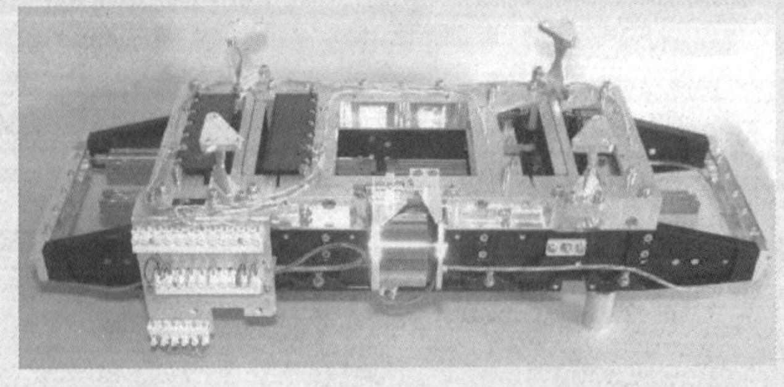

本章学习目标：

通过本章的学习，学习者应能够：

- 了解平面机构中作用的各种力及机构力分析的目的和方法；
- 掌握不考虑摩擦情况下，平面机构的动态静力分析的图解法与解析法；
- 掌握考虑摩擦情况下，确定运动副反力及平衡力（力矩），以及平面机构力分析方法；
- 了解典型机械的自锁现象及条件；
- 了解机械效率的计算方法。

【内容导读】

从本章开始接下来的三章中，向读者介绍平面机构或机械系统的动力分析与设计问题。

作用在机械上的力不仅是影响机械性能的重要参数，也是决定机械强度设计和结构形状的重要依据，因此无论是设计新机械，还是为了合理使用现有机械，都需要对机械进行受力分析。本章以平面机构为对象，重点讨论机构力分析议题。

机构力分析的目的主要有两个：一是确定各运动副中的反力（nesting force），用于各构件的强度、刚度设计，以及估算机械效率等；二是确定机械按给定运动规律运动所需施加的驱动力（矩）和平衡力（矩）（balancing force）。例如内燃机，若在已知的驱动力、各构件的重力和惯性力作用下不平衡，则需要作用在机器上某一构件（通常为主动件）的未知生产阻力（力矩）与之平衡，而这个阻力（力矩）就是平衡力（力矩）。而对于很多执行机构而言，一般需要有平衡力（力矩）来平衡工作阻力、构件重力及惯性力等。

根据机械工作的不同工况，机构的力分析可能存在三种不同的情况：一是高速等工况下，不考虑摩擦但计入构件惯性力时的力分析，一般采用动态静力分析法；二是低速、轻载等场合考虑运动副中的摩擦但不计入构件惯性力时的机构力分析，采用机构静力学分析法；三是高速、重载等条件下综合考虑运动副摩擦和构件惯性力时的机构力分析，此种情况的分析相对复杂。本章只考虑前两种情况。

机构力分析的方法通常有两种：

1）图解法。其特点是形象、直观，但精度低，不便于进行机构在一个运动循环中的力分析。

2）解析法。其特点是不但精度高，而且便于进行机构在一个运动循环中的力分析，便于画出运动线图，但直观性差。

此外，本章在确定运动副中的摩擦等基础上，还将讨论机械的效率及自锁问题。

10.1　机械动力学分析的研究历程

在机械动力学 200 余年的发展历史中，先后提出了四种不同水平的分析方法：静力分析、动态静力分析、动力分析、弹性动力分析。其背后的推动力是机械持续不断的高速化、大功率化、精密化和轻量化，尤其是机械的高速化，它是机械动力学发展的第一推动力。

（1）静力分析（static analysis）　机械发展的早期，运动速度不高，构件的惯性载荷一般可忽略不计；所选的材质也具有较大的刚度。这种情况下，一般将机构和构件作为低速、刚性系统，采用静力学分析系统的受力并预估原动机的功率是完全可行的。

（2）动态静力分析（kineto-static analysis）　机械中各构件的惯性力（力矩）与主动件转速的二次方成正比。随着机械速度的提高，惯性载荷不能再被忽略。19世纪，力学中的达朗贝尔原理被引入到机械的力分析中，逐渐形成了动态静力分析方法。动态静力分析方法的不足在于，由于不涉及原动机的特性（假想主动件按理想运动规律运动），本质上还是一种理想化运动状态的分析。

（3）动力分析（dynamic analysis）　动力革命以后，各种生产机械在各个工业部门广泛使用。如压力机等机械工作负荷变化很大，导致运转中产生很大的速度波动。这就需要进行机械的动力分析，并控制机器的速度波动。动力分析方法有效地解决了外力作用下机械（包括原动机）的真实运动的分析问题，因此更习惯被称为“机械系统动力学”。

（4）弹性动力学分析（elasto-dynamic analysis）　随着机械的轻量化，构件的柔度加大；随着机械的高速化，惯性载荷急剧增大，甚至成为载荷的主体。这种情况下，构件在惯性载荷下的弹性变形会给机械的运动精度带来消极影响，甚至引发振动噪声及疲劳失效等。从20世纪中叶开始，计入构件或运动副弹性的动力分析越来越多地体现在凸轮机构、齿轮机构、连杆机构及其他具体机械的研究中。

本章重点讨论前两项内容，第三项内容详见第11章，第四项部分内容可见第13章有关柔性机构的动力学分析小节。

10.2　作用在构件上的力

10.2.1　作用在构件上的力

当机械运动时，作用在构件上的力包含两大类：给定力和反力。给定力分为外力和惯性力；反力分为法向反力和切向反力（摩擦力）。

外力主要包括驱动力和阻抗力。平面运动构件上，凡是力的作用方向与构件上力作用点的运动速度方向相同或成锐角的力称为驱动力（drive force）；与构件角速度方向一致的力矩称为驱动力矩（drive torque）。原动机产生的力（力矩）是驱动力（力矩），它所做的功称为驱动功或输入功（drive work）。在平面运动构件上，凡是力的作用方向与构件上力作用点的运动速度方向相反或成钝角的力称为阻抗力，简称阻力；与构件角速度方向相反的力矩称为阻力矩。阻力（力矩）还可分为工作阻力（力矩）和有害阻力（力矩）。工作阻力（力矩）所做的功称为输出功或有益功（effective work），如金属切削机床中刀具所受的力是工作阻力。阻碍做有益功的力（力矩）称为有害阻力（力矩），如金属切削机床中的摩擦力是主要的有害阻力，它使机器发热、磨损，降低机械的寿命。克服有害阻力（矩）所做的功为损耗功（lost work）。重力作用在构件的重心上，当重心下降时，它是驱动力；当重心上升时，它是阻力。在一个运动循环中重力所做的功为零。构件较轻时重力可忽略不计。

惯性力（力矩）是由于构件的变速运动而产生的。当构件加速运动时，它是阻力（力矩）；当构件减速运动时，它又变成了驱动力（力矩）。单独由惯性力（力矩）引起的反力称为附加动压力。

运动副中的反力是运动副元素接触处彼此作用的正压力（法向反力）和摩擦力（切向反力）的合力，又称为全反力。它对单个构件而言是外力，但对整个机械而言则是内力。尽管如此，反力对构件的刚度与强度、运动副的摩擦与磨损、机械效率与整体性能都会产生重要的影响。

10.2.2　构件惯性力和惯性力矩的确定

在机械运动过程中，各构件产生的惯性力，不仅与各构件的质量、绕过质心轴的转动惯量、质心的加速度、构件的角加速度等参数有关，而且与构件的运动形式有关。

1. 做平面移动的构件

因移动构件的角加速度为零，故只可能有惯性力。如图 10-1a 所示曲柄滑块机构中的滑块 3，若其质量为 m_3，质心加速度为 $\boldsymbol{a}_{S3}$，如图 10-1b 所示，则其惯性力 $\boldsymbol{F}_{I3}$ 为

$$\boldsymbol{F}_{I3}=-m_3\,\boldsymbol{a}_{S3} \tag{10.2-1}$$

2. 绕定轴转动的构件

首先考虑绕通过质心轴转动的构件：因绕通过质心轴转动的构件其质心的加速度为零，故只可能有惯性力矩。假设绕过其质心轴的转动惯量为 J_S、角加速度为 $\boldsymbol{\varepsilon}$，则其惯性力矩 $\boldsymbol{M}_I$ 为

$$\boldsymbol{M}_I=-J_S\boldsymbol{\varepsilon} \tag{10.2-2}$$

再考虑绕不通过质心轴转动的构件：这种情况下，其运动可以看作随质心的移动和绕该质心转动的合成。因此，惯性力与惯性力矩同时存在，并可通过式（10.2-1）和式（10.2-2）分别求取。如图 10-1c 所示曲柄滑块机构中的曲柄 1，若绕过其质心轴的转动惯量为 J_{S1}，角加速度为 $\boldsymbol{\varepsilon}_1$，则其惯性力 $\boldsymbol{F}_{I1}$ 和惯性力矩 $\boldsymbol{M}_{I1}$ 分别为

$$\boldsymbol{F}_{I1}=-m_1\,\boldsymbol{a}_{S1}\,,\boldsymbol{M}_{I1}=-J_{S1}\boldsymbol{\varepsilon}_1 \tag{10.2-3}$$

3. 做一般平面复合运动的构件

其惯性力系可简化为一个通过质心的惯性力和一个惯性力矩，如曲柄滑块机构中的连杆 2（图 10-1d）。若其质量为 m_2，绕过其质心轴的转动惯量为 J_{S2}，质心加速度为 $\boldsymbol{a}_{S2}$，角加速度为 $\boldsymbol{\varepsilon}_2$，则其惯性力 $\boldsymbol{F}_{I2}$ 和惯性力矩 $\boldsymbol{M}_{I2}$ 分别为

$$\boldsymbol{F}_{I2}=-m_2\,\boldsymbol{a}_{S2}\,,\quad \boldsymbol{M}_{I2}=-J_{S2}\boldsymbol{\varepsilon}_2 \tag{10.2-4}$$

不过，通常可将 $\boldsymbol{F}_{I2}$ 和 $\boldsymbol{M}_{I2}$ 根据力系等效的原则合成一个总惯性力 $\boldsymbol{F}'_{I2}$，且满足 $\boldsymbol{F}'_{I2}=\boldsymbol{F}_{I2}$，$\boldsymbol{F}'_{I2}$ 对质心点产生的力矩方向与 $\boldsymbol{M}_{I2}$ 一致，而其作用线偏离质心的距离为 h_2，并保证

$$h_2=\frac{M_{I2}}{F_{I2}} \tag{10.2-5}$$

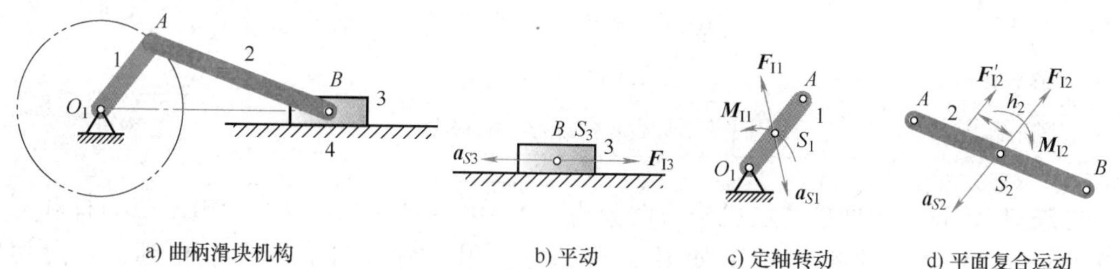

图 10-1　惯性力与惯性力矩

10.3 不考虑摩擦情况下平面机构的动态静力分析

10.3.1 构件组的静定条件

机构力分析的首要任务就是确定各运动副中的反力和需加在该机构上的平衡力（矩）。但是，运动副中的反力对于整个机构而言是内力，因此欲计算运动副反力，不能就整个机构进行力分析，而需将机构分解成若干个构件组，然后逐个对构件组进行力分析。

为了将构件组中所有力的未知数确定出来，则每个构件组必须满足静定条件，即满足静力学平衡条件（独立的力平衡方程数等于所有力未知要素的数目）。换句话说，通过建立每个构件组的静力学平衡方程，可求解出所有未知外力。具体求解方法可参考理论力学的相关知识。

假设构件组中含有 n 个构件和 P 个低副（高副可通过高副低代等效成低副），则总共有 $2P$ 个力的未知数；每个构件都可列出 3 个独立的力平衡方程，故总共有 $3n$ 个独立的力平衡方程式。因此构件组的静定条件为

$$3n=2P \tag{10.3-1}$$

式（10.3-1）正好满足基本杆组的条件，因此可以说，基本杆组满足静定条件。

下面考虑具体实例。首先考虑运动副。根据构件组的静定条件可知：当不考虑摩擦时，平面运动副中的反力（以构件 2 给构件 1 的反力 $\boldsymbol{F}_{21}$ 为例）分布情况分别如图 10-2 和表 10-1 所示。

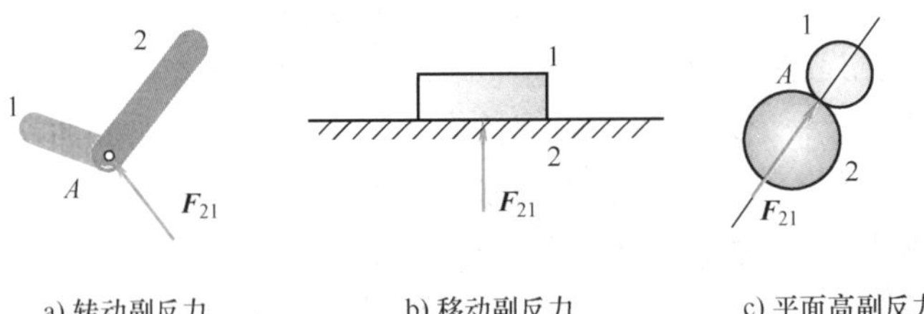

a) 转动副反力　　b) 移动副反力　　c) 平面高副反力

图 10-2　平面运动副中的反力分布

表 10-1　平面运动副中的反力分布

类　型	作用线的位置及方向	大　小
转动副	通过转动副中心，但方向未知	未知
移动副	沿导路法线方向	未知
平面高副	作用在高副元素接触点的公法线上	未知

再以图 10-3a 所示曲柄滑块机构为例分析。图 10-3b 和 10-3c 分别给出了二力杆和三力汇交的实例。物体在平衡条件下如果受到二力作用，则这两个力大小相等、方向相反（图 10-3b）；若受到三力作用，则这三个力汇交于一点（图 10-3c）。

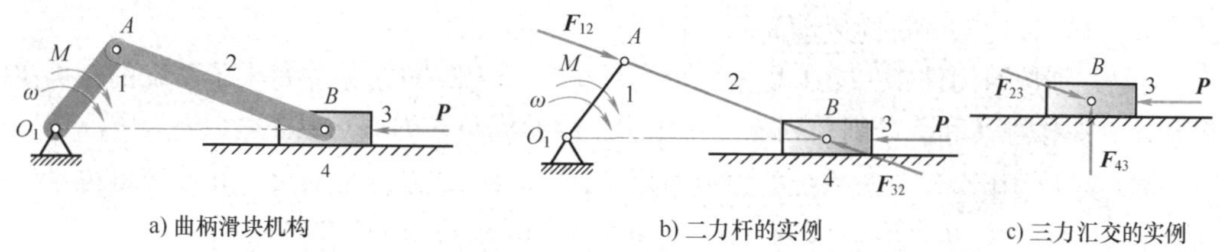

a) 曲柄滑块机构　　b) 二力杆的实例　　c) 三力汇交的实例

图 10-3　机构的受力分析

10.3.2　平面机构的动态静力分析

在机械速度很低的情况下，将机构视为一个静力（平衡）系统，只进行静力分析即可。随着机械运行速度的提高，构件的惯性力（力矩）不能再被忽略，而要将惯性力（力矩）计入静力平衡方程，以求出为平衡静载荷和动载荷而需在主动件上施加的力（力矩），以及各运动副中的反力。

具体而言，利用达朗贝尔原理（附录 B.7.4），将惯性力和惯性力矩看作外力加在相应的构件上。这样，运动的机构就可以被看作处于静力平衡状态，从而用静力学的方法进行分析计算。该方法称为机构的**动态静力分析法**。

平面机构动态静力分析的方法有图解法和解析法。

1. 图解法

采用图解法进行平面机构动态静力分析的主要思路是应用**力多边形方法**（force polygon）。一般步骤如下：

1）按比例画机构运动简图。

2）按照构件或者杆组将机构划分成若干子系统，建立每个子系统的静力平衡方程。

3）按比例作各个子系统的力多边形，找出每个子系统的未知条件，并对未知数求解。

下面看一个分析实例。

【例 10-1】　试对图 10-4 所示的杠杆机构进行静力学分析。已知机构所受外力 $\boldsymbol{F}$（大小为 50N）及曲柄的长度为 3.0cm，确定为保证机构的静力平衡应施加给曲柄的驱动力矩 M_b（又称**平衡力矩**）。

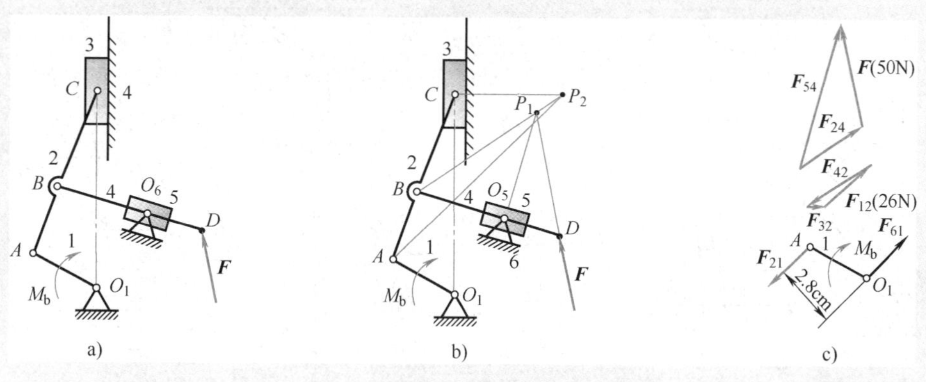

图 10-4　杠杆机构的静力学分析

解：1）按比例画机构运动简图（图 10-4a）。

2）分别按照构件 4、2、1 划分三个子系统（图 10-4b），建立每个子系统的静力平衡条件。如构件 4 和 2 分别受到 3 个力作用，因此满足三力共点的条件（P_1、P_2）。

3）按比例作出各个子系统的力多边形（图 10-4c），最后量取尺寸并计算可得

$$M_b = F_{21} d = 26 \times 2.8\text{N} \cdot \text{cm} = 73\text{N} \cdot \text{cm}\ （顺时针方向）$$

2. 解析法

采用解析法进行平面机构的动态静力分析与运动分析非常相似，从数学的观点来说没有什么本质区别，只是后者是从运动学的角度建立封闭向量多边形，而前者则根据力的平衡条件建立封闭向量多边形。因此，运动学分析中用到的复数法、杆组法等也同样适用于力分析。不仅如此，为了求出各构件的惯性力和惯性力矩，必须首先对机构进行运动分析，因此说力分析是以运动分析为基础的。基本步骤如下：

1）将所有的外力、外力矩（包括惯性力和惯性力矩以及待求的平衡力和平衡力矩）加到机构的相应构件上。

2）建立坐标系，将各构件逐一从机构中分离并列出力与力矩平衡方程式。

3）通过联立求解这些平衡方程式，求出各运动副中的反力和需施加到机构主动件上的平衡力或平衡力矩。

一般情况下，可将静力学分析归纳为求解线性方程组的问题。可用相应的数值计算方法求解这些方程组，算出所求的力和力矩。具体有三种方法：向量方程法、矩阵法和复数法。这三种方法并没有本质的区别。下面以图 10-5 所示的铰链四杆机构为例，说明利用矩阵法进行机构静力学分析的过程。其中，曲柄 1 的角速度和各构件的尺寸参数已知，求驱动力矩 M_{41}、平衡力 $\boldsymbol{F}_b$ 和平衡力矩 M_b。

图 10-5 所示为一铰链四杆机构，图中给出了构件中的各个尺寸参数。建立如图 10-5 所示的坐标系。将各构件逐一从机构中分离后标示出各运动副反力，如图 10-6 所示，再分别列出各构件的力平衡方程。

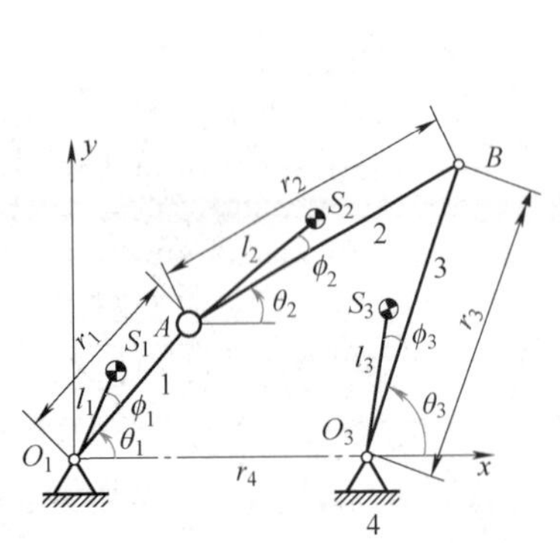

图 10-5　铰链四杆机构的静力学分析

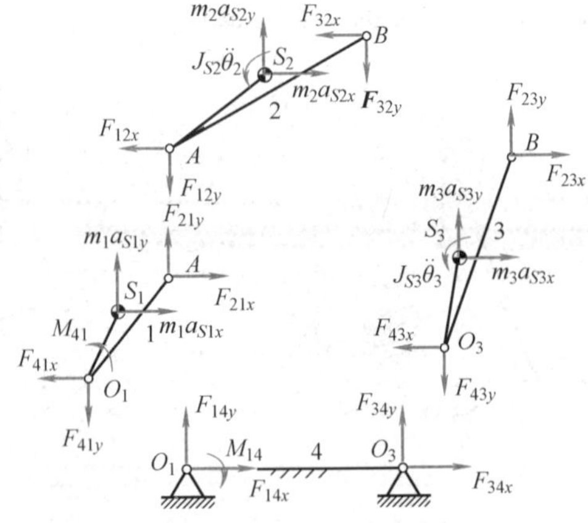

图 10-6　铰链四杆机构中各构件的受力分析图

对于构件 1，有

$$\begin{cases} F_{21x}-F_{41x}-m_1a_{S1x}=0 \\ F_{21y}-F_{41y}-m_1a_{S1y}=0 \\ -F_{21x}r_1\sin\theta_1+F_{21y}r_1\cos\theta_1+M_{41}=0 \end{cases} \tag{10.3-2}$$

由于

$$r_{S1x}=l_1\cos(\theta_1+\phi_1),\quad r_{S1y}=l_1\sin(\theta_1+\phi_1) \tag{10.3-3}$$

式（10.3-2）中，

$$\begin{cases} a_{S1x}=\ddot{r}_{S1x}=-l_1\omega^2\cos(\theta_1+\phi_1) \\ a_{S1y}=\ddot{r}_{S1y}=-l_1\omega^2\sin(\theta_1+\phi_1) \end{cases} \tag{10.3-4}$$

对于构件 2，有

$$\begin{cases} -F_{32x}-F_{12x}-m_2a_{S2x}=0 \\ -F_{32y}-F_{12y}-m_2a_{S2y}=0 \\ -F_{12x}l_2\sin(\theta_2+\phi_2)+F_{12y}l_2\cos(\theta_2+\phi_2)+F_{32x}[r_2\sin\theta_2-l_2\sin(\theta_2+\phi_2)]- \\ \quad F_{32y}[r_2\cos\theta_2-l_2\cos(\theta_2+\phi_2)]=J_{S2}\ddot{\theta}_2 \end{cases} \tag{10.3-5}$$

式中，$a_{S2x}=\ddot{r}_{S2x}=-l_1\omega^2\cos\theta_1-l_2[\dot{\theta}_2^2\cos(\theta_2+\phi_2)+\ddot{\theta}_2\sin(\theta_2+\phi_2)]$，$a_{S2y}=\ddot{r}_{S2y}=-l_1\omega^2\sin\theta_1-l_2[\dot{\theta}_2^2\sin(\theta_2+\phi_2)-\ddot{\theta}_2\cos(\theta_2+\phi_2)]$。

对于构件 3，有

$$\begin{cases} F_{23x}-F_{43x}-m_3a_{S3x}=0 \\ F_{23y}-F_{43y}-m_3a_{S3y}=0 \\ -F_{23x}r_3\sin\theta_3+F_{23y}r_3\cos\theta_3=J_{S3}\ddot{\theta}_3 \end{cases} \tag{10.3-6}$$

式中，$a_{S3x}=\ddot{r}_{S3x}=-l_3[\dot{\theta}_3^2\cos(\theta_3+\phi_3)+\ddot{\theta}_3\sin(\theta_3+\phi_3)]$，$a_{S3y}=\ddot{r}_{S3y}=-l_3[\dot{\theta}_3^2\sin(\theta_3+\phi_3)-\ddot{\theta}_3\cos(\theta_3+\phi_3)]$。

将式（10.3-2）、式（10.3-5）和式（10.3-6）组合成矩阵的形式

$$\boldsymbol{Ax}=\boldsymbol{b} \tag{10.3-7}$$

式中，$\boldsymbol{A}=\begin{pmatrix} -1 & 0 & 1 & 0 & 0 & 0 & 0 & 0 & 0 \\ 0 & -1 & 0 & 1 & 0 & 0 & 0 & 0 & 0 \\ 0 & 0 & a_{33} & a_{34} & 0 & 0 & 0 & 0 & 1 \\ 0 & 0 & -1 & 0 & -1 & 0 & 0 & 0 & 0 \\ 0 & 0 & 0 & -1 & 0 & -1 & 0 & 0 & 0 \\ 0 & 0 & a_{63} & a_{64} & a_{65} & a_{66} & 0 & 0 & 0 \\ 0 & 0 & 0 & 0 & 1 & 0 & -1 & 0 & 0 \\ 0 & 0 & 0 & 0 & 0 & 1 & 0 & -1 & 0 \\ 0 & 0 & 0 & 0 & a_{95} & a_{96} & 0 & 0 & 0 \end{pmatrix}$，$\boldsymbol{x}=\begin{pmatrix} F_{41x} \\ F_{41y} \\ F_{12x} \\ F_{12y} \\ F_{23x} \\ F_{23y} \\ F_{43x} \\ F_{43y} \\ M_{41} \end{pmatrix}$，$\boldsymbol{b}=\begin{pmatrix} m_1a_{S1x} \\ m_1a_{S1y} \\ 0 \\ m_2a_{S2x} \\ m_2a_{S2y} \\ J_{S2}\ddot{\theta}_2 \\ m_3a_{S3x} \\ m_3a_{S3y} \\ J_{S3}\ddot{\theta}_3 \end{pmatrix}$

其中，$a_{33}=-r_1\sin\theta_1$，$a_{34}=r_1\cos\theta_1$，$a_{63}=-l_2\sin(\theta_2+\phi_2)$，$a_{64}=l_2\cos(\theta_2+\phi_2)$，$a_{65}=r_2\sin\theta_2-l_2\sin(\theta_2+\phi_2)$，$a_{66}=-r_2\cos\theta_2+l_2\cos(\theta_2+\phi_2)$，$a_{95}=-r_3\sin\theta_3$，$a_{96}=r_3\cos\theta_3$。

可以看出，加速度是构件1、2、3角位移、角速度及角加速度的函数，这些量可通过第5章介绍的相关知识求解得到。对式（10.3-7）进行求解，便可以得到各个反力分量，进而根据式（10.3-8）求得各个反力。

$$\boldsymbol{F}_{ij}=F_{ijx}\boldsymbol{i}+F_{ijy}\boldsymbol{j} \tag{10.3-8}$$

式中，$F_{ij}=\sqrt{F_{ijx}^2+F_{ijy}^2}$，$\alpha_{ij}=\arctan\left(\dfrac{F_{ijy}}{F_{ijx}}\right)$　$\alpha_{ij}\in[-\pi,\pi]$。

最后根据式（10.3-9）确定机构加在主动件1上的平衡力 $\boldsymbol{F}_b$ 和平衡力矩 M_b。

$$\begin{cases}\boldsymbol{F}_b=\boldsymbol{F}_{14}+\boldsymbol{F}_{34}\\ M_b=-M_{14}+F_{34y}r_4\end{cases} \tag{10.3-9}$$

【例10-2】　铰链四杆机构的尺寸参数见表10-2，其中曲柄1以 $\omega=50\text{rad/s}$ 的匀速角速度逆时针转动，求该机构的驱动力矩 M_{41}。

表10-2　铰链四杆机构的尺寸参数

	构　件　1	构　件　2	构　件　3	构　件　4
r_i/cm	2.00	10.00	5.00	6.00
l_i/cm	1.00	5.00	3.50	—
m_i/g	6.24	31.20	21.80	—
ϕ_i/(°)	0	0	0	—
J_{Si}/(g·cm²)	—	260.00	89.00	—

解：将参数代入式（10.3-7）可得到相关曲线（曲柄转动一个周期），如图10-7所示。

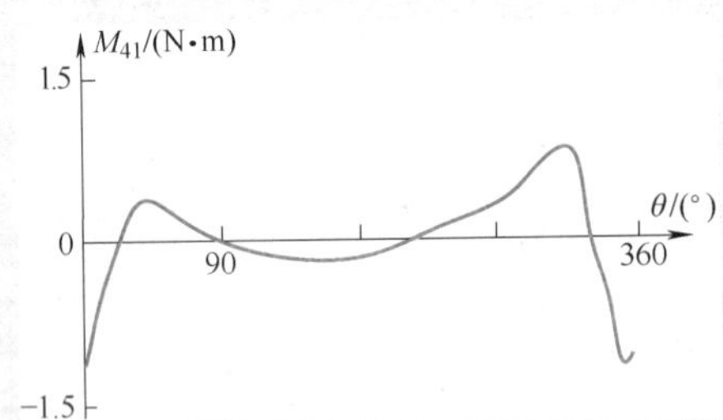

图10-7　驱动力矩

【思考】：1）上面的例子中，没有考虑构件所受重力的影响。如果考虑各个构件的质量，重力对驱动力矩如何影响？

2）编制相关程序，对上述结果进行验证。

【例10-3】　分析图10-8所示曲柄滑块机构中，加在曲柄1上的驱动力矩 M_{41}、平衡力 $\boldsymbol{F}_b$ 和平衡力矩 M_b。其中，曲柄1以 $\omega=55\text{rad/s}$ 的匀速角速度逆时针转动，尺寸参数见表10-3。

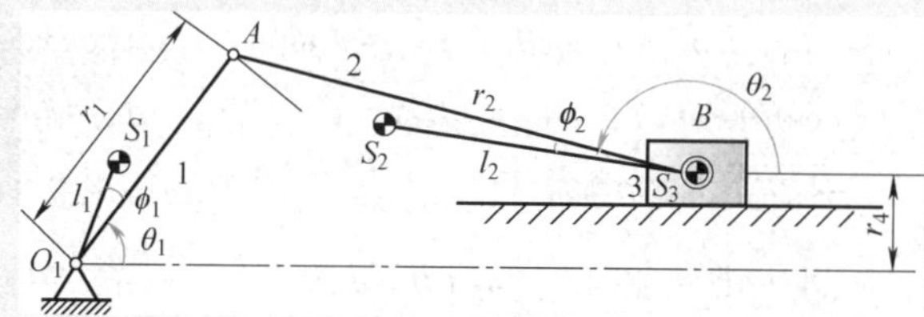

图 10-8　曲柄滑块机构

表 10-3　曲柄滑块机构的尺寸参数

	构　件　1	构　件　2	构　件　3	构　件　4
r_i/cm	2. 50	9. 00	—	0
l_i/cm	1. 25	6. 67	—	—
m_i/g	2. 46	9. 84	9. 00	—
ϕ_i/(°)	0	0	0	—
J_{Si}/(g · cm^2)	—	82. 00	—	—

解： 先给出一般通解方程，再代入参数求取具体结果。

按照前面所给动态静力分析法求解步骤，首先将所有的外力、外力矩（包括惯性力和惯性力矩以及待求的平衡力和平衡力矩）加到机构的相应构件上，如图 10-9 所示；然后将各构件逐一从机构中分离并写出一系列平衡方程式；再通过联立求解这些平衡方程式，求出各运动副中的反力。

$$\boldsymbol{Ax}=\boldsymbol{b} \tag{10. 3-10}$$

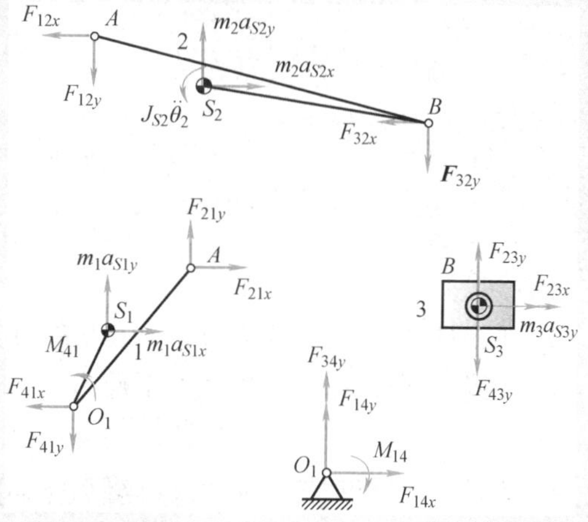

图 10-9　曲柄滑块机构的各构件受力分析图

式中

$$\boldsymbol{A}=\begin{pmatrix} -1 & 0 & 1 & 0 & 0 & 0 & 0 & 0 & 0 \\ 0 & -1 & 0 & 1 & 0 & 0 & 0 & 0 & 0 \\ 0 & 0 & a_{33} & a_{34} & 0 & 0 & 0 & 0 & 1 \\ 0 & 0 & -1 & 0 & -1 & 0 & 0 & 0 & 0 \\ 0 & 0 & 0 & -1 & 0 & -1 & 0 & 0 & 0 \\ 0 & 0 & a_{63} & a_{64} & a_{65} & a_{66} & 0 & 0 & 0 \\ 0 & 0 & 0 & 0 & 1 & 0 & 0 & 0 & 0 \\ 0 & 0 & 0 & 0 & 0 & 0 & 0 & 0 & 0 \\ 0 & 0 & 0 & 0 & 0 & 0 & 1 & -1 & 0 \end{pmatrix},\ \boldsymbol{x}=\begin{pmatrix} F_{41x} \\ F_{41y} \\ F_{12x} \\ F_{12y} \\ F_{23x} \\ F_{23y} \\ F_{43x} \\ F_{43y} \\ M_{41} \end{pmatrix},\ \boldsymbol{b}=\begin{pmatrix} m_1a_{S1x} \\ m_1a_{S1y} \\ 0 \\ m_2a_{S2x} \\ m_2a_{S2y} \\ J_{S2}\ddot{\theta}_2 \\ m_3a_{S3x} \\ 0 \\ 0 \end{pmatrix}$$

$$a_{33}=-r_1\sin\theta_1,\quad a_{34}=r_1\cos\theta_1,\quad a_{63}=r_2\sin\theta_2-l_2\sin(\theta_2+\phi_2),$$

$$a_{64}=-r_2\cos\theta_2+l_2\cos(\theta_2+\phi_2),\quad a_{65}=-l_2\sin(\theta_2+\phi_2),\quad a_{66}=l_2\cos(\theta_2+\phi_2)$$

$$a_{S1x}=\ddot{r}_{S1x}=-l_1\omega^2\cos(\theta_1+\phi_1),\quad a_{S1y}=\ddot{r}_{S1y}=-l_1\omega^2\sin(\theta_1+\phi_1)$$

$$a_{S2x}=\ddot{r}_{S2x}=-l_1\omega^2\cos\theta_1+\dot{\theta}_2^2[r_2\cos\theta_2-l_2\cos(\theta_2+\phi_2)]+\ddot{\theta}_2[r_2\sin\theta_2-l_2\sin(\theta_2+\phi_2)]$$

$$a_{S2y}=\ddot{r}_{S2y}=-l_1\omega^2\sin\theta_1+\dot{\theta}_2^2[r_2\sin\theta_2-l_2\sin(\theta_2+\phi_2)]-\ddot{\theta}_2[r_2\cos\theta_2-l_2\cos(\theta_2+\phi_2)]$$

$$a_{S3x}=\ddot{r}_{S3x}=\frac{-r_1\omega^2\cos(\theta_2-\theta_1)+r_2\dot{\theta}_2^2}{\cos\theta_2},\quad a_{S3y}=0$$

将表10-3中的参数代入到式（10.3-10）中可得到曲柄转动一个周期的曲线，如图10-10所示。

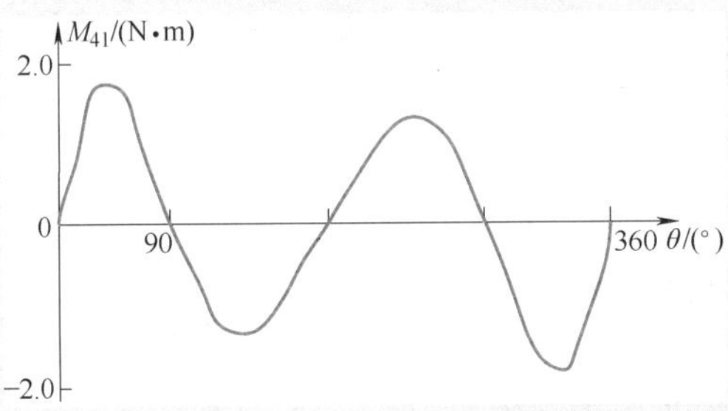

图 10-10　驱动力矩

【思考题】：

1）何谓机构的动态静力分析，与传统的静力（学）分析有何不同？

2）何谓平衡力或平衡力矩？平衡力（力矩）是否总是驱动力？

10.3.3　平衡力和平衡力矩的直接解析确定

如前所述，平衡力或平衡力矩可用动态静力分析法连同各运动副中的反力一起求出。但在很多情况下，比如当确定机器的功率、进行飞轮设计或确定工作机的最大负荷时，只需要求出平衡力或平衡力矩即可，而不必求出机构各运动副中的反力。若用虚位移原理直接求解平衡力或平衡力矩，则简捷得多。

用虚位移原理直接确定平衡力或平衡力矩，实质上是将由各个构件组成的机构作为一个系统加以研究，根据运动副的类型分析整个系统可能产生的运动，建立该系统在已知位置上的虚功方程，进而求出平衡力或平衡力矩。

根据虚位移原理，若系统在某一位置处于平衡状态，则在这个位置的任何虚位移中，所有主动力的元功之和等于零。若将惯性力和惯性力矩及平衡力或平衡力矩加在机构上后，则可以认为机构处于平衡状态。

设 $\boldsymbol{F}_i$ 是作用在机构上的所有外力中的任何一个力；$\delta \boldsymbol{s}_i$ 和 $\boldsymbol{v}_i$ 分别是力 $\boldsymbol{F}_i$ 作用点的线虚位移和线虚速度；θ_i 是力 $\boldsymbol{F}_i$ 与 $\delta \boldsymbol{s}_i$（或 $\boldsymbol{v}_i$）之间的夹角；$\boldsymbol{M}_i$ 是作用在机构上的任意一个力矩；$\delta\varphi_i$ 和

ω_i 是受 $\boldsymbol{M}_i$ 作用下构件的角虚位移和角速度；δW_i 为虚功，也称元功。则根据虚位移原理可得

$$\sum \delta W_i = \sum F_i \delta s_i \cos\theta_i + \sum M_i \delta\varphi_i = 0 \tag{10.3-11}$$

即

$$\sum (F_{ix}\delta x_i + F_{iy}\delta y_i + F_{iz}\delta z_i) + \sum M_i \delta\varphi_i = 0 \tag{10.3-12}$$

为了便于实际应用，将式（10.3-11）和式（10.3-12）的每一项都用元时间 δt 除，并求在 $\delta t \to 0$ 时的极限值，便可得到

$$\sum \delta P_i = \sum F_i v_i \cos\theta_i + \sum M_i \omega_i = 0 \tag{10.3-13}$$

即

$$\sum (F_{ix}v_{ix} + F_{iy}v_{iy} + F_{iz}v_{iz}) + \sum M_i \omega_i = 0 \tag{10.3-14}$$

式（10.3-13）和式（10.3-14）表明：如果机构处于平衡状态，那么，所有作用在机构中各构件上的外力及外力矩的瞬时功率之和等于零。

10.3.4　综合实例：单自由度扑翼机构的受力分析

根据前面几节介绍的受力分析方法对图 10-11 所示的单自由度扑翼机构进行受力分析。在机构运动速度较小时，各构件的惯性力与其他力相比可以忽略，则可只做静力分析；当机构运动速度较快时，则必须考虑惯性力的影响，对机构进行动力分析。

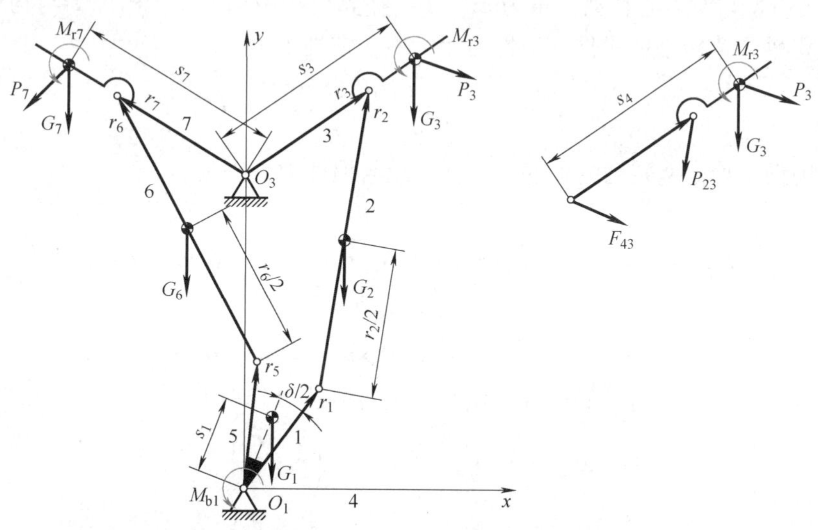

图 10-11　扑翼机构受力分析

1. 直接利用虚位移原理求解扑翼机构的静平衡力矩与反力

忽略摩擦和惯性力的影响，将翅膀受到的气动力等效为通过相应构件质心的力与力矩，即构件 3 和构件 7 上的阻力 $\boldsymbol{P}_3$、$\boldsymbol{P}_7$ 与阻力矩 M_{r3}、M_{r7}，曲柄 1 上的平衡力矩为 M_{b1}；此外，系统的主动力还有构件的重力 $\boldsymbol{G}_1$、$\boldsymbol{G}_2$、$\boldsymbol{G}_3$、$\boldsymbol{G}_6$ 与 $\boldsymbol{G}_7$。根据式（10.3-14）有

$$\begin{aligned} &M_{b1}\dot{\theta}_1 + M_{r3}\dot{\theta}_3 + M_{r7}\dot{\theta}_7 + s_1\boldsymbol{G}_1 \cdot \frac{\dot{\boldsymbol{r}}_1 + \dot{\boldsymbol{r}}_5}{|\boldsymbol{r}_1 + \boldsymbol{r}_5|} + \boldsymbol{G}_2 \cdot \left(\dot{\boldsymbol{r}}_1 + \frac{\dot{\boldsymbol{r}}_2}{2}\right) + \\ &s_3(\boldsymbol{G}_3 + \boldsymbol{P}_3) \cdot \frac{\dot{\boldsymbol{r}}_3}{|\boldsymbol{r}_3|} + \boldsymbol{G}_6 \cdot \left(\dot{\boldsymbol{r}}_5 + \frac{\dot{\boldsymbol{r}}_6}{2}\right) + s_7(\boldsymbol{G}_7 + \boldsymbol{P}_7) \cdot \frac{\dot{\boldsymbol{r}}_7}{|\boldsymbol{r}_7|} = 0 \end{aligned} \tag{10.3-15}$$

式中，各速度矢量通过速度分析求得。由式（10.3-15）可求得曲柄上的平衡力矩为 M_{b1}。

运动副的反力属于内力，求解时必须把相连接的构件沿运动副拆开，用反力和反力矩取代原来运动副的约束。拆开后，反力就成了外力，再用虚位移原理与力平衡方程式进行求解。

对构件3进行受力分析。设构件4与构件2对构件3的反力分别为 $\boldsymbol{F}_{43}$、$\boldsymbol{F}_{23}$，根据虚位移原理

$$M_{r3}\dot{\theta}_3+s_3(\boldsymbol{G}_3+\boldsymbol{P}_3)\cdot\frac{\dot{\boldsymbol{r}}_3}{|\boldsymbol{r}_3|}+\boldsymbol{F}_{23}\cdot\dot{\boldsymbol{r}}_3=0 \tag{10.3-16}$$

求得 $\boldsymbol{F}_{23}$，再由力平衡方程式

$$\boldsymbol{F}_{43}+\boldsymbol{F}_{23}+\boldsymbol{G}_4+\boldsymbol{P}_4=0 \tag{10.3-17}$$

可求得 $\boldsymbol{F}_{43}$。

2. 利用达朗贝尔原理求解扑翼机构的动态平衡力矩

根据达朗贝尔原理，只要将惯性力和惯性力矩当作假想的外力加于质点系中，就可按静力平衡条件求解机构的动力。因此，只要求出扑翼机构中各构件的惯性力与惯性力矩，就可求解机构的动态平衡力。

根据力学知识，作用于构件的惯性力系可简化为一个通过质心的惯性力和惯性力矩，分别记构件 i 的质量与对质心转动惯量为 m_i、J_i。扑翼机构中构件1（构件1与构件5为同一构件）为做定轴匀速转动的构件，惯性力矩为零，惯性力为

$$\boldsymbol{F}_{I1}=-m_1\ddot{\boldsymbol{s}}_1=\frac{m_1 s_1\dot{\theta}_1^2(\boldsymbol{r}_1+\boldsymbol{r}_5)}{|\boldsymbol{r}_1+\boldsymbol{r}_5|} \tag{10.3-18}$$

构件3与7为做定轴变速转动的构件，惯性力矩与惯性力分别为

$$M_{I3}=-J_{S3}\ddot{\theta}_3 \tag{10.3-19}$$

$$\boldsymbol{F}_{I3}=-m_3\ddot{\boldsymbol{r}}_3=-m_3[\ddot{\boldsymbol{\theta}}_3\times\boldsymbol{r}_3+\dot{\boldsymbol{\theta}}_3\times(\dot{\boldsymbol{\theta}}_3\times\boldsymbol{r}_3)]=-m_3(\ddot{\boldsymbol{\theta}}_3\times\boldsymbol{r}_3-\dot{\theta}_3^2\boldsymbol{r}_3) \tag{10.3-20}$$

$$M_{I7}=-J_{S7}\ddot{\theta}_7 \tag{10.3-21}$$

$$\boldsymbol{F}_{I7}=-m_7\ddot{\boldsymbol{r}}_7=-m_7[\ddot{\boldsymbol{\theta}}_7\times\boldsymbol{r}_7+\dot{\boldsymbol{\theta}}_7\times(\dot{\boldsymbol{\theta}}_7\times\boldsymbol{r}_7)]=-m_7(\ddot{\boldsymbol{\theta}}_7\times\boldsymbol{r}_7-\dot{\theta}_7^2\boldsymbol{r}_7) \tag{10.3-22}$$

构件2与6为做一般平面运动的构件，惯性力矩与惯性力分别为

$$M_{I2}=-J_{S2}\ddot{\theta}_2,\quad \boldsymbol{F}_{I2}=-m_2\left(\ddot{\boldsymbol{r}}_1+\frac{\ddot{\boldsymbol{r}}_2}{2}\right) \tag{10.3-23}$$

$$M_{I6}=-J_{S6}\ddot{\theta}_6,\quad \boldsymbol{F}_{I6}=-m_6\left(\ddot{\boldsymbol{r}}_5+\frac{\ddot{\boldsymbol{r}}_6}{2}\right) \tag{10.3-24}$$

由达朗贝尔原理，可导出

$$\begin{aligned}&M_{b1}\dot{\theta}_1+(M_{r3}+M_{I3})\dot{\theta}_3+(M_{r7}+M_{I7})\dot{\theta}_7+M_{I2}\dot{\theta}_2+M_{I6}\dot{\theta}_6+s_1(\boldsymbol{G}_1+\boldsymbol{F}_{I1})\cdot\frac{\dot{\boldsymbol{r}}_1+\dot{\boldsymbol{r}}_5}{|\boldsymbol{r}_1+\boldsymbol{r}_5|}+\\&(\boldsymbol{G}_2+\boldsymbol{F}_{I2})\cdot\left(\dot{\boldsymbol{r}}_1+\frac{\dot{\boldsymbol{r}}_2}{2}\right)+s_3(\boldsymbol{G}_3+\boldsymbol{P}_3+\boldsymbol{F}_{I3})\cdot\frac{\dot{\boldsymbol{r}}_3}{|\boldsymbol{r}_3|}+(\boldsymbol{G}_6+\boldsymbol{F}_{61})\cdot\left(\dot{\boldsymbol{r}}_5+\frac{\dot{\boldsymbol{r}}_6}{2}\right)+\\&s_7(\boldsymbol{G}_7+\boldsymbol{P}_7+\boldsymbol{F}_{I7})\cdot\frac{\dot{\boldsymbol{r}}_7}{|\boldsymbol{r}_7|}=0\end{aligned} \tag{10.3-25}$$

由式（10.3-25）可以求得曲柄上的平衡力矩 M_{b1}。在扑翼机构中，构件1、2与6的质

量相对很小，其影响忽略不计，则式（10.3-25）可简化为

$$M_{b1}\dot{\theta}_1+(M_{r3}+M_{I3})\dot{\theta}_3+(M_{r7}+M_{I7})\dot{\theta}_7+s_3(\boldsymbol{G}_3+\boldsymbol{P}_3+\boldsymbol{F}_{I3})\cdot\frac{\dot{\boldsymbol{r}}_3}{|\boldsymbol{r}_3|}+s_7(\boldsymbol{G}_7+\boldsymbol{P}_7+\boldsymbol{F}_{I7})\cdot\frac{\dot{\boldsymbol{r}}_7}{|\boldsymbol{r}_7|}=0 \tag{10.3-26}$$

由此可得

$$M_{b1}=-\frac{(M_{r3}+M_{I3})\dot{\theta}_3+(M_{r7}+M_{I7})\dot{\theta}_7+s_3(\boldsymbol{G}_3+\boldsymbol{P}_3+\boldsymbol{F}_{I3})\cdot\frac{\dot{\boldsymbol{r}}_3}{|\boldsymbol{r}_3|}+s_7(\boldsymbol{G}_7+\boldsymbol{P}_7+\boldsymbol{F}_{I7})\cdot\frac{\dot{\boldsymbol{r}}_7}{|\boldsymbol{r}_7|}}{\dot{\theta}_1} \tag{10.3-27}$$

10.4 考虑运动副摩擦的机构力分析

前面的机构静力分析中虽未考虑摩擦，但摩擦总是客观存在的。在相互接触的两个物体间，只要存在正压力和相对运动（或者具有相对运动趋势），就会产生摩擦。同时，摩擦具有两面性，既有有害的一面，又有可利用的一面。

例如图 10-12 所示的曲柄滑块机构，设在驱动力矩 M 作用下曲柄 1 做等速转动。滑块 3 为从动件，即运动输出构件，它是受到连杆 2 的作用力才运动的。显然滑块的受力情况在考虑和不考虑运动副中的摩擦时会有所不同，从而对滑块的运动产生不同的影响。

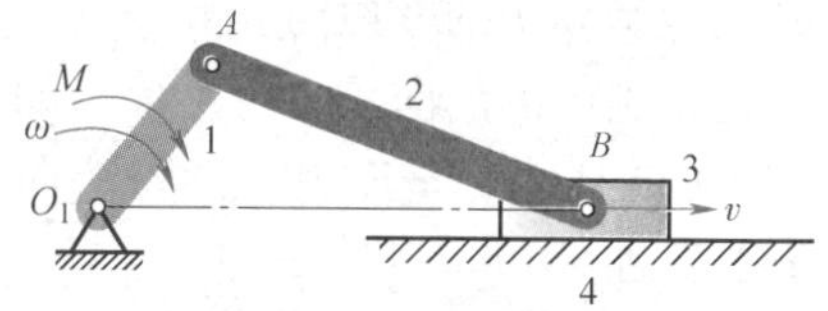

图 10-12　曲柄滑块机构

本节在考虑摩擦情况下对机构进行力分析时，着重讨论摩擦对构件的运动与受力的影响，并进一步了解摩擦在某些机械中的应用原理。

10.4.1　运动副中摩擦力的确定

平面机构的运动副中常见的有移动副、转动副和高副三种。其中属于低副的移动副和转动副中只有滑动摩擦产生，而高副中既有滑动摩擦，又有滚动摩擦。由于滚动摩擦较滑动摩擦小很多，常常忽略不计。

讨论运动副中的摩擦，其重要的工作是确定运动副中**全反力**（total nesting force）的大小、方位及作用点位置，从而可以方便地判断摩擦力对构件运动和受力的影响。

1. 移动副中的摩擦

如图 10-13 所示，滑块在外加驱动力 $\boldsymbol{F}$ 作用下等速向右移动，滑块 1 与机架 2 构成移动副。$\boldsymbol{G}$ 为作用在滑块 1 上的铅垂载荷（包括自重），$\boldsymbol{F}_{N21}$ 为机架 2 对滑块 1 作用的法向反力，两者大小相等、方向相反。即

$$\boldsymbol{F}_{N21}=-\boldsymbol{G} \tag{10.4-1}$$

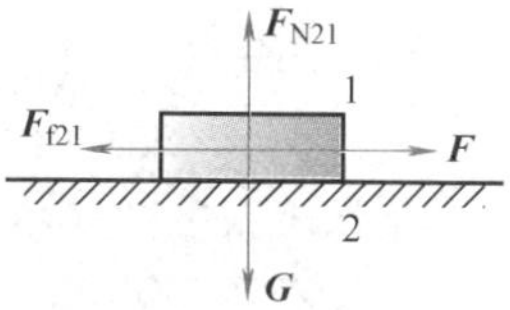

图 10-13　滑块的受力分析

$\boldsymbol{F}_{N21}$ 的大小与接触面的几何形状有关，如图 10-14 所示。

由于滑块等速移动，这时滑块所受摩擦力的方向与移动速度方向相反，即

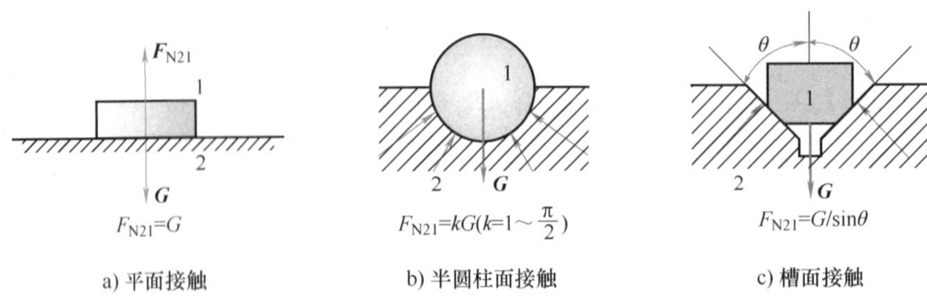

a) 平面接触 b) 半圆柱面接触 c) 槽面接触

图 10-14 法向反力 F_{N21} 的大小

$$\boldsymbol{F}_{f21}=f\boldsymbol{F}_{N21}=f_v\boldsymbol{G} \tag{10.4-2}$$

式中，f_v 称为当量摩擦系数，是相对平面接触情况下的摩擦系数 f 而言的。其取值为：①当平面接触时，$f_v=f$；②当槽面接触时，$f_v=f/\sin\theta$；③当圆柱面接触时，$f_v=kf$。当量摩擦系数的引入可使不同接触形状的移动副中的摩擦力计算统一起来，这是工程中简化处理问题的一种重要方法。

对于槽面摩擦而言，可以看出，$\sin\theta\leqslant1$，因而 $f_v\geqslant f$。即在其他条件都相同的情况下，槽面接触的摩擦力一般大于平面接触的摩擦力。如V带传动的摩擦力大于平带传动的摩擦力，普通螺纹螺旋副中的摩擦力大于矩形螺纹螺旋副中的摩擦力。

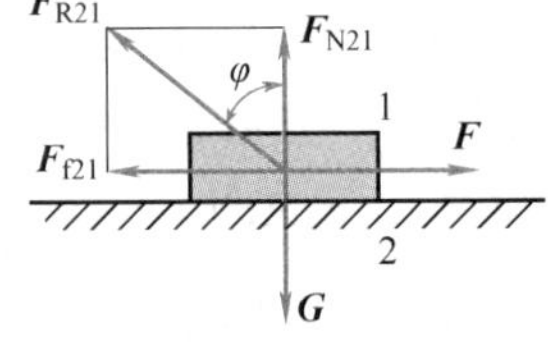

图 10-15 摩擦角的定义

运动副中的法向反力与摩擦力的合力称为运动副中的全反力。如图 10-15 所示，全反力 $\boldsymbol{F}_{R21}$ 与法向反力 $\boldsymbol{F}_{N21}$ 之间的夹角 φ 称为摩擦角，即

$$\varphi=\arctan f_v \tag{10.4-3}$$

【例 10-4】 对图 10-16 所示的斜面机构进行力分析。设铅垂载荷 $\boldsymbol{G}$ 已知，试确定滑块沿斜面等速上升和等速下降时所需的水平力。

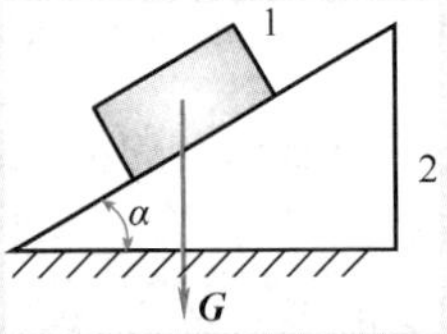

解：利用图解法求解。

(1) 滑块沿斜面等速上升（图 10-17a） 为求水平驱动力 $\boldsymbol{F}$，先作全反力 $\boldsymbol{F}_{R21}$ 的方向，再根据受力平衡条件

$$\boldsymbol{F}_{R21}+\boldsymbol{G}+\boldsymbol{F}=\boldsymbol{0} \tag{10.4-4}$$

作力三角形，可得

$$F=G\tan(\alpha+\varphi) \tag{10.4-5}$$

图 10-16 斜面机构

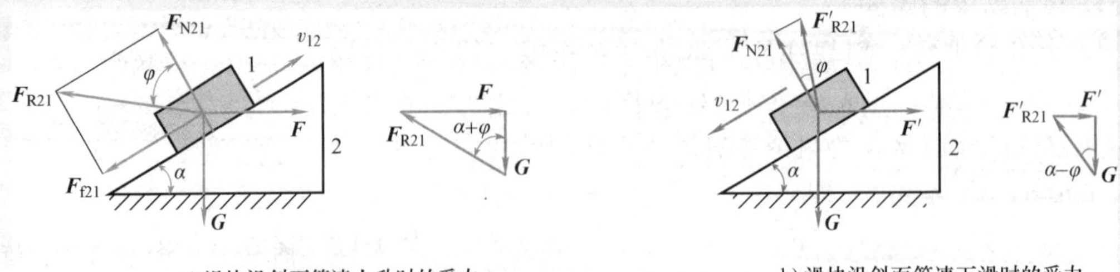

a) 滑块沿斜面等速上升时的受力 b) 滑块沿斜面等速下滑时的受力

图 10-17 斜面机构的受力分析

（2）滑块沿斜面等速下滑（图 10-17b）　为求水平支持力 $\boldsymbol{F}'$，先作全反力 $\boldsymbol{F}'_{R21}$ 的方向，再根据受力平衡条件

$$\boldsymbol{F}'_{R21}+\boldsymbol{G}+\boldsymbol{F}'=\boldsymbol{0} \tag{10.4-6}$$

作力三角形，可得

$$F'=G\tan(\alpha-\varphi) \tag{10.4-7}$$

2. 转动副中的摩擦

在实际机械中，转动副的结构型式有很多种，现以典型的轴与滑动轴承组成的转动副为例，来研究转动副中的摩擦问题。轴安装在轴承中的部分称为**轴颈**，轴颈与轴承构成转动副。如图 10-18a 所示，半径为 r 的轴颈上作用有径向载荷 $\boldsymbol{G}$，在轴上未加驱动力矩时轴颈 1 与轴承 2 在底部 C 点接触；轴上施加驱动力矩 M_d 后，轴颈在轴承中瞬间先做纯滚动（滚动摩擦远小于滑动摩擦），接触点由 C 点移至 A 点，然后在 A 点轴颈相对轴承产生滑动摩擦，轴颈绕轴心转动，如图 10-18b 所示。这时轴承 2 对轴颈 1 作用有法向反力 $\boldsymbol{F}_{N21}$ 和摩擦力 $\boldsymbol{F}_{f21}$。其中摩擦力对轴颈的摩擦力矩 M_f 为

$$M_f=F_{f21}r=fF_{N21}r=f_vGr \tag{10.4-8}$$

式中，当量摩擦系数 f_v 不仅与转动副两元素的材料及表面质量有关，还与运动副元素的接触情况有关。若为线接触时，与实际摩擦系数相等，即 $f_v=f$；若两者沿整个半圆柱面接触且未经跑合时，$f_v=1.57f$；轴颈与轴承的实际接触介于线接触与整个半圆柱面接触之间的情况，$f_v=f\sim1.57f$。

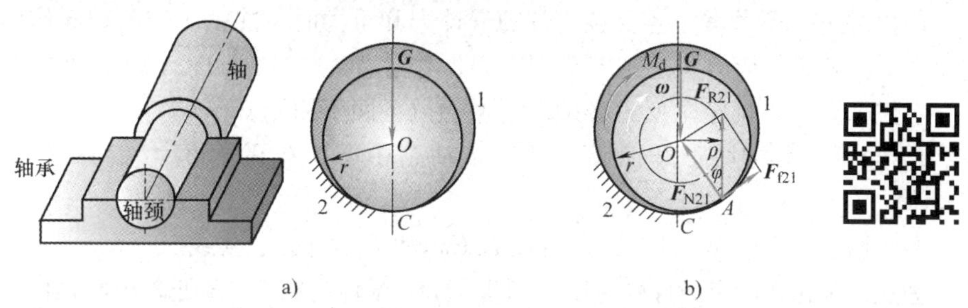

图 10-18　转动副中的摩擦

轴承 2 对轴颈 1 的作用力也可以用全反力 $\boldsymbol{F}_{R21}$ 来表示，则根据力平衡条件有

$$\boldsymbol{F}_{R21}=-\boldsymbol{G} \tag{10.4-9a}$$

$$M_d=F_{R21}\rho=M_f \tag{10.4-9b}$$

$$M_f=F_{R21}\rho=F_{R21}r\sin\varphi \tag{10.4-9c}$$

式中，ρ 为 $\boldsymbol{F}_{R21}$ 到轴心 O 的距离，φ 为摩擦角。

对于一个具体的轴颈，f_v 及 r 均为定值，因此 ρ 为固定值。这里定义以转动中心为圆心、以 ρ 为半径的圆为**摩擦圆**。通常摩擦角 φ 很小，因此有 $\sin\varphi\approx\tan\varphi=f_v$。则

$$\rho=r\sin\varphi\approx r\tan\varphi=f_vr \tag{10.4-10}$$

只要轴颈相对轴承滑动，轴承对轴颈的全反力 $\boldsymbol{F}_{R21}$ 将始终切于摩擦圆，且与 $\boldsymbol{G}$ 大小相等，方向相反。由于轴承对轴颈的全反力 $\boldsymbol{F}_{R21}$ 切于摩擦圆，它对轴心的力矩即为阻止轴转动

的摩擦力矩 M_f，其方向一定与轴的转动角速度 ω 方向相反。由此来确定全反力作用点的位置和作用线方位。

上述是在轴颈和轴承存在较大的间隙情况下进行摩擦分析的。但实际上轴颈与轴承间的间隙及表面粗糙度与润滑等情况是随着不同机器及同一机器经过不同的工作时间而变化的。但摩擦力矩仍可按式（10.4-8）计算，只是其中当量摩擦系数 f_v 或应做相应假设，其值由理论计算得出；或由查阅有关实用手册确定；或直接通过实验测定。

3. 平面高副中的摩擦

平面高副两元素之间的相对运动通常为滚动兼滑动，故理论上滚动摩擦力和滑动摩擦力均存在。不过，滚动摩擦力相对后者小得多，因此在对平面高副的力分析过程中，往往忽略滚动摩擦力，只考虑滑动摩擦力。相应地，确定全反力的方法与移动副相同。

10.4.2　考虑运动副摩擦时的平面机构受力分析

下面以曲柄滑块机构为例来讨论考虑运动副摩擦情况下平面机构的受力分析过程。

在图10-19所示曲柄滑块机构中，已知各构件的尺寸，各转动副的半径及其相应的摩擦系数。在曲柄1上作用有驱动力矩 M_1，滑块3上作用有工作阻力 $\boldsymbol{P}_3$。在不计各构件质量的情况下，确定机构在图示位置各运动副中全反力作用线的位置。

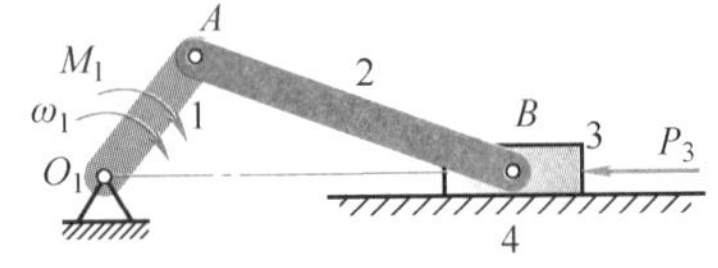

图10-19　曲柄滑块机构的受力分析

下面分别确定转动副 O_1、A、B 中全反力作用线的位置。

1. 连杆2的受力分析

前面讲过，不考虑摩擦及各构件的惯性力和重力时，曲柄1与滑块3作用于连杆2的法向反力 $\boldsymbol{F}_{N12}$ 和 $\boldsymbol{F}_{N32}$ 应分别通过转动副中心，并沿着连杆 AB 方向（图10-20a）。

考虑摩擦时，确定全反力必须注意遵循以下两个原则：

1）全反力必定切于摩擦圆，且对转动副中心产生的摩擦力矩一定与相对转动方向相反。

2）连杆2仍为二力杆，因此全反力 $\boldsymbol{F}_{R12}$ 和 $\boldsymbol{F}_{R32}$ 也必定共线。

为此，首先按给定条件确定摩擦圆半径 ρ，在转动副 A、B 处画出摩擦圆。则全反力 $\boldsymbol{F}_{R12}$ 和 $\boldsymbol{F}_{R32}$ 一定是两摩擦圆的公切线，然后根据 $\boldsymbol{F}_{R12}$ 和 $\boldsymbol{F}_{R32}$ 的方向相对（连杆2为受压二力杆）和相对转动角速度 ω_{21}、ω_{23} 确定 $\boldsymbol{F}_{R12}$ 和 $\boldsymbol{F}_{R32}$，如图10-20b所示，位于两摩擦圆的内公切线上。

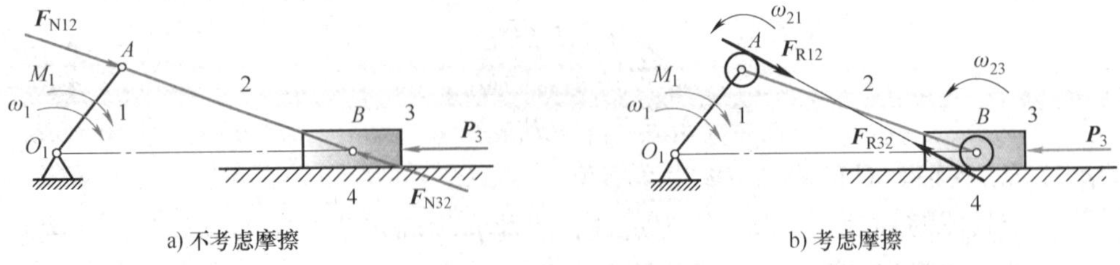

图10-20　连杆2的受力分析

2. 曲柄1的受力分析

以曲柄1为研究对象，在转动副 O_1、A 处作用有机架4和连杆2给予的全反力 $\boldsymbol{F}_{R41}$ 和

$\boldsymbol{F}_{R21}$。根据作用力与反作用力原理，即可确定 $\boldsymbol{F}_{R21}$ 的位置。

根据曲柄上只受两个全反力 $\boldsymbol{F}_{R41}$ 和 $\boldsymbol{F}_{R21}$ 及一个驱动力矩 M，因此可知 $\boldsymbol{F}_{R41}$ 一定与 $\boldsymbol{F}_{R21}$ 平行、方向相反，组成一个阻力矩，并同驱动力矩 M 平衡。为此，在转动副 O_1 处画出摩擦圆，根据 $\boldsymbol{F}_{R41}$ 对中心 O_1 产生的摩擦力矩一定与曲柄相对机架的转动角速度方向相反，从而确定 $\boldsymbol{F}_{R41}$ 如图 10-21 所示位于摩擦圆的下方。

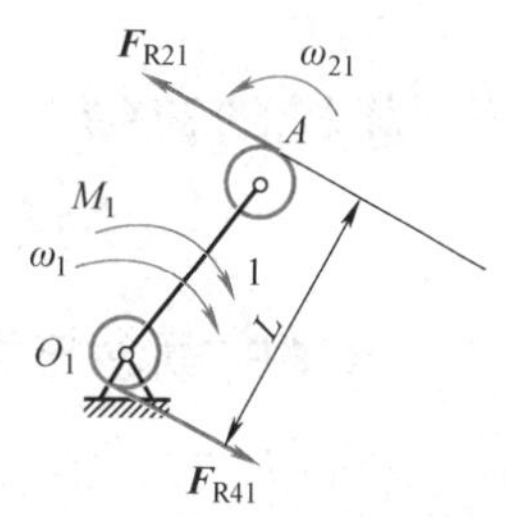

图 10-21　曲柄 1 的受力分析

3. 滑块 3 的受力分析

滑块受到 3 个力作用，除工作阻力 $\boldsymbol{P}_3$ 外，还有连杆 2 给予的全反力 $\boldsymbol{F}_{R23}$，同理 $\boldsymbol{F}_{R23}$ 同 $\boldsymbol{F}_{R32}$ 大小相等、方向相反。下面来确定移动副中机架给予滑块的全反力 $\boldsymbol{F}_{R43}$ 的方位及作用点位置。根据滑块向右移动的相对速度方向，$\boldsymbol{F}_{R43}$ 应由法线方向左偏转一摩擦角 φ，其作用点位置应根据三力平衡的原则，即三力平衡必定汇交的原则确定。先由 $\boldsymbol{P}_3$ 和 $\boldsymbol{F}_{R23}$ 的作用线确定汇交点 O，然后由汇交点作出 $\boldsymbol{F}_{R23}$ 的方位线，即可确定其作用点位置，如图 10-22 所示。

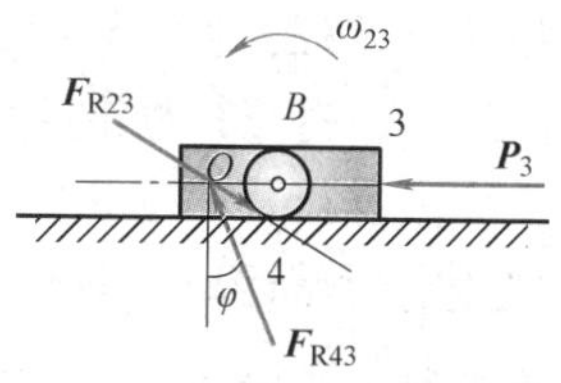

图 10-22　滑块 3 的受力分析

【例 10-5】（考虑运动副摩擦的铰链四杆机构的静力分析）已知铰链四杆机构各构件的尺寸、各转动副的半径 r 和当量摩擦系数 f_v，曲柄在已知驱动力矩 M_1 的作用下沿 ω_1 方向转动，试确定在图 10-23 所示位置时各运动副的反力和作用在构件 3 上的平衡力矩 M_b 的大小（不计及各构件的重力及惯性力）。

解：(1) 确定各运动副中的全反力方向　按照前面分析曲柄滑块机构静力的方法对各构件进行受力分析，具体如图 10-23 所示。

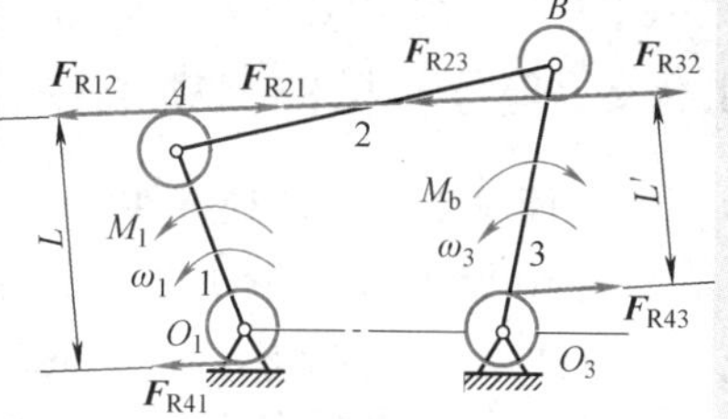

图 10-23　铰链四杆机构的受力分析

(2) 根据各构件力平衡条件确定力的大小

对于构件 1

$$F_{R21}=\frac{M_1}{L} \tag{10.4-11}$$

对于构件 3

$$M_b=F_{R23}L' \tag{10.4-12}$$

由于 $F_{R23}=F_{R21}$，作用在构件 3 上的平衡力矩 M_b 的大小为

$$M_b=\frac{L'}{L}M_1 \tag{10.4-13}$$

【思考题】:

1) 在转动副中，无论何种情况，总反力是否始终应与摩擦圆相切?

2) 当轴颈按等速、加速或减速转动时，其上作用的摩擦力矩是否一样?

10.5 机械的自锁

10.5.1 自锁的概念与意义

大多数机械，当给定足够大的驱动力（力矩）后，都会沿着有效驱动作用的方向运动。而实际上，有些机械由于摩擦的存在（或其他因素），却会出现即使驱动力（力矩）增大到无穷大，也无法使其运动，这种现象称为机械的自锁（self-locking）。

自锁现象在机械工程中具有十分重要的意义。为了说明自锁的意义，先介绍两个概念：正行程和反行程。当驱动力作用在主动件上，运动和动力从主动件到从动件传递时，称为正行程。反之，将正行程的生产阻力作为驱动力作用在原来的从动件上，使运动向相反方向传递时，称为反行程。在正行程中，为使机械能够实现预期的运动，必须避免在所需运动方向发生自锁。而在反行程中，有些工作机械又需要具有自锁的特性。如图10-24所示的手摇螺旋千斤顶，与机架相连的螺母1固定不动，通过手柄3转动螺杆2，使其既移动又转动，然后由托盘4将物体5举起。取消圆周驱动力矩M后，应保证在物体重力$\boldsymbol{Q}$的作用下螺母1不反转，即保证反行程自锁。又如在金属切削机床中，工作台的升降机构和进给机构一般也应具有自锁性。凡反行程自锁的机构通称为自锁机构。

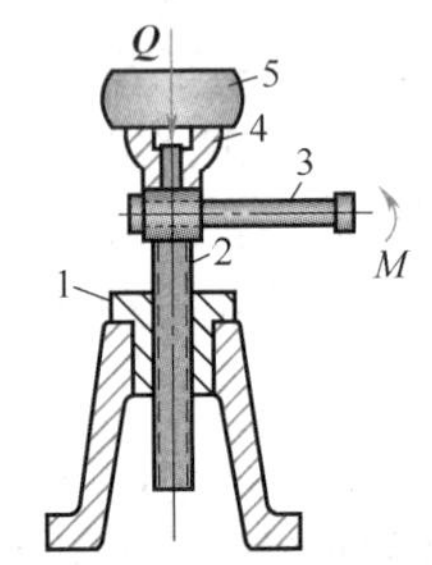

图10-24 手摇螺旋千斤顶

10.5.2 典型机械的自锁条件

1. 平面平滑块的自锁条件

如图10-25所示，滑块1与平面2组成移动副。作用于滑块1上的推力$\boldsymbol{F}$与接触面的法线方向成β角，构件2给构件1的总反力$\boldsymbol{F}_{R21}$与该法线方向成的角度φ为摩擦角。将力$\boldsymbol{F}$分解为水平分力$\boldsymbol{F}_t$和竖直外力$\boldsymbol{F}_n$。其中，$\boldsymbol{F}_t$是推动滑块1运动的有效分力，且

$$F_t = F\sin\beta = F_n\tan\beta \tag{10.5-1}$$

分力$\boldsymbol{F}_n$不仅不会使滑块运动，还会产生摩擦力阻止滑块的运动。它能引起的最大摩擦力为

$$F_{fmax} = F_n\tan\varphi \tag{10.5-2}$$

对比式（10.5-1）与式（10.5-2）可知：

1）当$\beta>\varphi$时，$\boldsymbol{F}_t>\boldsymbol{F}_{fmax}$，滑块做加速运动。

2）当$\beta=\varphi$时，$\boldsymbol{F}_t=\boldsymbol{F}_{fmax}$，滑块做等速运动或静止。

3）当$\beta<\varphi$时，$\boldsymbol{F}_t<\boldsymbol{F}_{fmax}$，如果原来滑块是运动的则将做减速运动；若原来滑块是静止的，由于$\boldsymbol{F}$在滑块运动方向的分力$\boldsymbol{F}_t$始终小于滑块所受的最大静摩擦力$\boldsymbol{F}_{fmax}$，则无论推力$\boldsymbol{F}$有多大，都无法使滑块运动，该几何条件即为自锁条件。

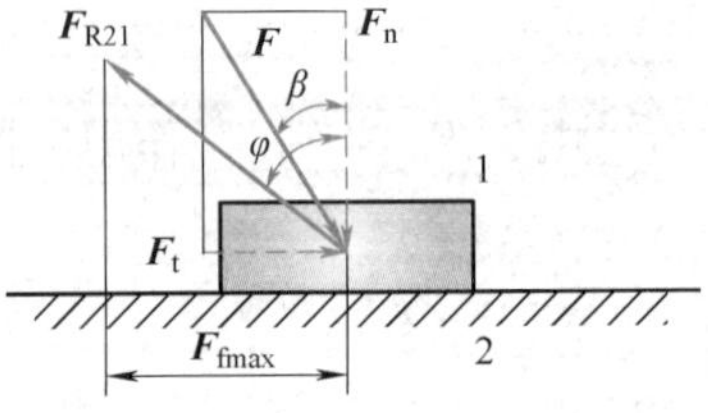

图10-25 平面平滑块的自锁条件

由此可知，$\beta\leqslant\varphi$是平面平滑块的自锁条件。

2. 径向轴颈的自锁条件

如图 10-26 所示，轴颈 1 在铅垂载荷 $\boldsymbol{G}$（包括自重）和驱动力矩 M 的作用下在轴承 2 中转动。将驱动力矩 M 和铅垂载荷 $\boldsymbol{G}$ 合成后得到轴颈 1 加在轴承 2 上的总作用力 $\boldsymbol{F}_{R21}$，该力的大小等于 G，方向与 $\boldsymbol{G}$ 相同，作用线到 $\boldsymbol{G}$ 间的距离 e 为

$$e=\frac{M}{G},\quad 或者\ M=Ge \tag{10.5-3}$$

图中 ρ 为摩擦圆半径。因 $\boldsymbol{G}$ 与 $\boldsymbol{F}_{R21}$ 大小相等、方向相反，故摩擦力矩 M_f 为

$$M_f=F_{R21}\rho=G\rho \tag{10.5-4}$$

1）当 $e>\rho$，即外力（矩）合力作用线在摩擦圆之外时，因 $M>M_f$，轴将加速转动。

2）当 $e=\rho$，即外力（矩）合力作用线与摩擦圆相切时，因 $M=M_f$，轴将等速转动或静止。

3）当 $e<\rho$，即外力（矩）合力作用线在摩擦圆之内时，因 $M<M_f$，轴将静止或减速到静止。

由上面的分析可知，径向轴颈的自锁条件是 $e\leqslant\rho$。

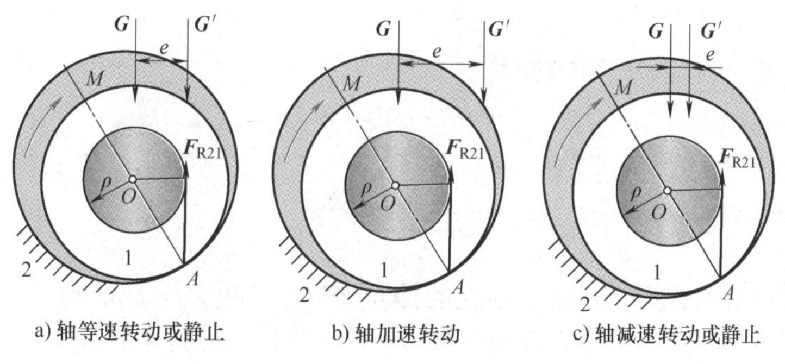

a) 轴等速转动或静止　　b) 轴加速转动　　c) 轴减速转动或静止

图 10-26　径向轴颈的自锁条件

【例 10-6】　轴颈自锁的应用实例：偏心夹具的设计。

图 10-27a 所示为一偏心夹具。构件 1、2 和 3 分别是偏心轮、工件和夹具体。其工作原理：当偏心轮手柄上加驱动力后，偏心轮绕偏心轴转动，从而使偏心轮压紧工件。要求压紧工件后，撤去偏心轮手柄上的驱动力，被压紧的工件不能松掉。下面分析该偏心夹具具有自锁性应满足的条件。

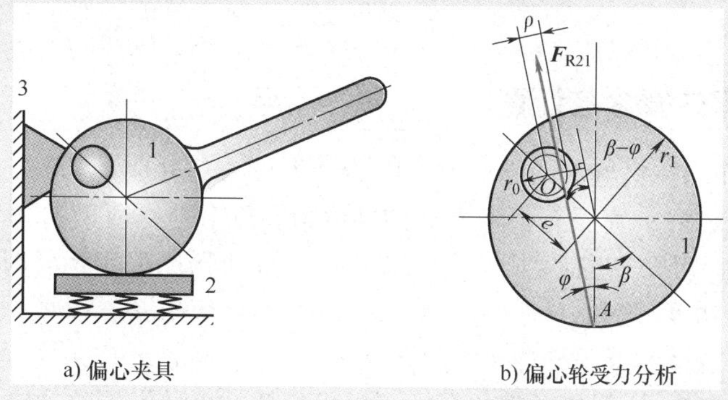

a) 偏心夹具　　b) 偏心轮受力分析

图 10-27　偏心夹具及其受力分析

分析思路：是否自锁的关键在于工件被压紧后，工件的反力是否会使偏心轮逆时针转动。由前面对轴颈自锁条件分析可知，如果压紧力作用在转轴的摩擦圆内，则夹具具有自锁性，否则就没有自锁性。

为此，根据轴颈半径 r_0 及摩擦系数 f 计算出摩擦圆半径 ρ，并画出摩擦圆，如图 10-27b 所示。判断工件 2 对偏心轮的压紧力 $\boldsymbol{F}_{R21}$ 的作用线方位。若不计工件与偏心轮间的摩擦，则压紧力位于过接触点 A 的法线方向；若考虑摩擦，则压紧力即为全反力 $\boldsymbol{F}_{R21}$ 自法线方向偏转一个摩擦角。在压紧力作用下，偏心轮有逆时针转动的趋势，因此在接触点 A 处偏心轮相对工件的滑动速度方向向右，工件 2 给予偏心轮 1 的摩擦力的方向向左，这样全反力 $\boldsymbol{F}_{R21}$ 自法线方向向左偏转一个摩擦角 φ。由图可看出，压紧力 $\boldsymbol{F}_{R21}$ 的作用线位于转动副中的摩擦圆内，偏心轮 1 不能逆时针方向转动，因此夹具具有自锁性。

根据上述对偏心轮夹具能否自锁的分析，可推导出自锁的几何条件。设偏心轮半径为 r_1，转轴中心 O 的偏心距为 e，转轴方位角为 β。由图上几何关系可得压紧力 $\boldsymbol{F}_{R21}$ 的作用线位于摩擦圆内的几何条件为

$$e\sin(\beta-\varphi)-r_1\sin\varphi\leqslant\rho \tag{10.5-5}$$

由此可得

$$\beta\leqslant\arcsin\left(\frac{r_1\sin\varphi+\rho}{e}\right)+\varphi \tag{10.5-6}$$

由以上也可看出，设计具有自锁性的偏心夹具，关键是合理地确定转轴中心 O 在偏心轮上的相对位置，即如何合理地选择偏心距 e 和转轴方位角 β。

【思考题】：

1）自锁机械是否就是不能运动的机械？

2）机械的自锁性能是否具有方向性？

10.6 机械效率

10.6.1 机械效率的概念与计算

机械运转时，作用在机械上的驱动力所做的功为输入功（驱动功）；克服生产阻力所做的功为输出功（有效功）；克服有害阻力（如摩擦力、重力等）所做的功为损失功。输入功总有一部分要消耗在克服一些有害阻力上而损失掉。在机器的稳定运转时期，输入功 W_d 等于输出功 W_r 与损失功 W_f 之和，即

$$W_d=W_r+W_f \tag{10.6-1}$$

机械损失的功较多，说明机械功的有效利用程度低；机械损失的功较少，说明机械功的有效利用程度高。用机械效率（mechanical efficiency）来表示机械功在传递过程中的有效利

用程度，它等于输出功与输入功的比值。

$$\eta=\frac{W_r}{W_d} \tag{10.6-2}$$

或

$$\eta=\frac{W_d-W_f}{W_d}=1-\frac{W_f}{W_d}=1-\xi \tag{10.6-3}$$

式（10.6-3）中的 ξ 称为机械损失系数（损失率）。分别以 P_d、P_r 和 P_f 表示输入功率、输出功率和损失功率。则由式（10.6-1）~式（10.6-3）很容易导出

$$P_d=P_r+P_f,\quad \eta=\frac{P_r}{P_d},\quad \eta=1-\frac{P_f}{P_d}=1-\xi \tag{10.6-4}$$

为了使机械具有较高的效率，就应尽量减小机械中的损耗，主要是摩擦损耗。因此，一方面应尽量简化机械传动系统，使运动副数目越少越好；另一方面，应设法减少运动副中的摩擦，如用滚动摩擦代替滑动摩擦等。

在匀速运转或忽略动能变化的条件下，也可用驱动力（力矩）或工作阻力（力矩）来表示机械效率。

例如，在图 10-28 所示匀速运转的起重减速器中，设 $\boldsymbol{F}_d$ 为实际驱动力，$\boldsymbol{F}_r$ 为相应的实际工作阻力，而 $\boldsymbol{v}_d$ 和 $\boldsymbol{v}_r$ 分别为 $\boldsymbol{F}_d$ 和 $\boldsymbol{F}_r$ 的作用点沿力作用线方向的速度。根据式（10.6-4）可得

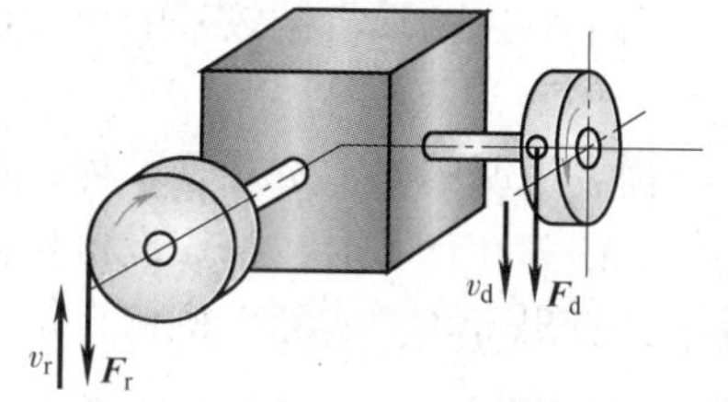

图 10-28　匀速运转起重减速器示意图

$$\eta=\frac{P_r}{P_d}=\frac{F_rv_r}{F_dv_d} \tag{10.6-5}$$

现设想该装置不存在摩擦等有害阻力，称为理想机械。这时，克服同样的工作阻力 $\boldsymbol{F}_r$ 所需的驱动力为 $\boldsymbol{F}_{d0}$，称为理想驱动力（显然 $F_{d0}<F_d$）。此时对于理想机械来说，其效率 $\eta_0=1$。故根据式（10.6-5）可写出

$$\eta_0=\frac{F_rv_r}{F_{d0}v_d}=1 \tag{10.6-6}$$

因此

$$F_rv_r=F_{d0}v_d \tag{10.6-7}$$

将式（10.6-7）代入式（10.6-5）可得

$$\eta=\frac{F_{d0}}{F_d}=\frac{M_{d0}}{M_d} \tag{10.6-8}$$

上式表明：在生产阻力不变时，实际机械的效率等于理想驱动力（力矩）与实际驱动力（力矩）之比。

用类似的推理方法，设同一个驱动力 $\boldsymbol{F}_d$ 所能克服的理想机械的工作阻力为 $\boldsymbol{F}_{r0}$，实际机械的工作阻力为 $\boldsymbol{F}_r$（显然 $F_{r0}>F_r$），则机械效率也可写成

$$\eta=\frac{F_r}{F_{r0}} \tag{10.6-9}$$

对于做变速运动的机械，在忽略动能变化的情况下，如用式（10.6-5）~式（10.6-9）计算机械效率，所得结果应为机械的瞬时效率。在一个运动循环内，不同时刻的瞬时效率是

不同的。用力或力矩之比来表达瞬时效率比较方便。

10.6.2 机械效率与自锁

前面已从受力的角度讨论了机构的自锁问题。下面再从机械效率的角度来研究同样的问题。由 $\eta=1-\dfrac{W_f}{W_d}$ 可得出如下重要结论：

1）在实际机械中，因为 $W_f\neq0$，所以 $\eta<1$。

2）如果 $W_f=W_d$，则 $\eta=0$，说明驱动力所做的功完全被无用地消耗掉了。如果机械原来正在运动，则仍能维持其运动状态；若机械原来是静止的，则无论驱动力有多大（仍保持 $W_f=W_d$），机械总不能运动，即发生自锁。

3）如果 $W_f>W_d$，则 $\eta<0$，说明此时驱动力所做的功尚不足克服有害阻力做的损耗功。如果机械原来正在运动，则必将减速直至停止不动；若机械原来是静止的，则仍静止不动，即发生自锁。

由上所述，从机械效率的角度可得机械发生自锁的条件为

$$\eta\leqslant0 \tag{10.6-10}$$

需要说明的是，$\eta<0$ 是一种计算效率，已不是原有意义上的机械效率。实际上 η 不会为负值。因为在计算时，都假设机械做等速运动，则各运动副中摩擦力都达到最大值，在此条件下计算出 $\eta<0$。实际上机械自锁不能运动，此时摩擦力并未达到最大值。

【例10-7】 斜面机构的效率与自锁。

如图10-29所示，滑块1置于具有倾角的斜面2上。已知滑块与斜面间的摩擦系数 f 及加于滑块1上的铅垂载荷 $\boldsymbol{G}$（包含滑块自重）。现研究滑块在水平外力 $\boldsymbol{F}$ 作用下，等速沿斜面上升或下降时的机械效率及自锁问题。

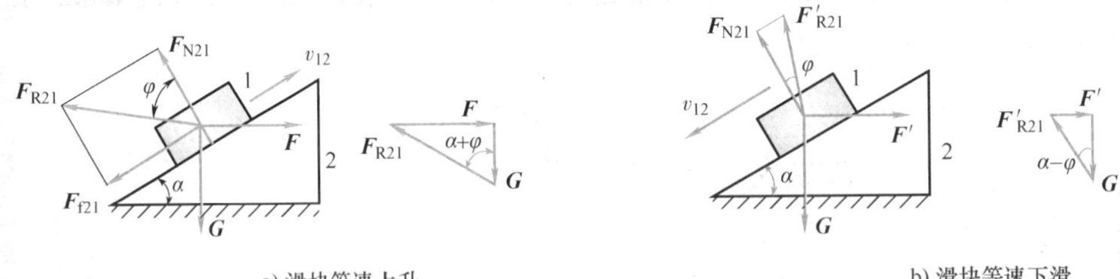

图10-29 斜面机构的受力分析

（1）滑块等速上升 滑块在水平驱动力 $\boldsymbol{F}$ 作用下，克服载荷 $\boldsymbol{G}$ 使滑块沿斜面等速上升，如图10-29a所示。根据受力平衡条件可知，还有斜面给予滑块的全反力 $\boldsymbol{F}_{R21}$。即满足

$$\boldsymbol{F}+\boldsymbol{F}_{R21}+\boldsymbol{G}=\boldsymbol{0} \tag{10.6-11}$$

其力封闭三角形如图10-29a中右图所示。由图示几何关系可得所需驱动力 $\boldsymbol{F}$ 的大小为

$$F=G\tan(\alpha+\varphi) \tag{10.6-12}$$

如果滑块与斜面间无摩擦（即为理想机械），即 $\varphi=0$，可得理想水平驱动力 $\boldsymbol{F}_0$ 的

大小为

$$F_0 = G\tan\alpha \tag{10.6-13}$$

由此按式（10.6-9）可得滑块等速上升时斜面的效率为

$$\eta = \frac{F_0}{F} = \frac{\tan\alpha}{\tan(\alpha+\varphi)} \tag{10.6-14}$$

（2）滑块等速下降　如图 10-29b 所示，滑块在载荷 $\boldsymbol{G}$ 的作用下沿斜面下滑，此时 $\boldsymbol{G}$ 变为驱动力。显然只有 $\boldsymbol{G}$ 作用滑块的受力是不满足平衡条件的。为使滑块受力平衡（即使滑块能等速下滑），还必须加上水平工作阻力 $\boldsymbol{F}'$。滑块受到除了以上两个力外，还有斜面给予的全反力 $\boldsymbol{F}'_{R21}$。即满足下列平衡方程：

$$\boldsymbol{F}' + \boldsymbol{F}'_{R21} + \boldsymbol{G} = \boldsymbol{0} \tag{10.6-15}$$

其力封闭三角形如图 10-29b 中右图所示。由图示几何关系可得所需工作阻力 $\boldsymbol{F}'$ 的大小为

$$F' = G\tan(\alpha-\varphi) \tag{10.6-16}$$

同理，如果滑块与斜面间无摩擦（即为理想机械），即 $\varphi=0$，可得理想工作阻力 $\boldsymbol{F}'_0$ 的大小为

$$F'_0 = G\tan\alpha \tag{10.6-17}$$

由式（10.6-9）可得滑块等速下滑时斜面的效率为

$$\eta' = \frac{F}{F'_0} = \frac{\tan(\alpha-\varphi)}{\tan\alpha} \tag{10.6-18}$$

斜面机构在应用时，通常滑块上升为正行程，下降为反行程。由式（10.6-14）和式（10.6-18）可以看出，正、反行程的效率不等。若要求反行程自锁，即滑块 1 在载荷 $\boldsymbol{G}$ 作用下，无论 $\boldsymbol{G}$ 有多大，滑块都不能下滑，必须使 $\eta' \leqslant 0$。由式（10.6-18）可得，其自锁条件为 $\alpha \leqslant \varphi$。

10.6.3　提高机械效率的途径

由前面的分析可知，影响机械效率的主要因素是摩擦等带来的损耗。因此，为提高机械的效率，应尽量减小机械中的摩擦。为此，一般可从设计、制造、维护等方面采取有效措施，如：

1）尽量简化机械传动系统，减少传动链。尽可能采用简单的机构来满足工作要求，如运动副数目越少越好。

2）选择合适的运动副类型。如转动副更容易保证运动副元素的配合精度，而移动副不易保证配合精度，被动的移动副容易发生自锁。

3）设法减少运动副中的摩擦。如用平面摩擦代替槽面摩擦，用滚动摩擦代替滑动摩擦。选用合适的润滑方式进行润滑，合理选用运动副元素的材料等。

4）减少机械中因惯性力所引起的动载荷，可提高机械效率。特别在机械设计阶段就应考虑其平衡问题。否则，不平衡引起的振动会加速零件磨损，导致精度与可靠性降低。

【知识扩展】：机械增益

在日常应用中（如某些机械夹紧装置），常希望机构具有增力作用，即输出力矩 M_o（或力 F_o）大于输入力矩 M_i（或力 F_i），即可产生机械增益（mechanical advantage），记为 MA。

一个机构的机械增益是指在不考虑摩擦的条件下，输出力（或力矩）与所需输入力（或力矩）的比值。即

$$MA=\frac{F_o}{F_i} \quad 或者 \quad MA=\frac{M_o}{M_i} \tag{10.6-19}$$

假设输入与输出之间能量守恒，即可计算出机械增益。例如，利用虚功原理可计算出铰链四杆机构的机械增益（参考式（5.5-17））为

$$MA=\frac{M_3}{M_1}=\frac{\omega_1}{\omega_3}=\frac{r_3\sin(\theta_3-\theta_2)}{r_1\sin(\theta_1-\theta_2)} \tag{10.6-20}$$

机械增益是衡量机构力放大程度的一个重要指标。注意机械增益与机械效率在概念上的区别。

【思考题】：

1）机械效率与机械增益有何区别？

2）机械的正行程和反行程有何区别？正、反行程的机械效率是否相等？

3）机械效率小于零的物理意义是什么？机械会产生何种现象？

10.7　本章小结

1. 本章中的重要概念

● 平面机构力分析的目的主要有两个：一是确定各运动副中的反力，用于各构件的强度、刚度设计，以及估算机械效率等；二是确定机械按给定运动规律运动所需施加的平衡力（矩），以平衡工作阻力、构件所受重力以及惯性力等。

● 注意区分驱动力（力矩或功）、阻抗力（力矩或功）、外力、惯性力（力矩）、约束反力、附加动反力、全反力、法向反力等概念。

● 机构的动态静力分析是指利用达朗贝尔原理，将惯性力和惯性力矩看作外力加在相应的构件上。这样，运动的机构就可以被看作处于静力平衡状态，从而用静力学的方法进行分析计算。主要方法有图解法和解析法。

● 采用图解法做平面机构动态静力分析的主要思路是应用力多边形方法。主要了解它与速度多边形的联系与区别。

● 了解当量摩擦系数、摩擦角、摩擦圆等概念。其中，当量摩擦系数的引入可使不同接触形状的运动副中的摩擦力计算统一起来，是工程中简化处理问题的一种重要方法。全反力与法向反力之间的夹角为摩擦角。

● 机械的自锁是指某些机械由于摩擦的存在（或其他因素），会出现即使驱动力（力矩）增大到无穷大，也无法使其运动的现象。可以发生自锁的机构通称为自锁机构。典型的自锁机构包括螺旋千斤顶、偏心夹具、凸轮推杆等。

- 机械效率用来表示机械功在传递过程中的有效利用程度，数值上等于输出功与输入功的比值。从机械效率的角度可导出机械发生自锁的条件。

2. 本章中的重要公式

- 构件的惯性力与惯性力矩计算公式：

$$\boldsymbol{F}_{\mathrm{I}}=-m\boldsymbol{a}_S(\text{平动}),\quad \boldsymbol{M}_{\mathrm{I}}=-J_S\boldsymbol{\varepsilon}\ (\text{绕质心轴转动})$$

- 机械效率计算公式：

$$\eta=\frac{W_{\mathrm{r}}}{W_{\mathrm{d}}},\quad \eta=\frac{F_{\mathrm{d0}}}{F_{\mathrm{d}}}=\frac{M_{\mathrm{d0}}}{M_{\mathrm{d}}}\ (\text{理想机械})$$

$$\eta\leqslant 0$$

辅助阅读材料

[1] DUFFY J. Statics and Kinematics with Applications to Robotics [M]. New York: Cambridge University Press, 1996.

[2] UICKER J J, PENNOCK G R, SHIGLEY J E. Theory of Machines and Mechanisms [M]. 5th ed. New York: Oxford University Press, 2017.

[3] 黄真，孔令富，方跃法. 并联机器人机构学理论及控制 [M]. 北京：机械工业出版社，1997.

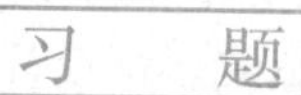

习　题

■ 基础题

10-1　试对图 10-30 所示的急回机构进行静力学分析。已知机构所受外力 $\boldsymbol{F}$（大小为 30N），以及曲柄的长度为 4.0cm，确定为保证机构的静力平衡应施加给曲柄的驱动力矩。

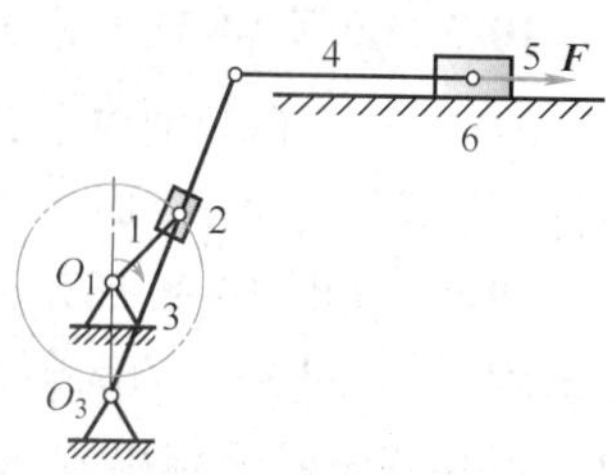

图 10-30　题 10-1 图

10-2　在图 10-31 所示的曲柄滑块机构中，已知 $l_1=100\text{mm}$，$l_2=330\text{mm}$，$n_1=1500\text{r/min}$，滑块及附件的重量 $G_1=21\text{N}$，连杆重量 $G_2=25\text{N}$，绕质心的转动惯量 $J_{S2}=425\text{kg}\cdot\text{mm}^2$，连杆质心到铰链点 A 的距离 $l_{S2A}=l_2/3$。作用在曲柄上的驱动力矩 $M_1=3\text{N}\cdot\text{m}$。试确定图示位置时：

1）滑块的惯性力及连杆的总惯性力。

2）应加在构件 3 上通过 B 点的平衡力 $\boldsymbol{F}_{\mathrm{b}}$。

10-3　在图 10-32 所示的曲柄滑块机构中，已知各构件尺寸。曲柄 1 为主动件，且作用有驱动力矩 M_1，滑块上作用有工作阻力 $\boldsymbol{P}$。在转动副 A、B、C 处画有较大的虚线圆为摩擦圆。试在图上画出机构在图示位置曲柄 1 和连杆 2 的受力图。

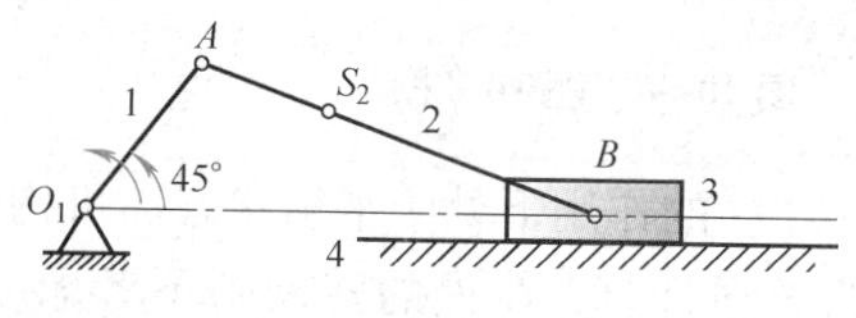

图 10-31　题 10-2 图

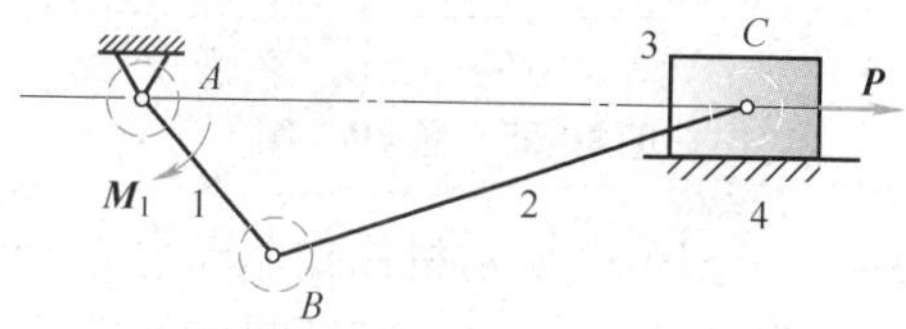

图 10-32　题 10-3 图

10-4 在图 10-33 所示装置中，已知载荷 $Q=5000\text{N}$，$G=500\text{N}$，$\alpha=30^\circ$。试求当构件 2 向右等速移动，而构件 1 处于平衡状态时，两移动副的摩擦系数 f（两对接触面的材料相同）及驱动力 $\boldsymbol{F}$ 的大小。

10-5 如图 10-34 所示，滑块 2 在斜槽面中滑动。已知滑块重 $Q=100\text{N}$，平面摩擦系数 $f=0.12$，槽面角 $\theta=30^\circ$，斜面倾角 $\lambda=30^\circ$。试求滑块上升时驱动力 $\boldsymbol{P}$（平行于斜面）的大小及该斜面机构的效率。

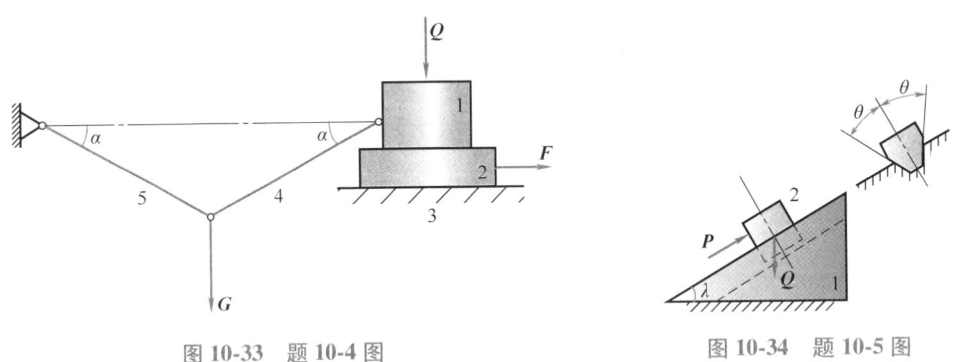

图 10-33 题 10-4 图　　图 10-34 题 10-5 图

10-6 对于图 10-24 所示的螺旋千斤顶，若手柄长 $l=200\text{mm}$，矩形螺纹外径 $d_2=30\text{mm}$，内径 $d_1=24\text{mm}$，螺距 $s=4\text{mm}$，为单线螺纹。螺纹牙间的摩擦系数 $f=0.1$。若在手柄处加驱动力 $F=5\text{N}$，能顶起重物的重量 $\boldsymbol{Q}$ 为多大？并计算该装置的效率，判断能否自锁。

■ 提高题

10-7 如图 10-35 所示的正切机构中，已知 $h=500\text{mm}$，$\omega_1=10\text{rad/s}$，构件 3 的重量为 $G_3=10\text{N}$，质心在其轴线上，生产阻力 $F_r=100\text{N}$，其余构件的重量和惯性力及摩擦力均忽略不计。试求当 $\varphi_1=30^\circ$时，需加在构件 1 上的平衡力矩 M_b。

10-8 在图 10-36 所示的摆动从动件凸轮机构中，已知工作阻力 $\boldsymbol{Q}$ 作用在 BC 杆中点，转动副 A、C 处较大的圆为摩擦圆，高副 B 处的摩擦角 φ 大小如图左上角所示。试在图上画出（并用规定符号标出）各运动副处的全反力作用线位置及方向，并写出确定驱动力矩 M_1 大小的表达式。

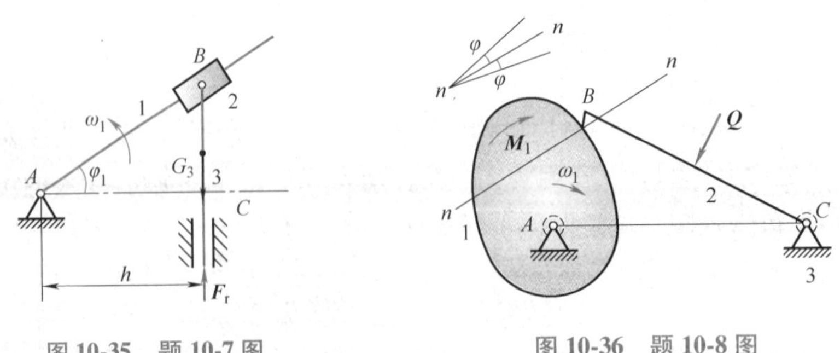

图 10-35 题 10-7 图　　图 10-36 题 10-8 图

10-9 图 10-37 所示机构在驱动力 $P=500\text{N}$ 和阻力 $\boldsymbol{Q}$ 的作用下处于平衡状态。机构中各转动副轴颈半径 $r=4\text{mm}$，当量摩擦系数 $f_v=0.5$，为方便计算，C 处的转动副不考虑摩擦；机构中移动副滑动摩擦系数 $f=0.58$，$l_{AB}=114\text{mm}$，$l_{BC}=100\text{mm}$，$l_{CD}=50\text{mm}$，$l_{DE}=77\text{mm}$，各

构件的重量不计，计算中角度可适当圆整。试求：

1）画图标注在当前位置所有构件的受力方向，并求滑块 5 的各受力大小。

2）求机构图示位置的机械效率。

10-10　图 10-38 所示的双滑块机构中，作用于构件 3 上的 $\boldsymbol{F}$ 为驱动力，作用于构件 1 上的 $\boldsymbol{Q}$ 为工作阻力。设已知 $l=200\text{mm}$，转动副 A、B 处轴颈半径为 $r=10\text{mm}$，转动副处的当量摩擦系数 $f_v=0.15$，移动副处的摩擦系数 $f=0.1$，各构件惯性力、重力忽略不计。试求：

1）机构处于死点位置时，连杆 2 与水平线之间的夹角 θ 为多大？

2）工作阻力 $\boldsymbol{Q}$ 的大小。

3）机构自锁时，连杆 2 与水平线之间的夹角 θ 为多大？

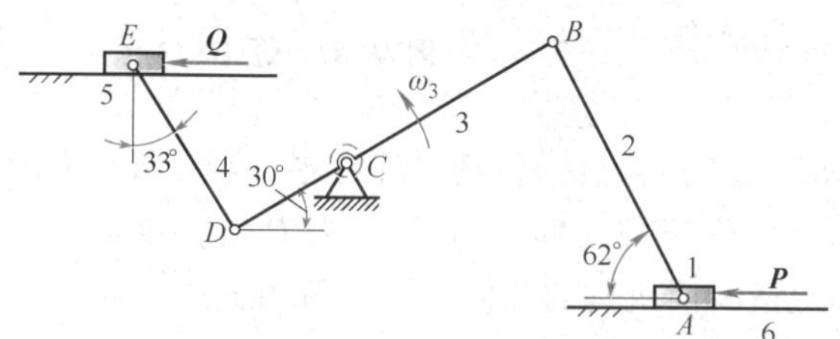

图 10-37　题 10-9 图

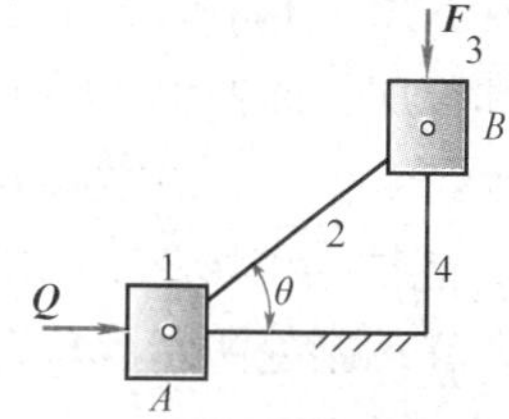

图 10-38　题 10-10 图

10-11　在图 10-27 所示的偏心夹具中，已知偏心圆盘的半径 $r_1=60\text{mm}$，轴颈 O 的半径 $r_0=15\text{mm}$，偏距 $e=40\text{mm}$，轴颈的当量摩擦系数 $f_v=0.2$，偏心圆盘 1 与工件 2 之间的摩擦系数 $f=0.15$，求不加力 $\boldsymbol{P}$ 仍能夹紧工件时的楔紧角 α。

10-12　在图 10-39 所示凸轮连杆机构中，已知各构件的尺寸、各转动副处的摩擦圆半径、移动副及凸轮高副 B 处的摩擦角 φ，凸轮为主动件，在驱动力矩作用下以角速度 ω_1 顺时针转动，作用在构件 4 上的工作阻力如图所示，大小为 Q。试求图示位置：

1）各运动副的反力方向和大小（忽略各构件重力及惯性力的影响）。

2）施加于凸轮 1 上的驱动力矩 M_1。

3）机构在图示位置的机械效率 η。

10-13　对于图 10-40 所示的三楔块斜面机构，令 $\boldsymbol{P}$ 为主动力，$\boldsymbol{Q}$ 为工作阻力，各移动副处的摩擦角为 φ，各活动构件的质量忽略不计。

1）建立 $\boldsymbol{P}$ 与 $\boldsymbol{Q}$ 之间的关系。

2）求正、反行程的机械效率。

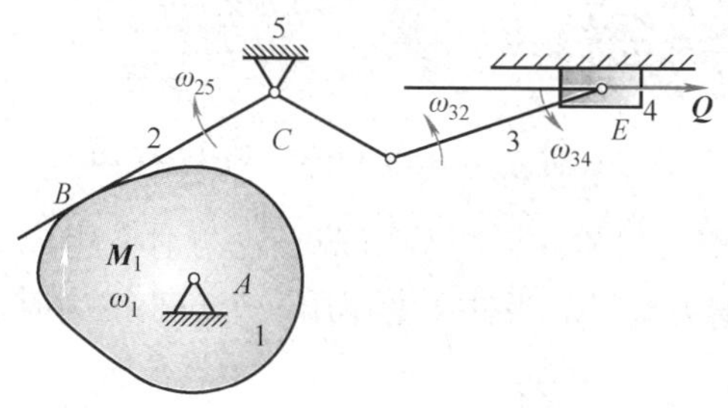

图 10-39　题 10-12 图

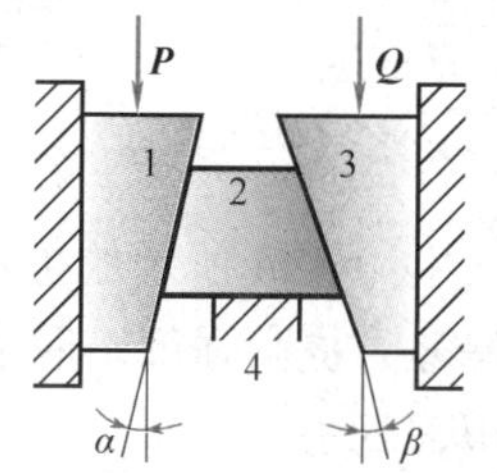

图 10-40　题 10-13 图

■ 工程设计基础题

10-14 在图10-41所示的牛头刨床机构中，已知机构的尺寸：$l_{AB}=110\text{mm}$，$l_{AC}=380\text{mm}$，$l_{CD}=540\text{mm}$，$l_{DE}=135\text{mm}$，$l_{CS3}=270\text{mm}$，$x_{S5}=240\text{mm}$，$y_{S5}=50\text{mm}$，C至刨刀移动导路的垂直距离为520mm。各构件的重量：$G_3=200\text{N}$，$G_5=700\text{N}$。刨刀所受的切削阻力$F_r=3500\text{N}$，其作用位置$y_P=80\text{mm}$。曲柄1以$\omega_1=120\text{r/min}$顺时针匀速转动。若只考虑构件3和5的重量及构件5的惯性力，其余构件的重量和惯性力均忽略不计。求机构在图示位置时，各运动副中的反力和应加于曲柄1上的平衡力矩。

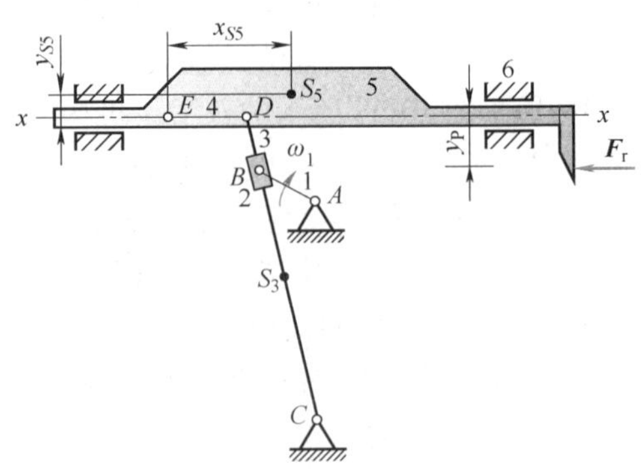

图10-41 题10-14图

10-15 欲设计一个图10-40所示的三楔块斜面机构。其设计思想：当在楔块1上加驱动力$\boldsymbol{P}$时，能推动楔块3上的重物（重量为$\boldsymbol{Q}$）向上运动；而当撤去$\boldsymbol{P}$后，重物仍能保持不动。设各移动副处的摩擦角为φ，试确定该斜面机构的几何参数α和β。

■ 虚拟仿真题

10-16 图10-42所示为一夹钳机构。

1）绘制该机构的运动简图，分析该机构的自由度、压力角等特性。

2）设计该机构各构件的参数，建立该机构的虚拟样机模型。

3）仿真该机构的虚拟样机模型，获取钳子与夹持物之间的作用力随主动件转角变化的变化曲线。

10-17 图10-43所示为一颚式破碎机。

1）绘制该机构的运动简图，分析该机构的自由度、压力角等特性。

2）设计该机构各构件的参数，建立该机构的虚拟样机模型。

3）仿真该机构的虚拟样机模型，获取构件4与破碎物之间接触力大小与构件4转角之间的关系。

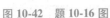

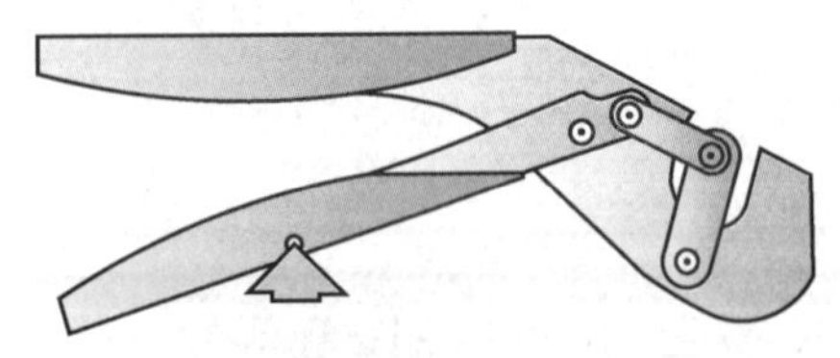

图10-42 题10-16图

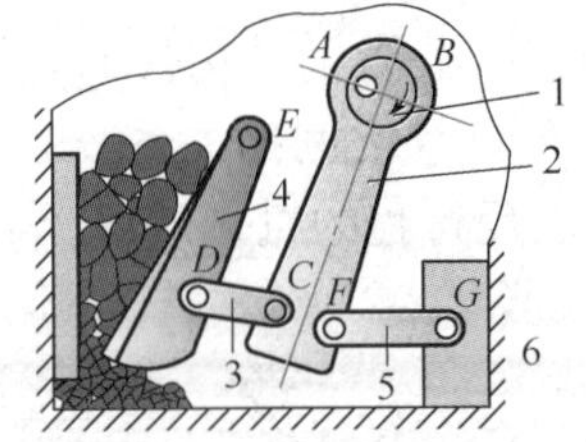

图10-43 题10-17图

10-18 图10-44所示的机构为一种增力机构。该机构由偏心轮与肘节组成。偏心轮可减小机构尺寸、提高强度。肘节可产生增力效果。当杆2上作用一个较小的力时，滑块5上就会产生很大的力。

1）设计该机构各构件的参数，建立该机构的虚拟样机模型。

2）仿真模型，获取当杆2上作用一个变化的力时，滑块5与外界物体之间的作用力的变化曲线。

3）探究增力效果主要与哪些参数有关。

10-19　图 10-45 所示为一剪刀机构。

1）试绘制此机构简图。

2）设计该机构各构件的参数，建立该机构的虚拟样机模型。

3）仿真该机构的运动过程，获取剪刀的夹持力大小。

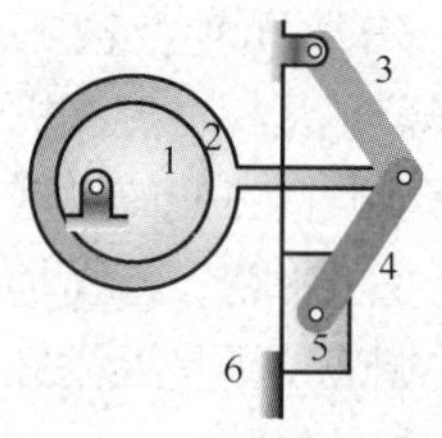

图 10-44　题 10-18 图

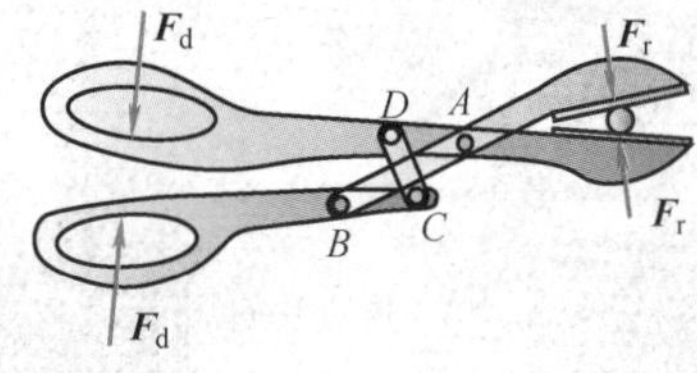

图 10-45　题 10-19 图

10-20　图 10-46 所示为一制动装置，通过操纵拉杆 1 的往复运动，可控制闸瓦 G、J 的制动与放松。

1）设计该机构各构件的参数，建立该机构的虚拟样机模型。

2）仿真该机构的运动过程，测量制动所需最小的力。

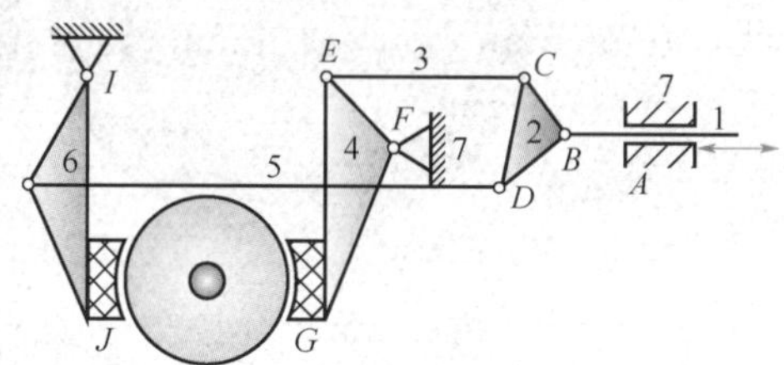

图 10-46　题 10-20 图

第 11 章　机械系统动力学基础

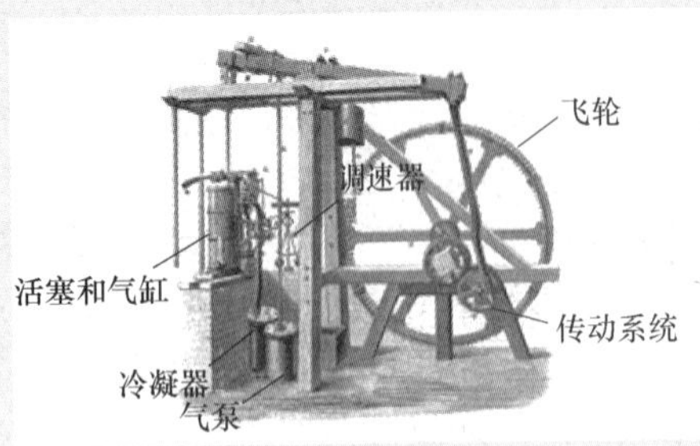

增加飞轮及离心调速器是瓦特对蒸汽机的重要改良，能使机器运行得更平稳，特别是离心调速器更是近代自动控制的先驱。

所谓的永动机械不过是在短时间内能量的相互转化，在较长的时间段后都会由于摩擦等原因停止。

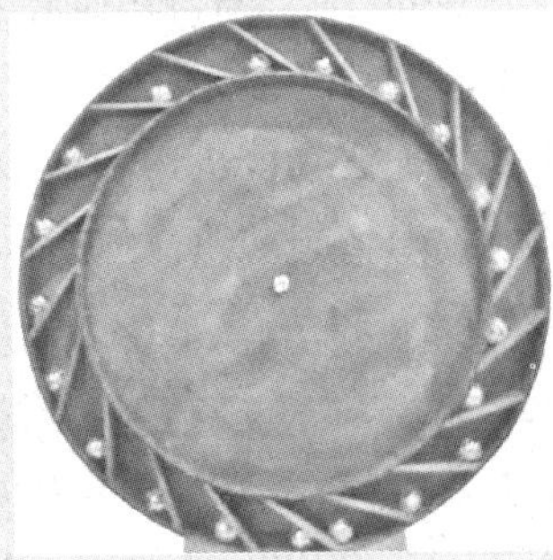

美国波士顿动力公司研制的大狗（Big Dog）机器人等从仿生的角度利用动力平衡杆、弹性腿等实现了该机器人在高速弹跳过程中保持良好的动力学性能。

引力波（LIGO）项目的一个重大难点就是实现大型设备的超低频隔振。

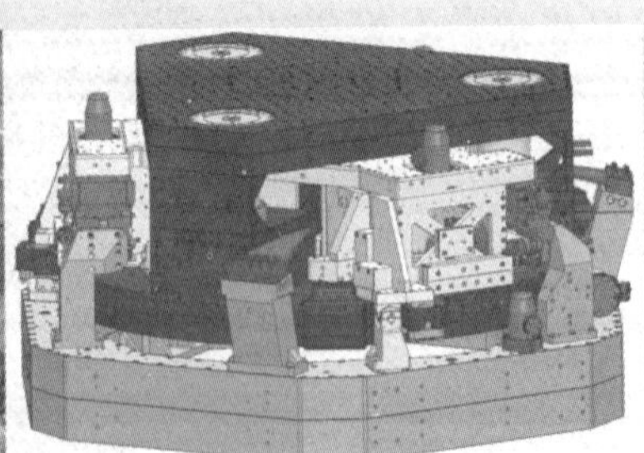

本章学习目标：

通过本章的学习，学习者应能够：

- 了解机械运转三个阶段的特点；
- 掌握单自由度机械系统的等效动力学建模方法，以及等效转动惯量、等效力矩等概念；
- 学会当等效力矩为机构位置函数时，机械系统真实运动的求解；
- 掌握利用飞轮调节机械周期性速度波动的原理，以及飞轮设计方法。

【内容导读】

机械系统动力学是指**研究机械系统在力作用下的运动和机械系统在运动中产生的力，并从力与运动的相互作用的角度进行机械设计和改进的科学**［92］。具体研究可分为两个层次：一是研究机械系统动力学的一般规律；二是针对特定机构，综合考虑材料、工作环境、工作载荷、操作或受控特性等多种因素，研究机械的动态特性。现代机构向多自由度、高速度、高加速度、高精度、重载方向发展，机械系统动力学问题已经成为直接影响机械产品性能的关键问题。

机械系统通常由原动机、传动系统和执行系统等组成。在前面各章中，涉及机构运动问题时，均假设主动件的运动是已知的，且做等速运动。实际上，主动件的运动是作用在已知机械上的外力、各构件的质量、转动惯量、构件尺寸及机构位置的未知函数。当各构件的质量、尺寸等参数确定后，主动件的真实运动规律是在已知外力作用下求得的。一般来说，主动件并非做等速运动，速度往往是波动的。

为了对机构进行精确的运动和力分析，首先需要确定主动件的真实运动规律。这对于机械设计特别是高速、重载、高精度的机械十分重要。因此，求解机械的真实运动是研究机械性能的重要内容之一。如图 11-1 所示的牛头刨床，从保证工件切削质量要求看，希望刨刀在切削过程中做等速或近似等速的直线运动。该机械能否满足此要求，则需要通过求解机械的真实运动才能知道。

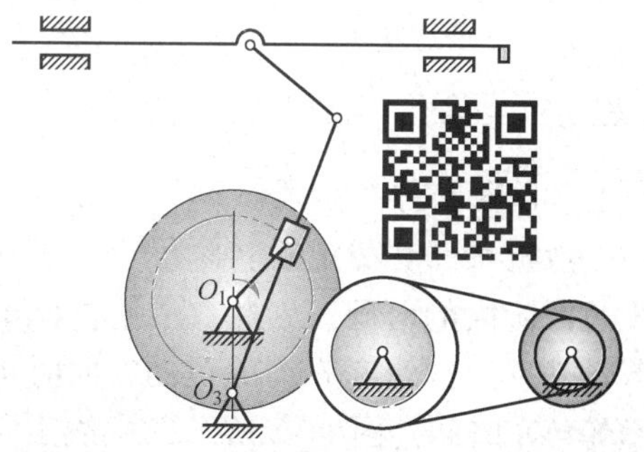

图 11-1　牛头刨床

另外，一般机械处于正常工作状态时，外力的周期性变化将引起主动件速度的周期性波动。同样如图 11-1 所示的牛头刨床，刨刀所受切削力的变化是周期性的，从而引起其导杆机构中主动件的速度呈周期性波动。机械中这种过大的速度波动将会引起附加惯性力及其周期性的变化，并引起机械的振动，从而降低机械寿命、工作效率及质量。因此，应将周期性速度波动的幅值限制在允许范围内，这就称为**机械运动周期性速度波动的调节**。机械系统中通常采用添加飞轮的方法来减小波动。如何设计飞轮也是本章重点讨论的问题。

实际上，机械系统动力学涉及内容很广，本章只研究最基本的单自由度机械系统动力学的有关问题，如动力学建模、真实运动求解、速度波动调节等。

11.1 机械的运转

11.1.1 机械运转的三个阶段

机械系统在驱动力、工作阻力及摩擦力等作用下产生运动。依据能量守恒定理，作用在机械系统上的力在任一时间间隔内所做的功，应等于机械系统动能的增量，即

$$W_d-(W_r+W_f)=W_d-W_c=E_2-E_1=\Delta E \tag{11.1-1}$$

式中，W_d 为驱动功；W_r 为阻抗功（克服工作阻力所做的功）；W_f 为损耗功（克服有害阻力所做的功）；W_c 为总耗功；E_1 和 E_2 分别为机械在一段时间间隔开始和结束时的动能。

根据机械的外力（驱动力和工作阻力）特征、运动特征及功能转换特征不同，机械运转可以分为表11-1所列的三个阶段：起动阶段、稳定运转阶段（即正常工作阶段）、停车阶段。

表11-1　机械运转的三个阶段及其特征

阶段名称	外力特征	运动特征	功、能转换特征
起动	驱动力>0 工作阻力=0	角速度 ω 由零逐渐上升至稳定运转时的平均角速度 ω_m	驱动功 W_d 大于阻抗功 W_c，并转换为机构的动能 E。即 $W_d-W_c=\Delta E>0$
稳定运转	驱动力>0 工作阻力>0	角速度 ω 一般情况下在某一平均值 ω_m 上、下做周期性波动。在特殊条件下 ω=常值	驱动功 W_d 克服总耗功 W_c。在任一时间间隔内 $W_d\neq W_c$，$W_d-W_c=\Delta E>0$，然而在每个运动周期 T 内 $W_d=W_c$，$\Delta E=0$
停车	驱动力=0 工作阻力=0	角速度 ω 由 ω_m 逐渐减小至零	$W_d=0$，机械的剩余动能逐渐消耗于损耗功，即 $\Delta E=W_c$

起动阶段与停车阶段统称为机械运转过程的过渡阶段。一般机械都在稳定运转阶段进行工作，因此应尽量减少过渡阶段的时间。为此，多使机械空载起动或者增大起动功率达到快速起动的目的，同时可利用制动装置来缩短停车时间。图11-2所示的虚线表示施加制动力矩后，停车阶段主动件的角速度随时间的变化关系。

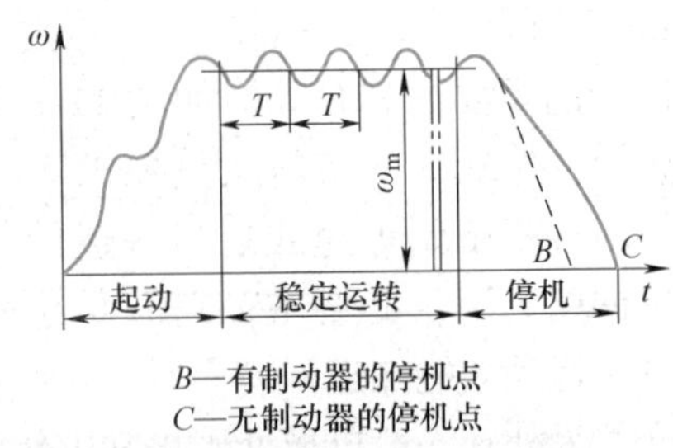

B—有制动器的停机点
C—无制动器的停机点

图11-2　机构主动件的角速度随时间变化曲线

并非所有的机械工作过程都有上述三个阶段。例如，飞机起落架的收放系统就没有明显的稳定运转阶段。一般机械的起动和停车两阶段时间较短暂，也不作为重点研究内容，因此本章着重研究稳定运转阶段。对其起动和停车阶段有特殊性能要求的某些机械，如飞机和汽车及其动力装置，则需着重研究起动和停车阶段，但该研究内容已经超出本课程范围，需要时请参阅有关教材或专著。

11.1.2 作用在机械上的已知外力

在研究机械系统动力学问题时，需要知道作用在机械上的外力——驱动力和工作阻力。

其余外力，如重力、惯性力、摩擦力等，在一般情况下与驱动力和工作阻力相比较要小很多，故在研究稳定运转的动力学问题时常忽略不计。

驱动力和工作阻力的大小及变化规律取决于原动机的类型及其特性，但其性质大致可归为常值，或为某些运动参数（机构位置、速度、时间或多个变量）的函数。

1. 驱动力

常用的原动机有电动机、液压或气压泵、内燃机等。它们的输出驱动力（矩）与某些运动参数（位移、速度、时间等）的函数关系称为**机械特性**（mechanical behavior）。

1）内燃机的驱动力矩为输出曲柄的位置函数（图 11-3a）。

2）电动机的驱动力矩为电动机转速的函数（图 11-3b）。

3）液压或气压泵的驱动力为常值（图 11-3c）。

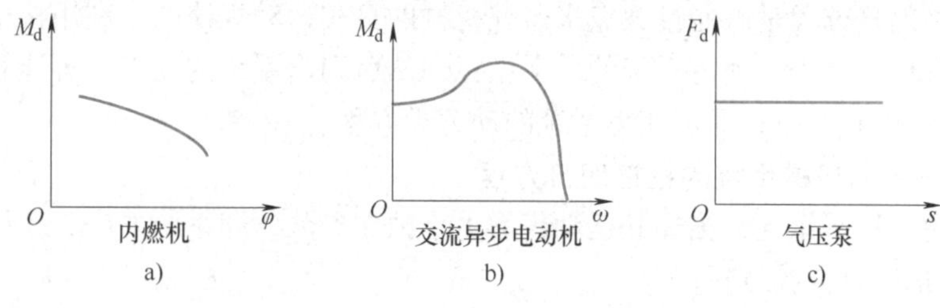

图 11-3　原动机的机械特性

2. 工作阻力

工作阻力的变化规律主要取决于工作机的类型及工艺特点。不同用途的机械有不同的工作阻力特性。

1）工作阻力为常值。如起重机、轧钢机等。

2）工作阻力为主动件的位置函数。如往复式压缩机、曲柄压力机、打包机等。

3）工作阻力为执行构件的速度函数。如鼓风机叶轮、离心泵叶片、搅拌机等。

4）工作阻力为时间的函数。有些特殊的工作机，如球磨机、炊事机械的和面机等工作阻力随工作时间而变化。

驱动力和工作阻力的确定涉及许多专业知识，已经超出本课程范围，故不做详细讨论。在本章研究机械动力学问题时，将它们作为已知条件给出。

11.2　机械系统的动力学建模

研究外力作用下机械系统或机器的真实运动规律，属于机械动力学的正问题，需要建立外力与运动学参数之间的函数关系式，即建立动力学模型。建立机械系统动力学模型的方法有多种，如基于拉格朗日方程的分析力学方法、牛顿-欧拉矢量力学方法和凯恩的多体动力学方法等都是经典的刚体机械系统动力学建模方法。此外，还有一些针对某些特殊类型机械系统的简化动力学建模方法，其中就包括针对应用广泛的单自由度刚性机械系统的等效动力学建模方法。本节主要介绍两种方法：具有通用性的拉格朗日法和等效动力学模型法。

11.2.1　基于拉格朗日方程的动力学模型

1. 一般质点系的拉格朗日方程

在理论力学中，已经介绍了质点系（或刚体）的拉格朗日方程，拉格朗日方程的一般形式为

$$\frac{\mathrm{d}}{\mathrm{d}t}\left(\frac{\partial L}{\partial \dot{\theta}_j}\right)-\frac{\partial L}{\partial \theta_j}=Q_j \quad (j=1,2,\cdots,n) \tag{11.2-1}$$

式中，L 为拉格朗日函数，$L=E-U$，其中 E 为动能，U 为势能；Q_j 为不含有势力的广义力，可通过作用在系统上的非保守力所做的虚功来确定，通常是指作用在驱动器上的驱动力；θ_j 为广义坐标，这里一般指广义位移，即驱动副的位移（线位移或者角位移）；n 为自由度数。

显然，拉格朗日方程是以能量观点来研究机械的真实运动规律的。利用拉格朗日方程进行机械动力学分析，首先应确定系统的广义坐标，然后列出系统的动能、势能和广义力的表达式，再代入式（11.2-1），即可获得系统的动力学方程。

2. 单自由度平面机械系统的拉格朗日方程

对于单自由度机械系统，描述其运动仅需 1 个独立参数，即系统的广义坐标只有 1 个量 θ。该系统的拉格朗日方程可写成

$$\frac{\mathrm{d}}{\mathrm{d}t}\left(\frac{\partial L}{\partial \dot{\theta}}\right)-\frac{\partial L}{\partial \theta}=Q \tag{11.2-2}$$

若不计各运动构件的重量和弹性，则系统的势能可不考虑。这时，式（11.2-2）简化为

$$\frac{\mathrm{d}}{\mathrm{d}t}\left(\frac{\partial E}{\partial \dot{\theta}}\right)-\frac{\partial E}{\partial \theta}=Q \tag{11.2-3}$$

对于平面机械系统而言，构件的运动形式仅有 3 种：平动、定轴转动与一般平面运动。平动与定轴转动均可视为一般平面运动的特例。故以一般平面运动为典型，可写出第 i 个运动构件的动能 E_i 为

$$E_i=\frac{1}{2}J_{Si}\omega_i^2+\frac{1}{2}m_i v_{Si}^2 \tag{11.2-4}$$

式中，m_i 为第 i 个运动构件的质量；J_{Si} 为第 i 个运动构件绕其质心 S_i 的转动惯量；ω_i 为第 i 个运动构件的角速度；v_{Si} 为第 i 个运动构件质心 S_i 的线速度。

对于绕质心做定轴转动的构件，$v_{Si}=0$；而对于平动构件，$\omega_i=0$。这样，具有 n 个运动构件的机构的动能 E 为

$$E=\sum_{i=1}^{n}E_i=\sum_{i=1}^{n}\left(\frac{1}{2}J_{Si}\omega_i^2+\frac{1}{2}m_i v_{Si}^2\right) \tag{11.2-5}$$

为求得 E，需对该机构做位置分析，进而导出各运动构件的角位移 φ_i 及其质心坐标（x_{Si}，y_{Si}）。它们都是系统广义坐标的函数，一般可写成

$$\begin{cases}\varphi_i=\varphi_i(\theta)\\ x_{Si}=x_{Si}(\theta) \quad (i=1,2,\cdots,n)\\ y_{Si}=y_{Si}(\theta)\end{cases} \tag{11.2-6}$$

再对其进行速度分析，通过对式（11.2-6）求导，可得各运动构件的角速度及其质心坐标

$$\begin{cases}\omega_i=\dfrac{\mathrm{d}\varphi_i}{\mathrm{d}\theta}\dot{\theta}\\ v_{Si}=\sqrt{\dot{x}_{Si}^2+\dot{y}_{Si}^2}\end{cases} \tag{11.2-7}$$

式中

$$\begin{cases}\dot{x}_{Si}=\dfrac{\mathrm{d}x_{Si}}{\mathrm{d}\theta}\dot{\theta}\\ \dot{y}_{Si}=\dfrac{\mathrm{d}y_{Si}}{\mathrm{d}\theta}\dot{\theta}\end{cases}\quad (i=1,2,\cdots,n) \tag{11.2-8}$$

将式（11.2-7）和式（11.2-8）代入式（11.2-6）中得到通式

$$E=\frac{1}{2}J\dot{\theta}^2 \tag{11.2-9}$$

式中

$$J=\sum_{i=1}^{n}\left\{m_i\left[\left(\frac{\mathrm{d}x_{Si}}{\mathrm{d}\theta}\right)^2+\left(\frac{\mathrm{d}y_{Si}}{\mathrm{d}\theta}\right)^2\right]+J_{Si}\left(\frac{\mathrm{d}\varphi_i}{\mathrm{d}\theta}\right)^2\right\}=\sum_{i=1}^{n}\left[m_i\left(\frac{v_{Si}}{\dot{\theta}}\right)^2+J_{Si}\left(\frac{\omega_i}{\dot{\theta}}\right)^2\right] \tag{11.2-10}$$

因此，可导出该机械系统的动力学方程

$$J\ddot{\theta}+\frac{1}{2}\frac{\mathrm{d}J}{\mathrm{d}\theta}\dot{\theta}^2=Q \tag{11.2-11}$$

式中，x_{Si}、y_{Si}为第 i 个运动构件质心在 x、y 方向上的线位移；φ_i 为第 i 个运动构件的角位移；J 为系统的等效转动惯量；Q 为系统的广义力；其他参数同前面定义。

广义力可由虚位移原理确定。对于单自由度机械系统，若将外力、外力矩的虚功直接表达为与虚位移 $\delta\theta$ 的关系，即

$$\delta W=Q\delta\theta \tag{11.2-12}$$

则虚位移 $\delta\theta$ 前的系数 Q 即为其所对应的广义力。工程问题中，虚位移可以转化为实位移，虚速度可以转化为真实速度。

若外力（矩）的功率 P 与广义速度 $\dot{\theta}$ 满足关系式

$$P=Q\dot{\theta} \tag{11.2-13}$$

则广义速度 $\dot{\theta}$ 前的系数即为其所对应的广义力。

广义力也可以通过分析力学的方法来确定。单自由度机械系统的广义力为

$$Q=\sum_{j=1}^{l}\left(F_{jx}\frac{\dot{x}_j}{\dot{\theta}}+F_{jy}\frac{\dot{y}_j}{\dot{\theta}}\right)+\sum_{k=1}^{m}\left(\pm M_k\frac{\omega_k}{\dot{\theta}}\right)=\sum_{j=1}^{l}\left(F_j\cos\alpha_j\frac{v_j}{\dot{\theta}}\right)+\sum_{k=1}^{m}\left(\pm M_k\frac{\omega_k}{\dot{\theta}}\right) \tag{11.2-14}$$

式中，l、m 为外力与外力矩的数目；F_{jx}、F_{jy}为外力 F_j 在 x、y 方向上的分量；v_j 为外力 F_j 作用点的速度；$\dot{x}_j$、$\dot{y}_j$为 v_j 在 x、y 方向上的分量；α_j 为外力 F_j 与速度 v_j 方向的夹角；ω_k 为外力矩 M_k 作用构件的角速度；“±”号的选择取决于 M_k 与 ω_k 的方向是否相同，同向取正，反向取负。

另外，在式（11.2-14）中，若广义坐标 θ 表示线位移，则 J 具有质量的量纲，称为**等效质量**，常用 m_e 表示；而 Q 具有力的量纲，称为**等效力**，常用 F_e 表示。若 θ 表示角位移，则 J 具有转动惯量的量纲，称为**等效转动惯量**，常用 J_e 表示；Q 具有力矩的量纲，称为**等效力矩**，常用 M_e 表示。

3. 两自由度平面机械系统的拉格朗日方程

仍不计各运动构件的重量和弹性，两自由度平面机械系统的动力学方程的推导过程同单自由度系统，因此过程予以简化。

$$\begin{cases}\dfrac{\mathrm{d}}{\mathrm{d}t}\left(\dfrac{\partial E}{\partial \dot{\theta}_1}\right)-\dfrac{\partial E}{\partial \theta_1}=Q_1\\ \dfrac{\mathrm{d}}{\mathrm{d}t}\left(\dfrac{\partial E}{\partial \dot{\theta}_2}\right)-\dfrac{\partial E}{\partial \theta_2}=Q_2\end{cases} \tag{11.2-15}$$

动能方程满足式（11.2-9）。

两自由度平面机构中，各运动构件的角位移 φ_i 及其质心坐标（x_{Si}，y_{Si}）可写成

$$\begin{cases}\varphi_i=\varphi_i(\theta_1,\theta_2)\\ x_{Si}=x_{Si}(\theta_1,\theta_2)\quad (i=1,2,\cdots,n)\\ y_{Si}=y_{Si}(\theta_1,\theta_2)\end{cases} \tag{11.2-16}$$

通过对式（11.2-16）求导，可得各运动构件的角速度及其质心坐标

$$\begin{cases}\omega_i=\dfrac{\partial \varphi_i}{\partial \theta_1}\dot{\theta}_1+\dfrac{\partial \varphi_i}{\partial \theta_2}\dot{\theta}_2\\ v_{Si}=\sqrt{\dot{x}_{Si}^2+\dot{y}_{Si}^2}\end{cases} \tag{11.2-17}$$

式中

$$\begin{cases}\dot{x}_{Si}=\dfrac{\partial x_{Si}}{\partial \theta_1}\dot{\theta}_1+\dfrac{\partial x_{Si}}{\partial \theta_2}\dot{\theta}_2\\ \dot{y}_{Si}=\dfrac{\partial y_{Si}}{\partial \theta_1}\dot{\theta}_1+\dfrac{\partial y_{Si}}{\partial \theta_2}\dot{\theta}_2\end{cases}\quad (i=1,2,\cdots,n) \tag{11.2-18}$$

将式（11.2-17）和式（11.2-18）代入式（11.2-15）中，得

$$E=\frac{1}{2}J_{11}\dot{\theta}_1^2+J_{12}\dot{\theta}_1\dot{\theta}_2+\frac{1}{2}J_{22}\dot{\theta}_2^2 \tag{11.2-19}$$

式中

$$\begin{cases}J_{11}=\sum\limits_{i=1}^{n}\left\{m_i\left[\left(\dfrac{\partial x_{Si}}{\partial \theta_1}\right)^2+\left(\dfrac{\partial y_{Si}}{\partial \theta_1}\right)^2\right]+J_{Si}\left(\dfrac{\partial \varphi_i}{\partial \theta_1}\right)^2\right\}\\ J_{22}=\sum\limits_{i=1}^{n}\left\{m_i\left[\left(\dfrac{\partial x_{Si}}{\partial \theta_2}\right)^2+\left(\dfrac{\partial y_{Si}}{\partial \theta_2}\right)^2\right]+J_{Si}\left(\dfrac{\partial \varphi_i}{\partial \theta_2}\right)^2\right\}\\ J_{12}=\sum\limits_{i=1}^{n}\left\{m_i\left[\left(\dfrac{\partial x_{Si}}{\partial \theta_1}\dfrac{\partial x_{Si}}{\partial \theta_2}\right)+\left(\dfrac{\partial y_{Si}}{\partial \theta_1}\dfrac{\partial y_{Si}}{\partial \theta_2}\right)\right]+J_{Si}\left(\dfrac{\partial \varphi_i}{\partial \theta_1}\dfrac{\partial \varphi_i}{\partial \theta_2}\right)\right\}\end{cases} \tag{11.2-20}$$

因此，可导出该机械系统的动力学方程：

$$\begin{cases}J_{11}\ddot{\theta}_1+J_{12}\ddot{\theta}_2+\dfrac{1}{2}\dfrac{\partial J_{11}}{\partial \theta_1}\dot{\theta}_1^2+\dfrac{\partial J_{11}}{\partial \theta_2}\dot{\theta}_1\dot{\theta}_2+\left(\dfrac{\partial J_{12}}{\partial \theta_2}-\dfrac{1}{2}\dfrac{\partial J_{22}}{\partial \theta_1}\right)\dot{\theta}_2^2=Q_1\\ J_{12}\ddot{\theta}_1+J_{22}\ddot{\theta}_2+\left(\dfrac{\partial J_{12}}{\partial \theta_1}-\dfrac{1}{2}\dfrac{\partial J_{11}}{\partial \theta_2}\right)\dot{\theta}_1^2+\dfrac{\partial J_{22}}{\partial \theta_1}\dot{\theta}_1\dot{\theta}_2+\dfrac{1}{2}\dfrac{\partial J_{22}}{\partial \theta_2}\dot{\theta}_2^2=Q_2\end{cases} \tag{11.2-21}$$

写成矩阵形式为

$$\begin{pmatrix} J_{11} & J_{12}\\ J_{21} & J_{22}\end{pmatrix}\begin{pmatrix}\ddot{\theta}_1\\ \ddot{\theta}_2\end{pmatrix} + \begin{pmatrix}\dfrac{\partial J_{11}}{\partial\theta_2}\\ \dfrac{\partial J_{22}}{\partial\theta_1}\end{pmatrix}\dot{\theta}_1\dot{\theta}_2 + \begin{pmatrix} \dfrac{1}{2}\dfrac{\partial J_{11}}{\partial\theta_1} & \dfrac{\partial J_{12}}{\partial\theta_2}-\dfrac{1}{2}\dfrac{\partial J_{22}}{\partial\theta_1}\\ \dfrac{\partial J_{12}}{\partial\theta_1}-\dfrac{1}{2}\dfrac{\partial J_{11}}{\partial\theta_2} & \dfrac{1}{2}\dfrac{\partial J_{22}}{\partial\theta_2}\end{pmatrix}\begin{pmatrix}\dot{\theta}_1^2\\ \dot{\theta}_2^2\end{pmatrix}=\begin{pmatrix}Q_1\\ Q_2\end{pmatrix} \quad (11.2\text{-}22)$$

写成通式的形式为

$$\boldsymbol{M}(\boldsymbol{\theta})\ddot{\boldsymbol{\theta}}+\boldsymbol{B}(\boldsymbol{\theta})\dot{\boldsymbol{\theta}}\dot{\boldsymbol{\theta}}+\boldsymbol{C}(\boldsymbol{\theta})\dot{\boldsymbol{\theta}}^2=\boldsymbol{Q} \quad (11.2\text{-}23)$$

式（11.2-23）左边的第一项为惯性力，第二、三项代表科氏力和离心力；公式右边为驱动力。对于上面两自由度系统的例子，各项系数矩阵则分别表示为

$$\boldsymbol{M}(\boldsymbol{\theta})=\begin{pmatrix} J_{11} & J_{12}\\ J_{21} & J_{22}\end{pmatrix},\quad \boldsymbol{B}(\boldsymbol{\theta})=\begin{pmatrix}\dfrac{\partial J_{11}}{\partial\theta_2}\\ \dfrac{\partial J_{22}}{\partial\theta_1}\end{pmatrix},\quad \boldsymbol{C}(\boldsymbol{\theta})=\begin{pmatrix} \dfrac{1}{2}\dfrac{\partial J_{11}}{\partial\theta_1} & \dfrac{\partial J_{12}}{\partial\theta_2}-\dfrac{1}{2}\dfrac{\partial J_{22}}{\partial\theta_1}\\ \dfrac{\partial J_{12}}{\partial\theta_1}-\dfrac{1}{2}\dfrac{\partial J_{11}}{\partial\theta_2} & \dfrac{1}{2}\dfrac{\partial J_{22}}{\partial\theta_2}\end{pmatrix}$$

$$\ddot{\boldsymbol{\theta}}=\begin{pmatrix}\ddot{\theta}_1\\ \ddot{\theta}_2\end{pmatrix},\quad \dot{\boldsymbol{\theta}}\dot{\boldsymbol{\theta}}=\dot{\theta}_1\dot{\theta}_2,\quad \dot{\boldsymbol{\theta}}^2=\begin{pmatrix}\dot{\theta}_1^2\\ \dot{\theta}_2^2\end{pmatrix},\quad \boldsymbol{Q}=\begin{pmatrix}Q_1\\ Q_2\end{pmatrix}$$

如果考虑重量的影响，式（11.2-23）可进一步写成

$$\boldsymbol{M}(\boldsymbol{\theta})\ddot{\boldsymbol{\theta}}+\boldsymbol{B}(\boldsymbol{\theta})\dot{\boldsymbol{\theta}}\dot{\boldsymbol{\theta}}+\boldsymbol{C}(\boldsymbol{\theta})\dot{\boldsymbol{\theta}}^2+\boldsymbol{G}(\boldsymbol{\theta})=\boldsymbol{Q} \quad (11.2\text{-}24)$$

式（11.2-23）为二阶非线性微分方程组，求解该方程组即可获得系统广义坐标 θ_1 与 θ_2。但此类方程一般难以利用解析法求得显式解，常需采用数值法近似求解。将求出的 θ_1 与 θ_2 再代入式（11.2-23），即可获得整个两自由度机械系统的真实运动规律。

广义力的确定方法如下：

1）通过虚位移原理确定。对于两自由度机械系统，若将外力（力矩）的虚功直接表示为与两个虚位移 $\delta\theta_1$ 和 $\delta\theta_2$ 的关系

$$\delta W=Q_1\delta\theta_1+Q_2\delta\theta_2 \quad (11.2\text{-}25)$$

则虚位移 $\delta\theta_1$ 和 $\delta\theta_2$ 前的系数 Q_1 和 Q_2 即为其所对应的广义力。

2）通过分析力学的方法确定。即

$$Q_s=\sum_{j=1}^{l}\left(F_{jx}\frac{\dot{x}_j}{\dot{\theta}_s}+F_{jy}\frac{\dot{y}_j}{\dot{\theta}_s}\right)+\sum_{k=1}^{m}\left(\pm M_k\frac{\omega_k}{\dot{\theta}_s}\right)=\sum_{j=1}^{l}\left(F_j\cos\alpha_j\frac{v_j}{\dot{\theta}_s}\right)+\sum_{k=1}^{m}\left(\pm M_k\frac{\omega_k}{\dot{\theta}_s}\right)\quad (s=1,2) \quad (11.2\text{-}26)$$

式中，各参数同前面单自由度系统的定义。

【例 11-1】　平面 2R 机械手的动力学建模

解：选取图 11-4 所示的两个转角为广义坐标，得到如下位移方程：

$$\begin{cases}\varphi_1=\theta_1\\ x_{S_1}=\dfrac{1}{2}l_1\cos\theta_1\\ y_{S_1}=\dfrac{1}{2}l_1\sin\theta_1\end{cases} \quad (11.2\text{-}27)$$

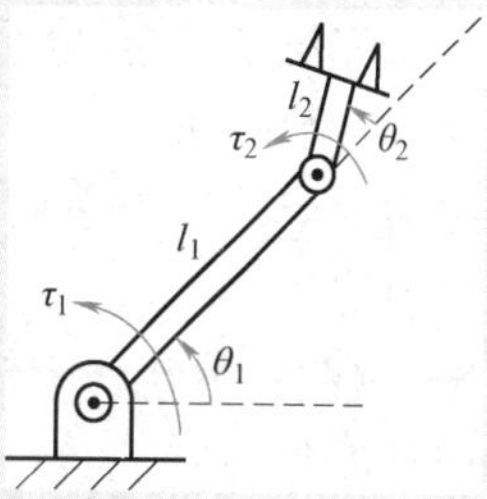

图 11-4　平面 2R 机械手

$$\begin{cases}\varphi_2=\theta_1+\theta_2\\ x_{S_2}=l_1\cos\theta_1+\dfrac{1}{2}l_2\cos(\theta_1+\theta_2)\\ y_{S_2}=l_1\sin\theta_1+\dfrac{1}{2}l_2\sin(\theta_1+\theta_2)\end{cases} \tag{11.2-28}$$

各构件的转动惯量为

$$J_{Si}=\frac{1}{3}m_il_i^2\quad(i=1,2) \tag{11.2-29}$$

机械手所受的广义力可由虚功原理直接得到

$$Q_i=\tau_i\quad(i=1,2) \tag{11.2-30}$$

τ_i 代表作用在关节 i 上所受的力矩，将以上参数代入式（11.2-20）得到 J_{11}、J_{12} 和 J_{22}，再代入式（11.2-21）中得到该机械手的动力学方程表达式。即

$$\begin{cases}\left[\dfrac{1}{3}(m_1+m_2)l_1^2+l_1l_2\cos\theta_2+\dfrac{1}{3}m_2l_2^2\right]\ddot{\theta}_1+\left(\dfrac{1}{2}m_2l_1l_2\cos\theta_2+\dfrac{1}{3}m_2l_2^2\right)\ddot{\theta}_2-m_2l_1l_2\sin\theta_2\left(\dot{\theta}_1\dot{\theta}_2+\dfrac{1}{2}\dot{\theta}_2^2\right)=\tau_1\\ \left(\dfrac{1}{2}l_1l_2\cos\theta_2+\dfrac{1}{3}m_2l_2^2\right)\ddot{\theta}_1+\dfrac{1}{3}m_2l_2^2\ddot{\theta}_2+\dfrac{1}{2}m_2l_1l_2\sin\theta_2\dot{\theta}_1^2=\tau_2\end{cases} \tag{11.2-31}$$

写成矩阵后的形式为

$$\begin{pmatrix}\dfrac{1}{3}(m_1+m_2)l_1^2+l_1l_2\cos\theta_2+\dfrac{1}{3}m_2l_2^2 & \dfrac{1}{2}m_2l_1l_2\cos\theta_2+\dfrac{1}{3}m_2l_2^2\\ \dfrac{1}{2}m_2l_1l_2\cos\theta_2+\dfrac{1}{3}m_2l_2^2 & \dfrac{1}{3}m_2l_2^2\end{pmatrix}\begin{pmatrix}\ddot{\theta}_1\\ \ddot{\theta}_2\end{pmatrix}+\begin{pmatrix}m_2l_1l_2\sin\theta_2\\ 0\end{pmatrix}\dot{\theta}_1\dot{\theta}_2+$$
$$\begin{pmatrix}0 & -\dfrac{1}{2}m_2l_1l_2\sin\theta_2\\ \dfrac{1}{2}m_2l_1l_2\sin\theta_2 & 0\end{pmatrix}\begin{pmatrix}\dot{\theta}_1^2\\ \dot{\theta}_2^2\end{pmatrix}=\begin{pmatrix}\tau_1\\ \tau_2\end{pmatrix} \tag{11.2-32}$$

11.2.2　单自由度机械系统的等效动力学模型

1. 转化法的基本原理

研究机械的运转问题时，需要建立涵盖作用在机械上的外力、构件的质量、转动惯量及其运动参数的机械运动方程。由于单自由度机械系统可以看作是一个质点系，因此可以应用理论力学中的质点系动能定理进行研究。根据该定理可以写出通用的机械运动方程式

$$\mathrm{d}W=\mathrm{d}E \tag{11.2-33}$$

式中，$\mathrm{d}W$ 表示作用于机械上的驱动力和工作阻力所做元功之代数和；$\mathrm{d}E$ 表示机械中各运动构件动能和的微分。

下面以图11-5所示的由曲柄滑块机构组成的活塞式压缩机为例，写出其运动方程。

已知：M_1 为作用在主动件1上的驱动力矩；P_3 为作用在滑块3（活塞）上的工作阻力；

m_2、m_3 分别为构件 2、3 的质量；J_1 为构件 1 绕转轴 O_1 的转动惯量；J_{S2} 为构件 2 绕质心 S_2 的转动惯量。求：主动件的角速度变化规律。

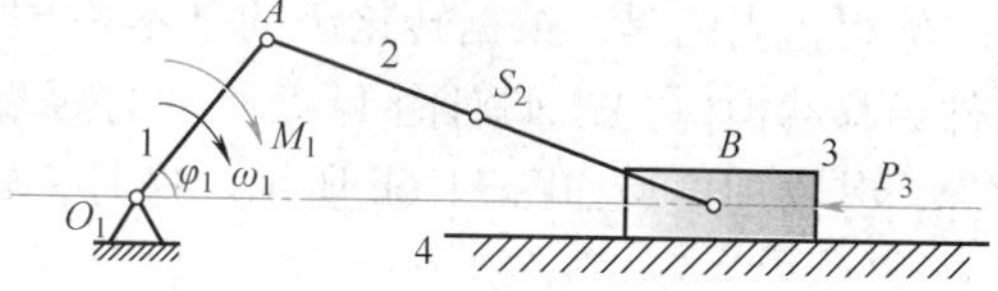

图 11-5　曲柄滑块机构

首先由式（11.2-33）写出该机械系统的运动方程式

$$M_1\omega_1 dt - P_3 v_3 dt = d\left(\frac{1}{2}J_1\omega_1^2 + \frac{1}{2}J_{S2}\omega_2^2 + \frac{1}{2}m_2 v_{S2}^2 + \frac{1}{2}m_3 v_3^2\right) \tag{11.2-34}$$

式中包含了作用于机械中的所有力和运动参数，且所有的运动参数均为未知。因曲柄滑块机构只具有 1 个自由度，意味着上述 4 个运动参数（$\omega_1, \omega_2, v_{S2}, v_3$）不是独立的。其中构件 2、3 的运动参数 ω_2、v_{S2}、v_3 均为主动件角速度 ω_1 的函数。因而可以将式（11.2-34）转化为主动件 1 的运动方程式，即

$$\left(M_1 - P_3\frac{v_3}{\omega_1}\right)\omega_1 dt = d\left\{\frac{1}{2}\omega_1^2\left[J_1 + J_{S2}\left(\frac{\omega_2}{\omega_1}\right)^2 + m_2\left(\frac{v_{S2}}{\omega_1}\right)^2 + m_3\left(\frac{v_3}{\omega_1}\right)^2\right]\right\} \tag{11.2-35}$$

通过量纲分析可知，式（11.2-35）左边括号内各项为力矩量纲，右边方括号内各项为转动惯量量纲。令

$$M_e = M_1 - P_3\frac{v_3}{\omega_1} \tag{11.2-36}$$

$$J_e = J_1 + J_{S2}\left(\frac{\omega_2}{\omega_1}\right)^2 + m_2\left(\frac{v_{S2}}{\omega_1}\right)^2 + m_3\left(\frac{v_3}{\omega_1}\right)^2 \tag{11.2-37}$$

则式（11.2-35）可简化为

$$M_e\omega_1 dt = d\left(\frac{1}{2}J_e\omega_1^2\right) \tag{11.2-38}$$

由理论力学的知识很容易看出：式（11.2-38）表示的是一个定轴转动构件的动能方程式。式中 J_e 是该构件的转动惯量，M_e 为作用在该构件上的总外力矩。该构件在 M_e 作用下以角速度 ω_1 绕 O_1 转动，如图 11-6a 所示。显然，此构件是假想的，原机构并无这样的构件。但是用式（11.2-38）来代替式（11.2-35）是完全等效的，即用图 11-6a 所示的物理模型来代替原机械模型（图 11-5）也完全是等效的。因此，该假想的构件称为**等效构件**或**转化件**。J_e 称为**等效转动惯量**，M_e 称为**等效力矩**。由于转化件的角速度就是待求的主动件的角速度 ω_1，所以将这种转化说成：取原机构中的构件 1 为转化件，或向构件 1 转化。

由式（11.2-36）和式（11.2-37）可看出，J_e 和 M_e 均是速比的函数，而速比又是机构位置函数，因此即使在主动件真实运动未知的情况下这两个物理量也是可求的（如使用瞬心法）。

以上就将整个机械系统的动力学问题转化成单个刚体（假想的转化件）的动力学问题。这种方法称为**转化法**。转化法使解决一个复杂的动力学问题的思路大大简化，使用的物理模型简单、清晰，为复杂机械动力学问题的求解创造了有利条件。

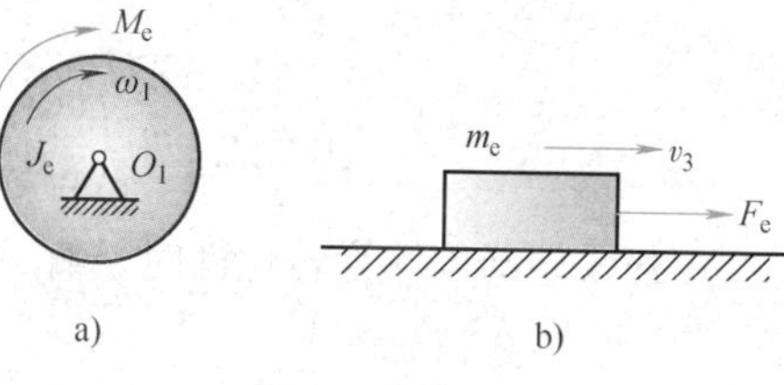

图 11-6　转化件

值得指出的是，根据转化法的基本原理，也可以选取移动构件作为转化件（或说“转化件为移动构件”）。如对图 11-5 所示的活塞式压缩机进行动力学研究时，也可选滑块为转化件，其物理模型如图 11-6b 所示。这时，转化件的运动方程为

$$\left(M_1\frac{\omega_1}{v_3}-F_3\right)v_3\mathrm{d}t=\mathrm{d}\left\{\frac{1}{2}v_3^2\left[J_1\left(\frac{\omega_1}{v_3}\right)^2+J_{S2}\left(\frac{\omega_2}{v_3}\right)^2+m_2\left(\frac{v_{S2}}{v_3}\right)^2+m_3\right]\right\} \tag{11.2-39}$$

$$F_e v_3\mathrm{d}t=\mathrm{d}\left(\frac{1}{2}m_e v_3^2\right) \tag{11.2-40}$$

式中

$$F_e=M_1\frac{\omega_1}{v_3}-F_3 \tag{11.2-41}$$

$$m_e=J_1\left(\frac{\omega_1}{v_3}\right)^2+J_{S2}\left(\frac{\omega_2}{v_3}\right)^2+m_2\left(\frac{v_{S2}}{v_3}\right)^2+m_3 \tag{11.2-42}$$

式中，m_e 称为转化件的**等效质量**；F_e 称为作用在转化件上的**等效力**；而 v_3 为转化件的移动速度。

需要说明的是，等效力矩（或者等效力）只是一个假想的力矩（或者力），它并不是作用于单自由度系统所有外力的合力矩（或者合力）；同样，等效转动惯量（或者等效质量）也只是一个假想的转动惯量（或者质量），它并不是系统中各构件转动惯量的（或者质量）总和。

2. 等效转动惯量（质量）和等效力矩（力）的一般表达

通过以上实例可知，对于一个单自由度机械系统的动力学问题，可以将其转化成对一个具有等效转动惯量（或等效质量），在其上作用有等效力矩（或者等效力）的假想构件（转化件）的动力学问题。此时就把具有等效转动惯量（或等效质量），其上作用有等效力矩（或者等效力）的转化件称为原机械的**等效动力学模型**。不过，由上面的例子可以看出，确定机械系统等效动力学模型的关键是确定各个等效量（等效转动惯量、等效质量、等效力矩、等效力等）。现讨论它们的一般表达式。

比较式（11.2-38）和式（11.2-40）可知，转化件的功能关系必须能完全代替原机械的功能关系，即必须保证是“等效”的转化，为此需要遵守以下两个原则：

1）**动能相等原则**：转化件的等效转动惯量所具有的动能应与原机械的总动能相等。

2）**功率相等原则**：转化件的等效力矩（或等效力）所做的元功（或瞬时功率）应与原机械上作用的全部外力所做的元功（或瞬时功率）相等。

由此原则可写出各等效量的普遍表达式。

首先按**动能相等**的原则，列出转化件与原机械的动能等式。

1）若取转动构件为转化件时，有

$$\frac{1}{2}J_e\omega^2=\frac{1}{2}\sum_{i=1}^{n}(m_i v_{Si}^2+J_{Si}\omega_i^2)\quad(i=1,2,\cdots,n) \tag{11.2-43}$$

$$\boxed{J_e=\sum_{i=1}^{n}\left[m_i\left(\frac{v_{Si}}{\omega}\right)^2+J_{Si}\left(\frac{\omega_i}{\omega}\right)^2\right]\quad(i=1,2,\cdots,n)} \tag{11.2-44}$$

2）若取移动构件为转化件时，有

$$\frac{1}{2}m_e v^2=\frac{1}{2}\sum_{i=1}^{n}(m_i v_{Si}^2+J_{Si}\omega_i^2)\quad(i=1,2,\cdots,n) \tag{11.2-45}$$

$$m_e=\sum_{i=1}^{n}\left[m_i\left(\frac{v_{Si}}{v}\right)^2+J_{Si}\left(\frac{\omega_i}{v}\right)^2\right]\quad(i=1,2,\cdots,n)\tag{11.2-46}$$

再按功率相等的原则，列出转化件与原机械的功率等式。

1）若取转动构件为转化件时，有

$$M_e\omega=\sum_{i=1}^{n}(F_iv_i\cos\alpha_i\pm M_i\omega_i)\quad(i=1,2,\cdots,n)\tag{11.2-47}$$

$$M_e=\sum_{i=1}^{n}\left[F_i\left(\frac{v_i}{\omega}\right)\cos\alpha_i\pm M_i\left(\frac{\omega_i}{\omega}\right)\right]\quad(i=1,2,\cdots,n)\tag{11.2-48}$$

2）若取移动构件为转化件时，有

$$F_ev=\sum_{i=1}^{n}(F_iv_i\cos\alpha_i\pm M_i\omega_i)\quad(i=1,2,\cdots,n)\tag{11.2-49}$$

$$F_e=\sum_{i=1}^{n}\left[F_i\left(\frac{v_i}{v}\right)\cos\alpha_i\pm M_i\left(\frac{\omega_i}{v}\right)\right]\quad(i=1,2,\cdots,n)\tag{11.2-50}$$

式（11.2-47）~式（11.2-50）中，若 M_i 与 ω_i 同向，则说明 M_i 为驱动力矩，取正号；若反向，则说明 M_i 为阻力矩，取负号。同样，若 $\theta_i<90°$，则说明 F_i 为驱动力，取正号；若 $\theta_i>90°$，则说明 F_i 为阻力，取负号。

有时也按功率相等的原则，分别将驱动力和工作阻力转化成等效驱动力矩 M_{ed} 和等效阻力矩 M_{er}。这样可得

$$M_e=M_{ed}-M_{er}\tag{11.2-51}$$

或者将驱动力和工作阻力转化成等效驱动力 F_{ed} 和等效阻力 F_{er}。这样可得

$$F_e=F_{ed}-F_{er}\tag{11.2-52}$$

由式（11.2-44）判断：一旦机械的组成确定，构件的质量 m_i 和转动惯量 J_{Si} 均为定值，则 J_e 值取决于各个速比值。故 J_e 可能为常值，也可能为变值。若机械完全由齿轮机构组成，则速比为常值，故 J_e 为常值；若机械中包含有连杆机构、凸轮机构等，则各个速比为变值，且为转化件的位置函数，故 J_e 为变值，并做周期性变化。

而等效力矩 M_e 的性质比 J_e 复杂。由式（11.2-48）判断，M_e 既取决于速比，又取决于作用于机械外力的性质，因此 M_e 一般为多变量的函数。只有在一些特殊情况下，如外力均为常值，M_e 可能为常值，也可能为转化件的位置函数。

【思考题】：为什么要建立机械的等效动力学模型？建立等效动力学模型的等效条件是什么？

11.3　机械动力学方程的建立与求解

11.3.1　转化件动力学方程的两种形式

当作用在机械上的力和构件质量转化到转化件后，问题就转化为研究转化件的运动问

题。机械系统的真实运动可通过建立转化件的动力学方程式来求解。常用的机械系统动力学方程有两种形式。

1. 力矩形式

式（11.2-38）和式（11.2-40）给出了转化件分别为转动构件和移动构件时，其等效动力学模型的微分形式方程。由此可得：

1）当转化件为转动构件时，有

$$M_{e}\mathrm{d}\varphi=\mathrm{d}\left(\frac{1}{2}J_{e}\omega^{2}\right) \tag{11.3-1}$$

或

$$\boxed{M_{e}=\frac{\mathrm{d}}{\mathrm{d}\varphi}\left(\frac{1}{2}J_{e}\omega^{2}\right)=J_{e}\omega\frac{\mathrm{d}\omega}{\mathrm{d}\varphi}+\frac{\omega^{2}}{2}\frac{\mathrm{d}J_{e}}{\mathrm{d}\varphi}} \tag{11.3-2}$$

由于$\frac{\mathrm{d}\omega}{\mathrm{d}\varphi}=\frac{\mathrm{d}\omega}{\mathrm{d}t}\frac{\mathrm{d}t}{\mathrm{d}\varphi}=\frac{\mathrm{d}\omega}{\mathrm{d}t}\frac{1}{\omega}$，式（11.3-2）又可以写成

$$\boxed{M_{ed}-M_{er}=\frac{\mathrm{d}}{\mathrm{d}\varphi}\left(\frac{1}{2}J_{e}\omega^{2}\right)=J_{e}\frac{\mathrm{d}\omega}{\mathrm{d}t}+\frac{\omega^{2}}{2}\frac{\mathrm{d}J_{e}}{\mathrm{d}\varphi}} \tag{11.3-3}$$

2）当转化件为移动构件时，有

$$F_{e}\mathrm{d}s=\mathrm{d}\left(\frac{1}{2}m_{e}v^{2}\right) \tag{11.3-4}$$

式（11.3-4）又可改写为

$$\boxed{F_{ed}-F_{er}=\frac{\mathrm{d}}{\mathrm{d}s}\left(\frac{1}{2}m_{e}v^{2}\right)=m_{e}\frac{\mathrm{d}v}{\mathrm{d}t}+\frac{v^{2}}{2}\frac{\mathrm{d}m_{e}}{\mathrm{d}s}} \tag{11.3-5}$$

式（11.3-2）和式（11.3-3）即为转化件力矩形式的动力学方程。在运用式（11.3-2）和式（11.3-3）求解机械的真实运动时，J_e 和 M_e 均为定值或求得的已知值，而这些值可能用函数表达式、曲线或数值表格形式给出，相应的求解方法有解析法、图解法、数值法等。不难看出：当 J_e 为常值或 $\omega=0$（如机械起动瞬间）时，式（11.3-3）可化为更简单的形式

$$\boxed{M_{ed}-M_{er}=J_{e}\frac{\mathrm{d}\omega}{\mathrm{d}t}=J_{e}\varepsilon} \tag{11.3-6}$$

因此，机械在起动时或 J_e 为常值时，求解转化件的角加速度 ε 是很方便的。

同理，对应 m_e 为常值或 $v=0$（机械起动瞬间）时，式（11.3-5）可简化为

$$\boxed{F_{ed}-F_{er}=m_{e}\frac{\mathrm{d}v}{\mathrm{d}t}=m_{e}a} \tag{11.3-7}$$

下面看一个具体的求解实例。

【例 11-2】 在图 11-7 所示由齿轮 1、2 和曲柄滑块机构 ABC 组成的机械中，若已知件 1 和件 2 对回转轴的转动惯量分别为 $J_1=0.001\text{kg}\cdot\text{m}^2$，$J_2=0.002\text{kg}\cdot\text{m}^2$；滑块 4 的质量 $m_4=0.3\text{kg}$，件 3 的质量不计；$l_{AB}=100\text{mm}$；两轮齿数 $z_1=20$，$z_2=40$；其余尺寸见图 11-7。又知作用在齿轮 1 上的驱动力矩 $M_1=3\text{N}\cdot\text{m}$，滑块 4 上作用有工作阻力 $F_4=25\sqrt{3}\text{N}$。试求机械在图示位置起动时曲柄 AB 的瞬时角加速度 ε_2。

解：1）选择转化件。本题要求构件 2 的角加速度 ε_2，因此选择构件 2 为转化件较好。

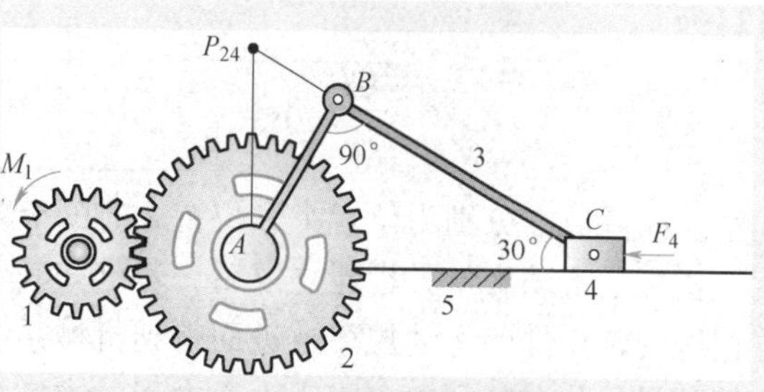

图 11-7　齿轮驱动的连杆机构

2）计算等效转动惯量 J_e。根据动能相等的原则，得

$$J_e = J_1\left(\frac{\omega_1}{\omega_2}\right)^2 + J_2 + m_4\left(\frac{v_4}{\omega_2}\right)^2$$

式中，$\omega_1/\omega_2 = z_2/z_1$；$v_4/\omega_2$ 可用瞬心法求得

$$\frac{v_4}{\omega_2} = \frac{l_{AB}}{\cos 30°}$$

因此

$$J_e = J_1\left(\frac{\omega_1}{\omega_2}\right)^2 + J_2 + m_4\left(\frac{v_4}{\omega_2}\right)^2 = 0.01\text{kg}\cdot\text{m}^2$$

3）计算等效力矩 M_e。根据功率相等的原则，分别求驱动力矩 M_{ed} 和等效阻力矩 M_{er}。

$$M_{ed} = M_1\left(\frac{\omega_1}{\omega_2}\right) = M_1\left(\frac{z_2}{z_1}\right) = 6\text{N}\cdot\text{m},\quad M_{er} = F_4\left(\frac{v_4}{\omega_2}\right) = 5\text{N}\cdot\text{m}$$

4）计算角加速度 ε_2。因为机械起动瞬时，$\omega=0$，故可应用式（11.3-6）求得角加速度 ε_2。

$$\varepsilon_2 = \frac{M_{ed} - M_{er}}{J_e} = 100\text{rad/s}^2$$

值得指出的是，若选构件 1 为转化件，利用转化法求得构件 1 的瞬时角加速度后，再根据两齿轮的角加速度比求出构件 2 的瞬时角加速度，得出的结果与上面是一样的。

2. 能量形式

若取转动构件为转化件时，由式（11.3-1）可知，转化件的动力方程为

$$M_e\omega \text{d}t = (M_{ed} - M_{er})\text{d}\varphi = \text{d}\left(\frac{1}{2}J_e\omega^2\right) \tag{11.3-8}$$

若转化件由位置 1 运动到位置 2（其转角由 φ_1 到 φ_2 时），其角速度由 ω_1 到 ω_2，则式（11.3-8）可写为

$$\int_{\varphi_1}^{\varphi_2} M_e \text{d}\varphi = \int_{\varphi_1}^{\varphi_2} M_{ed}\text{d}\varphi - \int_{\varphi_1}^{\varphi_2} M_{er}\text{d}\varphi = \frac{1}{2}J_{e2}\omega_2^2 - \frac{1}{2}J_{e1}\omega_1^2 \tag{11.3-9}$$

式中，J_{e1} 和 J_{e2} 分别为位置 1 和位置 2 时的等效转动惯量。

若取移动构件为转化件时，由式（11.3-4）可知，转化件的动力方程为

$$F_e v\text{d}t = (F_{ed} - F_{er})\text{d}s = \text{d}\left(\frac{1}{2}m_e v^2\right) \tag{11.3-10}$$

若转化件由位置 1 运动到位置 2（由 s_1 到 s_2 时），其速度由 v_1 到 v_2，则式（11.3-10）

可写为

$$\int_{s_1}^{s_2} F_e \mathrm{d}s = \int_{s_1}^{s_2} F_{ed} \mathrm{d}s - \int_{s_1}^{s_2} F_{er} \mathrm{d}s = \frac{1}{2} m_{e2} v_2^2 - \frac{1}{2} m_{e1} v_1^2 \tag{11.3-11}$$

式中，m_{e1}和m_{e2}分别为位置1和位置2时的等效质量。

机械系统动力学方程建立以后，若已知其受力和初始运动状态，就可以通过求解动力学方程得到转化件的运动规律，进而得到机械系统的真实运动规律。根据典型单自由度机械系统等效量的分布特征，可将动力学方程的求解分为三类：

1）等效力矩和等效转动惯量均为位置函数，如内燃机驱动的机械系统等。

2）等效力矩为速度函数，等效转动惯量为常数，如电动机驱动的水泵、鼓风机、搅拌机等，部分车床主轴系统也属于这种情况。

3）等效力矩为位置和速度的函数，等效转动惯量为位置的函数，如电动机驱动的牛头刨床等。

11.3.2　等效力矩和等效转动惯量均为位置函数时机械运动的求解

本节以转化件为转动构件的情况为例，说明当等效力矩和等效转动惯量均为位置函数时，机械真实运动的求解过程。

当驱动力和机械的工作阻力均为位置函数（或其中之一为常值）时，则等效力矩也是位置的函数，表示为$M_e=M_e(\varphi)$。属于这一类的原动机有活塞式发动机、用于仪器操纵中的弹簧、飞机上用于操纵起落架和舵面的液压缸等。而承受这一类工作阻力的机械有活塞式压缩机、曲柄压床、锻压机，还有飞机操纵系统中的各种收放机构等。由于许多工程问题中，$M_e=M_e(\varphi)$和$J_e=J_e(\varphi)$均以线图形式给出，故采用图解计算法较为直观、形象、简便。

图11-8a所示为经转化后分别求得的等效驱动力矩$M_{ed}=M_{ed}(\varphi)$和等效阻力矩$M_{er}=M_{er}(\varphi)$曲线，图11-8b为等效转动惯量$J_e=J_e(\varphi)$曲线。当已知上述三条曲线后，问题是如何应用运动方程求解转化件的运动。求解的首要目标是转化件的角速度$\omega=\omega(\varphi)$，因为其他运动参数如角加速度等可由$\omega=\omega(\varphi)$的微分求得。

根据转化件能量形式的运动方程式（11.3-9），求得转化件转角位置由φ_i到φ_k的积分形式为

$$\int_{\varphi_i}^{\varphi_k} M_{ed} \mathrm{d}\varphi - \int_{\varphi_i}^{\varphi_k} M_{er} \mathrm{d}\varphi = \frac{1}{2} J_{ek} \omega_k^2 - \frac{1}{2} J_{ei} \omega_i^2 \tag{11.3-12}$$

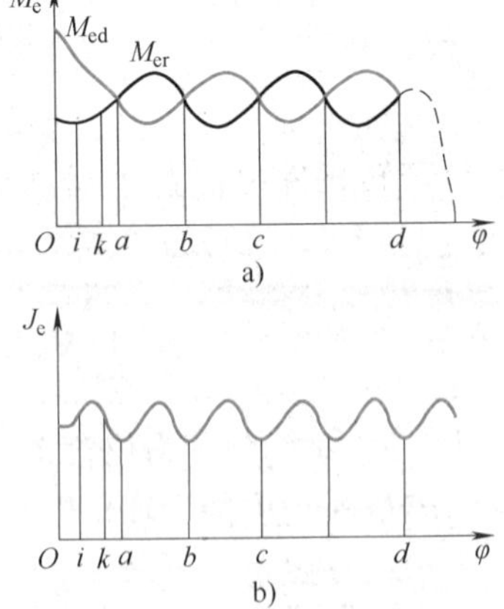

图11-8　等效力矩与等效转动惯量周期变化曲线

式中，$\int_{\varphi_i}^{\varphi_k} M_{ed} \mathrm{d}\varphi$为驱动力矩$M_{ed}$由位置$\varphi_i$到$\varphi_k$期间所做的功，其值为正；$\int_{\varphi_i}^{\varphi_k} M_{er} \mathrm{d}\varphi$为阻力矩$M_{er}$由位置$\varphi_i$到$\varphi_k$期间所做的功，其值为正；$\frac{1}{2} J_{ek} \omega_k^2$为转化件在$\varphi_k$位置所具有的动能，用$E_k$表示；$\frac{1}{2} J_{ei} \omega_i^2$为转化件在$\varphi_i$位置所具有的动能，用$E_i$表示。$J_{ei}$和$J_{ek}$分别为位置$\varphi_i$和$\varphi_k$时的等效转动惯量。

式（11.3-12）简写为

$$\Delta W = W_{ed} - W_{er} = E_k - E_i = \Delta E_{ik} \tag{11.3-13}$$

式（11.3-13）的左侧代表在两位置间等效力矩所做功的代数和，称为**盈亏功**，用 ΔW 表示。由此式可知**盈亏功**的几何意义：两位置 φ_i 到 φ_k 之间曲线 M_{ed} 和 M_{er} 分别同横坐标所围面积之差（即图 11-8a 所示的两曲线在两位置之间所夹的面积）。因此，盈亏功可正可负。

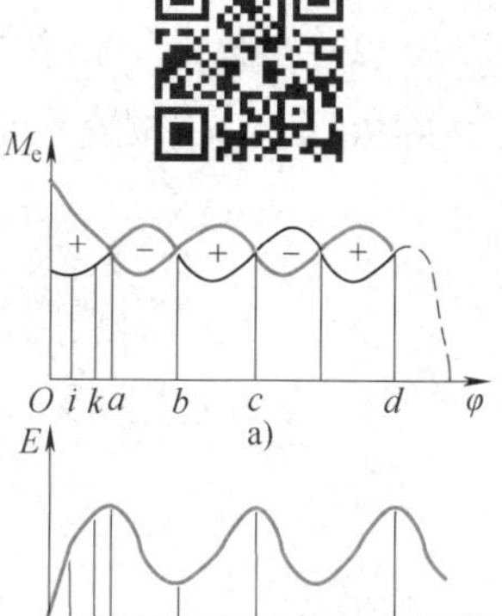

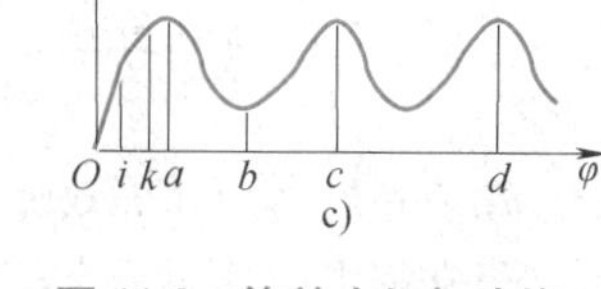

图 11-9　等效力矩与动能周期变化曲线

图 11-8a 所示曲线在 φ_0 至 φ_a 段，所有的 $M_{ed} > M_{er}$，等效驱动力矩所做的功大于等效阻力矩所做的功，即盈亏功 $\Delta W > 0$，两曲线所夹的面积为正。由此可知，动能增量为正，动能是增加的，因此角速度 ω 也增加。E 和 ω 的变化曲线如图 11-9 所示。

图 11-8a 所示曲线在 φ_a 至 φ_b 段，所有的 $M_{ed} < M_{er}$，等效驱动力矩所做的功小于等效阻力矩所做的功，即盈亏功 $\Delta W < 0$，两曲线所夹的面积为负。由此知，动能增量为负，动能减小，因此角速度 ω 也减小。E 和 ω 的变化曲线如图 11-9 所示。

同理，得到其他位置区间动能与角速度的变化曲线。

根据盈亏功求得各位置动能后，即可从线图中查出对应位置的等效转动惯量 J_e，从而计算出角速度 ω。例如，φ_k 位置下的角速度 ω_k 就可按式（11.3-14）进行计算，即

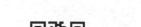

$$\omega_k = \sqrt{\frac{2E_k}{J_{ek}}} \tag{11.3-14}$$

【例 11-3】　已知等效驱动力矩 M_{ed} 和等效阻力矩 M_{er} 变化规律，如图 11-10a 所示。M_{ed} 曲线由若干直线段组成，具体数值见图上的标注，$M_{er} = 160\text{N}\cdot\text{m}$，为常值，等效转动惯量 $J_e = 0.05\text{kg}\cdot\text{m}^2$，也为常值。试求转化件转角为 φ_a、φ_b、φ_c 三个位置时的动能 E 和角速度 ω，并分别画出它们的变化曲线示意图。

解：由式（11.3-13）可知，等效力矩 M_e 所做的功就等于转化件的动能，即

$$\Delta E_{ik} = E_k - E_i = \int_{\varphi_i}^{\varphi_k} M_{ed}\,\mathrm{d}\varphi - \int_{\varphi_i}^{\varphi_k} M_{er}\,\mathrm{d}\varphi = W_{ed} - W_{er}$$

1）求解 φ_a 位置的 E_a 和 ω_a。

$$\Delta E_{0a} = E_a - E_0 = \int_0^{\varphi_a} M_{ed}\,\mathrm{d}\varphi - \int_0^{\varphi_a} M_{er}\,\mathrm{d}\varphi$$

式中，由于初始位置的 E_0 和 M_{er} 为零，因此

$$E_a = \int_0^{\varphi_a} M_{ed}\,\mathrm{d}\varphi = \frac{1}{2} \times 8\pi \times 160\text{J} = 2010\text{J}$$

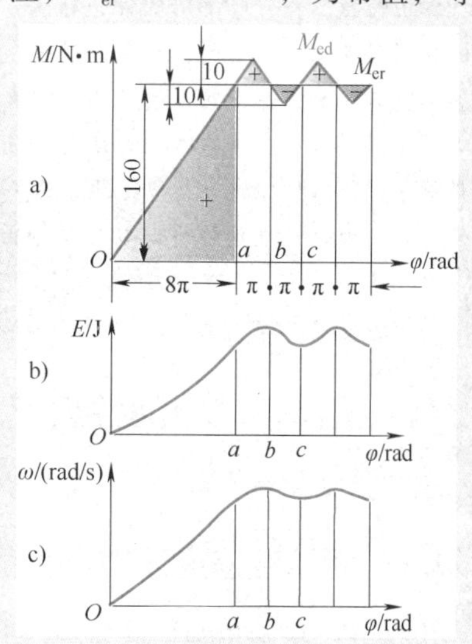

图 11-10　等效力矩与动能周期变化曲线

根据式（11.3-14）可得

$$\omega_a=\sqrt{\frac{2E_a}{J_e}}=284\text{rad/s}$$

2）求解 φ_b、φ_c 位置下的动能和角速度。同理，应用式（11.3-13）和式（11.3-14）可得到 φ_b、φ_c 位置下的动能和角速度。即

$$E_b=E_a+E_{ab}=\left(2010+\frac{1}{2}\pi\times10\right)\text{J}=2026\text{J}$$

$$\omega_b=\sqrt{\frac{2E_b}{J_e}}=285\text{rad/s}$$

$$E_c=E_a+E_{ac}=2010\text{J}$$

$$\omega_c=\sqrt{\frac{2E_c}{J_e}}=284\text{rad/s}$$

3）示意画出动能 E 和角速度 ω 随位置变化的曲线，如图 11-10b、c 所示。

除了等效力矩和等效转动惯量均为位置函数的机构之外，用电动机驱动的机械（如各种机床）通常都由速比不为常值的机构所组成，故其等效转动惯量是转化件位置的函数，驱动力矩是速度的函数，工作阻力是位置（或速度）函数。因此等效力矩是转化件的速度（或者位置和速度）的函数。这种情况要更复杂，所涉及的多为非线性微分方程，一般不能直接用解析法直接求解，工程上常采用数值解法。有关这部分的内容介绍可见参考文献［92］。

【知识扩展】：基于虚拟样机仿真法的机械系统动力学求解

随着机械系统越来越复杂，如从单自由度到多自由度，或者扩展到空间机构系统等范畴，无论采用解析法还是数值法进行其动力学求解，都变得越来越吃力。近年来，以 ADAMS 为代表的一些大型计算机辅助工程（CAE）软件，功能变得越来越强大，特别在对复杂刚性机械系统动力学分析中发挥的作用越来越大。因此，对复杂机械系统采用软件求解，已逐渐成为工程中必不可少的一个环节，即虚拟仿真环节，相应的分析方法称为虚拟样机仿真法。

虚拟样机仿真法的特点是通过建立机械系统的虚拟样机（真实的三维 CAD 模型），再利用软件自身的求解器对模型进行仿真分析，进一步获取有关运动学及动力学特性。其特点是简单、直观，特别是可以作为验证理论解析模型（是否正确）的有效手段。

11.4 机械运转周期性速度波动的调节

11.4.1 周期性速度波动产生的原因

大部分机械在稳定运转阶段，其主轴角速度总是围绕某一平均值做周期性波动。前面提到，在速度波动的一个周期内，因输入功与输出功相等，致使机械的动能在每经一个运动循

环后又回到原来的数值。等效转动惯量也在同一周期内做周期性波动，从而使主轴的角速度也做周期性循环波动。现以等效力矩和等效转动惯量均为位置函数的情况为例，来讨论一下速度波动产生的原因。

图 11-11a 所示为某机械在稳定运转过程中，转化件在任意一个周期 φ_T 内所受等效驱动力矩 $M_{ed}(\varphi)$ 与等效阻力矩 $M_{er}(\varphi)$ 的变化曲线。当转化件自周期开始位置 φ_a 转过角度 φ 时，其等效驱动力矩和等效阻力矩所做功之差（或称功之代数和）为

$$\Delta W=\int_{\varphi_a}^{\varphi} M_{ed}\mathrm{d}\varphi-\int_{\varphi_a}^{\varphi} M_{er}\mathrm{d}\varphi \tag{11.4-1}$$

式中，ΔW 为盈亏功。在 bc、de 区段间，ΔW_{bc}、ΔW_{de} 为负，称为亏功；在 ab、cd、ea' 区段内，ΔW_{ab}、ΔW_{cd}、$\Delta W_{ea'}$ 为正，称为盈功。

按 $M_{ed}(\varphi)$ 和 $M_{er}(\varphi)$ 两曲线所夹面积的大小及正负，即可作出 $\Delta W-\varphi$ 的变化曲线，如图 11-11b 所示。因为 ΔW 就等于转化件的动能增量 ΔE，故 $\Delta W-\varphi$ 曲线即为 $\Delta E-\varphi$ 曲线。如果考虑到机械进入稳定运转前的初始动能 E_a（为常值），只需将 φ 轴向下平移 E_a 距离至 φ'位置，此时纵轴就代表总动能 E 了。

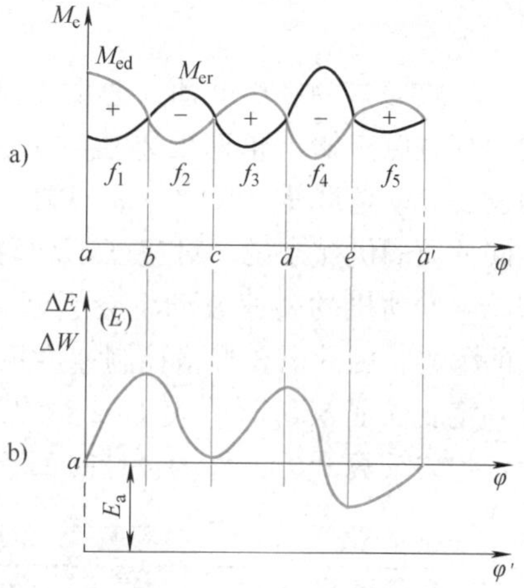

图 11-11　等效力矩与动能周期变化曲线

由以上可分析出机械存在周期性速度波动的原因：

1）转化件自周期开始位置 φ_a 至任一瞬时位置时，M_{ed}和 M_{er}所做功不相等，即盈亏功 $\Delta W\neq0$，所以存在动能增量 ΔE，由此引起角速度增量 $\Delta\omega$，从而说明角速度存在波动。

2）由于在一个周期的开始至终了的一段时间内，M_{ed}和 M_{er}所做功相等，两曲线所夹面积代数和为零，即 $f_1+f_2+f_3+f_4+f_5=0$，即一个周期的盈亏功 $\Delta W=0$，其动能增量 $\Delta E=0$，因此周期终了的角速度 $\omega_{a'}$恢复到周期开始时的角速度 ω_a。由此说明角速度的波动呈现周期性。

可以证明，在稳定运转阶段，若机构的运转速度呈现周期性的波动，则其等效转动惯量与等效力矩均应为转化件角位移的周期性函数。

【思考题】：为什么机械稳定运转过程中会有速度波动？为什么要调节机械的速度波动？

11.4.2　周期性速度波动的衡量指标

过大的波幅对机械正常运转是不利的。因此在设计机械时需要按照对不同性质机械的要求将运转的不均匀性限制在一定的范围内，此即机械运转周期性不均匀调节。

图 11-12 所示为等效构件在一个周期内其角速度的变化曲线。显然速度波动的程度与最大角速度 ω_{max}和最小角速度 ω_{min}有关。可是，对于不同的高速机械和低速机械来说，即使它们的最大差值一样，但对机械工作造成的影响却是不同的。为此，工程上采用角速度的最大差值与其平均角速度 ω_m 的比值来反映机械运转的速度波动程度，该比值用 δ 表示，称为速度波动系数或速度不均匀系数。即

$$\delta=\frac{\omega_{\max}-\omega_{\min}}{\omega_{m}} \tag{11.4-2}$$

式中，平均角速度

$$\omega_{m}=\frac{1}{\varphi_{T}}\int_{0}^{\varphi_{T}}\omega(\varphi)\mathrm{d}\varphi \tag{11.4-3}$$

为简化计算，当角速度 ω 变化不太大时，工程中常按算术平均值计算平均角速度 ω_m，即

$$\omega_{m}=\frac{\omega_{\max}+\omega_{\min}}{2} \tag{11.4-4}$$

将式（11.4-2）与式（11.4-4）相乘后，可得速度不均匀系数 δ 的另外一种表达式，即

$$\delta=\frac{\omega_{\max}^{2}-\omega_{\min}^{2}}{2\omega_{m}^{2}} \tag{11.4-5}$$

由式（11.4-5）可知，速度不均匀系数是一个角速度波动的相对值。如果角速度差值（$\omega_{\max}-\omega_{\min}$）一定，$\omega_m$ 越小，则速度波动越严重；反之，ω_m 越大，机械运转越平稳。对于不同性质的机械来说，对速度不均匀系数 δ 的要求也不相同。如航空发动机的转速波动将会引起飞机的振动，从而造成极大的危害，因此需要严格控制速度不均匀系数 δ 的大小，设计时一定要保证 $\delta \leqslant [\delta]$。表 11-2 给出了几种常用机械的许用速度不均匀系数 $[\delta]$，作为设计时的参考。

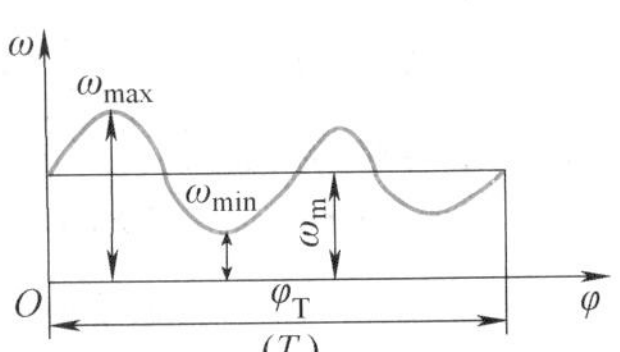

图 11-12　速度波动程度的衡量指标

表 11-2　常用机械的许用速度不均匀系数 $[\delta]$

机器名称	$[\delta]$	机器名称	$[\delta]$
破碎机	1/5～1/20	纺纱机	1/60～1/100
压力机、剪切机、锻压机	1/7～1/20	船用发动机	1/20～1/150
泵	1/5～1/30	压缩机	1/50～1/100
轧钢机	1/10～1/25	内燃机	1/80～1/150
农业机器	1/5～1/50	直流发电机	1/100～1/200
织布、印刷、制粉机	1/10～1/50	交流发电机	1/200～1/300
金属切削机床	1/20～1/50	航空发动机	小于 1/200
汽车与拖拉机	1/20～1/60	汽轮发电机	小于 1/200

11.4.3　周期性速度波动调节的基本原理

1. 飞轮调速原理

速度波动的程度与最大角速度 $\omega_{\max}$ 和最小角速度 $\omega_{\min}$ 有关，也即与最大、最小动能有关。为简化计算、突出主要因素，假设等效转动惯量 J_e 为常值，这样便有

$$E_{\max}-E_{\min}=\frac{1}{2}J_{e}(\omega_{\max}^{2}-\omega_{\min}^{2}) \tag{11.4-6}$$

将式（11.4-6）等号左侧定义为最大动能增量 $\Delta E_{\max}$，即

$$\Delta E_{\max}=E_{\max}-E_{\min} \tag{11.4-7}$$

而转化件的动能增量来源于等效力矩所做的盈亏功，即最大盈亏功 $\Delta W_{\max}=\Delta E_{\max}$。当等效力矩在一个周期内的变化规律确定后，$\Delta W_{\max}$ 为确定值，也即 $\Delta E_{\max}$ 为确定值。故为满足

式（11.4-6）等号左侧为确定值，若人为加大等号右侧的等效转动惯量 J_e，则可减小 $\omega_{max}^2-\omega_{min}^2$ 的差值，从而可减小速度波动的幅值（即速度不均匀系数 δ 的大小）。

人为所加的转动惯量为 J_F 的盘状构件称为飞轮（flywheel），所起的作用是当等效力矩做盈功时，它以动能的形式将增加的能量储存起来，从而使转化件的角速度上升的幅度减小；反之，当等效力矩做亏功时，飞轮又释放出所储存的能量，以弥补其能量，使角速度下降的幅度减小（图 11-13）。从某种意义上讲，飞轮的作用相当于一个容量较大的储能器。

基于上述用飞轮调节机械运转中周期性速度波动的基本原理，来讨论如何根据机械的许用速度不均匀系数［δ］来近似确定飞轮转动惯量 J_F。

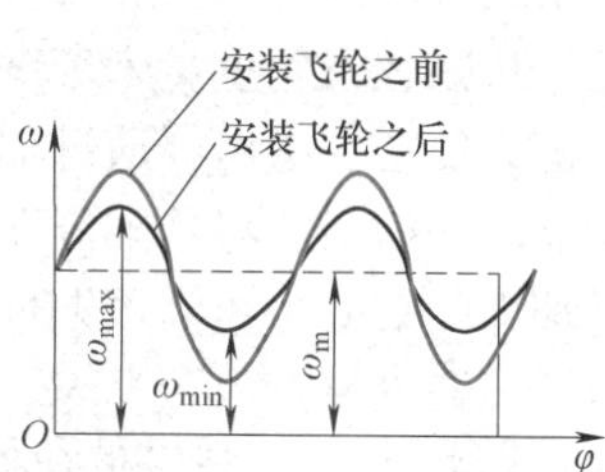

图 11-13　飞轮

一般机械中，由于所求飞轮的转动惯量 J_F 比 J_e 大很多，可忽略 J_e 的变化，近似取其平均值，即取 $J_e=J_0$，并为常值。这样原机械的等效转动惯量为 J_0，所加飞轮的转动惯量为 J_F，其总的等效转动惯量为 J_0+J_F。在工程实际中这种假设并不会带来具有实际意义的误差。

在一般机械中，等效转动惯量 J_e 为转化件的位置函数，为周期性变化。由此可确定一个稳定运转周期内等效力矩和盈亏功（即动能增量）变化曲线。由前面的公式可知

$$\Delta W_{max}=\Delta E_{max}=E_{max}-E_{min}=\frac{1}{2}(J_0+J_F)\omega_{max}^2-\frac{1}{2}(J_0+J_F)\omega_{min}^2=(J_0+J_F)\omega_m^2\delta \tag{11.4-8}$$

$$\delta=\frac{\Delta W_{max}}{\omega_m^2(J_0+J_F)} \tag{11.4-9}$$

由此可得到所需飞轮转动惯量 J_F 的大小，即

$$\boxed{J_F=\frac{\Delta W_{max}}{\delta\omega_m^2}-J_0=\frac{\Delta E_{max}}{\delta\omega_m^2}-J_0} \tag{11.4-10}$$

要保证速度不均匀系数 $\delta\leqslant[\delta]$，必须

$$J_F\geqslant\frac{\Delta E_{max}}{[\delta]\omega_m^2}-J_0 \tag{11.4-11}$$

这样，当由主轴的额定转速 n 确定其平均角速度 ω_m（$\omega_m=\pi n/30$）和按照机械特性确定合适的许用速度不均匀系数后，便可确定所需飞轮转动惯量的大小。

若将平均角速度用平均转数替代，式（11.4-11）可写成

$$J_F\geqslant\frac{900\Delta W_{max}}{[\delta]\pi^2 n_m^2}-J_0 \tag{11.4-12}$$

由式（11.4-10）可知，计算飞轮转动惯量 J_F 的关键是正确地确定最大盈亏功 ΔW_{max} 或最大动能增量 ΔE_{max}。为此应先确定机械最大动能 E_{max} 和最小动能 E_{min} 出现的位置。注意，ΔE_{max} 值只与最大动能和最小动能的差值有关，而与机械进入周期性稳定运动前的初始动能无关。

注意，按式（11.4-10）计算所得飞轮转动惯量 J_F，该飞轮应安装在转化件的转轴上。如果因某种原因，转化件轴上无法安装质量较大的飞轮，只能装在第 i 个构件的轴上，这时

其飞轮的转动惯量 J_{Fi} 应按动能相等的原则进行换算，以保持机械原有的动能变化规律。

$$\frac{1}{2}J_{Fi}\omega_i^2=\frac{1}{2}J_F\omega^2 \tag{11.4-13}$$

即

$$J_{Fi}=J_F\left(\frac{\omega}{\omega_i}\right)^2 \tag{11.4-14}$$

由式（11.4-14）看出，第 i 个构件的角速度越大，装在该轴上飞轮的转动惯量越小。因此，从减轻飞轮重量来考虑，将飞轮装在机械中速度较高的轴上是有利的。

还需要特别指出：通过加装飞轮来调节机械周期性速度波动，并不能使机械的速度波动完全消失，而只能将其限制在某一允许的范围内。因为从周期性速度波动产生的原因看，主要是外力的等效力矩为周期性变化，使盈亏功 ΔW 不会始终为零，从而产生动能增量。

【例 11-4】　某机械在稳定运转时的一个运动循环中，等效阻力矩 M_{er} 的变化规律如图 11-14 所示，设等效驱动力矩 M_{ed} 为常数，等效转动惯量 $J_e=3\text{kg}\cdot\text{m}^2$，主轴平均角速度 $\omega_m=30\text{rad/s}$，要求运转速度不均匀系数 $\delta=0.05$。试求安装在等效构件上的飞轮转动惯量 J_F。

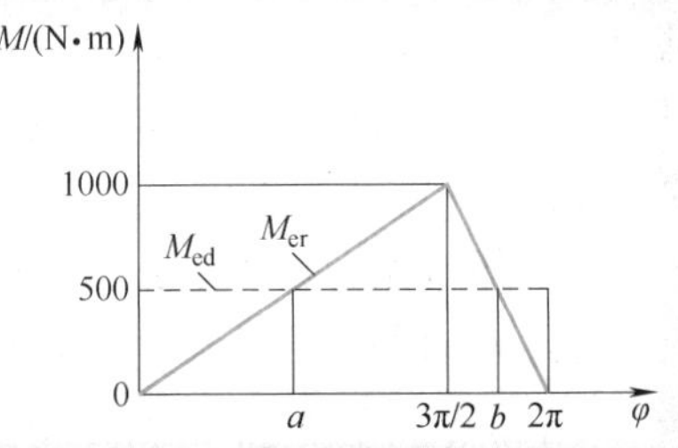

图 11-14　一个运动循环的等效力矩变化曲线

解：1）计算等效驱动力矩 M_{ed}。根据稳定运转的一个周期内，等效驱动力矩所做正功应等于等效阻力矩所做负功，得

$$2\pi M_{ed}=\frac{1}{2}\times2\pi\times1000\text{N}\cdot\text{m},\quad M_{ed}=500\text{N}\cdot\text{m}$$

等效驱动力矩如图 11-14 虚线所示。

2）找出 ω_{max} 与 ω_{min} 的位置。首先找出等效驱动力矩曲线与等效阻力矩曲线的交点 φ_a 和 φ_b，交点所对应的最有可能是最大盈亏功出现的位置。具体如图 11-14 所示。通过简单计算可以得到 φ_a 和 φ_b 的具体位置：

$$\varphi_a=\frac{3\pi}{4},\quad \varphi_b=\frac{7\pi}{4}$$

3）求最大盈亏功 ΔW_{max}。根据最大盈亏功的定义可以得到

$$\Delta W_{max}=\Delta E_{max}=E_{max}-E_{min}=\frac{1}{2}\times500\times\left(\frac{7}{4}\pi-\frac{3}{4}\pi\right)\text{J}=250\pi\text{J}$$

4）安装在等效构件上的飞轮转动惯量为

$$J_F=\frac{\Delta W_{max}}{\delta\omega_m^2}-J_0=\left(\frac{250\pi}{0.05\times900}-3\right)\text{kg}\cdot\text{m}^2=14.45\text{kg}\cdot\text{m}^2$$

【例 11-5】　已知一机械的等效力矩 M_e 对转角 φ 的变化曲线如图 11-15 所示。各块面积为 $f_1=340\text{mm}^2$，$f_2=810\text{mm}^2$，$f_3=600\text{mm}^2$，$f_4=910\text{mm}^2$，$f_5=555\text{mm}^2$，$f_6=470\text{mm}^2$，$f_7=695\text{mm}^2$，比例尺：$\mu_M=7000\text{N}\cdot\text{m/mm}$，$\mu_\varphi=1°/\text{mm}$，平均转速 $n_m=800\text{r/min}$，速度不均匀系数 $\delta=0.02$。若忽略其他构件的转动惯量，求飞轮的转动惯量 J_F，并指出最

大、最小角速度出现的位置。

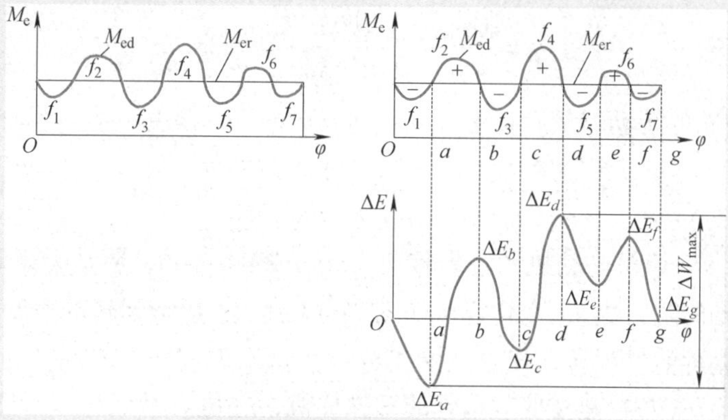

图 11-15　一个运动循环的等效力矩及动能变化曲线

解：1）假定初始动能为 0，根据各块面积，求出等效驱动力矩与等效阻力矩各交点处的盈亏功或动能增量，即

$$\Delta E_a=-f_1\mu_M\mu_\varphi\frac{\pi}{180}=-41538.8\text{J},\quad \Delta E_b=\Delta E_a+f_2\mu_M\mu_\varphi\frac{\pi}{180}=57421.3\text{J}$$

$$\Delta E_c=\Delta E_b-f_3\mu_M\mu_\varphi\frac{\pi}{180}=-15992.5\text{J},\quad \Delta E_d=\Delta E_c+f_4\mu_M\mu_\varphi\frac{\pi}{180}=95295\text{J}$$

$$\Delta E_e=\Delta E_d-f_5\mu_M\mu_\varphi\frac{\pi}{180}=27498\text{J},\quad \Delta E_f=\Delta E_e+f_6\mu_M\mu_\varphi\frac{\pi}{180}=84910\text{J}$$

$$\Delta E_g=\Delta E_f-f_7\mu_M\mu_\varphi\frac{\pi}{180}=0$$

2）由此可知，a 点处动能最小，d 点处动能最大。因此，系统的最大盈亏功为

$$\Delta W_{\max}=\Delta E_d-\Delta E_a=(95295+41539)\text{J}=136834\text{J}$$

3）飞轮的转动惯量为

$$J_F=\frac{900\Delta W_{\max}}{\pi^2 n^2\delta}=\frac{90\times136834}{\pi^2\times800^2\times0.02}\text{kg}\cdot\text{m}^2=97.58\text{kg}\cdot\text{m}^2$$

4）最大、最小角速度出现的位置：最大角速度出现在 φ_d 位置，最小角速度出现在 φ_a 位置。

【例 11-6】　已知一单缸发动机在稳定运转阶段的等效力矩 M_e 对转角 φ 的变化曲线如图 11-16 所示。等效转动惯量 $J_0=500\text{kg}\cdot\text{m}^2$，平均转速 $\omega_m=4\text{rad/s}$，最大盈亏功为 1905N · m。①试求速度不均匀系数，并绘制速度随时间的变化曲线；②如果在转化件的主轴上增加一个飞轮，其转动惯量 $J_F=560\text{kg}\cdot\text{m}^2$，试求此种情况下的速度不均匀系数，并绘制速度随时间的变化曲线。

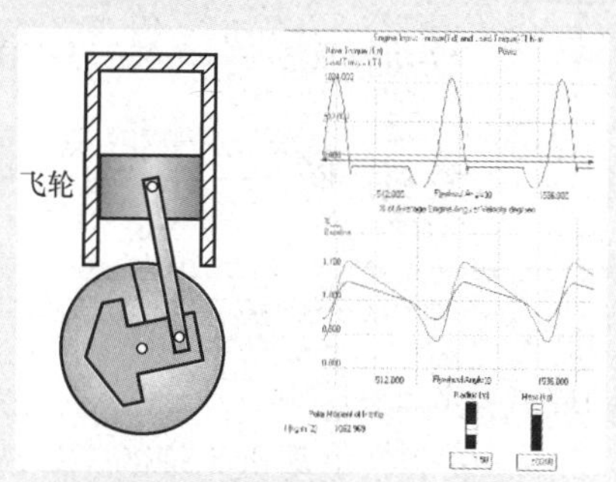

图 11-16　单缸发动机的周期性速度波动调节

解：1）由式（11.4-9）可计算速度不均匀系数为

$$\delta=\frac{\Delta W_{\max}}{\omega_{\mathrm{m}}^2 J_0}=\frac{1905}{4.0^2\times500}=0.238$$

2）考虑飞轮的转动惯量后，由式（11.4-9）可计算速度不均匀系数为

$$\delta=\frac{\Delta W_{\max}}{\omega_{\mathrm{m}}^2(J_0+J_{\mathrm{F}})}=\frac{1905}{4.0^2\times(500+560)}=0.112$$

【例11-7】 剪切机电动机的输出转速为 $n_{\mathrm{m}}=1500\mathrm{r/min}$，驱动力矩 M_{ed} 为常数；作用于剪切机主轴的阻力矩 M_{er} 变化规律如图11-17所示；机械运转的速度不均匀系数 $\delta=0.05$；机械各构件的等效转动惯量忽略不计。①试求安装于电动机主轴的飞轮转动惯量 J_{F}；②应用ADAMS，建立等效构件的虚拟样机，并仿真验证计算所得的安装于电动机主轴的飞轮转动惯量 J_{F} 的正确性。

解：1）求等效驱动力矩 M_{ed}。等效驱动力矩 M_{ed} 所做的功等于等效阻力矩 M_{er} 所做的功，故有

$$2\pi M_{\mathrm{ed}}=\left[200\times2\pi+\frac{1}{2}\left(\frac{\pi}{4}+\frac{\pi}{2}\right)\times(1600-200)\right]\mathrm{N\cdot m}$$

可得 $M_{\mathrm{ed}}=462.5\mathrm{N\cdot m}$，如图11-18所示。

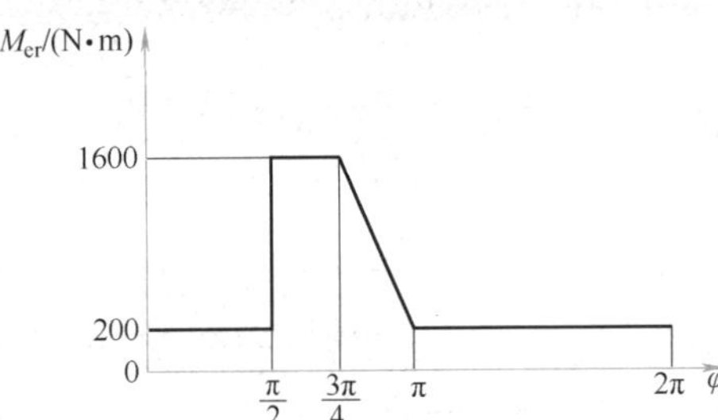

图11-17　剪切机等效阻力矩的变化曲线

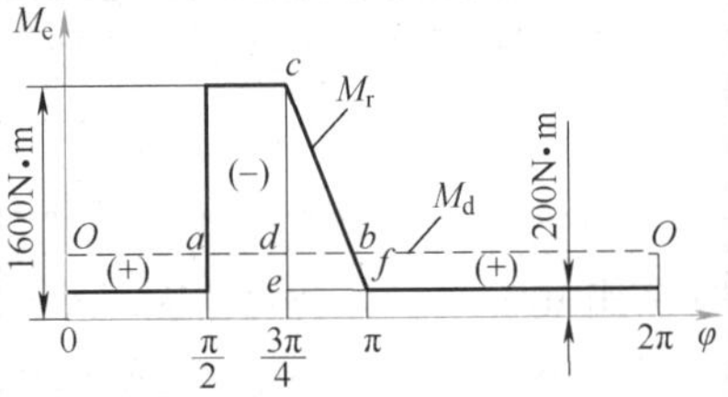

图11-18　剪切机的等效阻力矩和等效驱动力矩

2）求最大盈亏功 $\Delta W_{\max}$。

$$db=\frac{cd}{ce}ef=\frac{1600-462.5}{1600-200}\times\frac{\pi}{4}=0.203125\pi$$

$$\text{盈功：}W_{\mathrm{oa}}=\frac{\pi}{2}\times(462.5-200)\mathrm{J}\approx412.33\mathrm{J}$$

$$\text{亏功：}W_{\mathrm{ab}}=\frac{1}{2}\times\left[\frac{\pi}{4}+\left(\frac{\pi}{4}+0.203125\pi\right)\right]\times(1600-462.5)\mathrm{J}\approx1256.33\mathrm{J}$$

$$\text{盈功：}W_{\mathrm{bo}}=\frac{1}{2}\times\left[\left(\frac{5\pi}{4}-0.203125\pi\right)+\pi\right]\times(462.5-200)\mathrm{J}\approx844.00\mathrm{J}$$

因此有 $\Delta W_{\max}=1256.33\mathrm{J}$

3）安装于电动机主轴的飞轮转动惯量为

$$J_{\mathrm{F}}\geqslant\frac{900\Delta W_{\max}}{\delta\pi^2 n_{\mathrm{m}}^2}=\frac{900\times1256.33}{0.05\times\pi^2\times1500^2}\mathrm{kg\cdot m^2}\approx1.018\mathrm{kg\cdot m^2}$$

则安装于电动机主轴的飞轮转动惯量应至少为 $1.018\text{kg}\cdot\text{m}^2$。

4）创建虚拟样机模型，并进行仿真。测量结果如图 11-19 所示。

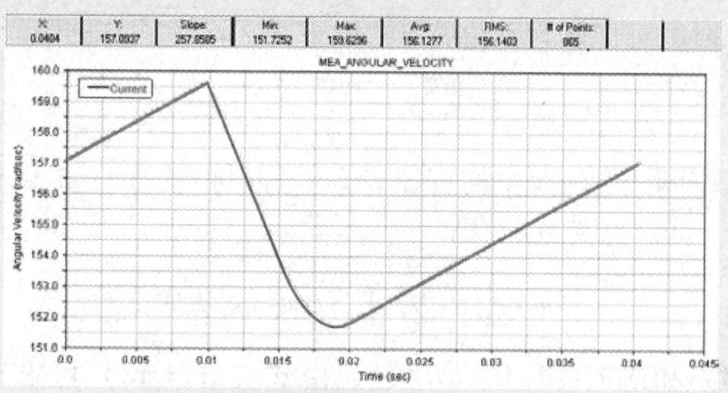

图 11-19　主轴角速度的测量结果

从图 11-19 所示的角速度曲线中可以看出，最大角速度为 $\omega_{max}=159.6296\text{rad/s}$，最小角速度为 $\omega_{min}=151.7252\text{rad/s}$。计算得到速度不均匀系数为 $\delta=0.05$，满足对速度波动调节的要求，说明理论计算所求得的飞轮转动惯量是正确的。

2. 飞轮基本尺寸的确定

飞轮的转动惯量确定后，就可以确定其各部分的尺寸了。飞轮按构造大体可分为盘形和轮形两种，如图 11-20 所示。

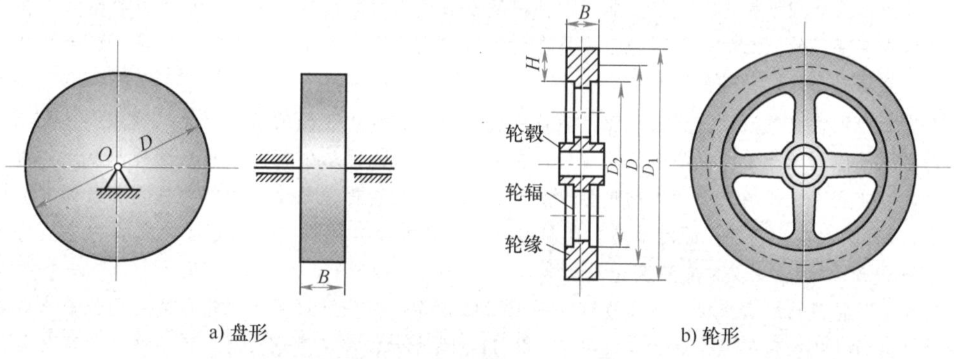

a) 盘形　　b) 轮形

图 11-20　飞轮的结构及基本参数

（1）盘形飞轮　当飞轮的转动惯量不大时，可采用形状简单的盘形飞轮。设 m、D 和 B 分别为其质量、外径及宽度，则整个飞轮的转动惯量为

$$J_F=\frac{m}{2}\left(\frac{D}{2}\right)^2=\frac{mD^2}{8} \tag{11.4-15}$$

当根据安装空间选定飞轮直径 D 后，即可由式（11.4-15）计算出飞轮的质量 m。又因 $m=\pi D^2B\rho/4$，故根据所选飞轮材料，可求出飞轮的宽度为

$$B=\frac{4m}{\pi D^2\rho} \tag{11.4-16}$$

（2）轮形飞轮　轮形飞轮由轮毂、轮辐和轮缘三部分组成。与轮缘相比，其他两部分的

转动惯量可忽略不计。设 D_1、D_2 和 m 分别为其外径、内径及轮缘质量，则轮缘的转动惯量为

$$J_F=\frac{m}{2}\left(\frac{D_1^2+D_2^2}{4}\right)=\frac{m}{8}(D_1^2+D_2^2) \tag{11.4-17}$$

当轮缘厚度不大时，近似认为飞轮质量集中于其平均直径 D 的圆周上，于是有

$$J_F\approx\frac{mD^2}{4} \tag{11.4-18}$$

当根据飞轮安装空间选定轮缘平均直径 D 后，即可由式（11.4-18）计算出飞轮的质量 m。设飞轮宽度为 B，材料密度为 ρ，则

$$m=\frac{1}{4}\pi(D_1^2-D_2^2)B\rho=\pi\rho BHD \tag{11.4-19}$$

根据所选飞轮材料和选定的比值（H/B），由式（11.4-18）可求出飞轮的剖面尺寸 H 和宽度 B。对尺寸较小的飞轮，通常取 $H/B=2$，而尺寸较大的飞轮，通常取 $H/B=1.5$。

【思考题】：

1）机器速度不均匀系数 δ 如何确定？机器速度不均匀系数 δ 的大小与飞轮有何关系？

2）利用飞轮调节周期性速度波动的原理是什么？系统安装飞轮后能得到匀速运动吗？能否利用飞轮调节非周期性速度波动？为什么？

【知识扩展】：非周期性速度波动及其调节

机械运转过程中，若等效力矩呈非周期性的变化，则机械的稳定运转状态将遭到破坏，此时出现的速度波动称为非周期性速度波动。非周期性速度波动产生的原因多是由于生产阻力或驱动力在运转过程中发生突变，使系统的输入、输出能量在较长时间内失衡。若不进行调节，机械转速会持续上升或下降，严重时会导致“飞车”或停转。

对于非周期性速度波动，安装飞轮不能达到调节目的，因为飞轮的作用只是“吸收”和“释放”能量，它既不能创造能量，也不能消耗能量。需要视不同的情况采用其他方法来进行调节，如对于具有自动调节非周期性速度波动能力的机构（等效驱动力矩是转化件角速度的函数且随着角速度的增大而减小），可实现自我调节；而对于没有自调性或者自调性较差的机构（如以蒸汽机、内燃机或汽轮机为原动机的系统），则必须安装调速器。

例如，瓦特最初对蒸汽机的改良设计如图 11-21a 所示。其中就采用了飞轮与离心调速器来改善速度波动，进而使机器获得稳定的运转效果。如图 11-21b 所示，当速度增大时，两个球体偏离转轴，在杠杆的作用下减小蒸汽阀门，进而降低速度。

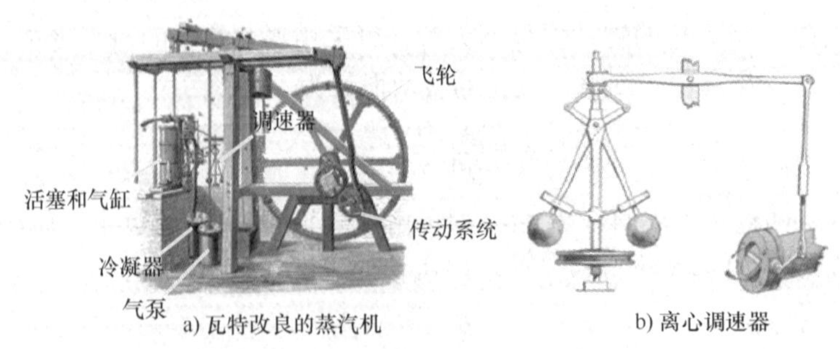

a) 瓦特改良的蒸汽机　b) 离心调速器

图 11-21 瓦特改良的蒸汽机

11.5 本章小结

1. 本章中的重要概念

● 掌握机械运转过程中的三个阶段，即起动阶段、稳定运转阶段、停车阶段，掌握有关系统做功、能量变换的特点。

● 机械系统驱动力和工作阻力的大小及变化规律取决于原动机的类型及其特性。

● 将单自由度机械系统的动力学问题转化成单个刚体（假想的转化件）的动力学问题，这种方法称为转化法，相应的模型称为等效动力学模型。根据动能相等与功率相等两个原则，可以导出相应的等效转动惯量、等效质量、等效力矩、等效力的计算公式。

● 单自由度机械系统的真实运动可通过建立转化件的动力学方程式来求解。常用的机械系统动力学方程有两种形式：一种为力矩形式的微分方程式；另一种为能量形式的积分方程式。前者可用于求解起动加速度；而后者可以计算转化件的真实运动（包括计算速度、动能等参数）。

● 机械运转过程中，若等效力矩呈周期性的变化，则会出现周期性速度波动。这时，可通过加装飞轮来调节机械周期性速度波动，虽不能使机械的速度波动完全消失，但能将其限制在某一允许的范围内。常用的飞轮可分为盘形和轮形两种。

● 机械运转过程中，若等效力矩呈非周期性的变化，此时将发生非周期性速度波动。安装飞轮不能达到调节目的，需采用其他方式。

2. 本章中的重要公式

● 机械系统的能量守恒公式：

$$W_d-(W_r+W_f)=W_d-W_c=E_2-E_1=\Delta E,\quad dW=dE$$

● 单自由度机械系统的等效转动惯量、等效质量、等效力矩、等效力的计算公式：

$$J_e=\sum_{i=1}^{n}\left[m_i\left(\frac{v_{Si}}{\omega}\right)^2+J_{Si}\left(\frac{\omega_i}{\omega}\right)^2\right]\quad(i=1,2,\cdots,n)$$

$$m_e=\sum_{i=1}^{n}\left[m_i\left(\frac{v_{Si}}{v}\right)^2+J_{Si}\left(\frac{\omega_i}{v}\right)^2\right]\quad(i=1,2,\cdots,n)$$

$$M_e=\sum_{i=1}^{n}\left[F_i\left(\frac{v_i}{\omega}\right)\cos\alpha_i\pm M_i\left(\frac{\omega_i}{\omega}\right)\right]\quad(i=1,2,\cdots,n)$$

$$F_e=\sum_{i=1}^{n}\left[F_i\left(\frac{v_i}{v}\right)\cos\alpha_i\pm M_i\left(\frac{\omega_i}{v}\right)\right]\quad(i=1,2,\cdots,n)$$

● 转化件微分形式的动力学方程：

$$M_e d\varphi=d\left(\frac{1}{2}J_e\omega^2\right),\quad M_{ed}-M_{er}=J_e\frac{d\omega}{dt}=J_e\varepsilon$$

● 转化件能量形式的动力学方程：

$$M_e\omega dt=(M_{ed}-M_{er})d\varphi=d\left(\frac{1}{2}J_e\omega^2\right),\quad \int_{\varphi_i}^{\varphi_k}M_{ed}d\varphi-\int_{\varphi_i}^{\varphi_k}M_{er}d\varphi=\frac{1}{2}J_{ek}\omega_k^2-\frac{1}{2}J_{ei}\omega_i^2$$

$$\Delta W=W_{ed}-W_{er}=E_k-E_i=\Delta E_{ik},\quad \omega_k=\sqrt{\frac{2E_k}{J_{ek}}}$$

- 速度不均匀系数：

$$\delta=\frac{\omega_{max}-\omega_{min}}{\omega_m},\quad \delta=\frac{\omega_{max}^2-\omega_{min}^2}{2\omega_m^2}$$

- 飞轮转动惯量计算公式：

$$J_F=\frac{\Delta W_{max}}{[\delta]\omega_m^2}-J_0=\frac{\Delta E_{max}}{[\delta]\omega_m^2}-J_0,\quad J_F=\frac{900\Delta W_{max}}{[\delta]\pi^2 n_m^2}-J_0$$

辅助阅读材料

[1] WALDRON K J, KINZEL G L. Dynamics and Design of Machinery [M]. 2nd ed. New York: John Wiley & Sons, 2004.
[2] 唐锡宽，金德闻. 机械动力学 [M]. 北京：高等教育出版社，1983.
[3] 余跃庆，李哲. 现代机械动力学 [M]. 北京：北京工业大学出版社，1998.
[4] 张策. 机械动力学史 [M]. 北京：高等教育出版社，2009.
[5] 张策. 机械动力学 [M]. 2版. 北京：科学出版社，2015.

■ 基础题

11-1 如图11-22所示发动机机构，曲柄长 $l_1=100\text{mm}$，$\varphi_1=90°$；滑块3的质量 $m_3=10\text{kg}$，其他构件的质量和转动惯量忽略不计；作用于滑块的驱动力 $F_3=1000\text{N}$，作用于曲柄的工作阻力矩 $M_1=90\text{N}\cdot\text{m}$。求曲柄开始回转时的角加速度。

11-2 在图11-23所示的机械系统中，齿轮2和曲柄 O_2A 固连在一起。已知 $l_{AO2}=300\text{mm}$，$l_{O1O2}=300\text{mm}$，$\varphi_2=30°$，齿轮1的齿数 $z_1=40$，转动惯量 $J_1=0.01\text{kg}\cdot\text{m}^2$，齿轮2的齿数 $z_2=80$，$J_2=0.15\text{kg}\cdot\text{m}^2$，构件4的质量 $m_4=200\text{kg}$，其余构件的质量和转动惯量忽略不计，阻力 $F_4=200\text{N}$，试求：

1）阻力 F_4 换算到 O_1 轴上的等效力矩 M_{er} 的大小与方向。

2）以齿轮1为等效构件，求系统的等效转动惯量 J_e。

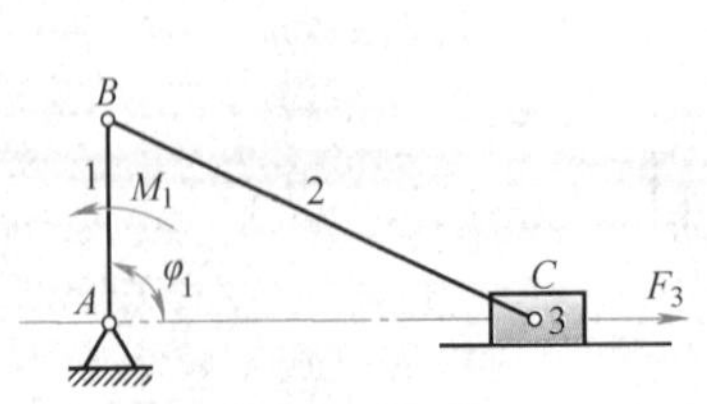

图11-22 题11-1图

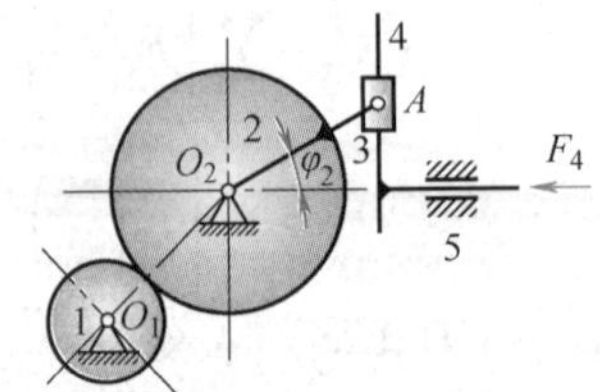

图11-23 题11-2图

11-3 如图11-24所示，已知等效到主轴上的等效驱动力矩 M_{ed} 为常数，$M_{ed}=75\text{N}\cdot\text{m}$，等效阻力矩 M_{er} 按直线递减变化。主轴上的等效转动惯量 J_e 为常数，$J_e=2\text{kg}\cdot\text{m}^2$。稳定运动循环开始时主轴的转角和角速度分别为 $\varphi=0°$ 和 $\omega_0=100\text{rad/s}$。试求主轴转到 $\varphi=90°$ 时主

轴的角速度 ω 和角加速度 ε。此时主轴是加速还是减速运动？为什么？

11-4　如图 11-25 所示的定轴轮系，各轮齿数 $z_1=z_{2'}=20$，$z_2=z_3=40$，各轮绕其轴心的转动惯量 $J_1=J_{2'}=0.015\text{kg}\cdot\text{m}^2$，$J_2=J_3=0.06\text{kg}\cdot\text{m}^2$，作用于轮 1 的驱动力矩 $M_{ed}=20\text{N}\cdot\text{m}$，作用于轮 3 的阻力矩 $M_{er}=70\text{N}\cdot\text{m}$。试求在 M_{ed} 和 M_{er} 作用下，该轮系由静止到运转 $t=1.5\text{s}$ 后，齿轮 1 的角速度 ω_1 和角加速度 ε_1。

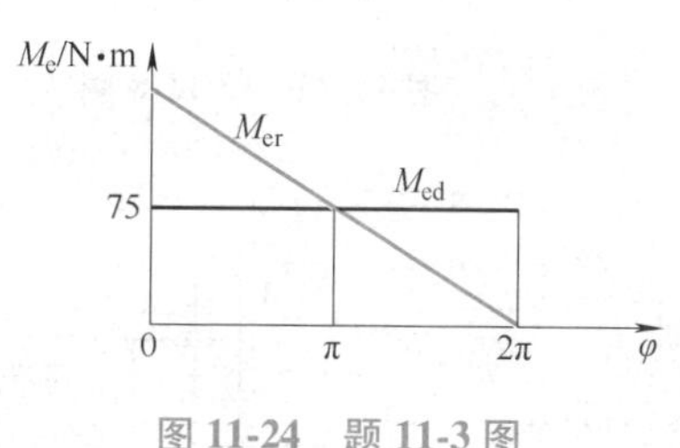

图 11-24　题 11-3 图

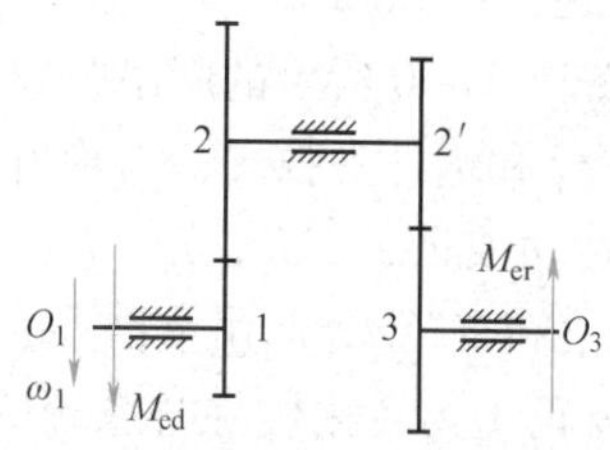

图 11-25　题 11-4 图

11-5　以单缸四冲程发动机的主轴为等效构件，在一个稳定运转周期内其等效输出转矩 $M_{ed}-\varphi$ 曲线如图 11-26 所示，平均转速 $n_m=1000\text{r/min}$，等效阻力矩 M_{er} 为常数。飞轮安装在主轴上，飞轮以外构件的质量不计。试求：

1）等效阻力矩 M_{er}。

2）最大盈亏功 ΔW_{max}。

3）欲使运转速度不均匀系数 $\delta=0.05$，在主轴上安装的飞轮的转动惯量 J_F。

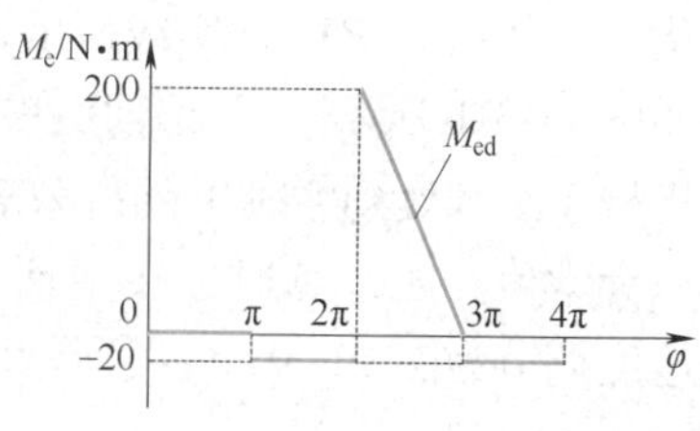

图 11-26　题 11-5 图

11-6　某机械在稳定运转的一个运动循环中，等效构件上等效阻力矩 $M_{ed}-\varphi$ 曲线如图 11-27 所示。等效驱动力矩 M_{ed} 为常数，等效转动惯量 $J=1.5\text{kg}\cdot\text{m}^2$，平均角速度 $\omega_m=25\text{rad/s}$，要求速度不均匀系数 $\delta\leqslant0.05$。试求：

1）等效驱动力矩 M_{ed}。

2）ω_{max} 和 ω_{min} 的位置。

3）最大盈亏功 ΔW_{max}。

4）应安装飞轮的转动惯量 J_F。

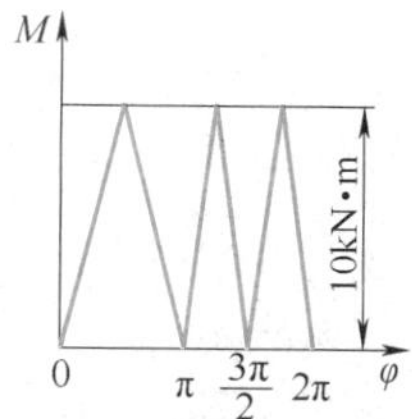

图 11-27　题 11-6 图

11-7　图 11-28 所示为某机械在稳定运转过程中其主轴的等效驱动力矩 M_{ed} 和等效阻力矩 M_{er} 在一个运动循环的变化规律。图中标示了各块面积的做功数值，设主轴的平均转速为 360r/min，要求实际转速不超过平均转速的 ±2%。若不计其他构件的质量和转动惯量，求安装于主轴的飞轮转动惯量 J_F，以及最大转速 n_{max} 和最小转速 n_{min} 出现的位置和大小。

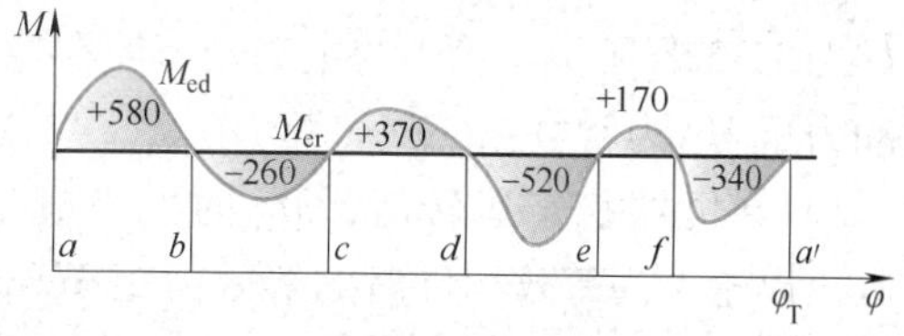

图 11-28　题 11-7 图

11-8　在机器稳定运转的周期中，转化到主轴上的等效驱动力矩 M_{ed} 的变化规律如图 11-29 所示。设等效阻力矩 M_{er} 为常数，各构件等效到主轴的等效转动惯量 $J_e=0.05\text{kg}\cdot\text{m}^2$。要求机器的速度不均匀系数 $\delta \leqslant 0.05$，主轴的平均转速 $n_m = 1000\text{r/min}$，试求：

1）等效阻力矩 M_{er}。

2）最大盈亏功 ΔW_{max}。

3）安装在主轴上的飞轮转动惯量 J_F。

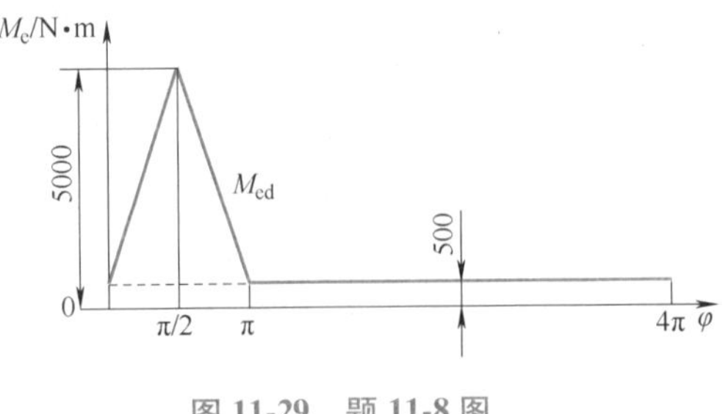

图 11-29　题 11-8 图

■ 提高题

11-9　如图 11-30 所示的起吊装置，已知齿轮齿数 z_1、z_2、z_3 和蜗杆头数 z_4、蜗轮齿数 z_5，各轮绕其轴心的转动惯量 J_1、J_2、J_4、J_5，齿轮 2 的质量 m_2，起吊滚筒直径 d，起吊重物重量 G。求：

1）以齿轮 1 为转化构件时系统的等效转动惯量 J_{e1}。

2）若使重物等速上升，需要在齿轮 1 上施加的力矩。

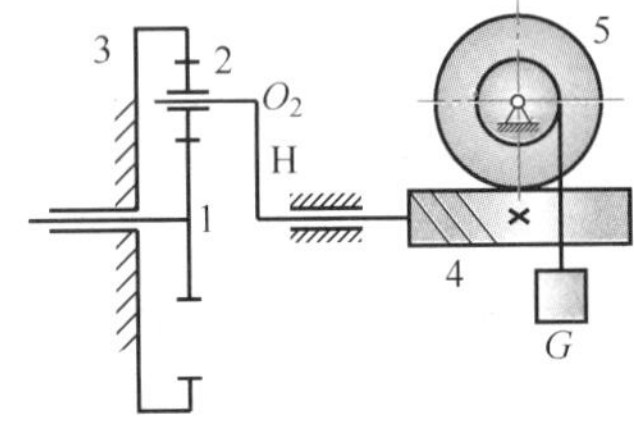

图 11-30　题 11-9 图

11-10　某一机械系统主轴的角速度在一个运转周期内的变化规律如图 11-31a 的实线所示，等效到主轴上的等效阻力矩 M_{er} 如图 11-31b 所示。已知作用在主轴上的驱动力矩 M_{ed} 为常值，该机械系统等效到主轴上的等效转动惯量 $J_0 = 0.096\text{kg} \cdot \text{m}^2$，且近似为常值。现打算通过在主轴上加装飞轮的方法，将主轴的角速度调节为图 11-31a 虚线所示的大小，试计算飞轮的转动惯量 J_F。

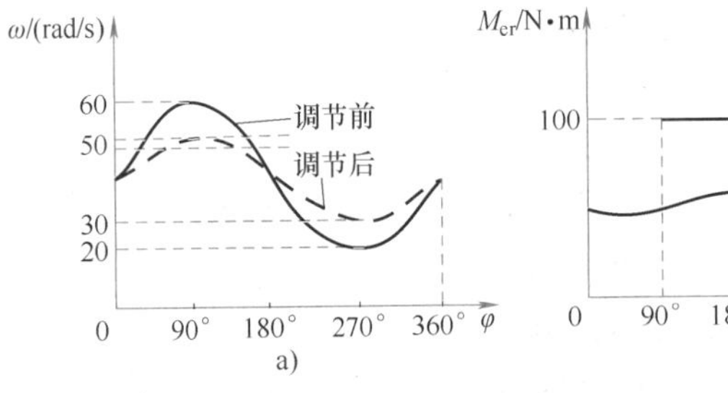

图 11-31　题 11-10 图

11-11　已知一齿轮传动机构如图 11-32a 所示，其中 $z_2 = 2z_1$，$z_4 = 2z_3$，在齿轮 4 上有一工作阻力矩 M_4，在其一个工作循环（$\varphi_4 = 2\pi$）中，M_4 的变化如图 11-32b 所示。轮 1 为主动轮。加在轮 1 上的驱动力矩 M_{ed} 为常数：

1）在机器稳定运转时，M_{ed} 的大小应是多少？并画出以轮 1 为等效构件时的等效力矩 M_e-φ_1、M_e-φ_1 曲线。

2）最大盈亏功 ΔW_{max} 是多少？

3）设各轮对其转动中心的转动惯量为 $J_1 = J_3 = 0.1\text{kg} \cdot \text{m}^2$，$J_2 = J_4 = 0.2\text{kg} \cdot \text{m}^2$，轮 1 的平均角速度 $\omega_m = 10\pi\text{rad/s}$，其速度不均匀系数 $\delta = 0.1$，求安

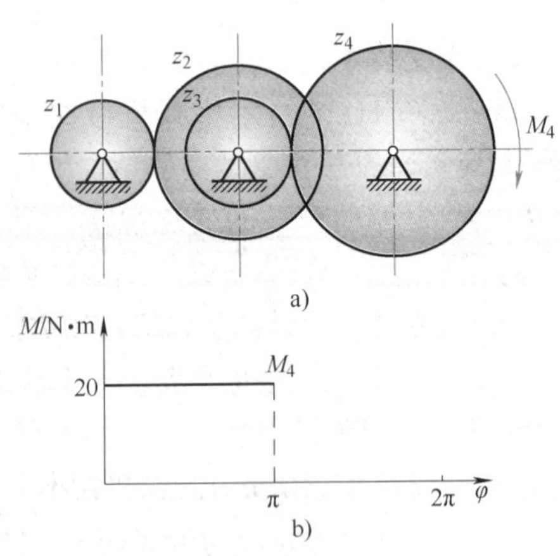

图 11-32　题 11-11 图

装在轮 1 上的飞轮转动惯量 J_F。

4）如将飞轮装在轮 4 轴上，则所需转动惯量是增加还是减少？为什么？

11-12　图 11-33a 为某机器传动系统简图。图中 O_1 为输入轴，滑块 B 为执行构件。其中，各轮的齿数为 $z_1=25$，$z_2=50$，$z_3=z_5=30$，$z_4=60$，$z_6=90$。齿轮 2 与齿轮 3 固连，齿轮 4 与齿轮 5 固连，曲柄与齿轮 6 固连。取 O_4 轴为等效构件，一个运动周期内作用在 O_4 轴的等效阻力矩 M_e 如图 11-33b 所示，O_4 轴上的等效驱动力矩 M_e 为常数。轴 O_4 的平均转动角速度为 $\omega_m=2.5\text{rad/s}$，传动系统各构件在 O_1 轴的等效转动惯量为 $J_{e1}=1.0\text{kg}\cdot\text{m}^2$。试求：

1）轴 O_4 上的等效驱动力矩 M_e。

2）机械系统在轴 O_4 的等效转动惯量 J_{e4}。

3）最大盈亏功 ΔW_{max}。

4）要求速度不均匀系数 $\delta\leqslant0.02$，则加在轴 O_1 上的飞轮转动惯量 J_F 至少应为多少？

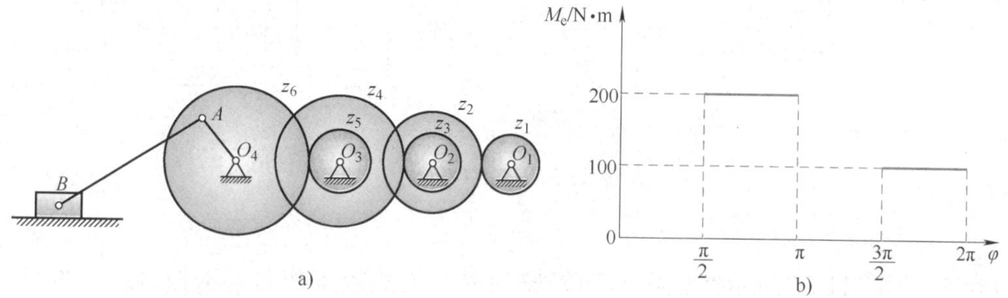

图 11-33　题 11-12 图

11-13　在图 11-34a 所示传动机构中，齿轮 1 为主动件，其上作用有驱动力矩 $M_1=$ 常数；齿轮 2 上作用有阻力矩 M_2，M_2-φ_2 的关系曲线如图 11-34b 所示；齿轮 1 的平均角速度 $\omega_m=50\text{rad/s}$，$z_1=25$，$z_2=50$。

1）若齿轮 2 的稳定运动周期为 $0\leqslant\varphi_2\leqslant360°$，齿轮 1 的稳定运动周期是多少？

2）以齿轮 1 为等效构件，计算等效驱动力矩 M_{ed} 及等效阻力矩 M_{er}，并在一张图上绘制一个稳定运动周期内的 M_{ed}-φ_1 及 M_{er}-φ_1 曲线。

3）计算最大盈亏功 ΔW_{max}。

4）为减小齿轮 1 的速度波动，拟在齿轮 1 轴上安装飞轮，若要求速度不均匀系数 $\delta=0.05$，所加飞轮的转动惯量 J_F 至少应为多少（不计齿轮的转动惯量）？

5）如将飞轮装在齿轮 2 轴上，J_F 至少应为多少？

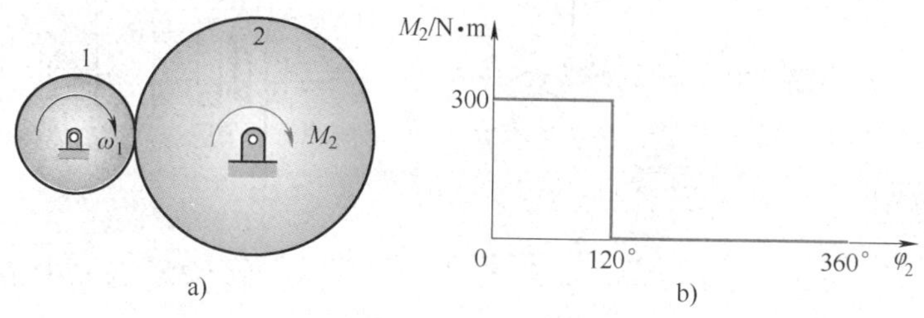

图 11-34　题 11-13 图

11-14　在图11-35a所示的齿轮传动机构中，已知 $z_1=20$，$z_2=40$；齿轮1为主动件，其上作用有驱动力矩 $M_1=$常数；齿轮2上作用有阻力矩 M_2，M_2-φ_2 的关系曲线见图11-35b；齿轮1的平均角速度 $\omega_m=100\text{rad/s}$，两齿轮绕各自回转中心的转动惯量分别为 $J_1=0.01\text{kg}\cdot\text{m}^2$，$J_2=0.02\text{kg}\cdot\text{m}^2$。若已知速度不均匀系数 $\delta=0.02$，试完成以下任务：

1）绘制以齿轮1为等效构件时的等效阻力矩 M_{er}-φ_1 曲线。

2）求作用在齿轮1上的驱动力矩 M_1。

3）若在齿轮1轴上安装飞轮，求所加飞轮的转动惯量 J_F，并说明飞轮装在齿轮1轴上好还是装在齿轮2轴上好？

4）求 ω_{max} 与 ω_{min} 及其出现的位置。

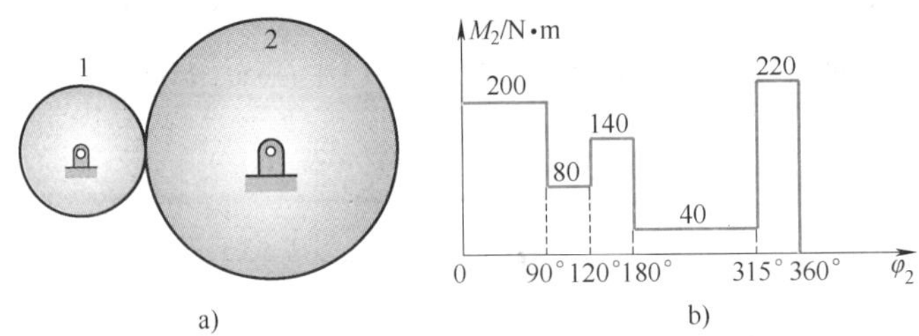

图11-35　题11-14图

■ 工程设计基础题

11-15　如图11-36所示为伺服电动机驱动的立铣数控工作台，工作台及工件的质量 $m_4=350\text{kg}$；滚珠丝杠3的导程 $l=6\text{mm}$，转动惯量 $J_3=1.2\times10^{-3}\text{kg}\cdot\text{m}^2$；齿轮1、2的齿数为 $z_1=25$，$z_2=45$，转动惯量为 $J_1=7.2\times10^{-4}\text{kg}\cdot\text{m}^2$，$J_2=1.92\times10^{-3}\text{kg}\cdot\text{m}^2$。选择伺服电动机时，其允许的负载转动惯量必须大于折算到电动机轴上的负载等效转动惯量。求图示系统折算到电动机轴上的等效转动惯量 J_{e1}。

11-16　在图11-37所示的起重机械中，已知各齿轮的齿数为 $z_1=z_{2'}=20$，$z_2=z_3=40$。构件1的转动惯量为 $J_1=1.5\text{kg}\cdot\text{m}^2$，构件2（包括齿轮2和齿轮2′）的转动惯量为 $J_2=6\text{kg}\cdot\text{m}^2$，构件3（包括齿轮3和鼓轮）的转动惯量为 $J_3=32\text{kg}\cdot\text{m}^2$，鼓轮半径为 $R=0.1\text{m}$，吊起重量 $Q=1600\text{N}$。如电动机的恒驱动力矩 $M_1=45\text{N}\cdot\text{m}$。试求：

1）轮1的角加速度 ε_1。

2）从起动时刻算起，轮1在0~10s时间内的角速度变化规律。

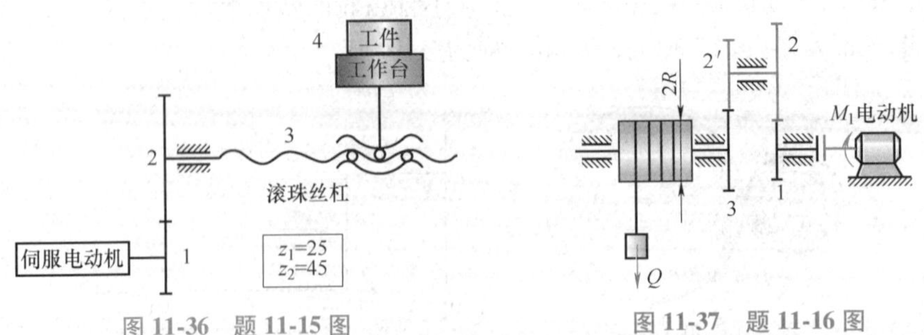

图11-36　题11-15图　　图11-37　题11-16图

11-17　单缸四冲程发动机带动工作机工作，在一个循环周期内，发动机的近似等效输出转矩 M_{ed}-φ 曲线如图11-38所示。发动机输出轴（主轴）为等效构件，其平均转速 $n_m=$

1000r/min，等效阻力矩 M_{er}为常数。飞轮安装在主轴上，除飞轮以外构件的质量不计。试求：

1）等效阻力矩 M_{er}的大小和发动机的平均功率 P。

2）稳定运转时 ω_{max}和 ω_{min}的位置。

3）最大盈亏功 ΔW_{max}。

4）欲使速度不均匀系数 $\delta=0.05$，在主轴上安装的飞轮的转动惯量 J_F。

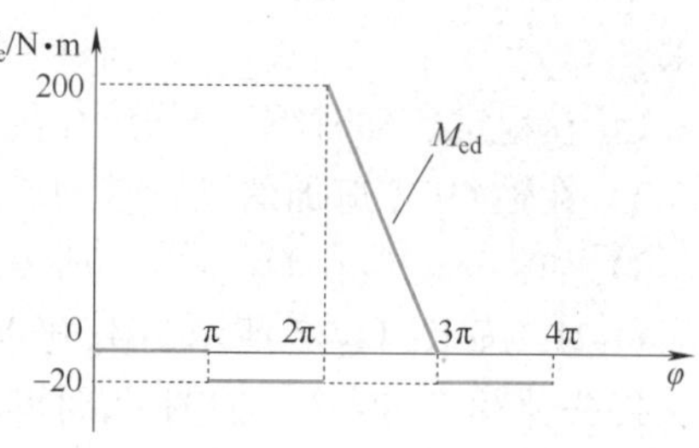

图 11-38　题 11-17 图

11-18　图 11-39 所示为刨床机构，刨床在空回行程和工作行程所消耗的功率分别为 $P_1=0.3677$kW，$P_2=3.677$kW，空回行程对应的曲柄 AB 转角 $\theta_1=120°$。若曲柄 AB 的平均转速 $n_m=100$r/min，速度不均匀系数 $\delta=0.05$，各构件的质量和转动惯量忽略不计，求：

1）电动机的平均功率。

2）安装到主轴 A 上的飞轮转动惯量 J_{Fa}。

3）若将飞轮安装到电动机轴上，电动机的额定转速 $n=1450$r/min，电动机通过减速器驱动曲柄 AB，减速器的转动惯量也忽略不计，则飞轮转动惯量 J_F 需多大？

11-19　如图 11-40a 所示的剪切机机构，作用于小齿轮 1 的驱动力矩 M_1 为常数，作用于大齿轮 2 上的阻力矩 M_2 的变化规律如图 11-40b 所示。齿轮 2 的转速 $n_2=60$r/min，齿轮 2 的转动惯量 $J_2=29.2\text{kg}\cdot\text{m}^2$，小齿轮 1 及其他构件的质量和转动惯量忽略不计。求：

1）要保证速度不均匀系数 $\delta=0.04$，需在齿轮 2 轴上安装的飞轮转动惯量 J_F。

2）若 $z_1=22$，$z_2=85$，求将飞轮安装于齿轮 1 轴上时所需的转动惯量 J_F'。

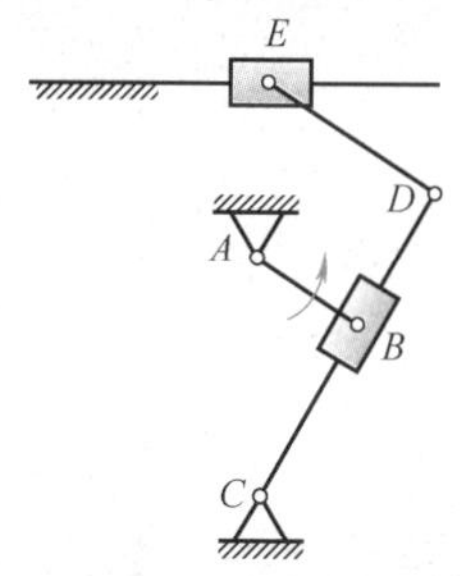

图 11-39　题 11-18 图

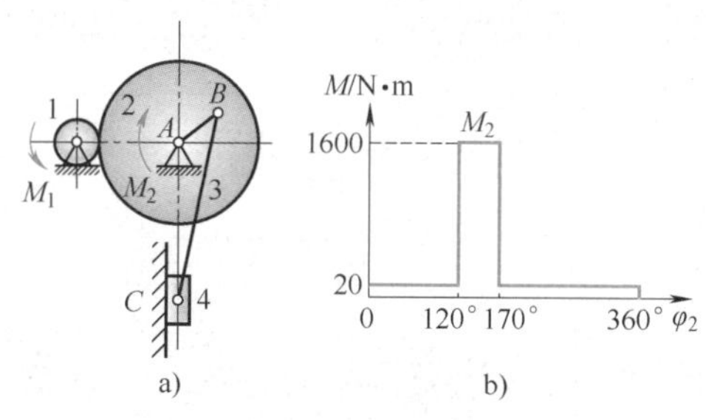

图 11-40　题 11-19 图

11-20　在图 11-41a 所示的剪切机机构中，作用在 O_2 主轴上的等效阻力矩 M_{er} 的变化规律如图 11-41b 所示，其大小为 $M'_{er}=20\text{N}\cdot\text{m}$，$M''_{er}=1600\text{N}\cdot\text{m}$，轴 O_1 上施加的驱动力矩 M_1 为常量。主轴 O_2 的平均转速为 $n_2=60$r/min；要求的速度不均匀系数 $\delta=0.04$，大齿轮与曲柄固连，对 O_2 的转动惯量 $J_2=29.2\text{kg}\cdot\text{m}^2$，大齿轮齿数 $z_2=88$，小齿轮齿数 $z_1=22$。忽略小齿轮及连杆、滑块的质量和转动惯量。

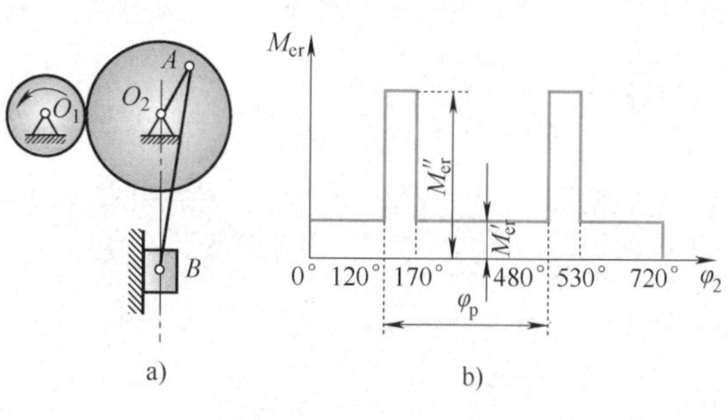

图 11-41　题 11-20 图

试求：

1）在稳定运动时驱动力矩 M_1 的大小。

2）在轴 O_1 上应加的飞轮转动惯量 J_{F1}。

3）如将飞轮装在 O_2 轴上，所需的飞轮转动惯量是增加还是减少？为什么？

11-21　如图 11-42 所示，由电动机经减速装置而驱动的压力机，每分钟冲孔 20 个，且冲孔时间为运转周期的 1/6；冲孔力 $F=\pi dhG$，冲孔直径 $d=20\text{mm}$，钢板材料为 Q235 的剪切弹性模量 $G=3.1\times10^8\text{N/m}^2$，板厚 $h=13\text{mm}$。

1）求不安装飞轮时电动机所需的功率。

2）若安装飞轮，并设电动机转速 $n_d=900\text{r/min}$，速度不均匀系数 $\delta=0.1$，求在电动机轴上安装的飞轮转动惯量及电动机功率。

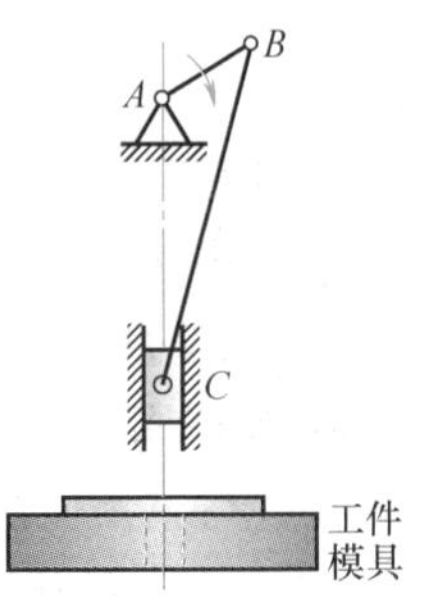

图 11-42　题 11-21 图

■ 虚拟仿真题

11-22　对于图 11-40 所示的剪切机机构，应用 ADAMS 建立该系统的虚拟样机模型，仿真验证以上分析的正确性。

11-23　对于图 11-42 所示的压力机，应用 ADAMS 建立该系统的虚拟样机模型，仿真验证以上分析的正确性。

第 12 章　机械的平衡

中国古代的被中香炉由炉体、内环、外环和外壳组成，利用不平衡的原理，使得不论球体如何滚转，炉口总是保持水平向上的姿态。

飞行器上的稳像平台，需要相关的执行机构处于完全静平衡，以此来保障成像质量。

导引头机构需要实现静平衡，以避免飞行器在机动过程中由于惯性载荷丢失跟踪的目标。

阿姆斯特丹著名的玛格尔桥（Magere Brug）利用准静态下的平衡原理，可以方便地升起。

本章学习目标：

通过本章的学习，学习者应能够：

- 了解机械平衡的目的与分类；
- 掌握刚性转子的静、动平衡设计方法，了解静、动平衡试验的原理及方法；
- 学会平面（连杆）机构完全平衡及部分平衡的一般原理及方法。

【内容导读】

根据一般的力学常识，当物体具有一定的运动加速度时，就会产生惯性力。对于机械而言，也是如此。机械在运转过程中，其活动构件大多会产生惯性力和惯性力矩，不平衡的惯性力（惯性力矩）将在各运动副中产生附加的动反力，从而加大运动副中的摩擦力，使运动副磨损加剧，导致机械效率下降。此外，惯性力使各构件的材料内部产生附加内应力，影响机械及各构件的使用寿命。更为严重的是，因各惯性力的大小和方向一般呈周期性变化，导致机械及其基础（机架）产生强迫振动（以上各惯性力即为干扰力），这会降低机械的运动精度，增大噪声，甚至产生共振，由此可能带来更加严重的后果。为消除惯性力对机械产生的不利影响，就需要设法将惯性力平衡掉，即称为**惯性力的平衡**，俗称**机械的平衡**。

例如，对于图12-1所示的转子（rotor），当转速达到6000r/min时，所产生的离心惯性力 $F_1=me\omega^2=5000\text{N}$，其方向做周期性变化。显然，该离心惯性力在转动副处所带来的约束反力是砂轮自重的40倍。惯性力对机构的消极影响非常明显。

因此，机械平衡的主要目的是尽量减小甚至消除惯性力的不良影响，提高机械的工作性能，延长机械的使用寿命并改善现场的工作环境。机械的平衡问题在设计高速、重型及精密机械时具有特别重要的意义。此外，在某些特殊的应用场合，机械平衡还有特别的意义，例如一些具有自平衡能力的装置如触觉装置等。

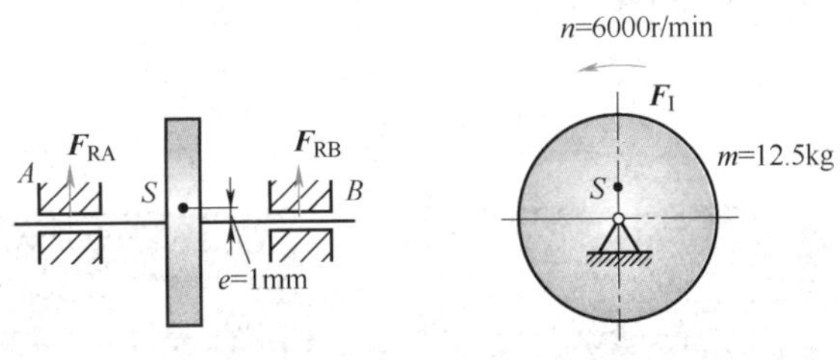

图12-1 转子的离心惯性力

目前，机械的平衡主要分两类：转子的平衡和机构的平衡。因此，本章的主要议题也围绕刚性转子的静、动平衡问题，以及平面机构的平衡问题展开。

12.1 机械平衡的发展简史

工作转速低于转轴最低临界转速的转子称为刚性转子（rigid rotor）。磨削刀具的砂轮就是一种典型的刚性转子，因砂轮崩裂而导致严重危害的事故早有记载，与此有关的静平衡（static balancing）技术开始得到重视并予以研究。随着电机的发明，转子的厚度与直径尺度逐渐接近，动平衡（dynamic balancing）的问题摆到了工程师的面前。动平衡机就是伴随着电机技术发展起来的。发电机发明后仅仅4年，1870年，加拿大人马丁逊（H. Martinson）便申请了动平衡技术的发明专利。1915 年，申克（Schenck）公司制成了第一台双面平衡机。

工作转速高于转轴最低临界转速的转子称为挠性转子（flexible rotor），如大型汽轮发电机组的转子就是一种典型的挠性转子。1869 年，英国物理学家朗肯（W. Rankine）发表了最早有关挠性转子研究的学术论文。1919 年，英国动力学家杰夫考特（H. Jeffcott）开始转子动力学研究，提出了具有稳定超临界转速的转子模型（后人称之为 Jeffcott 模型），为设计转速和效率更高的涡轮机、水泵和压缩机奠定了理论基础。20 世纪 20 年代，依据 Jeffcott 模型设计出了超临界转速运行的挠性转子。

18~19 世纪，蒸汽机、内燃机速度的提高使得做往复运动的活塞引起的振动、噪声和磨损问题也变得突出起来。由机构惯性引起的平衡问题摆到了科学家和工程师的面前。德国人费舍尔（O. Fischer）是研究机构平衡理论的第一人。1902 年，他就提出了机构惯性力完全平衡的充要条件。费舍尔之后，人们的兴趣转向对机构惯性力部分平衡的研究，主要研究广泛用于舰船、飞机发动机中的曲柄滑块机构（内燃机驱动）的平衡问题。而一般连杆机构的完全平衡作为一个理论问题，到 20 世纪 60 年代才得到解决。

12.2　机械平衡的分类

在机械中，由于各构件的运动形式及结构不同，其平衡问题也不相同。机械的平衡可分为以下两类：

1. 回转构件（转子）的平衡

绕固定轴转动的构件常称为**转子**，其惯性力、惯性力矩的平衡问题称为**转子的平衡**。在现代机械中，如汽轮机、航空发动机转子，由于受径向尺寸的限制，轴向尺寸较大（即长径比较大），且质量大、转速高。在运转过程中，转子本身会发生明显的弯曲变形，由此产生挠度，称这类会发生弹性变形的转子为**挠性转子**，而一般机械中的转子为**刚性转子**。显然挠性转子的平衡要复杂得多。本章如不特别说明，均是指刚性转子。

2. 机构的平衡

若机构中含有做往复运动或一般平面运动的构件，其产生的惯性力、惯性力矩无法在构件内部平衡，必须对整个机构进行研究。由于各运动构件所产生的惯性力、惯性力矩可以合成为一个作用于机架（或机座）上的总惯性力和一个总惯性力矩，又称之为**摆动力**（shaking force）和**摆动力矩**（shaking moment），可设法使摆动力和摆动力矩在机架上得以完全或部分的平衡。因此，此类平衡问题又称为机构在机架上的平衡，简称**机构的平衡**。此外，由于摆动力矩的平衡问题必须综合考虑驱动力矩与生产阻力矩，情况较为复杂，本章只介绍平面机构中摆动力平衡的一般原理及方法。

12.3　刚性转子的平衡

12.3.1　刚性转子不平衡的原因及分类

在众多机械中，存在着大量的转子。由于转子的结构及几何形状不同，产生不平衡惯性力的原因也不同，平衡惯性力的方法也不同。

当刚性转子的径宽比（转子的径向尺寸 d 与轴向尺寸 b 之比）$d/b \geqslant 5$ 时，如单个齿轮或带轮、盘形凸轮、汽轮机叶轮、砂轮等，其质量分布可近似认为在一个平面内。这时可认为各个不平衡的离心惯性力都位于垂直转轴的平面内。若转子的质心不在其回转轴线上，转子转动时偏心质量便将产生离心惯性力，使运动副中出现附加的动反力。这种在转子静态时即可表现出来的不平衡现象称为静不平衡，相应的转子称为静不平衡转子。

对于径宽比 $d/b<5$ 的刚性转子，如多缸发动机的曲柄、机床主轴、轧辊、凸轮轴、涡轮等，因其轴向尺寸较大，其质量应视为分布于若干个不同的回转平面内。这种情况下，即使其质心位于回转轴线上，但因各偏心质量产生的离心惯性力不在同一回转平面内，所形成的惯性力矩仍使转子处于不平衡状态。这种只有在转子运动时方能显示出来的不平衡现象称为动不平衡。

总之，刚性转子的静平衡只需平衡掉惯性力，而其动平衡需同时平衡掉惯性力和惯性力矩。

【思考题】：

1）什么是刚性转子？刚性转子的平衡分哪几种情况？为什么刚性转子的静、动平衡也分别称为单、双面平衡？

2）什么是挠性转子？挠性转子的动平衡与刚性转子的动平衡有何不同？

12.3.2　静平衡原理及方法

对于静不平衡转子，可以通过在同一平面内增加平衡质量（或去除平衡质量），使质心与回转中心重合，达到平衡惯性力的目的，这种方法称为静平衡。因此，从一般力学原理分析，静平衡原理属于平面汇交力系的平衡问题（理论力学已有解决之策）。

由此可知，刚性转子静平衡的条件为应保证平衡后转子的质心与回转中心重合，或者使各偏心质量与平衡质量共同产生的离心惯性力合力为零，即

$$\sum \boldsymbol{F} = \sum \boldsymbol{F}_{\mathrm{I}i} + \boldsymbol{F}_{\mathrm{b}} = \boldsymbol{0} \tag{12.3-1}$$

式中，$\boldsymbol{F}_{\mathrm{I}i}$ 为各偏心质量所产生的离心惯性力；$\boldsymbol{F}_{\mathrm{b}}$ 为平衡质量所产生的离心惯性力。

为消除离心惯性力的影响，设计时应首先根据转子的结构确定各偏心质量的大小和方位，然后计算出为平衡偏心质量所需增加（或去除）的平衡质量的大小和方位，以使所设计的转子在理论上达到静平衡。该过程称为刚性转子的静平衡设计。

例如，图 12-2a 所示为一个由三个螺旋桨桨叶组成的回转构件，每个桨叶可用位于质心处的偏心集中质量来代替，则该回转构件可以简化为图 12-2b 所示的模型。三个相同大小的偏心质量块位于同一半径的圆周上，并相隔 120° 均匀分布。但由于制造误差未能满足上述均匀条件，就会产生不平衡的惯性力。若能测定出其位置偏差（如角位置偏差）值，就可通过计算，确定为使惯性力达到平衡应增加（或去除）的平衡质量大小和方位。

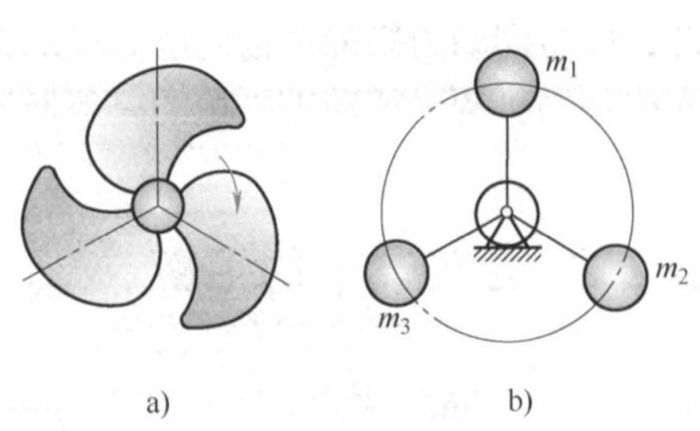

图 12-2　螺旋桨桨叶的集中质量模型

下面将其扩展为一般分布的偏心质量所组成的刚性转子模型（图 12-3）。已知分布在同一回转平面内的偏心质量分别为 m_1、m_2、m_3，由回转中心至各偏心质量的矢径分别为 $\boldsymbol{r}_1$、$\boldsymbol{r}_2$、$\boldsymbol{r}_3$。当转子以角速度 ω 等速转动时，各偏心质量所产生的离心惯性力分别为 $\boldsymbol{F}_1$、$\boldsymbol{F}_2$、$\boldsymbol{F}_3$。为平衡上述离心惯性力，可在平面内增加一个平衡质量 m_b，由回转中心至该平衡质量中心的矢径为 $\boldsymbol{r}_b$，产生的离心惯性力为 $\boldsymbol{F}_b$。因此当转子达到静平衡时，应满足式（12.3-1），即

$$\sum \boldsymbol{F}=\boldsymbol{F}_b+\boldsymbol{F}_1+\boldsymbol{F}_2+\boldsymbol{F}_3=0 \tag{12.3-2}$$

若转子的总质量为 m、总质心矢径为 $\boldsymbol{e}$，则

$$m\omega^2\boldsymbol{e}=m_b\omega^2\boldsymbol{r}_b+m_1\omega^2\boldsymbol{r}_1+m_2\omega^2\boldsymbol{r}_2+m_3\omega^2\boldsymbol{r}_3=0 \tag{12.3-3}$$

$$m\boldsymbol{e}=m_b\boldsymbol{r}_b+m_1\boldsymbol{r}_1+m_2\boldsymbol{r}_2+m_3\boldsymbol{r}_3=0 \tag{12.3-4}$$

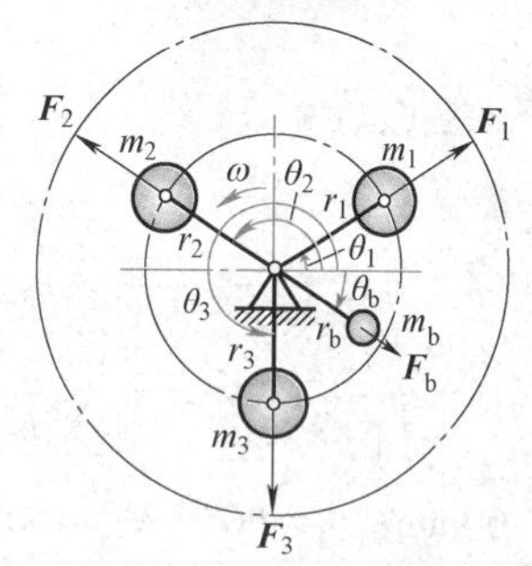

图 12-3　由偏心质量所组成的刚性转子模型

显然，静平衡后该转子的总质心将与其回转中心重合，即 $e=0$。式中，质量与矢径的乘积称为质径积，它表征了同一转速下转子上各离心惯性力的相对大小和方位。质径积是个向量，其大小同相应的惯性力成正比，因此也具有惯性力的性质。用符号 $\boldsymbol{W}$ 代表质径积，则式（12.3-4）可写为

$$\boldsymbol{W}_b+\boldsymbol{W}_1+\boldsymbol{W}_2+\boldsymbol{W}_3=0 \tag{12.3-5}$$

式（12.3-5）称为质径积向量方程，其中 $\boldsymbol{W}_1$、$\boldsymbol{W}_2$、$\boldsymbol{W}_3$ 为已知量。

求解 $\boldsymbol{W}_b$ 的常用方法有两种。

1. 图解法

按式（12.3-5）作质径积封闭向量图后，直接从图 12-3 中即可确定质径积 $\boldsymbol{W}_b$ 的大小和方位角 θ_b。此方法简明、直观、力学概念清晰。作图过程如下：

1）计算各偏心质量的质径积 $\boldsymbol{W}_i=m_i\boldsymbol{r}_i(i=1,2,\cdots,n)$。

2）取作图比例尺 μ_l，确定各质径积的图示长度。

3）按式（12.3-5）作质径积向量封闭图，如图 12-4 所示。

4）从图上直接量取质径积 $\boldsymbol{W}_b$ 的长度 W_b 和方位角 θ_b。

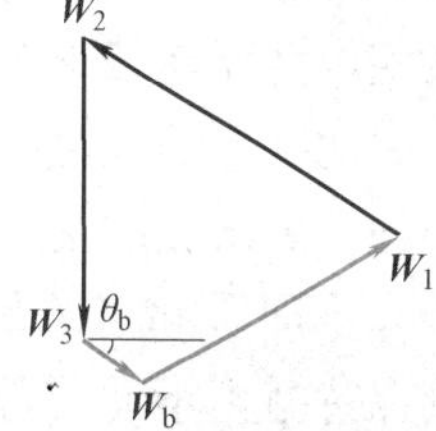

图 12-4　质径积向量封闭图

由此可看出，无论回转构件上有多少个偏心质量，按上述同样的方法，只需确定出一个平衡质量，即可实现回转构件的惯性力平衡。因此，回转构件静平衡条件的一般表达式可表示为

$$\boldsymbol{W}_b+\sum_{i=1}^{n}\boldsymbol{W}_i=0 \quad (i=1,2,\cdots,n) \tag{12.3-6}$$

2. 解析法

将向量方程式（12.3-6）向直角坐标系的两个坐标轴投影，得到两个代数方程，然后联立这两个代数方程即可解出平衡质量的质径积 $\boldsymbol{W}_b$ 和方位角 θ_b。再由 $\boldsymbol{W}_b=m_b\boldsymbol{r}_b$，根据实际需要，在平衡质量 m_b 和所在半径 $\boldsymbol{r}_b$ 两者中选定一个后，即可确定另一个的值。

$$\begin{cases} m_b r_b\cos\theta_b+\sum_{i=1}^{n} m_i r_i\cos\theta_i=0 \\ m_b r_b\sin\theta_b+\sum_{i=1}^{n} m_i r_i\sin\theta_i=0 \end{cases} \tag{12.3-7}$$

解得

$$W_b = m_b r_b = \sqrt{\left(\sum_{i=1}^{n} m_i r_i \cos\theta_i\right)^2 + \left(\sum_{i=1}^{n} m_i r_i \sin\theta_i\right)^2} \tag{12.3-8}$$

$$\theta_b = \arctan\left(\frac{-\sum_{i=1}^{n} m_i r_i \sin\theta_i}{-\sum_{i=1}^{n} m_i r_i \cos\theta_i}\right) \tag{12.3-9}$$

【例 12-1】 刚性转子的参数如下：$m_1=3\text{kg}$，$m_2=2\text{kg}$，$m_3=2\text{kg}$；$r_1=r_2=80\text{mm}$，$r_3=60\text{mm}$；$\theta_1=60°$，$\theta_2=150°$，$\theta_3=225°$。试确定满足静平衡条件的转子质径积大小和方位。

解：利用解析方法求解。将相关参数代入式（12.3-8）和式（12.3-9）得

$$W_b = m_b r_b = \sqrt{\left(\sum_{i=1}^{3} m_i r_i \cos\theta_i\right)^2 + \left(\sum_{i=1}^{3} m_i r_i \sin\theta_i\right)^2} = 227.8\text{kg}\cdot\text{mm}$$

$$\theta_b = \arctan\left(\frac{-\sum_{i=1}^{3} m_i r_i \sin\theta_i}{-\sum_{i=1}^{3} m_i r_i \cos\theta_i}\right) = 297.0°$$

12.3.3 静平衡试验原理

对于某些几何形状对称的回转构件如圆柱齿轮、均质圆盘、螺旋桨叶等，因制造误差、材质不均等原因引起的惯性力不平衡，是无法通过计算来确定平衡质量的大小及方位的。即使某些构件存在若干个偏心质量块，也可能无法准确地确定各偏心质量的大小及其质心位置。因此以上情况只能通过静平衡试验来确定平衡质量的大小和方位。

静平衡试验的基本原理就是基于这样一个普遍现象：任何物体在地球引力的作用下，其重心（也即质心）总是处于最低位置。由于回转构件的质心偏离转轴，不能使构件在任意位置保持静止不动（即静平衡），由此产生静不平衡。增加平衡质量实质上就是调整回转构件的质心位置，使其位于转轴上。

静平衡试验所用的设备称为静平衡架，其结构比较简单。图 12-5a 所示为一导轨式静平衡架，其主体部分是安装在同一水平面内的两个互相平行的刀口形导轨。试验时将回转构件的轴颈支承在两导轨上。若构件是静不平衡的，则受到偏心重力的作用会在刀口上滚动。当滚动停止后，构件的质心 S 在理论上应位于转轴的铅垂下方，如图 12-5b 所示。

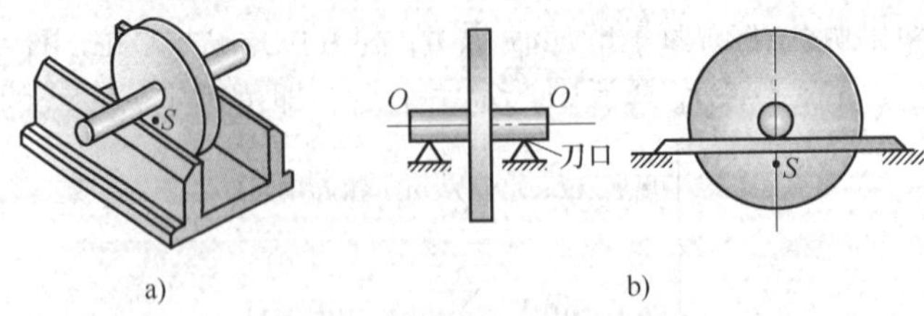

图 12-5 导轨式静平衡架

在判定了回转构件质心相对转轴的偏离方向后，在相反方向（即正上方）的某个适当位置，取适量的胶泥暂时代替平衡质量块粘贴在构件上，重复上述过程。经多次调整胶泥的大小或径向位置，反复试验，直到回转构件在任意位置都能保持静止不动，此时所粘贴胶泥的质径积即为应加平衡质量的质径积 $\boldsymbol{W}_b$。最后根据回转构件的具体结构，将 $\boldsymbol{W}_b$ 大小确定的平衡质量固定到构件的相应位置，就能使回转构件达到静平衡。

导轨式静平衡架结构简单、可靠，平衡精度较高，但必须保证两固定的刀口在同一水平面内。当回转构件两端轴颈的直径不相等时，就无法在此种平衡架上进行回转构件的平衡试验了。图 12-6 所示为另一种静平衡试验设备，称为**圆盘式静平衡架**。平衡试验时将回转构件的轴颈支承在两对圆盘上，每个圆盘均可绕自身轴线转动，而且一端的支承高度可以调整，以适应两端轴颈直径不相等的回转构件。静平衡的操作过程与上述相同。该平衡架的使用也比较方便，但因轴颈与圆盘间的摩擦阻力较大，故平衡精度比导轨式的静平衡架低一些。

图 12-6 圆盘式静平衡架

12.3.4 动平衡的力学分析与设计

前面提到，对于径宽比 $d/b<5$ 的刚性转子，其质量应视为分布于若干个不同的回转平面内。图 12-7 所示的曲轴即为一个典型的例子。此时各偏心质量产生的离心惯性力的分布不能认为是在同一个平面内。通过增加平衡质量（或减去平衡质量），使转子达到惯性力和惯性力矩的同时平衡，这种情况下为转子的**动平衡**。

为实现转子的动平衡，设计时应首先根据转子的结构确定各回转平面内的偏心质量的大小和方位，然后再根据这些偏心质量的分布情况，计算所需增加的平衡质量的数目、大小及方位，以使所设计的转子在理论上达到动平衡。

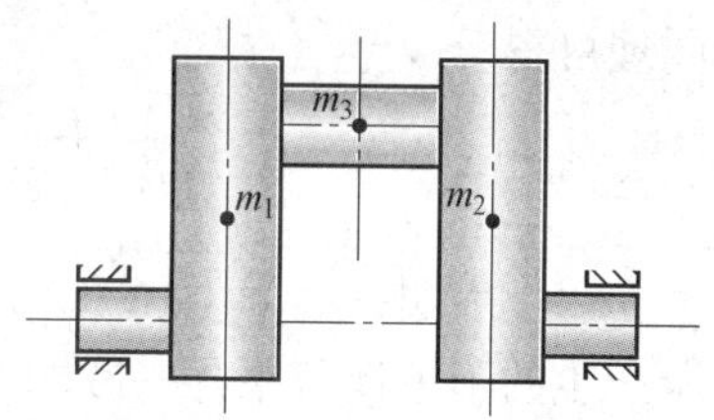

图 12-7 曲轴

例如，如图 12-8a 所示，某印刷机上有一带有 3 个凸轮的转子，具有偏心质量 m_1、m_2 和 m_3，并分别位于平面 1、2 和 3 内，回转中心至各偏心质量的矢径分别为 $\boldsymbol{r}_1$、$\boldsymbol{r}_2$ 及 $\boldsymbol{r}_3$。当转子以 ω 等速回转时，所产生的离心惯性力 $\boldsymbol{F}_1$、$\boldsymbol{F}_2$ 及 $\boldsymbol{F}_3$ 将形成一个空间力系。

根据转子的结构，选定两个平衡基面Ⅰ和Ⅱ（图 12-8a）作为安装平衡质量的平面，并将上述各个离心惯性力分别分解到平面Ⅰ和Ⅱ内。这样，便将空间力系的平衡问题转化为两个平面内的汇交力系平衡问题了。显然，只要在平面Ⅰ和Ⅱ内适当地各加一个平衡质量，使两平面内的惯性力之和均为零，转子也就实现完全平衡（即动平衡）了。

具体而言，考虑偏心质量 m_1 所产生的离心惯性力在平面Ⅰ、Ⅱ中的分量，由理论力学的知识可知

$$\boldsymbol{F}_1' = \frac{l_1''}{l}\boldsymbol{F}_1, \quad \boldsymbol{F}_1'' = \frac{l_1'}{l}\boldsymbol{F}_1 \tag{12.3-10}$$

式中，$\boldsymbol{F}_1'$、$\boldsymbol{F}_1''$分别为平面Ⅰ、Ⅱ内矢径为 $\boldsymbol{r}_1$ 的偏心质量 m_1' 及 m_1''所产生的离心惯性力，则

$$\boldsymbol{F}_1' = m_1'\omega^2\boldsymbol{r}_1 = \frac{l_1''}{l}m_1\omega^2\boldsymbol{r}_1, \quad \boldsymbol{F}_1'' = m_1''\omega^2\boldsymbol{r}_1 = \frac{l_1'}{l}m_1\omega^2\boldsymbol{r}_1 \tag{12.3-11}$$

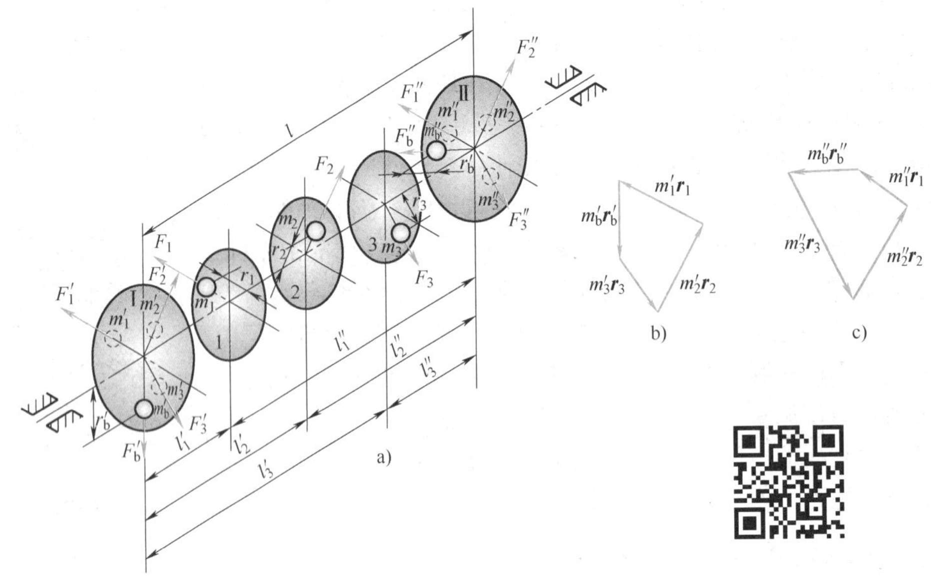

图 12-8 转子的动平衡计算

因此有

$$m_1'=\frac{l_1''}{l}m_1,\quad m_1''=\frac{l_1'}{l}m_1 \tag{12.3-12}$$

同理可得

$$m_2'=\frac{l_2''}{l}m_2,\quad m_2''=\frac{l_2'}{l}m_2,\quad m_3'=\frac{l_3''}{l}m_3,\quad m_3''=\frac{l_3'}{l}m_3 \tag{12.3-13}$$

以上表明，平面 1、2、3 内的偏心质量完全可用平面Ⅰ、Ⅱ内的偏心质量来替代，它们所产生的不平衡效果是一致的。因此，刚性转子的动平衡设计问题等同于平面Ⅰ、Ⅱ内的静平衡设计问题。

对于平面Ⅰ、Ⅱ，由式（12.3-7）可得

$$m_b'\boldsymbol{r}_b'+\sum_{i=1}^{3}m_i'\boldsymbol{r}_i=0,\quad m_b''\boldsymbol{r}_b''+\sum_{i=1}^{3}m_i''\boldsymbol{r}_i=0 \tag{12.3-14}$$

采用图解法或解析法，均可求出质径积 $m_b'\boldsymbol{r}_b'$ 与 $m_b''\boldsymbol{r}_b''$ 的大小及方位。图 12-8b、c 所示为用图解法确定质径积 $m_b'\boldsymbol{r}_b'$ 与 $m_b''\boldsymbol{r}_b''$ 的过程。适当选择矢径 $\boldsymbol{r}_b'$、$\boldsymbol{r}_b''$ 的大小，即可求出平面Ⅰ、Ⅱ内应加的平衡质量 m_b'、m_b''。这样，平面 1、2、3 内的偏心质量完全可被平面Ⅰ、Ⅱ内的质量 m_b' 与 m_b'' 所平衡。

由此可以得出如下结论：

1）刚性转子动平衡的条件：分布于不同回转平面内各偏心质量的空间离心惯性力系的合力及合力矩均为零。

2）对于动不平衡的刚性转子，无论有多少个偏心质量，只需在任选两个平衡平面内各增加或除去一个合适的平衡质量，即可达到动平衡。换言之，对于动不平衡的刚性转子，所需增加或除去的平衡质量的最少数目为 2。因此，转子的动平衡亦称为双面平衡。而静不平衡的转子，只需在同一平衡面内增加或除去一个合适的平衡质量即可平衡，则称为单面平衡。

3）动平衡基面的选取需要考虑转子的结构和允许的安装空间，以便于安装或去除平衡质量。此外，两平衡基面间的距离和平衡质量的矢径都应适当大一些，以提高力矩平衡效果，同时尽量减小平衡质量。

4）由于动平衡同时满足静平衡的条件，经过动平衡设计的刚性转子一定是静平衡的；反之，经过静平衡设计的刚性转子不一定是动平衡的。因此，对于径宽比 $d/b<5$ 的刚性转子，只需进行动平衡设计即可消除静、动不平衡现象。

【例 12-2】　图 12-9 所示为一个安装有带轮的滚筒轴。已知带轮上的偏心质量 $m_1=0.5\text{kg}$，$m_2=m_3=m_4=0.4\text{kg}$；偏心质量分布如图所示，且 $r_1=80\text{mm}$，$r_2=r_3=r_4=100\text{mm}$。试对该滚筒轴进行动平衡设计。

解：1）选择平衡平面：为使滚筒轴达到动平衡，必须任选两个平衡平面，并在两平衡平面内各加一个合适的平衡质量。本题中，可选择滚筒轴的两个端面Ⅰ、Ⅱ作为平衡平面。

2）根据平行力的合成与分解原理，将各偏心质量分别分解到平衡平面Ⅰ、Ⅱ内。

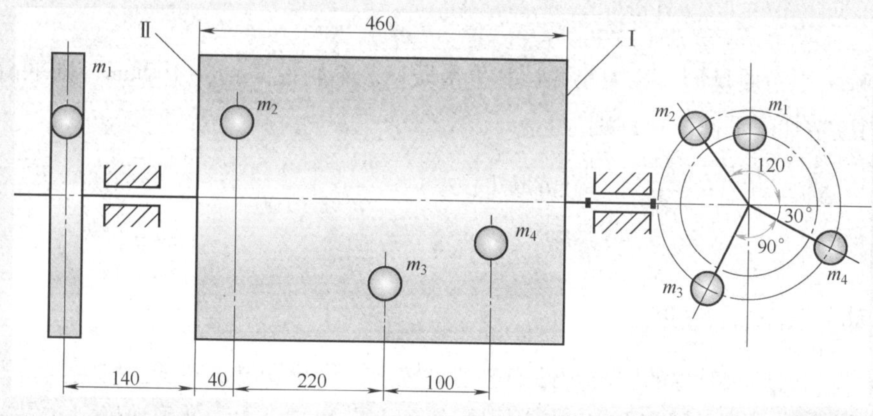

图 12-9　滚筒轴的动平衡

平面Ⅰ内

$$m_1'=\frac{l_1''}{l}m_1=\frac{460+140}{460}\times0.5\text{kg}=0.652\text{kg},\quad m_2'=\frac{l_2''}{l}m_2=\frac{460-40}{460}\times0.4\text{kg}=0.365\text{kg}$$

$$m_3'=\frac{l_3''}{l}m_3=\frac{460-40-220}{460}\times0.4\text{kg}=0.174\text{kg},\quad m_4'=\frac{l_4''}{l}m_4=\frac{460-40-220-100}{460}\times0.4\text{kg}=0.087\text{kg}$$

平面Ⅱ内

$$m_1''=\frac{l_1'}{l}m_1=\frac{-140}{460}\times0.5\text{kg}=-0.152\text{kg},\quad m_2''=\frac{l_2'}{l}m_2=\frac{40}{460}\times0.4\text{kg}=0.035\text{kg}$$

$$m_3''=\frac{l_3'}{l}m_3=\frac{40+220}{460}\times0.4\text{kg}=0.226\text{kg},\quad m_4''=\frac{l_4'}{l}m_4=\frac{40+220+100}{460}\times0.4\text{kg}=0.313\text{kg}$$

3）确定平衡平面Ⅰ、Ⅱ内，各偏心质量的方向角。

$$\theta_1'=\theta_1''=\theta_1=90°,\quad \theta_2'=\theta_2''=\theta_2=120°,\quad \theta_3'=\theta_3''=\theta_3=240°,\quad \theta_4'=\theta_4''=\theta_4=330°$$

4）确定平衡平面Ⅰ、Ⅱ内，由式（12.3-14）计算平衡质量的质径积的大小及方向角。

$$m'_{b}r'_{b}=\sqrt{\left(-\sum_{i=1}^{4}m'_{i}r_{i}\cos\theta'_{i}\right)^{2}+\left(-\sum_{i=1}^{4}m'_{i}r_{i}\sin\theta'_{i}\right)^{2}}$$

$$=\sqrt{19.42^{2}+(-64.35)^{2}}\,\text{kg}\cdot\text{mm}=67.22\text{kg}\cdot\text{mm}$$

$$\theta'_{b}=\arctan\left(\frac{-\sum_{i=1}^{4}m'_{i}r_{i}\sin\theta'_{i}}{-\sum_{i=1}^{4}m'_{i}r_{i}\cos\theta'_{i}}\right)=\arctan\left(\frac{-64.35}{19.42}\right)=286.79°$$

$$m''_{b}r''_{b}=\sqrt{\left(-\sum_{i=1}^{4}m''_{i}r_{i}\cos\theta''_{i}\right)^{2}+\left(-\sum_{i=1}^{4}m''_{i}r_{i}\sin\theta''_{i}\right)^{2}}$$

$$=\sqrt{(-14.06)^{2}+44.35^{2}}\,\text{kg}\cdot\text{mm}=46.53\text{kg}\cdot\text{mm}$$

$$\theta''_{b}=\arctan\left(\frac{-\sum_{i=1}^{4}m''_{i}r_{i}\sin\theta''_{i}}{-\sum_{i=1}^{4}m''_{i}r_{i}\cos\theta''_{i}}\right)=\arctan\left(\frac{44.35}{-14.06}\right)=107.59°$$

5）确定平衡质量的矢径大小并计算平衡质量。不妨设 $r'_{b}=r''_{b}=100\text{mm}$，则平衡平面Ⅰ、Ⅱ内应增加的平衡质量分别为

$$m'_{b}=\frac{m'_{b}r'_{b}}{r'_{b}}=\frac{67.22}{100}\text{kg}=0.6722\text{kg},\quad m''_{b}=\frac{m''_{b}r''_{b}}{r''_{b}}=\frac{46.53}{100}\text{kg}=0.4653\text{kg}$$

12.3.5 动平衡试验简介

对于某些几何形状对称的回转构件如电动机转子、汽轮发电机转子、航空发动机的压气机转子等，因制造误差、材质不均等原因引起的动不平衡，或无法准确地确定含集中质量块大小及方位的其他回转构件，只能通过动平衡试验来确定应加平衡质量的大小及方位。

当不平衡的回转构件转动时，由于离心惯性力周期性地作用在支承上，使支承产生振动。因此可通过测量其支承的振动参数来反映回转构件动不平衡的情况，这就是动平衡试验的力学原理。

进行回转构件动平衡试验的专用设备**动平衡机**的类型很多，主要分为机械式和电测式两大类。近年来随着测试手段日趋先进，平衡精度和平衡效率都得到大幅提高，故电测式动平衡机应用更为广泛。不过，无论采用何种类型的动平衡机来确定平衡质量，都是基于上述平衡计算的力学原理，即通过测试手段来确定在两平衡平面内应加的平衡质量（质径积大小和方位）。

图 12-10 所示为一电测式动平衡机的工作原理示意图。它由驱动系统、试件支承系统和不平衡量的测量系统这三个主要部分组成。驱动系统中目前常采用变速电动机经过一级 V 带传动，并用双万向联轴器与试验回转构件连接。试件的支承系统是一个弹性系统，即回转试件被支承在弹簧支架上，以保证试件旋转后，由不平衡惯性力引起在水平方向的微振动（支承限制回转试件在其他方向的振动）。测量系统首先由传感器 1、2 测得振动信号，

输入解算电路 3，以便消除两个平衡平面之间的相互影响。然后经过放大器 4 将信号放大，由仪表 5 指示出不平衡质径积的大小。放大后的信号经由整形放大器 6 转换为脉冲信号，并将此信号送到鉴相器 7 的一端。鉴相器的另一端接受基准信号，基准信号来自光电头 8 和整形放大器 9，其相位与转子上的标记 10 相对应。鉴相器两端信号的相位差由相位表 11 显示，即可表示不平衡质径积的方位。

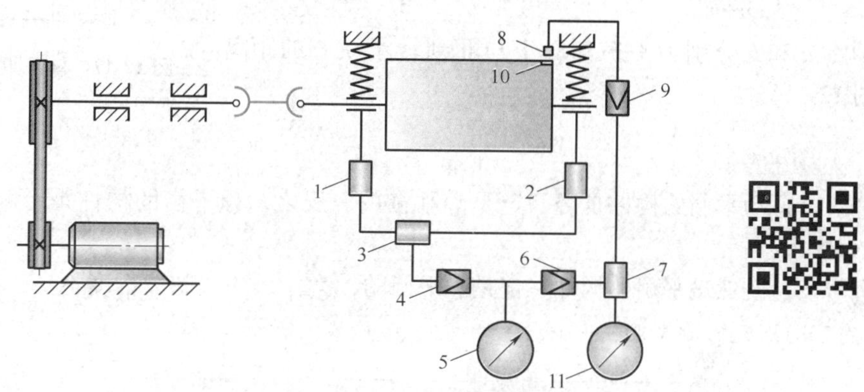

图 12-10　动平衡机的工作原理示意图

12.3.6　转子的平衡精度

平衡试验后，转子的不平衡量已大大减少，但仍无法做到绝对的平衡。实际上，在有些场合并不需要过高的平衡要求，否则会增加成本。因此，根据工作要求，对转子规定适当的许用不平衡量也是很必要的。

1. 转子不平衡量的表示方法

转子不平衡量的表示方法一般有两种：质径积表示法与偏心距表示法。

若一个质量为 m、偏心距为 e 的转子，其回转时所产生的离心惯性力用一个矢径为 $\boldsymbol{r}_b$ 的平衡质量 m_b 加以平衡，即

$$me=m_b r_b \tag{12.3-15}$$

则该转子的不平衡量可用质径积的大小 $m_b r_b$ 表示。

对于质径积相同而质量不同的两个转子，它们的不平衡程度显然不同。这时可采用偏心距来表征不同转子的不平衡量，即

$$e=\frac{m_b r_b}{m} \tag{12.3-16}$$

因此，应根据转子工作条件的不同，规定不同的许用不平衡质径积［mr］或许用偏心距［e］。

2. 转子的许用不平衡量及平衡品质

转子平衡状态的优良程度称为平衡品质。转子运转时，其不平衡量所产生的离心惯性力与转子的角速度 ω 有关，故工程上常用 $e\omega$ 来表征转子的平衡品质。国际标准化组织（ISO）以平衡精度作为转子平衡品质的等级标准，其值可由式（12-3-17）求得

$$A=\frac{[e]\omega}{1000} \tag{12.3-17}$$

因此，对于静不平衡的转子，许用不平衡量［e］在选定 A 值（通过查 ISO 相关表格）后可由式（12.3-17）求得；而对于动不平衡的转子，先在选定 A 值后求出［e］，再由式（12.3-15）求得许用不平衡矢径积［mr］，然后将其分配在两个平衡基面上，即

$$[mr]_{\mathrm{I}}=\frac{b}{a+b}[mr],\quad [mr]_{\mathrm{II}}=\frac{a}{a+b}[mr] \tag{12.3-18}$$

式中，a 和 b 分别为平衡基面Ⅰ与Ⅱ到转子质心的距离（图 12-11）。

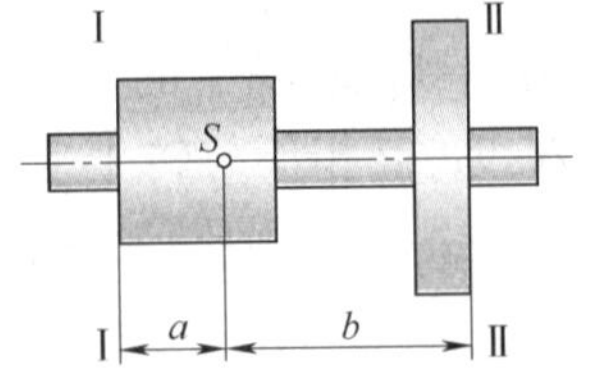

图 12-11　转子平衡精度的度量

【思考题】：

1）动平衡的构件是否一定是静平衡的？反之，静平衡的构件是否一定是动平衡？为什么？

2）既然动平衡的构件一定是静平衡的，为什么一些制造精度不高的构件在做动平衡之前需先做静平衡？

【知识扩展】：挠性转子动平衡简介

有些大型高速回转机械的转子，如航空涡轮发动机、汽轮机、发电机等中的大型转子，其工作速度往往超过本身的临界速度，在工作过程中将产生明显的弯曲变形（又称动挠度），由此引起或加剧其支承的振动。这类转子称为挠性转子，其平衡原理是基于弹性梁的横向振动理论。

与刚性转子相比，挠性转子的动平衡具有如下两个特点：①转子的不平衡质量对支承引起的动反力和动挠度的形状随转子的工作转速而变化；②减小或消除支承动压力，不一定能减小转子的弯曲变形。

这些特点使得挠性转子的动平衡相比刚性转子而言更加复杂、困难。

挠性转子的动平衡原理：挠性转子在任意转速下回转时所呈现的动挠度曲线是由无穷多阶振型组成的空间曲线，前三阶振型为主要成分，其他高阶振型可以忽略不计。前三阶振型又都是由同阶不平衡量谐分量激起的，可对转子进行逐阶平衡。即先将转子起动至第一临界转速附近，测量支承的振动或转子的动挠度，对第一阶不平衡量谐分量进行平衡。然后，再将转子依次起动到第二、第三临界转速附近，分别对第二、第三阶不平衡量谐分量进行平衡。

根据上述平衡原理可以有多种平衡方法，如振型平衡法等，来对挠性转子进行动平衡。具体可参考相关文献。

12.4 平面机构的平衡

12.4.1 平面机构平衡的一般原理

如前所述，对于做往复运动或一般平面运动的构件，其产生的惯性力、惯性力矩无法在构件内部平衡，必须对整个机构进行研究。当平面机构运动时，由于各活动构件多数情况下均存在加速度，因而产生惯性力与惯性力矩，它们都将传至机座上，使机座受到附加的动压力。由一般力学原理可知，可以将机构中各运动构件所产生的惯性力和惯性力矩合成为一个

通过机构总质心 S 的总惯性力 $\boldsymbol{F}$ 和一个总惯性力矩 $\boldsymbol{M}$。由于机构总惯性力矩的平衡问题必须综合考虑机构驱动力矩和生产阻力矩的共同作用，情况较为复杂，故在此只研究机构总惯性力在机座上的平衡问题。

设机构的总质量为 m，总质心位置在 S 处，总质心 S 的加速度为 $\boldsymbol{a}_S$，则机构的总惯性力 $\boldsymbol{F}$ 为

$$\boldsymbol{F}=-m\boldsymbol{a}_S=0 \tag{12.4-1}$$

依据式（12.4-1）判断，只有使机构在任何运动位置时的质心加速度 $\boldsymbol{a}_S=0$，也就是说，机构的总质心 S 应该做匀速直线运动或静止不动，才能使机构总惯性力 $\boldsymbol{F}$ 在任何运动位置都等于零。但是由于机构做平面运动，S 的运动轨迹一般为一封闭曲线，这样很难使其质心做匀速直线运动。因此，**平面机构的平衡思路**是通过加平衡质量（balanced mass），设法使机构总质心位置保持静止不动，或者说，通过加平衡质量及质量代换，将质心位置调整到静止的机架上。

因此，为使机构处于平衡状态，必须满足作用在机架上的总惯性力 $\boldsymbol{F}=0$。若实现完全平衡，还需满足作用在机架上的总惯性力矩 $\boldsymbol{M}=0$。为此可以采用集中质量、构件合理布置或附加平衡机构等方法，使机构的总惯性力得以完全或部分平衡。

12.4.2　机构摆动力的完全平衡

1. 附加平衡质量法

对于某些机构，可通过在构件上附加平衡质量的方法来实现摆动力的完全平衡。确定平衡质量的方法很多，本节仅介绍一种相对简单的质量代换法。

质量代换法的基本思想是**将构件的质量以若干集中质量来代换，并使这些代换质量与原有质量在动力学上等效**。如图 12-12 所示，假设构件的质量为 m，构件对质心 S 的转动惯量 J_S，则有以下动力学方程：

$$\begin{cases}F_x=-m\ddot{x}_S\\F_y=-m\ddot{y}_S\\M=-J_S\varepsilon\end{cases} \tag{12.4-2}$$

式中，$\ddot{x}_S$ 和 $\ddot{y}_S$ 分别为质心 S 的加速度在 x、y 方向的分量；ε 为构件的角加速度。

现以 n 个集中质量 m_1，m_2，…，m_n 来代换原构件的质量 m 与转动惯量 J_S。若要求代换前后在动力学上等效，应使各代换质量的惯性力合力等于原构件的惯性力，且各代换质量对构件质心的惯性力矩之和等于原构件对质心的惯性力矩。因此，代换时应满足以下三个条件：

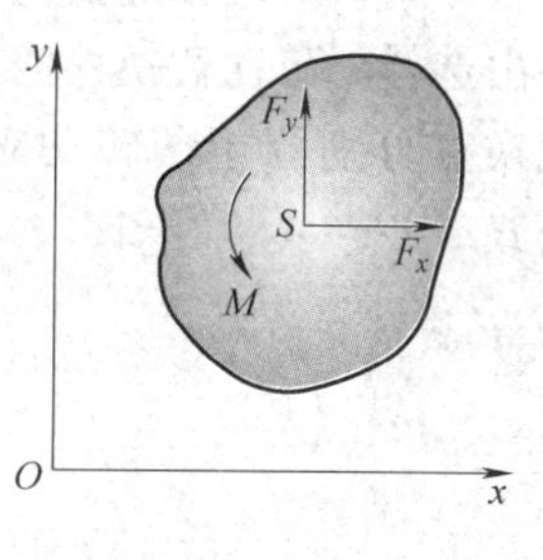

图 12-12　惯性平衡

1）**各代换质量之和与原构件的质量相等**，即

$$\sum_{i=1}^{n} m_i = m \tag{12.4-3}$$

2）**各代换质量的总质心与原构件的质心重合**，即

$$\begin{cases}\sum\limits_{i=1}^{n} m_i x_i = m x_S\\ \sum\limits_{i=1}^{n} m_i y_i = m y_S\end{cases} \Leftrightarrow \begin{cases}-\sum\limits_{i=1}^{n} m_i \ddot{x}_i = -m\ddot{x}_S\\ -\sum\limits_{i=1}^{n} m_i \ddot{y}_i = -m\ddot{y}_S\end{cases} \tag{12.4-4}$$

式（12.4-4）左端为各代换质量的惯性力合力，右端为原构件的惯性力。显然，满足前两个条件则代换前后惯性力不变。

3）**各代换质量对质心的转动惯量之和与原构件对质心的转动惯量相等**，即

$$\sum_{i=1}^{n} m_i[(x_i-x_S)^2+(y_i-y_S)^2]=J_S \Leftrightarrow \sum_{i=1}^{n} -\{m_i[(x_i-x_S)^2+(y_i-y_S)^2]\varepsilon\}=-J_S\varepsilon \qquad (12.4\text{-}5)$$

式（12.4-5）左端为各代换质量对构件质心的惯性力矩之和，其右端为原构件的惯性力矩。显然，只有满足第三个条件，代换前后惯性力矩才能相等。

满足上述三个条件时，各代换质量所产生的总惯性力、惯性力矩分别与原构件的惯性力、惯性力矩相等，这种代换称为**动代换**。若仅满足前两个条件，则各代换质量所产生的总惯性力与原构件的惯性力相同，而惯性力矩不同，这种代换称为**静代换**。应当指出，质量动代换后，各代换质量的动能之和与原构件的动能相等；而质量静代换后，两者的动能并不相等。若仅需平衡机构的惯性力，可以采用质量静代换；若需同时平衡机构的惯性力矩，则必须采用质量动代换。

代换质量的数目越少，计算就越方便。工程实际中通常采用两个或三个代换质量，并将代换点选在运动参数容易确定的点上，例如构件的转动副中心。以下介绍常用的**两点代换法**。

（1）**两点动代换** 如图12-13所示，设构件AB长为l，质量为m，构件对质心S的转动惯量为J_S。由于代换后其质心仍为S，故两代换点必与S共线。若选A为代换点，则另一代换点K应在直线AS上。由式（12.4-3）~式（12.4-5）可得

$$m_A+m_K=m,\quad m_Al_A=m_Kl_K,\quad m_Al_A^2+m_Kl_K^2=J_S \qquad (12.4\text{-}6)$$

因此有

$$m_A=\frac{ml_K}{l_A+l_K},\quad m_K=\frac{ml_A}{l_A+l_K},\quad l_K=\frac{J_S}{ml_A} \qquad (12.4\text{-}7)$$

式（12.4-7）表明，选定代换点A后，另一代换点K的位置亦随之确定，不能自由选择。

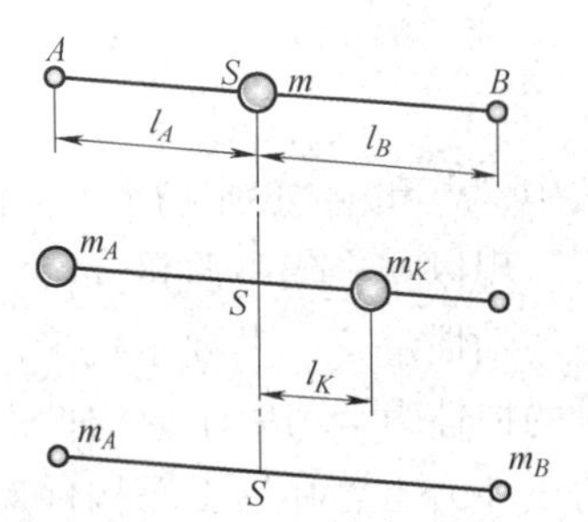

图12-13 两点动代换

（2）**两点静代换** 静代换的条件比动代换的条件少了一个方程。其自由选择的参数多了一个，故两个代换点的位置均可自由选择。与动代换一样，两代换点必与质心S共线。若令两代换点分别位于两转动副的中心A、B处，则由式（12.4-3）及式（12.4-4）可知

$$\begin{cases} m_A=\dfrac{l_B}{l_A+l_B}m=\dfrac{l_B}{l}m \\ m_B=\dfrac{l_A}{l_A+l_B}m=\dfrac{l_A}{l}m \end{cases} \qquad (12.4\text{-}8)$$

【例12-3】 图12-14所示的铰链四杆机构中，设运动构件1、2、3的质量分别为m_1、m_2、m_3，其质心分别位于S_1、S_2、S_3。试利用质量代换法确定为完全平衡掉该机构的摆动力所需的平衡质量。

解：为确定为完全平衡掉该机构的摆动力所需的平衡质量，可先将构件2的质量m_2代换为B、C两点处的集中质量，即

$$
\begin{cases}
m_B=\dfrac{l_{CS_2}}{l_{BC}}m_2 \\
m_C=\dfrac{l_{BS_2}}{l_{BC}}m_2
\end{cases}
\tag{12.4-9}
$$

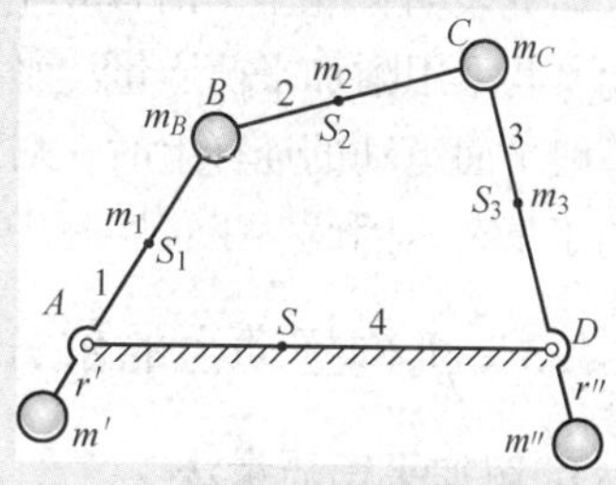

图 12-14　铰链四杆机构的附加平衡质量法

然后，在构件 1 的延长线上加一个平衡质量 m'，并使 m'、m_1 及 m_B 的质心位于 A 点。假设 m'的中心至 A 点的距离为 r'，则 m'的大小为

$$m'=\frac{m_B l_{AB}+m_1 l_{AS_1}}{r'} \tag{12.4-10}$$

同理，可在构件 3 的延长线上加一个平衡质量 m''，并使 m''、m_3 及 m_C 的质心位于 D 点。假设 m''的中心至 D 点的距离为 r''，则平衡质量 m''的大小为

$$m''=\frac{m_C l_{CD}+m_3 l_{DS_3}}{r''} \tag{12.4-11}$$

包括平衡质量 m'、m''在内的整个机构的总质量为

$$m=m_A+m_D \tag{12.4-12}$$

式中

$$m_A=m_1+m_B+m',\quad m_D=m_3+m_C+m'' \tag{12.4-13}$$

于是，机构的总质量 m 可认为集中在 A、D 两个固定不动点处。机构的总质心 S 应位于直线 AD（即机架）上，且

$$\frac{l_{AS}}{l_{DS}}=\frac{m_D}{m_A} \tag{12.4-14}$$

这样，机构在运动时，其总质心 S 静止不动，即

$$a_S=0 \tag{12.4-15}$$

说明该机构的摆动力得到了完全平衡。

2. 对称布置法

为了使机构的摆动力得到平衡，还可以采用将相同的机构按对称方式进行布置的设计方法。例如采用如图 12-15 所示的对称布置方式，使机构的摆动力得到完全平衡。由于左、右两部分关于 A 点完全对称，故在机构运动过程中，其质心始终保持静止不动。采用对称布置法可以获得良好的平衡效果，亦可以使惯性力在支承 A 中引起的动压力完全得到平衡。但机构的体积会显著增大。

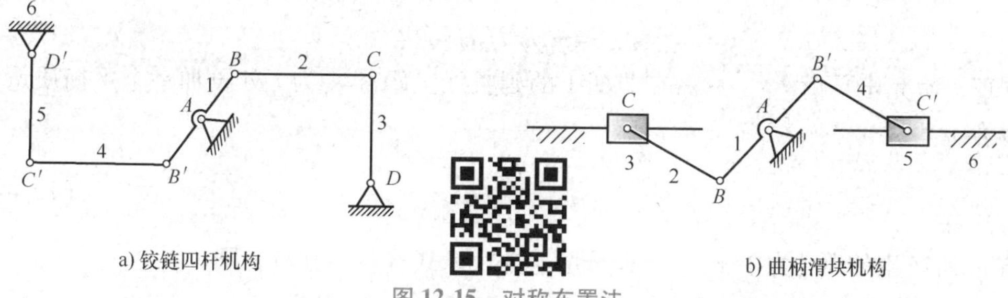

图 12-15　对称布置法

研究表明：完全平衡含 n 个构件的单自由度机构的惯性力，应至少添加 $n/2$ 个平衡质量。因此，若采用附加平衡质量法平衡惯性力，将使机构总质量大大增加，尤其将平衡质量安装在做一般平面运动的连杆上时，对结构更为不利；而采用对称布置法时，将使机构体积增大、结构趋于复杂。因此，工程实际中多数采用部分平衡方法以减小机构摆动力产生的不良影响。

12.4.3 机构摆动力的部分平衡

1. 附加平衡质量法

对于图 12-16 所示的曲柄滑块机构，可用质量静代换得到位于 A、B、C 三点的三个集中质量 m_A、m_B、m_C，其大小分别为

$$\begin{cases} m_A = m_{1A} = \dfrac{l_{BS_1}}{l_{AB}} m_1 \\ m_B = m_{1B} + m_{2B} = \dfrac{l_{AS_1}}{l_{AB}} m_1 + \dfrac{l_{CS_2}}{l_{BC}} m_2 \\ m_C = m_{2C} + m_3 = \dfrac{l_{BS_2}}{l_{BC}} m_2 + m_3 \end{cases} \tag{12.4-16}$$

由于 A 为固定不动点，故集中质量 m_A 所产生的惯性力为零。因此，机构的摆动力只有两部分，即 m_B、m_C 所产生的惯性力 $\boldsymbol{F}_B$、$\boldsymbol{F}_C$。

为完全平衡 $\boldsymbol{F}_B$，只需在曲柄 1 的延长线上加一个平衡质量 m'。设 m' 的中心至 A 点的距离为 r，其大小为

$$m' = \frac{l_{AB}}{r} m_B \tag{12.4-17}$$

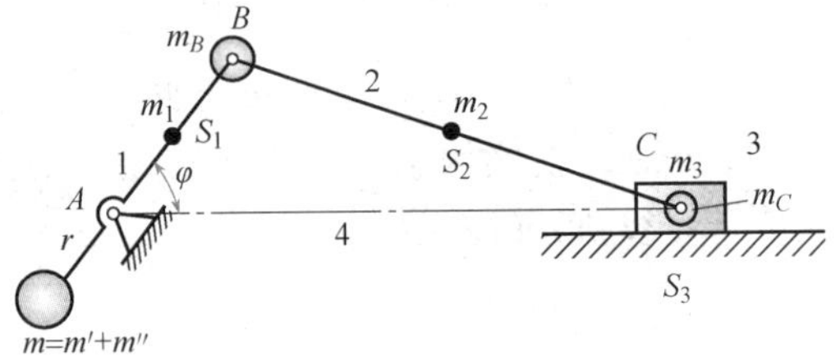

图 12-16 机构摆动力部分平衡的附加平衡质量法

设曲柄 1 以角速度 ω 等速转动，则集中质量 m_C 将做变速往复直线移动。由机构运动分析可知 C 点的加速度方程，用泰勒级数法展开并取其前两项得

$$a_C \approx -\omega^2 l_{AB} \cos\omega t - \omega^2 \frac{l_{AB}^2}{l_{BC}} \cos 2\omega t \tag{12.4-18}$$

集中质量 m_C 所产生的往复惯性力为

$$F_C \approx m_C \omega^2 l_{AB} \cos\omega t + m_C \omega^2 \frac{l_{AB}^2}{l_{BC}} \cos 2\omega t \tag{12.4-19}$$

式（12.4-19）右端的第一、二项分别称为一阶、二阶惯性力。若忽略影响较小的二阶惯性力，则

$$F_C = m_C \omega^2 l_{AB} \cos\omega t \tag{12.4-20}$$

同理，为完全平衡 $\boldsymbol{F}_C$，只需在曲柄 1 的延长线上距离 A 为 r 处再加一个平衡质量 m''，其大小为

$$m'' = \frac{l_{AB}}{r} m_C \tag{12.4-21}$$

将 m'' 所产生的惯性力沿 x、y 方向分解，并代入式（12.4-19），则

$$\begin{cases} F_x = -m_C\omega^2 l_{AB}\cos\omega t \\ F_y = -m_C\omega^2 l_{AB}\sin\omega t \end{cases} \tag{12.4-22}$$

由于 $\boldsymbol{F}_x = \boldsymbol{F}_C$，$\boldsymbol{F}_x$ 已将 m_C 所产生的一阶惯性力 $\boldsymbol{F}_C$ 抵消。不过，此时又增加了一个新的不平衡惯性力 $\boldsymbol{F}_y$，它对机构的工作性能也会产生不利影响。为此，通常采用折中的处理方法，即取

$$F_y = \left(\frac{1}{3} \sim \frac{1}{2}\right) F_C$$

即

$$m'' = \left(\frac{1}{3} \sim \frac{1}{2}\right) \frac{l_{AB}}{r} m_C \tag{12.4-23}$$

这样可使 $\boldsymbol{F}_C$ 的一部分得到平衡，且又使新产生的铅垂方向的不平衡惯性力不致太大。这样处理对机构的工作较为有利，使结构设计较为简便。显然，这是一种近似的平衡方法，在内燃机、压缩机和农业机械中常采用这种方法。

2. 附加平衡机构法

机构的总惯性力一般是一个周期函数，将其展开成无穷级数后，级数中的各项即为各阶惯性力。通常一阶惯性力较大，高阶惯性力较小。若需平衡某阶惯性力，则可采用与该阶频率相同的平衡机构。

例如，如图 12-17a 所示，为了对铰链四杆机构进行平衡，可在曲柄 AB 的反方向加上一个平衡铰链四杆机构 $AB'C'D$，这样可使机构运动时，两连杆与两摇杆的惯性力部分抵消。同样，如图 12-17b 所示，为对曲柄滑块机构进行平衡，可在曲柄 AB 的反方向加上一个平衡曲柄滑块机构 $AB'C'$，这样可使机构运动时，两连杆与两滑块的惯性力部分抵消。

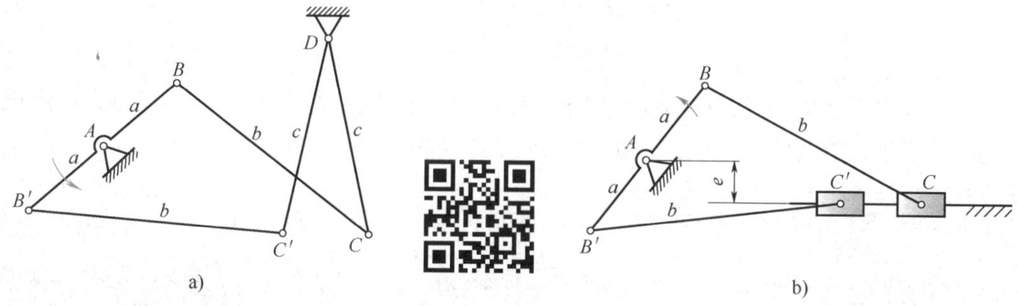

图 12-17　连杆机构的附加平衡机构法实现一阶惯性力的平衡

若需同时平衡掉一、二阶惯性力，则可采用图 12-18 所示的齿轮机构作为平衡机构。其中，齿轮 1、2 上的平衡质量用来平衡一阶惯性力，而齿轮 3、4 上的平衡质量用于平衡二阶惯性力。这种附加齿轮机构的方法在平衡水平方向惯性力的同时，不产生铅垂方向的惯性力，故与前述的附加平衡质量法相比，平衡效果更好些。

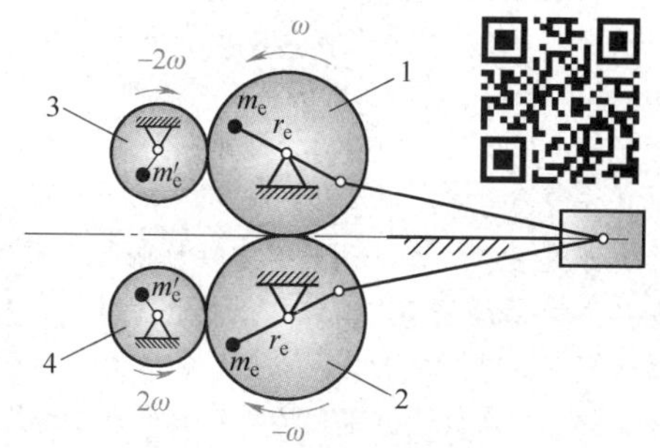

图 12-18　附加齿轮机构实现机构的部分平衡

有时也可采用附加连杆机构的方法来实现机构总惯性力的部分平衡。例如图 12-19 中所示的高速冷镦机主体机构，就是以铰链四杆机构作为曲柄滑块机构的平衡机构。若连架杆 $C'D$ 较长，则 C'点的运动近似为直线，故可在 C'点附加平衡质量 m'，以达到平衡的目的。

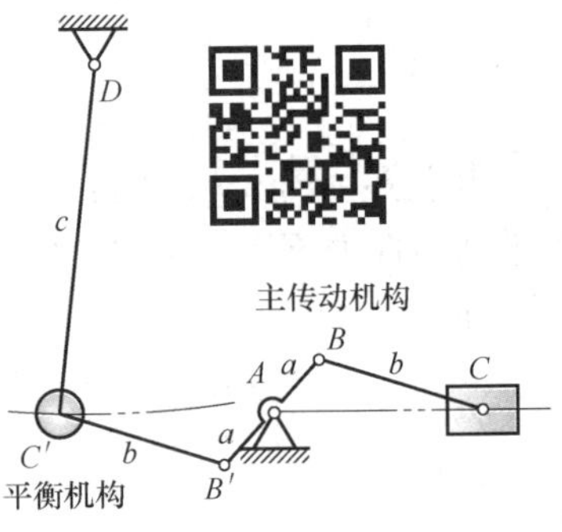

图 12-19 采用附加连杆机构实现高速冷镦机的部分平衡

3. 近似对称布置法

在图 12-20 所示的机构中，当曲柄 AB 转动时，两摇杆的角加速度方向相反，其惯性力的方向也相反。但由于采用的是非完全对称布置，两摇杆的运动规律并不完全相同，故两连杆及两摇杆的惯性力在机架上只能得到部分抵消。

4. 附加弹簧法

在机构中合理放置附加弹簧、扭簧或板簧等弹性元件也可有效实现部分平衡，与加平衡质量（块）的方法相比，具有结构设计简单、安装调试方便、整机质量减小等优点。

图 12-21 所示的铰链四杆机构就是通过合理选择弹簧的刚度系数和弹簧的安装位置，使连杆的惯性力得到部分平衡。

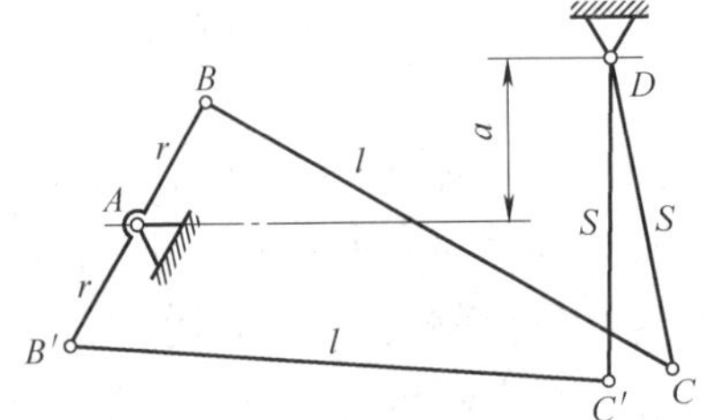

图 12-20 曲柄摇杆机构平衡的近似对称布置法

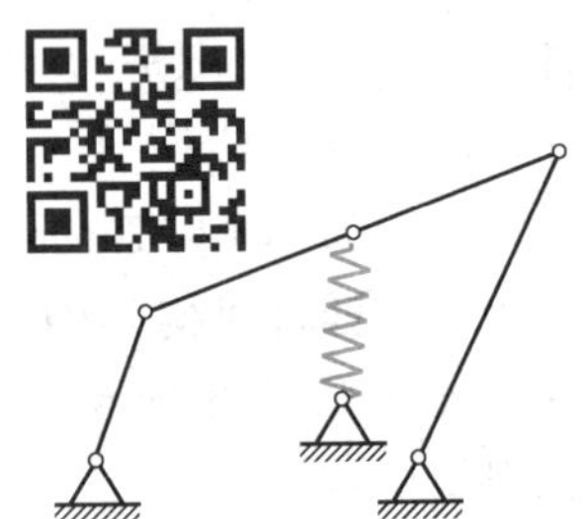

图 12-21 铰链四杆机构平衡的附加弹簧法

比较有趣的是，附加弹簧法不仅可用于平面机构，还可用于空间机构，甚至多自由度机构，是一种具有普适性的机械平衡方法。相关理论还需参阅相关文献，如本章辅助阅读材料［1］。

【知识扩展】：机构静平衡的常用方式及应用

对机构而言，在速度较小时，可视为准静态状态。静平衡要求系统在运动范围内具有恒定的势能，除了重力势能，也包括弹性势能等，实现方式有如下三种：重力-重力平衡，弹簧-重力平衡，弹簧-弹簧平衡。重力-重力平衡是利用配重来补偿重力，由于重力-重力平衡结构简单，因此现实中的很多机构都采用了该平衡方式，跷跷板是最常见的一个例子。荷兰阿姆斯特丹著名的玛格尔桥（Magere Brug）（图 12-22a）在有船只需要通过时，须由管理员升起桥面方能放行。其充分利用静平衡的原理通过配重抵消吊桥的重力，减小起吊力。重力-重力平衡虽实现方便，但使整个机构的惯量增加，动力性能变差，会对支承结构产生较大负担。

弹簧-重力平衡利用弹簧弹性势能与负载重力势能之间的相互转换实现静平衡。相对重力-重力平衡，弹簧-重力平衡具有结构简单、重量轻、对环境温度变化不敏感、调整使用方便等优点，但受到弹簧尺寸、工艺上的限制，一般只能用于中小负载的平衡。图 12-22b 所示的台灯就是一个利用弹簧平衡重力的经典实例，操作时只需要很小的力，就可以使台灯静止在任何一个位置。另外，用于残疾人的肘矫形器，通过弹簧平衡前臂的重量，使病人几乎不费力即可抬起手臂。弹簧-弹簧平衡利用弹簧来平衡另一组弹簧的势能，如柔性手术钳（图 12-22c），可减少医生在手术过程中的体力消耗。

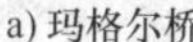

a) 玛格尔桥

b) 静平衡台灯

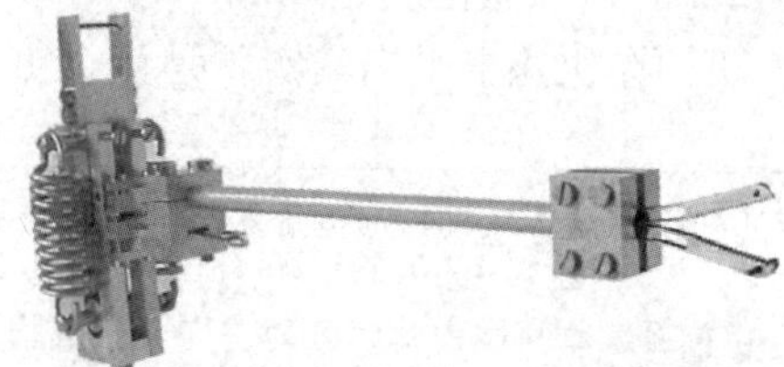

c) 柔性手术钳

图 12-22　静平衡的应用

12.4.4　平行四杆机构的重力平衡

对于一些像平行四杆机构之类的特殊机构，还可以找到一些实现平衡的简单方法。

如图 12-23a 所示的平行四杆机构，假设其杆件和铰链的质量为 0，仅有其上部连杆的某一位置 H 点有一集中质量 m_H。这时，在计算整个机构绕转动副 A 的旋转力矩时，可以等效为图 12-23b 所示的情况。下面对这种等效关系进行简要说明。

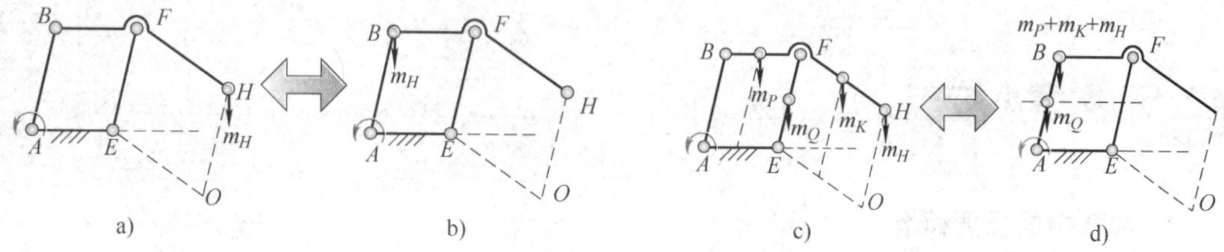

图 12-23　平行四杆机构的受力转移

首先分析杆 BFH 的受力情况，可知当 m_H 由 H 点移动到 B 点时，会由于力的作用点变化而产生附加力矩，使杆 BFH 发生旋转。但由于平行四杆机构的特殊性，杆 BFH 只能平动，不能转动，因此附加力矩被杆 AB 和 EF 的轴向力平衡掉，而不影响整个机构的运动。

另外，对于图中的平行四杆机构，点 H 的虚拟转动中心为点 O。点 H 的运动实质上是复制了点 B（或点 F）的运动，也可以说 OH 和 AB 或 EF 是等价的，杆件上受到的力可以相互转移，对驱动力矩没有影响。

类似地，可以将图 12-23c 所示的情况等效为图 12-22d 所示的机构，即将质量转移到杆件 AB 上。因此，图 12-23c 所示的机构可用一个重物 m_M 实现平衡，如图 12-24 所示。重物 m_M 的质量可由平衡关系直接得到，即

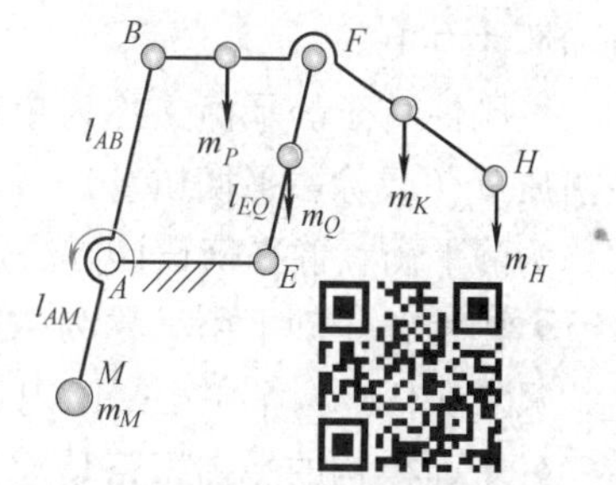

图 12-24　平行四杆机构的重力平衡

$$m_M l_{AM}=(m_P+m_K+m_H)\,l_{AB}+m_Q l_{EQ} \tag{12.4-24}$$

【思考题】：

1）查阅文献，机构平衡的主要方法有哪几种？各自的优、缺点是什么？

2）为什么做往复运动的构件和做一般平面运动的构件不能在构件本身内获得平衡？机构在机座上平衡的实质是什么？

【知识扩展】：机构的优化综合平衡

由前面各章所学的知识可知，广义上机构的平衡有三种：机构在机座上的平衡、机构输入转矩的平衡和运动副中动压力的平衡。在讨论机构在机座上的平衡时，又常常只进行摆动力的平衡，而忽略摆动力矩的平衡。在惯性力的计算过程中也是建立在主动件做理想运动基础之上的，而真实机构中输入转矩是有波动的。在加配重进行摆动力平衡后，输入转矩的波动可能更剧烈。此外，摆动力平衡计算中也没有考虑运动副中的动反力。施加配重后常常导致某些运动副中的反力大幅增加。这种单目标动力平衡的实际结果也表明，通过平衡来改善某一动力学特性，常常以其他运动学特性的恶化为代价。

长期以来之所以围绕单目标平衡进行研究，是由于平衡问题的复杂性。优化方法的出现，突破了这个局限。优化综合平衡的概念被提出来。综合平衡是指不仅考虑机构在机座上的平衡，同时也考虑运动副动反力的平衡和（或）输入转矩的平衡。优化平衡就是采用优化的方法获得相对最优解。在优化综合平衡中，平衡问题描述为一个多目标的非线性规划问题。目前多用各项动力学指标的加权和来构成目标函数。优化综合平衡是平衡问题研究的新趋势，在工程实践中具有重要的意义。

12.5　本章小结

1. 本章中的重要概念

● 注意区别转子的平衡与机构的平衡、刚性转子与挠性转子、静平衡与动平衡、（机构的）完全平衡与部分平衡等之间的区别。

● 刚性转子是指工作转速低于转轴最低临界转速的转子；挠性转子是指工作转速高于转轴最低临界转速的转子。

● 刚性转子的静平衡只需平衡掉惯性力，而其动平衡需同时平衡掉惯性力和惯性力矩。类似地，机构（摆动力）的部分平衡只需平衡掉惯性力，而其完全平衡需同时平衡掉惯性力和惯性力矩。

● 刚性转子静平衡又称为单面平衡，对于静不平衡转子，可以通过在同一平面内增加平衡质量（或除去平衡质量），使质心与回转中心重合，达到平衡惯性力的目的，相应的方法称为静平衡。静平衡设计方法包括图解法与解析法。

● 刚性转子动平衡又称为双面平衡，对于动不平衡的刚性转子，无论有多少个偏心质量，只需在任选两个平衡平面内各增加或除去一个合适的平衡质量，即可达到动平衡。

● 平面机构的平衡思路是通过加平衡质量及质量代换，将质心位置调整到静止的机架上。因此，为使机构处于平衡状态，必须满足作用在机架上的总惯性力为零。若要实现完全平衡，还需满足作用在机架上的总惯性力矩也为零。为此可以采用质量、构件合理布置或附加平衡机构等方法，使机构的总惯性力得以完全或部分平衡。

2. 本章中的重要公式

- 刚性转子的静平衡公式：

$$\sum \boldsymbol{F}=\sum \boldsymbol{F}_{\mathrm{I}i}+\boldsymbol{F}_{\mathrm{b}}=0$$

- 回转构件静平衡条件的一般表达式：

$$\boldsymbol{W}_{\mathrm{b}}+\sum_{i=1}^{n}\boldsymbol{W}_i=0 \quad (i=1,2,\cdots,n)$$

- 刚性转子的动平衡公式：

$$m'_{\mathrm{b}}\boldsymbol{r}'_{\mathrm{b}}+\sum_{i=1}^{3}m'_i\boldsymbol{r}_i=0,\quad m''_{\mathrm{b}}\boldsymbol{r}''_{\mathrm{b}}+\sum_{i=1}^{3}m''_i\boldsymbol{r}_i=0$$

- 机构的摆动力完全平衡方程：

$$\sum_{i=1}^{n}m_i=m$$

$$\begin{cases}\sum\limits_{i=1}^{n}m_i x_i=mx_S\\ \sum\limits_{i=1}^{n}m_i y_i=my_S\end{cases}\Leftrightarrow\begin{cases}-\sum\limits_{i=1}^{n}m_i\ddot{x}_i=-m\ddot{x}_S\\ -\sum\limits_{i=1}^{n}m_i\ddot{y}_i=-m\ddot{y}_S\end{cases}$$

$$\sum_{i=1}^{n}m_i[(x_i-x_S)^2+(y_i-y_S)^2]=J_S\Leftrightarrow\sum_{i=1}^{n}-\{m_i[(x_i-x_S)^2+(y_i-y_S)^2]\varepsilon\}=-J_S\varepsilon$$

辅助阅读材料

[1] ARAKELIAN V，BRIOT S. Balancing of linkages and robot manipulators：Advanced methods with illustrative examples [M]. Cham：Springer International Publishing Switzerland，2015.

[2] 顾家柳. 转子动力学 [M]. 北京：国防工业出版社，1985.

[3] 唐锡宽，金德闻. 机械动力学 [M]. 北京：高等教育出版社，1983.

[4] 余跃庆，李哲. 现代机械动力学 [M]. 北京：北京工业大学出版社，1998.

[5] 张策. 机械工程史 [M]. 北京：清华大学出版社，2015.

[6] 张策. 机械动力学 [M]. 2 版. 北京：高等教育出版社，2008.

习　　题

■ 基础题

12-1 如图 12-25 所示的盘形回转体，其上有三个不平衡质量位于同一回转平面内。已知：$m_1=10\text{kg}$，$m_2=15\text{kg}$，$m_3=20\text{kg}$，$r_1=200\text{mm}$，$r_2=400\text{mm}$，$r_3=300\text{mm}$。试分别用图解法和解析法确定该平衡平面内所需平衡质径积的大小和方位。

12-2 图 12-26 所示的盘形回转构件中，圆盘的半径 $r=200\text{mm}$，宽度 $B=40\text{mm}$，质量 $m=500\text{kg}$。圆盘上存在两偏心质量块，$m_1=10\text{kg}$，$m_2=20\text{kg}$，方位如图所示。若两支承 A、B 间的距离 $l=120\text{mm}$，支承 B 至圆盘的距离 $l_1=80\text{mm}$，转轴的工作转速 $n=3000\text{r/min}$。试确定：

1）作用在两支承处的动反力的大小。

2）该回转构件的质心偏离其中心多少？

3）为消除动反力，应加平衡质量的质径积 $\boldsymbol{W}_{\mathrm{b}}$ 的大小和方位角 θ_{b}。

12-3 图 12-27 所示的均质圆盘中钻有四个圆孔，其直径及孔心至转轴 O 的距离分别为 $d_1 = 70\text{mm}$，$r_1 = 240\text{mm}$；$d_2 = 120\text{mm}$，$r_2 = 180\text{mm}$；$d_3 = 100\text{mm}$，$r_3 = 250\text{mm}$；$d_4 = 150\text{mm}$，$r_4 = 190\text{mm}$，各孔的方位如图所示。为使圆盘平衡，在圆盘上再钻一孔，其孔心至转轴 O 的距离为 $r_b = 300\text{mm}$。试求该圆孔直径 d_b 的大小和方位角 θ_b。

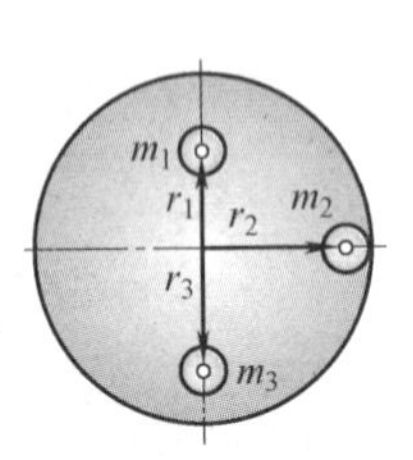

图 12-25 题 12-1 图

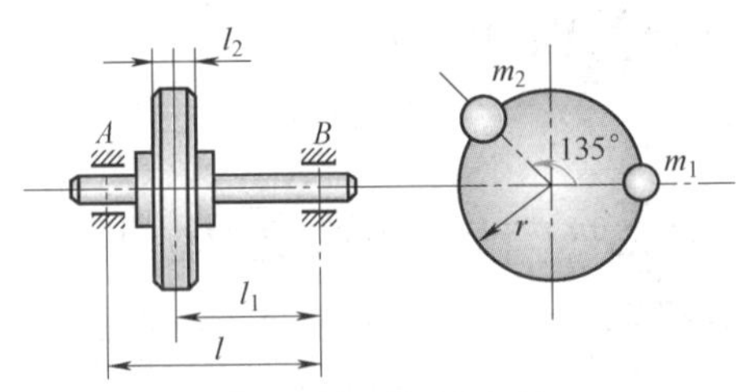

图 12-26 题 12-2 图

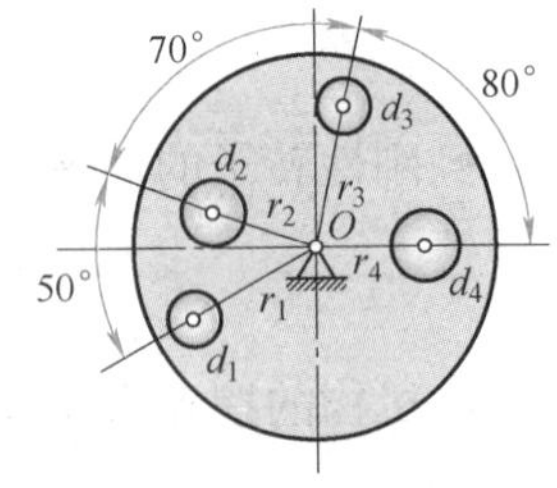

图 12-27 题 12-3 图

12-4 图 12-28 所示的盘形转子中，有四个偏心质量位于同一回转平面内，其质量大小及回转半径分别为 $m_1 = 5\text{kg}$，$m_2 = 7\text{kg}$，$m_3 = 8\text{kg}$，$m_4 = 10\text{kg}$；$r_1 = r_4 = 100\text{mm}$，$r_2 = 200\text{mm}$，$r_3 = 150\text{mm}$，方位如图所示。又设平衡质量 m_b 的回转半径 $r_b = 150\text{mm}$，试求平衡质量的大小及方位。

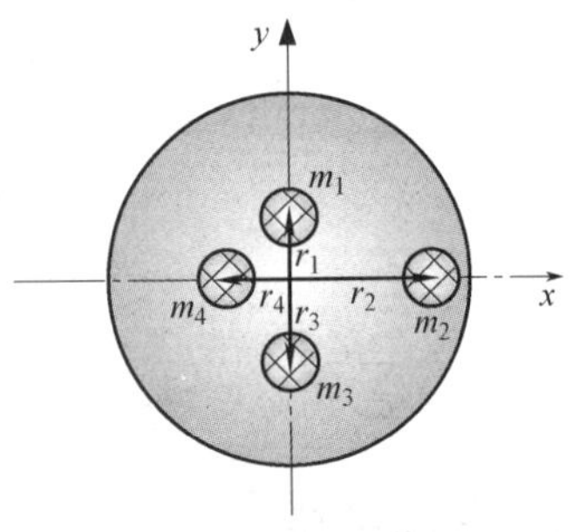

图 12-28 题 12-4 图

12-5 图 12-29 所示为一个一般机器转子，已知转子质量为 15kg，其质心到两平衡基面 Ⅰ、Ⅱ 的距离如图所示，单位为 mm，转子的转速 $n = 3000\text{r/min}$，试确定在两个平衡平面内的许用不平衡质径积。

12-6 图 12-30 所示的铰链四杆机构中，已知各构件尺寸：$l_{AB} = 100\text{mm}$，$l_{BC} = 400\text{mm}$，$l_{CD} = 120\text{mm}$，$l_{AD} = 350\text{mm}$。AB、BC 及 CD 构件的质心 S_1、S_2、S_3 位于其中点。$l_{BF} = 0.5l_{BC}$，$l_{AE} = 0.5l_{AB}$，$l_{CG} = 0.5l_{CD}$。各构件的质量：$m_1 = 0.2\text{kg}$，$m_2 = 0.6\text{kg}$，$m_3 = 0.5\text{kg}$。欲使该机构达到惯性力完全平衡，装在 E、F、G 处的平衡质量是多少？

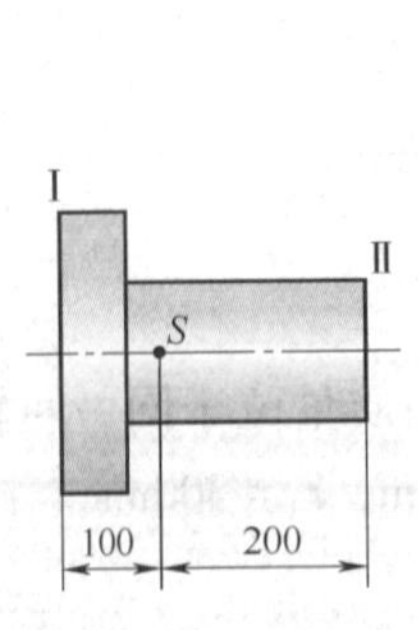

图 12-29 题 12-5 图

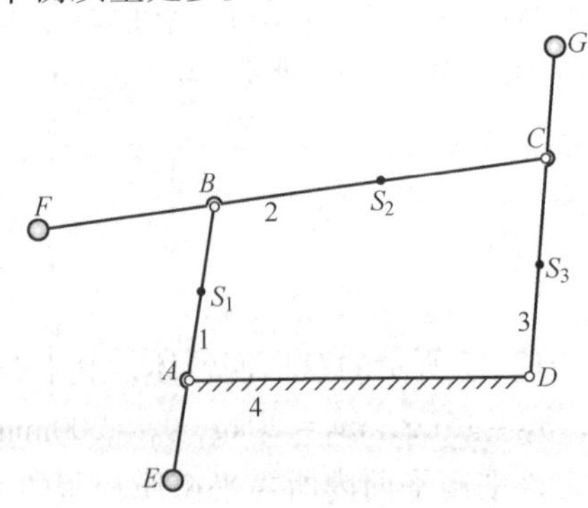

图 12-30 题 12-6 图

■ 提高题

12-7 图 12-31 所示的转子有两个不平衡质量 $m_1 = 10\text{kg}$，$m_2 = 4\text{kg}$，回转半径分别为 $r_1 = 300\text{mm}$，$r_2 = 100\text{mm}$，选取平衡基面 Ⅰ、Ⅱ，尺寸如图所示。若采用去重法进行平衡，去除

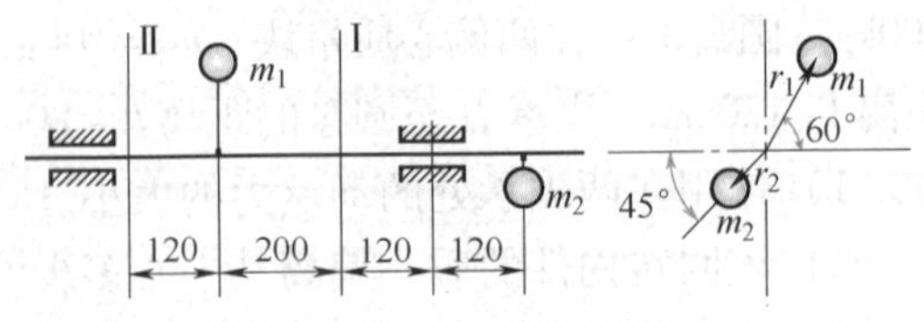

图 12-31 题 12-7 图

平衡质量的回转半径均取 300mm，试求两平衡质量的大小及方位。

12-8　图 12-32 所示为一滚筒，在轴上装有带轮。现已测知带轮有一偏心质量 $m_1=1\text{kg}$；另外，根据滚筒的结构，存在另外两个偏心质量 $m_2=3\text{kg}$，$m_3=4\text{kg}$，它们的回转半径分别为 $r_1=250\text{mm}$，$r_2=300\text{mm}$，$r_3=200\text{mm}$，各偏心质量的位置如图所示（各尺寸单位为 mm）。若将平衡基面选在滚筒的两端面Ⅰ、Ⅱ，两平衡平面中平衡质量的回转半径均取 400mm，试求两平衡质量的大小及方位。

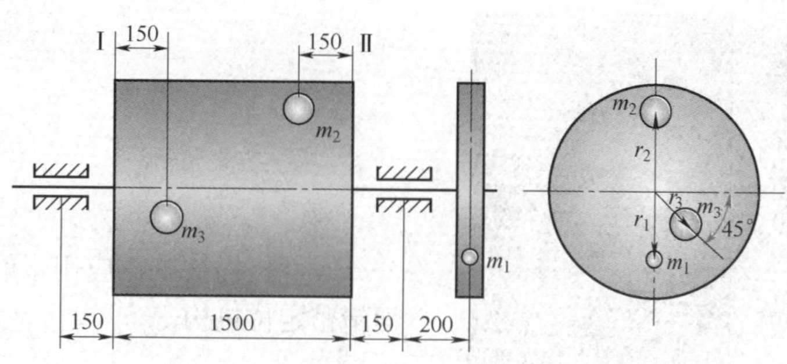

图 12-32　题 12-8 图

12-9　图 12-33 所示为一联动凸轮机构。在轴 AB 上分别装有圆柱凸轮 1 和盘形凸轮 2，两凸轮的几何尺寸和安装位置如图所示。已知圆柱凸轮 1 的质量 $m_1=5\text{kg}$，质心位于 S_1；盘形凸轮 2 的质量 $m_2=1\text{kg}$，质心位于 S_2。为了使该凸轮轴得到平衡（平衡基面取在两凸轮的侧面Ⅰ、Ⅱ），试确定需加平衡质量的大小及方位。

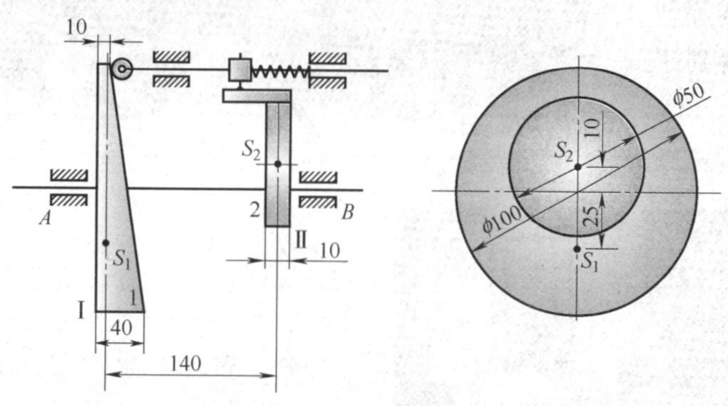

图 12-33　题 12-9 图

12-10　图 12-34 所示为曲柄滑块机构。滑块 C 的质量为 $m_3=0.5\text{kg}$，各构件尺寸为 $l_{AB}=120\text{mm}$，$l_{BC}=480\text{mm}$，曲柄与连杆的重心位置为 $l_{AS_1}=100\text{mm}$，$l_{BS_2}=110\text{mm}$。曲柄和连杆的质量 m_1 和 m_2 分别为多少才能使机构的惯性力得到完全平衡？

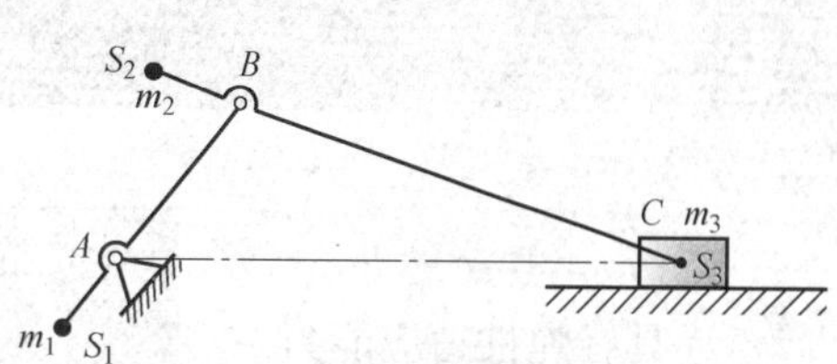

图 12-34　题 12-10 图

■ **虚拟仿真题**

12-11　对于例 12-1 的刚性转子，应用 ADAMS 建立转子平衡前后的虚拟样机，并仿真验证平衡结果的正确性。

12-12　对于题 12-4 的盘形转子，应用 ADAMS 建立转子平衡前后的虚拟样机，并仿真验证平衡结果的正确性。

*第 13 章　柔性机构学基础

柔性机构被广泛应用于航天领域，如光学精密定位机构。

柔性机构在线切割及光电子封装等智能制造领域也得到了应用。

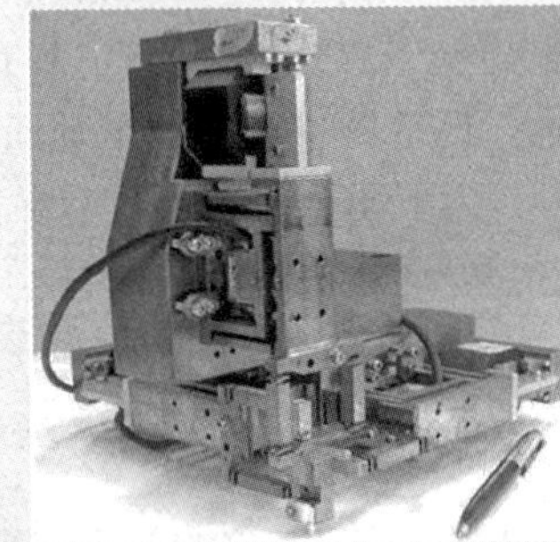
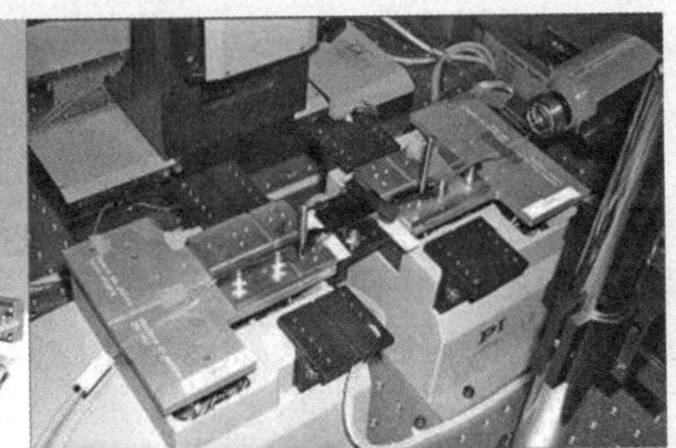

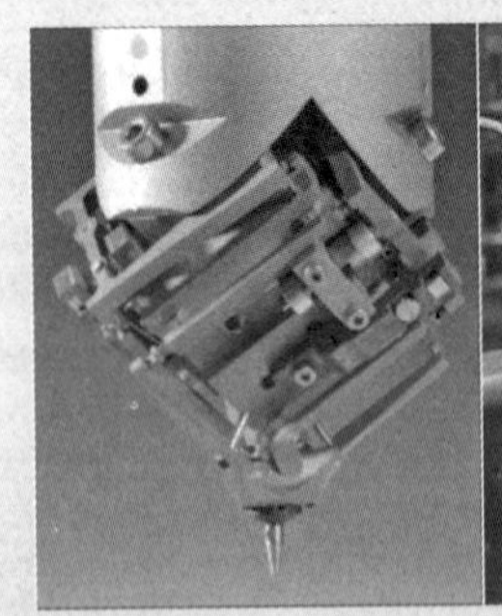
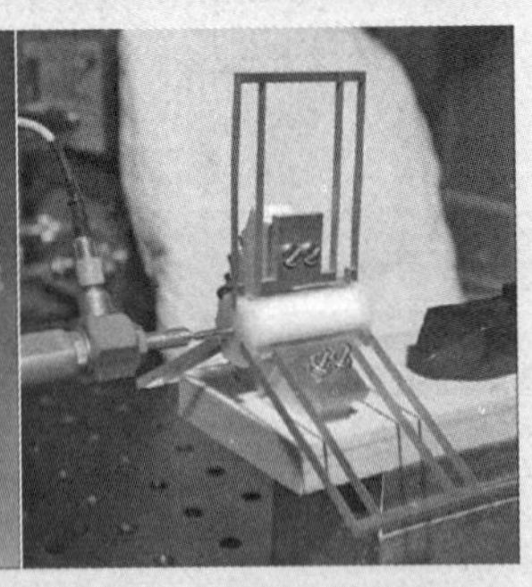

在三坐标测量仪、末端执行设备上，也利用柔性机构提高精度。

具有弹性适应能力的柔性机构被应用于仿生脊柱、微创医疗手术器械中。

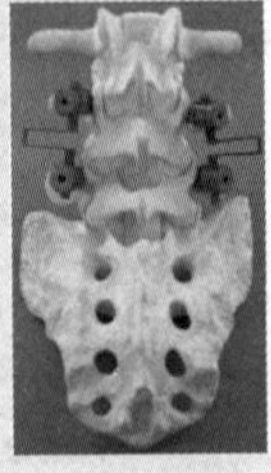

本章学习目标：

通过本章的学习，学习者应能够：

- 了解柔性机构的重要组成元素及分类，学会区分柔性机构与刚性机构；
- 学会利用伪刚体模型法对平面柔性机构进行运动和力分析；
- 了解柔性机构常用的加工方法。

【内容导读】

柔性机构历经 30 多年的发展，逐渐成为机构学领域一个自成体系的前沿研究方向。其中的一些基本概念也自然构成了柔性机构的研究基础和主题，如柔性单元、柔性铰链、变形、行程、柔度、刚度、精度、轴漂、屈曲、疲劳等。不过，相对刚性机构而言，柔性机构的很多理论及方法还不完善。

因此，本章将从宏观和基础的层面来讨论柔性机构的分析及设计问题，所选实例主要基于平面和简单拓扑结构，前端的理论基础偏重材料力学。

13.1 柔性机构的发展简史

自然界中的很多生物体都是通过巧妙地使用自身机体的柔性将可用能转化为复杂的运动。例如，蝗虫的腿部通过特定的柔性构造，能将其肌肉内储存的能量快速地释放出来并产生高出自身尺寸数百倍的跳跃动作；许多昆虫或鸟类依靠胸腔的柔性能够以很高的频率来拍打翅膀；人类心脏的瓣膜更是柔性应用的伟大杰作之一，其柔性可抵抗数以百亿次的冲击而不疲劳。人类从中获取灵感的历史可以追溯到 8000 年以前，那时的人类已发明并使用弓和弹弓之类的工具。弩也是古人利用柔性的典型实例，如亚历山大的攻城弩、中国的连弩等。处于大同盆地地震带上的山西应县木塔，自 1056 年建成以来经历了多次地震洗礼之后仍安然无恙。研究发现，是木塔结构中的柔性吸收了地震能所致。

虽然人类认识并利用柔性的原理由来已久，但是对其进行科学研究却只有几百年的历史。1638 年，伽利略（Galileo）在其所著的《关于两门新学科的谈话及数学证明》一书中总结了质点动力学和结构材料的力学性能，奠定了弹性力学的研究基础。1678 年，胡克（Hooke）提出了著名的弹性定律。在其著作《势能的恢复》中，描述了弹簧的伸长与所受拉力成正比这一规律。这是柔性机械形成的理论基础。1744 年，伯努利（Bernoulli）和欧拉（Euler）提出了柔性悬臂梁的受力变形理论。1828 年，柯西（Cauchy）建立了各向同性和各向异性弹性力学的本构方程。1864 年，麦克斯韦（Maxwell）利用材料的弹性变形设计了多种柔性精密科学仪器。不过，对柔性单元及具有柔性单元的机构进行理论研究发端于 20 世纪 60 年代。柔性单元的主要表现形式是柔性铰链（flexure hinge）。1965 年，帕罗斯（Paros）等提出了圆弧缺口型柔性铰链的结构型式，并给出了其弹性变形表达式。20 世纪 80 年代，普渡（Purdue）大学的闵毅达（Midha）等才真正开始对具有柔性单元的机构进行系统性的研究，并赋予了该类机构一个专门术语——柔性机构（或柔顺机构，compliant mechanism），意在与通常人们所提的弹性机构（flexible mechanism）区分开来。因为在弹性机构中，人们更多考虑的是如何避免或消除因其自身所具有的弹性而造成的变形及振动。

在短短不足 30 年间，柔性机构得到了迅猛发展，特别是诞生了一系列柔性机构基础理论，为柔性机构成功应用奠定了坚实基础。日益增加的应用需求同时也在催促柔性机构基础理论研究的快速发展，近 30 年间已诞生了多种柔性机构设计领域特有的方法。

在柔性机构设计过程中，分析及设计方法占有非常重要的地位。新型柔性机构的产生离不开这些方法的有力支持。早期的柔性机构设计倾向于使用试错法（trial and error），很大程度上依赖于设计者的经验和灵感。当柔性机构作为系统理论体系开始进行研究时，有关柔性机构分析及设计的新方法才开始萌发。更多的研究者采用了基于拓扑结构的系统化方法，如刚体替换法（典型的有伪刚体模型法）、连续法（典型的有拓扑优化法）等。前者旨在将构型与尺度分离，而后者意在将构型与尺度统一起来。系统化方法在设计、分析平面柔性机构中较为成功，综合出了大量的功能型柔性机构，如导向机构、运放机构、常力机构、稳态机构等。但这些方法也有其各自的缺点，如伪刚体模型法虽然可以提供简单的参数化模型，但由于精度等原因很难直接用于空间结构；而连续法在优化设计过程中需要考虑的参数太多（多数要借助有限元仿真来实现）。正是基于此原因，学者们又提出了其他方法，如约束设计法、梁模型法、旋量法、模块法等。这些方法弥补了上述方法的不足，也不乏成功的实例，而且约束设计法和模块法还很适合向空间结构拓展。不过，这些方法也存在各自的不足，如约束设计法将约束作为基本单元，而非传统由运动单元来构造柔性机构，相比之下，构型受限，不容易觅得最优解；模块法囿于先建模块库，再由库元素衍生新机构，创新活性难免不足，等等。文献［15，89］对上述方法有较详细的描述。

13.2 柔性机构的结构组成

13.2.1 柔性单元

柔性单元（flexure element）又称变形单元或柔性元件，是柔性机构的变形源。梁（beam）是最基本的柔性单元。以梁为基础，衍生出的柔性单元包括细长杆（wire）型柔性单元、簧片型（sheet 或 blade）柔性单元、缺口型（notch）柔性单元等，如图 13-1 所示。

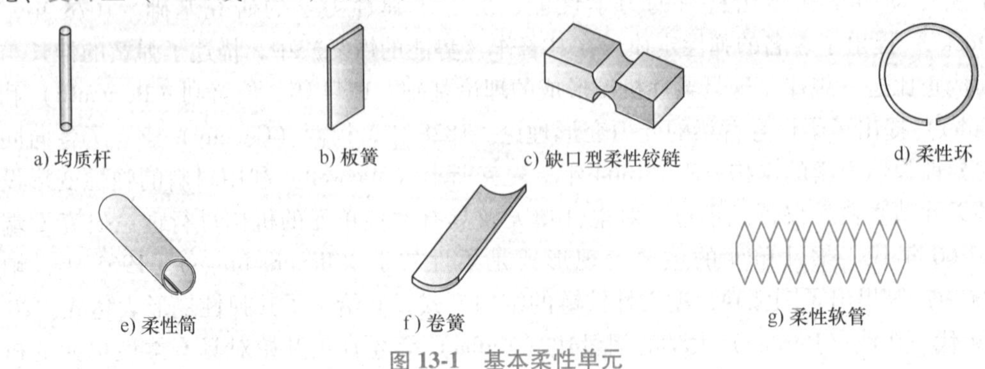

图 13-1　基本柔性单元

13.2.2　柔性铰链

柔性铰链（flexure hinge，flexible joint，或 compliant joint）是柔性机构中的重要组成元素，相当于刚性机构中的运动副。一般来讲，柔性铰链是指在外部力或力矩的作用下，利用材料的变形在相邻刚性杆之间产生相对运动的一种运动副结构型式，这与传统刚性运动副的结构有很大不同（图 13-2）。此外，具有大变形特征的柔性杆或板簧也通常作为柔性机构中的基本柔性单元，但在性能上与柔性铰链有很大不同，应区别开来。

图 13-2　刚性运动副与柔性铰链的区别

由基本柔性单元可以组合成种类各异的柔性铰链，以实现与之相对应的刚性运动副的运动功能。但是，无论簧片型柔性铰链还是缺口型柔性铰链都存在着较为明显的缺点，如前者轴漂大，后者转角小等。如果将这些基本的柔性单元组合起来就可以得到性能更佳的柔性运动副构型。例如，由若干簧片的组合可以衍生出多种型式的柔性转动副，如交叉簧片型结构和多簧片型结构等。表 13-1 给出了常用的柔性铰链类型。

表 13-1　常用的柔性铰链类型

柔性铰链类型	名　　称	主 要 特 征	结构示意图
转动副	圆弧缺口型柔性铰链	结构简单、加工方便，但运动范围较小，转动角度一般不超过±5°	
	交叉簧片型柔性铰链	柔性大，转动幅度最大可超过±20°；存在装配误差，且轴漂较大	
	车轮形柔性铰链	两个板簧有机地整合到一起，形成了一体化对称性结构，行程大，轴漂小	
移动副	平行四杆型	包含四个缺口型柔性转动副，具有良好的运动性能与导向精度，可实现平动的功能，但是运动行程小	
	平行双簧片型	两个支链是簧片，运动行程较大。在竖直方向存在着明显的寄生误差	

（续）

柔性铰链类型	名　称	主要特征	结构示意图
球销副	柔性虎克铰	通过轴线交错（正交）的两个柔性转动副串联组合来实现	
球面副	缺口型柔性球铰	截面为圆形，理想柔性球铰的切口为两个圆锥相对组合而成，三轴的转动中心为圆锥顶点	
	汇交型细长杆	可实现更大范围的空间转角	

实际上，柔性铰链族中有一类特殊的类型，称之为柔性轴承（flexure bearing），它是一类具有良好机械接口的柔性运动副，与刚性轴承相对应，如图 13-3 所示。相对于其他类型的柔性铰链，柔性轴承对性能指标有着更为严格的要求，如大行程、低轴漂、高负载及高寿命特性等。

a) 蝶形轴承

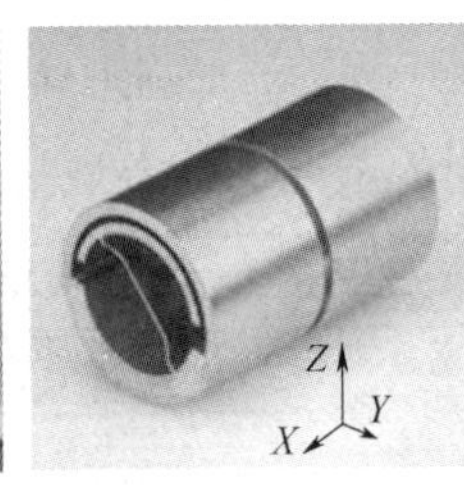

b) C-Flex柔性轴承

c) 广义三交叉簧片柔性轴承(GTCSFP)

图 13-3　柔性轴承

13.2.3　柔性机构的分类与组成

1. 柔性机构的分类

柔性机构种类繁多，表现形式多样，很难通过一种统一的分类方式涵盖所有的柔性机构类型。若重点关注柔性机构的运动特征，可从运动维度上对其进行划分。比较典型的柔性机构运动类型包括一维转动（R）、移动（T）运动；二维转动（R_xR_y）、移动（T_xT_y）运动；三维（球面）转动（$R_xR_yR_z$）、移动（$T_xT_yT_z$）等。典型实例如图 13-4 所示。

2. 柔性机构的组成

柔性机构可以看作是由若干个柔性单元或柔性铰链与一些刚性构件组合而成。图 13-5 所示为一些典型的柔性机构。图 13-5a 和图 13-5e 所示的柔性机构中分别含有一个和多个柔性构件。柔性构件越多，越偏于全柔性。图 13-5b ~ d 所示的柔性机构则是由不同类型的柔性单元（如短杆型、缺口型、簧片型等）组合而成的直线机构。无论哪种类型，柔性机构的显著特征是组成元素中既有柔性元素（如柔性构件、柔性铰链、柔性单元等），也有刚性构件，是典型的刚柔耦合体。这和目前研究的软体机构有着本质的不同。

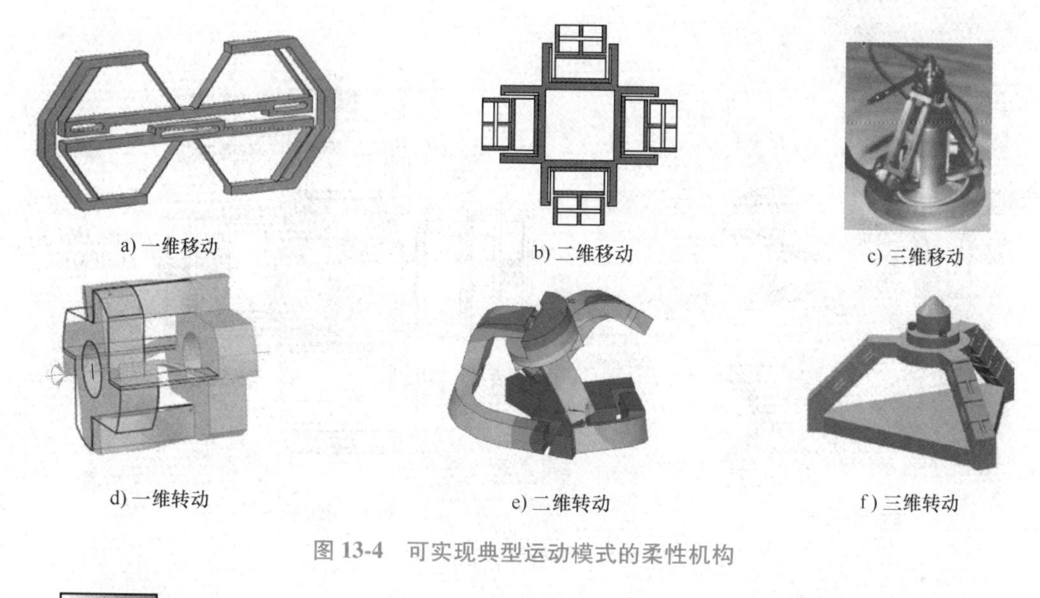

图 13-4 可实现典型运动模式的柔性机构

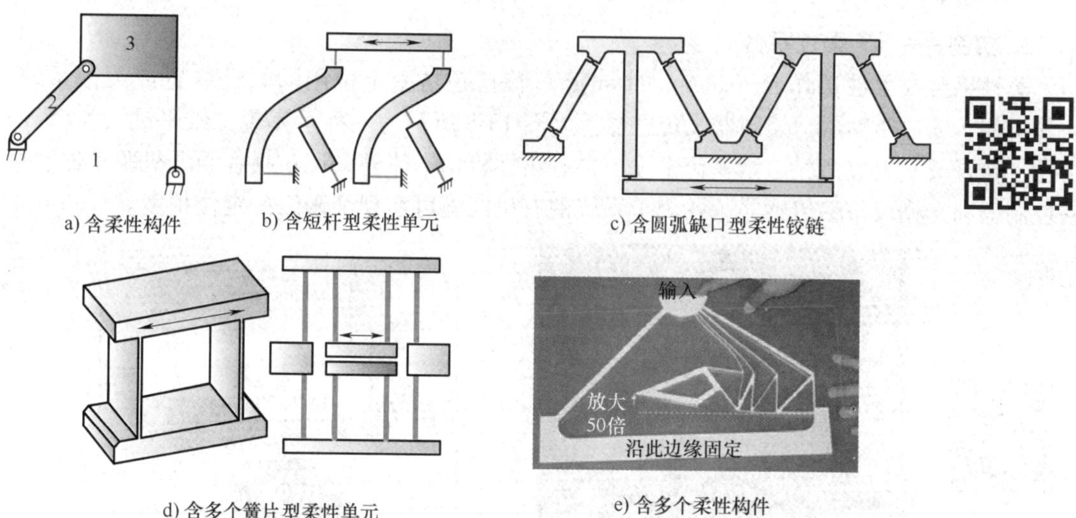

图 13-5 柔性机构的组成元素

柔性机构还可以看作是不同模块的有机组合。典型的组合方式有串联、并联，以及混联等。图 13-6 所示为基于柔性单元串联、并联、混联等型式组合而成的柔性机构。

再通过对柔性模块串联、并联或者混联，可进一步组合成结构更加复杂的柔性铰链或柔性机构。图 13-7 所示为两个实例：蝶形柔性铰链和 XY 柔性平台。

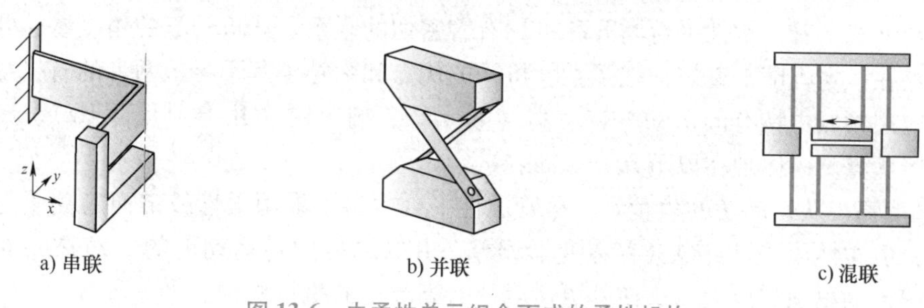

图 13-6 由柔性单元组合而成的柔性机构

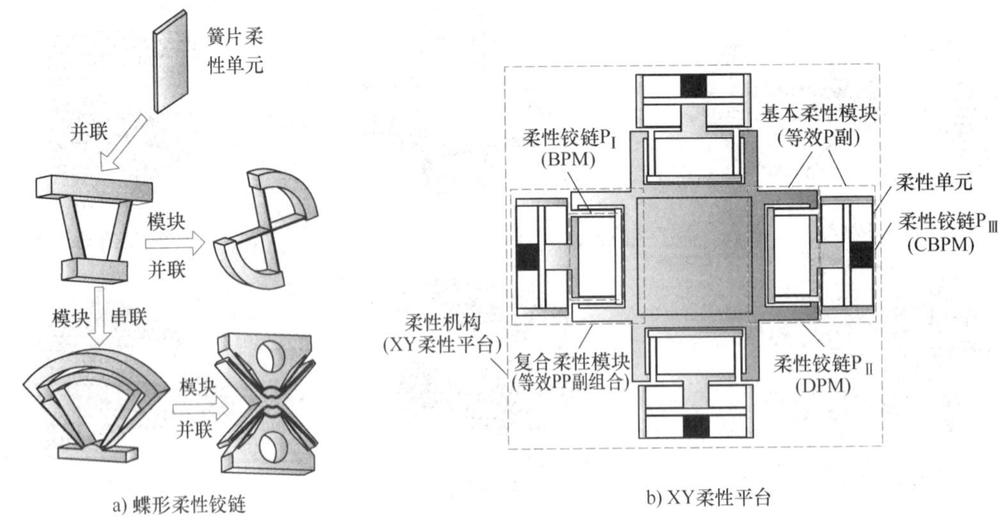

图 13-7　组合柔性机构实例

3. 实例——XY 柔性平台

柔性平台或柔性工作台（compliant stage）特指超精密定位用的柔性装置或柔性系统，内含机构本体、驱动器、控制器及传感器等。图 13-8 所示为一种可实现二维平动（XY）的柔性工作台及其组成情况。该平台中除了含有柔性机构本体外，还包括音圈电机驱动器、精密控制器和光栅尺位移传感器。各个子系统的有机匹配可实现纳米级的定位精度。

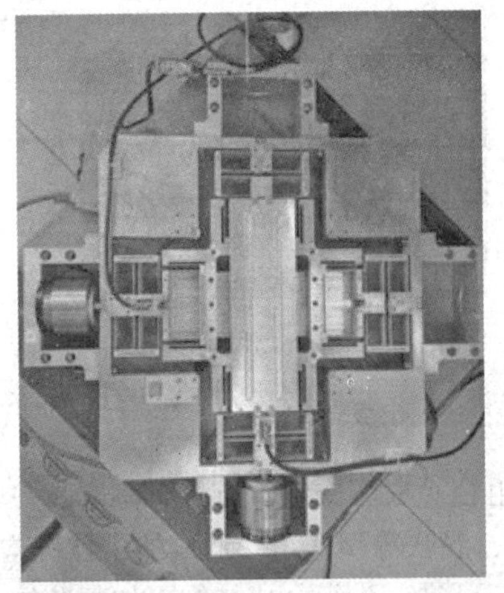

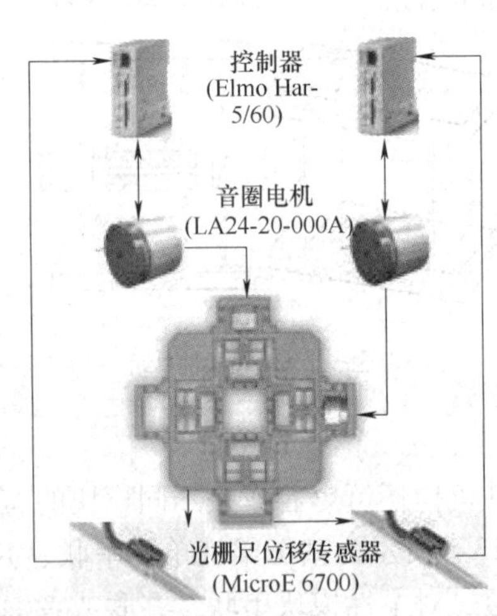

图 13-8　典型的柔性平台结构组成

从结构型式上看，柔性平台与并联机构有着密切的联系。从机构学的角度看，并联机构的一些特点在一定程度上正好加强了柔性机构的优点和弥补了其不足，两者的有机结合正好满足一些应用领域中特有的运动分辨率高（nm 级）、响应快（几十到几百 Hz）、尺寸小等要求。这些优点具体体现在以下几个方面：

1）精度高。从运动学的角度看，尽管柔性平台中由于采用柔性铰链而避免了运动副的间隙误差，但柔性铰链自身也会存在变形误差。并联结构中各运动链的（对称）布置可以限制这种误差的累积与放大，这使其更适合作为高精度的执行机构。

2）刚度大。较高的刚度才能保证机构具有较高的定位精度和良好的抗干扰性能。柔性铰链在一定程度上会降低机构整体的刚度，而采用并联式的结构设计可弥补由此造成的缺憾。并联机构的运动平台通过多个运动链与机架连接，因而增加了结构的整体刚度。

3）结构紧凑。并联式结构可比串联式结构设计得更为紧凑，所占空间更小。另外，小的机构本体尺寸意味着更小的惯性力和表面力的影响。

4）便于对称性设计。因为对称性的结构设计便于补偿加工或温度变化等因素引起的误差，从而在整体上提高了机构的精度。另外，对称性的结构也意味着加工简单、易于模块化。

5）驱动装置固定。采用并联结构很容易将驱动装置放于机座上，减轻了运动构件的质量，从而减少了运动负载和系统惯性，改善了机构的动态性能，可获得较高的动力学精度。这尤其适合高精度的场合，同时也有助于提高末端执行器的速度。

6）存在消极运动副。并联结构中消极运动副的存在可使机构变得结构紧凑、整体小型化，更重要的是可改善机构的受力情况，避免杆件的纵向弯曲。

13.3 柔性机构的主要性能

1. 线性变形与非线性变形

多数场合应用的柔性机构一般遵循线性小变形假设，即假设相对结构的几何尺寸而言其变形很小，且材料的应变与应力成正比。而实际中，当有结构非线性的情况发生时，这种假设将会失效。结构非线性可分成两类：材料非线性和几何非线性。材料非线性是指应力与应变不成正比的情况（即不满足胡克定律），典型的例子是发生塑性变形、超弹性变形及蠕变等。几何非线性通常是指几何大变形或大应变的情况，这时，应力与应变仍然成正比，但变形体的挠曲线方程为

$$\frac{1}{\rho}=\frac{\dfrac{\mathrm{d}^2y}{\mathrm{d}x^2}}{\left[1+\left(\dfrac{\mathrm{d}y}{\mathrm{d}x}\right)^2\right]^{3/2}} \tag{13.3-1}$$

2. 自由度与约束

任何刚体，如果受到约束的作用，其运动都会受到限制，其自由度数相应变少。对刚性机械装置而言，约束在物理上通常表现为运动副的形式。这时，运动副提供的往往是理想约束（ideal constraint），即在功能方向上柔度无穷大，而在非功能方向上刚度无穷大。柔性机构则不然，局部或整体柔性导致无论是柔性单元还是柔性铰链都无法实现像刚性机构那样提供理想约束，即无论在功能方向上还是非功能方向上柔度或刚度都是有限的实际约束。

3. 行程与载荷

材质（许用应力）与几何形状决定柔性机构运动行程的大小。柔性机构的运动行程反映了柔性单元在其保持线弹性范围内的最大转动或移动范围，即柔性单元在运动过程中，在能回复到初始位置的前提下所能达到的最大变形量。运动行程并不是越大越好，要符合工程应用的要求。

对转动型柔性系统而言，更为关注的是其最大的转角变形，即角位移的大小；而对于移

动型柔性系统，则更加关注其线位移的大小。而对于移动转动耦合型的多自由度柔性系统，其线、角位移的大小都值得关注。

运动行程还与载荷的类型（力载荷或位移载荷）和施加方式（含边界条件）有关。一般情况下，对于相同的柔性梁而言，拉伸变形要小于弯曲变形。

4. 强度与应力

在柔性机构中，强度（strength）特性很重要，因为它反映的是承受负载（或抵抗柔性元素失效）能力的大小，即任何柔性元件都有变形的极限（一般以到达屈服强度极限为标志）。这有别于机构的刚度特性（用来衡量机构在负载条件下的变形程度）。

疲劳断裂是许多机械零件发生破坏的主要原因。柔性单元在经过一定次数的运动循环后，也会产生疲劳。疲劳寿命受许多因素的影响，如表面粗糙度、缺口类型、应力水平等。通过对这些因素的研究可以找到提高柔性单元疲劳强度的方法和途径。

5. 刚度与柔度

刚度（stiffness）是指在运动方向上产生单位位移时所需要力的大小，这里所说的位移和力都是指广义的；而柔度（compliance）是与刚度互逆的，指的是在运动方向上施加单位力所产生的位移量。

功能方向是柔性系统（包括柔性单元、柔性铰链及柔性机构等）的主要运动方向，是其发挥作用的方向。柔性系统在其功能方向上拥有较小的刚度，即意味着驱动时需要较小的力。因此功能方向上的刚度越小越好。非功能方向是指柔性系统在运动时产生寄生运动的方向。寄生运动对柔性系统来说是消极的，会减小它的运动精度，造成较大误差，影响柔性系统的运动性能，是不希望存在的。因此，柔性系统非功能方向上的刚度要尽可能大。

在柔性系统中，刚度与强度的概念经常被混淆。本质上，强度与抵御失效的能力有关，刚度反映的是抵抗变形的能力。换句话说，刚度大的不一定强，强度大的也不一定刚。现实应用中，既有刚而强的例子，也有柔而强的实例，前者如桥梁、建筑等，后者如秋千、肌腱等。

6. 精度：轴漂与寄生运动

以柔性铰链为例，几乎所有的柔性铰链都会不可避免地出现轴心漂移的情况，这也是影响柔性铰链性能一个非常重要的因素。比如，柔性转动副在转动过程中，转动中心并不是恒定不变的，而是随着转角的变化发生偏移。这种现象称为轴心漂移（parasitic axis drift），简称轴漂。又如平行四杆型柔性移动副在运动过程中，其上边的杆会产生纵向寄生运动（δ_y）。两种情况如图 13-9 所示。在产生相同变形的条件下，轴漂或寄生运动越小越好。轴漂与寄生运动都可以作为衡量柔性铰链精度的重要指标。

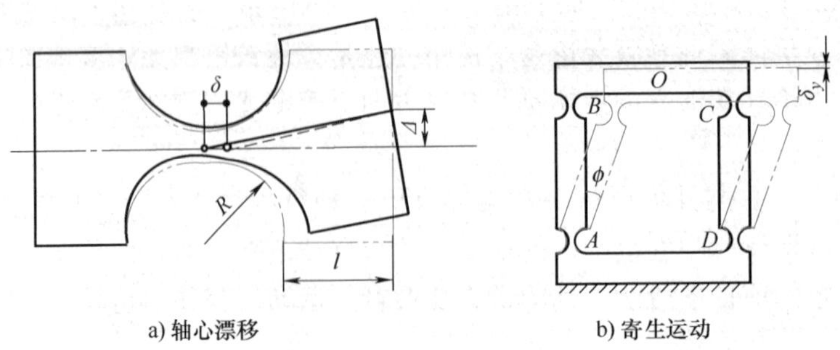

a) 轴心漂移　　b) 寄生运动

图 13-9 柔性铰链的精度评价

7. 材料选择

材料对柔性机构的性能有着重要的影响，材料过柔会影响机构的整体刚度，直至影响其动态性能及精度；过刚又会影响机构工作行程或空间的大小。

表 13-2 所示为两种典型形状的截面下，最大应力（一般取弹性极限）值与变形的关系。

表 13-2　不同截面下，最大应力、尺寸参数与功能方向变形之间的关系

截面类型	功能方向变形与最大应力的关系
矩形	$\delta_{max}=\dfrac{2l^2\sigma_{max}}{3Et}$
圆形	$\delta_{max}=\dfrac{l^2\sigma_{max}}{3Er}$

表中，l 为柔性单元的长度，r 为半径，t 为最小壁厚。从表 13-2 中可知

$$\delta=k\frac{\sigma_{max}}{E} \tag{13.3-2}$$

变形量与材料和截面的形状有关，σ_{max}/E 只与材料有关，而 k 值根据截面的形状不同而变化。如果考虑机构弹性部位能产生较大的变形，从材料的角度出发就要有较大的强度极限与弹性模量比，而且越大越好。由此得出了柔性机构材料选择的几个原则：

1）主要考虑其弹性极限（σ_{max}）与弹性模量（E）之比。

表 13-3 给出了常用材料的屈服强度与弹性模量比。从中可看出，铍青铜、钛合金等都是首选的金属弹性材料，而聚丙烯、多晶硅等是理想的非金属弹性材料。

表 13-3　常用材料的屈服强度与弹性模量比

材料种类	屈服强度 R_e/GPa	弹性模量 E/GPa	比　值
钛合金（Ti-6Al-4V）	1.18	117	0.010
聚丙烯（Polypropylene）	0.032	1.36	0.023
淬火钢（Steel AISI 4142 quenched）	1.62	206	0.0078
多晶硅（Polysilicon）	1.2	170	0.0071
铝合金（Aluminum T-6061）	0.275	68.6	0.0040
合金钢（Steel AISI 1040CD）	0.488	206	0.0024
回火钢（Tempered steel）	1.0	210	0.0047
铍青铜（QBe2）	0.75	126	0.006

2）充分考虑材料的抗疲劳指标。

由于柔性铰链处的变形大小受到材料许用应力的限制，而许用应力的大小又直接与材料的疲劳强度有关。柔性铰链是通过周期性负载的作用而产生变形的，因此必须考虑材料的抗疲劳指标。材料需要有较长的疲劳寿命才可能正常地执行其功能。总体上非金属弹性材料的疲劳寿命要比金属小得多。

3）选择加工相对容易的材料。

有些材料具有很好的柔性和抗疲劳性能，但加工较为困难，如钛合金等。应确保材料在变形时不会发生应力松弛或蠕变。长期的应力作用或高温环境会造成材料的应力松弛或蠕

变，应尽量避免这种情况的出现。

4）材料的脆、韧性并不影响作为柔性单元的选择。

在大变形场合应用的柔性单元可优选脆性材料，因为脆性材料可承受较大变形而不失效。多晶硅就是这类材料的典型代表。同样，如果充分利用材质的话，韧性材料也是一个不错的选择，因为这类材料即使超过了其屈服强度仍不会失效，例如聚丙烯。很多柔性仿生机构可以优先选用此类材料。

【思考题】：木制材料是否可以作为柔性材料？

13.4 平面柔性机构的运动学分析[14]

13.4.1 基本柔性单元的伪刚体模型

作为最基本的柔性单元，柔性梁的性能令人关注。几个世纪前伯努利、欧拉就给出了小变形条件下均质悬臂梁结构的弹性力学模型。而当柔性梁变形较大时，往往难以满足小变形的假设，而分析几何非线性条件下柔性单元的变形需要用到椭圆积分或数值积分，过程也比较复杂。为此，学者们相继提出了刚柔运动等效的 1R、2R、3R 等多种伪刚体模型及有限元模型。其中，1R 伪刚体模型（pseudo-rigid-body model，PRBM）法[14]简单直观，应用较广。同时注意到，在复杂载荷作用下，梁的变形不仅发生在一维功能方向。为了研究柔性梁的各种非线性属性，参考文献［14］通过简化给出了近似的位移-载荷解析表达。除了对基本均质梁的建模之外，大量研究还集中在缺口型柔性单元上。本节主要介绍 1R 伪刚体模型。

如图 13-10 所示，将两根连杆铰接并施加扭力弹簧来模拟悬臂梁的变形，通过建立铰接点位置和弹簧刚度在不同载荷情况下的关系，以刚性连杆的位移近似逼近柔性梁的变形。这样，柔性杆的运动特性由带有铰链的刚性杆模拟，其刚度特性由附加的弹簧来描述。借助于伪刚体模型，可以在柔性机构和刚性机构之间搭建起一座桥梁，找到相互对应的关系，有利于借鉴成熟的刚性机构分析设计理论。

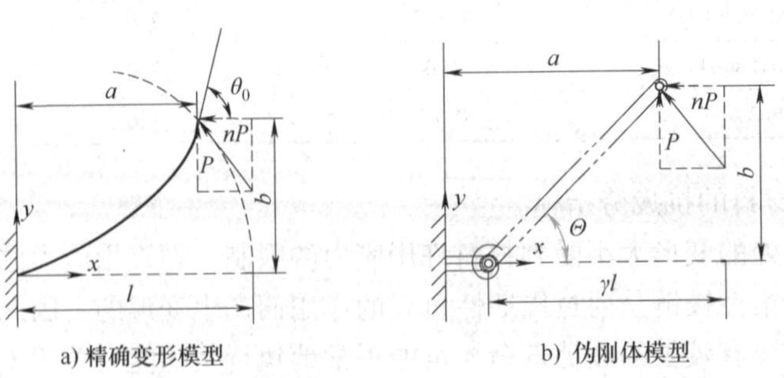

a) 精确变形模型　　b) 伪刚体模型

图 13-10　长杆型柔性单元

1. 短杆型柔性单元在纯弯矩作用下的伪刚体模型

通常将刚体杆的长度与柔性单元的长度比大于 10 的情况称为短杆型柔性单元（即 $L/l>$

10，如图 13-11 所示）。定义该情况下柔性单元的伪刚体模型：大变形转动视为绕某个特征转动中心的转动，且转动中心在 $l/2$ 处。

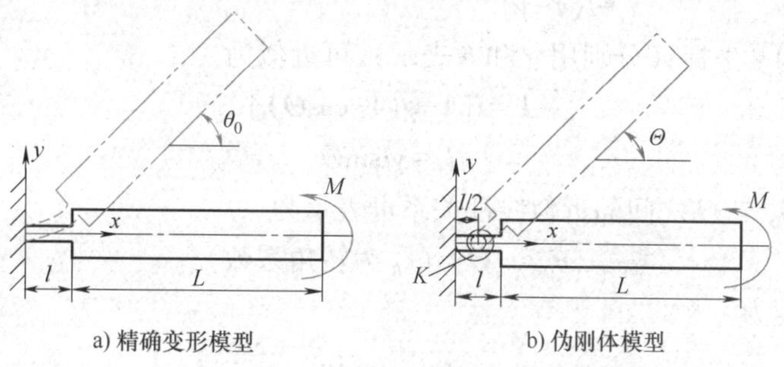

a) 精确变形模型　　b) 伪刚体模型

图 13-11　短杆型柔性单元

柔性梁的弯曲变形方程为

$$\theta_0=\frac{Ml}{EI} \tag{13.4-1}$$

这时，可建立与柔性单元对应的伪刚体模型的相关参数表达式。

首先定义伪刚体杆的转角 Θ 为伪刚体角。对于短杆型柔性单元，伪刚体角等于梁末端角，即

$$\Theta=\theta_0 \tag{13.4-2}$$

梁末端的 x 和 y 坐标（分别用 a 和 b 表示），可近似为

$$l_x=\frac{l}{2}+\left(L+\frac{l}{2}\right)\cos\Theta \tag{13.4-3}$$

$$l_y=\left(L+\frac{l}{2}\right)\sin\Theta \tag{13.4-4}$$

梁的抗变形能力可用以刚度为 K 的扭簧来等效。由式（13.4-1）可知，梁末端转角为 θ_0 时需施加的力矩应为

$$M=\frac{EI}{l}\theta_0=K\theta_0 \tag{13.4-5}$$

因此，扭簧的刚度为

$$K=\frac{EI}{l} \tag{13.4-6}$$

在纯弯矩的作用下，式（13.4-1）~式（13.4-6）不仅适用于小变形的情况，即使发生大变形，利用伪刚体模型所得结果与精确解计算结果也非常相近。

2. 长杆型柔性单元在自由端常力载荷作用下的伪刚体模型（图 13-10）

大变形椭圆积分方程表明，对于自由端受力的柔性悬臂梁，其自由端的轨迹接近一固定曲率半径的圆弧。以此作为依据，可建立起长杆型柔性单元在常力作用下对应的伪刚体模型，即在末端受到常力作用下，大变形转动可视为绕某个特征转动中心的刚体定轴转动，并设转动中心距离自由端 γl 处，这里 γl 为特征半径（伪刚体杆的长度）。同样，可导出与长杆型柔性单元对应的伪刚体模型的相关参数表达式（详细可见参考文献［14］）。

对于长杆型柔性单元，伪刚体角为

$$\Theta=\arctan\frac{l_y}{l_x-l(1-\gamma)}<\Theta_{max}(\gamma)\quad（对于精确的位置预测）\tag{13.4-7}$$

梁末端的 x 和 y 坐标（分别用 a 和 b 表示）可近似为

$$l_x=l[1-\gamma(1-\cos\Theta)]\tag{13.4-8}$$

$$l_y=\gamma l\sin\Theta\tag{13.4-9}$$

梁末端转角 θ_0 与 Θ 之间的近似线性关系可表示为

$$\theta_0=c_\theta\Theta\quad（c_\theta 为转角系数）\tag{13.4-10}$$

相应地，刚度为

$$K=\gamma K_\Theta\frac{EI}{l}\tag{13.4-11}$$

式中，K_Θ 为刚度系数；γ 为特征半径系数，且

$$\gamma=\begin{cases}0.841655-0.0067807n+0.000438n^2 & (0.5<n\leqslant 10.0)\\ 0.852144-0.0182867n & (-1.8316<n\leqslant 0.5)\\ 0.912364-0.00145928n & (-5<n\leqslant -1.8316)\end{cases}\tag{13.4-12}$$

事实上，在很大的载荷范围内，特征半径系数 γ 变化很小，因此在一般情况下可取其平均值 $\gamma=0.85$。

同样，在很大的载荷范围内，刚度系数 K_Θ 变化也很小，因此在一般情况下可取其平均值$K_\Theta=2.65$。另一个简单的近似式为

$$K_\Theta\approx\pi\gamma\tag{13.4-13}$$

考虑一种特例：长杆型柔性单元在竖直方向的常力作用下，这时 $n=0$。因此有

$$\gamma=0.85\tag{13.4-14}$$

$$\Theta=64.3°\tag{13.4-15}$$

$$l_x=l[1-0.85(1-\cos\Theta)]\tag{13.4-16}$$

$$l_y=0.85l\sin\Theta\tag{13.4-17}$$

$$\theta_0=1.24\Theta\tag{13.4-18}$$

$$K=\frac{2.25EI}{l}\tag{13.4-19}$$

表13-4中列举了在不同载荷情况下，长杆型柔性单元相对应的伪刚体模型及计算参数。

表 13-4　不同载荷情况下长杆型柔性单元的伪刚体模型

序号	基本模型	伪刚体模型	负载特征	基本关系式
1	l　L	C　Θ　$l/2$	短杆型柔性单元末端受常力矩作用（悬臂梁模型）	$\gamma=\frac{l}{2}$ $l_x=\frac{l}{2}+\left(L+\frac{l}{2}\right)\cos\Theta$ $l_y=\left(L+\frac{l}{2}\right)\sin\Theta$ $K=\frac{EI}{l}$

（续）

序号	基本模型	伪刚体模型	负载特征	基本关系式
2	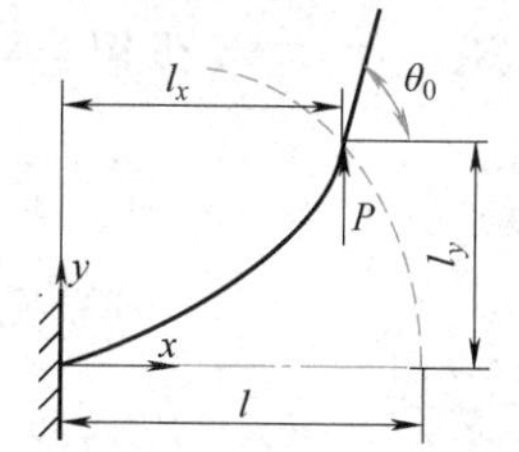	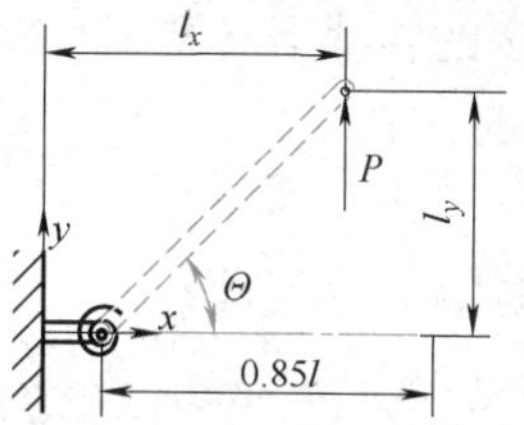	长杆型柔性单元末端受到竖直方向的常力作用（悬臂梁模型）	$\gamma=0.85$ $l_x=l[1-0.85(1-\cos\Theta)]$ $l_y=0.85l\sin\Theta$ $K=2.25\dfrac{EI}{l}$
3	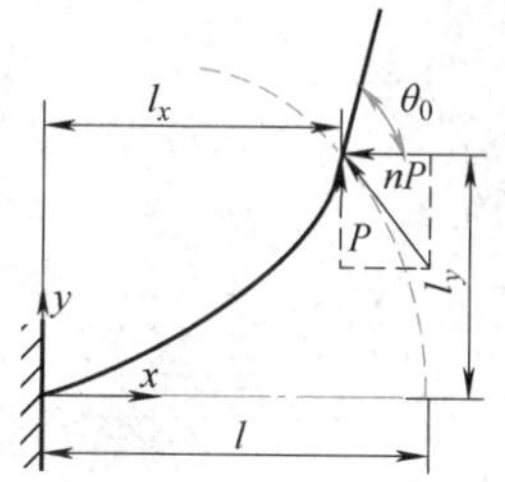	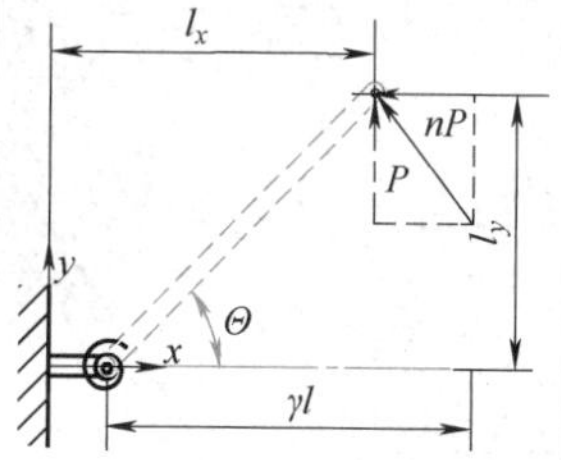	长杆型柔性单元末端受到常力作用（悬臂梁模型）	$l_x=l[1-\gamma(1-\cos\Theta)]$ $l_y=\gamma l\sin\Theta$ $K=\gamma K_\Theta\dfrac{EI}{l}$
4	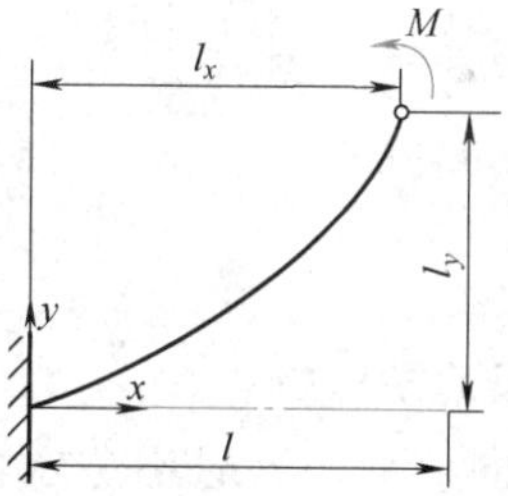	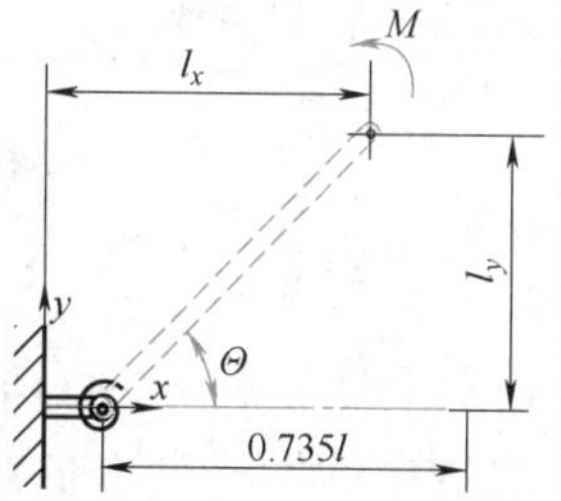	长杆型柔性单元末端受到常力矩作用（悬臂梁模型）	$\gamma=0.7346$ $l_x=l[1-0.7346(1-\cos\Theta)]$ $l_y=0.7346l\sin\Theta$ $K=1.5164\dfrac{EI}{l}$
5	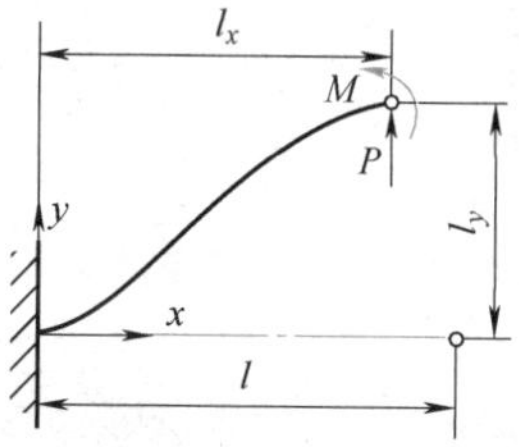	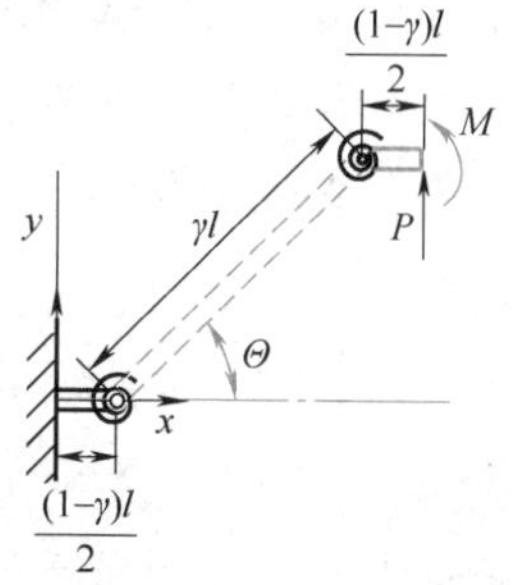	长杆型柔性单元末端同时受到常力和力矩作用（固定导向梁模型）	$l_x=l[1-\gamma(1-\cos\Theta)]$ $l_y=\gamma l\sin\Theta$ $K=2\gamma K_\Theta\dfrac{EI}{l}$

13.4.2　基于伪刚体模型法的平面柔性机构的运动学分析

在小行程柔性机构的分析中，相对于结构的几何尺寸来说其变形很小，因此可假设材料是弹性的、应变和应力成正比关系。利用这些假设可将方程线性化，从而使分析简化。但对于大行程柔性机构来说，由于基本都以簧片或柔性杆来构建，其变形较大，往往难以满足小变形的假设，这时一般采用下列方法分析：沿用小变形公式；去掉小变形中部分假设的解析方法；直接求解伯努利-欧拉（Bernoulli-Euler）方程或引入少量假设，采用椭圆积分等数值求解方法；伪刚体模型方法；有限元分析方法。各种分析方法中，最为经典的应属前面所讲的伪刚体模型法。下面举三个例子来描述利用伪刚体模型进行平面柔性机构的运动学分析过程。

【例 13-1】 由短杆型柔性单元组成的柔性曲柄滑块机构运动学分析。

图 13-12a 中的柔性单元均为细短杆柔性铰链结构，因此根据线性小变形假设条件下的伪刚体模型，可视为具有一定柔度的转动副（特征长度忽略不计）。与机构运动等效的伪刚体模型如图 13-12b 所示。这时，有

$$e=r_1\sin\theta_1+r_2\sin\theta_2 \tag{13.4-20}$$

$$r_4=r_1\cos\theta_1+r_2\cos\theta_2 \tag{13.4-21}$$

$$\theta_2=\arcsin\left(\frac{e-r_1\sin\theta_1}{r_2}\right) \tag{13.4-22}$$

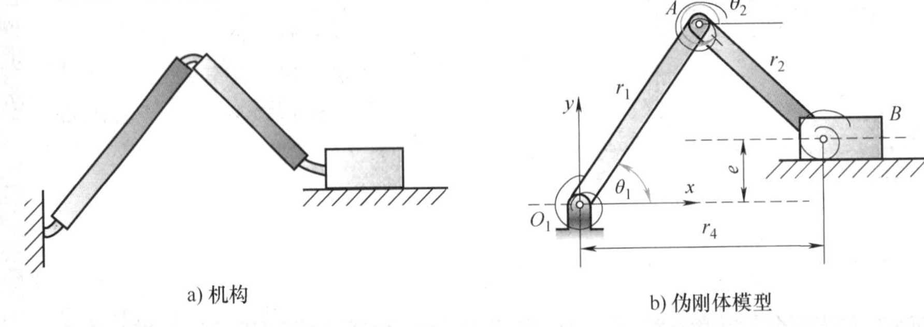

图 13-12　柔性曲柄滑块机构

【例 13-2】 由长杆型柔性单元组成的柔性曲柄滑块机构运动学分析。

由于图 13-13a 所示柔性曲柄滑块机构中的滑块沿水平方向移动，这时不考虑摩擦的作用，可视柔性杆受到任意方向的外力作用。因此选用的伪刚体模型为表 13-4 所列的情况 3。与机构运动等效的伪刚体模型如图 13-13b 所示。这时，取

$$\gamma=0.85,\quad K_{\Theta}=2.65 \tag{13.4-23}$$

因此

$$r_2=\gamma l,\quad r_3=l-r_2 \tag{13.4-24}$$

再由封闭向量方程得到

$$\theta_2=\arcsin\left(\frac{e-r_1\sin\theta_1}{r_2}\right) \tag{13.4-25}$$

$$x_B=r_1\cos\theta_1+r_2\cos\theta_2+r_3 \tag{13.4-26}$$

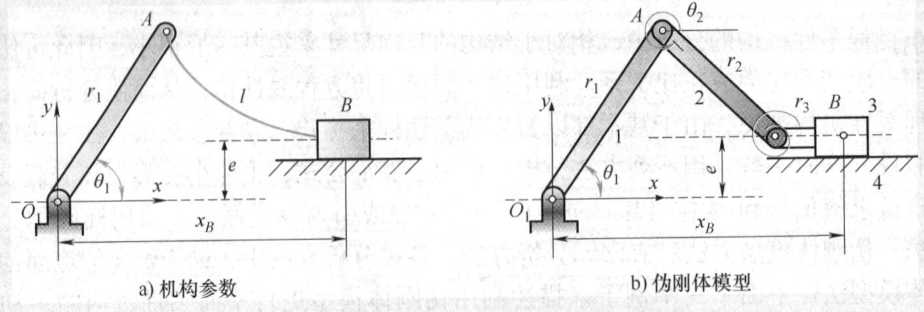

图 13-13　柔性曲柄滑块机构

【例 13-3】 柔性平行导向机构的运动学分析。

由于图 13-14a 所示柔性平行导向机构的连杆在水平力 ***F*** 作用下沿水平方向移动，这时不考虑摩擦的作用，可视两个平行的柔性杆同时受到了竖直方向的外力及弯矩作用。因此选用的伪刚体模型为表 13-4 所列的情况 5。与机构运动等效的伪刚体模型如图 13-14b 所示。这时，取

$$\gamma=0.85,\quad K_{\Theta}=2.65 \tag{13.4-27}$$

点 P 的坐标为

$$\begin{cases}x_P=\gamma l\cos\Theta+a_3\\ y_P=\gamma l\sin\Theta+l(1-\gamma)+b_3\end{cases} \tag{13.4-28}$$

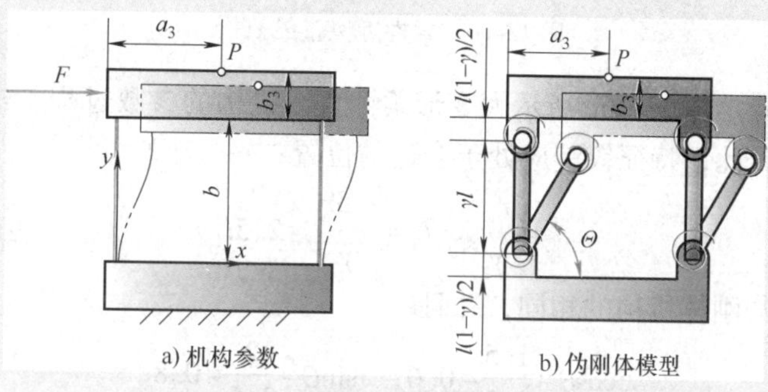

图 13-14　柔性平行导向机构

13.5　平面柔性机构的运动综合[14]

柔性机构的运动综合是建立在运动分析与建模基础之上的。

一种简单的平面柔性机构运动综合方法是等效刚体置换法（equivalent rigid-body replacement），即在基于伪刚体模型的基础上进行等效刚体置换，然后沿用刚体机构的运动综合方法。这种方法思路简单，其关键在于如何确定一个合适的与柔性机构等效的伪刚体模型。虽然在运动分析中，伪刚体模型比较容易获得，而且能够得到一对一的映射，但在运动综合过程中，往往得到的是一对多映射，即一种伪刚体模型对应多种柔性机构模型。

例如对于图 13-15 所示的刚性霍伊根（Hoeken）近似直线机构，为设计一个可实现近似直线功能的柔性机构，只需要将每个铰链替换成小变形的柔性铰链（如短细杆或圆弧缺口型柔性铰链，如图 13-16a 所示）。虽然替换后的机构由于柔性铰链不能实现整周转动而使整个机构不能产生大行程的运动，但在可行的小运动范围内还是可以做直线运动。为实现较大范围内的直线运动，可以重新设计一个在局部采用短杆型柔性铰链的柔性机构（图 13-16b）。

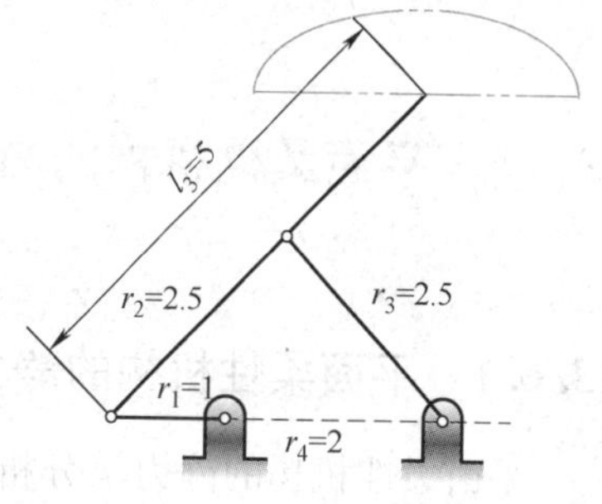

图 13-15　刚性霍伊根（Hoeken）近似直线机构

为实现更大范围内的直线运动，还可以设计一个包含大变形细长柔性杆的柔性直线机构（图13-16c）。

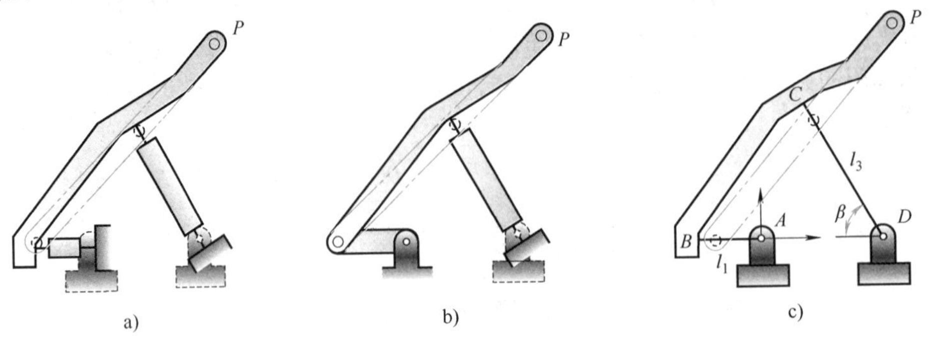

图13-16　柔性近似直线机构

下面简要给出确定图13-16c所示大变形柔性直线机构的参数过程。机构中采用了固定-铰接型柔性单元，因此，特征铰链应处于合适的位置：

$$l_1=\frac{r_1}{\gamma},\quad l_3=\frac{2.5r_1}{\gamma}=2.5l_1$$

此机构的β角与刚体机构的相同，并且

$$\cos\beta=\frac{1.5}{2.5}=0.6,\quad \sin\beta=\frac{2}{2.5}=0.8$$

由此可计算出表13-5所列各个特征点的初始坐标。例如，对点C有

$$x_C=2r_1-l_3\cos\beta=2r_1-\frac{1.5r_1}{\gamma},\quad y_C=l_3\sin\beta=\frac{2r_1}{\gamma}$$

表13-5　图13-16c所示柔性近似直线机构各特征点的坐标

特征点	x 坐标	y 坐标
A	0	0
B	$-r_1/\gamma$	0
C	$2r_1-1.5r_1/\gamma$	$2r_1/\gamma$
D	$2r_1$	0
P	$2r_1$	$4r_1$

13.6　平面柔性机构的力学分析

13.6.1　平面柔性机构的静力学分析[14]

平面柔性机构的静力学分析的主要目的是通过建立静力学平衡方程，以得到相应的反力。具体方法主要有两种：一种是图解法；另外一种是基于虚功原理的解析法。下面以柔性曲柄滑块机构为例，主要介绍图解法的应用。

【例 13-4】　由长杆型柔性单元组成的柔性曲柄滑块机构（图 13-17）的静力分析。

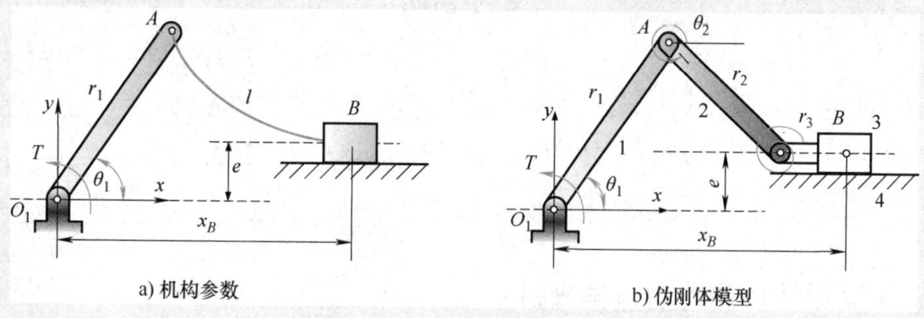

图 13-17　柔性曲柄滑块机构

解：由于图 13-17a 所示柔性曲柄滑块机构中，曲柄在驱动力矩 M 作用下通过柔性杆带动滑块沿水平方向移动，这时不考虑摩擦的作用，可视为柔性杆同时受到了竖直方向的外力及弯矩作用。因此选用的伪刚体模型为表 13-4 所列的情况 5。与机构运动等效的伪刚体模型如图 13-17b 所示。这时，

$$\gamma=0.85,\quad K_{\Theta}=2.65 \qquad (13.6\text{-}1)$$

再对各构件进行静力学分析，如图 13-18 所示。

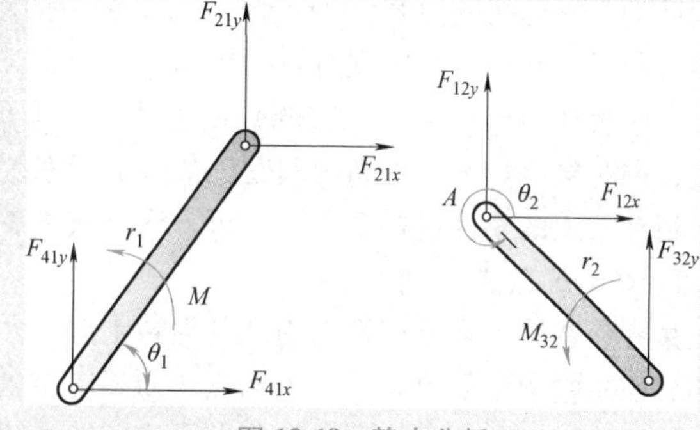

图 13-18　静力分析

$$\sum F_x=0,\quad \sum F_y=0,\quad \sum M=0 \qquad (13.6\text{-}2)$$

对于杆 1：

$$\begin{cases}F_{41x}+F_{21x}=0\\ F_{41y}+F_{21y}=0\\ M+F_{21y}r_1\cos\theta_1-F_{21x}r_1\sin\theta_1=0\end{cases} \qquad (13.6\text{-}3)$$

对于杆 2：

$$\begin{cases}F_{12x}=0\\ F_{32y}+F_{12y}=0\\ M_{32}+F_{32}r_2\cos\theta_2=0\end{cases} \qquad (13.6\text{-}4)$$

式中

$$M_{32}=-K_2(\theta_2-\theta_{20})=-\gamma K_{\Theta}\frac{EI}{l}(\theta_2-\theta_{20}) \qquad (13.6\text{-}5)$$

由于

$$F_{21x}=-F_{12x},\quad F_{21y}=-F_{12y} \qquad (13.6\text{-}6)$$

有

$$F_{21x}=F_{12x}=F_{41x}=0 \qquad (13.6\text{-}7)$$

$$F_{32y}=\frac{-M_{32}}{r_2\cos\theta_2} \tag{13.6-8}$$

$$F_{12y}=F_{41y}=-F_{21y}=-F_{32y}=\frac{M_{32}}{r_2\cos\theta_2} \tag{13.6-9}$$

$$M=M_{32}\frac{r_1\cos\theta_1}{r_2\cos\theta_2}=-\gamma K_{\Theta}\frac{EI}{l}(\theta_2-\theta_{20})\frac{r_1\cos\theta_1}{r_2\cos\theta_2} \tag{13.6-10}$$

13.6.2　平面柔性机构的动力学分析

柔性机构的动力学分析主要包括动力学建模、动力学特性分析、动态响应等问题，是机构控制、结构设计与驱动器选型的基础。对柔性机构而言，其动力学的研究内容除了包含一般刚性动力学的研究内容（如正向动力学和逆向动力学）以外，还包含结构动力学方面的内容。前者旨在对机构实现更好的控制，而后者对改善柔性系统的动态特性大有裨益。

由于柔性单元（如柔性铰链）的引入，一方面消除了摩擦与回差，提高了机构的运动精度，同时也会产生一些新的问题，如降低了系统刚度，对动力学性能造成显著的影响。

目前常用的柔性机构动力学分析方法有**集中参数法**和**有限元法**。

1. 集中参数法

集中参数法是指将柔性结构划分为若干个单元，再按静力学平衡力分解原理，将每个单元的分布质量集中于单元的两个端点，而集中质量之间的连接刚度仍与原结构的相应刚度相同。该方法特别适用于物理参数分布不均匀的系统。一般将惯性和刚度较大的部件当作质量集中的支点和刚体，而惯性小、弹性大的部件则抽象为无质量的弹簧，它们的质量忽略不计或者折算到集中质量上去。但在对实际结构简化时，不论实际结构多么复杂，集中参数模型都只使用单一的当量梁单元，因此，所建立的理论模型比较粗糙。

2. 有限元法

有限元法主要是对连续体结构进行简化，且认为质量和弹性是分布式的，它用节点处的有限个自由度代替了连续弹性体的无限个自由度。利用有限元建立的柔性机构动力学模型精度较高，且可对系统的动态响应、频率特性及动应力等动态特性进行深入分析。目前，多种商业软件均可以实现成熟可靠的有限元静力学及动力学仿真。但在柔性机构设计阶段，需要考虑众多参数的变化对机构性能的影响，有限元方法相对比较复杂和耗时。事实上，有限元分析和仿真更适合用于对理论分析和设计结果进行验证。

下面以两种柔性平行导向机构为例，说明柔性机构动力学的分析建模过程。

图13-19a所示的集中柔度型柔性导向机构包含四个圆弧缺口型柔性转动副，与对应的刚性平行四杆机构一样，可实现平动的功能。

为计算该机构的固有频率f，图13-19b给出了集中参数的机构动力学模型。单自由度系统固有频率的计算公式为

$$f=\frac{1}{2\pi}\sqrt{\frac{K_e}{M_e}} \tag{13.6-11}$$

为预估机构的固有频率，首先需分别求得机构的等效刚度和等效质量。根据能量法，系

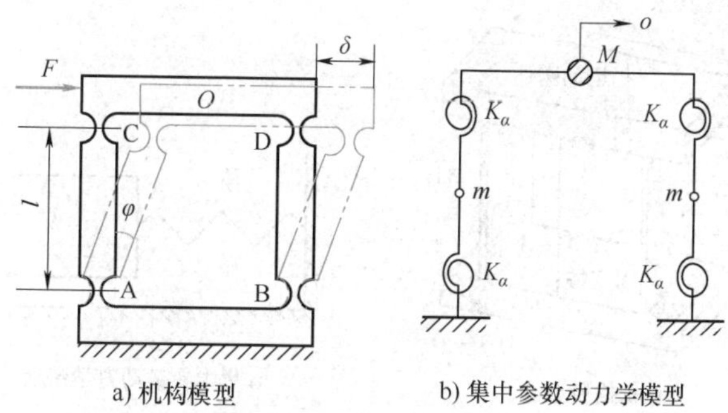

a) 机构模型　　b) 集中参数动力学模型

图 13-19　集中柔度型柔性导向机构及其动力学模型

统的势能为

$$\Delta U=4\Delta U_{\text{flexure}} \tag{13.6-12}$$

$$\Delta U_{\text{flexure}}=\frac{1}{2}K_\alpha\varphi^2 \tag{13.6-13}$$

而

$$\delta\approx l\varphi \tag{13.6-14}$$

由此可得机构的等效刚度为

$$K_e=\frac{2\Delta U}{\delta^2}=\frac{4K_\alpha}{l^2} \tag{13.6-15}$$

系统的动能为

$$\Delta T=\frac{1}{2}M_e\dot{\delta}^2=\frac{1}{2}M\dot{\delta}^2+2\times\left[\frac{1}{2}m\left(\frac{1}{2}\dot{\delta}\right)^2+\frac{1}{2}I_m\dot{\varphi}^2\right] \tag{13.6-16}$$

化简得机构的等效质量为

$$M_e=M+\frac{m}{2}+\frac{2I_m}{l^2} \tag{13.6-17}$$

以上各式中，K_e 为机构的等效刚度；M_e 为机构的等效质量；M 为刚体的质量；m 为支承杆的质量；I_m 为支承杆绕质心的转动惯量；$\Delta U_{\text{flexure}}$ 为单个柔性铰链的势能；δ 为刚体的位移；l 为铰链间的距离；φ 为变形前后变形单元的转角；K_α 为柔性铰链的转动刚度。

参考文献［30］给出了圆弧缺口型柔性铰链简化的转动刚度公式：

$$K_\alpha=\frac{2Ebt^{\frac{5}{2}}}{9\pi R^{\frac{1}{2}}} \tag{13.6-18}$$

可计算柔性平行导向机构的固有频率为

$$f=\frac{t}{3\pi}\sqrt{\frac{Ebt^{\frac{1}{2}}}{\pi R^{\frac{1}{2}}\left[\left(M+\frac{m}{2}\right)l^2+2I_m\right]}} \tag{13.6-19}$$

图 13-20a 所示的平行双簧片型柔性导向机构包含两个平行簧片，与对应的刚性平行四杆机构一样，可实现平动的功能。

根据动力学知识可知，机构动力学模型可以等效为水平方向的弹簧-滑块模型，如

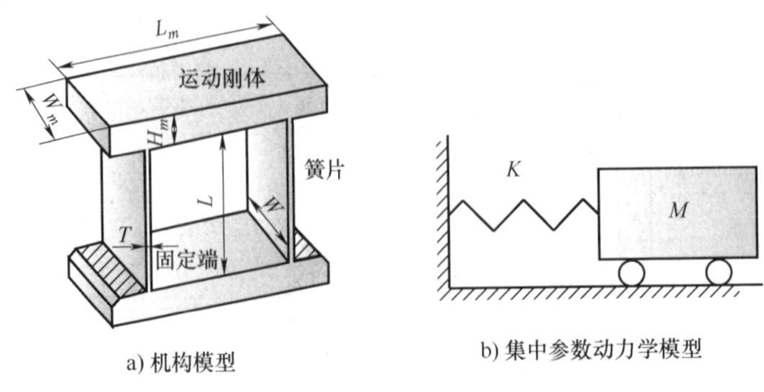

a) 机构模型　　b) 集中参数动力学模型

图 13-20 平行双簧片型柔性导向机构及其动力学模型

图 13-20b 所示。此时将簧片看作水平运动的弹簧，而运动块相当于连接在弹簧上的滑块。这时，影响柔性机构频率特性的参数主要有两个：一是将铰链等效为弹簧的刚度 K，另一个是运动部分的质量 M。

首先计算单根簧片的质量，材料密度为 ρ，簧片的厚度为 T，长度为 L，宽度为 W，则簧片的质量 m_p 为

$$m_p=\rho TLW \tag{13.6-20}$$

簧片的运动可以看作是绕固定端的转动，为使结果尽可能准确，将簧片的质量折算到质量块上。簧片质心的运动位移大约为运动块运动位移的 1/2，因此，簧片折算到运动块的质量 $\overline{m}_p$ 为

$$\overline{m}_p=\frac{m_p}{4}=\frac{\rho TLW}{4} \tag{13.6-21}$$

运动部分的质量主要集中在运动块上。运动块的高度为 H_m，水平方向的长度为 L_m，则运动块的质量 m_m 为

$$m_m=\rho L_m H_m W_m \tag{13.6-22}$$

为加工方便，一般情况下，平行双簧片型柔性机构都是在一块金属板上一体化加工而成，运动端质量块与簧片的宽度相同。考虑簧片质量和运动块质量的总质量 M 为

$$M=m_m+2\overline{m}_p=\frac{1}{2}\rho W(2L_m H_m+TL) \tag{13.6-23}$$

主要考虑簧片在功能（水平）方向上的刚度。簧片的截面惯性矩 $I=WT^3/12$，因此有

$$K=\frac{2EWT^3}{L^3} \tag{13.6-24}$$

由此得到平行双簧片型柔性机构的一阶固有频率，即

$$f=\frac{1}{2\pi}\sqrt{\frac{K}{M}}=\frac{1}{2\pi}\sqrt{\frac{4EWT^3}{\rho WL^3(2L_m H_m+TL)}} \tag{13.6-25}$$

为验证理论模型的可靠性，采用 ANSYS 软件对柔性铰链进行仿真。选取相同的几何参数（表 13-6），分别代入动力学模型和有限元模型。模态分析的结果为 25.99Hz，理论模型计算结果为 26.71Hz，与有限元仿真结果接近，误差在允许范围之内，验证了理论模型的准确性。

表 13-6　平行双簧片型柔性机构的仿真参数

参数名称	参数值	参数名称	参数值
E/Pa	0.73×10^{11}	W/mm	5
ρ/kg · m^{-3}	2700	L_m/mm	40
L/mm	60	H_m/mm	6
T/mm	0.3	W_m/mm	5

13.7　柔性机构的加工方法概述

目前柔性机构的加工多采用非机械接触加工的方法，如电火花加工法（EDM）、快速成型、半导体加工技术、光刻技术及扫描探针显微镜（SPM）技术等。以上方法中，普遍采用的是电火花加工法（EDM），而线切割是其中最为普遍的一种加工方法。国内外对该加工方法不断探索与完善，已使得它在与柔性机构加工相结合及实用化方面取得了较大进展。现在发展的趋势包括利用多功能复合加工的方法，如半导体加工技术、光刻技术、电火花与电解加工复合方法及 SPM 技术等，此外还有注塑法、钻孔法、数控铣削法、激光切割法、水切割法等。不过无论采取何种方法，都优先考虑一体化的加工方式。另外，不同的加工方法会对材料的性能参数（如弹性模量 E、弹性极限等）造成影响，由此导致的加工误差也有区别。

数控铣削法只适用于非金属材料，如聚丙烯等。若加工金属材料，由于产生的铣削力较大，易产生振动，且产生很多的热量，容易使柔性单元断裂，或导致材料的过烧，使其弹性性能受到影响。

注塑法只适用于非金属材料（如聚丙烯等），优点是成本低、速度快、切口处光滑、各向同性好、寿命长等。但非金属材料的弹性及疲劳强度往往不如金属材料。

激光切割法可加工的材料很多，如钢、不锈钢、钛、铝、黄铜、青铜、塑料、陶瓷等，在加工过程中也不产生力。但激光切割法只适用于平面机构加工，效率低、成本高。对导热性好的金属（如铝、铜合金等），激光束的热量会被迅速吸收，因此不宜采用激光切割法加工块状的金属。

电火花加工是利用工件和工具电极之间的脉冲性火花放电，产生瞬间高温使工件材料局部熔化和汽化，从而达到蚀除加工的目的。实现电火花加工的关键在于工具电极的在线制作、工具电极的微量伺服进给、系统控制及加工工艺方法等。但电火花加工不宜加工形状过于复杂的柔性机构。

线切割加工的线直径一般为 10~20μm，当产生火花加工时，两侧会各产生很小的间隙。如果在加工柔性单元时，以线中心轨迹作为柔性单元的轮廓，将产生误差。另一缺点是，线切割加工易产生残余应力，如果冷处理不当，可能导致变形（图 13-21）。

激光成型加工利用紫外光硬化树脂作为被加工材料，当树脂受到紫外光照射时，可由液态变为固态，控制曝光方式，即可成型各种三维结构。进行激光成型加工时，聚焦的紫外光

a) 线切割加工

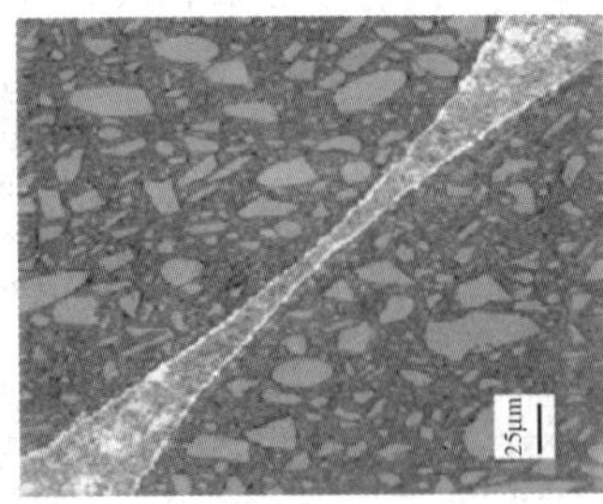

b) 显微镜观察线切割加工质量

c) 残余应力导致变形

图 13-21　线切割加工柔性机构

斑依靠 *XYZ* 工作台的运动扫描硬化一层树脂，然后 *Z* 向运动调节光斑聚焦位置，扫描硬化相邻层树脂。三维结构的成型由这样一层层的二维形状堆叠而成。成型尺寸和精度取决于光硬化树脂的光敏分辨率、光源聚焦精度、机械结构 *XYZ* 方向的运动控制精度及液态树脂的黏性等。

【例 13-5】　多簧片柔性铰链线切割加工实例。

以多簧片环形柔性铰链（图 13-22a）的加工过程为例，总体说明一下加工柔性铰链过程的注意事项。这种柔性铰链的外径为 40mm，共由 15 个簧片组成，每 5 个簧片为一组，共分 3 组，每组间隔角为 120°，分别由一个簧片连接到内外圈。每个簧片厚 0. 3mm，长约 12. 5mm，柔性非常大，所以内外圈间的转动柔度也非常大，加工起来比较困难，如果切割路径选择不当，就会直接导致加工失败。

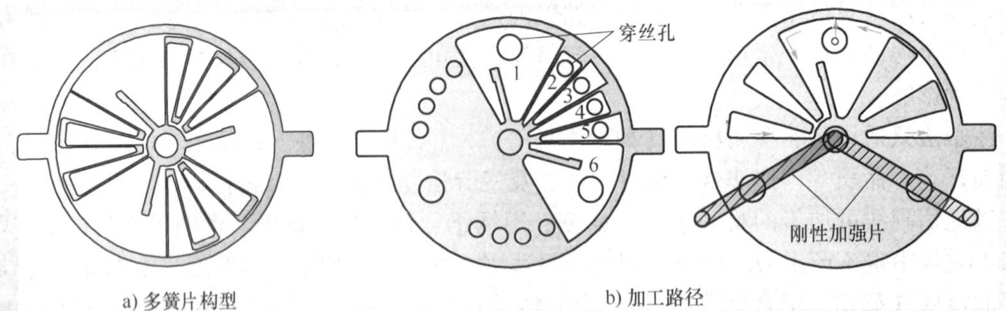

a) 多簧片构型　　b) 加工路径

图 13-22　多簧片柔性铰链的加工

如图 13-22b 所示，加工时可以打一系列的穿丝孔，在切割完 1 和 2 部分时，就相应地加工出了第 1 个簧片，切割完 3 部分时，就加工出第 2 个簧片，以此类推。由于在加工的过程中，簧片的两端都是与内外圈相连接的，所以刚度较大，工件不容易变形，精度很高。加工完所有的关键部分——15 个簧片后，然后在内外圈之间连接上刚性加强片，防止在将剩余的簧片连接的地方切割掉时发生变形。最后将剩余非关键部分切割完毕后，加工就完成了。这种按照多步骤少加工量的加工方式得到的柔性铰链精度比较高，但是相应的工时较多，这是矛盾的两个方面。用牺牲加工工时的方式来提高加工的精度，是得到较高精度常采用的方法。

13.8 本章小结

本章中的重要概念

● 柔性机构设计过程中，分析及设计方法占有非常重要的地位。其中较为常用的方法包括伪刚体模型法、拓扑优化法、约束法、梁模型法、旋量法、模块法等。

● 柔性单元是柔性机构的变形源。梁是最基本的柔性单元。以此为基础，可以衍生出多种柔性单元，包括细长杆、簧片、缺口型柔性铰链等。其中，柔性铰链是柔性机构中的重要组成元素，相当于刚性机构中的运动副。

● 无论是柔性铰链还是柔性机构都有多种分类方法，既可按照自由度进行分类，也可按功能分类。对于后者，柔性机构可分为直线机构、导向机构、稳态机构等。

● 了解柔性机构几个主要性能，包括自由度、行程、载荷、强度、刚度、精度等，这些性能与其材料及结构特性密切相关。

● 利用伪刚体模型法对平面柔性机构进行运动学、静力学及动力学分析的主要思想是沿袭前面所学等效（运动学或动力学）模型的概念，但需区分两者的不同。

● 柔性机构的加工方法多种多样，多采用非机械接触加工的方法，如电火花加工法（EDM）、快速成型法、半导体加工技术、光刻技术及 SPM 技术等。

辅助阅读材料

[1] COSANDIE R F, HENEIN S, RICHARD M, et al. The art of flexure mechanism design [M]. Lausanne: EPFL press, 2017.

[2] HOWELL L L. 柔顺机构学 [M]. 余跃庆，译. 北京：高等教育出版社，2007.

[3] HOWELL L L, MAGLEBY S P, OLSEN B M. 柔顺机构设计理论与实例 [M]. 陈贵敏，于靖军，马洪波，等译. 北京：高等教育出版社，2016.

[4] LOBONTIU N. Compliant Mechanisms: Design of Flexure Hinges [M]. New York: CRC Press, 2003.

[5] SMITH S T. Flexures: Elements of Elastic Mechanisms [M]. New York: Gordon and Breach Science Publishers, 2000.

[6] ZHANG X M, ZHU B L. Topology Optimization of Compliant Mechanisms [M]. Singapore: Springer-Verlag, 2018.

[7] 李庆祥，王东生，李玉和. 现代精密仪器设计 [M]. 北京：清华大学出版社，2004.

[8] 于靖军，毕树生，裴旭，等. 柔性设计：柔性机构的分析与综合 [M]. 北京：高等教育出版社，2018.

习 题

■ 基础题

13-1 试绘制图 13-23 中各个平面机械实体的伪刚体模型（不要求具体尺寸）。

13-2 考虑图 13-24 所示的柔性机构，在运动过程中连杆不转动。

1）绘制该机构的伪刚体模型。

a) 两种卷边机构

b) 两种平行导向机构

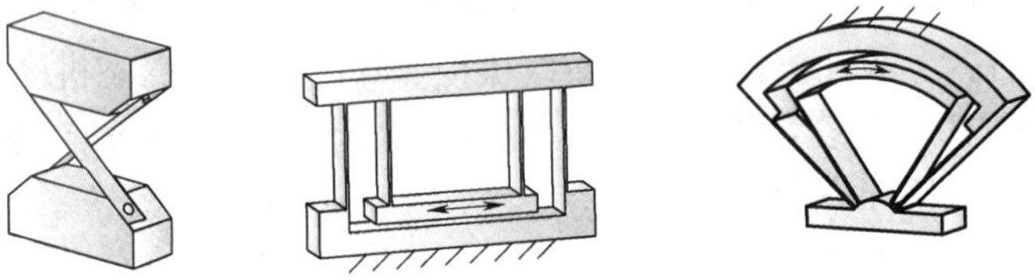

c) 两种过约束柔性铰链

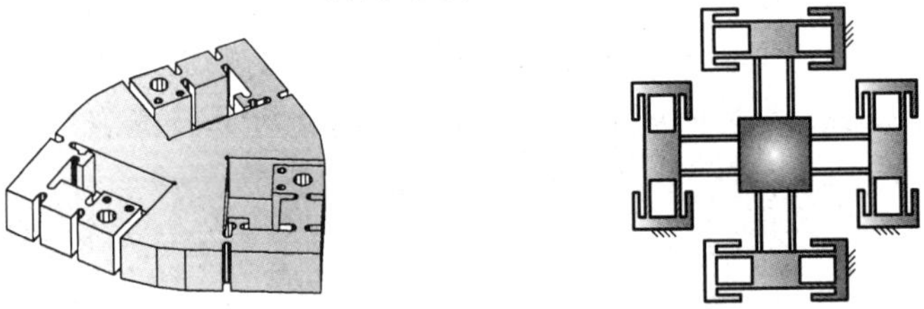

d) 两种并联柔性平台

图 13-23　题 13-1 图

2）如何设计才能保证在运动过程中连杆不发生转动?

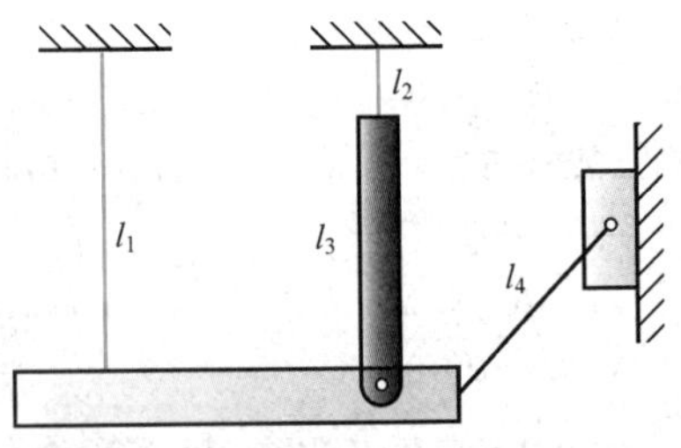

图 13-24　题 13-2 图

■ 工程设计基础题

13-3　罗伯茨（Roberts）近似直线机构的运动参数如图 A-1b 所示。分别按照以下条件，用等效刚体模型法设计相应的柔性机构。

1）机构中使用 4 个柔性铰链（短细杆或缺口型）。

2）机构中使用 2 个片簧。

3）其他可能的类型。

13-4　利用等效刚体置换法设计一种可以实现机械增益大于 3 的柔性夹钳机构（增力机构）。

■ 虚拟仿真题

13-5　确定图 13-25 中的点 P 的变形。

1）应用短细杆柔性铰链近似方法。

2）用 ANSYS 有限元软件分析。

3）比较以上结果，计算两种方法之间的误差值。

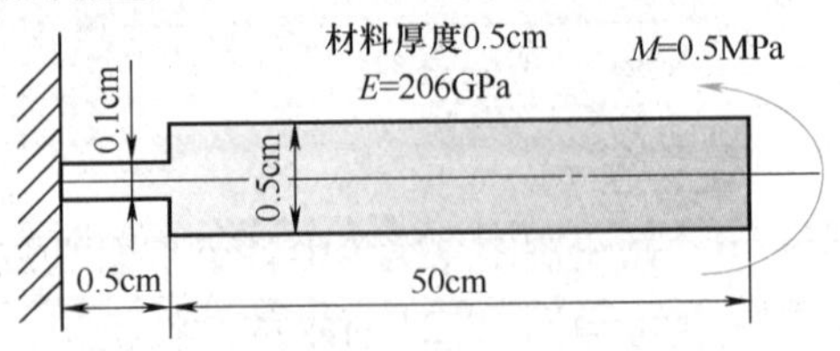

图 13-25　题 13-5 图

第四篇
机械系统方案设计篇

第14章 机械系统的方案设计

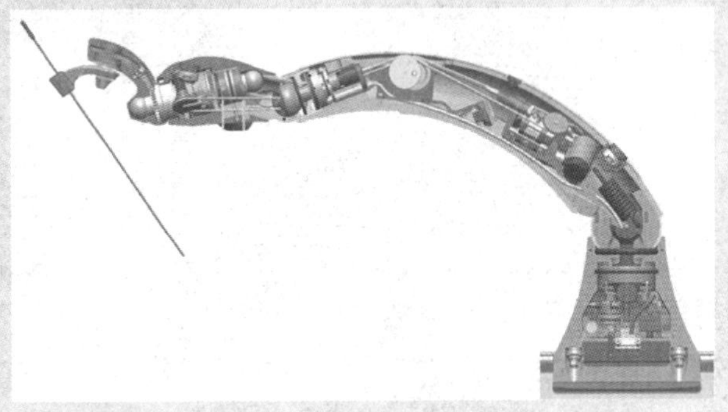

该穿刺手术机器人由齿轮、连杆、蜗杆、绳索等多种机构组成，并采用了远程运动中心（RCM）的概念实现高精度定位。

盾构机是一套复杂的机械系统，由多个功能模块组成，各模块之间必须在时间上实现良好的协调。

英国 OC Robotics 公司研制的蛇形机器人由多段组成，通过多套绳驱动及路径规划算法来实现灵活的运动。

本章学习目标：

通过本章的学习，学习者应能够：

- 了解机械系统方案的设计任务及一般步骤；
- 熟悉机械系统方案设计的基本原则；掌握执行系统的运动方案设计，机构系统运动循环图的绘制，以及组合机构的运动参数设计；
- 学会原动机及传动系统的选型。

【内容导读】

一个机械系统或一个机械产品的设计通常包括以下四个阶段：初期规划阶段、方案设计阶段、详细设计阶段和生产施工阶段。其中方案设计是机械系统设计的核心和关键，也是最具创造性和综合性的设计环节。

机械系统方案设计的主要任务就是在初期规划阶段的基础上，根据机械产品的功能与性能，进行机械产品整体方案的构思和拟定，最终完成方案示意图、机构运动简图和方案设计说明书等文案。当这种方案设计主要满足生产工艺过程的运动要求，或其他运动功能方面的要求，而不涉及机械中构件的结构与强度，可称为机械系统运动方案设计。方案设计主要表现为机械系统运动方案设计。机械系统方案设计的最终目标是寻求一种既能实现预期功能要求，又能满足性能价格比高的设计方案。

合理选择机构类型，拟定机械系统运动方案，是机械产品设计的一项重要任务。这也是一项较为复杂的工作，需要设计者具有丰富的实践经验和扎实的理论知识，以及充分发挥创造性思维能力，才能设计出一个实用、可行的机械系统方案。

14.1　机械系统方案设计概述

14.1.1　一般过程

现代机械系统主要由原动机、传动系统、执行系统、测控系统等组成，有时为保证机器的正常工作，还需要一些辅助系统，如冷却系统等，因此严格意义上讲，机械系统的方案设计过程中应涵盖对这几个部分的方案设计。而狭义上的机械系统方案设计特别是运动方案设计中只包括执行系统方案设计、原动机的选择等内容。

（1）执行系统的方案设计　执行系统的方案设计是机械系统方案设计的核心，是产品能否实现预期功能和完成预定工作要求的关键环节，主要包括功能原理设计、运动规律设计、执行机构的构型与参数设计、方案评价与决策等。

（2）原动机与传动系统的选择　原动机的类型和运动参数需与执行系统的工作环境、负载特性及工作要求相匹配。传动系统介于原动机和执行系统之间，实现运动与动力的传递。

有关机械系统（运动）方案设计步骤的提法较多，但并无本质差别。这里给出一般步骤：

1）功能原理设计。根据机械系统预期实现的功能要求，构思机械系统功能原理，拟定工作原理和工艺动作。

2）执行系统设计。执行系统可以是单一机构，也可以是多个基本机构的组合。将执行机构的运动按机械设计要求协调起来，必要时需绘制机械运动循环图。

3）原动机及传动系统的选择。根据执行构件的运动参数和生产阻力，选择合适的原动机和传动类型，拟定传动路线。

4）机械系统方案初步拟定。根据机械的工作原理、机械运动循环图、执行机构的型式、传动系统和原动机，进行机械系统的总体布局，拟定机械系统运动示意图（方案草图）。

5）尺度设计。根据执行构件、主动件的运动参数，以及各执行构件的协调配合要求，有时还需考虑动力性能要求，确定机构中各构件的几何尺寸，绘制机构运动简图。

6）运动与动力分析及仿真。对整个机械系统进行运动分析和动力分析及仿真，验证所设计的运动方案是否满足运动性能要求和动力性能要求。

7）方案评价与决策。对所设计的机械系统方案的性能、功能、成本等进行定性和定量评价，若评价结果为负面，则需改变甚至推翻原设计。

在实际设计中，选择机构类型并组成机构系统的运动方案与对运动方案中的机构进行运动设计和分析经常是相互交叉进行的。

14.1.2 基本原则

在拟定机构系统运动方案时，无论选用何种方案，通常都应遵循以下几个基本原则。

1. 机构尽可能简单，运动链尽可能简短

这可以带来以下几方面的好处：①可以简化机械构造，减轻重量，降低制造成本；②可以减少由于各个零件的制造误差而导致的运动链累计误差，从而提高传动精度和增强机构系统工作可靠性；③可以减少由于运动副中摩擦带来的功率损耗，以提高机械效率；④有利于提高整个机构系统的刚度，减少产生振动的环节。

那么如何使机构尽可能简单、运动链尽可能简短呢？

1）在选择平面连杆机构时，有时宁可采用有一定设计误差的简单的近似机构，而不采用理论上无误差的较复杂的精确机构。图 14-1 所示为两个实现直线轨迹的机构，其中图 14-1a 为理论上可实现精确直线轨迹的八杆机构；而图 14-1b 为实现近似直线轨迹的四杆机构。通常在同一制造精度条件下，实际轨迹误差却是前者大于后者，其原因就在于运动副数目增多而造成运动副累计误差增大。

2）合理选择原动机的类型，可使运动链简短。在只要求执行构件实现简单的工作位置变换的机构中，采用液压缸或气缸作为原动机，直接推动执行构件运动较为简便。它同采用电动机驱动相比，可省去一些减速传动装置和运动变换机构，而且还有传动平稳、操作方便、易于调速等优点。

图 14-2 所示为两种钢板叠放机构系统的运动简图。图 14-2a 为六杆机构，采用电动机作为原动机，通过减速装置（图中未画出）带动机构中的曲柄 AB 转动；图 14-2b 采用运动倒置的凸轮机构（凸轮为固定件），液压缸活塞杆直接推动执行件 2 运动。显然，右边的机构系统比左边的机构系统在结构上更简单些，也即改变机构系统主动件的驱动方式有可能使机构系统结构简化。

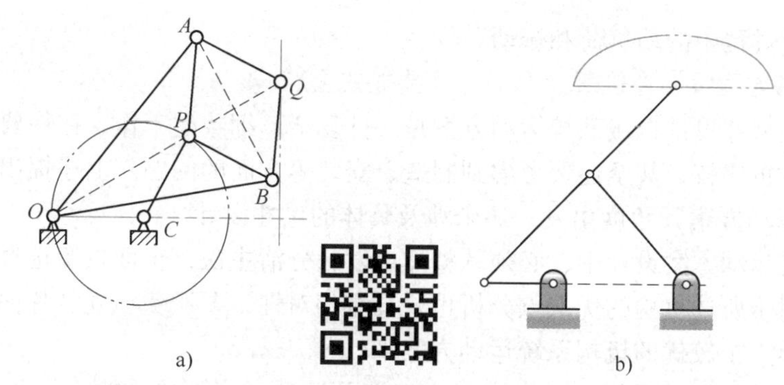

图 14-1　两个直线轨迹机构

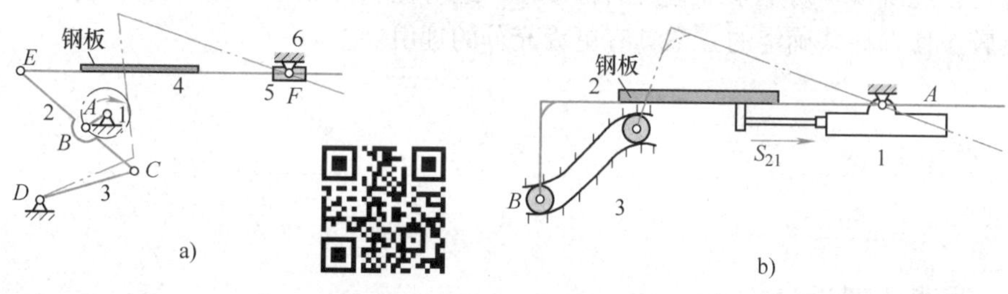

图 14-2　两种钢板叠放机构系统的运动简图

3）高副机构与低副机构的比较。在基本机构中，高副机构（如凸轮机构、齿轮机构）只有 3 个构件和 3 个运动副，而低副机构（如四杆机构）有 4 个构件和 4 个运动副。因此，从运动链尽可能简短方面考虑，似乎应优先选用高副机构。但在实际设计中，不只是考虑运动链简短问题，还需要根据高副机构和低副机构在传动与传力特点、加工制造、使用维护等各个方面进行较全面的比较，才能做出最终选择。

2. 尽可能减小机构的尺寸

在满足工作要求的前提下，总希望机械产品的结构紧凑、尺寸小、重量轻，这是机械设计所追求的目标之一。

机械产品的尺寸和重量随所选用的机构类型不同而有很大的差别。例如，实现同样大小传动比的情况下，周转轮系的尺寸比普通定轴轮系的尺寸要小很多；要求移动从动件有较大行程，圆柱凸轮机构的凸轮径向尺寸比盘形凸轮机构的凸轮径向尺寸要小得多，所需凸轮活动空间也小。当然，圆柱凸轮机构可以减少径向尺寸，但是它的轴向尺寸却增大了，因此在实际设计中，还应根据允许的空间大小，选择凸轮机构的种类。

3. 机械系统应有良好的动力学特性

1）要选择有良好动力学特性的机构，首先是尽可能选择压力角较小的机构，特别注意机构的最大压力角是否在允许值范围内。例如在获得执行件往复摆动的连杆机构中，摆动导杆机构最为理想，其压力角始终为零。

2）为了减少运动副摩擦、防止机构出现楔紧甚至自锁现象，尽可能采用全由转动副组成的连杆机构，尤其是少采用固定导路的移动副。转动副制造方便，摩擦小，机构传动灵活。

3）对于高速运转的机构，如果做往复运动或平面一般运动构件的惯性质量较大，或转动构件有较大的偏心质量（如凸轮构件），则在设计机构系统时，应采取平衡惯性质量措施，以减少运转过程中的动负荷和振动。

4. 机械系统方案设计评价既要全面，又要抓住重点

选择机构类型并设计机械系统运动方案是一件复杂、细致的工作，往往要同时做一些运动学和动力学分析比较，甚至还要考虑到制造、安装等方面的问题。上述提出的几个基本原则主要是从“运动方案”角度出发，还未涉及具体的尺寸设计。

在机构系统运动方案设计中，必须从整体出发，分清主次，全面权衡选择某方案的利弊得失。此外，对于所选机构的优缺点分析也要具有相对性，要避免孤立、片面的评价，这样才有可能设计出一个较优的机构系统运动方案来。

选择并确定某个机械系统运动方案，必然涉及运动方案评价准则、评价指标及评价体系。设计者在此阶段不妨从系统组成的合理性、经济性和可靠性等方面进行初步的、定性的分析与比较，使选择并确定的方案具有更为充分的理由。

14.2 功能设计

14.2.1 功能原理设计

功能原理设计是机械系统方案设计的第一步。实现同一功能，可以采用不同的工作原理。所选的工作原理不同，机械系统的方案也必然不同。功能原理设计的主要任务就是根据预期的功能要求，构思出各种可能的功能原理，加以分析、比较，进而优选出既能满足功能要求，工艺动作又简单的工作原理。

例如，若要求设计一个齿轮加工设备，其预期的功能是在轮坯上加工出齿轮，为了实现这一功能要求，既可以选择仿形原理，也可以采用展成原理。若选择仿形原理，则工艺动作除了有切削运动和进给运动之外，还需要有准确的分度运动；若采用展成原理，则工艺动作除了有切削运动和进给运动外，还需要有刀具与轮坯之间的展成运动等。这说明，实现同一功能，可以选择不同的工作原理，选择的工作原理不同，机械系统的设计方案也迥然不同，所设计的机械系统在工作性能、工作效率和适用场合等方面就会有很大差异。

在拟定机械系统的工作原理方案时，离不开创造性设计方法的使用。参考文献［100］介绍了常用的三种方法：分析综合法、思维扩展法和还原创新法。有兴趣的读者可以深入阅读。

14.2.2 功能分析与工艺动作分解

机械系统的工作原理确定后，为了便于设计，还需对该机械系统相对复杂的工艺过程进行分析、分解。一个复杂的工艺过程往往需要多种动作，而任何复杂的动作总可以由若干基本动作合成得到。有些机械产品在运动规律上较为复杂，也需要设计者将其分解成若干个基本运动。

例如，设计一个可制造加工薄壁零件的压力机的机构系统。其基本生产工艺过程如下：将配料（薄板材）送至冲压位置，然后进行冲压成形，如图14-3a所示。组成机构系统的主要部分是冲压部分，要求执行构件上模（冲头）做上下移动。根据金属材料塑性变形理论，要求上模在冲压零件过程中做较小速度的等速移动；为提高生产率，上模在空回行程中应做加速移动，其位移示意图如图 14-3b 所示。组成机构系统的辅助部分即为送料部分，要求执行构件在水平方向向右推送坯料，对其运动规律无特殊要求，只是要求坯料准确到达冲压位置。显然，送料运动和冲压运动必须协调配合，即只有上模离开下模顶面到达某位置后，坯料才能到达待冲压的位置。

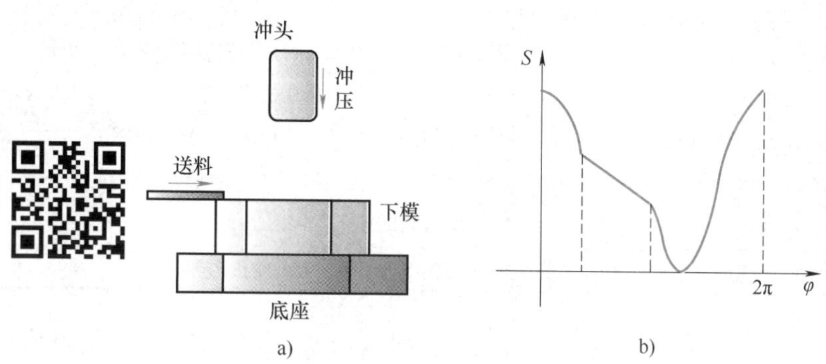

图 14-3　冲压机床机构的生产工艺过程

机械工艺动作的分解过程也是一个创造性的设计过程。工艺动作应力求简单、合理、可靠。一旦完成了工艺动作的分解，就可以确定执行构件的数目，以及各执行构件的运动形式、运动协调关系和基本运动参数，然后进行执行系统的构型设计。

当然，随着电动机成本的大幅下降，以及多自由度机构的普及应用，采用单个多电动机驱动的多自由度机械系统便可实现复杂的工艺动作。当前航空曲面加工中越来越青睐于采用五轴混联机床加工叶片类零件便是一个典型的例子。

14.3　执行系统的方案设计

14.3.1　执行机构的构型设计

执行构件的基本运动形式有连续转动、往复摆动、往复移动、单向间歇转动、间歇往复移动、间歇往复摆动、平面一般运动、点轨迹运动（如直线）、空间定轴转动、空间平动、螺旋运动及多自由度的复杂运动等。

表 14-1 中所列出的对执行构件的运动要求，只是几种常见的，并未包括所有可能的运动要求，而且仅是定性的描述。实际上具有上述运动特性的机构有数百种之多，在有关机构设计手册中可查阅到。另外，实际机器所要求的运动可能更为复杂多样，并且是具体量化的。

表 14-1　运动要求及其相应机构类型

对执行构件的运动要求	可供选择的机构类型
等速连续转动	平行四边形机构、双万向联轴器机构、各种齿轮机构、轮系等
非等速连续转动	双曲柄机构、转动导杆机构、单万向联轴器机构等
往复摆动（只有行程角或若干位置要求）	曲柄摇杆机构、双摇杆机构、摇块机构、摆动导杆机构、摇杆滑块机构（滑块为原动件）、摆动从动件凸轮机构等

（续）

对执行构件的运动要求	可供选择的机构类型
往复摆动（有复杂运动规律要求）	摆动从动件凸轮机构、凸轮-齿轮组合机构等
间歇旋转运动	棘轮机构、槽轮机构、不完全齿轮机构、凸轮机构、凸轮-齿轮组合机构等
等速直线移动	齿轮齿条机构、移动从动件凸轮机构、螺旋机构等
往复移动（只有行程或若干位置要求）	曲柄滑块机构、摇杆滑块机构、正弦机构、正切机构等
往复移动（有复杂运动规律要求）	移动从动件凸轮机构、连杆-凸轮组合机构等
平面一般运动（或称刚体导引运动）	铰链四杆机构、曲柄滑块机构、摇块机构等（连杆做平面一般运动）
近似实现点的轨迹运动	各种连杆机构等
精确实现点的轨迹运动	连杆-凸轮组合机构、双凸轮机构等

执行机构构型设计的方法主要有两大类：机构选型与构型综合。所谓机构选型是指将前人创造发明的大量的机构按运动特性或功能进行分类，然后根据设计对象中执行构件所需要的运动特性或功能进行检索与优选，进而选出合适的机构构型。而构型综合则是通过有效的方法创新设计出当前没有的新机构，以满足执行构件的运动特性或功能要求。它是一项比机构选型更具创造性的工作。相关内容在本书第4章已有详细介绍，这里不再赘述。

14.3.2 执行系统的协调设计

1. 协调设计原则与方法

当按机械的运动要求或工艺要求初步拟定机构系统运动方案示意图时，还不能充分反映出机械系统中各执行构件间的相互协调配合的运动关系。而对机械系统而言，明晰这种运动关系是十分必要的。这方面的工作称为执行系统的协调设计。

执行系统的协调设计需遵循的基本原则有以下几点：

1）满足各执行机构动作先后的顺序性要求。各执行机构的动作过程与先后顺序必须符合工艺过程所提出的要求。

2）满足各执行机构动作在时间上的同步性要求。为保证执行系统能按周期循环工作，必须使各执行机构的运动循环时间间隔相同。

3）满足各执行机构在空间布置上的协调性要求。对于有位置限制的执行系统，必须对各执行机构在空间位置上进行协调设计，以保证在运动过程中彼此之间及与周围环境之间不发生干涉。

4）满足各执行机构操作上的协同性要求。当多个执行机构同时作用于同一操作对象时，各执行机构之间的运动必须协同一致。

5）各执行机构的动作安排有利于提高劳动生产率。为提高生产率，应尽量缩短各执行机构执行系统的工作循环周期。

因此，执行系统协调设计的一般步骤如下：

1）确定机械的工作循环周期。

2）确定机械在一个运动循环中各执行构件的各个行程段及其所需时间。

3）确定各执行构件动作间的协调配合关系。

2. 机械运动循环图设计

注意到在大多数机械中，各执行机构往往做周期性的运动，机构中的执行构件在经过一定时间间隔后，其位移、速度、加速度等运动参数的数值呈现出周期性的重复。为此引入了**机构系统运动循环图**的概念。

用来描述机构系统在一个工作循环中各执行构件运动间相互协调配合的示意图称为**机构系统运动循环图**，简称**运动循环图**。由运动循环图可以容易地看出系统中各执行机构是以怎样的顺序配合工作的。

机械在主轴或分配轴转动一周或若干周内完成一个工作循环，故运动循环图常以主轴或分配轴的转角为变量，以某主要执行构件有代表性的特征位置为起始位置，在主轴或分配轴转过一个周期内，表示出其他执行构件相对该主要执行构件的位置先后顺序关系。按表示形式的不同，通常有**直线式运动循环图**、**圆周式运动循环图**和**直角坐标式运动循环图**。

现以半自动制钉机为例，说明如何根据图 14-4a 所示鞋钉的制造工艺过程来绘制运动循环图。鞋钉分为钉头、钉杆、钉尖三部分，钉杆呈四方锥形。为将钢丝料制成一枚鞋钉，其工艺过程示意图（俯视）如图 14-4b 所示。整个机构系统由四个凸轮机构组成（图中只画出各凸轮机构的执行构件），分别完成四道工序，一个工作循环的顺序如下：①镦头：冲头 1 左进镦出钉头，在镦锻过程中，冲头 3 压紧钢丝料；②送料：由送料夹持器 2 分四次间歇送进，前三次每次送进量约为 1/3 钉长度，第四次送进略大于前三次送进量；③压紧、挤方：由冲头 3 在前三次送料后的停歇时间内将钉杆挤压成方锥，在其余工作循环中冲头 3 保持与钉杆接触，起压紧作用；④挤尖、切断：在第四次送料后，由切断刀 4 同时完成挤尖、切断工序，最后完成一枚鞋钉的制作。

描述以上一个工作循环，按四个执行构件的运动协调配合的表示形式不同，分别介绍以下三种运动循环图。

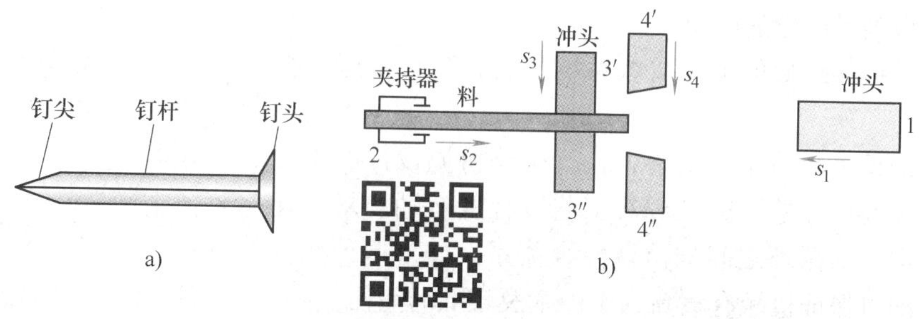

图 14-4　鞋钉制作的工艺过程

1）**直线式运动循环图**：将机械在一个工作循环中各执行构件各运动区段的起止时间（或转角）和先后顺序，按比例绘制在直线轴上，形成长条矩形图，如图 14-5 所示。

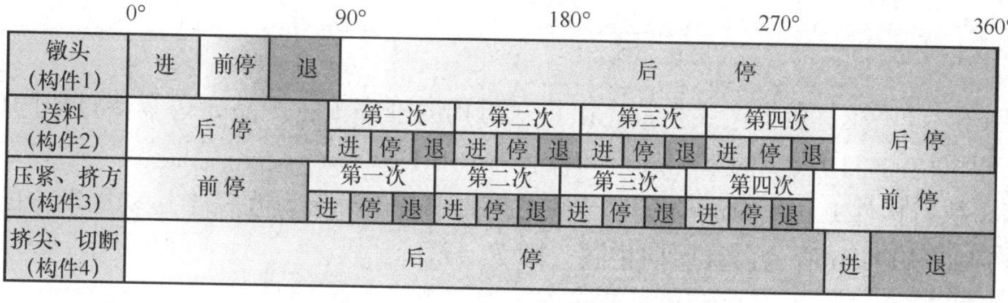

构件	0°～360°
镦头（构件1）	进 | 前停 | 退 | 后停
送料（构件2）	后停 | 第一次（进 停 退）| 第二次（进 停 退）| 第三次（进 停 退）| 第四次（进 停 退）| 后停
压紧、挤方（构件3）	前停 | 第一次（进 停 退）| 第二次（进 停 退）| 第三次（进 停 退）| 第四次（进 停 退）| 前停
挤尖、切断（构件4）	后停 | 进 | 退

（图中标尺：0°　90°　180°　270°　360°）

图 14-5　直线式运动循环图

直线式运动循环图绘制方法简单，能清楚地表示出一个运动循环内各执行构件间运动的先后顺序和位置关系。但由于不能显示各执行构件的运动变化情况，只有简单的文字表述，导致运动循环图的直观性较差。

2）**圆周式运动循环图**：以原点 O 为圆心，作若干个同心圆环，每一个圆环代表一个执行构件。由各相应圆环分别引径向直线表示各执行构件不同运动区段的起始和终止位置，如图 14-6 所示。

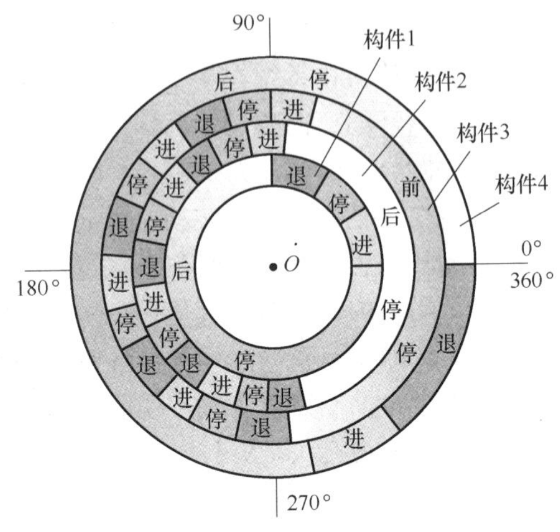

图 14-6 圆周式运动循环图

由于机械的运动循环通常是在主轴或分配轴转一周的过程中完成的，因此，圆周式运动循环图能直观地看出各执行机构中，原动件在主轴或分配轴上所处的相位，便于各执行机构的设计、安装和调试。但当执行构件较多时，因同心圆环太多而显得不够清晰，同样也无法显示执行构件的运动变化情况。

3）**直角坐标式运动循环图**：以横坐标轴代表机械的主轴或分配轴的转角，以纵坐标轴代表各执行构件的角位移或线位移，如图 14-7 所示，实际上就是各执行构件的位移线图。为简明起见，通常忽略实际的运动规律，将各运动区段用直线连接，只反映出各执行构件间运动的协调配合关系。

直角坐标式运动循环图形象、直观，不仅能清楚地表示出各执行构件的运动先后顺序，还能表示出执行构件的运动状态及运动变化情况，并能作为下一步机构几何尺寸设计的依据，因此得到了广泛的应用。

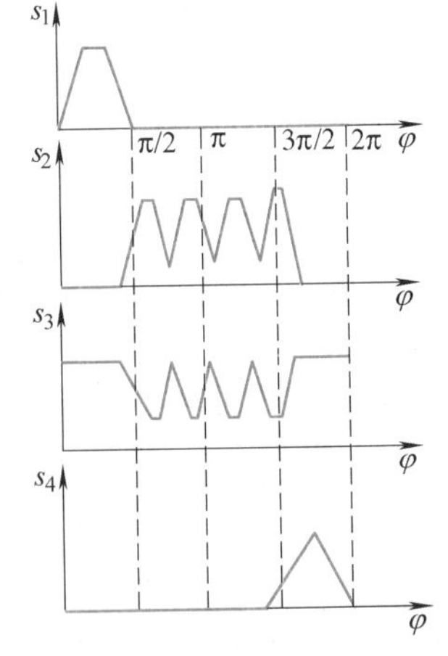

图 14-7 直角坐标式运动循环图

下面将重点介绍如何拟定机构系统的直角坐标式运动循环图。

拟定机构系统运动循环图是各执行机构协调设计的重要内容。它的主要任务是根据机械对工艺过程及运动要求，建立各执行机构运动循环之间的协调配合关系。如果这种配合协调合理，即可保证机械有较高的生产率及较低的能耗。

所谓运动协调配合关系，通常包含执行机构之间的运动，在时间（顺序）和空间（是否干涉等）上的双重考虑。以下就这两方面情况来分别讨论应如何拟定合理的运动循环图。

现以图 14-8 所示的某产品外包装上需要打印生产日期为例，说明应如何拟定合理的运动循环图。

【例 14-1】 在一条生产线上首先由推送机构的推杆 1 将产品 3 送至待打印的位置，然后打印机构的打印头 2 向下完成打印操作（图 14-8a）。

两个执行构件 1 和 2 的运动规律已按工艺要求基本确定，在一个运动周期内的位移线图分别如图 14-8b 所示，且周期相同，即 $T_1=T_2$。

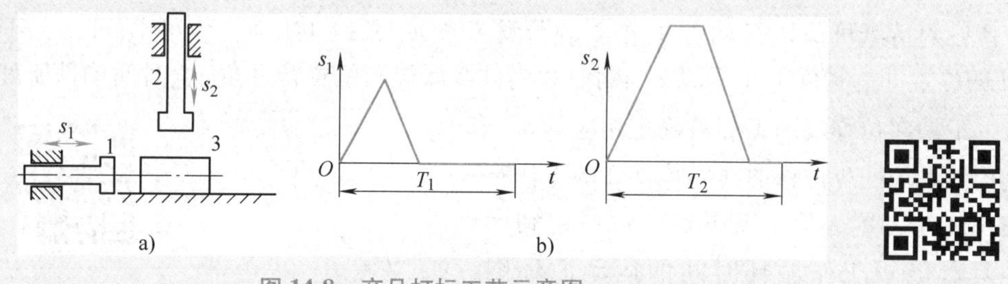

图 14-8　产品打标工艺示意图

方案 1：推杆 1 先完成一个运动循环，然后打印头 2 再完成一个运动循环，如此反复交替。机构系统的运动及运动循环图如图 14-9a 所示。

方案 2：调整推杆 1 在一个运动循环内运动区段与停歇区段的相对位置，使产品提前 Δt 时间到达预定位置。机构系统的运动及运动循环图如图 14-9b 所示。

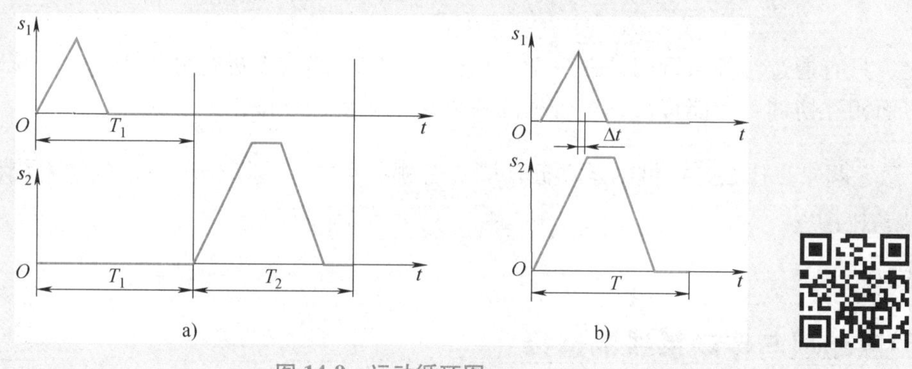

图 14-9　运动循环图

对于方案 1，整个打印工作循环所需时间最长，即 $T=T_{max}=T_1+T_2$。显然这种安排不大合理。理论上整个打印工作循环所需最短时间应为 $T=T_{min}=T_1=T_2$。但由于制造、安装等误差而导致机构产生运动误差，有可能产品还未到预定位置，而打印头 2 已经到达打印位置。为避免这种可能，应使推杆 1 具有运动时间提前量 Δt，其具体数值可根据产品大小及实际可能的误差因素综合地加以确定，即方案 2 所示。

【例 14-2】　图 14-10a 所示为某包装自动线上两折纸机构（机构未画出）的执行构件 1 和 2 对产品 3 进行折纸的顺序原理图。两折纸机构在运动过程中可能会出现空间位置干涉的情况。如执行构件 1 先动作，折产品的右纸边，执行构件 2 后动作，折产品的左纸边，则导致各自作用头的运动轨迹在某点发生干涉。

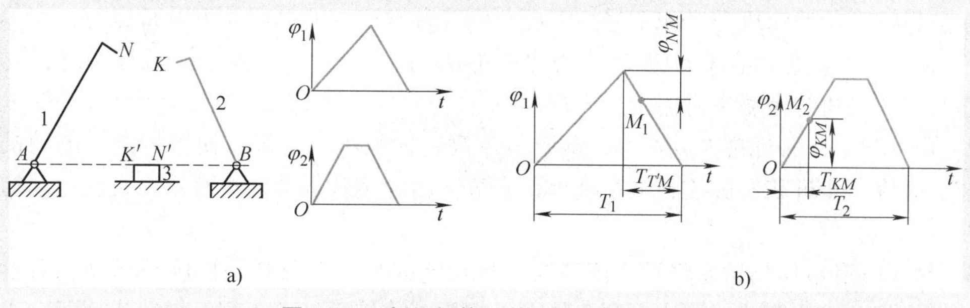

图 14-10　折纸机构及其运动循环图之一

假设两折纸机构执行构件 1 和 2 的位移线图如图 14-10b 所示。由图可知，干涉点 M 的位置即为构件 1 在返回 $\varphi_{N'M}$ 角时和构件 2 从初始位置转过角 φ_{KM} 时两构件所处的位置，于是在位移线图上即可确定相应的 M_1 和 M_2 点。构件 1 的回程位移曲线同构件 2 的工作行程位移曲线在 M（M_1、M_2）点相交，即可得到该机构系统具有最短工作循环时间的运动循环图，如图 14-11 所示。考虑到制造、安装等因素导致机构产生运动误差，合理的安排应将构件 2 的位移线图右移一段距离，即使构件 2 的开始运动时间有一个滞后量 Δt，如图 14-11 所示。这样，一个工作循环周期为 $T=T_{min}+\Delta t$。

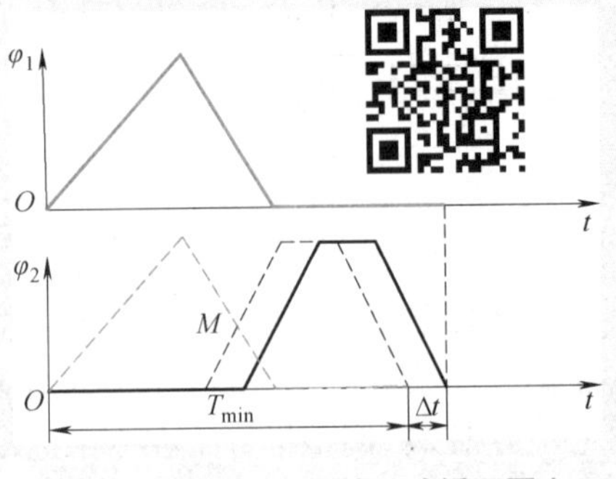

图 14-11　折纸机构及其运动循环图之二

总之，只有通过对各执行构件在一个运动循环中的位移线图进行分析研究，并从时间及空间两方面相互协调，才能拟定一个合理的机构系统运动循环图。

【思考题】：什么是机械的运动循环图？有哪些形式？运动循环图在机械系统设计中有什么作用？

14.4　原动机与传动系统的选择

在根据所要求的基本运动选定了各执行机构和原动机的类型之后，还存在整个系统驱动方式的选择问题。为使各执行机构能按工艺要求以一定的顺序运动，大多数机械中常采用机、电、液、气等方式集中或分散控制各执行机构。例如，以机械方式集中控制多采用一个原动机（电动机），通过分配轴或主轴与各执行机构的主动件相连；若分散控制则需采用多个原动机（如液压缸），而且还需附加一些机电控制元件来保证各执行机构协调配合运动。

14.4.1　原动机的类型与特点

常见的原动机类型如图 14-12 所示。

大多数的原动机都已经标准化、系列化、商品化，因此，可根据机械系统的功能与动力要求来选择标准的原动机类型和型号。下面介绍几种常用的原动机类型及特点。

1）内燃机是将燃料的化学能转化为机械能的动力装置，分为汽油机、柴油机等类型，多用于汽车、飞机等大功率机器中。

2）电动机是一种标准系列产品，具有效率高、体积小、选用方便等特点。电动机又分为交流、直流、步进和伺服控制电动机等，一般输出为旋转运动，也有输出直线运动的直线电动机。

3）液压缸和液压马达是将液压能转换为机械能的装置，前者输出旋转运动，后者输出直线运动，具有结构简单、调速方便等特点，多用于建筑机械、工程机械等应用场合。

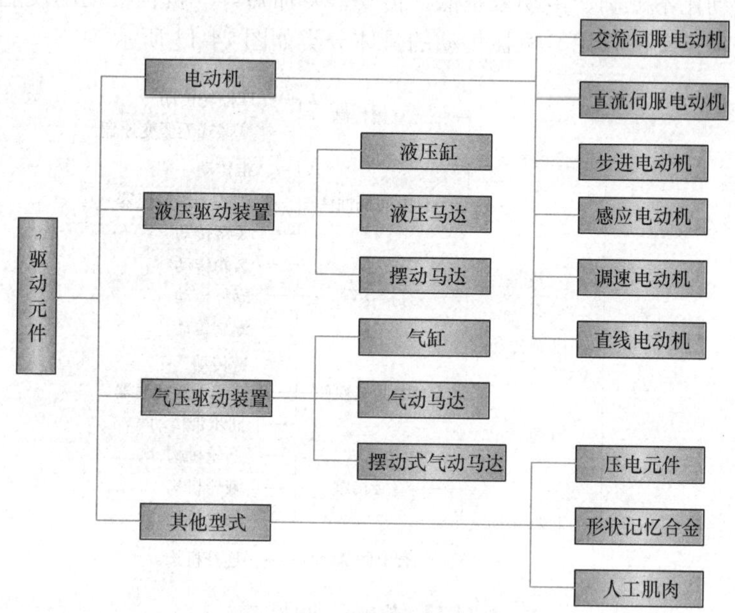

图 14-12　原动机的分类

4）气动马达是将压缩空气能转换为旋转机械能的装置，具有结构简单、转速高、成本低等特点，多用于矿山机械、生产线等中小功率的应用场合。

14.4.2　原动机的选择

原动机的选择包括原动机类型的选择、性能参数的选择等内容。选择原则如下：

1）满足工作环境的要求，如能源供应、环境保护等要求。例如，环境要求噪声低时优先选用电动机。

2）原动机的机械特性应该与工作机的负载特性（包括功率、转矩、转速等）相匹配，以保证机械系统稳定的运行状态。

3）原动机应满足工作机的起动、制动、过载能力和发热的要求。液压马达和气动马达适合频繁起动和换向的场合；载荷变化大、容易过载的场合优先选用气动马达。

4）在满足工作机要求的前提下，原动机应具有较高的性价比，运行可靠，经济性指标好。

5）电动机的类型和型号繁多，能满足不同类型工作机的要求，而且调速、起动和反向性能好，应作为首选类型。

有关电动机类型及选择步骤请参阅相关专业书籍。

14.4.3　传动系统形式的选择

机械系统中常用的传动形式包括机械传动、流体传动、电力传动等，其中机械传动最为常用。

机械传动按原理可分为啮合传动、摩擦传动和机构传动。啮合传动的优点是工作可靠、寿命长、传动比准确、传递功率大、传递效率高、速度范围广等；缺点是对加工制造、安装的精度要求较高。摩擦传动的优点是工作平稳、噪声低、结构简单、成本低、具有过载保护功能；缺点是传动比不准确、传动效率低、传动件寿命短等。机构传动不仅能传递运动、动力，还可起到变换运动的作用。机械传动的具体分类如图 14-13 所示。

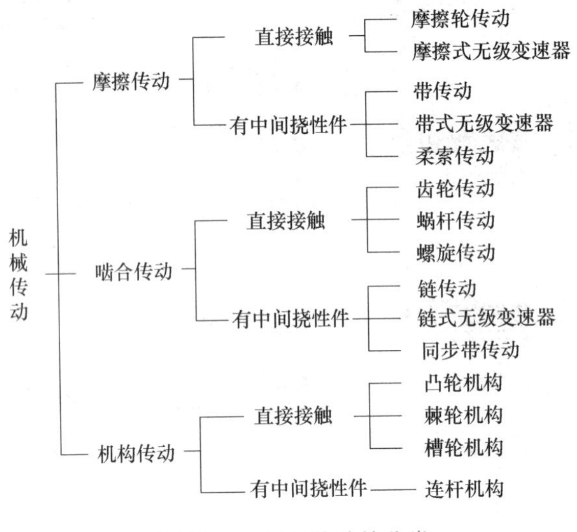

图 14-13　机械传动的分类

14.5 机械系统的运动参数设计

由两个以上的基本机构以某种组合方式所组成的机构系统有简单和复杂之分。不过，为便于整个机构系统的设计，从分析与设计角度出发，通常将其作为一个独立的分析与设计单元。机构系统可以更好地实现基本机构无法实现的复杂运动规律和轨迹。同类型或不同类型的基本机构的组合及其组合方式具有多样性，因此，机构系统的类型更是多种多样，且有各自的运动特性，在分析和设计的方法上也不尽相同。

1. 连杆-凸轮机构系统的设计

图 14-14 所示即为连杆-凸轮组合机构系统。它是由五杆机构和凸轮机构组合而成，在主动件 1 输入转角 φ_1（0° ~ 360°）的情况下，能准确地实现 C 点的给定轨迹。

设计任务：满足 C 点给定轨迹 S 曲线。

设计思路：凸轮机构设计较为简便，因此设法将满足轨迹要求的设计转化为满足从动件运动规律要求的凸轮廓线设计。为此，设想当构件 1 做等速转动时，限定连杆 C 点沿给定的轨迹 S 运动，则此时构件 4 的位移 S_D 的规律就完全确定

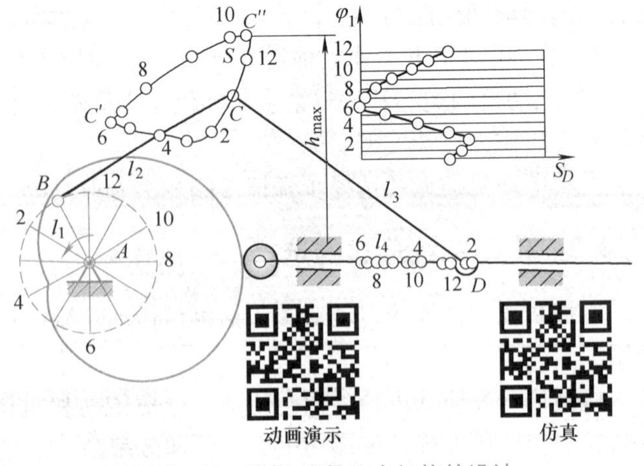

图 14-14　连杆-凸轮组合机构的设计

了，即可得到构件 1 与 4 间的位移关系 $S_D=f(\varphi_1,\cdots)$，据此就可设计凸轮廓线了。

利用图解法对该机构系统进行设计，步骤如下：

1）如图 14-14 所示，在图上先绘出给定轨迹 S 曲线，并选定主动件 1 回转中心 A 的位置。

2）用图解法确定曲柄长 l_{AB} 和连杆长 l_{BC}。为此先找到 S 曲线上距离 A 点最近点 C' 和最远点 C''，且满足

$$l_{AB}=(\overline{AC''}-\overline{AC'})\mu_l/2,\quad l_{BC}=(\overline{AC''}+\overline{AC'})\mu_l/2 \tag{14.5-1}$$

3）找出轨迹 S 曲线与构件 4 导路间的最远距离 $h_{\max}$，进而确定构件 CD 的长度 l_{CD}。

4）确定构件 4 的位移曲线 $S_D=f(\varphi_1)$。具体将曲柄 B 点的轨迹圆分为 n 等份（图中 $n=12$），用作图法找出对应于各个 B 点的一系列 C 点和 D 点的位置，从而可绘出构件 4 相对于主动件 1 的位移曲线 $S_D=f(\varphi_1)$。

5）最后按 $S_D=f(\varphi_1)$ 曲线设计凸轮理论廓线和实际廓线。

由以上设计过程可看出，由于连杆机构精确设计较困难，凸轮机构设计较简便，在设计连杆-凸轮组合机构系统时，通常先选定有关连杆机构部分的尺寸参数，然后设法找出相应的凸轮从动件的位移规律，最终将整个组合机构的设计变为凸轮廓线的设计。

2. 连杆-齿轮机构系统的设计

图 14-15 所示为某型歼击机方向舵操纵系统的非线性机构。它能实现输出角位移 Ψ_4 与输入角位移 φ_1 的特殊的非线性关系。不难看出，该机构系统是由一个两自由度的五杆机构和简单行星轮系通过复合式组合而成。构件 1 为简单行星轮系的系杆 H，构件 1 和 2 均为两基本机构的公共构件。当构件 1 输入角位移 φ_1，通过固定太阳轮 5 可得行星轮 2 的绝对转角 φ_2。根据行星轮系速比关系可得

$$\frac{\varphi_2'}{\varphi_5'}=\frac{\varphi_2-\varphi_1}{\varphi_5-\varphi_1}=-\frac{z_5}{z_2} \tag{14.5-2}$$

由于 $\varphi_5=0$，有

$$\varphi_2=\left(1+\frac{z_5}{z_2}\right)\varphi_1 \tag{14.5-3}$$

由此可知，在五杆机构 1-2-3-4-5 中，相当于有两个确定的输入，即 φ_1 和 φ_2。再通过五杆机构的位置方程，即可求解出输出角位移 ψ_4。

由此不难分析该组合机构的设计思路。如果将构件 3 同构件 1 直接在 A 处用铰链相连（不用齿轮 2 和 5）而构成四杆机构，显然用四杆机构来实现输出、输入某个特殊的非线性关系是十分困难的。同时，出于对舵面操纵的对称性和传力特性考虑，一般操纵机构的初始位置均使连杆与两连架杆的夹角接近 90°，在此位置附近，输出、输入角位移关系呈近似线性。

现采用图 14-15 所示的连杆-齿轮组合机构后，由于连杆 3 同行星轮 2 上 B 点相连，当输入构件 1 转动 φ_1 角时，连杆上 B 点相对 A 点多了附加转角 φ_2'，即 $\varphi_2'=(z_5/z_2)\varphi_1$，也使连杆 3 产生一个附加位移，从而使输出角位移 ψ_4 相对输入角位移 φ_1 成某个特殊的非线性关系。而这种非线性的特性主要取决于齿数比

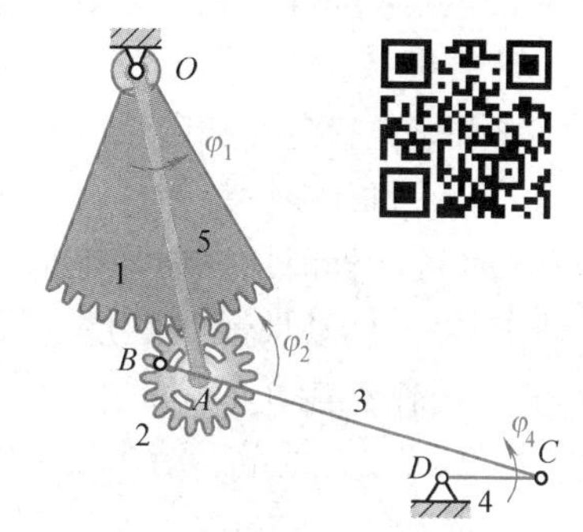

图 14-15　连杆-齿轮组合机构的设计

z_5/z_2。故只需改变 z_5/z_2 的值，即可调整 ψ_4 大小及 φ_1 的非线性特性。

3. 凸轮-齿轮机构系统的设计

凸轮-齿轮机构系统大多数是由自由度为 2 的差动轮系与自由度为 1 的凸轮机构组合而成，即用凸轮机构去“闭合”一个差动轮系。图 14-16 所示为由太阳轮 1、行星轮 2（为扇形齿轮）、系杆 H 组成的简单差动轮系，以及由摆动从动件凸轮机构（凸轮为槽凸轮且固定不动）经混联式组合而成的凸轮-齿轮机构系统。

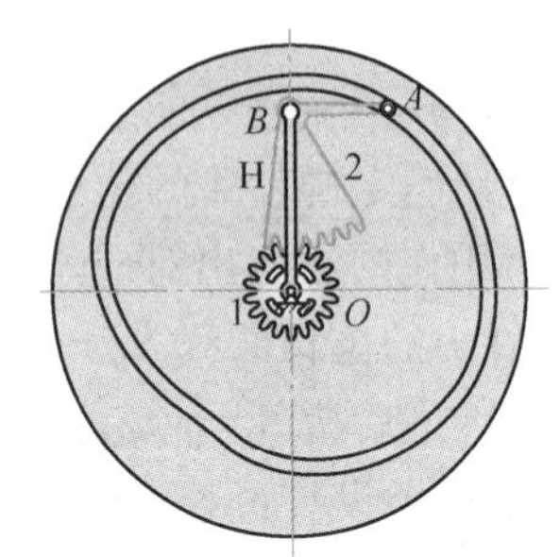

图 14-16　凸轮-齿轮组合机构

在该组合机构中，系杆 H 为主动件，太阳轮 1 为输出从动轮。当系杆 H 绕 O 轴转动时，带动行星轮轴 B 做周转运动。由于与行星轮固连的摇臂 AB 上的滚子置于固定凸轮槽中，在系杆 H 转动中，凸轮槽将迫使滚子，也即行星轮 2 相对于系杆 H 绕 B 点有一个附加的转动。这样从动轮 1 的输出运动就是系杆 H 的运动与行星轮 2 相对于系杆的附加运动的合成。由周转轮系的传动比关系可知

$$i_{12}^{H}=\frac{\omega_1-\omega_H}{\omega_2-\omega_H}=-\frac{z_2}{z_1} \tag{14.5-4}$$

由此导出

$$\omega_1=-\frac{z_2}{z_1}(\omega_2-\omega_H)+\omega_H \tag{14.5-5}$$

式（14.5-5）中的（$\omega_2-\omega_H$）即为行星轮 2 相对系杆 H 的相对角速度，用 ω_2^H 表示。在主动件系杆 ω_H 一定的情况下，改变凸轮的廓线形状，也就改变 ω_2^H，即可得到不同规律的太阳轮 1 输出角速度 ω_1。从式（14.5-5）还可看出，当凸轮的某段廓线满足关系 $\omega_1=0$ 时，从动轮 1 在此段时间内将处于停歇状态。

14.6 方案评价与决策

机械系统的方案设计本质上是一个多解问题。面对多种设计方案，设计者需要分析比较各方案的性能优劣、价值高低，经过科学评价与决策，才能获得相对满意的方案。如何通过科学评价与决策获得满意的方案，是机械系统方案设计阶段的一个重要任务。

1. 评价指标

评价指标包括定性和定量两种。定性的评价指标常指设计目标，定量的评价指标常指设计指标。设计目标与设计指标往往相互结合。

机械系统的性能指标通常包括以下几种：系统性能（实现运动规律或运动轨迹、实现工艺动作等）、运动性能（速度、行程、精度等）、动力性能（承载能力、传力特性、振动噪声等）、工作性能（效率、寿命、安全性、可靠性等）、经济性（能耗、制造成本等）、结构紧凑性（尺寸、重量、结构复杂性等）。

2. 评价方法

机械系统方案设计的评价方法包括评分法、价值工程评价法、模糊综合评价法等。其中

评分法最为简单。评分法又分为加法评分法、连乘评分法和加乘评分法。

加法评分法中，将评价指标列表，每项指标按优劣程度设置用分数表达的评价尺度，各项指标的分值相加，总分数高者代表方案好。如本书绪论对扑翼机构选型的评价就采用了此方法。

3. 方案决策

评价结果为设计者的决策提供了依据。但究竟选择哪种方案，还取决于设计者的决策思想。一般情况下，优选评价值最高的方案。对于质量不高的方案则需要重新设计。

14.7　设计实例 1：印刷机蘸油机构的方案设计

图 14-17 所示为印刷机蘸油机构设计任务说明用图。构件 1 为整个系统的主动件，通过待设计的系统带动构件 4 上的蘸油辊 5 绕 O_3 轴做往复摆动。蘸油辊 5 在上极限位置停留时，与供油辊 2 相接触。供油辊 2 则在同一个主动件 1 的另一路子系统带动下做间歇转动，转动时先将油盒 3 中的油墨带到辊的表面上，然后通过摩擦作用再将油墨传到蘸油辊 5 的表面上。蘸油辊 5 在下极限位置停留时，与水平运动的墨板 6 相接触，将油墨刷至墨板 6 上。

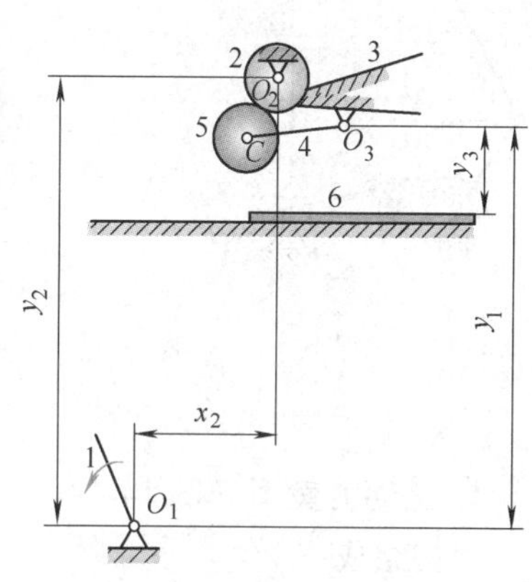

图 14-17　印刷机蘸油机构设计任务

设计条件与要求： 印刷机的原动机为电动机，经过减速后主动件 1 的转速为 30r/min。供油辊 2 和蘸油辊 5 的直径 d 均为 60mm。各固定铰链的相对位置及有关尺寸列于表 14-2 中。

表 14-2　相对位置及有关尺寸　（单位：mm）

y_1	y_2	y_3	x_2	$l_{O_1O_3}$	l_{CO_3}
500	550	80	200	580	90

执行构件 4（蘸油辊 5）和供油辊 2 要满足的运动规律 $\psi_4=\psi_4(\varphi_1)$ 和 $\psi_2=\psi_2(\varphi_1)$ 如图 14-18 所示，即主动件 1 在转一周的周期内，由下极限位置以等加速等减速运动规律顺时针转过 27°至上极限位置，然后停歇不动，最后又以等加速等减速运动规律返回至下极限位置。供油辊 2 在蘸油辊 5 同其接触中转过 60°，以何种运动规律转过 60°无特殊要求。设计满足要求的机构系统运动方案，并画出机构系统运动示意图。

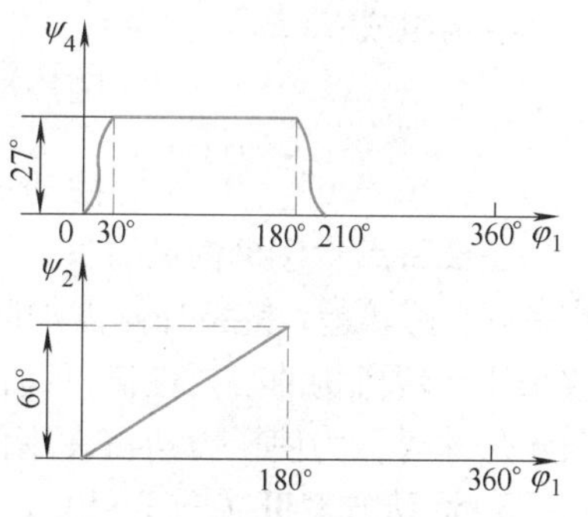

图 14-18　蘸油辊 5 和供油辊 2 满足的运动规律

设计任务： 设计由主动件 1 至蘸油辊 5 和供油辊 2 的机构系统运动示意图。

设计思路：

1）执行构件 4 有往复运动规律要求，因此可选择一个摆动从动件凸轮机构。

2）供油辊2有单向间歇转动的要求，且有长时间的停歇，因此应选择一个间歇运动机构。

3）由于给定主动件固定铰链 O_1 的位置距执行构件有相当大的距离，每套机构系统需要选择一个以上的机构。

4）由于是印刷机械，带动执行构件运动不需要机构去克服大的载荷，故机构类型的选择和设计以满足运动要求为主。

基于以上几点思考，拟定图14-19所示三种可行的机械系统运动方案供分析和比较。

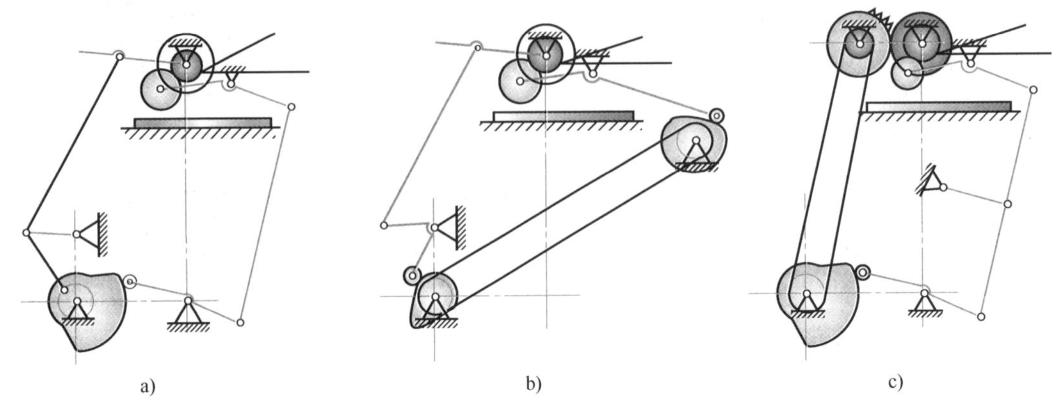

a)　　b)　　c)

图14-19　三种设计方案

1. 运动方案Ⅰ（图14-19a）

机构组成：

主动件1 ↗ 摆动从动件凸轮机构 → 平行双摇杆机构

主动件1 ↘ 曲柄摇杆机构 → 平行双摇杆机构 → 棘轮机构

主要特点：①机构最简单，运动链较短；②两套机构系统中均采用了平行双摇杆机构，使凸轮机构的摆动从动件和曲柄摇杆机构的摇杆均为两执行构件所要求的运动规律。这样方便了下一步的机构尺寸设计；③平行双摇杆机构的连杆较长，由此导致平行双摇杆机构刚性较差，连杆受到意外碰撞力易产生弯曲变形。

2. 运动方案Ⅱ（图14-19b）

机构组成：

主动件1 ↗ 链传动 → 摆动从动件凸轮机构

主动件1 ↘ 摆动从动件凸轮机构 → 双摇杆机构 → 棘轮机构

主要特点：①机构最简单，运动链较短；②在较大空间内，有一长链条连续转动，使操作者安全感较差，链条外侧需加防护罩防护；③因供油辊每次转动60°，而无运动规律要求，故采用凸轮机构的必要性值得商榷，又因为要求摆动从动件的最大摆角为60°，因此在设计凸轮尺寸时，为使压力角在许用值范围内，凸轮基圆半径可能较大，故凸轮尺寸也较大。

3. 运动方案Ⅲ（图14-19c）

结构组成：

主动件1 ↗ 摆动从动件凸轮机构 → 两个平行双摇杆机构

主动件1 ↘ 链传动 → 不完全齿轮机构

主要特点：①运动链较短，连杆机构部分刚性有改善；②在较大距离内的链传动，使操作者安全感较差，链条外侧需加防护罩防护；③不完全齿轮机构制造成本比棘轮机构要高，安装调试及使用中可调性较差。

以上三种可行的机械系统运动方案仅在几个主要方面做了定性评价，各有优点和不足。从总体看，方案 I 更具合理性。但还不能做出最终选择，尚需在下一步完成机构的几何尺寸设计的基础上做进一步的修改、完善，然后再依据有关评价指标和评价体系进行最终合理的选择。应该指出的是，本例的可行运动方案不止以上三种，还可能有很多种，例如供油辊 2 间歇转动 60°，也可采用 6 个槽的槽轮机构来实现。

14.8　设计实例 2：多自由度微创手术机械手的方案设计[69]

14.8.1　功能原理设计

微创外科手术（minimally invasive surgery，MIS）是通过微小创伤或自然通道将特殊器械、物理能量或化学药剂送入人体内部，完成对人体内病变、畸形、创伤的灭活、切除、修复或重建等外科手术操作而达到治疗目的的一类医学手术。与传统的开放性外科手术比较，MIS 具有创伤小、患者痛苦轻、术后恢复快、感染危险低、有利于提高手术质量和降低医疗成本等优点。

微创外科手术有别于传统的开放性手术，只在患者体表开一个（或几个）厘米级的狭窄切口，但是器械到达体内后往往需要围绕切口做类似杠杆的运动以在体内达到较大的运动范围。把这些操作抽象成机器人的运动，大致可分解为等于或者小于三个自由度的空间运动。为此，可将微创外科手术机器人的基本运动分为三个序列：定位运动（机器人末端通过平移运动到达指定位置）、定向运动（机器人末端通过旋转运动到达指定姿态）和直线进给运动（机器人末端保持指定姿态的直线运动），如图 14-20 所示。这是目前医疗外科手术普遍采用的一种运动模式。考虑到微创手术的切口越小越好，机器人能够实现绕切口点的定向运动即远程中心运动（RCM）十分必要。物理上可通过 RCM 机构来实现。RCM 机构实质上是一种少自由度的功能机构，可保证机构在运动过程中都有一个固定的虚拟转动中心。

一般来说，用于微创手术辅助机器人的 RCM 机构需满足以下四个条件：

1）虚拟中心位于机构的远端，即 RCM 机构。具有四个自由度，即绕插入点的三个转动和一个移动（图 14-20）。绕手术工具轴线的转动和移动可通过在二维转动 RCM 机构末端串联转动副和移动副实现。

2）工作空间应保证手术工具可到达所需位置。

3）在较少占用手术空间的同时还能避开病人身体其他部位，以减小对医生手术的干扰。

4）系统刚度应保证在自身和手术工具重力及外力的作用下不能有明显的变形，否则会危及病人的安全。

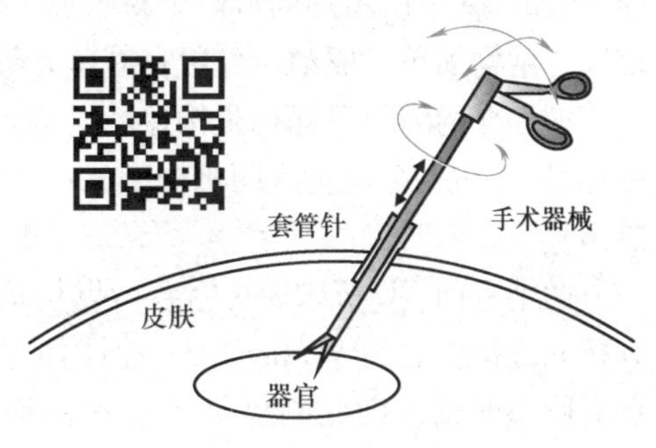

图 14-20　微创外科手术机器人的动作要求

5）为保证病人安全，减小医生的劳动强度，RCM 机构最好具有自平衡功能。

为此，选择设计一种用于微创外科手术末端机械手的被动式 RCM 机构。

14.8.2　构型综合与优选

此阶段为方案设计的关键一环。虽然目前所应用的 RCM 机构一般为多自由度机构，但这些机构多数可以通过多个单自由度（一维）RCM 机构组合得到。因此，一维 RCM 机构的构型综合研究是研究多自由度 RCM 机构的基础。

首先对现有一维 RCM 机构进行归纳分类。

（1）**转动副构成的 RCM 机构**　如果构件的一端连接转动副，则此构件上转动副轴线外的点都绕该轴线转动。此时若将虚拟中心点取在转动副轴线径向远端的任意一点处，则可构成一维 RCM 机构（图 14-21a）。这是一类最简单的一维 RCM 机构，同时也是构造多维 RCM 机构最基本的元机构或物理模块。

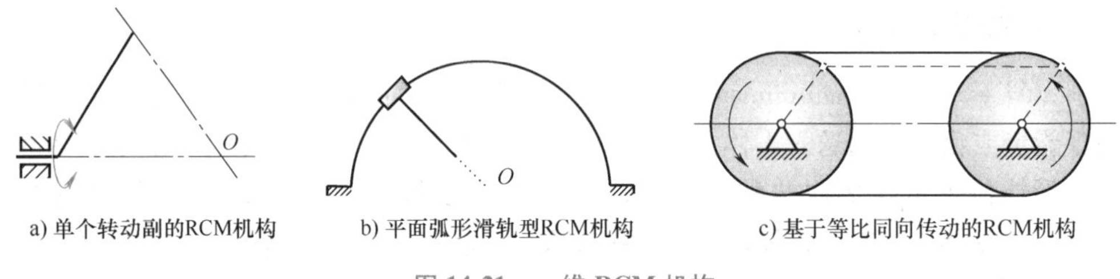

图 14-21　一维 RCM 机构

（2）**平面弧形滑轨型 RCM 机构**　有些 RCM 机构采用弧形滑轨（图 14-21b）。这种型式结构简单，但中心固定、运动范围有限、占用空间较大、导杆加工精度要求高，而且较难解决驱动问题。

（3）**基于等比同向传动的 RCM 机构**　图 14-21c 所示为同步带传动，传动比为 1，两个带轮转动方向相同。任意等比同向的传动方式都可以用来代替平行四杆结构，如带传动、齿轮传动、链传动等。

（4）**双平行四杆 RCM 机构**　双平行四杆 RCM 机构是指通过对两组平行四杆机构进行平面耦合，以实现末端执行器绕虚拟中心转动的一类 RCM 机构。图 14-22a 为双平行四杆 RCM 机构的基本构型，机构中有冗余约束，通过去除不同的约束，可以衍生出图 14-22b～f 所示的其他几种结构型式。通过改变固定端，得到图 14-22g～j 所示的几种不同结构。其中，图 14-22c～e 中所示的构型由于易于加工而被经常采用。双平行四杆 RCM 机构具有运动范围较大、结构简单、驱动可放置在基座处等优点。

型综合的终极目标还是构造新机构。为深入研究一维 RCM 机构的型综合，这里引入一种比 RCM 机构范围更广的机构型式：**虚拟中心**（Virtual Center，VC）机构（具体内容见附录 A）。

两个平面 VC 机构通过组合可以构造一个一维 RCM 机构，但需要满足：如果将两个具有相同虚拟中心的 VC 机构用一个刚体连接起来，且刚体上两个连接点的运动轨迹为以同一点为圆心的圆，则此刚体绕该点做圆周运动。利用此结论可以很简单地构造出一维并联 RCM 机构，具体步骤如下：

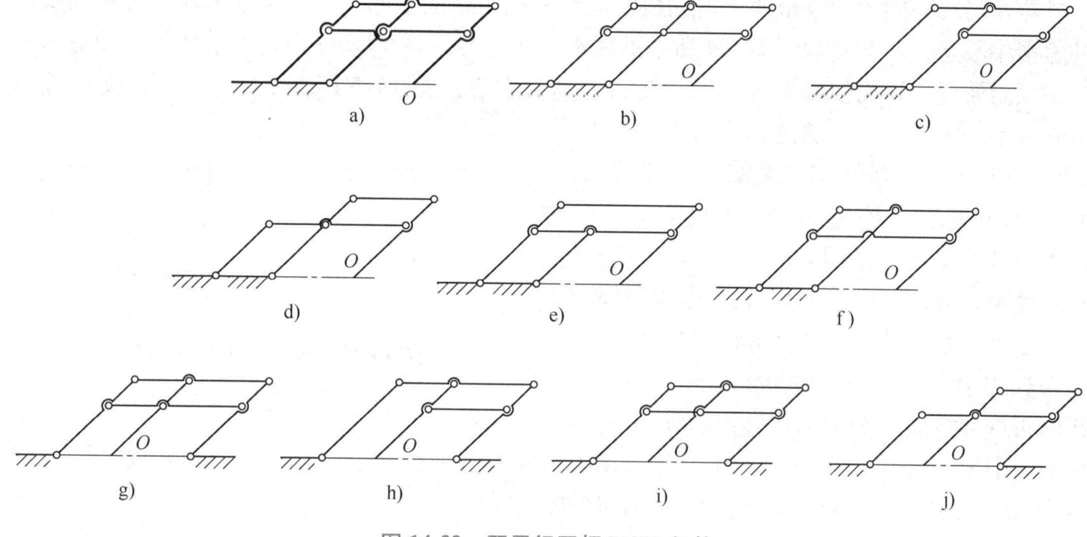

图 14-22　双平行四杆 RCM 机构

1）选择两个 VC 机构作为元机构，它们可以相同，也可以不同。两个 VC 机构的驱动杆（如图 14-23 中的杆 *AB*）和转动点与虚拟中心点连线（图 14-23 中的 *EO*）在转动过程中的运动规律始终保持相同。图 14-23 的元机构是两个相同的平行四杆 VC 机构。

2）调整两个 VC 机构的位姿、尺寸及相对位置，使它们的驱动杆和部分杆件重合，且虚拟中心重合。由于这里两 VC 机构的驱动杆重合，所以两个虚拟转动点和虚拟中心可以共线。图 14-23 中两个平行四杆 VC 机构的驱动杆 *AB* 和 *A′B′*、杆 *CD* 和 *C′D′* 重合，虚拟中心为 *O* 点。

3）在两个 VC 机构绕各自虚拟中心转动的点（图 14-23 中的点 *E*、*E′*）处添加转动副，并将两个铰链用构件连接，同时去除具有冗余约束的杆件，所得到的机构即为一个 RCM 机构。

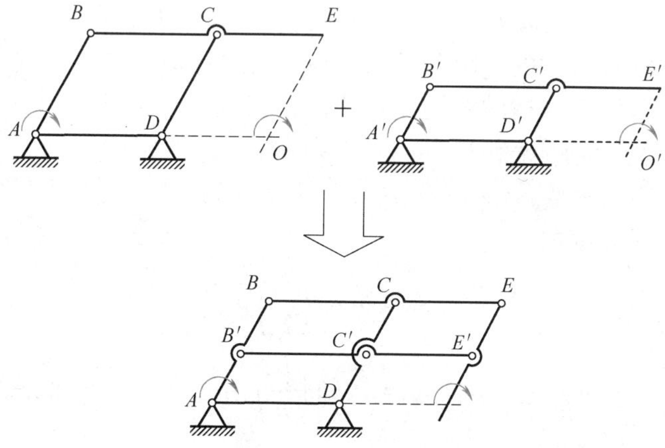

图 14-23　一维混联 RCM 机构

双平行四杆型 VCM 机构具有结构简单、驱动器可放置在基座处等优点，而且在实际应用中可通过连杆的弯折变形灵活安排虚拟中心的位置。设计这类机构时必须考虑到安装末端执行器及与底座固定的铰链或者电动机等需要占据一定的空间。为了保证末端执行器轴线通过虚拟中心点，一般有如图 14-24 所示的两种实现途径。图 14-24a 中将末端执行器相对末端杆件倾斜放置，从而使末端执行器轴线通过虚拟中心；图 14-24b 通过杆件弯折，使得虚拟中心移动一定距离，以满足安装需要。

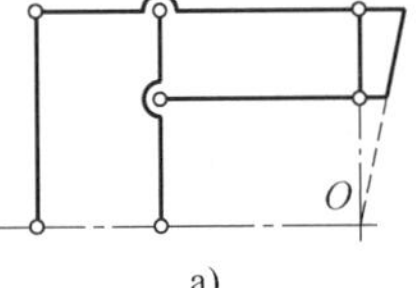

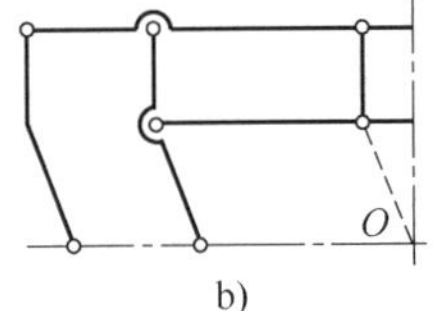

图 14-24　末端执行器轴线通过虚拟中心点的两种方法

一般来说，实际应用中都需要二维或二维以上的 RCM 机构。构造 2R-RCM 机构的最简单、最常用的方法就是使用两个一维 RCM 机构进行有效叠加。例如，将双平行四杆 1R-VCM 机构与转动副进行组合，并对杆件进行弯折变形，就可以得到 2R-VCM 机构，如图 14-25a～c 所示。这些弯折杆件组成的 2R-VCM 机构必须保持平行的特征。如图 14-25c 中的机构必须满足：$AC/\!/FD/\!/OG$，$CG/\!/AO$，$DG/\!/EH$，$DE/\!/GH/\!/G'H'$，$CD/\!/AF/\!/A'F'$。图中杆 ABC 可用一直杆 AC 替代，如图 14-25c 中虚线所示。

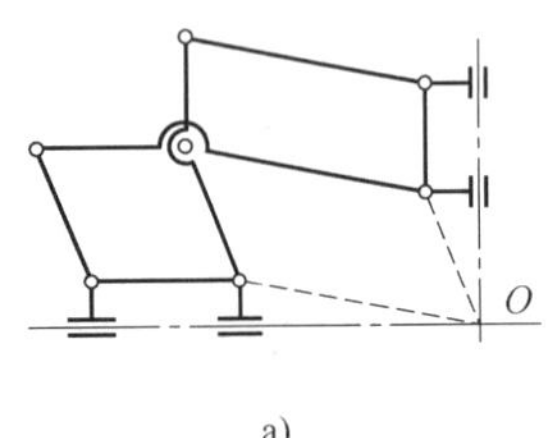

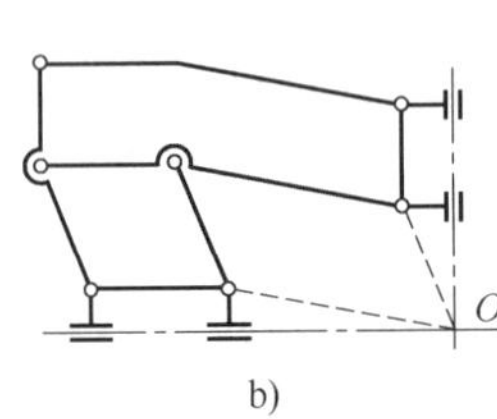

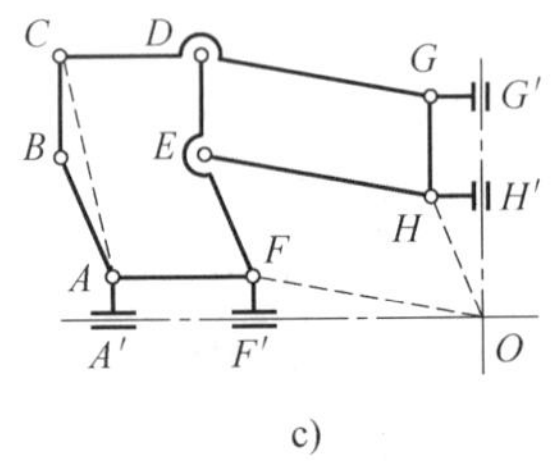

图 14-25　多自由度 RCM 机构

14.8.3　运动学分析与综合

确定机构构型后（如图 14-25c 所示），就需要对其尺寸进行综合。考虑到作为手术机器人腕部机构的通用性，这里使用 6 个量才能完全确定连杆尺寸，选取 $l_1 \sim l_6$ 作为独立变量，如图 14-26 所示。l_1、l_2 确定了 RCM 机构的跨距及机构与病人之间的距离关系，l_5 为 RCM 机构基轴 AF 与横轴铰链 $A'F'$之间偏移量，l_6 为安装手术工具或其他工具所需的偏移量。l_3 和 l_4 则在 l_1、l_2 给定的情况下影响机构体积及各杆受力情况，这将在后文中提到。

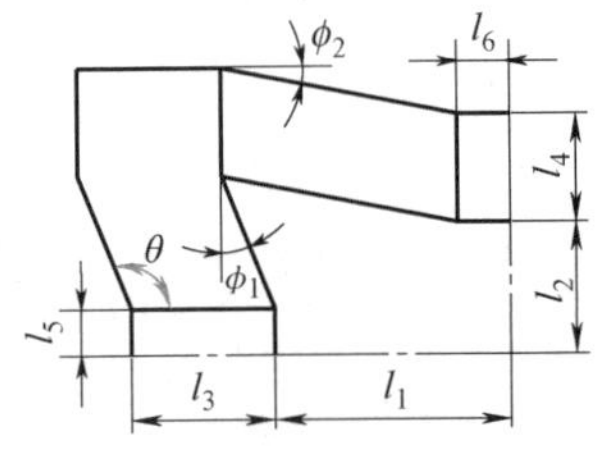

图 14-26　双平行四杆型 RCM 机构尺寸综合

各杆件尺寸及弯折角度如下：

$$\phi_1 = \arctan\left(\frac{l_6}{l_2}\right) \tag{14.8-1}$$

$$\phi_2 = \arctan\left(\frac{l_5}{l_1}\right) \tag{14.8-2}$$

$$l_{CB} = l_{DE} = l_{GH} = l_4 \tag{14.8-3}$$

$$l_{CD} = l_{AF} = l_3 \tag{14.8-4}$$

$$l_{AB} = l_{EF} = l_{OH} = \frac{l_6}{\sin\phi_1} \tag{14.8-5}$$

$$l_{EH}=l_{DG}=l_{FO}=\frac{l_5}{\sin\phi_2} \tag{14.8-6}$$

$$l_{AC}=l_{DF}-l_{GO}=\sqrt{l_6^2+(l_2+l_4)^2} \tag{14.8-7}$$

整个机构在平面内的运动位置可由连杆 EF 和水平轴线的夹角 θ 确定，如图 14-26 所示。下面来验证在机构运动（θ 变化）时，末端 $G'H'$ 一直绕 O 转动。

如图 14-27 所示，可知 $G'H'$ 的幅角为 $\theta-\phi_1-\pi$，点 H' 的位置由式（14.8-8）确定：

$$\boldsymbol{H}'=\boldsymbol{Z}_1+\boldsymbol{Z}_2+\boldsymbol{Z}_3+\boldsymbol{Z}_4+\boldsymbol{Z}_5 \tag{14.8-8}$$

式中，$\boldsymbol{Z}_1=l_3+0\mathrm{j}$，$\boldsymbol{Z}_2=0+l_5\mathrm{j}$，$\boldsymbol{Z}_3=\dfrac{l_6}{\sin\phi_1}\mathrm{e}^{\mathrm{j}\theta}$，$\boldsymbol{Z}_4=\dfrac{l_5}{\sin\phi_2}\mathrm{e}^{-\mathrm{j}\phi_2}$，$\boldsymbol{Z}_5=l_6\mathrm{e}^{\mathrm{j}\left(\theta-\phi_1-\frac{\pi}{2}\right)}$。代入式（14.8-8）可得

$$\boldsymbol{H}'=l_1+l_3+\frac{l_6\cos\theta}{\sin\phi_1}+l_6\sin(\theta-\phi_1)+\mathrm{j}l_2\sin(\theta-\phi_1)=l_1+l_3+l_2\cos(\theta-\phi_1)+\mathrm{j}l_2\sin(\theta-\phi_1) \tag{14.8-9}$$

则 H' 到 O 点的向量可表示为

$$\boldsymbol{Z}_6=(l_1+l_3+0\mathrm{j})-\boldsymbol{H}'=l_2\mathrm{e}^{\mathrm{j}(\theta-\phi_1-\pi)} \tag{14.8-10}$$

由式（14.8-10）可知：H' 到 O 点的距离不随转角变化而改变；在任意时刻，连线 $H'O$ 转动的角度与 $G'H'$ 相同。所以可知连杆 $G'H'$ 绕中心 O 点转动。

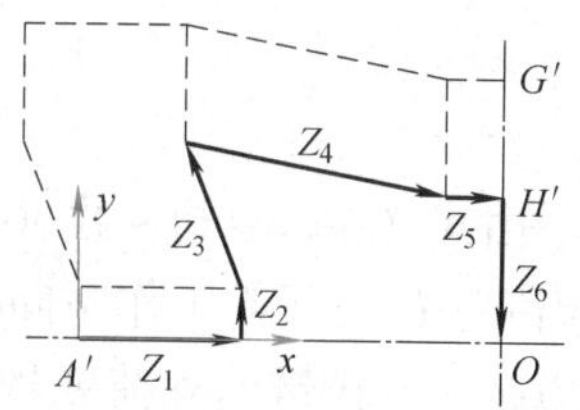

图 14-27　双平行四杆型 RCM 机构模型

由于平行四杆在杆件重合时出现奇异位形，同时杆件之间存在干涉，使得这种双平行四杆 RCM 机构的转动范围受到限制，一般可取 θ 的转动范围为 30°～150°即可满足微创手术的需要。而机构相对轴 $A'F'$ 的转动不受限制，可实现 360°旋转。

14.8.4　通过静力学分析确定驱动力矩

平面内作用在 RCM 机构上的力可等效为作用在 RCM 点处的力和力矩，力矩使机构转动，由驱动装置克服。作用在虚拟中心点处的力由各杆件承担。如果杆件受力过大，则机构的刚性不够，虚拟中心点不能稳定。

对图 14-25c 所示的机构进行分析时，由于杆件弯折使得计算公式较为繁琐，同时考虑到一般 l_5 和 l_6 相对于其他杆件长度较短，可采用图 14-28 所示结构进行分析。对于作用在虚拟中心处的力 $\boldsymbol{F}$ 可分解在 x、y 两个方向上，记为 F_x、F_y。并定义

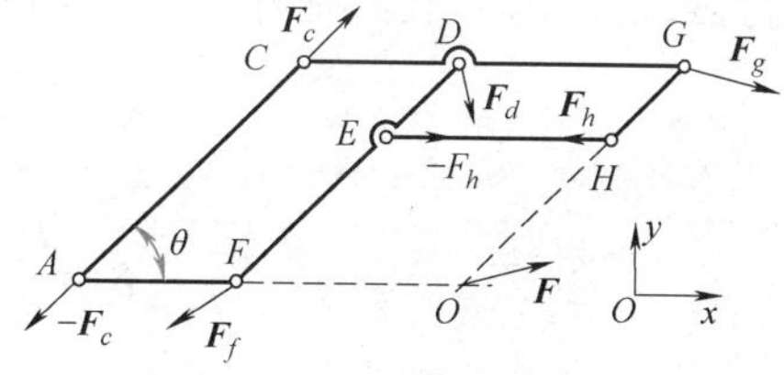

图 14-28　双平行四杆型 RCM 机构的平面受力分析

$$r_1=\frac{l_3}{l_1} \tag{14.8-11}$$

$$r_2=\frac{l_4}{l_2} \tag{14.8-12}$$

各个节点的受力情况如下：

$$F_{hx}=\left(\frac{1}{r_2}+1\right)(-F_x+F_y\cos\theta) \tag{14.8-13}$$

$$F_{hy}=0 \tag{14.8-14}$$

$$F_{gx}=\frac{F_x-F_y(1+r_2)\cos\theta}{r_2} \tag{14.8-15}$$

$$F_{gy}=-F_y \tag{14.8-16}$$

$$F_{cx}=F_y\frac{\cos\theta}{r_1} \tag{14.8-17}$$

$$F_{cy}=\frac{F_y}{r_1} \tag{14.8-18}$$

$$F_{dx}=F_x\frac{1}{r_2}-F_y\left(\frac{1}{r_2}-\frac{1}{r_1}+1\right)\cos\theta \tag{14.8-19}$$

$$F_{dy}=-F_y\left(\frac{1}{r_1}+1\right) \tag{14.8-20}$$

$$F_{fx}=-F_x+F_y\frac{\cos\theta}{r_1} \tag{14.8-21}$$

$$F_{fy}=-F_y\left(\frac{1}{r_1}+1\right) \tag{14.8-22}$$

由式（14.8-13）~式（14.8-22）可以看出作用在各杆上的力只与比值 r_1、r_2 有关，因此当 l_1、l_2 由所需工作空间确定后，l_3 和 l_4 的尺寸决定了各杆件的受力大小，尺寸越小，杆受力越大，铰链的载荷就越大。但若 l_3 和 l_4 选择过大则会增加整个机构的体积。

合理选择杆件的截面参数还需要考虑机构所需刚度，一般可以表示为在受力作用下，虚拟中心点处杆件由于各杆件的弯曲变形而产生的漂移 δ。这里给出公式进行估算。为了分析方便，设 δ_x、$\delta_\perp$ 分别为端点 O 沿着 GO 方向和垂直 GO 方向的位移（以下简称虚拟中心点的漂移），它们之间的夹角为 θ。考虑到杆件拉伸和压缩产生的变形很小，可以忽略。如采用较高精度的轴承，铰链的间隙也可忽略不计。而且 GO 一般为手术工具，GH 由于安装末端执行器，它的刚度比其他杆件大，所以仅考虑 CG 和 FD 杆弯曲变形造成的影响。

$$\delta_x=\frac{F_{gy}l_1^2(l_1+l_3)}{3EI_{CG}}=\frac{F_y l_1^3(1+r_1)}{3EI_{CG}} \tag{14.8-23}$$

$$\delta_\perp=\frac{F_\perp l_2^2(l_2+l_4)}{3EI_{FD}}=\frac{F_\perp l_2^3(1+r_2)}{3EI_{FD}} \tag{14.8-24}$$

$$F_\perp=F_x\sin\theta+F_y\cos\theta \tag{14.8-25}$$

$$\delta=\sqrt{\delta_x^2+\delta_\perp^2-2\delta_x\delta_\perp\cos\theta} \tag{14.8-26}$$

式中，$F_\perp$ 为作用力 $\boldsymbol{F}$ 垂直杆 GO 方向的分量，由式（14.8-25）计算；I_{CG}、I_{FD} 分别为 CG 和 FD 杆的截面惯性矩。通过设计所允许的虚拟中心漂移 δ 可以选择合适的截面。其他二力杆还需要考虑压稳问题，临界载荷由式（14.8-27）确定，必须大于杆所受到的最大压力，即

$$F_{\mathrm{cr}}=\frac{\pi^2 EI}{l^2} \tag{14.8-27}$$

由此可以看出，结构刚度受 CG、FD 杆的尺寸影响最大，因此在减小机构整体体积的前

提下，仅需根据铰链承载、杆件压稳条件及几何尺寸综合来确定 l_3 和 l_4 的长度。

本节考虑克服施加在 O 点处的转矩及各杆件自重所需驱动力矩。可将 AC 杆作为驱动输入杆件。图 14-29 中，为了不引起混淆，使用符号 g 代表杆件重量，其下标为杆件名称；M_{Oz}、M_{Ox} 为外力作用产生的分别绕 z 轴和 x 轴的力矩；M_{Az}、M_{Ax} 分别为所需的驱动力矩。设 AC 杆和 Oxz 平面的夹角为 θ，与 Oxy 平面的夹角为 β，则可得

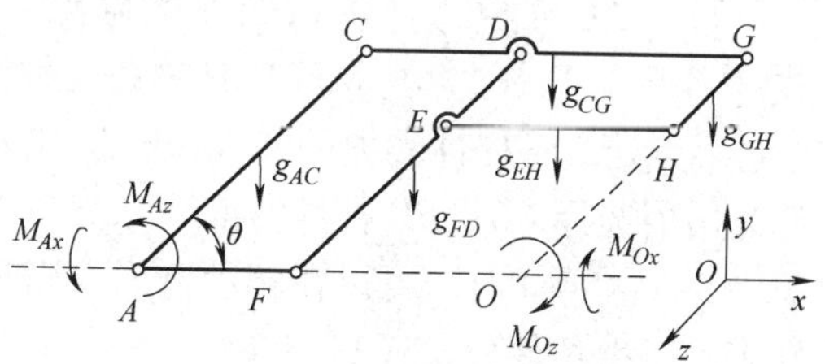

图 14-29　双平行四杆型 RCM 机构的驱动力矩分析

$$M_{Az}=M_{Oz}+\sin\theta\cos\beta\left[\frac{1}{2}(g_{AC}+g_{FD})(l_2+l_4)+g_{GH}\left(l_2+\frac{1}{2}l_4\right)+g_{EH}l_2+g_{CG}(l_2+l_4)\right] \quad (14.8\text{-}28)$$

$$M_{Ax}=M_{Ox}+\sin\beta\cos\theta\left[\frac{1}{2}(g_{AC}+g_{FD})(l_2+l_4)+g_{GH}\left(l_2+\frac{1}{2}l_4\right)+g_{EH}l_2+g_{CG}(l_2+l_4)\right] \quad (14.8\text{-}29)$$

由于各杆件长度和质量固定，所以式（14.8-28）、式（14.8-29）可简化为

$$\begin{cases}M_{Az}=M_{Oz}+C\sin\theta\cos\beta\\ M_{Ax}=M_{Ox}+C\cos\theta\sin\beta\end{cases} \quad (14.8\text{-}30)$$

式中，C 为常数，表明杆组对机构的影响可以等效为一集中质量，因此很容易进行力矩平衡。

【例 14-3】 设计一个用于微创外科手术的 2-DOF 的 RCM 机构。要求手术工具可绕插入点的法线方向俯仰和倾侧角度都不小于 45°，所需末端执行构件 GO 杆的工作空间如图 14-30a 所示，O 为插入点。假设机构上受力可等效为在虚拟中心处的作用力：$F_x=10\text{N}$，$F_y=10\text{N}$，此时虚拟中心的漂移小于 2mm。

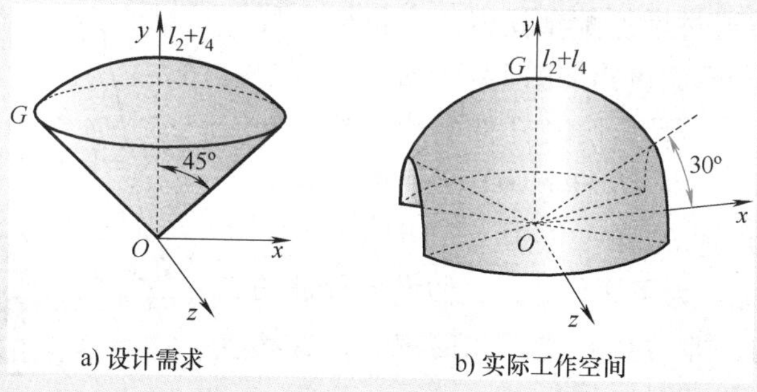

图 14-30　工作空间示意图

双平行四杆型 RCM 机构设计可以分以下几步：

1）选型。选择图 14-25a～c 所示结构中的一种，机构平面内运动范围定为 $30°\leqslant\theta\leqslant150°$，绕另一转动轴的转动范围为 180°，所得 GO 杆的工作空间如图 14-30b 所示。

2）机构长度参数确定。根据手术空间分析可分别取 l_1、l_2 为 300mm 和 200mm。AF 处安装铰链需要 l_5 为 20mm，GH 处安装末端执行器需要 l_6 为 40mm，选择 r_1 和 r_2 都为 0.2。通过式（14.8-1）～式（14.8-7）可得各杆件参数：$\phi_1=11.31°$，$\phi_2=6.81°$，$l_3=60\text{mm}$，$l_4=40\text{mm}$，$l_{AB}=204\text{mm}$，$l_{EH}=301\text{mm}$。

3）**受力分析及杆件截面参数确定**。选取杆件材料为铝，截面为实心矩形。由式（14.8-11）~式（14.8-22）计算各杆件受力情况，可知杆件受力的极值发生在 θ 的两个边界点处，各杆件受力的最大值发生在 EH 杆，为 166.8N。继而可以由式（14.8-26）计算出当选择 CG、FD 杆件截面尺寸分别为 10mm×25mm 和 5mm×15mm，其他杆件截面为 5mm×5mm 时，可以在转动范围内满足虚拟中心点漂移小于 2mm 的条件，同时各杆满足压稳条件公式（14.8-27）。

4）**驱动力矩计算**。假设整个末端执行器质量为 200g，则可由上述杆件截面尺寸和长度利用式（14.8-30）求出在 A 点处的驱动力矩至少为 1.2N · m。

14.8.5 具有重力自平衡功能的 RCM 机构设计

机构的**重力平衡**（gravity balance 或 static balance）是指机构不需要驱动力便可在任意位形下保持平衡状态，整个系统可以像在一个零重力环境下运行。这也就是说，在纯重力的作用下，机构在主动件的任何相位均能停住。运动构件总质心保持静止不动的机构称为重力平衡（静平衡）机构。重力平衡是机构研究中的一个重要问题，其目的是减小操纵机构的驱动力，并可减少机构运动时的振动，提高机构运行的平稳性。减小驱动力，在任意位形下不需要保持力等特点在需要人机交互的应用（如力反馈手柄、手动 3D 超声波扫描等）中尤为重要，这样可以减小操作者的工作强度，增加操作的舒适性。

现有机构中，通过结构设计来实现重力平衡或部分平衡的方法主要有三种：结构质量分布设计、加配重设计和拉弹簧设计。由于机构重力特性的位形依赖性，一般都只能实现机构的部分重力平衡。但是对于一些特殊机构可以对其整体实现重力平衡。由式（14.8-30）可以看出，双平行四杆 RCM 机构可以通过增加配重使得整个机构实现重力平衡。具体需要分析的机构如图 14-31 所示，其中 g 代表杆件所受重力，其下标代表杆件名称，K 为配重，O 为虚拟转动中心。设 AB 杆和 xOz 平面的夹角为 θ，与 xOy 平面的夹角为 β。OE 长为 l_1，OH 长为 l_2，AE 长为 l_3，GH 长为 l_4。为了简化分析，假设各杆件的质量都是均匀分布的，即其重心位于几何中心；各转动铰链的重量忽略不计。

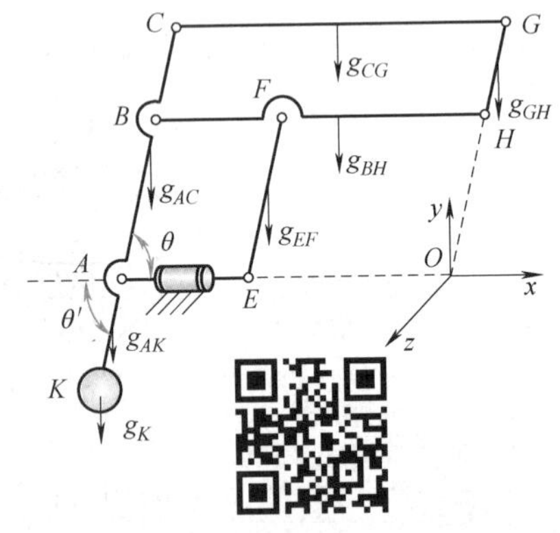

图 14-31 无杆件弯折时的双平行四杆 RCM 机构的重力平衡

与式（14.8-28）相似，可得到机构绕 z 轴的旋转力矩。

$$M_{Az}=\cos\beta\cos\theta\left[\frac{1}{2}g_{AC}(l_2+l_4)+\frac{1}{2}g_{EF}l_2+g_{GH}\left(l_2+\frac{1}{2}l_4\right)+g_{BH}l_2+g_{CG}(l_2+l_4)\right] \quad (14.8\text{-}31)$$

设配重 K 与 xOz 平面的夹角为 θ'，与 xOy 平面的夹角为 β'，则配重 K 绕 z 轴对机构施加的反向旋转力矩为

$$M'_{Az}=\cos\beta'\cos\theta' l_{AK}\left(g_K+\frac{1}{2}g_{AK}\right) \quad (14.8\text{-}32)$$

同样地，机构绕 x 轴的旋转力矩为

$$M_{Ax}=\cos\beta\cos\theta\left[\frac{1}{2}g_{AC}(l_2+l_4)+\frac{1}{2}g_{EF}l_2+g_{GH}\left(l_2+\frac{1}{2}l_4\right)+g_{BH}l_2+g_{CG}(l_2+l_4)\right] \quad (14.8\text{-}33)$$

配重 K 绕 x 轴对机构施加的反向旋转力矩

$$M'_{Ax}=\cos\beta'\cos\theta' l_{AK}\left(g_K+\frac{1}{2}g_{AK}\right) \quad (14.8\text{-}34)$$

要使整个机构都能用配重 K 实现两个方向的力矩平衡，需要满足

$$\begin{cases}M_{Az}=M'_{Az}\\M_{Ax}=M'_{Ax}\end{cases} \quad (14.8\text{-}35)$$

通过比较式（14. 8-31）~式（14. 8-34），可以导出机构的平衡条件：

$$\begin{cases}\beta=\beta'\\\theta=\theta'\\l_{AK}\left(g_K+\frac{1}{2}g_{AK}\right)=\frac{1}{2}g_{AC}(l_2+l_4)+\frac{1}{2}g_{EF}l_2+g_{GH}\left(l_2+\frac{1}{2}l_4\right)+g_{BH}l_2+g_{CG}(l_2+l_4)\end{cases} \quad (14.8\text{-}36)$$

进一步简化，将杆件 AK 的重量也记入配重 K，则式（14. 8-36）的第三个式子可以简化为

$$l_{AK}g_K=\frac{1}{2}g_{AC}(l_2+l_4)+\frac{1}{2}g_{EF}l_2+g_{GH}\left(l_2+\frac{1}{2}l_4\right)+g_{BH}l_2+g_{CG}(l_2+l_4) \quad (14.8\text{-}37)$$

这样即可计算出配重 K 的重量和安放位置。可以看出，K 需安置在杆件 AC 的延长线上。

如果需要同时满足末端执行器和驱动器的偏置安装，需要弯折杆件 AC、BH，如图 14-32 所示。这时，机构绕 z 轴的旋转力矩为

$$M_{Az}=\cos\beta\left[\cos\theta\cdot\frac{1}{2}l_{AB}(g_{AB}+g_{EF})+\cos\phi\cdot l_{AC'}(g_{BC}+g_{GH}+g_{BH}+g_{CG})\right] \quad (14.8\text{-}38)$$

由于配重 P 对机构绕 z 轴旋转没有影响，配重绕 z 轴对机构施加的反向旋转力矩为

$$M'_{Az}=\cos\beta'\cos\theta' g_K l_{AK} \quad (14.8\text{-}39)$$

其中，C' 为 BC 杆中点，ϕ 为 AC' 与 x 轴的夹角。

机构绕 x 轴旋转的力矩为

$$M_{Ox}=\cos\beta\left[\cos\theta\cdot\frac{1}{2}l_{AB}(g_{AB}+g_{EF})+\cos\phi\cdot l_{AC'}(g_{BC}+g_{GH}+g_{BH}+g_{CG})\right]+g_T l_5\cos\beta \quad (14.8\text{-}40)$$

式中

$$g_T=g_{AC}+g_{EF}+g_{GH}+g_{BF}+g_{CD}+\frac{1}{2}(g_{FH}+g_{DG}) \quad (14.8\text{-}41)$$

配重 K 和 P 绕 x 轴的反向旋转力矩为

$$M'_{Ox}=\cos\beta'(\cos\theta' g_K l_{AK}-g_K l_5+g_P l_{FP}) \quad (14.8\text{-}42)$$

要使整个机构都能用配重 K 实现两个方向上的力矩平衡，需要满足条件

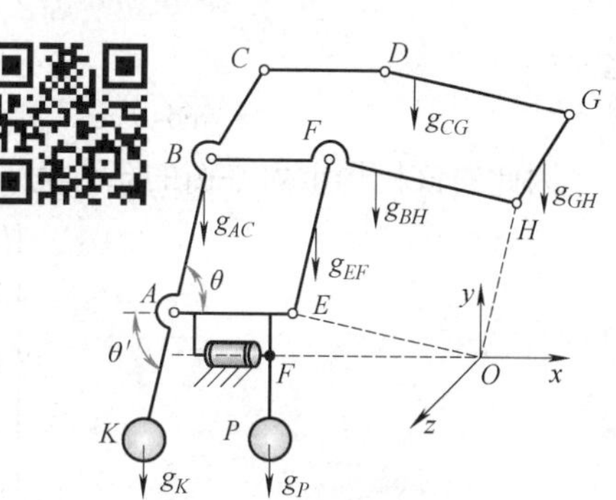

图 14-32　双向弯折时的双平行四杆 RCM 机构

$$\begin{cases}M_{Az}=M'_{Az}\\M_{Ox}=M'_{Ox}\end{cases}\tag{14.8-43}$$

若需满足式（14.8-43），则要保证

$$\begin{cases}\beta=\beta'\\g_K l_{AK}\cos\theta'=\dfrac{1}{2}l_{AB}(g_{AB}+g_{EF})\cos\theta+l_{AC'}(g_{BC}+g_{GH}+g_{BH}+g_{CG})\cos\varphi\\g_P l_{FP}=(g_T+g_K)l_5\end{cases}\tag{14.8-44}$$

配重 K 和 P 只要满足式（14.8-44）即可使整个机构平衡。

可以看出双向弯折时的双平行四杆 RCM 机构可以用两个配重实现重力平衡。其中配重 K 不在杆件 AB 的延长线方向上，其安置的角度需要根据机构的质量进行计算。当杆件质量变化时，不仅 g_K、l_{AK}的大小要变化，角度 θ' 与转角 θ 差值 δ 也要变化。另一方面，在实际设计加工中，涉及杆件的开孔、倒角、弯折，并且加入了很多附加零件如螺钉、垫片等，以及外界的环境影响等因素，很难精确计算出机构的转动力矩，所以一般配重应有一定的调整空间。那么调整时就必须兼顾 g_K、l_{AK}的大小和角度，这给调整工作带来了很多不利因素。为了避免调节，这里对图 14-32 所示情况进行改进，改进后的结果如图 14-33 所示。图中采用两个配重 K' 和 Q 代替原来的配重 K，其中 AK' 与 AB 共线，AQ 垂直于 AB。

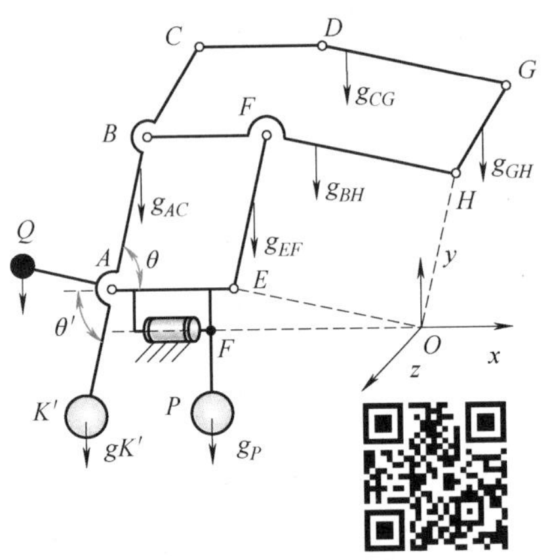

图 14-33　三个配重平衡的双向弯折双平行四杆 RCM 机构

则此时式（14.8-44）的第二个条件等式可写作

$$g_{K'}l_{AK'}\cos\theta+g_Q l_{AQ}\sin\theta=\frac{1}{2}l_{AB}(g_{AB}+g_{EF})\cos\theta+l_{AC'}(g_{BC}+g_{GH}+g_{BH}+g_{CG})\cos\varphi\tag{14.8-45}$$

角 φ 和角 θ 之间的差值为一常数，可记作 σ，即

$$\sigma=\theta-\varphi\tag{14.8-46}$$

令 $C_1=\dfrac{1}{2}l_{AB}(g_{AB}+g_{EF})$，$C_2=l_{AC'}(g_{BC}+g_{GH}+g_{BH}+g_{CG})$，则可将式（14.8-45）记作

$$g_{K'}l_{AK'}\cos\theta+g_Q l_{AQ}\sin\theta=C_1\cos\theta+C_2\cos(\theta-\sigma)\tag{14.8-47}$$

化简得

$$g_{K'}l_{AK'}\cos\theta+g_Q l_{AQ}\sin\theta=(C_1+C_2\cos\sigma)\cos\theta+C_2\sin\sigma\sin\theta\tag{14.8-48}$$

因此，该机构重力平衡的条件为

$$\begin{cases}\beta=\beta'\\\theta'=\theta\\g_{K'}l_{AK'}=C_1+C_2\cos\sigma\\g_Q l_{AQ}=C_2\sin\sigma\\g_P l_{FP}=(g_T+g_K)l_5\end{cases}\tag{14.8-49}$$

这种方案尽管采用了三个配重，但机构设计、加工、调节都比前面两个配重的方法简单。

14.8.6　样机试制

为了验证以上讨论的重力平衡方法的正确性，选择了杆件双向弯曲的构型加工了一套样机，如图 14-34a 所示。设计目标：机构整体尺寸在 $x=300\text{mm}$、$y=100\text{mm}$、$z=300\text{mm}$ 的范围内。末端杆件绕虚拟中心点的俯仰和倾侧角度都不小于 60°，即转动范围在 xOy 平面和 yOz 平面内都为 30°~150°。

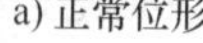

a) 正常位形

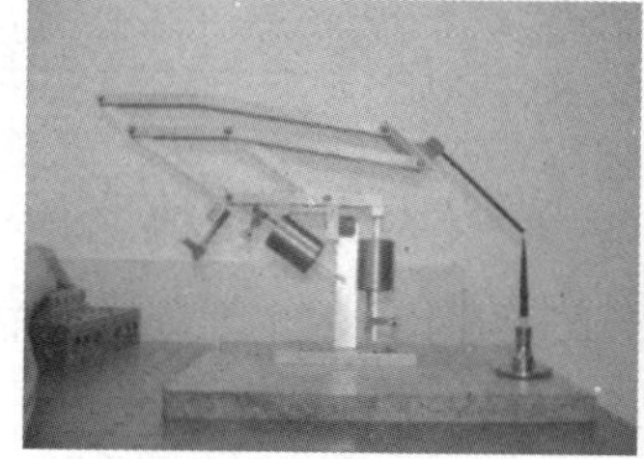

b) 机构的两个极限位置

图 14-34　双向弯折双平行四杆 RCM 机构样机

根据设计目标选择杆件尺寸（其中字母含义参考图 14-33），首先假设

$$l_{CD}=l_{BF}=l_{AE}=80\text{mm},l_{DG}=l_{FH}=160\text{mm},l_{AB}=l_{EF}=100\text{mm}$$

为使机构在 30°~150°之间转动时不发生杆件干涉，选择

$$l_{BC}=l_{GH}=40\text{mm}$$

使转动中心向下偏移 20mm，即使 CDG 和 BFH 杆件端点 G（或 H）弯折 20mm，可得

$$l_{EF}=20\text{mm},\quad \angle CDG=\angle BFH=180°-\arcsin\frac{1}{8}$$

使末端执行器相对 GH 杆向右偏移 20mm，即使 ABC 端点 A 弯折 20mm，可得

$$\angle ABC=180°-\arcsin\frac{1}{5}$$

从而可以计算出

$$\sigma=1.9156°$$

然后根据杆件质量及式（14.8-49）可以得到

$$\begin{cases}g_{K'}l_{AK'}=122.2\text{N}\cdot\text{mm}\\ g_Ql_{AQ}=3.6\text{N}\cdot\text{mm}\\ g_Pl_{FP}=20(g_{K'}+g_Q)+27.08\text{N}\cdot\text{mm}\end{cases}$$

考虑到整体的重量问题，配重的质量应该尽量小，但同时又不能将配重安置太远，否则也会引起配重与其他构件或机架的干涉。经比较和仿真后，选用钢作为配重的材料，将配重做成圆柱形。配重 Q 为底面半径为 15mm、高为 15mm 的圆柱体，配重 K'、P 为底面半径为 30mm、高 40mm 的圆柱体。可知其重量为

$$\begin{cases}g_{K'}=g_P=2.161\text{N}\\ g_Q=0.203\text{N}\end{cases}$$

从而可以算出配重的力臂为

$$\begin{cases} l_{AK'}=56.6\text{mm} \\ l_{AQ}=17.5\text{mm} \\ l_{FP}=34.4\text{mm} \end{cases}$$

加工出的样机可以在工作空间的任意位置保持平衡。图 14-34b 所示为样机在两个转动方向上的极限位置。

14.9 本章小结

本章中的重要概念

● 机械系统方案设计（或概念设计）的主要任务是根据机械产品的功能与性能，进行机械产品整体方案的构思和拟定，提供至少一种既能实现预期功能，性能价格比又高的设计方案，最终完成方案示意图、机构运动简图和方案设计说明书等文案。机械系统方案设计主要表现为运动方案设计。

● 机械系统方案设计的一般过程包括功能原理设计、执行系统方案设计、原动机与传动系统选型、运动参数设计、方案评价与决策等。

● 执行机构构型设计的方法主要有两大类：机构选型与构型综合。其中，常见的运动形式有连续转动、往复摆动、往复移动、单向间歇转动、间歇往复移动、间歇往复摆动、平面一般运动、点轨迹运动（如直线）、空间定轴转动、空间平动、螺旋运动及多自由度的复杂运动等。

● 在多执行系统的协同设计过程中，多采用机械系统运动循环图来描述该机械系统在一个工作循环中各执行构件运动间相互协调配合的关系。其中，常用的运动循环图是直角坐标式。

● 常用的原动机有内燃机、各类电动机、液压缸、液压马达和气动马达等，多已经标准化，需根据原动机类型、性能参数等来选择原动机。

● 机械系统中常用的传动形式包括机械传动、流体传动、电力传动等，其中，机械传动最为常用，按原理可分为啮合传动、摩擦传动和机构传动。

● 机构或机械系统的尺寸设计包括运动参数设计与优化。参数设计过程中，总要伴随着运动学及动力学的分析及仿真过程。

● 机械系统的方案设计本质上是一个多解问题。面对多种设计方案，通过科学评价与决策获得满意的方案，是机械系统方案设计阶段的一个重要任务。

辅助阅读材料

[1] YAN H S. 机械装置的创造性设计 [M]. 姚燕安，王玉新，郭可谦，等译. 北京：机械工业出版社，2002.
[2] 季林红，阎绍泽. 机械原理 [M]. 3 版. 北京：清华大学出版社，2011.
[3] 李瑞琴. 机构系统创新设计 [M]. 北京：国防工业出版社，2008.
[4] 吕庸厚，沈爱红. 组合机构设计与应用创新 [M]. 北京：机械工业出版社，2008.
[5] 孟宪源，姜琪. 机构构型与应用 [M]. 北京：机械工业出版社，2004.

[6] 裴旭. 基于虚拟运动中心概念的机构设计理论与方法 [D]. 北京：北京航空航天大学，2008.
[7] 曲继方，安子军，曲志刚. 机构创新原理 [M]. 北京：科学出版社，2001.
[8] 申永胜. 机械设计综合实践 [M]. 北京：清华大学出版社，2015.
[9] 王玉新. 机构创新设计方法学 [M]. 天津：天津大学出版社，1996.
[10] 杨黎明，杨志勤. 机构选型与运动设计 [M]. 北京：国防工业出版社，2007.
[11] 张春林，李志香，赵自强. 机械创新设计 [M]. 3 版. 北京：机械工业出版社，2016.
[12] 邹慧君. 机构系统设计 [M]. 上海：上海科学技术出版社，1996.
[13] 邹慧君. 机械系统设计原理 [M]. 北京：科学出版社，2003.
[14] 邹慧君. 机械系统概念设计 [M]. 北京：机械工业出版社，2003.
[15] 邹慧君. 机构系统设计与应用创新 [M]. 北京：机械工业出版社，2008.
[16] 邹慧君，颜鸿森. 机械创新设计理论与方法 [M]. 2 版. 北京：高等教育出版社，2015.
[17] 邹慧君，张青. 广义机构设计与应用创新 [M]. 北京：机械工业出版社，2009.

习　题

■ 基础题

14-1　设计一执行机构，要求主动件为转动，执行构件为往复直线运动。试给出满足上述运动要求的机械系统方案设计，并绘制该机构的运动示意图。

14-2　已知某一机构中，主动件做等速运动，角速度 $\omega=5\mathrm{rad/s}$；执行构件做往复移动，行程为 100mm，有急回特性，且急回系数 $K=1.5$。试给出满足上述运动要求的机械系统方案设计，并绘制该机构的运动示意图。

14-3　某执行构件做往复移动，行程为 100mm，工作行程为匀速或近似匀速运动，并有急回特性要求，急回系数 $K=1.4$。在回程结束之后，有 2s 的停歇，工作行程所需时间为 5s。设原动机为电动机，额定转速为 $n=960\mathrm{r/min}$。试给出至少两种满足上述运动要求的机械系统方案设计，并绘制该机构的运动示意图。

14-4　在图 14-35 所示的传动箱中，设已知输入件绕轴线 *A-A* 做单向转动，且每转 4 周，输出构件沿着导轨方向 *B-B* 做一次往复移动，轴线 *A-A* 与导轨方向 *B-B* 相互垂直。试给出至少 5 种满足上述运动要求的机械系统方案设计，并绘制该机构的运动示意图。

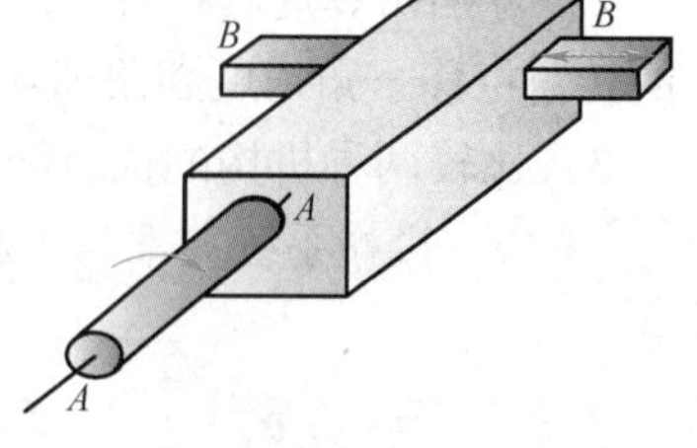

图 14-35　题 14-4 图

14-5　拟定机构运动循环图是实现机械统方案设计的一个关键步骤。试设计一个自动钻床送进机构系统运动方案。已知由带传动使钻床主轴（即被固定有钻头的轴）获得旋转运动，如图 14-36 所示。又由机床动力源（电动机）经减速传动至机构系统的主动件转轴 O_1，其转速 $n=10\mathrm{r/min}$，O_1 轴的相对位置 $h=160\mathrm{mm}$。要求钻头在工作行程 26mm 过程中实现匀速轴向送进；钻头空回行程尽量节省时间；钻头返回到初始位置时要求停歇 2s。请绘制该机构系统的运动循环图。（说

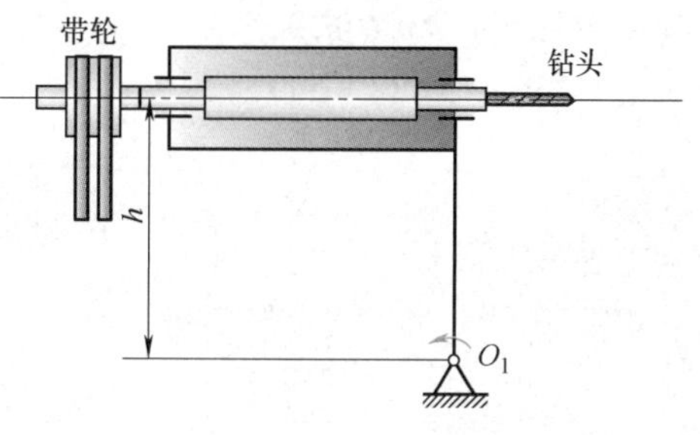

图 14-36　题 14-5 图

明：带轮及其电动机可以随同主轴一起沿轴向移动。）

■ 提高题

14-6　电动机转速 $n=1440$r/min，执行构件（滑块或推杆）要求有 24 次/min、行程为 30mm 的往复直线运动（无急回要求），拟设计结构简单、紧凑的传动系统，要求：

1）画出机构运动简图。

2）确定主要设计参数（如齿数、轮径、杆长、凸轮基本尺寸等）。

3）给出另外一种设计方案（绘制机构运动示意图），并与第一种方案进行比较。

4）利用 ADAMS 对所设计的两种方案进行虚拟仿真。

14-7　试构思几种普通窗户开启和关闭时操纵机构的方案并分析优缺点。设计要求：①当窗户关闭时，窗户启闭机构的所有构件均应收缩到窗框之内，且不应与纱窗干涉；②窗户能够开启到 90°位置；③窗户在关闭和开启过程中不应与窗框发生干涉；④启闭机构应为一单自由度机构，要求结构简单，启闭方便，且具有良好的传力性能；⑤启闭机构必须能支持窗的自重，使窗在开启时下垂度最小。

14-8　设计图 14-37 所示的并联式铁板输送机构。铁板输送机构的要求：主动轴做匀速转动；当主动轴在某瞬时转过 $\Delta_1=30°$时，输出件内齿轮 7 停止不动；其余时间中内齿轮 7 转过 240°以便将铁板输送要求的距离；曲柄摇杆机构的最小传动角应大于 50°。

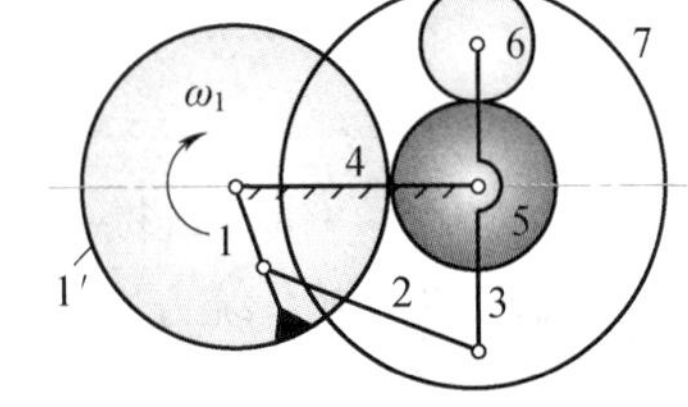

图 14-37　题 14-8 图

■ 工程设计基础题

14-9　图 14-2 所示为两种钢板叠放机构系统的运动简图。图 14-2a 为六杆机构，采用电动机作为原动机，通过减速装置（图中未画出）带动机构中的曲柄 AB 转动；图 14-2b 采用运动倒置的凸轮机构（凸轮为固定件），液压缸活塞杆直接推动执行件 2 运动。

1）设计该机构各构件的参数，建立该机构的虚拟样机模型。

2）分别仿真这两种机构的虚拟样机模型，分别获取图 14-2a 中构件 4 和图 14-2b 中构件 2 的转角位移、角速度和角加速度曲线。

3）比较两种机构的优、缺点。

14-10　机械系统方案与创新设计大作业（参考附录 E）。

附　录

附录 A　特种功能机构

【内容导读】

附录 A 中所枚举的机构都是从古今中外的机构宝库中摘取出来的较为常用的功能型机构，为读者在设计中提供参考。

A.1　直线运动机构

直线运动机构（straight-line motion mechanism）简称直线机构，是指机构中构件（通常为连杆）上的某点一直保持直线运动的机构。

直线运动机构从 18 世纪开始就已被人们所熟知并得到应用。瓦特（Watt）、罗伯茨（Roberts）、切比雪夫（Chebyschev）、波塞利（Peaucellier）、肯佩（Kempe）、埃文斯（Evans）和霍伊根（Hoeken）等人在一两个世纪前就研制出或发现了近似直线（approximate straight-line）运动机构或精确直线（exact straight-line）运动机构，今天这些机构都与他们的名字紧紧联系在一起。

直线运动机构在机构学史中占有非常特殊的位置。它源于 18 世纪苏格兰技师瓦特在制造蒸汽机中的大冲程活塞导向装置所产生的需求。当时还没有高精度的直线导向手段（导引一点沿直线轨迹运动在现在看来很容易通过直线导轨得以实现，不过在 Watt 时代还没有加工直线导轨的金属加工机床），促使 Watt 发明了一种基于铰链四杆机构的近似直线运动机构，后人称之为 Watt 机构，如图 A-1a 所示。机构各杆杆长的比例需满足：$AC/BC=BO_3/AO_1$。这种情况下，连杆点 C 的路径为近似“8”字形。

而后，英国人罗伯茨发明了另一种双摇杆机构，后人称之为 Roberts 机构，如图 A-1b 所示。机构各杆杆长的比例需满足：$AC=BC=BO_3=AO_1$，$AB=CO_3=CO_1$。这种情况下，连杆点 C 的路径有一段与 O_1O_3 重合的近似直线。当增大机构的高宽比时，会提高直线运动部分的精度。

俄国著名学者切比雪夫则设计了另外一种双摇杆型近似直线机构，后人称之为 Chebyschev 机构，如图 A-1c 所示。机构各杆杆长的比例需满足：$BO_3=AO_1=1.25O_1O_3$，$O_1O_3=2AB$，$AC=BC$。这种情况下，连杆点 C 的部分路径为近似直线。

德国人霍伊根找到了一种与 Chebyschev 机构同源的机构，后人称之为 Hoeken 机构，如图 A-1d 所示。机构各杆杆长的比例需满足：$BO_3=AB=1.25O_1O_3$，$O_1O_3=2AO_1$，$AB=BC$。这种情况下，连杆点 C 的路径为近似马蹄形。不过，该机构是一个典型的曲柄摇杆机构。该机构还有一个特点：在直线运动过程中，接近常速。

需要总结的是，除了 Hoeken 机构之外，几乎所有铰链四杆型近似直线运动机构都为双摇

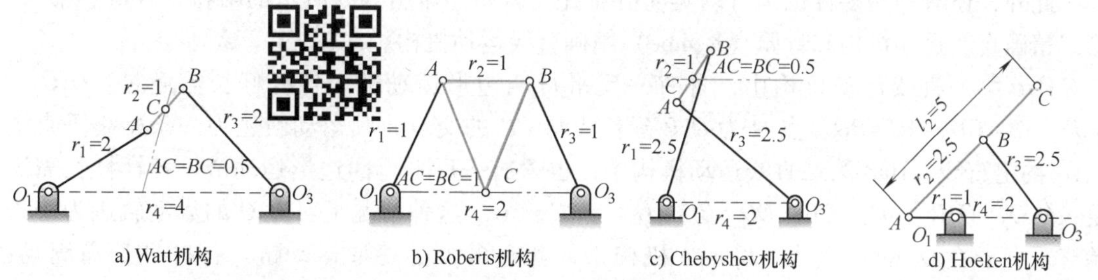

图 A-1　四种铰链四杆型近似直线运动机构

杆机构。若要实现精确直线运动，往往需要多杆机构。其中，比较典型的精确直线运动机构包括波塞利（Peaucellier）精确直线运动机构和史格罗素（Scott-Russell）精确直线运动机构。

法国军官波塞利于 1864 年发现了一个八杆十个转动副的精确直线运动机构，具体如图 A-2a 所示。已知 $OA=OB=a$，$AP=BP=BQ=AQ=b$，$OC=PC=c$，O、C 为固定铰链点，则点 Q 的运动轨迹为一条定直线。图 A-2b 所示的椭圆仪机构为一具有双滑块的过约束机构，去掉 B 或 C 处的移动副及滑块本身，都不会影响该机构的运动。机构在几何条件上需满足：OBC 为直角三角形，$AB^2=OA\cdot AC$。这种情况下，点 C（或 B）的路径为精确直线。作为绘图装置，该机构是最合适的椭圆仪机构（elliptic trammel linkage）。因为该机构的构件 BCA 上除这三点之外的任一点的轨迹都为椭圆。

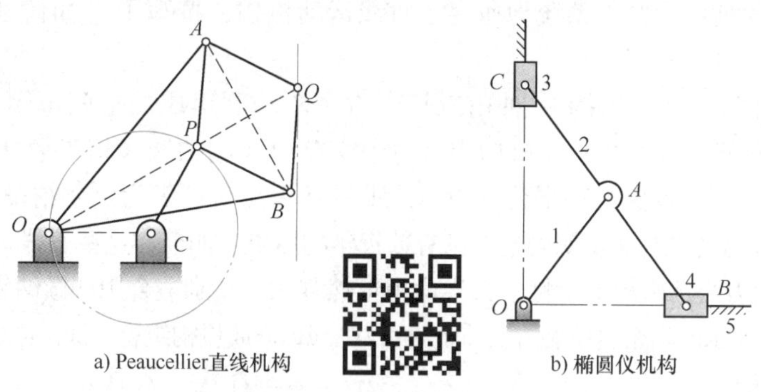

图 A-2　两种精确直线运动机构

保留关系 $AB^2=OA\cdot CA$，可得到改进的 Scott-Russell 机构（图 A-3）。根据该机构可以进一步推演出一种蚱蜢近似直线运动机构（grasshopper linkage）（图 A-4）。

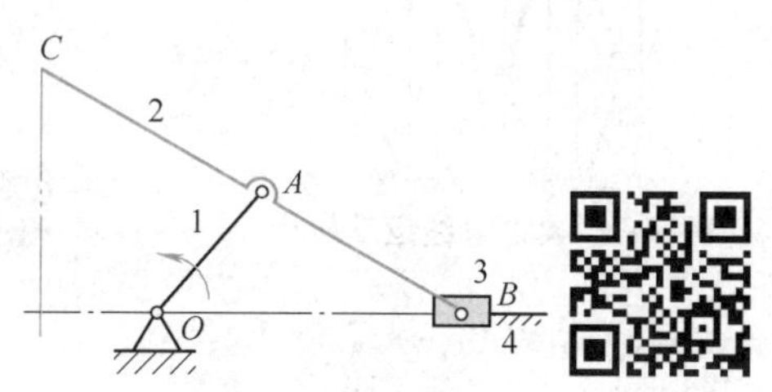

图 A-3　改进的 Scott-Russell 机构

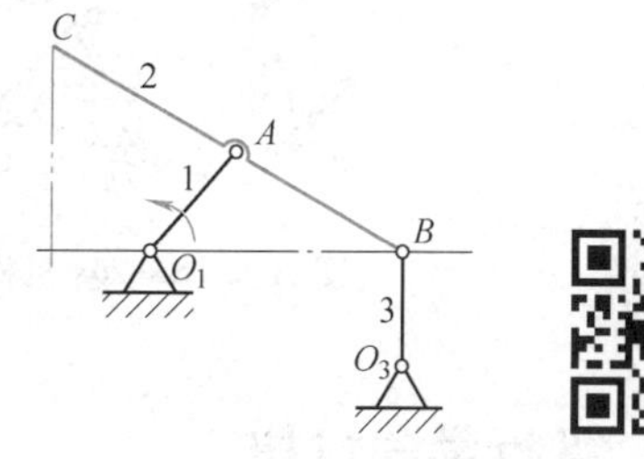

图 A-4　蚱蜢（grasshopper linkage）近似直线运动机构

此外，还有一些多杆机构可以实现精确直线运动，如图 A-5 所示的哈特（Hart）第一、第二精确直线运动机构和肯佩（Kempe）精确直线运动机构。

Hart 第一直线运动机构中，含有一反平行四边形运动链。各杆杆长需满足：$O_1O_3=O_1P$，$AB=CD$，$AC=BD$。点 Q 为 O_3P 延长线与 CD 的交点，其运动轨迹为一条始终垂直于 O_1O_3 的定直线。Hart 第二直线运动机构中，也含有一反平行四边形运动链。各杆杆长需满足：$O_1O_3=O_3B$，$AO_1=CB$，$DQ=BD$，$O_1C=PC=CQ$。这种情况下，点 Q 的运动轨迹为一条始终垂直于 O_1O_3 的定直线。Kempe 机构中，含有多个泛菱形运动链。各杆杆长需满足：$O_1O_5=O_5C=BF=DF=2AO_1=2AB=2AC=2AD=4O_1O_3=4CE=4DE$。这种情况下，杆 8 上的任意一点运动轨迹均为一条始终垂直于 O_1O_3 的定直线。

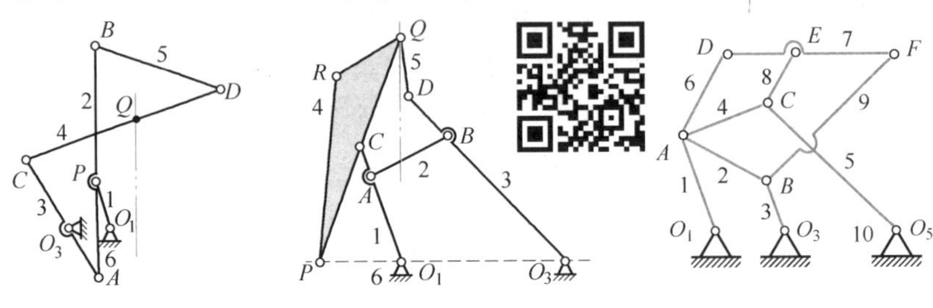

a) Hart第一精确直线运动机构　b) Hart第二精确直线运动机构　c) Kempe精确直线运动机构

图 A-5　三种精确直线运动机构

比较有意思的是，肯佩曾系统地研究了直线运动机构，撰写了《如何画直线》（*How to Draw a Straight Line*）的专著。

1853 年，英国人萨律发明了一种由六杆、六个转动副组成的空间单闭链机构，后人称之为 Sarrus 机构，如图 A-6 所示。机构中，每个支链中 R 副的轴线相互平行，但两个支链的运动副轴线相互垂直。该机构动平台（杆 5）上的任一点轨迹都为一条精确的铅直直线。

尽管这些直线运动机构从发明到现在已有数百年的历史，如今，这些直线运动机构因具有优于导轨的低摩擦阻力与精确传动特性，其生命力依然强大，特别适合用在微纳领域的柔性精密定位装置中。图 A-7 所示的精密定位装置实质上是由八个 Roberts 机构组合而成的柔性直线运动机构。

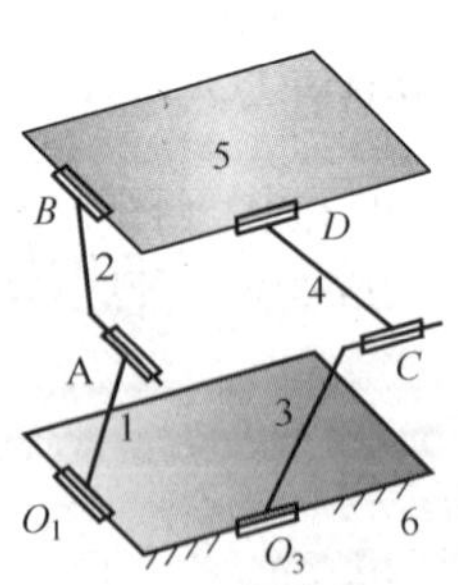

图 A-6　Sarrus 机构

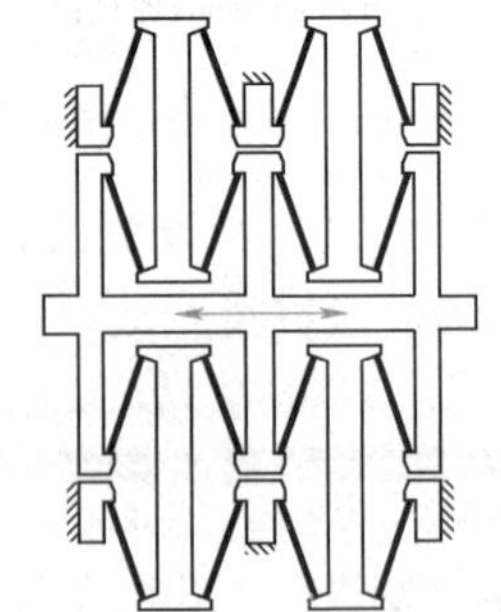

图 A-7　柔性直线运动机构

A.2　平行导向机构

平行导向机构（parallel guiding mechanism）是指在运动过程中两相对构件一直保持平行

的机构。最简单的平行导向机构是平行四边形机构，又称平行四杆机构（图 A-8）。

平行导向机构具有非常广泛的应用，例如用于高速悬索、光学定位及游乐园木马等；在消费品中也很常见，例如台灯、绘图仪、儿童秋千和自行车变速机构等。万能绘图仪（universal drafting machine）是一种常见的平行四边形机构，如图 A-9 所示，由 a_0abb_0 和 $cdef$ 两个平行四边形机构构成。若将杆 a_0b_0 固定在绘图板上，则推动杆 7 时，其上的直尺就做平行位移运动，画出相应的平行线。

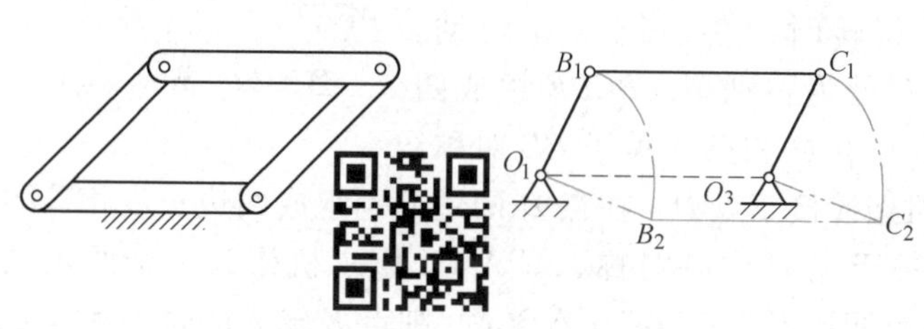

图 A-8　平行导向机构

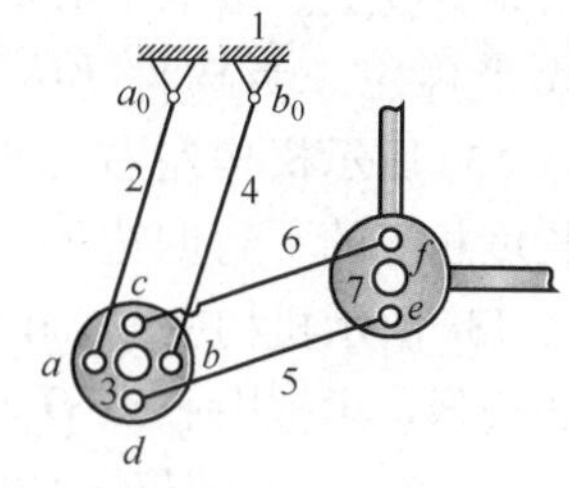

图 A-9　万能绘图仪

在一些超精密定位场合，平行导向机构的作用非常重要。如为实现精确的直线运动，通常需要平行导向机构或直线运动机构保证直线度。因此，有时平行导向机构也被称为直线导向机构。同时，为保证机构的高精度，更多情况下采用柔性平行导向机构，具体如图 A-10 所示。有关柔性平行导向机构的详细介绍可参考文献［14］。

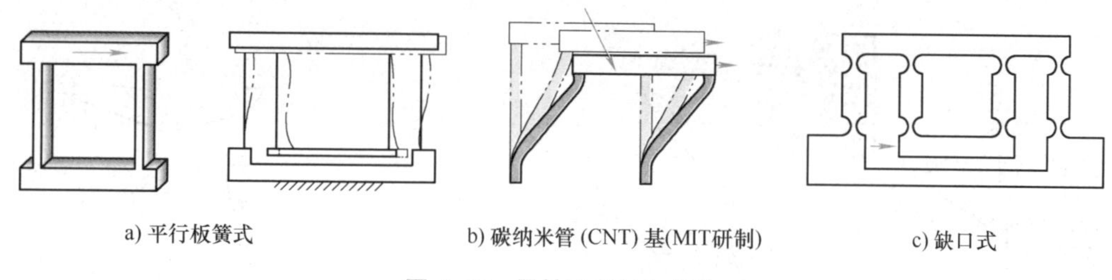

a) 平行板簧式　　b) 碳纳米管 (CNT) 基(MIT研制)　　c) 缺口式

图 A-10　柔性平行导向机构

A.3　仿图仪机构

仿图仪机构（pantograph mechanism）是指在他处可精确复制某一参考点轨迹的一类机构。通常情况下，点轨迹的大小和比例会发生改变，因此仿图仪机构又称为路径跟随机构（path following mechanism）或缩放仪机构。图 A-11 所示为仿图仪机构的基本型，$abcd$ 为平行四边形运动链，O 为杆 2 延长线上的一点，也是固定铰链，通过点 O 的直线分别交杆 3、杆 4、杆 5 于点 S、点 P、点 T，可以证明，S、P、T 三点所画出的图形始终成正比。

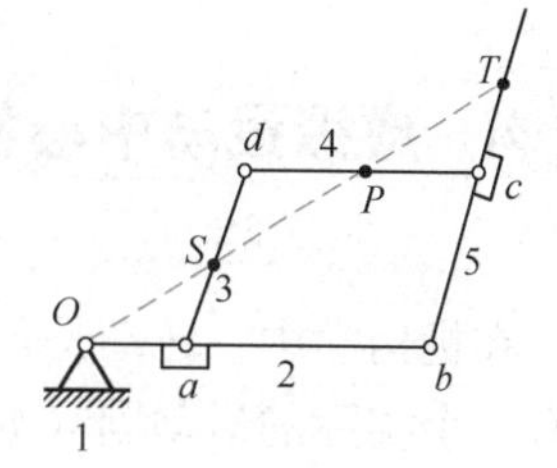

图 A-11　仿图仪机构的基本型

仿图仪机构的应用很多，如图 A-12 所示的剪式安全门机构和投影仪悬挂缩放装置等。

仿图仪机构族群中，基于平行四杆机构的仿图仪机构具有很特殊的性质——含有固定的虚拟转轴或虚拟运动中心（virtual center of motion，VCM），可实现图形的放大或缩小。这类机构的应用十分普遍。图 A-13 所示为几种典型的仿图仪机构，其中图 A-13a、c 所示机构中各杆件的长度关系为 $l_{AC}/l_{CF}=l_{AB}/l_{BE}=l_{ED}/l_{DF}=l_{EG}/l_{FO}$，$BCDE$ 为平行四边形运动链。点 A、E 和 F 位于一条直线上。虚拟中心的位置可由 $FO /\!/ EG$ 和 A、G、O 三点共线来确定。当构件 EG 绕点 G 旋转时，点 F 绕点 O 转动。图 A-13d 所示机构左右对称，C、E 处为移动副，$BCDE$ 组成四边长度相等的平行四边形。虚拟中心点 O 和点 A 关于 CE 对称。图 A-13e 所示机构中 CG 和 EF 与机架铰接于点 D，在点 D 两边分别组成四边长度相等的平行四边形。虚拟中心点 O 和点 A 关于点 D 中心对称。图 A-13f 所示机构为一个西尔维斯特（Sylvester）仿图仪，$ABCD$ 为平行四边形，$\triangle BGC \approx \triangle DCE$，则点 E 输入的轨迹和点 G 输出的轨迹相似，FE 和 OG 延长线的夹角 $=\angle GAE=\angle CDE=\angle GBC$，$l_{FE}/l_{OG}=l_{AE}/l_{AG}=l_{DE}/l_{DC}$。

图 A-12　剪式安全门

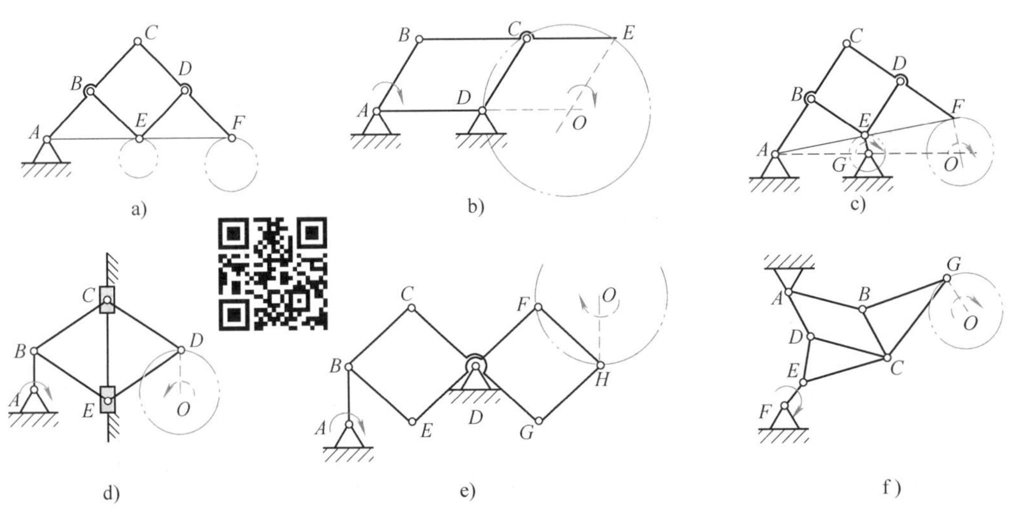

图 A-13　几种典型的仿图仪机构

对于图 A-13b 所示的机构，如果平面机构中输出构件上的一点（如点 E）以平面上的一个定点 O 为圆心做圆周运动，且 O 点处并没有实际的转动副存在，即 E 点和 O 点之间存在着虚拟约束关系，称这类机构为虚拟中心机构（VC 机构）。可以验证，图 A-13a～d 列举的四种机构都是 VC 机构。VC 机构在很多机构构型手册中可以找到，如参考文献［1，13，16，67，102］。

A.4　虚拟运动中心机构

在机构学中，转动是基本的运动形式之一。普通机构中的转动构件一般都在其转动中心处有一个实际的运动副（如转动副或球面副）与其他构件连接（图 A-14a）。但是有一类机构中，构件在其转动中心处并没有实际的运动副存在，如图 A-14b 所示。这种没有实际运动副存在的转动中心被定义为虚拟运动中心（VCM）。如果机构的输出构件具有 VCM，则该机构称为虚拟运动中心机构（VCM 机构）。如果虚拟固定点在机构的远端，则该机构称为远程运动中心机构（remote center of motion mechanism，RCM）。

VCM 机构与 VC 机构的区别在于：VC 机构的主要特征是其输出构件上的某一点做圆周运动，而 VCM 机构中必须是整个输出构件绕虚拟中心转动。可以看出，如果 VC 机构输出构件上每个点都绕同一点进行圆周运动，则此构件就绕着固定中心转动，该 VC 机构即变成了一个 VCM 机构。因此，VC 机构与 VCM 机构是一种包含关系。图 A-15 所示为平面 VCM 机构。

a) 运动副

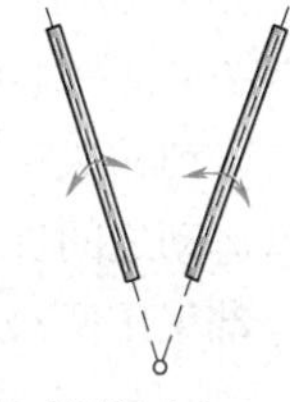

b) 虚拟运动中心

图 A-14　转动中心

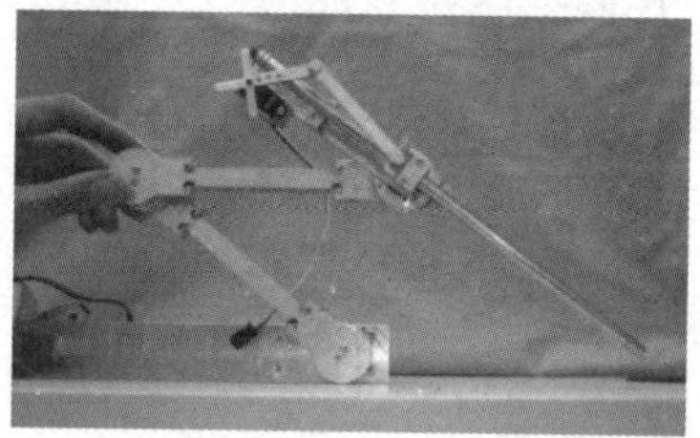

图 A-15　平面 VCM 机构

在机构运动中，转动是绝对的。在瞬时情况下，平面机构中的 VCM 即为大家所熟悉的速度瞬心（instant center of rotation，ICR）。空间机构中的 VCM 则为瞬时螺旋轴（instantaneous screw axis）。无论对刚性机构还是柔性机构，VCM 的概念都具有普适性。在一些运动范围很小的应用中，如柔性机构，可将 VCM 和 ICR 等效看待。而在刚性机构中，能够保持运动过程中 VCM 不变的机构更令人关注。

VCM 机构按照其自由度可以分为一维转动（1R）、二维转动（2R）及三维转动（3R）VCM 机构。如果还含有 1 个移动自由度，还有 1R1T、2R1T 及 3R1TVCM 机构。也就是说，VCM 机构输出构件的虚拟运动中心在机构运动过程中始终是相对固定的。图 A-16 所示为多维 VCM 机构。

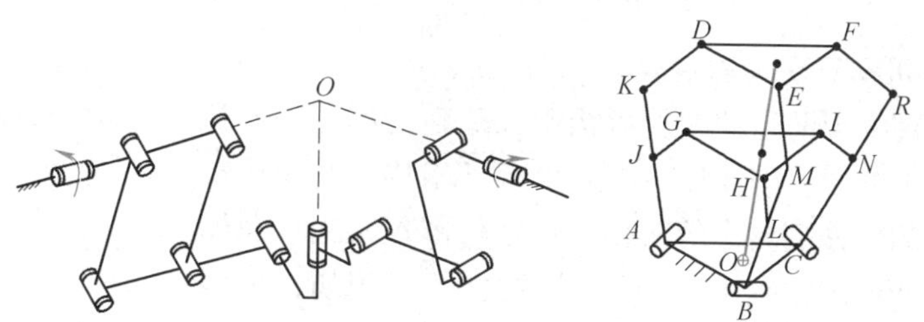

图 A-16　多维 VCM 机构

A.5　运动缩放机构

运动缩放机构（motion amplifying mechanism）用来改变电动机或者执行器的运动。为改变电动机（或驱动器）的运动，通常在驱动器与执行器之间采用某种具有运动缩放功能的结构，以便实现高精度、大行程的运动驱动。

根据不同的缩放原理可将运动缩放机构分为以下几种：

1. 运用杠杆原理实现运动缩放

图 A-17 所示为一种驱动装置中的柔性缩放机构运动示意图。从图中可看出，基于杠杆原理的运动缩放机构结构简单、刚性好，因此功效较高。而且，它最突出的优点是能够使输入、输出运动之间保持一种线性关系。其缺点在于很难实现较大的运动缩放倍数。因此，更多情况下，都采用两级甚至多级缩放的方式，即所谓的复合式杠杆缩放机构，如图 A-18 所示。

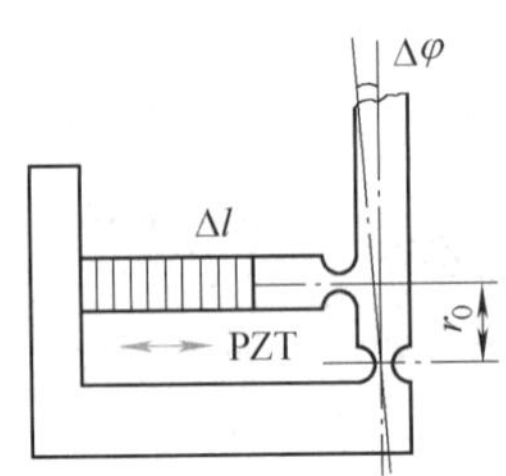

图 A-17　杠杆简单缩放

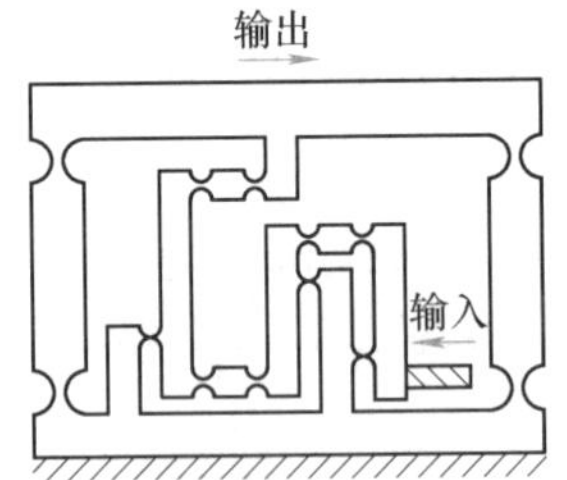

图 A-18　三级运动缩放结构图

2. 利用压杆失稳原理实现运动缩放

缩放机构还可基于材料力学中的压杆失稳原理设计而成。其原理如图 A-19a 所示。对于细长杆，当所施加的轴向压力大于临界压力时，便发生失稳的现象。为产生更大的纵向变形，可对上面的悬臂式结构进行改进，则得到如图 A-19b 所示的结构。将此结构设计成柔性结构，可得到图 A-20 所示的桥式缩放机构。

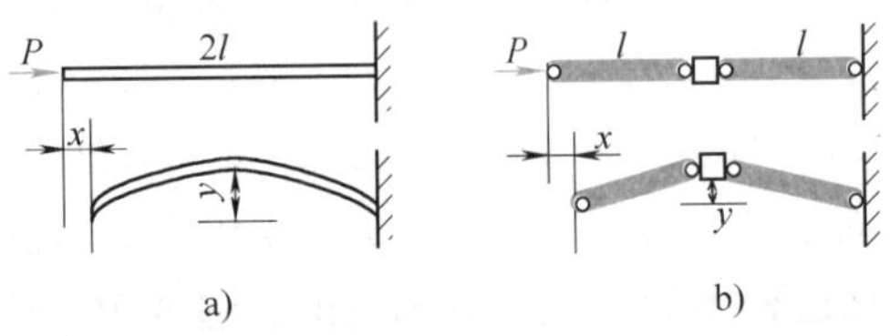

图 A-19　基于压杆失稳原理的缩放机构

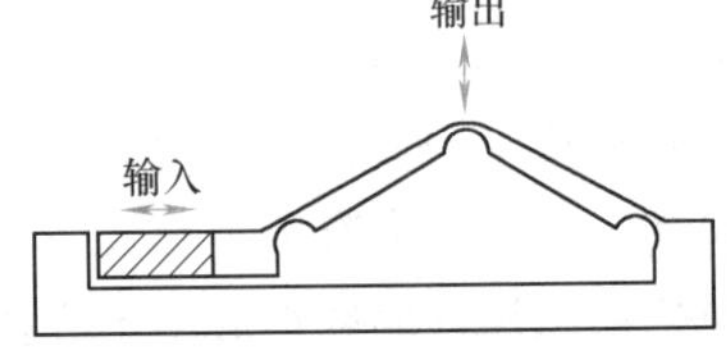

图 A-20　桥式缩放机构

3. 通过特殊机构实现运动缩放

通过杠杆原理实现的运动缩放机构中，受到最小杠杆臂的限制不能获得较大的位移缩放比，因此出现了用特殊机构代替杠杆以获得较大的位移缩放比的机构，包括仿图仪机构、曲柄滑块机构、Scott-Russell 机构、平面八杆机构等。例如，采用平面八杆柔性机构（图 A-21）来实现位移缩放。驱动器推动输入杆产生微位移，在输出杆上产生直线运动，克服了平面四杆机构非直线运动的缺点。如果合理选择输入杆、连接杆及输出杆的长度可获得较大的运动缩放倍数。

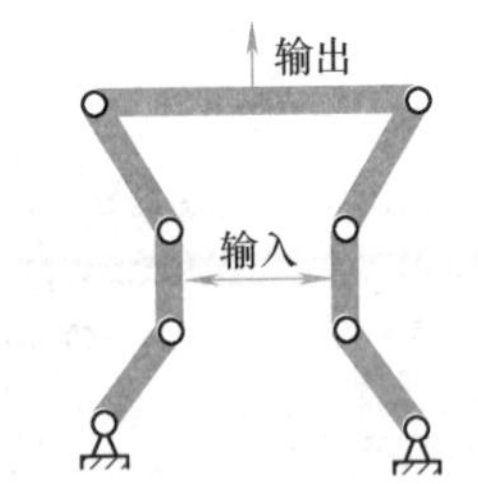

图 A-21　采用平面八杆柔性机构来实现位移缩放

4. 以杠杆及机构的组合形式实现运动缩放

缩放机构的级联方式有杠杆+杠杆型、杠杆+机构型、机构+机构型等。图 A-22a 所示为一种典型的机构+机构型级联方式：两个或者两个以上的 Scott-Russell 机构进行级联，可实现较大的运动缩放比。此外，多个平行四边形机构的有效级联可实现复杂机构的整体缩放，如图 A-22b 所示的平面图形缩放机构。

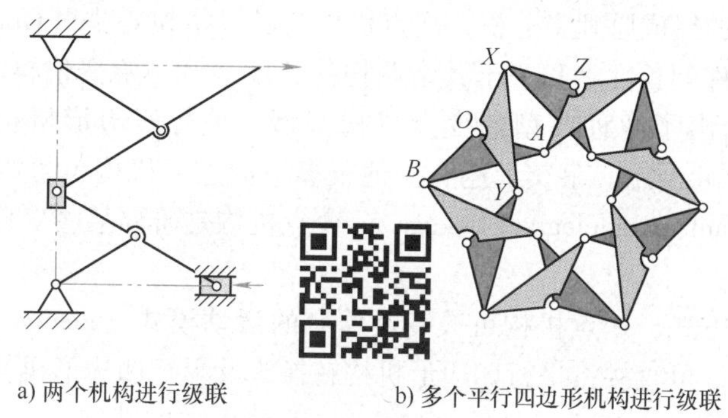

a) 两个机构进行级联　　b) 多个平行四边形机构进行级联

图 A-22　机构级联实现运动缩放

A.6　肘杆机构

很多应用场合要求用很小的力实现对较大力的控制，例如机电开关、夹钳、压力机、铆钉机等。如果用机构来实现这种肘杆效应（toggle effect），则这类机构称作肘杆机构（toggle mechanism），又称增力机构。图 A-23 所示的机构都是肘杆机构。

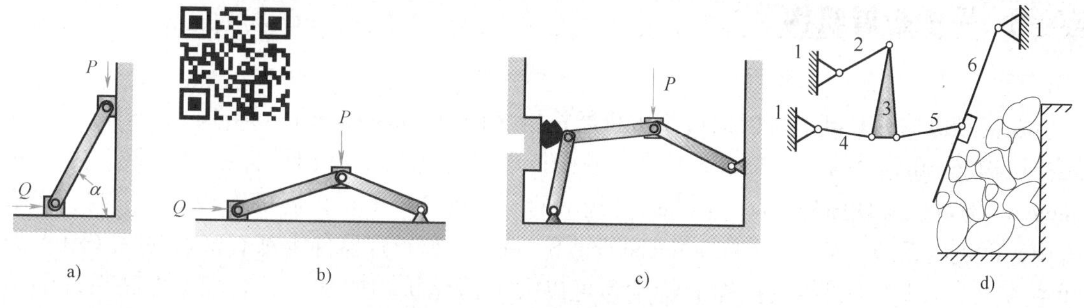

a)　b)　c)　d)

图 A-23　肘杆机构

如图 A-23b 所示，当机构处于死点位置时，某些构件相对于机架具有瞬时静止的特性。这时，若选择静止构件为输入，而以死点机构的输入为输出，可产生极大的输出力。

图 A-23d 所示为一碎石机的机构运动示意图，它实质上就是一种六杆型肘杆机构。当杆 2 达到冲程的最高位置时，杆 2 和杆 3 共线形成肘杆效应，同时杆 4 和杆 5 共线也可形成肘杆效应。两组肘杆效应同时发生，可产生极大的力来压碎石块。

A.7　变点机构

机构在一定的几何条件下或在一定的位形下有时会突然改变自由度数目或性质，导致无法继续运动或者失稳等现象的发生，这种现象称为奇异（singularity）。机构奇异时，自由度数目或性质的变化仅仅是瞬时的。例如，平行四杆机构在如图 A-24a 右所示位形下突然增加了 1 个自由度，四杆机构有了 2 个瞬时自由度，这时称该机构为变点机构（change-point mechanism）。从机构的组成原理来分析，变点机构需满足格拉霍夫（Grashof）的极值条件，即最短构件与最长构件的长度之和等于其余两构件长度之和。哈登伯格（Hartenberg）和戴纳维特（Denavit）给出了两种典型的变点机构类型：平行四边形机构和风筝机构（kite mechanism），如图 A-24 所示。事实上还有其他很多平面连杆机构也可以作为变点机构，如反平行四边形机构（anti-parallelogram linkage）。变点机构是研究某些变自由度或变胞机构的基础。

通过改变驱动等方式，变点机构可改变其原有的运动模式（motion pattern）。例如，无需改变初始装配位形，可直接将平行四边形机构转换为反平行四边形机构。因此说，变点机构也是研究多模式机构（multiple-motion-pattern mechanism）的基础。

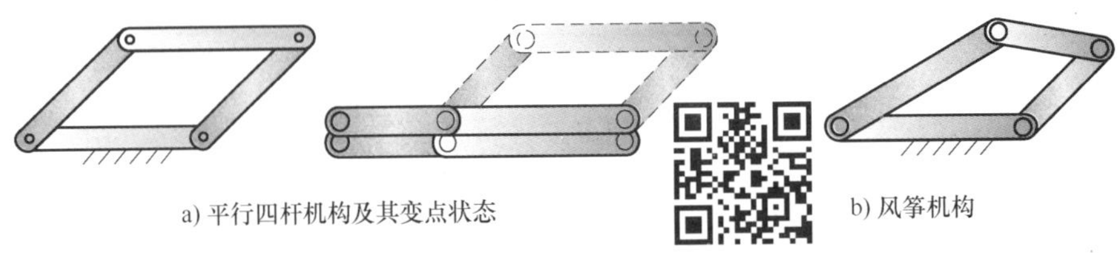

a) 平行四杆机构及其变点状态　　b) 风筝机构

图 A-24　变胞机构与变点状态

A.8 平板折展机构

在变点机构的基础上可以构造平板折展机构（lamina emergent mechanism，LEM）[15] 或正交机构（ortho-planar mechanism）[15]。平板折展机构是指所有构件都在同一平面内（in-plane），但可以实现面外（out-of-plane）运动的一类机构。平板折展机构和柔性机构、变胞机构、微机电系统（Micro-Electro-Mechanical System，MEMS）器件等都有密切关联（图 A-25 和图 A-26）。基于平板折展机构的特性，可以大大简化机构的加工、装配，提高系统的精度，尤其可以充分利用 MEMS 等一体化加工工艺。

图 A-25　正交型柔性机构

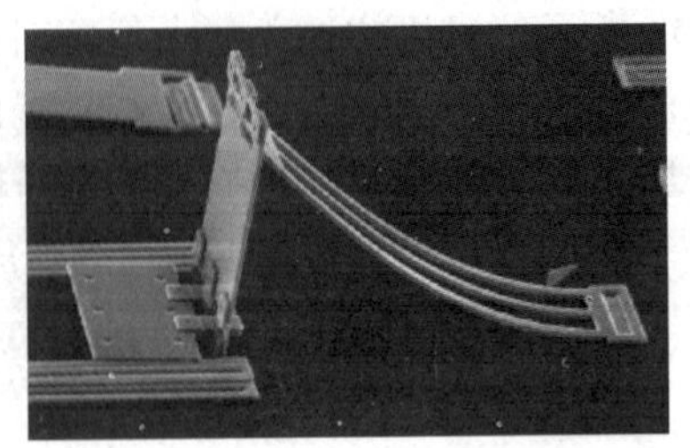

图 A-26　由曲柄滑块结构构成的柔性 MEMS 器件

图 A-27 所示为一球面平板折展机构。通过对图 A-27a 所示的平面构型进行旋转，进而从加工平面折展翻出，可生成图 A-27b 所示的空间构型。

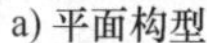

a) 平面构型

b) 空间构型

图 A-27　球面平板折展机构

A.9　变胞机构

机构在工作过程中，若在某瞬间某些构件发生合并/分离或机构出现几何奇异，其有效构件总数或机构的自由度发生变化，从而产生了新构型的机构称为变胞机构（metamorphic mechanism）[42]。变胞机构的研究源于 1995 年应用多指手进行装潢式礼品纸盒包装的研究。礼品纸盒类似于折纸（origami）。借用折痕为旋转轴，连接纸板为杆件，折纸可以构造出一个机构。其典型的例子可见图 A-28 所示用纸折的 **Sarrus 机构**。这一新类型机构除了具有可展机构的高度伸缩和展开特性外，还可改变杆件数，改变拓扑图并导致自由度发生变化。用生物学细胞分裂重构和胚胎演变的观点来解释，这一机构具有变胞功能（metamorphosis）。例如，典型的球面变胞机构可以从常见的折纸抽象演变而生，如图 A-29 和图 A-30 所示。

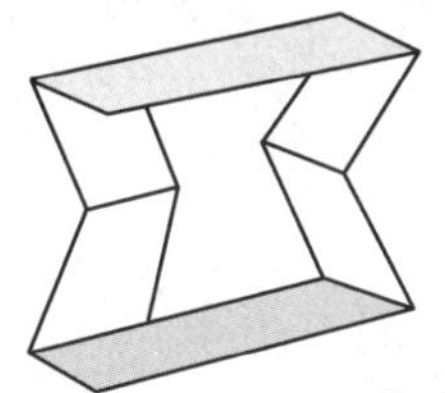

图 A-28　用纸折出的 Sarrus 机构

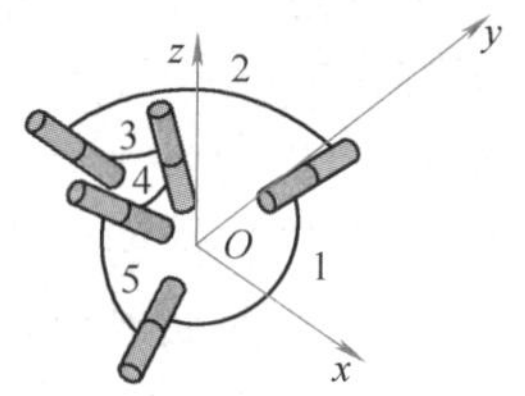

图 A-29　球面变胞机构

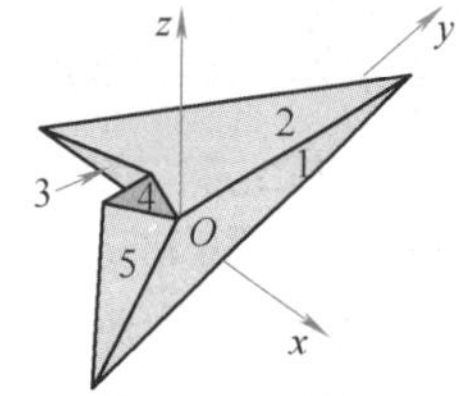

图 A-30　对应的折纸机构

变胞机构有别于一般的可展机构（deployable mechanism）或可展结构（deployable structure）[46]。可展机构广泛用于航空航天，诸如卫星天线和太阳能帆板。该机构一般只具有一次自由度变化，自由度变化后，机构处于零自由度状态（这也是称之为可展结构的原因）。而变胞机构至少在经历一次自由度变化以后仍可继续运行。这可体现在图 A-29 所示的球面变胞机构，其自由度可由 2 变到 1 进而由 1 变到 0。

变胞机构也有别于运动转向机构（kinematotropic mechanism）[42]。运动转向机构是当机构超过某一点后，运动空间发生变化，自此引起新的约束，从而自由度发生变化。但变化前后，杆件数目不变，因而机构的拓扑结构不变。典型的运动转向机构如图 A-31 所示。其中图 A-31a 所示为旋转之前的机构，自由度为 3。图 A-31b 所示为旋转之后的机构。虽杆件数不变，但转动副 K 旋转后的方位改变造成机构约束发生变化，自由度减为 2。

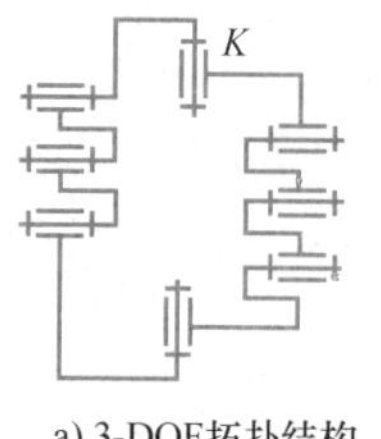

a) 3-DOF拓扑结构

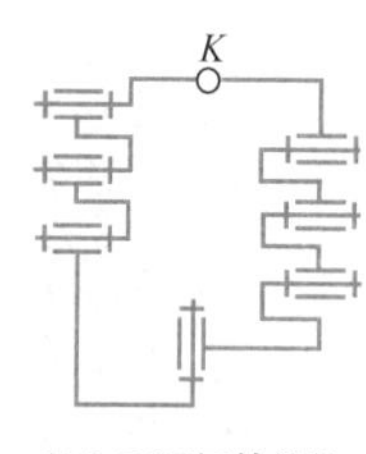

b) 2-DOF拓扑结构

图 A-31　运动转向机构

A.10 往复直线运动机构

往复直线运动（reciprocating mechanism）可通过液压（气压）缸、螺旋机构、曲柄滑块机构、摇杆滑块机构、正弦机构、正切机构、移动从动件凸轮机构、连杆-凸轮组合机构等来实现。图 A-32 所示的几种连杆机构都可实现往复移动。

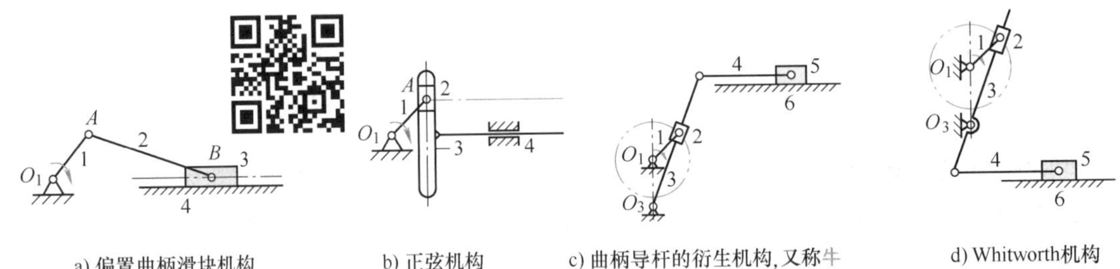

a) 偏置曲柄滑块机构　b) 正弦机构　c) 曲柄导杆的衍生机构，又称牛头刨床机构 (shaper mechanism)　d) Whitworth机构

图 A-32　往复直线运动机构

这里先介绍一下正弦机构。

除了曲柄滑块机构以外，正弦机构（scotch yoke mechanism）也是将旋转运动转化为直线运动的典型范例。如图 A-33 所示，当曲柄以常角速度运动时，构件做简谐运动（位移曲线是正弦曲线）。

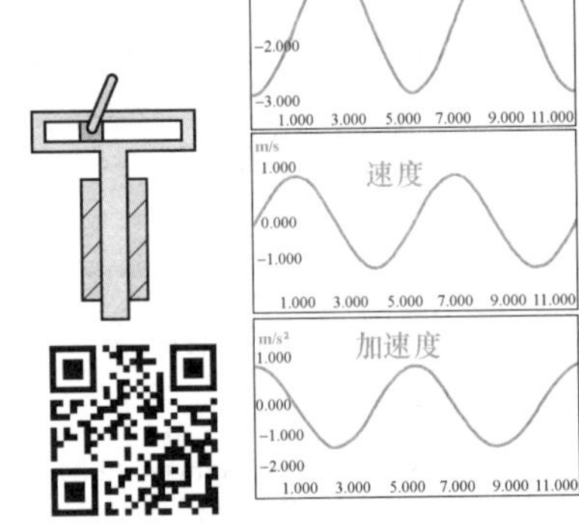

图 A-33　正弦机构

往复直线运动机构中，有一类特殊的机构——急回机构（quick-return mechanism），即具有急回特性的机构都是急回机构。比较典型的急回机构有偏置曲柄滑块机构、曲柄导杆机构的衍生机构等。图 A-34 所示的牛头刨床机构就是由曲柄导杆机构衍生而来。

除此之外，再介绍两种常见的急回机构。

由怀特沃茨（Whitworth）机构衍生的急回机构，如图 A-35 所示。万泽尔（Wanzer）针杆机构（needle-bar mechanism），如图 A-36 所示。

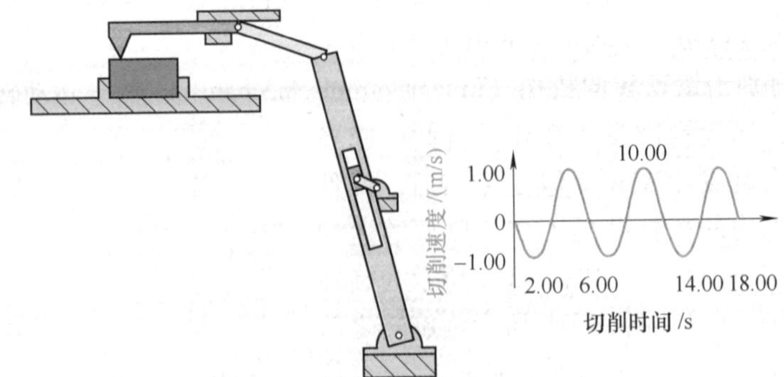

图 A-34　牛头刨床机构

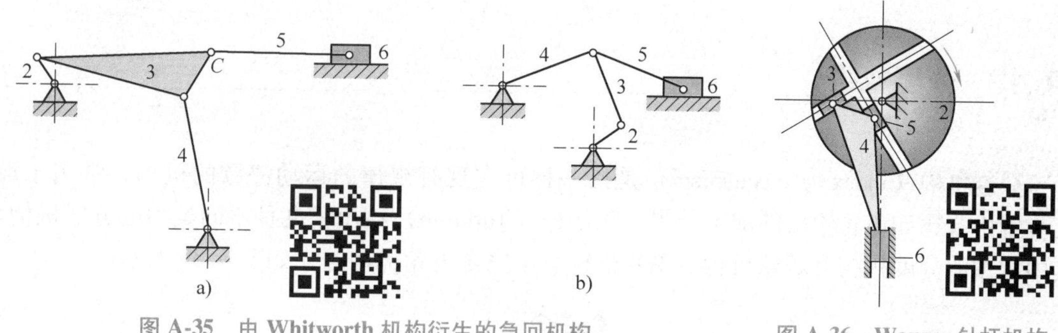

图 A-35　由 Whitworth 机构衍生的急回机构

图 A-36　Wanzer 针杆机构

A.11　振荡机构

在一些振荡装置中经常使用振荡机构（oscillating mechanism）。这时运动输出一般不是整周转动而是反复摆动。比较典型的振荡机构包括曲柄摇杆机构、曲柄导杆机构、摆动凸轮机构及组合机构等。图 A-37 所示为其中四种常见类型。

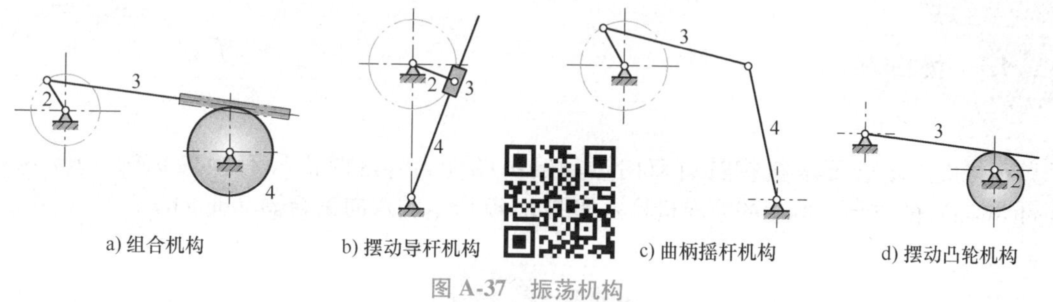

a) 组合机构　　b) 摆动导杆机构　　c) 曲柄摇杆机构　　d) 摆动凸轮机构

图 A-37　振荡机构

A.12　间歇机构

很多应用场合要求机构辅助某些器件实现状态的改变，以及在一段时间内保持静止，如发动机中的阀门等。满足这种要求的机构称为间歇机构（dwell mechanism）或停歇机构。例如，凸轮机构、棘轮机构、槽轮机构等都可以实现运动的间歇。此外，利用连杆曲线实现停歇也是间歇机构常用的一种类型。具体包括直线间歇和圆弧间歇机构，如图 A-38 所示。

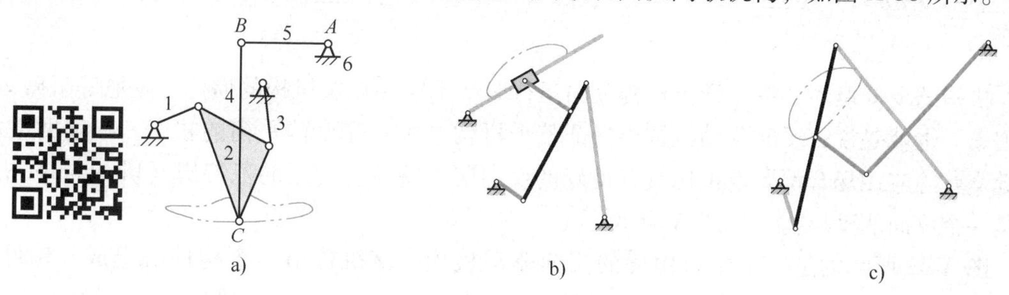

图 A-38　利用连杆曲线实现间歇运动

A.13 分度机构

分度机构（indexing mechanism）是指一种可实现有规律的运动停歇的机构，常用于加工装置中，比如齿轮轮齿的加工装置。陶法松（Torfason）给出了九种不同类型的分度机构。其中常用的分度机构有棘轮机构、槽轮机构、不完全齿轮机构等，如图 A-39 所示。

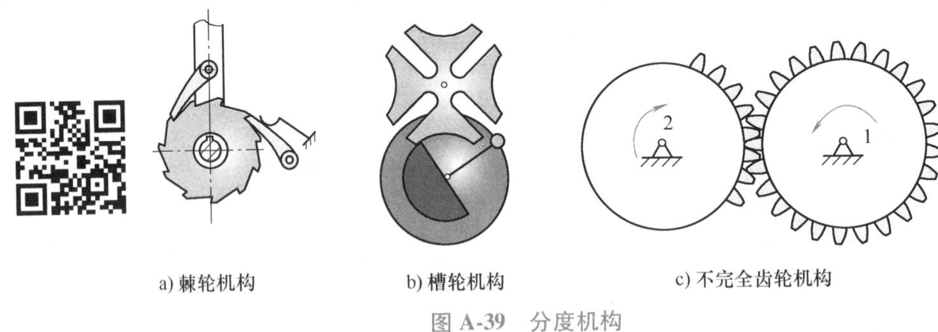

a) 棘轮机构　b) 槽轮机构　c) 不完全齿轮机构

图 A-39　分度机构

A.14 换向机构

很多应用场合要求机构具有双向运动输出的能力，这时需要有换向机构（reversing mechanism）的支持。典型的换向机构有如图 A-40 所示的双向离合器（clutch）。

图 A-40　双向离合器

A.15 反向驱动机构

机构的反向驱动特性是指当机构反向运行时，不需要克服机构的惯性、阻尼等阻碍运动的因素。也就是说，反向驱动机构要保证整个机构系统是完全静平衡的状态。在辅助手术、力觉交互等应用场合都要求机构具有良好的反向驱动特性。商用的范特姆（Phantom）机构就是一个反向驱动机构，如图 A-41 所示。

图 A-42 所示的是一个两自由度的反向驱动机构，该机构由七个构件所组成。构件 1、2、3 和 4 组成平行四边形闭链，构件 5 为一个半径为 r 的固定不动的圆盘（为机架）。构件

2、5、6 和构件 1、5、7 分别组成具有一个太阳轮的行星轮系，两电动机（其壳体分别固定安装在构件1 和2 上）分别用来驱动6 和7 两个行星轮绕各自的自转中心 E 和 F 转动，行星轮 6 和 7 始终保持和固定圆盘的相对运动为纯滚动（应用钢丝绳传动实现）。当机构正向运动时，两电动机带动两行星轮 6 和 7 转动，从而带动构件（系杆）1 和 2 绕 O 点转动，进而驱动平行四边形机构运动，这样就会在操作手柄的末端 D 点输出力。当机构反向运动时，电动机处于自由断电状态，人工操作手柄的末端 D 点运动，此时两行星轮 6 和 7 作为从动件在系杆 1 和 2 的带动下运动。

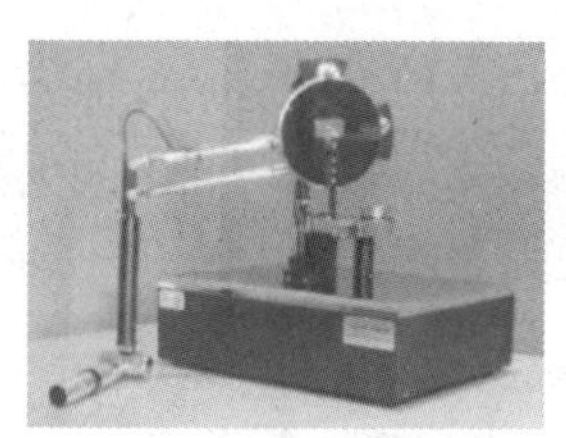

图 A-41　Phantom Premium 1. 5

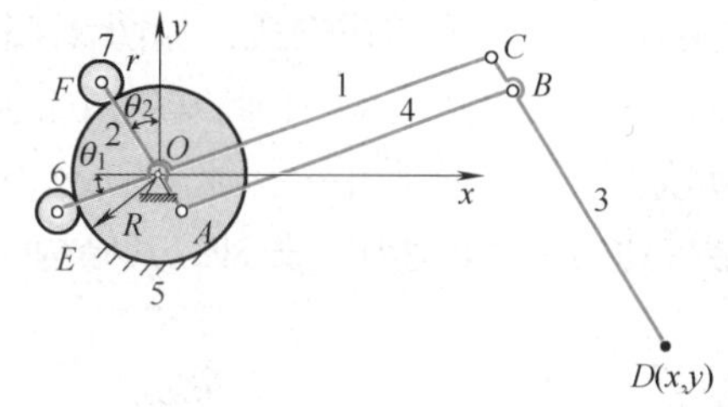

图 A-42　两自由度反向驱动机构

A.16 联轴装置与虎克铰

联轴装置（coupling device）主要用于传递同轴、平行轴、交叉轴甚至交错轴之间的运动。例如各类齿轮机构、带传动、滑轮装置、连杆机构等。例如，勒洛（Reuleaux）联轴器（图 A-43）和虎克铰都可实现轻载下的空间交叉轴传动。

虎克铰（Hooke joint）又称广义铰（universal joint）或卡当铰（Cardan joint），实质上是一种相交轴角为90°的单万向联轴器。图 A-44a 所示为虎克铰的运动示意图，输入、输出分别与构件 2 和 4 相连。

若以 θ_2 表示输入轴的角位移，以 θ_4 表示输出轴的角位移，以 β 表示输入轴与输出轴间的夹角，则可以导出 θ_2 和 θ_4 的关系为

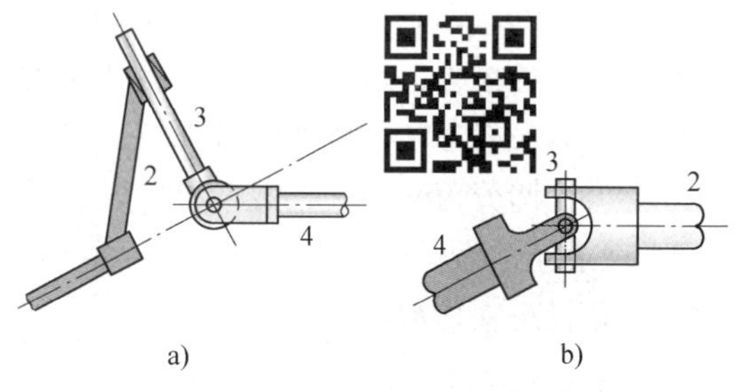

图 A-43　Reuleaux 联轴器

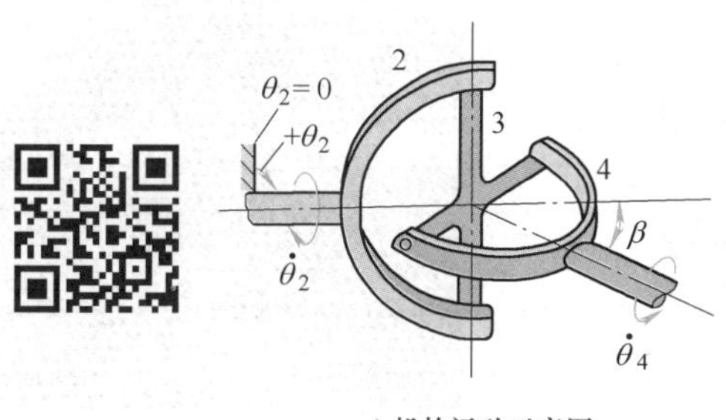

a) 机构运动示意图

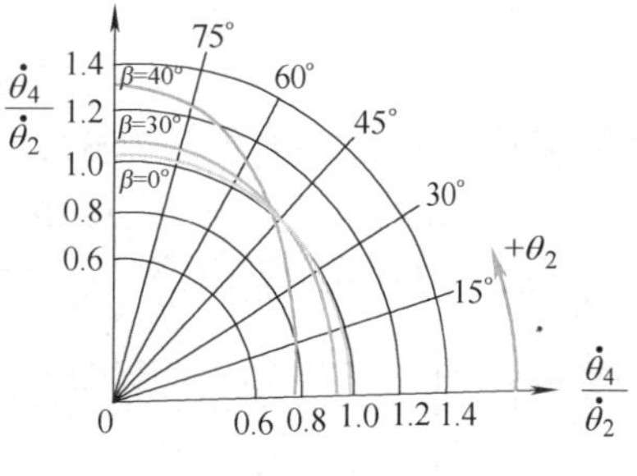

b) 输入、输出转速比

图 A-44　虎克铰

$$\theta_4 = \arctan\left(\frac{\tan\theta_2}{\cos\beta}\right)$$

令 ω_2 和 ω_4 分别为输入轴与输出轴的角速度，且 ω_2 为固定值，则对上式进行微分可得

$$\omega_4 = \left(\frac{\cos\beta}{1-\sin^2\beta\cos^2\theta_2}\right)\omega_2$$

输出输入的转速比如图 A-44b 所示。

由速度曲线可以看出单个虎克铰不能实现输入输出转速的常值比，为此可以采用双十字虎克铰（double universal joint）的结构型式，如图 A-45 所示。

奥尔德姆（Oldham）联轴器就是一种特殊的双十字虎克铰，主要用于传递平行轴（而非共线轴）之间的运动或力矩。它通常由三个圆盘组成，中间圆盘与输入、输出圆盘之间无相对运动，因此该联轴器传递的是常转速比。另外，其结构较虎克铰更为紧凑，如图 A-46 所示。

图 A-45 双十字虎克铰

图 A-46 Oldham 联轴器

A.17 常力机构

常力机构（constant force mechanism）是指即使在较大输入位移的范围内也能保持常值输出力的一类机构，通常可用于时变和非均匀表面的应用场合，如研磨、焊接、装配等，也可用于机器人对不同尺度的精细抓持。

常力机构分为刚性和柔性两种，尤其柔性常力机构得到越来越多的应用。图 A-47 所示为 15 种柔性常力机构构型。图 A-48 所示为一个由多个常力机构串、并联组成的末端操作手，该装置正在切割玻璃。

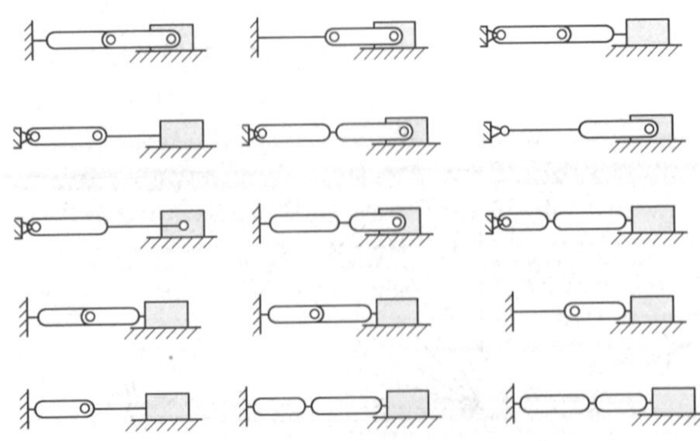

图 A-47 15 种柔性常力机构构型[14]

图 A-48 柔性常力末端操作手[14]

A.18　双稳态机构

双稳态机构（bistable mechanism）是指在构件运动过程中至少具有两个能量最低的稳定平衡位置和一个能量最高的不稳定位置的一类机构。如图 A-49 所示，当双稳态机构由位置 *A* 向位置 *B* 转化时，构件内部存储能量，而当机构由位置 *B* 转化到稳态位置 *C* 时构件释放能量。稳态位置就是能量的最低点，因此双稳态机构具有较好的定位精度，经常应用于微控制器、微操作器、数据存储、开关等装置中，如图 A-50 所示。

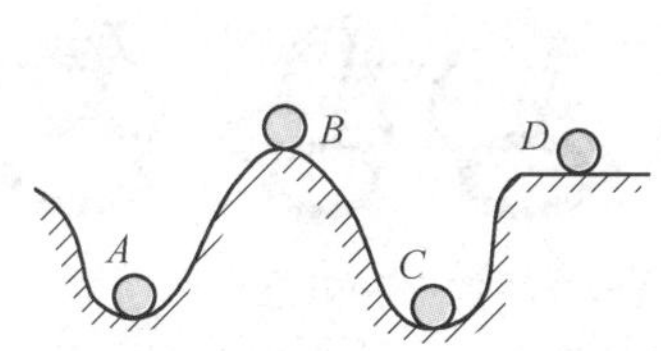

图 A-49　双稳态机构的能量图

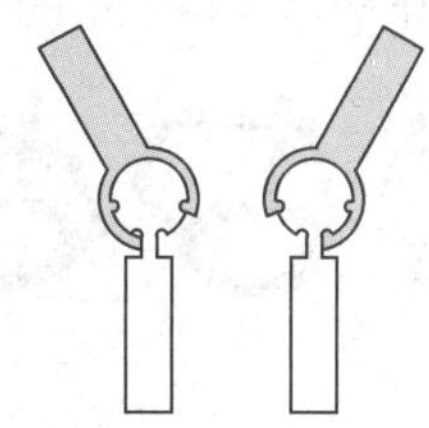

图 A-50　双稳铰链转动副

如图 A-51 所示，双稳态机构根据设计原则可分为三类：分别含有柔性和刚性连接的铰链多部件机构，运动过程中在稳态位置静止；由于薄膜的残余应力或载荷应力作用产生面外位移达到双稳态的弯曲梁结构；作为夹紧装置，在稳态位置时动作，达到双稳态功能的自锁机构。双稳态机构按位移方向又可分为面内位移、面外位移、空间位移三种双稳态机构；按驱动方式又可分为机械锁定型、电热锁定型、磁致锁定型、多物理场耦合锁定型双稳态机构等。

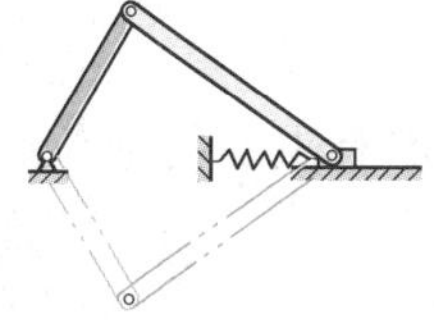

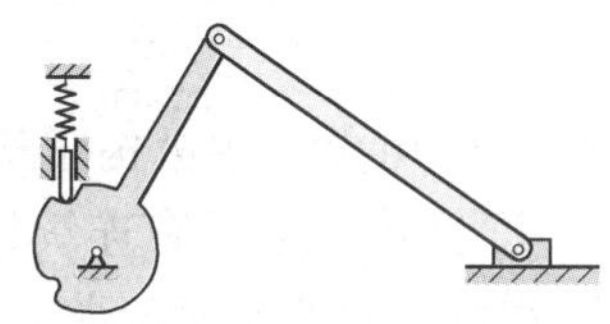

图 A-51　双稳态机构的类型

双稳态机构具有在无源条件下仍能保持稳定位置的特性，而柔性机构具有储存应变能，当需要时释放能量的优点。两者的完美结合，使柔性双稳态机构成为当今 MEMS 研究领域的新热点，各种应用场合的 MEMS 柔性双稳态机构应运而生，如图 A-52 和图 A-53 所示。

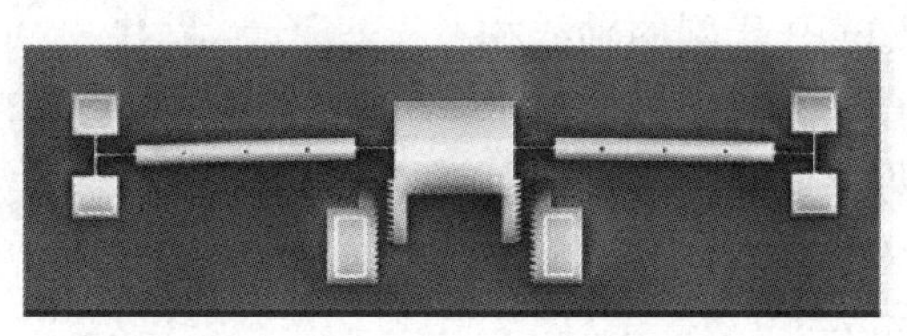

图 A-52　中间带质量块的全柔性四杆机构[14]

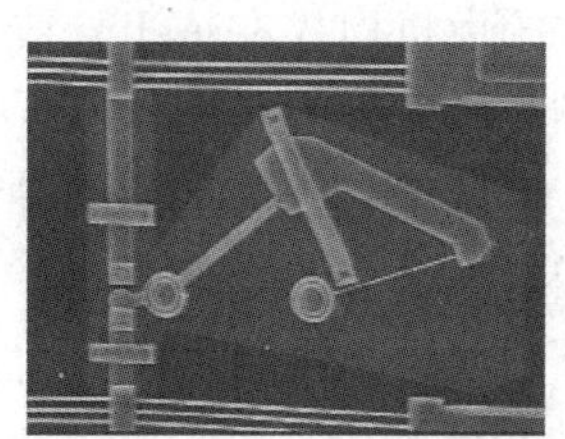

图 A-53　杨氏 MEMS 柔性双稳态机构[14]

除了双稳态机构外，还有三稳态和多稳态机构。

双稳态机构或双稳铰链可用作二值操作手（binary manipulator）的基本运动单元。二值操作手是一种新型的机器人机构，其驱动器是非连续的（如电磁式二值驱动器），仅有两种稳定状态：开和闭，即0和1。若有多于六个的基本单元串、并联，即形成超冗余（hyper-redundant）操作手（图A-54）。这时，操作手末端执行器的工作空间仅由有限个非连续“点”组成，点的数量 N 与驱动器数量 q 的关系为 $N=2^q$。组成单元越多，输出的位姿点越接近连续状态。常将多个并联机构串接起来组成二值操作手。图A-55所示为空间二值操作手（3-RRS）的七种姿态。

图A-54　超冗余操作手

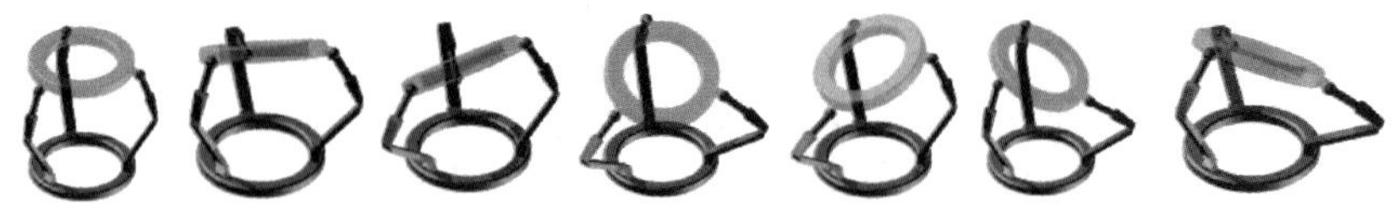

图A-55　空间三自由度二值操作手的七种姿态

与连续运动操作手比较，二值超冗余双稳操作手的优点众多：控制简单，驱动器及铰链只有两种状态；重复精度高；成本低；结构简单，可靠性好；刚性好；工作空间大而折叠收缩（各驱动器及铰链均处于“0”位）后体积小。但是它也有缺点：运动轨迹不连续（呈云状点阵）；两种状态过渡容易造成振动和冲击；无法完成复杂、高级运动等。二值超冗余双稳操作手在空间探测、医学工程及工业生产等领域有着广泛的应用前景。

A.19　经典空间过约束机构

空间过约束机构的研究已有200余年的历史，在机构学历史上占有重要的地位。一方面，该类机构虽不满足传统的G-K自由度公式，但具有连续运动的自由度；另一方面，该类机构不仅结构紧凑，而且因其具有某些特殊的性能而备受工业界关注，部分已得到了成功应用。比较有意思的是，这些机构都来自于数学家的贡献，并以他们的名字来命名。下面就来介绍几种经典的空间过约束机构。

1. 萨律机构

萨律机构（Sarrus linkage）是由六个转动副组成的空间单闭环六杆机构，由萨律于1853年发明，是迄今为止记载的最早的空间过约束机构（在A-1直线运动机构中已有介绍）。其中，2-RRR型Sarrus机构（图A-6）中，每个支链中R副的轴线相互平行，但两个支链的运动副轴线相互垂直。因此，机构的上平台可相对下平台做一维平动，并可实现两者重叠。该机构可用作折叠门或折叠床的主体机构，如图A-56所示。

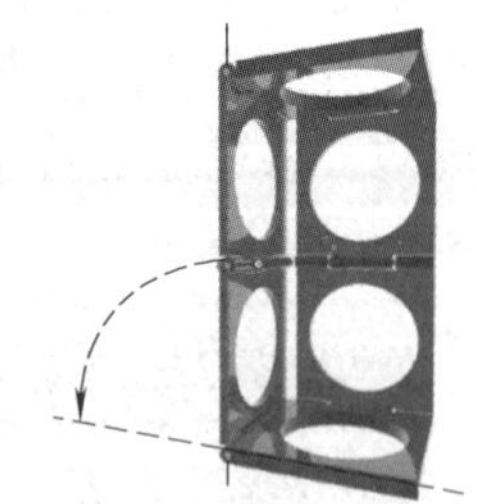

图A-56　Sarrus机构的应用

2. 贝尼特机构

如图A-57所示，贝尼特机构（Bennett linkage）是由四个转动副组成的最简单的空间单闭环四杆机构，由贝尼特于1903年发明。机构的各条轴线既不平行也不相交，每个转动副的轴线垂直于相邻的两根杆，偏置为零，但对边的长度相等（$a_{12}=a_{34}=a$，$a_{23}=a_{41}=b$）、扭角相等（$\alpha_{12}=\alpha_{34}=\alpha$，$\alpha_{23}=\alpha_{14}=\beta$），并且两对边长度与扭角的正弦之比相等（$a/\sin\alpha=b/\sin\beta$），转角变量的值 θ_i 满足

$$\theta_1+\theta_3=2\pi,\quad \theta_2+\theta_4=2\pi$$

以及

$$\tan\frac{\theta_1}{2}\tan\frac{\theta_2}{2}=\frac{\sin\left(\dfrac{\alpha_{23}+\alpha_{12}}{2}\right)}{\sin\left(\dfrac{\alpha_{23}-\alpha_{12}}{2}\right)}$$

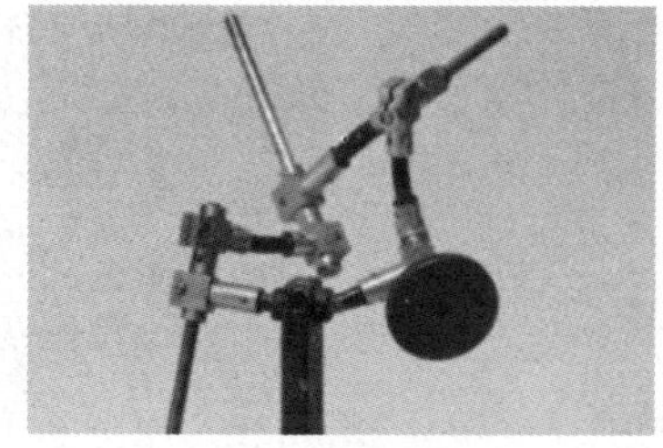

a) 机构的模型

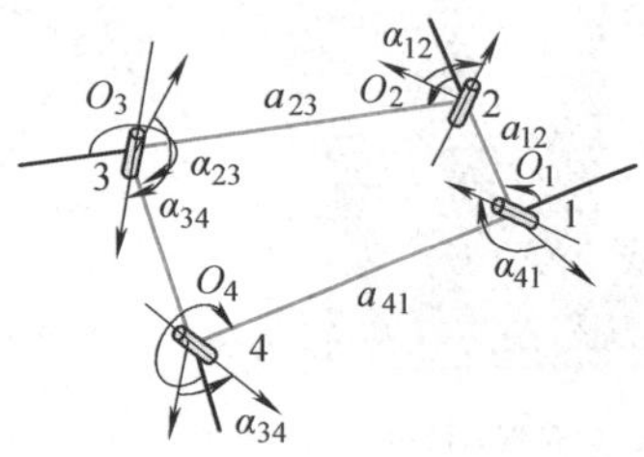

b) 机构运动简图

图A-57　Bennett机构

Bennett机构是一个典型的空间过约束机构（公共约束数为3），其自由度为1。当 $a=b$ 时，Bennett机构退化成球面四杆机构；当 $\alpha=0$，$\beta=\pi$ 时，Bennett机构退化成平行四边形机构；当 $a=b$，$\alpha+\beta=\pi$ 时，Bennett机构具有折叠和展开功能，可以作为可展机构的基本单元，如图A-58所示。

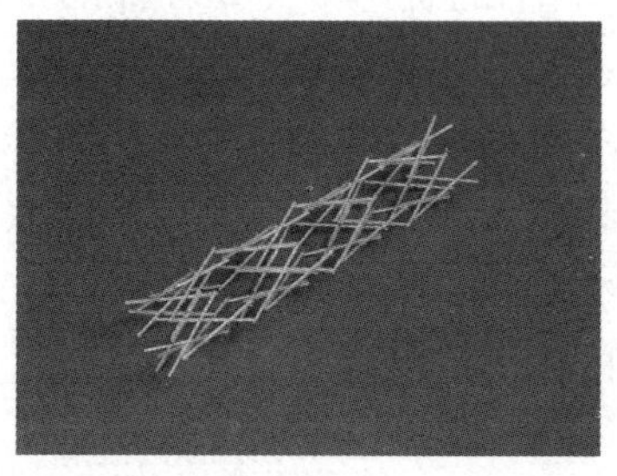

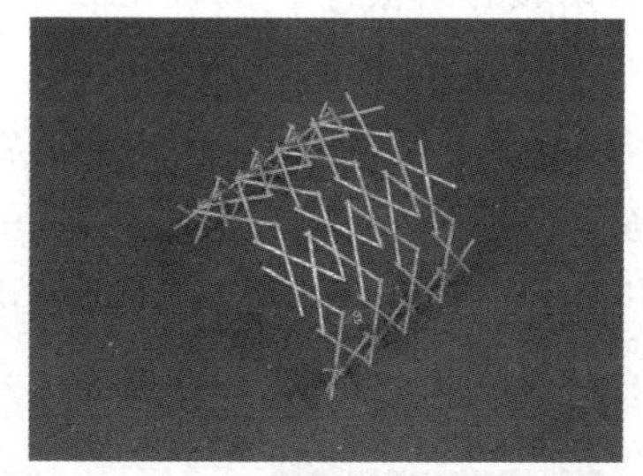

图A-58　基于Bennett机构单元的展开结构

3. 米亚尔机构和高登伯格机构

米亚尔机构（Myard linkage）是由五个转动副组成的空间单闭环五杆机构，由米亚尔于1931年发明。如图A-59所示，Myard机构在初始位形下是一个平面对称的五杆机构，可看作是由两个Bennett机构组合而成的。所满足的几何条件包括：①各条轴线既不平行也不相交，每个转动副的轴线垂直于相邻的两根杆，偏置为零；②各杆的长度满足 $a_{12}=a_{51}$，$a_{23}=a_{45}$，$a_{34}=0$（图A-59b）；各杆的扭角满足 $\alpha_{23}=\alpha_{45}=90°$，$\alpha_{51}=\pi-\alpha_{12}$，$\alpha_{34}=\pi-2\alpha_{12}$，$a_{12}=a_{23}\sin\alpha_{12}$；③转角变量的值满足 $\varphi_1+\varphi_3+\varphi_4=2\pi$，$\varphi_2+\varphi_5=2\pi$，以及

$$\tan\frac{\varphi_4}{2}\tan\frac{\varphi_5}{2}=\frac{\sin\frac{1}{2}\left(\frac{\pi}{2}+\alpha_{12}\right)}{\sin\frac{1}{2}\left(\frac{\pi}{2}-\alpha_{12}\right)},\quad \tan\frac{\varphi_2}{2}=\frac{\sin\frac{1}{2}\left(\frac{\pi}{2}+\alpha_{12}\right)}{\sin\frac{1}{2}\left(\frac{\pi}{2}-\alpha_{12}\right)}\tan\frac{\varphi_3}{2}$$

Myard 机构也是一个典型的空间过约束机构（公共约束数为 3），其自由度为 1。具有如上参数的 Myard 机构同样具有折叠和展开功能，也可以作为可展机构的基本单元。

高登伯格机构（Goldberg linkage）由两个或三个 Bennett 机构组装而成，是一种通用型式的空间五杆机构，可以将 Myard 机构看作是它的一个特例。两个 Myard 机构可以组合成一个六杆可折叠机构，如图 A-60 所示。

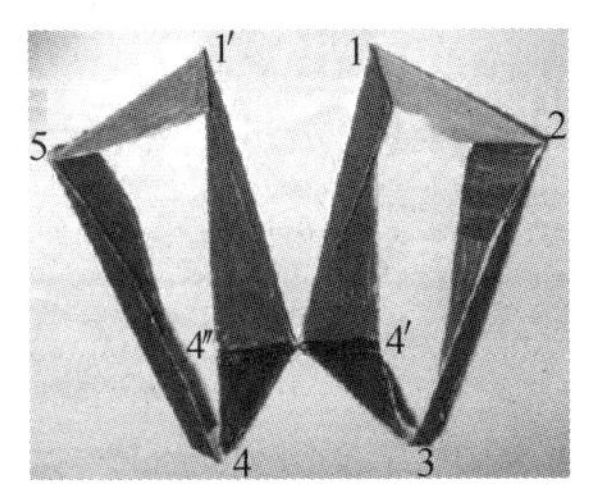

a) 机构的模型

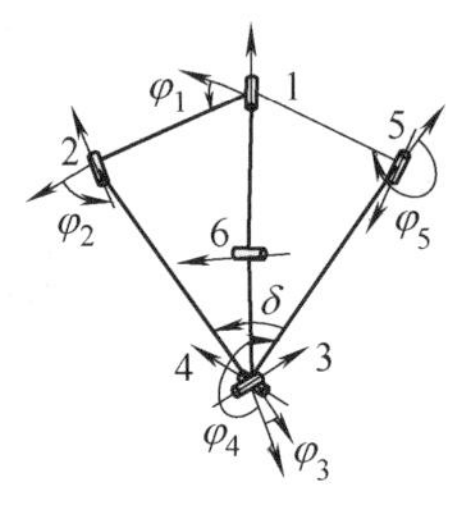

b) 机构运动简图

图 A-59　Myard 机构

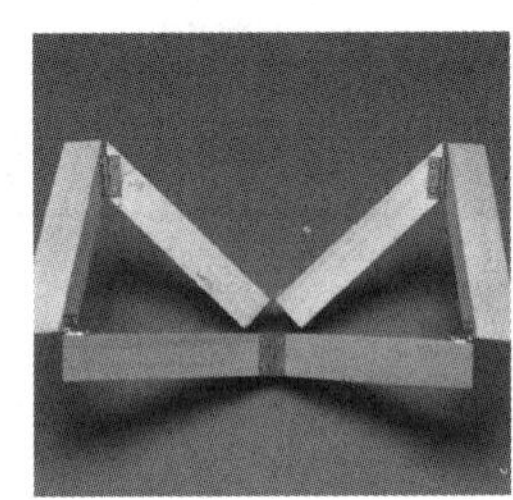

图 A-60　Goldberg 机构

4. 布瑞卡特机构

布瑞卡特机构（Bricard linkage）是由六个转动副组成的空间单闭环六杆机构。1897～1927 年间，Bricard 总共发明了六种完全由转动副组成的空间六杆多面体机构模型，包括线对称型、平面对称型、正交型等。图 A-61 所示的 Bricard 机构在初始位形下是一个平面对称的六杆机构，所满足的几何条件包括：①各条轴线既不平行也不相交，每个转动副的轴线垂直于相邻的两根杆，偏置为零（D-H 参数中的 $s_i=0$）；②各杆的长度满足 $a_{12}=a_{23}=a_{34}=a_{45}=a_{51}=a$，各杆的扭角满足 $\alpha_{12}=\alpha_{34}=\alpha_{56}=\alpha$，$\alpha_{23}=\alpha_{45}=\alpha_{61}=2\pi-\alpha$；③转角变量的值满足 $\varphi_1=\varphi_3=\varphi_5=\theta$，$\varphi_2=\varphi_4=\varphi_6=\phi$ 及 $\cos^2 a+\sin^2 a(\cos\theta+\cos\varphi)+(1+\cos^2 a)\cos\theta\cos\phi-2\cos a\sin\theta\sin\phi=0°$。

Bricard 机构也是一种经典空间过约束机构（公共约束数为 1），其自由度为 1。具有如上参数的 Bricard 机构具有折叠和展开功能，也可以作为可展机构的基本单元。

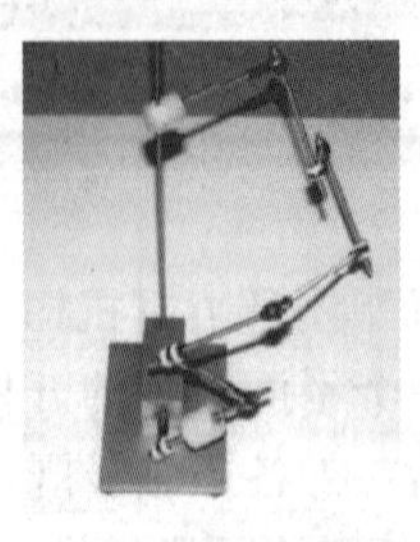

a) 机构的模型

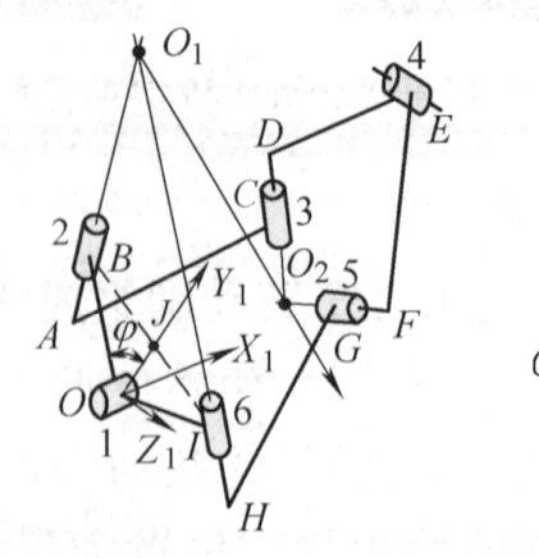

b) 机构运动简图

图 A-61　Bricard 机构

5. 舒瓦茨机构

舒瓦茨机构（Schatz linkage）也是一种由六个转动副组成的空间单闭环六杆机构，是德国人舒瓦茨 1929 年发明的一种可翻转立方体机构，具有完美的动平衡特性。Schatz 机构也可从图 A-62a 所示的特殊三面 Bricard 机构中演化得到。图 A-62b 所示的 Schatz 机构应满足的几何条件包括：①各条轴线既不平行也不相交，每个转动副的轴线垂直于相邻的两根杆，部分偏置为零（D-H 参数中，$s_i=0$，$i=2\sim5$，$s_1=-s_6=b$）；②各杆的长度满足 $a_{12}=a_{56}=0$，$a_{23}=a_{34}=a_{45}=a$，$a_{61}=\sqrt{3}a$，各杆的扭角满足 $\alpha_{12}=\alpha_{23}=\alpha_{34}=\alpha_{45}=\alpha_{56}=\pi/2$，$\alpha_{61}=0$。

Schatz 机构也是一种经典空间过约束机构（公共约束数为 1），其自由度为 1。该机构于 1971 年获得发明专利，是工业中唯一获得广泛应用的过约束机构，主要用于搅拌机中。

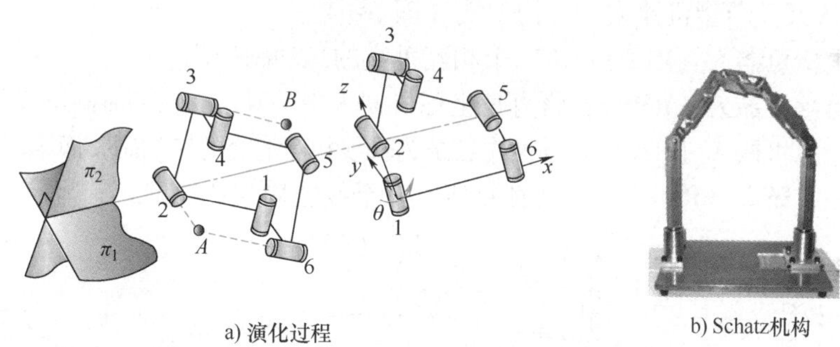

a) 演化过程　　b) Schatz机构

图 A-62　由 Bricard 机构向 Schatz 机构演化的过程

A.20 常见的关节型工业机器人

在机器人发展史上，串联机器人扮演了先驱者的角色，特别广泛应用在工业中。工业机器人（industrial robots）一般指用于机械制造业中代替人完成具有大批量、高质量要求的工作，如汽车制造、摩托车制造、舰船制造、自动化生产线中的点焊、弧焊、喷漆、切割、电子装配及物流系统的搬运、包装、码垛等作业的机器人。工业机器人一般采用串联式关节型结构。目前得到广泛应用的串联式关节型机器人有 Stanford 机器人、PUMA 机器人、SCARA 机器人及 Gantry 机器人等。

串联式关节型机器人的主体一般采用空间开链机构，它是完成机器人预定运动和动力要求的重要执行部分，故也称串联操作手（serial manipulators）。图 A-63 所示为空间通用关节型工业机器人的执行部分，它是由多个连杆组成。设计者的初衷是用它来模仿人手臂的基本运动。

可以看出，工业机器人的执行部分是一个装在固定机架上的开式运动链。各杆间用运动副连接，在机器人学中习惯将这些运动副称为关节。在该运动链的末端固连一个夹持式手爪，通常称为末端执行

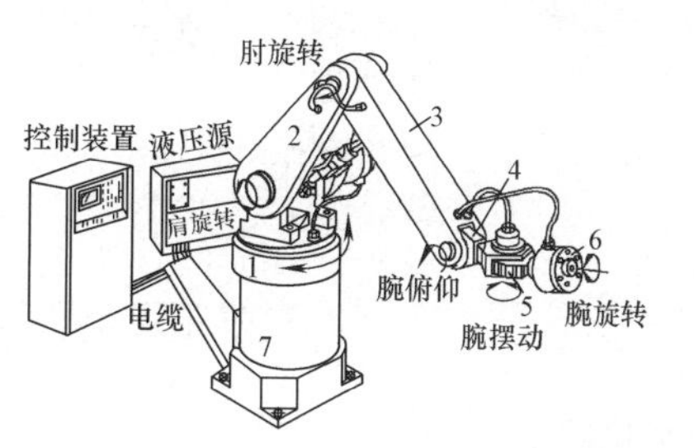

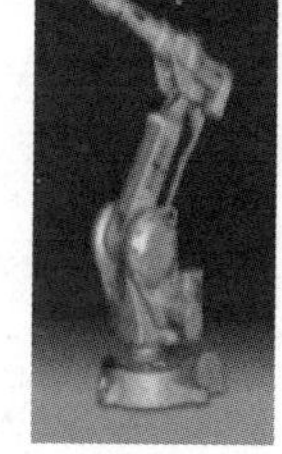

图 A-63　工业机器人的结构组成

器（end-effector）。下面对上述的机器人机构的组成做进一步的分析。

臂部（包括小臂和大臂）是机器人机构的主要部分，称为主体机构。其作用是支承腕部和手部，并带动它们使手部中心点按一定的运动轨迹，由某一位置运动到达另一指定位置。腕部是连接臂部和手部的部件，其作用主要是改变和调整手部在空间的方位，从而使手爪中所握持的工具或工件到达某一指定的姿态。

为使机器人机构实现复杂多变的运动，也为了方便调整和控制机器人运动，机器人机构中的运动副大多采用单自由度的运动副——转动副和移动副。这样只需在每个关节处输入各个独立运动即可，如电动机的转动或液压缸、气缸输出的相对移动。

机器人主体机构一般为三自由度机械臂，主要包括直角坐标机器人、圆柱坐标机器人、球面坐标机器人及关节型机器人等结构型式（图 A-64）。

1）直角坐标机器人（PPP）：由三个相互垂直的移动副构成。

2）圆柱坐标机器人（RPP）：将直角坐标机器人中的某一个移动副用转动副代替。

3）球面坐标机器人（RRP）：前两个铰链为轴线相互汇交的转动副，而第三个为移动副。

4）关节型机器人（RRR）：其特征是所有三个铰链均为转动副。

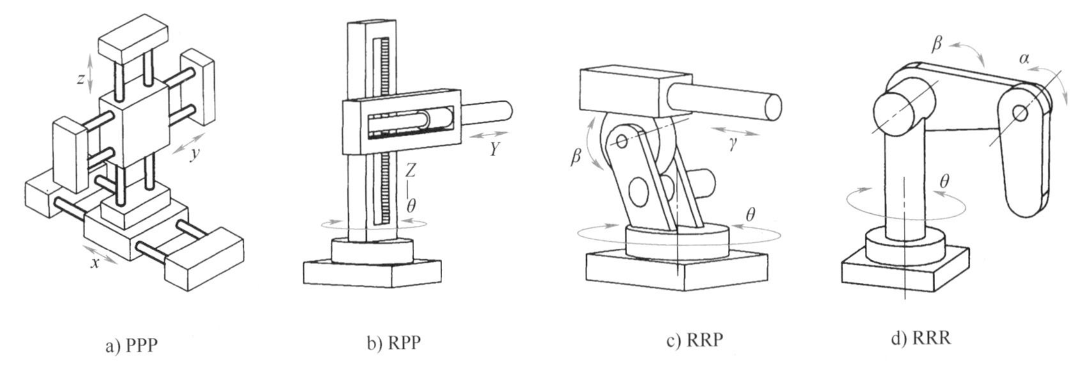

图 A-64　3-DOF 机械臂的四种基本类型

1. Stanford 机器人

1970 年，美国通用电气公司与斯坦福大学人工智能实验室合作，成功开发出 Stanford 机器人。其臂部采用了球面坐标式结构（RRP），而腕部有俯仰、偏转、翻滚三个转动自由度，如图 A-65 所示。

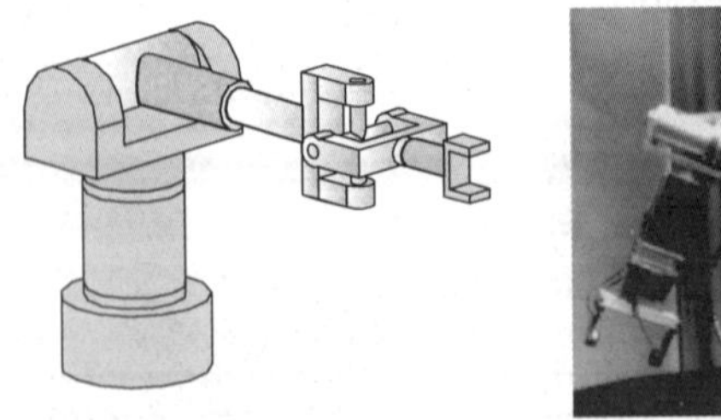
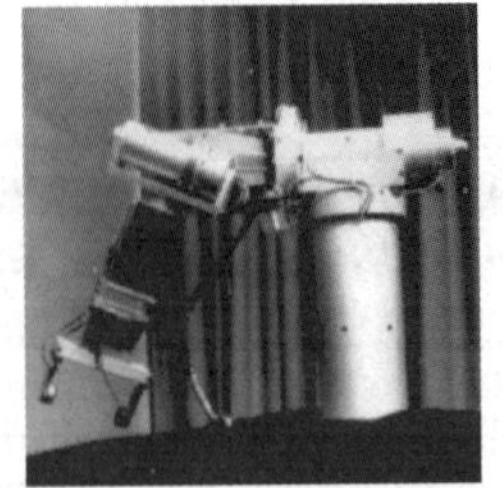

图 A-65　Stanford 机器人

2. PUMA 机器人

PUMA 机器人又称通用示教再现型机器人（图 A-66），即 Programmable Universal

Machine for Assembly 首字母的简写。1979 年，美国 Unimation 公司推出系列产品，并将其应用到通用电气公司的工业自动化装配线上，是工业机器人的旗帜产品。与 Stanford 机器人结构不同，PUMA 机器人中所有关节均为转动关节。其臂部（前三个关节）采用关节型结构（RRR），而腕部有俯仰、偏转、翻滚三个转动自由度。

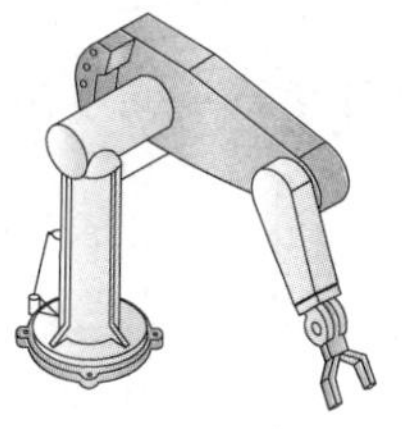

图 A-66 PUMA 机器人

3. Motoman 机器人

Motoman 机器人（图 A-67）由日本安川（Yaskawa）公司研制生产，是一种六自由度 RRRRRR 型机器人。其臂部（前三个关节）采用关节型结构（RRR），完成类似手臂的功能，用于定位；后三个转动关节完成类似手的功能用于姿态调整。

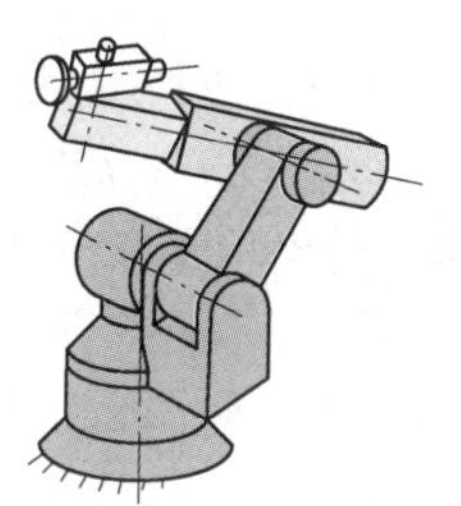

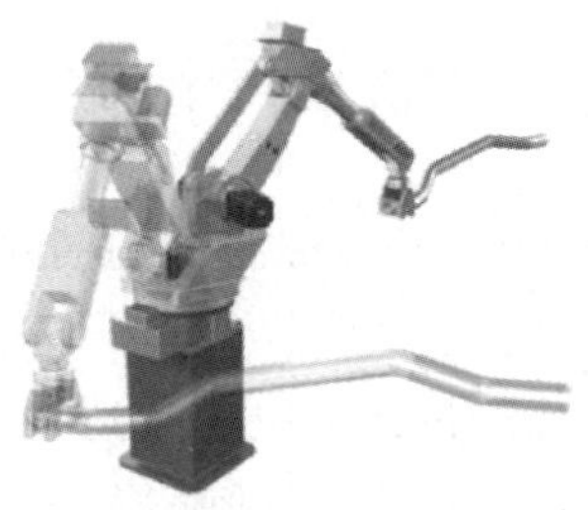

图 A-67 Motoman 机器人

4. SCARA 机器人

随着 20 世纪 60 年代半导体及轻工业的快速发展，工业界对机构构型的需求逐渐向低自由度方向发展。典型代表就是用来拾取作业的 SCARA 机器人（图 A-68）。

SCARA 机器人最早由日本山梨大学牧野洋教授于 1981 年发明，是 Selective Compliance Assembly Robot Arm 的简称。机器人有三个相互平行的转动副和一个与转动轴线平行的移动副组成。由于该机器人可实现水平面内的任意移动，其突出特征是在水平面内刚度低（柔顺性好），而在竖直方向上刚度高，非常适合用于装配作业。该机器人由此得名。

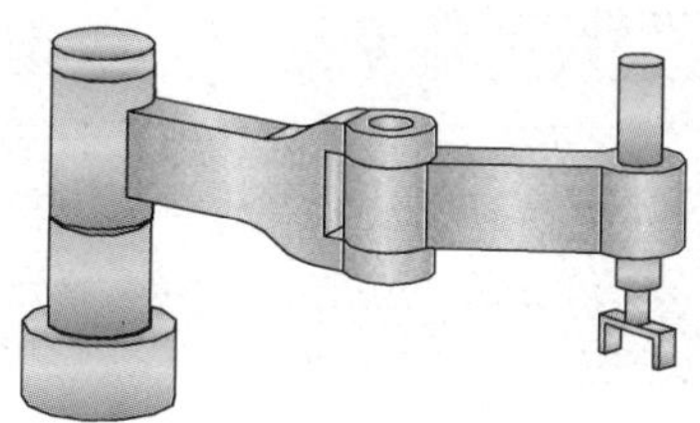

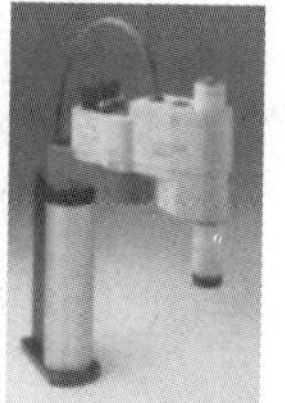

图 A-68 SCARA 机器人

5. Gantry 机器人

Gantry 机器人（图 A-69）是一种桁架式的直角坐标机器人，可实现三维移动，一般为龙门结构，可由三个直线运动单元组合而成，应用十分广泛。该机器人可用于自动化生产中的精密装配，以提高作业效率。

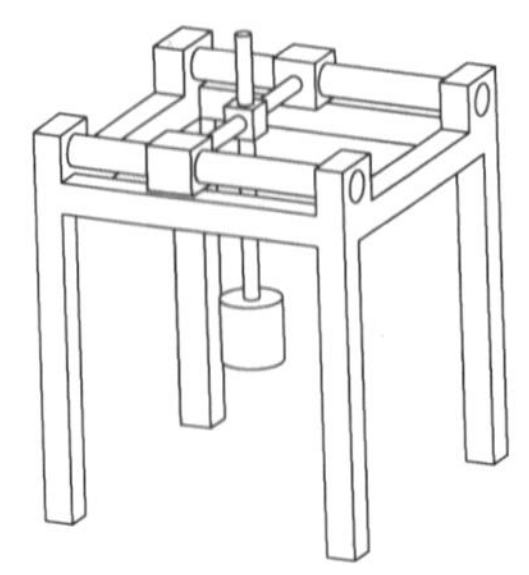

图 A-69　Gantry 机器人

A.21 经典并联机器人

根据并联机构的定义，目前的并联机构多具有二、三、四、五和六个自由度。据不完全统计，现有公开的并联机构有上千种，其中三、六自由度的占 70%，其他自由度的并联机构只占 30%。但经典并联机构（classical parallel robot）仍然寥寥无几。这里介绍其中几种。

1. Gough-Stewart 平台

并联机器人机构的概念设计可以追溯到 1947 年，豪（Gough）建立了具有闭环结构的机构设计基本原理，这种机构可以控制动平台的位置和姿态，从而实现轮胎的检测。在该构型中，运动构件是一个六边形平台，平台的各个顶点通过球铰与可伸缩杆相连，杆件的另一端通过虎克铰与定平台连接，动平台的位置和姿态通过六个直线电动机改变杆件的长度来实现（图 A-70a）。斯图尔特（Stewart）在 1965 年设计了另一平台机构，用作飞行模拟器的执行机构。该机构的运动构件是一个三角平台，其各顶点通过球铰链与连杆相连接，其机架也呈三角布置。这是两种最早出现的并联机构，后人称为 Gough-Stewart 平台，有时简称 Stewart 平台，基于运动平台所展现的六边形和三角形特征，又可细分为 Hexapod 机器人和 Tripod 机器人两类。

Stewart 平台应用非常广泛，如可作为飞行模拟器（图 A-70b）及精密定位平台（图 A-70c）。

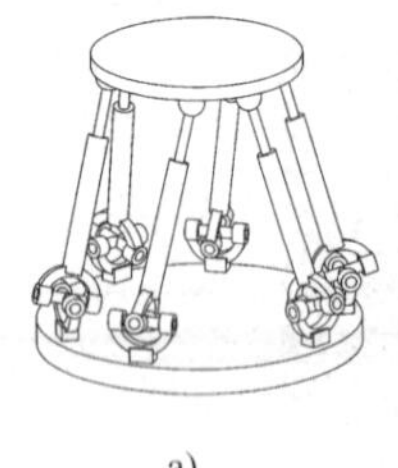
a)

b)

c)

图 A-70　Gough-Stewart 平台及其应用

2. Delta 机器人

并联机构中最著名的当属德尔塔机器人（Delta robot）。1985 年，瑞士洛桑理工大学（EPFL）的克莱沃（Clavel）教授创造性地提出了一种全新的并联机器人结构——Delta 机器人，如图 A-71a 所示。设计该机器人的基本思想及最大突破之处在于巧妙地利用了一种特殊的复杂铰链（complex Joint）——空间平行四边形机构（spatial parallelogram linkage）。平行四边形机构的存在保证了末端执行器始终与基座保持平行，从而使该机器人只有三个移动自由度的运动输出。据称，其最大加速度在实验室可以达到50g。而后，Clavel又将转动副改为移动副，并提出三种Delta机构的变异型式，以适应不同工作空间的要求。

现在Delta机器人涉及的国际专利多达36个，在工业中也取得了迄今为止其他并联机器人所不可比拟的成功，例如被ABB公司设计成高速拾取机械手推向市场（图A-71c）。

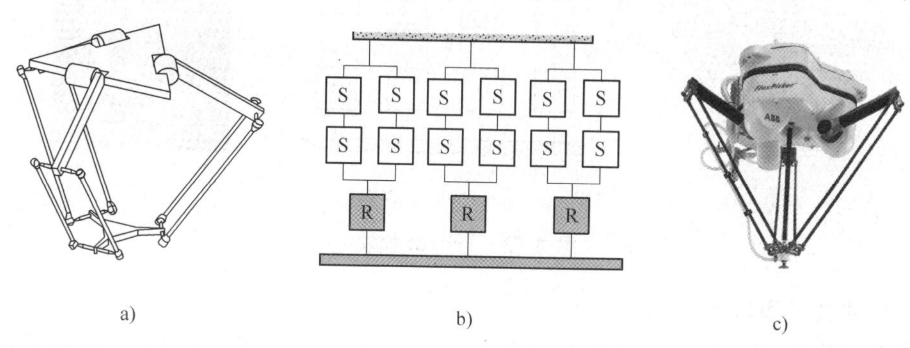

图 A-71 Delta机器人机构

3. H4机械手

H4机械手由法国蒙彼利埃大学的皮埃尔（Pierrot）教授提出，如图A-72所示。这是一个四自由度（三移动一转动）的机械手，由四个支链组成。机构末端的运动输出与SCARA机器人很类似。每个支链由固定在基座的电动机驱动，通过各个支链杆传递给末端的协调运动，从而形成其末端执行器——运动平台的运动。与Delta机器人结构类型有些类似，该机器人也巧妙地利用了复杂铰链——空间平行四边形机构。该机器人也可以实现很高的加速度，因此被ABB公司设计成高速拾取机械手推向市场。

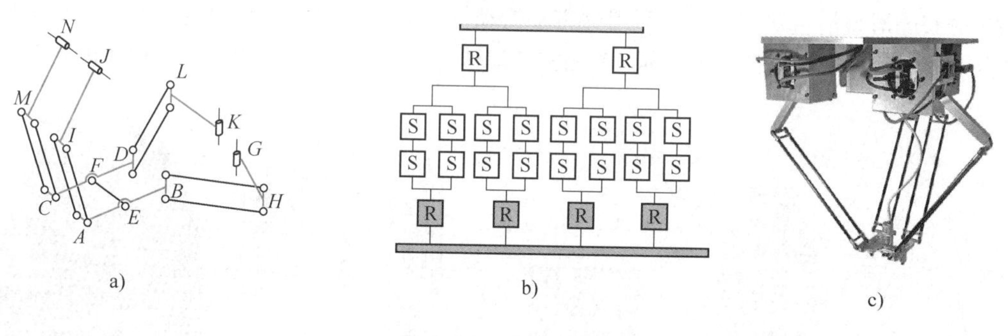

图 A-72 H4机械手

4. 崔赛伯特混联机械手

并联机构除了在机器人领域有广泛应用之外，在制造业中也越来越受青睐，比较典型的是并联机床（简称PKM）。就可重构和多功能而言，目前PKM家族中最为成功的范例当属纽曼（Neumann）博士于1988年发明的崔赛伯特（Tricept）混联模块。该模块原型（Tricept 605）为一种带有从动支链的三自由度并联机构（PU&3-UPS）与安装在其动平台上的二自由度手腕串接而成的五自由度混联模块（图A-73）。

由于工作空间/占地面积比大，刚度高，静、动态特性好，特别是可重构性强等优点，

Tricept 模块已在航空航天和汽车工业中得到广泛应用，成为 PKM 工程应用的典型成功范例。目前，包括波音、空客、大众、宝马等国际著名飞机和汽车制造商均利用 Tricept 模块结构实现大型铝结构件和大型模具的高速加工、车身激光焊接、发动机和汽车部件装配等。

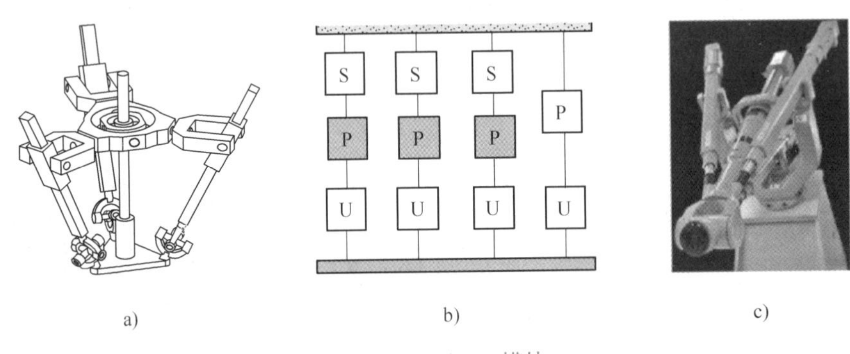

图 A-73　Tricept 模块

5. 欧氏并联机构与 Z3 刀头

欧氏并联机构（Euclidian parallel mechanisms）又称［PP］S 类机构，是指在运动过程中，连接三角形运动平台的三个球铰链在三个不同平面内做平面运动的并联机构。由于没有绕垂直于动平台的轴线的转动运动，这类机构也被称为“零扭转”机构。3-RPS 机构（图 A-74）、3-PRS 机构（图 A-75）、3-PPS 等都属于［PP］S 类并联机构。［PP］S 类并联机构都可以实现空间的一个移动自由度和两个转动自由度，是少自由度并联机构中具有典型工程应用背景的一类，被用作微操作机械手、运动模拟器、望远镜聚焦装置、坐标测量机、加工中心的主轴刀头等。

这些应用中最成功的当属德国 DS 技术（DS Technologie）公司于 1999 年推出的基于 3-PRS 并联机构的 Z3 刀头，用于飞机结构件的加工。三个伺服电动机通过滚珠丝杠驱动三个按 120°分布的滑鞍沿直线移动，然后滑鞍带动摆动杆，通过万向铰链驱动运动平台，使安装在动平台上的电动机轴可向任何方向做 40°偏转。偏转定位速度可达到 80°/s，角加速度 685°/s^2。

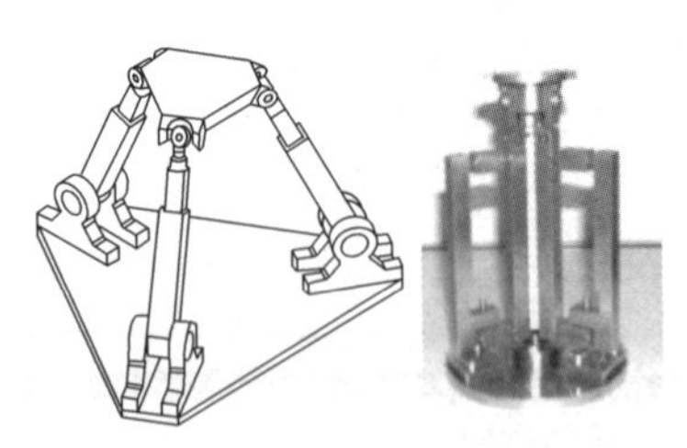

图 A-74　3-RPS 机构

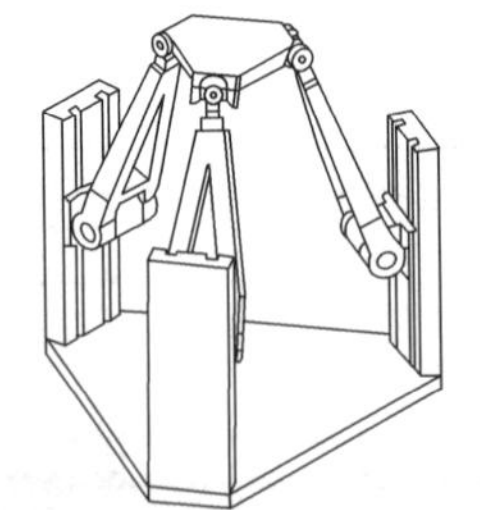

图 A-75　3-PRS 机构与 Z3 刀头

6. 平面 3-RRR 和球面 3-RRR 机构

平面 3-RRR 和球面 3-RRR 并联机构都是由加拿大拉瓦尔（Laval）大学的高斯林（Gosselin）教授提出并进行系统研究的。它们也是并联机构家族中应用较广的类型。

如图 A-76 所示，平面 3-RRR 机构的动平台相对固定平台具有三个平面自由度：两个平面内的移动和一个绕垂直于该平面轴线的转动，其运动模式与开链 3R 机器人完全一致。由于其平面特征，而且便于一体化加工，平面 3-RRR 机构多作为精密运动平台的机构本体。

图 A-77 所示是球面 3-RRR 并联机构，该机构所有转动副的轴线交于空间一点，该点称为机构的转动中心，动平台的运动是绕过转动中心的三个互相垂直的坐标轴的三个转动，因此该机构也称为姿态调整平台。

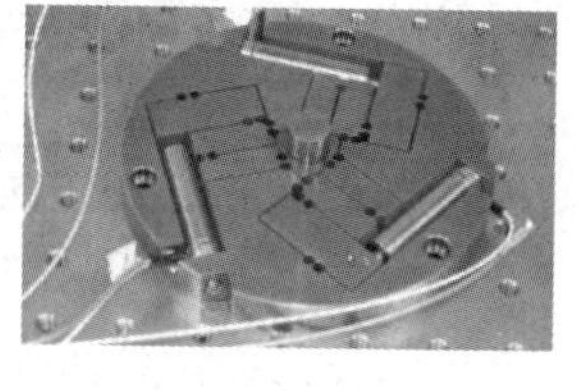

图 A-76　平面 3-RRR 机构

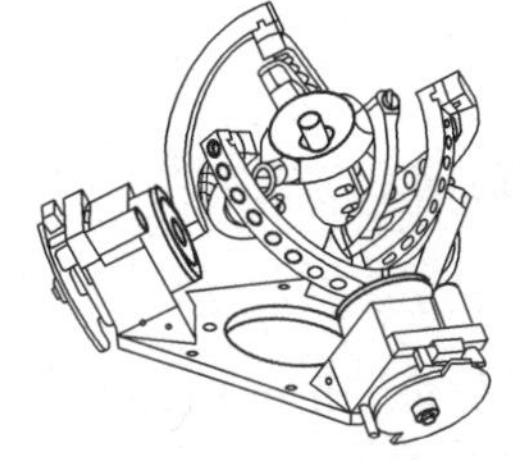

图 A-77　球面 3-RRR 并联机构

A.22　发动机

1. 单缸四冲程内燃机

单缸四冲程内燃机的工作原理如图 A-78 所示，主体部分是由缸体、活塞、连杆和曲轴等组成。当燃气在缸体内腔燃烧膨胀而推动活塞移动时，通过连杆带动曲轴绕其轴线转动。

为使曲轴得到连续的转动，必须定时地送进燃气和排出废气，这是由缸体两侧的凸轮，通过推杆、摆杆，推动阀门杆，使其定时关闭和打开来实现的（进气和排气分别由两个阀门控制）。曲轴的转动通过齿轮传递给凸轮，再通过推杆和摆杆，使阀门的运动与活塞的移动位置保持某种配合关系。以上各个机件协同工作的结果，可将燃气燃烧的热能转变为曲轴转动的机械能，从而使这台机器输出旋转运动和驱动力矩，成为能做有用功的机器，如能使飞机飞行、汽车行驶、船舶航行。

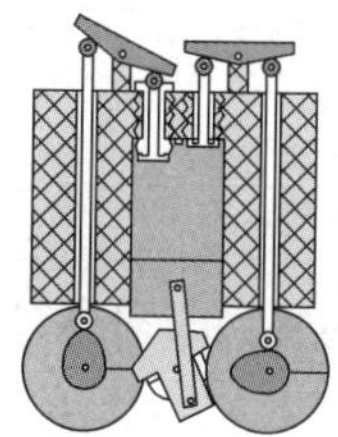
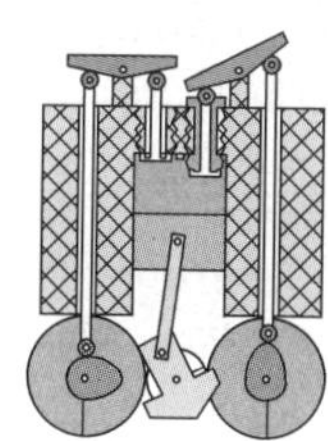
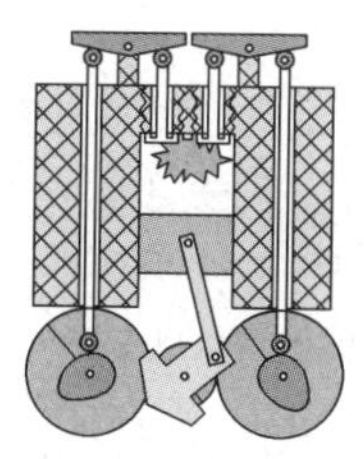
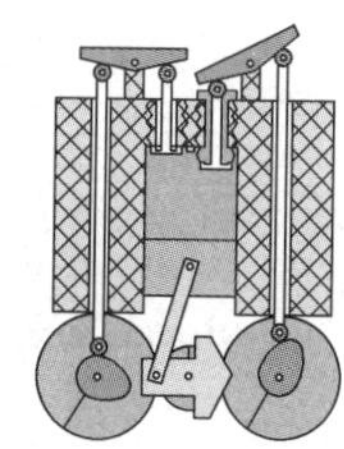

图 A-78　单缸四冲程内燃机的工作原理

2. V-2 型内燃机

V-2 型内燃机多作为汽车发动机。一般汽车发动机有四、六或八个气缸。气缸可安排成一行或两行，或者相对摆放成一定的角度（如 V 形），如图 A-79 所示。

3. 星型内燃机

1901 年，曼利（Manly）设计了一种五缸星型内燃机（图 A-80），其主要特征在于所有气缸运动作用线都交于一点。很多飞机的发动机就采用星型内燃机。

图 A-79 V-2 型内燃机结构原理图

图 A-80 星型内燃机结构原理图

4. 汪克尔发动机

汪克尔（Wankel）发动机是一种偏心转子发动机，如图 A-81 所示。它是由汪克尔博士于 1957 年研制成功的，并以他的名字命名。汪克尔发动机有一个茧形壳体（一个三角形转子被安置在其中）。缸体内部空间被分成三个工作室，依次在摆线型缸体内的不同位置完成进气、压缩、做功（燃烧）和排气四个过程。转子和壳体壁之间的空间作为内部燃烧室，通过气体膨胀的压力驱动转子旋转。转子的顶点随着发动机壳体内圆周的椭圆形壳体而运动，同时保持与围绕在发动机壳体中心的一个偏心轨道上的输出轴齿轮相接触。

汪克尔发动机体积小、重量轻、结构紧凑、运行噪声小，在高负荷运动中，更可靠和更耐久，但耗油量比较大。另外，该发动机的加工制造技术高，成本比较高。

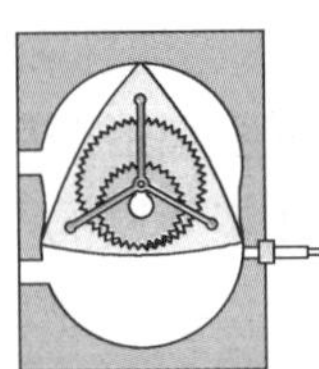
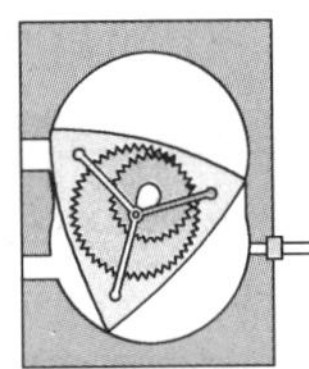
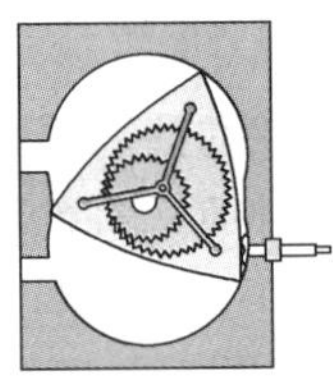
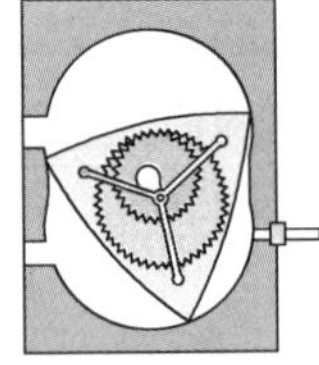

图 A-81 汪克尔发动机的工作原理

辅助阅读材料

[1] ARTOBOLEVSKY I. Mechanisms in modern engineering design [M]. Moscow: MIR Publishers, 1977.

[2] CLEGHORN W L. Mechanics of machines [M]. New York: Oxford University Press, 2005.

[3] HOWELL L L. Compliant mechanisms [M]. New York: John Wiley & Sons Inc, 2001.

[4] HOWELL L L. et al. Handbook of compliant mechanisms [M]. New York: John Wiley & Sons Inc, 2012.

[5] JENSEN P W. Classical and modern mechanisms for engineers and inventors [M]. New York: Marcel Dekker Inc., 1991.

[6] LIU X J, WANG J S. Parallel kinematics: type, kinematics and optimal design [M]. Berlin: Springer-Verlag, 2013.

[7] MERLET J P. Parallel robots [M]. 2nd ed. Singapore: Springer-Verlag, 2006.

[8] UICKER J J, PENNOCK G R, SHIGLEY J E. Theory of machines and mechanisms [M]. 5th ed. New York: Oxford University Press, 2017.

[9] 戴建生. 机构学与机器人的几何基础与旋量代数 [M]. 北京: 高等教育出版社, 2014.

[10] 孟宪源. 机构构型与应用 [M]. 北京: 机械工业出版社, 2004.

[11] 颜鸿森, 吴隆庸. 机构学 [M]. 4 版. 中国台北: 东华书局, 2014.

[12] 邹平译. 机械设计实用机构与装置图册 [M]. 北京: 机械工业出版社, 2013.

附录 B　平面刚体运动的数理基础

【内容导读】

机构学离不开数学和力学的支撑。本附录主要向读者介绍与平面机构运动（实质上可归结为平面刚体运动）相关的数理基础知识，包括坐标系、坐标变换、向量、矩阵、刚体运动、刚体变换、速度瞬心等。此外还涉及一些有关刚体静力学及动力学的一般原理，如牛顿定律、达朗贝尔原理等。

B.1 坐标系

在机构学的研究过程中，总是离不开坐标系。通过坐标系可以更好地来描述机构及其中各个构件的运动，也使描述过程变得更加简单。其中有一类最简单也最重要的坐标系——直角坐标系，又称笛卡儿坐标系，以它的发明者——17 世纪法国数学家笛卡儿（Descartes）命名。

1. 直角坐标系

建立图 B-1a 所示的直角坐标系，点 P 的位置可以用坐标原点 O 到该点的向量 $\boldsymbol{r}_{PO}$（一般简写为 $\boldsymbol{r}_P$）来表达，即

$$\boldsymbol{r}_P = x_P\boldsymbol{i} + y_P\boldsymbol{j} \tag{B. 1-1a}$$

或直接用 $\boldsymbol{r}$ 来表达，即

$$\boldsymbol{r} = r_x\boldsymbol{i} + r_y\boldsymbol{j} \tag{B. 1-1b}$$

式中，$\boldsymbol{i}$、$\boldsymbol{j}$ 分别为平行于 x、y 轴的单位向量，x_P 和 y_P 分别为点 P 的 x、y 坐标，r_x 和 r_y 分别为向量 $\boldsymbol{r}$ 在 x、y 轴方向的投影。

2. 极坐标系

建立图 B-1b 所示的极坐标系，点 P 的位置也可以写成

$$\boldsymbol{r} = r\angle\theta \tag{B. 1-2}$$

式中，r 和 θ 分别表示极径（向量的长度）和极角（向量与 x 轴线的夹角，逆时针为正）。

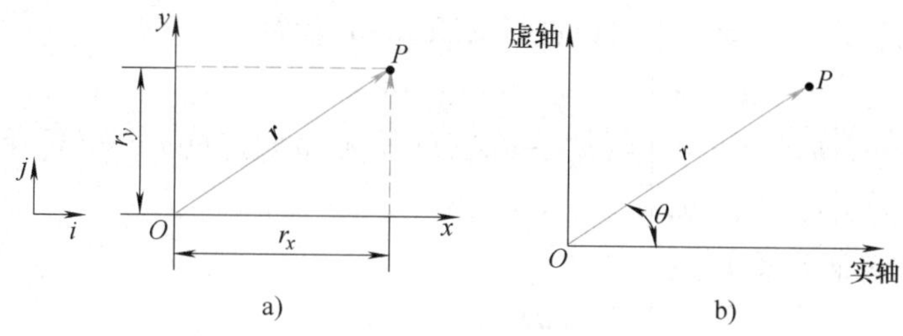

图 B-1　平面直角坐标系与极坐标系

进一步将坐标系从平面扩展到空间可以得到类似的结果。

建立图B-2所示的直角坐标系，点P的位置可以用三维向量$\boldsymbol{r}_P$来表达，即

$$\boldsymbol{r}_P=x_P\boldsymbol{i}+y_P\boldsymbol{j}+z_P\boldsymbol{k} \tag{B.1-3a}$$

或直接用$\boldsymbol{r}$来表达，即

$$\boldsymbol{r}=r_x\boldsymbol{i}+r_y\boldsymbol{j}+r_z\boldsymbol{k} \tag{B.1-3b}$$

式中，$\boldsymbol{i}$、$\boldsymbol{j}$、$\boldsymbol{k}$分别为平行于x、y、z轴的单位向量；x_P、y_P、z_P分别为点P的x、y、z坐标；r_x、r_y和r_z分别为向量$\boldsymbol{r}$在x、y、z轴方向的投影。

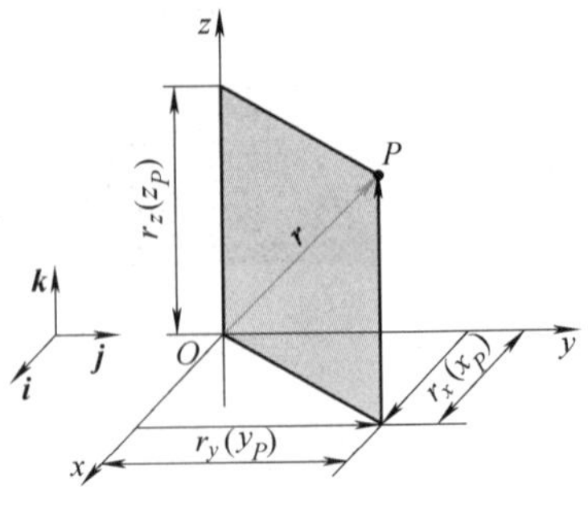

图B-2 空间直角坐标系

B.2 向量

B.2.1 向量的运算

向量是机构分析与综合过程中经常使用的数学语言，无论是图解法还是解析法，无论是运动学还是动力学都要用到，因为它既可以表示运动，也可以表示力。而基于向量的分析方法则是向其他方法（如复数法等）扩展的基础。

向量是既有大小又有方向的量，其加、减法满足交换律和结合率，同时满足数乘的运算法则。若有两个向量$\boldsymbol{u}=u_x\boldsymbol{i}+u_y\boldsymbol{j}+u_z\boldsymbol{k}$，$\boldsymbol{v}=v_x\boldsymbol{i}+v_y\boldsymbol{j}+v_z\boldsymbol{k}$，则满足

$$\boldsymbol{u}\pm\boldsymbol{v}=(u_x\pm v_x)\boldsymbol{i}+(u_y\pm v_y)\boldsymbol{j}+(u_z\pm v_z)\boldsymbol{k} \tag{B.2-1}$$

向量的加、减法满足封闭性，即遵循所谓的平行四边形或三角形法则，形成封闭向量多边形（closed vector polygon）。这是用图解法进行连杆机构分析的基础。具体如图B-3所示。

向量之间可以进行点积（·）运算，如图B-4所示。

$$\boldsymbol{u}\cdot\boldsymbol{v}=\boldsymbol{v}\cdot\boldsymbol{u}=u_xv_x+u_yv_y+u_zv_z=uv\cos\theta \tag{B.2-2}$$

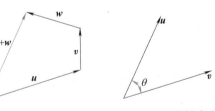

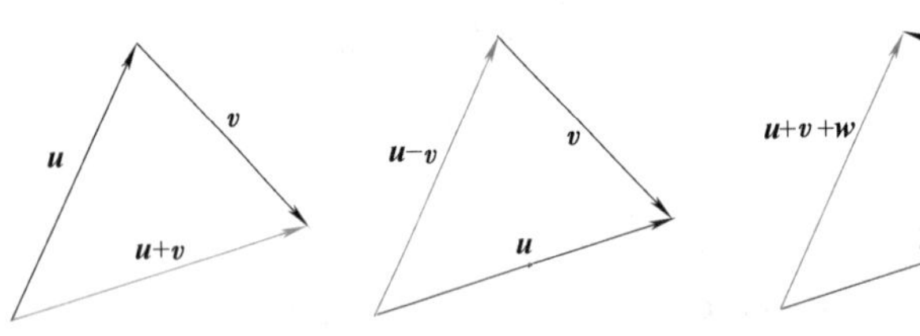

图B-3 向量的加、减法运算

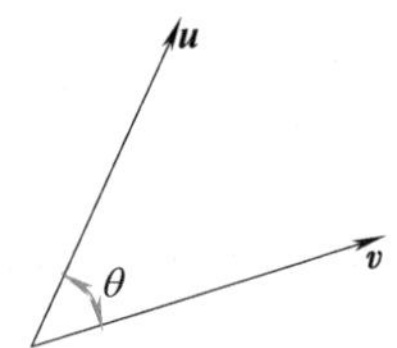

图B-4 向量的点积

三维向量（常称之为矢量）还可以进行叉积（×）运算。

$$\boldsymbol{u}\times\boldsymbol{v}=\begin{vmatrix}\boldsymbol{i} & \boldsymbol{j} & \boldsymbol{k}\\ u_x & u_y & u_z\\ v_x & v_y & v_z\end{vmatrix}=(u_yv_z-u_zv_y)\boldsymbol{i}+(u_zv_x-u_xv_z)\boldsymbol{j}+(u_xv_y-u_yv_x)\boldsymbol{k} \tag{B.2-3}$$

此外，叉积还满足关系式

$$|\boldsymbol{u}\times\boldsymbol{v}|=uv\sin\theta \tag{B.2-4}$$

运动学中经常用到的一个公式是角速度$\boldsymbol{\omega}$与线速度$\boldsymbol{v}$之间（或构件上某一点$\boldsymbol{r}$绕固定转

轴转动时的角速度与线速度之间）满足关系式

$$\boldsymbol{v}=\boldsymbol{\omega}\times\boldsymbol{r}=\begin{vmatrix} \boldsymbol{i} & \boldsymbol{j} & \boldsymbol{k} \\ \omega_x & \omega_y & \omega_z \\ r_x & r_y & r_z \end{vmatrix} \tag{B.2-5}$$

式中，$\boldsymbol{\omega}=\omega_x\boldsymbol{i}+\omega_y\boldsymbol{j}+\omega_z\boldsymbol{k}$，$\boldsymbol{r}=r_x\boldsymbol{i}+r_y\boldsymbol{j}+r_z\boldsymbol{k}$。

当遇到 3 个向量的叉积运算时，可将其转变成点积的形式。即

$$\begin{aligned} \boldsymbol{u}\times(\boldsymbol{v}\times\boldsymbol{w})=(\boldsymbol{u}\cdot\boldsymbol{w})\boldsymbol{v}-(\boldsymbol{u}\cdot\boldsymbol{v})\boldsymbol{w} \\ (\boldsymbol{u}\times\boldsymbol{v})\times\boldsymbol{w}=(\boldsymbol{u}\cdot\boldsymbol{w})\boldsymbol{v}-(\boldsymbol{v}\cdot\boldsymbol{w})\boldsymbol{u} \end{aligned} \tag{B.2-6}$$

注意，向量的点积运算满足交换律和分配律，而向量的叉积运算不满足交换律和结合律，但满足分配律。例如

$$\begin{aligned} \boldsymbol{u}\cdot\boldsymbol{v}=\boldsymbol{v}\cdot\boldsymbol{u} \\ \boldsymbol{u}\times\boldsymbol{v}=-\boldsymbol{v}\times\boldsymbol{u} \end{aligned} \tag{B.2-7}$$

$$\begin{aligned} \boldsymbol{u}\cdot(\boldsymbol{v}+\boldsymbol{w})=\boldsymbol{u}\cdot\boldsymbol{v}+\boldsymbol{u}\cdot\boldsymbol{w} \\ \boldsymbol{u}\times(\boldsymbol{v}+\boldsymbol{w})=\boldsymbol{u}\times\boldsymbol{v}+\boldsymbol{u}\times\boldsymbol{w} \end{aligned} \tag{B.2-8}$$

点积与叉积的混合运算满足

$$\boldsymbol{u}\cdot(\boldsymbol{v}\times\boldsymbol{w})=\boldsymbol{v}\cdot(\boldsymbol{w}\times\boldsymbol{u})=\boldsymbol{w}\cdot(\boldsymbol{u}\times\boldsymbol{v})=\det(\boldsymbol{u}\ \boldsymbol{v}\ \boldsymbol{w}) \tag{B.2-9}$$

$\det(\boldsymbol{u}\ \boldsymbol{v}\ \boldsymbol{w})$ 表示 3 个向量组成的行列式的值。特殊情况下满足

$$\boldsymbol{u}\cdot(\boldsymbol{u}\times\boldsymbol{v})=\boldsymbol{v}\cdot(\boldsymbol{u}\times\boldsymbol{v})=0 \tag{B.2-10}$$

例如，已知向量方程

$$\boldsymbol{u}+\boldsymbol{v}=\boldsymbol{w} \tag{B.2-11}$$

如果上述方程中的每个向量都是三维，则每个向量都可以表示成式（B.2-11）所示的分解形式。这样可以得到 3 个独立的方程。

$$\begin{cases} u_x+v_x-w_x=0 \\ u_y+v_y-w_y=0 \\ u_z+v_z-w_z=0 \end{cases} \tag{B.2-12}$$

如果存在 3 个未知变量，则上述方程可解。如果上述方程中的每个向量都是平面二维，则可以得到 2 个独立的方程，即方程可解的充要条件是有 2 个未知变量。基于此原理，可衍生出多种机构分析的方法，如点积法、叉积法和图解法。

实际上，大多数平面机构的位置分析都可以归结于求解**向量方程**，而使用向量的点积或叉积技巧可以很巧妙地完成这一任务。不妨先看一个例子。

【例 B-1】 图 B-5 所示为铰链四杆机构。已知各杆尺寸及输入角 θ_2，求输出杆的运动。

解：位置解满足封闭向量多边形法则，即

$$\boldsymbol{r}_1+\boldsymbol{r}_2+\boldsymbol{r}_3+\boldsymbol{r}_4=0 \tag{B.2-13}$$

为方便求解，通过连接对角线 BO_3 将其分成两部分。

$$\boldsymbol{r}_4+\boldsymbol{r}_1=\boldsymbol{r}_\mathrm{d} \tag{B.2-14}$$

$$\boldsymbol{r}_2+\boldsymbol{r}_3=-\boldsymbol{r}_\mathrm{d} \tag{B.2-15}$$

方程（B.2-14）两边作点积得到

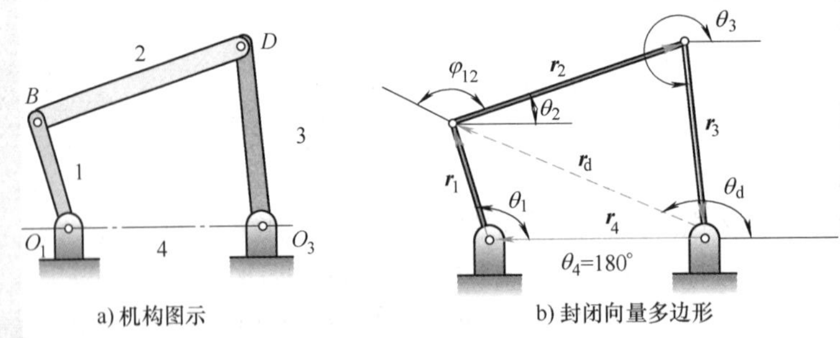

a) 机构图示　　b) 封闭向量多边形

图 B-5　铰链四杆机构的位置求解

$$(\boldsymbol{r}_1+\boldsymbol{r}_4)\cdot(\boldsymbol{r}_1+\boldsymbol{r}_4)=\boldsymbol{r}_\mathrm{d}\cdot\boldsymbol{r}_\mathrm{d} \tag{B.2-16}$$

即

$$r_1^2+r_4^2+2r_1r_4\cos\theta_1=r_\mathrm{d}^2 \tag{B.2-17}$$

对角线的方位可以通过下式求解：

$$\theta_\mathrm{d}=\arctan\left(\frac{r_{1y}+r_{4y}}{r_{1x}+r_{4x}}\right) \tag{B.2-18}$$

再由式（B.2-15）得

$$\boldsymbol{r}_2+\boldsymbol{r}_\mathrm{d}=-\boldsymbol{r}_3 \tag{B.2-19}$$

同样，对方程（B.2-19）两边作点积得到

$$r_2^2+r_\mathrm{d}^2+2r_2r_\mathrm{d}\cos\varphi_{12}=-r_3^2 \tag{B.2-20}$$

式（B.2-20）中只有 φ_{12} 未知，因此

$$\cos\varphi_{12}=-\frac{r_3^2+r_2^2+r_\mathrm{d}^2}{2r_2r_\mathrm{d}} \tag{B.2-21}$$

这样，有

$$\theta_2=\theta_\mathrm{d}\mp\varphi_{12} \tag{B.2-22}$$

而根据式（B.2-13）可以得到向量 $\boldsymbol{r}_3$，进而求得 θ_3 为

$$\theta_3=\arctan\left(\frac{r_{3y}}{r_{3x}}\right) \tag{B.2-23}$$

1963 年，切斯（Chace）提出了一种基于叉积的平面向量消元方法，其思路如下：将式（B.2-11）中的每个平面向量写成数乘单位向量的形式，即

$$u\bar{\boldsymbol{u}}+v\bar{\boldsymbol{v}}=w\bar{\boldsymbol{w}} \tag{B.2-24}$$

情况 1：同一个向量的大小和方向未知（设 $\boldsymbol{w}$ 未知），则式（B.2-24）很容易求解。

$$\boldsymbol{w}=(u_x+v_x)\boldsymbol{i}+(u_y+v_y)\boldsymbol{j}=(\boldsymbol{u}\cdot\boldsymbol{i}+\boldsymbol{v}\cdot\boldsymbol{i})\boldsymbol{i}+(\boldsymbol{u}\cdot\boldsymbol{j}+\boldsymbol{v}\cdot\boldsymbol{j})\boldsymbol{j} \tag{B.2-25}$$

采用图解法（几何作图法）很容易得到解，如图 B-6 所示。

情况 2：其中两个向量的大小未知（设 u、v 未知）。

为此首先消去 u。在式（B.2-24）两边点乘 $\bar{\boldsymbol{u}}\times\boldsymbol{k}$，得到

$$u\bar{\boldsymbol{u}}\cdot(\bar{\boldsymbol{u}}\times\boldsymbol{k})+v\bar{\boldsymbol{v}}\cdot(\bar{\boldsymbol{u}}\times\boldsymbol{k})=\boldsymbol{w}\cdot(\bar{\boldsymbol{u}}\times\boldsymbol{k}) \tag{B.2-26}$$

由于式（B. 2-26）中的第一项为0，则可以得到

$$v=\frac{\boldsymbol{w}\cdot(\overline{\boldsymbol{u}}\times\boldsymbol{k})}{\overline{\boldsymbol{v}}\cdot(\overline{\boldsymbol{u}}\times\boldsymbol{k})} \tag{B. 2-27}$$

用类似的方法可以得到

$$u=\frac{\boldsymbol{w}\cdot(\overline{\boldsymbol{v}}\times\boldsymbol{k})}{\overline{\boldsymbol{u}}\cdot(\overline{\boldsymbol{v}}\times\boldsymbol{k})} \tag{B. 2-28}$$

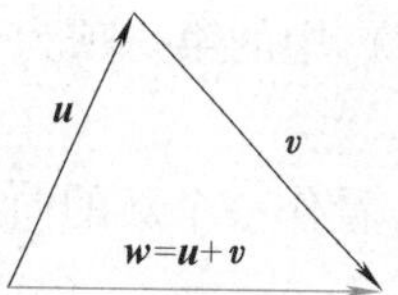

图 B-6 同一个向量的大小和方向未知

使用图解法也很容易得到结果。步骤如下：分别过已知向量 $\boldsymbol{w}$ 的两个端点作平行于 $\overline{\boldsymbol{u}}$、$\overline{\boldsymbol{v}}$ 的直线，两条直线的交点 K 即确定了两个未知向量的大小，如图 B-7 所示。

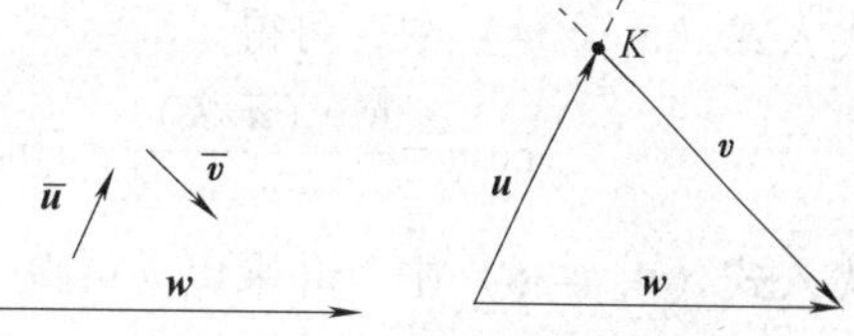

图 B-7 两个向量的大小未知

情况 3：其中两个向量的方向未知（设 $\overline{\boldsymbol{u}}$ 和 $\overline{\boldsymbol{v}}$ 未知）。

由图解法可知，该问题的求解实际上可归结于求两个圆弧的交点问题。为此定义一个新的坐标系，其中，$\overline{\boldsymbol{\mu}}=\overline{\boldsymbol{w}}$，$\overline{\boldsymbol{\eta}}=\overline{\boldsymbol{w}}\times\boldsymbol{k}$，如图 B-8 所示可知

$$\boldsymbol{u}=\mu\overline{\boldsymbol{\mu}}+\eta\overline{\boldsymbol{\eta}},\quad \boldsymbol{v}=(w-\mu)\overline{\boldsymbol{\mu}}-\eta\overline{\boldsymbol{\eta}} \tag{B. 2-29}$$

两个圆的方程可以写成

$$u^2=\mu^2+\eta^2,\quad v^2=(w-\mu)^2+\eta^2 \tag{B. 2-30}$$

联立方程求解得

$$\mu=\frac{u^2-v^2+w^2}{2w},\quad \eta=\pm\sqrt{u^2-\left(\frac{u^2-v^2+w^2}{2w}\right)^2} \tag{B. 2-31}$$

再代入式（B. 2-29）中，可得两个向量为

$$\begin{cases}\boldsymbol{u}=\dfrac{u^2-v^2+w^2}{2w}\overline{\boldsymbol{w}}\pm\sqrt{u^2-\left(\dfrac{u^2-v^2+w^2}{2w}\right)^2}(\overline{\boldsymbol{w}}\times\boldsymbol{k})\\ \boldsymbol{v}=\dfrac{v^2-u^2+w^2}{2w}\overline{\boldsymbol{w}}\mp\sqrt{u^2-\left(\dfrac{u^2-v^2+w^2}{2w}\right)^2}(\overline{\boldsymbol{w}}\times\boldsymbol{k})\end{cases} \tag{B. 2-32}$$

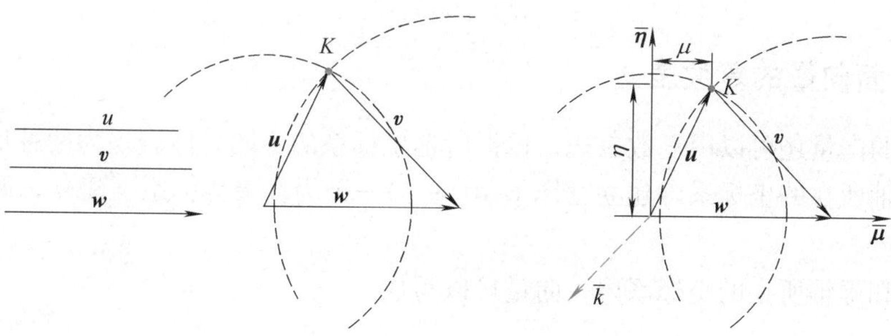

图 B-8 两个向量的方向未知

情况 4：一个向量的大小和另一向量的方向未知（设 u、$\overline{\boldsymbol{v}}$ 未知）。需分别求解，为先求得某一变量，需通过点积或叉积等方法消去另外一个变量。在式（B. 2-24）两边点乘 $\overline{\boldsymbol{u}}\times\boldsymbol{k}$，即

$$u\overline{\boldsymbol{u}}\cdot(\overline{\boldsymbol{u}}\times\boldsymbol{k})+v\overline{\boldsymbol{v}}\cdot(\overline{\boldsymbol{u}}\times\boldsymbol{k})=\boldsymbol{w}\cdot(\overline{\boldsymbol{u}}\times\boldsymbol{k}) \tag{B. 2-33}$$

式（B. 2-33）中的第一项为0，因此可化简为

$$v\bar{\boldsymbol{v}}\cdot(\bar{\boldsymbol{u}}\times\boldsymbol{k})=\boldsymbol{w}\cdot(\bar{\boldsymbol{u}}\times\boldsymbol{k}) \tag{B. 2-34}$$

将 $\bar{\boldsymbol{u}}\times\boldsymbol{k}$ 看作一个新的向量，则根据点积的几何意义得到

$$v\bar{\boldsymbol{v}}\cdot(\bar{\boldsymbol{u}}\times\boldsymbol{k})=v\cos\varphi \tag{B. 2-35}$$

这样未知单位变量 $\bar{\boldsymbol{v}}$ 可以写成

$$\bar{\boldsymbol{v}}=\cos\varphi(\bar{\boldsymbol{u}}\times\boldsymbol{k})+\sin\varphi\bar{\boldsymbol{u}} \tag{B. 2-36}$$

代入式（B. 2-34）中，可得

$$\cos\varphi=\frac{\boldsymbol{w}\cdot(\bar{\boldsymbol{u}}\times\boldsymbol{k})}{v},\quad \sin\varphi=\pm\sqrt{1-\cos^2\varphi}=\pm\frac{1}{v}\sqrt{v^2-[\boldsymbol{w}\cdot(\bar{\boldsymbol{u}}\times\boldsymbol{k})]^2} \tag{B. 2-37}$$

代入式（B. 2-36）中，并乘以 v 可得

$$\boldsymbol{v}=[\boldsymbol{w}\cdot(\bar{\boldsymbol{u}}\times\boldsymbol{k})](\bar{\boldsymbol{u}}\times\boldsymbol{k})\pm\sqrt{v^2-[\boldsymbol{w}\cdot(\bar{\boldsymbol{u}}\times\boldsymbol{k})]^2}\,\bar{\boldsymbol{u}} \tag{B. 2-38}$$

因此，有

$$\boldsymbol{u}=\boldsymbol{w}-\boldsymbol{v}=\boldsymbol{w}-[\boldsymbol{w}\cdot(\bar{\boldsymbol{u}}\times\boldsymbol{k})](\bar{\boldsymbol{u}}\times\boldsymbol{k})\mp\sqrt{v^2-[\boldsymbol{w}\cdot(\bar{\boldsymbol{u}}\times\boldsymbol{k})]^2}\,\bar{\boldsymbol{u}} \tag{B. 2-39}$$

如图 B-9 所示，式（B. 2-39）可以进一步化简，得到

$$\boldsymbol{u}=\left[\boldsymbol{w}\cdot\bar{\boldsymbol{u}}\mp\sqrt{v^2-[\boldsymbol{w}\cdot(\bar{\boldsymbol{u}}\times\boldsymbol{k})]^2}\right]\bar{\boldsymbol{u}} \tag{B. 2-40}$$

即

$$u=\boldsymbol{w}\cdot\bar{\boldsymbol{u}}\mp\sqrt{v^2-[\boldsymbol{w}\cdot(\bar{\boldsymbol{u}}\times\boldsymbol{k})]^2} \tag{B. 2-41}$$

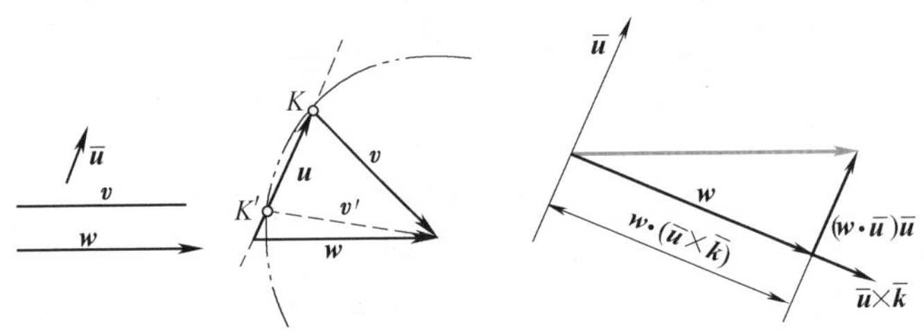

图 B-9　一个向量的大小和另一向量的方向未知

B. 2. 2　平面向量的复数表达

平面内的向量还可以用复数表达，根据所选坐标系的不同具体表现为两种形式：一种为在实轴和虚轴所在的坐标系内建立（图 B-10）；另一种为在极坐标系下建立，两者可以统一起来。

在实轴和虚轴所在的坐标系内，向量可以写成

$$\boldsymbol{r}=\boldsymbol{r}_x+\mathrm{j}\boldsymbol{r}_y \tag{B. 2-42}$$

式中，$\mathrm{j}^2=-1$。

还可以写成极坐标的形式，即

$$\boldsymbol{r}=\boldsymbol{r}\angle\theta=\boldsymbol{r}\cos\theta+\mathrm{j}\boldsymbol{r}\sin\theta \tag{B. 2-43}$$

因此，$r_x=r\cos\theta$，$r_y=r\sin\theta$，$r=\sqrt{r_x^2+r_y^2}$，$\theta=\arctan(r_y/r_x)$。

另外，根据欧拉（Euler）定理得到

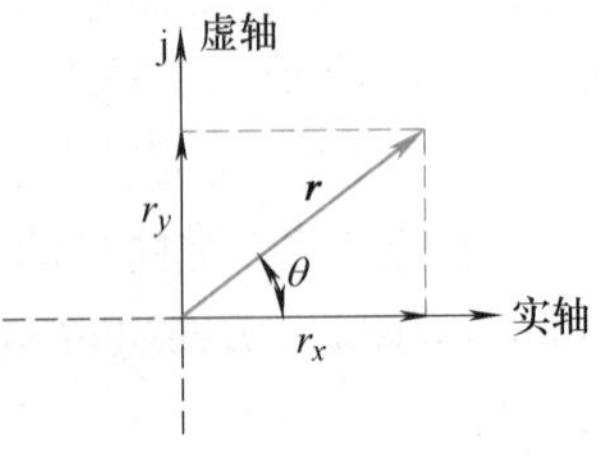

图 B-10　平面向量的复数表示

$$e^{\pm j\theta}=\cos\theta\pm j\sin\theta \tag{B.2-44}$$

因此

$$\boxed{\boldsymbol{r}=r e^{j\theta}} \tag{B.2-45}$$

这就是平面向量的指数表达形式。引入复数和指数表达形式可以简化向量的运算，即前面介绍的向量运算在这里都适用，而且形式更为简单。例如：

加、减法运算法则：$\boldsymbol{r}_1\pm\boldsymbol{r}_2=(r_{1x}\pm r_{2x})+j(r_{1y}\pm r_{2y})$ (B.2-46)

乘、除法运算法则：$\boldsymbol{r}e^{j\varphi}=\boldsymbol{r}e^{j(\theta+\varphi)}$，$\dfrac{\boldsymbol{r}}{e^{j\varphi}}=re^{j(\theta-\varphi)}$ (B.2-47)

下面来讨论一下式（B.2-24）通过复数方法是如何求解的。写成复数的形式为

$$ue^{j\theta_u}+ve^{j\theta_v}=we^{j\theta_w} \tag{B.2-48}$$

情况 1：假设 $\boldsymbol{w}$（w 和 θ_w）未知。

由式（B.2-48）展开得到

$$u(\cos\theta_u+j\sin\theta_u)+v(\cos\theta_v+j\sin\theta_v)=w(\cos\theta_w+j\sin\theta_w) \tag{B.2-49}$$

分离实部与虚部得到两个等式为

$$\begin{cases}w\cos\theta_w=u\cos\theta_u+v\cos\theta_v\\ w\sin\theta_w=u\sin\theta_u+v\sin\theta_v\end{cases} \tag{B.2-50}$$

由式（B.2-50）很容易得到

$$\boxed{w=\sqrt{u^2+v^2+2uv\cos(\theta_v-\theta_u)},\quad \theta_w=\arctan\frac{u\sin\theta_u+v\sin\theta_v}{u\cos\theta_u+v\cos\theta_v}} \tag{B.2-51}$$

情况 2：假设 u 和 v 未知。

对式（B.2-48）两边除以 $e^{j\theta_u}$（或乘以 $e^{-j\theta_u}$）可得

$$u+ve^{j(\theta_v-\theta_u)}=we^{j(\theta_w-\theta_u)} \tag{B.2-52}$$

分离实部与虚部得到两个等式为

$$\begin{cases}w\cos(\theta_w-\theta_u)=u+v\cos(\theta_v-\theta_u)\\ w\sin(\theta_w-\theta_u)=v\sin(\theta_v-\theta_u)\end{cases} \tag{B.2-53}$$

由式（B.2-53）很容易得到

$$\boxed{v=\frac{\sin(\theta_w-\theta_u)}{\sin(\theta_v-\theta_u)}w,\quad u=\frac{\sin(\theta_w-\theta_v)}{\sin(\theta_u-\theta_v)}w} \tag{B.2-54}$$

情况 3：两个向量的角度未知（假设 θ_u 与 θ_v 未知）。

对式（B.2-49）两边除以 $e^{j\theta_w}$ 可得

$$ue^{j(\theta_u-\theta_w)}+ve^{j(\theta_v-\theta_w)}=w \tag{B.2-55}$$

分离实部与虚部得到两个等式为

$$\begin{cases}u\cos(\theta_u-\theta_w)=w-v\cos(\theta_v-\theta_w)\\ u\sin(\theta_u-\theta_w)=-v\sin(\theta_v-\theta_w)\end{cases} \tag{B.2-56}$$

两边平方可以消掉 θ_u，进而求得 θ_v；用类似的方法可以再求得 θ_u。所得结果为

$$\boxed{\theta_u=\theta_w\pm\arccos\frac{w^2+u^2-v^2}{2uw},\quad \theta_v=\theta_w\mp\arccos\frac{w^2+v^2-u^2}{2vw}} \tag{B.2-57}$$

情况4：一个向量的幅值与另一个向量的角度未知（假设 u 与 θ_v 未知）。

沿用情况2的变换方法，由式（B.2-54）直接得到结果为

$$\theta_v=\theta_u+\arcsin\frac{w\sin(\theta_w-\theta_u)}{v},\quad u=w\cos(\theta_w-\theta_u)-v\cos(\theta_v-\theta_u) \tag{B.2-58}$$

下面举一个应用复数方法分析机构位移的实例。仍以图B-5a所示的铰链四杆机构为例。

【例B-2】 铰链四杆机构（图B-11）中已知各杆的尺寸及输入角 θ_1，求输出杆的运动。

解：该机构的位置解满足封闭向量多边形法则，即

$$\boldsymbol{r}_1+\boldsymbol{r}_2+\boldsymbol{r}_4=\boldsymbol{r}_3 \tag{B.2-59}$$

写成复指数形式为

$$r_1\mathrm{e}^{\mathrm{j}\theta_1}+r_2\mathrm{e}^{\mathrm{j}\theta_2}-r_4=r_3\mathrm{e}^{\mathrm{j}\theta_3} \tag{B.2-60}$$

基于实部和虚部分解得到

$$\begin{cases}r_1\cos\theta_1+r_2\cos\theta_2-r_4=r_3\cos\theta_3\\ r_1\sin\theta_1+r_2\sin\theta_2=r_3\sin\theta_3\end{cases} \tag{B.2-61}$$

式（B.2-61）两边平方相加可以消去 θ_3，求得 θ_2。求得 θ_2 之后再代入式（B.2-61）中得到 θ_3。具体求解过程不再讨论。

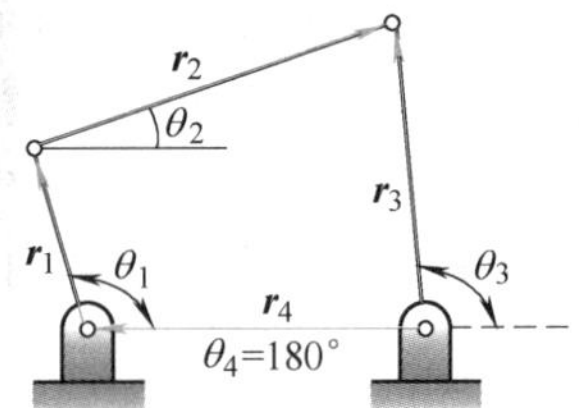

图B-11　铰链四杆机构的位置求解

B.2.3　向量对时间的导数运算及应用

向量对时间的导数运算是进行机构速度、加速度分析的基础。对于直角坐标系下表示的向量 $\boldsymbol{r}$，对时间的导数运算很简单，主要对各个分量求导数，即

$$\frac{\mathrm{d}\boldsymbol{r}}{\mathrm{d}t}=\dot{\boldsymbol{r}}=\dot{r}_x\boldsymbol{i}+\dot{r}_y\boldsymbol{j}+\dot{r}_z\boldsymbol{k} \tag{B.2-62}$$

如果是平面向量，等式右边的第三项省略。如果式（B.2-62）中的 $\boldsymbol{r}$ 表示质点的位移，则式（B.2-62）可以表示质点的速度，即

$$\boldsymbol{v}=\frac{\mathrm{d}\boldsymbol{r}}{\mathrm{d}t}=\dot{\boldsymbol{r}} \tag{B.2-63}$$

如果式（B.2-62）中的 $\boldsymbol{r}$ 表示的是转动刚体的角位移，则式（B.2-62）也可以表示一个转动刚体的角速度，即

$$\boldsymbol{\omega}=\frac{\mathrm{d}\boldsymbol{r}}{\mathrm{d}t}=\dot{\boldsymbol{r}} \tag{B.2-64}$$

同样，对于复指数表达的平面向量，其时间导数可以表示成

$$\dot{\boldsymbol{r}}=\mathrm{j}\dot{\theta}r\mathrm{e}^{\mathrm{j}\theta}+\dot{r}\mathrm{e}^{\mathrm{j}\theta}=\mathrm{j}\omega r\mathrm{e}^{\mathrm{j}\theta}+\dot{r}\mathrm{e}^{\mathrm{j}\theta}\quad（其中\ \omega=\dot{\theta}） \tag{B.2-65}$$

例如，式（B.2-62）中的 $\boldsymbol{r}$ 表示的如果是定长杆（如做纯转动的曲柄或摇杆）所在的向量，则式（B.2-62）右边的第二项为0，则式（B.2-62）可简化为

$$\frac{\mathrm{d}\boldsymbol{r}}{\mathrm{d}t}=\mathrm{j}\omega\boldsymbol{r}=\mathrm{e}^{\mathrm{j}(\pi/2)}\omega\boldsymbol{r} \tag{B.2-66}$$

式（B. 2-62）中的 $\boldsymbol{r}$ 表示的如果是可变长度但角度不变杆（如做直线运动的滑块）所在的向量，则式（B. 2-62）右边的第一项为 0，可简化为

$$\frac{\mathrm{d}\boldsymbol{r}}{\mathrm{d}t}=\dot{r}\mathrm{e}^{j\theta} \tag{B. 2-67}$$

下面举一个简单例子来说明复指数向量导数运算的应用。

【例 B-3】 已知导杆机构（图 B-12a）中各杆的尺寸及输入角 θ_1，求输出杆的速度。

解：建立图 B-12b 所示的坐标系。由于位置解满足封闭向量多边形法则，即

$$\boldsymbol{r}_4+\boldsymbol{r}_1=\boldsymbol{r}_3 \tag{B. 2-68}$$

写成复指数表达形式

$$r_4+r_1\mathrm{e}^{j\theta_1}=r_3\mathrm{e}^{j\theta_3} \tag{B. 2-69}$$

对式（B. 2-69）求导得

$$j\dot{\theta}_1r_1\mathrm{e}^{j\theta_1}=j\dot{\theta}_3r_3\mathrm{e}^{j\theta_3}+\dot{r}_3\mathrm{e}^{j\theta_3} \tag{B. 2-70}$$

可得

$$\dot{\theta}_3=\frac{\dot{\theta}_1r_1\cos(\theta_3-\theta_1)}{r_3} \tag{B. 2-71}$$

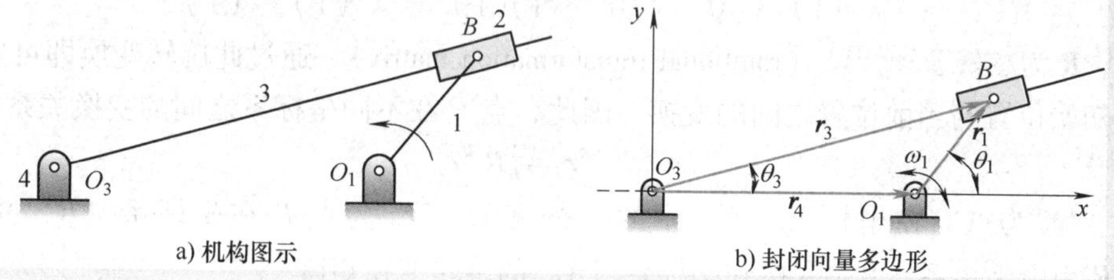

图 B-12　导杆机构的速度求解

B. 3　坐标变换

向量方法在机构分析过程中应用非常普遍。在采用向量方法进行机构分析中，经常采用两类坐标系：一类是与活动构件固连且随之一起运动的可动坐标系，这里称为物体坐标系（body coordinate frame），一般用 $\{B\}$ 表示；还有一类坐标系是与地（或机架）固连的坐标系，即常说的参考坐标系（reference coordinate frame），一般用 $\{A\}$ 表示。那么这两个坐标系满足怎样的变换关系呢？

图 B-13 所示的构件绕一转动副转动角度 θ。在构件末端的参考点 P 处建立参考坐标系 {A} 和物体坐标系 {B}，两个坐标系满足关系式

$$\begin{cases}\boldsymbol{i}'=\boldsymbol{i}\cos\theta+\boldsymbol{j}\sin\theta\\ \boldsymbol{j}'=-\boldsymbol{i}\sin\theta+\boldsymbol{j}\cos\theta\end{cases} \tag{B. 3-1}$$

写成向量及矩阵的表达形式为

$$\begin{pmatrix} \boldsymbol{i}' \\ \boldsymbol{j}' \end{pmatrix} = \begin{pmatrix} \cos\theta & \sin\theta \\ -\sin\theta & \cos\theta \end{pmatrix} \begin{pmatrix} \boldsymbol{i} \\ \boldsymbol{j} \end{pmatrix} \tag{B. 3-2}$$

或者

$$\begin{pmatrix} \boldsymbol{i} \\ \boldsymbol{j} \end{pmatrix} = \begin{pmatrix} \cos\theta & -\sin\theta \\ \sin\theta & \cos\theta \end{pmatrix} \begin{pmatrix} \boldsymbol{i}' \\ \boldsymbol{j}' \end{pmatrix} \tag{B. 3-3}$$

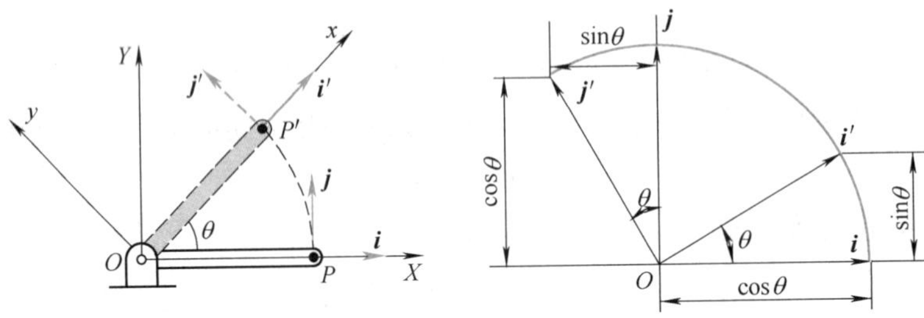

图 B-13 参考坐标系与物体坐标系之间的关系

通常情况下，式（B. 3-3）还可以写成齐次坐标的形式，即

$$\begin{pmatrix} \boldsymbol{i} \\ \boldsymbol{j} \\ 1 \end{pmatrix} = \begin{pmatrix} \cos\theta & -\sin\theta & 0 \\ \sin\theta & \cos\theta & 0 \\ 0 & 0 & 1 \end{pmatrix} \begin{pmatrix} \boldsymbol{i}' \\ \boldsymbol{j}' \\ 1 \end{pmatrix} \quad 或 \quad \begin{pmatrix} \boldsymbol{i}' \\ \boldsymbol{j}' \\ 1 \end{pmatrix} = \boldsymbol{R} \begin{pmatrix} \boldsymbol{i}' \\ \boldsymbol{j}' \\ 1 \end{pmatrix} \tag{B. 3-4}$$

式中，$\boldsymbol{R}$ 为旋转变换矩阵（rotational transformation matrix）。通过此旋转变换即可实现对某一点的初始位置与当前位置之间的变换。因此，点 P 在不同坐标系之间的变换关系满足

$${}^{A}\boldsymbol{r}_P = {}^{A}_{B}\boldsymbol{R}\, {}^{B}\boldsymbol{r}_P \tag{B. 3-5}$$

式中，${}^{A}\boldsymbol{r}_P$ 为点 P 在坐标系 $\{A\}$ 中的坐标表示；${}^{B}\boldsymbol{r}_P$ 为点 P 在坐标系 $\{B\}$ 中的坐标表示；${}^{A}_{B}\boldsymbol{R}$ 为由坐标系 $\{B\}$ 变换到坐标系 $\{A\}$ 的旋转变换矩阵。

再将平面坐标变换扩展到空间。所谓空间坐标变换（spatial coordinate transform），就是指空间任意点 P 在两个空间右手直角坐标系中的坐标关系，如刚体运动中参考坐标系 $\{A\}$ 和物体坐标系 $\{B\}$ 之间的关系。

图 B-14 所示两个空间直角坐标系（以下简称 $\{A\}$ 系和 $\{B\}$ 系）的原点重合于点 O，称为共原点的两个坐标系。假设开始两坐标系的三个坐标轴分别重合，然后其中一个坐标系绕其中一个轴或两个轴转动。分以下三种情况进行讨论。

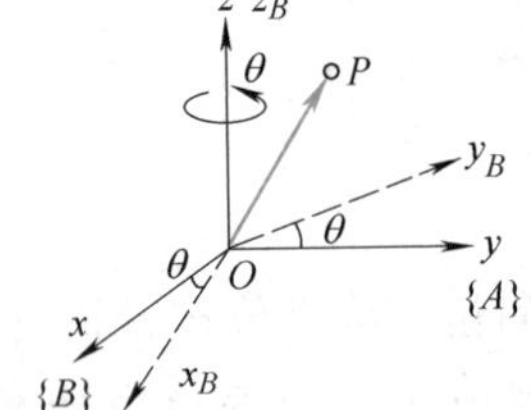

图 B-14 绕共点的空间旋转变换

1）$\{B\}$ 系是由 $\{A\}$ 系绕 z 轴逆时针转过角度 θ 而得。

如图 B-14 所示，空间点 P 在 $\{B\}$ 系的坐标与其在 $\{A\}$ 系坐标之间的关系可表示成

$${}^{A}\boldsymbol{r}_P = {}^{A}_{B}\boldsymbol{R}(z,\theta)\, {}^{B}\boldsymbol{r}_P \tag{B. 3-6}$$

式中

$${}^{A}_{B}\boldsymbol{R}(z,\theta) = \begin{pmatrix} \cos\theta & -\sin\theta & 0 \\ \sin\theta & \cos\theta & 0 \\ 0 & 0 & 1 \end{pmatrix} \tag{B. 3-7}$$

根据运动相对性原理，两坐标系的相对位置关系也可看作 $\{B\}$ 系相对不动，由 $\{A\}$

系绕 z 轴转过 $-\theta$（即顺时针方向）角。这样仿照式（B.3-5）可写出

$$ {}^{B}\boldsymbol{r}_P = {}^{A}_{B}\boldsymbol{R}(z,\theta)\,{}^{A}\boldsymbol{r}_P \tag{B.3-8}$$

式中，${}^{A}_{B}\boldsymbol{R}$ 为从 $\{A\}$ 系变换到 $\{B\}$ 系的旋转矩阵，且

$$ {}^{A}_{B}\boldsymbol{R}(z,\theta)=\begin{pmatrix}\cos\theta & \sin\theta & 0\\ -\sin\theta & \cos\theta & 0\\ 0 & 0 & 1\end{pmatrix} \tag{B.3-9}$$

比较式（B.3-6）和式（B.3-8）发现，$\boldsymbol{R}_{AB}$ 和 $\boldsymbol{R}_{BA}$ 既互为逆阵，又互为转置矩阵。

同理可以导出 $\{B\}$ 系绕 x 轴逆时针转过 α 角的旋转矩阵和绕 y 轴逆时针转过 β 角的旋转矩阵。

$$ {}^{A}_{B}\boldsymbol{R}(x,\alpha)=\begin{pmatrix}1 & 0 & 0\\ 0 & \cos\alpha & -\sin\alpha\\ 0 & \sin\alpha & \cos\alpha\end{pmatrix},\quad {}^{A}_{B}\boldsymbol{R}(y,\beta)=\begin{pmatrix}\cos\beta & 0 & \sin\beta\\ 0 & 1 & 0\\ -\sin\beta & 0 & \cos\beta\end{pmatrix} \tag{B.3-10}$$

2）$\{B\}$ 系是由 $\{A\}$ 系先绕 z 轴逆时针转过 θ 角，再绕新的 x 轴逆时针转过 α 角而得。

下面来讨论连续绕两个不同坐标轴转动的组合旋转矩阵。如图 B-15 所示，$\{A\}$ 系先绕 z 轴逆时针转过 θ 角后得 $\{C\}$ 系，$\{C\}$ 系再绕新的 x 轴逆时针转过 α 角得 $\{B\}$ 系。这时组合旋转矩阵可表示成

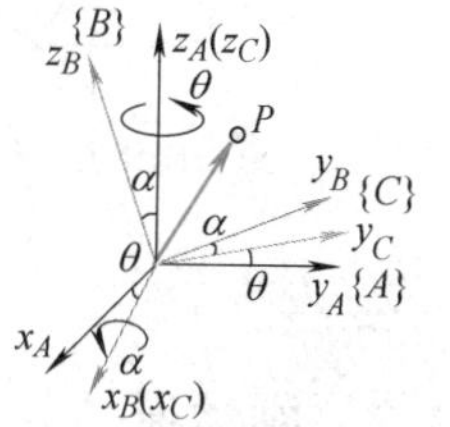

图 B-15 组合旋转运动

$$\begin{aligned} {}^{A}\boldsymbol{r}_P &= {}^{A}_{C}\boldsymbol{R}(z,\theta)\left[{}^{B}_{C}\boldsymbol{R}(x,\alpha)\,{}^{B}\boldsymbol{r}_P\right]\\ &= {}^{A}_{C}\boldsymbol{R}(z,\theta)\,{}^{B}_{C}\boldsymbol{R}(x,\alpha)\,{}^{B}\boldsymbol{r}_P\\ &= {}^{A}_{B}\boldsymbol{R}\,{}^{B}\boldsymbol{r}_P \end{aligned} \tag{B.3-11}$$

因此有

$$\begin{aligned} {}^{A}_{B}\boldsymbol{R} &= {}^{A}_{C}\boldsymbol{R}(z,\theta)\,{}^{B}_{C}\boldsymbol{R}(x,\alpha)\\ &=\begin{pmatrix}\cos\theta & -\sin\theta & 0\\ \sin\theta & \cos\theta & 0\\ 0 & 0 & 1\end{pmatrix}\begin{pmatrix}1 & 0 & 0\\ 0 & \cos\alpha & -\sin\alpha\\ 0 & \sin\alpha & \cos\alpha\end{pmatrix}=\begin{pmatrix}\cos\theta & -\cos\alpha\sin\theta & \sin\alpha\sin\theta\\ \sin\theta & \cos\alpha\cos\theta & -\sin\alpha\cos\theta\\ 0 & \sin\alpha & \cos\alpha\end{pmatrix} \end{aligned} \tag{B.3-12}$$

同样也可导出

$$\begin{aligned} {}^{B}_{A}\boldsymbol{R} &= {}^{B}_{C}\boldsymbol{R}(x,-\alpha)\,{}^{C}_{A}\boldsymbol{R}(z,-\theta)\\ &=\begin{pmatrix}1 & 0 & 0\\ 0 & \cos\alpha & \sin\alpha\\ 0 & -\sin\alpha & \cos\alpha\end{pmatrix}\begin{pmatrix}\cos\theta & \sin\theta & 0\\ -\sin\theta & \cos\theta & 0\\ 0 & 0 & 1\end{pmatrix}=\begin{pmatrix}\cos\theta & \sin\theta & 0\\ -\cos\alpha\sin\theta & \cos\alpha\cos\theta & \sin\alpha\\ \sin\alpha\sin\theta & -\sin\alpha\cos\theta & \cos\alpha\end{pmatrix} \end{aligned} \tag{B.3-13}$$

注意：两个旋转矩阵乘积的顺序不能改变，这是由矩阵本身的特性决定的。

B.4 平面刚体运动的基本描述

B.4.1 刚体运动的一般定义

前面提到，质点的位置可用相对于惯性坐标系（也称固定坐标系或者参考坐标系）的

位置向量 $\boldsymbol{r}$ 来描述。参数形式质点的运动轨迹可表示成 $\boldsymbol{r}(t)=[x(t),y(t),z(t)]$。不过在机构学中，通常关心的是由一系列质点所组成的刚体（rigid body）的运动。那么，什么是刚体呢？

顾名思义，刚体是一个完全不变形体，是相对弹性体或柔性体而言的。从数学角度可以给出一个严格的定义：刚体是任意两点之间的距离始终保持不变的点的集合。若 P 和 Q 是刚体上任意两点，则当刚体运动时，必须满足：

$$\|\boldsymbol{r}_P(t)-\boldsymbol{r}_Q(t)\|=\|\boldsymbol{r}_P(0)-\boldsymbol{r}_Q(0)\|=\text{const} \tag{B. 4-1}$$

刚体运动（rigid motion）是指物体上任意两点之间距离始终保持不变的连续运动。对于刚体而言，从一个位形到达另一位形的刚体运动称为刚体位移（rigid displacement）。典型的刚体位移包括平移运动（translation，简称平动）、旋转运动（rotation，简称转动）及平面运动（planar motion）等。图 B-16 和图 B-17 所示为旋转和平移两种运动形式。

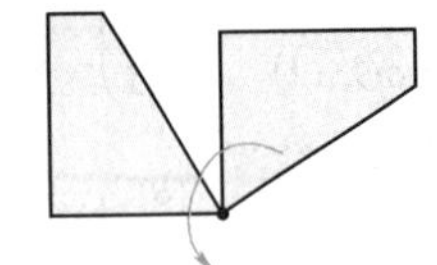

a) 绕刚体上一点的转动

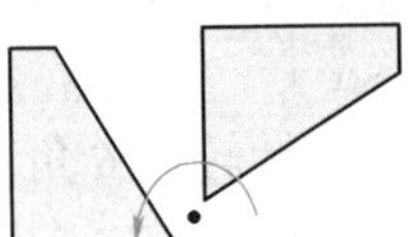

b) 绕刚体外一点的转动

图 B-16　刚体转动

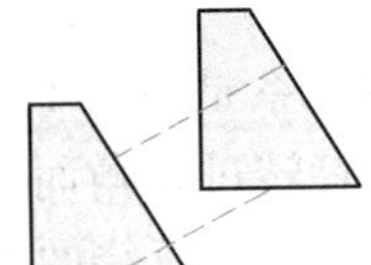

图 B-17　刚体平动

B. 4. 2　刚体基本运动

刚体基本运动主要包括平动与定轴转动。刚体运动时，其上任一直线始终与原位置保持平行，这样的运动称为刚体平动。

如图 B-18 所示，刚体平动时，任意两点 P 与 Q 之间的运动方程可以写成

$$\boldsymbol{r}_Q=\boldsymbol{r}_P+\boldsymbol{r}_{QP} \tag{B. 4-2}$$

图 B-18　刚体平动的一般描述

式中，$\boldsymbol{r}_{QP}$是常向量，表示从 P 点指向 Q 点的向量。

写成矩阵形式为

$$\begin{pmatrix}\boldsymbol{r}_Q\\1\end{pmatrix}=\hat{\boldsymbol{t}}\begin{pmatrix}\boldsymbol{r}_P\\1\end{pmatrix}=\begin{pmatrix}1&\boldsymbol{r}_{QP}\\0&1\end{pmatrix}\begin{pmatrix}\boldsymbol{r}_P\\1\end{pmatrix} \tag{B. 4-3}$$

式中，$\hat{\boldsymbol{t}}$ 称为刚体平移矩阵。对于平面平动，满足

$$\hat{\boldsymbol{t}}=\begin{pmatrix}1&0&x_Q-x_P\\0&1&y_Q-y_P\\0&0&1\end{pmatrix} \tag{B. 4-4}$$

对于空间平动，满足

$$\hat{\boldsymbol{t}}=\begin{pmatrix}1&0&0&x_Q-x_P\\0&1&0&y_Q-y_P\\0&0&1&z_Q-z_P\\0&0&0&1\end{pmatrix} \tag{B. 4-5}$$

因此刚体平动时，其上任意两点的轨迹形状相同。当轨迹形状为精确直线时，称为直线运动（rectilinear translation），如曲柄滑块机构中滑块的运动；当该轨迹形状为圆弧时，称为

圆弧移动（curvilinear translation），如平行四杆机构中连杆上的任一点的运动轨迹都是圆弧。

刚体上任意两点之间的速度满足

$$\dot{\boldsymbol{r}}_Q=\dot{\boldsymbol{r}}_P+\dot{\boldsymbol{r}}_{QP} \tag{B.4-6}$$

由于 $\dot{\boldsymbol{r}}_{QP}=0$，$\boldsymbol{v}_Q=\boldsymbol{v}_P$，刚体上任意两点之间的加速度满足

$$\boldsymbol{a}_Q=\boldsymbol{a}_P \tag{B.4-7}$$

因此，在研究刚体的平动时，可归结为研究其上任一点的运动。

刚体运动时，其上有一直线始终保持不动，其余各点均做圆周运动。这样的运动称为刚体定轴转动。对于平面刚体的定轴转动，刚体在任一时间的位置由转角 φ 唯一确定。转动方程 $\varphi=\varphi(t)$ 是单值连续函数。这时，刚体上某一点 P 的位置变化可以写成

$$\boldsymbol{r}_{P'}=\mathrm{e}^{\mathrm{j}\varphi}\boldsymbol{r}_P \tag{B.4-8}$$

或者写成矩阵形式，即

$$\boldsymbol{r}_{P'}=\boldsymbol{R}\boldsymbol{r}_P \tag{B.4-9}$$

式中，$\boldsymbol{R}$ 称为平面旋转矩阵，与前面讨论的旋转矩阵是同一个概念。例如刚体绕 z 轴转动角 α，其上一点从初始位置点 P 到另一位置点 P' 的位移则可以写成

$$\begin{pmatrix} r_{P'x} \\ r_{P'y} \\ 1 \end{pmatrix}=\boldsymbol{R}(z,\alpha)\begin{pmatrix} r_{Px} \\ r_{Py} \\ 1 \end{pmatrix}=\begin{pmatrix} \cos\alpha & -\sin\alpha & 0 \\ \sin\alpha & \cos\alpha & 0 \\ 0 & 0 & 1 \end{pmatrix}\begin{pmatrix} r_{Px} \\ r_{Py} \\ 1 \end{pmatrix} \tag{B.4-10}$$

式中，$\boldsymbol{R}(z,\alpha)$ 为平面旋转矩阵。该矩阵表示一个向量绕 z 轴转过某一角度 α 到新位置后的向量，规定逆时针转动为正。

B.4.3　一般平面运动

当刚体运动时，刚体内任一点至某一固定平面的距离始终保持不变。具备这一特征的刚体运动称为刚体的平面运动，简称平面运动（planar motion）。例如，滚子在平面内的滚动、四杆机构中连杆的运动都属于一般平面运动，而平面定轴转动和平面内的平动都属于一般平面运动的特例。

刚体在平面中的位置可由固连在其上的任一向量的位置来确定。刚体的一般平面运动，也可以看作固连在其上的向量分别做旋转和平移运动的合成（对于平面运动，先旋转后平移或者先平移后旋转都可以）。

如图 B-19a 所示，先将刚体绕 z 轴旋转角 α 后再平移，刚体上参考点的位置从点 P 变换到点 Q。由于

$$\boldsymbol{r}_{P'}=\boldsymbol{R}(z,\alpha)\boldsymbol{r}_P,\quad \boldsymbol{r}_Q=\hat{\boldsymbol{t}}\boldsymbol{r}_{P'} \tag{B.4-11}$$

式中

$$\boldsymbol{R}(z,\alpha)=\begin{pmatrix} \cos\alpha & -\sin\alpha & 0 \\ \sin\alpha & \cos\alpha & 0 \\ 0 & 0 & 1 \end{pmatrix},\quad \hat{\boldsymbol{t}}=\begin{pmatrix} 1 & 0 & x_Q-x_{P'} \\ 0 & 1 & y_Q-y_{P'} \\ 0 & 0 & 1 \end{pmatrix} \tag{B.4-12}$$

因此，刚体相对 P、Q 两点之间的位置关系可以表示成

$$\boldsymbol{r}_Q=\boldsymbol{D}\boldsymbol{r}_P=\hat{\boldsymbol{t}}\boldsymbol{R}\boldsymbol{r}_P=\begin{pmatrix} \cos\alpha & -\sin\alpha & x_Q-x_P\cos\alpha+y_P\sin\alpha \\ \sin\alpha & \cos\alpha & y_Q-y_P\sin\alpha-y_P\cos\alpha \\ 0 & 0 & 1 \end{pmatrix}\begin{pmatrix} x_P \\ y_P \\ 1 \end{pmatrix} \tag{B.4-13}$$

式中

$$\boldsymbol{D}=\begin{pmatrix}\cos\alpha & -\sin\alpha & x_Q-x_P\cos\alpha+y_P\sin\alpha \\ \sin\alpha & \cos\alpha & y_Q-y_P\sin\alpha-y_P\cos\alpha \\ 0 & 0 & 1\end{pmatrix} \tag{B. 4-14}$$

称为刚体平面齐次变换矩阵（planar homogenous transformation matrix）。

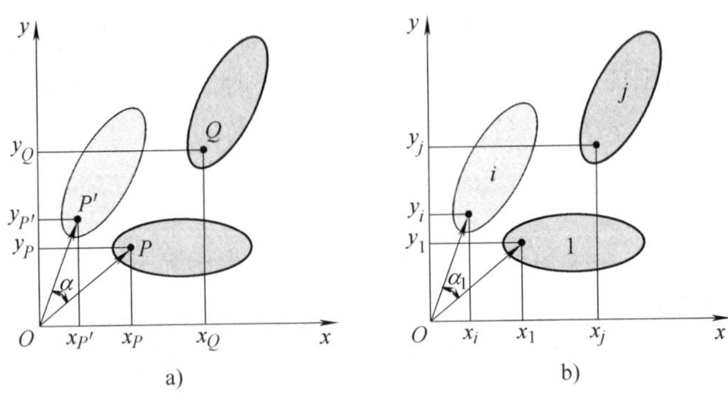

图 B-19　一般平面运动

类似地，如果通过刚体的位置来考察刚体的运动，而不是找其上的参考点坐标的关系，也可以得到同样的结论。如图 B-19b 所示，假设刚体从 1 位置到 j 位置，也是通过先旋转到 i 位置，然后平移得到。推导过程省略，最后得到

$$\boldsymbol{r}_j=\boldsymbol{D}_{1j}\boldsymbol{r}_1 \tag{B. 4-15}$$

即

$$\begin{pmatrix}x_j \\ y_j \\ 1\end{pmatrix}=\begin{pmatrix}\cos\alpha_{1j} & -\sin\alpha_{1j} & x_j-x_1\cos\alpha_{1j}+y_1\sin\alpha_{1j} \\ \sin\alpha_{1j} & \cos\alpha_{1j} & y_j-y_1\sin\alpha_{1j}-y_1\cos\alpha_{1j} \\ 0 & 0 & 1\end{pmatrix}\begin{pmatrix}x_1 \\ y_1 \\ 1\end{pmatrix} \tag{B. 4-16}$$

式中

$$\boldsymbol{D}_{1j}=\begin{pmatrix}\cos\alpha_{1j} & -\sin\alpha_{1j} & x_j-x_1\cos\alpha_{1j}+y_1\sin\alpha_{1j} \\ \sin\alpha_{1j} & \cos\alpha_{1j} & y_j-y_1\sin\alpha_{1j}-y_1\cos\alpha_{1j} \\ 0 & 0 & 1\end{pmatrix} \tag{B. 4-17}$$

称为刚体从位置 1 到位置 j 的平面位移矩阵（planar displacement matrix）。

B.5　平面刚体的相对运动

下面讨论刚体运动中，表达两个运动质点间的相对运动的问题。相对运动关系描述中经常会遇到两种情况：一种是同一刚体上不同点之间的运动描述；另一种是不同刚体上同一质点的运动描述。前者称为相差运动（position difference），而后者称为相对运动（apparent position）。

通过总结不难发现，刚体运动中，两个运动质点之间的相对运动关系可能出现四种情况，具体见表 B-1。经常用到的是其中特别标出的两种。

表 B-1　刚体运动中两个运动质点之间的相对运动

	同一点	不同点
同一刚体	意义不大	相差运动
不同刚体	相对运动	相对运动与相差运动的组合

B. 5. 1　相对位置

对于相差运动和相对运动两种情况的相对位置关系，都可以用两点（点 P 和点 Q）在同一坐标系下（如参考坐标系）之间的相对位置关系来描述（图 B-20），即

$$\boldsymbol{r}_{PQ}=\boldsymbol{r}_P-\boldsymbol{r}_Q \tag{B. 5-1}$$

事实上，以上描述都是建立在单一坐标系基础之上的。不过在描述质点的运动时，通常采用两个或者两个以上坐标系进行描述。如前所述，同时采用参考坐标系和物体坐标系。通常前者相对观察者是静态的，而后者则相对前者运动。假设选择点 O_2 作为物体坐标系原点的位置（图 B-21），则由式（B. 5-1）可导出同一点的位置在不同坐标系下的关系为

$$\boldsymbol{r}_P=\boldsymbol{r}_{O_2}+\boldsymbol{r}_{PO_2} \tag{B. 5-2}$$

式中，$\boldsymbol{r}_P$ 表示质点 P 的绝对位置；$\boldsymbol{r}_{O_2}$表示物体坐标系原点的绝对位置（即两个坐标系之间的相对位置）；$\boldsymbol{r}_{PO_2}$表示质点 P 在物体坐标系中的相对位置。

对于相对位移，上述公式也可用于空间刚体位移情况。

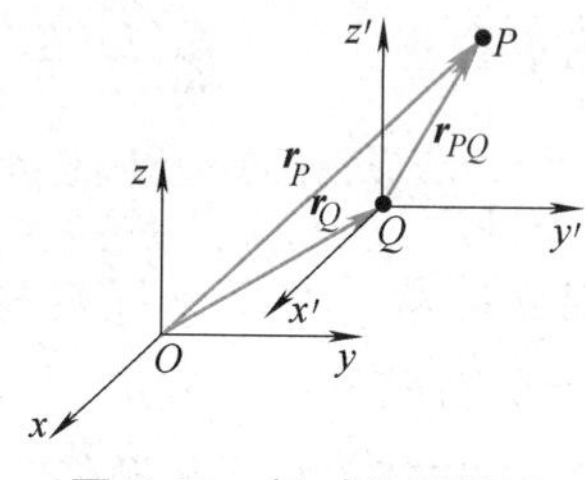

图 B-20　相对位置描述

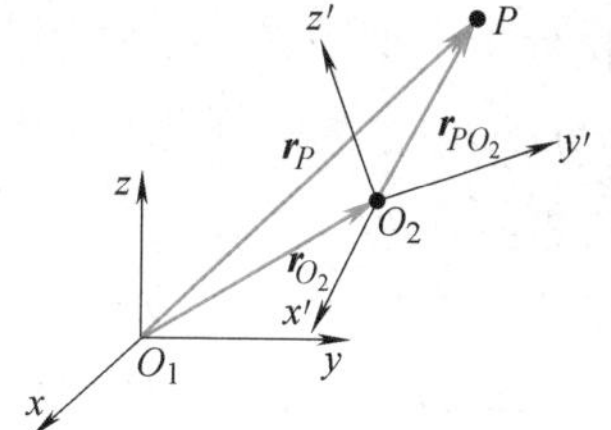

图 B-21　相对位置

B. 5. 2　相对速度

不妨首先考虑一种简单的情况。如考察绕定轴转动刚体的运动，这时，刚体上一点 A 的位置用复数形式表达为

$$\boldsymbol{r}_A=r_A\mathrm{e}^{\mathrm{j}\theta} \tag{B. 5-3}$$

该点的绝对速度可以写成

$$\boldsymbol{v}_A=\dot{\boldsymbol{r}}_A=\mathrm{j}\boldsymbol{r}_A\omega \tag{B. 5-4}$$

因此，该点绝对速度的大小为 $|\boldsymbol{v}_A|=r_A\omega$，方向垂直于位置向量 $\boldsymbol{r}_A$ 的方向。

再考虑该刚体上另一参考点 B 的运动。同样可以得到该点的绝对速度

$$\boldsymbol{v}_B=\dot{\boldsymbol{r}}_B=\mathrm{j}\boldsymbol{r}_B\omega \tag{B. 5-5}$$

A、B 两点的绝对速度肯定是不同的。如何来描述这种差异呢？假设在刚体上点 A 的位置来观察点 B 的运动，便可以感受到这种差异。这种同一刚体上不同质点之间的速度差可以写成

$$\boldsymbol{v}_{BA}=\boldsymbol{v}_B-\boldsymbol{v}_A=\mathrm{j}\omega\boldsymbol{r}_{BA} \tag{B. 5-6}$$

下面再考虑一种更一般的情况。经过前面的刚体位移分析已经导出了平面运动下两个运动质点 A、B 之间的相对位移为

$$\boldsymbol{r}_{BA}=r_{BA}\mathrm{e}^{\mathrm{j}\theta} \tag{B. 5-7}$$

对其求导可得

$$\boldsymbol{v}_{BA}=\dot{\boldsymbol{r}}_{BA}=\dot{r}_{BA}\mathrm{e}^{\mathrm{j}\theta}+\mathrm{j}\omega\boldsymbol{r}_{BA} \tag{B. 5-8}$$

考虑以下两种特例。

特例1：$\dot{r}_{BA}=0$，即 A、B 之间的相对位移固定不变。这时

$$\boldsymbol{v}_{BA}=\mathrm{j}\omega\boldsymbol{r}_{BA} \tag{B. 5-9}$$

其表达形式与式（B. 5-6）完全一致。可以说式（B. 5-6）是式（B. 5-8）的一种特例，因此式（B. 5-9）完全可以描述同一刚体上两点（例如铰链四杆机构中连杆的两铰点）之间的相差运动。不仅如此，式（B. 5-9）也可描述不同刚体之间固定连接点（如转动副）的相对运动。例如铰链四杆机构中连接连架杆与连杆的铰链点间的相对速度。

特例2：$\omega_{BA}=0$，即 A、B 之间无相对转动。这时

$$\boldsymbol{v}_{BA}=\dot{r}_{BA}\mathrm{e}^{\mathrm{j}\theta} \tag{B. 5-10}$$

该式可以描述不同刚体重合点之间（如组成移动副的两构件重合点之间）的相对速度关系。例如，图 B-22 所示为构件1和2组成移动副且一起以角速度 ω 转动，滑块2随导杆1一起转动的同时又沿导杆1相对移动，即做复合运动。点 B 是构件1上的点 B_1 与构件2上的点 B_2 的重合点。由于点 B_1 与点 B_2 之间并无相对转动，因此

$$\boldsymbol{v}_{B_2B_1}=\dot{r}_{B_2B_1}\mathrm{e}^{\mathrm{j}\theta} \tag{B. 5-11}$$

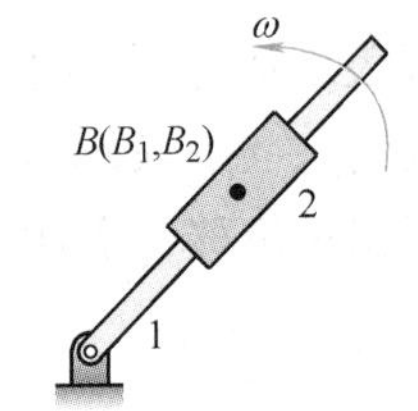

图 B-22 构件1和2组成移动副

另外，通过研究刚体上一个动点相对于两个不同坐标系（参考坐标系与物体坐标系）运动之间的关系，提出一种有效的运动分析方法，即运动分解与合成方法。

平面运动合成原理：刚体上任一点的平面运动，可以看作是随同该刚体上另外任一参考点（称之为基点）的平动（牵连运动）和绕该点的转动（相对运动）的合成。

如图 B-23 所示，刚体上任一点 B 的绝对速度都可以表示成

$$\boldsymbol{v}_B=\boldsymbol{v}_A+\boldsymbol{v}_{BA} \tag{B. 5-12}$$

式中，点 A 为参考点，或称为基点；$\boldsymbol{v}_A$ 称为基点速度；$\boldsymbol{v}_{BA}$是相对速度。并且

$$\boldsymbol{v}_{BA}=\boldsymbol{\omega}\times\boldsymbol{r}_{BA} \tag{B. 5-13}$$

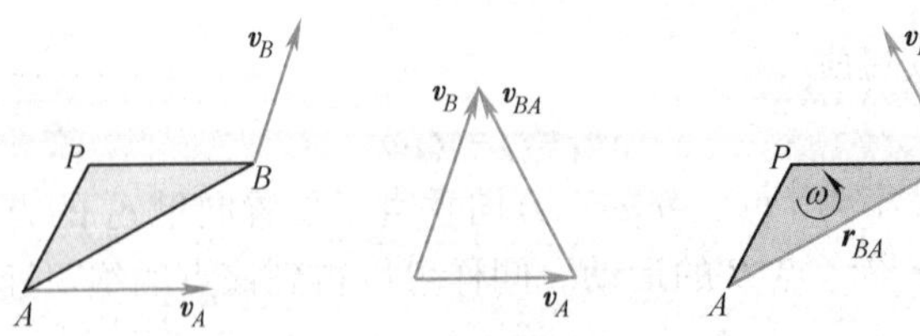

图 B-23 平面运动合成原理

如果是平面运动，则向量 $\boldsymbol{\omega}$ 落在与运动垂直的平面内。这时有

$$\boldsymbol{v}_{BA}=\omega\boldsymbol{r}_{BA} \quad 或者 \quad \omega=\frac{\boldsymbol{v}_{BA}}{\boldsymbol{r}_{BA}} \tag{B. 5-14}$$

B. 5. 3　相对加速度

最后再考察刚体运动中两个运动质点之间的相对加速度关系。

不妨首先考虑一种简单的情况。如考察绕定轴转动刚体的运动，由前面分析可知刚体上一点 A 的速度用复数形式表达为

$$\boldsymbol{v}_A=\dot{\boldsymbol{r}}_A=\mathrm{j}\boldsymbol{r}_A\omega=\boldsymbol{\omega}\times\boldsymbol{r}_A \tag{B. 5-15}$$

对其求导可得

$$\dot{\boldsymbol{v}}_A=\ddot{\boldsymbol{r}}_A=\boldsymbol{\varepsilon}\times\boldsymbol{r}_A+\boldsymbol{\omega}\times(\boldsymbol{\omega}\times\boldsymbol{r}_A)=\boldsymbol{a}_A^{\tau}+\boldsymbol{a}_A^{\mathrm{n}} \tag{B. 5-16}$$

式中，$\boldsymbol{a}_A^{\tau}$ 为切向加速度，大小为 $a_A^{\tau}=r_A\varepsilon$，方向与点 A 路径方向相切；$\boldsymbol{a}_A^{\mathrm{n}}$ 为法向加速度，大小为 $a_A^{\mathrm{n}}=r_A\omega^2$，方向与点 A 路径方向垂直，且指向曲率中心。

再考虑该刚体上另一参考点 B 的运动。同样可以得到该点的绝对加速度

$$\boldsymbol{a}_B=\ddot{\boldsymbol{r}}_B=-r_B\omega^2+\mathrm{j}\varepsilon r_B \tag{B. 5-17}$$

A、B 两点的绝对加速度肯定是不同的。如何来描述这种差异呢？假设在刚体点 A 的位置来观察点 B 的运动，便可以感受到这种差异。这种同一刚体上不同质点之间的加速度差可以写成

$$\boldsymbol{a}_{BA}=\boldsymbol{a}_B-\boldsymbol{a}_A=\mathrm{j}\omega\boldsymbol{r}_{BA} \tag{B. 5-18}$$

下面再考虑一种更一般的情况。经过前面的刚体速度分析已经导出了平面运动下两个运动质点 A、B 之间的相对速度为

$$\boldsymbol{v}_{BA}=\dot{\boldsymbol{r}}_{BA}=\dot{r}_{BA}\mathrm{e}^{\mathrm{j}\theta}+j\omega\boldsymbol{r}_{BA} \tag{B. 5-19}$$

对其求导可得

$$\boldsymbol{a}_{BA}=\dot{\boldsymbol{v}}_{BA}=\ddot{\boldsymbol{r}}_{BA}=(\ddot{r}_{BA}-r_{BA}\omega^2)\mathrm{e}^{\mathrm{j}\theta}+j(\varepsilon\boldsymbol{r}_{BA}+2\dot{r}_{BA}\omega\mathrm{e}^{\mathrm{j}\theta})=\boldsymbol{a}_{BA}^{\mathrm{n}}+\boldsymbol{a}_{BA}^{\tau}+\boldsymbol{a}_{BA}^{\mathrm{c}}+\boldsymbol{a}_{BA}^{\mathrm{s}} \tag{B. 5-20}$$

定义其中的法向加速度、切向加速度、科氏加速度与滑动加速度分量（图 B-24）为

$$\begin{cases}\text{法向加速度：}\boldsymbol{a}_{BA}^{\mathrm{n}}=-r_{BA}\omega^2\mathrm{e}^{\mathrm{j}\theta_2},\quad a_{BA}^{\mathrm{n}}=-r_{BA}\omega^2\\ \text{切向加速度：}\boldsymbol{a}_{BA}^{\tau}=\mathrm{j}\varepsilon\boldsymbol{r}_{BA},\quad a_{BA}^{\tau}=\varepsilon r_{BA}\\ \text{科氏加速度：}\boldsymbol{a}_{BA}^{\mathrm{c}}=2\mathrm{j}\dot{r}_{BA}\omega\mathrm{e}^{\mathrm{j}\theta},\quad a_{BA}^{\mathrm{c}}=2\dot{r}_{BA}\omega\\ \text{滑动加速度：}\boldsymbol{a}_{BA}^{\mathrm{s}}=\ddot{r}_{BA}\mathrm{e}^{\mathrm{j}\theta},\quad a_{BA}^{\mathrm{s}}=\ddot{r}_{BA}\end{cases} \tag{B. 5-21}$$

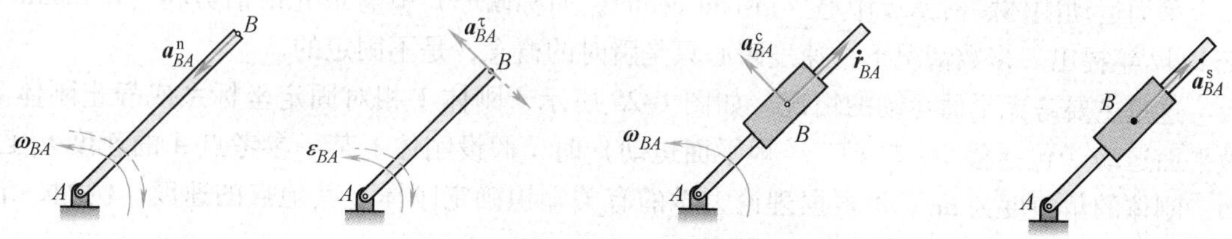

图 B-24　相对加速度的各分量

特例 1：$\dot{r}_{BA}=0$，$\ddot{r}_{BA}=0$，即 A、B 之间的相对位移固定不变。这时

$$\boldsymbol{a}_{BA}=\boldsymbol{a}_{BA}^{\mathrm{n}}+\boldsymbol{a}_{BA}^{\tau}=-r_{BA}\omega^2\mathrm{e}^{\mathrm{j}\theta}+\mathrm{j}\varepsilon\boldsymbol{r}_{BA} \tag{B. 5-22}$$

不妨考察一下图 B-5 所示铰链四杆机构中各铰链点间的相对加速度，原因是它们之间的相对位移固定不变。首先考察一下构件 1 的两个铰链点 O_1 和 B。根据式（B. 5-22）可知

$$\boldsymbol{a}_{BO_1}=\boldsymbol{a}_{BO_1}^{\mathrm{n}}+\boldsymbol{a}_{BO_1}^{\tau}=-r_1\omega_1^2\mathrm{e}^{\mathrm{j}\theta_1}+\mathrm{j}\varepsilon_1\boldsymbol{r}_1 \tag{B. 5-23}$$

或者简写为

$$\boldsymbol{a}_B=-r_1\omega_1^2\mathrm{e}^{\mathrm{j}\theta_1}+\mathrm{j}\varepsilon_1\boldsymbol{r}_1 \tag{B.5-24}$$

如果构件1以常速率运动，则$\varepsilon_1=0$，式（B.5-24）进一步简化得到

$$\boldsymbol{a}_B=-r_1\omega_1^2\mathrm{e}^{\mathrm{j}\theta_1} \tag{B.5-25}$$

同理，可导出构件3的铰链点D的加速度为

$$\boldsymbol{a}_D=-r_3\omega_3^2\mathrm{e}^{\mathrm{j}\theta_3} \tag{B.5-26}$$

再考察一下连杆2上两个铰链点B、D的相对加速度为

$$\boldsymbol{a}_{DB}=\boldsymbol{a}_{DB}^{\mathrm{n}}+\boldsymbol{a}_{DB}^{\tau}=-r_2\omega_2^2\mathrm{e}^{\mathrm{j}\theta_2}+\mathrm{j}\varepsilon_2\boldsymbol{r}_2 \tag{B.5-27}$$

其表达形式与式（B.5-18）完全一致。可以说式（B.5-18）是式（B.5-20）的一种特例，因此式（B.5-27）完全可以描述同一刚体上两点之间的相差运动关系。

特例2：滑块在直线滑轨上移动，即$r_{B_2B_1}=0$。这时

$$a_{B_2B_1}^{\mathrm{n}}=0,\quad a_{B_2B_1}^{\tau}=0 \tag{B.5-28}$$

因此，相对加速度为

$$\boldsymbol{a}_{B_2B_1}=\ddot{r}_{B_2B_1}\mathrm{e}^{\mathrm{j}\theta}+2\dot{r}_{B_2B_1}\omega\mathrm{j}\mathrm{e}^{\mathrm{j}\theta} \tag{B.5-29}$$

式（B.5-29）可描述不同刚体重合点之间（如组成移动副两构件重合点之间）的相对加速度关系。

特例3：滑块在曲线滑轨（设曲率半径为常数ρ）上移动，即$r_{B_2B_1}=0$。这时

$$a_{B_2B_1}^{n}=\frac{v_{B_2B_1}^2}{\rho},\quad a_{B_2B_1}^{\tau}=0 \tag{B.5-30}$$

因此，相对加速度为

$$\boldsymbol{a}_{B_2B_1}=\ddot{r}_{B_2B_1}\mathrm{e}^{\mathrm{j}\theta}-\frac{v_{B_2B_1}^2}{\rho}\mathrm{e}^{\mathrm{j}\theta}+2\dot{r}_{B_2B_1}\omega\mathrm{j}\mathrm{e}^{\mathrm{j}\theta} \tag{B.5-31}$$

B.6 速度瞬心

平面运动刚体瞬时速度中心（instant center，简称瞬心）概念最先由伯努利（Bernoulli）于1742年提出。多数情况下，速度瞬心只是瞬时的概念，是不固定的。

这里主要考虑平面运动的情况。如图B-25所示，刚体1相对固定坐标系或静止刚体2做平面运动（包括移动、转动、一般平面运动）时，假设刚体上某一参考点A的速度$\boldsymbol{v}_A$已知，刚体的角速度为$\boldsymbol{\omega}_1$。可根据理论力学的有关知识确定刚体上其他点的速度。例如，定义一点P，与点A的距离满足条件

$$\boldsymbol{r}_{PA}=\frac{\boldsymbol{\omega}_1\times\boldsymbol{v}_A}{\omega_1^2} \tag{B.6-1}$$

显然，$\boldsymbol{r}_{PA}$与$\boldsymbol{v}_A$垂直，并在运动平面内。由此可得

$$\boldsymbol{v}_P=\boldsymbol{v}_A+\boldsymbol{v}_{PA}=\boldsymbol{v}_A+\boldsymbol{\omega}_1\times\boldsymbol{r}_{PA}=\boldsymbol{v}_A+\frac{\boldsymbol{\omega}_1\times\boldsymbol{\omega}_1\times\boldsymbol{v}_A}{\omega_1^2} \tag{B.6-2}$$

根据向量运算法则可以进一步得到

$$\boldsymbol{v}_P=\boldsymbol{v}_A+\frac{\boldsymbol{\omega}_1\times\boldsymbol{\omega}_2\times\boldsymbol{v}_A}{\omega_1^2}=\boldsymbol{v}_A+\frac{(\boldsymbol{\omega}_1\cdot\boldsymbol{v}_A)\boldsymbol{\omega}_1-(\boldsymbol{\omega}_1\cdot\boldsymbol{\omega}_1)\boldsymbol{v}_A}{\omega_1^2}=\boldsymbol{v}_A-\boldsymbol{v}_A=0 \tag{B.6-3}$$

由于点 P 的绝对速度为零，与该点位置重合的静止刚体 2 上的点的绝对速度也为零，因此，该点即为刚体 1 相对 2 的瞬心，同时也为两个刚体的同速点。或者说，在任一瞬时，某一刚体的平面运动都可看作绕某一相对静止点的转动，该相对静止点称为瞬心。任意两个刚体都有相对瞬心。这里规定用 P_{ij} 表示，表示刚体 i 相对刚体 j 的瞬心。同时，找到瞬心后，就可以容易地确定刚体上其他各点的速度。例如，图 B-25 上点 C 的速度为

$$\boldsymbol{v}_C=\boldsymbol{v}_P+\boldsymbol{v}_{CP}=\boldsymbol{\omega}_1\times\boldsymbol{r}_{CP} \tag{B.6-4}$$

瞬心概念不仅适用于运动构件相对固定构件的运动关系（如铰链四杆机构中的连杆相对机架的运动），也可推广到两运动构件间的运动关系。不过两者之间还是有所区别。前者由于绝对速度为零，称为绝对瞬心（absolute instant center）；而后者的特点是两个构件都相对固定件做绝对运动，但两构件的相对速度为零，称之为相对瞬心（comparative instant center）。总之，无论绝对瞬心还是相对瞬心，瞬心都是指两构件上绝对速度相等的一对瞬时重合点，也可概括为两构件的瞬时重合点和同速点（图 B-26）。

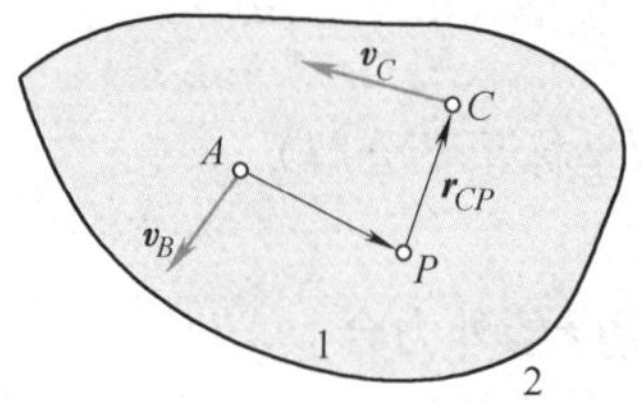

图 B-25　刚体的瞬心

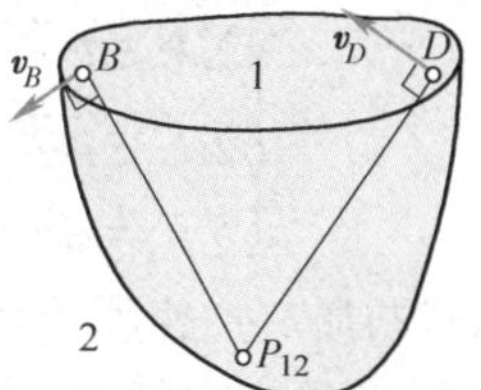

图 B-26　瞬时重合点与同速点

B.7　刚体力学基础

B.7.1　静力学分析的基本原理

力和速度是一对相互对偶的物理量。有了刚体速度分析的基础，下面直接给出几条静力学公理。

（1）力的叠加满足平行四边形法则（parallelogram rule）　作用在物体上同一点的两个力，可以合成为一个合力，合力也作用于该点，其大小和方向由以这两个力矢为边所构成的平行四边形对角线来确定（图 B-27a）。即

$$\boldsymbol{F}_\Sigma=\boldsymbol{F}_1+\boldsymbol{F}_2 \tag{B.7-1}$$

（2）二力平衡条件　作用在刚体上的两个力，使刚体处于平衡的必要和充分条件是这两个力大小相等，方向相反，且作用在同一直线上（图 B-27b）。

在两个力作用下平衡的刚体称为二力杆（binary link）。对于二力杆，有

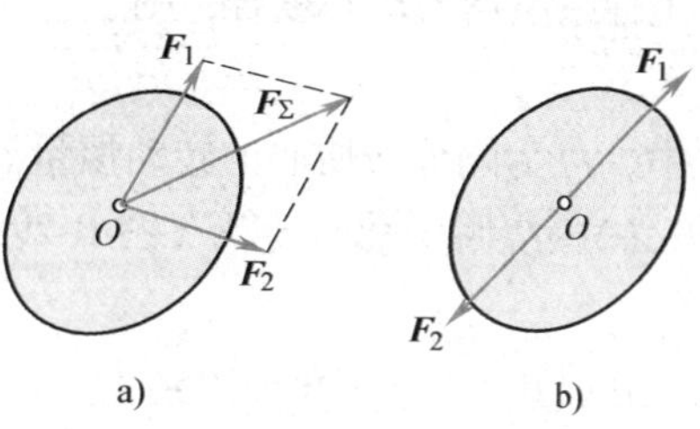

图 B-27　力的合成

$$F_1+F_2=0 \quad 或者 \quad F_1=-F_2 \tag{B.7-2}$$

因此可以得到，二力构件受力沿力作用点连线方向，而且所承受外力与本身形状无关。

（3）三力平衡汇交定理　受三个力作用的刚体构成平衡力系的充要条件是这三个力的作用线汇交于一点，作用线在同一平面内。即

$$F_1+F_2+F_3=0 \tag{B.7-3}$$

由三个相互平行力组成的平衡力系是其中一种特例。从射影几何的角度看，三个相互平行的力可以看作是相交到无穷远点。三力平衡力系都可以组成一个封闭的力多边形（force polygon）。对这类力的计算与本书前面介绍的向量多边形法类似。

B.7.2　牛顿三定律

第一定律（惯性定律）：不受力作用的质点，将保持静止或做匀速直线运动。

第二定律：质点的质量与加速度的乘积等于作用于质点的力。

$$\boldsymbol{F}=m\boldsymbol{a}_S \quad （动力学的基本方程） \tag{B.7-4}$$

$$\boldsymbol{F}=m\frac{\mathrm{d}^2\boldsymbol{r}}{\mathrm{d}t^2} \quad （微分形式） \tag{B.7-5}$$

$$\begin{cases}\sum F_x=m\ddot{x}_S=ma_{Sx}\\ \sum F_y=m\ddot{y}_S=ma_{Sy}\\ \sum F_z=m\ddot{z}_S=ma_{Sz}\end{cases} \quad （在直角坐标系下分解） \tag{B.7-6}$$

即质点系的总质量与质心加速度的乘积等于质点系所受的外力合力。其中质心的定义是指在任意一个参考系中，质点系的质心 G（图 B-28）为

$$\boldsymbol{r}_S=\frac{\sum(m_i\boldsymbol{r}_i)}{\sum m_i}=\frac{\sum(m_i\boldsymbol{r}_i)}{M} \tag{B.7-7}$$

第三定律（作用与反作用定律）：作用力总是成对出现的，它们大小相等、方向相反、作用在同一条直线上。

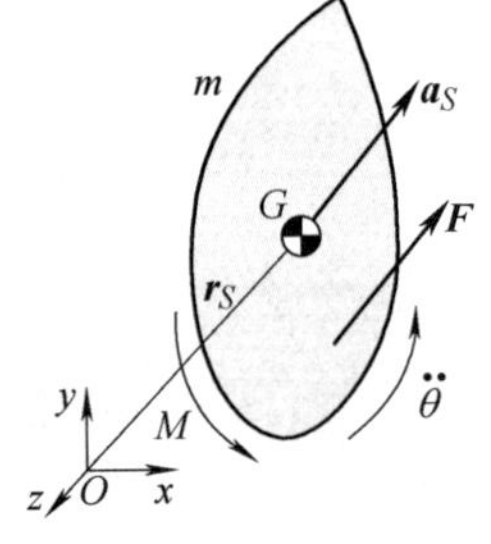

图 B-28　刚体的质心

B.7.3　动力学方程

刚体的平动满足动量定理，即式（B.7-5）。若力的作用线不通过质心，则刚体上会产生附加的力矩，而刚体的转动则满足动量矩定理。

（1）平面刚体运动

$$M_O=J_S\ddot{\theta}+m(x_S\ddot{y}_S-\ddot{x}_Sy_S) \tag{B.7-8}$$

若坐标系原点与质心重合，则

$$M_O=J_S\ddot{\theta} \tag{B.7-9}$$

式中，J_S 为刚体绕质心的转动惯量。

（2）绕固定轴的转动（图 B-29）

$$x_S=r\cos\theta, \quad y_S=r\sin\theta \tag{B.7-10}$$

代入式（B.7-8）中化简得到

$$M_O=J_S\ddot{\theta}+m(x_S\ddot{y}_S-\ddot{x}_Sy_S)=(J_S+mr^2)\ddot{\theta}=J_O\ddot{\theta} \tag{B.7-11}$$

因此

$$J_O = J_S + mr^2 \tag{B.7-12}$$

式中，J_O 为刚体绕固定转轴的转动惯量。

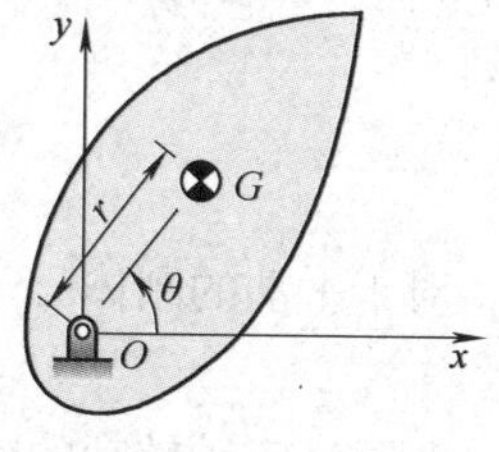

图 B-29　刚体转动

由此可以导出刚体静力学平衡条件：由于没有运动，$\boldsymbol{a}_S=0$，$\ddot{\theta}=0$，则由式（B.7-5）得 $\boldsymbol{F}=0$；由（B.7-11）得，$\boldsymbol{M}_O=0$。因此，刚体静力学的平衡条件应满足

$$\boxed{\begin{cases} \boldsymbol{F}=0 \\ \boldsymbol{M}_O=0 \end{cases}} \tag{B.7-13}$$

B.7.4　达朗贝尔原理

如果将广义惯性力（$\boldsymbol{F}_\mathrm{I}$ 和 $\boldsymbol{M}_\mathrm{I}$）作用到一个运动质点上，那么作用在刚体上的外力（$\boldsymbol{F}$ 和 $\boldsymbol{M}_O$，包括主动力和约束反力）和惯性力组成形式上的静平衡力系，从而可以将质点看成静平衡状态来处理。这就是质点的达朗贝尔（d'Alembert）原理。事实上，质点的惯性力 $\boldsymbol{F}_\mathrm{I}$ 并不作用在质点本身，而是质点作用给外界施力物体上的一个力。即

$$\boldsymbol{F}+\boldsymbol{F}_\mathrm{I}=0,\quad \boldsymbol{M}_O+\boldsymbol{M}_\mathrm{I}=0 \tag{B.7-14}$$

不过我们更关注质点系的达朗贝尔原理，因为可将刚体看作是一个质点系。

有关刚体的达朗贝尔原理与质点的达朗贝尔原理在形式上相同。即

$$\boldsymbol{F}+\boldsymbol{F}_\mathrm{I}=0,\quad \boldsymbol{M}_O+\boldsymbol{M}_\mathrm{I}=0 \tag{B.7-15}$$

式中

$$\boldsymbol{F}_\mathrm{I}=-M\boldsymbol{a}_S,\quad \boldsymbol{M}_\mathrm{I}=-J_S\ddot{\boldsymbol{\theta}} \tag{B.7-16}$$

对于定轴转动

$$\boldsymbol{M}_\mathrm{I}=-J_O\ddot{\boldsymbol{\theta}}$$

只考虑平面运动，则通过将式（B.7-16）向坐标系进行分解，可以得到分量方程表达式为

$$\begin{cases} \sum F_x=0 \\ \sum F_y=0 \\ \sum \boldsymbol{M}_O(\boldsymbol{F})=0 \end{cases} \tag{B.7-17}$$

1）对于刚体平动，通过向质心简化得到

$$\boldsymbol{F}_\mathrm{I}=-M\boldsymbol{a}_S,\quad \boldsymbol{M}_\mathrm{I}=0 \tag{B.7-18}$$

2）对于刚体定轴转动，通过向质心简化得到

$$\boldsymbol{F}_\mathrm{I}=-M\boldsymbol{a}_S,\quad \boldsymbol{M}_\mathrm{I}=-J_O\ddot{\boldsymbol{\theta}} \tag{B.7-19}$$

3）对于一般平面刚体运动，通过向质心简化得到

$$\boldsymbol{F}_\mathrm{I}=-M\boldsymbol{a}_S,\quad \boldsymbol{M}_\mathrm{I}=-J_S\ddot{\boldsymbol{\theta}} \tag{B.7-20}$$

B.7.5　功能转化定理

动能定理是由牛顿定律推导出来的，它的适用范围与牛顿定理相同，因此是动力学的一个普遍定理。

1. 刚体上力做的功、功率

首先给出刚体元功（elementary work）的定义，即力 $\boldsymbol{F}$ 与沿刚体上力作用点微小位移的

点积称为力的元功。记作

$$\delta W=\boldsymbol{F}\cdot\delta\boldsymbol{r}=F\delta r\cos\theta \tag{B.7-21}$$

式中，θ 为力与位移的夹角。整个运动过程中，力对刚体做功可以通过对式（B.7-21）积分得到

$$W=\int_r \boldsymbol{F}\cdot \mathrm{d}\boldsymbol{r}=\int_r F\cos\theta \mathrm{d}r \tag{B.7-22}$$

对于平动的刚体

$$\mathrm{d}W=\boldsymbol{F}\cdot\mathrm{d}\boldsymbol{r}_S=F\cos\theta\mathrm{d}r_S \tag{B.7-23}$$

对于绕定轴转动的刚体

$$\mathrm{d}W=M\mathrm{d}\theta \tag{B.7-24}$$

对于一般平面运动的刚体，平面运动刚体上力做的功，等于力向质心简化所得的力和力偶做功之和，因此有

$$\mathrm{d}W=\boldsymbol{F}\cdot\mathrm{d}\boldsymbol{r}_S+M_S\mathrm{d}\theta \tag{B.7-25}$$

另外，由于力对系统做功，或者系统对外做功，与时间的长短相关。因此，为表征系统做功的快慢，将系统做功的时间变化率定义为功率（power），记为 P，定义式为

$$P=\frac{\mathrm{d}W}{\mathrm{d}t} \tag{B.7-26}$$

对于平动刚体，功率表示为

$$P=\boldsymbol{F}\cdot\boldsymbol{v}=Fv\cos\theta \tag{B.7-27}$$

对于绕定轴转动刚体，功率表示为

$$P=M\omega \tag{B.7-28}$$

式中，M 为作用于被连接刚体的力对转轴的矩，通常被称为转矩（torque）或扭矩。

2. 刚体上的动能

理论力学中，平动刚体的动能为

$$T=\frac{1}{2}Mv_S^2 \tag{B.7-29}$$

定轴（以 z 轴为例）转动刚体的动能为

$$T=\frac{1}{2}J_z\omega^2 \tag{B.7-30}$$

一般平面运动刚体的动能

$$T=\frac{1}{2}Mv_S^2+\frac{1}{2}J_S\omega^2 \tag{B.7-31}$$

3. 刚体的动能定理

刚体动能的增量等于作用于刚体上全部力（主动力和非理想约束力）所做的元功之和。即

$$\mathrm{d}T=\sum\delta W \tag{B.7-32}$$

B.7.6 虚位移原理

在某一瞬时，刚体（质点系）在约束允许的条件下，可能实现的任何无限小的位移，

称为虚位移（virtual displacement）。虚位移可以是线位移，也可以是角位移，通常用 δ（变分符号）表示。而力在沿其作用点的虚位移上做的功，称为虚功（virtual work）。注意，这里的力是真实存在的。如果约束（力）在刚体（质点系）的任何虚位移中的虚功之和等于零，则这种约束称为理想约束（理想约束的典型例子包括光滑铰链、不可伸长的柔索等）。

具有理想约束的刚体（质点系）处于平衡状态的充要条件：作用于此刚体（质点系）的所有主动力在任何虚位移上所做的虚功之和等于零。即

$$\sum \delta W_F = \sum \boldsymbol{F}_i \cdot \delta \boldsymbol{r}_i = 0 \tag{B. 7-33}$$

根据虚位移原理，若系统在某一位置处于平衡状态，则在这个位置的任何虚位移中，所有主动力的元功之和等于零。

辅助阅读材料

[1] CLEGHORN W L. Mechanics of Machines [M]. New York: Oxford University Press, 2005.

[2] UICKER J J, PENNOCK G R, SHIGLEY J E. Theory of Machines and Mechanisms [M]. 5th ed. New York: Oxford University Press, 2017.

附录 C　图论的基本知识

【内容导读】

图论（graph theory）是一门应用广泛、内容丰富的数学分支，它的产生和发展历经了200多年。图论以图为研究对象，研究的是由边连接点集的理论。其中，点代表事物，边代表事物之间的关系，将点和边连接起来构成图可以用来模拟一个系统。

这里主要介绍图论中最为基本的概念，大部分内容源于参考文献［32］。

C.1　图中涉及的基本概念

1. 图

图（graph）是由边（edge）和顶点（vertex）组成的连通系统。图通常用符号 G 表示，顶点的集合用符号 V 表示，边的集合用符号 E 表示。这样，一个图可以表示成 $G(v,e)$ 或简写为(v,e)。

顾名思义，图的表达是通过几何图形描述出来的，其中最基本的元素需包括顶点（通常用圆圈表示）和边（直线或曲线）。不过，要像机构运动简图中的构件和运动副一样，顶点与边都需要做出标识以示区分。具体实例如图 C-1 所示。该图可以表示成（11，10）。

图中任何一条边都需要有两个顶点相连接，这两个顶点称为端点（end point）。这样，可以通过两个端点 i 和 j 来表示这条边，记作 e_{ij}。

在图中，若某个顶点是一条边的端点，称该顶点与该边相关联（incidence）；若两个顶点与同一条边相关联，则称这两点相邻接（adjacency），两点中的一点称为另一点的邻点。不与任何顶点相邻接的顶点，称为孤立点（isolated vertex）。与之类似，如果两条边与同一顶点相关联，则称两条边相邻接。如图 C-1 所示的图中，e_{12} 与顶点 1 和 2 相关联，e_{15}、e_{25} 与 e_{45} 相邻接，而顶点 11 为孤立点。

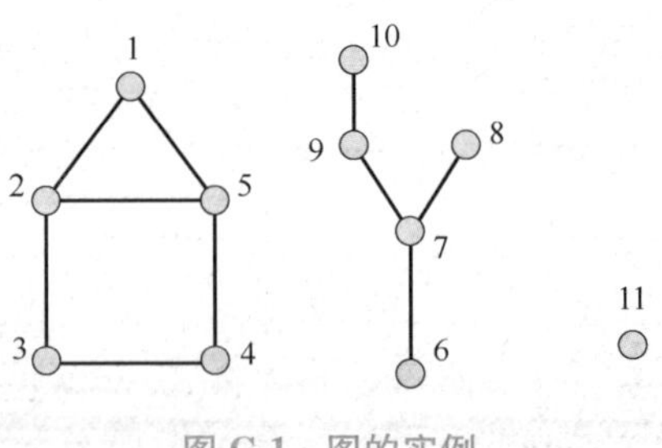

图 C-1　图的实例

2. 顶点度

顶点度（degree of vertex）是指与一个顶点相关联的边的数目。因此，可以定义度数为 2 的顶点为二元顶点，度数为 3 的顶点为三元顶点，依此类推。前面介绍的孤立点的度数则为零。如图 C-1 所示的图中，顶点 3 的顶点度为 2，顶点 5 的顶点度为 3，顶点 11 的顶点度则为 0。

3. 路径与回路

分别以顶点开始和终了，由有限多个顶点和边所组成的依次排列称为链（walk）。若链中所有的边都不同，则称为迹（trail）。若链中所有的起点和终点不同，相应的边也不同，则称为路径（path）。而路径的长度由其中边的数量来决定。如果路径中开始和终了的顶点为同一顶点，则该路径形成一个闭路（closed loop）或回路（circuit）。如图 C-1 所示的图中，$(2,e_{23},3,e_{34},4,e_{45},5)$ 组成一个路径，而 $(2,e_{23},3,e_{34},4,e_{45},5,e_{52},2)$ 则构成一个回路。

4. 子图

某一图中的所有顶点和边都包含在另一图 G 中，则称前者是 G 的子图（subgraph）。例如，图 C-2 所示的图即为图 C-1 所示 G 的子图。

5. 连通图及其元素

如果两个顶点之间至少存在一条路径，则称这两个顶点是连通的。这时，这两点不一定邻接。类似的定义，若图 G 中任意两个顶点之间至少有一条路径，则称图 G 为连通图（connected graph）；否则，G 是非连通图。因此，连通图中任何顶点的最小度应为 1。例如，图 C-3a 所示的图为连通图，而图 C-3c 所示的图则为非连通图。

任何一个图 G 都可以看作是由若干个元素（component）组成，G 的每个连通子图都是一个元素。这样，根据定义可以导出一个连通图中至少有一个元素。否则，为非连通。例如，图 C-3b 所示的图由 3 个元素组成，而图 C-3c 所示的图不能作为其中的一个元素。

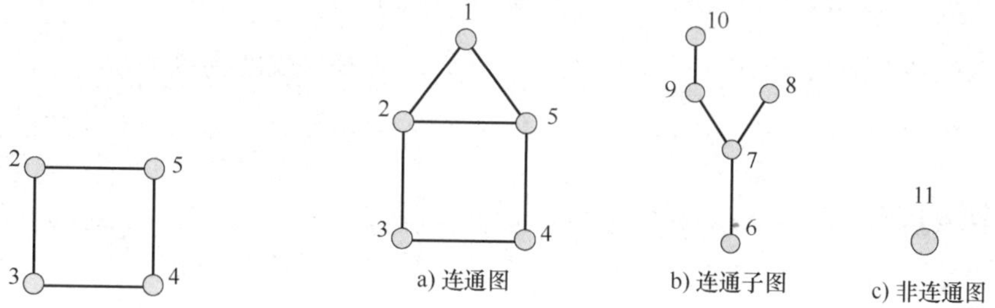

图 C-2 图 C-1 所示图 G 的子图

图 C-3 连通图、连通子图与非连通图

6. 平行边、环与简单图

有公共起点并有公共终点的两条边称为平行边（parallel edge），或者称为重边（multi-edges）。两端点相同但方向相反的两条有向边称为对称边（symmetry edge）。包含平行边（或重边）的图称为复图（multigraph）。两个端点相同的边称作环（sling）或者自回路（self-loop）。既无平行边又无自回路的图称为简单图（simple graph）。例如，图 C-4a 所示的图中含有两个平行边，因此为复图，图中含有自回路；而图 C-4b 所示的图中既无自回路也无平行边，因此为简单图。

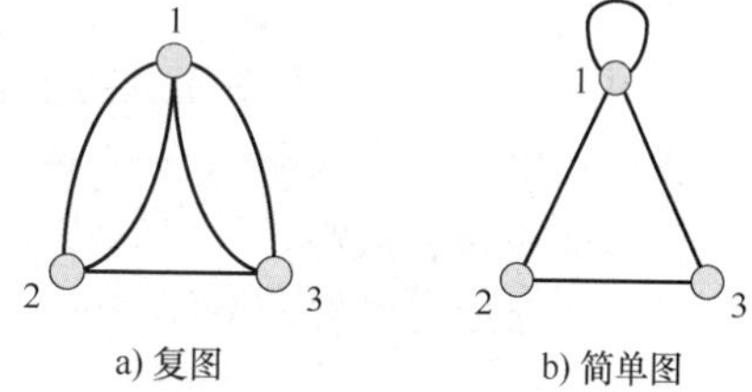

图 C-4 复图与简单图

7. 割点、割边与块

割点（cut point）又称驱动点（articulation point），是指那些去掉后可导致图的元素增加的顶点。类似地，定义那些去掉后可导致图的元素增加的边为割边（cut edge）或者桥（bridge）。不含割点的图称为块（block）。例如，图 C-1 所示的顶点 7 和 9 都是割点，边 e_{67} 和 e_{79} 都是割边。

注意，连通、割点、割边和块等概念都与图中边的方向无关。

8. 有向图与根图

如果图中的每条边都有确定的方向，则该图为有向图（directed graph）；否则，称为无向图。因此，有向图中任意一条边 e_{ij} 都是有序的，即边 e_{ij} 与 e_{ji} 是不同的元素。

此外，还有一种图称为根图（root graph）。它是指需将图中的某一顶点与其他顶点加以区别，并单独识别的图。单独识别的顶点称为根（root）。在机构中，根通常表示机构的机架，一般用同心圆环表示，如图 C-5 中所示的顶点 1。

9. 图的同构

如果存在一种一一映射关系能够保持两个图 G_1 和 G_2 的顶点与边之间的关联性，则称 G_1 与 G_2 为图的同构（graph isomorphism）。同构的两个图中，其顶点数与边数都应相等，对应的顶点度也应一致。例如，图 C-6 所示的两个图就满足同构关系。

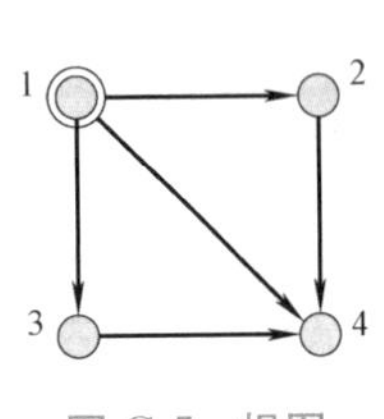

图 C-5　根图

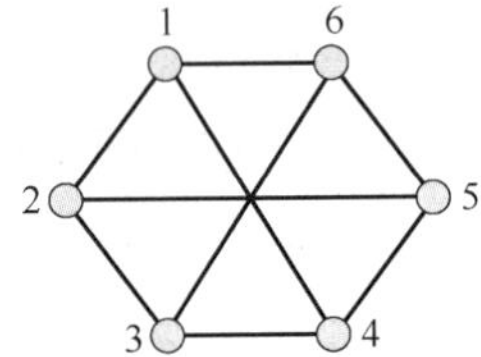

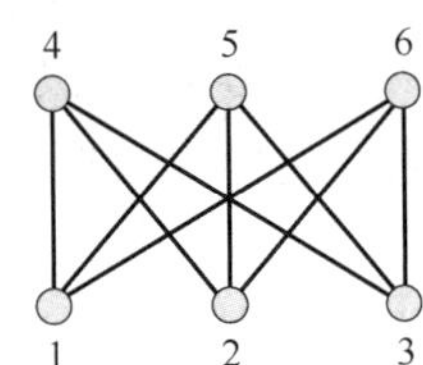

图 C-6　图的同构

C.2　树的遍历

1. 树

没有回路的连通图称为树（tree），用符号 T 表示。例如，图 C-7 所示的就为一棵树。

假设树 T 由 v 个顶点组成，它具有以下特性：

1）T 中任意两个顶点都有且只有 1 条路径连通。

2）T 中含有 $v-1$ 条边。

3）用一条边连通 T 中任意两个非邻接顶点，都会导致该树生成且只生成一个回路。

具体证明过程从略。

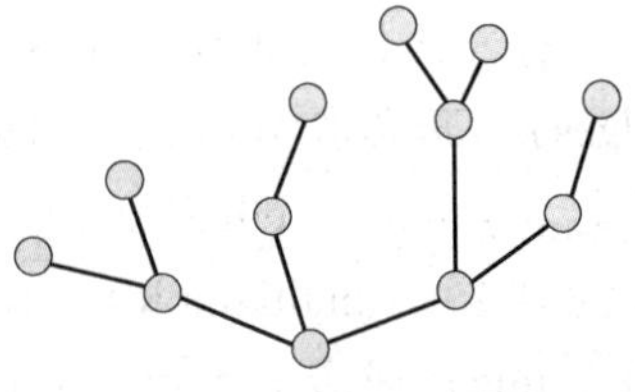

图 C-7　树

图 C-8 列举了含有 6 个顶点的全部 6 种树，它们组成了一个树族。

2. 遍历树

包含连通图 G 中所有顶点的树 T 称为遍历树（spanning tree）。显然，树 T 是连通图 G 的子图。与遍历树 T 相对应，G 中的边集合 E 可分解成两种相互独立的子集：弧和弦。G 中的弧包含形成遍历树 T 的所有边元素，其他边元素则包含在弦中。弧与弦的并集构成边

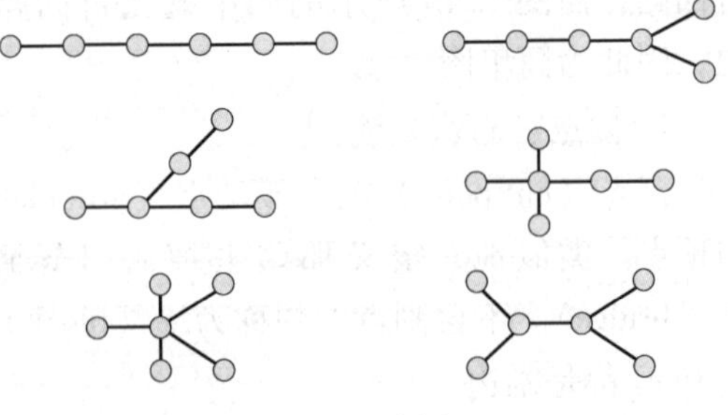

图 C-8　树族

集合 E。

通常情况下，连通图中的遍历树不是唯一的。将一条弦加到遍历树中可形成唯一的一个回路。所有与遍历树相对的回路集合构成一组独立环或基本回路，而这些基本回路则构成该回路空间的一组基。图中的任何一个回路都可以表示成基本回路的线性组合（即满足 1+1=0）。

例如，图 C-9a 所示的图 $G(5,7)$ 对应的一个遍历树如图 C-9b 所示，图 C-9c、d、e 为该遍历树的 3 个基本回路。这时，G 中的弧包括：e_{15}、e_{25}、e_{35}、e_{34}、G 中的弦则包括：e_{12}、e_{14}、e_{23}。将其中前两个基本回路线性组合可以得到 G 的一个回路。

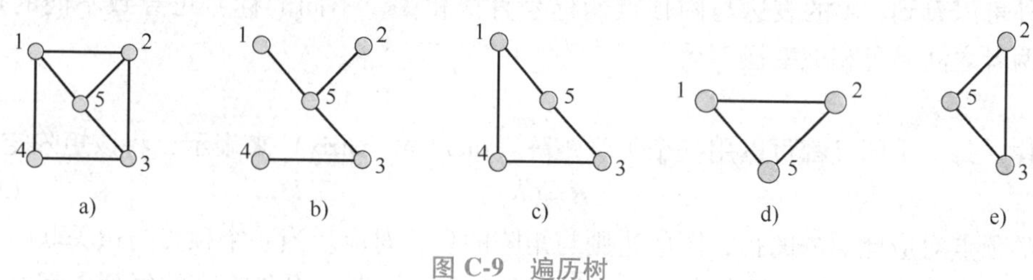

图 C-9　遍历树

再如图 C-10a 为一连通图 G，图 C-10b 和图 C-10c 都是 G 的生成树。

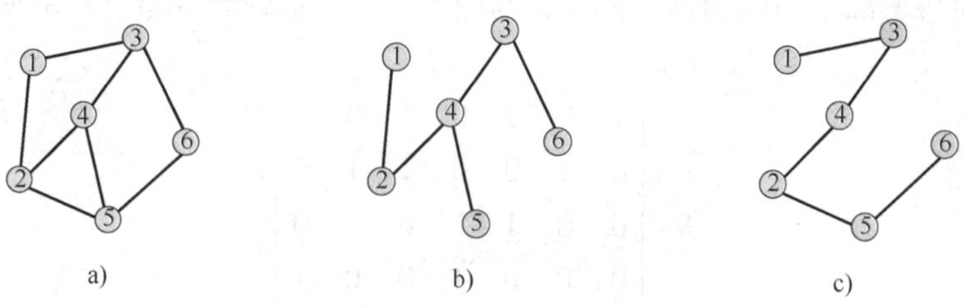

图 C-10　生成树的举例说明

C.3　图的矩阵表达

以几何图形表示的图具有直观、形象等优点，但不利于计算。为此，引入了图的矩阵表达。它给出的是一种代数结构，可以运用代数的技巧解决图论问题，而且有利于在计算机上进行运算。这里只介绍经常使用的且与本书相关的几种矩阵表达形式。

1. 邻接矩阵

为便于研究，将图的顶点按 1 到 v 的顺序标出。这样可以定义一个顶点到顶点的邻接矩阵（adjacent matrix）。

$$\boldsymbol{A}=(a_{ij})_{v\times v} \tag{C. 3-1}$$

式中，$a_{ij}=1$ 或 0，当顶点 i 与顶点 j 相邻接时，$a_{ij}=1$；当顶点 i 与顶点 j 不相邻接时，$a_{ij}=0$。

显然，$\boldsymbol{A}$ 是一个 $v\times v$ 的对称阵，且主对角元素均为 0。$\boldsymbol{A}$ 中每行（或每列）数值的总和表示顶点度。同时可以看出，图和邻接矩阵是一一对应的。给定图可以唯一确定与之对应的邻接矩阵；反之，给定邻接矩阵也可以构造与之对应的图。因此，邻接矩阵也可以用来识别

图的同构性。例如，对于图 C-11a 所示的图 $G(5,7)$，可以很容易给出与之对应的邻接矩阵，即

$$A=\begin{pmatrix}0&1&0&1&1\\1&0&1&0&1\\0&1&0&1&1\\1&0&1&0&0\\1&1&1&0&0\end{pmatrix} \tag{C. 3-2}$$

另外可以看到，A 的表达与图顶点的标号直接相关。不同的标号可导致不同的矩阵表达，但两者之间满足相似变换。

2. 关联矩阵

同样，每一个图又都可以用一个关联矩阵（incident matrix）来表示，将该矩阵定义成

$$B=(b_{ij})_{v\times e} \tag{C. 3-3}$$

图的顶点对应此矩阵的行，图的边则与矩阵的列相对应。当一个顶点与边关联时，关联矩阵的相应元素为1，否则元素为零。每条边都有两个端点，因此矩阵的每列中都有两个非零元素。每列数值的总和总是为2，而每行数值的总和则等于顶点度。与邻接矩阵类似，利用关联矩阵也可以判断图的同构性。例如，与图 C-11a 所示的图 $G(5,7)$ 对应的关联矩阵可以表示成

$$B=\begin{pmatrix}1&0&0&0&1&0&1\\0&1&0&0&1&1&0\\0&0&1&1&0&1&0\\0&0&0&1&0&0&1\\1&1&1&0&0&0&0\end{pmatrix} \tag{C. 3-4}$$

对于有向图，则关联矩阵（用 $\overline{B}$ 表示，以示区分）稍微复杂一些。为区分边的方向，定义当一个顶点与边关联，且方向由 i 到 j 时，关联矩阵的相应元素为1；当方向由 j 到 i 时，关联矩阵的相应元素为-1。这样，$\overline{B}$ 中每列数值总和应为 0，从而导出该矩阵的秩一般等于 $v-1$。例如，图 C-11b 所示的图 $G(5,7)$ 对应的关联矩阵可以表示成

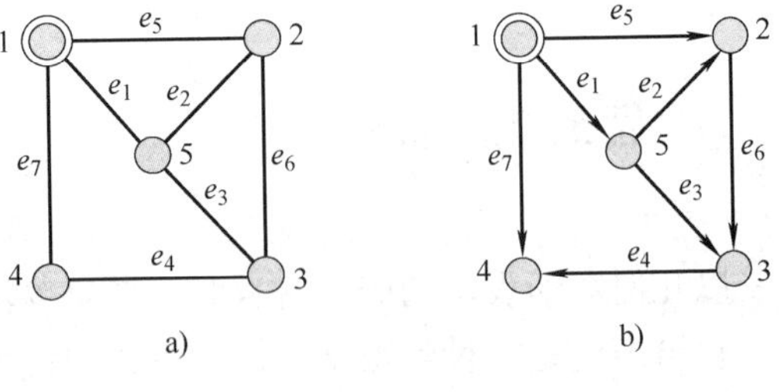

图 C-11　图 $G(5,7)$

$$\overline{B}=\begin{pmatrix}1&0&0&0&1&0&1\\0&-1&0&0&-1&1&0\\0&0&-1&1&0&-1&0\\0&0&0&-1&0&0&-1\\-1&1&1&0&0&0&0\end{pmatrix} \tag{C. 3-5}$$

进一步令

$$M=-A+D=(-a_{ij})_{v\times v}+(d_{ii})_{v\times v} \tag{C. 3-6}$$

式中，D 的主对角元素为对应的顶点度。

例如对于图 C-11b 而言，有

$$\boldsymbol{M}=\begin{pmatrix}3 & -1 & 0 & -1 & -1\\ -1 & 3 & -1 & 0 & -1\\ 0 & -1 & 3 & -1 & -1\\ -1 & 0 & -1 & 2 & 0\\ -1 & -1 & -1 & 0 & 3\end{pmatrix} \tag{C. 3-7}$$

则可以导出关联矩阵与邻接矩阵之间的关系满足

$$\boldsymbol{M}=\overline{\boldsymbol{B}}\,\overline{\boldsymbol{B}}^{\mathrm{T}} \tag{C. 3-8}$$

读者可以自己来验证。

这样，可以给出很重要的矩阵树定理（matrix-tree theorem），可以用来确定图中遍历树的数量。具体表述如下：令 $\boldsymbol{A}$ 为连通图 G 的邻接矩阵，则矩阵 $\boldsymbol{M}$ 的所有余因子都相等，且它们的公共值等于 G 中遍历树的数量。

去掉关联矩阵 $\boldsymbol{B}$ 的第一行，得到缩减关联矩阵 $\widetilde{\boldsymbol{B}}$，它可以表示图的根。例如，图 C-11a 所示的图 $G(5,7)$ 中，对应的缩减关联矩阵 $\widetilde{\boldsymbol{B}}$ 可以表示成

$$\widetilde{\boldsymbol{B}}=\begin{pmatrix}0 & 1 & 0 & 0 & 1 & 1 & 0\\ 0 & 0 & 1 & 1 & 0 & 1 & 0\\ 0 & 0 & 0 & 1 & 0 & 0 & 1\\ 1 & 1 & 1 & 0 & 0 & 0 & 0\end{pmatrix} \tag{C. 3-9}$$

在此基础上还可以建立回路矩阵、路径矩阵、割集矩阵等反映图的各种特征性质的矩阵。图论提供了一种自然的结构，由此产生的数学模型几乎适合于所有学科领域。

C. 4　机构的拓扑图表达

对任一机构而言，除了可采用机构运动简图表示外，还可以表示成图的形式，称为机构的拓扑图（topology graph）。设以顶点表示构件，以边表示运动副，当两构件间有运动副连接时，这两个构件所对应的两顶点之间可用表示运动副的一条边加以连接。再将每一条边标出数字或文字以表示运动副类型（当机构中的运动副均为转动副时亦可省略），就可得到平面机构的拓扑图。例如铰链四杆机构和 Delta 机器人对应的拓扑图分别如图 C-12a、b 所示。

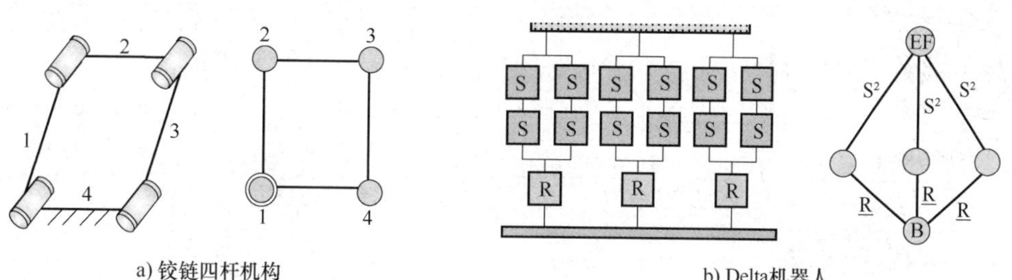

a) 铰链四杆机构　　b) Delta机器人

图 C-12　两种典型机构及其所对应的拓扑图

机构的拓扑图具有如下特性：

1）顶点度（即与该点连接的边数）为该顶点相应构件的运动副数目。

2）闭链机构的拓扑图中的每一条边必至少与两个顶点关联。

3）开链机构的拓扑图中定有悬挂点（即仅与一条边连接的顶点）。

4）拓扑图不涉及构件的尺度关系。

5）拓扑图与机构结构之间可以建立一一对应关系，因此可用拓扑图及其数学运算进行机构结构学研究。

同样，机构的拓扑图也可以用矩阵来表达。例如机构（运动链）的邻接矩阵 $\boldsymbol{A}$ 和关联矩阵 $\boldsymbol{B}$ 都可用于描述机构拓扑图的全部特征。即有了机构（运动链），就可以绘出拓扑图，写出邻接矩阵或关联矩阵。反之，有了邻接矩阵或关联矩阵，就有了构件和运动副之间的连接关系，就可以绘出机构（运动链）的图形。

当拓扑图无自环时，$\boldsymbol{A}$ 的主对角线元素皆为零，且 $\boldsymbol{A}$ 为实对称矩阵；矩阵的每一行和每一列均对应了一个构件；矩阵 $\boldsymbol{A}$ 的行（或列）的非零元素数目为该行（或该列）对应的顶点度，即对应构件的运动副数目；若某行（列）仅有一个非零元素，则该行（列）的对应顶点所对应的必为悬挂构件。

在关联矩阵 $\boldsymbol{B}$ 中，矩阵的行表示了顶点与各边的关联关系，每一行的非零元素的数目为该顶点的度，即该顶点相应构件的运动副数目；若某行仅有一个非零元素，则该行相应于悬挂构件；矩阵 $\boldsymbol{B}$ 的每列应有两个非零元素，因为每条边必与两个顶点相关联，即一个运动副应由两个构件组成。若将矩阵 $\boldsymbol{B}$ 的两行或两列相互置换，相当于同一拓扑图中顶点和边的重新编号。

六杆运动链（Watt 链和 Stevenson 链）的邻接矩阵与关联矩阵见表 C-1。

表 C-1 六杆运动链（Watt 链和 Stevenson 链）的邻接矩阵与关联矩阵

机构简图	拓扑图	邻接矩阵	关联矩阵
1 2 3 4 5 6 Watt 链	1 2 3 4 5 6 e_1 e_2 e_3 e_4 e_5 e_6 e_7	$\boldsymbol{A}=\begin{pmatrix}0&1&0&0&0&1\\1&0&1&0&0&0\\0&1&0&1&0&1\\0&0&1&0&1&0\\0&0&0&1&0&1\\1&0&1&0&1&0\end{pmatrix}$	$\boldsymbol{B}=\begin{pmatrix}1&1&0&0&0&0&0\\0&1&1&0&0&0&0\\0&0&1&1&0&0&1\\0&0&0&1&1&0&1\\0&0&0&0&1&1&0\\1&0&0&0&0&1&1\end{pmatrix}$
1 2 3 4 5 6 Stevenson 链	1 2 3 4 5 6 e_1 e_2 e_3 e_4 e_5 e_6 e_7	$\boldsymbol{A}=\begin{pmatrix}0&1&0&0&0&1\\1&0&1&1&0&0\\0&1&0&0&1&0\\0&1&0&0&1&0\\0&0&1&1&0&1\\1&0&0&0&1&0\end{pmatrix}$	$\boldsymbol{B}=\begin{pmatrix}1&1&0&0&0&0&0\\0&1&1&1&0&0&0\\0&0&1&0&1&0&0\\0&0&0&1&0&1&0\\0&0&0&0&1&1&1\\1&0&0&0&0&0&1\end{pmatrix}$

辅助阅读材料

TSAI L W. Mechanism Design: Enumeration of Kinematic Structures According to Function [M]. New York: CRC Press, 2001.

附录 D 综合性虚拟仿真题目

【内容导读】

本附录给出了 40 道与实际工程项目相关的综合性虚拟仿真题目，作为本书各章虚拟仿真题目的补充，供不同层次的学校、学生选择使用。

■ 原理赏析类题目

1. 图 2-17 所示为压力机及其运动简图。

1）自定义参数，建立该机构的虚拟样机模型。

2）仿真该机构的虚拟样机模型，获取压头（压杆 8）的位移、速度和加速度曲线，并判断是否存在急回特性。

2. 图 2-58b 所示为普通落地电扇的摇头机构，它是由齿轮机构 1-2-4 和四杆机构 4-2-3-5 组成。装在构件 4 上的电动机直接驱动风扇旋转，同时通过蜗杆蜗轮（图上未画出）带动齿轮 1 和 2 低速转动。因齿轮 2 又同构件 3 相连，故又相当于四杆机构中的连杆。当连杆 2 做整周转动时，就带动摇杆 4 来回摆动，最终实现风扇旋转时又随摇杆 4 一起摆动。四杆机构的输出构件 4 即为齿轮机构的相对机架。

1）设计该机构各构件的参数，建立该机构的虚拟样机模型。

2）仿真该机构的虚拟样机模型，验证构件 4 能否实现摆动功能，同时获取构件 4 相对机架的角位移、角速度和角加速度曲线。

3. 图 4-41 所示为某型号客机的前起落架收放机构，它是由上半部的五杆机构 1-2-5-4-6 和下半部的四杆机构 2-3-4-6 组成。其中液压缸 5 中的活塞杆 1 为主动件，当活塞杆从液压缸中被推出时，机轮支柱 4 就绕 *C* 轴收起。不难看出，构件 2 和 4 是两个基本机构的公共构件。五杆机构 1-2-5-4-6 可看成是在原四杆机构 1-2-5-4 的基础上使机架 4 变成活动构件，从而形成自由度为 2 的五杆机构。四杆机构的输出构件 4 即为五杆机构构件 5 的相对机架。

1）分析该机构的自由度、压力角等特性。

2）设计该机构各构件的参数，建立该机构的虚拟样机模型。

3）仿真该机构的虚拟样机模型，验证其能否实现收放功能，同时获取机轮的位移、速度和加速度曲线。

4. 图 9-5 所示为汽车手动档变速装置各档位示意图。

1）自定义未知参数，建立该汽车手动档变速装置的虚拟样机模型。

2）仿真该模型，验证能否实现各个档位的功能，根据仿真测量数据获取各个档位的传动比。

5. 图 D-1 所示的车用刮水器是由曲柄摇杆机构与平行四杆机构串接而成的。图中刮条 6 是 *EHGF* 平行四杆机构中的摇杆，分别与 *EH*、*FG* 固接，并与 *ABCD* 曲柄摇杆机构中的摇杆 3 铰接，*HG* 为机架。主动曲柄 1 绕机架上的 *A* 点转动时，刮条 6 完成刷雨水的运动。注意：①*ABCD* 曲柄摇杆机构除了 *A* 点与电动机的转动轴固接外，没有固定杆，即无机架，摇

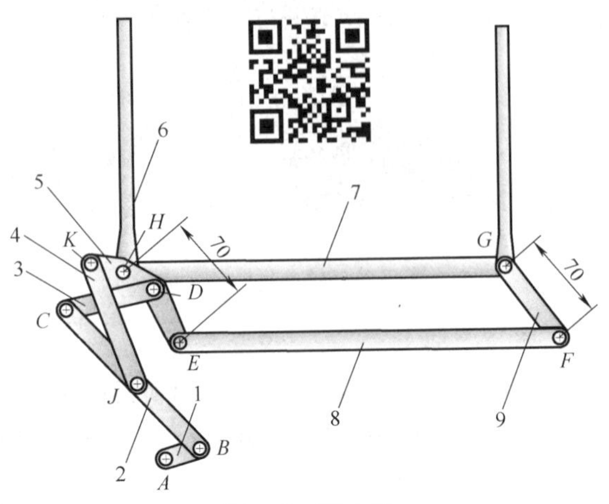

图 D-1　刮水器

杆3上的 D 点与摇杆 EH 铰接；②增加了一个连接杆4，该杆在 J、K 两点分别与杆2、杆5铰接。要求：

1）自定义该机构各构件的参数，建立该机构的虚拟样机模型。

2）模型仿真：模拟刮条的运动过程，获取刮条的转角位移、角速度曲线，测量出刮条的最大摆角。

6. 图D-2所示为划桨机构模型及其工程图，当曲柄1绕机架上的 A 点转动时，划桨6可实现划水动作。该机构由 $ABCD$ 曲柄摇杆机构与几个连杆串接而成。AB 为曲柄1，BC 为连杆2，DC 为摇杆3。杆5固接划桨6；杆4、杆7在 H、J 点与机架铰接，当各构件尺寸满足工程图所示的比例时，利用连杆2上的 F 点的轨迹可完成划桨运动。F 点轨迹的直线部分驱使划桨6前伸，圆弧部分驱使划桨完成入水、划水、出水的运动。划桨做变速运动，G 点的轨迹可实现划桨、划水加速运动与回程慢速运动。要求：

1）自定义该机构各构件的参数，建立该机构的虚拟样机模型。

2）模型仿真：模拟划桨机构的运动过程，获取 F 点、G 点的位移、速度和加速度曲线。

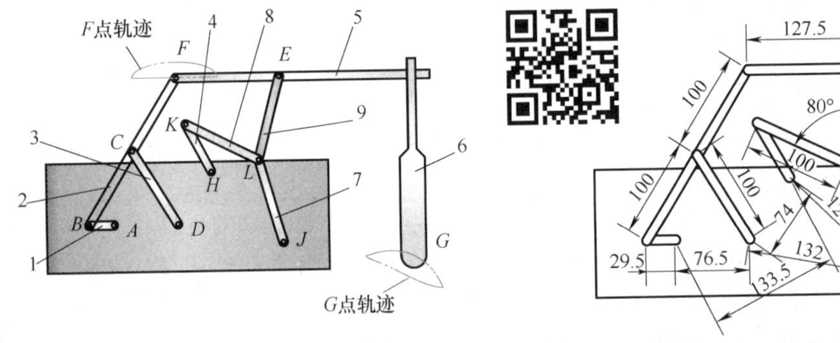

图 D-2　划桨机构

1—曲柄　2—连杆　3—摇杆　4、5、7、8、9—杆　6—划桨

7. 图D-3所示为划桨机构模型，它使用三组平行四杆机构，并利用连杆做平动的特点完成划水动作。当铰链四杆机构中的机架尺寸较小时，该机构给出了一个解决方案。$ABCD$ 为一个平行四杆机构，共有三组。曲柄1、连杆2、另一个曲柄3与圆环4在 E 点铰接，因机架 AB 尺寸较小，用一个大尺寸轴5替代，并使其包含了铰链 A 孔。构件尺寸应满足 $AD=CB$，$AB=CD$。要求：

1）设计该机构各构件的参数，建立该机构的虚拟样机模型。

2）模型仿真：模拟划桨机构的运动过程，获取连杆

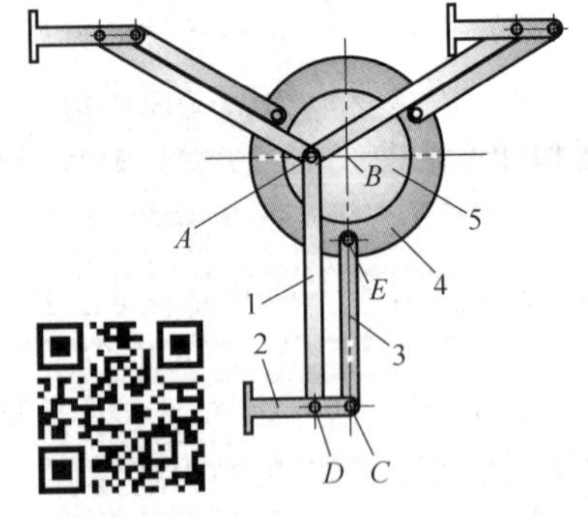

图 D-3　划桨机构

1、3—曲柄　2—连杆　4—圆环　5—轴

2 末端的位移、速度和加速度曲线。

8. 图 D-4a 所示是用于包装生产线上可将输送线的物料按照设定节拍推到包装线上的送料机构。它利用平行四杆机构中做平动的连杆，把物料从输送线的垂直方向，推送到包装线上。图 D-4b 为该机构的工程图。*ABCD* 为其中一组平行四杆机构。*AB* 为机架，*BC* 与 *AD* 为曲柄，*CD* 为连杆。两个有相同尺寸的转盘 1、2 用转动副分别与机架 3 在 *B* 点、*A* 点铰接。四个尺寸相同的推板 4 分别在 *C*、*D* 两点与上、下转盘 1、2 铰接，均匀分布；上、下转盘的中心距离等于 *AB*；该机构尺寸满足 $AB=CD$，$AD=BC$。主动的齿轮 5 与轴 6 及下转盘 2 固接，转速应满足物料输送的节拍要求；四组平行四杆机构均匀绕 *A* 点转动，做平动的推板 4 按设定时间间隔，将物料推送到包装线上。要根据物料的实际尺寸确定机构各构件的大小，注意防止各构件间的相互干涉。要求：

1）设计该机构各构件的参数，建立该机构的虚拟样机模型。

2）模型仿真：模拟该机构的运动过程，验证能否实现间歇送料的功能。

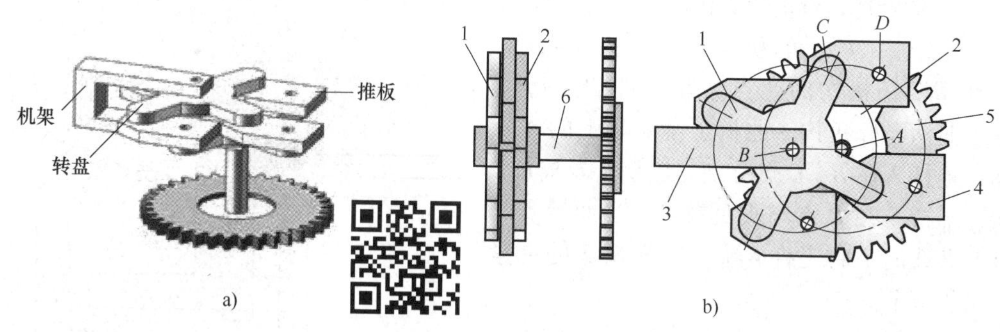

图 D-4　间歇送料机构

1、2—转盘　3—机架　4—推板　5—齿轮　6—轴

9. 图 D-5 所示为深拉压力机曲柄双滑块机构。在连杆的两端各连接一个滑块，两滑块分别安装压头与成形模。曲柄转动，压头处于静止状态并将板材压住，而成形模继续向下移动，将板材拉伸成形。在图中，曲柄 1 在 *A* 点与机架 7 铰接，在 *B* 点与连杆 2 铰接；连杆 2 的下端与带有成形模的下滑块 3 在 *E* 点铰接，下滑块可在机架的竖直导轨上滑动；连杆 2 的上端 *C* 点与连接杆 4 铰接，连接杆 4 在 *D* 点与上滑块 5 铰接。上滑块两侧对称固接了滑柱 6，滑柱 6 上连接了压头，滑柱 6 在机架的竖直导轨上移动。曲柄逆时针转动，*B* 点向上时，上滑块、下滑块同时沿导轨上移；当 *B* 点转到圆心在 *D* 点的弧线 *a*-*a* 时，两侧的压头将板材压住，上滑块 5 静止，如图所示，此时下滑块 3 继续下移，直到板材成形。要求：

1）设计该机构各构件的参数，建立该机构的虚拟样机模型。

2）模型仿真：模拟该机构的运动过程，获取下滑块 3 和压头的位移、速度和加速度曲线。

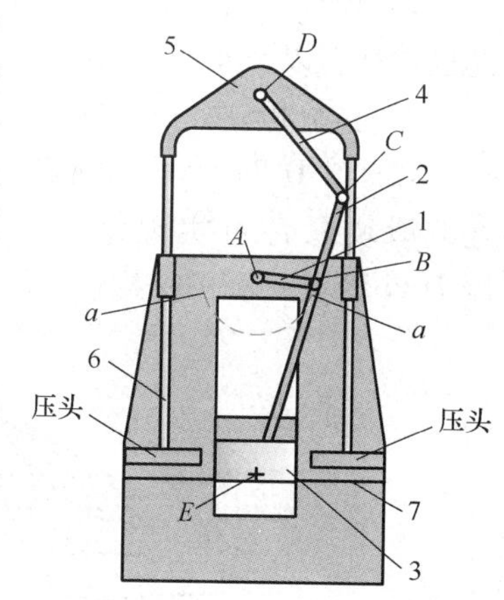

图 D-5　深拉压力机

1—曲柄　2—连杆　3—下滑块

4—连接杆　5—上滑块

6—滑柱　7—机架

10. 图 D-6 所示为一个双发动机转速指示机构，该机构为齿轮混合轮系，由一个周转轮

系和两个定轴轮系组成。齿轮1、2、3及系杆A为周转轮系；齿轮4、5、6、7为定轴轮系；齿轮4、5分别与左、右舷发动机连接，转向、各齿轮齿数如图D-6所示。当左、右两个发动机转速相同时，太阳轮1、3转速相等，方向相反，行星轮2无公转，系杆A固定不转动，所以系杆上的指针也不动；当两个发动机的转速不同时，太阳轮1、3转速也不同，行星轮2产生公转，带动系杆转动，指针也随着转动。

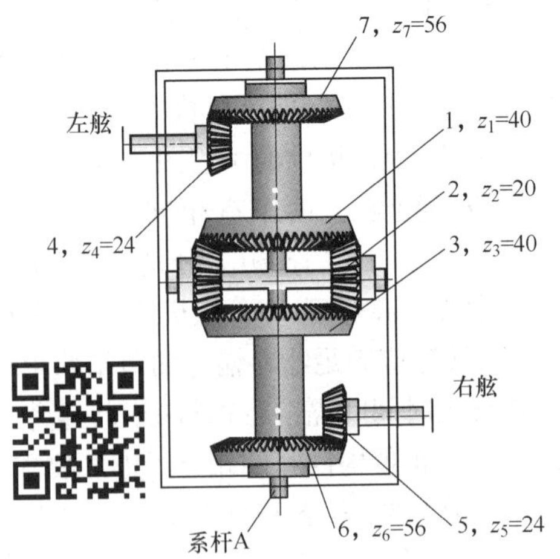

图D-6　双发动机转速指示机构

1）设计该机构各构件的参数，建立该机构的虚拟样机模型。

2）模型仿真：分别获取上述两种情况下太阳轮1、3的转速，行星轮2和系杆A的转速。

11. 图D-7所示的机构是一个夹紧机构，它是利用四杆机构的死点夹紧工件的。*ABCD*是一个曲柄摇杆机构。曲柄1绕夹具上的*A*点转动，连杆2在*B*、*C*点分别与曲柄1及摇杆6铰接；摇杆6在*D*点与夹具铰接。当曲柄1与连杆2共线时，将工件4夹紧；压块3的夹紧距离可以调节。

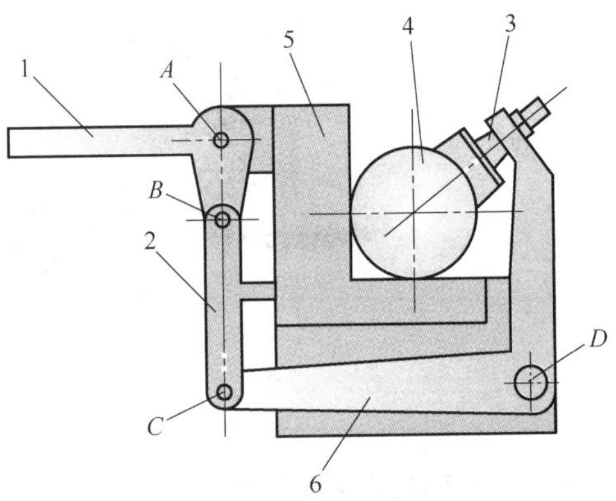

图D-7　夹紧机构

1—曲柄　2—连杆　3—压块

4—工件　5—定位杆　6—摇杆

1）设计该机构各构件的参数，建立该机构的虚拟样机模型。

2）模型仿真：获取工件4的转角位移与角速度曲线，以及4与5之间作用力的变化曲线。

3）试分析连杆2上的凸出块有何作用。

12. 图D-8a所示的机构为利用一个构件与双滑块配合可实现精确直线移动的机构，图D-8b为其工程图。构件1用转动副*B*和*C*与两个滑块3配合；滑块3可沿滑座2的导路

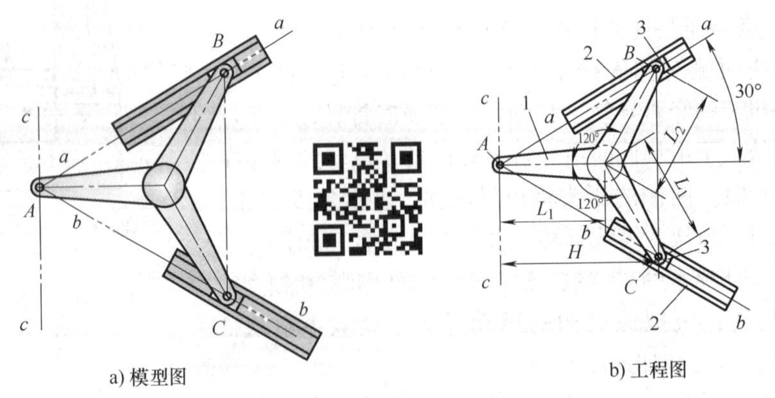

图D-8　精确直线机构

1—构件　2—滑座　3—滑块

a-a、*b-b* 轴线移动，其导路 *a-a*、*b-b* 轴线的交点为 *A*。当主动的下滑块 3 沿导路 *b-b* 轴线移动时，构件 1 上的 *A* 点的轨迹为一条垂直于 *AD* 的精确直线 *c-c*；*AD* 为导路 *a-a*、*b-b* 轴线夹角的角平分线，其精确直线的总长为 *H*。

1）设计该机构各构件的参数，建立该机构的虚拟样机模型。

2）模型仿真：获取 *A* 点的位移、速度和加速度曲线。

13. 图 D-9 所示为机械手中的抓取机构，其手爪为滑槽杠杆式结构，用气动或液压的活塞杆驱动左、右手转动，完成抓取工件的动作。活塞杆 1 沿机架上下移动，固接在活塞杆上的滚子 4 在左、右手爪 2、3 的直槽中滑动，手爪绕 *A*、*B* 点转动，依靠 V 形槽完成抓取工件的动作。该机构动作灵活，结构简单，手爪开闭角度大，但增力较小。

1）设计该机构各构件的参数，建立该机构的虚拟样机模型。

2）模型仿真：分别获取两个手爪的转角位移、角速度和角加速度曲线，测量手爪的开闭角度。

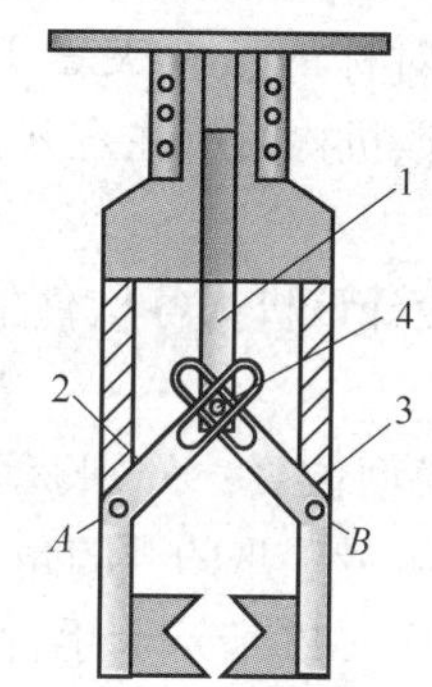

图 D-9　滑槽杠杆式抓取机构

1—活塞杆　2、3—左、右手爪　4—滚子

14. 图 D-10 所示为另一种型式的抓取机构。其依靠驱动杆直接带动爪转动，完成抓取工件的动作。驱动杆 1 上下移动时，通过铰链 *A*、*B* 驱动连杆 2、3，进而带动左、右爪 4、5 绕与机架固接的销轴 *F*、*E* 转动，完成抓取工件的动作。

1）设计该机构各构件的参数，建立该机构的虚拟样机模型。

2）模型仿真：分别获取两个手爪的转角位移、角速度和角加速度曲线，测量手爪的开闭角度。

15. 图 D-11 所示的机构可用于抓取部位较平整的箱体类零件。*ABCD* 为一个平行四杆机构，活塞杆 1 带动连杆 2 上下移动时，左右对称的爪 3、4 可沿机架 6 上的导槽水平移动，夹紧工件。要求：

1）设计该机构各构件的参数，建立该机构的虚拟样机模型。

2）模型仿真：分别获取两个手爪的位移、速度和加速度曲线，测量手爪的开闭范围。

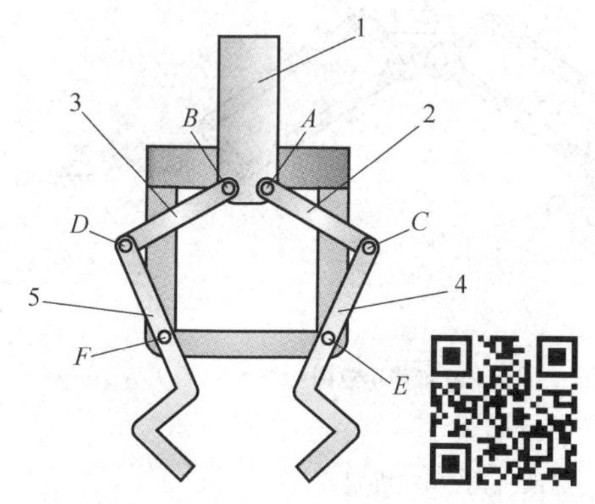

图 D-10　连杆杠杆式抓取机构

1—驱动杆　2、3—连杆　4、5—左、右爪

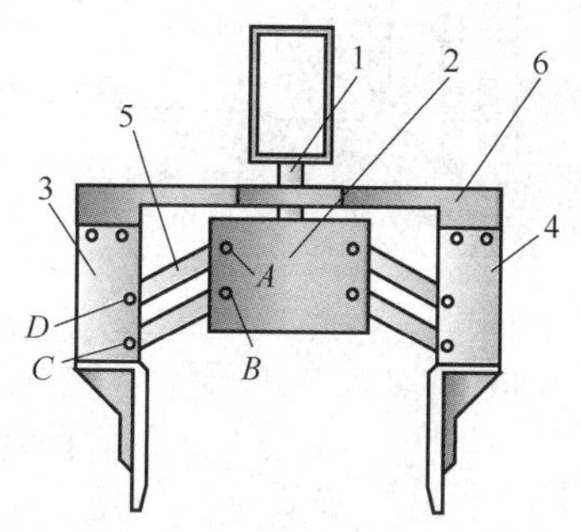

图 D-11　箱体类零件抓取机构

1—活塞杆　2—连杆　3、4—左、右爪　5—连杆　6—机架

16. 图 D-12 所示的抓取机构采用了交叉连杆和平行四边形连杆机构实现抓取的平面平行运动。活塞 1 和连杆 2 在 A 点铰接；连杆 3 在 B 点与连杆 2 铰接，在 C 点与机架 7 铰接；$DEFG$ 为一个平行四边形机构，爪 6 为 EF 连杆，其中 $DE=GF$，$DG=EF$。活塞杆上移时，左右对称的爪 6 夹紧工件，活塞杆下移时，爪松开工件。设计该机构时应注意 A 点的行程不要超过 H、B 两点的连线。

1）设计该机构各构件的参数，建立该机构的虚拟样机模型。

2）模型仿真：分别获取两个手爪的位移、速度和加速度曲线，测量手爪的开闭角度。

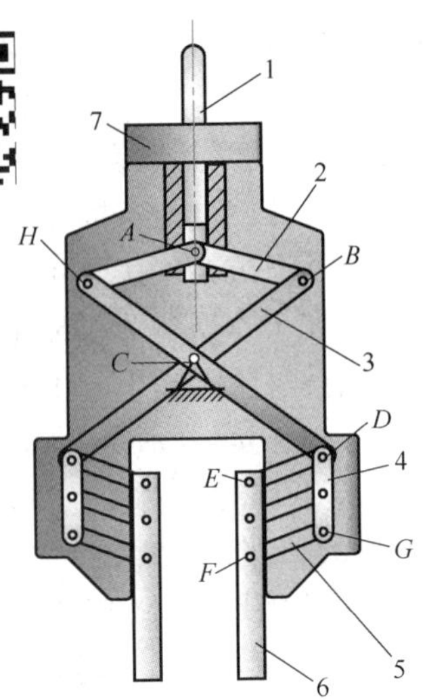

图 D-12　平面平行运动连杆式抓取机构

17. 图 D-13 所示为手臂伸屈机构，该机构常用于大型工件抓取运动，是两组平行四边形机构的组合机构。工件在平行四杆机构运动过程中，始终保持平行移动，不会发生翻转或倾斜。用液压缸驱动齿条，在平行四杆机构中的连杆上固接三个齿轮，使固接在连杆上的手爪抓取机构始终保持水平，并能伸到要求的位置。图 D-13a 中的平行四杆机构 $ABCD$，AB 与机架 6 固接；连杆 AD 固接两个相同的齿轮 1、3；CD 杆与平行四杆机构 $EFHG$ 中的连杆 EF 固接；与 EH 杆固接的齿轮 4 和齿轮 3 啮合；滑槽式杠杆抓取机构 5 与连杆 GH 固接。当液压缸驱动齿条 2 带动齿轮 1 转动时，AD 杆摆动，齿轮 3、4 使 EH 做平面运动，带动抓取机构 5 沿水平方向伸出到要求位置。要求：

1）设计该机构各构件的参数，建立该机构的虚拟样机模型。

2）模型仿真：分别获取两个手爪的转角位移、角速度和角加速度曲线，测量手爪的开闭角度。

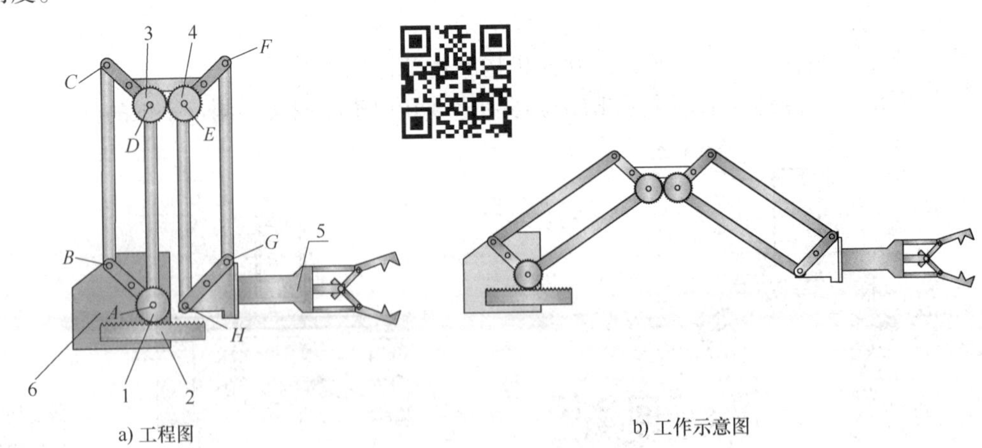

图 D-13　手臂伸屈机构

1、3、4—齿轮　2—齿条　5—抓取机构　6—机架

18. 图 D-14 为挖掘机示意图，其挖掘动作由三个带液压缸的基本连杆机构（1-2-3-4、4-5-6-7 和 7-8-9-10）的运动组合而成。三个基本机构一个紧挨一个，而且后一个基本机构的

相对机架正好是前一个基本机构的输出构件。挖掘机臂架3的升降、铲斗柄7绕D轴的摆动及铲斗10的摆动分别由三个液压缸驱动，可完成挖土、提升和倒土等动作。挖掘机的底盘是第一个基本机构的机架。

1）试分析此挖掘机的各基本功能及其工作过程。

2）自定义该机构各构件的参数，建立该机构的虚拟样机模型。

3）模型仿真：模拟挖土、提升和倒土动作。

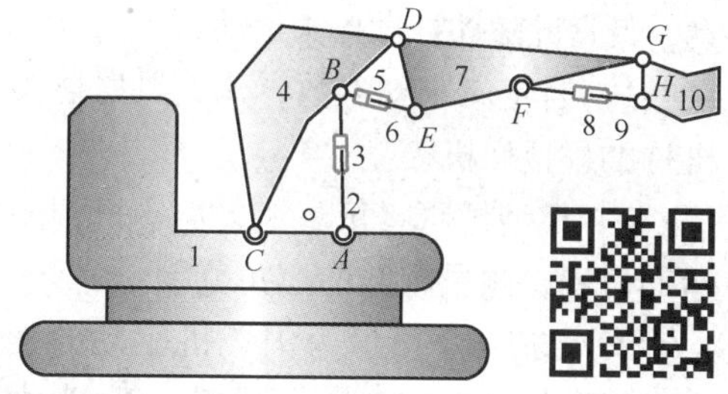

图 D-14　挖掘机示意图

19. 图D-15所示为一挖掘机，分析可知此挖掘机由两个四杆机构和一个六杆机构组成。它具有三个液压缸，即具有三个主动件，分别用来完成挖土、提升和倒土等动作。挖掘机的底盘是第一个基本机构的机架。

1）试绘制该挖掘机的运动简图，判断机构是否具有确定运动。

2）设计该机构各构件的参数，建立该机构的虚拟样机模型。

3）模型仿真：仿真此挖掘机的各基本功能及其工作过程。

20. 图D-16所示为一缝纫机针头及其挑线器机构，设已知构件的尺寸：$L_{AB}=32\text{mm}$，$L_{BC}=100\text{mm}$，$L_{BE}=28\text{mm}$，$L_{FG}=90\text{mm}$，主动件1以等角速度$\omega_1=5\text{rad/s}$逆时针回转。

1）设计该机构各构件的参数，建立该机构的虚拟样机模型。

2）模型仿真：仿真该机构工作过程，获取针头的位移、速度和加速度曲线。

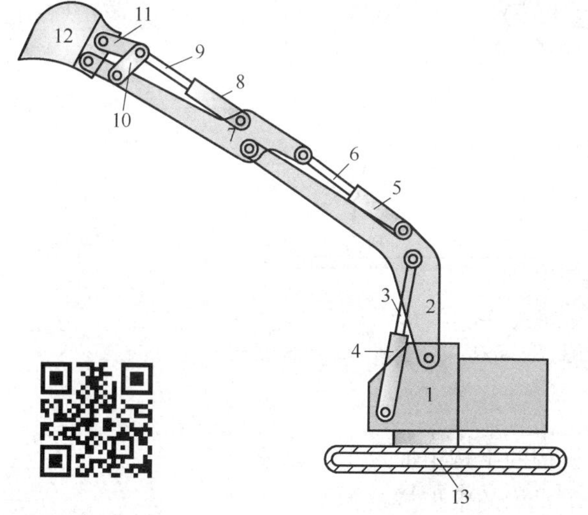

图 D-15　挖掘机

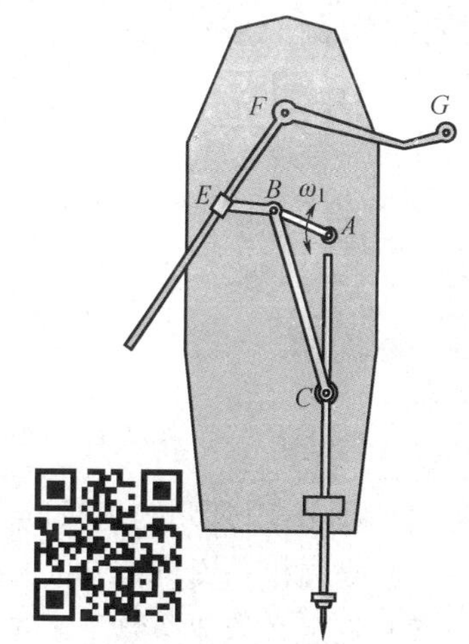

图 D-16　缝纫机针头及其挑线器

■ 开放性风险题目

21. 图D-17所示的机构为风扇摇头机构。它将电动机的转动转换为扇叶的转动和摆动。图中，$ABCD$为一个双摇杆机构；4为机架，1、3为摇杆，2为曲柄。曲柄与蜗轮固接，蜗轮中心与摇杆3在D点铰接，在C点与摇杆1铰接；摇杆3安装有电动机，电动机轴上固接蜗杆与扇叶；电动机转动时蜗杆驱动蜗轮，蜗轮使曲柄2做连续整周转动，并带动两个摇杆连续转动，使扇叶随摇杆做摇头运动。

1）自定义未知参数，建立风扇摇头机构的虚拟样机模型。

2）模型仿真：仿真风扇摇头机构的运动过程，测量扇叶的摆角范围。

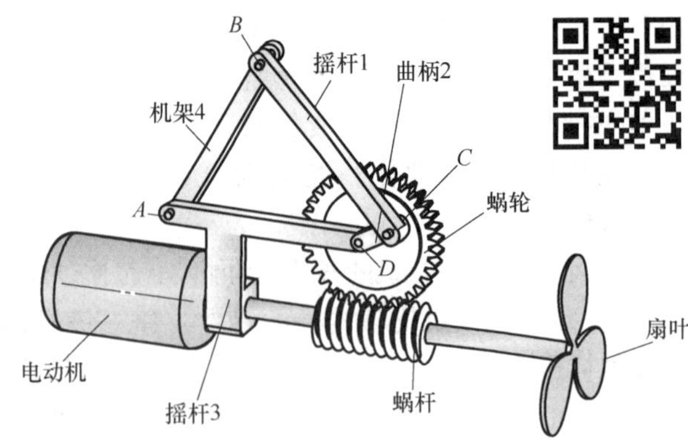

图 D-17　风扇摇头机构

22. 图 D-18 所示为内燃机驱动的发电机组中的机械式离心调速器，W_1 为内燃机，W_2 为发电机，杆件 7 与主轴 1 固连，套筒 2 空套在轴 1 上。当与内燃机 W_1 相连的主轴 1 的速度增加时，安装在杆件 5 末端的重球 4、4′所产生的惯性力 F 使杆件 3 张开，并带动套筒 2 往上移动，通过连杆机构 $AOBCD$ 使杆件 CD 下行，从而减小油路的通流面积，进而减小内燃机的驱动力。

1）分析主轴 1 速度减小时的情况。（提示：首先分析该机构能否实现调速功能，若不能请进行适当改进。注意套筒 2 与杆件 3 能否直接连接，是否需要添加中间连接件等问题。）

2）自定义未知参数，建立离心调速器的虚拟样机模型。

3）模型仿真：分别仿真主轴 1 增速和减速时的运动过程；根据仿真结果，进一步理解其工作原理。

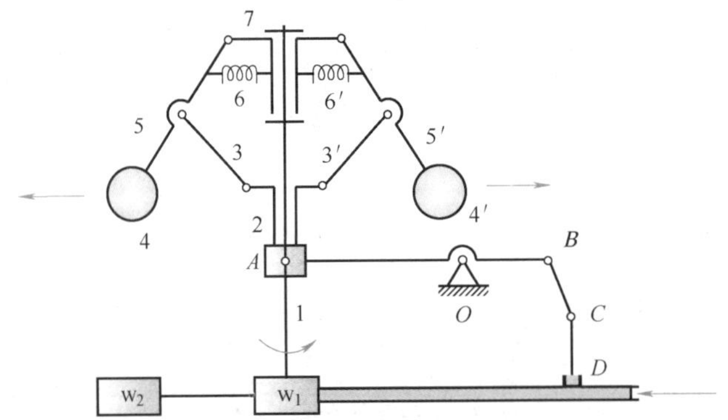

图 D-18　机械式离心调速器

1—主轴　2—套筒　3、5、7—杆件　4—重球　6—弹簧

23. 图 D-19 所示为 KAZbrella 伞机构。

1）查阅相关资料，分析 KAZbrella 伞机构的结构组成及工作原理。

2）自定义未知参数，建立 KAZbrella 伞机构的虚拟样机模型。

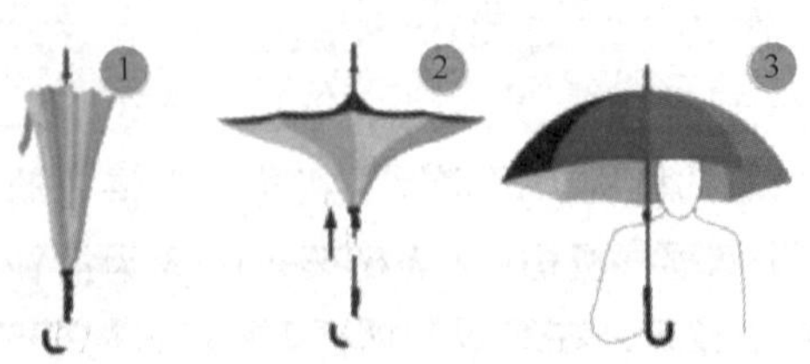

图 D-19　KAZbrella 伞机构

3）模型仿真：仿真 KAZbrella 伞机构的展开和锁定过程。

24. 图 D-20 所示为一种可展机构的展开过程。

1）查阅相关资料，分析可展机构的结构组成及工作原理。

2）自定义未知参数，建立可展机构的虚拟样机模型。

3）模型仿真：仿真可展机构的展开和收缩过程。

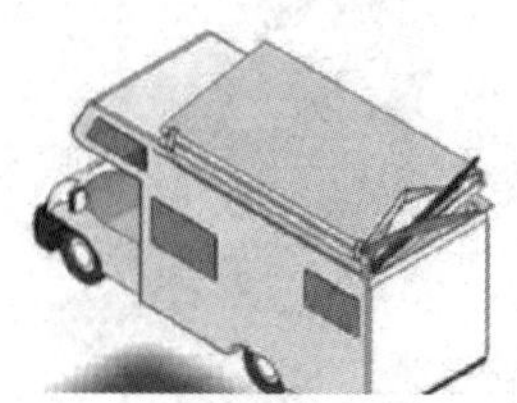 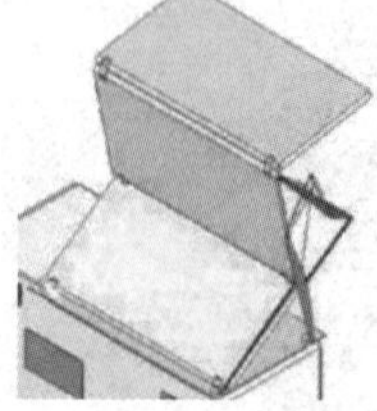 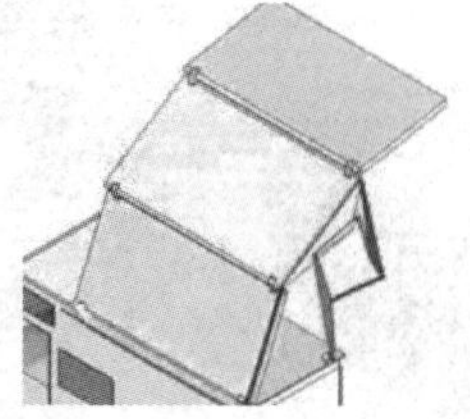 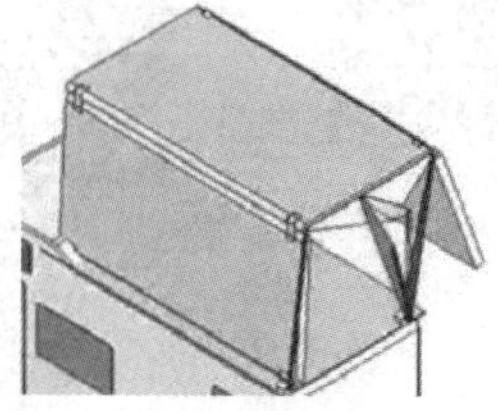

图 D-20 一种可展机构的展开过程

25. 图 D-21 所示为一种可展机构的展开过程。

1）查阅相关资料，分析该可展机构的结构组成及工作原理。

2）自定义未知参数，建立可展机构的虚拟样机模型。

3）模型仿真：仿真可展机构的展开和收缩过程。

图 D-21 一种可展机构的展开过程

26. 图 D-22 所示为一种汽车天窗折展机构的展开过程。

1）查阅相关资料，分析该可展机构的结构组成及工作原理。

2）自定义未知参数，建立可展机构的虚拟样机模型。

3）模型仿真：仿真可展机构的展开和收缩过程。

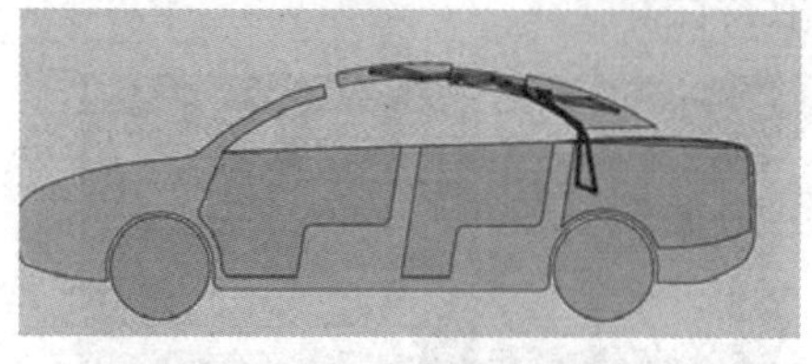 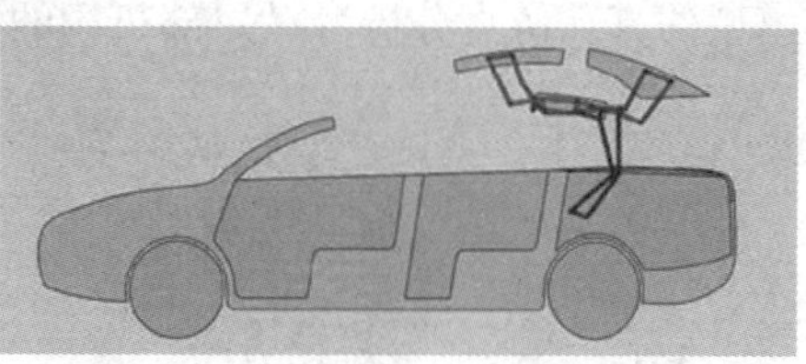

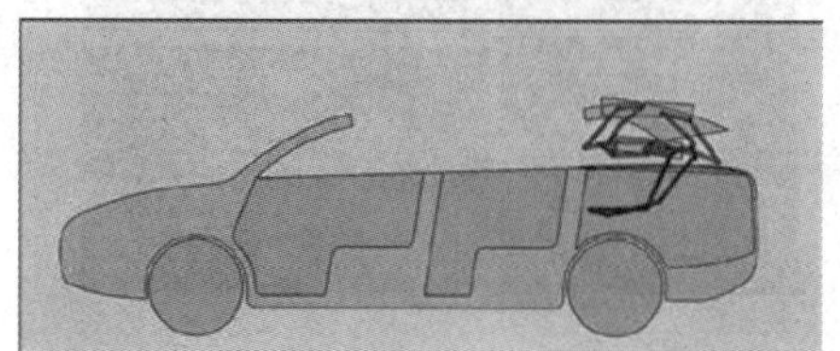 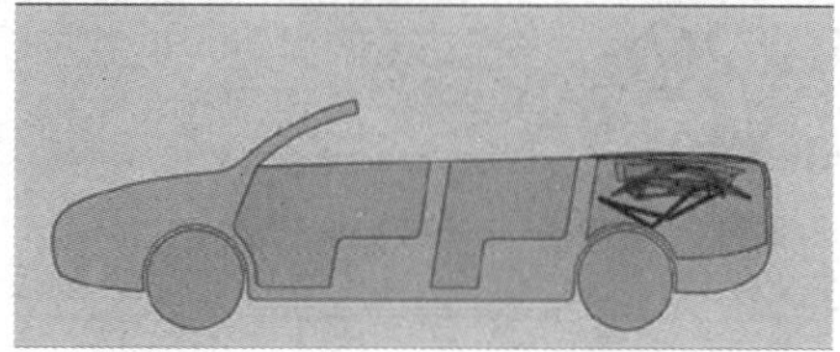

图 D-22 汽车天窗折展机构的展开过程

27. 图 D-23 所示为一种屏幕折展机构的展开过程。

1）查阅相关资料，分析该可展机构的结构组成及工作原理。

2）自定义未知参数，建立可展机构的虚拟样机模型。

3）模型仿真：仿真可展机构的展开和收缩过程。

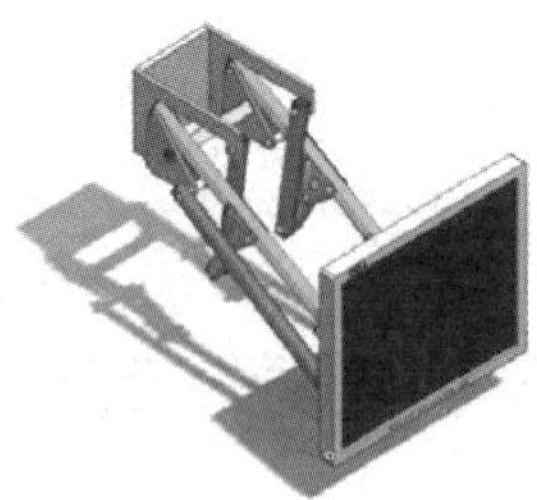

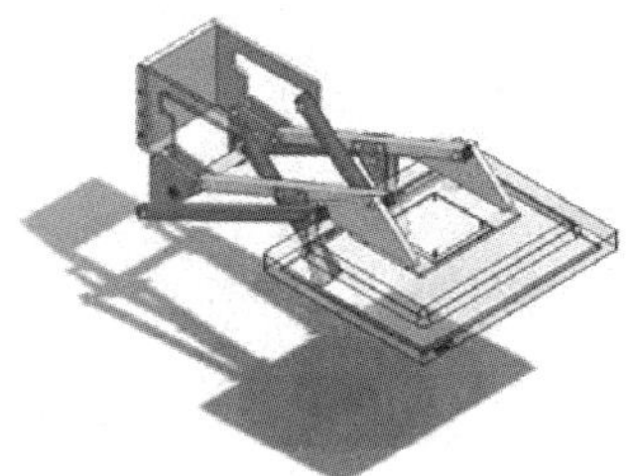

图 D-23 屏幕折展机构的展开过程

28. 图 D-24 所示为一种八杆可展机构的展开过程。

1）查阅相关资料，分析该可展机构的结构组成及工作原理。

2）自定义未知参数，建立可展机构的虚拟样机模型。

3）模型仿真：仿真可展机构的展开和收缩过程。

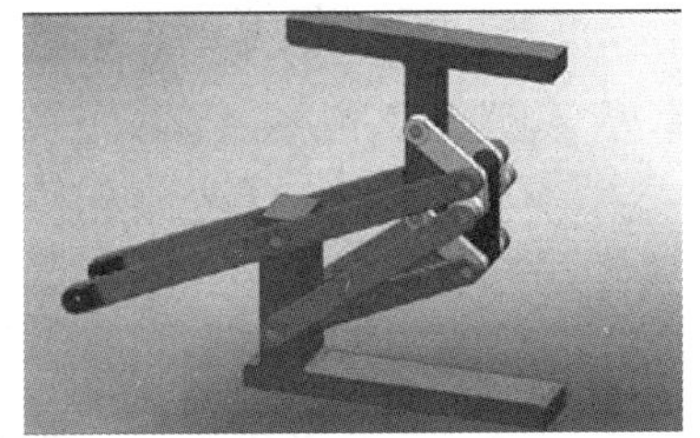

图 D-24 一种八杆可展机构的展开过程

29. 图 D-25 所示为海马尾部机构。

1）查阅相关资料，分析该机构的结构组成及工作原理。

2）自定义未知参数，建立该机构的虚拟样机模型。

3）模型仿真：仿真分析海马尾部机构的抓取特性。

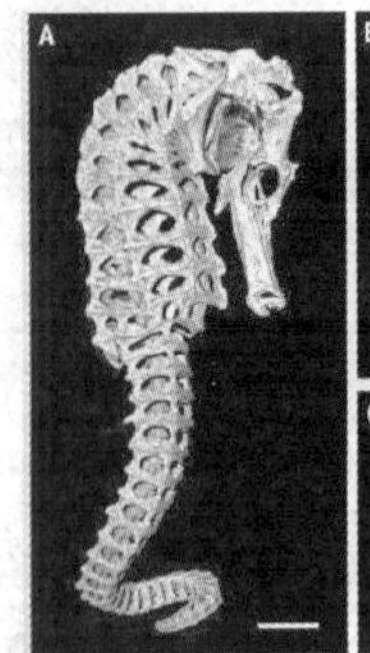

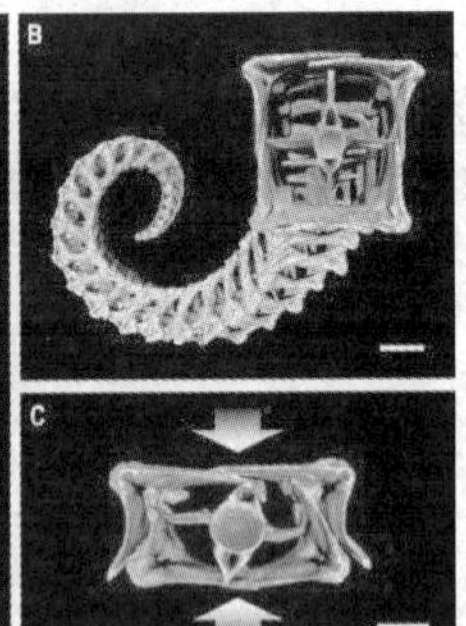

图 D-25 海马尾部机构

30. 图 D-26 所示为一种利用直线机构设计的行走机构。

1）根据工作原理设计该结构的组成。

2）自定义未知参数，建立该机构的虚拟样机模型。

3）模型仿真：仿真行走机构的运动过程，获取做直线运动的点（P_1 点）的位移曲线。

31. 图 D-27 所示的是一种行走机构（Theo Jansen mechanism）。

1）查阅相关资料，分析该机构的组成及工作原理。

2）自定义未知参数，建立该机构的虚拟样机模型。

3）模型仿真：仿真该机构的运动过程。

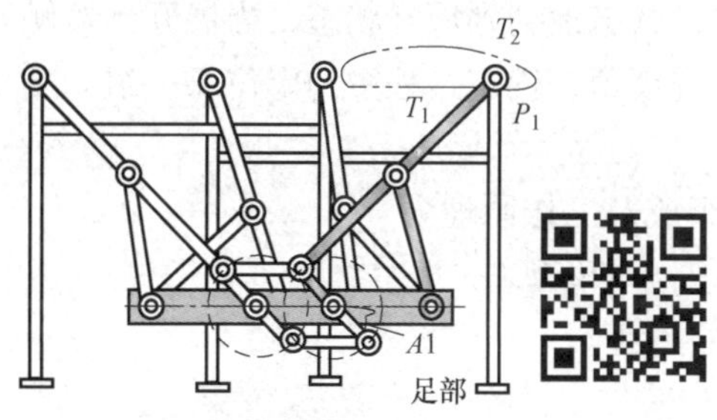

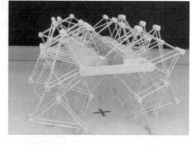

图 D-26　一种利用直线机构的行走机构

图 D-27　行走机构

32. 图 A-22b 所示的是一种平面图形缩放机构，它是利用连杆机构实现的。

1）查阅相关资料，分析该机构的组成及工作原理。

2）自定义未知参数，建立该机构的虚拟样机模型。

3）模型仿真：仿真该机构的运动过程。

4）思考该机构有何用途。

33. 图 D-28 所示为一种魔方机构。

1）查阅相关资料，进行该机构的自由度及运动分析。

2）自定义未知参数，建立该机构的虚拟样机模型。

3）模型仿真：仿真该机构的运动过程。

图 D-28　魔方机构

34. 图 D-29 所示为 2016 年巴西里约热内卢奥运会点火机构。

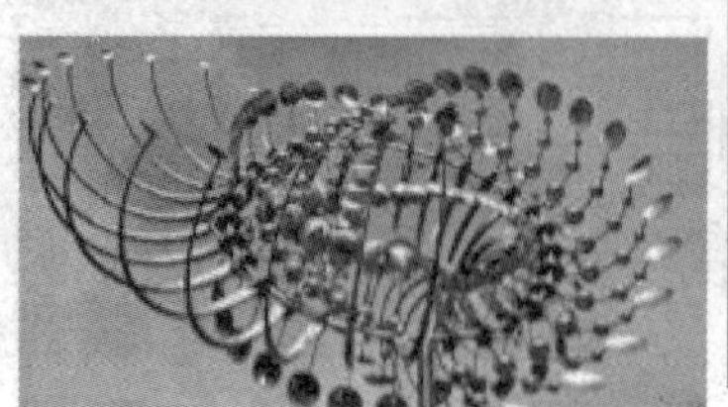

图 D-29　2016 年奥运会点火机构

1）查阅相关资料，分析该点火机构的结构组成及工作原理。

2）自定义未知参数，建立该点火机构的虚拟样机模型。

3）模型仿真：仿真该点火机构的运动过程。

35. 图 D-30 为詹姆斯韦伯望远镜（JWST）主镜展开机构，JWST 主镜展开机构主要由旁瓣子镜展开机构和旁瓣子镜锁定机构组成。旁瓣子镜展开机构由两个铰链和一个驱动机构组成，两个铰链中一个为主动铰链，一个为被动铰链。在主动铰链上有步进电动机和齿轮组成的驱动机构。旁瓣子镜锁定机构由四个步进电动机驱动的锁紧机构和八个定位装置组成。JWST 主镜展开机构的展开和锁定过程如下：航天器入轨后压紧装置解锁，固连在主动铰链上的步进电动机驱动齿轮传动机构，使得铰链从收拢状态运动到展开状态；当展开到接触压点开关后，锁紧电动机开始工作，驱动锁紧机构实现锁紧。锁定过程中的定位靠一组运动学连接装置来实现。

1）查阅相关资料，分析主镜展开机构的结构组成及工作原理。

2）自定义未知参数，建立主镜展开机构的虚拟样机模型。

3）模型仿真：仿真主镜展开机构的展开和锁定过程。

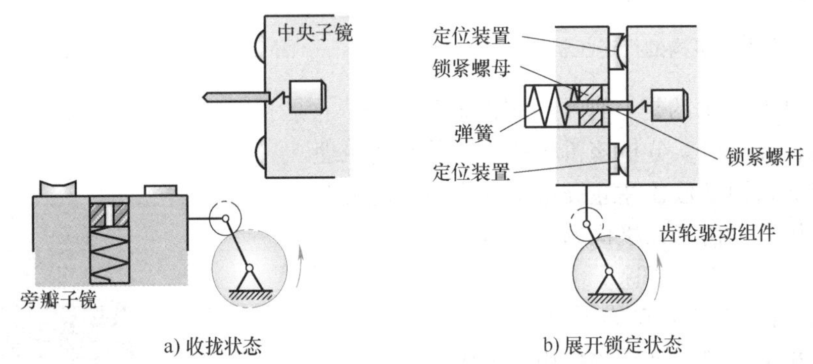

图 D-30　詹姆斯韦伯望远镜（JWST）主镜展开机构

36. 图 D-31 所示的是灵巧眼（Agile Eye）机构。

1）查阅相关资料，分析该机构的组成及工作原理。

2）自定义未知参数，建立该机构的虚拟样机模型。

3）模型仿真：仿真该机构的运动过程。

37. 图 D-32 所示为航天应用的肯菲尔德铰链（Canfield joint）机构。

图 D-31　Agile Eye 机构

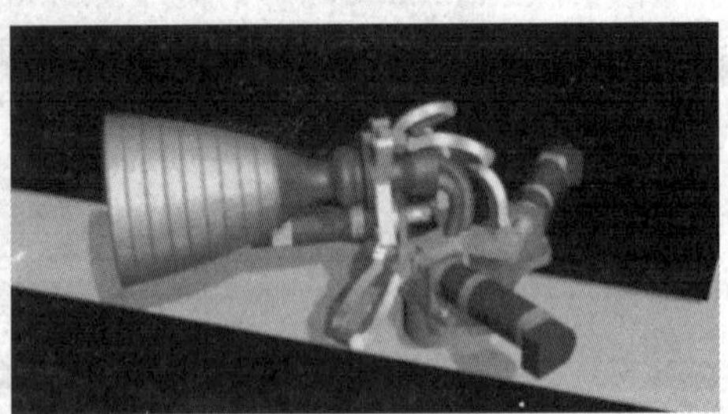

图 D-32　Canfield joint 机构

1）查阅相关资料，分析该机构的组成及工作原理。

2）自定义未知参数，建立该机构的虚拟样机模型。

3）模型仿真：仿真该机构的运动过程。

38. 图 D-33 所示为航天应用的全向腕 Ⅲ（Omni wrist Ⅲ）机构。

图 D-33　Omni wrist Ⅲ机构

1）查阅相关资料，分析该机构的组成及工作原理。

2）自定义未知参数，建立该机构的虚拟样机模型。

3）模型仿真：仿真该机构的运动过程。

辅助阅读材料

朱金生，凌云. 机械设计实用机构运动仿真图解［M］. 北京：电子工业出版社，2012.

附录 E　机械系统方案与创新设计题目

【基本要求】

1）调研所设计机械系统的研究现状（包括论文、专利等），确定设计目标和任务，撰写调研报告。

2）构思设计任务中机械系统的组成方案，画出机械系统运动示意图。

3）对所构思出的方案进行论证及评价，选出最佳方案（含理论分析、编程计算、虚拟样机仿真等环节）。

4）详细设计最终确定的机械系统，按比例绘制出机构运动简图。

5）利用现有加工条件（如 3D 打印设备等），制作出原理样机。

6）对设计方案提出改进意见。

7）撰写方案设计说明书。

E.1　飞机襟翼展开机构

1. 工作原理及工艺动作过程

如图 E-1 所示，飞机在正常飞行状态时，襟翼与机翼较为紧密地接触，即处在 I 位置。在某些飞行状态下，则要求将襟翼展开放下到 Ⅱ 位置。

2. 原始数据及设计要求

固定铰链要安装在机翼允许安装的区域内，而运动铰链也要安装在襟翼上允许安装的区域内，其他尺寸如图 E-1 所示，并要求机构的许用传动角 $[\gamma]=47°$。

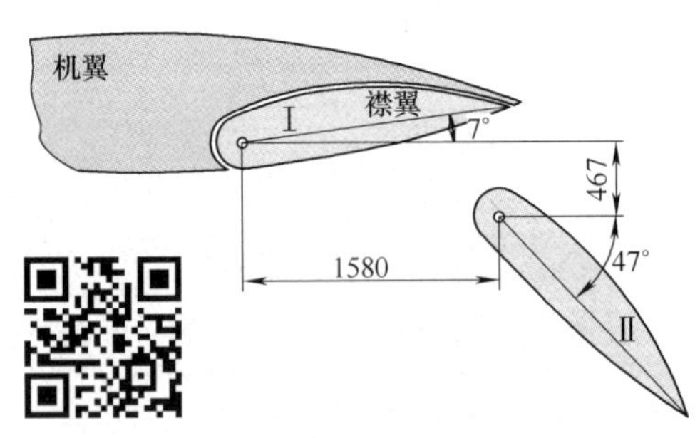

图 E-1　飞机襟翼展开机构设计要求

E.2　飞机起落架收放机构

1. 工作原理及工艺动作过程

飞机起飞和着陆时，必须在跑道上滑行，起落架放下，机轮着地，如图 E-2 中实线所示，此时液压缸提供平衡力；飞机在空中时必须将起落架收进机体内，如图中虚线所示，此时液压缸为主动构件。

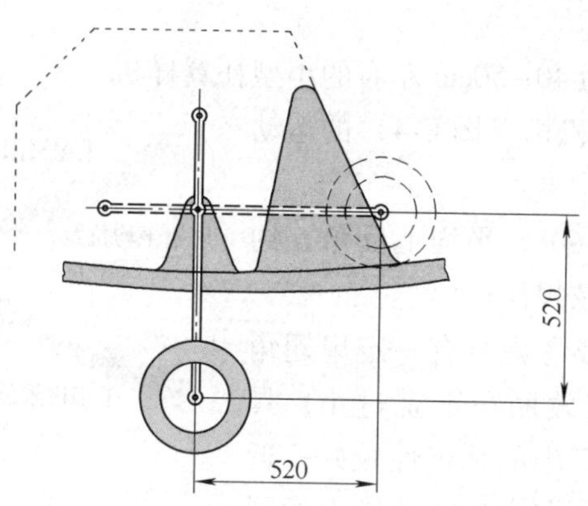

图 E-2 飞机起落架收放机构设计要求

2. 原始数据及设计要求

起落架放下以后，只要液压缸锁紧长度不变，则整个机构成为自由度为零的刚性架且处在稳定的死点位置，活塞杆伸出缸外。起落架收起时，活塞杆往缸内移动，所有构件必须全部收进缸体以内，不超出虚线所示区域。采用平面连杆机构。最小传动角大于或等于 30°。已知数据如图 E-2 中所示，未注尺寸在图上量取后按比例计算得出。

E.3 飞机飞行高度指示机构

1. 工作原理及工艺动作过程

因飞机飞行高度的不同，大气压力发生变化，膜盒会产生变形，从而使 C 点产生位移（图 E-3）。现要求设计一个高度指示机构，将 C 点的位移转化成仪表指针 DE 的转动，从而指示飞机的飞行高度。

2. 原始数据及设计要求

铰链 C 点的最大位移为 10mm，对应仪表指针的转角为 90°。要求所设计的机构为低副机构，且具有良好的传动性能，即要求机构的传动角不小于 40°。已知数据如图 E-3 所示。

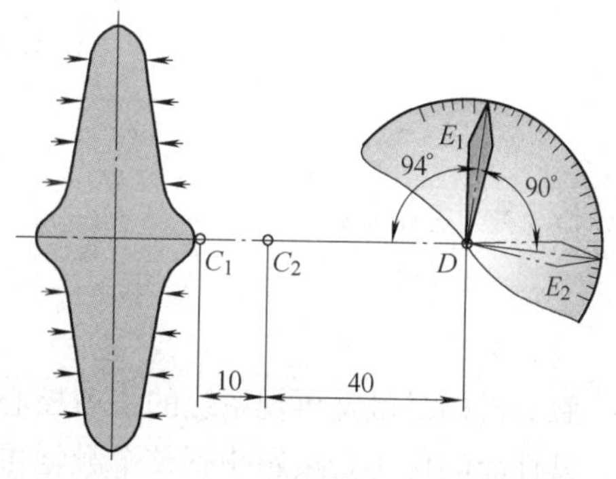

图 E-3 飞机飞行高度指示机构设计要求

E.4 小型扑翼机构

1. 工作原理及工艺动作过程

工作原理及工艺动作过程参考本书第 1 章正文。

2. 原始数据及设计要求

设计并制作一架翼展为 40~50cm 左右的小型扑翼样机。

1）对于单自由度扑翼机构（图 E-4）的运动要求如下：

扇翅角 ϕ 范围为 40°~60°，平均上反角 θ 约为 6°，扇翅速度变化为正弦规律。

扇翅角范围的选择主要考虑具有一定扇翅角的同时承受载荷的翅膀有效面积不宜过小；具有一定的平均上反角，飞行中的稳定性较好；近似正弦规律的速度变化可以在产生有效推力的同时具有较好的机械动力特性。

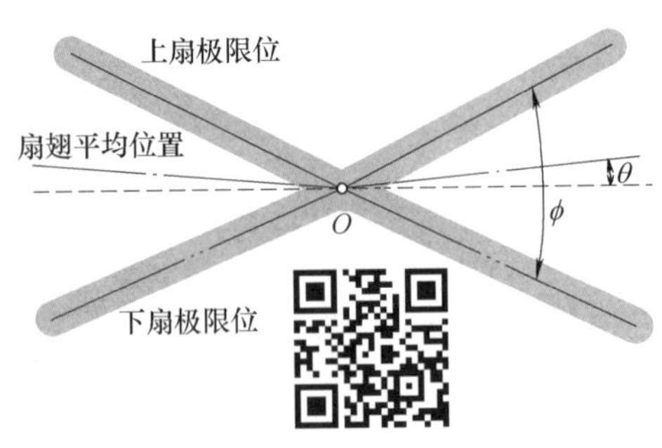

图 E-4　一维扑翼型式

2）对于 2 自由度扑翼机构，翅膀上下扇翅的同时带有翻转运动，如图 E-5 所示。运动要求包括：

扇翅角范围为 120°~160°，平均上反角为 0°，翅攻角 α 为 45°~50°，翻转时间比值（$\Delta\tau/\phi$）为 0.1~0.2，平扇速度变化规律为加速—匀速—减速，翻转速度变化规律为加速—减速。

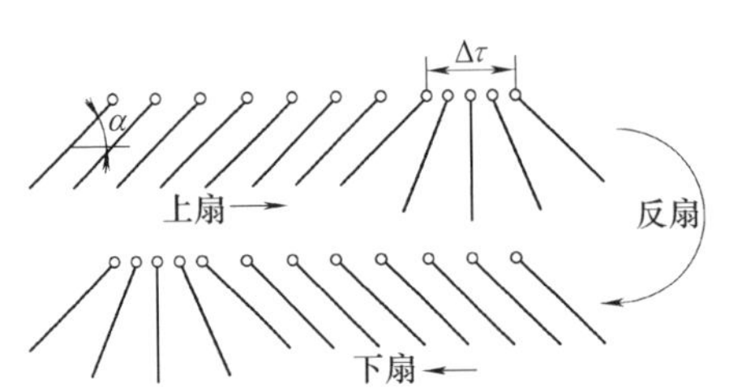

图 E-5　二维扑翼型式

E.5 触觉机构

1. 工作原理

触觉机构是触觉再现系统的一项核心组成部分，其性能的优劣直接影响到整个触觉再现系统的工作状况和性能。就机构类型而言，触觉机构是一种反向驱动机构，要求保证整个机构系统是完全静平衡的状态。图 E-6 所示的机构由 7 个构件组成，其工作原理在附录 A.15 中已有描述。

2. 原始数据及设计要求

对于触觉机构的设计要求如下：

图 E-6　反向驱动机构

工作空间不小于 100mm×100mm，最小触觉力不小于 2N，反向驱动力不大于 0.5N，机械系统的刚度不小于 10N/mm。

E.6　单自由度柔性夹钳

1. 工作原理

单自由度柔性夹钳机构示意图如图 E-7 所示。

2. 原始数据及设计要求

要求可夹持 30mm 直径的圆形物体。按图 E-7 所示的结构示意图设计其具体尺寸，并提出一种新的可以实现柔性夹持功能的夹钳机构。

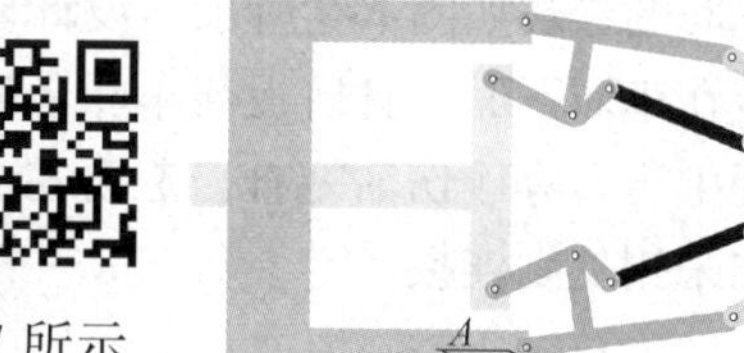

图 E-7　单自由度柔性夹钳机构

E.7　钢板翻转机构

1. 工作原理及工艺动作过程

钢板翻转机构的功用是将钢板翻转 180°，如图 E-8 所示。其工作过程如下：当钢板 T 由辊道被送至左翻板 W_2 后，翻板 W_2 开始顺时针方向转动，转至距铅垂位置偏左 10°时，恰好与逆时针方向转动的右翻板 W_1 会合。接着 W_1 和 W_2 一起同速顺时针转至距铅垂位置偏右 10°时，完成将钢板由翻板 W_2 放到翻板 W_1 的传递。然后翻板 W_2 折回到水平位置，与此同时，翻板 W_1 顺时针方向继续转动至水平位置，从而完成将钢板 T 翻转 180°的任务。

2. 原始数据及设计要求

每分钟翻钢板 5 次，机构的许用传动角 $[\gamma]=50°$。

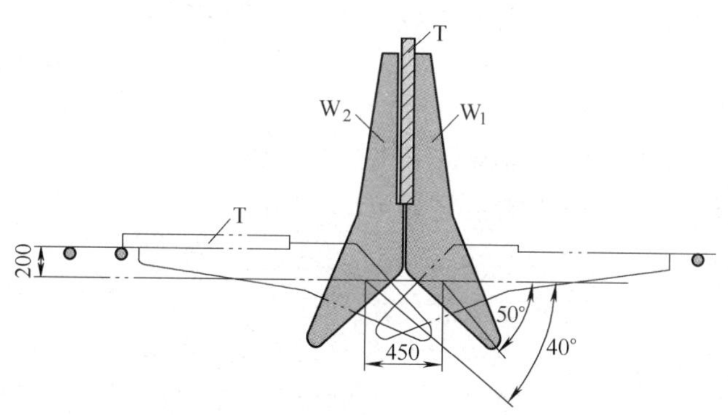

图 E-8　钢板翻转机构设计要求

E.8　载货汽车的起重后板

1. 工作原理及工艺动作过程

在汽车大装卸作业中，常需要将货物由地面装到车厢上或将车厢上的货物卸到地面上。

如果没有叉车，则装卸比较费时费力。现考虑利用载货汽车的车厢后板设计一个起重平台来解决这个问题。要求起重后板在起升过程中保持水平平动（例如图 E-9 中的位置 1、2），在完成起升任务后可与车厢自动合拢（例如图 E-9 中的位置 3）。

2. 原始数据及设计要求

汽车车厢的参数如图 E-9 所示。设计要求：起升、合拢所用动力部件采用伸缩液压缸，液压缸安装在车厢下面，且后板与车厢合拢后，两只液压缸的活塞应缩进液压缸体内以防止在行车过程中飞石等碰伤活塞杆。起升机构、合拢机构的最小传动角 $\gamma_{min}>40°$。起升机构、合拢机构均采用低副连接。

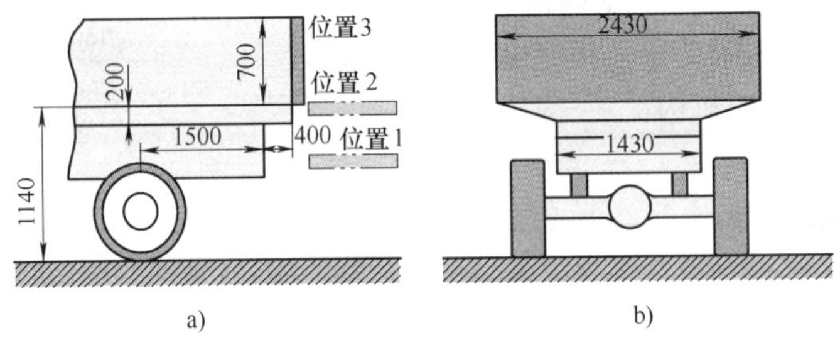

图 E-9　载货汽车的起重后板设计要求

E.9 自动钻床送进机构

1. 工作原理及工艺动作过程

钻床是一种常用的孔加工设备。试设计一自动钻床送进机构（图 E-10），其输入运动为构件 1 的匀速回转运动，输出运动为钻头的往复直线运动。

2. 原始数据及设计要求

钻头的行程为 320mm。钻头在对工件进行钻孔过程中，要求以近似匀速送进。为提高工作效率，要求机构具有急回特性，其行程速比系数 $K=2$。另外，还要求机构传动性能良好。

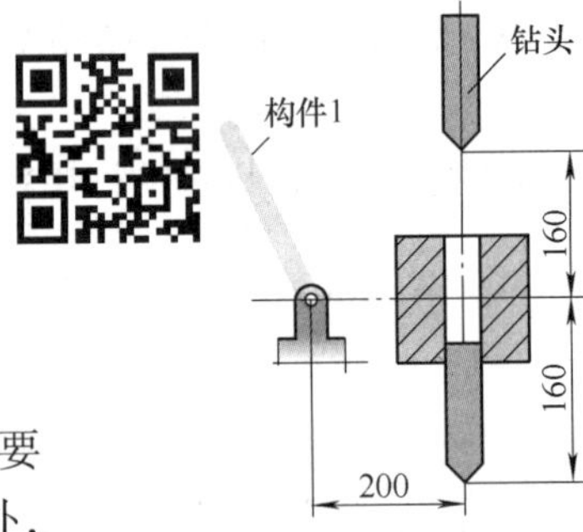

图 E-10　自动钻床送进机构设计要求

E.10 自动打标机构

1. 工作原理及工艺动作过程

工作原理及工艺动作过程参考本书第 14 章的例 14-1。

2. 原始数据及设计要求

主动件转速 $n=500\text{r/min}$，要求每分钟打印 100 个产品，当打印头 2 在下极限位置同产品接触打印时具有瞬时停歇特性（图 E-11）。

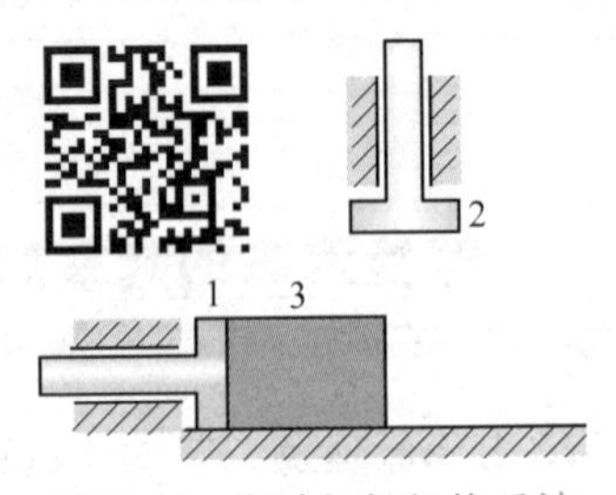

图 E-11　自动打标机构系统

E.11　榫槽成型半自动切削机构

1. 工作原理及工艺动作过程

榫槽成型半自动切削机构系统的主要功能是将一木质长方体块切削出榫槽，如图 E-12 所示。工艺过程大体如下：先由构件 2 压紧已经放在工作台上的工件 1，然后由端面切刀 3 将工件的右端面切平，最后构件 2 松开工件 1，推杆 4 推动工件 1 向左直线移动，通过固定的榫槽刀 5 的切削，在工件 1 上的全长开出榫槽。

2. 原始数据及设计要求

（1）原始数据　已知原动机（电动机）经减速传动至机构系统主动件转轴 O_1 的转速 $n=30\mathrm{r/min}$，O_1 轴的相对位置为 $x=100\mathrm{mm}$，$y=440\mathrm{mm}$；工件长 $L=140\mathrm{mm}$，工件高 $H=20\mathrm{mm}$。

（2）设计要求及任务　推杆 4 的总行程为 220mm，推杆在推动工件 1 切削榫槽的过程中，要求工件 1 做近似等速运动。机器的生产率为每分钟切削 30 个工件。

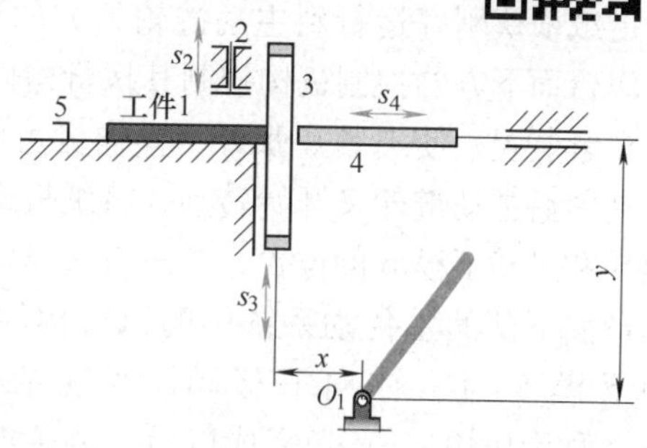

图 E-12　榫槽成型半自动切削机构系统

E.12　薄壁零件冲压机构

1. 工作原理及工艺动作过程

薄壁零件冲压机构的功能是将薄壁坯料冲压成如图 E-13 所示的零件。

2. 原始数据及设计要求

（1）原始数据　已知原动机（电动机）经减速传动至机构系统原动件转轴 O_1 的转速 $n=30\mathrm{r/min}$。

（2）设计要求及任务　要求冲压机构带动上模按给定的运动规律加工零件，如图所示，执行构件（上模）的工作段长度 $l=50\mathrm{mm}$，对应曲柄转角 $\varphi=0.5\pi$；要求上模到达工作段之前，送料机构应已将坯料送至待加工位置（下模的上方），送料距离为 $H=200\mathrm{mm}$。

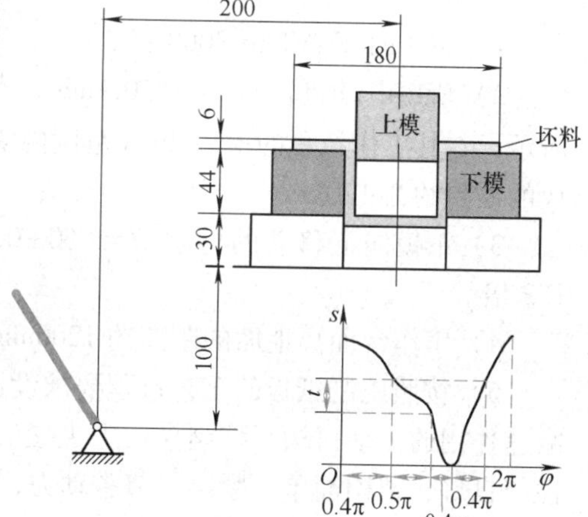

图 E-13　薄壁零件冲压机构系统设计要求

E.13　半自动平压模切机

1. 工作原理及工艺动作过程

半自动平压模切机是印刷、包装行业压制纸盒、纸箱等纸制品的专用设备。它可对各种规格的纸板、厚度在4mm以下的瓦楞纸板，以及各种高级精细的印刷品进行压痕、切线、压凹凸。经过压痕、切线的纸板，用手工或机械沿切线处去掉边料后，沿着压出的压痕可折叠成各种纸盒、纸箱，或制成凹凸的商标。

平压模切机工艺动作过程主要分两部分：一是将纸板走纸到位；二是对纸板冲压、模切。如图E-14所示，4为工作台面，工作台上方的1为双列链传动，2为主动链轮，3为走纸模块（共5个），其两端分别固定在前后两根短条上，横块上装有若干个夹紧片。主动链轮由间歇机构带动，使双列链条做同步的间歇运动。每次停歇时，链上的一个走纸横块刚好运行到主动链轮下方的位置上。这时，工作台面下方的控制机构控制其执行构件7推动横块上的夹紧装置，使夹紧片张开，操作者可将纸板8喂入，待夹紧后主动链轮又开始转动，将纸板送到具有固定上模5和可动下模6的位置，链轮再次停歇。这时，在工作台面下部的主传动系统中的执行构件（滑块）和可动下模6为一体向上移动，实现纸板的压痕、切线（称为压切）。压切完成以后，链条再次运行，当夹有纸板的模块走到某一位置时，受另一机构作用，夹紧片张开，纸板落到收纸台上，完成一个工作循环。与此同时，后一个横块进入第二个工作循环，将已夹紧的纸板输入压切处。如此，实现连续循环工作。

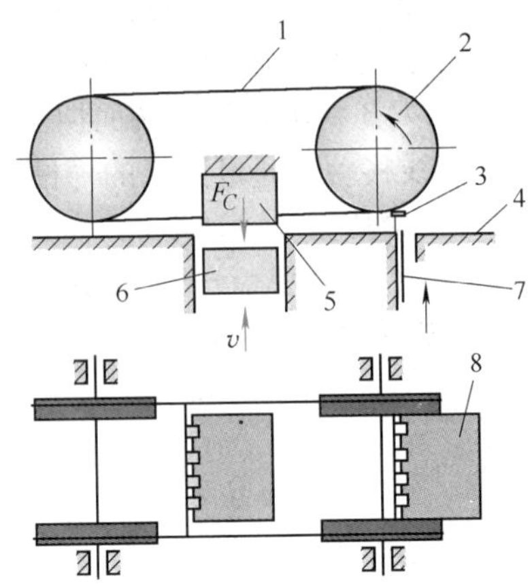

图E-14 平压模切机工艺动作示意图

1—双列链传动 2—主动链轮 3—走纸模块 4—工作平台 5—固定上模 6—可动下模 7—执行构件 8—纸板

2. 原始数据及设计要求

1）每小时压制纸板3000张。

2）所用电动机转速 $n=1450\text{r/min}$，滑块和下模向上运动时所受生产阻力 F_C 如图E-14所示，在其工作行程的最后2mm范围内受到生产阻力为 $2\times10^6\text{N}$，回程时不受力。下模和滑块的质量约为120kg。

3）下模向上移动的行程 $H=(50\pm0.5)\text{mm}$，回程的平均速度为工作行程平均速度的1.3倍。

4）工作台面离地面的距离约1200mm。

5）按照压制纸板的工艺过程要求设计下列几个机构：使下模往复运动的执行机构、起减速作用的传动机构、控制横块上夹紧装置（夹紧纸板）的控制机构。要求所设计的机构性能良好，结构简单、紧凑，节省动力，寿命长，便于制造。

E.14 平台印刷机主传动系统

1. 工作原理及工艺动作过程

平台印刷机的工作原理是将铅版上凸出的痕迹借助油墨压印到纸张上。如图E-15所示，平台印刷机的压印动作在卷有纸张的滚筒与嵌有铅版的版台之间进行。其整个工艺动作过程由铺纸、着墨（即将油墨均匀涂抹在嵌于版台上的铅版上）、压印、收纸四部分组成。整部机器中各机构的运动均由同一电动机驱动。运动由电动机经过减速装置后分成两路，一路经传动机构 1 带动版台做往复直线运动，另一路经传动机构 2 带动滚筒做回转运动。当版台与滚筒相对滚动接触时，在纸张上压印出字迹或图形。

2. 原始数据及设计要求

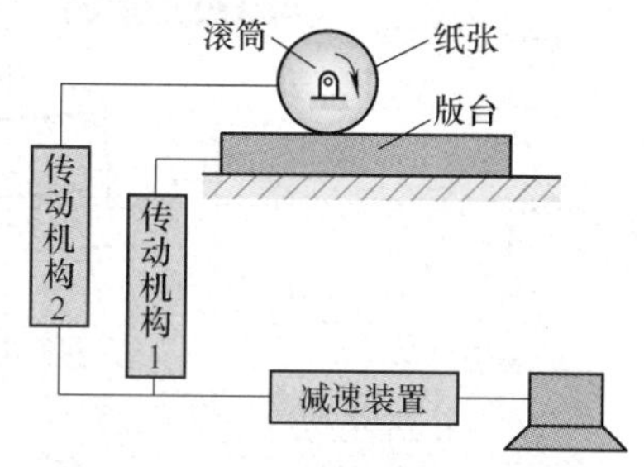

图 E-15　平台印刷机主传动系统工作原理

1）版台做往复移动，滚筒做连续或间歇转动。

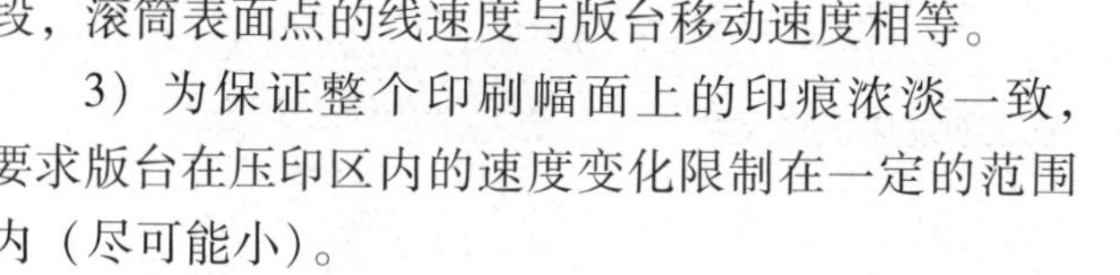

2）为了保证印刷质量，要求在压印过程中，滚筒与版台之间做纯滚动，即在压印区段，滚筒表面点的线速度与版台移动速度相等。

3）为保证整个印刷幅面上的印痕浓淡一致，要求版台在压印区内的速度变化限制在一定的范围内（尽可能小）。

4）要求机构传动性能良好，结构紧凑，制造方便。

E.15　改型理发椅机构

1. 工作原理及工艺动作过程

为使理发椅适应美容业的需要且更加舒适和便于操作，现进行改型设计，用单一手柄可引动理发椅实现坐、半躺和全躺三种状态。

2. 原始数据及设计要求

手柄的位置分别对应于靠背和踏脚的位置。采用平面连杆机构。最小传动角大于 30°。尺寸及角度如图 E-16 所示，其他几何尺寸自行确定并标注。

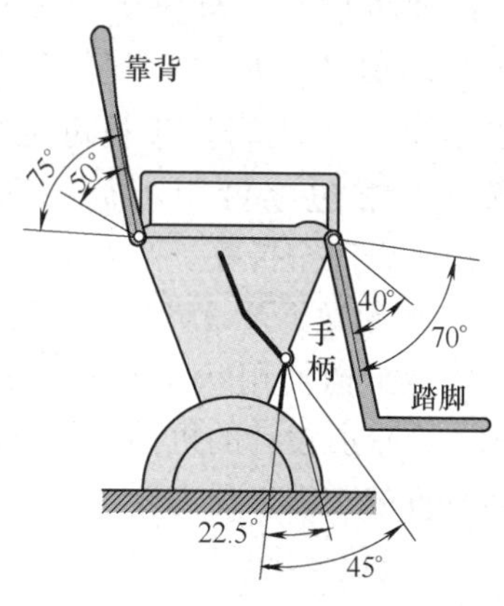

图 E-16　改型理发椅机构

E.16　双人沙发床机构

1. 工作原理及工艺动作过程

双人沙发床机构设计是要完成既能作沙发，又能作双人床使用的一种多功能家具的设计。如图 E-17 所示，当构件 2 处于抬起位置时，构件 1 则处于与水平面具有 5°夹角的位置，此时该家具用作沙发。在将构件 2 由抬起位置放置到水平位置的过程中，构件 1 绕 A 点转动到处于水平位置，此时该家具用作双人床。

2. 原始数据及设计要求

双人沙发床使用状态及原始参数如图 E-17 所示。要求所设计的机构为低副机构，且在沙发床侧挡板大小（660mm×350mm）的范围内运动。要求沙发和双人床之间转换方便，受力合理，稳定可靠。

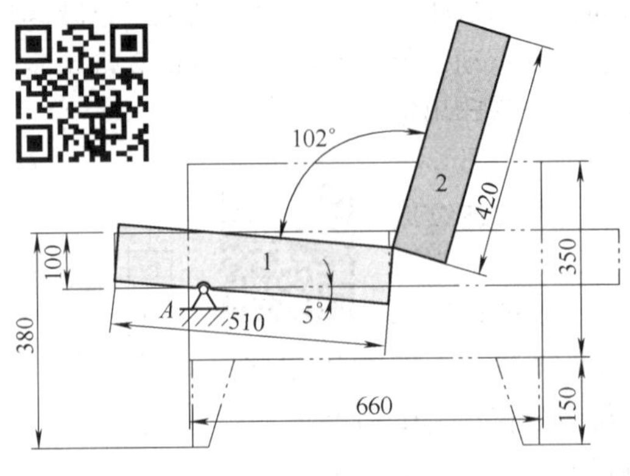

图 E-17　双人沙发床机构尺寸

E.17　听课折椅机构

1. 工作原理及工艺动作过程

听课折椅是一种既能坐又能放书包的多功能椅子，其结构如图 E-18 所示。书写扶手板可用来记笔记，书包架可用来放书包，不用时可以完全折叠。

2. 原始数据及设计要求

听课折椅使用状态及原始参数如图 E-18 所示。要求所设计的机构为低副机构，并注意防止杆件的干涉。受力要合理。

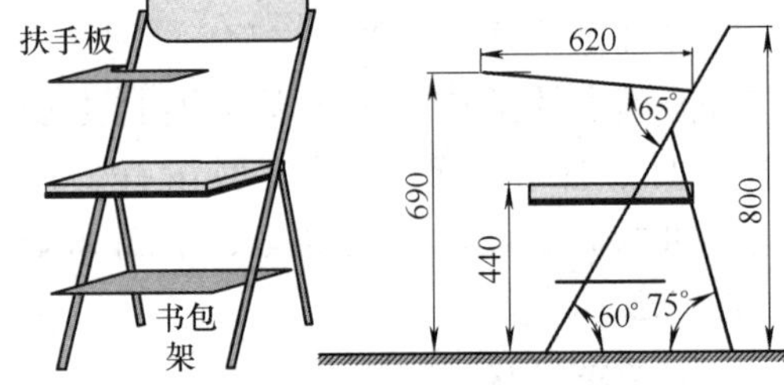

图 E-18　听课折椅机构及尺寸要求

E.18　洗瓶机推瓶机构

1. 工作原理

图 E-19 是洗瓶机有关部件的工作情况示意图。待洗的瓶子放在两个转动着的导辊上，导辊带动瓶子旋转。当推头把瓶推着前进时，转动着的刷子就把瓶子外面洗净。当前一个瓶子即将洗刷完毕时，后一个待洗的瓶子已送入导辊待推。

2. 原始数据和设计要求

1）瓶子尺寸：大端直径约为 80mm，长 200mm。

2）推进距离 l=600mm。推瓶机构应使推头 M 以接近均匀的速度推瓶，平稳地接触和脱离瓶子，然后推头快速返回原位，准备第 2 个工作循环。

3）按生产率的要求，推程平均速度为 v=45mm/s，回程的平均速度为推程的 3 倍。

4）机构传动性能良好，结构紧凑，制造方便。

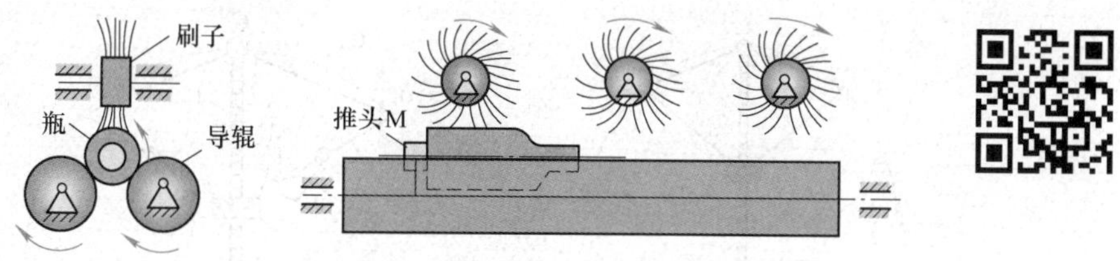

图 E-19　洗瓶机有关部件的工作情况示意图

E.19　图形放缩机构

1. 工作原理

图形放缩机构能够对一个由若干条直（曲）线段构成的任意平面（或空间）图形进行放大和缩小。图形放缩机构（或称形状可控机构）是一种特殊的可展机构。例如用在装配线上可重构型夹钳，在机械制造中灵巧型夹具，在航天领域可用来代替常规可展机构。同样利用其形状和大小可控的特点，可用于机器人技术中，如展开/折叠式空间伸展臂，单自由度可伸缩机械手等。该机构主要基于基本单元（如剪式机构及仿图仪机构）有规律的组合（图 E-20）。

图 E-20　图形放缩机构的单元设计及应用

2. 原始数据和设计要求

设计两种演示机构系统：直线式和圆周式（如以“CHINA”为例）。整体尺寸：每个字母收缩后直径为 10cm，展开直径为 30cm。要求采用单一驱动方式，机构传动性能良好，结构紧凑，携带方便。

E.20　柔性可折叠伞

1. 工作原理

传统折叠伞的主体机构是曲柄滑块机构，伞的打开、闭合需要依靠弹簧和限位装置完成。但伞的寿命往往由于弹簧和限位装置的存在或不合理设计大大缩短。因此有必要对现有折叠伞结构进行改进。例如，图 E-21 为添加柔性构件的折叠机构，利用柔性机构的双稳态特性实现伞的打开、闭合功能，不需要弹簧和限位装置。杆 1、2、3、4、6 为刚体，杆 5 为柔性杆，杆 2、3、5、6 组成一个四杆柔性双稳态机构。当雨伞处于闭合位置时，杆 2、3、5、6 处于第一个稳态位置，此时杆 2、3、5、6 组成一个自由度为 0 的机架；当雨伞处于半打开位置时，杆机构处于非稳态位置，此时机构的自由度为 1；当雨伞处于完全打开位置时，机构处于第二个稳态位置，此时整个机构的自由度恢复为0。

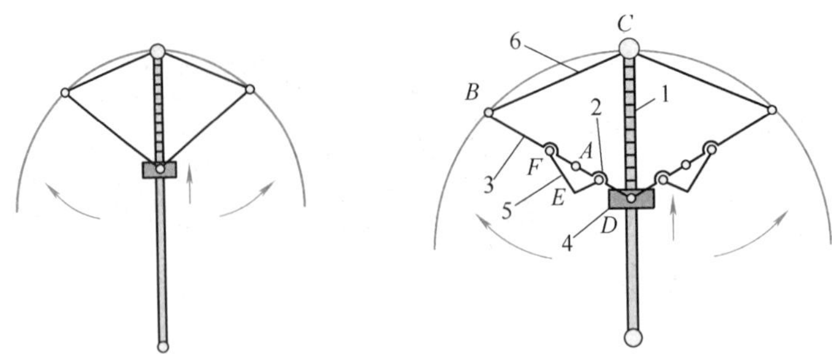

图 E-21 柔性可折叠伞的结构示意图

2. 原始数据和设计要求

整体尺寸：收缩直径为20cm，展开直径大约1m。推进距离（即滑块的行程）$l=0.5$m。要求机构传动性能良好，结构紧凑，携带方便。

E.21 适于狭小空间操作的抛光机器人

很多装置的原位作业对于现有的操作工具和传统的工艺方法都是难以做到的。如图E-22所示，该装置为一内径为100mm的钢管，只有一个直径为20mm的孔与其内部联通，其100mm孔径的内表面需要抛光的区域为从与20mm孔轴线距离为175mm处开始，抛光长度为50mm的区域。需要设计一个特别的工具可以高效地实现抛光。要求提供一个设计方案，并通过虚拟样机仿真来验证方案的可行性。鼓励创造性的设计，但是应该确保其在技术可行的范围之内，且要求该工具具有较高的可靠性。

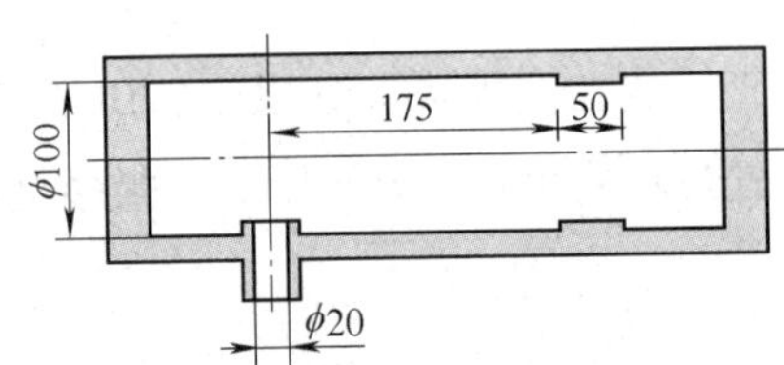

图 E-22 抛光机器人工作环境要求

E.22 自适应越障机器人

1. 工作原理

自适应越障机器人的主要特征是：越障机构可以根据地形变化被动变形进而实现对地形的自适应功能。机构被动变形的方式对于地形的适应是实时性的，不需要任何反应时间，机器人行进的速度可以很快。图E-23所示就是一种自适应越障机器人结构。该机器人由前导机构、爬升机构、支承机构和车架四部分组成。前导机构在机器人越障过程中起着至关重要的作用。当前轮（或后轮）遇到障碍时，由于转动中心的存在，将前进的阻力转变为车轮抬起越障的动力。但是，由于机架不能位于轮子的下方，必须利用机构来提供一个虚拟转动中心（图E-24）。爬升机构在越障过程中进一步提升车体重心。支承机构固定在车架上，在越障过程中起支承、推进作用。前导机构和支承机构各有一个驱动轮，并分别用一个舵机控制其转向，使机器人可以原地转弯。

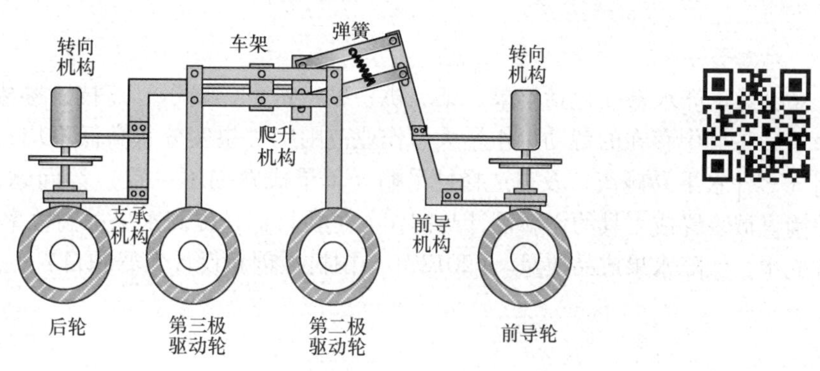

图E-23 一种自适应越障机器人

2. 原始数据及设计要求

要求改进和优化前导机构和爬升机构，使机器人能够跨越高度约为轮子半径4~5倍的竖直台阶障碍。

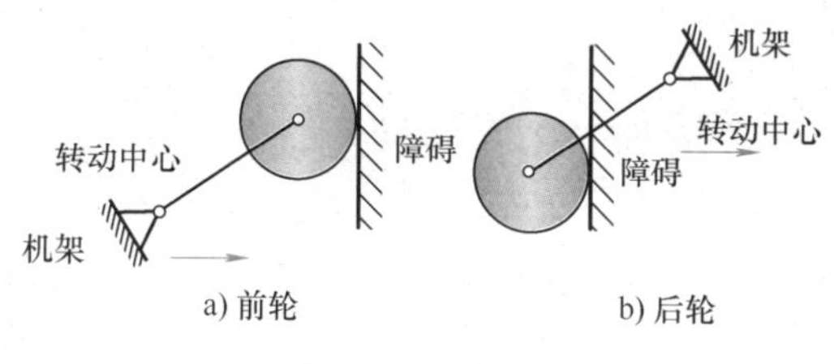

图E-24 前导VCM机构

E.23 仿生机构设计（项目实践）

1. 基本要求

自选一种仿生对象，自拟设计题目，完成机构或机械系统的方案设计，建立虚拟样机模型进行仿真验证，研制实物样机模型进行功能验证，撰写研究报告。分组实施：4~5人为一组，其中设立一名组长，一人负责财务。该题目为过程性项目研究，涵盖开题、中期、结题答辩、编写技术文档、虚拟仿真样机与实物模型样机等环节。

2. 评分标准

A：有明显创新，有功能性模型样机，文档完整，答辩效果好

B：有创新，有功能性模型样机，文档较完整，答辩效果较好

C：有模型样机，文档较完整，答辩效果尚可

D：只有仿真模型，文档及答辩效果一般

E：无仿真模型，或文档及答辩效果差

E.24　水果采摘机构设计（项目实践）

基本要求

针对量产水果（包括苹果、梨、桃、枣、柑子、橘子、荔枝、樱桃、菠萝、草莓 10 种水果）采摘中存在的劳动工作量大、作业范围广（果实分布高低不均）、触碰力度控制要求高（多汁水果易碰伤）及需选择性采摘（单果成熟期不一致）等问题，展开小型辅助人工采摘机械装置或工具的创新设计与制作。主要目标是提高水果采摘效率，降低劳动强度和采摘成本，保障水果成品质量。（2018 年全国机械创新设计大赛题目）

参考文献

[1] ARTOBOLEVSKY I. Mechanisms in modern engineering design [M]. Moscow: MIR Publishers, 1977.

[2] BALL R S. A treatise on the theory of screws [M]. Cambridge: Cambridge University Press, 1998.

[3] BEER F P, JOHNSON E R. Vector mechanics for engineers [M]. New York: McGraw-Hill, 1988.

[4] BLANDING D L. 精密机械设计：运动学设计原理与实践 [M]. 于靖军，刘辛军译. 北京：机械工业出版社，1999.

[5] CECCARELLI M. Several known historical figures contributed to mechanisms [M]. London: Springer-Verlag, 2008.

[6] CHACE M A. Vector analysis of linkages [J]. Journal of Engineering in Industry, Series B, 1963, 55 (3): 289-297.

[7] CLAVEL R. DELTA, a fast robot with parallel geometry [C]. Proc. 18th International Symposium on Industrial Robots, 1988, 91-100.

[8] CLEGHORN W L. Mechanics of machines [M]. New York: Oxford University Press, 2005.

[9] CRAIG J J. Introduction to robotics: mechanics and control [M]. 3rd ed. Boston: Addison-Wesley Publishing, 1989.

[10] ERDMAN A G, SANDOR G N. Mechanism design: analysis and synthesis [M]. 4th ed. New York: Prentice-Hall, 2004.

[11] FREUDENSTEIN F. On the maximum and minimum velocities and accelerations in four-link mechanisms [J]. Trans. ASME, 1956, 78: 779-787.

[12] HARTENBERG R S, DENAVIT J. Kinematic synthesis of linkages [M]. New York: McGraw-Hill, 1964.

[13] HORTON H L. Ingenious mechanisms for designers and inventors: Vol. 3 [M]. New York: Industrial Press Inc., 1951.

[14] HOWELL L L. Compliant mechanisms [M]. New York: John Wiley & Sons Inc, 2001.

[15] HOWELL L L, MAGLEBY S P, OLSEN B M. Handbook of compliant mechanisms [M]. New York: John Wiley & Sons Inc, 2012.

[16] JENSEN P W. Classical and modern mechanisms for engineers and inventors [M]. New York: Marcel Dekker Inc., 1991.

[17] MARGHITU D B. Kinematic chains and machine component design [M]. Amsterdam: Elsevier, 2005.

[18] MARTIN G H. Kinematics and dynamics of machines [M]. 2nd ed. New York: McGraw-Hill, 1982.

[19] MERLET J P. Parallel robots [M]. 2nd ed. Singapore: Springer-Verlag, 2006.

[20] MOON F C. The machines of leonardo da vinci and franz reuleaux [M]. London: Springer-Verlag, 2008.

[21] MYSZKA D H. Machines & mechanisms: applied kinematic analysis [M]. 4th ed. New York: Prentice Hall Press, 2012.

[22] NORTON R L. Design of machinery: an introduction to synthesis and analysis of mechanisms and machines [M]. 5th ed. New York: McGraw-Hill Inc., 2011.

[23] PAHL G, BEITZ W. Engineering design: a systematic approach [M]. London: Springer-Verlag, 1992.

[24] PIERROT F, COMPANY O. H4: a new family of 4-DoF parallel robots [C]. Proc. 1999 IEEE/ASME Int. Conf. on Advanced Intelligent Mechatronics, 1999, Atlanta, GA, 508-513.

[25] REULEAUX F. The kinematics of machinery [M]. New York: Dover, 1963.
[26] SANDIN P E. Robot mechanisms and mechanical devices illustrated [M]. New York: McGraw-Hill, 2003.
[27] SANDOR G N, ERDMAN A G. Advanced mechanism design: analysis and synthesis: Volume 2 [M]. New York: Prentice-Hall, 1984.
[28] SHIGLEY J E. Kinematic analysis of mechanisms [M]. New York: McGraw-Hill, Inc., 1969.
[29] SHIGLEY J E, MISCHKE C R. Standard handbook of machine design [M]. New York: McGraw-Hill, 2004.
[30] SMITH S T. Flexures: elements of elastic mechanisms [M]. New York: Gordon and Breach Science Publishers, 2000.
[31] SUH C H, RADCLIFFE C W. Kinematics and mechanisms design [M]. New York: John Wiley & Sons Inc., 1978.
[32] TSAI L W. Mechanism design: enumeration of kinematic structures according to function [M]. New York: CRC Press, 2001.
[33] UICKER J J, PENNOCK G R, SHIGLEY J E. Theory of machines and mechanisms [M]. 5th ed. New York: Oxford University Press, 2017.
[34] WALDRON K J, KINZEL G L. Dynamics and design of machinery [M]. 2nd ed. New York: John Wiley & Sons Inc., 2004.
[35] WILSON C E, SADLER J P. Kinematics and dynamics of machinery [M]. 3rd ed. New York: Prentice-Hall, 2003.
[36] YAN H S. Creative design of mechanical devices [M]. Singapore: Springer-Verlag, 1998.
[37] YAN H S. Reconstruction designs of lost ancient Chinese machinery [M]. London: Springer-Verlag, 2008.
[38] YAN H S, CECCARELLI M. International symposium on history of machines and mechanisms: Proceedings of HMM 2008 [M]. London: Springer-Verlag, 2008.
[39] ULLMAN D. The mechanical design process [M]. New York: McGraw-Hill, 1992.
[40] 蔡自兴. 机器人学 [M]. 北京：清华大学出版社，2000.
[41] 褚金奎，孙建伟. 连杆机构尺度综合的谐波特征参数法 [M]. 北京：科学出版社，2010.
[42] 戴建生. 机构学与机器人学的几何基础与旋量代数 [M]. 北京：高等教育出版社，2014.
[43] 党祖祺，鲁明山，吴继泽. 机械原理 [M]. 北京：北京航空航天大学出版社，1996.
[44] 党祖祺，郭卫东. 机械原理：网络版. [M]. 北京：高等教育出版社，2003.
[45] 邓宗全. 于红英，王知行. 机械原理 [M]. 3版. 北京：高等教育出版社，2015.
[46] 邓宗全. 空间折展机构设计 [M]. 哈尔滨：哈尔滨工业大学出版社，2013.
[47] 费仁元，张慧慧. 机器人机械设计和分析 [M]. 北京：北京工业大学出版社，1998.
[48] 高峰. 机构学研究现状与发展趋势的思考 [J]. 机械工程学报，2005，41 (8)：3-17.
[49] 郭卫东，李守忠. 虚拟样机与 ADAMS 应用实例教程 [M]. 2版. 北京：北京航空航天大学出版社，2018.
[50] 郭卫东. 机械原理教程 [M]. 2版. 北京：科学出版社，2013.
[51] 郭卫东. 机械原理教学辅导与习题解答 [M]. 2版. 北京：科学出版社，2013.
[52] 郭卫东. 机械原理实验教程 [M]. 北京：科学出版社，2013.
[53] 韩建友，邱丽芳. 机械原理 [M]. 北京：机械工业出版社，2017.
[54] 韩建友，杨通，于靖军. 高等机械原理 [M]. 2版. 北京：高等教育出版社，2015.
[55] 黄真. 空间机构学 [M]. 北京：机械工业出版社，1989.
[56] 黄真，孔令富，方跃法. 并联机器人机构学理论及控制 [M]. 北京：机械工业出版社，1997.
[57] 黄真，赵永生，赵铁石. 高等空间机构学 [M]. 北京：高等教育出版社，2006.

[58] 黄真，刘婧芳，李艳文. 论机构自由度：寻找了150年的自由度通用公式［M］. 北京：科学出版社，2011.

[59] 黄真，曾达幸. 机构自由度计算原理和方法［M］. 北京：高等教育出版社，2016.

[60] 季林红，阎绍泽. 机械原理［M］. 3版. 北京：清华大学出版社，2011.

[61] 贾明. 微小型扑翼式飞行器胸腔机构的分析与设计［D］. 北京：北京航空航天大学，2006.

[62] 焦映厚，闫辉. 机械设计基础考研指导书：机械原理［M］. 北京：哈尔滨工业大学出版社，2017.

[63] 李瑞琴，郭为忠. 现代机构学理论与应用研究进展［M］. 北京：高等教育出版社，2014.

[64] 廖汉元，孔建益. 机械原理［M］. 3版. 北京：机械工业出版社，2013.

[65] 刘辛军，谢富贵，汪劲松. 并联机器人机构学基础［M］. 北京：高等教育出版社，2018.

[66] 陆钟吕，刘乃钊，叶华武. 平面连杆机构分析与综合［M］. 哈尔滨：哈尔滨船舶工程学院出版社，1992.

[67] 吕庸厚，沈爱红. 组合机构设计与应用创新［M］. 北京：机械工业出版社，2008.

[68] 孟宪源. 机构构型与应用［M］. 北京：机械工业出版社，2004.

[69] 裴旭. 基于VCM概念的特殊机构设计方法及应用［D］. 北京：北京航空航天大学，2009.

[70] 邱丽芳，韩建友，毕佳. 机械原理全程辅导与习题解答［M］. 北京：化学工业出版社，2016.

[71] 申永胜. 机械原理教程［M］. 北京：清华大学出版社，2003.

[72] 申永胜. 机械原理学习指导［M］. 3版. 北京：清华大学出版社，2015.

[73] 师忠秀. 机械原理课程设计［M］. 北京：机械工业出版社，2008.

[74] 孙恒，葛文杰. 机械原理［M］. 9版. 北京：高等教育出版社，2021.

[75] 中国机械工程学会. 2016—2017机械工程学科发展报告：机械设计［M］. 北京：中国科学技术出版社，2018.

[76] 王德伦，高媛. 机械原理［M］. 北京：机械工业出版社，2011.

[77] 王德伦. 机构运动微分几何学分析与综合［M］. 北京：机械工业出版社，2015.

[78] 王丹. 机械原理学习指导与习题解答［M］. 北京：科学出版社，2009.

[79] 王军. 机械原理作业集［M］. 2版. 北京：机械工业出版社，2011.

[80] 王国彪，刘辛军. 初论现代数学在机构学研究中的作用与影响［J］. 机械工程学报，2013，49（3）：1-9.

[81] 吴瑞祥，王之栎，郭卫东，等. 机械设计基础：下册［M］. 北京：北京航空航天大学出版社，2004.

[82] 熊有伦. 机器人学：建模、控制与视觉［M］. 武汉：华中科技大学出版社，2018.

[83] 颜鸿森，吴隆庸. 机械原理［M］. 于靖军，韩建友，郭卫东审校. 北京：机械工业出版社，2020.

[84] 杨廷力. 机器人机构拓扑结构学［M］. 北京：机械工业出版社，2004.

[85] 于海波，于靖军，毕树生，等. 基于图论的可重构机器人构型综合［J］. 机械工程学报，2005，41（8）：79-83.

[86] 于靖军，刘辛军. 机器人机构学基础［M］. 北京：机械工业出版社，2022.

[87] 于靖军. 机械原理［M］. 北京：机械工业出版社，2013.

[88] 于靖军，裴旭，宗光华. 机械装置的图谱化创新设计［M］. 北京：科学出版社，2014.

[89] 于靖军. 柔性设计：柔性机构的分析与综合［M］. 北京：高等教育出版社，2018.

[90] 赵自强，张春林. 机械原理［M］. 2版. 北京：机械工业出版社，2016.

[91] 张春林，赵自强. 仿生机械学［M］. 北京：机械工业出版社，2018.

[92] 张策. 机械动力学［M］. 2版. 北京：高等教育出版社，2015.

[93] 张策. 机械工程史［M］. 北京：清华大学出版社，2015.

[94] 张策. 机械原理与机械设计：上册［M］. 3版. 北京：机械工业出版社，2018.

[95] 张启先. 空间机构的分析与综合：上册［M］. 北京：机械工业出版社，1984.

[96] 朱金生，凌云. 机械设计实用机构运动仿真图解［M］. 北京：电子工业出版社，2012.
[97] 宗光华. 新版机器人技术手册［M］. 北京：科学出版社，2007.
[98] 邹慧君. 机械原理教程［M］. 北京：机械工业出版社，2001.
[99] 邹慧君，梁庆华. 机械原理学习指导与习题选解［M］. 北京：高等教育出版社，2013.
[100] 邹慧君. 机构系统设计与应用创新［M］. 北京：机械工业出版社，2008.
[101] 邹慧君，张青. 广义机构设计与应用创新［M］. 北京：机械工业出版社，2009.
[102] SCLATER N. 机械设计实用机构与装置图册［M］. 5版. 邹平，译. 北京：机械工业出版社，2015.
[103] 国家自然科学基金委员会工程与材料科学部. 机械工程学科发展战略报告（2011-2020）［M］. 北京：科学出版社，2010.
[104] 国家自然科学基金委员会工程与材料科学部. 机械工程学科发展战略报告（2021-2035）［M］. 北京：科学出版社，2022.